SolidWorks

專業工程師訓練手冊[8]

系統選項與文件屬性

吳邦彥、邱莠茹、黃淑琳、武大郎 著

步驟式的圖文解說方式

完全自修，無師自通的最佳實務指引

深入理解SolidWorks選項操作與設定，

讓你從設計／製圖工程師晉升為CAD整合應用工程師

U0086659

20年以上教學經驗
引導快速上手

滲透軟體操作面
提升設計與製圖效率

CAD模型範例下載
SolidWorks
論壇互動分享

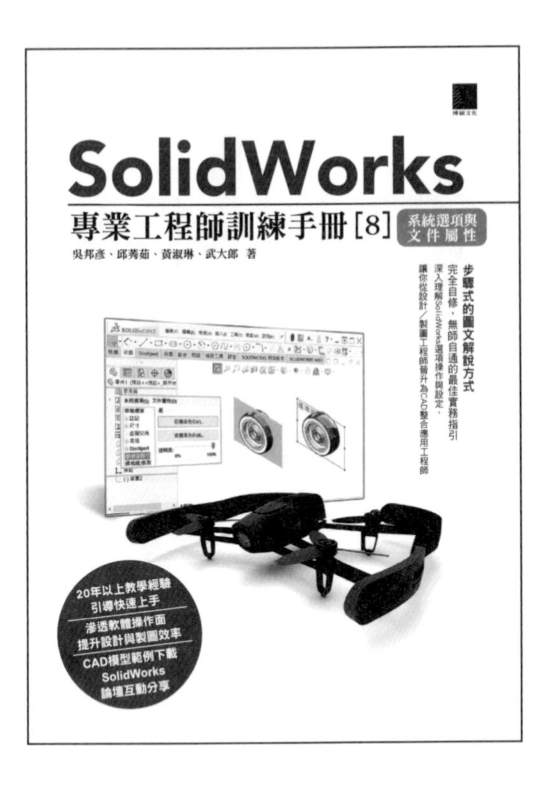

作　　者：吳邦彥、邱莠茹、黃淑琳、武大郎
責任編輯：Cathy

董 事 長：蔡金崑
總 經 理：古成泉
總 編 輯：陳錦輝

出　　版：博碩文化股份有限公司
地　　址：(221) 新北市汐止區新台五路一段 112 號
10 樓 A 棟
電話 (02) 2696-2869　傳真 (02) 2696-2867

發　　行：博碩文化股份有限公司
郵撥帳號：17484299
戶　　名：博碩文化股份有限公司
博碩網站：http://www.drmaster.com.tw
服務信箱：DrService@drmaster.com.tw
服務專線：(02) 2696-2869 分機 216、238
（週一至週五 09:30 ～ 12:00；13:30 ～ 17:00）

版　　次：2018 年 7 月初版

建議零售價：新台幣 720 元
I S B N：978-986-434-318-8
律師顧問：鳴權法律事務所 陳曉鳴律師

本書如有破損或裝訂錯誤，請寄回本公司更換

國家圖書館出版品預行編目資料

SolidWorks 專業工程師訓練手冊 . 8, 系統選項與文件屬性 / 吳邦彥, 邱莠茹, 武大郎作 . -- 初版 . -- 新北市 : 博碩文化 , 2018.07
　面；　公分

ISBN 978-986-434-318-8(平裝)

1.SolidWorks(電腦程式) 2. 電腦繪圖

312.49S678　　107010637

Printed in Taiwan

博碩粉絲團

歡迎團體訂購，另有優惠，請洽服務專線
(02) 2696-2869 分機 216、238

前言

這是設計給進階者專門字典，專門介紹 SolidWorks 系統選項（System Option）與文件屬性（Document Property），目錄索引快速查詢，圖解範說明設定前、後差異。

坊間 SolidWorks 書籍眾多，不過選項設定一本都沒有，選項設定改變軟體效能，重點不在速度而是穩定度。不過時代不同總認為軟體穩定是應該的。

硬體效能提升，價格也平價，手機當道時代，沒人認為電腦=高價產品，提升速度最直接就是硬體升級，不過硬體無法根本解決問題，還是要靠軟體設定。

看到選項設定，一定不知從何下手，效能不是最擔心的，擔心變更影響作業中斷。為突破各位疑慮，將大郎多年經驗編集成冊，讓同學對選項、範本、術語更深認知，減少自行摸索損失，設定符合作業需求，再備份和製作範本，你知道嗎？你其實是 CAD 工程師（軟體工程師），懂 CAD 技術的人。

新版特色

2005 年 6 月出版→2007 年改版→2018 年至今已邁入第 3 本，和上一版約 11 年，這次改版幅度更大，書名也作改變，納入 SolidWorks 專業工程師系列。

先前反應閱讀過於艱澀，特別力求整潔大方，改版紀事如下：

- 互動：SolidWorks 論壇與讀者討論
- 增加：新增章節、增加主題說明、圖片翻新、說明更完整
- 圖示：加強圖示說明與剪裁，與文字更直覺對應
- 大版：先前 18K（17*23cm）→以大本 16K（19*26cm）
- 潤飾：避免艱澀難懂、過多文字，改以簡易說明，容易閱讀
- 資料：收錄彩色圖片，取消隨書光碟、以雲端讓同學任意下載

系列叢書

連貫出版工程師訓練手冊，保證對 SolidWorks 出神入化、功力大增、天下無敵。

01 SolidWorks 專業工程師訓練手冊[1]-基礎零件[第二版]

02 SolidWorks 專業工程師訓練手冊[2]-進階零件

03 SolidWorks 專業工程師訓練手冊[3]-組合件

04 SolidWorks 專業工程師訓練手冊[4]-工程圖

05 SolidWorks 專業工程師訓練手冊[5]-鈑金與熔接

06 SolidWorks 專業工程師訓練手冊[6]-模具與管路

07 SolidWorks 專業工程師訓練手冊[7]-曲面

08 SolidWorks 專業工程師訓練手冊[8]-系統選項與文件屬性

09 SolidWorks 專業工程師訓練手冊[9]-模型轉檔與修復策略

10 SolidWorks 專業工程師訓練手冊[10]-機構模擬運動

11 SolidWorks 專業工程師訓練手冊[11]-eDrawings 模型溝通與檔案管理

12 SolidWorks 專業工程師訓練手冊[12]-逆向工程與關聯性設計

13 SolidWorks 專業工程師訓練手冊[13]-PhotoView360 模型擬真

14 SolidWorks 專業工程師訓練手冊[14]-SolidWorks 集錦 1：零件、組合件、工程圖

15 SolidWorks 專業工程師訓練手冊[15]-SolidWorks 集錦 2：熔接、鈑金、管路、曲面模具

16 輕鬆學習 DraftSight 2D CAD 工業製圖[第二版]

編者序

全世界唯一 SolidWorks 選項+文件屬性的進階書籍，以系統觀點說明設定前後差異，有很多故事可以說明為何 SW 要這麼做。一定讓你迫不急待一節節閱讀邊看邊點頭，回神發覺時間變得好快，能體會 SolidWorks 奧義。你看書從來沒這麼認真過，都是 SolidWorks 魅力讓你成長變強，認同自己+SolidWorks 融合在工作上。

同學問題選項就可解決，經我們點醒，必定恍然大悟。也能體會初學者如同誤入叢林小白兔，面對密密麻麻選項設定絕不可能。軟體必定有選項，例如：大郎常問同學會在 WORD 進入選項設定嗎？很無奈沒看到介紹 WORD 選項書，就算有也是皮毛帶過，有講和沒講一樣。

寫這本書主要是種使命，大郎承襲前輩一脈相承，多年來深入研究 SolidWorks 系統，至今還能體會很多奧義還不甚了解，心中希望有誰寫出來告訴我，更感受到對 SolidWorks 沒有深厚背景絕對寫不出這本書。

進階書很少，會買的人更少，要何時賣完一刷（800-1000 本），這樣循環下，不難體會進階書很難存活。大環境無法改變，作者無法以理念出書，畢竟書商也要生存。

第 1 本 **SolidWorks 效能提昇手冊**寫 4 年，曾為 1 個設定花 1 個禮拜，實在太專也找不到人來問。每頁字句血淚，我算過平均一頁要花 2 小時，各位可以算出大郎花了多少時間。

2001 年這本書由來

當時大郎還是工程師，很早就想寫書，別說假日或晚上，中午休息就在寫了。當時就想先寫選項，在學過程→職場就業，很能體會選項太重要。不過毫無經驗寫得很沒效率，聽說圖片要轉 TIF 檔，就用 PHOTOSHOP 抓圖（聽說該軟體很專業）存檔+編號給出版社使用。

其實一開始沒想到選項可寫一本書，本來想放在某幾章，遇到再說明的那種，寫部份又覺得不完整寫完怪怪的，後來決定要寫就寫完整些，書就這樣來的。

2005 年 SolidWorks 效能提升手冊

感謝**全華出版社**出版，是大郎第 1 本書。全華以教科書市場為主，大郎接下來書籍不適合拿來教學使用，僅適合工程師自修，所以就另尋出版社。

2007 年挑戰 SolidWorks 效能調校

經 2 年再度改版，由**知城**出版社（現為**易習**），當年說好所有 SolidWorks 書皆由易習出，才有辦法把這本書上架。否則空有理想沒鳥用，對書商來說 SolidWorks 是啥，只是一本書罷了，換句話說，要考慮**書賣得掉嗎**？否則書商會賠錢。

2010 年初改版工程啟動

暑假來了**台中教育大學**郭婉純同學，到小廟打工兼實習，大郎提供課程，不過要幫我做事。把書籍排版，將小本 18K→改為大本 16K，很多章節拆開（不要太密），例如：先前只有 4 章，甚至有一章 500 頁，這樣排列好像怪怪的，所以改了。

2017 年 11 月初改版工程延續

這本睽違 12 年一定要優先改版，12 年也夠久了，同學小孩都長大了。由 3 人同步進行，1. 楊助理、2. YOYO、3. 大郎，搶時間不能再拖為原則。原先規畫 SolidWorks **專業工程師訓練手冊[11]eDrawings 模型溝通與檔案管理**，先暫緩。

大郎把改版方向告訴助理，讓助理做中學，先將版面調整更容易閱讀，畢竟 2007 到 2018 功能增加特多，新增功能由助理資料收集，把新項目填滿就算大工程了。

楊助理第 1 階段：對照選項視窗一節節加標題與排序，先求有再求好。

YO 助理第 2 階段：承接楊助理版面進行**文字潤飾**、加內容與抓圖。

2017 年 12 月底大郎接手

大郎第 3 階段：承接 YO 進行校稿，再交辦助理**模型檔案整理**、**PPT 整備**。目前助理作一部份，大郎接一部份，同步就是這樣來的。大郎也好在有助理傳承大郎意念。

2018 年 7 月 SolidWorks…[8]系統選項與文件屬性上市

大郎持續進行 2018 下半年書籍，SolidWorks…**集錦[15]熔接**、**鈑金**、**管路**、**曲面**、**模具**、Photoview 360，YOYO 助理進行 SolidWorks…[10]**機構模擬運動**。會有集錦是因為大郎擔心專業一本本出，至少要 5 年才能出齊，還是先出集錦。

感謝有你

實在要感謝**博碩**出版社大力支持專業書籍，即使不如校園教科書這麼暢銷，也要讓同學有機會接受傳承，不拿銷售量使命感與精神，可說是用心經營出版社。

不能陪伴愛妻**武蕙琪**（不寫愛妻不行），大小兒子上學不再煩我，讓大郎可專心寫作。

作者群

協助本書成員：德霖技術學院機械系**吳邦彥**，通識中心**趙榮輝**。SolidWorks 助教**邱莠茹**、**黃淑琳**，以及 SolidWorks **論壇會員**們提供寶貴測試與意見。

德霖技術學院機械系，吳邦彥，bywu@dlit.edu.tw

SolidWorks 專門論壇 www.solidworks.org.tw

SOLIDWORKS 國際認證中心
SOLIDWORKS 工業設計教育論壇
SOLIDWORKS 專業工程師養成訓練
SOLIDWORKS 技術導入與管理顧問
SOLIDWORKS 書籍作者與技術研究
海關-公司-工廠廢五金回收老字號
SOLIDWORKS 原廠訓練中心

參考文獻

書中引用圖示僅供參考與軟體推廣，圖示與商標為所屬軟體公司所有，絕無侵權之犯意。

1. SolidWorks 美國原廠網站；www.solidworks.com
2. 實威國際技術通報；www.swtc.com
3. 維基百科；zh.wikipedia.org/zh-tw/
4. SolidWorks 線上說明
5. SolidWorks 專業工程師訓練手冊[1]-基礎零件
6. Solidworks 專業工程師訓練手冊[9]-模型轉檔與修復策略
7. 輕鬆學習 DraftSight 2D CAD 工業製圖

目錄

0 課前說明

1 一般

2 工程圖

3 工程圖－顯示樣式

4 工程圖－區域剖面線/填入

5 工程圖－效能

6 色彩

7 草圖

8 草圖－限制條件/抓取

9 顯示

10 選擇

11 效能

12 組合件

13 外部參考資料

14 預設範本

15 檔案位置

16 特徵管理員

17 調節方塊增量

18 視角

19 備份/復原

20 接觸

21 異型孔精靈/Toolbox

22 檔案 Explorer

23 搜尋

24 協同作業

25 訊息/錯誤/警告

26 同步設定

27 輸入/輸出

28 草稿標準

29 註記

30 註記－零件號球

31 註記－基準

32 註記－幾何公差

33 註記－位置標示

34 註記－註解

35 註記－修訂版雲

36 註記－表面加工

37 註記－熔接符號

38 註記－邊框

39 尺寸

40 尺寸－角度

41 尺寸－角運行

42 尺寸－弧長

43 尺寸－導角

44 尺寸－直徑

45 尺寸－孔標註

46 尺寸－線性

47 尺寸－座標

48 尺寸－半徑

49 中心線/中心符號線

50 尺寸－DimXpert

51 表格

52 表格－彎折

53 表格－零件表

54 表格－一般

55 表格－鑽孔

71 視圖－正交

72 視圖－其他

73 虛擬交角

74 尺寸細目

75 工程圖頁

76 網格線/抓取

77 單位

78 線條型式

79 線條樣式

80 線條粗細

81 模型顯示

82 材料屬性

83 影像品質

84 鈑金

85 熔接

86 基準面顯示

87 模型組態

88 結合

89 複製設定精靈

CHAPTER

00

課前說明

這是人手一本隨時翻閱的選項工具書，大郎將 18 年教學、研究心得，加上業界需求歸納，期望對學術研究帶來效益，替業界解決問題。

我們有辦法讓你會選項設定，只要看得懂上面術語就會 70%，買書看和有人教會比較快。選項儲存在 Windows **登錄器**（Regedit），很多人喜歡研究和挑戰這些設定。

所有文字、圖片、模型、PowerPoint...等內容歡迎轉載或研究引用，只要說明出處即可，不要將時間花費在怕侵權而修改文章，不必再費心準備教材。

讓你完全自修，沒有地域落差、交通往返、更不需給付學費，毫無隱瞞想盡辦法把授課內容移植。與論壇搭配學習破除盲點，無法詳盡之處或新技術會在論壇發表。

0-1 訓練檔案

為了環保沒光碟片，連結到雲端硬碟→點選上方圖示，下載後得到**系統選項與文件屬性-光碟.ZIP**，解壓縮得到所有檔案。

0-1-1 下載方式

步驟 1 SolidWorks 論壇（www.solidworks.org.tw/forum.php）

步驟 2 點選 65-18 訓練手冊[8]系統選項與文件屬性

步驟 3 點選 1.書中檔案與投影片下載

步驟 4 也可掃描 QRCODE 進入 GOOGLE 雲端硬碟，下載 SolidWorks 專業工程師訓練手冊[8]系統選項與文件屬性.ZIP。

步驟 4 解壓縮可得到所有檔案

第1章 一般

第2章 工程

第3章 工程

第4章 工程

第5章 工程

第6章 色彩

0-2 書寫圖示說明

為力求簡便閱讀，常態性文字以圖形代表並增加閱讀樂趣，例如：選項=⚙。

0-2-1 SolidWorks 2018 介面

本書採用目前最新版本，迫不及待介紹最新技術與支援。

0-2-2 SolidWorks 縮寫 SW、DraftSight 縮寫 DS

書中大量使用軟體名稱，因排版需要 SolidWorks 縮寫 SW、DraftSight 縮寫 DS。

0-2-3 專業名詞中英文對照

專業名詞（術語）標上英文對照，避免中文翻譯不同認知。有時英文會比中文還好理解，例如：不規則曲線（Spline），在知識查詢和閱讀上比較統一。

0-2-4 →下一步

→代替下一步，例如：工具→選項。

0-2-5 開啟或關閉圖示

書中不會有開啟或關閉文字，以☑開啟、☐關閉。

0-2-6 加註（預設開啟）（預設關閉）

將選項加註，預設開啟或關閉，提升識別。

0-2-7 視窗裁切顯示

若視窗很大無法表達重點，將視窗裁切凸顯重點。

系統選項(S)
一般
工程圖
顯示樣式
區域剖面線/填入
效能
色彩
草圖
限制條件/抓取
☑ 產生及編輯草圖時自動旋轉視圖與草圖基
☐ 使用完全定義草圖(U)
☑ 在零件/組合件草圖中顯示圓弧圓心點(D)
☑ 在零件/組合件草圖中顯示圖元點(I)
☐ 封閉草圖提示(P)
☑ 在新零件上產生草圖(C)

0-2-8 不贅述

很多指令其他地方出現過，不重複解說以免閱讀不便。指令說明以前面章節為主，例如：線條粗細先前介紹過，不贅述。

0-2-9 標題文字會加大或術語加粗

標題是重點也是快速索引，標題、術語會加粗與加大，加粗可以醒目。

0-3 選項視窗操作

本節說明視窗項目（術語），利用鍵盤操作視窗，這些和 Windows 相同。

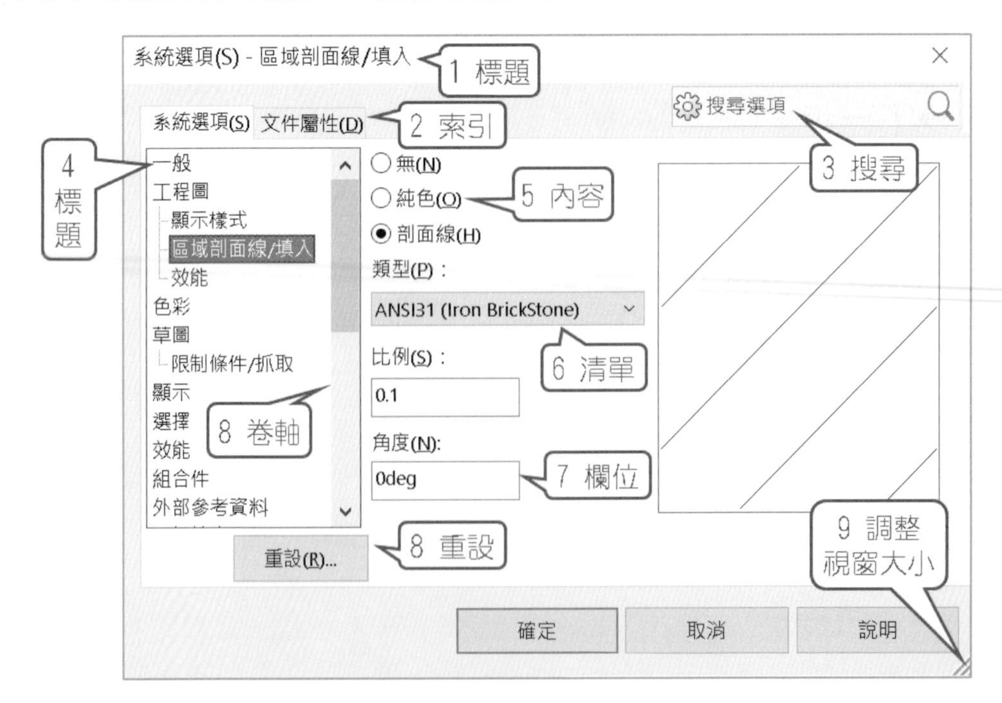

0-3-1 標題

顯示索引與標題，看的人不多。

0-3-2 索引

目前有**系統選項**與**文件屬性**可選，相信未來會更多。

0-3-3 搜尋

項目一多，連大郎也會忘記，有了搜尋真是方便。點選被搜尋項目，連結該頁面並紅色亮顯提示。

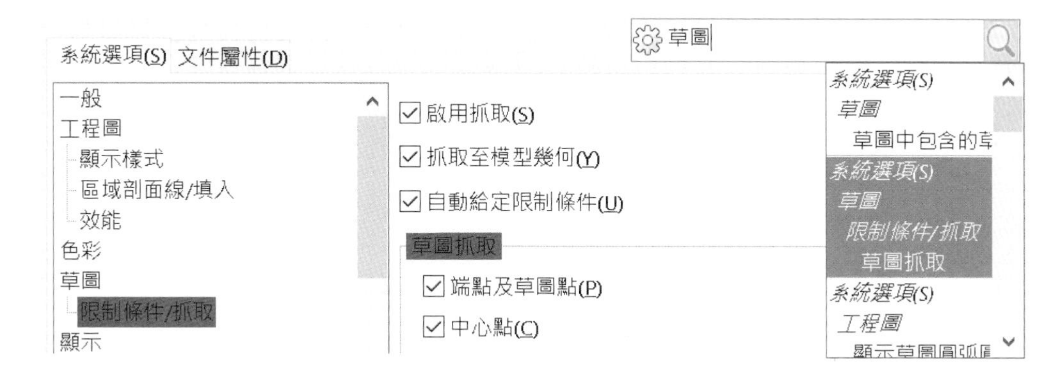

0-3-4 標題

左側功能設定，可用上下鍵點選。

0-3-5 內容

承上節，點選左邊項目，右側細部設定。

A Alt＋

來回按Alt＋字母，快速開啟或關閉項目，☑啟動選項功能、☐關閉功能。例如：ALT＋C，循環開啟中心點（C）項目，大郎很常這樣用。

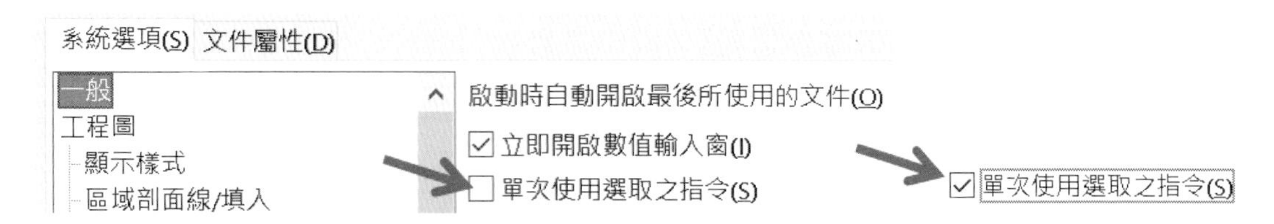

B TAB 鍵

由上到下切換各個項目，如：標籤頁、設定項目和按鈕。

0-3-6 清單

下拉清單選擇啟動項目。

0-3-7 欄位

輸入值。

0-3-8 重設系統選項

回到預設值，避免重灌只為了重回預設。1. 重設所有選項、2. 僅重設此頁。

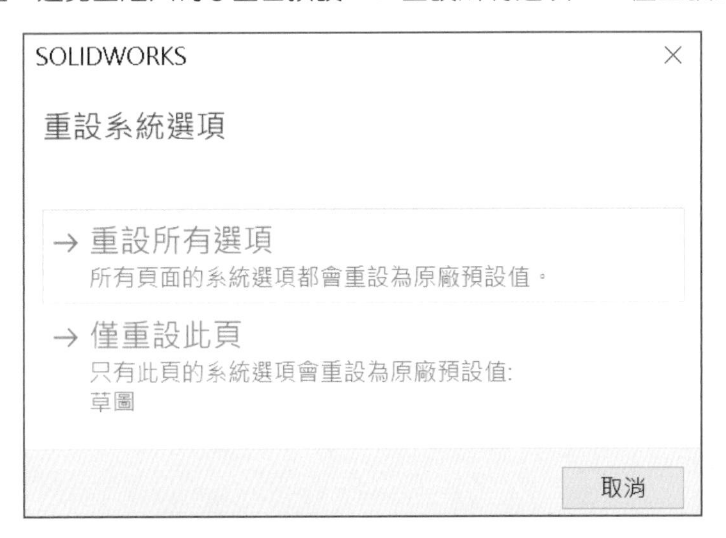

0-3-9 捲軸

滑鼠中鍵或拖曳捲軸查看上下頁。

0-3-10 放大縮小視窗

拖曳右下角圖圖示，或視窗邊框來放大縮小視窗。

0-3-11 說明

連結並對應所選項目的線上說明，你最常到這裡找原因。

0-4 選項通識

選項視窗分 2 大標籤：1. **系統選項**、2. **文件屬性**，統稱選項。選項用來設定系統效能、模型顯示、檔案資料…等設定。每套軟體都有選項，會設定選項的人屬於進階者，業界常把選項作為進階課程，屬於效能調校。

選項人人要會，是非做不可急迫設定，例如：速度變快、檔案備份路徑、單位...等。選項細節相當多，甚至有專屬條件，例如：繪圖卡、適用工程圖、鈑金...等。

0-4-1 進入選項視窗

選項很常設定，依常用順序有幾種進入選項方法：1. 點選選項 ICON、2. 工具→選項、3. 特徵管理員右鍵。以上都太慢，推薦快速鍵或滑鼠手勢迅速進入，查看設定前後結果。

A 選項指令

標準工具列上的齒輪圖示，下圖左。

B 工具→選項

下拉式功能表工具→選項，下圖左。

C 特徵管理員

特徵管理員右鍵→文件屬屬性，下圖中。

D 快速鍵或滑鼠手勢

滑鼠手勢會比快速鍵還要快進入選項，下圖右。

0-4-2 選項設定=前置作業

選項、文件屬性如同快速鍵，畫圖之前要先規劃，或是有遇到當下改。絕非電腦給我什麼我就做什麼，設定就是準備，花一點時間做好前置作業，讓未來作業更順。

這麼說好了，原廠設定剛剛好=60 分，仔細觀察很多人用 60 分環境做事，甚至做了 10 年都沒感覺。你和他就形成強烈差異，因為你受不了預設設定，當下回到選項視窗改過來。

0-4-3 軟體與硬體的效率提升

提高效能可以靠：1. 選項軟體設定、2. 硬體升級。將遊戲卡換繪圖卡，這是硬體，雖然效果立即呈現，不過三更半夜買不到。而軟體設定不用錢，隨時設定立即看效果，少部分效果一定沒硬體好，例如：記憶體不足，就難靠軟體設定解決。

以順序來說：先軟體→再硬體，一定是軟體設定到極致，再考慮換硬體，才是真功夫。否則沒最佳化設定，一昧花錢買硬體，很快看到極限，下表更有效率看出差異。

	1. 軟體	2. 硬體
A 優點	效果立即呈現 免費 沒時間限制 提升無極限	效果立即呈現 容易學習 效果高
B 缺點	不好學習 效果低	要錢 有時間限制 很快看到升級的極限
C 順序	優先	其次

0-4-4 RD 試誤精神

設定看看感覺怎樣，會不會比較好，恭喜你是合格 RD。RD 就是習慣勇於嘗試，有可能沒比以前好，至少有試過。

不過...大郎多年觀察，很多人 SW 安裝後，沒改過設定。也有課堂介紹後，同學才知道有很多設定這麼好用，但回去就沒設定，大郎一直哭呀。

0-4-5 選項移到列印視窗

部分選項移到列印視窗中：**轉換草稿品質視圖到高品質、在過時視圖上列印剖面線**。

0-4-6 指令連結

選項設定與指令控制連結，例如：系統選項→工程圖→插入時除去重複的模型尺寸，與模型項次-消除重複的尺寸。

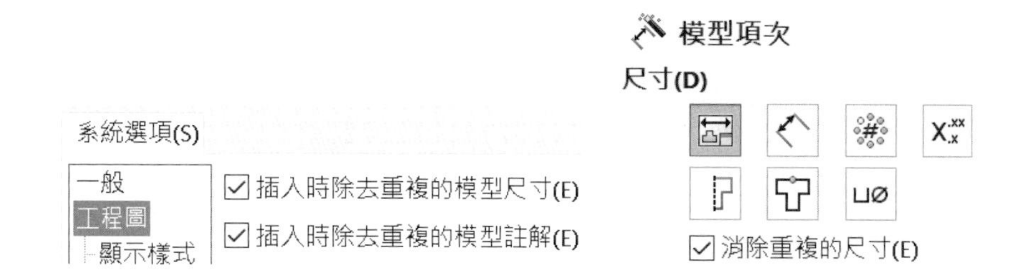

0-4-7 關閉→開啟 SolidWorks

有些設定必須關閉 SW→開 SW 才可套用設定。

0-4-8 專屬環境-鈑金

有些選項適用鈑金、熔接...環境，例如：效能→為某些鈑金特徵忽略自相交錯的檢查。

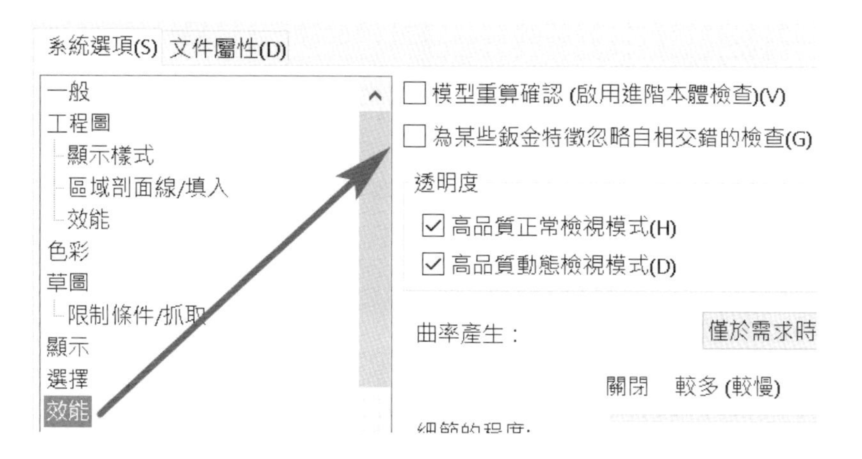

0-4-9 不直覺項目

直覺☑=要、☐=不要。不過很多選項就搞相反，☑反而不要，我們很痛苦。

0-4-10 影響目前文件或下一個文件

絕大部分設定立即顯示，少部分下次作業才可套用。例如：產生新工程視圖，才可套用相切面交線設定。

0-4-11 效能提升

靠電腦硬體提升會到極限，例如：SSD、CPU、顯示卡、RAM，再怎麼升級會沒感覺。這時要靠軟體設定：1. 選項、2. 專門指令。

0-5 系統選項通識

設定全面影響，套用所有文件（零件、組合件、工程圖）。系統選項可利用**複製設定精靈**備份，不必因為重新安裝 SW 而重新設定，或忘記有哪些要設定。

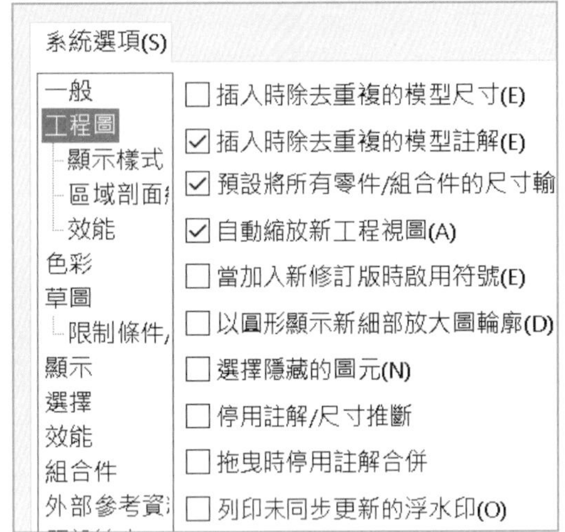

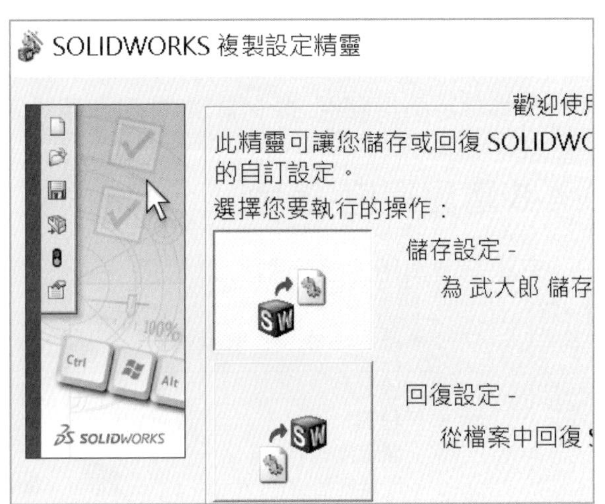

0-5-1 模型建構

選項與建模有關，有些設定僅影響之後操作，現有或先前建構特徵及檔案名稱不會更換，例如：一般→**使用英文的特徵及檔案名稱**。

0-5-2 安全模式

效能→**使用軟體** OpenGL，為安全模式，不能開啟任何文件才可設定。

0-5-3 顯示卡

顯示→☑針對薄型零件最佳化。相信未來會針對記憶體或硬碟進行選項控制。

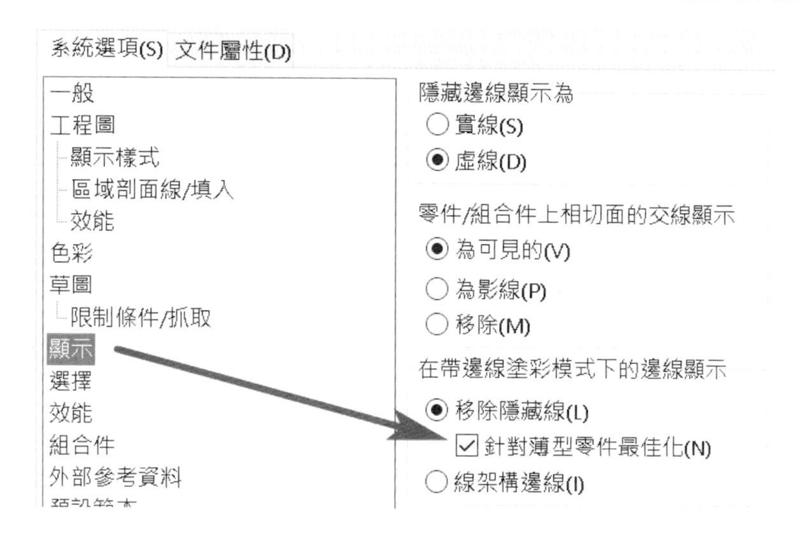

0-6 文件屬性選項通識

文件屬性=身分證=範本=擁有獨立參數，就像每個人身分證內容不同。這些參數就是範本，影響啟用文件並隨著文件儲存，例如：零件 1 單位=MM、零件 2 單位=IN。

換句話說，零件 3 改單位=米，不影響零件 1 和零件 2。

0-6-1 文件屬性必須開啟文件

文件屬性控制零件、組合件、工程圖設定。未開啟文件就沒有文件屬性。

系統選項(S) - 一般

系統選項(S)

系統選項(S) - 一般

系統選項(S) 文件屬性(D)

0-6-2 專屬環境

鈑金選項，下圖左。熔接選項，下圖右。

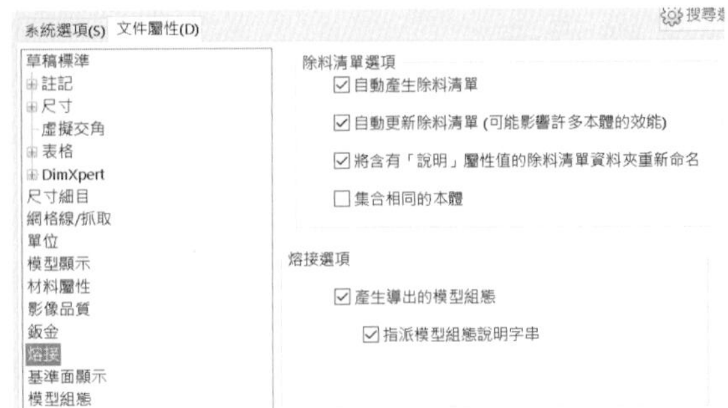

0-6-3 不同文件，不同內容專屬環境

零件、組合件、工程圖皆不同文件，就是不同檔案，副檔名也不同，當然文件屬性必定有差異，例如：零件和工程圖都有尺寸細目，下圖左。

不過某些項目只會出現在工程圖的尺寸細目，因為它是工程圖的東西，下圖右。

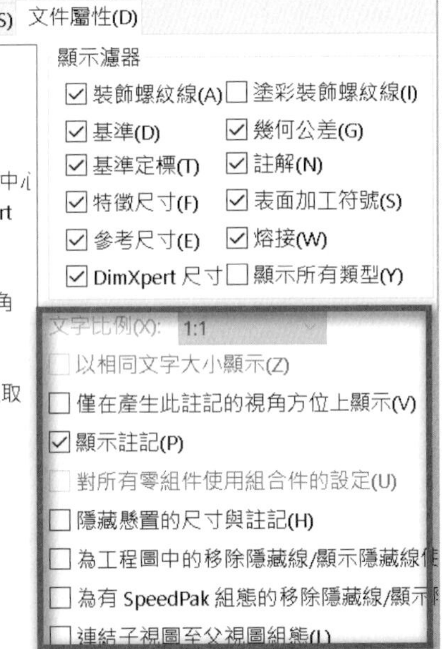

CHAPTER

01

一般

進行整體設定，絕大部分影響零件過程，例如：介面、系統計算、訊息回饋...等，有些設定意想不到有效率、細膩並愛上設定。有些設定關閉→重新進入 SW 才會生效。

系統選項(S)

一般
工程圖
顯示樣式
區域剖面線/填入
效能
色彩
草圖
限制條件/抓取
顯示
選擇
效能
組合件
外部參考資料
預設範本
檔案位置
FeatureManager(特徵管理員)
調節方塊增量
視角
備份/復原
接觸
異型孔精靈/Toolbox
檔案 Explorer
搜尋
協同作業
訊息/錯誤/警告
輸入
輸出

啟動時自動開啟最後所使用的文件(O)：永不使用
☑ 立即開啟數值輸入窗(I)
☐ 單次使用選取之指令(S)
☑ 使用塗彩面之強調功能(U)
☑ 於 Windows 檔案總管上顯示小縮圖(T)
☑ 為尺寸使用系統分隔字元(D)
☐ 使用英文功能表(M)
☐ 使用英文的特徵及檔案名稱(N)
☐ 啟用確認角落(B)
☑ 自動顯示 PropertyManager(P)
☐ 當窗格被分割時，自動調整 PropertyManager 的大小(N)
☐ 錄製後自動編輯巨集(A)
☐ 在巨集結束時停止 VSTA 偵錯工具(S)
☐ 啟用 FeatureXpert(E)
☑ 啟用凍結棒(B)
發生重新計算錯誤時(R)：提示
作為零組件描述使用的自訂屬性：Description
☐ 在歡迎對話方塊中顯示最新的技術支援警示和新聞(L)
☐ SOLIDWORKS 當機時檢查解決方案(O)
☐ 啟用 SOLIDWORKS 事件音效
☐ 啟用 VSTA 3.0 版本(V)
設定音效...
☐ 自動將您的記錄檔傳送至 DS SolidWorks Corporation，協助改善 SOLIDWORKS 產品(F)

1-1 啟動時自動開啟最後使用的文件

啟動 SW 後，要不要自動開啟最後一次關閉的檔案。由清單切換：1. 經常使用、2. 永不使用，切換功能必須結束→重新啟動 SW，設定才會生效。

最後使用的文件=最後一個模型必須編輯（增加特徵或修改尺寸）與儲存，否則設定為何都沒效果，落得還要**開啟舊檔**。

善用**經常使用**，會得到意想不到效果，但不是設定後就不管他。例如：當下發生自動開啟用不到該檔案時，就設定**永不使用**。

1-1-1 經常使用

是否自動載入**最後使用文件**，不使用**開啟舊檔**。常用在昨天關機→第 2 天上班希望 SW 能自動開啟昨天檔案，省去**開啟舊檔**作業。

甚至可以回想先前工作檔案位置，例如：昨天修改底座尺寸→儲存後下班→隔天上班開 SW 過程連同底座檔案被開啟。

其實 Office 也有這功能。開 WORD 會自動開啟上次檔案，並在檔名後方加註（使用者上一次儲存）。

啟動時自動開啟最後所使用的文件: 永不使用
經常使用
永不使用

1-1-2 永不使用（預設）

啟動 SW 不開啟檔案，是標準狀態。所有軟體預設**不自動開啟文件**，避免進入程式太久，造成用戶誤會軟體太慢，例如：希望組合件、工程圖開快一點。

否則等 SW 程式啟動→還要關閉這些檔案，就顯得無奈，並覺得軟體難婆。

1-1-3 最後使用的文件和最近的文件

最後使用的文件、**經常使用**、**最近的文件**都很像。最近的文件=開啟紀錄，讓你目視並開啟它們。由 2 個地方使用**最近的文件**：

1. 開啟 SW 後，歡迎使用視窗下方縮圖。

2. 檔案→開啟最近使用的項目（箭頭所示）。

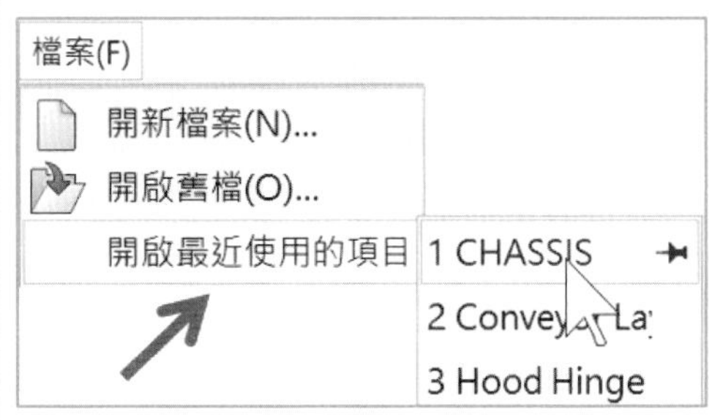

1-2 立即開啟數值輸入窗

標註過程是否出現**數值輸入視窗**，又稱修改視窗（Modify）。由數字定義圖形大小和位置，沒想這還能幹嘛對吧，本節感受原來**修正視窗**可增加工作招數。

1-2-1 ☑立即開啟數值輸入窗（預設開啟）

1. 尺寸標註後→2. 出現修改視窗，屬於步驟一種。進階者會發揮該視窗功能，四則運算、三角函數、單位切換...等，不必透過計算機，甚至增量直覺查看圖形變化。

僅適用**智慧型尺寸標註**，其餘不適用，下圖右。換句話說**基準**、**座標標註**、角度運行...等，無法開啟修改視窗，希望 SW 改進。

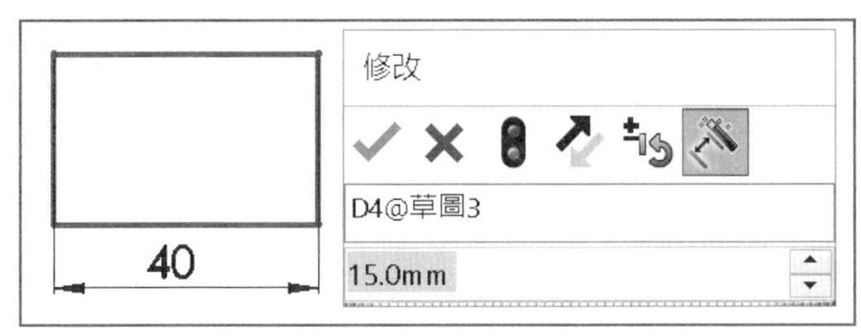

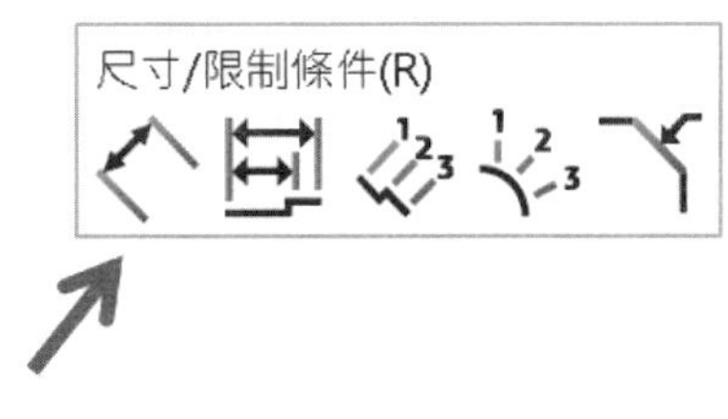

1-2-2 □立即開啟數值輸入窗

標註過程不出現**修改視窗**，用放的感覺，還是可以快點 2 下尺寸，叫出**修改視窗**。常用在 DWG 到 SW 草圖，只要上尺寸就好，標註非常快速呦。

本節給進階者用的，有沒有想過，標註後 0.5 秒才出現**修改視窗**。0.5 算快的，1 秒大有人在，超過 1 秒必定不耐煩。沒人受得了標註要等一下，尺寸一多會抓狂的。

早期電腦效能不佳，此項目可解決等待問題，甚至是遇到問題的解決方案。不見得是效能低才會**□此項目**，1. 先把尺寸放好→2. 快點 2 下修改尺寸，也是一絕。

1-2-3 屬性管理員，定義參數

承上節，點選圖形利用**屬性管理員**定義參數，手動補尺寸。1. 點選圖元→2. 由參數定義圖形大小→3. 尺寸標註。

有些人這樣定義尺寸，或覺得這樣比較快，大郎不建議這樣，這樣不會比較快。應該是不得已才這樣，例如：標註越來越慢，光等**修正視窗**要等到什麼時候。

1-3 單次使用選取之指令

指令是否只用一次，和**保持顯示**有點像，適用**草圖繪製**和**尺寸標註**，因為這 2 項使用率最高。是否發現，指令使用一次=Windows 操作，例如：刪除。

試想，哪些指令單次、哪些多次，已經成為沒注意的習慣，例如：**伸長**、**掃出**、**疊層拉伸**=單次。**草圖繪製**、**尺寸標註**=多次。

1-3-1 ☑單次使用選取之指令

指令執行後自動取消指令，避免不要指令後，一直按 ESC。例如：點選→**畫**完後，指令自動取消，下圖左。

想暫時指令多次使用，常用有幾種方式：1. ENTER（重複上一個指令）、2. 右鍵→最近的指令，3. 快點 2 下指令圖示（沒想到吧），下圖右。

1-3-2 □單次使用選取之指令（預設）

連續執行指令，直到點選相同指令或按 Esc 來結束指令，下圖中。

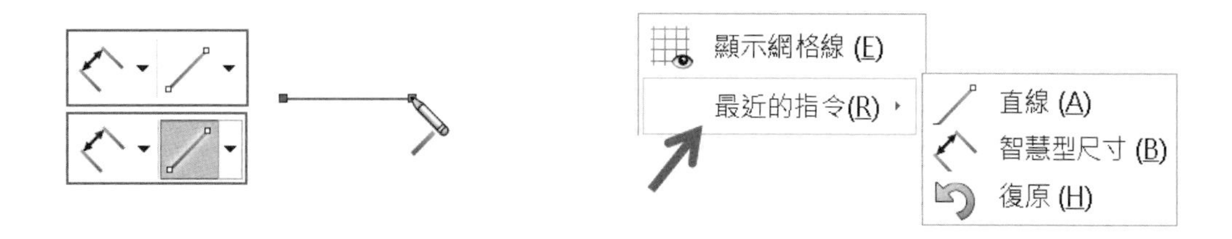

1-3-3 保持顯示/取消保持顯示

指令過程利用，決定是否多次使用，直到按 ESC 取消。很可惜不是每個指令都有，例如：**結構成員**有、**伸長**就沒有，下圖右（箭頭所示）。

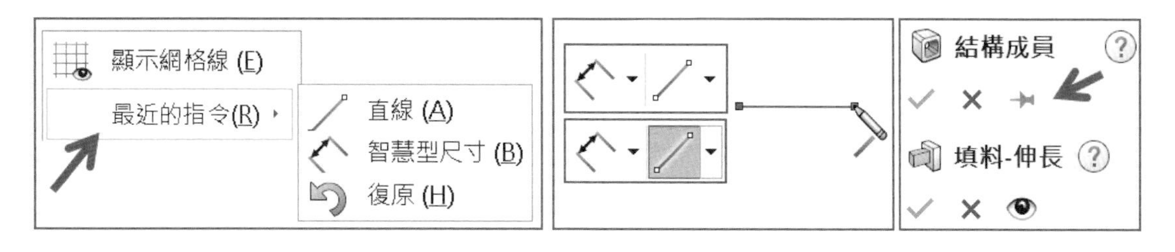

1-4 使用塗彩面之強調功能

所選面是否以純色（填滿）顯示，否則僅顯示所選面邊線，適用**塗彩**。繪圖卡看不太出來運算差異，除非你快速且連續選擇面，感受比較明顯。

1-4-1 ☑使用塗彩面之強調功能（預設）

以**純色**明顯看出所選面。有小金球，塗彩面更有光澤，例如：狗腳由 4 個曲面構成，點選面可強調面和邊線，下圖左。

1-4-2 ☐使用塗彩面之強調功能

點選面僅顯示外圍邊線，提高顯示效能，降低系統運算。工程圖無論設定為何，皆以點選面顯示模型邊線，下圖右。

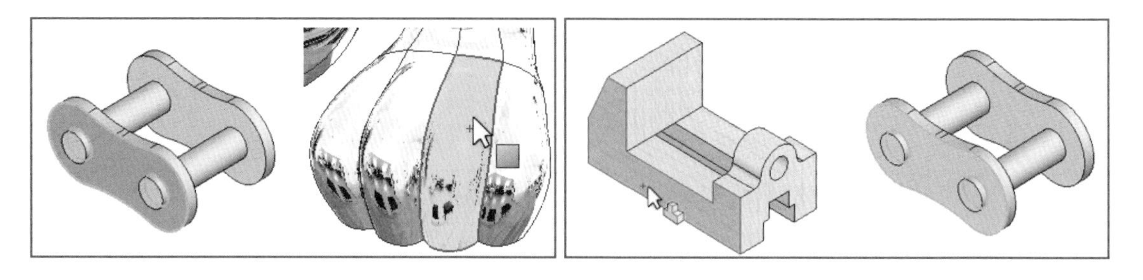

1-5 於 Windows 檔案總管顯示小縮圖

是否在**檔案總管**或**開啟舊檔**顯示小縮圖。由縮圖印象查看檔案是不是想要的，人習慣圖示非文字，小縮圖對文件識別最立即有效率。

你一定會想，有時要縮圖，有時不要，不可能一來一回開關設定，就要學會本節作業，讓你有配套措施。變更功能必須儲存模型→重新啟動 SW，設定才會生效。

1-5-1 ☑於 Windows 檔案總管上顯示小縮圖（預設）

讓縮圖增加檔案辨識。實務上，記得模型長相，圖名、圖號不見得記住，縮圖就非常重要。縮圖有好有壞，檔案很多時，縮圖會來不及顯示。

1-5-2 □於 Windows 檔案總管上顯示小縮圖

顯示預設文件圖示，增加顯示效率。文件圖示為固定不會有變化，所以能增加顯示效率。避免顯示縮圖等比較久，例如：資料夾有大量檔案或網路存取。

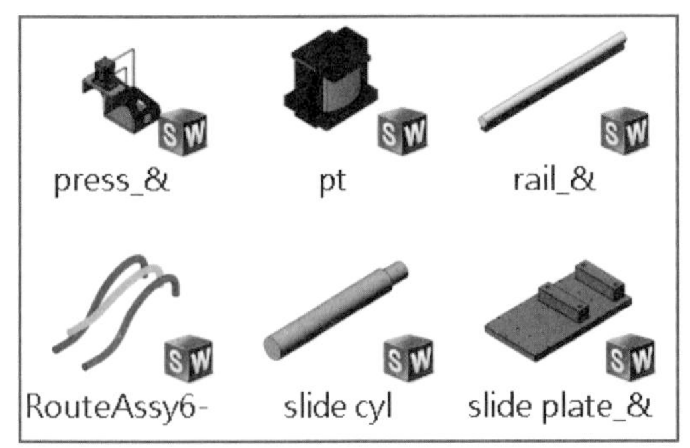

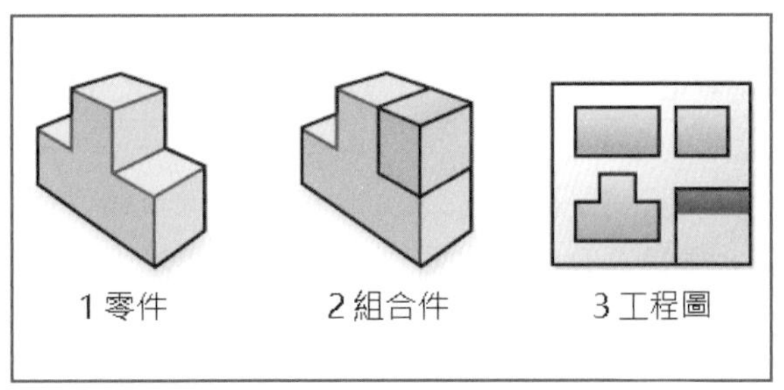

1-5-3 開啟舊檔預覽

於開啟舊檔視窗點選檔案，右邊預覽顯示縮圖，下圖左。若檔案過多，縮圖變慢時，1. CTRL＋滾輪縮放、2.空白區右鍵：中或大圖示，滾輪縮放最直覺，下圖中。

1-5-4 縮圖色彩

早期 Windows XP 小縮圖 16 色顯示，若模型多於 16 色，會用相似色代替，看起來像水彩，下圖右。自 Windows 7 縮圖使用 32 色，看起來較真實。

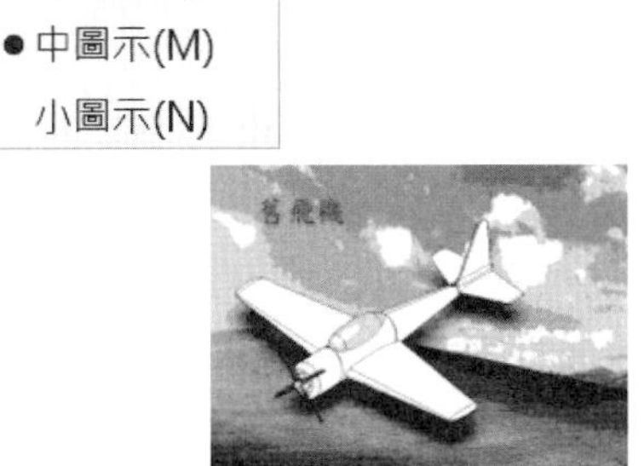

1-5-5 一律顯示圖示，不顯示縮圖

本設定必須與檔案總管檢視→選項→檢視→□一律顯示圖示，不顯示縮圖，下圖左。

1-5-6 未更新狀態

若模型有關聯性，會無法呈現小縮圖，例如：組合件下修改模型→儲存組合件→關閉組合件，零件沒有被開啟，下圖右。

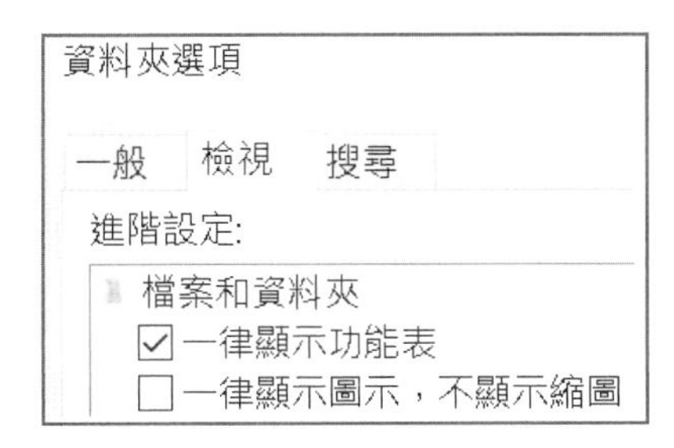

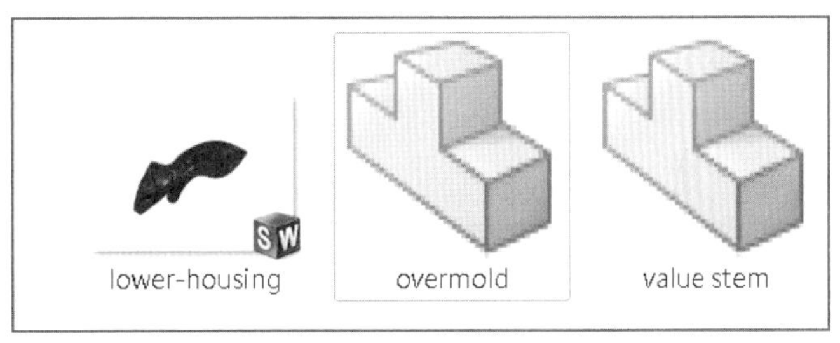

1-5-7 沒有小縮圖解決

小縮圖我們太依賴她了，沒有小縮圖常發生在多版本 SW，例如：電腦同時保留 2015 和 2018。論壇有很多解決方法，最簡單 SW 全部移除，僅安裝 1 個版本 SW 即可。

1-6 為尺寸使用系統分隔字元

指定尺寸顯示的小數點（分隔字元），常見**小數點**，例如：10.5。也可由 Windows 統一指定→套用到 SW，避免顯示不同造成混淆。

畢竟不是人人懂 Windows 定義預設**分隔字元**，這點 SW 就顯得貼心。

1-6-1 ☑為尺寸使用系統分隔字元（預設.）

使用 Windows 預設分隔字元，統一所有軟體顯示方式，預設小數點.，下圖左。

1-6-2 ☐為尺寸使用系統分隔字元

在選項內輸入字元+，下圖右。

1-6-3 變更預設分隔字元

變更 Windows 小數符號，以 Windows 10 為例。1. 控制台→2. 時鐘、語言和區域→3. 地區→4. 其他設定→5. 數字，小數符號，輸入想用符號。

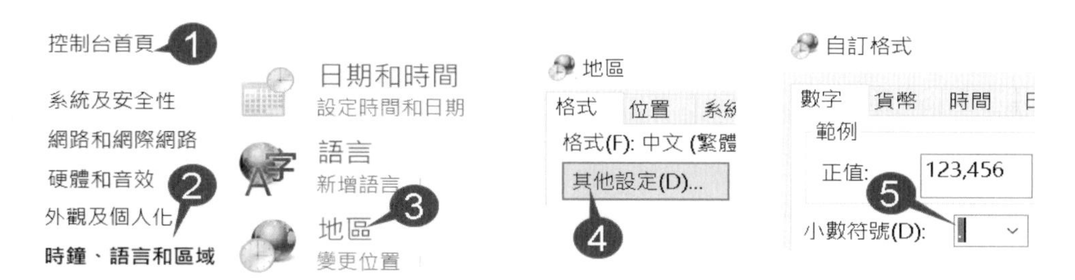

1-7 使用英文功能表

是否使用英文介面。安裝過程一定會安裝 1. 英文版、2. 繁體中文（作業系統語言），所以可切換英文版。不影響目前文件，必須關閉→重新啟動 SW 才會生效。

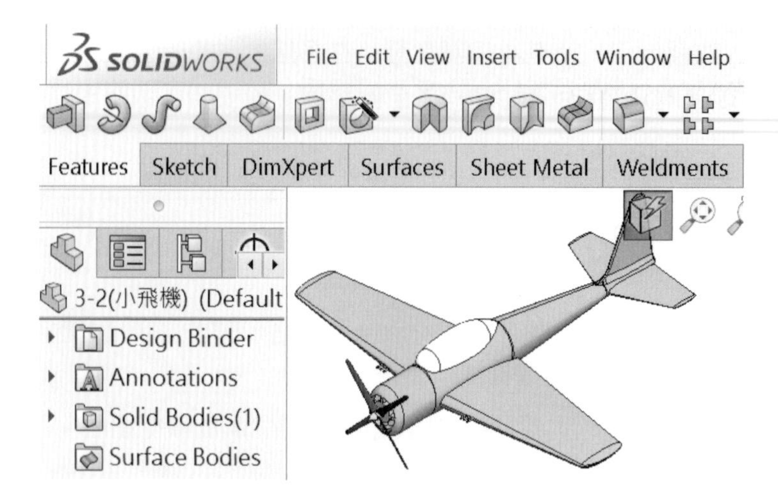

1-7-1 ☑使用英文功能表

你會發現功能表、指令、視窗…等為英文版。常用跨國溝通，例如：出差到國外，和外國客戶到台灣，就用英文版開會。

1-7-2 ☐使用英文功能表（預設）

使用 Windows 預設的語言，例如：Windows 為繁體中文，SW 就為中文介面。

1-7-3 學英文的利器與穩定

英文版 icon 位置與指令圖示沒變，不必擔心英文介面帶來困擾。啟動速度和操作些微變快，英文版沒有語言轉譯，系統相對穩定。

1-7-4 設定 Windows 的地區

Windows 介面已設定為英文（美國），**使用英文功能表和使用英文的特徵及檔案名稱**，無法使用，且 SW 皆為英文介面，下圖左。

1-7-5 不必重開機

變更項目會出現訊息：**必須結束 SW，重新啟動 SW，設定才會生效**。大郎常問是否要重開機？同學誤以為重新啟動=重新開機，其實不是啦，下圖右。

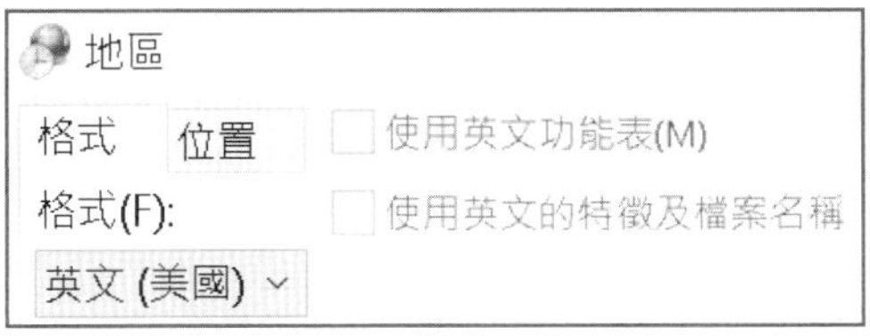

地區
格式 位置
格式(F):
英文 (美國)
使用英文功能表(M)
使用英文的特徵及檔案名稱

SOLIDWORKS
您必須結束 SOLIDWORKS 後再重新啟動 SOLIDWORKS，新的設定才會生效。
確定

1-8 使用英文的特徵及檔案名稱

是否以英文顯示**特徵名稱**，且存檔過程自動產生英文的**檔案名稱**。此設定因應模型轉檔需求，早期軟體相容性不高，因為字型（非英文或數字）產生亂碼。

自行決定是否 1. **英文介面**＋2. **英文的特徵及檔案名稱的**配套組合，例如：有些人要中文版界面，卻要英文特徵名稱。

本設定僅影響之後的檔案操作，現有或先前建構特徵及檔案名稱不會更換。

☑使用英文功能表，無法進行本節設定，英文功能表強制使用英文特徵及檔名。

☑ 使用英文功能表(M)
☐ 使用英文的特徵及檔案名稱(N)

1-8-1 ☑使用英文的特徵及檔案名稱

產生特徵後以英文顯示特徵名稱，存檔後產生英文檔案名稱，例如：草圖=SKETCH、伸長=EXTRUDE，下圖左。

第 1 次存檔過程會自動改英文檔名，例如：零件→PART1、組合件→ASSEM1、工程圖→DRAW1，即便如此還是可以用中文輸入檔名。

1-8-2 ☐使用英文的特徵及檔案名稱（預設）

承上節，特徵管理員以中文顯示特徵，存檔後產生中文檔案名稱，下圖右。

Revolve	檔案名稱(N):	part1	伸長1	檔案名稱(N):	零件1
Cut-Extrude	存檔類型(T):	Part (*.sldprt)	除料-伸長	存檔類型(T):	Part (*.sldprt)

1-9 啟用確認角落

是否啟用**確認角落**，又稱**角落提示**。於繪圖區域右上角半透明顯示，不仔細看會不明顯，游標接近時會亮顯，在螢幕上點選**確認**或**取消**，現在稱為直覺觸碰，下圖左。

這是 2001 功能，當時說法就像飛行員座艙的抬頭顯示，當時造成轟動。18 年後的今天，這種說法你沒感覺對吧，因為早已習慣。

1-9-1 ☑啟用確認角落（預設）

由**確認角落**判斷目前環境，依**指令**或**介面**有不同圖示，例如：草圖、編輯特徵、組合件環境。現今很少人使用，因為覺得麻煩不想關注太多位置。

不過觸碰螢幕來臨，**確認角落**又起死回生。

1-9-2 ☐啟用確認角落

不顯示**確認角落**讓繪圖區域增加，常用簡化顯示、螢幕不大的 NB。進階者很熟了，不必由**確認角落**判斷所屬環境、也因為大螢幕不想游標大老遠移到右上方點選，下圖右。

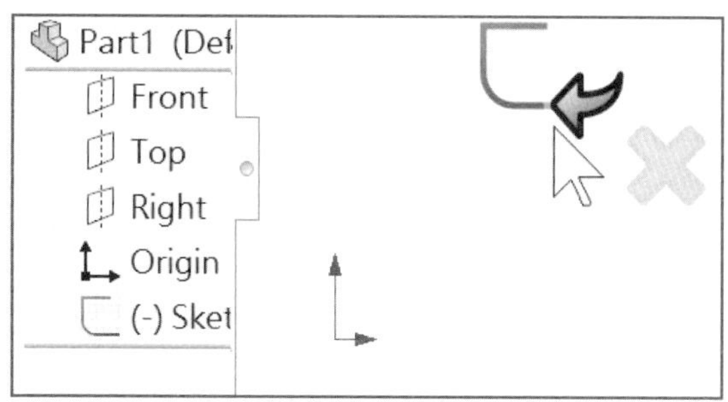

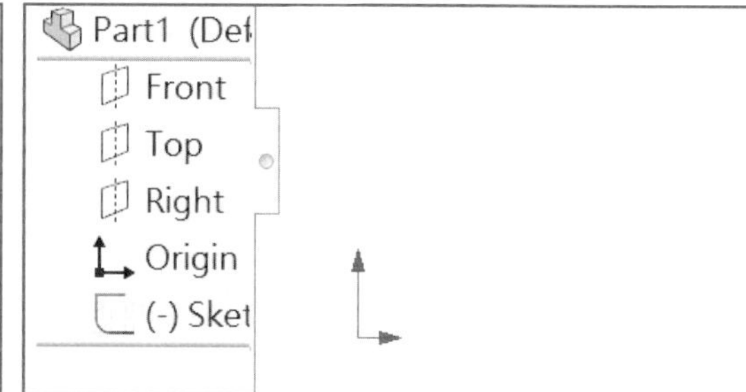

1-9-3 取代確認角落

承上節，確認角落顯示的功能，可以用快速鍵或滑鼠手勢取代：✔=ENTER、✖=ESC、↩=Ctrl+B、Ctrl+Q（重新計算）離開草圖。

1-9-4 確認角落移至游標處

設定快速鍵（預設 D），將**確認角落**移至游標旁，讓你好選擇。設定位置：其他→移動...、確認角落。

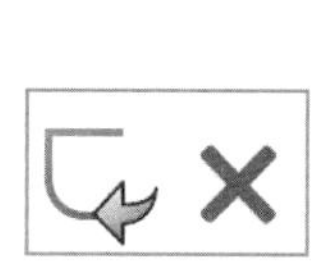

類別	指令	快速鍵
其他	移動所選項目的階層連結、確認角落	Ctrl+D

1-10 自動顯示 PropertyManager

選擇物件時，是否顯示 PropertyManager（屬性管理員）。點選尺寸後，左邊原本**特徵管理員**，切換為**屬性管理員**，方便尺寸控制。

這項設定不只讓同學知道原來這是，更體會細節與功效，例如：移動位置和關閉顯示的好處呀。

1-10-1 ☑自動顯示屬性管理員（預設）

草圖和特徵過程，直接跳到屬性管理員，方便直接定義。

1-10-2 □自動顯示屬性管理員

手動點選▤。常用在大量選擇物件，不需要屬性管理員的反應時間，例如：點選草圖圓，出現圓屬性，這就是反應時間，下圖左。

1-10-3 移動屬性管理員位置

將屬性管理員移開，同步顯示**特徵管理員**和**屬性管理員**，這部分很少人知道。拖曳▤，移到繪圖區域 2 旁、或另一個螢幕，讓顯示區域變大與顯示效率提升。

有沒有想過顯示管理員約 0.5 秒，例如：點選尺寸要等一下才會出現對吧，除非改**登錄檔**或移動▤位置。說這麼多，狠一點調整▤位置不就得了。

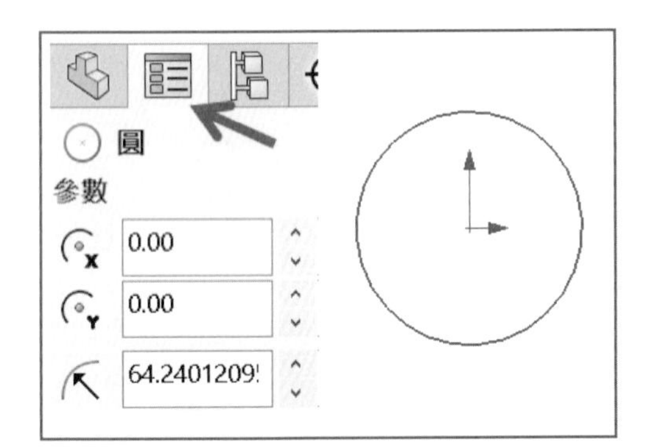

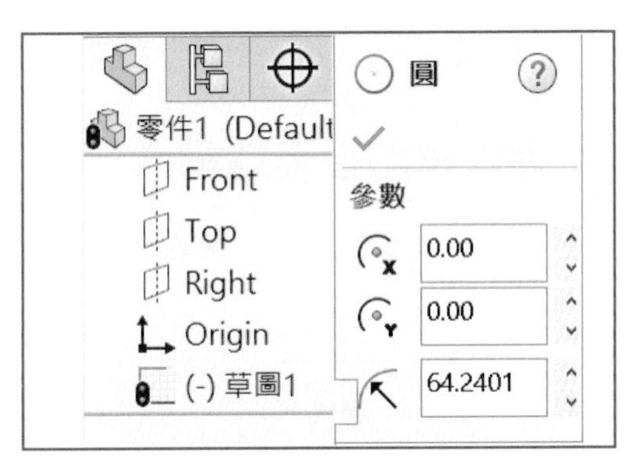

1-11 窗格分割時，自動調整 PropertyManager 大小

左邊窗格分割（Split Panel，又稱分割窗格）時，是否關閉分隔窗格，以最大化顯示**屬性管理員**。分割窗格為上下 2 層，可以各看各的不會遮住資訊。

分割窗格是 2000 新功能，可同步查看上方標籤的窗格內容。分別點選標籤自行定義上下層顯示，例如：上層=特徵管理員，下層=屬性管理員▤。

此設定應該稱為：**分割窗格時，完整呈現屬性管理員。**

1-11-1 ☑自動調整 PropertyManager 大小（預設）

最大化顯示**屬性管理員**完整資訊，分割窗格暫時被關閉，下圖左。

1-11-2 □自動調整 PropertyManager 大小

保留分割窗格位置，並顯示屬性管理員，下圖右。

1-11-3 窗格分割作業

拖曳上方橫桿往下，可見上下層分割，不用來回點選**模型組態**和**特徵管理員**。

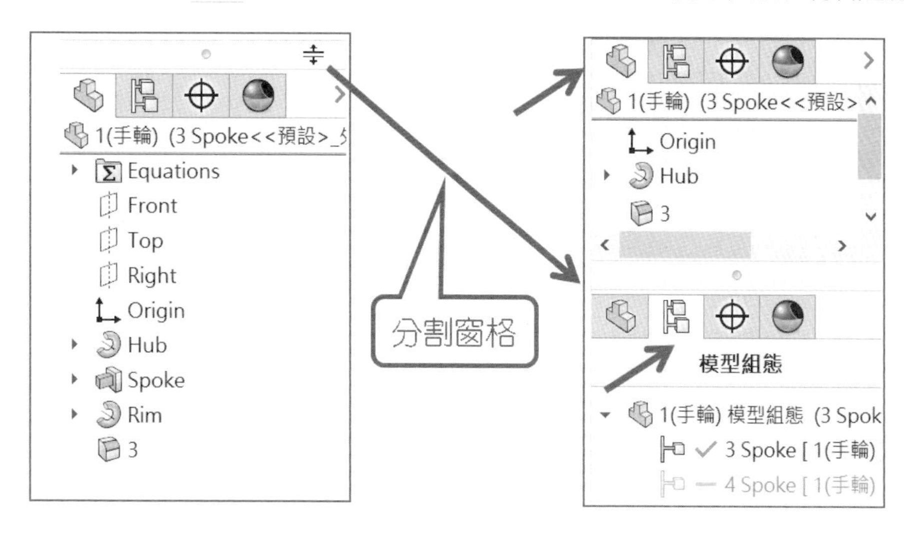

1-11-4 同步顯示

原則上，左邊窗格只顯示 1 種資訊，要同步顯示**特徵管理員**和**屬性管理員**有很多方法，例如：移動位置，本節**分割窗格**是其中一種。

1-12 錄製後自動編輯巨集

錄製及儲存巨集後，是否開啟**巨集編輯器**。SW 內建巨集編輯程式 VBA（Microsoft Visual Basic for Application），是錄製、執行或編輯巨集引擎，讓你不必再尋找、安裝額外軟體。巨集附檔名：*.SWP、*.SWB。

巨集記錄滑鼠點取位置、功能表選擇、鍵盤輸入...等，例如：1.選前基準面→2.進入草圖，2 個動作錄起來對應 Icon，以便日後執行。

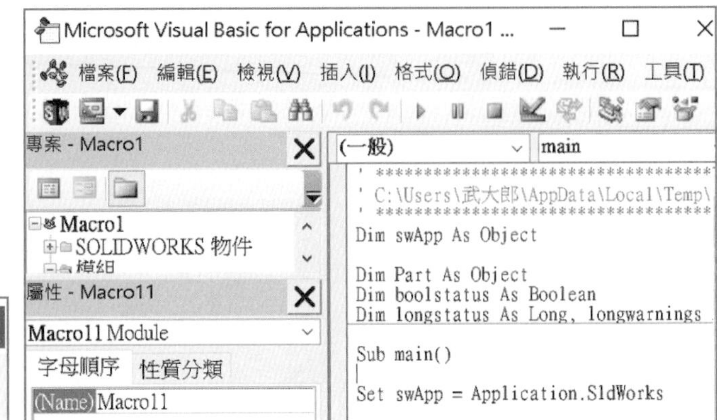

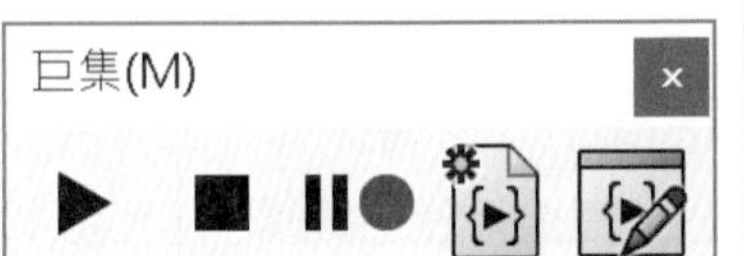

1-13 在巨集結束停止 VSTA 偵錯工具

承上節，巨集結束時，偵錯工具停用或繼續執行。VSTA（Microsoft Visual Studio Tools for Applications），會擴充 Visual Studio 功能，另外提供編輯與偵錯這些自訂工具，這部分為 API 內容，不說明。

1-14 啟用 FeatureXpert

特徵製作過程發生錯誤時，是否啟用 FeatureXpert（特徵專家）自動修正錯誤。能自動變更特徵次序、給適當圓角半徑、適當的圓角邊線、適當的拔模角...等。

此設定有沒有 FeatureXpert **按鈕**，其實不必有此設定，保持按鈕由你決定是否要按。本節讓你認識 Xpert 應用範圍，藉由流程能明白精神囉。

1-14-1 ☑啟用 FeatureXpert（預設）

錯誤為何出現 FeatureXpert 按鈕，解決模型錯誤並成功重新計算，下圖左。例如：模型面導 R0.2，必定出現錯誤訊息，這時 FeatureXpert **就派上用場**。

不見得結果是你要的，以先求有再求好完成導角，剩下細節由懂得人進行第 2 階段。

1-14-2 ☐啟用 FeatureXpert

錯誤為何不出現 FeatureXpert 按鈕，自行處理錯誤。

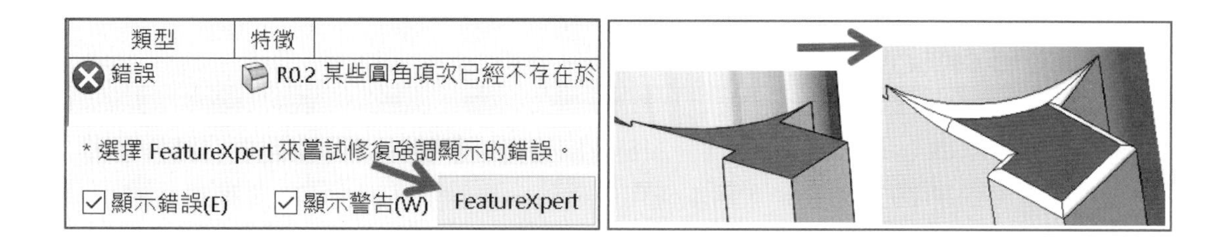

1-14-3 智慧型特徵技術 SWIFT

SW Intelligent Feature Technology（SWIFT）智慧型特徵技術，2007 推出技術平台，不需很深 SW 能力，輕鬆解決模型錯誤問題。

SWIFT 擁有 5 個設計簡化工具：1. Sketch Expert（草圖專家）、2. Feature Expert（特徵專家）、3. DraftXpert（拔模專家）、4. Mate Expert（結合專家）、5. DimXpert（尺寸專家），往後會以此平台開發更多 AI 智慧操作。

1-14-4 指令過程使用 Xpert

無論設定如何，皆可在特徵過程直接使用 Xpert，例如：導圓角過程 FilletXpert、拔模過程 DraftXpert。只能在第 1 次使用指令時出現，編輯特徵看不見，下圖左。

1-14-5 Xpert 流程

承上節，腦海亂掉了對吧，用流程說明你就懂了。FilletXpert 流程：1. 點選圓角指令→2. 按下 FilletXpert，製作圓角時直接判斷特徵可完成度，並參與調整過程，例如：新增、變更、角落，下圖中。

1-14-6 FeatureXpert 控制範圍

FeatureXpert 只控制導圓角 FilletXpert、拔模 DraftXpert。SketchExpert 草圖專家（工具→草圖工具→SketchXpert），要草圖發生錯誤才可使用，下圖右。

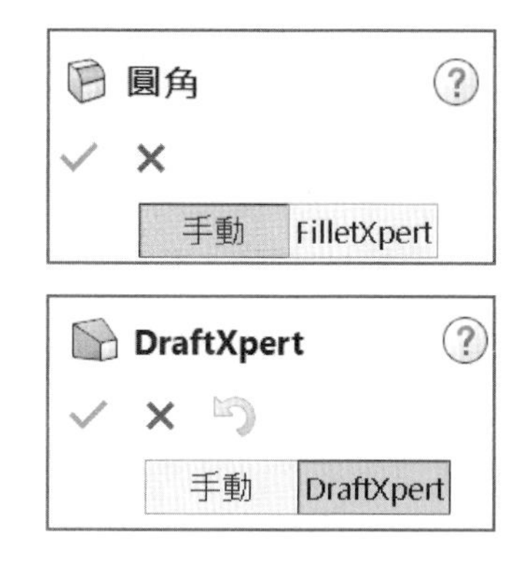

1-15 啟用凍結棒

是否啟用**凍結棒**（Freeze Bar）將特徵凍結，縮短**重新計算**時間。常用在特徵很多，或複雜造型特徵。這是 2012 新功能，目前僅用在零件，相信未來組合件或工程圖也會有。

1-15-1 ☑用凍結棒

在特徵管理員上方黃色桿子，向下拖曳至特徵上方即可，凍結特徵以和灰色顯示，被凍結特徵無法編輯。實務上，會讓凍結棒留者，自行決定要不要使用。

凍結棒類似抑制，計算方式由上算下來，遇到被凍結特徵，系統會跳過計算。

1-15-2 ☐啟用凍結棒（預設）

不顯示凍結棒，增加特徵管理員顯示區域。凍結棒被使用，就算☐此項目，特徵管理員還是看得到也可上下移動，退回**凍結棒**到最上方會出現消失訊息。

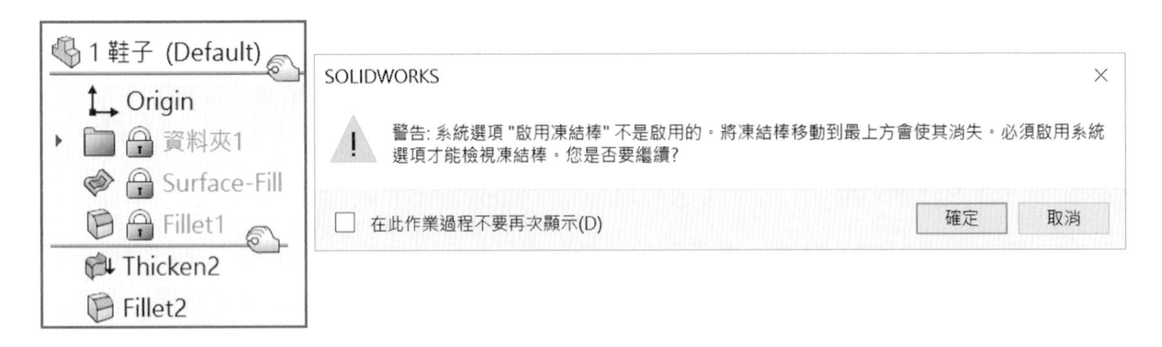

1-15-3 回溯（Rollback）

回溯=回到先的作業，與凍結控制方向相反。在特徵管理員下方藍色桿子，向上拖曳到特徵下方也以灰色顯示，俗稱時光機器，回溯就沒有選項可控制。

1-15-4 上凍結、下回溯

系統只計算中間區域，大郎稱效能夾心。後更能明顯感受計算時間被縮短，常用在模型修復，下圖左。

1-15-5 效能評估

效能評估（工具→效能評估），由評估報告得知特徵重新計算時間，例如：8.2 秒。由百分比得知所占比例，與時間判斷互補，下圖右。

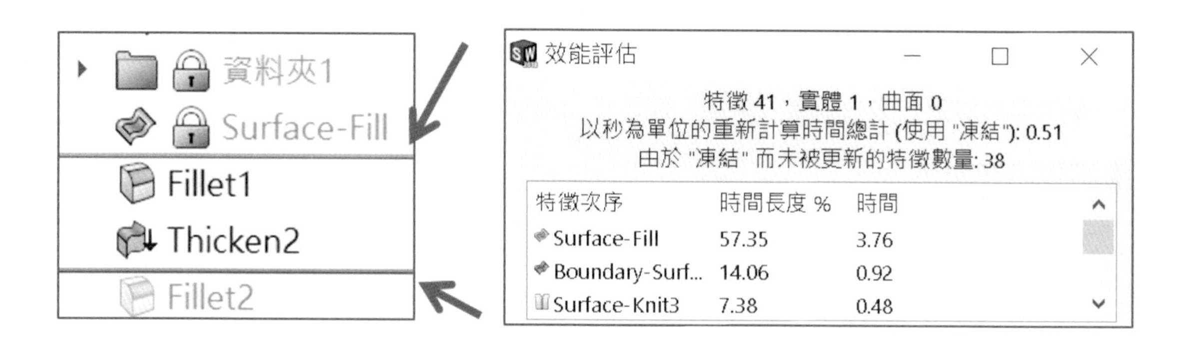

1-16 發生重新計算錯誤時

重新計算（CTRL＋Q）模型時，模型有錯誤會出現**錯誤為何**（What's Wrong）視窗，系統會配合回溯，將錯誤特徵進行處理，由清單控制：1. 停止、2. 繼續、3. 提示。

有幾種情況系統必定：1. 開啟檔案、2. 編輯草圖、3. 編輯特徵、4. 退出草圖...等。

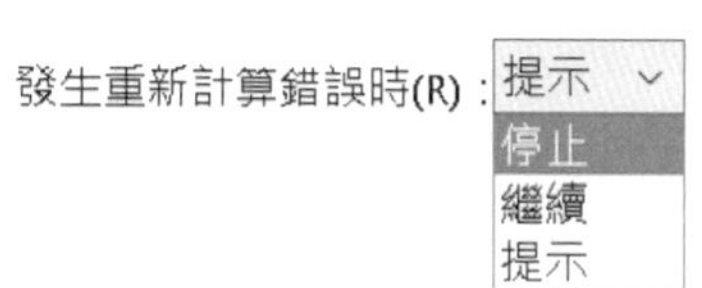

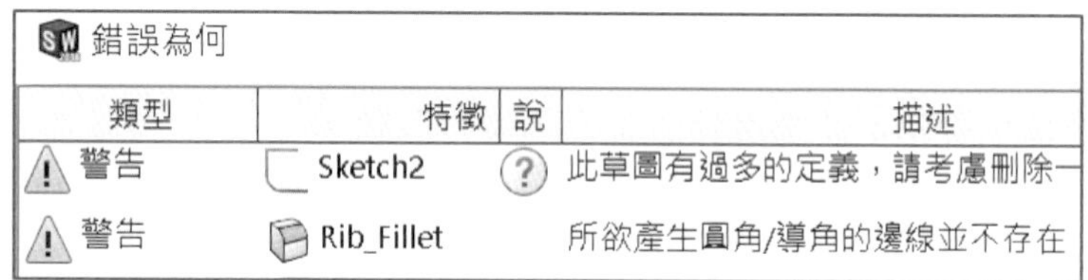

1-16-1 停止

每次後，回溯到第 1 個錯誤特徵之下，下圖左。模型修復原則由上往下，先查看整體問題，心中有想法後再人工事後回溯→修復，不太希望系統幫我們做這動作。

1-16-2 繼續

模型修復過程，後保留目前回溯（修復）位置，強烈推薦此項目，下圖中。

1-16-3 提示（預設）

好好面對該視窗，很常見：1. 繼續（忽略錯誤）、2. 停止並修復，下圖右。

A 繼續（忽略錯誤）

直接回到模型進行作業，強烈要求此設定，否則會走迷宮（箭頭所示）。

B 停止並修復

系統自動回溯到第一個錯誤特徵，顯示該特徵的錯誤訊息。

C 不要再次顯示

對進階者☑不要再次顯示。

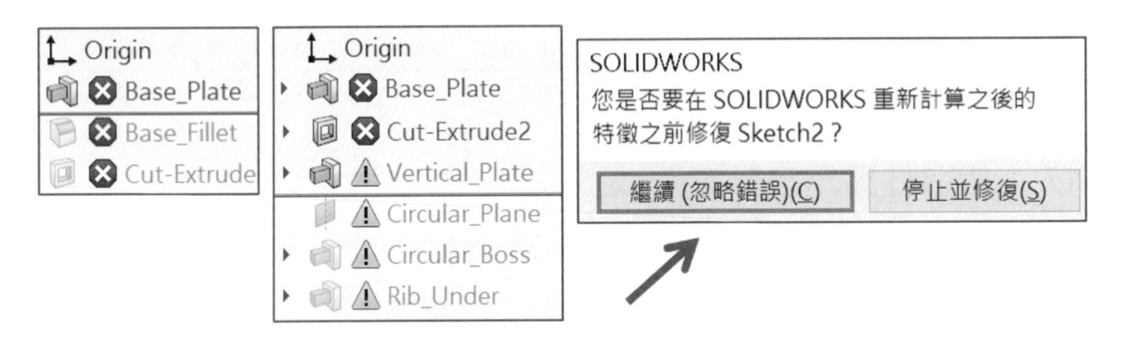

1-16-4 錯誤為何-顯示錯誤⊗

過濾顯示有錯誤的訊息，圓形交叉⊗，特徵有錯誤且該特徵無法呈現。通常是關連性遺失，例如：圓角邊線遺失或草圖有問題。

1-16-5 錯誤為何-顯示警告⚠

過濾顯示有警告的訊息，三角形＋驚嘆號⚠。特徵可以呈現，例如：有過多或錯誤的限制條件，草圖錯誤也會出現。

1-16-6 □不要再顯示

於錯誤為何視窗□**不要再顯示**，改由樹狀結構以訊息出現。適用進階者，因為很多人不要**錯誤為何**視窗。游標停留在錯誤圖示 1 秒鐘出現簡易訊息，迅速查看錯在哪，一一點選查看很沒效率，也沒人會這樣看。

1-17 作為零組件描述使用的自訂屬性

指定零件或組合件樹狀結構顯示**零組件描述**，直覺看出多一點資訊。常用在 PDM，不必進入模型就能顯示重點標示，例如：材質或專案代號…等。

由清單挑選項目，一次只能顯示一個，項目可自行規劃，增加圖號、料號。這部分有些功能沒了，不過還保留上一版書中說明，就當看歷史，下一版因為篇幅就不保留囉。

此設定應該稱為：指定**零組件描述的屬性**。

1-17-1 組合件顯示自訂屬性

於零件或組合件顯示零件名稱 2018，版次 A，例如：2018"A"。

步驟 1 選項切換自訂屬性=修訂版

步驟 2 在零件→屬性，建立修訂版=A

步驟 3 零件或組合件圖示上右鍵→樹狀結構顯示→顯示零組件描述

步驟 4 可見零件名稱 2018 旁多了"A"

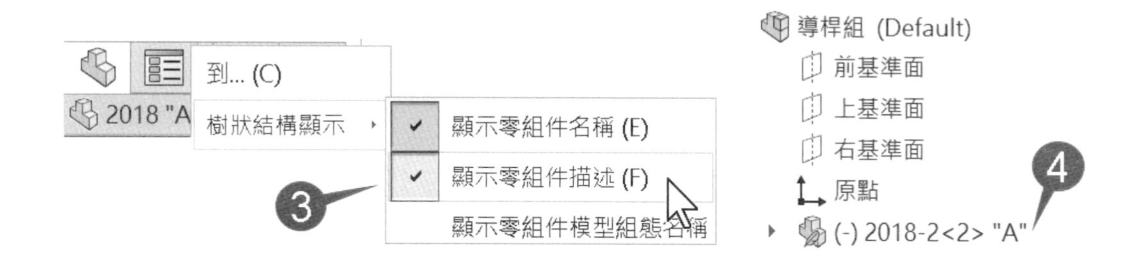

1-17-2 自訂屬性原理

自訂屬性有 2 個功能：1. 定義顯示項目不需進入 SW 知道內容、2. 可連結項目，又稱**連結至屬性**，很可惜本節只提供顯示項目不支援內容。

輸入內容要到：1. SW、2. 檔案總管、3. 其他軟體輸入內容。例如：日期=20180105，日期=項目，內容=20180105。

1-17-3 檔案總管-自訂，輸入屬性

檔案總管的自訂標籤輸入屬性，不過 SW 2015 之後就沒有自訂欄位囉，因為 SW 要與 Office 相同結構。例如：WORD 原本*.DOC→*.DOCX 就是結構改變。

步驟 1 在檔案上右鍵→內容→點選自訂

步驟 2 由清單切換名稱，例如：敘述

步驟 3 在值欄位中輸入屬性：自控導件

1-17-4 開啟舊檔顯示自訂屬性

承上節，早期開啟舊檔左下方可顯示自訂屬性，例如：顯示描述=自控導件，下圖右。時代演進取消了，除非很懂也願意花心力把它設定回來。經驗告訴我們，除非你找到最簡單方法，否則別搞太複雜和鑽牛角尖，因為別人不見得懂，也不見得和你一樣認真。

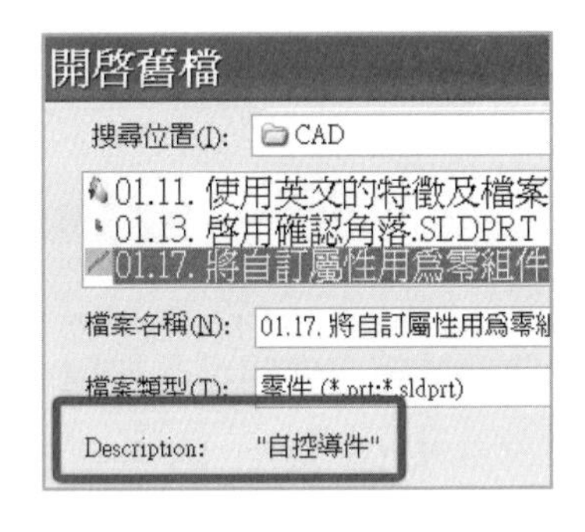

1-18 歡迎對話方塊顯示最新技術支援警示和新聞

在首頁的警示（Alert）標籤，顯示 SW 資訊、版本更新、資料庫維護時間公告，是 2018 功能。之前這些消息在右邊工作窗格顯示，現在整合首頁，無論設定為何都可連上官網查看消息。此設定應該稱為：歡迎視窗顯示最新技術、支援警示和新聞。

1-18-1 ☑歡迎對話方塊顯示最新技術支援警示和新聞（預設）

顯示 SW 最新消息，會增加進入 SW 時間，因為要連上網路更新網路資訊。

1-18-2 □歡迎對話方塊顯示最新技術支援警示和新聞

除非你對 SW 有濃厚興趣，希望得到最即時消息。大郎經常開關 SW 多次，不想進入 SW 太久，每天用人工方式到美國原廠看最新消息。

1-19 SW 當機檢查解決方案

SW 無預警當機，是否產生當機報告。當機問題絕大部分不會看，先繼續工作再說。

1-19-1 ☑當機時檢查解決方案（預設）

出現當機訊息並搜集當機資訊，通常持續發生影響作業，收集這些問題問原廠。

1-19-2 □當機時檢查解決方案

僅出現問題訊息，可縮短關閉 SW 時間。大部分希望快點關閉 SW，重新啟用 SW。

1-19-3 預覽錯誤報告

於 SW 錯誤報告視窗，點選 Preview Report Contents（預覽錯誤報告），出現預覽錯誤報告視窗，分別點選 2 檔案：SWPerformance.TXT、#@!#!@.DMP，看出執行紀錄和軟硬體資訊。

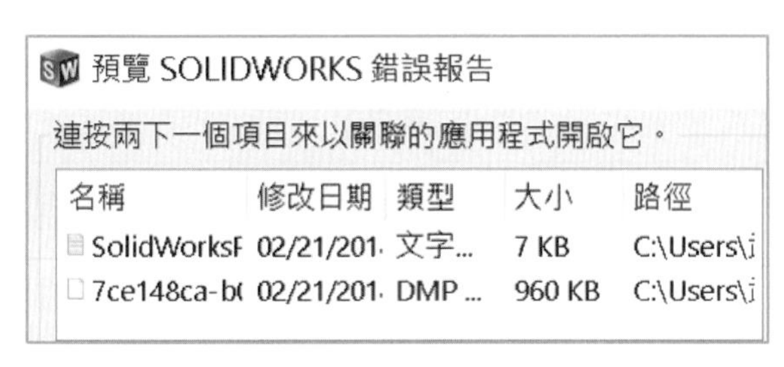

SolidWorksPerformance - 記事本

檔案(F) 編輯(E) 格式(O) 檢視(V) 說明(H)

```
; SolidWorks generated log file
<VERSION> 4</VERSION>
<PROC_NUM>8 system processor(s)
<PROC_ARCH>9, 6, 40457
<OS>Microsoft Windows 10 Profes
```

1-19-4 SW Rx 效能測試

要深入了解錯誤原因，可使用 SW Rx **效能測試**（早期稱**系統診斷與分析**），診斷軟體和硬體搭配，提出診斷結果和建議，將一些技術資料提供給 SW **判讀**。

該工具得知判讀依據，自行排除可能情形，例如：增加記憶體、更新顯示卡 DRIVER、刪除暫存檔...等。

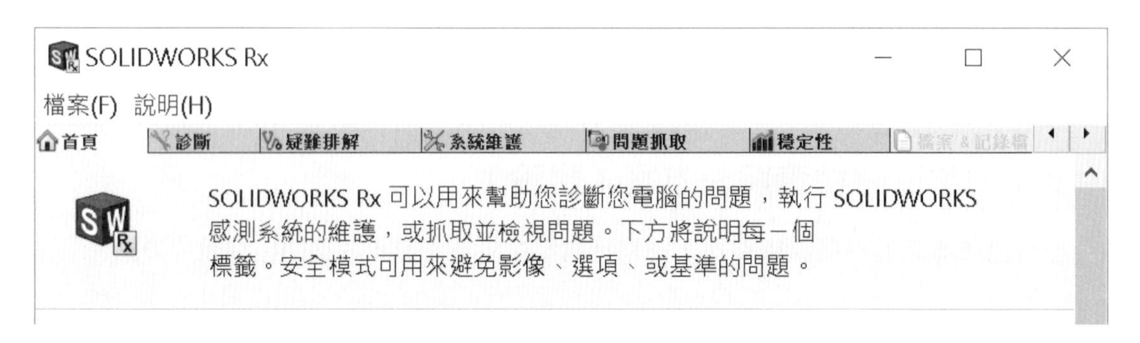

1-20 啟用 SW 事件音效

作業中是否啟用聲音提示，例如：動畫完成、碰撞偵測、檔案開啟完成、重新計算錯誤、感測器警示、計算影像完成、網格失敗...等，本節和下方**設定音效一起說明**。

透過音效提醒常用在目前狀態不被允許（衝突）或是已經完成的作業，例如：開啟選項視窗後（忘了這件事），又想由檔案總管快點 2 下開啟模型，這時會聽到音效，你會回過頭看 SW 畫面，原來選項視窗被開啟了。

1-20-1 設定音效

開啟 Windows 音效視窗，為 SW 事件指派音效。

1-21 啟用 VSTA 3.0 版本

是否使用 VSTA 3.0 執行、編輯、轉換巨集。自 2018 支援並安裝 VSTA 3.0（Microsoft Visual Studio 2015），來記錄、編輯或除錯 VB.NET 和 C# 巨集。

2017 和更早版本使用 VSTA 1.0 巨集，2018 支援 VSTA1.0 和 3.0。

1-21-1 ☑啟用 VSTA 3.0

將以前建立的巨集轉換為 VSTA 3.0，最好備份先前所建立的巨集。

1-21-2 ☐啟用 VSTA 3.0

不想轉換先前版本巨集，可以在 2018 編輯和和執行 VSTA1.0 巨集。

1-22 自動記錄檔傳至 SW 改善產品

將記錄檔自動傳送至 SW **客戶使用經驗**協助改善產品，過程於背景進行，所有信息被保密處理，不用於任何目的，也沒有人與你聯繫。

1-22-1 告訴我更多資訊

點選告訴我更多資訊，連結美國原廠，可以看到客戶體驗改進計劃內容，www.SW.com/sw/support/customer-experience-improvement-program.htm。

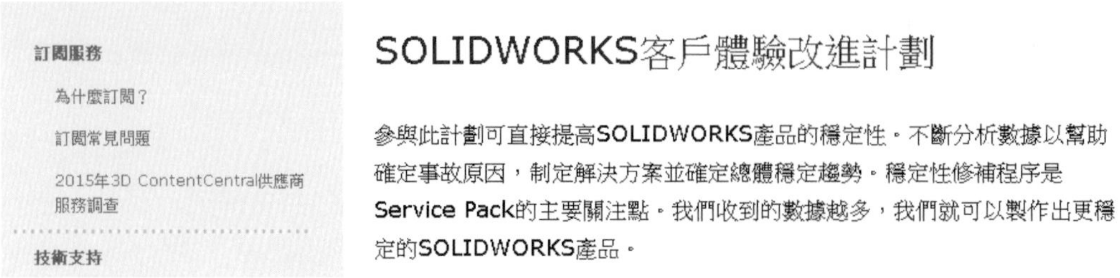

訂閱服務

為什麼訂閱？

訂閱常見問題

2015年3D ContentCentral供應商服務調查

技術支持

SOLIDWORKS客戶體驗改進計劃

參與此計劃可直接提高SOLIDWORKS產品的穩定性。不斷分析數據以幫助確定事故原因，制定解決方案並確定總體穩定趨勢。穩定性修補程序是**Service Pack**的主要關注點。我們收到的數據越多，我們就可以製作出更穩定的SOLIDWORKS產品。

- 電腦製造商
- CPU 類型，速度和內核數量
- 顯卡製造商和驅動程序版本
- 操作系統和版本
- 已安裝的操作系統版本的先決條件
- 互聯網服務提供商的 IP 地址
- SW 版本和序列號
- SW 內存分配和使用情況
- SW 活動用戶界面工具欄
- 已加載 SW 加載項
- SW 持續時間和 CPU 使用率
- SW 用戶界面命令序列

CHAPTER

02

工程圖

設定工程圖顯示：1. 視圖產生過程→2. 視圖調整→3. 註記與顯示。提高顯示效率、自動執行項目、關閉功能...等。有些設定適用新產生的視圖，不影響目前視圖。

本章設定排列有點亂，一下視圖一下註記。很多選項和指令連結，會特別說明。

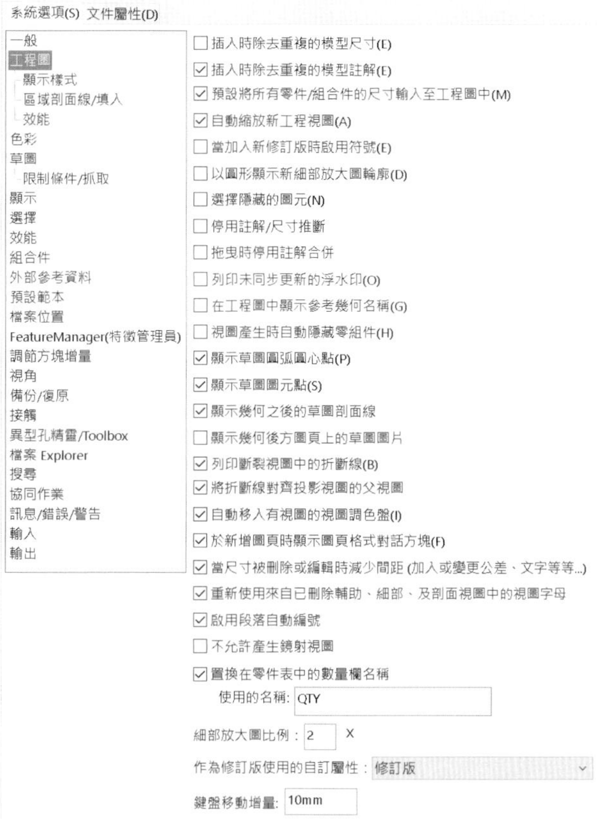

系統選項(S) 文件屬性(D)

一般
工程圖
顯示樣式
區域剖面線/填入
效能
色彩
草圖
限制條件/抓取
顯示
選擇
效能
組合件
外部參考資料
預設範本
檔案位置
FeatureManager(特徵管理員)
調節方塊增量
視角
備份/復原
接觸
異型孔精靈/Toolbox
檔案 Explorer
搜尋
協同作業
訊息/錯誤/警告
輸入
輸出

- ☐ 插入時除去重複的模型尺寸(E)
- ☑ 插入時除去重複的模型註解(E)
- ☑ 預設將所有零件/組合件的尺寸輸入至工程圖中(M)
- ☑ 自動縮放新工程視圖(A)
- ☐ 當加入新修訂版時啟用符號(E)
- ☐ 以圓形顯示新細部放大圖輪廓(D)
- ☐ 選擇隱藏的圖元(N)
- ☐ 停用註解/尺寸推斷
- ☐ 拖曳時停用註解合併
- ☐ 列印未同步更新的浮水印(O)
- ☐ 在工程圖中顯示參考幾何名稱(G)
- ☐ 視圖產生時自動隱藏零組件(H)
- ☑ 顯示草圖圓弧圓心點(P)
- ☑ 顯示草圖圖元點(S)
- ☑ 顯示幾何之後的草圖剖面線
- ☐ 顯示幾何後方圖頁上的草圖圖片
- ☑ 列印斷裂視圖中的折斷線(B)
- ☑ 將折斷線對齊投影視圖的父視圖
- ☑ 自動移入有視圖的視圖調色盤(I)
- ☑ 於新增圖頁時顯示圖頁格式對話方塊(F)
- ☑ 當尺寸被刪除或編輯時減少間距 (加入或變更公差、文字等等...)
- ☑ 重新使用來自已刪除輔助、細部、及剖面視圖中的視圖字母
- ☑ 啟用段落自動編號
- ☐ 不允許產生鏡射視圖
- ☑ 置換在零件表中的數量欄名稱

使用的名稱: QTY

細部放大圖比例：2 X

作為修訂版使用的自訂屬性：修訂版

鍵盤移動增量: 10mm

2-1 插入時除去重複的模型尺寸

使用**模型項次**（Model Item）時，是否加入重複尺寸到視圖。自動加入尺寸是 3D CAD 特性，工程圖尺寸來自模型特徵與草圖，總之模型有什麼工程圖就有什麼。

將尺寸具備修改能力，稱為參數式標註或自動標註尺寸，是 3D CAD 最強大特性，也吸引不少人投入 3D 懷抱。此設定應該稱為：模型項次加入重複尺寸。

2-1-1 ☑插入時除去重複的模型尺寸（預設）

不加入重複尺寸。**重複尺寸**為**多餘**或**參考尺寸**，不必計算用於參考。原則不重複標註，因為多標浪費空間和看圖時間，例如：上視圖不會加入尺寸，下圖左。

2-1-2 □插入時除去重複的模型尺寸

加入重複尺寸，配合**消去法**判斷尺寸放哪個視圖比較理想，這招很好用呦。例如：前視和右視圖都有 25 尺寸，右視圖 25 是多餘的。

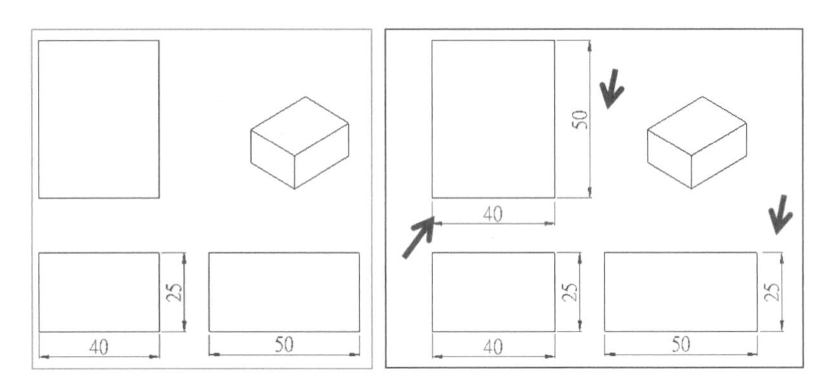

2-1-3 模型項次-消除重複的尺寸

此設定與**模型項次**，☑消除重複的尺寸**連結**，這是手動操作。

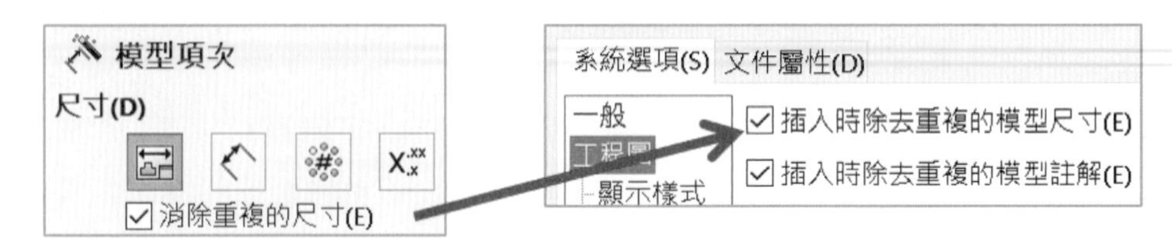

2-2 插入時除去重複的模型註解

承上節，使用是否將標註在模型上的註解，傳遞到視圖。插入→註記，或 MBD 工具列，將註記標註在模型上直接溝通，不須識圖能力就能看出模型要求。

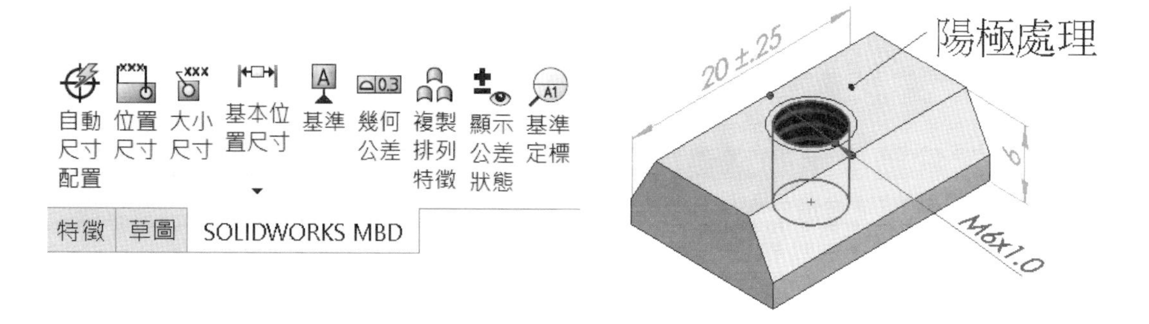

2-2-1 ☑插入時除去重複的模型註解（預設）

註解只會顯示在**前視圖**上，例如：陽極處理。

2-2-2 ☐插入時除去重複的模型註解

每個視圖顯示註解，下圖右。

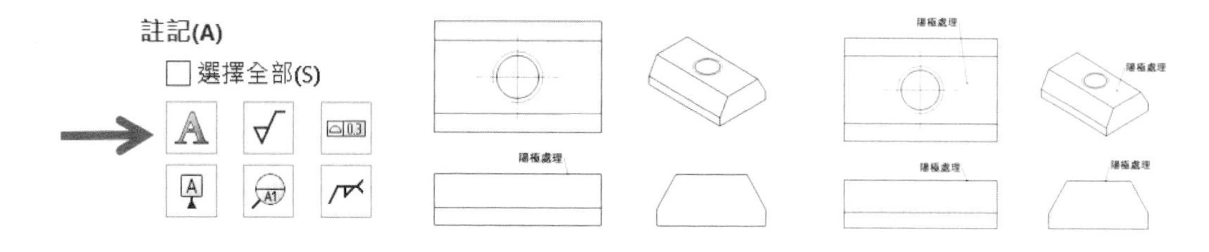

2-3 預設將所有零件/組合件的尺寸輸入至工程圖中

使用是否將**工程圖標示**（Mark for Drawings）尺寸加在視圖。常用在避免有公差的尺寸加入工程圖，保護圖面機密性。變更這項功能，必須重新啟動 SW，設定才會生效。此設定應該稱為：**為工程圖標示的尺寸插入工程視圖**。

2-3-1 ☑預設將所有零件/組合件的尺寸輸入至工程圖中

任何尺寸輸入至工程圖，無論尺寸有沒有被設定，**為工程圖標示**。

2-3-2 □預設將所有零件/組合件的尺寸輸入至工程圖中

僅輸入**為工程圖標示**的尺寸。避免不必要尺寸加入，管理設計尺寸，例如：圓尺寸只是臨時想法，希望保留在草圖，又不希望 ø18 輸入至工程圖。

2-3-3 為工程圖標示的定義

模型所有尺寸預設**為工程圖標示**。在尺寸上右鍵→可見☑**為工程圖標示**，下圖左。或尺寸標註過程直接定義，**標示要輸入至工程圖的尺寸**，下圖右。

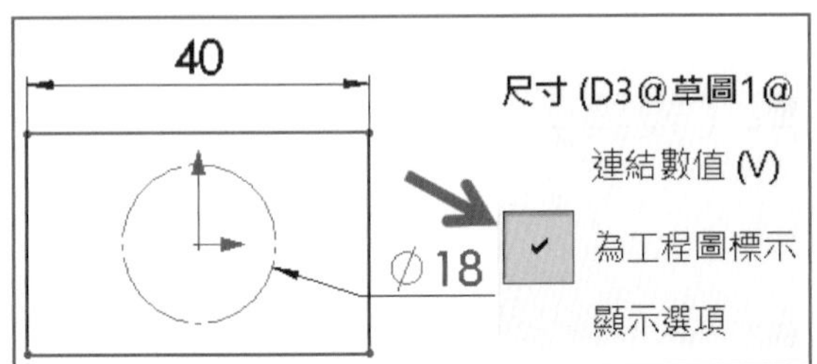

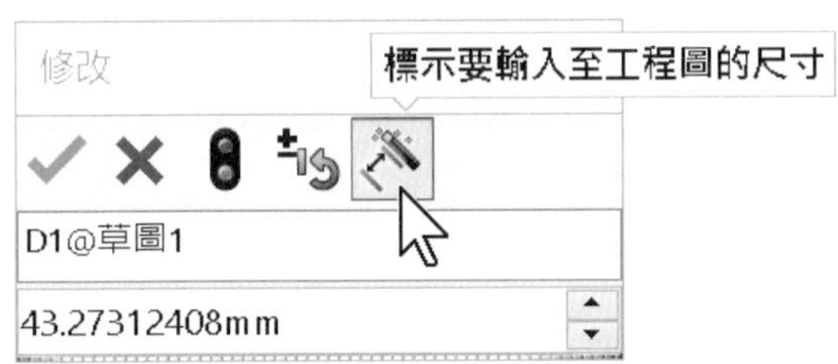

2-3-4 為工程圖標示設定

本節在指令過程，與文件屬性→尺寸細目→視圖產生時自動插入→**為工程圖標示的尺寸**，相連結（箭頭所示）。

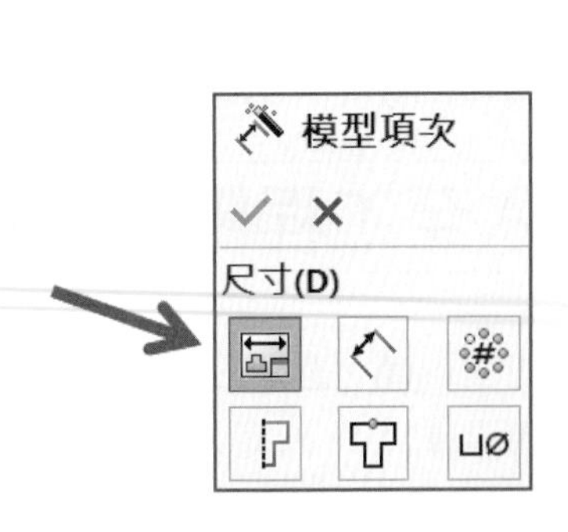

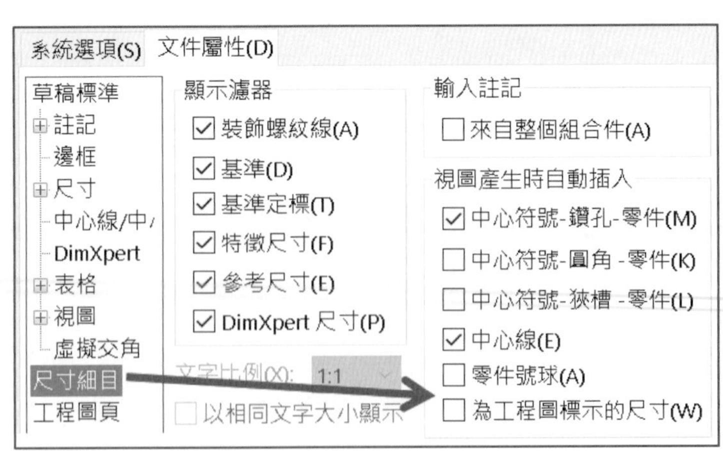

2-4 自動縮放新工程視圖

產生新視圖是否自動調整比例至適當大小（不超出圖頁）。此設定必須配合**預先定義視圖**，以**圖頁比例**控制視圖。僅適用**新產生的視圖**，此設定應該稱為：自動縮放視圖。

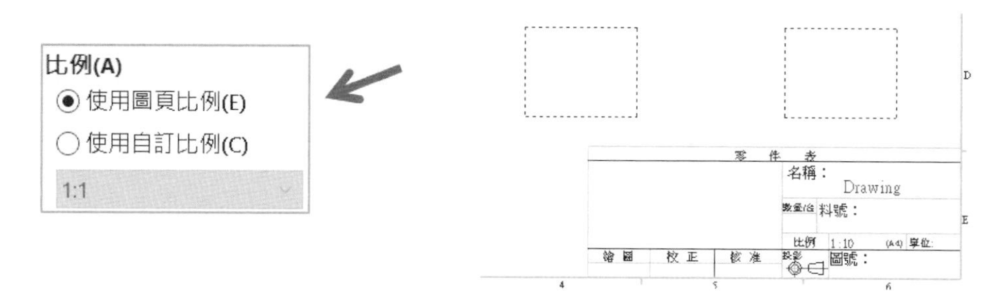

2-4-1 ☑自動縮放新工程圖（預設）

加入視圖至工程圖後，自動調整比例配合圖頁，可減少比例設定次數，下圖左。

2-4-2 ☐自動縮放新工程圖

產生的視圖為 1:1。很多人不希望每次工程圖自動調整比例，就在這設定。實務上，很多公司希望 1:1 出圖，例如：好量測、拓印比對、轉 DWG、工件也不大。

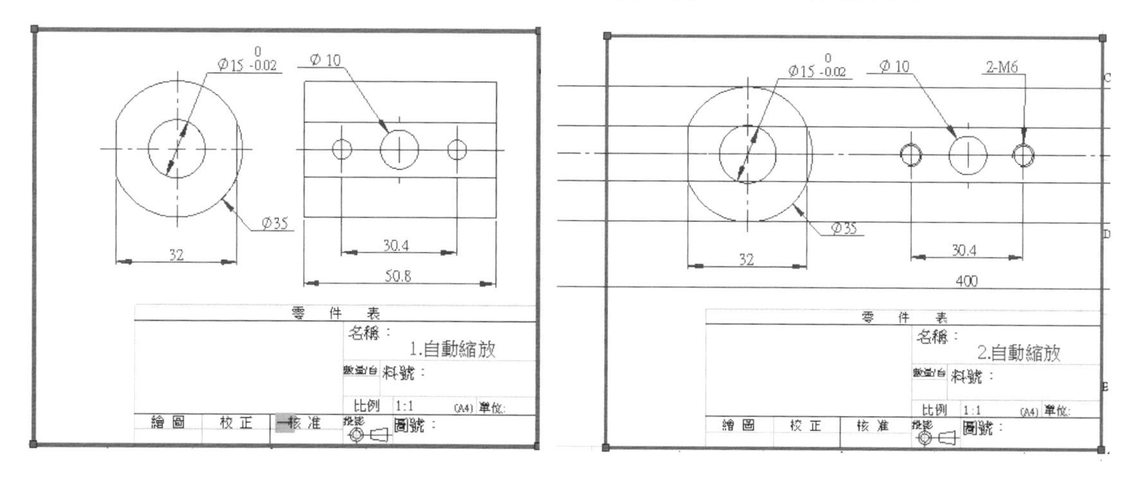

2-5 當加入新修訂版時啟用符號

在**修訂表格**新增列後，是否自動插入**修訂版符號**（Revision Symbol）。在圖面上紀錄與追蹤版本，也可以與配合，完整紀錄修訂內容。

變更此設定，必須刪除→重新製作表格，因為工程圖不能同時存在 2 個。此設定應該稱為：**新修訂版啟用符號**。

2-5-1 ☑當加入新修訂版時啟用符號（預設）

新增列後，自動啟用指令，於屬性管理員見到☑**當加入新修訂版時啟用符號**。

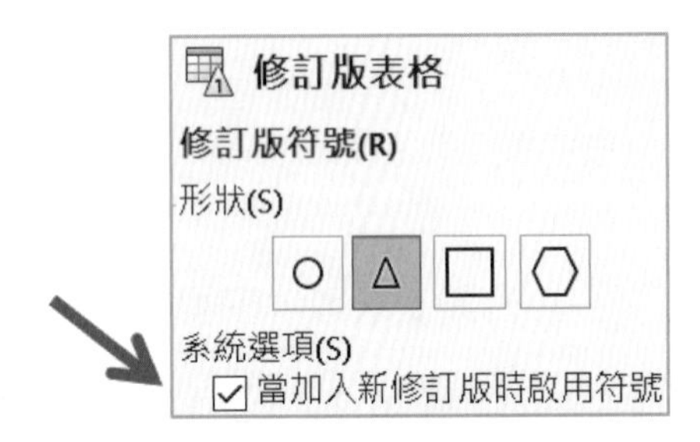

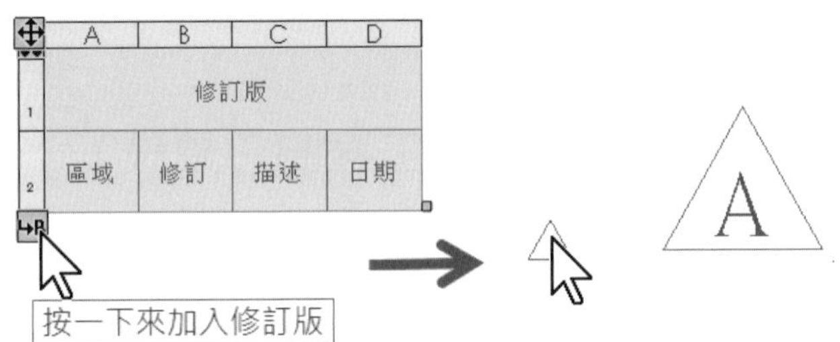

2-5-2 □當加入新修訂版時啟用符號

新增列後，啟用新列的描述欄，以便加入文字。必須自行使用，過程中屬性管理員見到修訂版符號註記，或是點選圖面上的修訂版符號就會顯示。

修訂版				
區域	修訂	描述	日期	核准
	A		2018/1/9	
	B		2018/1/9	

2-5-3 屬性管理員-新修訂版時啟用符號

此設定也可以在修訂版表格設定，它們是連結關係（上圖箭頭所示）。

2-6 以圓形顯示新細部放大圖輪廓

無論草圖輪廓為何，是否**圓形顯示細部放大圖**。**細部放大圖**輪廓以圓形為主，除非圓形難以表達，才讓輪廓呈現自然，例如：雲狀，此設定適用新視圖。

此設定應該稱為：**以圓形顯示細部圖圓**。因為 1. **細部圖圓**、2. **細部放大圖**不同名稱，本節定義 1. **細部圖圓**。

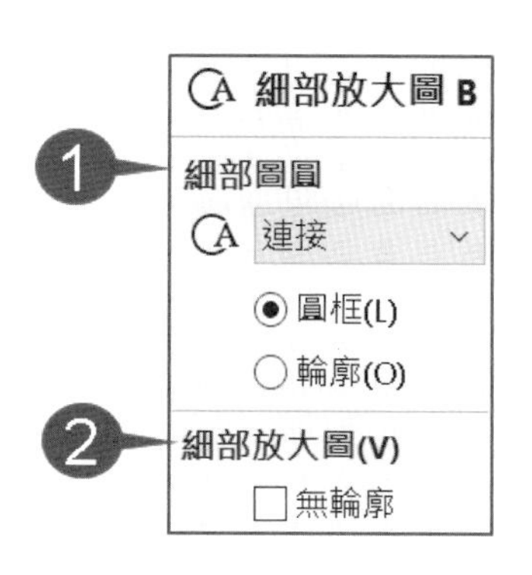

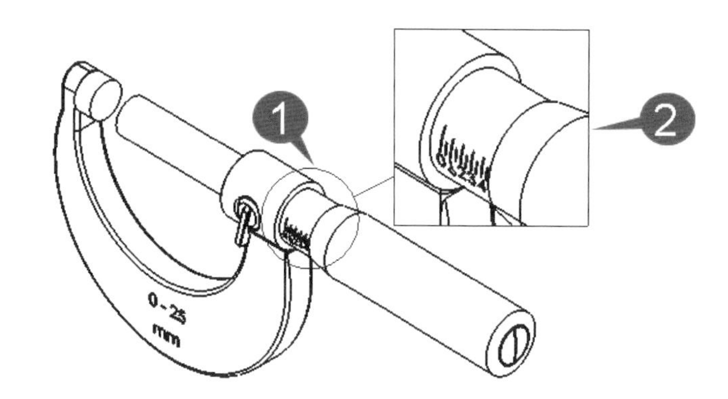

2-6-1 ☑以圓形顯示新細部放大圖輪廓

無論草圖為何種輪廓，強制圓形顯示**細部放大圖**。繪製**矩形**→，系統還是呈現圓形的**細部圖圓**，下圖左（箭頭所示）。

圓形比較好控制，例如：拖曳圓心移動、拖曳**細部圖圓**放大/縮小視圖。

2-6-2 ☐以圓形顯示新細部放大圖輪廓（預設）

依任意繪製的圖元，成為**細部放大圖**輪廓，下圖中。

2-6-3 細部放大圖設定

點選**細部放大視圖**，**細部圖圓**，於屬性管理員設定**圓框**、**輪廓**，下圖右。

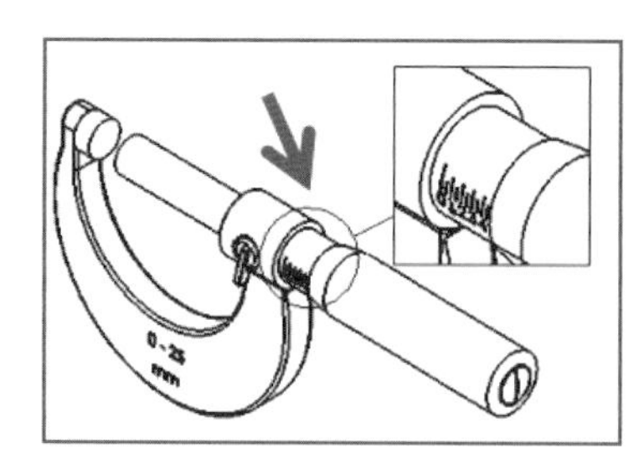

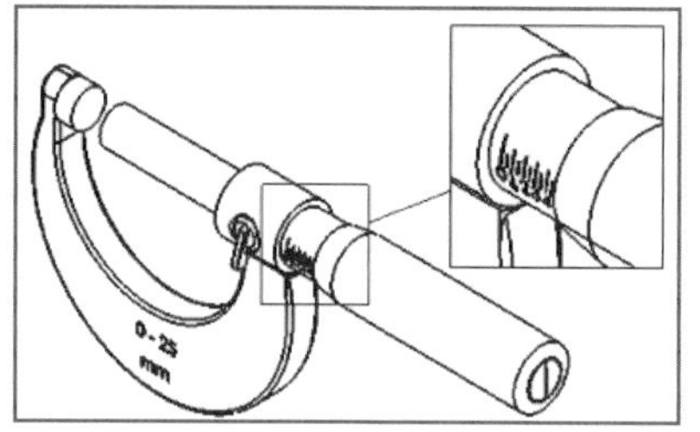

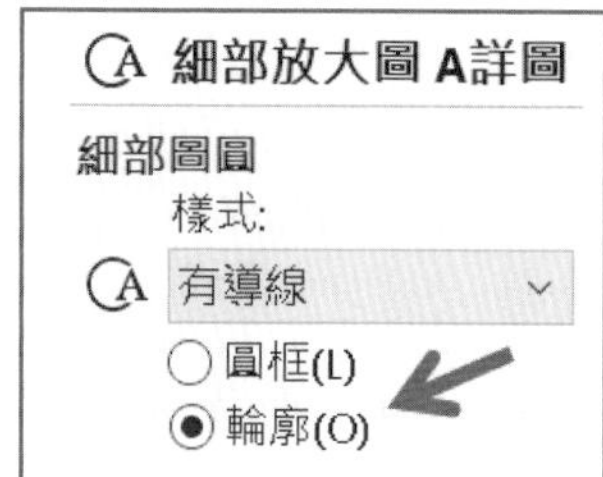

2-7 選擇隱藏的圖元

使用**顯示/隱藏邊線**，將模型邊線隱藏後，游標在被隱藏的邊線是否顯示。常用在潤飾，例如：毛邊不顯示。

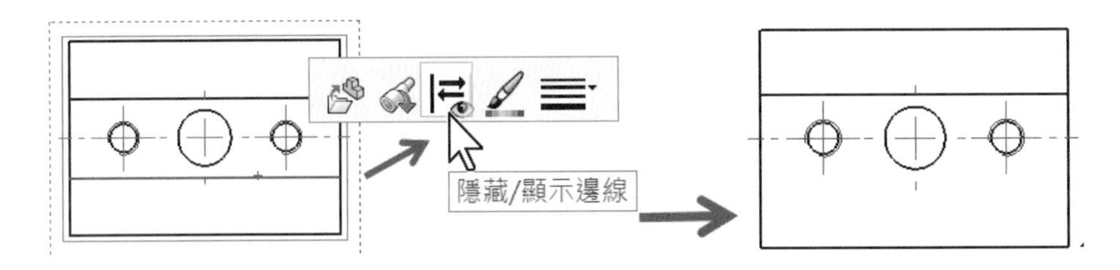

2-7-1 ☑選擇隱藏的圖元

游標經過被隱藏邊線，游標旁會顯示邊線圖示，可以點選隱藏邊線進行後續處理。例如：點選隱藏邊線→**顯示邊線**，被隱藏的邊線會被顯示，下圖左。

2-7-2 ☐選擇隱藏的圖元（預設）

被隱藏的圖元不顯示也無法選取，這部分有很多議題，後面再說明，下圖右。

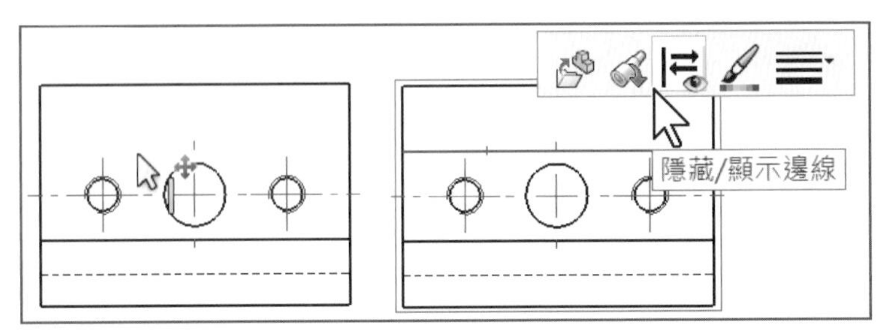

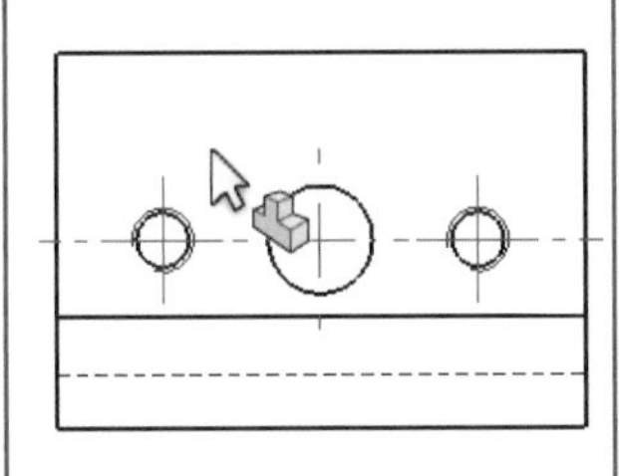

2-7-3 高品質視圖與草稿品質視圖

本設定不適用**塗彩**、**帶邊線塗彩**、**線架構**、**草稿品質**。例如：被隱藏的邊線 1. 高品質：維持隱藏、2. **草稿品質**=顯示隱藏邊線、3. ：所有邊線顯示。

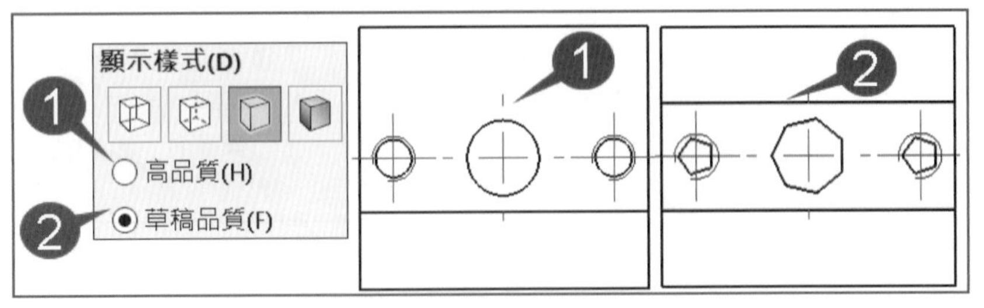

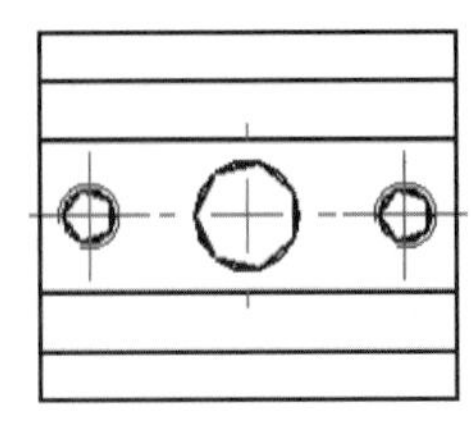

2-7-4 3D 工程視圖

執行被隱藏的邊線被強制顯示，因為模型暫時以草稿品質呈現。

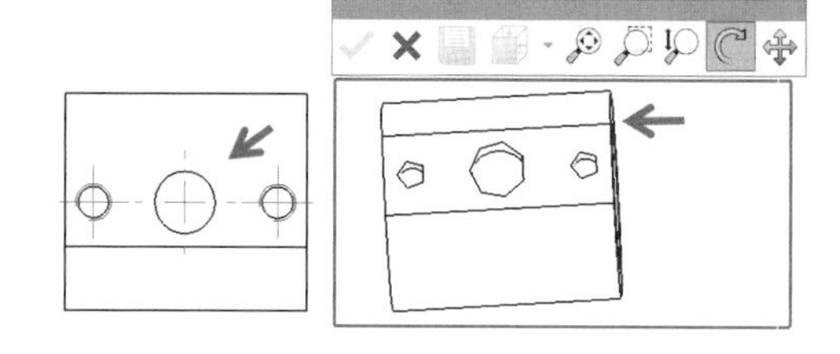

2-8 停用註解/尺寸推斷

拖曳註解或尺寸是否顯示推斷（Inference）：水平和垂直提示線（黃色）。以美觀而言，註解與尺寸標註互為水平或垂直放置。

2-8-1 ☑停用註解/尺寸推斷

拖曳註解或尺寸，顯示提示線輔助對齊，下圖左。

2-8-2 ☐停用註解/尺寸推斷（預設）

不顯示提示線，靈活拖曳對齊，適用多尺寸視圖，也可用**對正工具列**快速對齊它們。

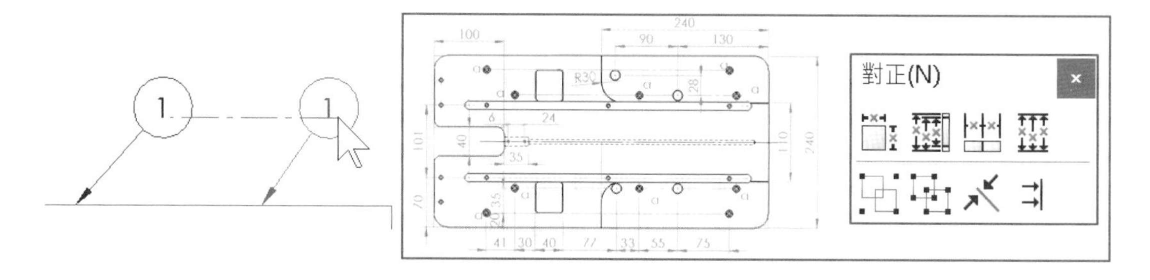

2-9 拖曳時停用註解合併

拖曳註解到另一個註解，或拖曳註解到尺寸標註上面的過程，是否合併它們。

2-9-1 ☑拖曳時停用註解合併

不合併註解或尺寸，避免調整註解位置時不小心合併，合併後無法分離。

2-9-2 □拖曳時停用註解合併（預設）

將 2 個註解合併，例如：SolidWorks 拖曳到 DRAFTSIGHT 註解之下。

2-9-3 註解自動加入編號

註解加入**自動編號**，合併過程會自動排序，例如：DRAFTSIGHT 移入 edrawings 下。

1. edrawings DRAFTSIGHT → 1. edrawings 2. DRAFTSIGHT

2-10 列印未同步更新的浮水印

列印圖紙過程，是否在過時視圖下方出現：**未同步更新的浮水印**（Water Mark）。例如：**分離的視圖-未同步更新列印，下圖左**。

輕量抑制、分離視圖、工程圖未與模型同步顯示，會出現**浮水印**，不過**預覽列印**看不出浮水印。過時視圖會出現的**斜影線**（又稱影線、剖面線），很多人以為**浮水印=斜影線**，這 2 個不一樣呦。

2-10-1 ☑列印未同步更新的浮水印（預設）

圖紙列印未同步更新的浮水印。原則上工程圖看到什麼就印什麼，視圖出現斜影線和**未同步更新的註記**，就知道這張圖不能發出去加工，造成公司損失。

2-10-2 □列印未同步更新的浮水印（預設）

不列印**未同步更新的浮水印**，不要給別人看出這是舊的，雖然這很少人這樣用，不過有這設定還是不錯的彈性，畢竟還是有可能用得上呀。

2-10-3 何謂過時視圖（Out Of Date View）

原則上，開工程圖會自動**重新計算**，視圖為最新狀態就不會有**斜影線**了。不過某些作業後，系統**不重新計算**，就出現**斜影線**。

快點 2 下 20→修改為 25→↵，這時圖形還保留 20 位置，並出現**斜影線，下圖右**。

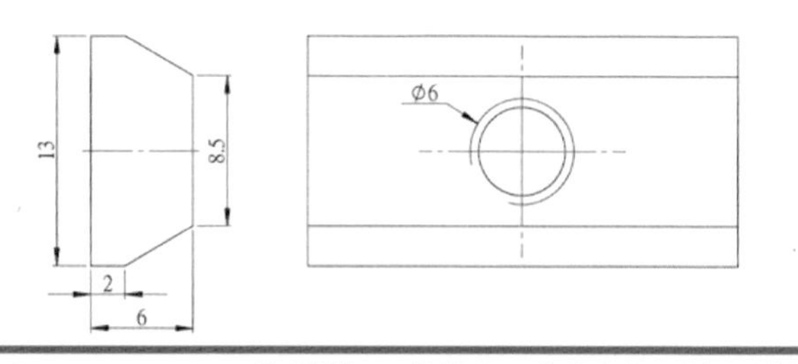

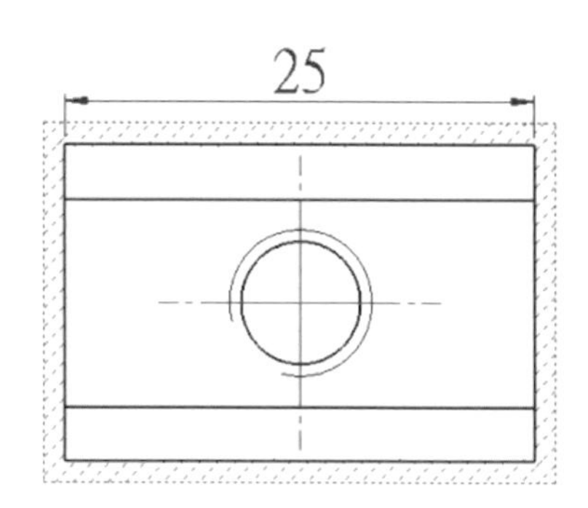

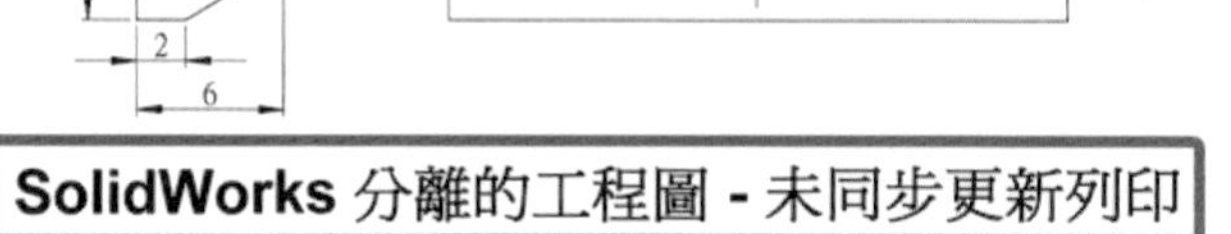

2-10-4 列印設定-在過時的視圖上列印剖面線

承上節，可以不列印斜影線，常用在臨時變更，圖形未照比例，要求廠商以尺寸加工。在列印視窗控制，**在過時視圖的斜影線**，這功能以前在選項，現在移到列印視窗。

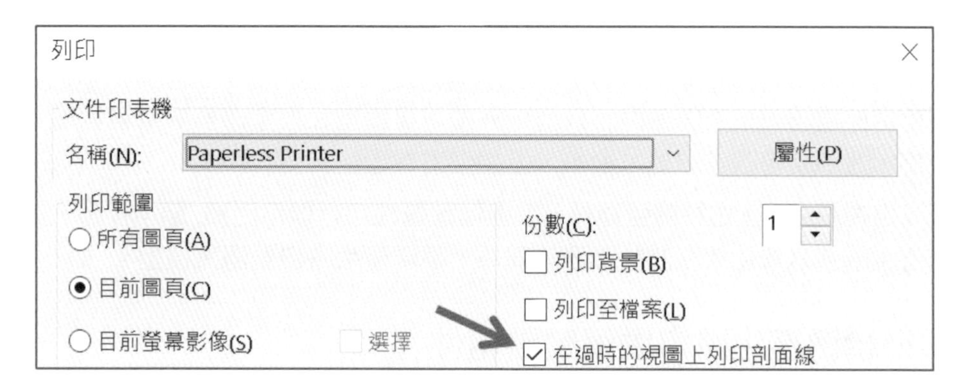

2-11 在工程圖中顯示參考幾何名稱

使用將**參考幾何**加入工程視圖，是否顯示參考幾何名稱。

模型加入參考幾何，多半為了特徵必要條件、設計參考、模型轉檔（座標系統）. . . 等。

常使用的參考幾何：1. 基準軸、2. 基準面、3. 座標系統、4. 點…等。

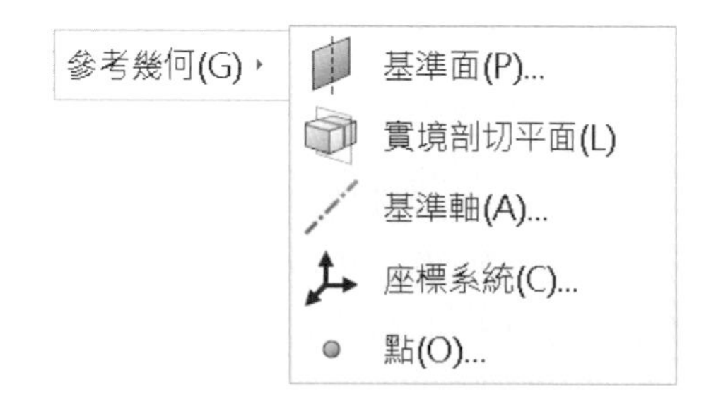

2-11-1 ☑在工程圖中顯示參考幾何名稱

顯示**參考幾何**名稱，常用在簡易圖說明，不適合加工圖面，下圖左。

2-11-2 □在工程圖中顯示參考幾何名稱（預設）

不顯示名稱，避免工程圖太亂，懂得人看就知道代表什麼，不需要名稱，下圖右。

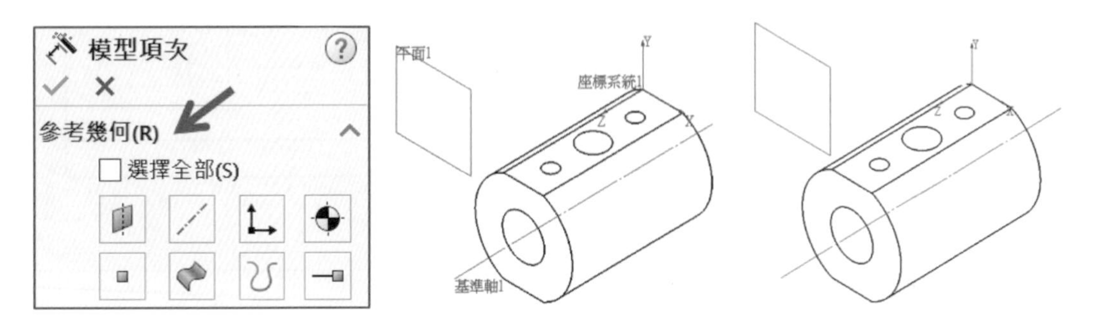

2-12 視圖產生時自動隱藏零組件

控制組合件視圖，是否隱藏內部只留下外部可見模型。模型過多讓電腦變慢，屬於大型組件措施，此設定可改善效能，很多人沒想到還有這招。

也可以視圖產生後，由**特徵管理員**、**工程視圖屬性**自行**顯示隱藏/顯示**模型。變更設定後，重新產生視圖才會生效。此設定應該稱為：**視圖產生時自動隱藏模型**。

2-12-1 ☑視圖產生時自動隱藏零組件

發覺電腦變慢，這項功能可立即提升，使用 NB 感覺最明顯。

2-12-2 □視圖產生時自動隱藏零組件（預設）

顯示所有模型，方便接下來視圖指令，例如：**剖面視圖**、**區域深度剖視圖**。

2-12-3 查看投影原理

承上節，由視圖看不出外觀有何變化對吧，利用旋轉模型，分別查看每個視圖，可見到假象，更可體會投影不到就不顯示。

例如：點選前視圖→，發現後面沒有模型。

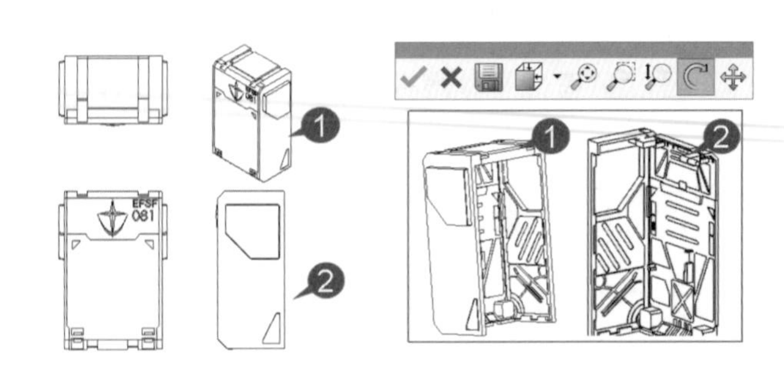

2-12-4 不只是隱藏內部模型

箱裡有武器，誤以為 SW 會隱藏武器。本節做實驗，將前蓋挖洞→產生視圖，結果會顯示武器。更可證明，本設定是隱藏看不見模型，不是隱藏內部，下圖左。

2-12-5 特徵管理員-隱藏/顯示零組件

特徵管理員可見被隱藏模型透明顯示。也可以 1. 模型右鍵→2. 顯示/隱藏→3. 顯示零組件，下圖右。

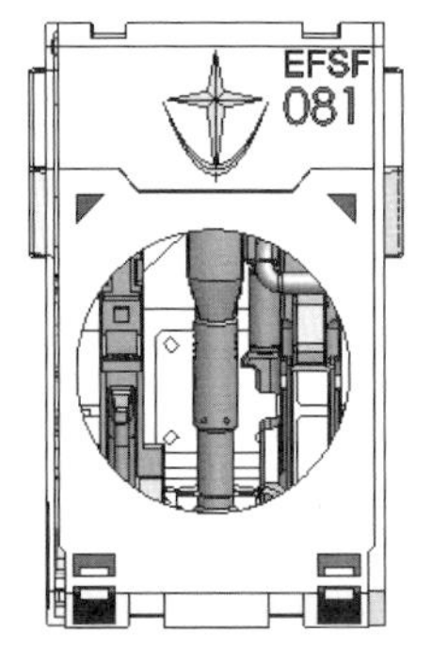

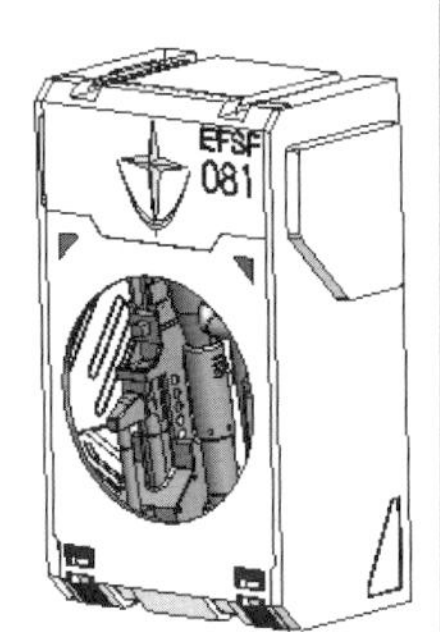

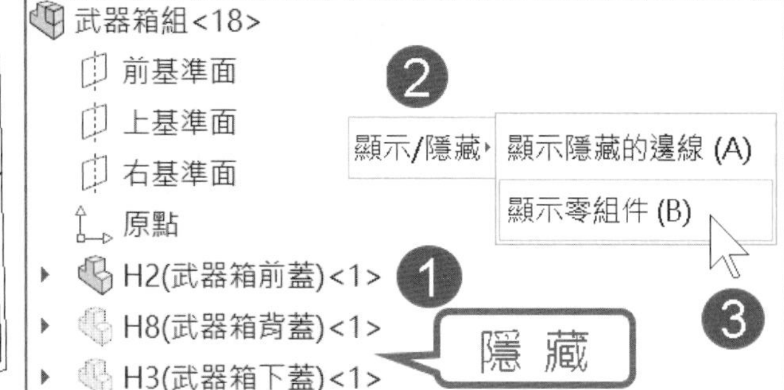

2-12-6 工程視圖屬性-隱藏/顯示零組件

1. 點選視圖右鍵→2. 工程視圖屬性→3. **隱藏/顯示零組件**標籤，該標籤顯示被隱藏的模型。

刪除來顯示模型，或由特徵管理員點選模型加入清單，按**套用**預覽。

工程視圖屬性
視圖屬性 | 顯示隱藏邊線 | 隱藏/顯示零組件
下列清單中的零組件會被隱藏:
武器箱組<11>/H8(武器箱背蓋)<1>
武器箱組<11>/J5(加農彈夾)<1>
套用(A)

2-13 顯示草圖圓弧圓心點

是否顯示草圖圓或弧的圓心點。工程圖可以繪製草圖圖元，並顯示圓心點增加圖形識別。過多圖元就顯得負擔，此設定讓你靈活運用。

本節與下節**顯示草圖圖元點**、草圖→**顯示圓弧圓心點**觀念相同，下圖左。

2-13-1 ☑顯示草圖圓弧圓心點

顯示圓弧圓心點，常用在尋找圓心點的參考，或拖曳它們。

2-13-2 ☐顯示草圖圓弧圓心點（預設）

不顯示**圓心點**，常用複雜圖形的圖元點過多時，關閉來提升效能。

2-14 顯示草圖圖元點

承上節，草圖線段是否顯示端點，以填實圓表示，本節說明和上節相同，不贅述。

2-14-1 ☑顯示草圖圖元點

顯示圖元端點，容易得知端點分布、改變草圖輪廓。常用於外型設計、管線或動畫，協助路徑參考，下圖中。

2-14-2 ☐顯示草圖圖元點（預設）

不顯示圖元端點，像滑順線段，下圖右。

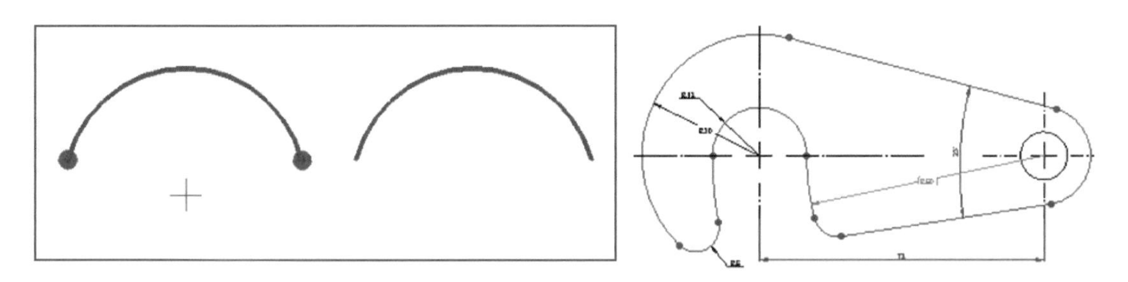

2-15 顯示幾何之後的草圖剖面線

使用**區域剖面線/填入**◪→**純色**，是否顯示被蓋住的後面輪廓。此設定以**純色**說明被覆蓋變化，本設定應該稱為：**顯示剖面線之後的幾何**。

2-15-1 ☑顯示幾何之後的草圖剖面線

顯示純色之下的特徵邊線，下圖左。

2-15-2 ☐顯示幾何之後的草圖剖面線（預設）

純色覆蓋模型，下圖中。

2-15-3 視圖與草圖的位置原理

由得知，草圖平行投影在視圖上，此設定將草圖改變投影深度，下圖右。

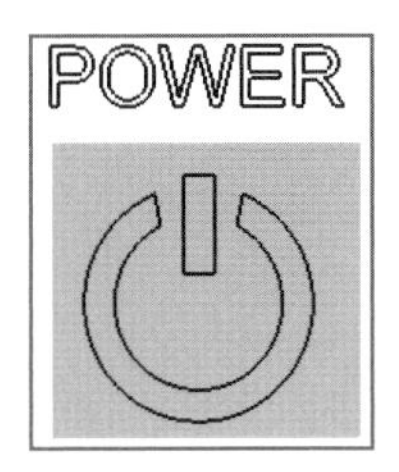

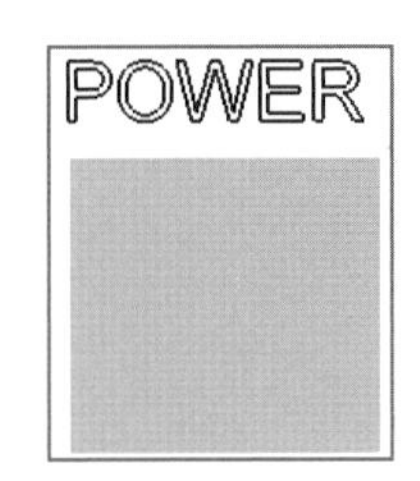

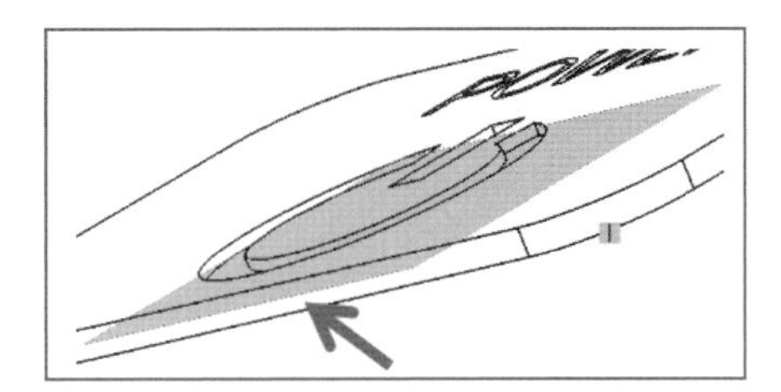

2-16 顯示幾何後方圖頁上的草圖圖片

承上節，圖片是否顯示被蓋住的後面輪廓，適用等角圖＋塗彩狀態，常用在型錄製作。視圖為非塗彩，圖片永遠在前面。工程圖和零件都可以加入草圖圖片（插入→圖片）。

本節與上節觀念相同不贅述，本設定應該稱為：**顯示幾何之後的草圖圖片**。

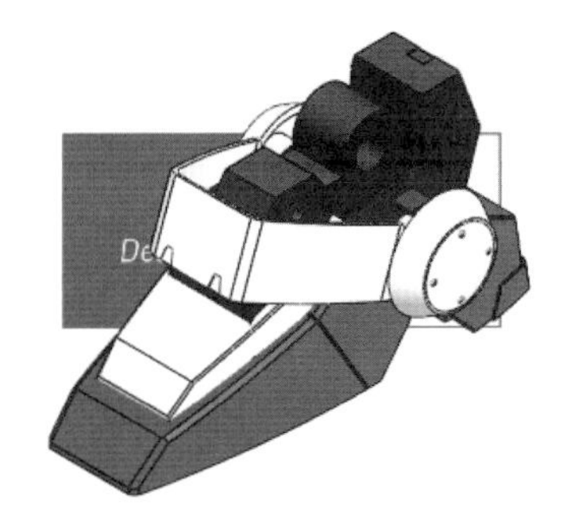
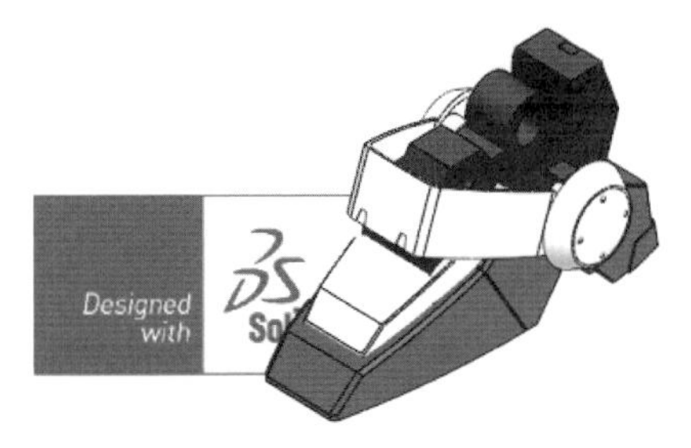

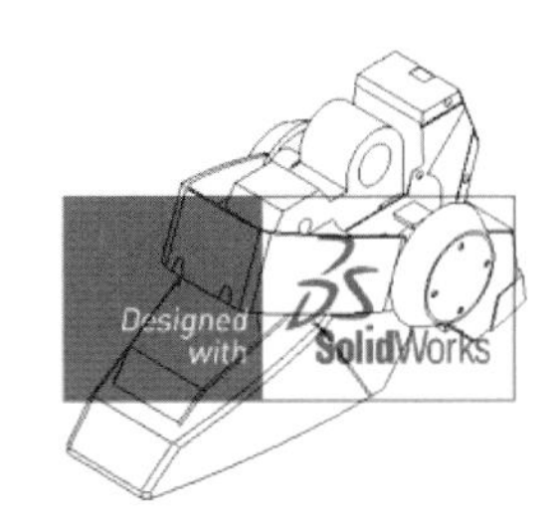

2-17 列印斷裂視圖中的折斷線

使用**斷裂視圖**是否列印**折斷線**（Break Line）。常用在重複、工件太長太大，或大量空白區域縮短顯示，提高視圖顯示層次，避免一昧縮放視圖比例。

更改設定無法由視圖看出**折斷線**顯示，**預覽列印**可看設定前後效果。

2-17-1 ☑列印斷裂視圖中的折斷線（預設）

折斷線會被印出，原則上**斷裂視圖**要顯示**折斷線**。

2-17-2 □列印斷裂視圖中的折斷線

折斷線不會被列印，不過會讓人感覺視圖怎麼無故中間斷掉。

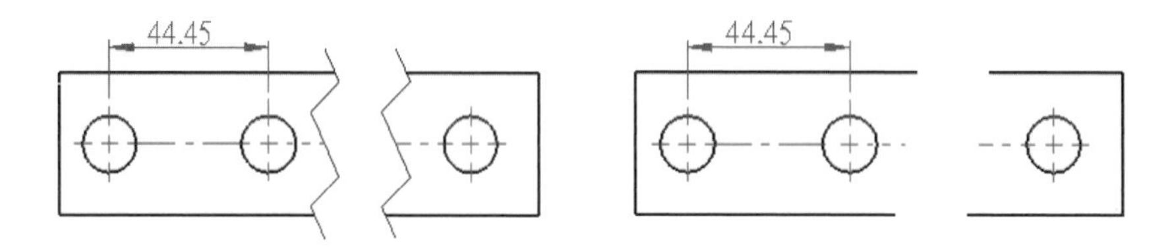

2-18 將折斷線對齊投影視圖的父視圖

承上節，將**斷裂視圖**投影後，是否與**父視圖對齊折斷線**。例如：點選前視圖→，產生上視圖，前視與上視圖是否對齊折斷線，主要視圖美觀。

本設定應該稱為：**與父視圖對齊折斷線**，與指令同名會比較理想。父視圖（又稱母視圖），名詞未統一，因為英文皆為 Paraent。

2-18-1 ☑將折斷線對齊投影視圖的父視圖（預設）

子視圖與父視圖對齊折斷線。例如：前視與上視圖折斷線皆為相同位置，保持視圖整齊。拖曳父視圖折斷線過程，子視圖會同步更新折斷線位置，下圖左。

2-18-2 □將折斷線對齊投影視圖的父視圖

不與**父視圖**對齊斷裂位置，表達特徵位置不同。例如：前視圖的圓孔空白範圍，和上視圖長孔特徵，皆以斷裂線控制。

以前視圖為標準，若上視圖斷裂線位置相同，會造成長孔切割不對齊，下圖右。

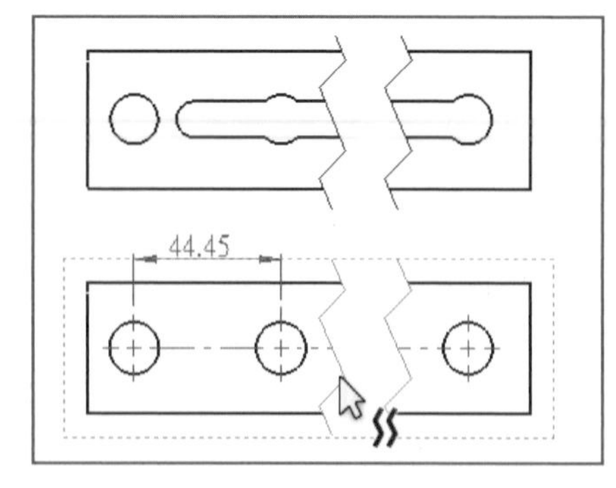

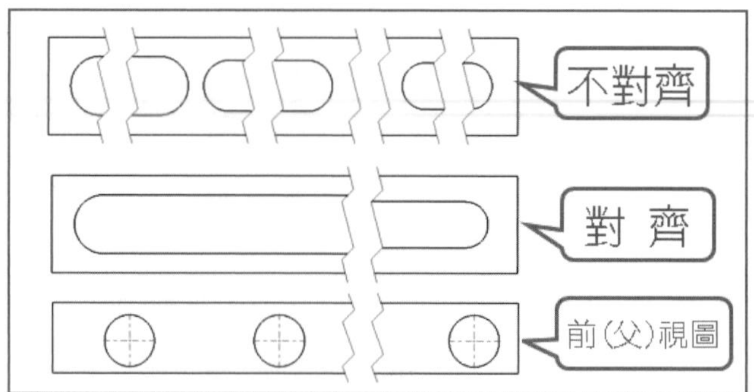

2-18-3 工程視圖屬性

視圖右鍵→屬性，**與父視圖對齊折斷線**連結。以前預設☐，課堂要同學到這裡☑，有點麻煩。後來預設☑，且為選項控制就方便多了，畢竟☑使用率高。

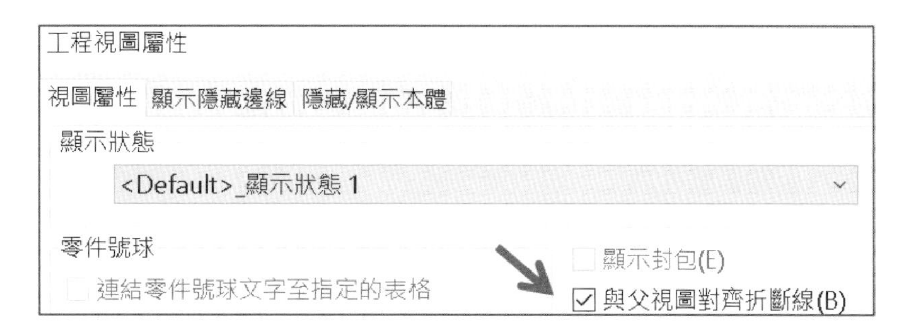

2-19 自動移入有視圖的視圖調色盤

在零件或組合件，檔案→**從零件/組合件中產生工程圖**，於工程圖**工作窗格**是否自動顯示**視圖調色盤**（View Palette）。

自 2004 讓模型自動產生工程圖邁向一大步，會自動產生模型所有視圖讓你選用。☑自**動開始投影視圖**，更可加快**投影視圖**速度。此設定應該稱為：自動移入視圖調色盤。

2-19-1 ☑自動移入有視圖的視圖調色盤（預設）

自動顯示**視圖調色盤**，不必人工點選，可以節省一個步驟，下圖左。

2-19-2 ☐自動移入有視圖的視圖調色盤

以**模型視角**，**點選**要顯示的視圖，下圖右。

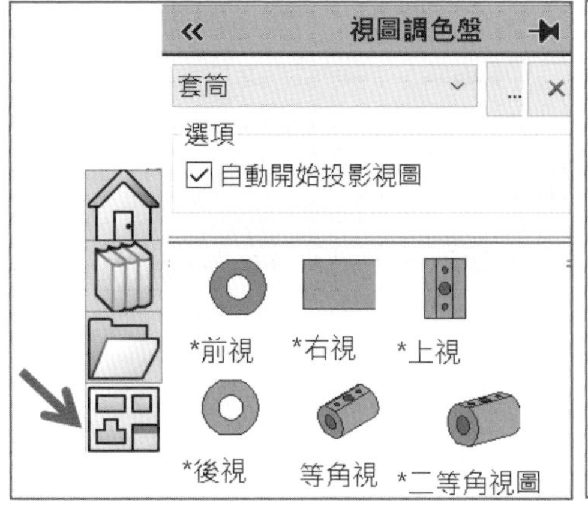

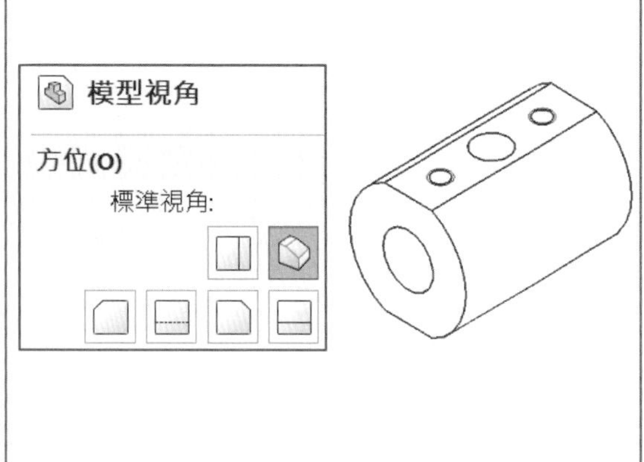

2-20 新增圖頁顯示圖頁格式對話方塊

新增圖頁（Add Sheet）過程是否顯示**圖頁屬性**視窗。本設定應該稱為：**新增圖頁時，顯示圖頁屬性視窗**。

2-20-1 ☑於新增圖頁時顯示圖頁格式對話方塊

新增圖頁過程由**圖頁屬性**視窗，更改圖頁格式大小，例如：A4 橫→A4 直。

2-20-2 □於新增圖頁時顯示圖頁格式對話方塊（預設）

直接新增圖頁，不顯示視窗，避免感到礙眼。範本與檔案位置做得好，絕對不要進來，以免多一個步驟。工程圖作業即便少 1 個步驟，都算大功一件。

2-21 當尺寸刪除或編輯時減少間距

編輯、刪除尺寸標註或修改尺寸公差，是否自動讓尺寸保持間隔。此設定應該稱為：刪除或編輯尺寸時自動減少間距。

2-21-1 ☑當尺寸刪除或編輯時減少間距（預設）

尺寸刪除後，為讓圖面整齊顯示，會自動與上一個尺寸靠齊，不會中間留白段。例如：刪除 40，50 尺寸會遞補到 40 位置。

2-21-2 □當尺寸刪除或編輯時減少間距

尺寸刪除後，上下尺寸保持原來位置。畫圖過程不需視圖美觀，自動調整反而不方便。

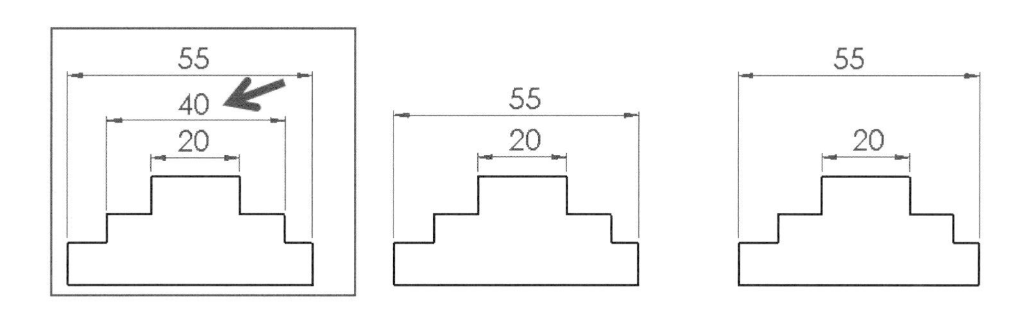

2-22 重新刪除輔助、細部、及剖面視圖的視圖字母

製作**輔助視圖**、**細部放大圖**、**剖面視圖**過程，是否依預設排序編號。這些指令特性，都是產生第 2 視圖，會產生編號作為標示或追蹤用，此設定僅影響新視圖產生。

這說明有點難懂，會與**標示名稱**配合，本節以步驟形式說明。此設定應該稱為：**輔助、細部及剖面視圖字母重新編號。**

步驟 1 有 1 個A

步驟 2 製作第 2 個產生 B，這次故意設定 F

步驟 3 製作第 3 個，新剖面視圖名稱，C 還是 G

2-22-1 ☑重新刪除輔助、細部、及剖面視圖的視圖字母

不被修改的名稱影響，由系統認定上一個預設排序，例如：剖面視圖 C。

2-22-2 ☐重新刪除輔助、細部、及剖面視圖的視圖字母（預設）

以修改的標示名稱排序，例如：剖面視圖 G。實務會嘗試製作多視圖→判斷哪個最能表達→刪除不要的視圖→再自行修改標示名稱。

換句話說，發現標示名稱亂了，自行輸入標示名稱，例如：A。再次產生新視圖時會重新排序：A→B→C。

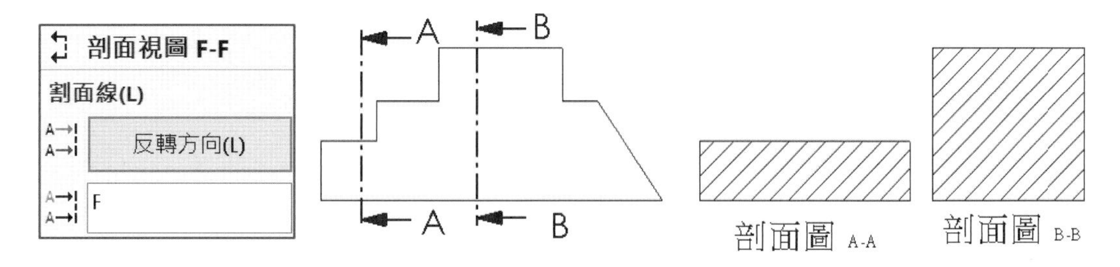

2-22-3 多圖頁視圖的標示名稱

原則上標示名稱不重複，遇到複雜模型需要多圖頁表達時，就要連續編號，例如：圖頁 1，有 A→B→C、圖頁 2，就要 D→E→F，否則亂了雙方很難對圖面。

2-23 啟用段落自動編號

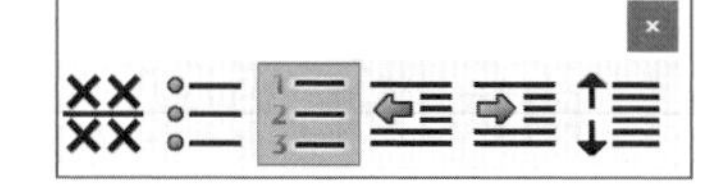

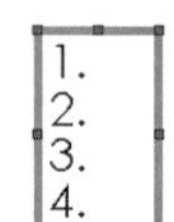

使用註解A輸入數字，1. 空格之後，是否使用段落編號，這項功能與 OFFICE 自動編號相同。

大郎習慣自己輸入，避免自動加入**段落編號**，還要刻意刪除。

2-24 不允許產生鏡射視圖

特徵管理員是否顯示**鏡射視圖**欄位，常用在文武向（反手邊）。2017 增加視圖水平或垂直鏡射擺放。此設定僅圖形擺放，不是視角轉換、不產生鏡射零組件，不適用塗彩，適用母視圖。此設定應該稱為：**使用鏡射視圖**。

2-24-1 ☑不允許產生鏡射視圖

故意不讓同事偷懶使用鏡射視圖，因為鏡射視圖可以 1 個模型產生 2 張圖，會不好管理。原則 1 個模型 1 張圖面，例如：1. 左支架→1. 左支架工程圖。

2-24-2 ☐不允許產生鏡射視圖

顯示**鏡射視圖**欄位，被鏡射的視圖會出現圖示。

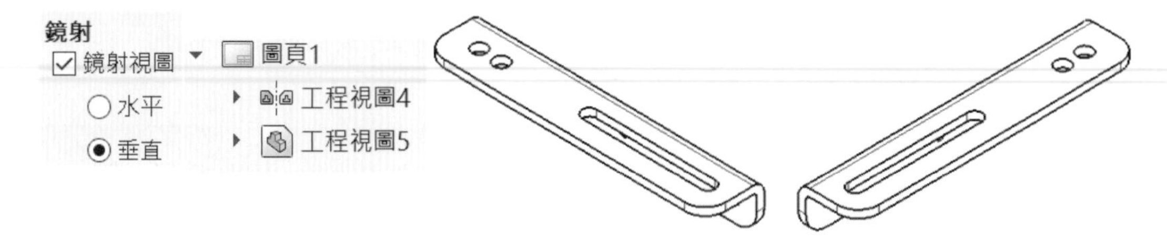

2-25 置換在零件表中的數量欄名稱

是否變更**零件表**的**數量**標題名稱。常用在製作零件表範本，定義標題時。此設定應該稱為：**變更零件表的數量欄名稱**。

2-25-1 ☑置換在零件表中的數量欄名稱

由**使用的名稱**輸入自訂內容，例如：數量→Qty。

2-25-2 □置換在零件表中的數量欄名稱（預設）

以預設名稱**數量**顯示。

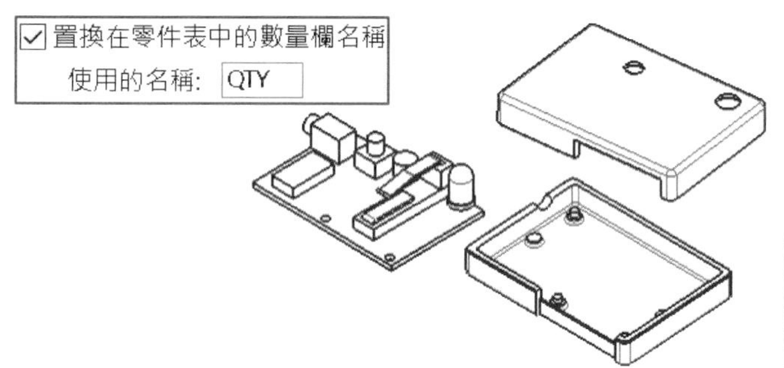

項次編號	零件名稱	數量
1	02(電池盒上蓋)	1
2	01(電池盒下蓋)	1
3	03(電路板)	1

項次編號	零件名稱	QTY
1	02(電池盒上蓋)	1
2	01(電池盒下蓋)	1
3	03(電路板)	1

2-26 細部放大圖比例（預設 2）

設定產生**細部放大圖**的預設比例。當圖形複雜、尺寸又多，為表達細部尺寸會使用。實務上，比例相對原視圖 2 倍。

也可設定縮小比例倍數，例如：0.5X。至於倍數要多少完全取決視圖表達，常用：1、2、2.5、4、5、10X。

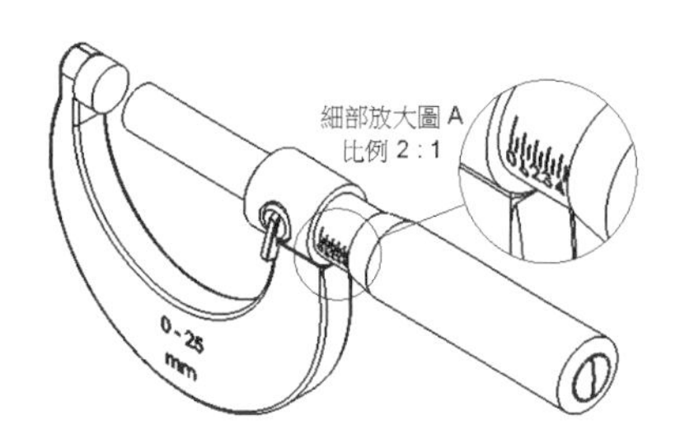

2-27 作為修定版使用的自訂屬性（預設修訂版）

存回至 SW PDM 檔案的自訂屬性被視為修訂版資料，從清單選擇設定項目。

2-27-1 修訂版項目

Description	PartNo	編號	修訂版	Material
Weight	加工方式	StockSize	測量單位	成本-總成本
成本-材料成本	製造成本	成本-材料名稱	成本計算時間	成本-原料類型
成本-原料大小	範本名稱	製造或購買	前置時間	檢查人
檢查日期	繪製者	繪製日期	工程設計核准	工程核准日期
製造核准	製造核准日期	品管核准	品管核准日期	供應商
供應商編號	客戶	專案	狀態	完成日期
公司名稱	部門	處別	小組	作者
所有人	來源	IsFastener	RouteOnDrop	SW-PartNumber
DoNotSpin	沖壓 ID	Classification	IFC	Omniclass
Uniclass2015				

2-28 鍵盤移動增量（預設 10mm）

使用**方向鍵**移動視圖、註記或尺寸。常用過於擁擠移動位置。用鍵盤方向鍵甚至可以說是技巧，適用微型調整視圖位置。

單位會改變鍵盤移動值，例如：公制 10mm 移動量，英制會轉換成 0.39in。

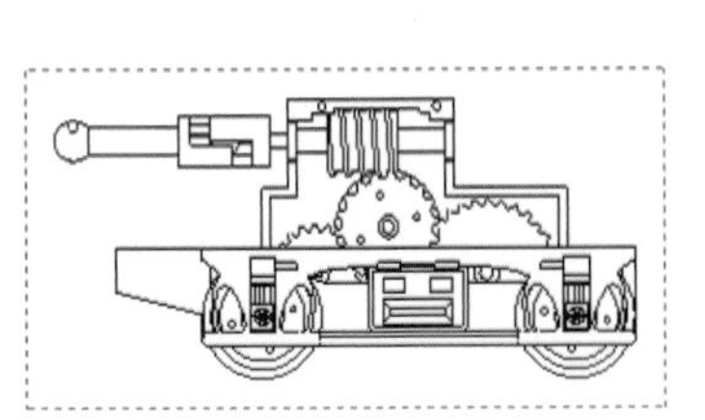

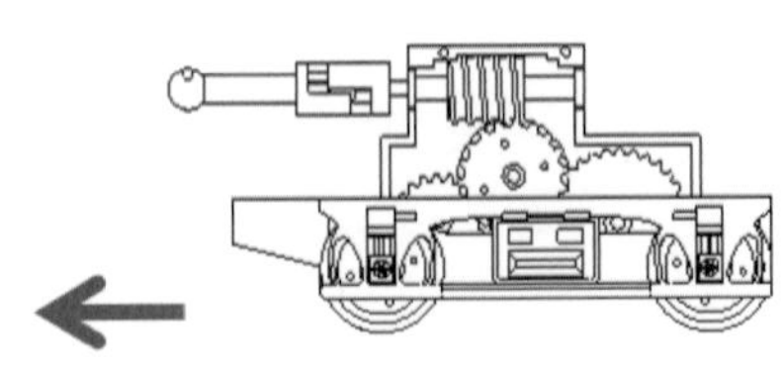

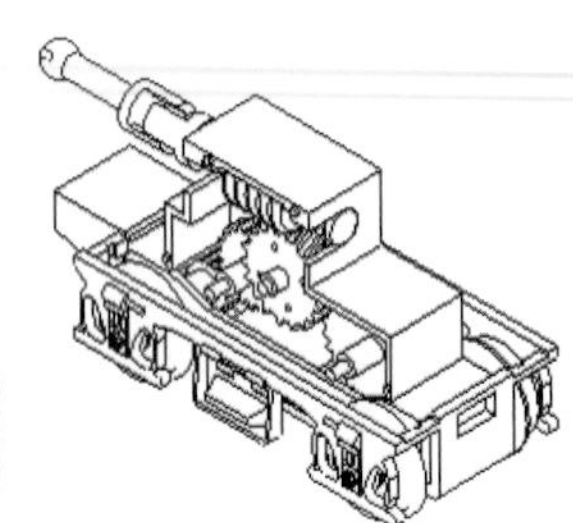

CHAPTER

03

工程圖－顯示樣式

新視圖產生時，設定**顯示狀態**、**邊線顯示**和**影像品質**。本章設定也算範本，避免新視圖不是自己要的，一再重複設定。

本設定不影響目前視圖，適用新產生的視圖。以前會加**新視圖的**，例如：**新視圖的**顯示樣式、**新視圖的**相切面交線，這樣比較容易理解。

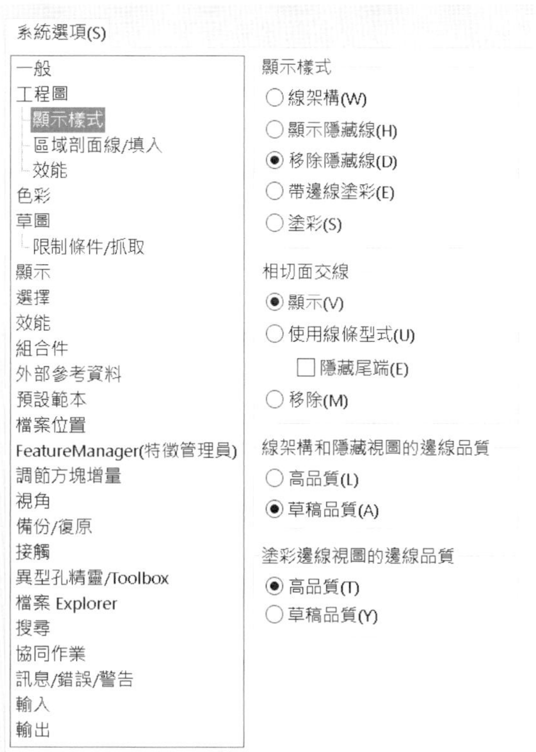

系統選項(S)

一般
工程圖
顯示樣式
區域剖面線/填入
效能
色彩
草圖
限制條件/抓取
顯示
選擇
效能
組合件
外部參考資料
預設範本
檔案位置
FeatureManager(特徵管理員)
調節方塊增量
視角
備份/復原
接觸
異型孔精靈/Toolbox
檔案 Explorer
搜尋
協同作業
訊息/錯誤/警告
輸入
輸出

顯示樣式
○線架構(W)
○顯示隱藏線(H)
◉移除隱藏線(D)
○帶邊線塗彩(E)
○塗彩(S)

相切面交線
◉顯示(V)
○使用線條型式(U)
☐隱藏尾端(E)
○移除(M)

線架構和隱藏視圖的邊線品質
○高品質(L)
◉草稿品質(A)

塗彩邊線視圖的邊線品質
◉高品質(T)
○草稿品質(Y)

3-1 顯示樣式

控制新視圖產生時，設定常用的顯示樣式：1. 塗彩帶邊線、2. 塗彩、3. 移除隱藏線、4. 顯示隱藏線、5. 線架構。2 者互相切換就能理解差異：→、→→。

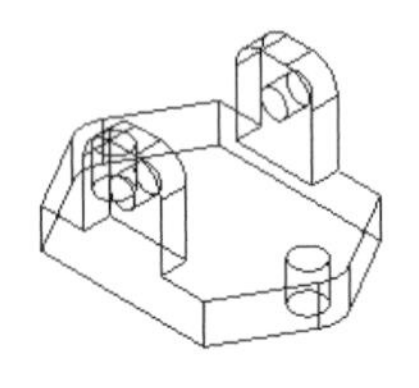 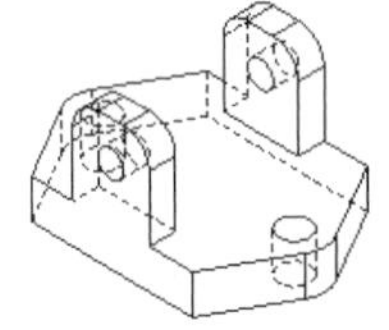 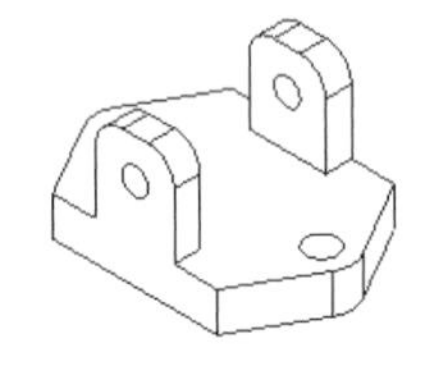 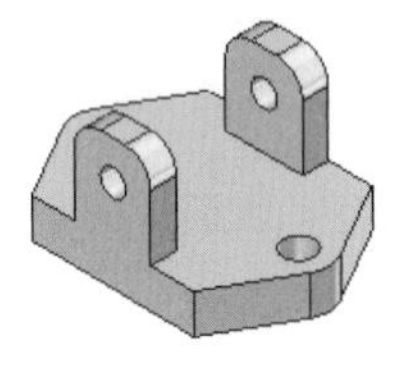 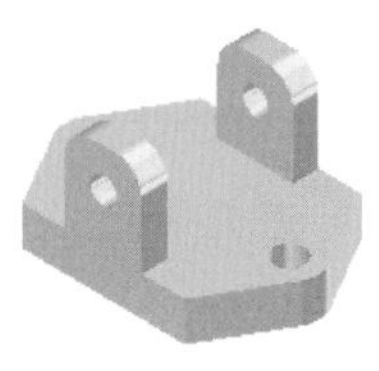

3-1-1 線架構（Wireframe）

顯示所有邊線就像 X 光。完整呈現模型所有線條，可在一個視角看到模型內外完整結構。對無識圖能力來說，固定畫面立即看出模型本身。

適合簡單零件或小型機構，線條太多會顯示 LAG。當模型有破面，由色彩直接看出問題，而不必大量旋轉模型查看破面。

3-1-2 顯示隱藏線（Hidden Line Visible）

看不見邊線以灰色虛線顯示，模型以非塗彩呈現，查看特徵內部。不必像傳統 2D CAD 傷腦筋判斷實線或虛線，不須擔心少畫一條線。

很多人將視圖→轉 DWG 進行刪線條作業，離導入成功又進一步。課堂上大郎常問，刪線條比較快，還是補線條比較快，當然是刪線條比較快。

3-1-3 移除隱藏線（Hidden Line Removed，預設）

移除看不見的邊線，模型以非塗彩呈現。製圖手法中，會先使用**移除隱藏線**，等到尺寸加得差不多時（工程圖到 2/3）就會切到**顯示隱藏線**，這樣製圖才會快又不會錯。

3-1-4 帶邊線塗彩（Shaded With Edge）

將模型以塗彩＋輪廓顯示。實務上，以和顯示，很浪費碳粉且不耐看。不過設計過程，尤其是組合件，反而會以塗彩強調你的設計。

3-1-5 塗彩（Shaded）

不帶邊線塗彩顯示，適用抓封面或影像擬真，搭配小金球的光澤效果更好。

3-1-6 切換顯示狀態

有 2 種方式調整顯示樣式：1. 屬性管理員、2. 快速檢視工具列。常點點選視圖後，由屬性管理員直接切換顯示，沒有等待時間最有效率。

上方檢視工具列有展開時間，一次只能切換一次，每次切換也會有等待時間。

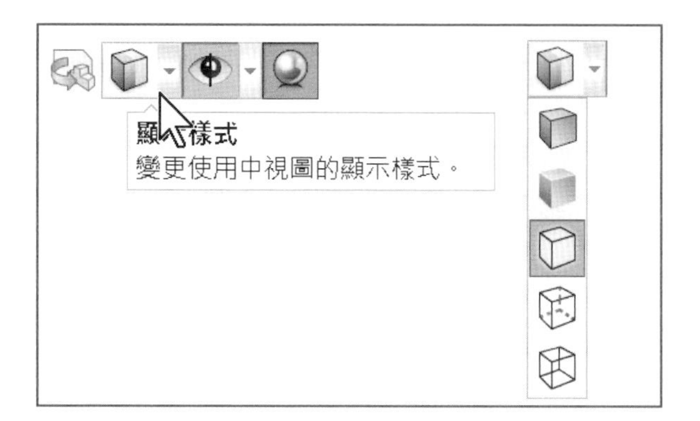

3-2 相切面交線（Tangent Edge）

設定新視圖的**相切面交線**以哪種形式顯示：1. 顯示、2. 使用線條型式、3. 移除。相切面交線=不可見邊線，只是電腦必須表達模型經圓角產生的交線。

實務上，不是每個視圖用一樣顯示，除了等角圖要有相切面交線，其餘不顯示。

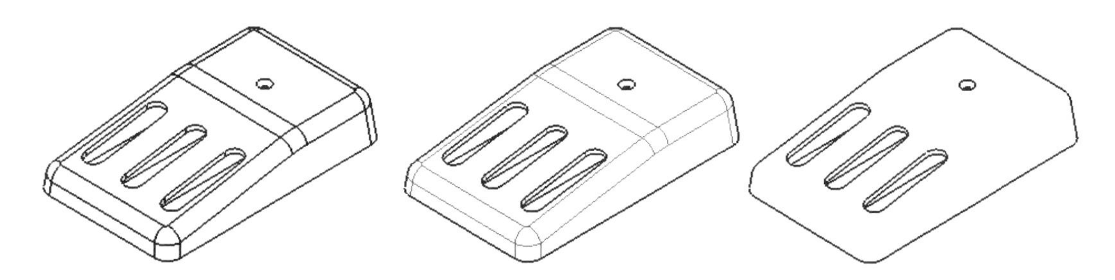

3-2-1 顯示（預設）

相切面交線以實線顯示。不建議這樣，因為實線與外型輪廓一樣粗細，會粗細不分，圖面沒層次看起來很累。

3-2-2 使用線條型式

以指定的樣式顯示，常用在等角圖。本設定與文件屬性→線條型式→**相切面交線**，指定的樣式，預設 2 點鏈線，建議改成**細實線**，下圖左。

A ☑隱藏尾端

相切面交線開始與結束端有一小段斷開，也就是**高光線**（Hight Line）。實務上很少用，因為很少人看得懂你的專業，若堅持要用，只能說剛從學校畢業。

隱藏尾端必須在顯示樣式設定☑**高品質**才可使用，下圖右。

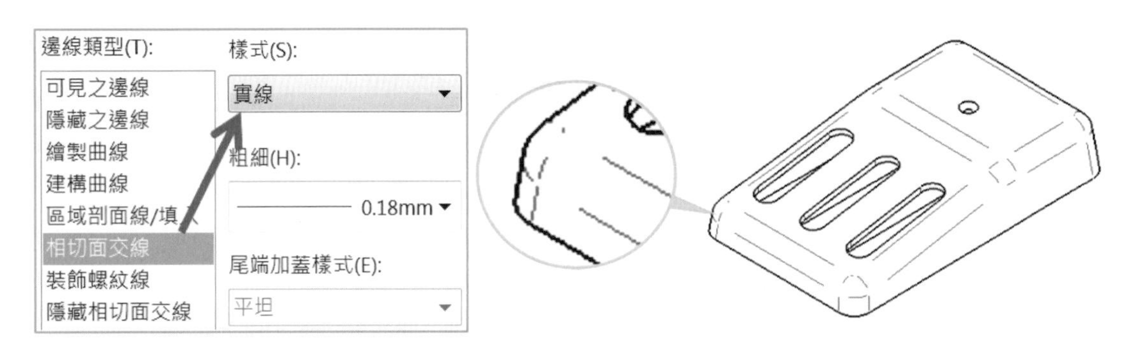

3-2-3 移除

相切面交線不顯示，常用在三視圖。大郎將工程圖外包給同學畫，同學沒**移除相切面交線**，同學問為何要移除，大郎給一句：你 2D CAD 會畫相切面交線嗎？

2D CAD 不可能畫這些線段，很多人將工程圖轉 DWG 後，進行刪線條作業，後來知道 SolidWorks 可一個指令完全移除不要線段，只要學一下離導入成功又進一步。

3-2-4 相切面交線原理

相切面＋交線=**相切面交線**，是組合名詞，就像蜘蛛人（Spider-Man），強調圓角大小和位置。1. 模型經圓角形成相切面＋2. 兩面相交形成交線，下圖左。

3-2-5 切換相切面交線

可以視圖產生後單獨切換相切線交線，本節分別說明，由快到慢的幾種方式。

A 視圖右鍵

相切線交線沒有 ICON，視圖右鍵→相切面交線→分別切換顯示，下圖右。

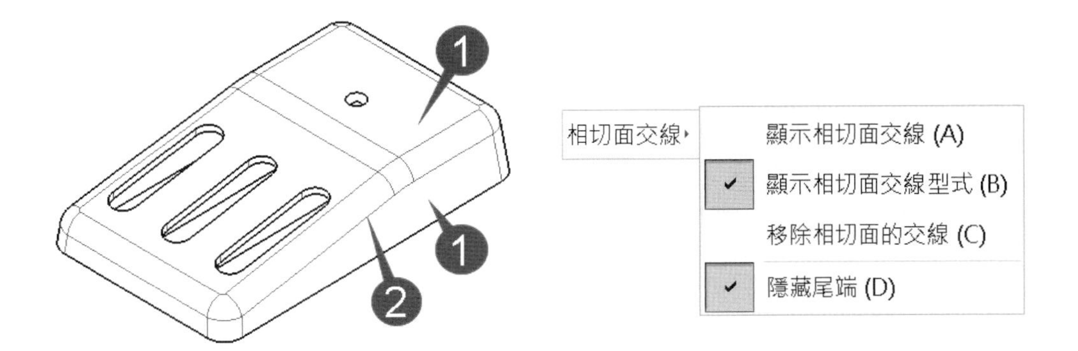

B 快速鍵

製作相切面交線型式的快速鍵，例如：ALT＋T，常用在等角圖線條表達，下圖左。

C 選項設定

承上節，大郎常問還有沒有更快的。在選項☑移除，因為三視圖優先，只要點選等角圖→ALT＋T，下圖中。

D 預先定義視圖

嘿嘿～還有天下無敵的，就是**預先定義視圖**，將等角圖定義**移除**，到時視圖產生時，完全不必設定相切面交線的顯示狀態，下圖右。

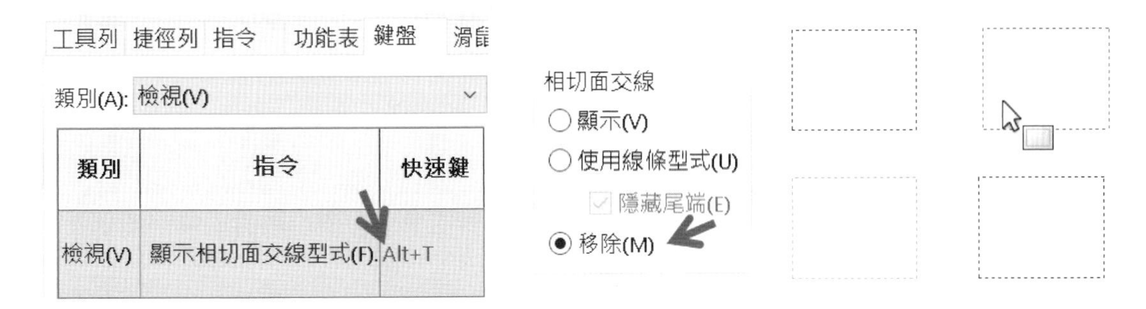

3-2-6 常見的相切面交線災難

案例得知相切面交線嚴重影響判圖，並體會潤飾重要性。將相切面交線移除，得到更清楚視圖，並認識線段是否呈現議題，這部分於工程圖專門說明。

例如：蓋子內外都有圓角，會不知道殼厚是指哪邊 2.5 還是 1.5。

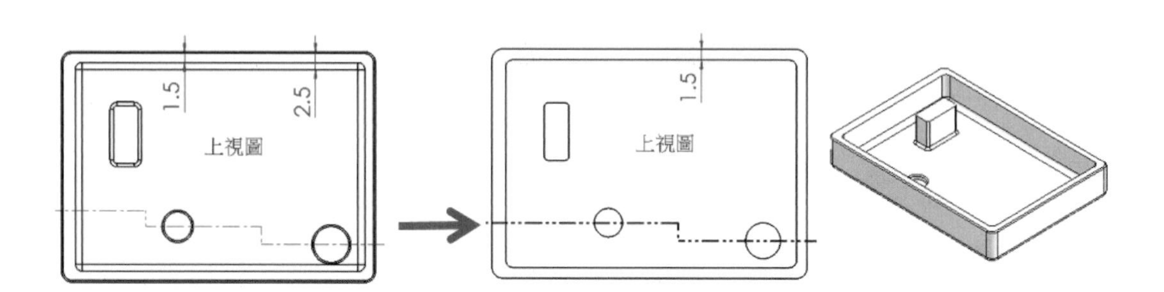

3-3 線架構和隱藏視圖的邊線品質

新視圖為、或時，設定視圖品質為：1. 高品質或 2. 草稿品質。品質與效能為**反比**關係，課堂上大郎常說：效能優先還是功能優先。

實務上，繪製複雜工程圖時，顯示**草稿品質**提升繪圖效率。高品質或草稿品質會影響到模型轉檔、列印設定、甚至功能。例如：以高品質視圖→轉 DWG，問題會少很多。

3-3-1 高品質（預設）

高品質屬於向量圖形，又稱 SVG（可縮放向量圖形）。向量圖形檔案比較小，因為影像由線條組成，解析度高、品質佳，適用出圖或展示用。

有些指令必須為高品質，例如：草稿品質無法使用隱藏/顯示邊線。

3-3-2 草稿品質

草稿品質屬於光柵圖形，就像點陣圖。點陣圖檔案大很多，因為影像由像素組成。顯示品質差、列印品質低，適用大型組件或編輯中複雜的工程圖。

3-3-3 臨時切換高品質與草稿品質

可事後在顯示樣式切換品質，不過有點技巧，例如：原本為二等角視圖，1. 點選其他視角，下方會出現**高品質**與**草稿品質**項目→2. 切換項目後→3. 點回二等角視圖。

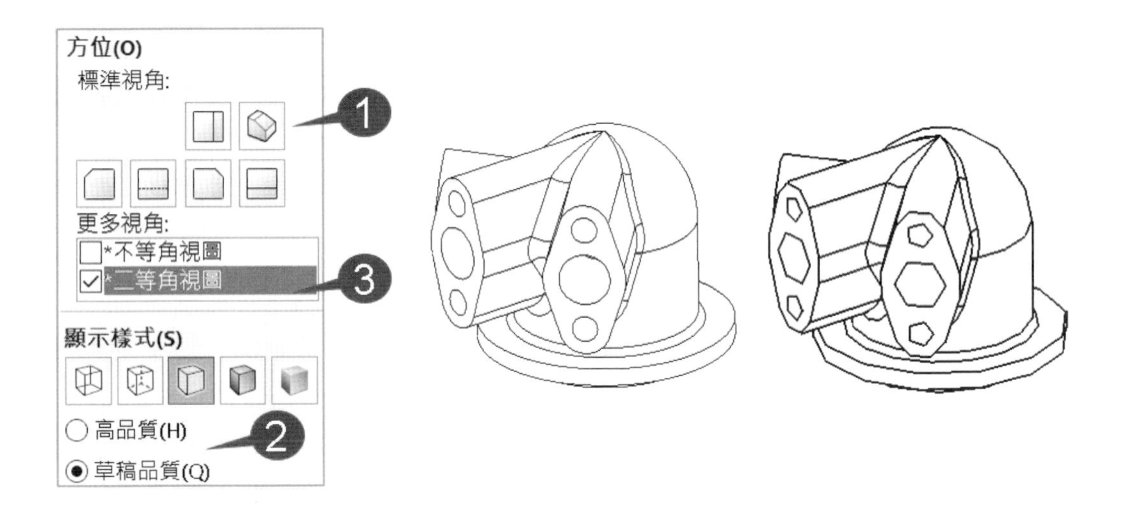

3-3-4 影像品質

視圖品質會與文件屬性→影像品質控制，草稿品質、高品質（箭頭所示）。

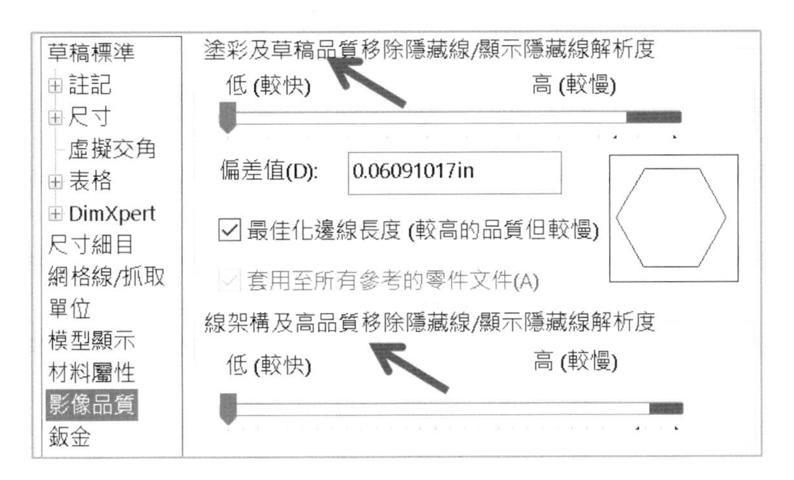

3-3-5 模型的草稿品質與高品質

模型也有**草稿品質**與**高品質**，檢視→顯示→草稿品質移除隱藏線/顯示隱藏線，下圖左。

3-3-6 列印-版面設定

承上節，列印→版面設定，也可以設定高品質或草稿品質（箭頭所示），下圖右。

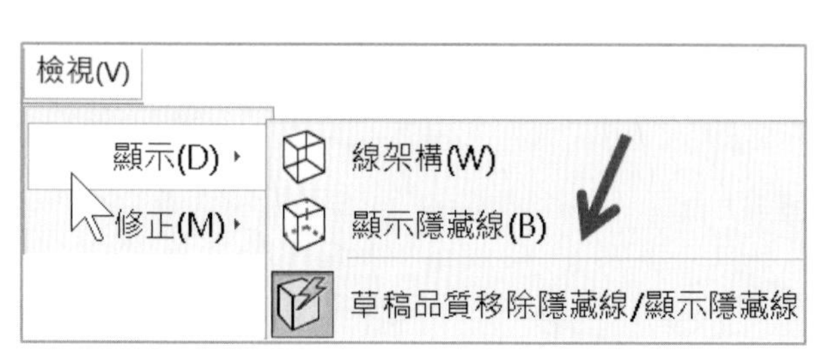

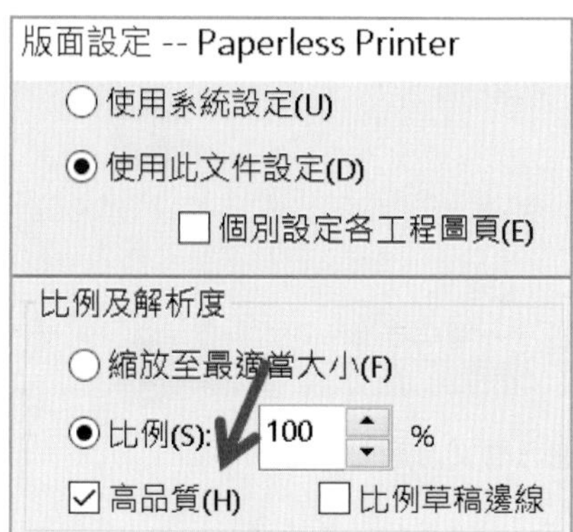

3-4 塗彩邊線視圖的邊線品質

承上節，設定**帶邊線塗彩**或**塗彩**時，視圖品質：1. 高品質、2. 草稿品質。草稿品質視圖=點陣圖、高品質工程視圖=向量圖形，或永遠都使用草稿品質演算。

CHAPTER

04

工程圖－區域剖面線/填入

視圖產生時或使用**區域剖面線/填入**：**預設圖案**、**角度**和**比例**。表達物體被假想剖切，必須在剖切面上加剖面線（Hatch）區別，否則會以為真的要切，常用在剖面視圖。

剖面線套用在模型面或草圖圖元封閉圈內，強調剖視圖輪廓，讓視圖多了層次。剖面線由多重線條繪製，常以斜線代表並以間隔隔開。

系統選項(S) 文件屬性(D)

一般
工程圖
顯示樣式
區域剖面線/填入
效能
色彩
草圖
限制條件/抓取
顯示
選擇
效能
組合件
外部參考資料
預設範本
檔案位置
FeatureManager(特徵管理員)
調節方塊增量
視角
備份/復原
接觸
異型孔精靈/Toolbox
檔案 Explorer
搜尋
協同作業
訊息/錯誤/警告
輸入
輸出

無(N)
純色(O)
剖面線(H)
類型(P)：
ANSI31 (Iron BrickStone)
比例(S)：
0.5
角度(N):
0deg

4-1 無

剖面線以空白顯示，如同沒剖切狀態。常用在關閉顯示，到時還可換回先前設定純色或剖面線，不必重新設定。**類型**、**比例**、**角度**，無法設定，下圖左。

4-2 純色

以填實顯示，**類型**、**比例**、**角度**為灰階，無法設定。當剖切範圍面積太小，不容易看出圖案樣式，以塗黑表示，例如：墊圈、型鋼、扣環...等。下圖中。也可以用在上色，例如：草圖紅十字，下圖右。

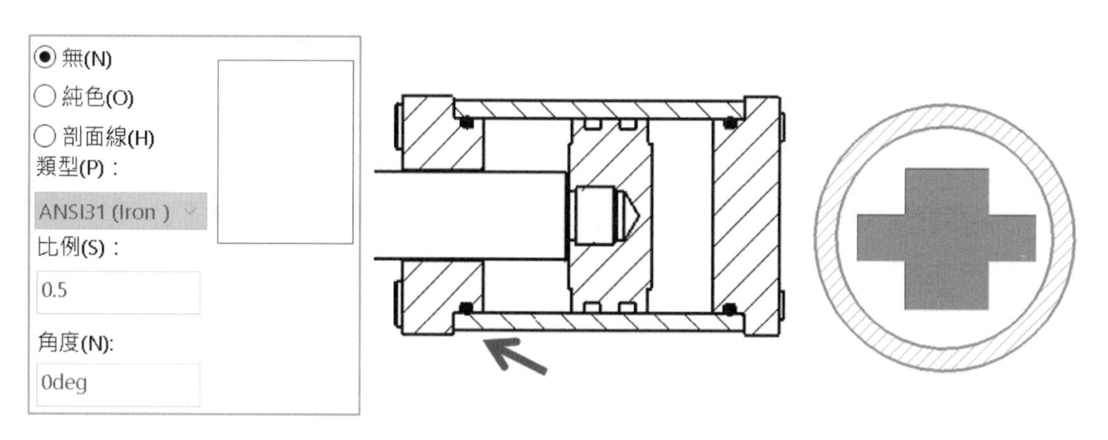

4-3 剖面線/類型（預設 ANSI31）

設定剖面線類型及圖案，由預覽看出剖面圖案，並改變比例和角度。圖案用來區分材質或組合件區分零件，增加工程圖易讀性讓圖面更富意義。

利用上下鍵迅速找出要的圖案名稱，名稱是英文排序。希望以圖示呈現非清單。常用以下類型表達物體斷面：1. Iron=剖面、2. HoneyComb=泡棉、3. Network=魔鬼氈、4. Netting=網面、5. Square=網面。

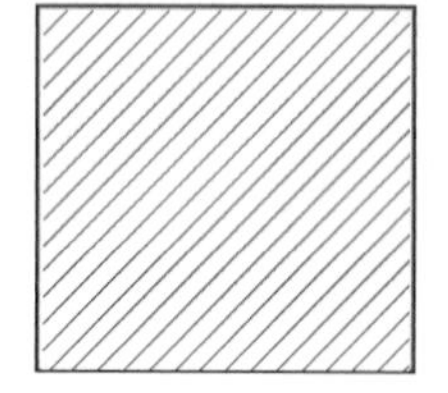
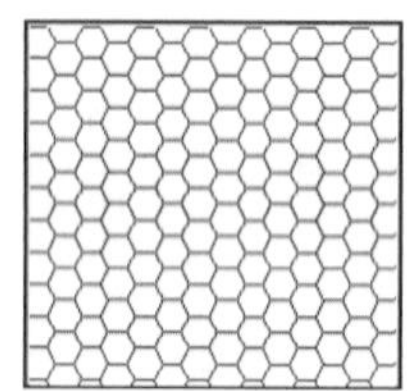
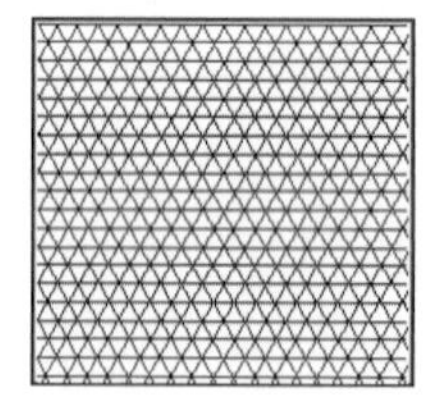
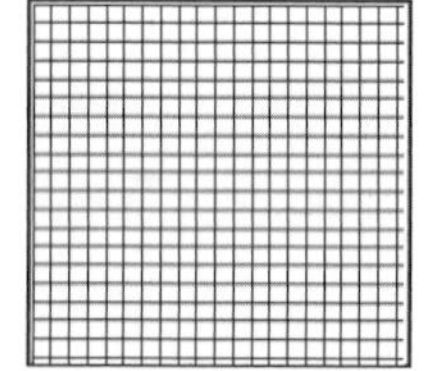
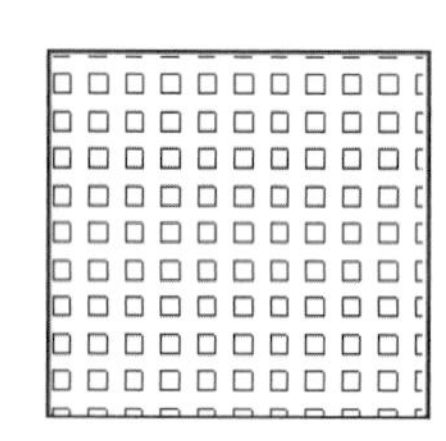

4-3-1 剖面線圖案樣式

用鐵（Steel）斜線圖案即可（業界習慣），剖面線 90 為基準，不同零件以 V 形剖面方向呈現。每種材質有代表的剖面線圖案，線條種類包含短線、長線或混和呈現。其中

AEC（Architecture Engineering and Construction，建築工程）

AEC 2*12 Parquet flooring（拼花地板）

AEC 8*16.Block.Elev stretcher bond（磚塊）

AEC 8*16 Block Elev（MJ）（磚塊-有縫）

AEC 8*8.Block.Elev stretcher bond（磚塊）

AEC Herringbone（人字形）

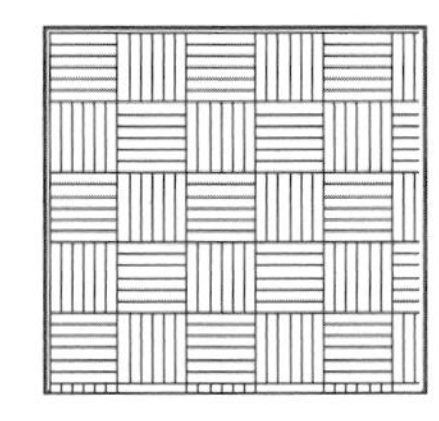 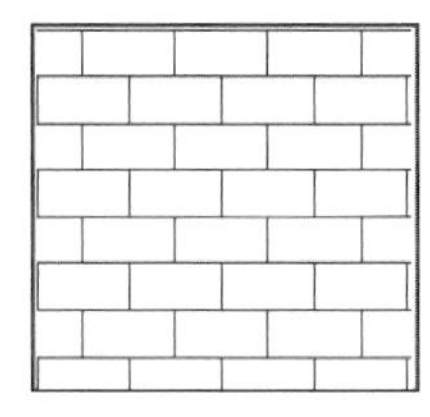 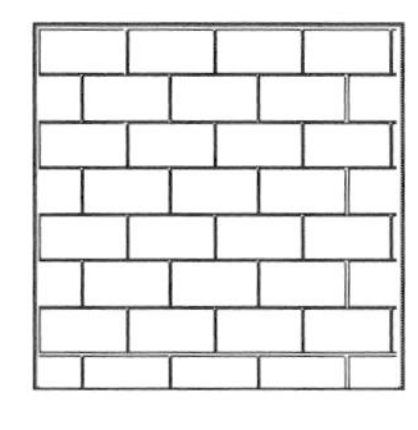 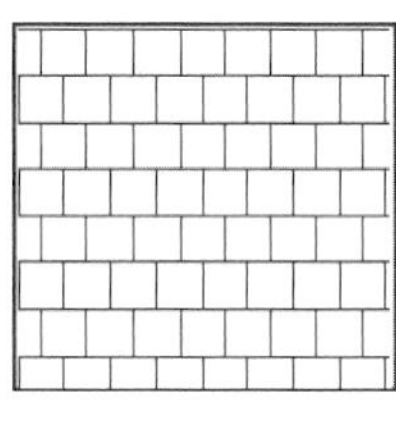 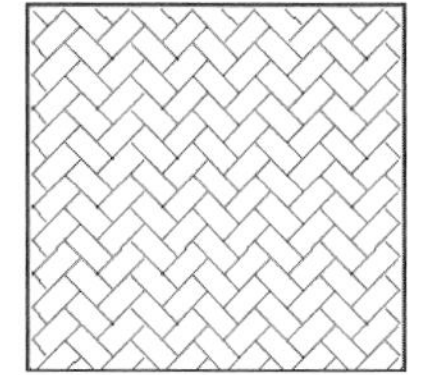

AEC Roof Shingle（屋頂板）

AEC Roof Wood Shake（屋頂木瓦）

AEC Sand（沙）

AEC Std Brick Elev（人行道磚）

AEC Std Brick Elev（MJ）（人行道磚-有縫）

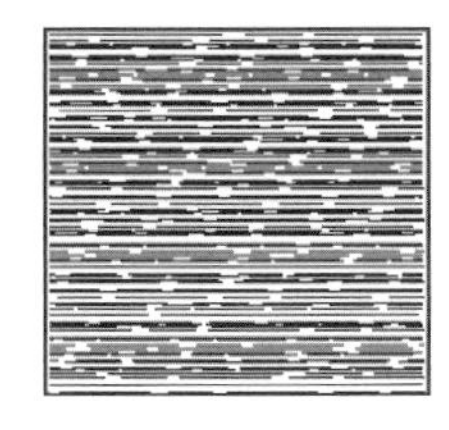 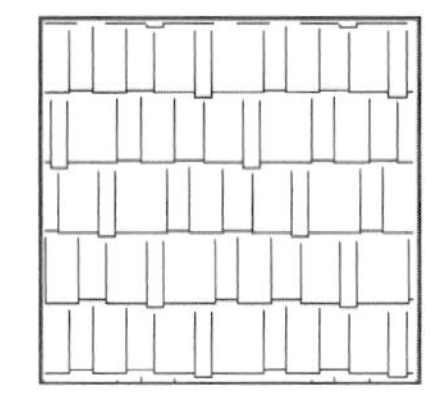 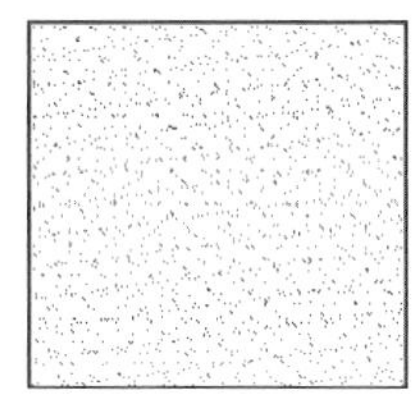 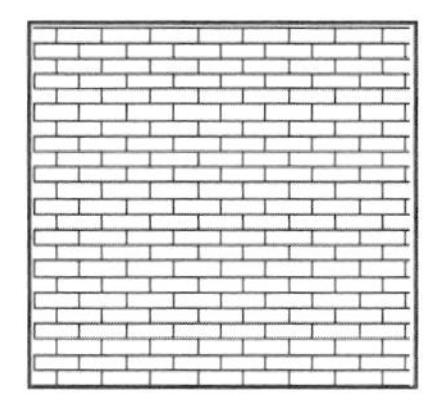 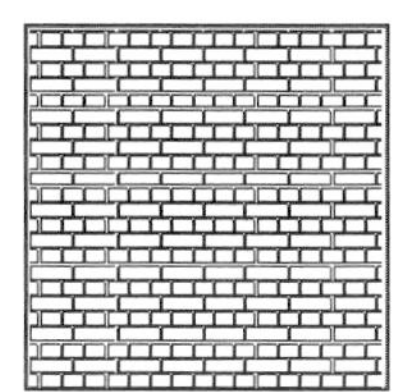

AEC Stone（石頭）

ANGLE（Angle Steel）（角鐵）

ANSI 31（Iron Brick Stone）（鐵碇）

ANSI 32（Steel）（鐵）

ANSI 33（Bronze Brass）（青銅）

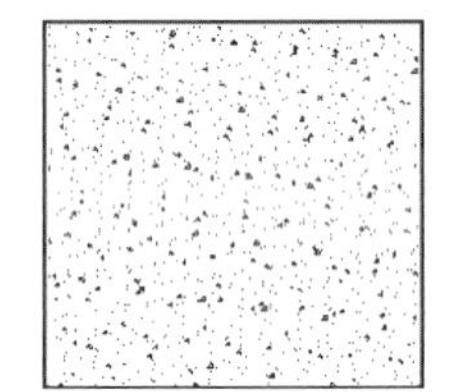 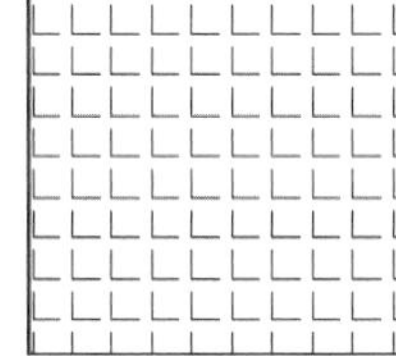 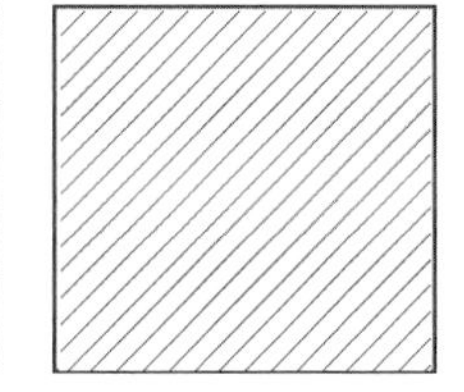 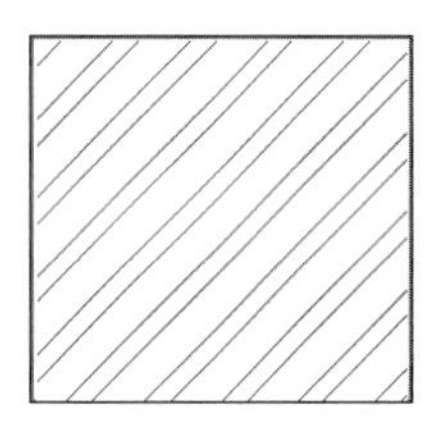 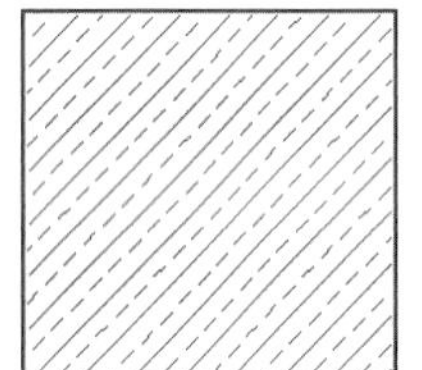

ANSI 34（PlasticRubber）（塑膠）

ANSI 35（Fire Brick）（防火磚）

ANSI 36（Marble）（大理石）

ANSI 37（Lead Zinc Mg）（鉛鋅混合）

ANSI 38（Aluminum）（鋁）

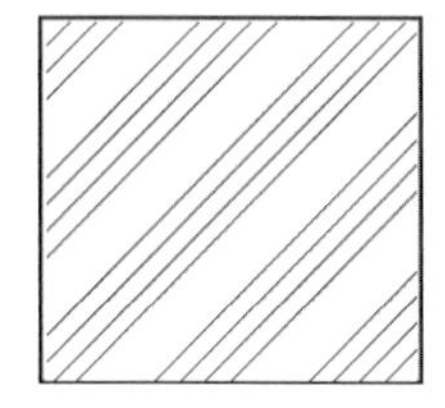   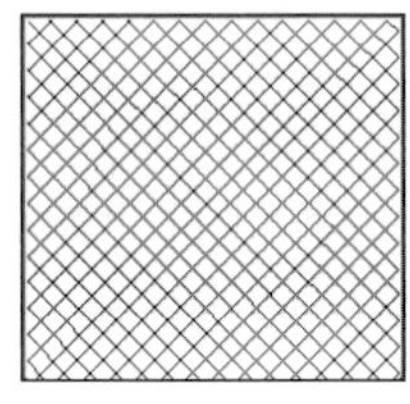 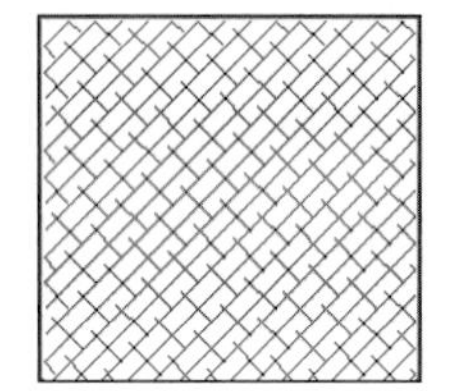

Box Steel（槽鐵）

Brass（黃銅）

Brick or Masonry（磚牆）

Brick or Stone（石頭）

Clay（黏土）

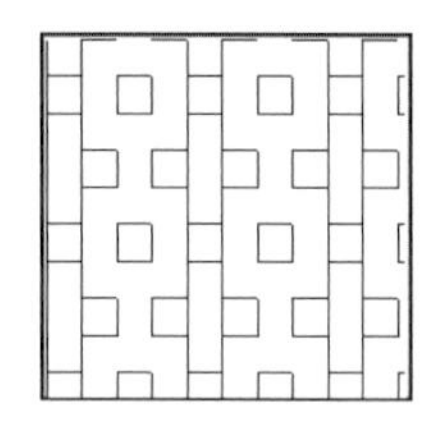 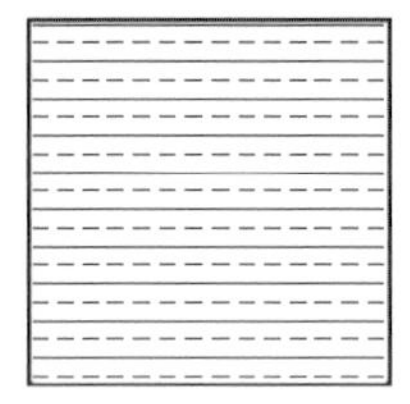 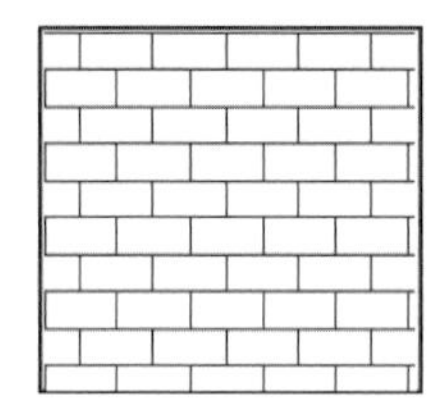 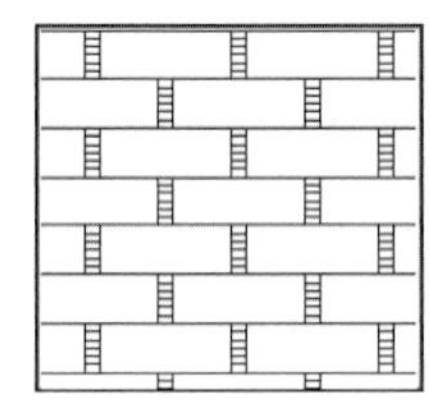 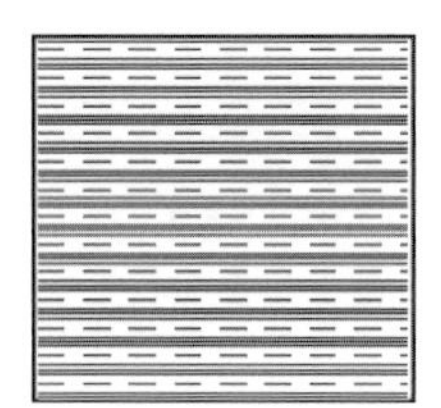

Concrete（混凝土）

Cork（軟木）

Crosses（混合物）

Dashed Lines（虛線）

DIN 128 合金鋼

 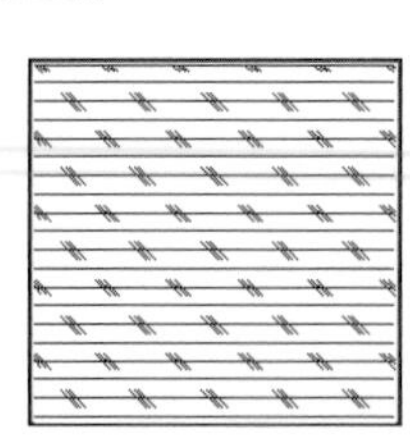 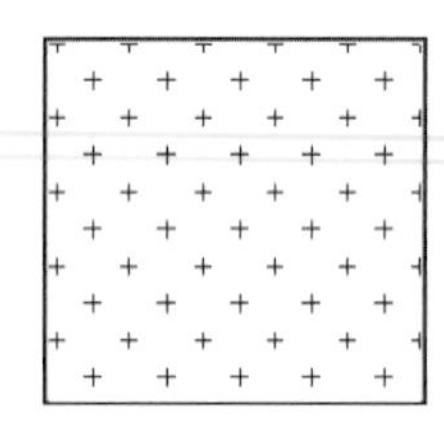 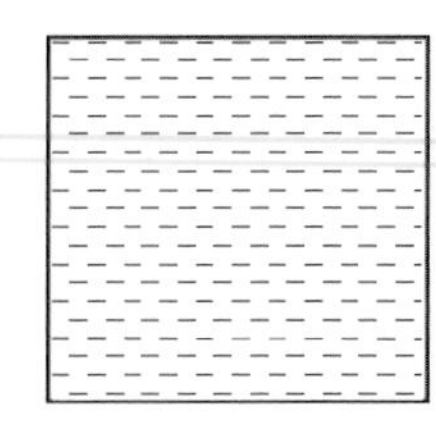 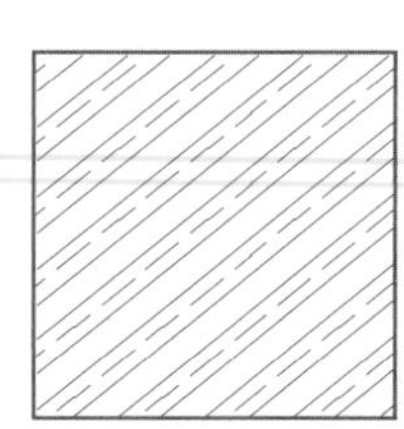

DIN 128 金屬
DIN 128 重金屬
DIN 128 塑膠
DIN 128 實體
DIN 128 碳鋼

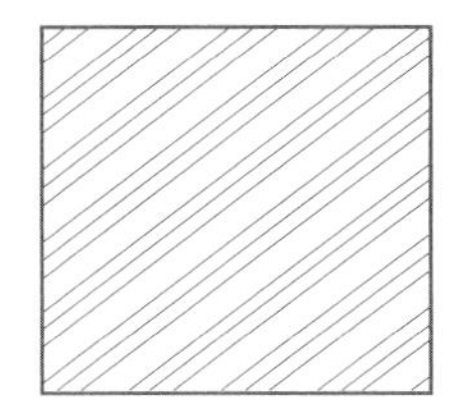 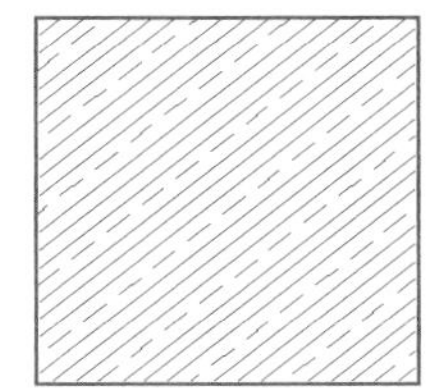 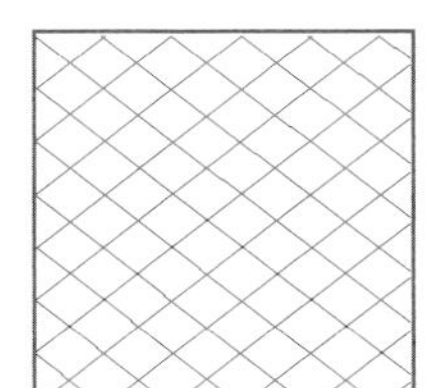  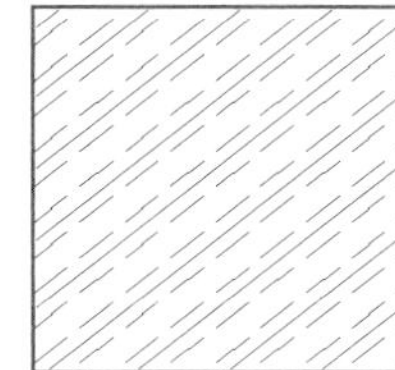

DIN 128 輕合金
DIN 128 彈性合成橡膠
DIN 128 熱固性塑膠
DIN 128 熱塑性塑膠
DIN 128 鑄鐵

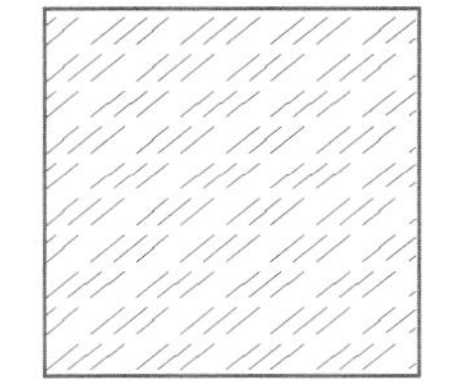 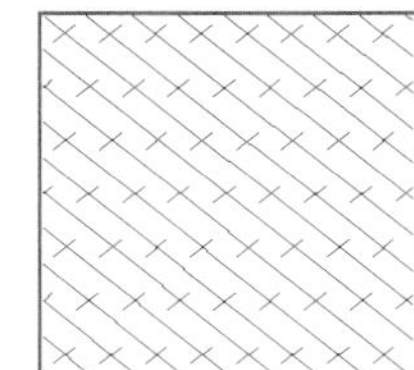 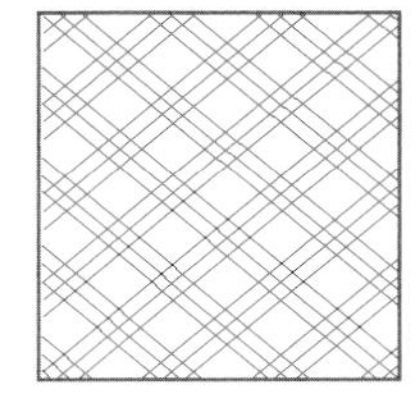 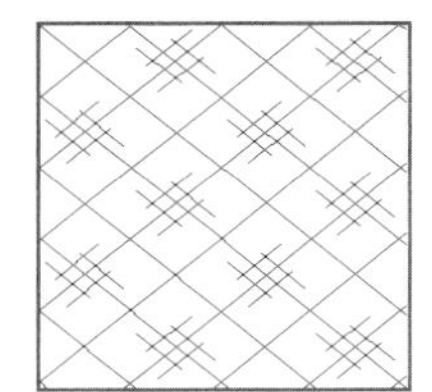 

DIN 201 brass
DIN 201 bronze and red brass
DIN 201 copper
DIN 201 grey castiron
DIN 201 light metal and aluminum alloy

 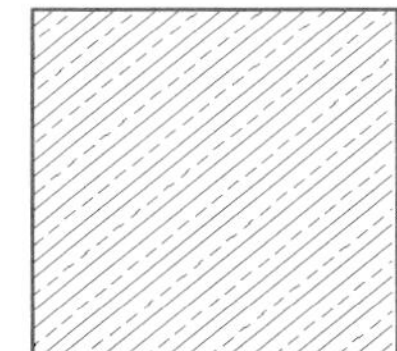   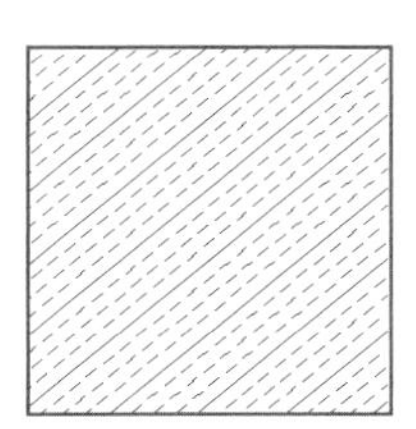

DIN 201 malleable castiron

DIN 201 nickel and nickel alloy

DIN 201 steel and steel castiron

DIN 201 tin lead zinc babbitt

Dots（點）

  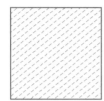 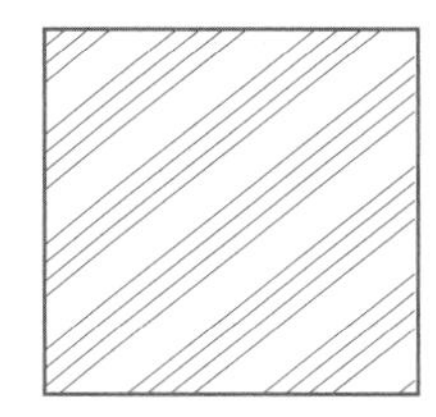 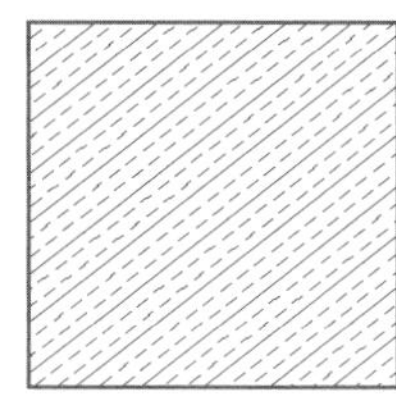 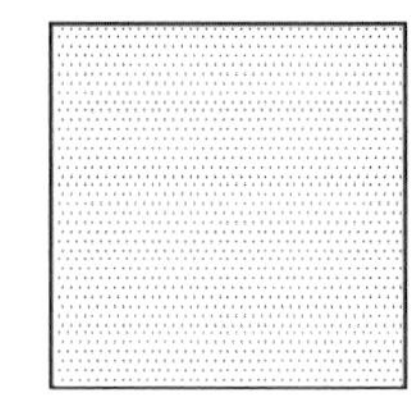

Earth or Ground（泥土或土壤）

Escher（結構物）

Flexible Material（彈性塑膠）

Geological Rock（頁岩）

Grass（草）

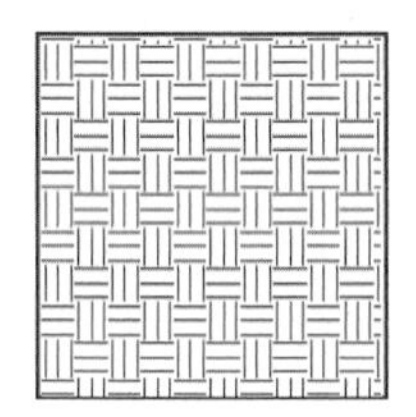 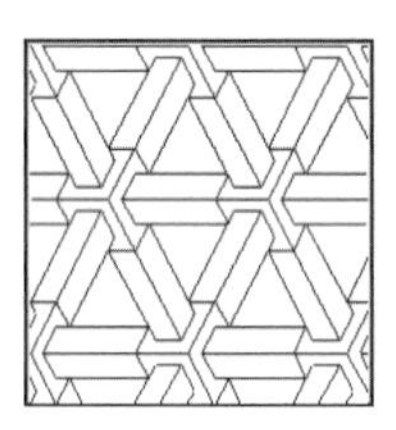 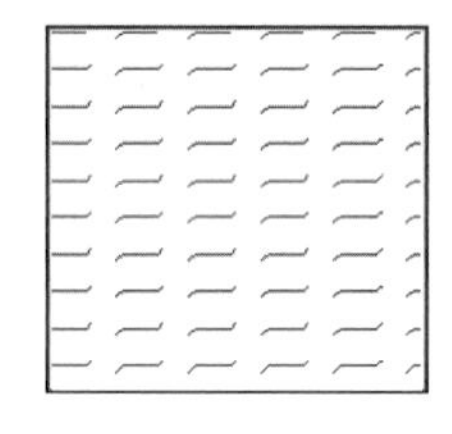 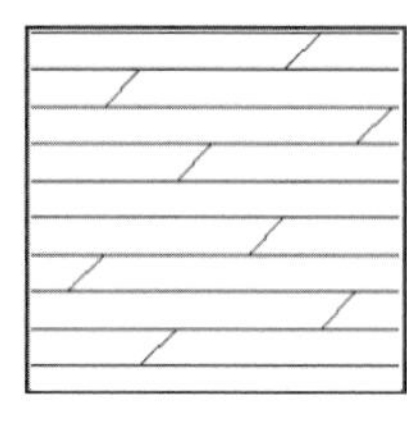 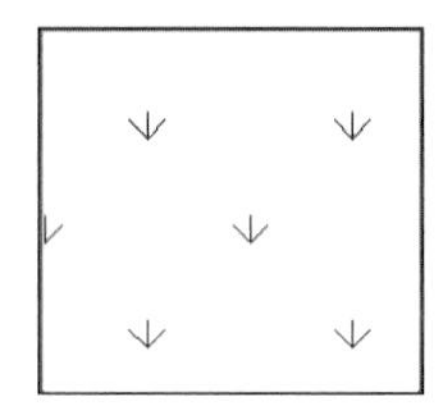

Grated Area（鐵格柵）

Heat Transfer（熱傳器）

Hexagons（六邊形）

Honeycomb（蜂巢）

Houndstooth（碎格子）

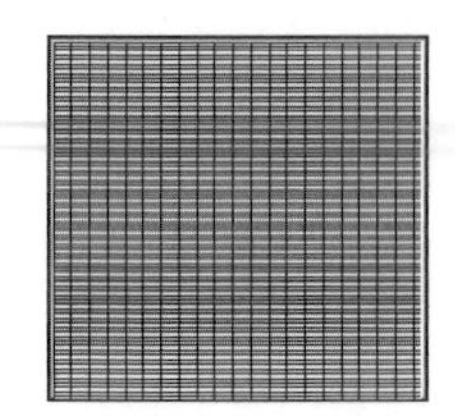 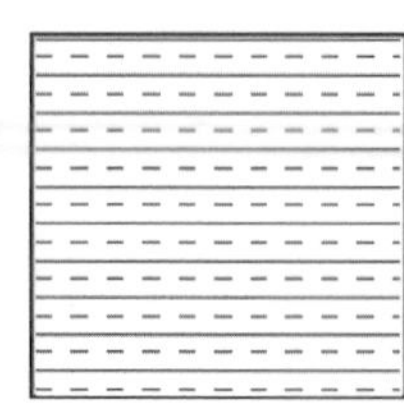 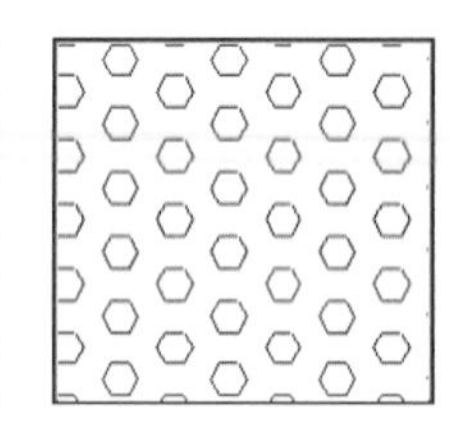 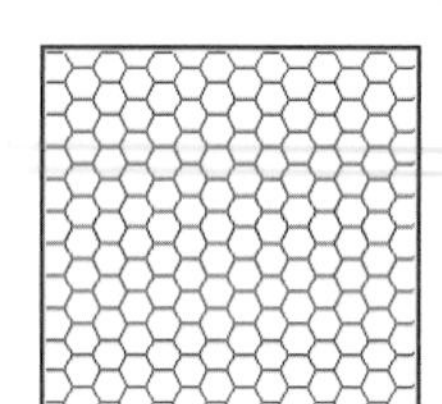 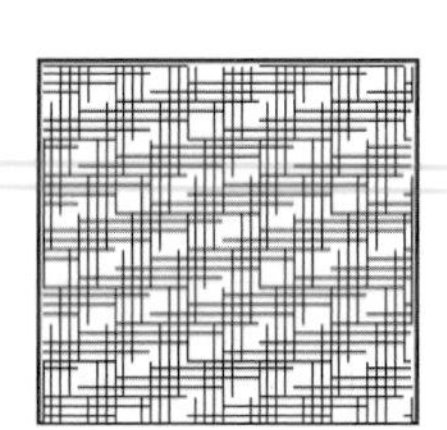

Insulation（絕緣體）

ISO（Aluminum）（鋁）

ISO（Bronze Brass）（青銅）

ISO（Plastic）（塑膠）

ISO（Steel）（鐵）

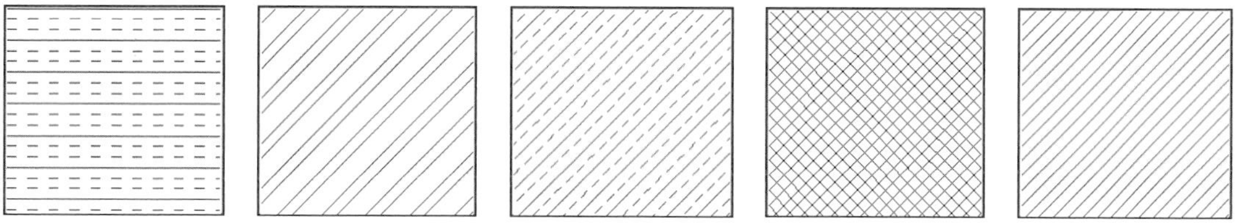

ISO 02W100、ISO 03W100、ISO 04W100、ISO 05W100、ISO 06W100

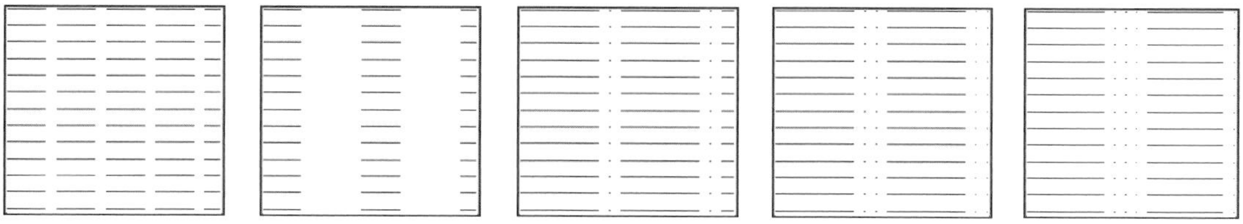

ISO 07W100、ISO 08W100、ISO 09W100、ISO 10W100、ISO 11W100

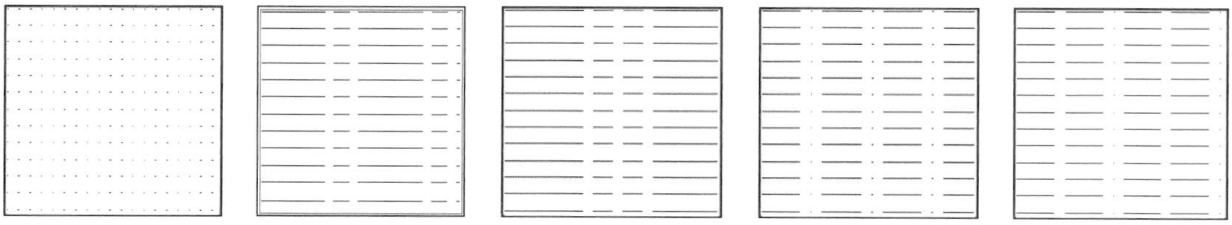

ISO 12W100、ISO 13W100、ISO 14W100、ISO 15W100、Mud or Sand（泥漿或泥）

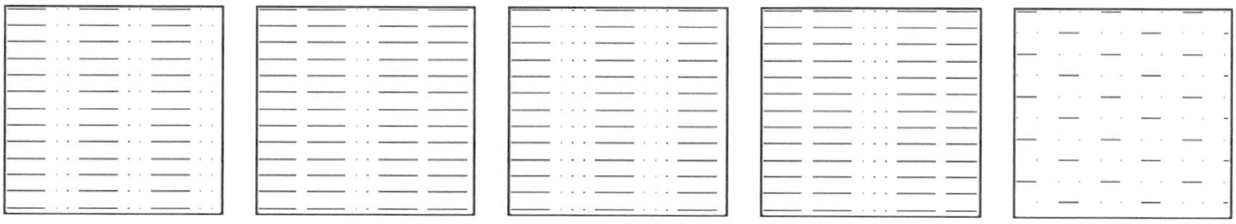

Netting（網）

Network（網狀）

Parallel Lines（水平線）

Plastic（塑膠）

Plastic 2（塑膠）

Squares（方格）、Stars（星星）、Steel（鐵）、Swamp（沼澤）、Teflon（鐵弗龍）

Triangles（三角形）、Zigzag（鋸齒型）、玻璃圖頁、絕緣材料（建築）

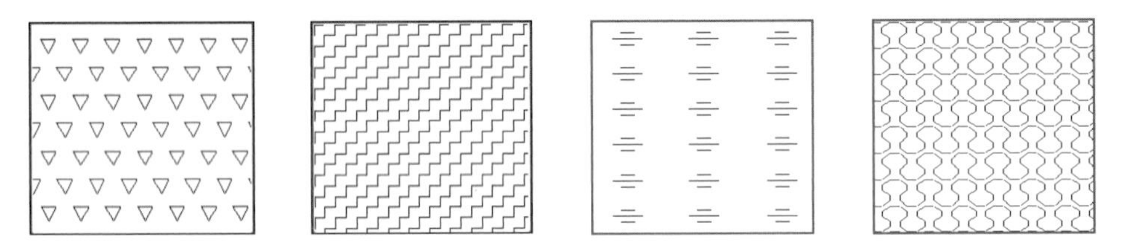

4-3-2 如何自訂區域剖面線/填入

可由記事本開啟剖面線檔案，新增剖面線圖案樣式。檔案位置必須自行放置，因為檔案位置選項，沒有區域剖面線可以指定。

新版本支援較多剖面線形式，可複製到其他台電腦使用，該檔案沒有版本限制。

A 預設路徑

C:\Program Files\SOLIDWORKS Corp\SOLIDWORKS\lang\chinese\Sldwks.ptn。

B 剖面線圖案檔案語法

包括：1. 標頭、2. 剖面線圖案定義。

1. 標頭*DASHDOT, Dash Dot Line 45 Degrees

2. 剖面線圖案定義：45, 0,0 , 0,1,0.5,-0.25,0,-0.25

Sldwks.ptn - 記事本

檔案(F) 編輯(E) 格式(O) 檢視(V) 說明(H)

```
*:025:Clay, Clay material
0, 0,0, 0,.1875
0, 0,.03125, 0,.1875
0, 0,.0625, 0,.1875
0, 0,.125, 0,.1875, .1875,-.125
*:026:Cork, Cork material
```

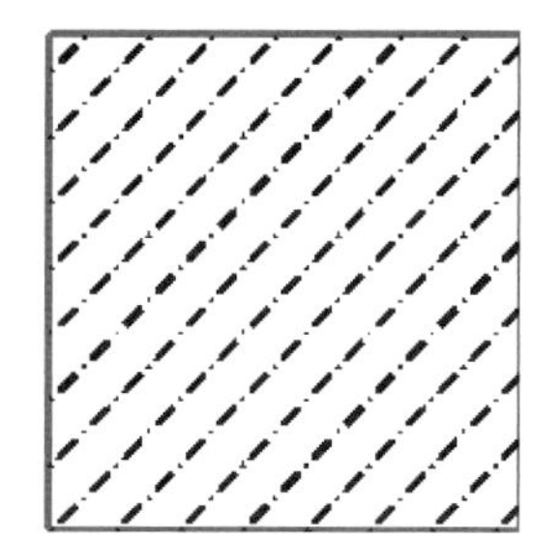

4-4 比例（預設 1）

調整圖案比例（密度），輸入數值後按 Tab 預覽。比例與間距呈**反比**關係，比例越小、間距越大。實務上，剖面線比例與視圖大小反比調整，例如：區域越小，比例要越大。

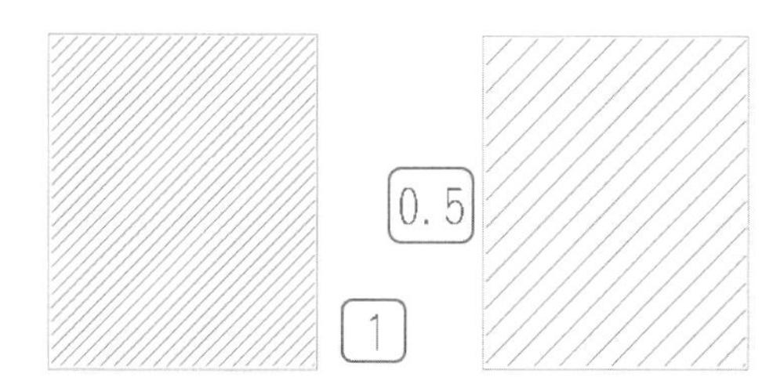

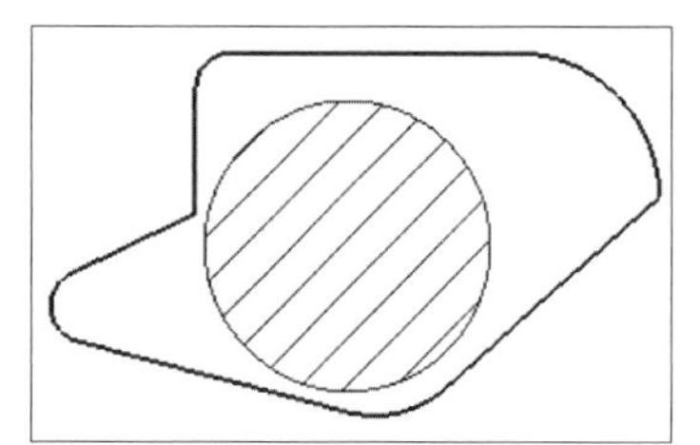

4-5 角度（預設 0 度）

調整剖面線角度，以**度**為單位，更改數值後按 Tab **預覽**。角度預設 45 度，更改角度避免輪廓線和剖面線平行，讓視圖更容易識別。

組合件必須以不同角度區分相鄰模型，早期人工更改，現在會自動調整剖面線方向。圖案以逆時針旋轉度數，不見得 0 度=水平線，要看預設圖案，例如：STEEL 看起來 45 度，不過實際顯示 0 度，所以要輸入相對角度。

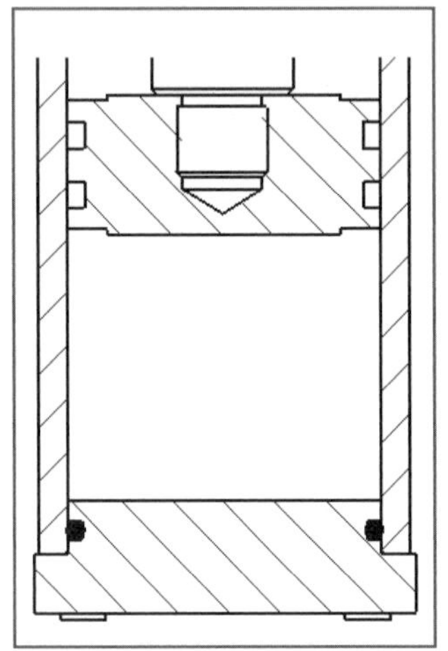

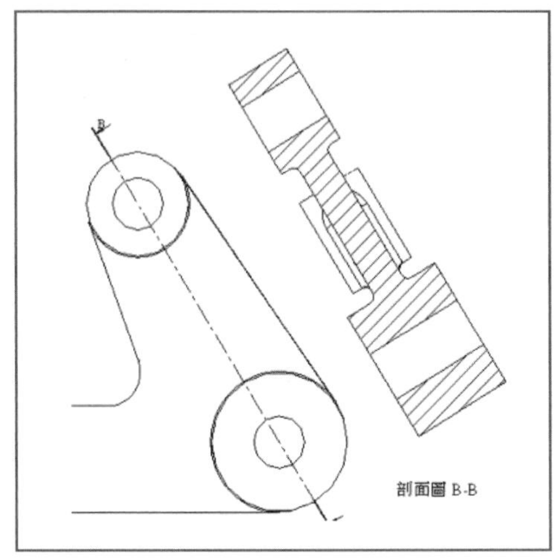

4-6 加入或更改剖面線

點選▨加入，或點選已完成的剖面線屬性管理員設定。於剖視圖上點選剖面線，由區域剖面線屬性得知材料剖面線。

剖面線可由圖層控制色彩和**顯示/隱藏**。**線條色彩**✎可直接改變顏色。

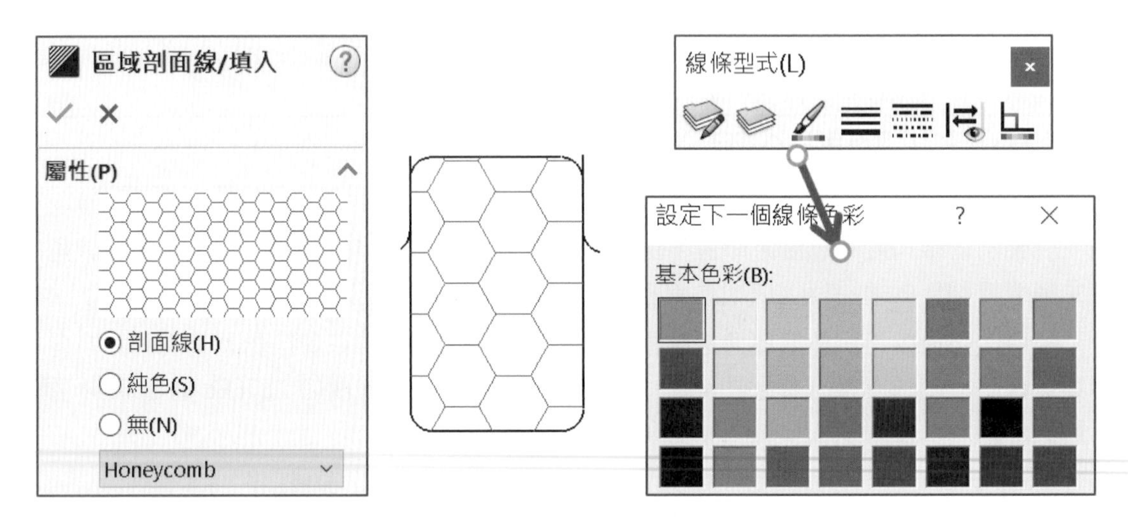

CHAPTER

05

工程圖－效能

設定工程圖特定效能，本章設定以前分佈在一般選項，後來把它集中在工程圖項目中。繪製大型組件或複雜模型工程圖時，常會發生顯示延遲、殘影、工程視圖拖曳緩慢...等，感覺電腦不夠力，甚至有做不下去感覺，若你懂得本節選項，一定可大幅增加處理效率。

本章嚴重對應顯示卡效能，除了設定最佳化後，還效能不佳，這時要更換顯示卡，特別要更換為繪圖專用的顯示卡。

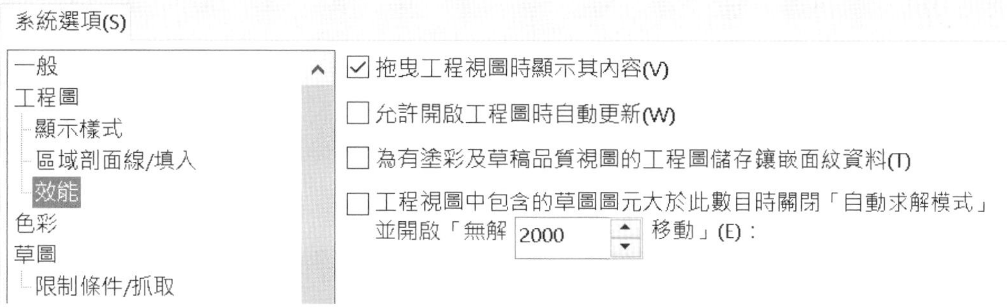

系統選項(S)

一般
工程圖
顯示樣式
區域剖面線/填入
效能
色彩
草圖
限制條件/抓取

☑ 拖曳工程視圖時顯示其內容(V)

☐ 允許開啟工程圖時自動更新(W)

☐ 為有塗彩及草稿品質視圖的工程圖儲存鑲嵌面紋資料(T)

☐ 工程視圖中包含的草圖圖元大於此數目時關閉「自動求解模式」並開啟「無解 2000 移動」(E)：

5-1 拖曳工程視圖時顯示其內容

拖曳視圖過程，是否顯示視圖內容。視圖內容包含：模型邊線、中心線、尺寸標註、註記...等。我們推薦用游標在視圖上按 ALT 來拖曳，這樣比較快。

5-1-1 ☑拖曳工程視圖時顯示其內容（預設）

顯示視圖內容比較直覺，適用不複雜模型，下圖左。

5-1-2 ☐拖曳工程視圖時顯示其內容

僅顯示視圖的邊界方塊（虛線）。若為**大型組件**工程圖，減少系統持續計算所有零組件邊線，拖垮電腦效能，導致視圖無法移動。通常發現變慢才會被動設定他，下圖右。

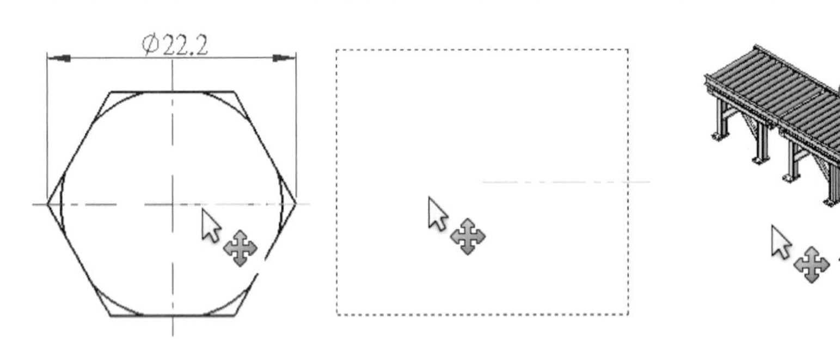

5-2 允許開啟工程圖時自動更新

模型有改變尺寸，設定開啟工程圖，系統是否重新計算，工程圖與模型同步，且重新載入模型所有資訊。模型沒被更動情況下，開啟工程圖不見得要更新它們。

5-2-1 ☑允許開啟工程圖時自動更新（預設）

開啟工程圖後，自動更新工程圖，開啟工程圖時間會變長，有些人不喜歡等。

5-2-2 ☐允許開啟工程圖時自動更新

不更新工程圖，加快開啟速度。開啟工程圖過程，會提示**工程圖頁是過時的**視窗，決定是否要更新工程圖。是→立即更新、否→視圖周圍顯示橘色剖面線（斜影線）。

特徵管理員會顯示**重新計算**圖示。

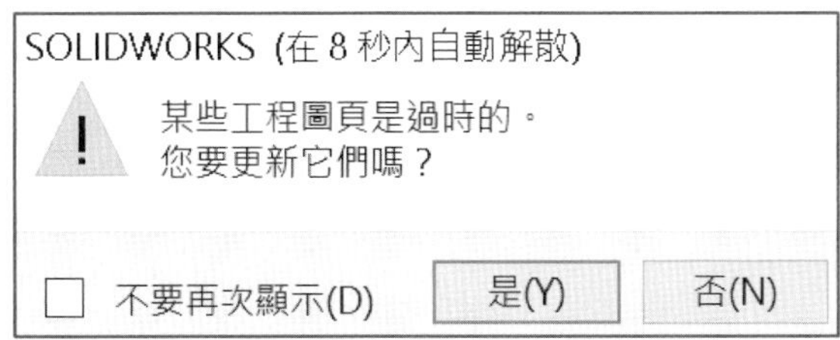

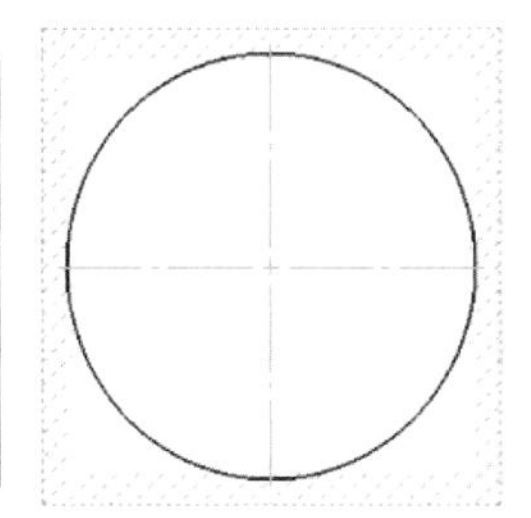

5-3 塗彩及草稿品質視圖的工程圖儲存鑲嵌面紋資料

在**塗彩**及**草稿品質**視圖，是否儲存鋪貼於模型表面的**曲率**、**斑馬紋**、**紋路**...等。填補幾乎完全密閉的資料稱**鑲嵌紋路資料**（Tessellated Data）。

本設定應該稱為：**在塗彩及草稿品質視圖儲存鑲嵌資料**。

5-3-1 ☑塗彩及草稿品質視圖的工程圖儲存鑲嵌面紋資料

表面紋路資料會記錄在工程圖中。

5-3-2 ☐塗彩及草稿品質視圖的工程圖儲存鑲嵌面紋資料

不使用鑲嵌面紋資料，會降低檔案大小和減少儲存時間。開啟檔案過程會出現**在唯檢視模式及在** eDrawings **不會顯示**的視窗。

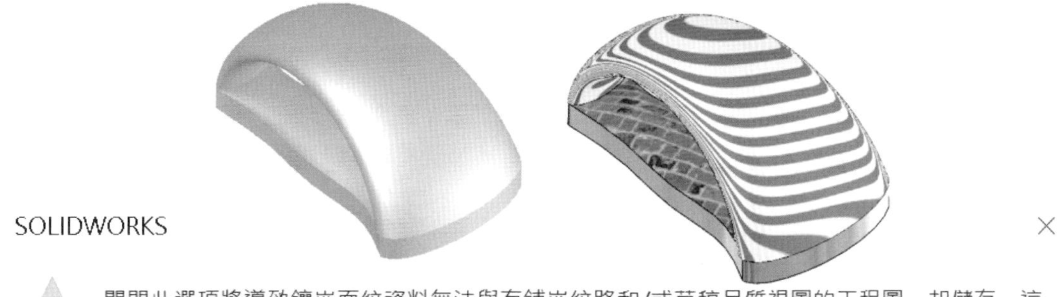

關閉此選項將導致鑲嵌面紋資料無法與有鋪嵌紋路和/或草稿品質視圖的工程圖一起儲存。這可能會使這些工程圖無法使用 SOLIDWORKS 檢視器或 eDrawings 進行檢視。
您是否要繼續？
是(Y)
否(N)

5-3-3 將鑲嵌紋路與零件文件一起儲存

本節設定和文件屬性→影像品質，**將鑲嵌紋路與零件文件一起儲存**原理一樣。二者之間的差別：本節用工程圖，影像品質用在零件。

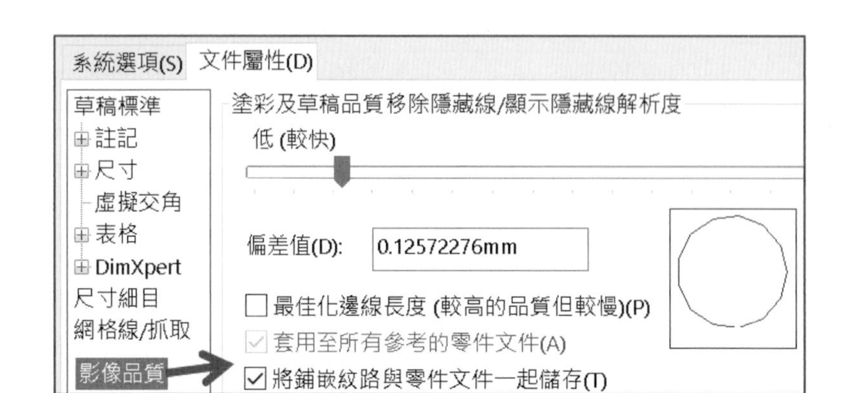

5-4 工程圖草圖圖元大於....開啟無解移動

草圖圖元數量超過設定值，關閉**自動求解模式**，開啟**無解移動**。設定適合大量圖元、圖塊，例如：工廠產線佈局、電路圖、2D TO 3D 作業，可減少電腦運算效能。

以前草圖效能屬於內部運作，無法互動控制。現在終於有這功能，大郎常利用這作為 3D 導入作業緩衝。工程圖使用草圖圖元與草圖工具，畫 3 視圖，不就和 2D CAD 一樣。

標題太長不容易閱讀，**此設定應該稱為**：草圖圖元大於數目時，關閉**自動求解**並開啟**無解移動**。

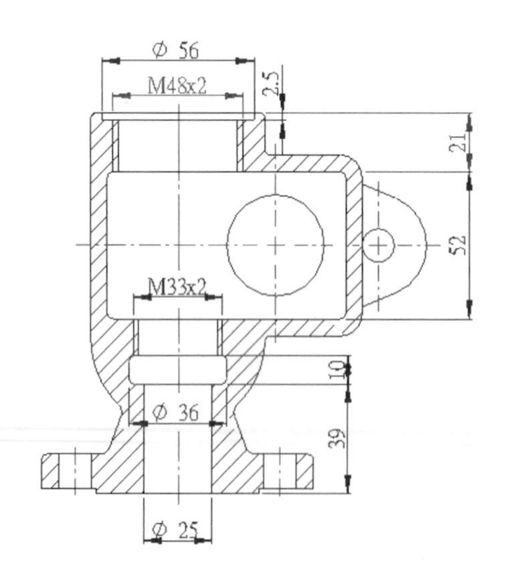

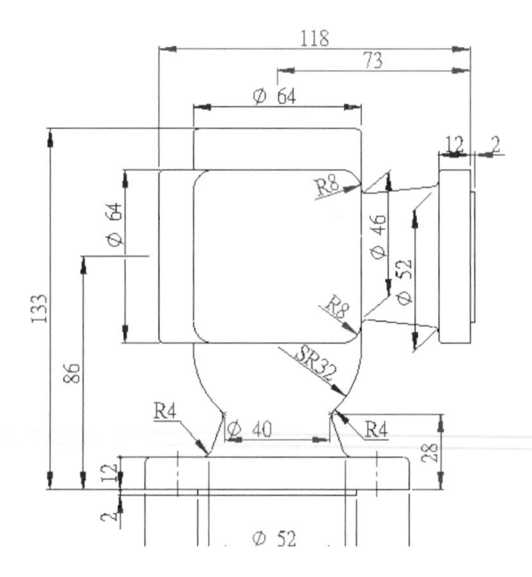

5-4-1 草圖設定：自動求解、無解移動

臨時變更設定，工具→草圖設定：自動求解、無解移動，可在狀態列看出目前模式。

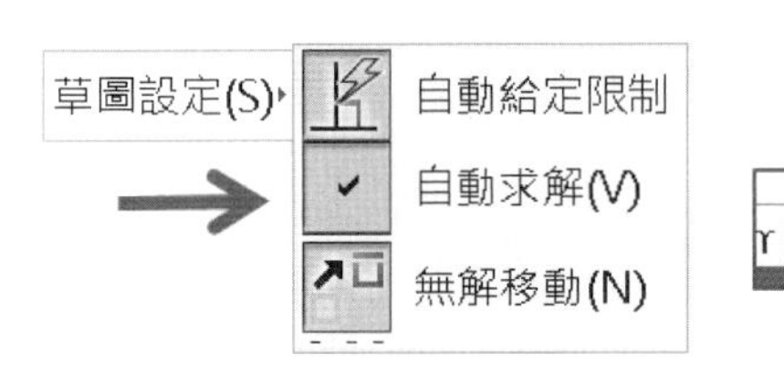

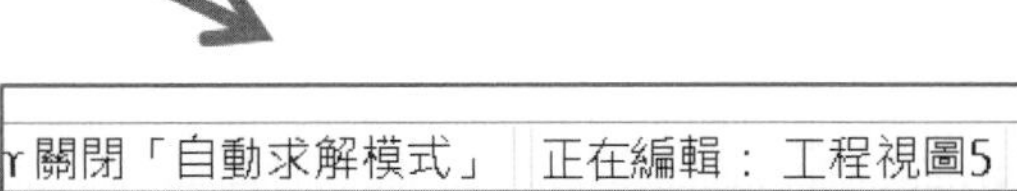

5-4-2 自動求解

參數式圖形就是維持關聯性=**自動求解**，好處擁有參數圖形變化，缺點就是會耗效能，例如：大量的限制條件。簡單的說，修改尺寸後，圖形不會跟著變化。

5-4-3 無解移動

不刪除尺寸或限制條件，可在草圖移動圖元，例如：將同心其中一圓移至其他位置，不須刪除重作。

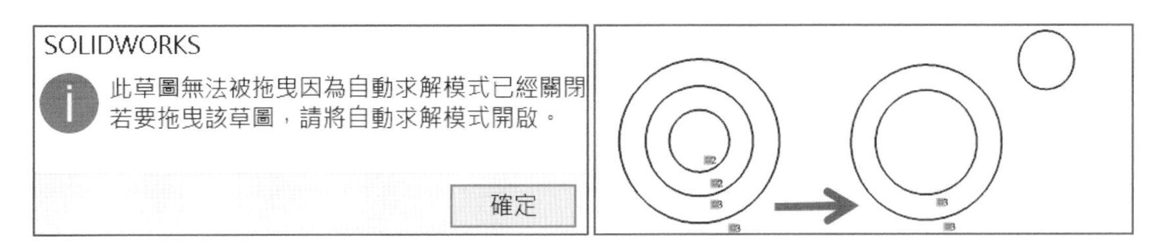

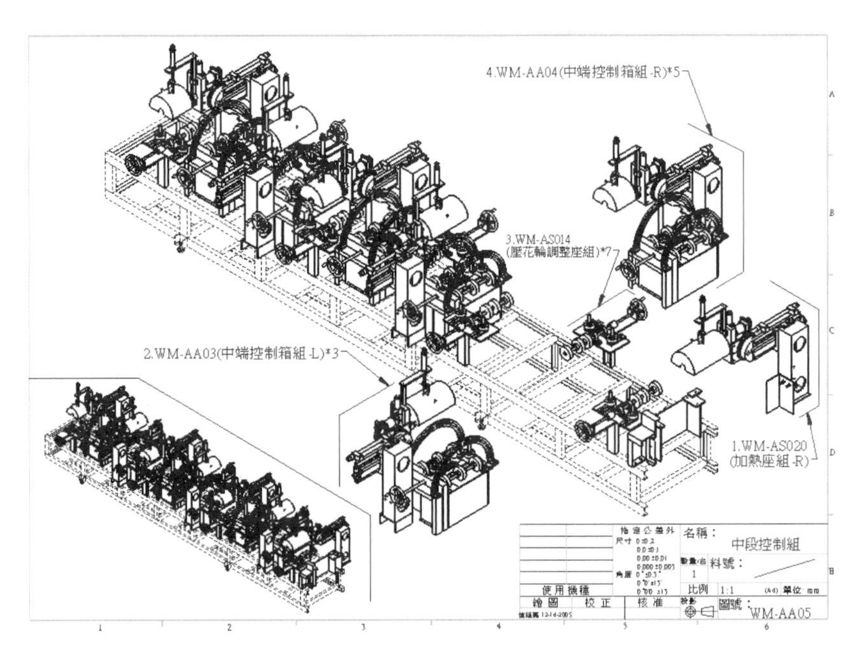

筆記頁

CHAPTER

06

色彩

色彩用於介面、選擇、指令過程、狀態顯示...等，還可製作色彩範本，這裡統稱系統色彩（控制零件、組合件、工程圖），重點設定就是：**所選項次 1=紅色**。

原廠必須中性色，你會發現不會有**亮色**或**暗色系**：例如：亮綠、亮青、深藍、深紅色。要強調某個狀態，會設定比較明顯個性化顏色，例如：紅色。

實務上，不要太亮會增加眼睛負擔，例如：亮黃色、亮青色。有些人眼睛比較畏光，會設定不太亮色彩，大郎很重視這段，不要為了工作傷眼睛。

6-1 圖示色彩

因應 4K 顯示器，讓介面更現代化，於 2016 將介面重新設計以藍色基底，強調主要特徵、深灰色輪廓線加強整體圖示形狀，針對輔助人士的設計，例如：讓色盲更容易辨識，是其他軟體看不到的，下圖左。

這也帶來老用戶不習慣藍色 Icon 新介面，於 2016 SP3 新增圖示色彩：1. 預設、2. 傳統，讓使用者依習慣彈性調整，下圖中。

會發現藍底白色是趨勢，因應觸碰裝置的穿透性，ICON 會以雙色定義，例如：Windows 指令就是如此，你再到網路搜尋指令圖示就能體會，下圖右。

由此可知介面多麼重要，自 2015 年以來，我們觀察 CAD 軟體商無不把介面讓使用者靈活運用，並無止境持續改善。

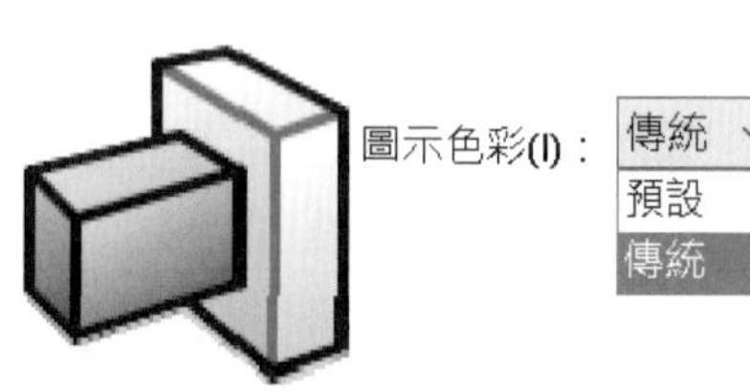

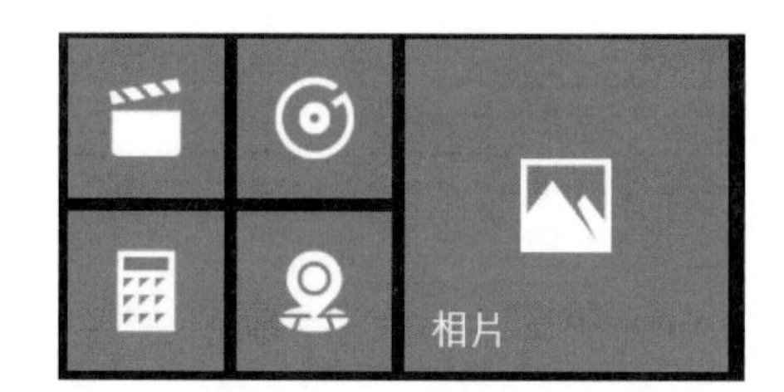

6-1-1 預設

以藍色調為主，最明顯就是工具列了。很多人就此死忠這色調，不要色彩太花俏，感覺輕鬆閱讀。

6-1-2 傳統

以 2015 之前黃綠色為主，看起來活潑與明顯。大郎以這為主，因為講解比較清楚。

6-2 背景

設定介面色彩（以前稱**介面亮度**），只影響**繪圖區域**以外介面，此設定應該稱為**介面**會比較容易聯想。

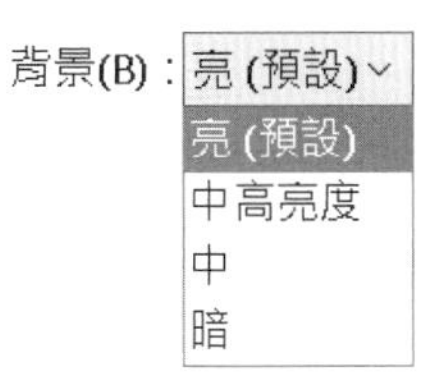

界面白色，使用舒服、輕鬆感覺，自 2016 起讓你彈性選擇 4 種亮度：1. 亮、2. 中高亮度、3. 中等、4. 暗。

可以和環境搭配，例如：投影機投影 SolidWorks 畫面，就不宜太亮，免得看起來白白，在暗房間工作也不宜太亮。

6-2-1 亮（預設）

淺灰色大方乾淨俐落，也是長久以來畫面，適合抓圖與長時間使用。

6-2-2 中高亮度

淺灰色介面，特徵看起來比較具體，適合投影機撥放，例如：開會。

6-2-3 中

承上節，深灰色介面。有些人比較喜歡灰，至於深灰還是淺灰，這裡提供彈性。

6-2-4 暗

黑色底、文字白色，像 2D CAD 畫面，適合在暗房間作業，有些人喜歡暗。例如：軍方指揮部多為暗房，你會發現螢幕皆為暗色，亮度低保護眼睛。

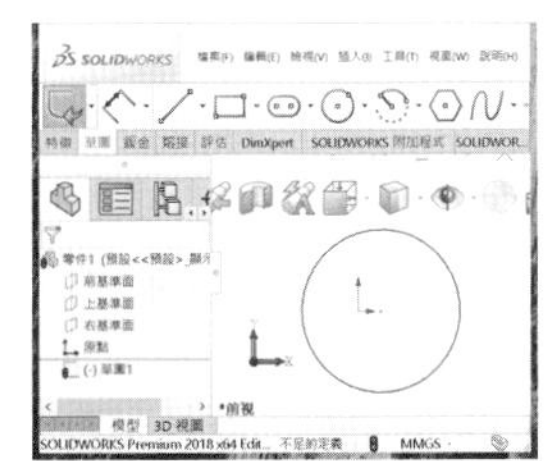
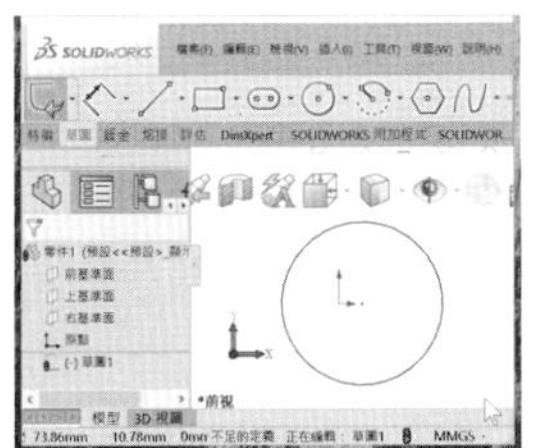
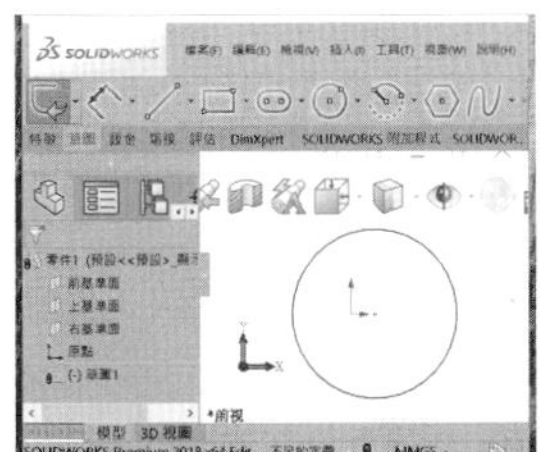
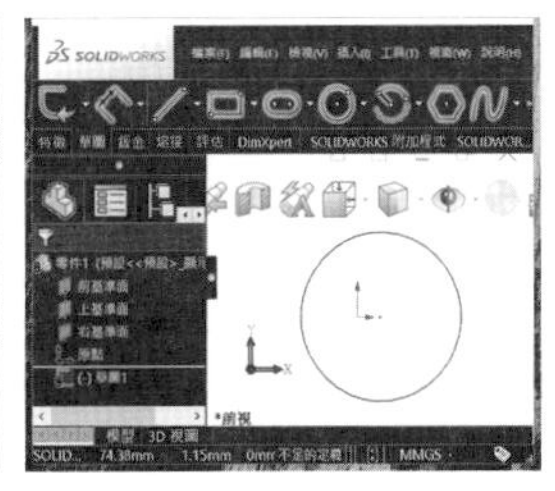

6-3 目前色彩調配

清單選擇色彩群組，會影響下方色彩調配，例如：**所選項次 1**。1. Blue Highlight（藍色效果）、2. Green Highlight（綠色效果）、3. Orange Highlight（橘色效果）

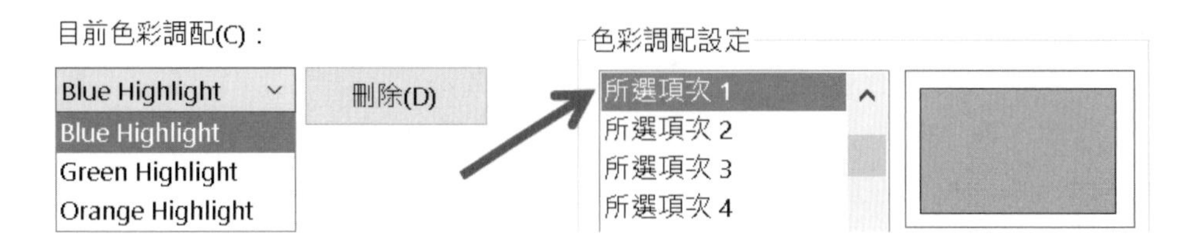

6-4 色彩調配設定

控制：1. 特徵管理員、2. 屬性管理員、3. 指令項目。快點 2 下項次→進入色彩視窗定義顏色。本書為單色印刷，所有圖片在 powerpoint 讓你對照。

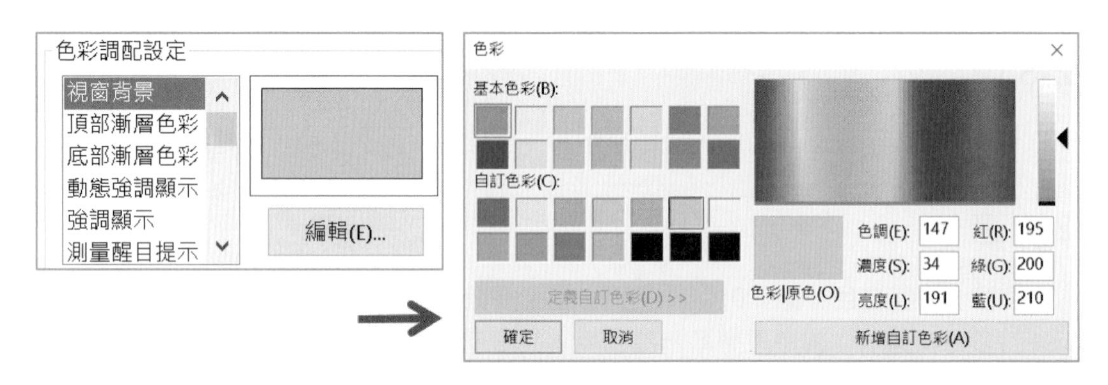

6-4-1 視窗背景（灰色）

設定**繪圖區域**色彩，襯托模型效果，別有一番風味。**背景色彩**避免與模型類似，例如：移除隱藏線，**模型色彩**會與**背景色彩**融合在一起。

常用**白色**，例如：抓模型圖到 WORD 製作文件，避免底色影響美觀與不耐看，也增加印刷油墨浪費。專利圖或工程圖更要以白色底為準，試想 Office 底色為白色也比較耐看。

畢竟萬物之始在草圖，大郎很重視這段，不要為了工作傷眼睛。

A 視窗背景的搭配

要看出設定效果，必須將下方的**背景外觀**☑素面（箭頭所示）。視窗背景=上方視埠背景色彩。承上節，可以將介面與背景色彩統一，例如：介面=暗、背景=暗色系。

背景外觀(A)：
◯ 使用文件全景背景(建議的)(U)
◉ 素面 (上方視埠背景色彩)(P)
◯ 漸層 (上方頂部/底部漸層色彩)
◯ 影像檔案(F)：

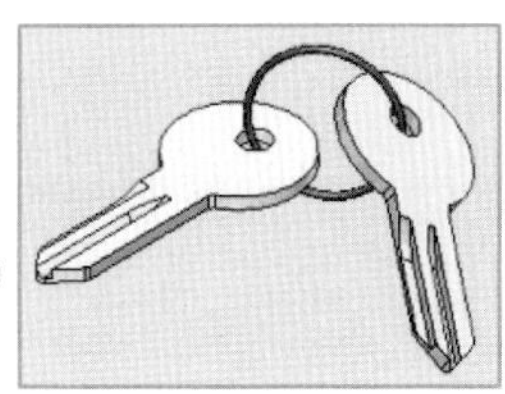
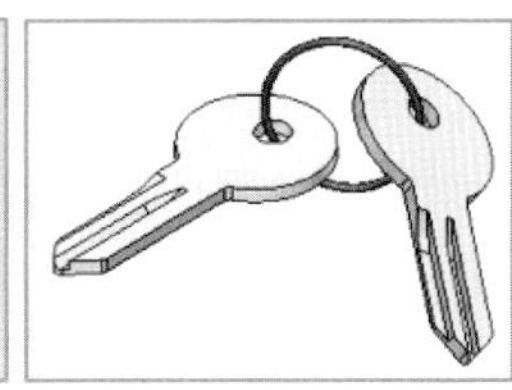
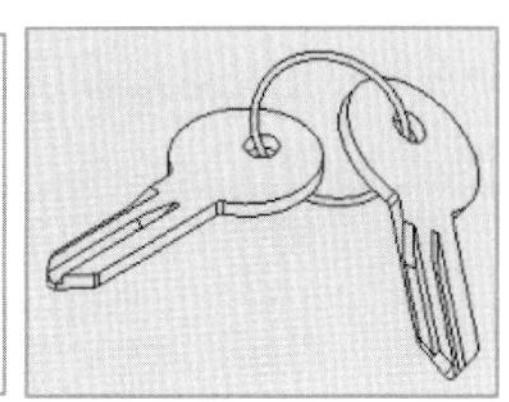

6-4-2 頂部漸層色彩（淺灰色）、底部漸層色彩（淺灰色）

設定繪圖區域上、下漸層色彩，將色彩平順由深到淺，看起來有藝術氣息且生動活潑有層次，漸層色彩會連結到工程圖背景。

分別指定頂部與底部漸層色彩，漸層比**單色背景**更有顯示效果。視覺純色比較耐看，而漸層背景比較搶眼。若有顯示效能考量，建議以純色為主，可降低顯示卡負荷。

A 視窗背景的搭配

要看出設定效果，必須將下方背景外觀，☑漸層（箭頭所示）。

背景外觀(A)：
◯ 使用文件全景背景(建議的)(U)
◯ 素面 (上方視埠背景色彩)(P)
→ ◉ 漸層 (上方頂部/底部漸層色彩)
◯ 影像檔案(F)：

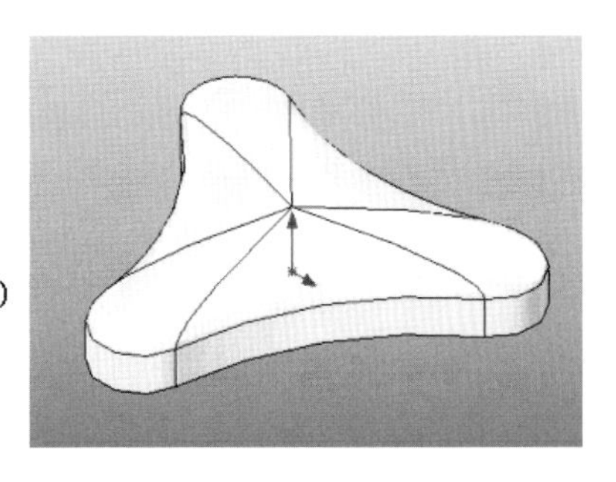

6-4-3 動態強調顯示（橘色）

不須點選，游標移動到模型點、線=橘色**粗實線**，面=**細實線**顯示。直覺判斷要選擇面還是邊線，常用在尺寸標註、組合件組裝。

A 在圖面中動態強調顯示的搭配

要看出這效果，顯示→☑在圖面中動態強調顯示。

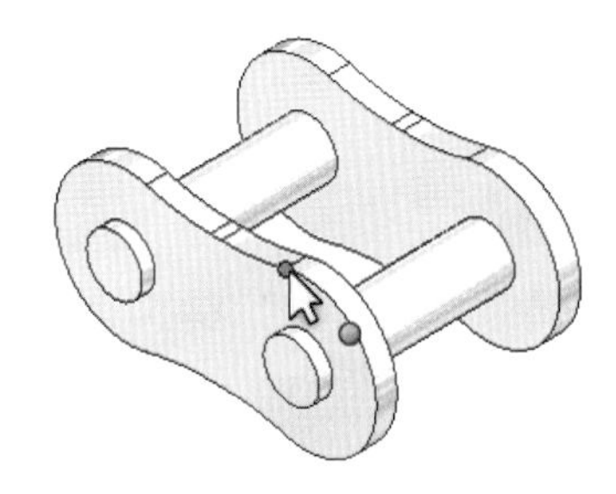
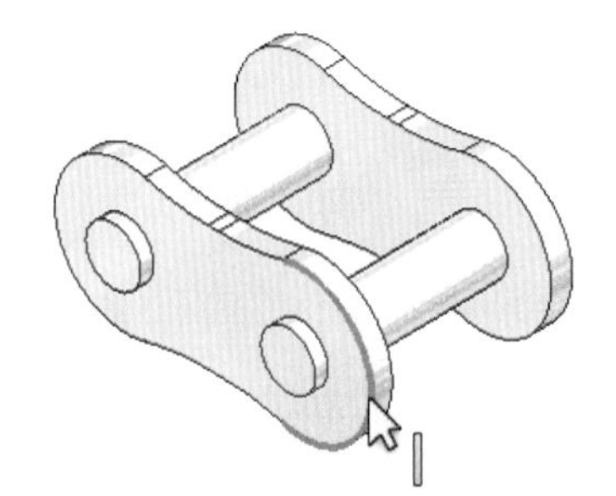
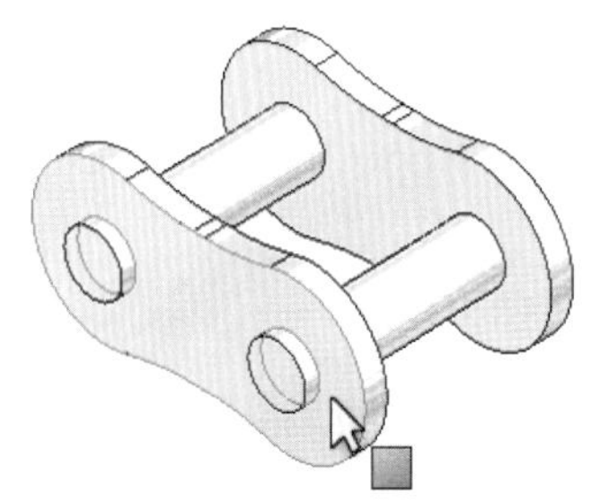

6-4-4 強調顯示（洋紅）

1. 點選註記、2. 特徵預覽方向的三角箭頭、3. 智慧型爆炸線、4. 正交推斷提示。

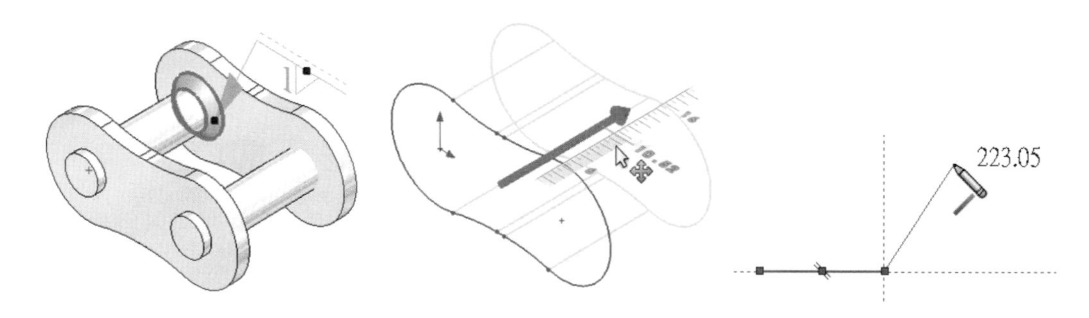

6-4-5 所選項次 1（淡藍色）

最常設定，常用在：草圖點選圖元、點選模型邊線、指令過程的點選...等。課堂一開始會要求同學**淡藍色→紅色**。淡藍色與草圖藍色不是對比色會用眼過度，感謝 SW 可以設定這麼細膩。

設定後選圖元，視覺差異相當大，這就是對比色。指令過程依不同項次，方塊色彩也不同，增加項次和模型選擇辨識一致性。

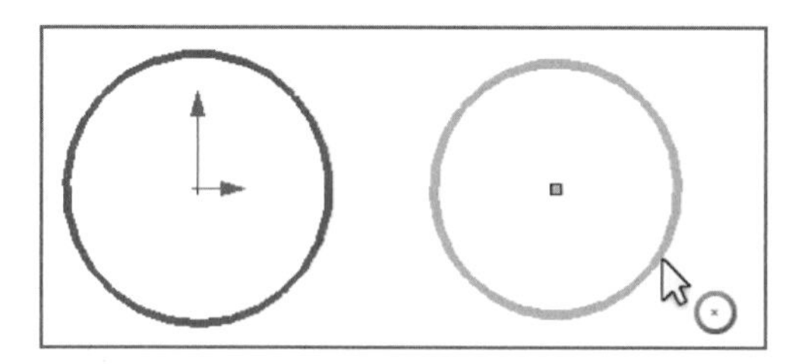

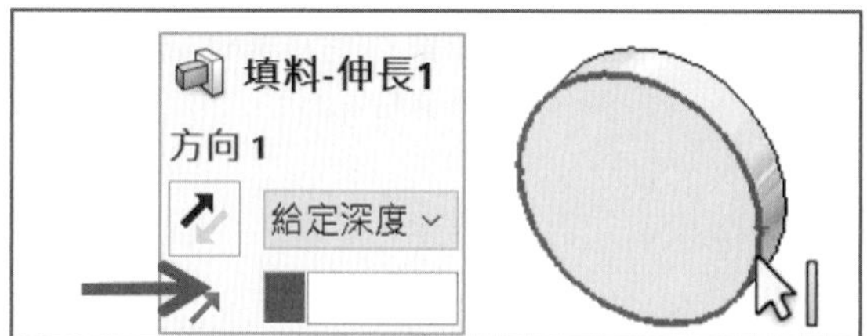

6-4-6 所選項次 2（粉紅色）

第 2 常用順序，例如：**物質特性**質量中心、**掃出**路徑、**面圓角**第 2 面...等，下圖左。2 個以上項次可由色彩看出指定位置並定義參數，例如：紅色= 2 、紫色= 1 ，下圖右。

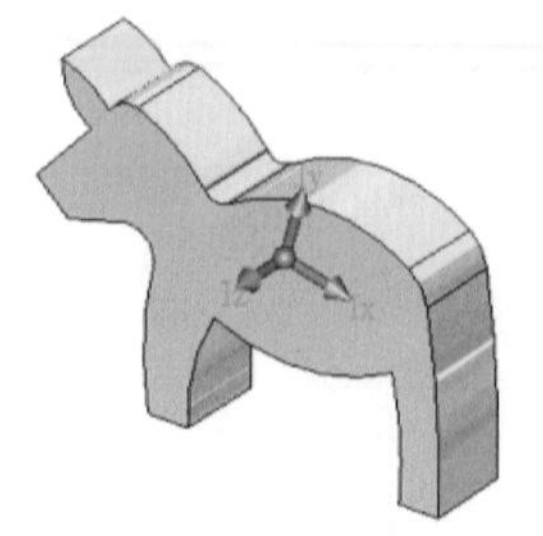

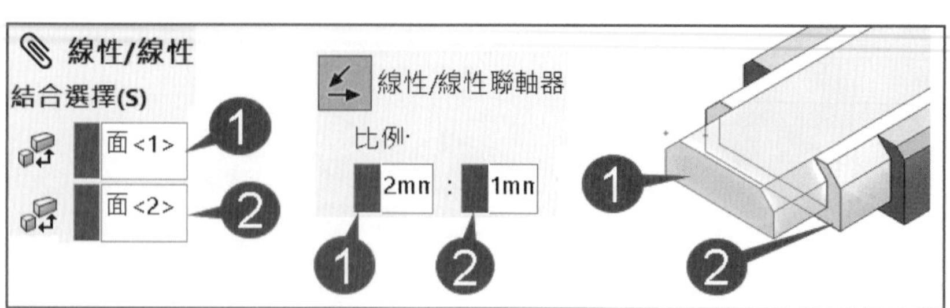

6-4-7 所選項次 3（紫色）

第 3 常用順序，例如：**全周圓角**、**疊層拉伸**的導引曲線...等，下圖左。

6-4-8 所選項次 4（青色）

第 4 常用順序，較少見的控制：**疊層拉伸**連接點、**限制條件**方塊...等，下圖右。

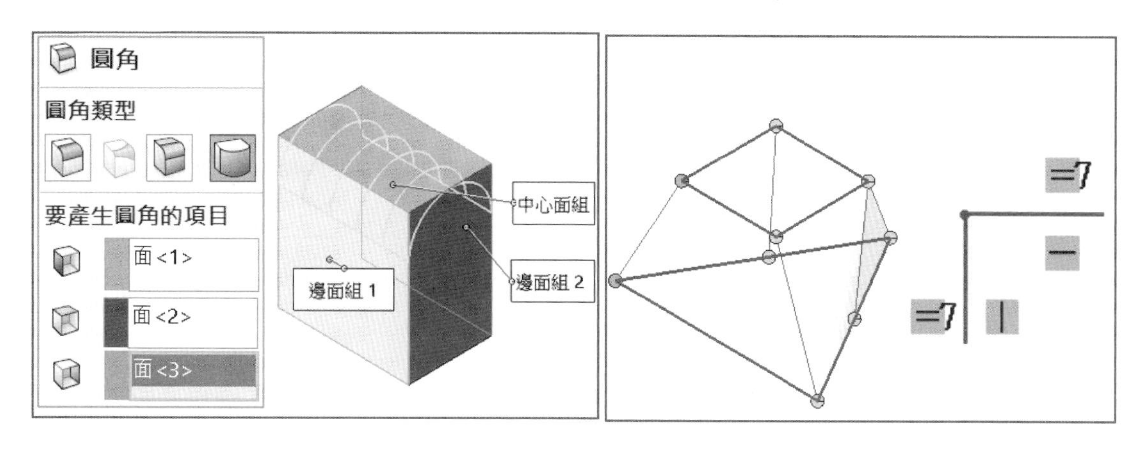

A 整體指令－彩色對照

指令顯示所選項次 1~4 色彩，對於複雜難懂的指令，利用顏色學習要選的邊線，例如：變形，由上到下有 4 個項次要選，利用彩色圖可看出要點選的邊線，下圖左。

6-4-9 測量醒目提示（淡青色）

使用**量測**過程，指定所選的邊線和面顏色，與**所選項次 1** 顏色不同，下圖右。

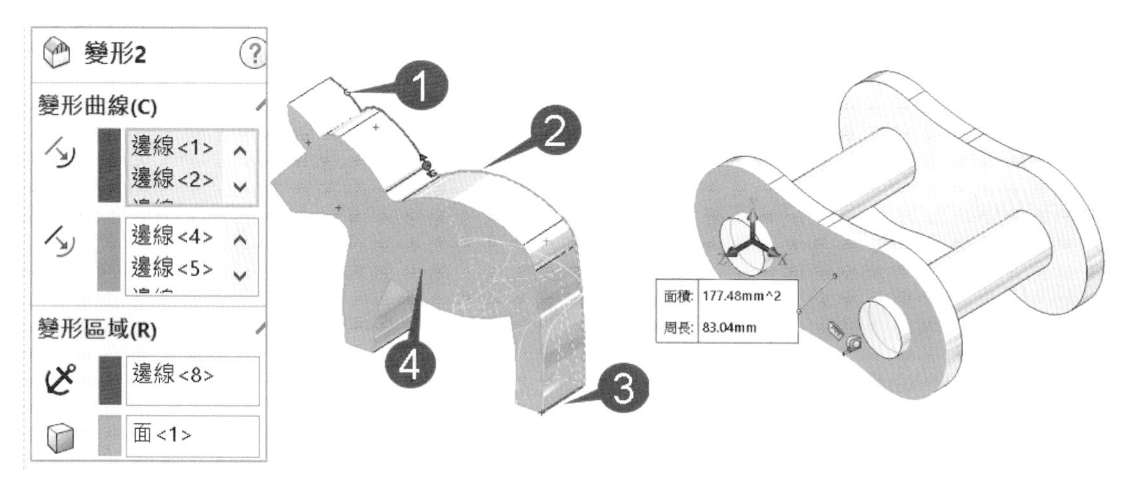

6-4-10 所選項次遺失參考（紅色）

遺失原始的參考，會以**紅色虛線提示**原來的輪廓位置、大小、形狀，例如：導圓角的邊線，下圖左。基準面的參考點（箭頭所示），下圖右。

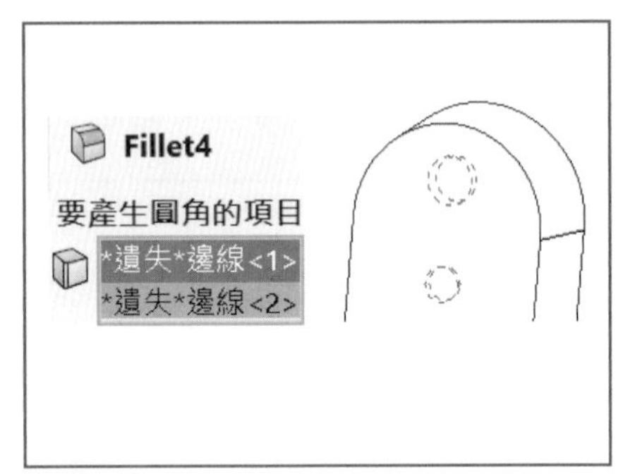

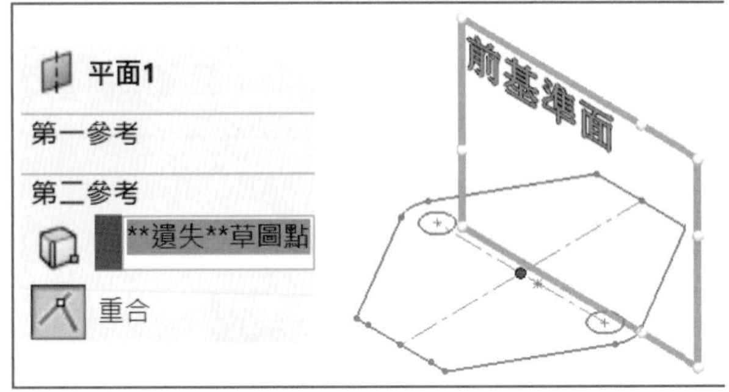

6-4-11 所選面，塗彩（藍色）

點選模型面以**塗彩**顯示，可快速判斷面位置及大小，適用**塗彩**與**帶邊線塗彩**。若開啟，點選面效果會更好，下圖左。

6-4-12 工程圖，圖紙色彩（米灰色）

圖紙色彩與**工程圖背景**分別設定。實務上，圖紙色彩不要亮色系，避免圖紙整面光亮刺眼，就像深夜看手機是一樣的，白色才不會感覺灰灰很工程的樣子，下圖右。

有沒有發現與**零件**、**組合件**一樣白色就好，且白色底是 SW 特性，設定黑色，會覺得很糟。基於白色底，工程圖配色就會不一樣，例如：模型輪廓=黑、尺寸標註=藍、中心線=紅。

目前沒有辦法在這設定**圖紙邊框**色彩，必須由定義，常用黑色邊框。

6-4-13 工程圖，背景（灰色）

承上節，設定圖紙外的背景色彩，襯托圖紙大小（由邊框看出圖紙大小）。

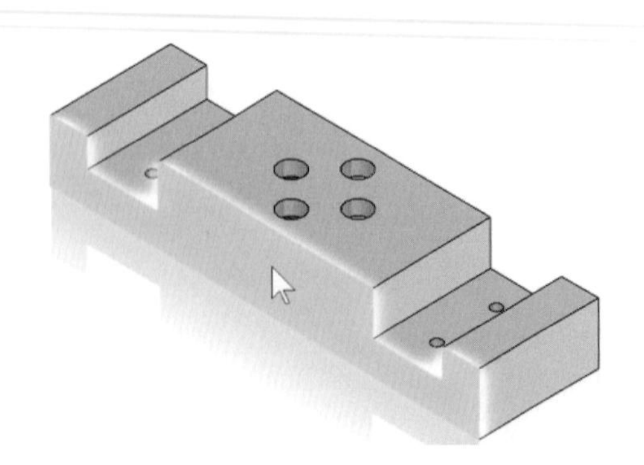

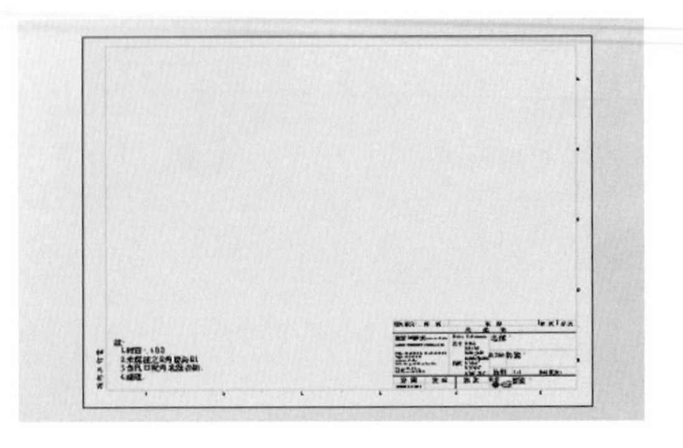

6-4-14 工程圖，顯示模型邊線（黑色）

設定工程視圖的模型邊線色彩，適用非塗彩狀態，下圖左。

6-4-15 工程圖，隱藏模型邊線（黑色）

承上節，設定模型的隱藏線色彩，適用，下圖中。早期隱藏線灰色，會與輪廓黑混淆不容易識別，也有人把**隱藏線**改別的顏色。

6-4-16 工程圖，模型邊線（SpeedPak）（灰色）

SpeedPak 視圖邊線以灰色顯示，與模型邊線黑色區分，屬性管理員會見到 SpeedPak 圖示。常用在大型組合件，可減少記憶體用量，提升作業效能，下圖右。

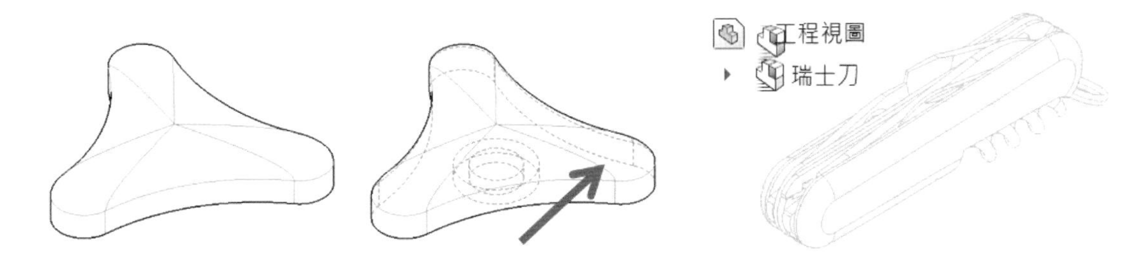

6-4-17 工程圖，模型相切面交線（灰色）

設定相切交線色彩。實務上，不能與**模型邊線**相同線粗和色彩，會不好判斷哪裡是圓角，以及視圖層次，下圖左。

6-4-18 工程圖，變更的尺寸（橘色）

模型設變後開啟工程圖時，有變更的尺寸會以設定色彩顯示，達到提醒作用。例如：在模型更改尺寸，於工程圖會顯示不同色彩。

A 開啟時為變更的工程圖尺寸使用指定的色彩

本節與必須配合☑**開啟時為變更的工程圖尺寸使用指定的色彩**，下圖右。

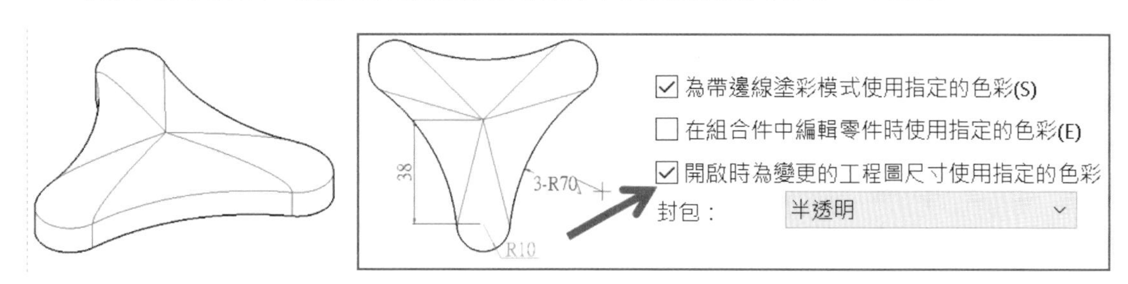

6-4-19 尺寸，輸入的（驅動）（黑色）

在草圖尺寸標註=**驅動尺寸**，更改尺寸幾何會跟著改，例如：25、40。

6-4-20 尺寸，非輸入的（從動）（灰色）

承上節，過多尺寸=**從動尺寸**，標註斜尺寸會以灰色顯示，例如：47. 17，下圖左。

6-4-21 尺寸，懸置（橄欖色）

在工程圖，模型特徵被刪除或抑制，尺寸標不到原本圖元，以**懸置呈現**，例如：角落有 R7，但圓角特徵刪除後會以橄欖色提示，下圖右。

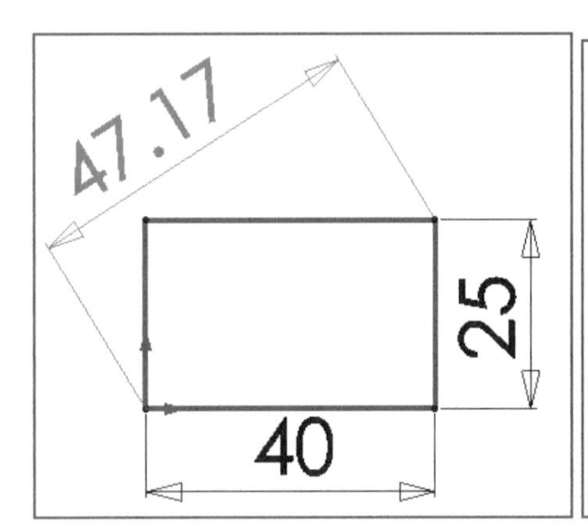

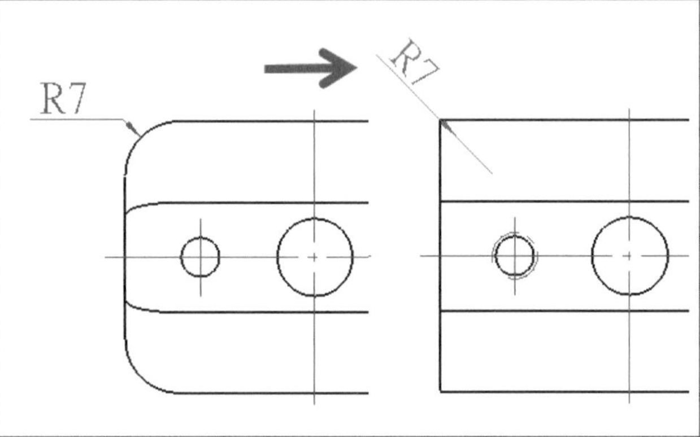

6-4-22 尺寸，不為工程圖標示（紫色）

不為工程圖標示的尺寸顏色與其他尺寸區分，例如：32=不為工程圖標示，和 35=參數標註區別，下圖左。

6-4-23 尺寸，由設計表格控制（洋紅色）

模型尺寸以**設計表格**控制，會以**洋紅色**與一般尺寸區隔，下圖右。

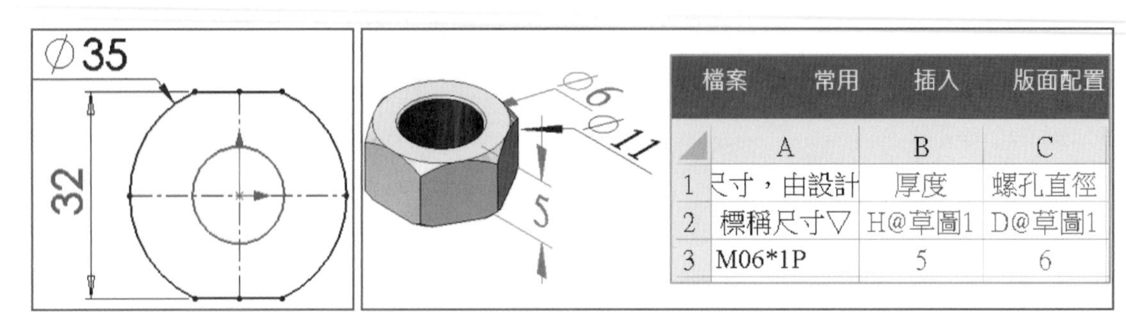

6-4-24 圖形註記（紫色）

可將 STEP AP242 尺寸標註、幾何公差以不同顏色區分，下圖左。

6-4-25 文字（黑色）

設定註解A色彩，有些人改為紫色。本項應該為註解，否則容易與註記工具列搞混。

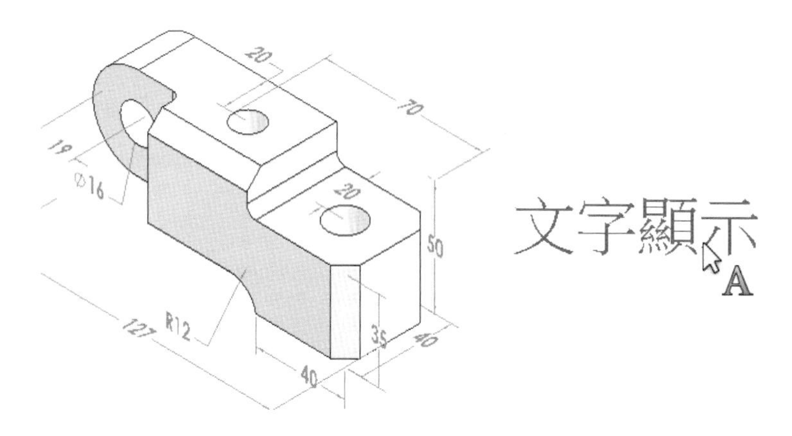

6-4-26 草圖，過多的定義（紅色）

有過多的尺寸標註或限制條件，以紅色警告反映狀態，**狀態列**也有文字提示。

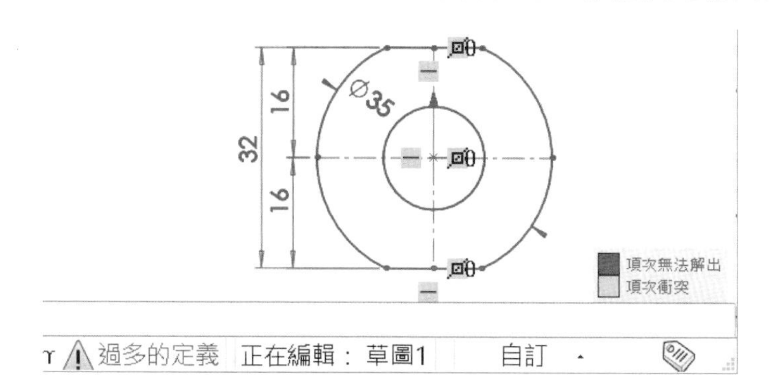

6-4-27 草圖，完全定義（黑色）

完整、正確描述圖形需要的資料，以黑色反映狀態，**狀態列**也有文字提示，下圖左。

6-4-28 草圖，不足的定義（藍色）

不足定義以藍色反映狀態。工程圖使用**座標尺寸**時，也是藍色顯示，下圖右。

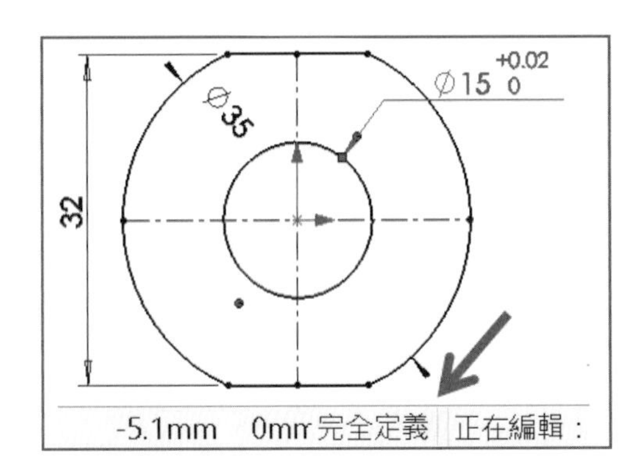

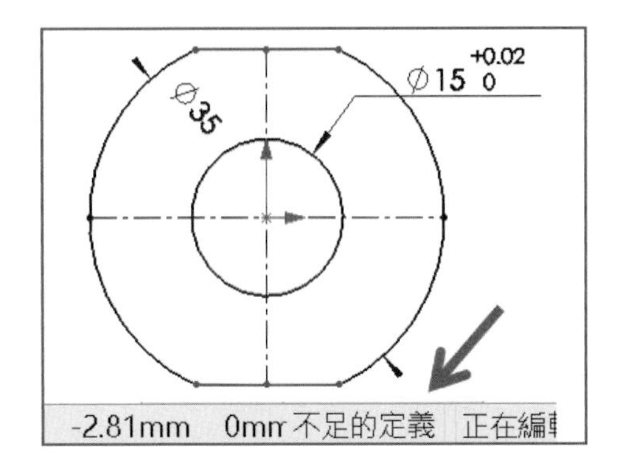

6-4-29 草圖，無效的幾何（黃綠色）

圖元不適當限制，狀態列顯示**發現無效的解**，圖元以黃綠色反映狀態，下圖左。

6-4-30 草圖，無解（黃色）

無法決定一或多個圖元位置，圖元以黃色反映狀態，下圖中。

6-4-31 草圖，未啟用（灰色）

顯示不在草圖環境的草圖色彩，將**草圖顯示**才見到。常用在多個草圖時，改變草圖色彩，例如：草圖 1=紅、草圖 2=綠、草圖 3=藍，下圖右。

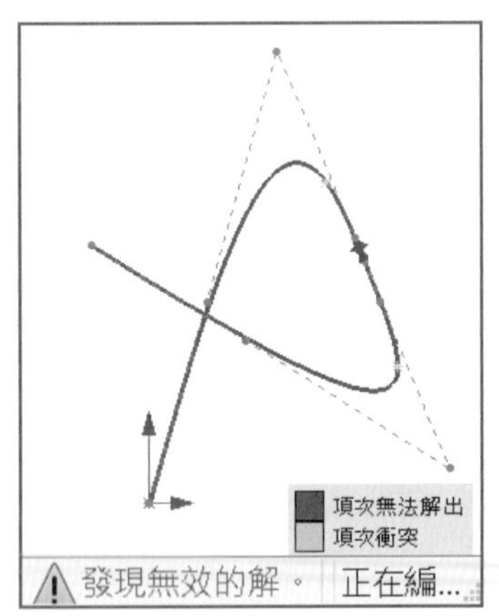

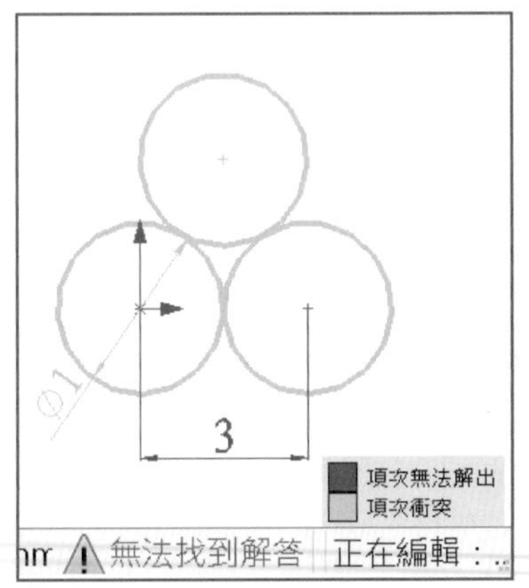

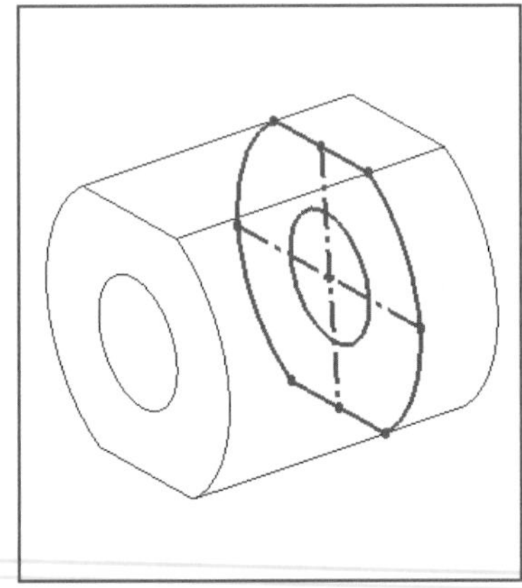

6-4-32 草圖，塗彩輪廓（深藍色）

草圖為封閉輪廓，面以塗彩草圖輪廓。換句話說，草圖為開放輪廓，就不顯示塗彩，例如：L 板。課堂上要求將它關閉，避免不小心移動草圖。

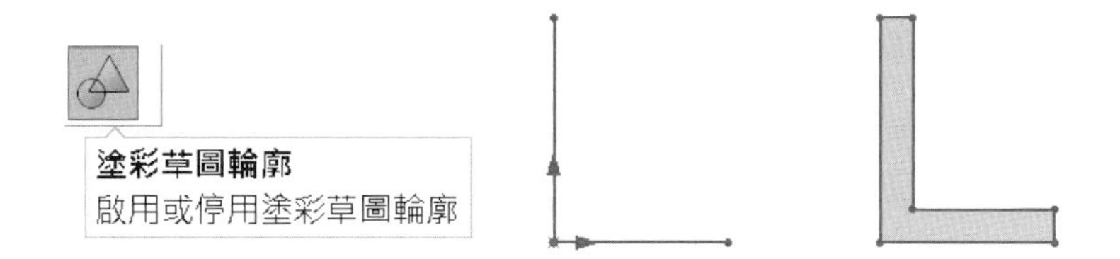

6-4-33 次網格線（淺灰色）、主網格線（灰色）

在草圖或工程圖顯示**網格**，次**網格**介於**主網格**以虛線表示。

6-4-34 基準幾何（藍色）

設定**模型原點**與**參考幾何色彩**：1. 基準面、2. 基準軸、3. 座標系統、4. 點。

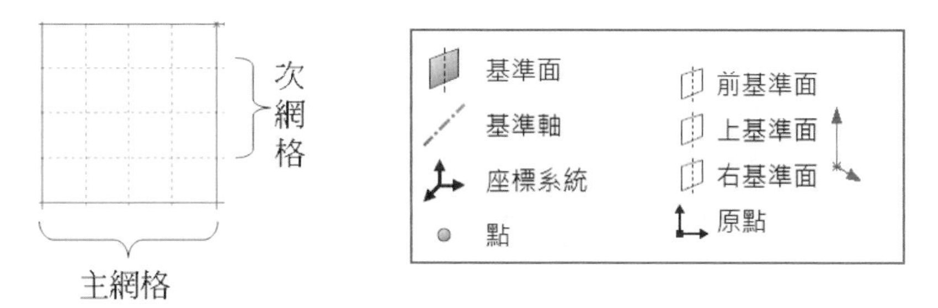

6-4-35 組合件，編輯零件（藍色）

組合件使用**編輯零件**，被編輯模型以藍色顯示，與其他模型區隔，下圖左。

6-4-36 組合件，編輯零件的隱藏線（灰色）

承上節，模型為**顯示隱藏線**，以灰色顯示隱藏線，下圖右。

A 在組合件中編輯零件時使用指定的色彩

要看出這效果需配合，☑**在組合件中編輯零件時使用指定的色彩**。

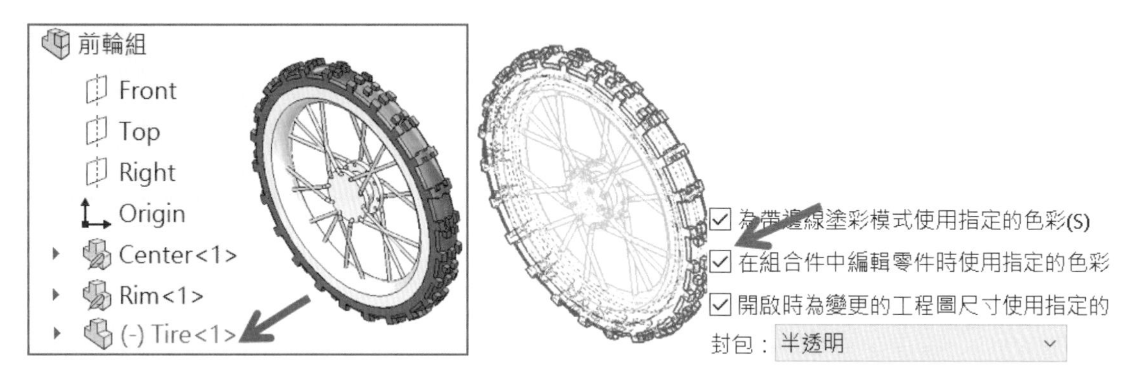

6-4-37 組合件，不編輯的零件（淺灰色）

承上節，其他不被編輯的模型以淺灰色顯示。要看出這效果需配合，☑**在組合件中編輯零件時使用指定的色彩**、顯示狀態**塗彩**。

6-4-38 停用的圖元（淺灰色）

停用的圖元（Inactive Entity），設定未使用的圖元色彩。例如：特徵預覽的方向三角形箭頭、工程圖**區域剖面線**、工程圖圖框。

實務上，背景為白色與特徵預覽方向箭頭相似，變得不好判斷可改深色系。

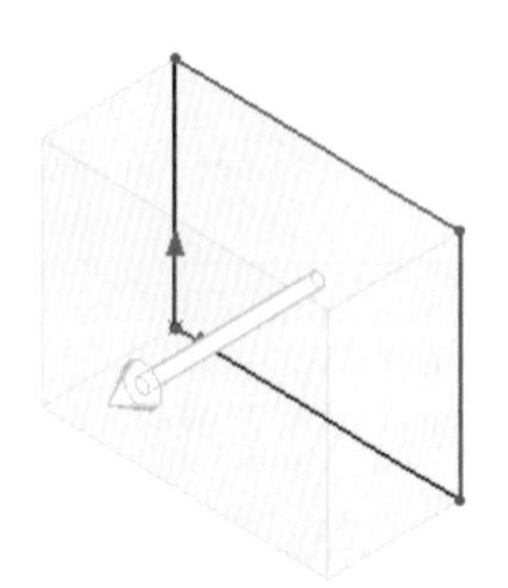
 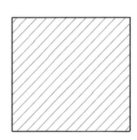

6-4-39 未啟用的控制點（灰色）

不規則曲線上的**控制點**和**權重控制器**色彩。由灰色看出曲線未更動（預設位置），拖曳**點**和**權重控制器**會以藍色顯示，下圖左。

6-4-40 強調顯示（黃色）

特徵動態預覽色彩，例如：拖曳特徵成型箭頭，查看深度變化、鈑金展開，下圖右。

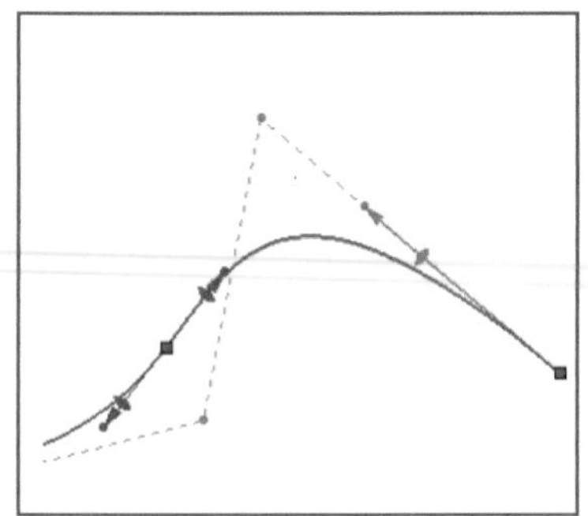
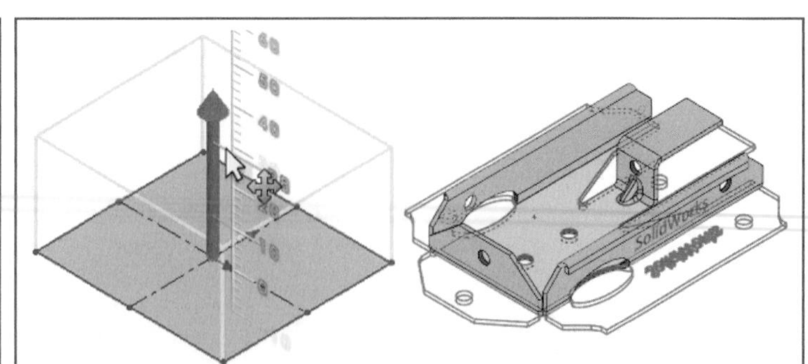

6-4-41 強調顯示，塗彩（鵝黃色）

承上節，特徵成型過程，塗彩預覽色彩，下圖左。

6-4-42 暫時的圖型，加入材料（綠色）、移除材料（粉色）

使用螺紋特徵，由顏色判斷**切割**或**伸長螺紋**，暫時圖形=特徵預覽過程，下圖右。

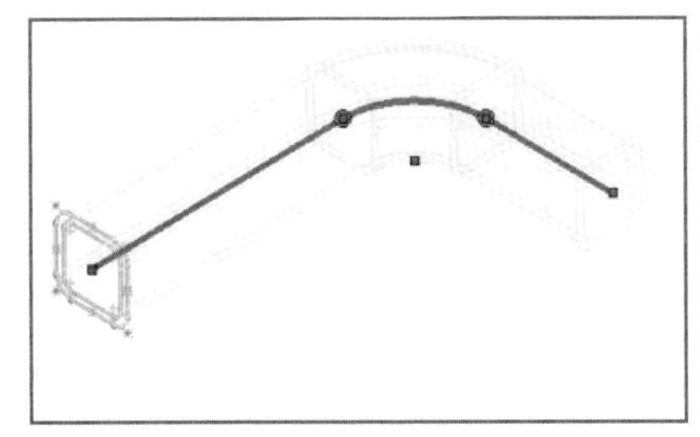

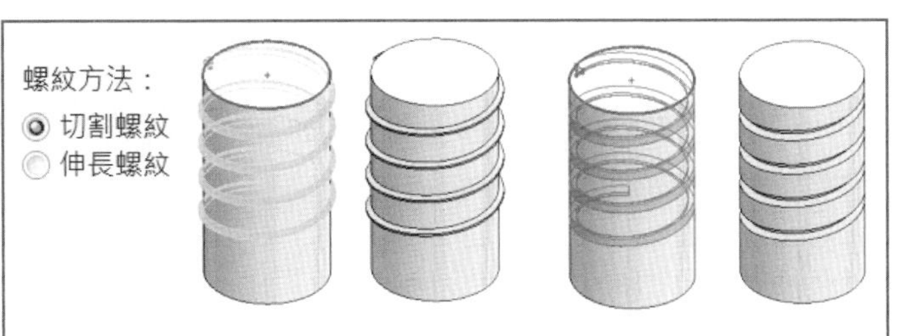

6-4-43 鈑金暫時圖形色彩（紅色）

轉換為鈑金過程會呈現暫時圖形，讓你看出哪些本體完成，適用多本體。

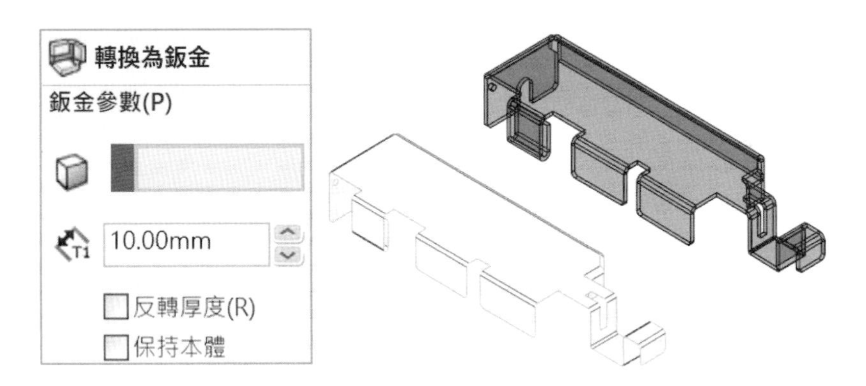

6-4-44 曲面，開放邊線（靛色）

顯示曲面的破面，或未封閉平面，容易判斷曲面是否有縫隙、需要縫織、不同曲面本體，或看出破面。可迅速判斷特徵不成功原因，配合 1. **線架構**+2. **草稿品質**，比較容易看出來。靛色不容易分辨，課堂要求同學用紅色。

A 以不同顏色顯示曲面的開放邊線

要看出這效果需配合，顯示→☑**以不同顏色顯示曲面的開放邊線**。這項目應該移到色彩選項下方才對。

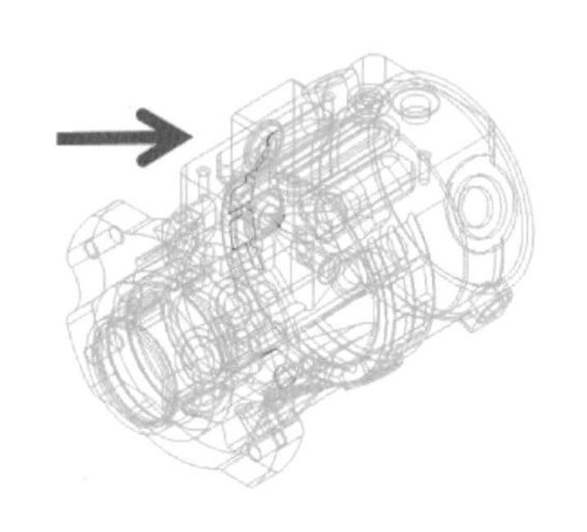

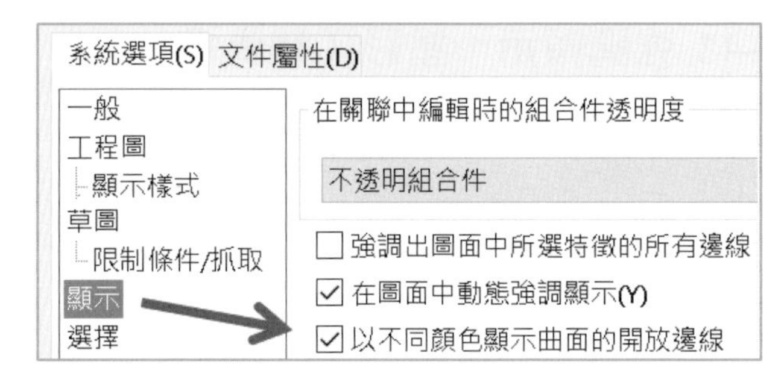

6-4-45 在帶邊線塗彩模式邊線（黑色）

設定的模型邊線色彩。當模型為灰色或黑色，建議白色輪廓達到增色效果。此設定名稱應該為：帶邊線塗彩的模型邊線。

A 帶邊線塗彩模式使用指定的色彩

要看出這效果需配合下方，☑**帶邊線塗彩模式使用指定的色彩**。

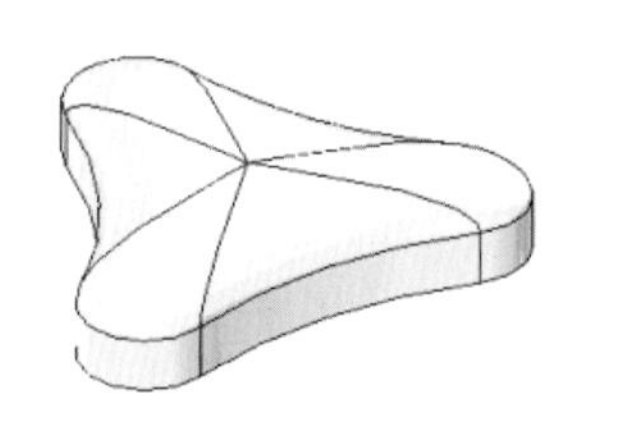

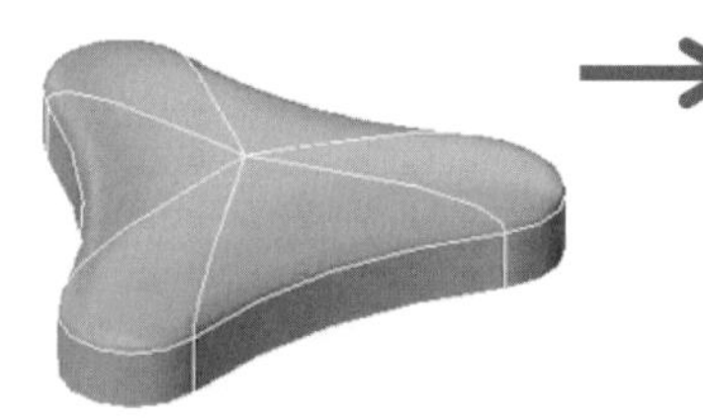

☑為帶邊線塗彩模式使用指定的色彩
☑在組合件中編輯零件時使用指定的
☑開啟時為變更的工程圖尺寸使用指
封包：半透明

6-4-46 特徵管理員設計樹狀結構文字（黑色）

設定**特徵管理員**文字色彩，常與**背景**對比，例如：白底黑字、黑底黃字，下圖左。

6-4-47 快顯特徵管理員設計樹狀結構文字（黑色）

設定**快顯特徵管理員**文字色彩，例如：純白背景→黑字，下圖右。

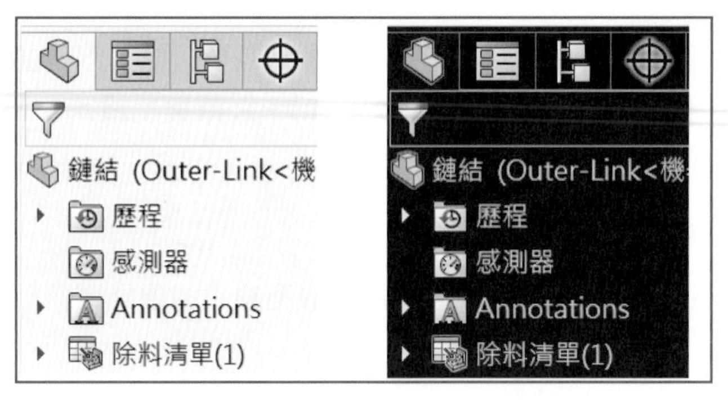

6-4-48 註記，輸入的（黑色）

工程圖使用，輸入**註記**的色彩，例如：**基準特徵符號**與**幾何公差**，下圖左。

6-4-49 註記，非輸入的（黑色）

在零件或組合件顯示的**註記**色彩，例如：、、螺紋線，下圖右。

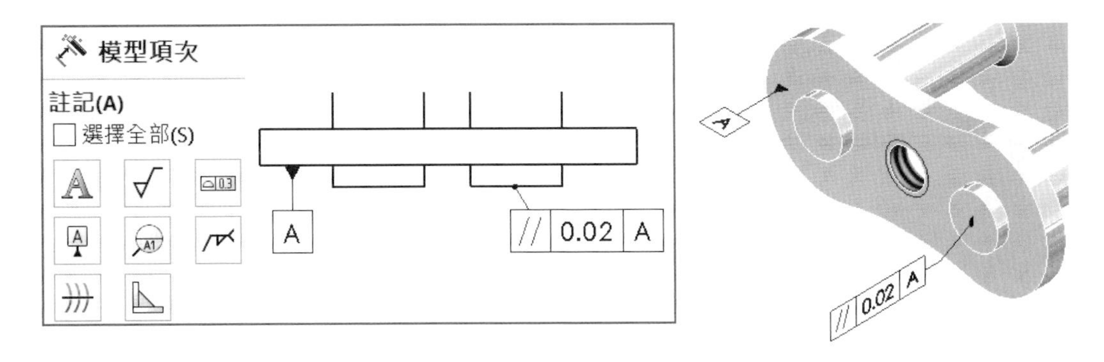

6-4-50 組合件干涉體積（紅色）

使用**干涉檢查**，以視覺檢查模型間是否有干涉，干涉區域以紅色強調，下圖左。

6-4-51 隱藏邊線選擇顯示色彩（橘色）

游標點選模型隱藏線的顯示色彩，用來區分點選是模型邊線還是隱藏線，下圖右。

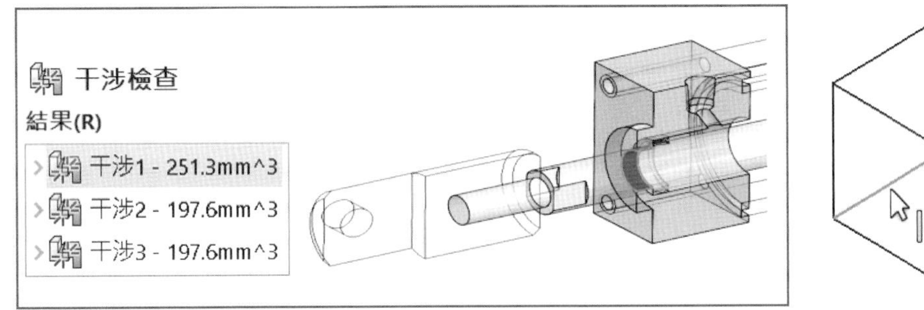

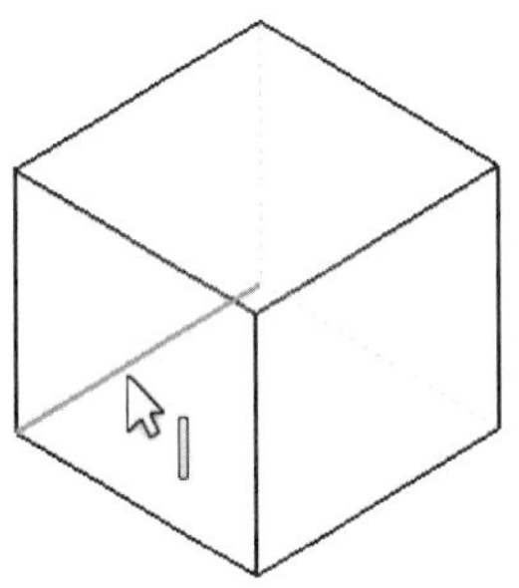

6-4-52 結合標註，健康（綠色）

設定組合件的**檢視結合**色彩，由綠色得知結合是合理的。**檢視結合**以視覺化查看結合狀態：合理（健康）、警告、錯誤。1. 點選模型→2. 文意感應，顯示相關結合視窗→3. 點選條件後，顯示**結合標註工具列**。

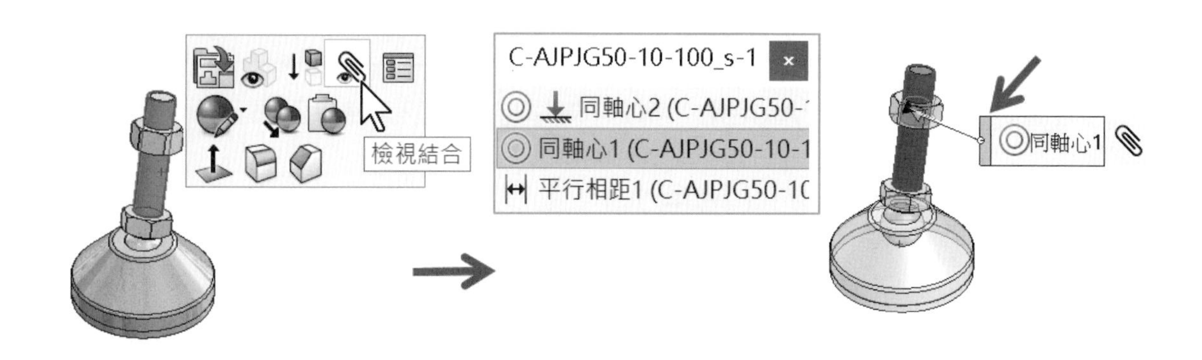

6-4-53 結合標註，警告（黃色）、結合標註，錯誤（紅色）

承上節，由黃色得知部分結合條件過分定義，下圖左、紅色得知結合有衝突，下圖右。

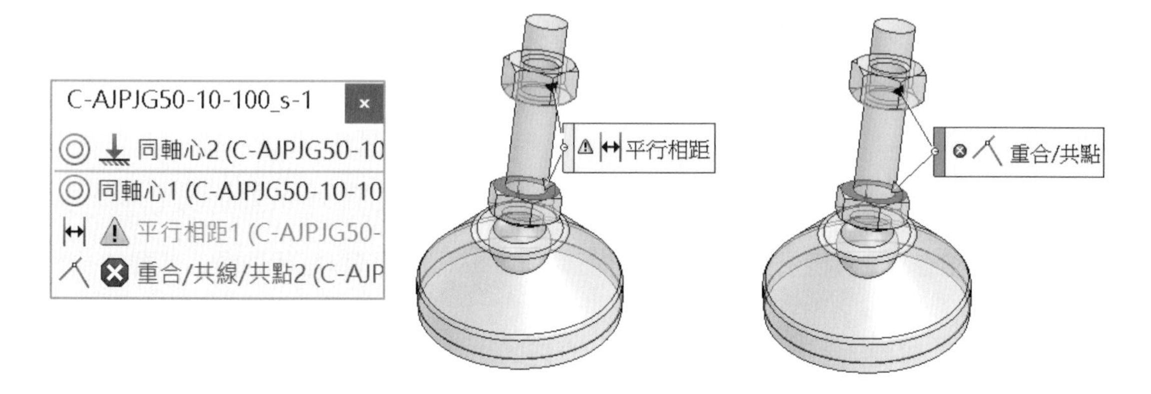

6-4-54 封包零組件（天空藍）

組合件中，零件設為**封包**，顯示封包顏色，與其他模型區別。要看出效果需配合下方**封包**顯示清單，下圖右。

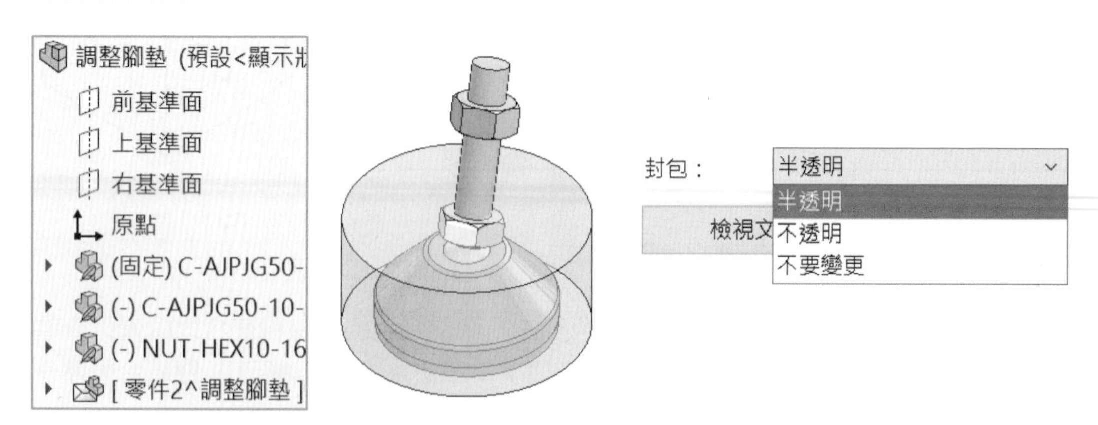

6-4-55 第 1～6 組合件視覺化

設定 1～6 **組合件視覺化**（**工具→評估**）的色彩，該指令以 6 種色彩區段變化，將組合件模型群組分類對照，直覺看出色彩差異。

提供數量、質量、密度、表面積...等，你也可自訂屬性，例如：圖面三角形、外部參考、面計數...等。實務上，常在**大型組件**查看**三角形**數量多寡進行簡化，減少系統負荷。

第 1 組=紅、第 2 組=深藍、第 3 組=黃、第 4 組=綠、第 5 組=紫、第 6 組=淡藍。

6-4-56 操控點連結點色彩（靛色）

小方塊與模型面連結，直覺看出控制位置，例如：導角、圓角...等。點 1 下方塊，模型上連接點會顯示靛色，表示啟用（箭頭所示），下圖左。

6-4-57 註記，DimXpert（墨綠色）

使用 DimXpert 註記顯示的顏色，下圖右。

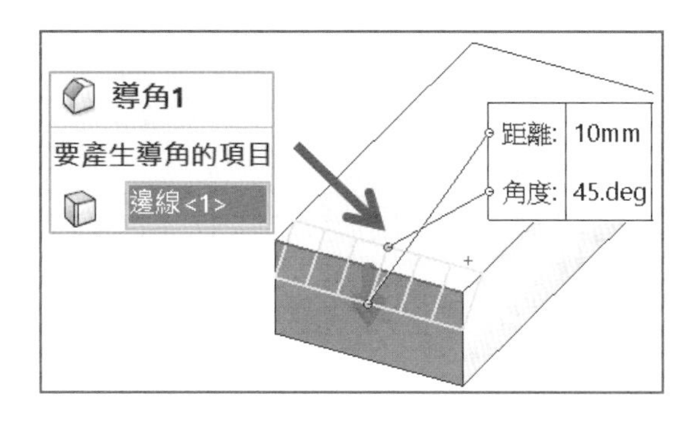

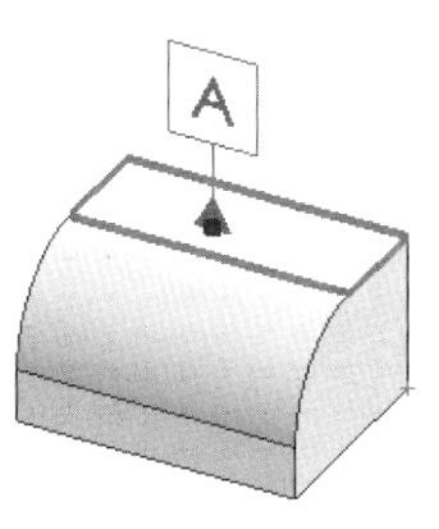

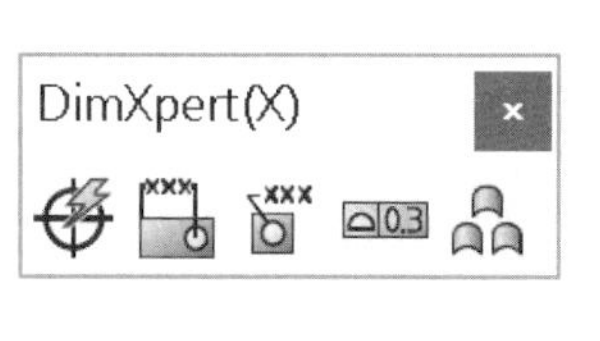

6-4-58 DimXpert，不足限制、完全限制、過多限制

定義不足定義、完全定義、過多定義的模型色彩，須配合**顯示公差狀態**，下圖右。

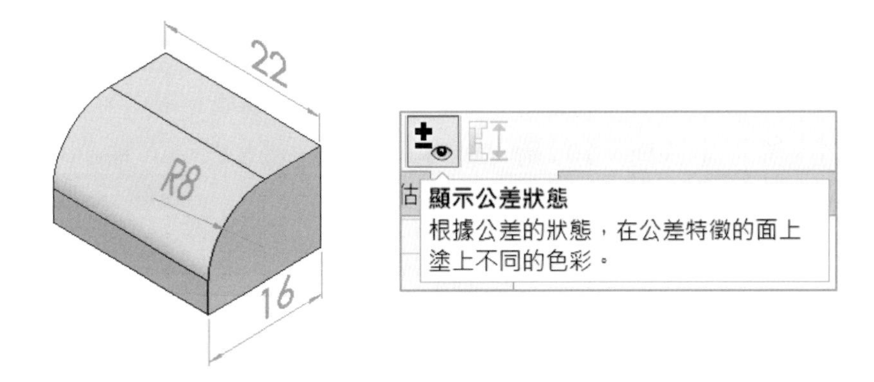

6-4-59 註記，TolAnalyst 尺寸（墨綠色）

使用分析顯示的顏色，下圖左。

6-4-60 區域列／欄線（粉色）

設定區域線的顏色。區域線很像網格，區域線可在 1. 圖頁屬性→2. 區域參數，設定格線距離，以及邊緣到線段距離和所見的地圖分區一樣，下圖右。

檢視→使用者介面→☑區域線，產生粉紅色虛線，不會被列印。

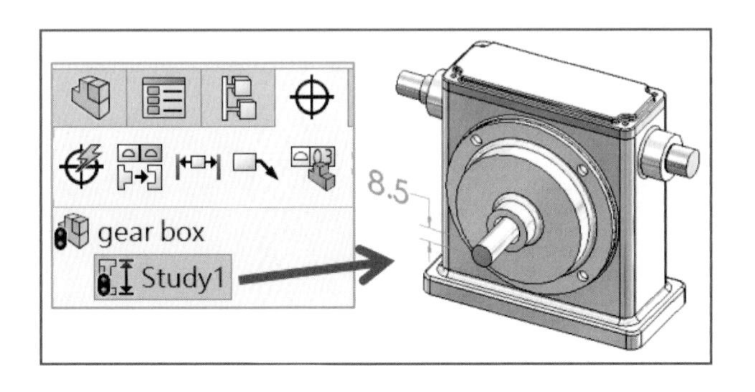

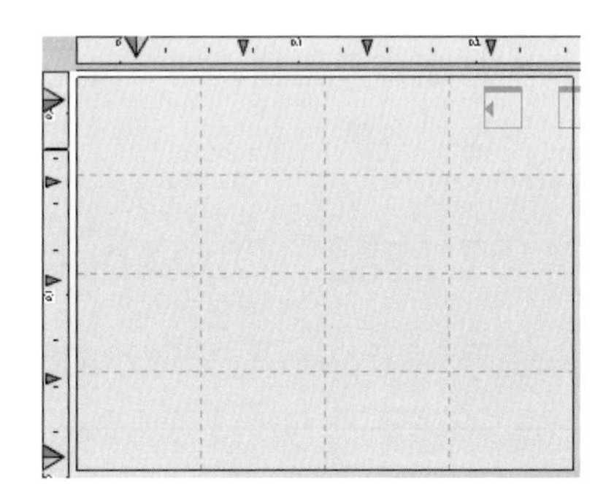

6-5 預設外觀

顯示零件、組合件預設模型外觀，外觀包含顏色和紋路。

6-5-1 設定預設外觀

1. 在外觀工作窗格→2. 找到要設定的外觀（例如：塑膠→高光澤→藍色）右鍵→3. 設為**預設外觀**，下圖左。

6-5-2 模型顯示→塗彩

外觀顏色會連結文件屬性→模型顯示→塗彩，可以見到藍色，下圖右。

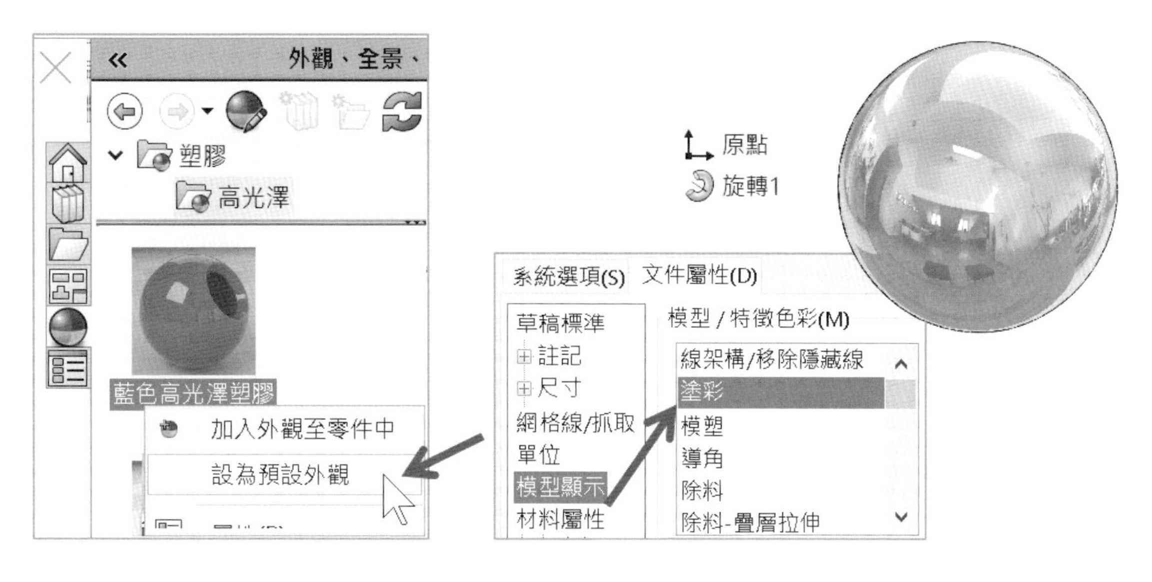

6-6 預設全景（3 點淡出）

顯示零件、組合件預設背景。之前在**視窗背景**建議**純白**。1. 外觀**工作窗格**→2. 點選全景→3. 基本全景→4. 純白右鍵**設為外觀**。

6-7 背景外觀

設定繪圖區域的顯示，只能選其中一項顯示，例如：全景、素面、漸層與影像檔案。

背景外觀(A)：
- ○ 使用文件全景背景(建議的)(U)
- ◉ 素面 (上方視埠背景色彩)(P)
- ○ 漸層 (上方頂部/底部漸層色彩)(G)
- ○ 影像檔案(F)：

smoke.png ...

重設色彩回預設(D)　另存新調配(S)...

6-7-1 使用文件全景背景（建議的）

於零件與組合件使用全景背景，模型會與背景儲存。由於全景多樣性，可以單色、漸層、背景圖和 360 空間全景。

6-7-2 素面（上方視埠背景色彩）

使用單一顏色作為背景色彩，與**視窗背景**配合，不贅述。

6-7-3 漸層（上方頂部/底部漸層色彩）

指定背景為上、下漸層，與**頂部漸層色彩**、**底部漸層色彩**配合，不贅述。

6-7-4 影像檔案（smoke）

提供圖片為顯示背景，例如：*.BMP、*.GIF、*.JPG、*.PNG、*.TIF、*.WMF。用瀏覽圖片檔加入繪圖區域背景。

用不同檔名抽換可立即更新，否則相同檔名不同內容，必須關閉→重新進入 SW。就算關閉零件，重新開啟零件也會維持舊的背景。

圖片檔案(*.bmp;*.gif;*.jpg;*.jpeg;*.tif;*.wmf;*.png)

圖片檔案(*.bmp;*.gif;*.jpg;*.jpeg;*.tif;*.wmf;*.png)
Windows Bitmap Files (*.bmp)
Graphics Interchange Fromat(*.gif)
JPEG Image Files(*.jpg;*.jpeg)
TIFF Files (*.tif;*.tiff)
WMF Files (*.wmf)
Portable Network Graphics Files (*.png)

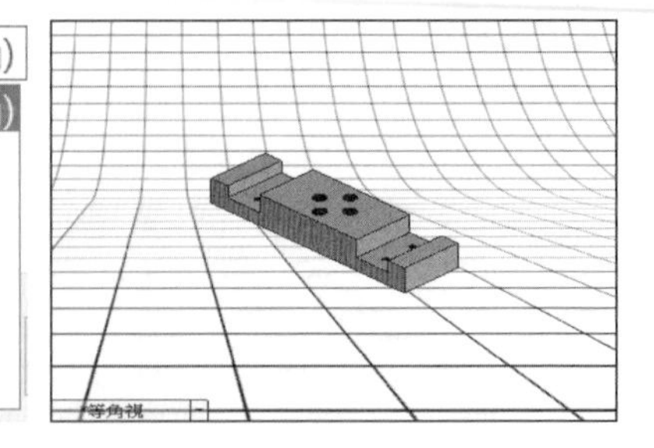

A 預設路徑

SOLIDWORKS Corp\SOLIDWORKS\data\Images\textures\background。

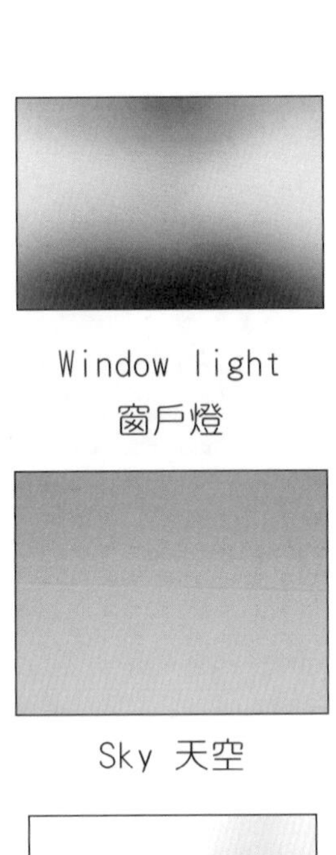

Window light
窗戶燈

Rooftop sunrise
屋頂日出

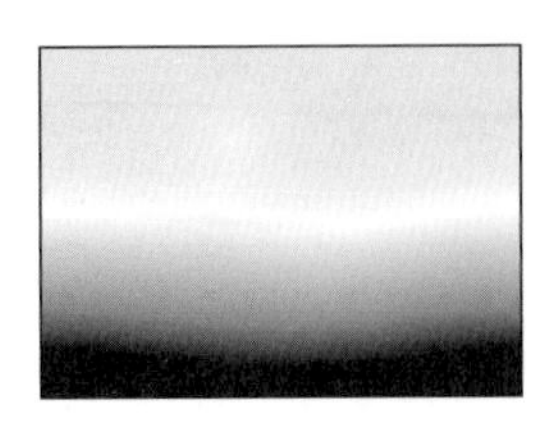

Sky environment
天空環境

Sunny kitchen
暖色廚房

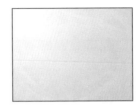

Sky 天空

Sea 大海

Smoke 煙

Snowcloud 雪雲

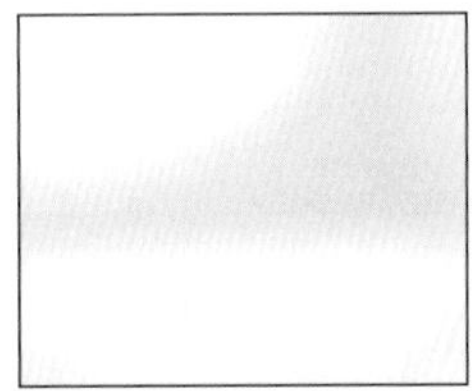

Softbox 柔光箱

Spot light 聚光

Studio 2 工作室

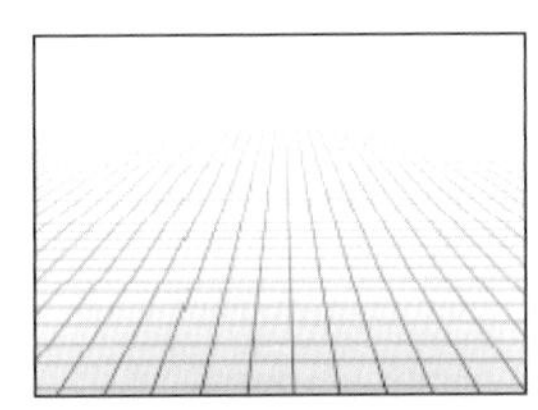

Tile floor 地磚

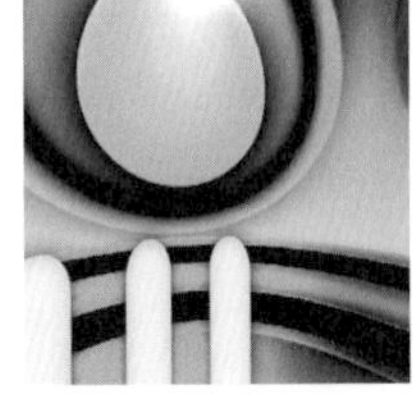

rgb light
cubemap 交通燈

orange beads
cubemap

Red dawn
紅色曙光

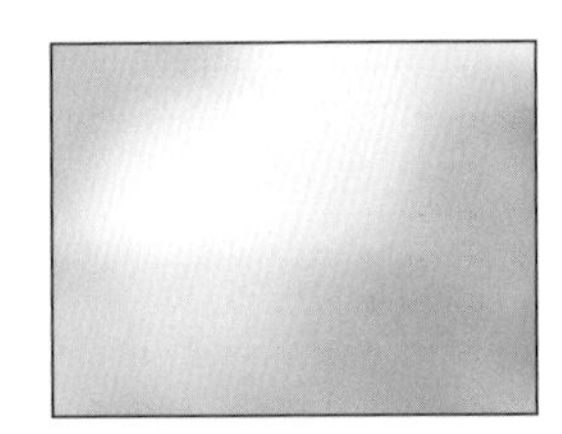

Silver
銀亮

6-8 重設色彩回預設

將上方色彩調配設定重設回預設值，常用在色彩亂掉了。

6-9 另存新調配

承上節，儲存色彩調配設定，讓目前色彩調配清單選擇。

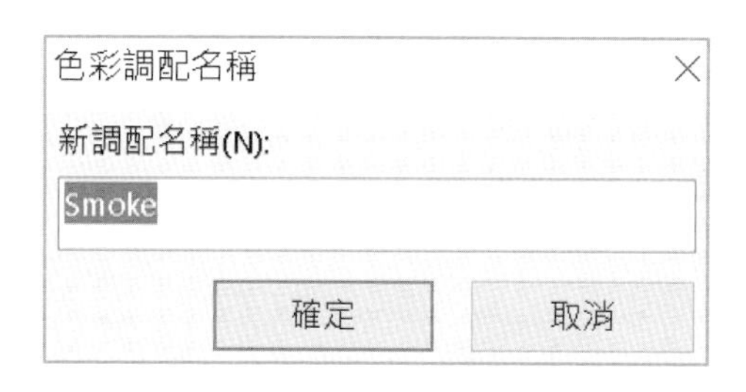

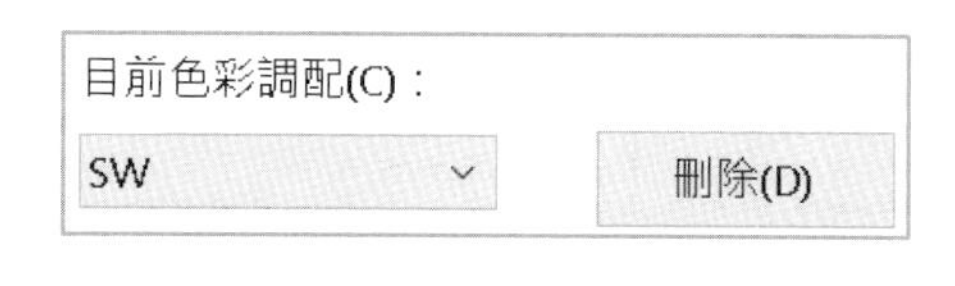

6-10 為工程圖圖紙指定色彩（停用圖頁背景影像）

工程圖，圖紙色彩是否套用在工程圖中。這是很久以前設定，對目前來說是多餘的。

6-11 為帶邊線塗彩模式使用指定的色彩

是否套用色彩調配設定的：在帶邊線塗彩模式中的邊線，對目前來說是多餘的。

6-12 在組合件中編輯零件時使用指定的色彩

是否套用色彩調配設定：1. 組合件，編輯零件、2. 編輯零件的隱藏線、3. 組合件，不編輯的零件，對目前來說是多餘的。

6-13 開啟時為變更的工程圖尺寸使用指定色彩

模型更改尺寸後，是否套用色彩調配設定：工程圖，變更的尺寸，例如：尺寸標註=藍色、變更的尺寸=橘色。要完成此效果，模型改尺寸後關閉→開啟工程圖。

6-13-1 ☑開啟時為變更的工程圖尺寸使用指定的色彩

工程圖以設定色彩顯示，會見到尺寸有藍色和橘色。

6-13-2 □開啟時為變更的工程圖尺寸使用指定的色彩

所有尺寸皆為藍色。有些人不喜歡尺寸變化，因為顏色太多會太亂。

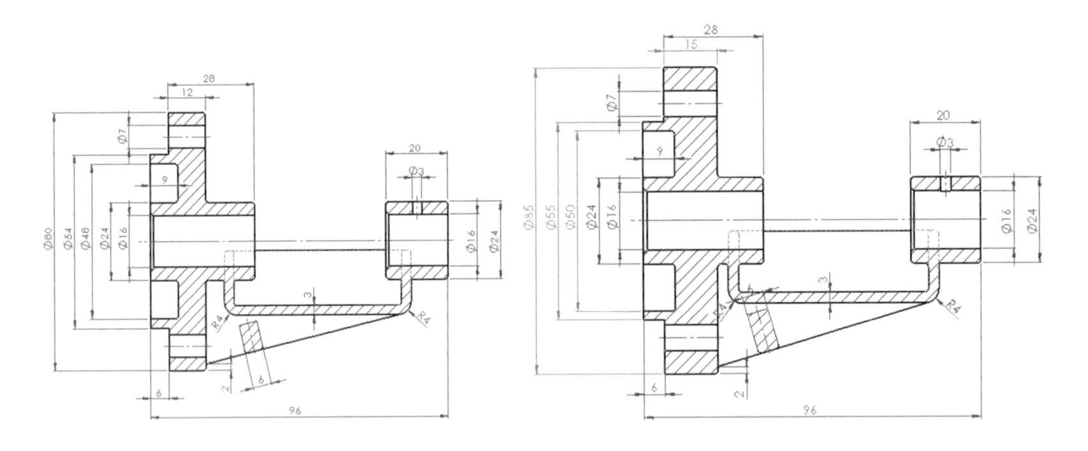

6-14 封包（Envelope）

設定封包顯示狀態：1. 半透明、不透明、不要變更。封包可降低系統運算、不計算物質特性、彈性運用顯示狀態...等，本節將上蓋設定封包，特徵管理員會有**封包**圖示。

6-14-1 半透明（預設）

將封包模型以**半透明**顯示。

6-14-2 不透明

將封包模型套用**色彩調配設定**的：封包零組件=天空藍。

6-14-3 不要變更

維持組合件外觀，例如：模型顏色=黃色。

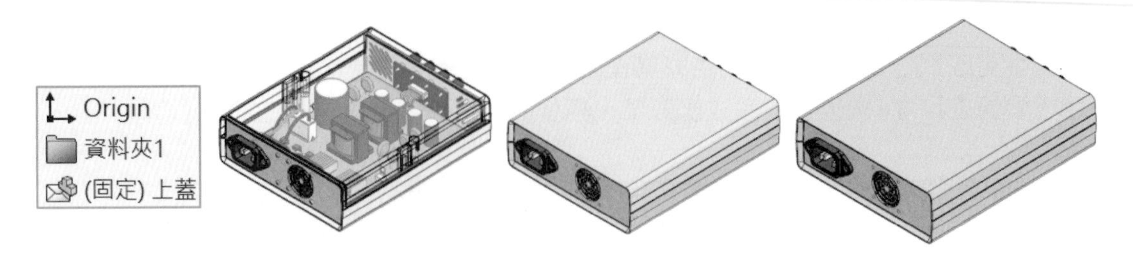

6-15 檢視文件色彩

切換至文件屬性的**模型顯示**，有點像傳送門，互相對應設定，適用**零件**或**組合件**。

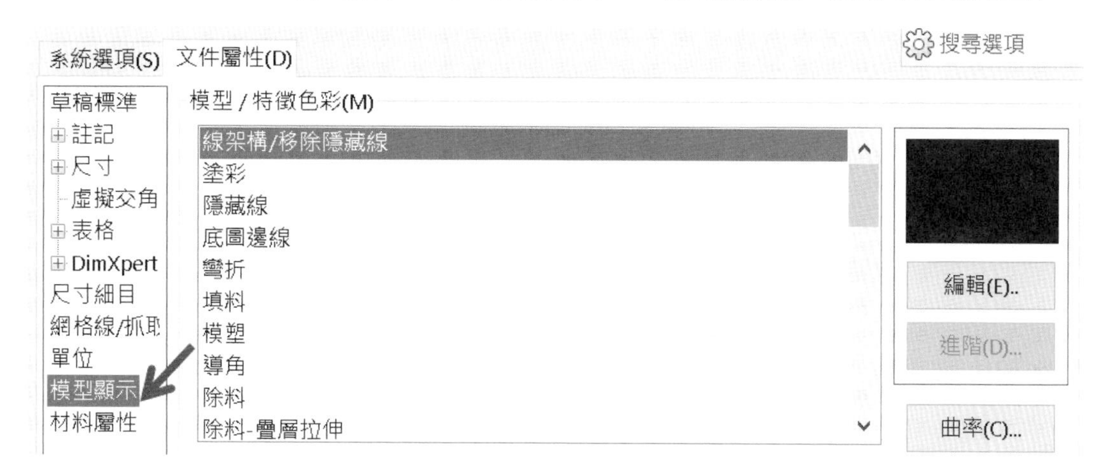

筆記頁

CHAPTER

07

草圖

本章說明**草圖**繪製效率提升、增加功能。萬物之始在草圖，草圖強什麼都好，更能體會原來可以這樣設定。草圖過程有步驟、驗證、顯示效率，工廠管理就是講這些，屬於自我管理，例如：自動正視於、完全定義草圖、顯示圖元點. . . 等。

若要說大郎最喜歡哪個功能，大郎會說**自動縮放草圖**，它帶來效益最直覺，畫圖有比較快。本章與下章**限制條件／抓取**分段設定，屬於**畫圖過程**，相當好理解。

系統選項(S) 文件屬性(D)

一般
工程圖
顯示樣式
區域剖面線/填入
效能
色彩
草圖
限制條件/抓取
顯示
選擇
效能
組合件
外部參考資料
預設範本
檔案位置
FeatureManager(特徵管理員)
調節方塊增量
視角
備份/復原
接觸
異型孔精靈/Toolbox
檔案 Explorer
搜尋
協同作業
訊息/錯誤/警告
輸入

☑ 產生及編輯草圖時自動旋轉視圖與草圖基準面垂直(A)
☐ 使用完全定義草圖(U)
☑ 在零件/組合件草圖中顯示圓弧圓心點(D)
☑ 在零件/組合件草圖中顯示圖元點(I)
☐ 封閉草圖提示(P)
☑ 在新零件上產生草圖(C)
☐ 拖曳/移動可重置尺寸值(O)
☐ 塗彩時顯示基準面(S)
☑ 測量 3d 虛擬交角間的直線長度
☐ 啟用不規則曲線相切及曲率控制點
☑ 預設顯示不規則曲線控制多邊形
☑ 拖曳時的軌跡影像
☐ 顯示曲率梳形邊界曲線
☑ 產生第一個尺寸時縮放草圖
☑ 啟用圖元產生時螢幕的數值輸入(N)
☐ 只有輸入值時才建立尺寸
尺寸過多定義
☑ 提示設定為從動狀態(M)
☑ 預設為從動(V)
☑ 草圖中包含的草圖圖元大於此數目時關閉「自動求解模式」與「復原」(E)：2000

7-1 產生及編輯草圖自動旋轉與草圖基準面垂直

建立新草圖或編輯草圖，是否自動正視於。正視於=草圖平面與螢幕平行。此設定應該稱為：進入草圖自動正視於。

繪圖 4 大步驟：1. 選平面→2. 進入草圖→3. 正視於→4. 開始畫圖，直覺作業也是 SOP。本節最大效益可省 1 個步驟，別小看省 1 個步驟。

7-1-1 ☑產生及編輯草圖自動旋轉與草圖基準面垂直

進入或編輯草圖不必點，適合進階者，下圖左。1. 點選平面→2. 直接點選，將 4 大步驟變 2 個，若配合快速鍵，效益大到無法想像。

很多人不習慣這樣，大郎常說，是要改變自己習慣的時候了。

7-1-2 ☐產生及編輯草圖自動旋轉與草圖基準面垂直（預設）

在任何視角進入草圖，會維持原來方位，適用 3D 草圖。有些人不習慣自動，會找不到方位如同迷路。比較習慣旋轉模型查看方位後→自行，特別在組合件作業，下圖右。

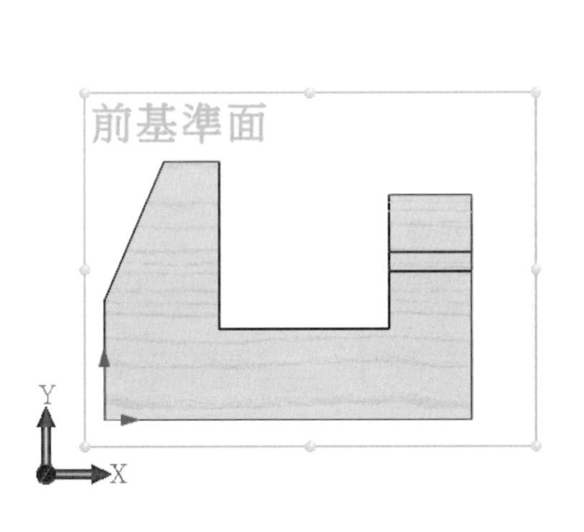

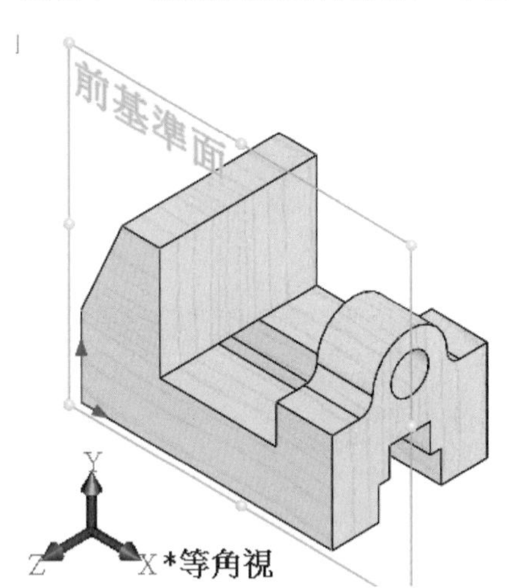

7-2 使用完全定義草圖

草圖是否要完全定義才能使用特徵，例如：伸長填料、旋轉...等。SW 一開始主打應用在嚴謹機械、也可用在靈活曲面造型產業。擁有參、變數混用系統，可以在任何時候變更它們，保有設計彈性。

完全定義=參數式、不足定義=非參數，或許會覺得有一好沒另一好的感覺，極端使用當然這樣，大郎推薦☐此設定，得到設計靈活度。

7-2-1 ☑使用完全定義草圖

草圖必須**完全定義**才能使用**特徵**、或退出草圖，這是強制設定。有些公司要求工程師要有**完全定義**能力，強制要求**完全定義**才可出圖，因為常遇到**不足定義**的虧。

不足定義會出現**此動作須要完全定義的草圖輪廓**視窗，不讓你使用特徵。若特徵已完成，刪除其中一個尺寸，會出現**不足定義**提醒視窗，下圖左。

7-2-2 ☐使用完全定義草圖（預設）

不論是否**完全定義**可使用特徵，提高設計靈活度，下圖中。設計過程很多尺寸還未知，為了**完全定義**硬把尺寸和**限制條件**加上去，就顯得過於僵硬痛苦。

坊間很多人以**固定**，強制讓草圖**完全定義**，這種方式是**完全定義**的例外，除非很懂得人，否則絕不要這樣做，下圖右。曲面建模強調造型自由度，曲線完全定義更耗時間。

早期 CAID 工業設計軟體強調非參數式，本節就是因應這需求而提供的。利用電腦幫你判斷是否完全定義：1. 顏色法、2. 前置符號、3. 狀態列。

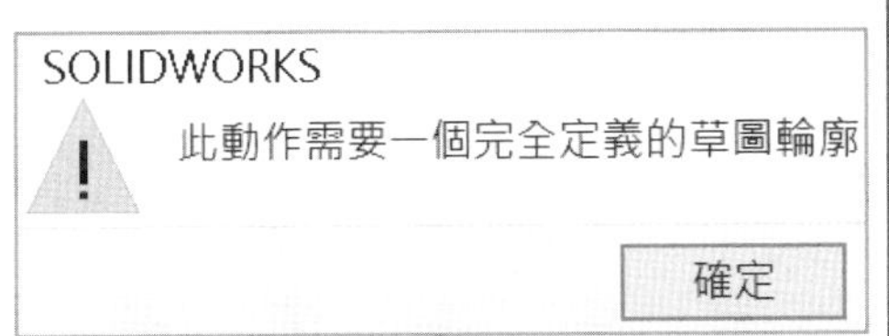

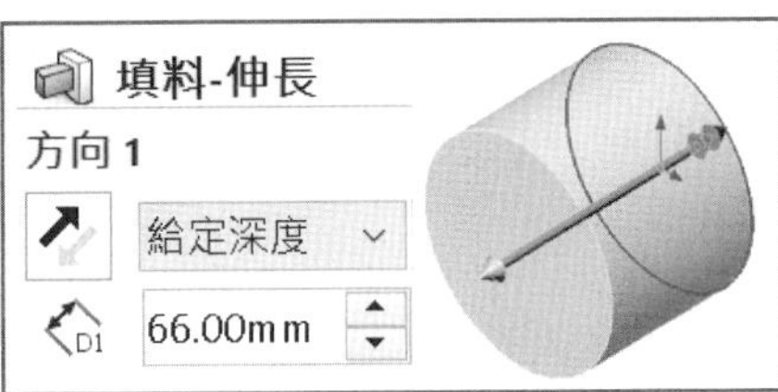

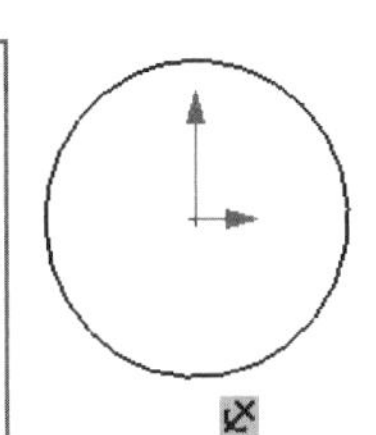

7-3 在零件/組合件草圖中顯示圓弧圓心點

是否顯示草圖**圓或弧的圓心點**，以十字顯示。本設定應該稱為：**草圖中顯示圓弧圓心點**。本節說明與工程圖-**顯示草圖圓弧圓心點**相同，不贅述。

7-4 在零件/組合件草圖中顯示圖元點

草圖線段是否顯示端點，以填實圓表示。本設定應該稱為：**草圖中顯示圖元點**。本節說明與工程圖-**顯示草圖圖元點**相同，不贅述。

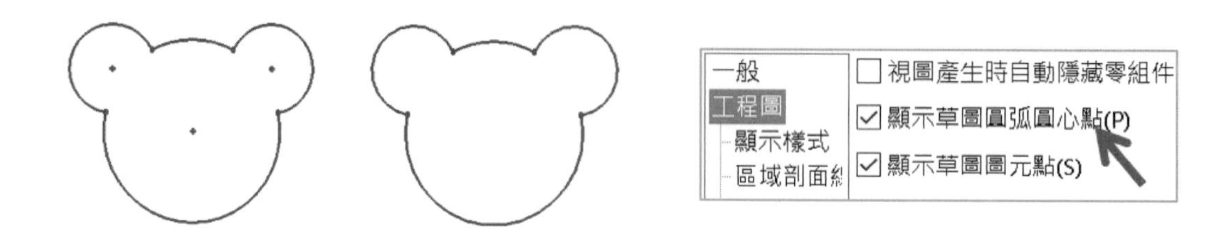

7-5 封閉草圖提示

使用開放輪廓草圖，產生特徵過程，是否顯示**封閉草圖至模型邊線**視窗。可選擇**改變封閉方向**或**不封閉草圖**，來少畫草圖。要得到這功能，線段 2 端點要在模型邊線上。

7-5-1 ☑封閉草圖提示

使用開放草圖輪廓，特徵過程，顯示封閉草圖至模型邊線視窗。

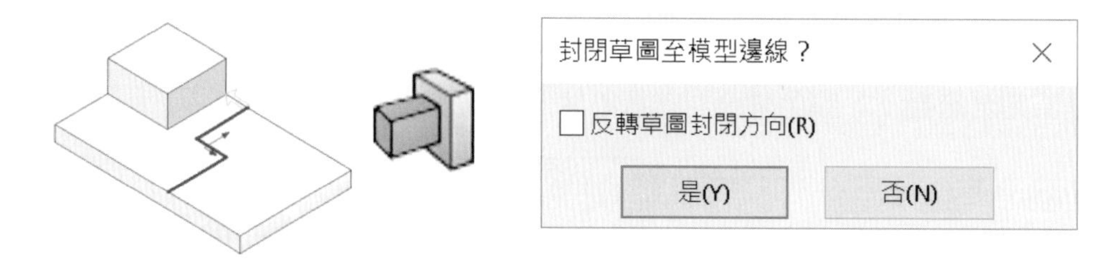

A 是

以草圖為基準，☑**反轉草圖封閉方向**，向左或向右封閉草圖，下圖左。

B 否

顯示薄件特徵，下圖右。

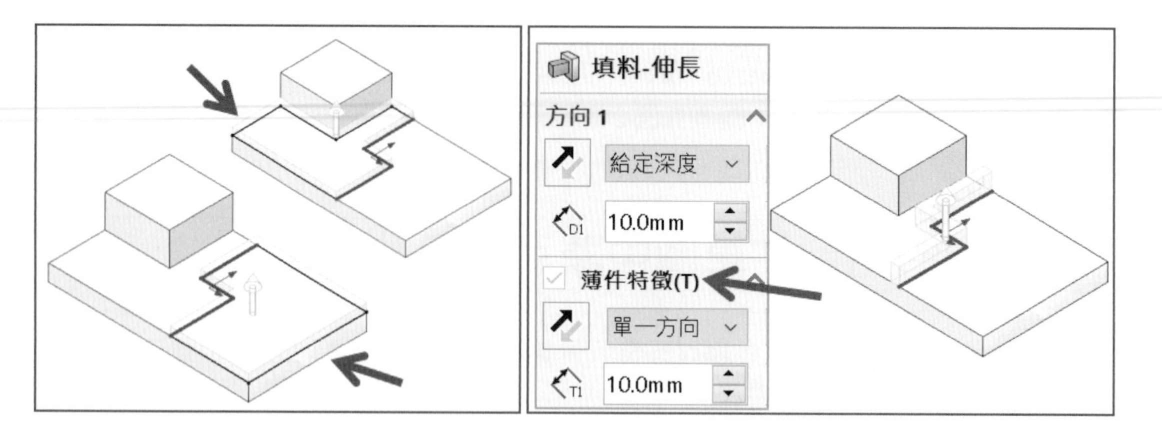

7-5-2 □封閉草圖提示

特徵過程，不顯示提示視窗，自動產生薄件特徵。

7-5-3 指令位置

也可單獨使用，下拉式功能表→工具→草圖工具→**封閉草圖至模型邊線**。

7-6 在新零件上產生草圖

開新零件後，是否自動點選 1. 前基準面→2. 進入草圖。此設定與先前說的**產生及編輯草圖自動旋轉與草圖基準面垂直**，得到加成效果。

繪圖 4 大步驟：1. 點平面→2. →3. →4. 開始畫圖，前 3 步由系統全包辦，太強大了。先前將 4 步→2 步，現在 2 步→1 步，天下無敵。

7-6-1 ☑在新零件上產生草圖

開新零件後，系統自動選取**前基準面**進入草圖，有這功能實在太棒了，下圖左。

很多同學問，我不一定要**前基準面**呀！你可以：1. CTRL＋B 退出草圖；2. 前基準面使用率比另外 2 個基準面高。

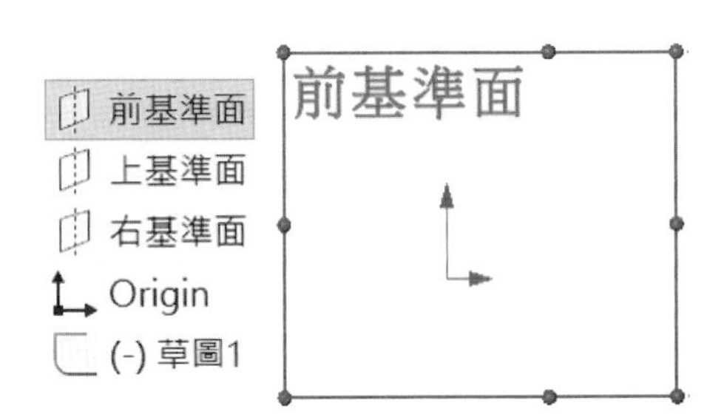

7-6-2 □在新零件上產生草圖（預設）

新零件無動作，適合經常換基準面進入草圖。

7-7 拖曳/移動可重置尺寸值

草圖拖曳已經標註尺寸的圖元，是否改變輪廓及尺寸。這功能是 Instant 2D延伸，此設定為拖曳圖元，下圖左。只能拖曳尺寸，下圖右。

此設定應該稱為：**拖曳圖元重置尺寸值**，或**啟用** Instant 2D。

7-7-1 ☑拖曳/移動可重置尺寸值

拖曳圖元，尺寸更新，快速改變圖元大小。

7-7-2 □拖曳/移動可重置尺寸值

無法拖曳圖元。有些人不希望不經意拖曳到草圖，造成繪圖麻煩。

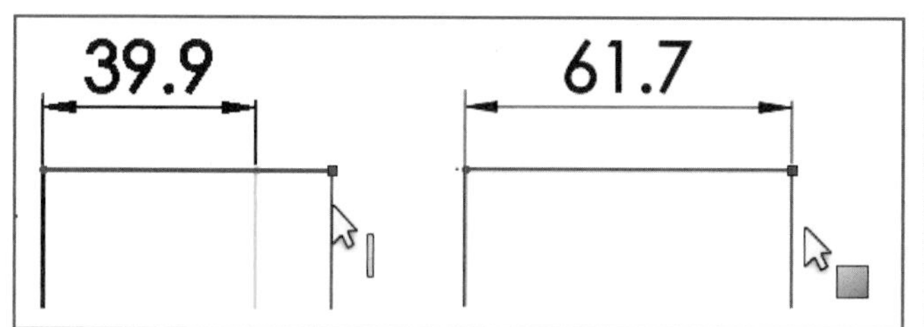

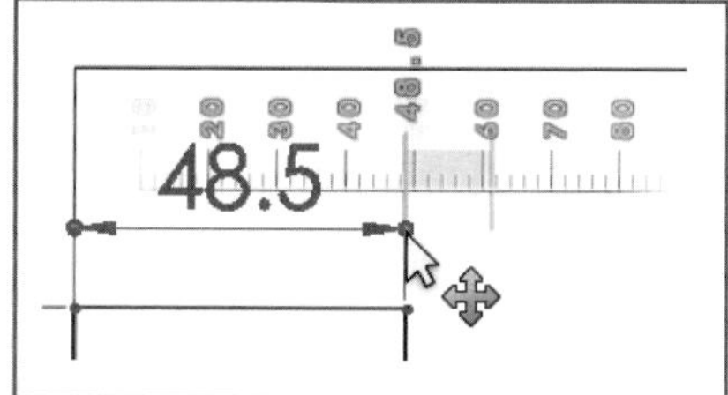

7-8 塗彩時顯示基準面

進入草圖後，所選基準面是否以塗彩顯示，適用**塗彩**與**帶邊線塗彩**。

7-8-1 ☑塗彩時顯示基準面

顯示塗彩基準面容易判斷草圖位置，適用初學者，下圖左。

7-8-2 □塗彩時顯示基準面

草圖基準面不顯示塗彩基準面。很多人不喜歡塗彩基準面，這樣很像有灰色背景，也容易與指令控制混淆。

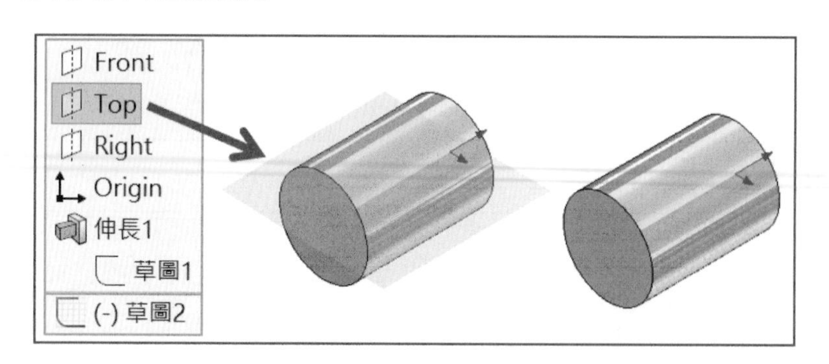

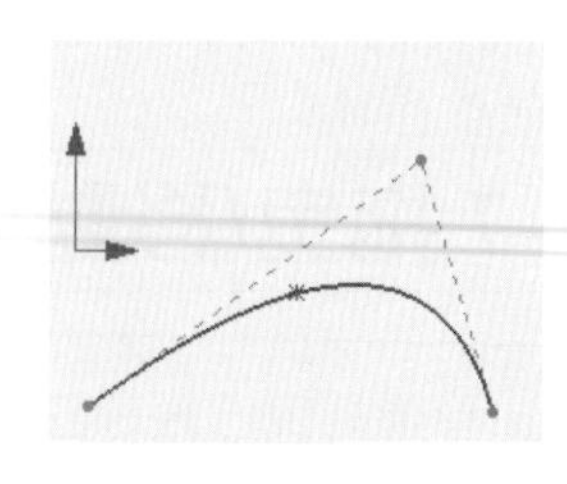

7-9 測量 3D 虛擬交角間的直線長度

於 3D 草圖進行線段標註時，是否標註虛擬交角距離。對於多重角度的 3D 草圖，比較看得出此設定價值。本設定應該稱為：**於 3D 草圖標註線段與虛擬交角距離**。

7-9-1 ☑測量 3D 虛擬交角間的直線長度

點選直線段，會連同虛擬交角標註，例如：50。

7-9-2 ☐測量 3D 虛擬交角間的直線長度

點選直線段，僅標註直線尺寸，例如：40。

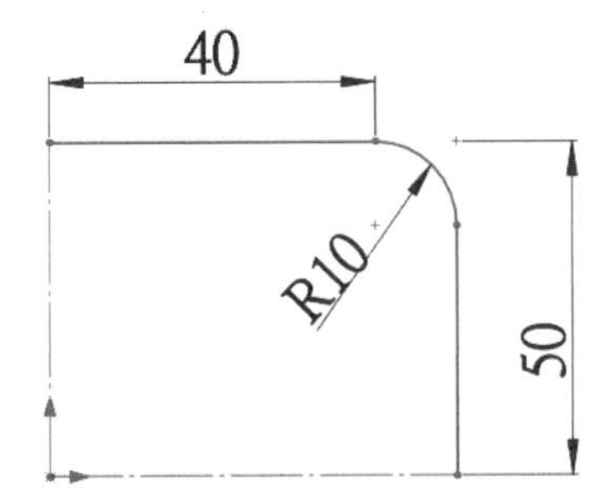

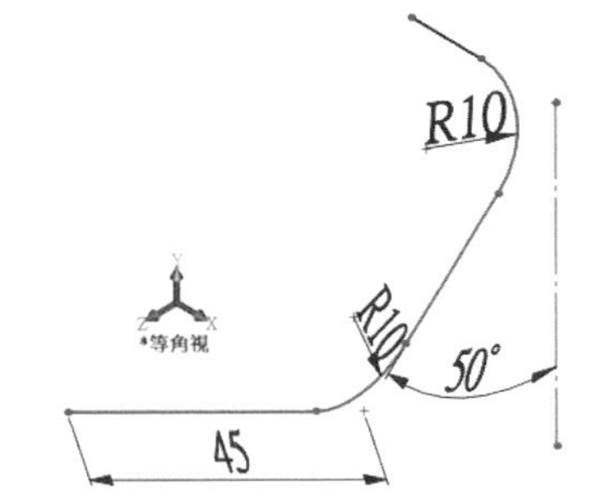

7-10 啟用不規則曲線相切及曲率控制點

點選**不規則曲線**時，是否在曲線上顯示**權重控制器**。他對曲面控制相當好用，點選控制點或箭頭，進行曲線角度與長度相切控制。

此設定應該稱為：**啟用不規則曲線的權重控制器**。

7-10-1 ☑啟用不規則曲線相切及曲率控制點

點選，顯示**權重控制器**，它包含：控制點、箭頭相切長度、菱形相切角度。

7-10-2 ☐啟用不規則曲線相切及曲率控制點

點選，不顯示**權重控制器**，常用在曲線已定型，不希望滑鼠移動速度太快，無意間被動到**權重控制器**，又要改回來心情會很 x。

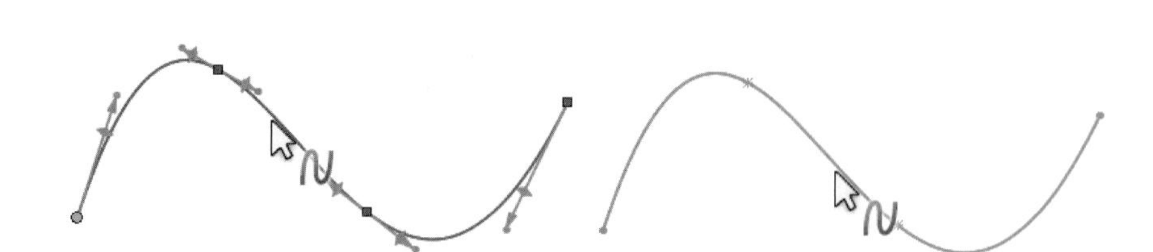

7-11 預設顯示不規則曲線控制多邊形

承上節，點選時是否在曲線外**顯示不規則多邊形**。她顯示切線方向，又稱外側控制，也可以與**權重控制**同時顯示。

拖曳多邊形控制點過程類似磁鐵，可局部影響曲線彎曲區域，曲線會均勻調整，控制幅度比較大。本設定應該稱為：**顯示不規則曲線多邊形**。

7-11-1 ☑預設顯示不規則曲線控制多邊形

顯示，很多人不知道有這控制，也誤以為這控制叫高階，下圖左。

7-11-2 ☐預設顯示不規則曲線控制多邊形

不顯示，避免在多曲線環境下，草圖會很亂。

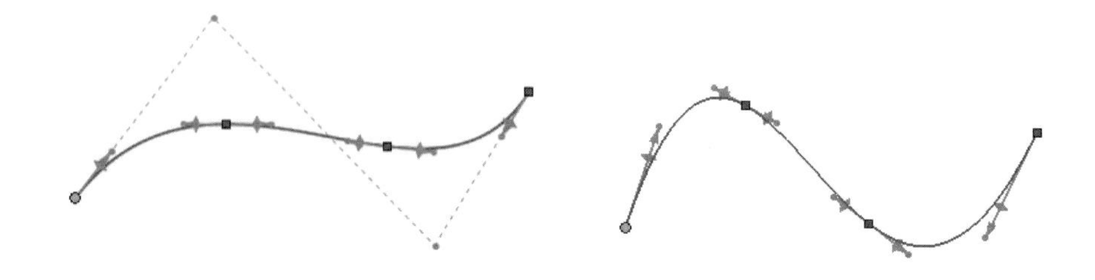

7-11-3 顯示不規則曲線多邊形

可以臨時開關。1. 曲線上右鍵→顯示不規則曲線多邊形、2. 工具→不規則曲線工具列→顯示不規則曲線多邊形。

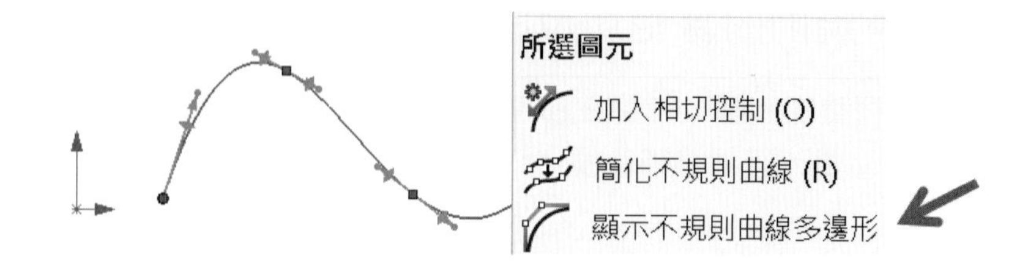

7-12 拖曳時的軌跡影像

拖曳圖元是否顯示先前軌跡，看出拖曳前後位置。常用在設計階段與圖塊搭配。設計過程僅設計結構，不必到組合件可以看到機構運動位置，這是設計彈性。

7-12-1 ☑拖曳時的軌跡影像

拖曳圖元顯示移動軌跡，可看前後關係，放掉滑鼠，舊位置會不見。

7-12-2 □拖曳時的軌跡影像（預設）

建模過程通常不要軌跡，以免過於複雜。

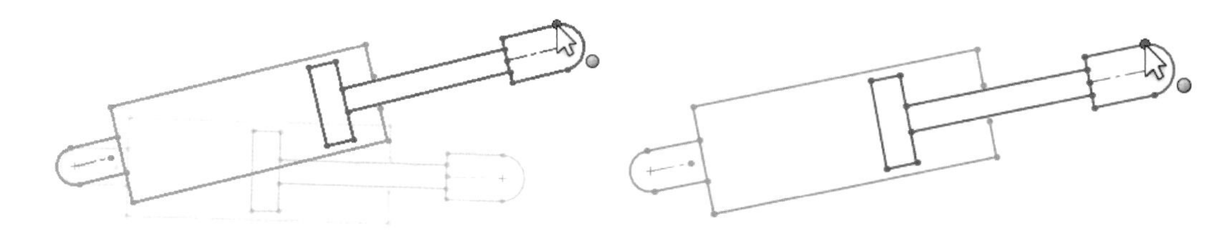

7-12-3 拖曳時的軌跡影像實務

拖曳機構直覺看出最低和最高位置。

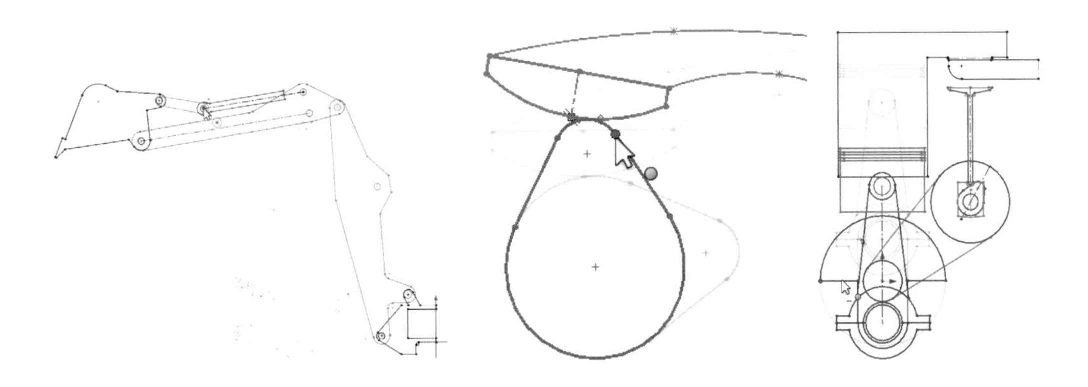

7-13 顯示曲率梳形邊界曲線

點選+**曲率梳形**，是否顯示**梳形邊界（圍起來）**。由梳形邊界查看曲率梳形變化，常用在查看曲線品質，下圖左。不見得有梳形邊界是好的，要看情況而定。

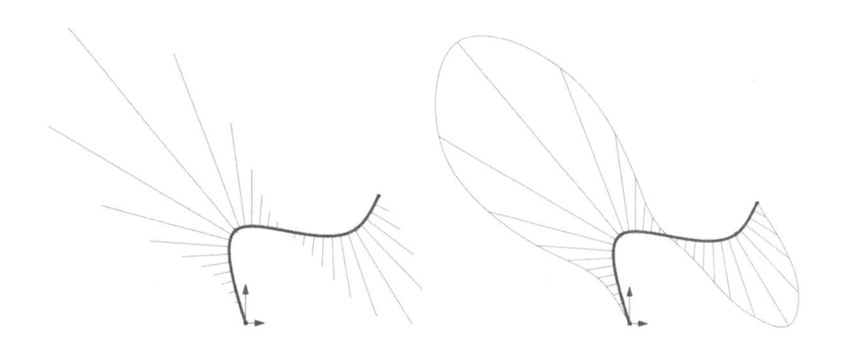

7-13-1 ☑顯示曲率梳形邊界曲線

顯示**曲線梳形**邊界，可明確看出曲率密度範圍。特別是曲面上的梳形交錯，明顯看出屬於哪一條曲線。

7-13-2 □顯示曲率梳形邊界曲線

不顯示邊界，適用少量簡潔梳形或曲面不複雜時。沒有邊界的梳形交錯，不容易查看屬於哪一條的曲線，下圖右。

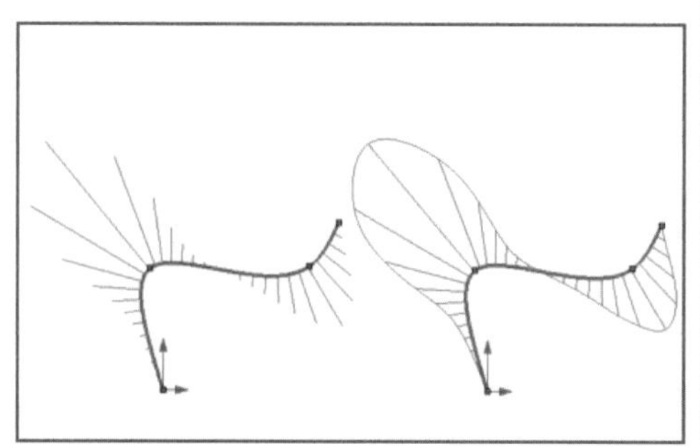

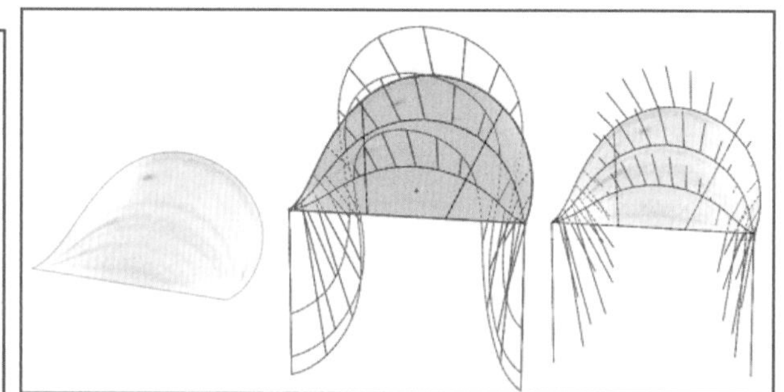

7-13-3 何謂曲率梳形（Curvature Combs）

視覺化查看曲線平滑度，線=梳形、長度=曲率，梳形越長曲率半徑越小，反之亦然。曲率=曲線半徑的反比（曲率=1/半徑），例如：平面曲率=0，因為平面半徑無限大。

7-13-4 顯示曲率梳形

曲率梳形有幾種方式看出：1. **特徵管理員**上☑**顯示曲率**、2. 曲線上右鍵→顯示**曲率梳形**、3. 指令內的選項、4. 在曲面上右鍵→曲面曲率梳形。

7-14 產生第一個尺寸時縮放草圖

第 1 個尺寸標註時，將其他圖元相對比例縮放，這功能可省掉許多麻煩。草圖過程不會注意圖形大小，只畫出大概圖形→再由尺寸標註定義圖形。

這是 2014 功能，算重大里程碑，不必擔心標註過程，圖形會因為尺寸標註絕對放大或縮小，像警察抓小偷。對大郎而言，有這部分就夠了，萬物之始在草圖。

例如：目前線段 57，尺寸標註 20 後，所有圖形配合比例調整。以前沒這選項，利用口訣：由小標到大，來維持圖形穩定度。當時這是手感訓練也是專業，現在誰要學呀。

大郎把 2014 分界，希望升級至 2014 以後，因為太重要了。這部分只影響同一草圖第 1 個尺寸，例如：將草圖 1 圖元刪除後→重新繪製，此設定不會有效果。

7-14-1 ☑產生第一個尺寸時縮放草圖

所有圖元照比例自動縮放至第一個尺寸標註。這是常見作法，不必像以前畫圖過程拖曳圖形到比例→再尺寸標註。要花時間管理尺寸、限制條件，只為了維持圖元比例，甚至很多人誤認為 3D 軟體的草圖就是不好定義的錯覺。

7-14-2 ☐產生第一個尺寸時縮放草圖

所有圖元不會自動縮放至第一尺寸標註。常用在不照比例繪製，就像捷運地圖。

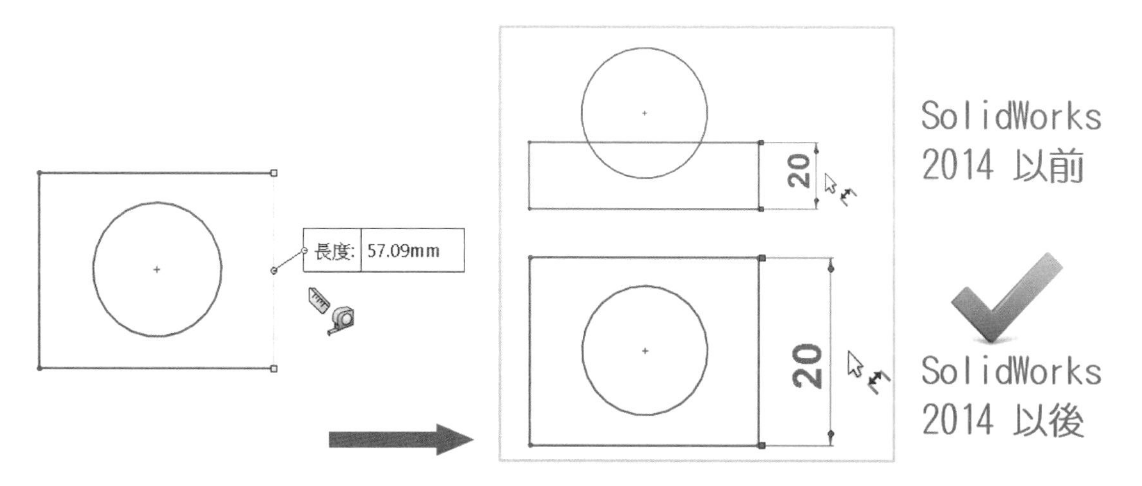

7-15 啟用圖元產生時螢幕的數值輸入

是否在畫圖過程，於圖元上顯示數值視窗，並輸入尺寸控制圖元大小。邊畫邊給尺寸，這功能源自 AutoCAD。2D 導入 3D 過程，常利用此設定作為配套，例如：將做圖習慣帶到 SW 是可以的。本設定應該稱為：**圖元產生時的數值輸入**。

7-15-1 ☑啟用圖元產生時螢幕的數值輸入

畫圖過程，尺寸預覽在圖形上，讓你輸入尺寸定義圖形大小或位置。現在很少人這樣做，因為這樣不會快，畫圖不要想，記得草圖是大概圖形，事後定義就好。

設計過程一開始不要把圖畫太好，這心法讓你想想看。配合下方**只有輸入值時才建立尺寸**作為搭配，看起來很複雜對吧。

A ☑只有輸入值時才建立尺寸

邊畫邊輸入參數，尺寸會在圖元上。

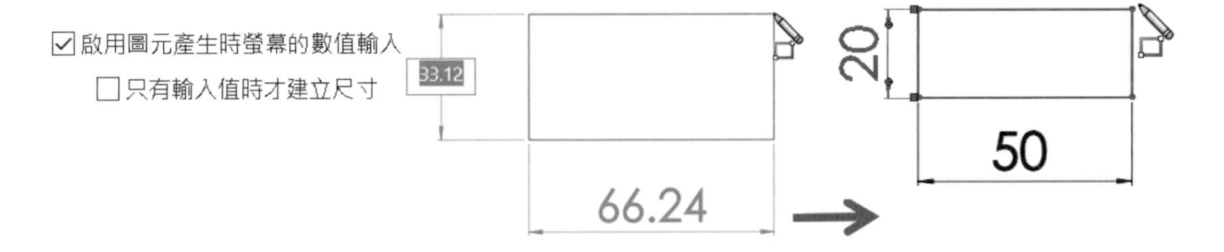

B ☐只有輸入值時才建立尺寸

預覽尺寸不去變動他，圖畫完不會有尺寸的。很多人認為矩形畫完尺寸為何不見，因為沒輸入數值定義圖元大小，下圖左。

7-15-2 ☐啟用圖元產生時螢幕的數值輸入（預設）

畫圖過程，不顯示輸入視窗。很多人覺得輸入方塊礙眼，或不小心設定也不知道，圖形旁邊會有尺寸預覽，我們看到會要同學到這裡關閉，下圖右。

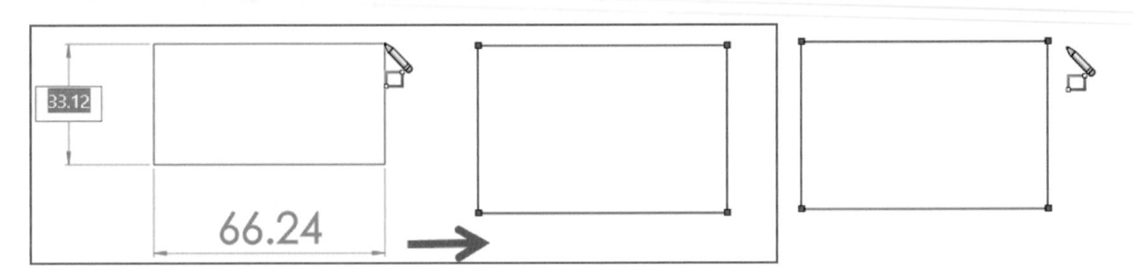

7-16 尺寸過多定義

定義尺寸過多視窗的預設：1. 提示設定為從動狀態、2. 預設為從動。草圖完全定義後，加入過多尺寸後顯示**將尺寸設為從動**視窗，直接定義為從動或驅動，可節省判斷時間。

從動=參考標註=灰色=摩托車前輪。驅動=參數標註=黑色=摩托車後輪。例如：正方形標註水平 50，再標註垂直 50 就是過多定義。

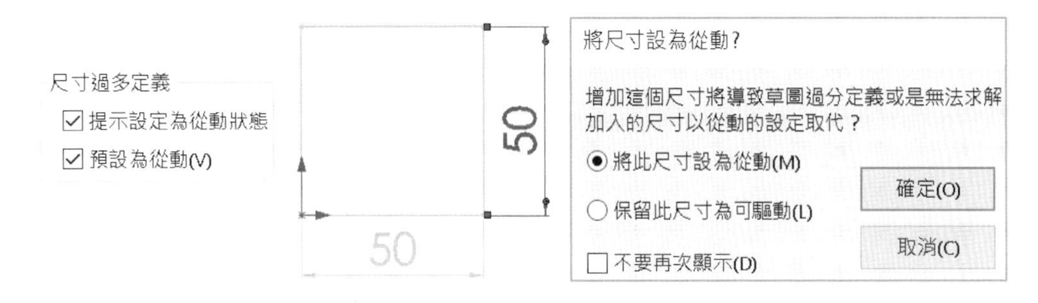

7-16-1 提示設定為從動狀態

顯示視窗，放置過多尺寸。通常不會想看到該視窗，只想趕快按確定。

7-16-2 預設為從動

不顯示視窗，放置過多尺寸。

7-17 草圖圖元大於時關閉自動求解模式與復原

當草圖圖元數量超過設定值，會關閉**自動求解模式**和**復原**（上一步），開啟**無解移動**。本節說明與**工程圖-效能**相同，不贅述。

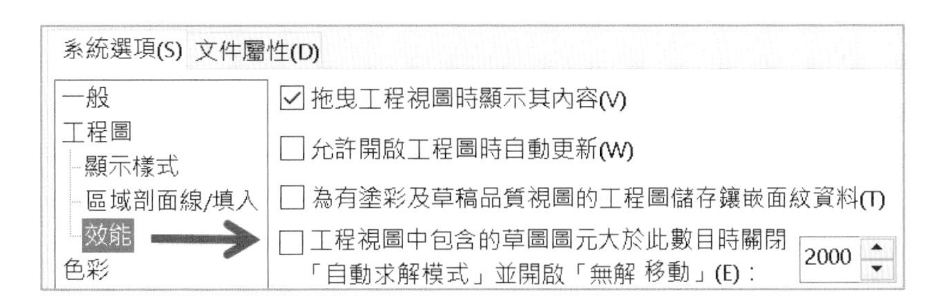

筆記頁

CHAPTER

08

草圖－限制條件/抓取

本章說明繪製過程的抓取設定，讓手感順暢增加自動給定限制條件機率。抓取類似 DS 物件鎖點/抓取，並熟練快速鍵切換，SW 不必學習上述作業，這是貼心地方。

上章強調草圖繪製之前和之後，配合本章設定草圖繪製過程，由電腦加入或幫你看到什麼...。草圖繪製＋限制條件＋抓取設定，更完整提升草圖作業。

8-1 啟用抓取

繪製過程是否啟用**圖元抓取**，協助定位提升效率。抓取為全面機制，例如：提示線（虛線）、游標顯示、強調圖示（端點及中點）、限制條件。

抓取要在圖元啟用過程，例如：直線過程游標接近圓，會在圓上提示 4 **分點**，由該點繪製直線不會偏，下圖左。

有些設定顯示黃色和藍色虛線延伸追蹤，統稱**推斷提示線**，下圖中。例如：直線過程引導與上一圖元位置和角度，類似 DraftSight 物件鎖點、圖元追蹤。

8-1-1 ☑啟用抓取（預設）

讓圖元好定位，與下方**草圖抓取**搭配設定，也可以說此設定=全部選擇。

8-1-2 ☐啟用抓取

關閉下方所有選項=全部關閉，下圖右。常遇到同學不好畫圖也不知道，以為 3D 軟體不好用是應該的，這是誤會呀。

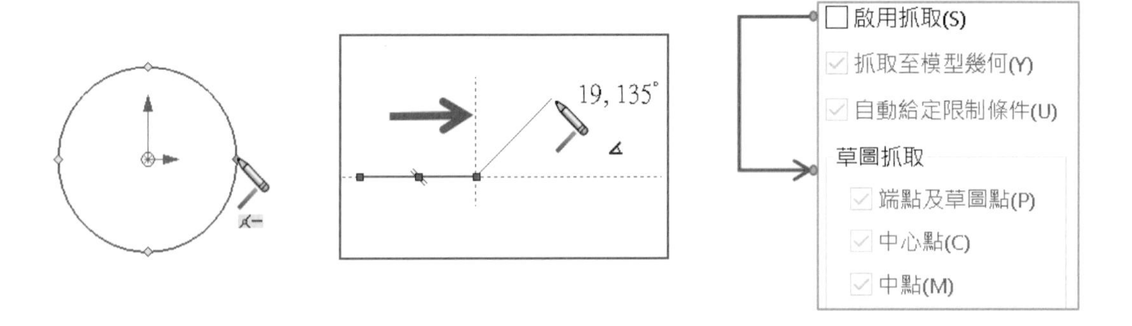

8-1-3 啟用抓取方法

除了選項有 4 種抓取：1. 工具列→2. 右鍵→3. 功能表、4. 快速鍵。由於預設☑抓取，這部分很少人這樣，因為比較複雜，所以看看就好。

A 功能表

工具→草圖設定→啟用抓取，下圖左。

B 右鍵-快顯功能表

使用草圖圖元過程，1. 右鍵→2. 快速抓取→3. 點選抓取，圓心、端點。也可按 C=中點（箭頭所示），下圖右。

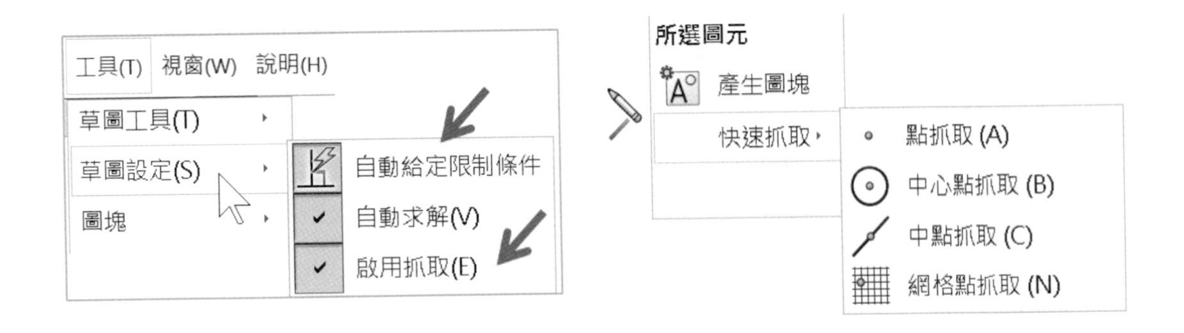

C 快速抓取工具列

展開看出抓取列表，並點選抓取項目。工具列屬於單次選取指令，繪圖過程臨時啟用，用完後會自動關閉，下圖左。要啟用快速抓取必須 1. 草圖圖元指令→2. 選抓取項目，例如：1. ／→2. 點選角度抓取→3. 繪製直線→4. 直線完成後會被關閉。

D 快速鍵

直接輸入**快速鍵**進行圖元抓取。

8-1-4 磁性手感→牽引位置

游標不見得在圖元上方，抓取過程會有磁力牽引手感。例如：直線 P1→接近圓 P2 上方時，有磁力牽引手感，直線吸附在圓上方+位置並加入條件，下圖右。

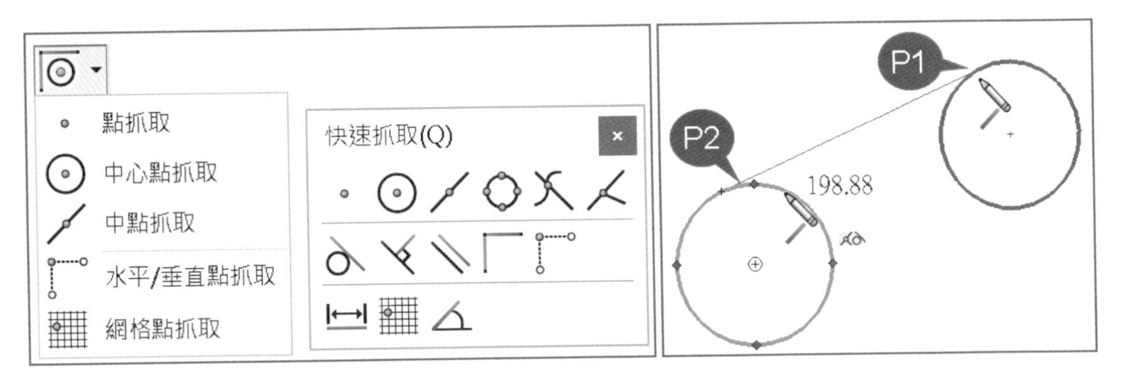

8-1-5 抓取技巧-推斷點

實在沒有可以參考，臨時做點或建構線讓抓取使用，例如：線段分點。

8-1-6 抓取圖示顏色

抓取=黃色、限制條件的抓取=白色、限制條件的給定=黃色。目前沒有顏色調整，但 DS 可以，下圖左。

8-1-7 抓取圖示大小

無法設定圖示大小，有些人喜歡大一點不傷眼力，但 DS 可以，下圖右。

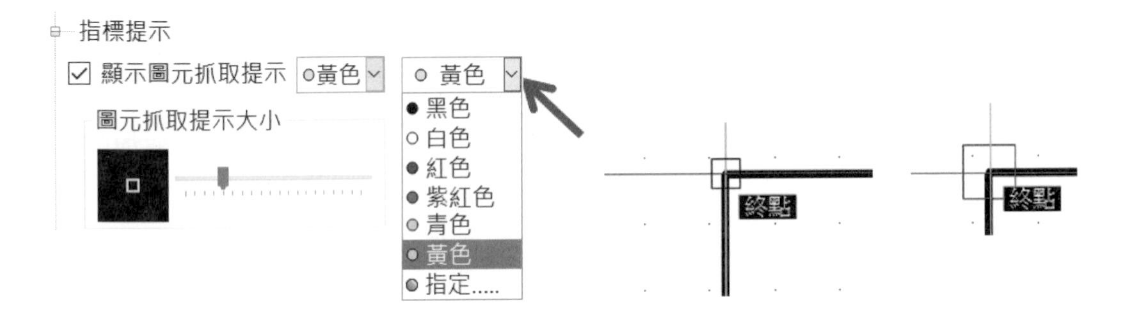

8-2 抓取至模型幾何

草圖於模型之間是否抓取。抓取分為：1. 圖元之間、2. 草圖與模型之間抓取。

8-2-1 ☑抓取至模型幾何（預設）

繪製過程抓取特徵上的點、線、面。實務上，游標由模型邊線開始繪製，下圖左。

8-2-2 □抓取至模型幾何

無法抓取模型幾何，只能畫到差不多位置。

8-2-3 喚醒（Wake up）

喚醒類似抓取，但不用執行草圖圖元，可以快速給限制條件。1. 拖曳圓心到模型邊線，會顯示 4 分點和圓心→2. 拖曳草圖圓心到模型圓心。

1. 不必點選草圖圓→2. 點選模型圓→3. ◎，下圖右。

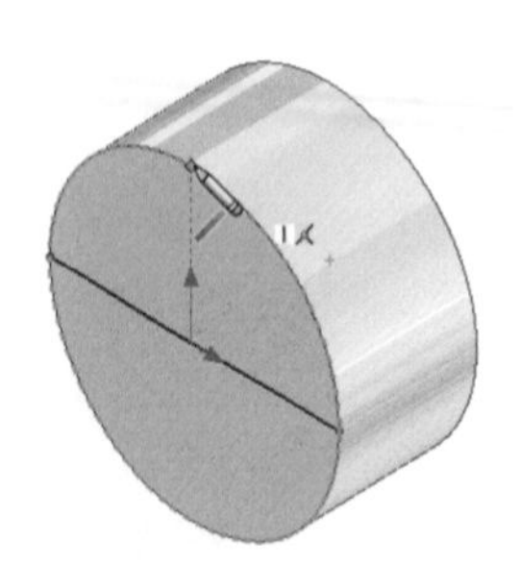

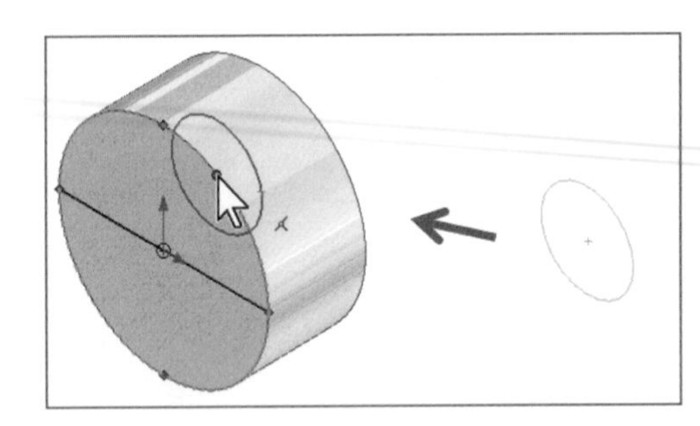

8-3 自動給定限制條件

圖元完成後，是否自動加入**限制條件**，增加圖形正確性與減少加入限制條件時間。也可從游標旁圖示，判斷被加入**限制條件**為何。

利用指令啟用/關閉，工具→草圖設定→**自動給定限制條件**。

8-3-1 ☑自動給定限制條件（預設）

自動加入限制條件，有些畫圖過程=預覽，有些圖畫完才會給限制條件。此設定根據：1. 推斷提示線、2. 游標、3. 抓取、4. 圖元本身、5. 草圖處理。

A 推斷提示線

簡稱提示線。繪製過程出現藍色或黃色虛線，協助定位水平、垂直正交關係。例如：直線由 P1→P2，在 P2 位置就會出現相對的提示線。

B 游標

直線過程，游標由 P1 往外延伸 P2 接近預期條件，游標旁顯示限制條件，下圖左。

C 抓取

圖元顯示抓取圖示，草圖繪製完成後，加入**限制條件**（箭頭所示），例如：在圓上 P1 畫水平線 P2，系統會加上水平和相切，下圖中。

D 圖元本身

有部分圖元特性，繪製完成後就以具備限制條件，例如：矩形、多邊形，下圖右。

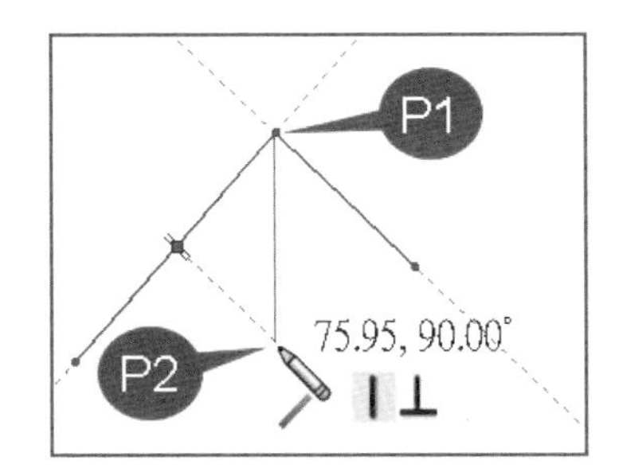

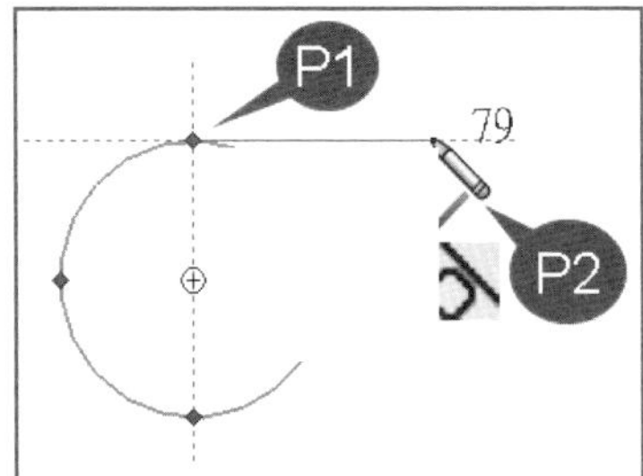

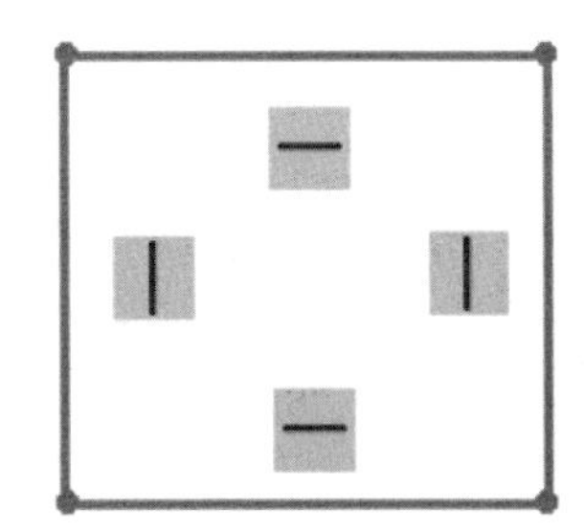

E 草圖處理

導圓角會加入相切、虛擬交角重合，下圖左。參考圖元，下圖中。偏移圖元，下圖右。

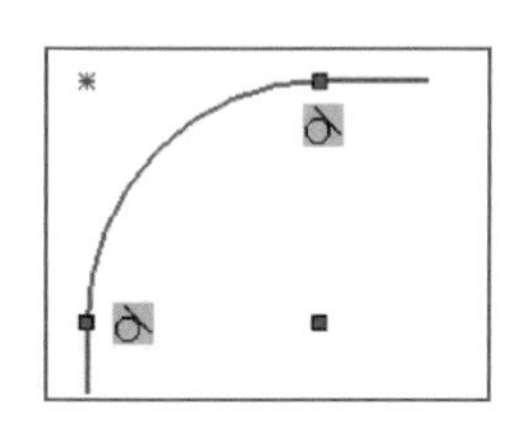

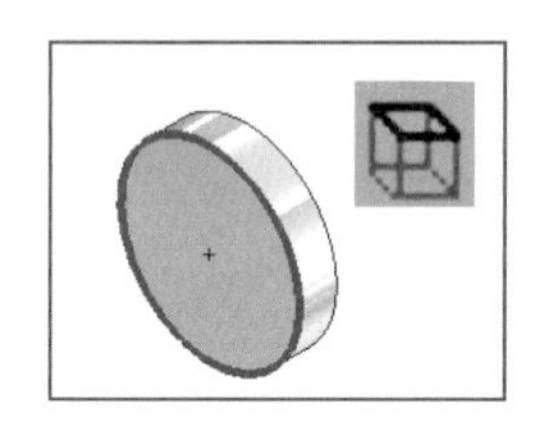

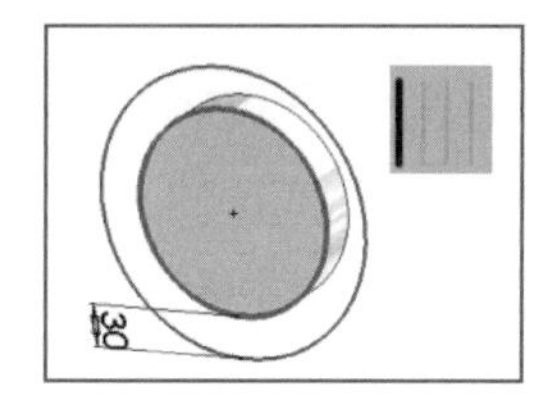

8-3-2 □自動給定限制條件

圖畫完後不會加入限制條件，比較少用。試想矩型沒有完全定義，要每條線分別給水平或垂直，就能明白**自動給定限制條件**的好處與依賴。

8-3-3 自行判斷

實務上，有些人會認為有時沒這麼聰明，給錯還要刪掉→手動給**限制條件**。這是誤會，因為系統判斷離游標比較接近的圖元，給定限制條件。

繪圖過程游標避開有可能的自動條件，別擔心這議題，圖畫久就會了。

8-4 檢視文件網格設定

切換至文件屬性的**網格顯示與抓取**，有點像傳送門，互相對應設定。

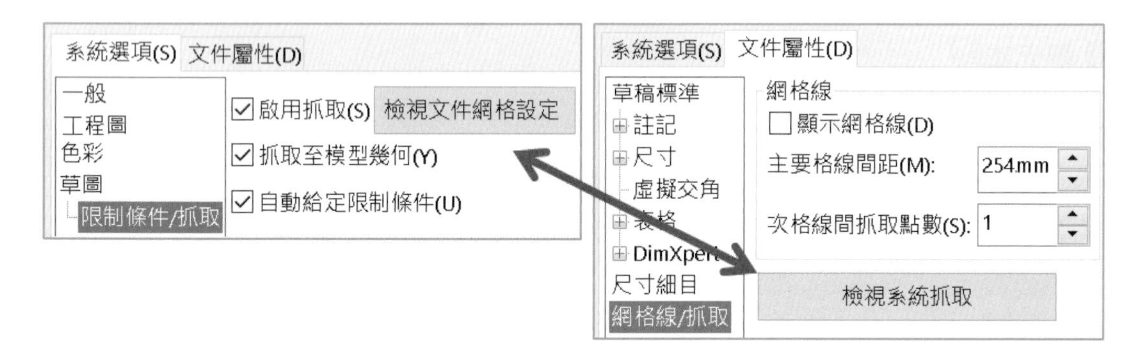

8-5 草圖抓取

選擇特定抓取條件，是否提示（顯示），例如：直線過程，游標在圓上方，系統提示四分之一點。每個抓取有獨特辨識圖示，該圖示非實際圖元。

本節配合以下設定增加抓取認知，對複雜圖形應用，可更省力減少眼睛疲勞。

1. **快速抓取工具列**、2. 草圖→☑在零件/組合件草圖中顯示圓弧圓心點、3. ☑在零件/組合件草圖中顯示圖元點、4. 顯示→☑在圖面中動態強調顯示。

8-5-1 端點及草圖點

是否抓取圖元**端點**、**草圖原點**，畫完後加入，下圖左。

A 快速抓取

游標任意移動很快找出最近端點，下圖右。

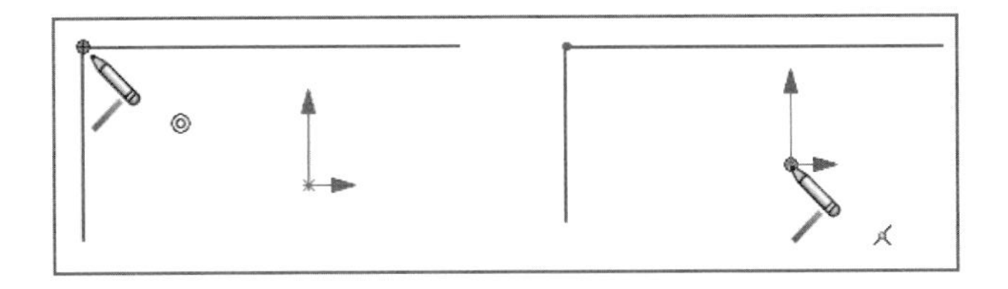
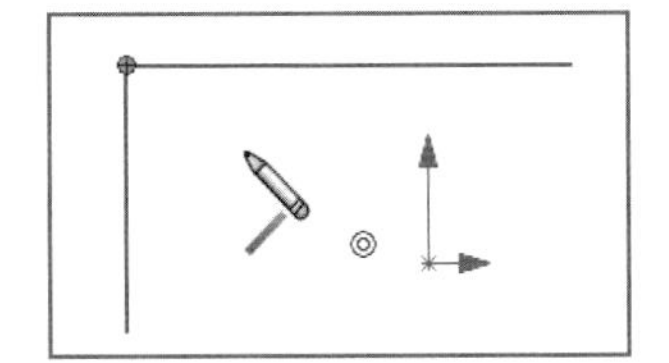

8-5-2 中心點

是否抓取：1. 圓心、2. 圓弧、3. 圓角、4. 拋物線...等的圓心點。常用在同心圓畫法，圓心上鑽孔，畫完後會加入，下圖左。

A 快速抓取

游標在圓弧附近找出最近的圓心點，下圖右。

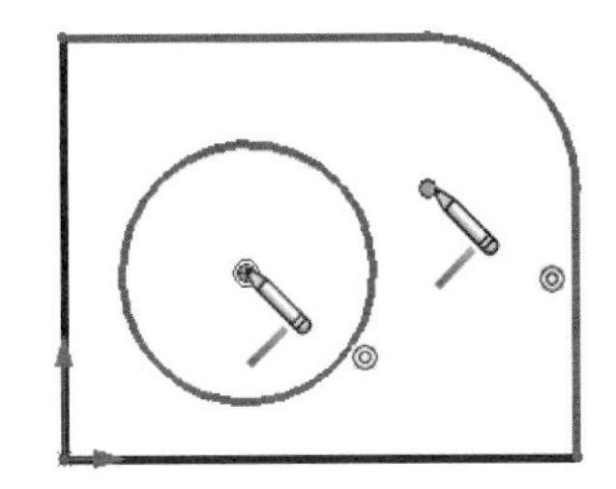
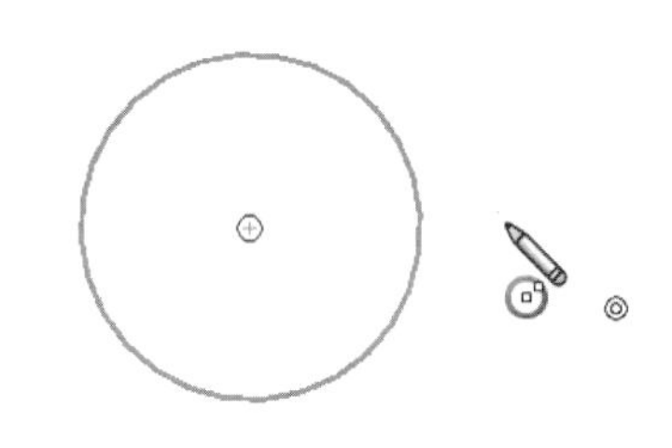

8-5-3 中點

是否抓取直線、圓弧或其他圖元線段中點。以前利用建構線把中心位置求出來，畫完後系統會加入**置於線段中點**，現在回想還真麻煩。

A 快速抓取

游標任意移動很快找出最近的線段中點，下圖右。

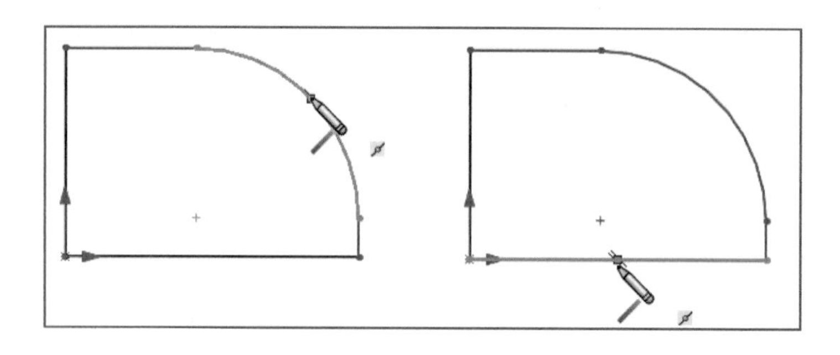
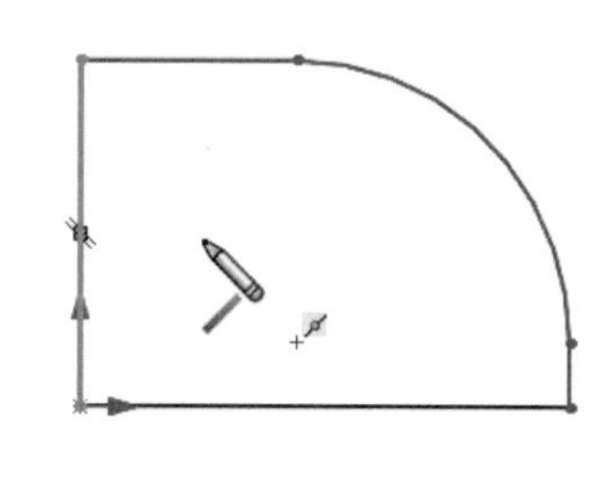

8-5-4 四分之一點

是否抓取弧的 4 分之 1 位置，常用畫半圓。弧上 0、90、180、270 度位置，又稱 **4 分點**。例如：在 4 分點畫直線，畫完後會加入，下圖左。

A 快速抓取

比較不一樣的，僅顯示最接近的其中一個點，不是 4 個點，下圖右。

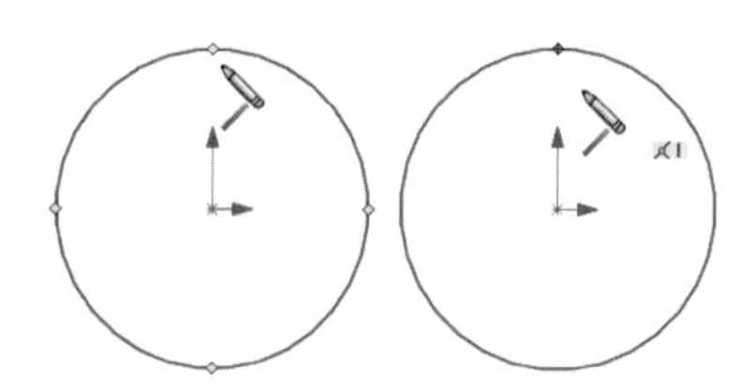

8-5-5 相交點

是否抓取相交點，畫完後會加入**交錯點**。實務上，交錯點不好抓取，下圖左。

A 快速抓取

游標接近其中一條直線，就能見到抓取，效率更高，下圖右。

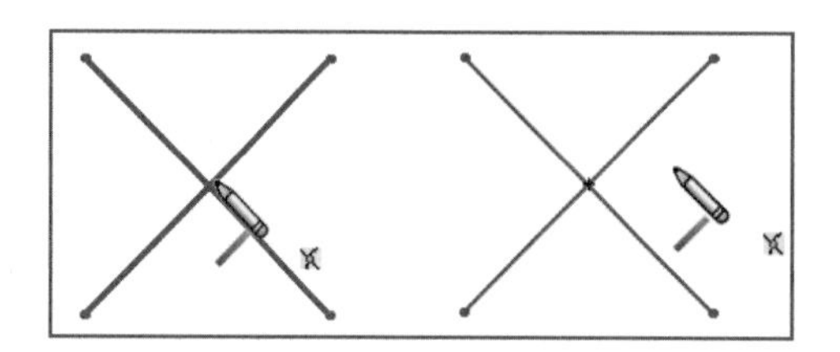
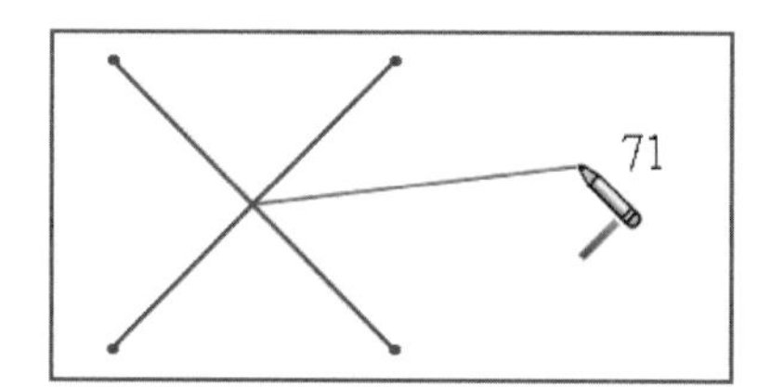

8-5-6 最近端

是否對接近的圖元抓取，適用圖元很多且複雜時。例如：游標接近線段端點或重合點，畫完後會加入。

A 快速抓取

游標任意移動最接近的圖元，可以看到最近的目標，下圖右。

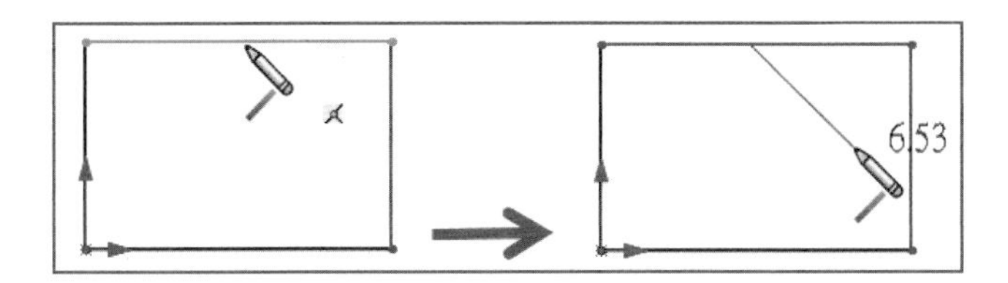

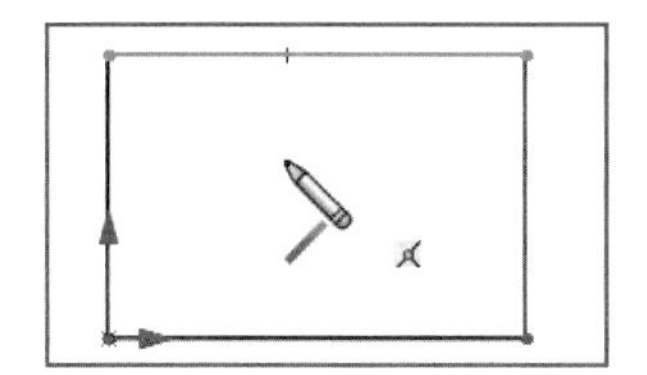

8-5-7 相切

抓取圓、弧、拋物線、橢圓及不規則曲線…相切位置。繪製第 2 條線時，上條線會亮顯，讓你知道畫的線與上條相切，下圖左。

例如：繪製直線過程，游標在圓上方接近相切位置，會自動加上與。

A 快速抓取

游標接近圓的任何位置，皆能見到相切抓取，即便不在圓上點選，直線會自動連接到圓上，向外繪製相切線，下圖右。

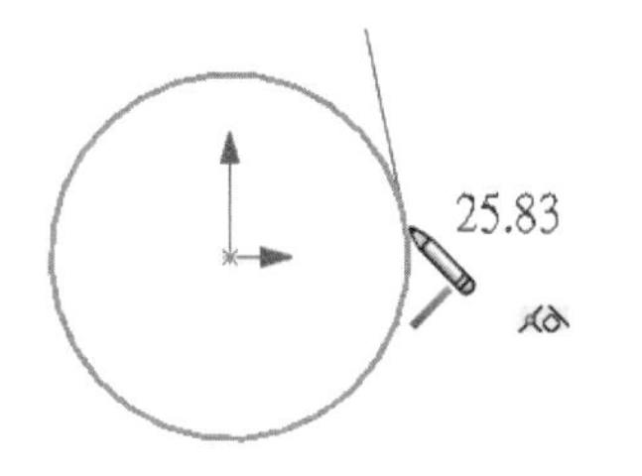

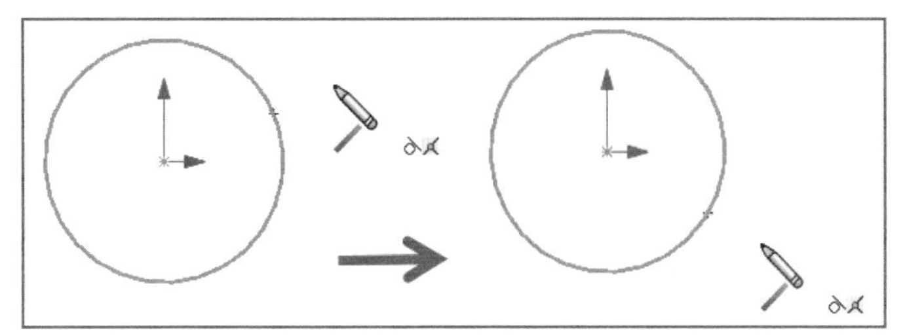

8-5-8 垂直、平行

繪製第 2 條線時，垂直/平行抓取上一條斜線，畫完後會加入垂直放置或平行放置。繪製第 2 條線時，上條斜線會亮顯，讓你知道畫的線與上一條垂直或水平。

此設定應該稱為：互相垂直、互相平行，會更容易理解。

A 快速抓取

游標很快抓到上條線段，進行垂直或平行抓取，下圖右。

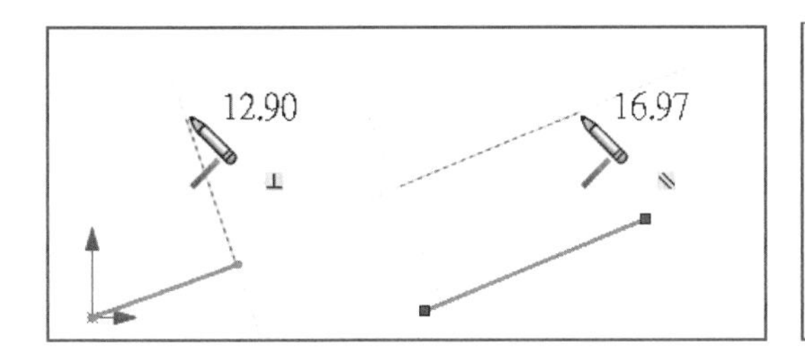

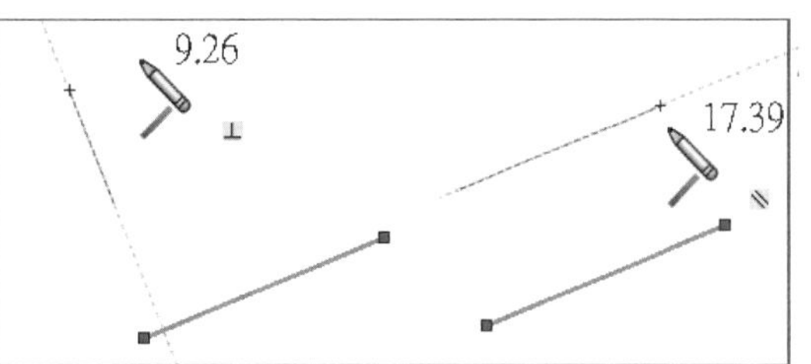

8-5-9 水平/垂直線

繪製線時，是否讓線段水平或垂直，不畫到斜線。這是明顯功能用得到，下圖左。

A 快速抓取

直線過程，游標不一定要在線上，點選後可快速繪製線段，下圖右。

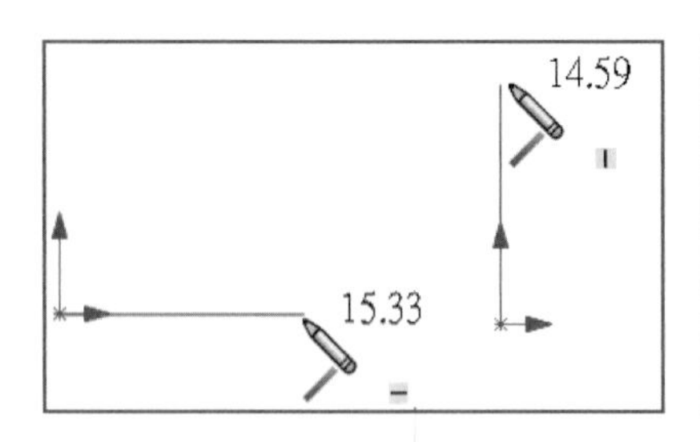

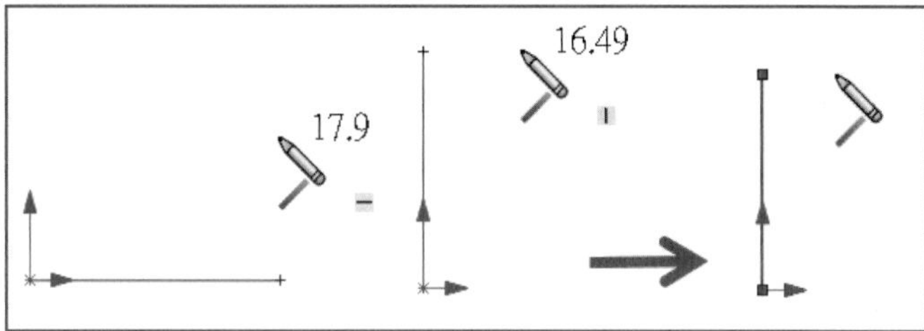

8-5-10 水平/垂直至點

直線過程游標接近圖元端點，是否顯示垂直或水平投影的藍色提示線，可協助定位，下圖左。實務上，可以快速見到游標在線段上方，協助圖形定位。

A 快速抓取

快速抓取水平線段上的延伸，畫出線段，下圖右。

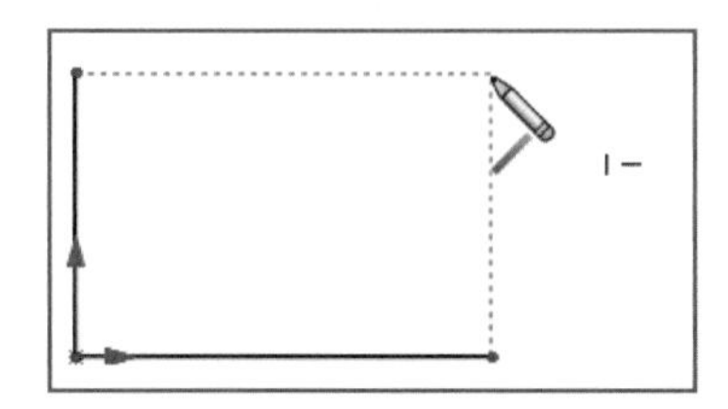

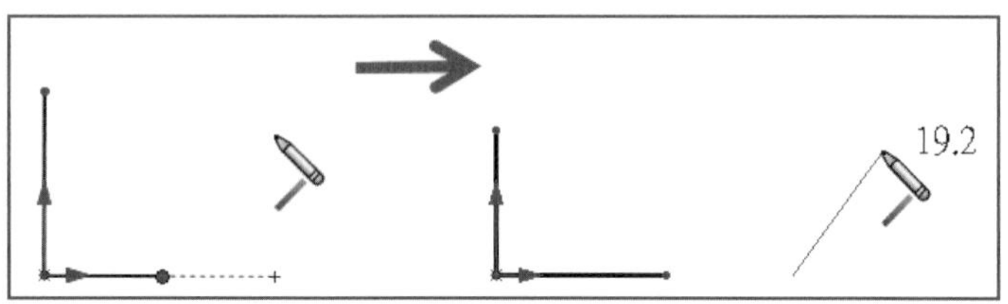

8-5-11 長度

抓取至網格設定增量直線，無需顯示網格，可加快繪圖速度。例如：網格=10，直線過程接近 10，會出現長度圖示。

A 快速抓取

要臨時啟用長度抓取，繪製草圖時按 Shift。

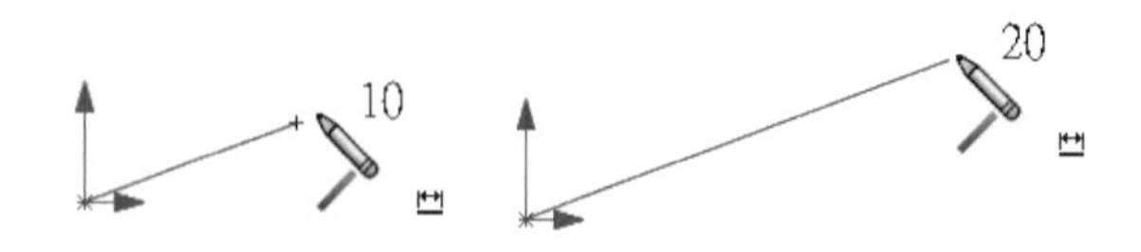

8-5-12 網格

畫圖過程是否抓取網格，又稱網格抓取，滑鼠手感一格格，下圖左。

8-5-13 僅在網格線顯示時抓取

承上節，是否在**網格線**顯示時抓取。有些人要顯示網格但不要抓取，這設定算是配套。若你☑網格抓取設定，未顯示網格，不會有抓取動作。

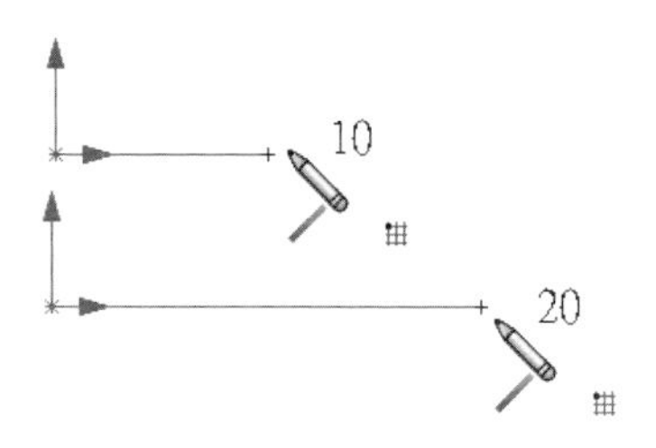

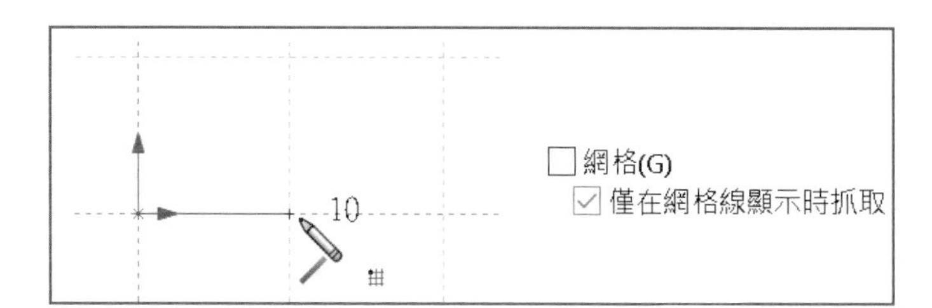

8-5-14 角度（預設 45 度）

直線繪製是否抓取設定的角度。若設定 45 度，游標每 45 度會見到角度抓取。要有這項功能，要有先前圖元參考，下圖左。

A 快速抓取

游標定格移動到 45 度增量位置。

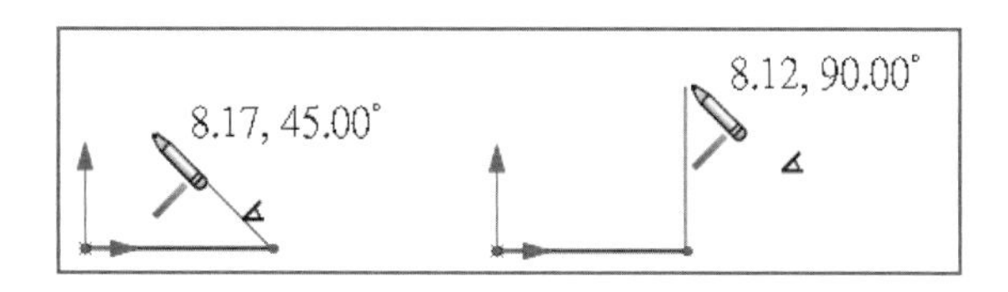

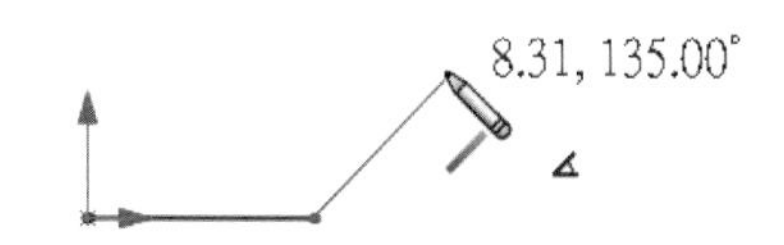

8-6 直線方位

SW 沒有正交（Orthogonal）設定，因為草圖過程就能精準掌握水平和垂直位置，更不需如同 2D CAD，要繪製視圖之間的投影線。真要使用正交，於⁄過程利用屬性管理員的水平、垂直、角度。

正交=限制游標水平或垂直移動，類似丁字尺與三角板，讓水平或垂直放置更為容易，即使游標有點偏，不會畫成斜的。

尤其圖形在視圖投影位置，例如：參考前視圖，繪製上視圖，進行上下左右線段投影參考，可以更容易且穩定。

8-6-1 如所繪製的（預設）

自由的繪製。

8-6-2 水平、垂直

強制直線水平或垂直繪製。即便游標不在線旁，也會正交移動並增加線長，下圖左。

8-6-3 角度

直線繪製後，自動加上尺寸與角度建構線，通常會配合下方☑尺寸使用，下圖右。

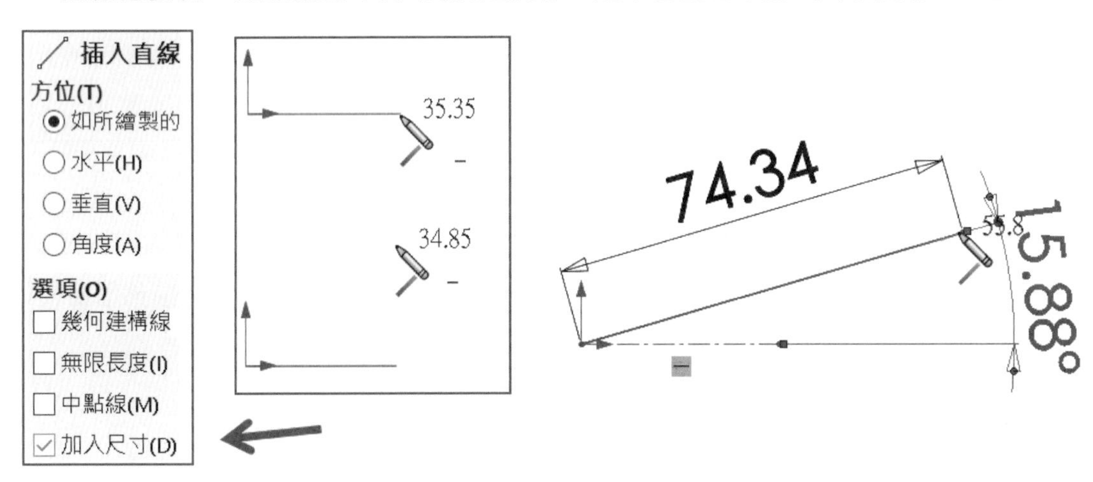

CHAPTER

09

顯示

設定模型顯示的細部設定，例如：邊線顯示、模型透明度、空間參考...等。絕大部分設定影響零件和組合件，有部分影響在工程圖，要留意一下。模型顯示屬於視覺效果，進階者比較有感覺會想設定他。

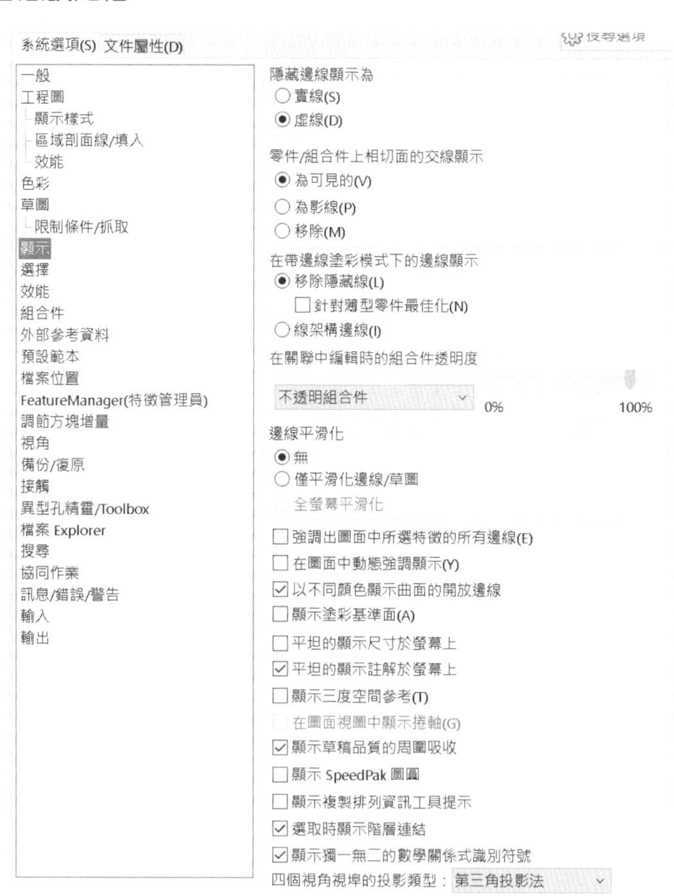

9-1 隱藏邊線顯示為

當模型為非塗彩狀態時，設定模型**隱藏線**的顯示：1. 實線、2. 虛線，適用零件、組合件。

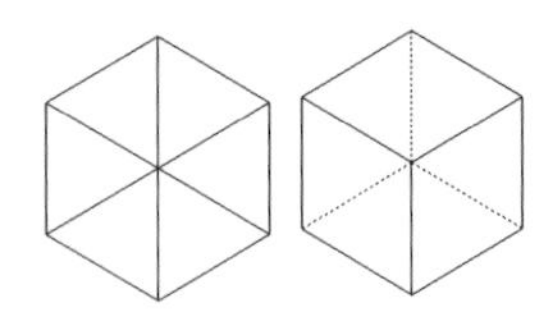

9-1-1 實線

隱藏線以實線顯示，類似 X 光。現在沒人這樣設定，可用**線架構**代替。

9-1-2 虛線（預設）

隱藏邊線以虛線顯示，用以表達看不見（後面）邊線。

9-2 零件/組合件上相切面的交線顯示

設定模型**相切面交線**顯示方式：1. 可見的、2. 為影線、3. 移除。模型常將相切面交線設為**可見的**，能明顯判斷圓角特徵。

本節說明與**工程圖-顯示樣式，相切面交線**相同，不贅述，下圖左。此設定應該稱為：模型**相切面交線**顯示。

9-2-1 為可見的（預設）

以**實線**表示**相切面交線**，與模型邊線相同。

9-2-2 為影線

以 2 **點鏈線**（–··—··–）與模型邊線區分。很少人這樣做，因為無法更改**線條型式=實線**，**線條粗細=細**，只有工程圖可以設定這些。

9-2-3 移除

不顯示**相切面交線**，無法有效率判斷圓角位置與大小，常用在塗彩抓圖用。

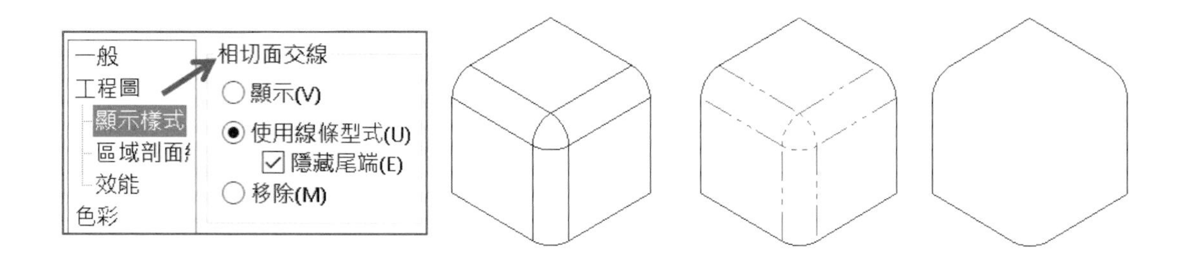

9-2-4 描邊模式下邊線

承上節，透過技巧表達描邊塗彩：1. **帶邊線塗彩**→2. 移除**相切面交線**，下圖左。

9-2-5 指令設定

也可手動調整，檢視→顯示，下圖右。

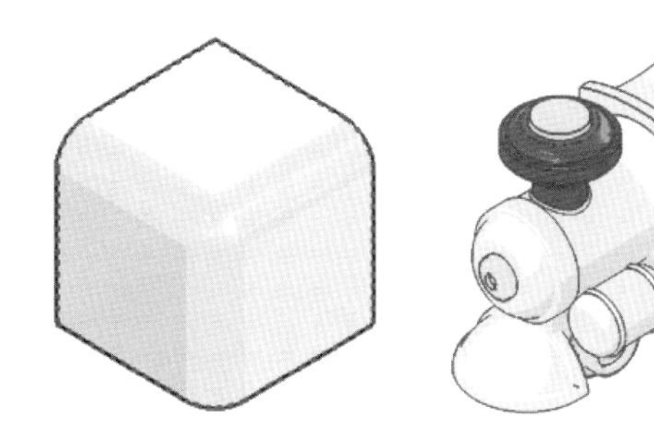

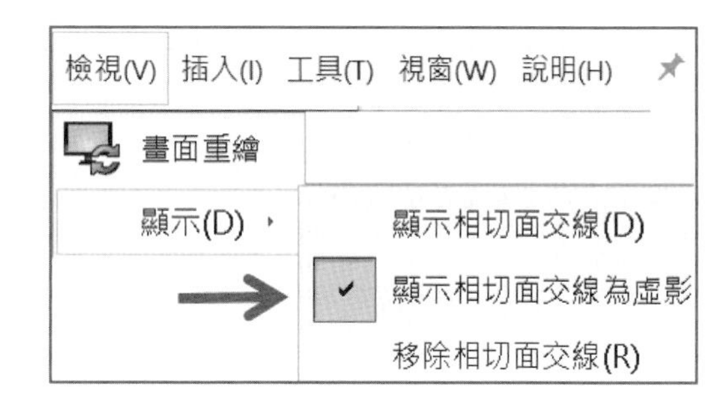

9-3 在帶邊線塗彩模式下的邊線顯示

模型為**帶邊線塗彩**，如何顯示邊線：1. 移除隱藏線、2. 線架構邊線。此設定應該稱為：帶邊線塗彩的邊線顯示。

9-3-1 移除隱藏線（預設）

塗彩狀態不顯示隱藏線，模型不會看起來太亂，並針對薄形零件最佳化設定，下圖左。

9-3-2 針對薄形零件最佳化

針對厚度很薄的鈑金、零件多本體、曲面、組合件時，是否顯示背面的重疊邊線，有點類似線架構模型。

這是 2014 新功能，要使用此設定，顯卡要支援 OpenGL4.0 以上才可使用，例如：Quadro 2000，這項設定應該獨立一節會比較好，下圖右。

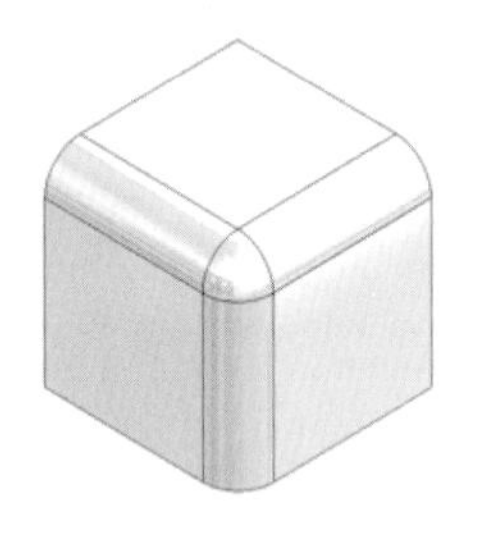

在帶邊線塗彩模式下的邊線顯示
◉ 移除隱藏線(L)
☐ 針對薄型零件最佳化(N)
○ 線架構邊線(I)

A ☑針對薄形零件最佳化

不顯示重疊特徵邊線，以精確圖形運算，所以會要求好一點的顯示卡，下圖左。

B ☐針對薄形零件最佳化

顯示重疊特徵邊線，提升效能。針對特徵或組合件模型相鄰，一時會看不出重疊線段，縮小模型就會出現重疊線段，下圖中。

9-3-3 線架構邊線

所有背面隱藏邊線會顯示，很像塗彩的**線架構**，下圖右。

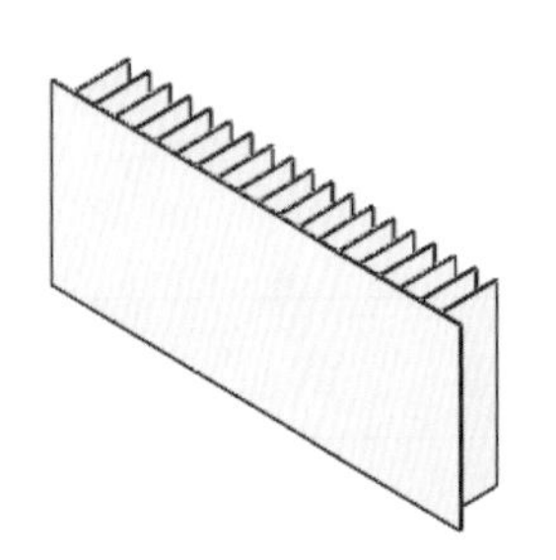

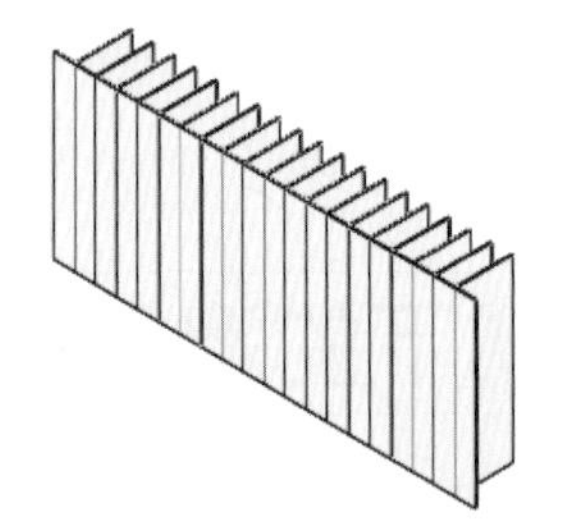

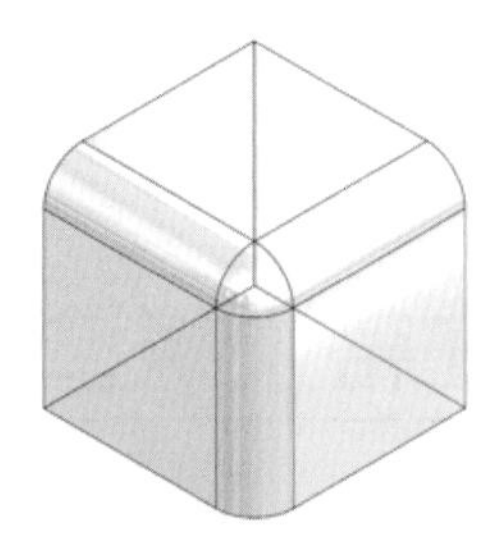

9-4 在關聯中編輯時的組合件透明度

組合件使用**編輯零組件**時，設定不被編輯的模型**透明度**顯示，和透明度調節。常用在封閉機構，穿透看出內部模型，例如：編輯馬達內部模型時，馬達外殼有透明度會比較好看內部情況和相對位置。

要有此設定效果：1. 組合件、2. 編輯零組件、3. 塗彩。

此設定應該稱為：**編輯零組件時的透明度**。

9-4-1 不透明組合件

過程，所有模型塗彩顯示，適用開放機構，下圖左。

9-4-2 維持組合件透明

過程，模型維持顯示狀態，例如：上蓋原本以透明呈現，不受影響，下圖中。

9-4-3 強制組合件透明（預設）

目前編輯模型**不透明**，其他以透明顯示，例如：編輯下蓋，下蓋不透明。很多同學忍耐透明度環境作業以為無法設定，會提醒同學改回來，特別是開放機構作業，下圖右。

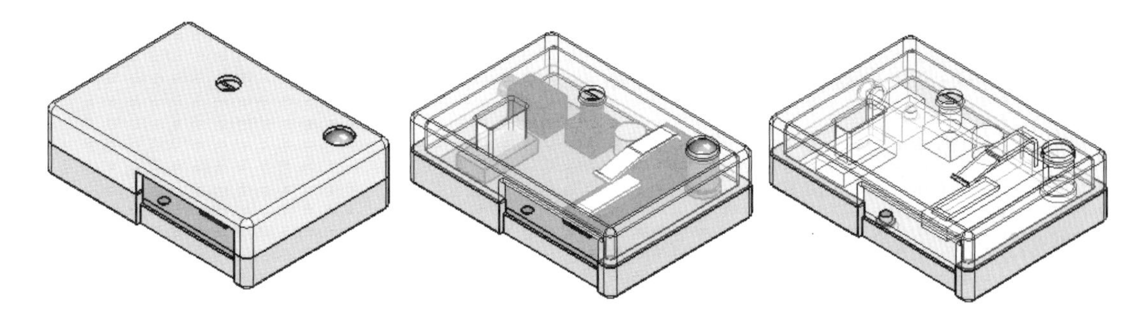

9-4-4 透明度調節（預設 50%）

透明度=光線穿透表面能力，超過 10%=**透明**，少於 10%=**不透明**。使用調節棒設定 0-100 透明度，越右邊越透明。

9-4-5 編輯的零組件透明度

承上節，可以在組合件臨時切換透明度，不影響此設定預設。1. 變更透明度、2. 透明度工具列、3. 顯示窗格。

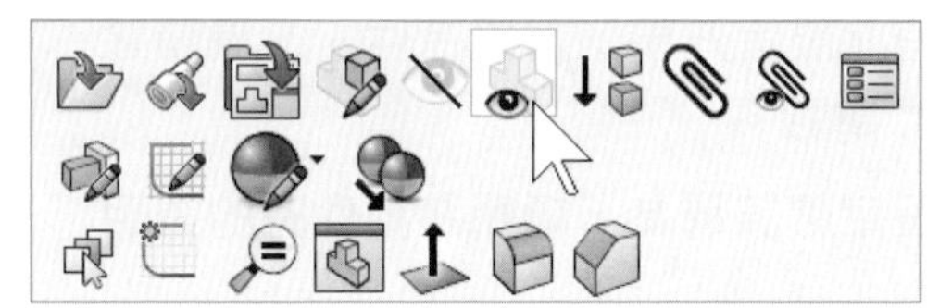

9-5 邊線平滑化

是否將草圖、模型凹凸鋸齒邊線平滑化，也是**反鋸齒**（Anti-Alias）技術，讓影像更擬真。**邊線平滑化**與**影像品質**不同，一個是細節、另一個是整體。

邊線平滑化僅對邊線處理，**影像品質**是對模型**解析度**調整（模型全部調整）。此設定不適用塗彩，因為塗彩沒邊線。此設定應該稱為：**模型邊線反鋸齒。**

9-5-1 無

停用**邊線平滑化**。放大模型，明顯看出邊線鋸齒狀，工程圖比較看得出來，下圖左。並非消除邊線平滑化沒人用，有些人要得到**更銳利且清晰影像。**

若是**大型組件**，可提升顯示效能。開啟多文件或大型組件，**邊線平滑化**會被停用。

A 側投影輪廓線的選擇

常遇到選不到或不容易選到圓柱邊線（側投影輪廓線），設定為無論模型輪廓清晰，就能選到，是常見解決方案。

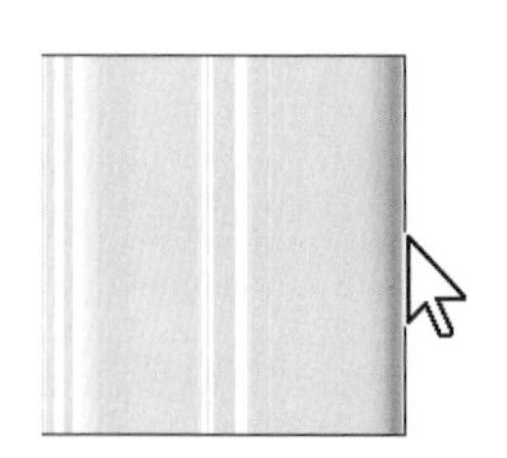

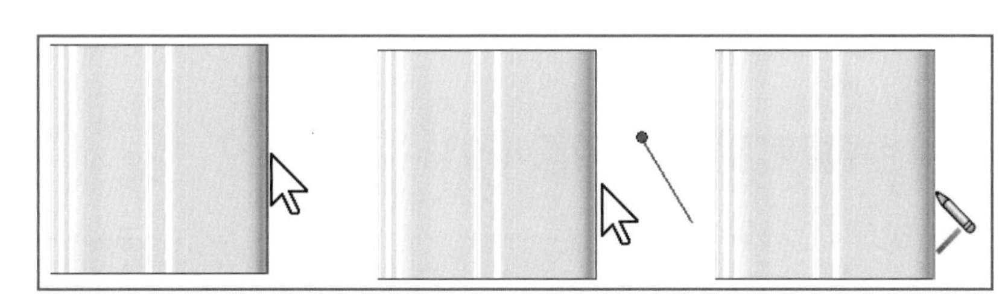

9-5-2 僅平滑化邊線／草圖（預設）

將模型邊線和草圖平滑化，就是銳利度。將鋸齒邊線和周圍像素平均運算，達到圖形平滑效果，缺點會造成些許模糊，對模型大圖輸出，邊線平滑化就很重要。

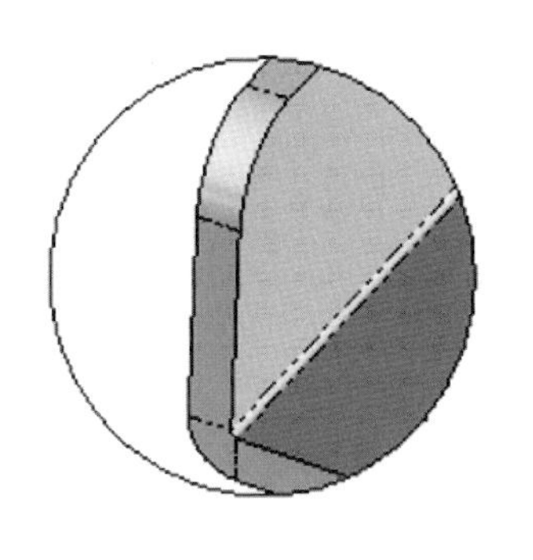

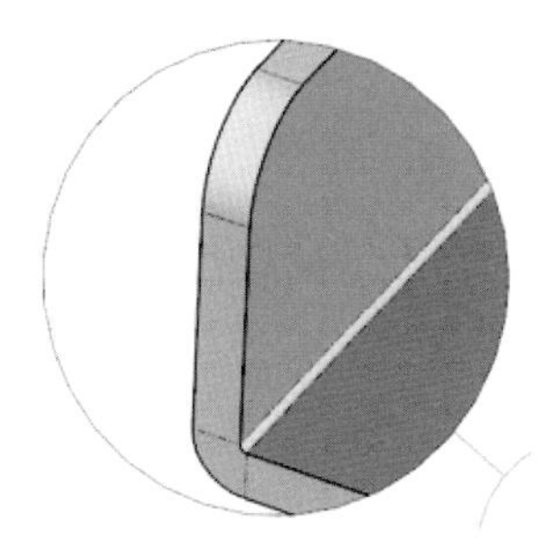

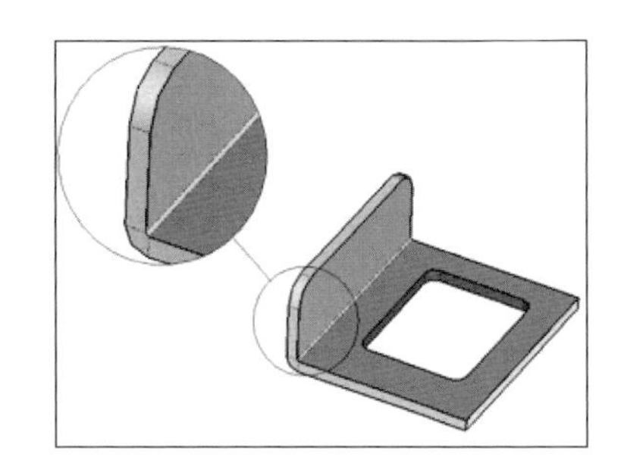

9-5-3 全螢幕平滑化

工程圖專用的全螢幕平滑化（Full scene anti-aliasing，FSAA）又稱**全景反鋸齒**，對整體的相能有大的改進。

必須關閉所有文件，才能設定此選項。啟用後，無法設定上方項目，下圖左。

A ☑全螢幕平滑化

工程圖模型輪廓、尺寸、註記...等邊線，不消耗效能。其實平滑化不見得好，看起來濛濛的，有點像近視沒戴眼鏡或把圖片拉大，有些人不習慣會改回來，下圖中。

B ☐全螢幕平滑化

承上節，看起來會比較清晰，銳利度提高，看起來比較美觀，下圖右。

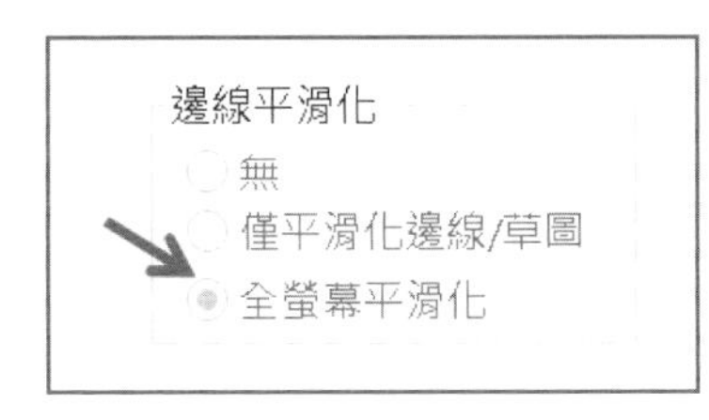

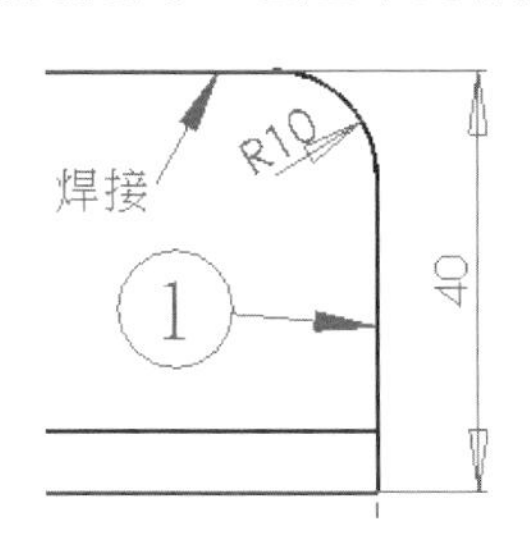

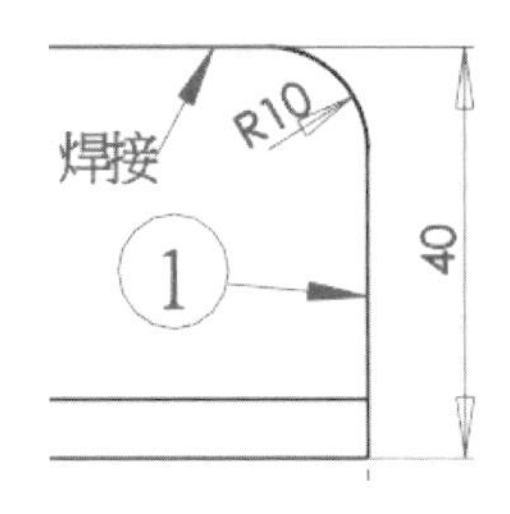

9-5-4 顯示卡設定

也可由顯示卡設定邊線平滑化，影像品質、消除鋸齒，下圖左。

9-5-5 顯示卡設定

Windows 視覺效果也可設定**去除螢幕字型毛邊**，下圖右。

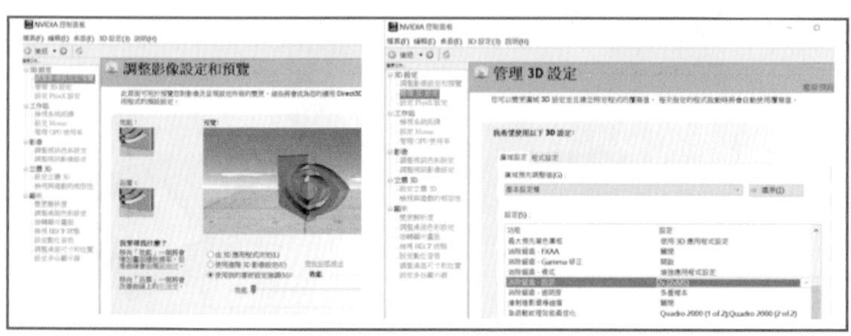

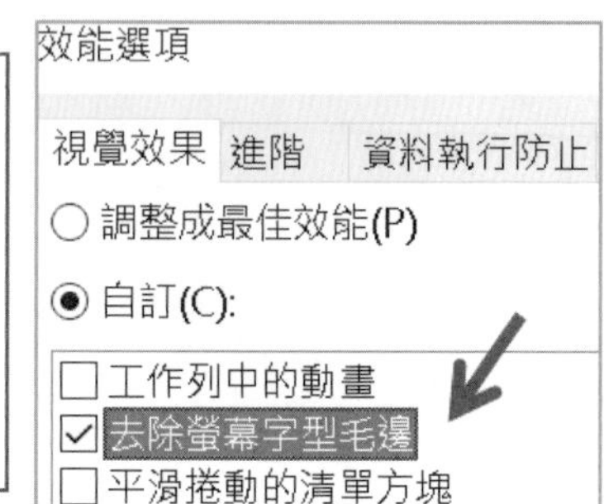

9-6 強調出圖面中所選特徵的所有邊線

點選特徵，是否顯示所有特徵邊線，快速查詢特徵分布，適用**零件**、**組合件**。此設定應該稱為：**強調所選特徵的所有邊線**。

9-6-1 ☑強調出圖面中所選特徵的所有邊線

點選模型特徵，顯示特徵所有邊線，常用在修改模型。例如：點選其中鑽孔，可見所有孔面。如同點選**特徵管理員**特徵，也可顯示所有邊線，下圖左。

優點：快速看出特徵分布，缺點：看起來有點亂。

9-6-2 ☐強調出圖面中所選特徵的所有邊線（預設）

只顯示所選面邊線。優點：很直覺，作圖方便、不會太亂。缺點：無法有效判斷是否為同特徵成形的輪廓，下圖右。

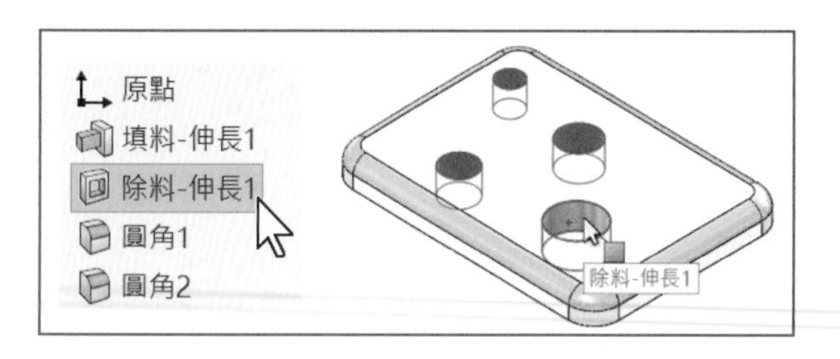

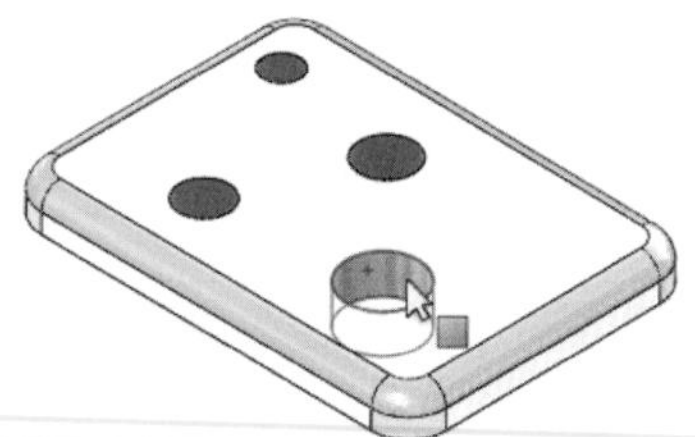

9-7 在圖面中動態強調顯示

游標移動到物件時，是否強調顯示，讓你判斷接下來可點選物件。不僅圖元，任何物件皆有強調顯示項目，例如：點選零件表，右下角是否顯示**移動和拉大**功能。

或是草圖限制條件的判斷上，游標在限制條件圖示上會出現亮顯，方便檢查草圖。此設定應該稱為：**動態強調顯示**。

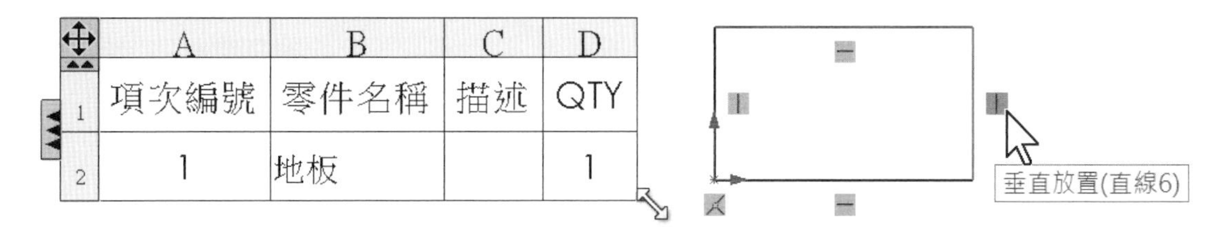

9-7-1 ☑在圖面中動態強調顯示（預設）

游標放在圖元上，會出現所選圖元與提示，容易判斷是否選到圖元。例如：游標在點、線、面和圓柱上出現圖示＋特徵名稱，下圖左。

9-7-2 □在圖面中動態強調顯示

承上節，不出現圖元提示，只能點選選取圖元，下圖右。工程圖一定要開，否則無法標尺寸，課堂常遇到這現象。

本節好處會有較快效能，開啟大型組件或模型轉檔面數超過 300，系統會因效能考量自動關閉。

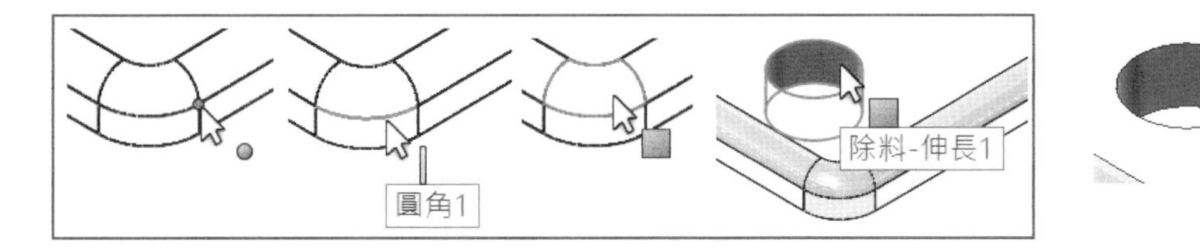

9-8 以不同顏色顯示曲面的開放邊線

是否以不同色彩區分**曲面開放**邊線，由**色彩→曲面，開放邊線**設定色彩。本節說明與**色彩→曲面，開放邊線**相同，不贅述。

此設定應該稱為：指定曲面，開放邊線色彩，並該歸類在**色彩**比較理想。

9-8-1 ☑以不同顏色顯示曲面的開放邊線（預設）

顯示**曲面開放**邊線（箭頭所示）。

9-8-2 □以不同顏色顯示曲面的開放邊線

以**邊線**色彩顯示**曲面開放**邊線，例如：黑色。

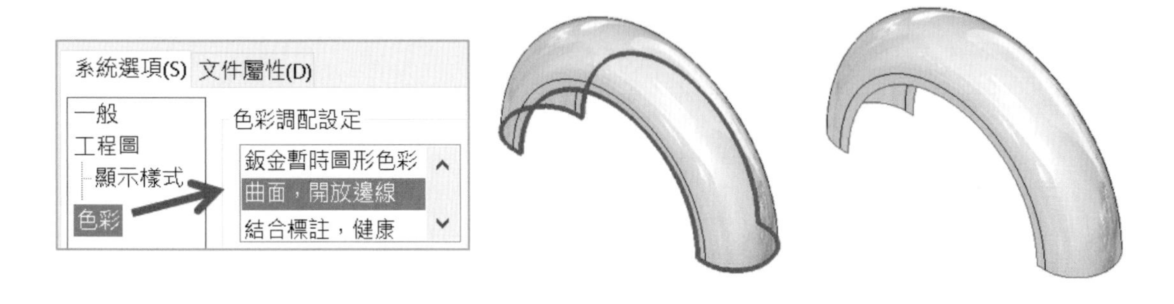

9-9 顯示塗彩基準面

模型旋轉時，**基準面**正反面是否以不同顏色區分。常用在旋轉過程以 3 **度空間**判斷正向＝綠色、負向＝紅色，若要改變色彩，文件屬性→基準面顯示，下圖左。

這是以前功能，協助初學者判斷基準面或模型正向或反向，時代不同現在很少人用這功能。此設定應該歸類在文**件屬性→基準面顯**示比較理想。

9-9-1 ☑顯示塗彩基準面（預設）

塗彩容易判斷草圖所在平面，適用還沒空間感的初學者。以前大郎要同學打開，後來發覺效益不大，沒這麼做了。對進階者會覺得隔一層面板感覺，當基準面很多會覺得亂。

9-9-2 □顯示塗彩基準面

不顯示塗彩基準面，以接近透明顯示基準面。

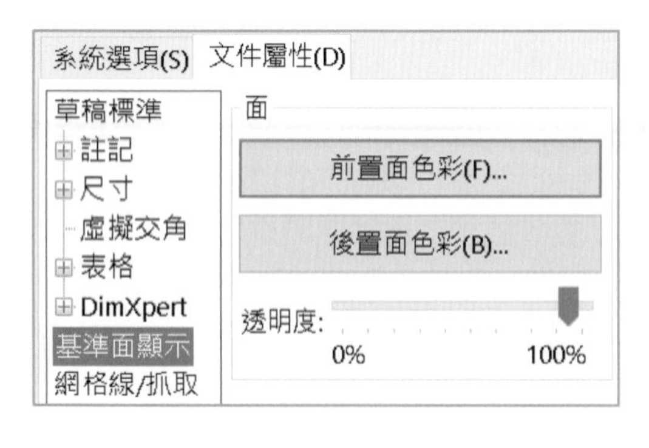

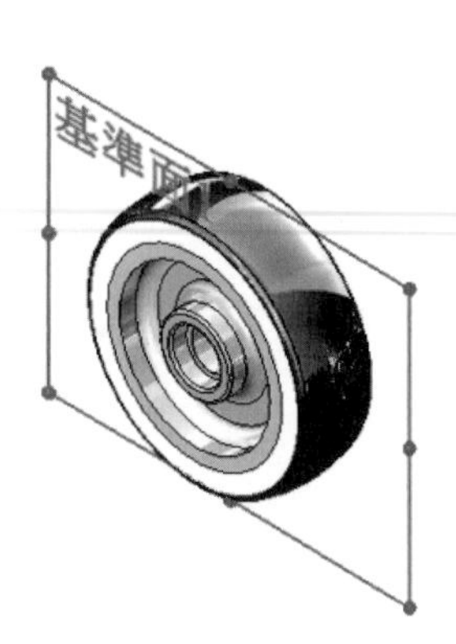

9-10 平坦的顯示尺寸於螢幕上

不論視角為何，尺寸數字是否與螢幕平行顯示，適用**零件**、**組合件**。常用在模組或設計製作過程，永遠顯示尺寸，下圖左。此設定應該稱為：與螢幕平行顯示尺寸。

9-10-1 ☑平坦的顯示尺寸於螢幕上

尺寸數字與螢幕平行顯示，方便查看或數學關係式用，尺寸像活的，下圖中。

9-10-2 □平坦的顯示尺寸於螢幕上（預設）

尺寸數字與尺寸平行顯示，視覺上比較清楚，尺寸像死的。無論設定為何，尺寸、註解在旋轉過程皆平行草圖平面，下圖右。

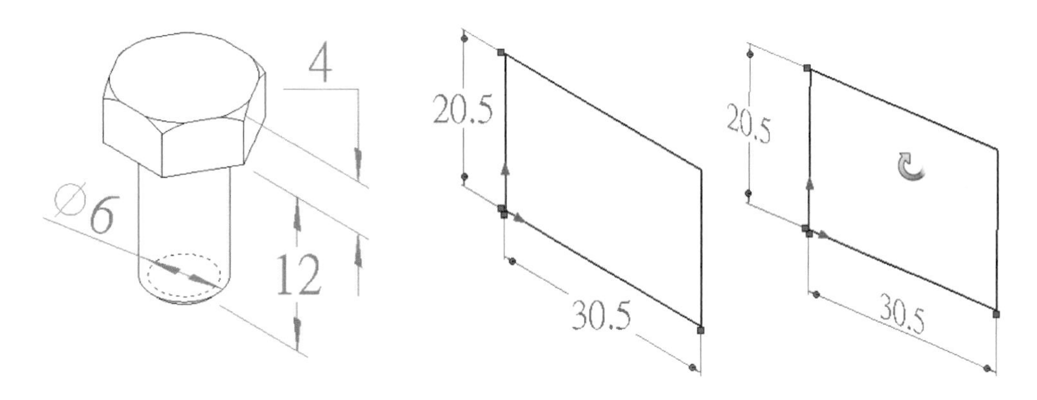

9-11 平坦的顯示註解於螢幕上

承上節，不論視角為何，標註在模型上的註解，是否與螢幕平行顯示，適用**零件**及**組合件**。此設定和上節不太一樣，無論旋轉過程或旋轉後，皆滿足設定。

此設定應該稱為：與螢幕平行顯示註解。

9-11-1 ☑平坦的顯示註解於螢幕上（預設）

無論視角為何，註解與螢幕平行顯示，註解是活的，下圖左。註記不在模型上，永遠平行於螢幕（箭頭所示），下圖中。

9-11-2 □平坦的顯示註解於螢幕上

註解以註記視角定義，例如：註解標註在上視圖，註解是死的，下圖右。

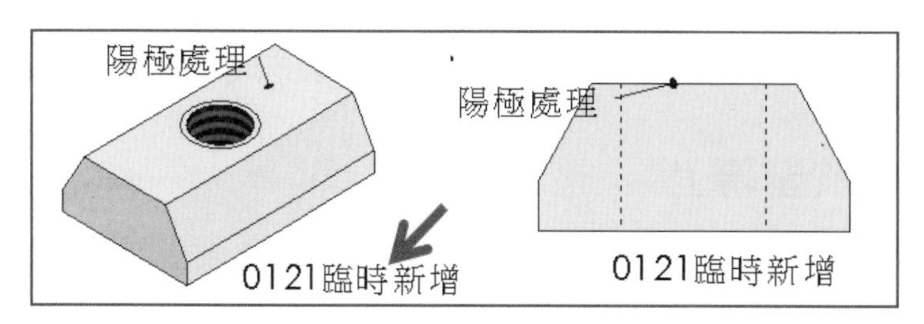

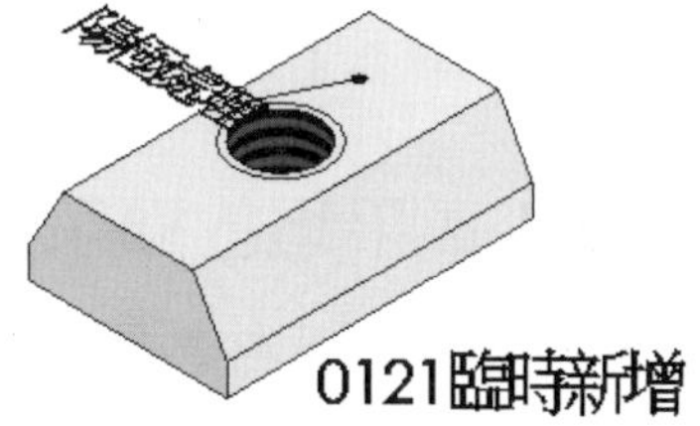

9-12 顯示三度空間參考

繪圖區域左下角是否顯示三度空間參考=世界座標系統 WCS 又稱絕對座標。按中鍵旋轉模型時，會隨著模型轉動。

以 XY、YZ、ZX，3 平面構成立體空間，只有顯示不能做為參考。箭頭方向＝正向，X 軸=紅色、Y 軸=綠色、Z 軸=藍色。此設定應該稱為：**顯示三度空間座標**。

9-12-1 ☑顯示三度空間參考（預設）

顯示三度空間參考，常用在 3D 草圖。

9-12-2 □顯示三度空間參考

不顯示三度空間參考，無法判斷空間方向，常用在抓圖。

9-12-3 草圖繪製器三度空間參考

於 3D 草圖右鍵→**草圖繪製器三度空間參考**，繪圖區域右下角出現三度空間參考，下圖右。點選圖元→拖曳座標上箭頭或面精確移動。

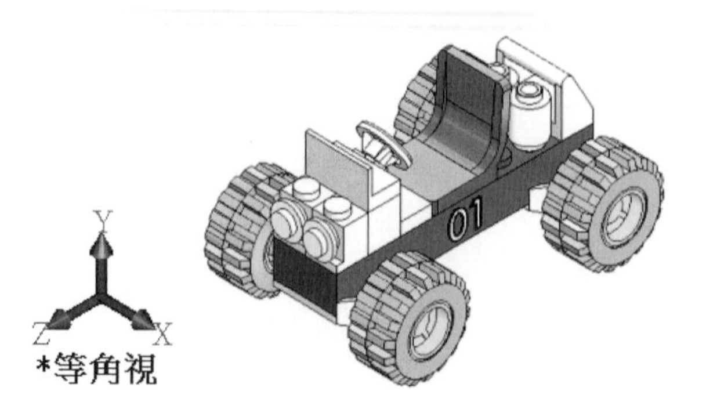

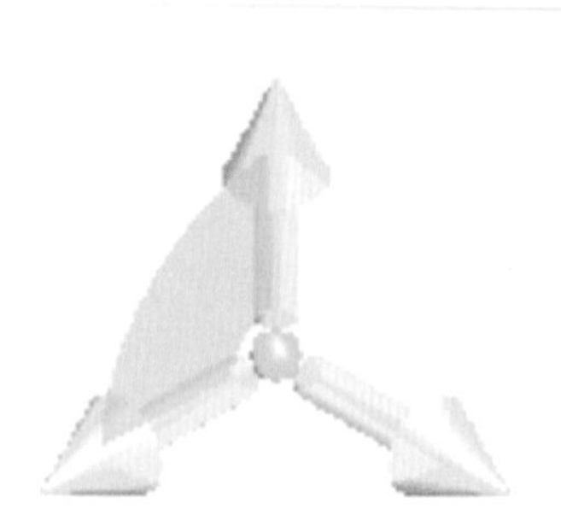

9-13 在圖面視圖中顯示捲軸

繪圖區域右下角是否顯示**水平**、**垂直捲軸**。這功能源自 AutoCAD，早期原廠把這功能給拿掉，但帶來老用戶不適應，於 2008 SP2 又重新加入，讓使用者依習慣彈性調整。

必須關閉所有文件，才能設定此選項。此設定應該稱為：**在繪圖區域顯示捲軸**。

9-13-1 ☑在圖面視圖中顯示捲軸

顯示**水平和垂直**捲軸，精細查看模型。當模型大於繪圖區域時，捲動顯示調整，不進行拉近、拉遠平滑檢視可提升效率。

9-13-2 ☐在圖面視圖中顯示捲軸（預設）

不顯示捲軸。只能以**平移**檢視，無法保持水平或垂直。捲軸常被中鍵取代，所以不常用，除非是大型圖面才由捲軸檢視。

9-14 顯示草稿品質的周圍吸收

模型在塗彩狀態下、、過程，是否顯示**周圍吸收**。他是整體照明，就像下雨天陰影增加模型實體感，適用塗彩狀態。

此設定應該稱為：動態檢視**周圍吸收**。和檢視→顯示→草稿品質無關，會被誤導。

9-14-1 ☑顯示草稿品質的周圍吸收

模型在任何狀態下顯示，特別是旋轉模型過程，會消耗電腦效能，下圖左。

9-14-2 ☐顯示草稿品質的周圍吸收（預設）

模型停止不動時才會顯示◉，可重新計算影像，無法在旋轉中看◉運算效果，下圖右。

9-15 顯示 SpeedPak 圖員

是否顯示 SpeedPak 圓圈，類似放大鏡，下圖左。SpeedPak 可簡化模型載入與穿透性查閱模型，常用在組合件。也可在檢視→顯示→**顯示 SpeedPak**，單獨控制。

9-15-1 ☑顯示 SpeedPak 圖員（預設）

顯示 SpeedPak，穿透性查閱模型，下圖中。

9-15-2 ☐顯示 SpeedPak 圖員

不顯示 SpeedPak 圓圈，游標在模型上所有模型保持可見，下圖右。

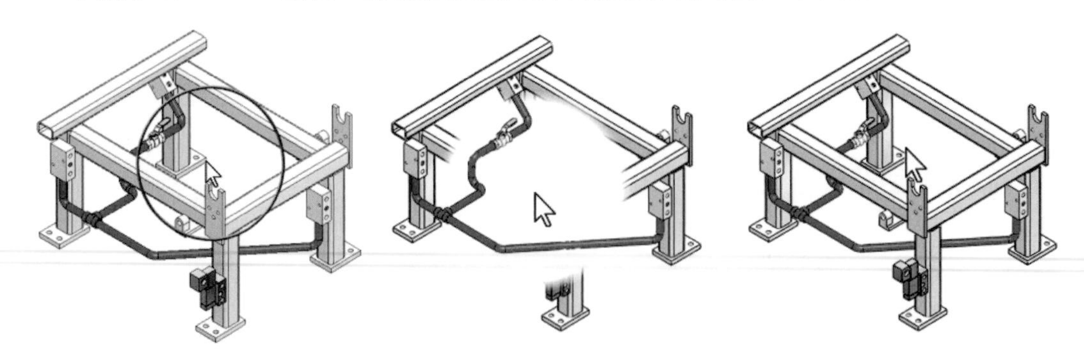

9-16 顯示複製排列資訊工具提示

游標停在**特徵管理員**的**複製排列**上，是否顯示**排列**資訊。

資訊包含：排列類型、排列種子、間距、副本數…等。

此設定應該稱為：**顯示複製排列提示**。

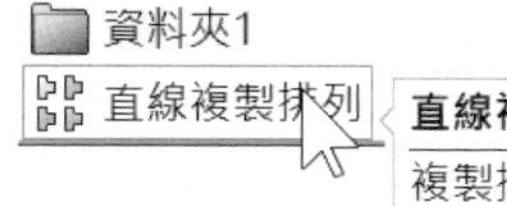

9-16-1 ☑顯示複製排列資訊工具提示（預設）

不**編輯特徵**就能看出排列資訊。

9-16-2 ☐顯示複製排列資訊工具提示

不顯示排列資訊，必須**編輯特徵**才能看出。特徵管理員過於複雜，游標會大量在特徵之間滑動，就不想不預期資訊出現。

9-17 選取時顯示階層連結

點選模型時，**繪圖區域**左上角是否顯示**階層連結**，包含：模型基準面、結合條件、特徵...等，適用零件和組合件。此設定應該稱為：**顯示階層連結**。

點選**階層連結**圖示會亮選所選，例如：結合條件、特徵、草圖. . . 等。游標在**階層連結**圖示上，進行文意感應作業，例如：編輯特徵。

9-17-1 ☑選取時顯示階層連結（預設）

顯示階層連結，讓你不用在**特徵管理員**樹狀結構找尋。例如：1. 點選缸蓋→2. 模型圖示，可見所選模型結合條件（箭頭所示），下圖左。

9-17-2 ☐選取時顯示階層連結

不顯示階層連結，必須展開模型才有辦法得到結合條件，下圖右。

9-17-3 階層連結移至游標處

利用**快速鍵**（預設 D），將**階層連結**移至游標處，類似文意感應讓你好選擇。

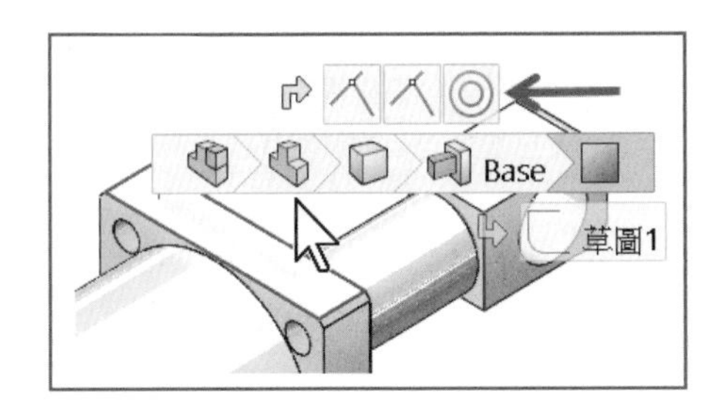

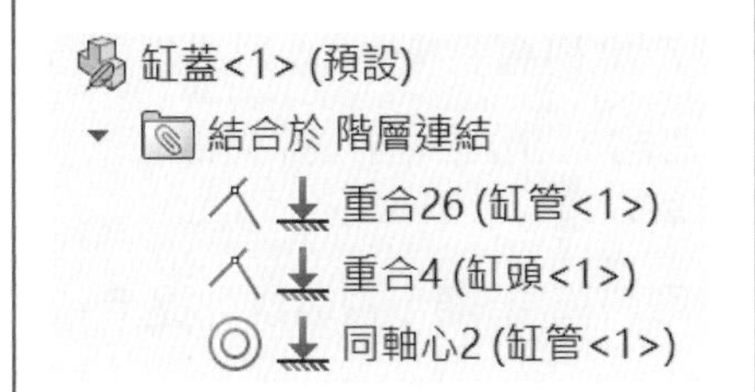

9-18 顯示獨一無二的數學關係式辨別符號

選擇**排序視圖**，游標停在名稱欄位上是否顯示**數學關係式** ID。也可在**設計表格**指定**數學關係式** ID，在模型組態中停用或啟用**數學關係式**。

第 1 個**數學關係式** ID 以 0 顯示，例如：RelationID：0、RelationID：1。此設定應該稱為：**顯示數學關係式辨別符號**。

9-18-1 ☑顯示獨一無二的數學關係式辨別符號（預設）

顯示數學關係式 ID，像身分證編號。

9-18-2 ☐顯示獨一無二的數學關係式辨別符號

不顯示數學關係式唯一 ID。

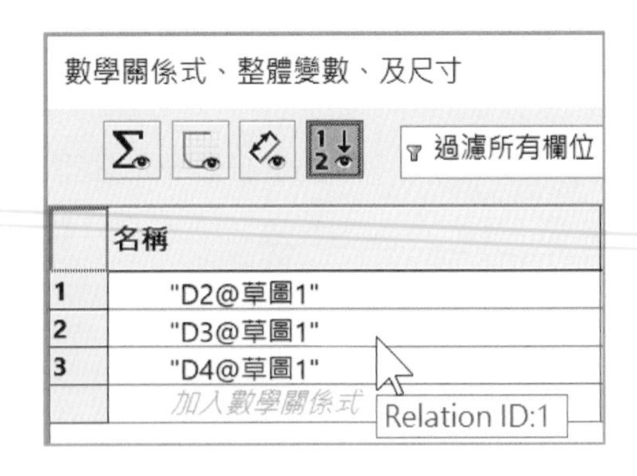

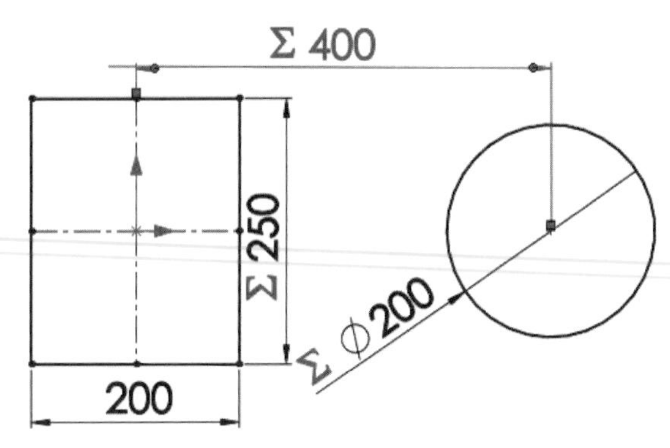

9-19 四個視角視埠的投影類型

由清單切換視埠投影角法：1. 第一角投影法、2. 第三角投影法，適用 4 **個視角**。此設定應該稱為：**四個視角投影類型。**

9-19-1 第一角投影法

模型在**第一象限**投影。投影面與物體順序：1. 視點→2. 模型→3. 投影面。視圖位置：**前視圖**=左上方、**上視圖**=左下方、**左視圖**=右上方、**等角視**=右下角，下圖左。

第一角法源起於法國，**達梭系統**總部也在法國，所以預設**第一角法**好像也說得通了。

9-19-2 第三角投影法

模型在**第三象限**投影，投影面與物體順序：1. 視點→2. 投影面→3. 模型。CNS 以**第三角投影法**為主，不得在同圖面使用 2 種投影法。

前視圖=左下方、**上視圖**=左上方、**右視圖**=右下方、**等角視**=右上角，下圖右。

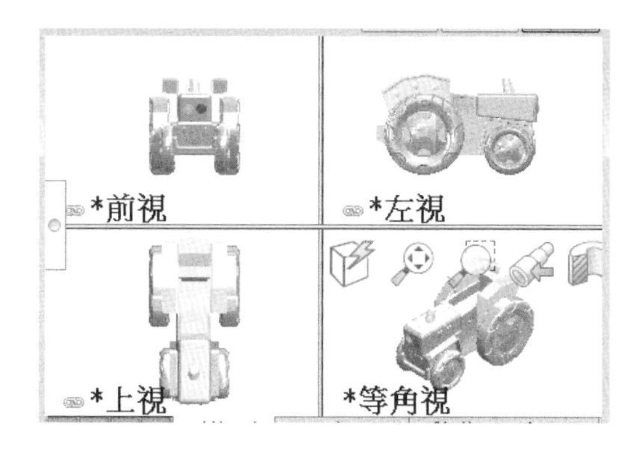

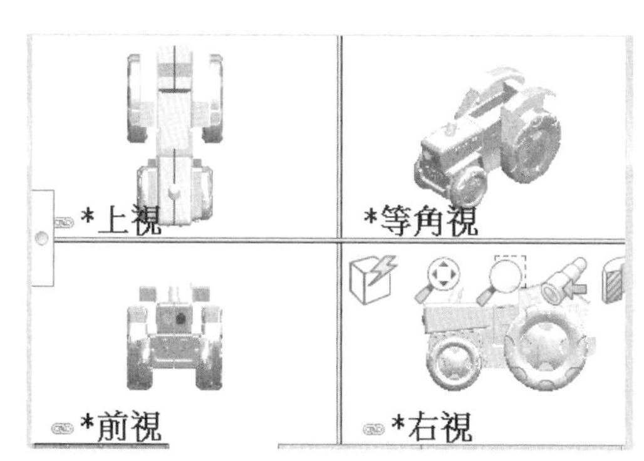

筆記頁

CHAPTER

10

選擇

SW 90%靠點選就知道多麼重要了。因應大螢幕、觸碰和 4K 高解析度螢幕趨勢，特別獨立設定，相信往後版本會再增加更多元內容。

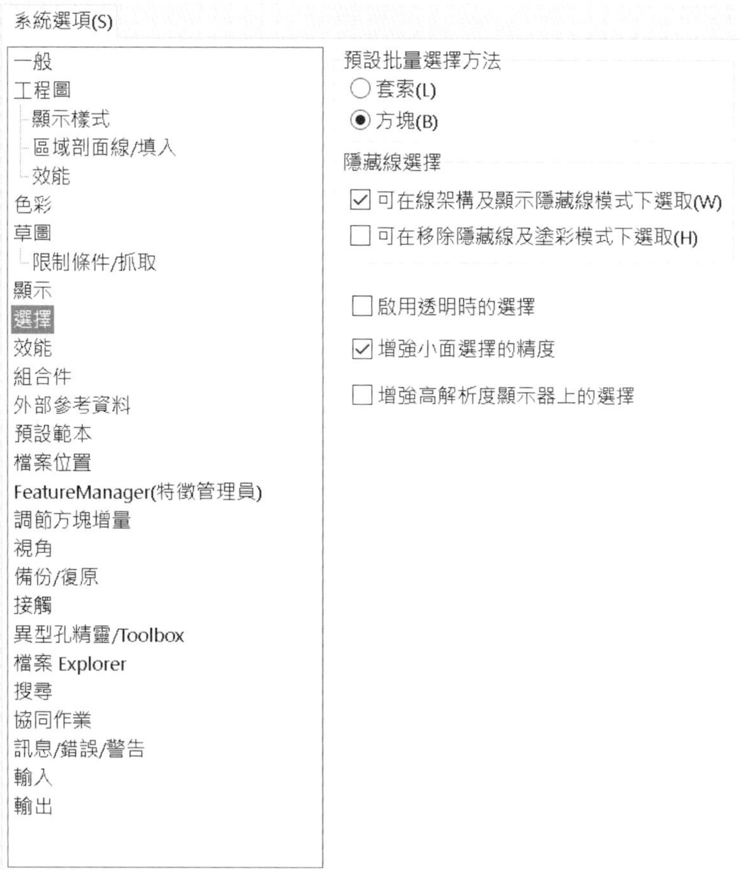

系統選項(S)

一般
工程圖
顯示樣式
區域剖面線/填入
效能
色彩
草圖
限制條件/抓取
顯示
選擇
效能
組合件
外部參考資料
預設範本
檔案位置
FeatureManager(特徵管理員)
調節方塊增量
視角
備份/復原
接觸
異型孔精靈/Toolbox
檔案 Explorer
搜尋
協同作業
訊息/錯誤/警告
輸入
輸出

預設批量選擇方法
套索(L)
方塊(B)
隱藏線選擇
可在線架構及顯示隱藏線模式下選取(W)
可在移除隱藏線及塗彩模式下選取(H)
啟用透明時的選擇
增強小面選擇的精度
增強高解析度顯示器上的選擇

10-1 預設批量選擇方法

設定**大量選擇**（控制拖曳範圍）方法：1. 套索選擇、2. 方塊選擇。選擇方式不同，有互補關係，比較常用。框選（Window）=逆時針=綠色虛線=碰到就算，想躲避球。

壓選（Cross）=順時針=藍色實線=框內才算選到像捕魚。批量又稱**大量選擇**，常用在草圖繪製，此設定應該稱為：**大量選擇方式**。

10-1-1 套索（LASSO）

以索形（畫圈）拖曳選擇，游標顯示為，類似美工軟體去背，下圖左。很多人不習慣這作業也覺得慢，進階者會用來獲取細節選擇。

10-1-2 方塊（預設）

使用游標拖曳框選，游標顯示為，下圖中。

10-1-3 選擇工具

草圖右鍵、模型面上右鍵→選擇工具，切換要的選擇方式。課堂很多人不小心切換到，卻不知怎麼處理，答案都在這，切換為**方塊選擇**（箭頭所示），下圖右。

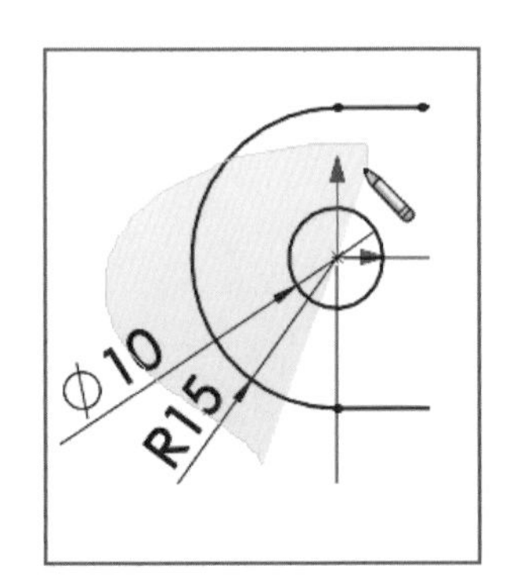

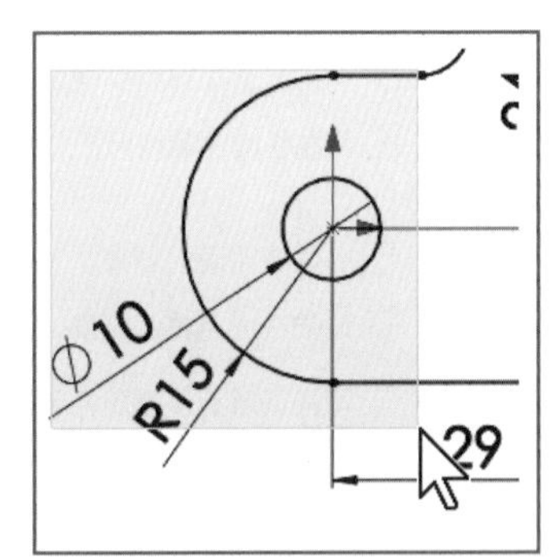

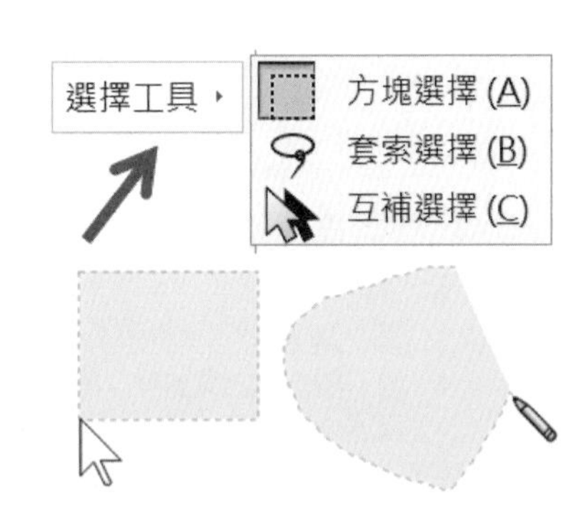

10-2 隱藏線選擇

是否能選取**隱藏線（虛線）或點**，又稱穿透選法。實務上，看不見邊線以不選取為主，這是繪圖習慣，除非有特殊需求。**隱藏線**選擇可以定義顯示狀態的選取，例如：、，看起來有點複雜。

10-2-1 可在線架構及顯示隱藏線模式下選取

及，是否能點選**隱藏線**，這部分工程圖比較用得到，工程圖常標註虛線。

A ☑可在線架構及顯示隱藏線模式下選取（預設）

游標在模型面上，能往後點選**隱藏線**或**點**，例如：要導後面的圓角，就不必旋轉模型，下圖 A。進階者為了作業便利性，會暫時將→，選擇後再切回。

B ☐可在線架構及顯示隱藏線模式下選取

承上節，無法點選隱藏線或點，會先選到面，常用在不希望選到後面隱藏線，下圖 B。進階者游標避開後面的**隱藏線**就能選擇面，算是技巧。

10-2-2 可在移除隱藏線及塗彩模式下選取

移除隱藏線、**塗彩**和**帶邊線塗彩**，是否能點選**隱藏線**，下圖 C、D。實務上，塗彩不太喜歡選擇到後方看不見的邊線或隱藏線。若真要選，旋轉模型到可見邊線。

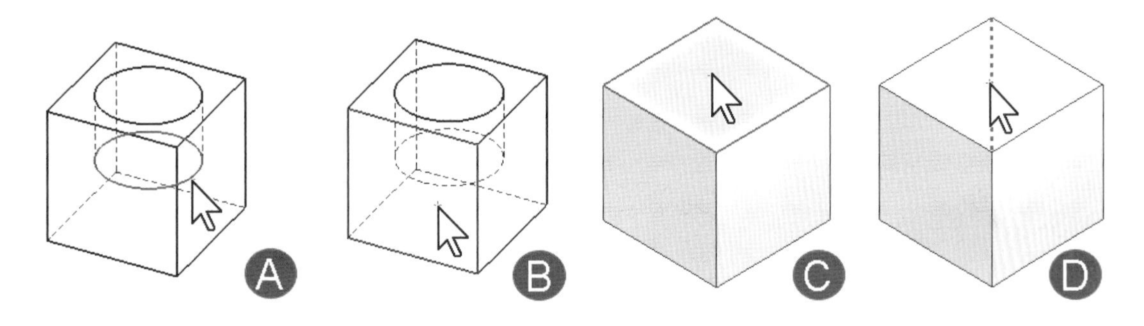

10-3 啟用透明時的選擇

模型為**透明**時，是否能選擇游標後面的邊線或面。適用塗彩，因為塗彩才有透明度。常用在組合件封閉機構選取、不須透過特徵管理員、或量測、移動模型...等，等角視比較看得出來效果。

10-3-1 ☑啟用透明時的選擇（預設）

可點游標後面圖元，透明選擇比較少用也不好選。例如：游標在模型面上穿透選下方圓球，下圖左。

10-3-2 □啟用透明時的選擇

只能選擇游標最接近（外面），避免選到裡面，下圖中。

10-3-3 臨時啟用透明的選擇

進階者會常用到透明度，本節設定有 1 好沒 2 好，總不能來回切換選項設定。無論設定為何，按 Shift 可臨時**啟用透明時的選擇**，這就是剛才說的配套。

10-3-4 選擇其他

游標在模型面上按右鍵，或文意感應**選擇其他**，由清單過濾要選的模型面或零件，下圖右。

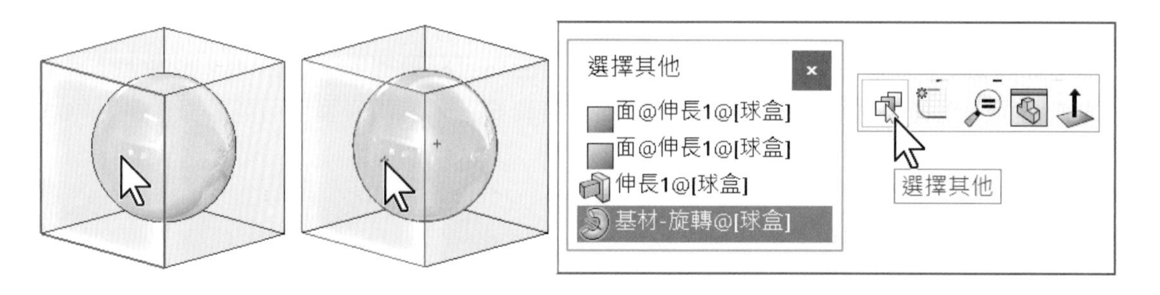

10-3-5 零件多本體

對零件多本體而言，本節設定和**隱藏線選擇→可在移除隱藏線及塗彩模式下選取**，嚴重關聯。即便□**啟用透明時的選擇**，還是會選到塗彩下選取。例如：游標可選擇電路板模型邊線，下圖左。

10-3-6 游標避開或旋轉視角

避開下一面的模型邊線，很多人不知道的技巧。例如：想要選前面，卻選到後面圓柱平面，必要的話要選旋轉模型，將游標避開圓柱平面，下圖右。

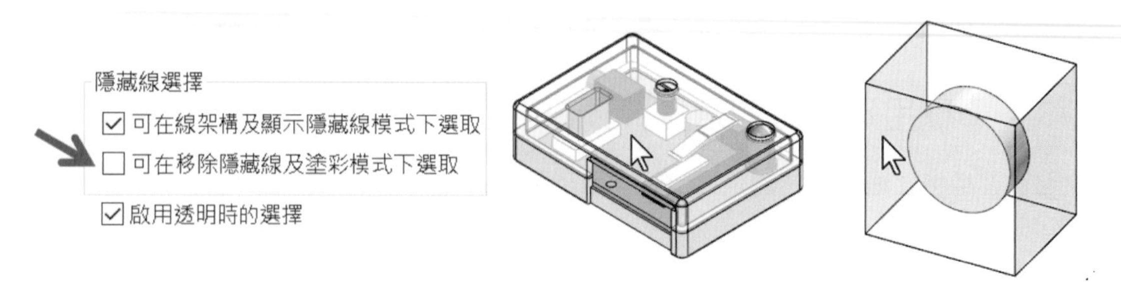

10-4 增加小面選擇的精度

是否讓選擇小面積圖元變得更容易。對零碎面、小圓角，習慣**中鍵縮放**或**過濾器選擇**，不過選擇完後，又要縮小回來，此設定可減少模型來回放大縮小。

此設定也是有 1 好沒 2 好，增加選擇精度會放慢點選速度，所以要學會配套。

10-4-1 ☑增加小面選擇的精度

提高點選精確度，容易點選到小面，不會選擇到邊線。例如：點選圓角面，不會選到圓角邊線。缺點會放慢點選反應時間，例如：組合件組裝，點選模型面速度很快，這項目就不適合，下圖左。

10-4-2 ☐增加小面選擇的精度（預設）

承上節，不容易點選小面，會選擇到邊線，感覺心癢癢。常利用濾器：僅選擇邊線、選擇面、配套。

10-4-3 放大鏡

若不想用上述的過濾器或檢視，快速鍵 G 放大鏡的方式，對小面進行選擇，下圖中。

10-4-4 增強指標的準確性

此設定和 Windows 滑鼠內容→指標設定→☑**增強指標的準確性**，觀念相同。設定過的都知道，習慣會☑增強指標的準確性，雖然滑鼠移動會慢下來一點，寧慢一點也不要點不太到位置，心癢癢的。

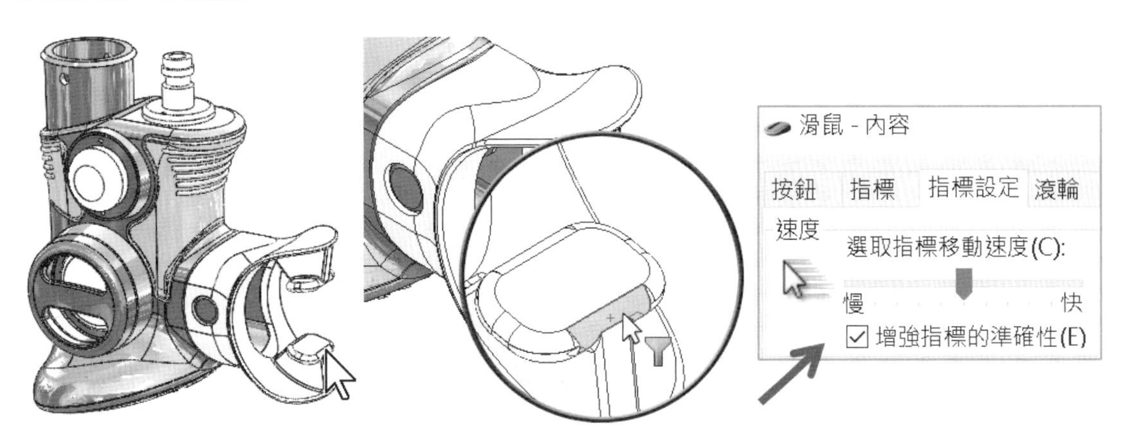

10-5 增加高解析顯示器的選擇

是否在 4K 或更高解析度螢幕自動比例縮放大小，例如：Instant3D 箭頭、限制條件方塊...等。**圖示尺寸**，和 Windows 顯示器的縮放比例進行配套。

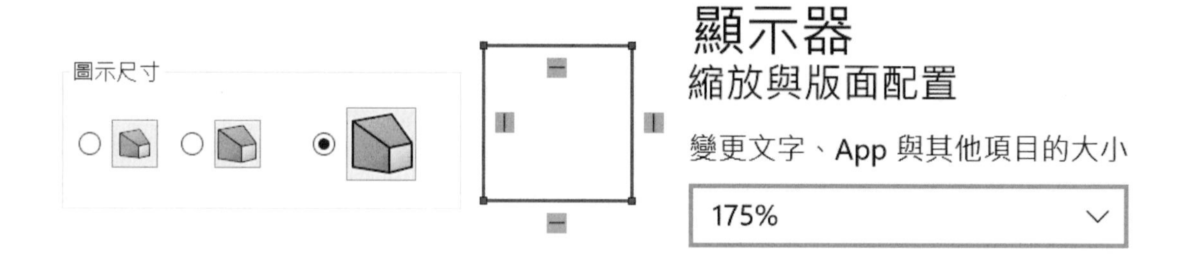

10-5-1 ☑增加高解析顯示器的選擇（預設）

自動縮放與螢幕相同大小比例。

10-5-2 ☐增加高解析顯示器的選擇

不縮放比例，螢幕上圖示很小，你變得要很仔細看才能看出，導致用眼過度。

CHAPTER

11

效能

本章介紹模型顯示與載入模型效能設定，例如：透明度品質、輕量抑制、結合速度...等。設定好的話，操作過程電腦不再卡卡，適用零件和組合件。

到這設定絕大部分被逼的（電腦變慢），才會想到這設定降低效果，不過即便知道可以設定卻不得要領。大郎常說效能優先，還是效果優先，這麼說就懂了，例如：☑高品質透明度=效果、☐高品質透明度=效能。

系統選項(S)

一般
工程圖
顯示樣式
區域剖面線/填入
效能
色彩
草圖
限制條件/抓取
顯示
選擇
效能
組合件
外部參考資料
預設範本
檔案位置
FeatureManager(特徵管理員)
調節方塊增量
視角
備份/復原
接觸
異型孔精靈/Toolbox
檔案 Explorer
搜尋
協同作業
訊息/錯誤/警告
輸入
輸出

☐ 模型重算確認 (啟用進階本體檢查)(V)
☐ 為某些鈑金特徵忽略自相交錯的檢查(G)
透明度
☑ 高品質正常檢視模式(H)
☐ 高品質動態檢視模式(D)
曲率產生： 經常性 (針對每一個塗彩模型)
細節的程度： 關閉 較多 (較慢) 較少 (較快)
組合件
☑ 自動地以輕量抑制載入零組件(A)
☐ 經常解除次組合件抑制(S)
檢查過時的輕量抑制零組件： 經常解除抑制
解除輕量抑制零組件(S)： 提示使用
載入時重新計算組合件(B)： 提示使用
結合動畫速度(M)： 關閉 快 慢
SmartMate 敏感度(E)： 關閉 快 慢
磁性結合接近程度： 較少 更多
☑ 清除快取的組態資料
☐ 儲存文件時更新物質特性(U)
☑ 使用塗彩預覽(P)
☐ 使用軟體 OpenGL(O)
☐ 開啟期間無預覽(W)
☑ 磁性結合預先對正

11-1 模型重算確認（啟用進階本體檢查）

是否讓模型執行**進階計算**（**又稱深度計算**）拓樸解析，出現錯誤會出現**錯誤為何**視窗。本節設定後，自行**重新計算**，驗證模型是否出現錯誤。

拓樸行為就是幾何解，設計過程會天馬行空，讓電腦暫不考慮成形細節，設計下一階段再決定是否要正確運算，本節舉一些快報錯模型，說明拓樸解析。

11-1-1 管徑與路徑半徑

管徑 R30 與路徑圓弧半徑 R20，成形過程出現支離破碎，☑**深度計算**會無法呈現。由此可知模型接近無法完成的臨界點，下圖左。

11-1-2 方盒

方盒經→，多一個圓角面，這就是拓樸行為。不過圓角面大於殼厚，會出現內部殼沒有跟著被導圓角，☑**深度計算**會無法呈現圓角，下圖右。

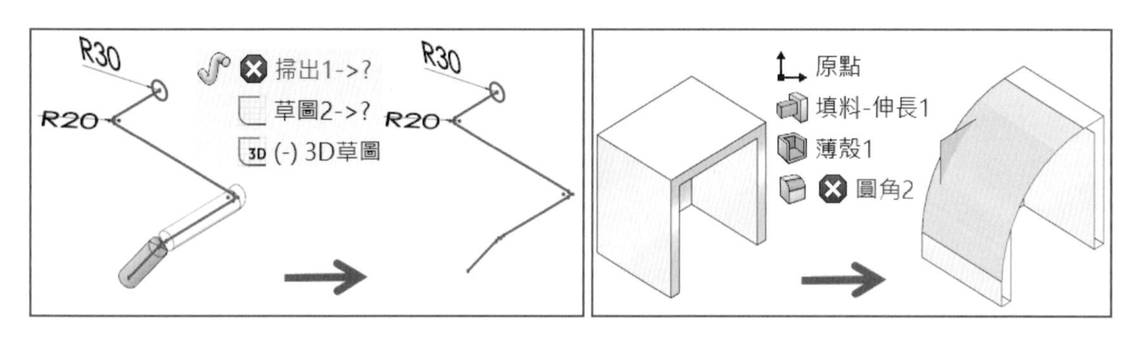

11-1-3 彈簧干涉

彈簧螺距=20，線徑=25，會形成重疊狀態，☑進階運算會無法呈現，下圖左。

11-1-4 模型轉檔

遇到模型轉檔，常沒想到可以完成模型修復，將原本錯誤模型，變成沒錯誤。例如：掛勾為有錯的曲面模型→，會得到模型正確，其實秘訣☑☐此設定。

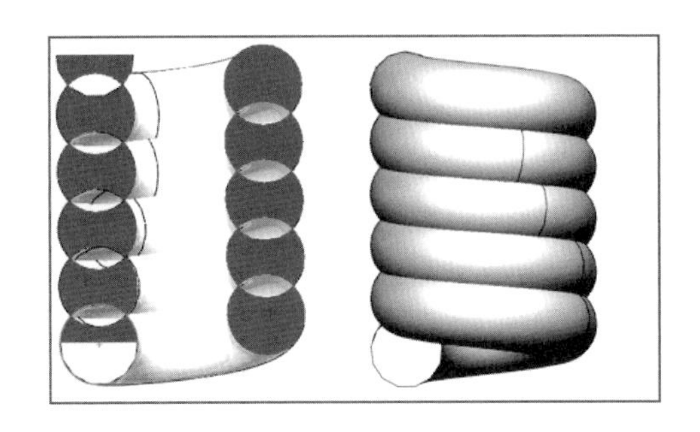

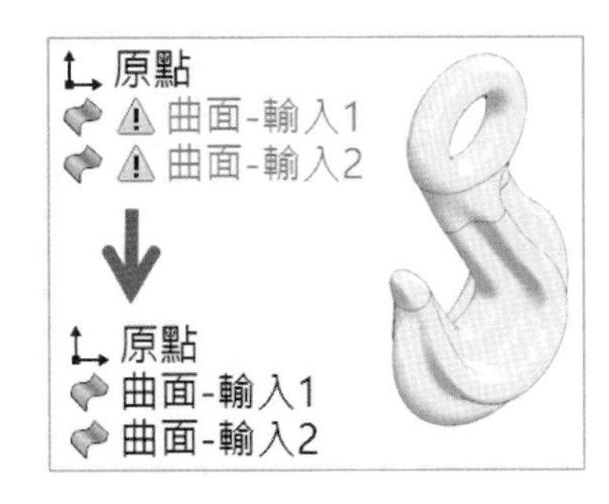

11-2 為某些鈑金特徵忽略自相交錯的檢查

鈑金特徵交錯時，是否顯示**錯誤為何**視窗，例如：邊線凸緣、摺邊過程凸緣重疊，是否出現**重新計算錯誤**，實務上，鈑金重疊無法製作。

例如：鈑金已存在凸緣，再加另一凸緣，該特徵就是干涉。組合件有干涉檢查，大郎常說鈑金是唯一有干涉檢查機制。

此設定應該稱為：**為鈑金特徵自相交錯檢查。**直覺☑要、☐不要，這裡卻感覺相反。

11-2-1 ☑為某些鈑金特徵忽略自相交錯的檢查

不計算凸緣交錯，讓設計速度加快。設計過程不要一直出現計算錯誤。

11-2-2 ☐為某些鈑金特徵忽略自相交錯的檢查（預設）

凸緣交錯顯示**錯誤為何**視窗，設計過程即時得知問題所在。實務上，先☐，設計到一定階段☑，驗證模型正確性。

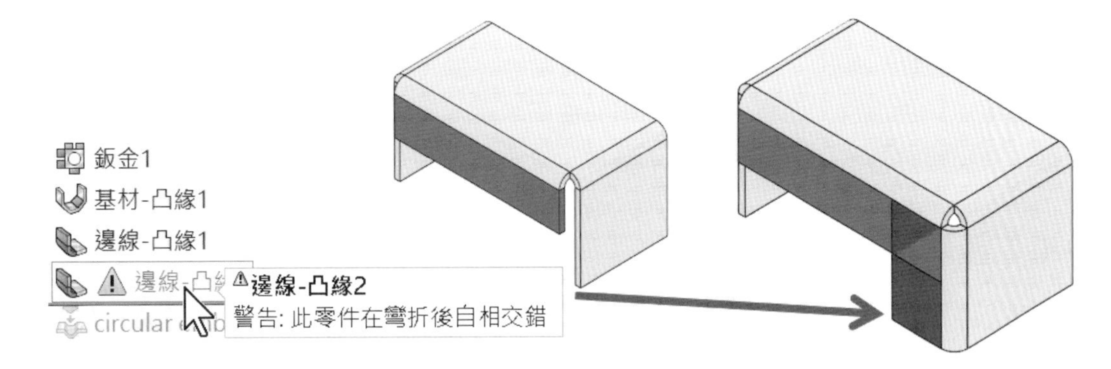

11-3 透明度

設定模型（常用在組合件）在透明度顯示狀態下，靜止不動或動態旋轉過程是否維持透明度顯示。透明度會影響動態效能，和顯示卡有關會鈍鈍的。

高品質=玻璃狀態、非高品質=紗網狀態。**透明度**=光線穿透表面能力，超過 10%=透明。

11-3-1 高品質正常檢視模式

模型靜止不動時，是否維持**高品質透明度**，下圖左。

11-3-2 高品質動態檢視模式

模型為**動態**狀態時，是否維持**高品質透明度**，例如：、、...等，旋轉完畢模型會重新轉換為**高品質正常檢視模式**，下圖右。

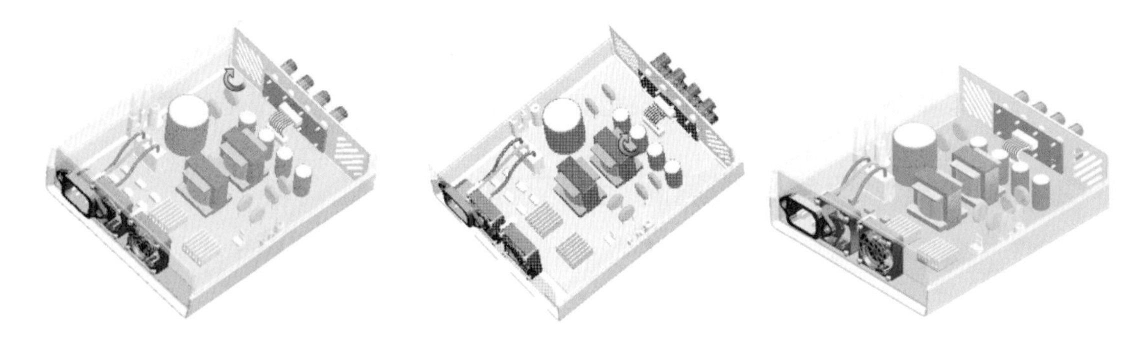

11-4 曲率產生

定義**曲率**顯示模式：1. 僅於需求、2. 經常性，當游標在模型面上，曲率顯示即時或延遲。**曲率**以顏色區別，游標旁顯示**曲率**和**曲率半徑**。

顯示卡比較好看不出此設定效果。要有曲率顯示，顯示→☑在圖面中動態強調顯示。

11-4-1 僅於需求時（預設）

一開始曲率顯示速度較慢，大約要等 0.5 秒，曲率數值才會跟上游標，常發生在複雜模型、組合件、多本體。

11-4-2 經常性（針對每一個塗彩模型）

一開始曲率顯示速度較快，曲率為即時顯示，游標到哪曲率數值跟著到哪。

曲率產生：僅於需求時
僅於需求時
經常性(針對每一個塗彩模型)

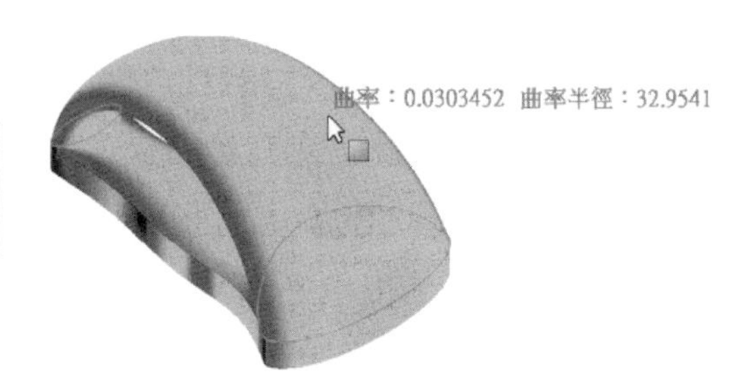

11-5 細節的程度

調整模型在**移動**或**旋轉**過程，細節顯示程度。細節=精緻度，不精緻會以方塊表示，移動滑動桿關閉、多=精緻（較慢）、低=粗糙（較快）。

組合件組裝、設計過程常翻轉模型，細節程度會嚴整影響效能。

關閉 較多(較慢) 較少(較快)
細節程度:

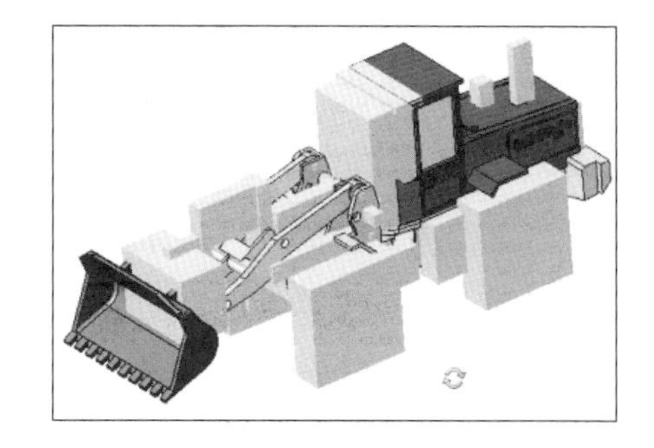

11-5-1 關閉、多（較慢）

完整呈現模型狀態，或部分移除。

11-5-2 低（較快）

大部移除細節，可以看到圓的變方的，旋轉模型時顯示許多小方塊，會自動移除小模型及內、外部面改善效能，下圖右。

11-5-3 停用細節程度

製作動畫與組合件結合過程，顯示卡等級高，塗彩看不出細節程度，細節程度自動=多。

11-6 組合件

設定組合件開啟過程進行**輕量化作業**、組裝的**結合動畫速度**，這 2 個比較常用。有些設定是開啟組合件，有些是組合件設定，這部分要留意。

11-6-1 自動地以輕量抑制載入零件

設定組合件開啟時，是否為**輕量抑制**（積木＋藍色羽毛），僅載入模型外部資料。有好有壞，好處=速度變快、壞處=不能計算物質特性、加入外觀、搜尋...等。

展開模型可看出，沒有特徵。此設定必須關閉組合件，僅影響下個組合件開啟。

A ☑自動地以輕量抑制載入零件

所有模型以**輕量抑制**載入，明顯感覺開啟速度變快，於**特徵管理員**會見到模型圖示顯示藍色羽毛。實務上，不要細節只是觀看，讓模型顯示及重新計算速度加快。

B □自動地以輕量抑制載入零件（預設）

載入所有模型資料，開啟時間較長。

(固定) PivotL
Bracket<1>
Front
Top
Right

(固定) MotorBase
Origin
Base-Extrude
Boss-Extrude1
Boss-Extrude2

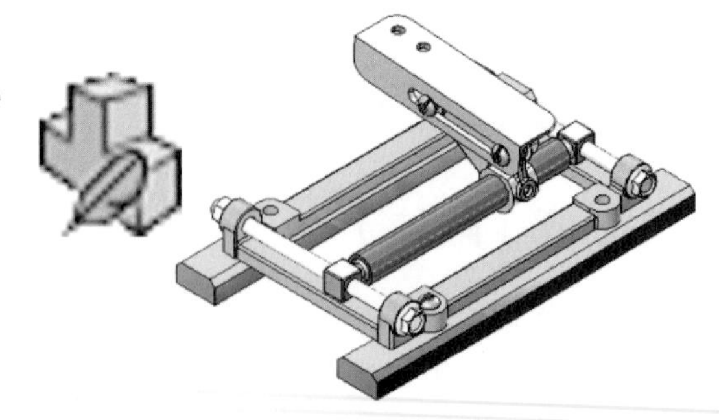

C 彈性輕量抑制

1. 開啟舊檔→2. 於左下角切換模式：輕量抑制，下圖左。

D 彈性解除抑制

點選模型右鍵→設為解除抑制，或**編輯**可**解除抑制**狀態。

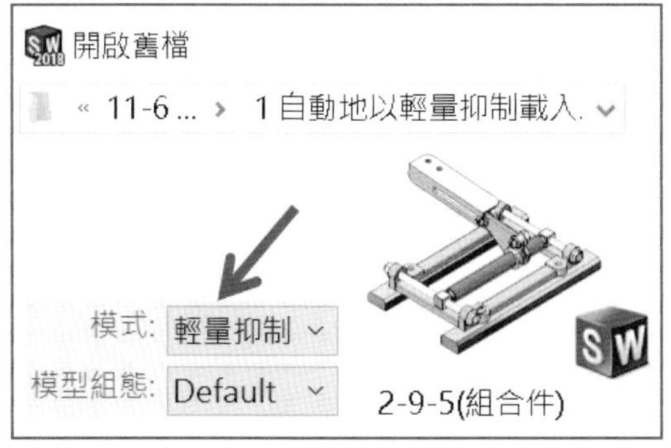

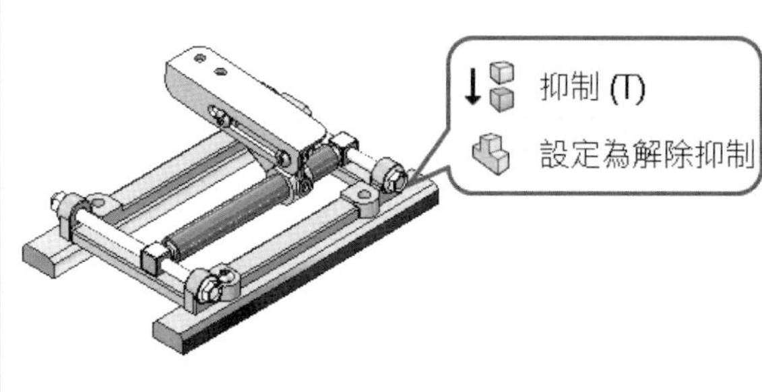

11-6-2 經常解除次組合件抑制

承上節，開啟組合件，是否將組合件下的次組件**解除抑制**，此設定提供彈性。若模型數量不多，效能影響不大，不必理會設定。

A ☑經常解除次組合件抑制

次組件內模型為**解除抑制**，下圖左。

B □經常解除次組合件抑制（預設）

次組件內模型為**輕量抑制**，下圖右。

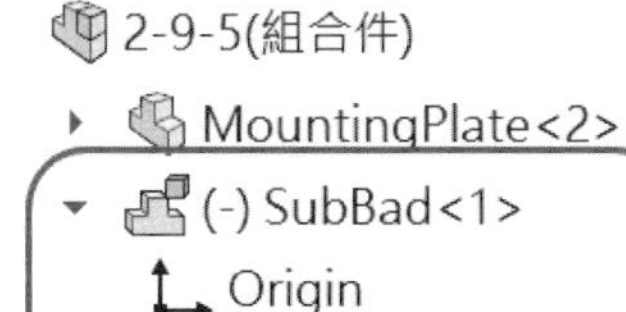

2-9-5(組合件)
MountingPlate<2>
(-) SubBad<1>
Origin
(固定) LongHexBolt
(-) Knuckle<1>
MateGroup1

11-6-3 檢查過時的輕量抑制零件

零件已更新，開啟組合件過程，過時的**輕量抑制**模型，是否在模型圖示加上**紅色羽毛**。例如：上板零件變更→存檔，組合件開啟後，是否要檢查模型為過時的

其實開啟**輕量抑制模型**不會進行計算，此設定避免不知道模型已經是舊的。

要看出本節效果，☑**自動地以輕量抑制載入零件**，因為本節是**輕量抑制**下的功能。

☑ 自動地以輕量抑制載入零組件(A)
☐ 經常解除次組合件抑制(S)
檢查過時的輕量抑制零組件：經常解除抑制
不要檢查
依指示
經常解除抑制

A 不要檢查（預設）

開啟過程不檢查，獲得最快開啟速度，會有風險，適合很懂的人。有些人來回修改多模型，不想繁複運算出現提示訊息，或故意保留上一個樣子。

B 依指示

過時模型**紅色羽毛**呈現，提醒你是舊的，模型維持輕量抑制狀態，下圖左。

C 經常解除抑制

載入過程，過時模型解除抑制，其他還是輕量抑制狀態（箭頭所示），下圖右。這是建議的設定，因為 SW 用很深的人並不多，為了避免風險。

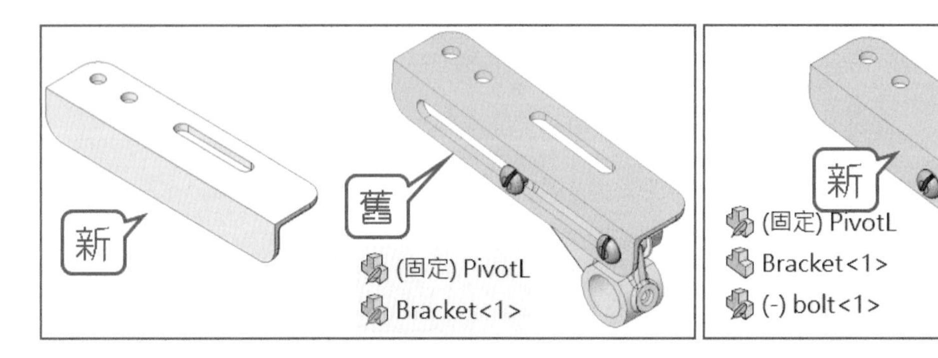

11-6-4 解除輕量抑制零組件

組合件最上方右鍵→**由輕量抑制設為解除抑制**，是否顯示**解除輕量抑制零件**視窗。

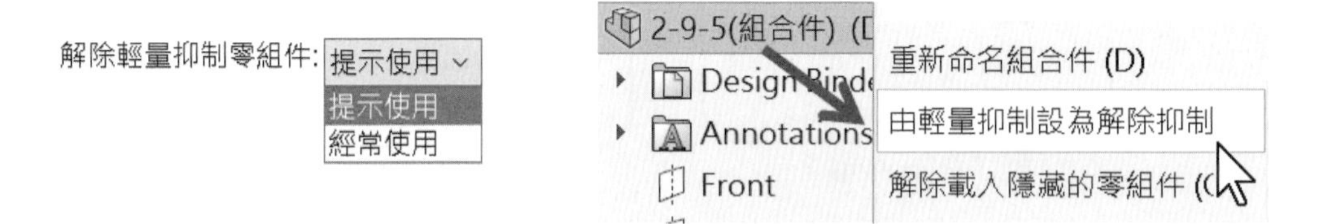

A 提示使用（預設）

顯示**解除輕量抑制零件**視窗。

B 經常使用

所有輕量抑制模型→解除抑制。

11-6-5 載入時重新計算組合件

開啟組合件是否**重新計算**，更新變更過的模型。

A 提示使用（預設）

每次開啟模型，詢問是否**重新計算**。

載入時重新計算組合件: 提示使用
提示使用
經常使用
永不使用

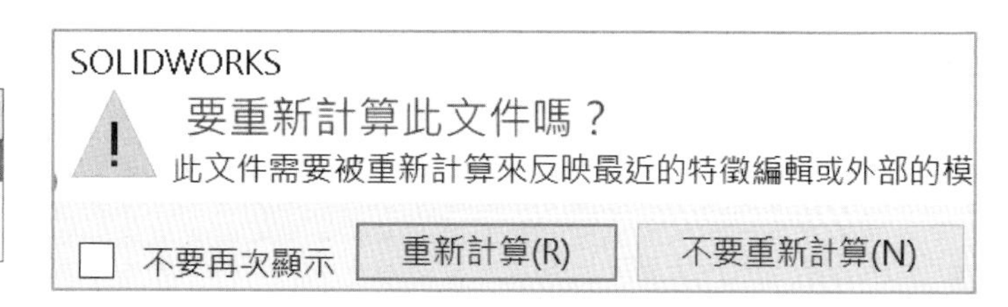

B 經常使用

開模型過程會**重新計算**，得到最新資料。常用在模型有被變更，可降低風險，不過開啟時間會比較慢，因為有更新作業。例如：看起來好好的模型，經常會看到錯誤。

C 永不使用

不**重新計算**模型，開啟速度變快，適合大型組件。先求有再求好，先開起來再說。

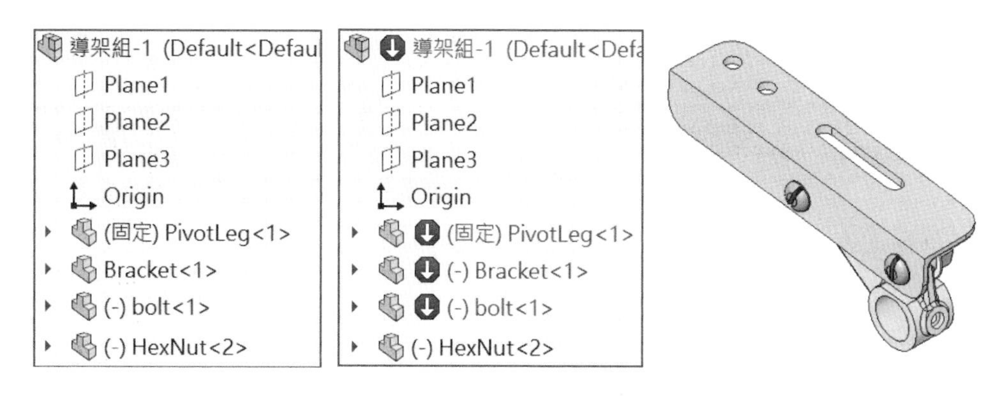

11-6-6 結合動畫速度（預設快）

加入**結合條件**過程，控制模型結合預覽速度，由關閉→快→慢。大郎會要求同學關閉，模型直接到位，不用等待動畫時間，提升效率，用過都很有感覺。

此設定可看出 SW 使用程度，關閉不需要動畫吸引你用 SW。

11-6-7 SmartMate 敏感度（預設關閉）

控制**智慧型結合**（SmartMate）推斷的延遲速度，關閉→快→慢，敏感度=接觸的對應速度。SmartMate 不是指令，不需使用**結合**就可以完成結合條件。

常用在 TOOLBOX、Routing，例如：拖曳螺絲模型到孔邊線上時，系統會自動調整螺絲大小來配合大小。此設定應該為：關閉→高→低，因為敏感度沒有快、慢的稱呼。

A SmartMate 作業

依游標所選，與放置的幾何來決定結合條件。

步驟 1 游標在圓柱面上 ALT＋拖曳模型

步驟 2 放置另一個零件的圓柱面上，這時推斷同軸心

步驟 3 放掉左鍵↵完成結合

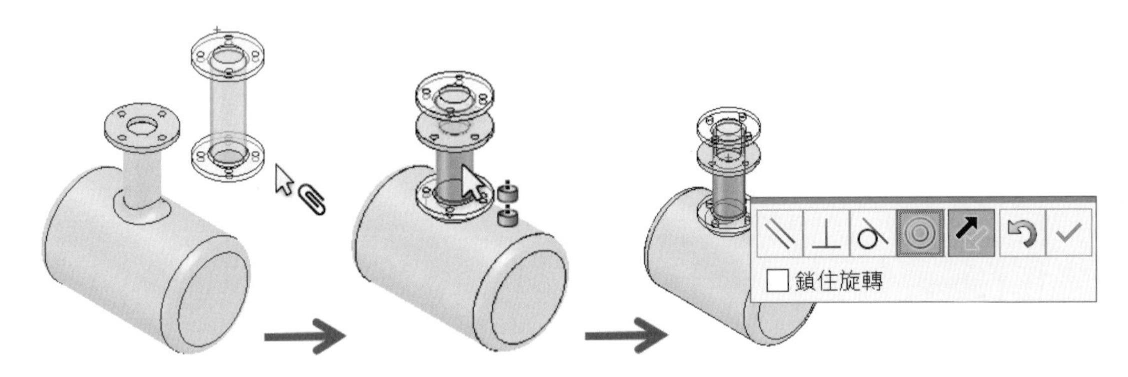

B 關閉、快、慢

游標接觸到另一個幾何的結合推斷時間。關閉=即時，快、慢=設定推斷時間。

11-6-8 磁性結合接近程度（預設更多）

控制**磁性結合**接近程度：較少→更多，此設定與下方**磁性結合預先對正**連結。組合件拖曳模型過程，會有磁鐵吸附感覺，讓你好擺放。

A 較少、更多

拖曳模型接近到另一模型，產生**磁性結合線**短或長。較少=要很接近模型才會出現**磁性結合線**，適合附近模型比較多，否則會連到不要的結合下圖左。

較長=不必接近模型就有磁性線，適合附近模型比較少，下圖右。

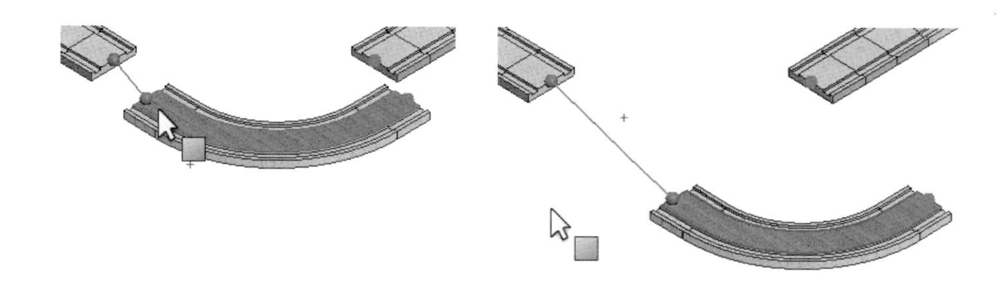

11-7 清除快取的組態資料

儲存模型時，是否清除未啟用模型組態的快取資料。快取=暫存，將快取資料和模型儲存，可減少切換模型組態時間，但檔案會變得比較大。

零件擁有多個模型組態，原則上快點 2 下切換組態，會重新計算該組態資訊，重新計算需要時間，會感覺切換組態會等一下。此設定應該稱為：快取的組態資料。

11-7-1 ☑清除快取的組態資料

儲存過程清除用不到資料，可減少資料量，增加讀取效能。例如：最新且完整資訊會以✓呈現，切換到另一個組態→儲存，會發現✓變成為資料過期—。

11-7-2 ☐清除快取的組態資料（預設）

儲存時，會更新和儲存模型組態，模型檔案會比較大，會發現所有組態皆為✓。

圓柱 模型組態 (20)	圓柱 模型組態 (30)	圓柱 模型組態 (30)
✓ 10 [圓柱]	— 10 [圓柱]	✓ 10 [圓柱]
✓ 20 [圓柱]	— 20 [圓柱]	✓ 20 [圓柱]
— 30 [圓柱]	✓ 30 [圓柱]	✓ 30 [圓柱]

11-7-3 儲存時重新計算的標註

原則上儲存檔案，會把所有模型組態資訊更新，組態越多儲存越久。自行標記有用到的組態，儲存檔案時僅計算有標記的。在組態上右鍵→儲存時重新計算的標記。

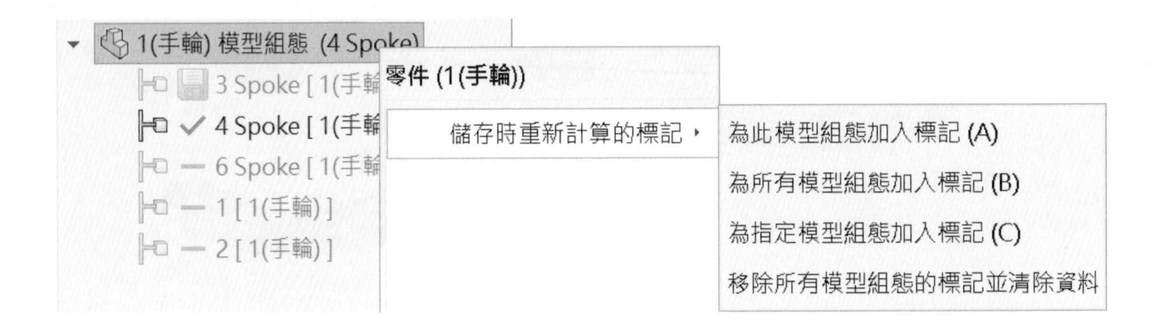

11-8 儲存文件時更新物質特性

模型儲存時，是否更新**物質特性**。：顯示密度、質量、體積、表面積…等。開啟大型組件，無法使用本項設定。

要達到這項設定效果，更改模型儲存時，會出現重新計算視窗：1. 重新計算並儲存文件、2. 儲存文件不重新計算，要選擇 2，下圖左。

11-8-1 ☑儲存文件時更新物質特性

自動更新，下次使用系統不必重新計算。現在電腦配備價格便宜、速度又快，更新不會消耗太多運算效能。

11-8-2 □儲存文件時更新物質特性（預設）

更新物質特性，使用會出現必須重新計算模型的視窗，下圖右。

SOLIDWORKS

在儲存之前，您是否要重新計算文件？

→ 重新計算並儲存文件 (建議使用)(R)

→ 儲存文件而不重新計算(W)

文件將不會是最新的，直到下一次重新計算時才

SOLIDWORKS

此模型需要更新。
請重新計算模型來計算物質特性。

確定

11-9 使用塗彩預覽

特徵成形過程，是否以塗彩協助判斷是不是想要的。

11-9-1 ☑使用塗彩預覽（預設）

以半透明黃色塗彩顯示。雖然增加顯示卡負擔，不過沒人介意這個，下圖左。

11-9-2 ☐使用塗彩預覽

以**線架構**預覽特徵，不好辨認伸長距離。常遇到 NB 作業，每次特徵成形會頓一下，或旋轉模型 LAG，此設定就是解決方案，下圖右。

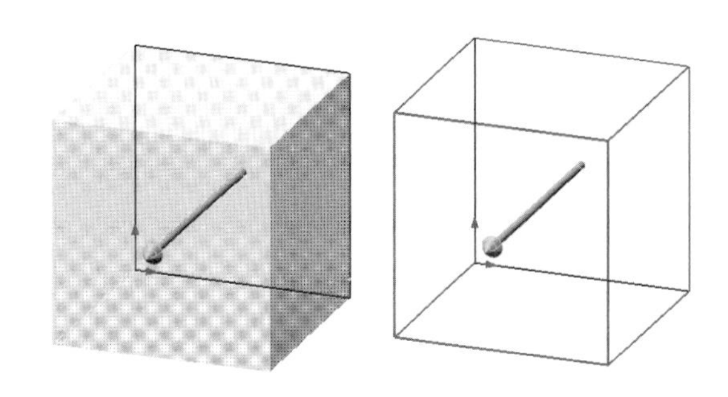

11-10 使用軟體 OpenGL

是否以軟體模擬 OpenGL，又稱安全模式，系統會依有沒有顯示卡自動開啟此設定。OpenGL 是電腦圖形程式，與顯示卡、CPU 緊密配合，現今只要顯示卡皆支援 OpenGL。

要獲得極佳效能就要繪圖卡，以 Nvidia Quadro 支援度最佳，例如：小金球將逼真材質顯示在模型上。OpenGL=軟體=比較慢、獨立顯卡=硬體=比較快。

很多問題原因要靠系統面解釋，例如：軟體 OPENGL 並與顯示卡有關。變更次設定必須關閉 SW→重新啟動 SW。

11-10-1 ☑使用軟體 OpenGL

使用軟體模擬圖形計算，又稱安全模式，有時為了測試 SW 與硬體搭配，這方法相當好用。軟體 OpenGL 效能不佳，系統會變更某些設定，儘量維持能夠運作狀態。

沒顯示卡、顯示卡不支援硬體加速，或本設定應該稱為：不支援目前解析度、色彩數、更新頻率...等組合，系統會自動以軟體 OPGL 且無法變更。

這麼說很抽象對吧，游標放在小狗本體，會見到線條連續運算，例如：點選本體。以現今科技，這樣的複雜度看不到計算過程，而軟體 OPGL 可以呈現硬體疲弱現象。

11-10-2 □使用軟體 OpenGL（預設）

硬體執行圖形計算，效能完全發揮，可以使用小金球。

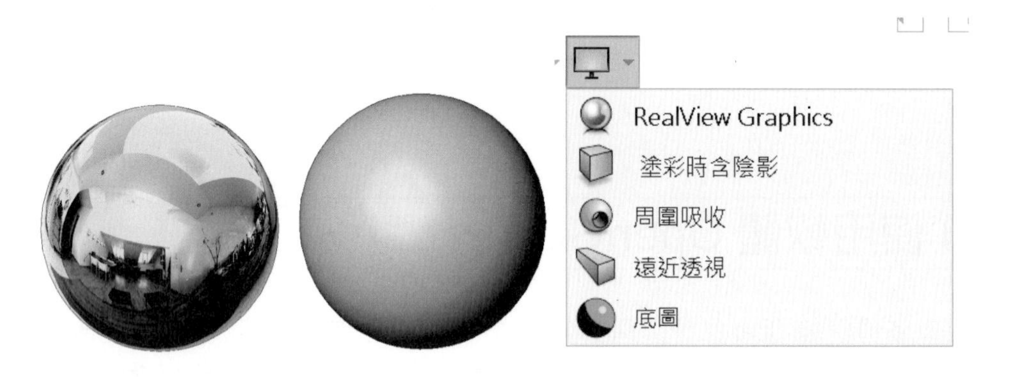

11-10-3 SolidWorks 支援繪圖卡

SW 認證顯示卡皆為專業等級，例如：Nvidia Quadro、ATI Fire GL，在官網查詢顯示卡是否支援。www.solidworks.com/sw/support/videocardtesting.html

NVIDIA	Quadro 2000	377.11	✓	2018	Win10 x64	x64
NVIDIA	Quadro 2000D	377.11	✓	2018	Win10 x64	x64
NVIDIA	Quadro 400	377.11	✓	2018	Win10 x64	x64
NVIDIA	Quadro 4000	377.11	✓	2018	Win10 x64	x64
NVIDIA	Quadro 410	377.11	✓	2018	Win10 x64	x64

11-11 開啟期間無預覽（較快）

開啟模型過程，是否顯示模型。2018 開啟組合件時，顯示目前進度，讓你判斷還要多久，這在**大型組件**相當好用。

11-11-1 ☑開啟期間無預覽

開啟速度快，僅顯示**開啟進度指示器**。若為大型組件，降低模型載入時間，下圖左。

11-11-2 ☐開啟期間無預覽（預設）

開啟速度慢，**組合件開啟進度指示器**與**模型**同時顯示，下圖右。

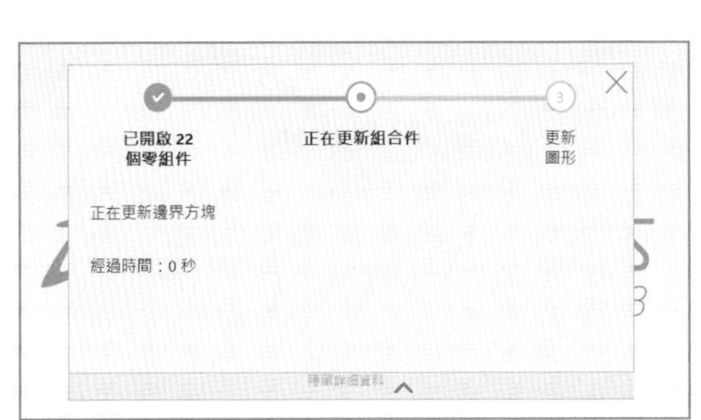

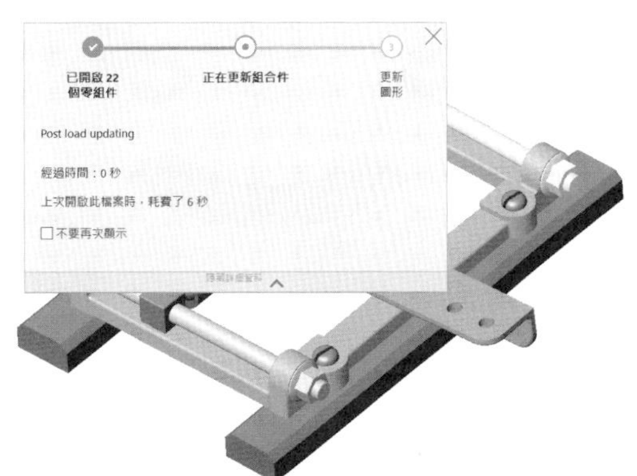

11-12 磁性結合預先對正

組合件拖曳模型過程，是否協助對正模型，對正過程會有磁鐵吸附感覺→放掉左鍵會自動組裝（鎖住結合）。要有**磁性結合**功能，必須在**資產發佈器**製作設定。

此設定與上方**磁性結合接近程度**對應。

11-12-1 ☑磁性結合預先對正（預設）

顯示對正接近組裝位置，減少備料時間，加速組裝，下圖左。但不適用很多模型，會對到不是你要的，下圖右。要避免類似情形，將**磁性結合接近程度→少**。

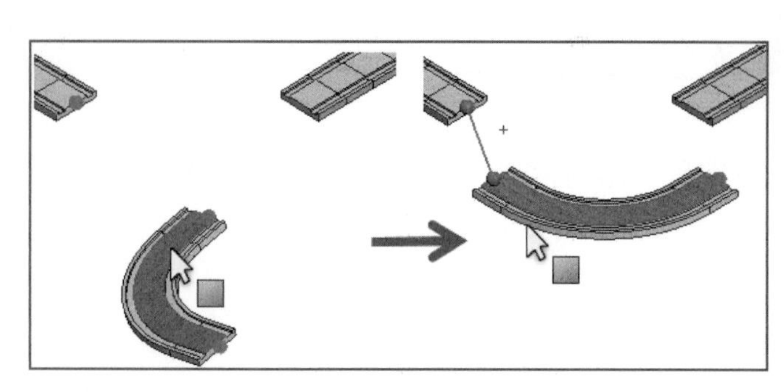

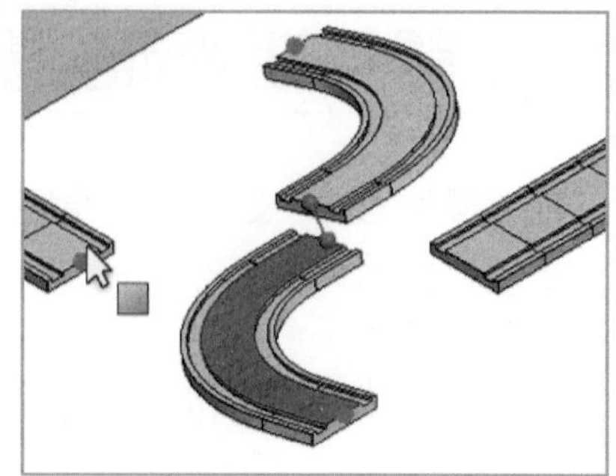

11-12-2 □磁性結合預先對正

承上節，不顯示對正，用人工方式備料模型到組裝方向，下圖左。

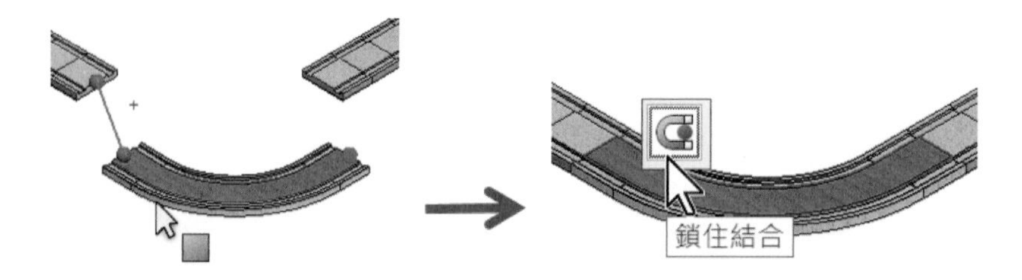

11-12-3 關閉磁性結合

不想使用，也可在工具→磁性結合開啟/關閉，下圖右。

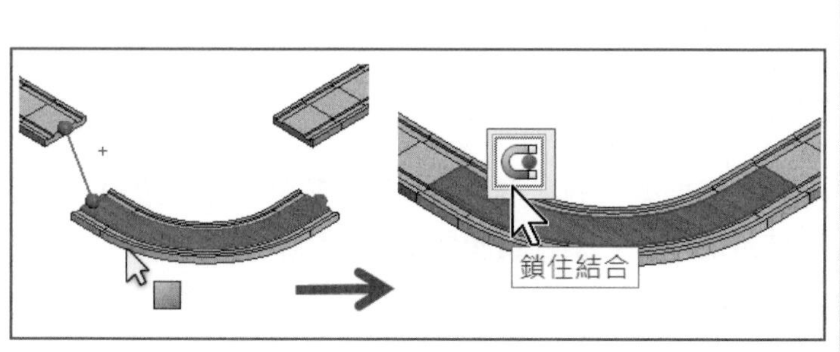

11-13 檢視影像品質

檢視**影像品質**與**效能**用來切換視窗顯示，互相對應設定，像傳送門。

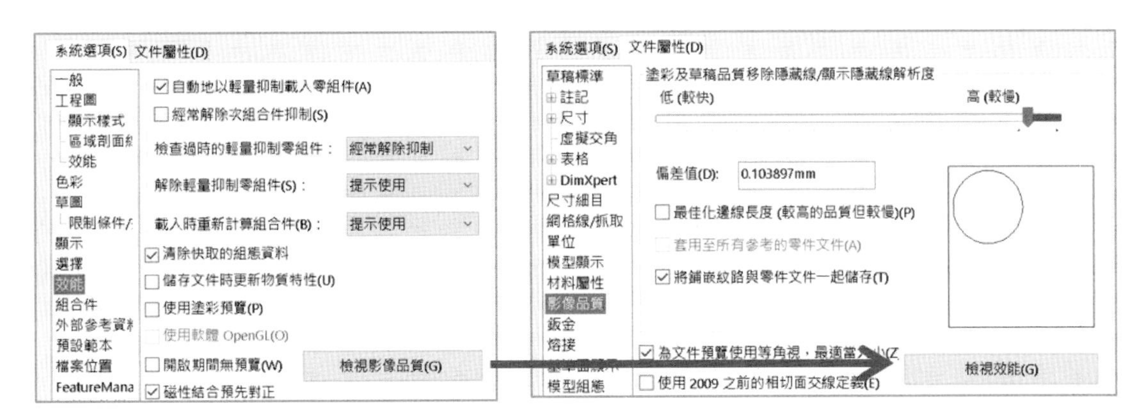

筆記頁

CHAPTER

12

組合件

本章介紹模型在組合件行為，如何有效開啟大型組件。組合件行為包含：開啟、儲存、移動/旋轉、組裝、顯示...等。

系統選項(S)

一般
工程圖
顯示樣式
區域剖面線/填入
效能
色彩
草圖
限制條件/抓取
顯示
選擇
效能
組合件
外部參考資料
預設範本
檔案位置
FeatureManager(特徵管理員)
調節方塊增量
視角
備份/復原
接觸
異型孔精靈/Toolbox
檔案 Explorer
搜尋
協同作業
訊息/錯誤/警告
輸入
輸出

☑ 拖曳來移動零組件(M)
☑ 在編輯變更結合對正之前提示(P)
☑ 加入結合時最佳化零組件放置(O)
☐ 允許產生未對正的結合(A)
☐ 將新零組件儲存至外部檔案(X)
☑ 儲存檔案時更新模型圖形
☐ 在大型設計檢閱中自動檢查並更新所有零組件(A)
儲存檔案時更新過時的 SpeedPak 模型組態：無

正在開啟大型組合件
☐ 當組合件包含大於此數量的零組件時，使用大型組合件模式來改進效能(U)：1
☐ 當組合件包含大於此數量的零組件時，使用大型設計檢閱(L)：2

當大型組合件模式為啟用時：
☐ 不要儲存自動復原的資訊
☐ 切換為組合件視窗時不要重新計算模型
☑ 隱藏所有基準面、軸、草圖、曲線、註記等(H)
☑ 在塗彩模式中不要顯示邊線(E)
☑ 不要預覽隱藏的零組件
☑ 停用模型重算確認
☑ 最佳化影像品質以獲得較佳效能
☐ 中止自動重新計算(S)

封包零組件
☑ 自動載入輕量抑制(A)
☑ 載入唯讀(L)

12-1 拖曳來移動零組件

點選模型，是否可以左鍵拖曳=移動、右鍵拖曳=旋轉模型。此設定應該稱為：**拖曳移動/旋轉模型**。

12-1-1 ☑拖曳來移動零組件（預設）

游標在模型上，直覺左鍵移動、右鍵旋轉。組裝過程移動模型到大概位置備料，或設計過程把模型搬到想要位置，思考它們相對位置。

為何這麼神奇，因為**移動零組件**、**旋轉零組件**自動啟用，類似快速鍵。快速鍵設定並不支援滑鼠按鍵，這就是神奇地方。由於移動和旋轉模型很常用，以前會把這 2 指令製作快速鍵，例如：移動=M、旋轉=R，現在不需要了。

12-1-2 ☐拖曳來移動零組件

無法以游標拖曳移動/旋轉模型，必須在組合件工具列點選、，於屬性管理員會看到很多功能，屬於進階作業。對進階者而言，避免不小心拖曳到模型破壞模型結構。

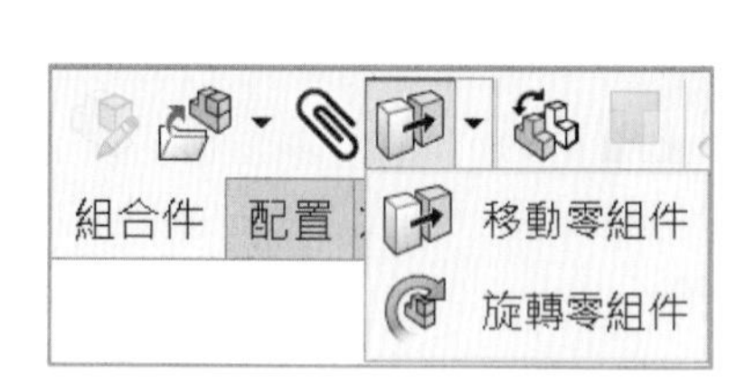

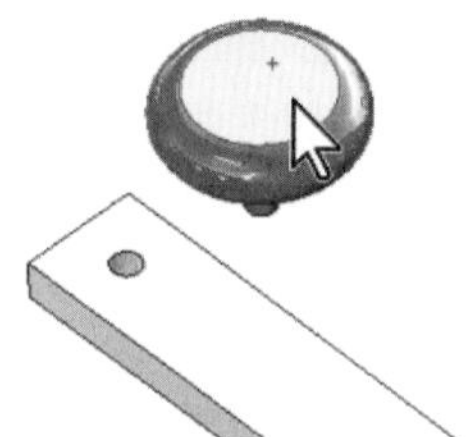

12-2 在編輯變更結合對正之前提示

結合過程產生對正衝突時，是否顯示**結合錯誤**視窗。例如：滑塊進行平行相距組裝時，故意按**反轉**，或按**同向**或**反向對正**（箭頭所示），會出現警告視窗。

按**是**→滑塊反轉放置。按否→回到結合重新設定。結合對正好處，不必 1. 刪除不對結合→2. 備料→3. 重新結合。

12-2-1 ☑在編輯變更結合對正之前提示

顯示提示視窗，決定是否**反轉**結合，適用初學者。

12-2-2 ☐在編輯變更結合對正之前提示（預設）

直接加入反轉結合，不顯示提示視窗。進階者不喜歡視窗，因為結合預覽就能看出模型正向或反向位置，自行調整。

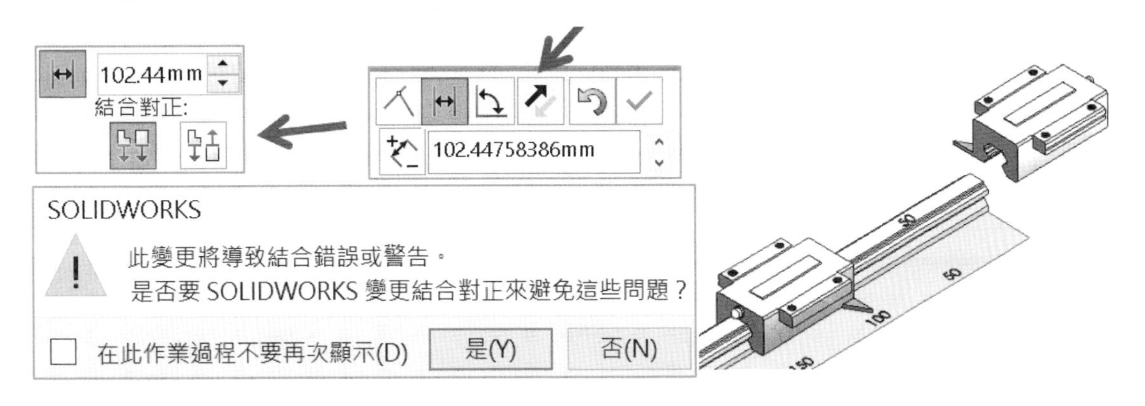

12-3 加入結合時最佳化零組件放置

結合過程，模型是否快速定位於游標點選位置，2017 功能。以前常發生結合後找不到模型，要求同學結合之前先備好模型位置。

本節以螺絲與平板加入**重合/共線/共點**時，由螺絲定位情形說明設定。此設定應該稱為：**結合最佳化模型放置**。

12-3-1 ☑加入結合時最佳化零組件放置（預設）

模型移動到游標點選位置，會見到模型重疊，下圖左。

12-3-2 ☐加入結合時最佳化零組件放置

模型在原地移動，避免模型重疊遮到想要的圖元，下圖右。實務上，結合過程被放置到目前畫面以外，或模型後面或裡面。

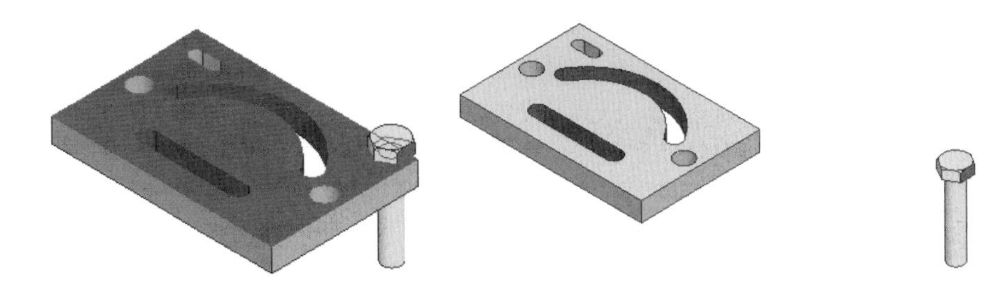

12-4 允許產生未對正的結合

是否可對偏同心孔→**同軸心**◎，2018 新功能。孔偏心設計為了防呆，避免組裝方向錯誤，或直孔擴大作為組裝偏心補正（補救）。此設定應該稱為：**允許偏心結合。**

12-4-1 ☑允許產生未對正的結合（預設）

可做偏心結合，會出現未對正的結合（箭頭所示）。

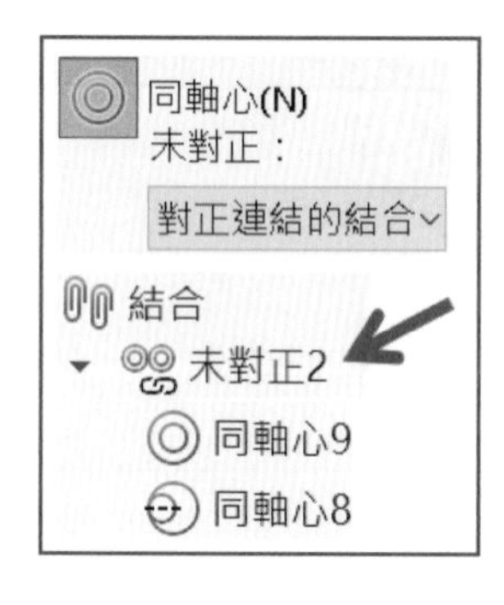

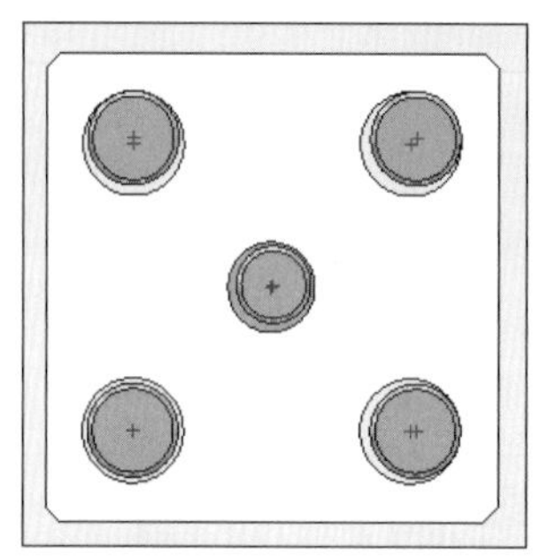

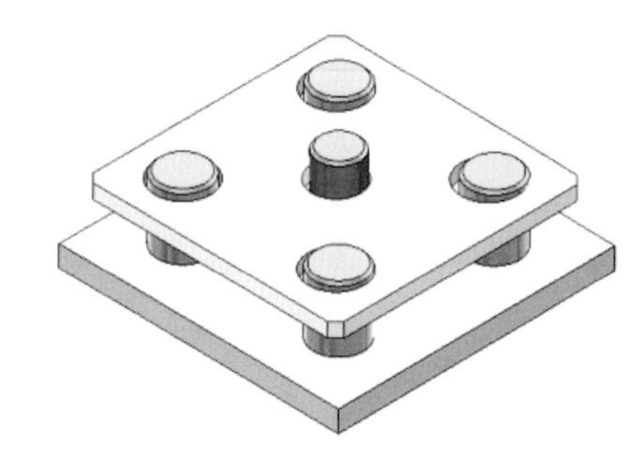

12-4-2 ☐允許產生未對正的結合

無法對軸孔偏心，產生同軸心結合，視窗讓你選擇是否**要斷開結合**或**過分定義**。常用**同軸心結合**驗證 2 孔是否偏心，再回頭修改孔位。

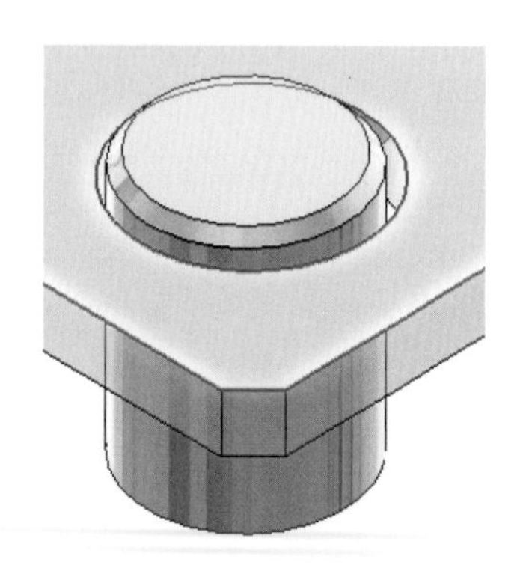

SOLIDWORKS
無法成功產生所選的結合。
您想執行什麼工作？
→ 加入此結合，斷開其他結合滿足此結合
將會斷開其他結合並於其上顯示錯誤。
→ 加入此結合並過分定義組合件
將會加入此結合並於其上顯示一個錯誤。
☐ 不要再次顯示(D)　取消

12-5 將新零組件儲存至外部檔案

組合件產生**新零件**或**新組合件**，是否要先將模型儲存。

12-5-1 ☑將新零組件儲存至外部檔案

點選→顯示**另存新檔**視窗，要你指定儲存位置及檔名，算是保護措施，下圖左。有些人不希望這樣，因為設計過程不要綁手綁腳，事後決定是否要儲存就好。

12-5-2 ☐將新零組件儲存至外部檔案（預設）

承上節，不儲存檔案以**虛擬零組件**放置在特徵管理員，模型資料在**記憶體**。可事後單獨儲存，右鍵→儲存零件（在外部檔案中），下圖右。

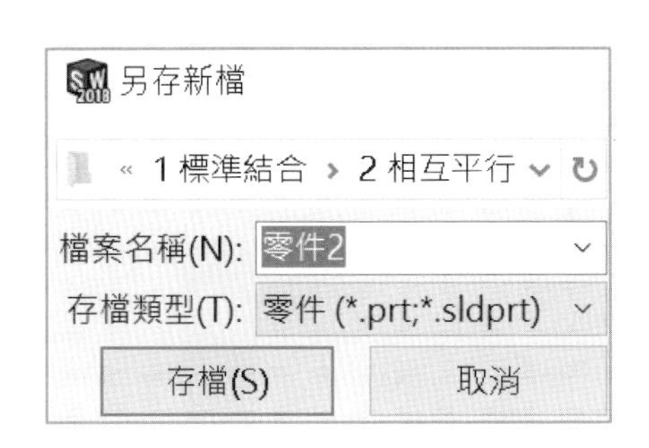

12-6 儲存檔案時更新模型圖形

組合件過程，是否更新所有模型的小縮圖。

12-6-1 ☑儲存檔案時更新模型圖形

模型變更即時更新小縮圖，常用於多人同步設計。

12-6-2 ☐儲存檔案時更新模型圖形（預設）

設計過程，不見得縮圖要最新狀態，因為更新縮圖過程會佔效能。

1

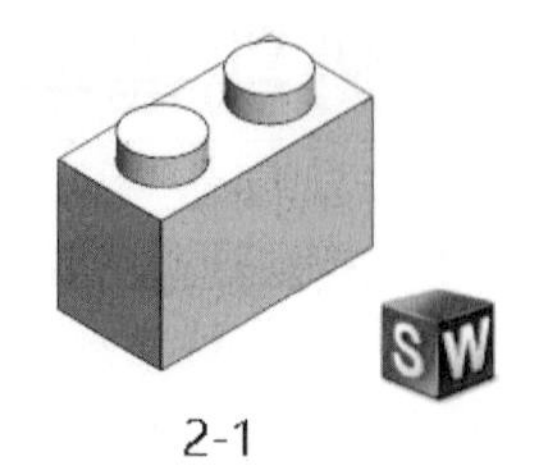

2-1

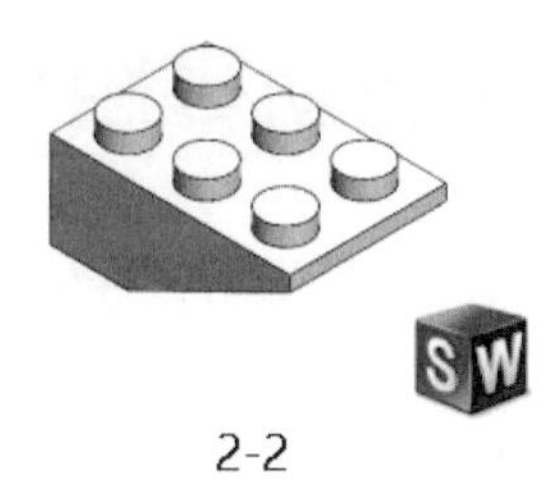

2-2

12-7 在大型設計檢閱自動檢查並更新所有零組件

大型設計檢閱模式，是否更新被修改過的模型。**大型設計檢閱**=**檢視模式**（以前稱**唯檢視**），僅提供模型檢視功能，能以最快速度開啟組合件。

此項目必須**大型設計檢閱模式**才可看出設定結果：1. 開啟舊檔→切換**大型設計檢閱**，2. 選項設定（箭頭所示）。為說明此設定，將導桿設變並儲存，以**大型設計檢閱**開啟夾手組合件，查系統變化。此設定應該稱為：**大型設計檢閱模式更新模型**。

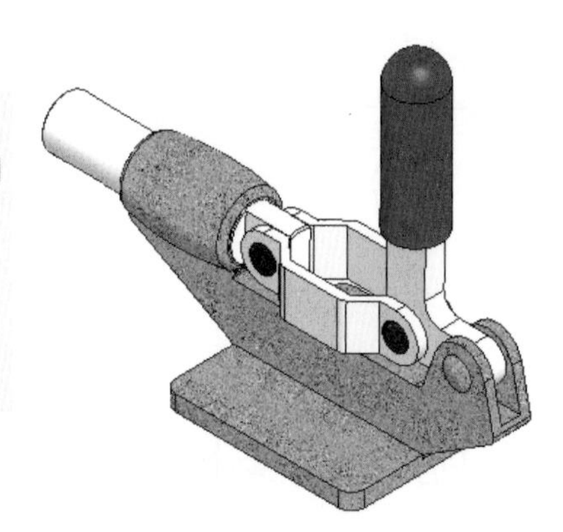

12-7-1 ☑在大型設計檢閱中自動檢查並更新所有零組件

開啟組合件過程更新模型，並顯示模型過時視窗，下圖左。於特徵管理員會見到**過時圖示**和提示，下圖右。

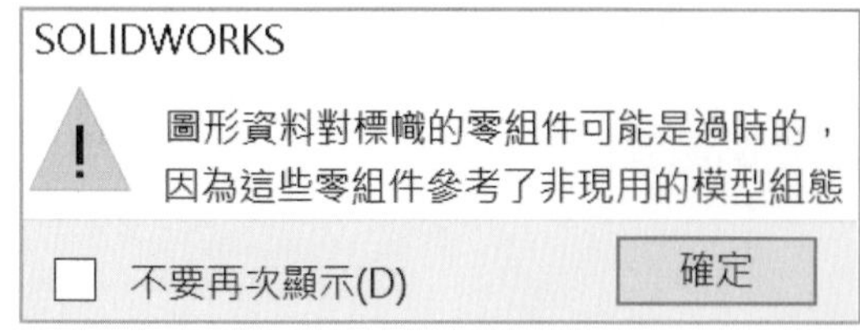

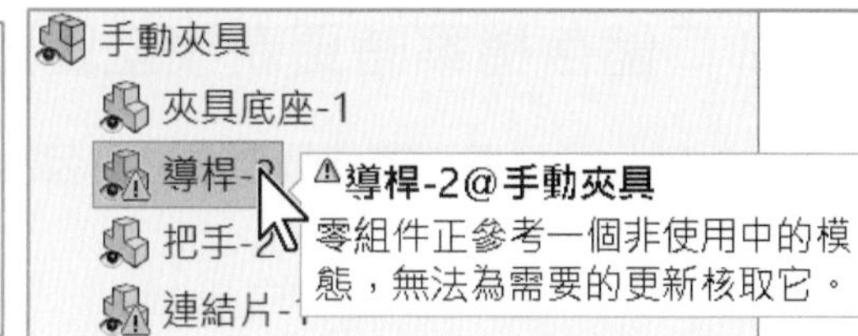

12-7-2 □在大型設計檢閱中自動檢查並更新所有零組件（預設）

不提示需要更新視窗，以最快速度開啟。要得到極速效能 Edrawings 開啟檔案。

12-8 儲存檔案時更新過時的 SpeedPak 模型組態

以 SpeedPak 環境中，儲存檔案時，是否更新 SpeedPak，設定：1. 全部、2. 使用儲存時重新計算標記、3. 無。SpeedPak 產生簡化組態而不遺失參考，類似大型組件設計檢閱。

此設定應該稱為：**儲存檔案時更新過時的** SpeedPak。

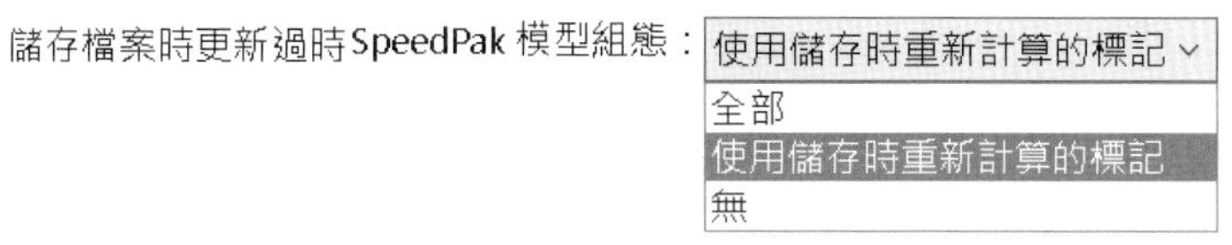

12-8-1 全部

於 SpeedPak 環境，自動更新過時模型，下圖左。

12-8-2 使用儲存時重新計算的標記（預設）

僅儲存有**重新計算標記的組態**。例如：在 SpeedPak 組態右鍵→加入/移除儲存時重新計算的標記，下圖右。

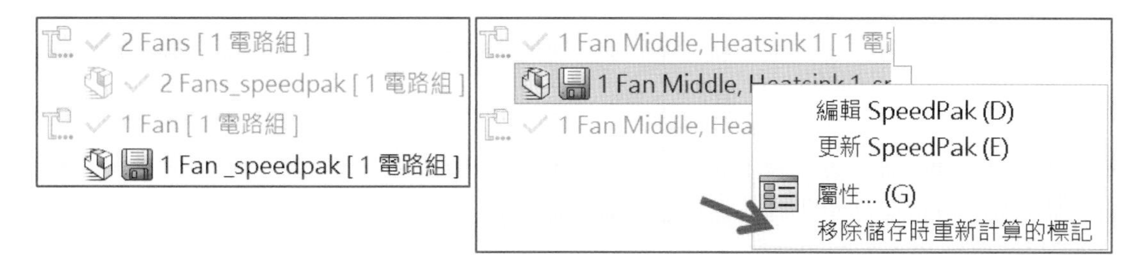

12-8-3 無

手動更新 SpeedPak。選組合件工具列更新 SpeedPak，下圖右。

12-8-4 製作 SpeedPak

SpeedPak 由模型組態衍生的，模型組態右鍵→加入 SpeedPak。

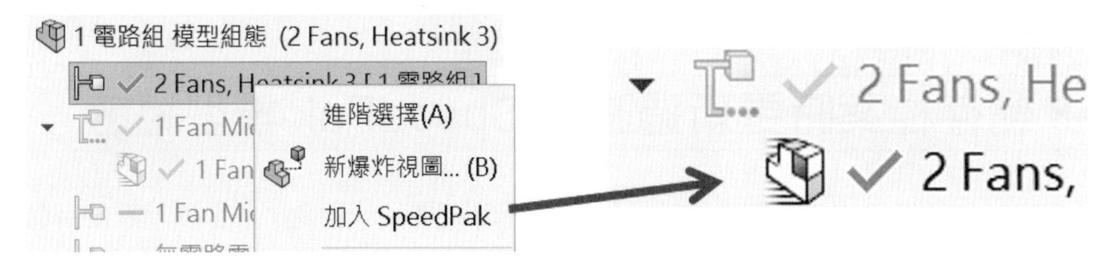

12-8-5 開啟 SpeedPak

有 2 種方式開啟 SpeedPak 模式：1. 開啟舊檔下方☑SpeedPak、2. 模型組態切換（箭頭所示）。不過模型一定要有 SpeedPak 組態，否則☑SpeedPak 沒效果。

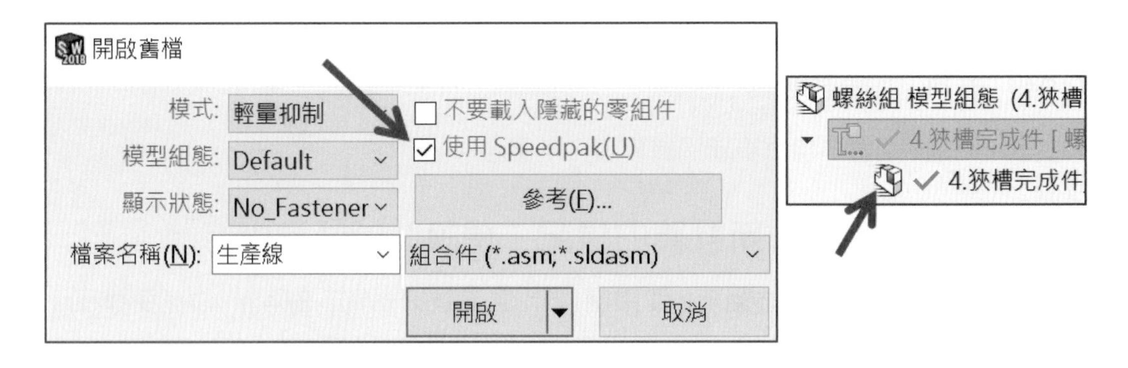

12-9 正在開啟大型組合件

開啟組合件過程以零件數量達到設定值，設定啟用 1. 大型組件模式、2. 大型設計檢閱，來改進效能。大型組件用來評估軟體能力重要指標，軟體商提供用多種方法改進大型組件效能，並在新增功能強調軟體能力，本節設定只是其中幾項罷了。

本節會和下節大型組件模式關聯，並說明大型組件模式工作範圍。

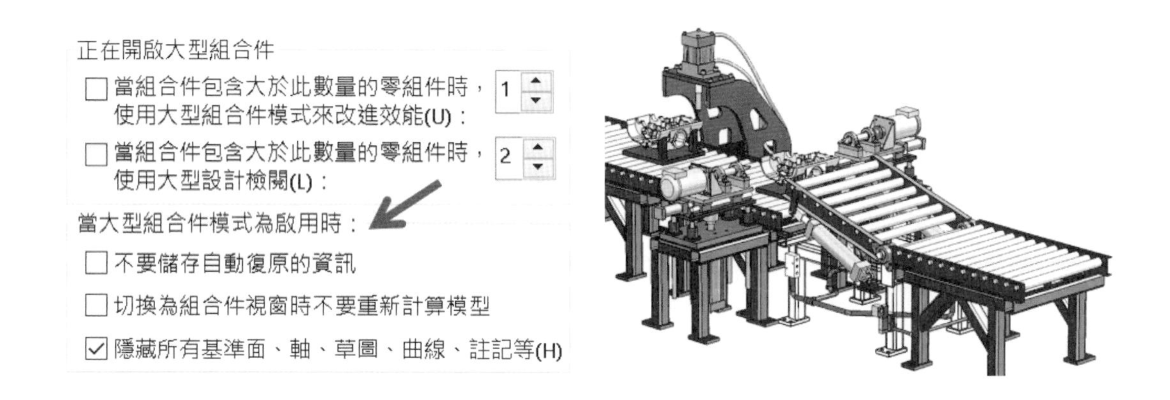

12-9-1 組合件包含大於數量零組件，使用大型組件模式改進效能

模型數量達到設定值，以**大型組件模式**開啟組合件。

12-9-2 當組合件大於零組件時，使用大型設計檢閱

模型數量達到設定值，是否自動開啟**大型設計檢閱**。目前，組合件唯一可以藉由設定預設開啟的模式，不需在**開啟舊檔**下方重複切換開啟的模式。

零件、工程圖稱**快速檢視**（組合件稱**大型設計檢閱**），不過要在**開啟舊檔**切換，且名稱沒統一，下圖左。希望零件、工程圖也可以由選項設定**快速檢視**。

12-9-3 開啟大型設計檢閱方法

可在組合件工具列，切換或。開啟舊檔下方切換，**大型設計檢閱**，下圖右。

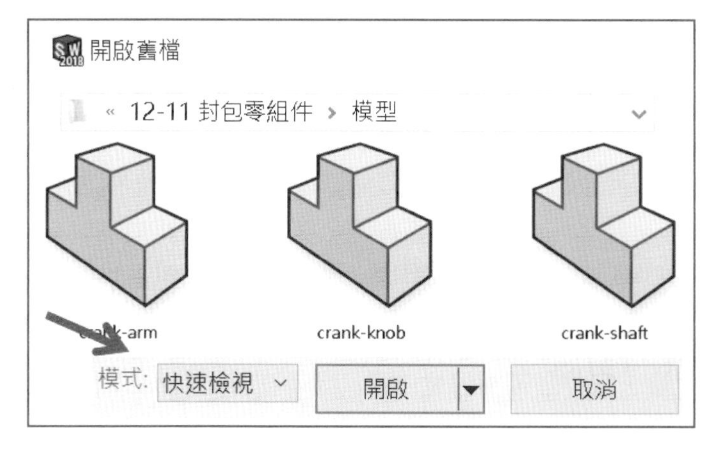

12-9-4 設計檢閱模式無法儲存

設計檢閱模式沒有載入模型資訊，所以無法儲存。例如：2018 開啟 2015 檔案會出現**檢閱模式不能儲存並更新為新版格式**。

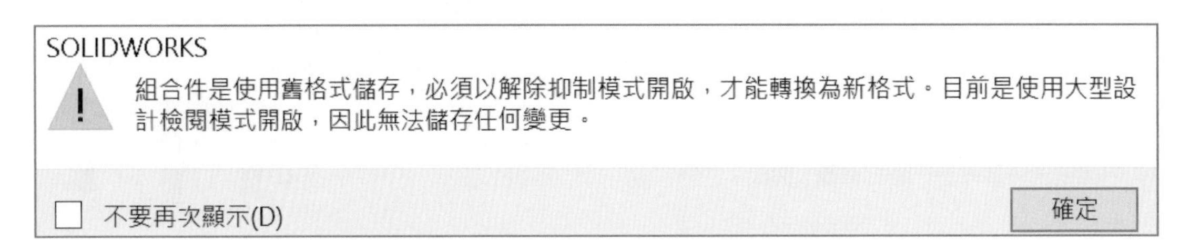

SOLIDWORKS
組合件是使用舊格式儲存，必須以解除抑制模式開啟，才能轉換為新格式。目前是使用大型設計檢閱模式開啟，因此無法儲存任何變更。
不要再次顯示(D)
確定

12-9-5 設計檢閱工具列

設計檢閱模式會開啟**大型設計檢閱**工具列，看出使用工具：量測、剖面、開啟...等。

12-10 當大型組合件模式為啟用時

設定**大型組合件模式**(Large Assembly Mode，LAM)要控制的項目：顯示、重新計算...等。LAM 能力和效能是業界關注重點，**組合件或工程圖**，必須快速和模型資料控制。

零件超過 1 千的組合件，稱**大型組件**。超過 1 萬稱**超大型組件**（Very，VLAM）。現今硬體性能，**大型組件**定義的零件數量會向上調整，且業界習慣以模型數量定義。

另一派說法，LAM 和模型複雜度有關，例如：零件上有很多文字特徵。由於複雜度難量化，常以特徵數量或重新計算時間來定義複雜度，目前 LAM 無法計算特徵數量。

12-10-1 不要儲存自動復原的資訊

是否設定**自動儲存**時間，自動儲存會佔據記憶體與計算。

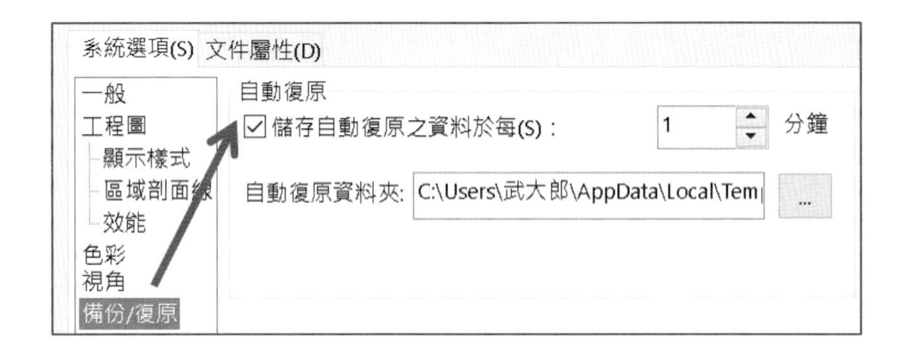

12-10-2 切換為組合件視窗時不要重新計算模型

編輯零件後，回到組合件是否顯示**組合件重新計算模型**視窗。

A ☑切換為組合件視窗時不要重新計算模型

不顯示**重新計算**視窗。通常所有零件編輯後，再統一由組合件**重新計算**，下圖左。

B ☐切換為組合件視窗時不要重新計算模型（預設）

承上節，出現**重新計算**視窗，黃色三角形顯示，並提示**組合件不是最新的**，下圖右。

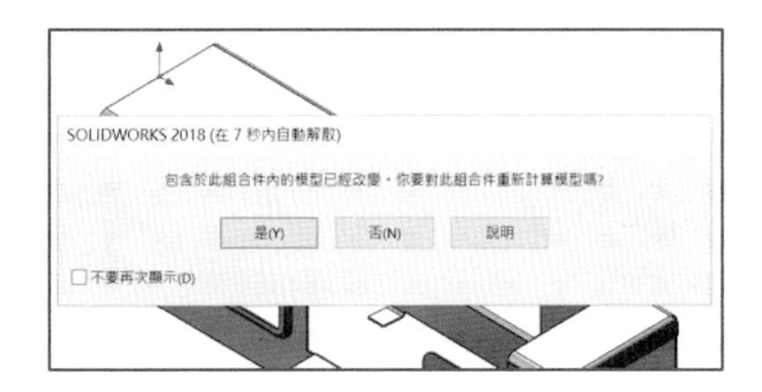

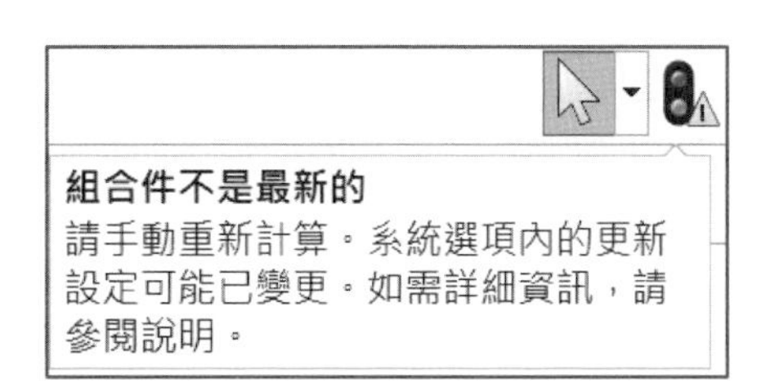

12-10-3 隱藏所有基準面、軸、草圖、曲線、註記等

開啟大型組件時，是否關閉所有檢視類型，例如：基準面、註記、曲線...等。檢視→**隱藏/顯示**，所有類型關閉減少載入時間。

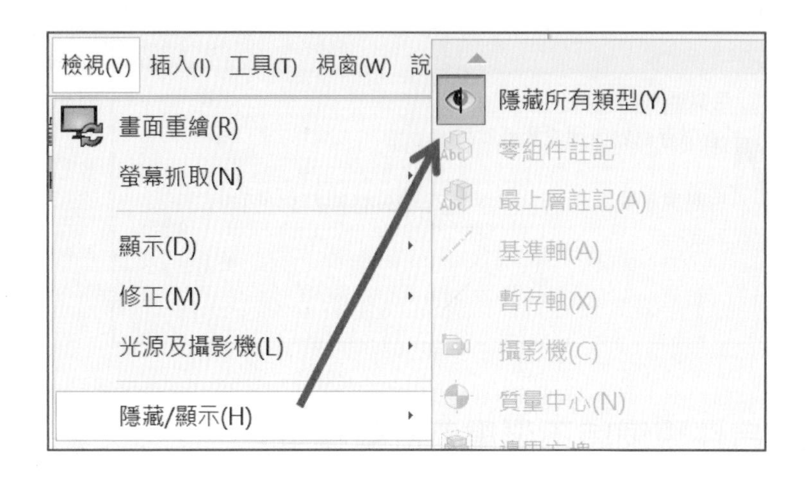

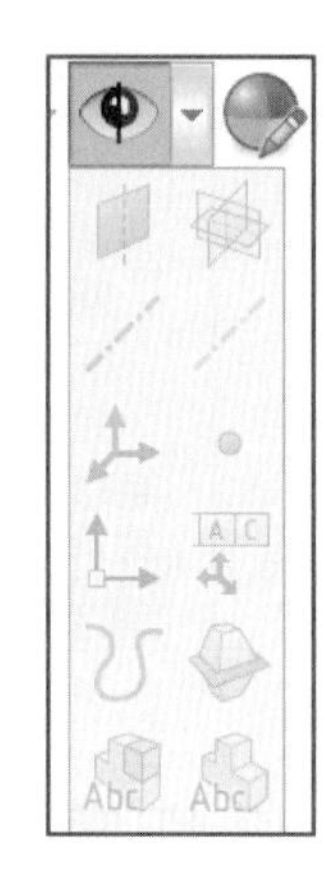

12-10-4 在塗彩模式中不要顯示邊線

是否將模型以**塗彩**顯示，下圖左。**帶邊線塗彩**的邊線會嚴重影響效能，特別在旋轉模型過程，要維持邊線在特徵位置。此設定應該稱為：模型以**塗彩**顯示。

12-10-5 不要預覽隱藏的零組件

特徵管理員點選被隱藏模型，是否透明預覽顯示，容易判斷模型位置，下圖右。

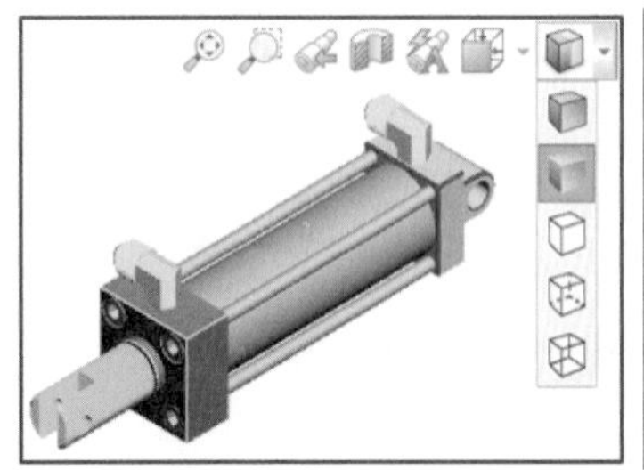

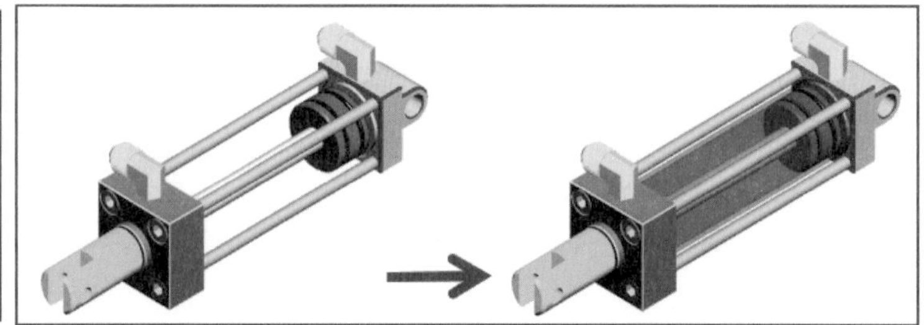

12-10-6 停用模型重算確認

是否關閉模型重算確認（啟用進階本體檢查）選項，下圖左。

12-10-7 最佳化影像品質以獲得較佳效能

是否停用文件屬性→**塗彩及草稿品質移除隱藏線/顯示隱藏線解析度**。無法使用**影像品質**解析度設定，加速效能，旋轉模型時計算量較小，不要求顯示品質，下圖右。

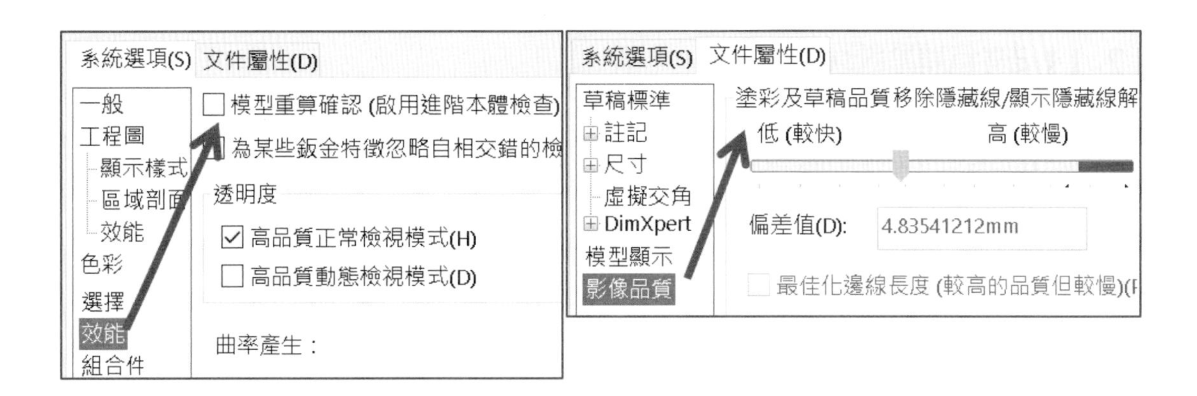

12-10-8 中止自動重新計算

模型變更，是否中止自動重新計算，可延遲組合件更新。適用同時做出許多變更，再同時組合件，若重新計算過久，ESC 中斷計算，下圖左。

12-10-9 無法使用工程圖選項

使用 LAM，不能使用**顯示樣式→線架構**、**隱藏視圖的邊線品質**，下圖右。

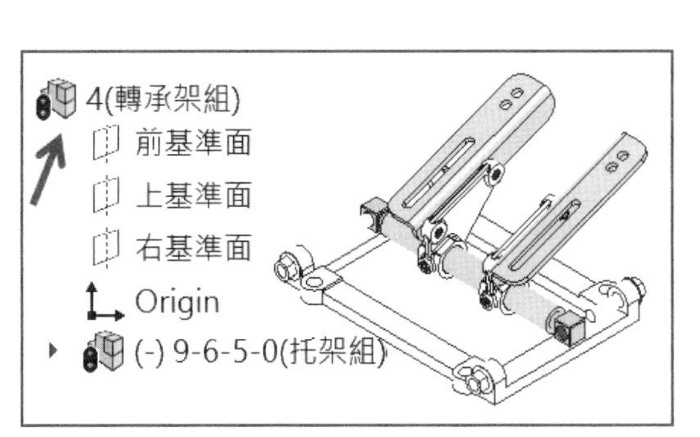

12-11 封包零組件

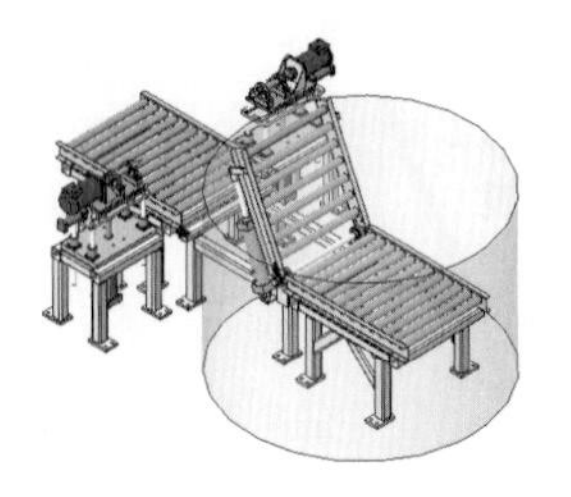

開啟組合件時載入封包模型的設定，例如：輕量抑制或唯讀。

封包（Envelope）可以作為選擇工具，例如：被包住的模型可以忽略顯示、計算、選擇...等。本節說明右邊機台被封包作業。

12-11-1 自動載入輕量抑制

是否設定封包內模型為**輕量抑制**，減少記憶體使用。

12-11-2 載入唯讀

將封包內的模型以唯讀開啟，沒有寫入權限。

CHAPTER

13

外部參考資料

本章說明組合件外部參考（External References）如何開啟與管理，甚至可降低風險。外部參考專門處理模型關聯性，屬於進階課題比較難理解，適用進階者。

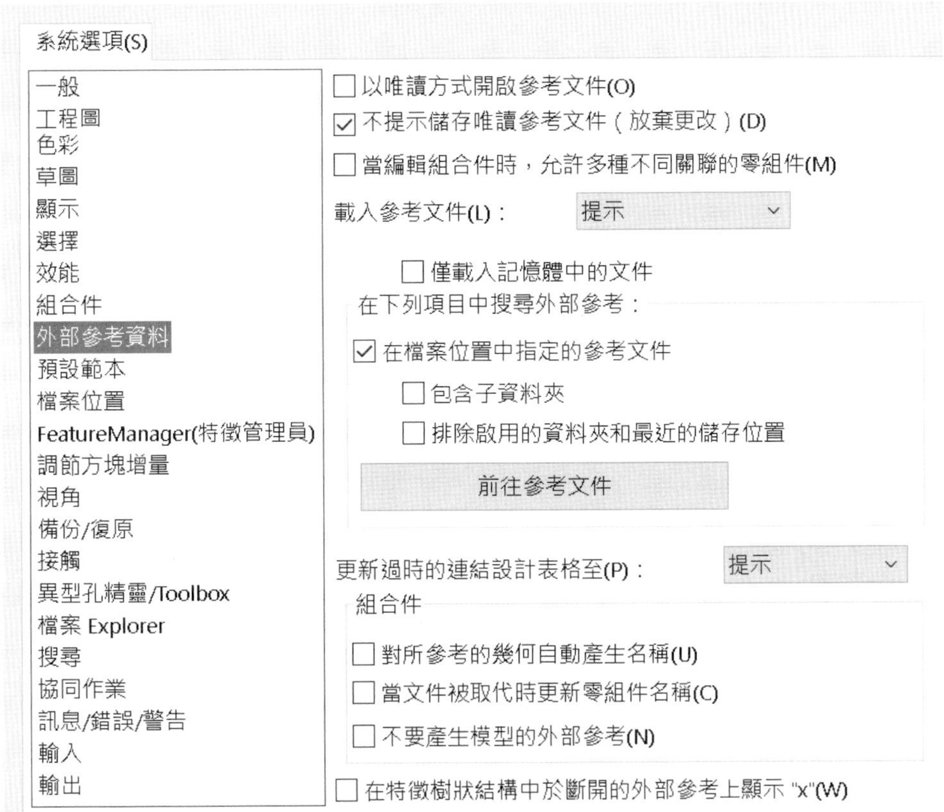

系統選項(S)

一般
工程圖
色彩
草圖
顯示
選擇
效能
組合件
外部參考資料
預設範本
檔案位置
FeatureManager(特徵管理員)
調節方塊增量
視角
備份/復原
接觸
異型孔精靈/Toolbox
檔案 Explorer
搜尋
協同作業
訊息/錯誤/警告
輸入
輸出

以唯讀方式開啟參考文件(O)
不提示儲存唯讀參考文件（放棄更改）(D)
當編輯組合件時，允許多種不同關聯的零組件(M)
載入參考文件(L)： 提示
僅載入記憶體中的文件
在下列項目中搜尋外部參考：
在檔案位置中指定的參考文件
包含子資料夾
排除啟用的資料夾和最近的儲存位置
前往參考文件
更新過時的連結設計表格至(P)： 提示
組合件
對所參考的幾何自動產生名稱(U)
當文件被取代時更新零組件名稱(C)
不要產生模型的外部參考(N)
在特徵樹狀結構中於斷開的外部參考上顯示 "x"(W)

13-0 何謂外部參考

2 模型互相參考位置，其中一個模型更改，被參考模型會一起被改，常用在由上而下（Top to Down）或由下而上（Down to Top）設計。

例如：管子和底座結合，讓底座產生管子模穴，這是成型模製作。當管子尺寸變更，模穴會跟著變更，特徵圖示旁邊顯示參考狀態。

13-0-1 關聯，->

參考保持連結關係，管子尺寸變更，模穴跟著變更。

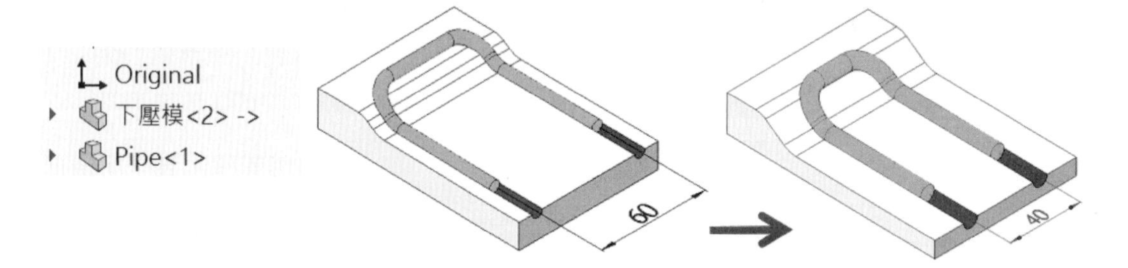

13-0-2 遺失，->?

遺失參考。管子尺寸變更，模穴跟不上。

13-0-3 鎖定，->*

參考暫時鎖定，可隨時恢復。管子尺寸變更，模穴跟不上。

13-0-4 斷開，->x

參考完全斷開關聯無法復原，必須重新製作。管子尺寸變更，模穴跟不上。

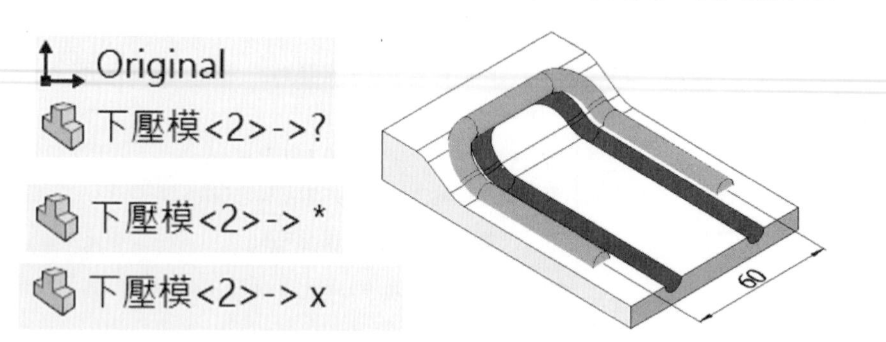

13-0-5 顯示外部參考

特徵上右鍵→顯示外部參考，列出關聯的外部參考資料。外部參考不宜過多，系統運算解讀，會造成運算負荷。

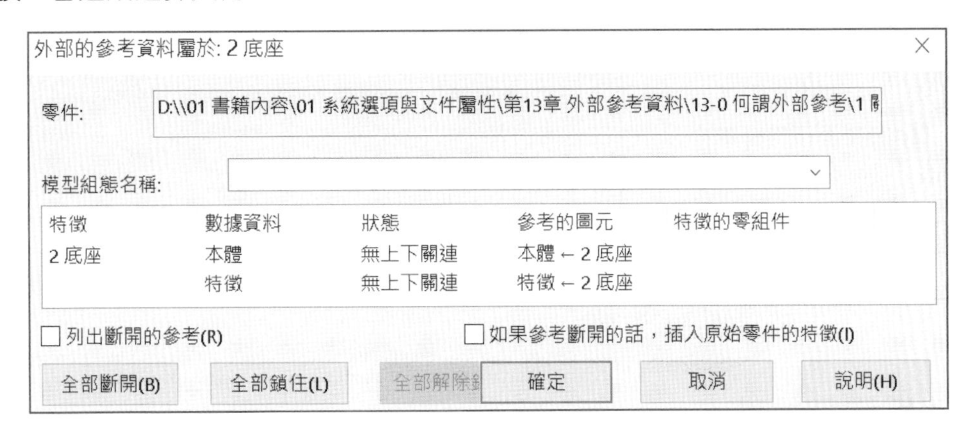

13-1 以唯讀方式開啟參考文件

是否以唯讀開啟檔案。唯讀僅供檢視，不可儲存與覆蓋，保護原始文件不被變更。**唯讀**常用在協同設計機制也是權限。

唯讀開啟進行以下作業皆出現訊息，例如：開啟、儲存、編輯零組件. . . 等。此設定應該稱為：**以唯讀開啟參考文件**。變更此設定僅影響下個文件，不影響目前文件。

13-1-1 開啟唯讀文件

在唯讀組合件中，點選 [1] 下壓模→開啟→下壓模被開啟，下圖左。

13-1-2 變更唯讀文件

變更下壓模尺寸，會出現對唯讀模型變更，模型可被修改，但不能儲存，下圖右。

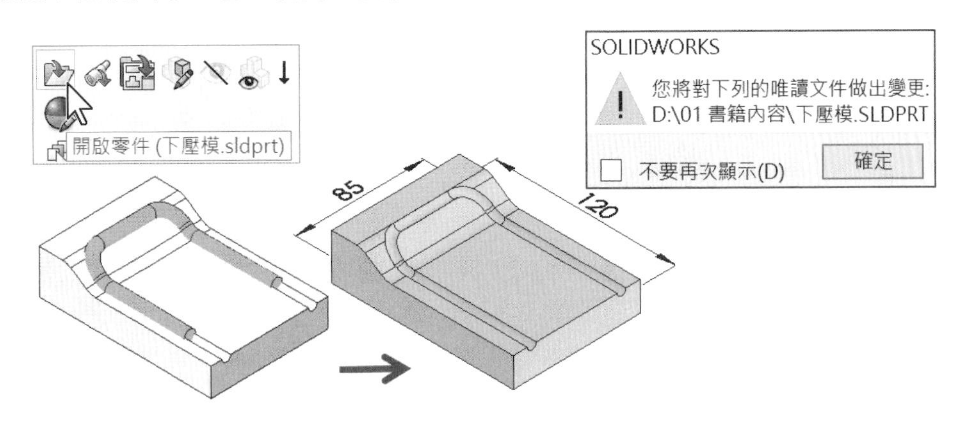

13-1-3 關閉唯讀文件

承上節，無論是否唯讀，只要模型變更，關閉檔案一定出現訊息。

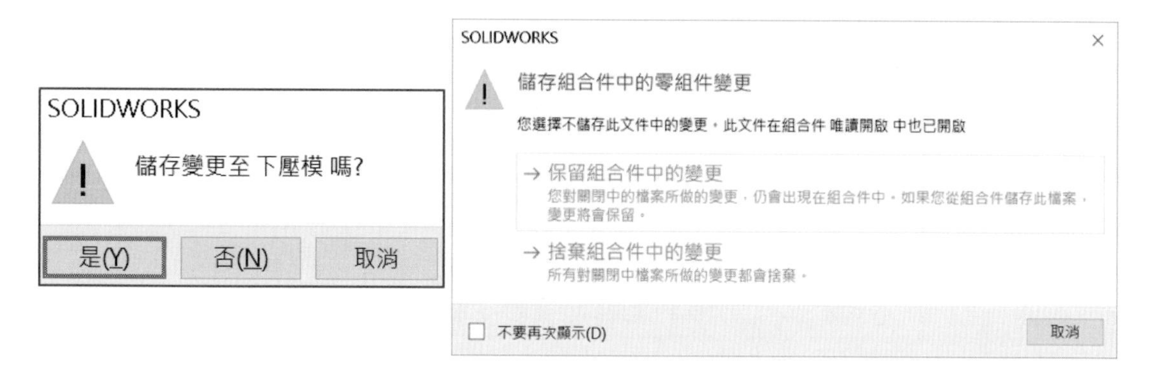

13-1-4 編輯零組件

點選模型→，提示該模型是唯讀文件。是=繼續編輯零組件、否=退出不進行。

13-1-5 以唯讀開啟檔案

保留圖面完整避免被修改，可在**檔案總管**將檔案標記唯讀。無法直接儲存唯讀檔，必須另存新檔→更改檔名才可。開啟檔案會出現**以唯讀方式開啟**，在檔案旁顯示唯讀字樣。

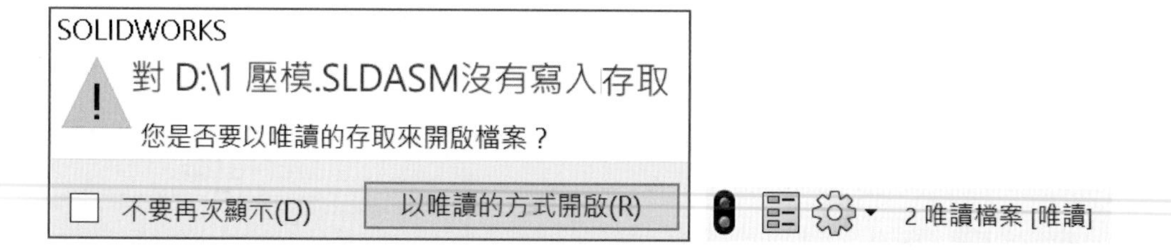

13-2 不提示儲存唯讀參考文件（放棄更改）

承上節，對組合件或所屬模型修改後，是否提示儲存**唯讀文件**。此設定應該稱為：**提示儲存唯讀參考文件**。

13-2-1 ☑不提示儲存唯讀參考文件

儲存參考文件沒有提示。

13-2-2 ☐不提示儲存唯讀參考文件（預設）

提示儲存參考文件。儲存下壓模會出現**此文件唯讀**訊息，會以**另存新檔**保護參考文件不會被修改。關聯設計不必擔心模型忘了存檔，這選項特別好用。

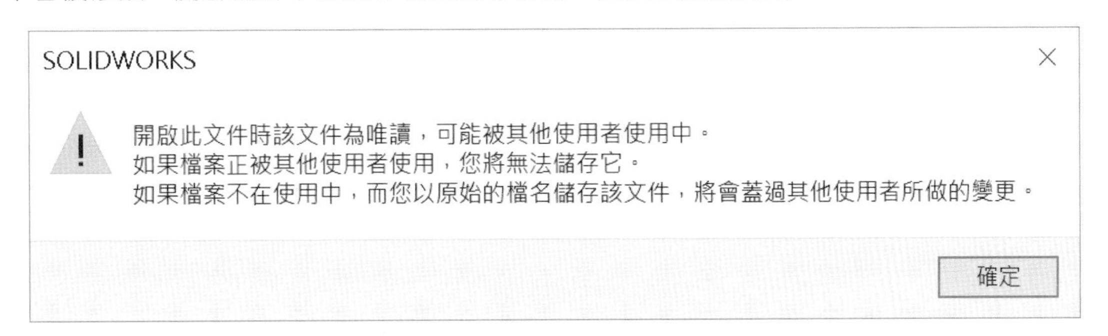

13-3 當編輯組合件時，允許不同關聯的零組件

使用**編輯零組件**，是否能參考其他模型位置，此設定使用率最高。換句話說，讓模型之間可標尺寸或限制條件，例如：編輯上蓋零件，想要尺寸標註草圖到下蓋位置。

此設定應該稱為：**編輯組合件時，允許關聯**。變更此設定僅影響下個文件，不影響目前文件。

13-3-1 ☑當編輯組合件時，允許多種不同關聯零組件

讓模型之間可以互相標尺寸，此設定是關聯設計的解決方案。

例如：編輯上面板子的草圖圓，與下面的圓柱標註 1.27。

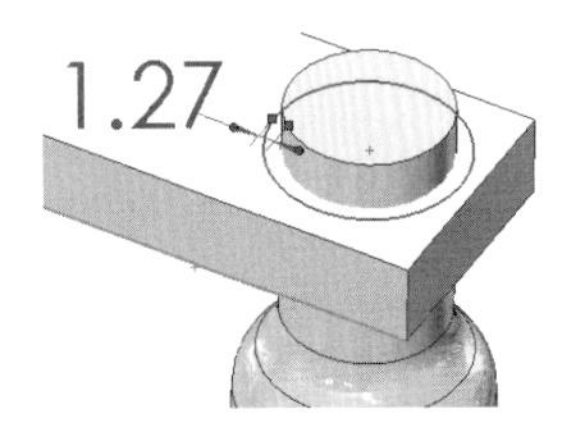

13-3-2 □當編輯組合件時，允許多種不同關聯零組件（預設）

無法產生外部參考，避免不必要參考關聯，這是保護措施會出現訊息：無法對組合件零組件產生參考關係，甚至有些指令無法使用，例如：模塑。

原廠預設關閉是保護措施，因為由上而下設計過程，模型資訊過多，不必擔心標註到別的模型邊線，因為系統不讓你標註並提出警告。

載入參考文件
Original
Check(檢具)->?

此零件中有特徵是由另一個關連的組合件<Check Tool(檢具).sldasm>所定義。您可以編輯零件，但無法對目前組合件中的零組件產生任何的外部參考關係。

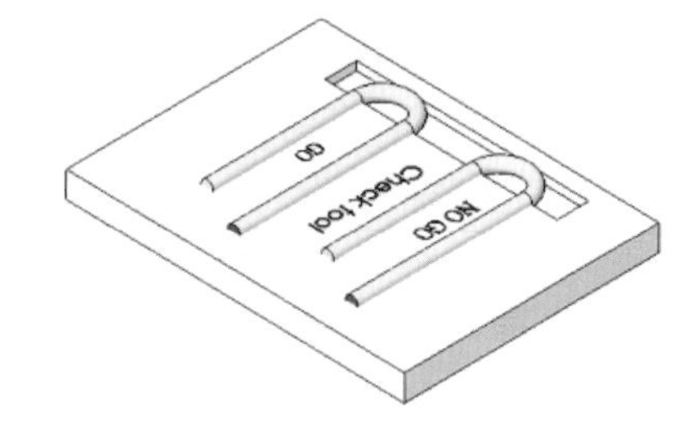

13-3-3 組合件下的草圖

承上節，在組合件使用草圖會出現提示：在此組合件的關聯，而不是零件中的草圖。

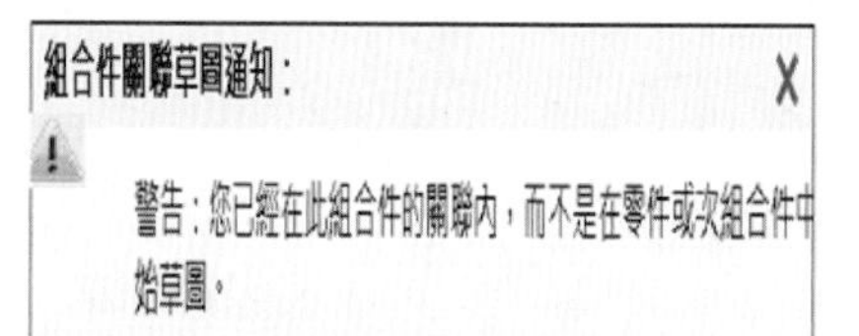

組合件關聯草圖通知：
警告：您已經在此組合件的關聯內，而不是在零件或次組合件中
始草圖。

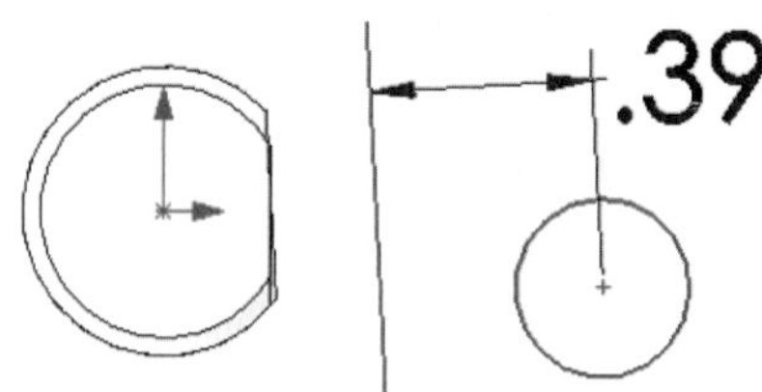

13-4 載入參考文件

開啟具有關聯參考的零件後，清單切換是否要同時開啟關聯檔案，下圖左。

13-4-1 提示（預設）

開啟有外部參考模型時，出現**開啟外部參考文件視窗**，下圖右。

A ☑不要再顯示此對話方塊

這設定會反映選擇：僅有變更。

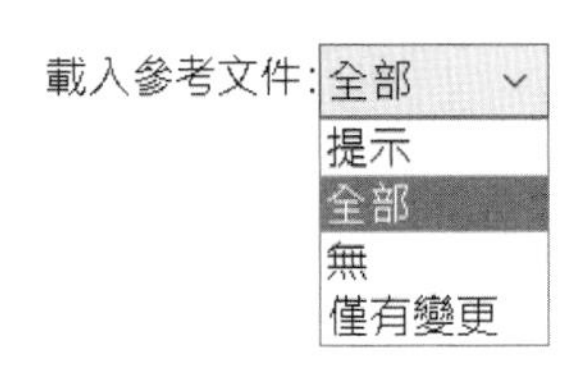

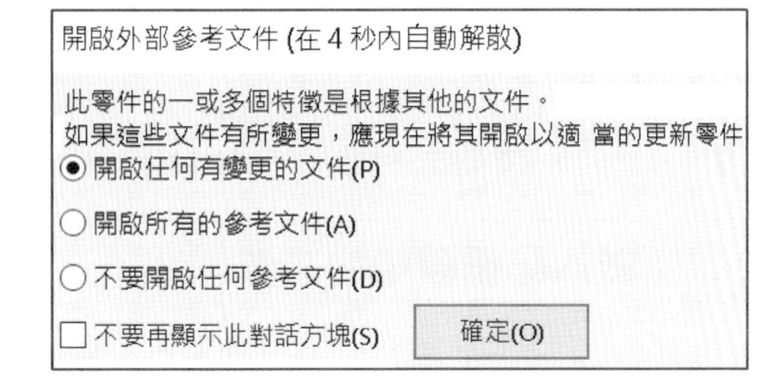

13-4-2 全部

開啟所有外部參考模型，省去手動一一開啟，下圖左。

13-4-3 無

不開啟外部參考文件，適合極速開啟組合件。

13-4-4 僅有變更

僅開啟有變更過的參考文件，避免一次開太多模型，下圖右。

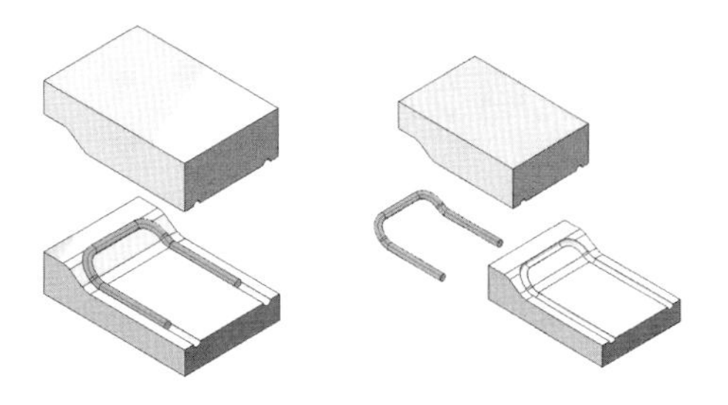

13-5 僅載入記憶體中的文件

承上節，組合件開啟時，是否將參考的模型載入**記憶體**（以下簡稱 RAM）。原則上，開啟組合件，零件資訊會被載入 RAM，此設定讓使用者參與記憶體資料載入/釋放控制。

RAM 價格低廉，速度快。以目前主流 DDR4-2666，未來更可上探 DDR4-3200，模型載入 RAM 是不錯選擇。此設定應該稱為：將參考文件載入 RAM。

13-5-1 ☑僅載入記憶體中的文件（預設）

開啟框架組合件，由工作窗格的檔案總管→在 SolidWorks 中開啟，見到組合件塗彩，所屬零件非塗彩，下圖左。快點 2 下零件圖示也可開啟它們（箭頭所示）。

13-5-2 □僅載入記憶體中的文件

承上節，僅開啟組合件，參考的模型不被載入 RAM，開啟速度可以加快。關閉組合件，在 SolidWorks 中開啟會沒資料。**載入參考文件→無**，無法使用此選項，下圖右。

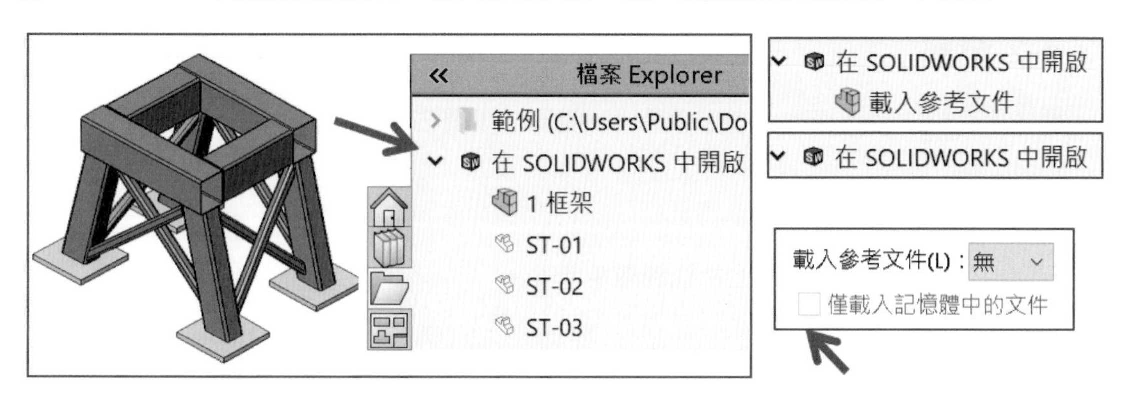

13-6 在下列項目中搜尋外部參考

開啟組合件或有關聯模型時，系統是否以指定路徑，或其他規則尋找檔案。本節重點減少搜尋時間，更能控制要在哪裡搜尋遺失文件。

SW 有搜尋規則，例如：儲存組合件會記憶零件位置。搜尋準則是 3D CAD 重要議題，如何有效率開啟檔案，而非很笨拙一個個找回，AI 來臨會有革命性搜尋準則。

A 準則 1 組合件與零件同一位置

原則上，開啟組合件會以目前資料夾位置搜尋，下圖左。

B 準則 2 組合件的零件放置在模型資料夾中

將組合件和零件分類，是常見檔案管理方式，下圖右。

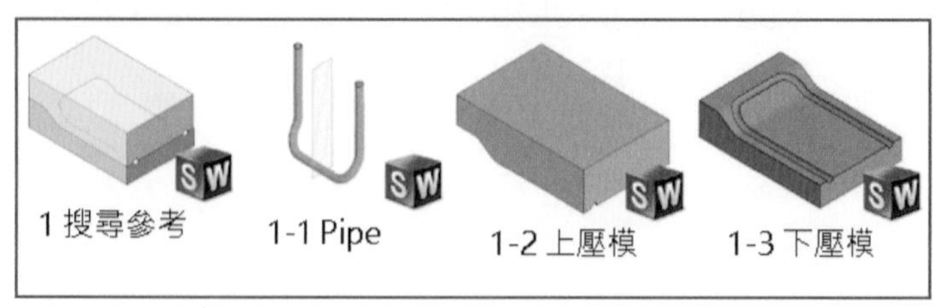

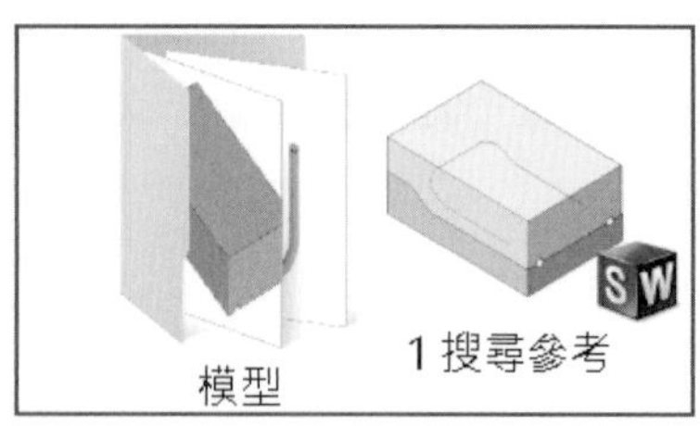

13-6-1 在檔案位置中指定的參考文件

是否以檔案位置→參考文件，指定路徑搜尋參考文件，下圖左。要感覺此設定，改變模型位置、名稱，系統會更新關聯時，例如：1. 將別地方模型複製→2. 到本節資料夾→3. 更改組合件檔名→4. □**在檔案位置中指定的參考文件**。

開啟組合件過程會出現訊息：1. **從原始位置開啟檔案**、2. **從目前位置開啟檔案**、3. **從目前位置開啟所有被取代的檔案**，由訊息不難理解組合件要抓取檔案位置，下圖右。

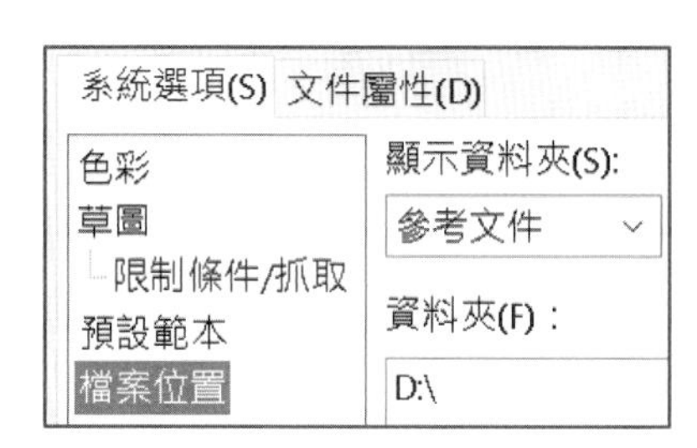

SOLIDWORKS (在 8 秒內自動解散)

尋找/開啟被取代的檔案 D:\62196.SLDPRT

您是否要自己開啟被取代的檔案？

→ 從原始位置開啟檔案
將從上面所指定的位置載入檔案。

→ 從目前位置開啟檔案(O)
將從與父組合件相同的位置開啟檔案。

→ 從目前位置開啟所有被取代的檔案
將從與父組合件相同的位置開啟所有被取代的檔案。

A ☑在檔案位置中指定的參考文件（預設）

指定參考檔案路徑。例如：開啟準則 2 模型，會引到模型資料夾，加速讀取速度。

B □在檔案位置中指定的參考文件

模型沒變更位置或命名，很明顯感受開啟組合件速度飛快。這時**包含子資料夾**、**排除啟用的資料夾和最近的儲存位置**，無法使用，下圖左。

13-6-2 包含子資料夾

開啟組合件是否搜尋子資料夾（Include Subfolders，又稱子目錄），在檔案總管，子資料夾管理很普遍，越少資料夾搜尋越快。

A ☑包含子資料夾

搜尋機制比較完整，會增加搜尋時間。常用在檔案找不到，更新關聯時。

B □包含子資料夾（預設）

減少搜尋時間，常用在沒子資料夾。有些人希望縮短開啟組合件時間，若發生找不到檔案，才會☑包含子資料夾。

13-6-3 排除啟用的資料夾和最近的儲存位置

是否先搜尋已開啟文件的資料夾路徑，和最近儲存過的位置，減少搜尋時間。被使用的路徑會保留在 RAM，這是 Windows 機制，SW 把這功能讓你控制。

13-6-4 前往參考文件

會跳到**檔案位置-參考文件**視窗，下圖右。

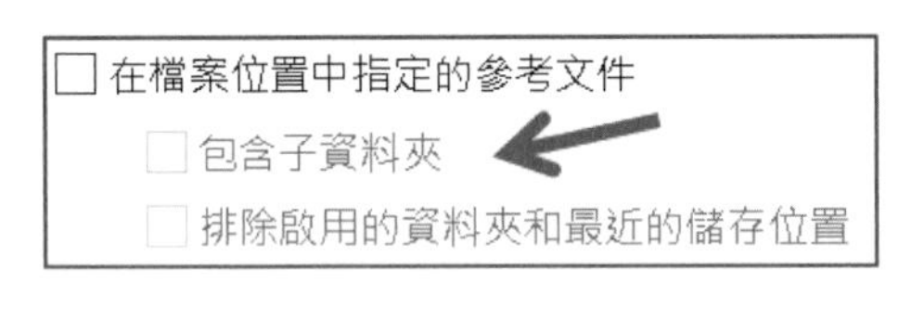

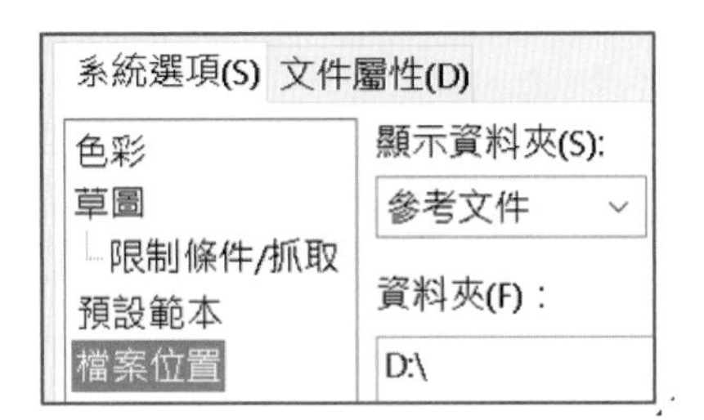

13-7 更新過時的連結設計表格至

模型與**設計表格**資料連結參數不同時，要如何處理：1. 提示、2. 模型、3. Excel 檔案。

以 EXCEL **為基礎的設計表格**，指定參數可建立多組態，常用在模組製作。此設定應該稱為：**更新以 EXCEL 為基礎的設計表格至...** 。

	A	B	C
1	設計表格： 華司		
2		外徑	內徑
3		OD@草圖	ID@草圖
4	M04	9	4.3
5	M05	10	5.3

13-7-1 提示（預設）

模型更改尺寸**是否提示：變更此屬性...訊息**。例如：華司尺寸被設計表控制，更改尺寸，設計表格會更新參數。

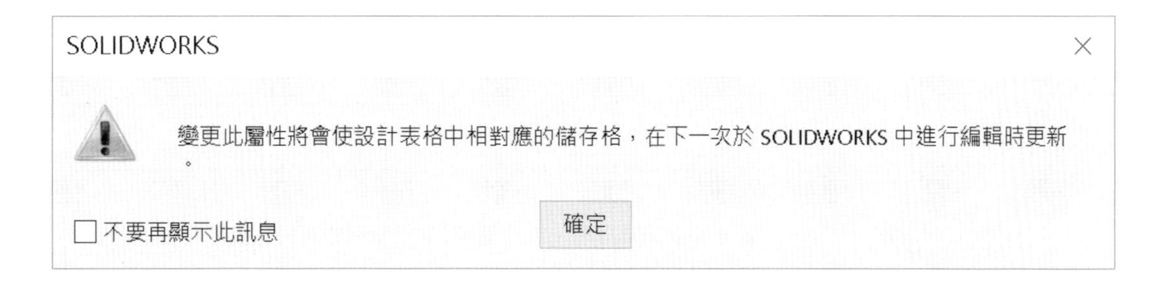

A 更新設計表格時會提出警告

以可以在設計表格右鍵→編輯特徵，☑**更新設計表格時會提出警告**，下圖左。

13-7-2 模型、Excel 檔案

使用模型值或 Excel 檔案更新資料，下圖右。

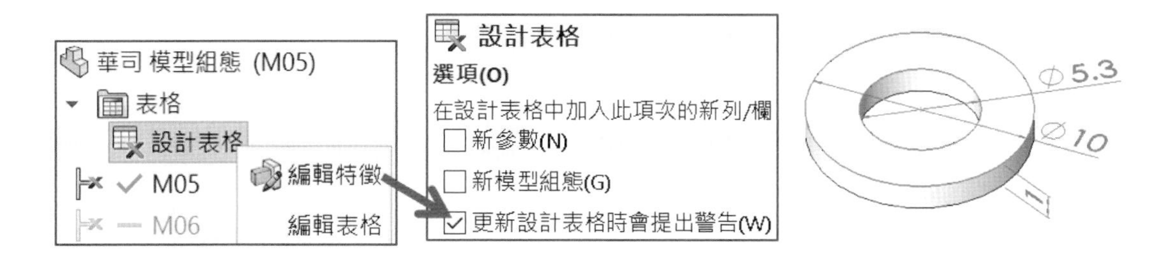

13-8 組合件

設定組合件模型之間互相參考的設定，本節舉**結合**和**取代零組件**說明。本節設定比較難理解，適合進階者閱讀，若要完整介紹要很大篇幅，這部份會收錄在組合件書籍。

13-8-1 對所參考的幾何自動產生名稱

是否在所選圖元產生圖元名稱，該名稱用來**維持外部參考**。產生名稱會記錄模型資訊，此設定要配合**寫入**作業，是多使用者共同設計環境。

組合件中，使用**取代零組件**不會報錯，常用在模組（市購件）已經定義**結合參考**，面 1=同軸心、面 2=重合。

A ☑對所參考的幾何自動產生名稱

模型結合或外部參考過程，自動對所選圖元產生名稱。例如：分別點選 2 零件圓柱面→同軸心，自動將面 1 和面 2 圓柱面產生**圖元名稱**，維持關聯性。

若模型=唯讀，結合過程會出現：檔案唯讀時，無法使用參考幾何自動產生名稱。

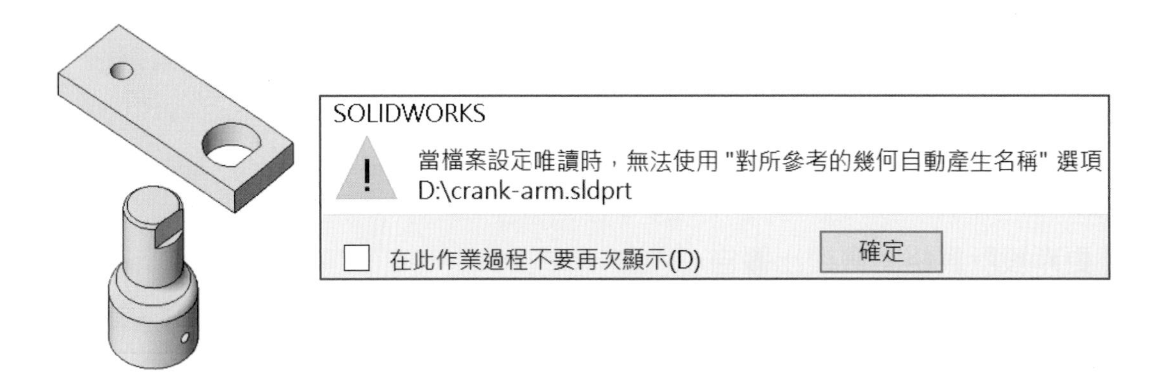

B □對所參考的幾何自動產生名稱（預設）

零件不產生命名圖元，可以結合唯讀零件。唯讀零件不代表是唯讀組合件，很多情況，為了保護零件=唯讀，只是不能更改該零件，不代表不能與唯讀零件進行參考。

C 命名的圖元

有地方顯示圖元名稱。在**特徵管理員**零件名稱右鍵→**命名的圖元顯示**，由命名圖元視窗點選清單圖元名稱，模型相對應圖元強調顯示，但不能改圖元名稱。

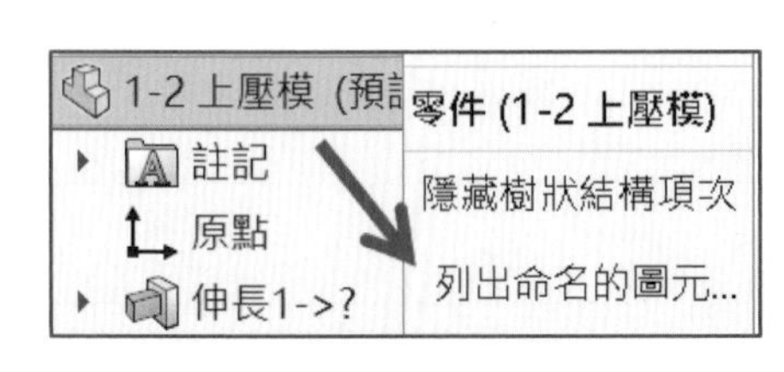

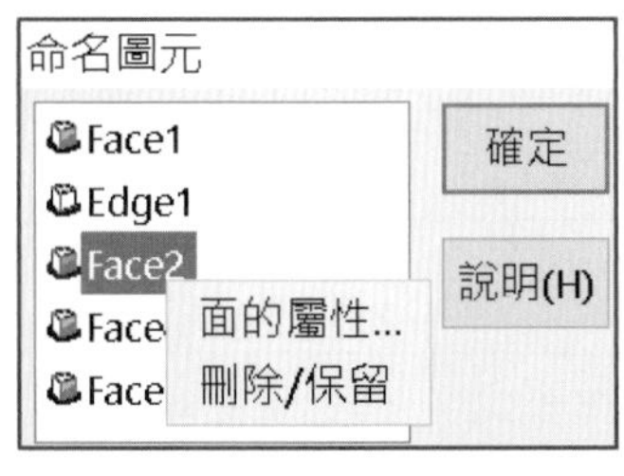

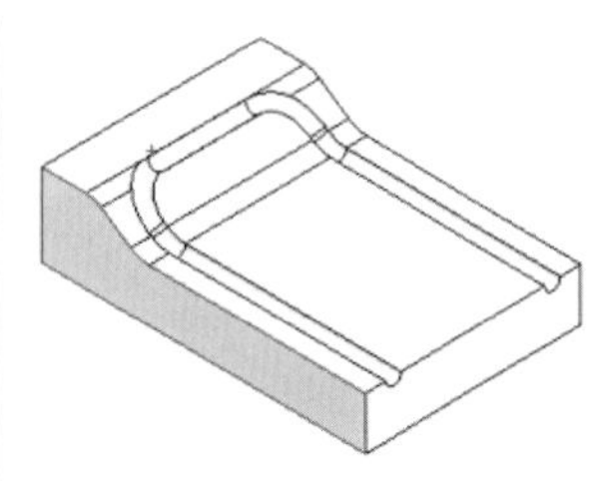

D 面的屬性

可以看或修改圖元名稱，於清單中右鍵→面的屬性，出現圖元屬性視窗，可以看到所選的圖元資訊。可以修改圖元名稱，會造成參考遺失，例如：面 1→面 100，會出現訊息。

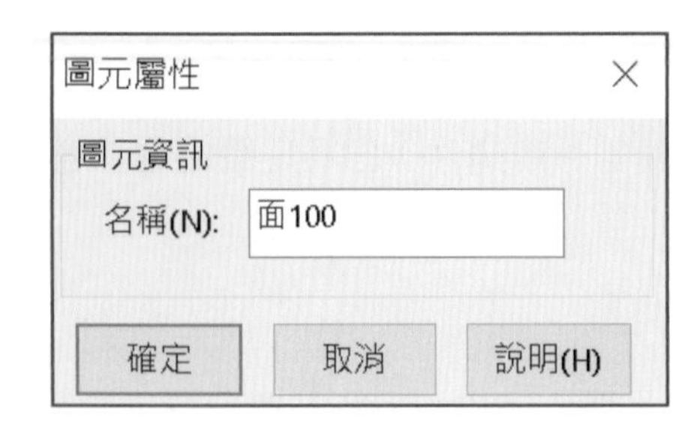

13-8-2 當文件被取代時更新零組件名稱

模型被更新名稱，特徵管理員是否顯示新名稱。維持舊有檔案名稱關聯性，例如：新名稱 ARM→ARM-2018。此設定應該稱為：當文件被取代時更新模型名稱。

A ☑當文件被取代時更新零組件名稱（預設）

特徵管理員與檔案總管的模型名稱相同，下圖左。

B ☐當文件被取代時更新零組件名稱

特徵管理員與檔案總管的模型名稱不同，顯示舊的模型名稱，下圖右。

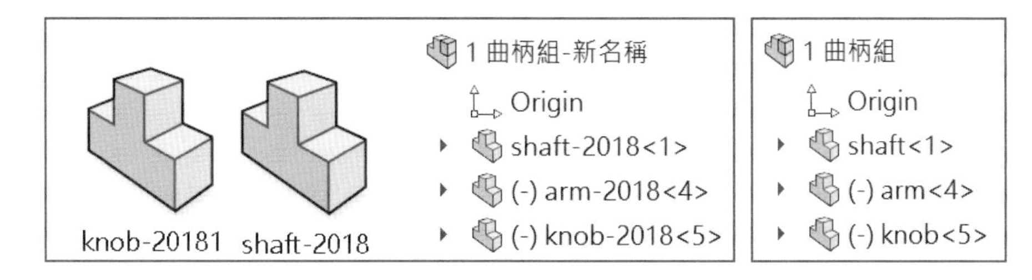

13-8-3 不要產生模型的外部參考

是否可以在模型之間點選圖元，產生外部參考。例如：過程，零件 1 草圖，是否可以和零件 2 產生關聯。此設定很像**當編輯組合件時，允許不同關聯的零組件**。

此設定應該稱為：產生外部參考。

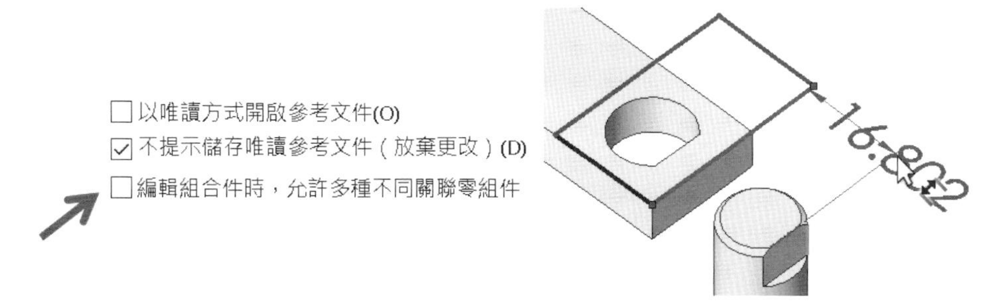

A ☑不要產生模型的外部參考

關聯設計過程，不會選到其他模型圖元，並關閉與外部參考指令設定，可避免不必要的人為疏忽。

B ☐不要產生模型的外部參考（預設）

產生模型外部參考。

C 組合件特徵、特徵加工範圍

組合件特徵就是關聯性設計，他會影響模型之間的連續情形，例如：鑽孔、導角、除料...等，指令內部都有**傳遞衍生特徵至零件**，你會發現與本節設定相關聯。

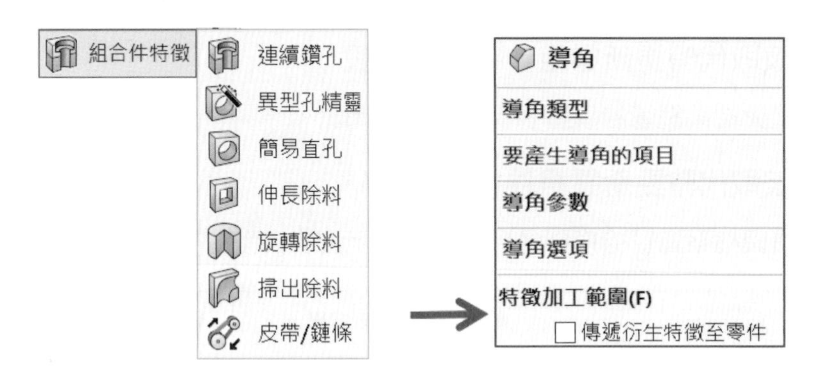

13-9 在特徵樹狀結構中斷開外部參考上顯示"X"

被斷開外部參考的模型旁邊，是否顯示 X，有 X 比較清楚。要顯示這圖示，模型上右鍵→顯示外部參考→全部斷開。此設定應該稱為：**特徵管理員顯示斷開顯示 X**。

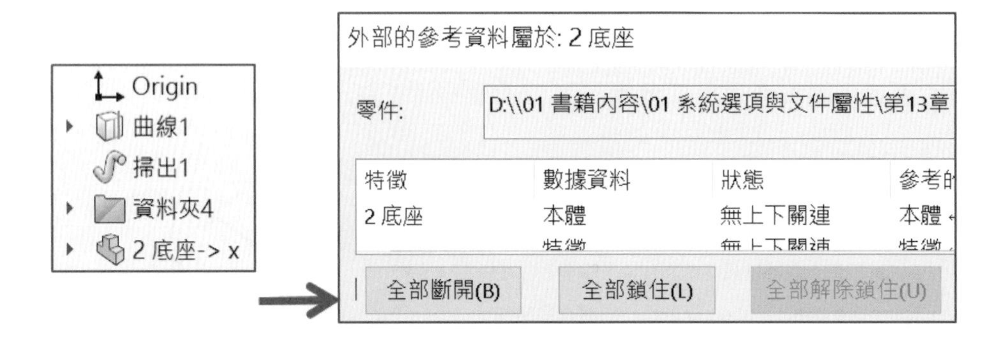

CHAPTER 14

預設範本

為零件、組合件和工程圖指定資料夾和範本檔案。變更這項設定，不影響目前文件，直到關閉，重新開啟 SW，設定才會生效。

文件範本位置與**預設範本位置**的指定不同。文件範本=組織歸納整理，預設範本位置=外來 CAD 文件指定開啟的範本。

很多人不知本章用來做啥，這要用套用文件的角度說起，常用在模型轉檔。開啟轉檔模型會 1. 先開啟範本→2. 套用至轉檔模型→3. 儲存後就為 SW 文件。

其實選項排列，檔案位置→預設範本，這樣會比較好。

系統選項(S) 文件屬性(D)

一般
工程圖
顯示樣式
區域剖面線/填入
效能
色彩
草圖
限制條件/抓取
顯示
選擇
效能
組合件
外部參考資料
預設範本
檔案位置

這些範本會用於 SOLIDWORKS 不提示要求範本的操作中，以及新手模式中的「新 SOLIDWORKS 文件」對話方塊操作中。

零件(P):
C:\Program Files\SOLIDWORKS Corp\SOLIDWORKS\lang\chinese\Tutori ...

組合件(A):
C:\Program Files\SOLIDWORKS Corp\SOLIDWORKS\lang\chinese\Tutori ...

工程圖(D):
C:\Program Files\SOLIDWORKS Corp\SOLIDWORKS\lang\chinese\Tutori ...

○ 經常使用這些預設的範本(U)
◉ 提示使用者選擇文件範本(S)

14-1 零件、組合件、工程圖指定資料夾

使用模型轉檔的輸入、插入零件、鏡射零件...等，必須套用範本檔案。分別在零件、組合件和工程圖按**瀏覽→**在新 SolidWorks 文件視窗，選擇指定範本→確定。

實務上，文件範本統一在同一資料夾，方便管理。

14-1-1 初學使用者視窗

由初學視窗點選零件，系統自動在**進階使用者**視窗開啟第 1 個檔案，例如：已經將 Tutorial 資料夾定義在文件範本第一個位置。

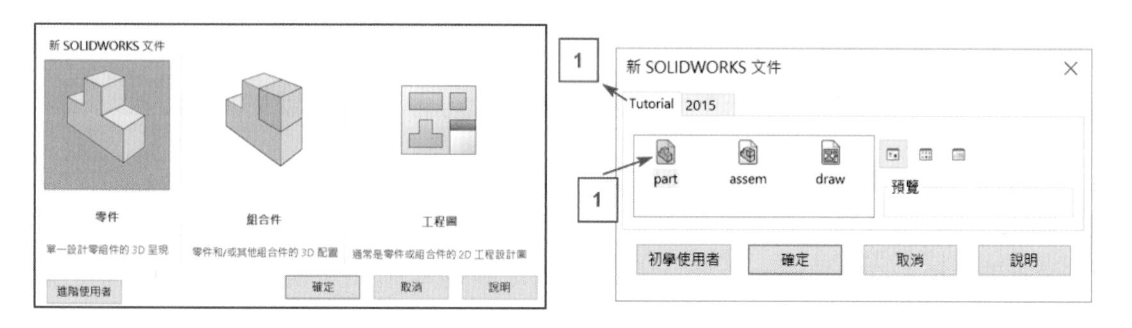

14-2 經常使用這些預設的文件範本

模型直接套用指定的範本。常用模型轉檔，例如：開啟 X_T 模型，希望用哪個單位的範本套到 IGES。

最大好處避免輸入零件太多，一個個指定範本很麻煩，尤其範本皆相同時。此設定應該稱為：**使用指定的預設範本。**

14-3 提示使用者選擇文件範本

承上節，套用範本過程直接進入**進階使用者**視窗，讓你指定哪個範本檔案。

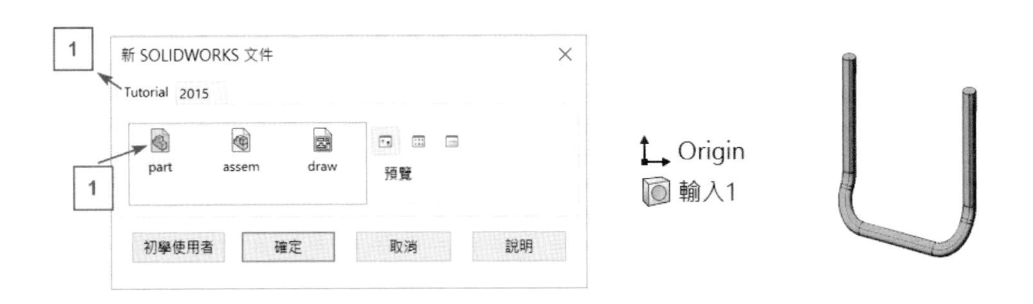

14-3-1 檔案遺失或損毀

系統找不到路徑，就要用人工指定範本。

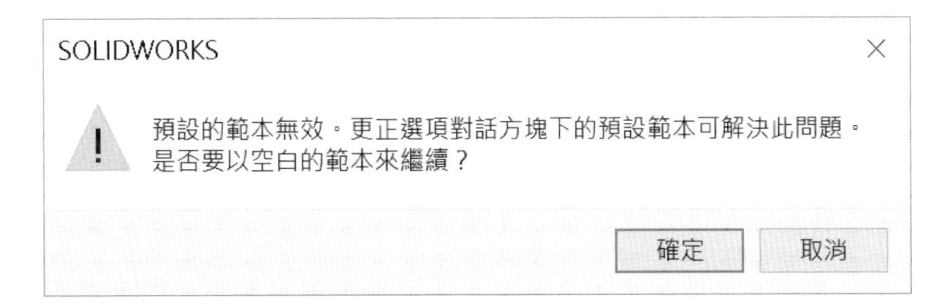

14-3-2 範本不能當圖檔

範本不是 SW 檔案，例如：墊圈.PRTDOT，不然會有很多事情無法下去，無法產生組合件和工程圖，會出現**您不能插入文件範本至另一文件**，下圖左。

14-3-3 未指定路徑

未指定預設範本路徑，都會出現訊息，下圖右。

筆記頁

CHAPTER

15

檔案位置

指定檔案指定位置（File Location）讓系統載入。本視窗提供範本、工程圖檔案路徑規劃，有些設定要**重新啟動** SW，絕大部分設定路徑後立即更新。

本章簡易教你製作範本，因為篇幅不會完整說明，例如：零件另存為範本，但不會說明零件要做那些設定。

檔案位置項目沒分區好，會誤以為 a 和 b 不同，感覺有點亂。絕大部分不能更改檔名，因為有連結關係，例如：彎折註解 bendnoteformat.TXT，不能改為 ABC.TXT。

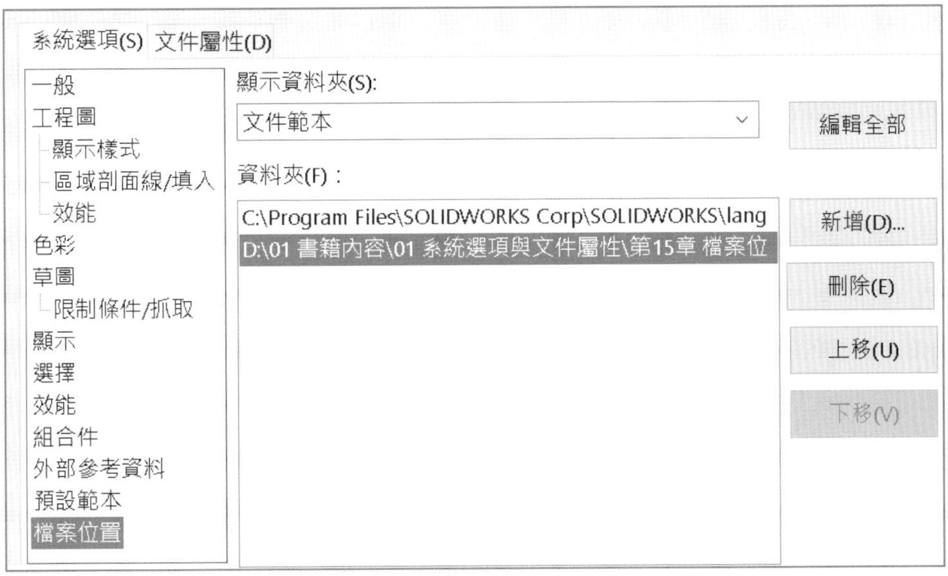

系統選項(S) 文件屬性(D)
一般
工程圖
顯示樣式
區域剖面線/填入
效能
色彩
草圖
限制條件/抓取
顯示
選擇
效能
組合件
外部參考資料
預設範本
檔案位置
顯示資料夾(S):
文件範本
編輯全部
資料夾(F)：
C:\Program Files\SOLIDWORKS Corp\SOLIDWORKS\lang
D:\01 書籍內容\01 系統選項與文件屬性\第15章 檔案位
新增(D)...
刪除(E)
上移(U)
下移(V)

15-0 檔案位置介面

本節說明視窗共同作業，例如：新增、刪除、上移、下移...等。建議將所有檔案放同一資料夾下，不須搬移或指定不同資料夾的管理（只要維護）。

基於方便管理（不須管理就是最好管理），放同一資料夾為原則，不必為了檔案放哪傷腦筋，常遇到安裝多種版本 2016、2018，這時資料夾路徑常遇到狀況，例如：電腦重灌為了自訂檔案放或指定到哪傷腦筋。

15-0-1 顯示資料夾

由清單選擇要設定的檔案項目，常用**上下鍵**快速切換項目，或點選**編輯全部**，由**編輯所有檔案位置**視窗查看。

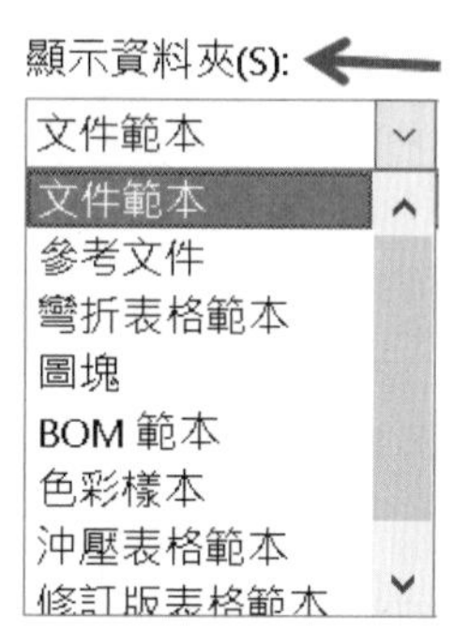

顯示資料夾（箭頭所示）應該為**檔案類型**，會比較好理解。

目前沒有指定開啟舊檔預設位置，Word 就有預設本機檔案位置，希望 SW 改進。

預設本機檔案位置(I): D:\01 書籍內容\

15-0-2 編輯全部

開啟**編輯所有檔案位置**視窗，適合大量查詢、指定、編輯路徑，記得所有變更要按下方**儲存**，新設定才會生效。由視窗看出檔案位置在 2 大地方，希望整合 1 個資料夾，因為對初學者很難分辨。

1. C:\Program Files\SOLIDWORKS Corp\SOLIDWORKS\lang\chinese

2. C:\ProgramData\SolidWorks\SOLIDWORKS 2018\lang\chinese

編輯所有檔案位置

檔案位置	目前的路徑	新路徑
文件範本 1	C:\Program Files\SOLIDW	C:\Program Files\SOLIDWORKS Corp\SOLIDWORKS\lang\chine
文件範本 2	D:\01 書籍內容\01 系統	D:\01 書籍內容\01 系統選項與文件屬性\第15章 檔案位置\15-
參考文件	D:\	D:\
彎折表格範本	C:\Program Files\SOLIDW	C:\Program Files\SOLIDWORKS Corp\SOLIDWORKS\lang\chine
圖塊	Undefined	Undefined
BOM 範本	C:\Program Files\SOLIDW	C:\Program Files\SOLIDWORKS Corp\SOLIDWORKS\lang\chine
色彩樣本	C:\Program Files\SOLIDW	C:\Program Files\SOLIDWORKS Corp\SOLIDWORKS\lang\chine

尋找/取代　　儲存　取消　說明

A 檔案位置、目前的路徑

顯示檔案類型與路徑。若設定 2 個路徑，就會出現**類型** 1 和**類型** 2，例如：文件範本有 2 個資料夾，會顯示**文件範本** 1、**文件範本** 2（**箭頭所示**）。

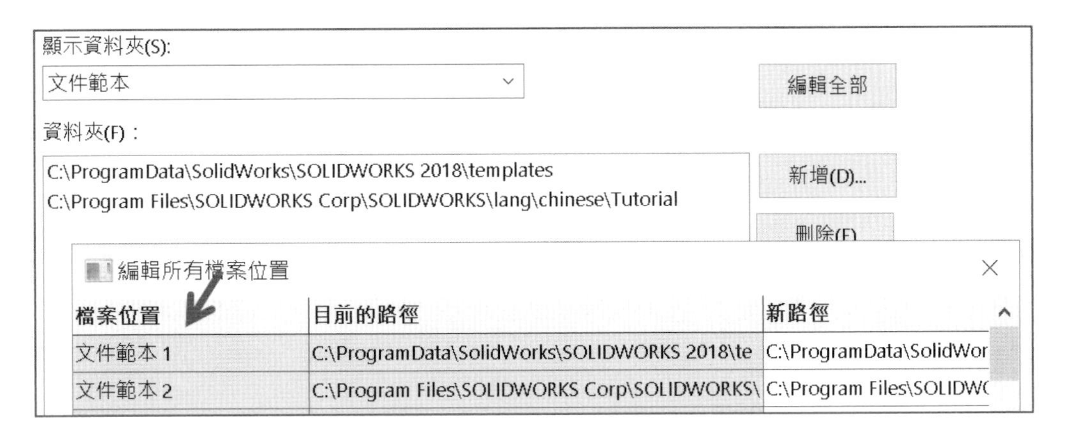

B 新路徑

快點 2 下路徑欄位，會到選擇資料夾視窗，更新檔案路徑，預設先到上一次開啟檔案路徑。常用 2 種方式指定資料夾位置：1. 人工點選、2. 複製-貼上路徑。

人工點選不說明了，下節說明**複製貼上路徑**，這是 Windows 操作。

C 新路徑-選擇資料夾視窗

步驟 1 點 1 下路徑欄位（系統已經全選了）

步驟 2 CTRL＋C

步驟 3 快點 2 下路徑欄位，出現選擇資料夾視窗

步驟 4 點選上方路徑欄位

步驟 5 CTRL＋V，貼上→↵

可以見到系統連結到貼上的路徑（箭頭所示）。

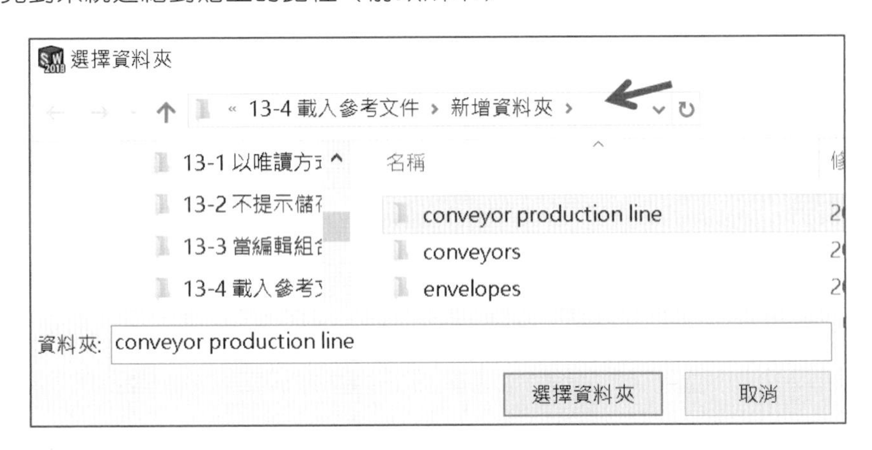

D 新路徑-複製→貼上

承上節，希望**文件範本**和**彎折表格範本**相同路徑。1. 點 1 下路徑欄位（系統全選了）→2. CTRL＋C→3. 點選另一個欄位 CTRL＋V，可見路徑被複製。

編輯所有檔案位置

檔案位置	目前的路徑	新路徑
熔接輪廓	C:\Program Files\SOLIDWO	C:\Program Files\SOLIDWORKS Corp\SOLIDWORKS\I
熔接屬性檔案	C:\ProgramData\Soli…	…dWorks\SOLIDWORKS 2018\lang\chinese\Weldments
3D ContentCentral 模型下	Undefined	Undefined
3D PDF 主題	C:\Program Files\SOLIDWO	C:\Program Files\SOLIDWORKS Corp\SOLIDWORKS\

E 尋找/取代

按下視窗左下角**尋找/取代**，由**尋找/取代**視窗快速找到並套用檔案位置，例如：希望預設路徑 C:\→D:\SW Files。

步驟 1 在尋找目標，貼上或輸入舊路徑，C:

步驟 2 在取代為，貼上新路徑

步驟 3 按下取代，可見到新路徑藍色顯示（箭頭所示）

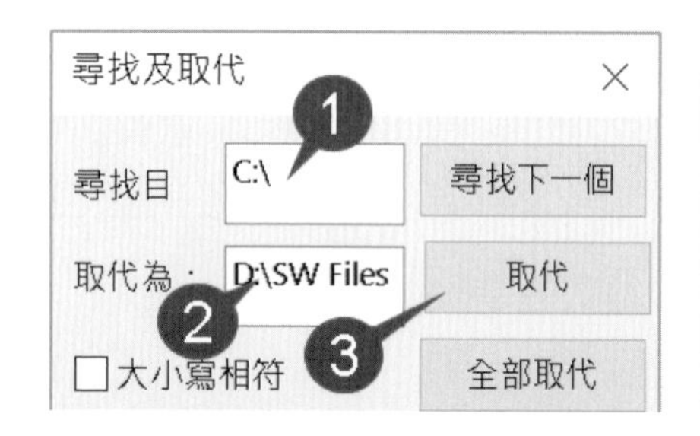

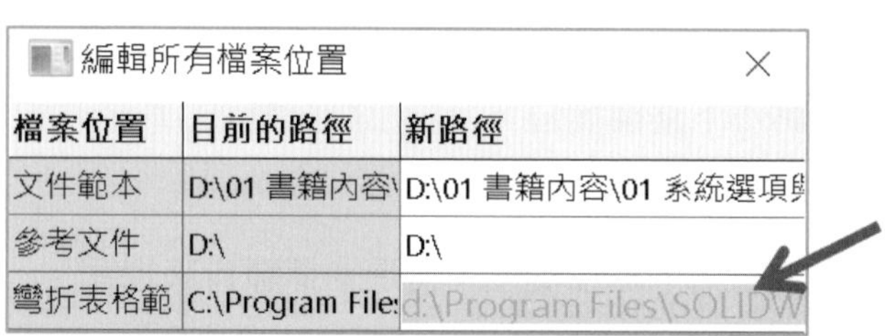

15-0-3 新增

指定檔案存放位置或增加 1 組檔案路徑，可指定多個路徑作為調配或參考，第 1 路徑也是預設路徑。預設 C:\SolidWorks\templates 不要刪除，到時還可追朔。

部分類型有安全考量，指定新路徑→確定，會出現提醒視窗，下圖左。

15-0-4 刪除

選擇路徑→按刪除，不支援 Delete。

15-0-5 上移與下移

將多路徑透過**上移/下移**改變搜尋順序，上移可得到優先搜尋→按確定立即生效。例如：第 1 個路徑沒範本檔，系統會向下找第 2 路徑，下圖右。

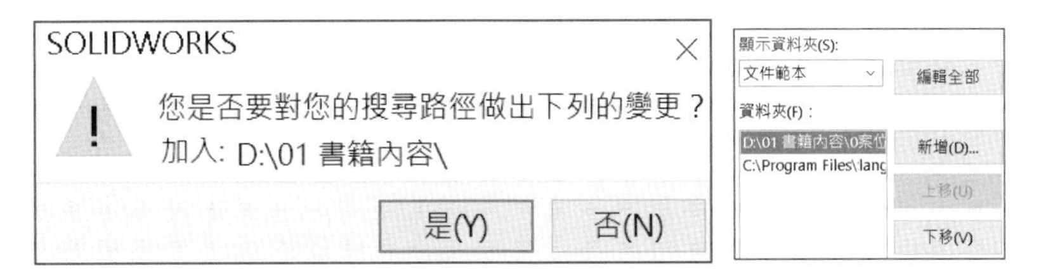

15-0-6 此位置儲存權限

若指定 C:\會出現管理者權限視窗，這是存取的保護措施，避免任意更動。由於 C:\為系統磁碟有管理權限，可以先到其他磁碟存取練習，或請 MIS 開放權限。

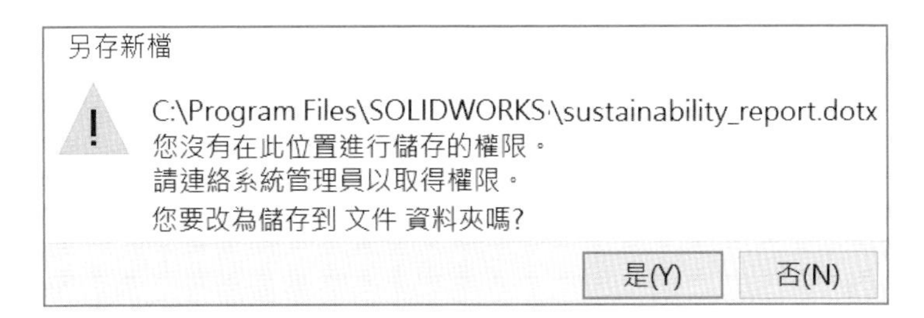

15-1 文件範本（Document Template）

文件範本：零件（*.PRTDOT）、組合件（*.ASMDOT）、工程圖（*.DRWDOT）使用率最高，開新文件就會套用它們，下圖左。

將大量且重複作業定義下來，例如：公/英制單位、工程圖範本，下圖右。

通常零件、組合件範本規劃相同，皆用來建立模型。工程圖牽涉到圖框、圖層、圖塊、標題欄註解...等，會比較複雜。

範本以人性為主，規範為輔，也可成為公司統一文件，否則難用無法落實。

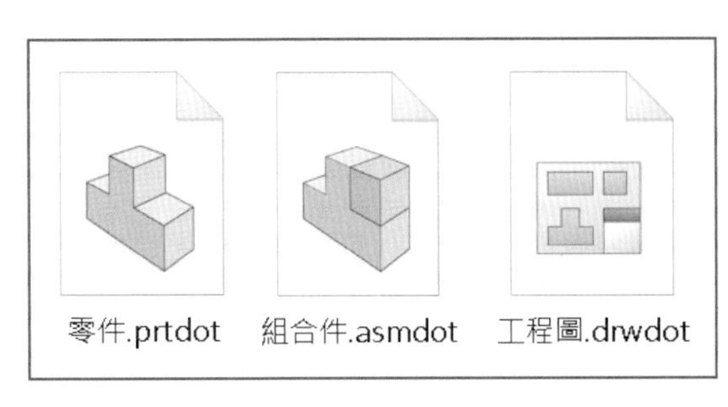

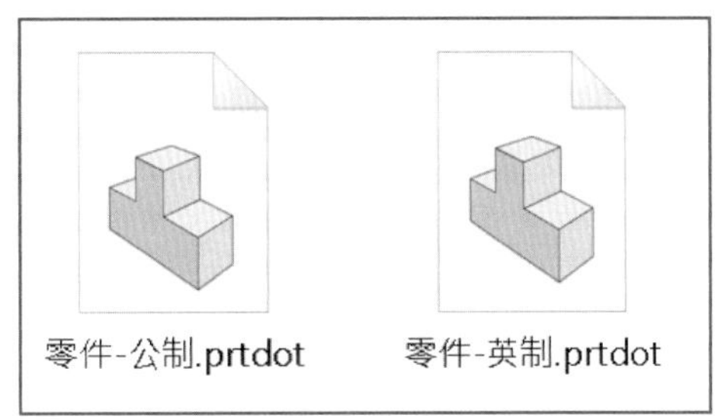

15-1-1 預設路徑

C：\ProgramDate\SOLIDWORKS\SOLIDWORKS 2018\templates。

15-1-2 系統流程

是否覺得快點 2 下就可進入 SW，知道為什麼嗎？這是內部運作：1. 進入新 SolidWorks 文件視窗→2. 快點 2 下零件圖示，就是點選 3. 零件範本。

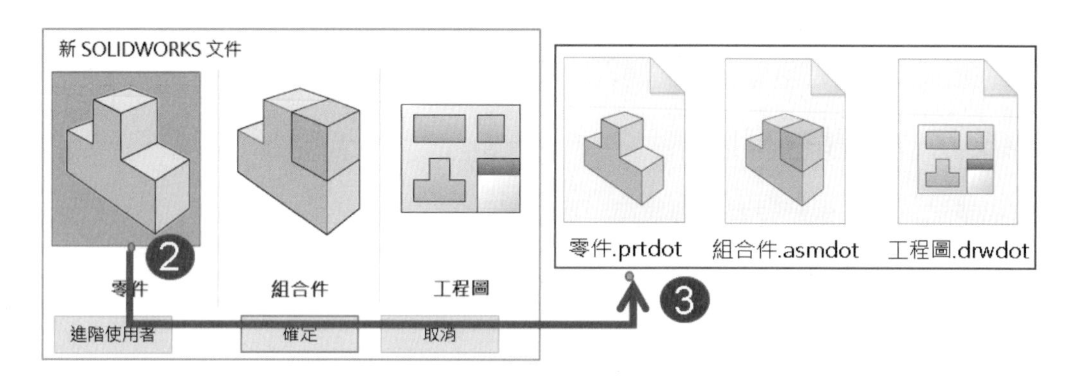

15-1-3 路徑沒有範本檔（空白）

該路徑沒有範本檔，會出現預設範本無效，並自動新增範本，這點就顯得貼心。

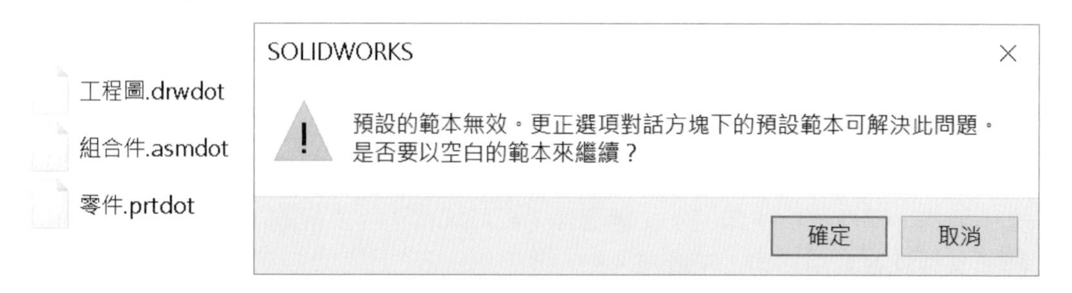

15-1-4 文件範本製作

文件範本常規畫 2 部分：1. 個人環境：等角視、原點打開、2. 檔案屬性：單位、字高。

1. 零件、組合件或工程圖→2. 另存新檔，存檔類型選擇 Part Templates（*.prtdot），以此類推製作組合件和工程圖範本。

15-1-5 進階使用者

1. 新 SolidWorks 文件→2. 選擇**進階使用者**，進入有標籤管理視窗（箭頭所示）。每個資料夾有額外範本，**預覽**看出所選擇範本縮圖。

多種不同類型範本，會用資料夾分類，例如：公/英制範本、廠商或專案…等。範本標籤會辨認範本格式，例如：*.PRTDOT，否則不會產生額外標籤。

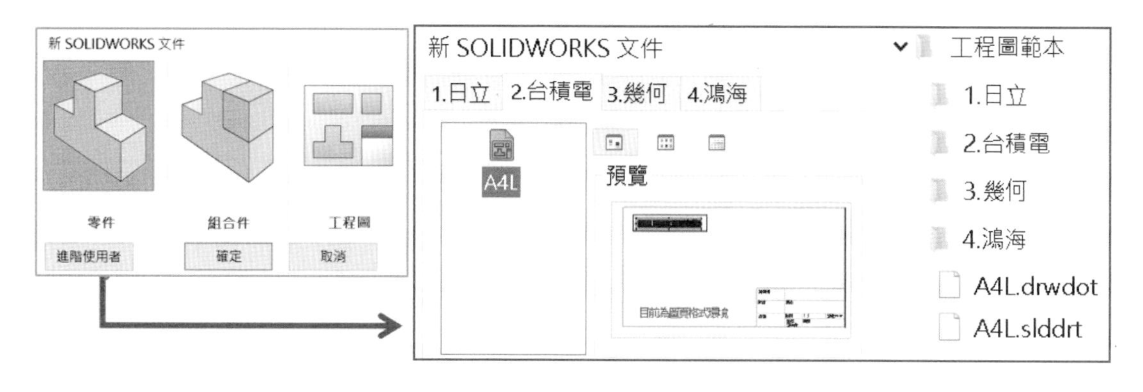

15-2 參考文件

開啟關聯檔案由指定位置優先搜尋，例如：開啟組合件或工程圖，會搜尋模型。也可指定多個資料夾位置，路徑越接近，找尋速度更快。

本項設定必須**外部參考資料→☑在檔案位置中指定參考文件**，下圖左。否則系統往上個開啟路徑尋找，降低系統效率。常將專案資料放在同一資料夾下管理，下圖右。

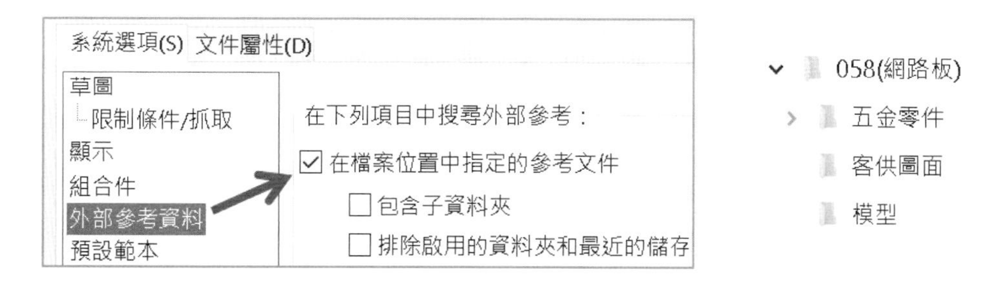

15-3 彎折表格範本

定義**鈑金彎折表格**的範本位置。每個檔案包含：彎折半徑、彎折角度和厚度。本節應該和下方**彎折表格**整合比較容易理解。指令過程選擇其中一個檔案，系統自動套用係數。

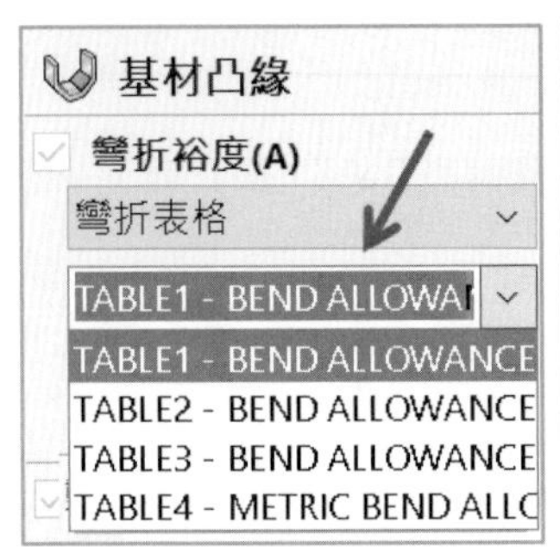

table1 - bend allowance... 登入

	A	B	C	D	E
1	類型:	彎折裕度			
2	材質:	**軟鋼及軟黃銅**			
3	說明:	所指定的數值是為 90 度的彎折			
4	半徑				
5		**1/64**	**1/32**	**3/64**	**1/16**
6	**1/32**	0.058	0.066	0.075	0.083

15-3-1 預設路徑

C:\Program Files\SOLIDWORKS Corp\SOLIDWORKS\lang\chinese\Sheetmetal Bend Tables\bend allowance ，表格包含：K-Factor、彎折裕度、彎折扣除檔案。

有 EXCEL 和*.BTL 文字檔，並非工程師電腦都有 Excel，所以提供文字檔，下圖右。

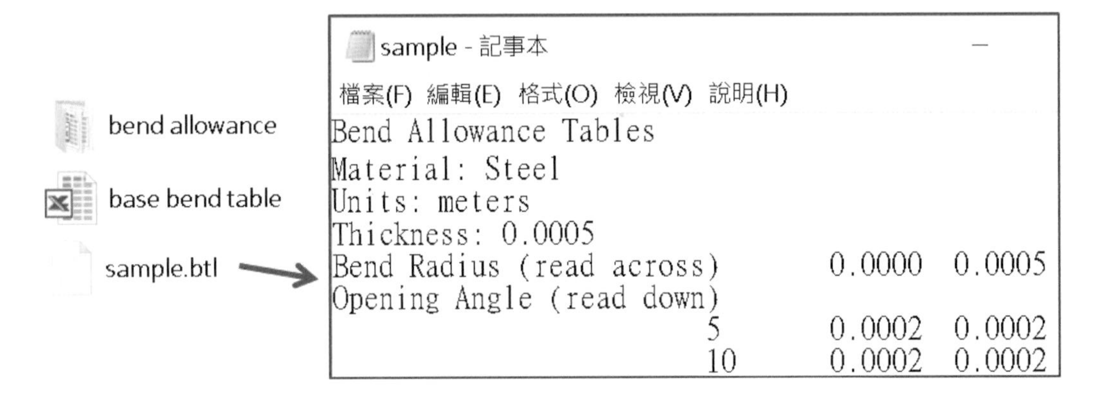


```
Bend Allowance Tables
Material: Steel
Units: meters
Thickness: 0.0005
Bend Radius (read across)        0.0000   0.0005
Opening Angle (read down)
                          5      0.0002   0.0002
                         10      0.0002   0.0002
```

15-4 圖塊

圖塊為共用圖示，可複製到其他文件，也是資料庫，常用在註解、圖形或設計機構簡圖。圖塊附檔名*.SLDBLK，SW 可接開啟。

15-4-1 預設路徑

C:\ProgramData\SOLIDWORKS\SOLIDWORKS 2018\design library\annotations，有內建一些圖塊，不多就是了，下圖右。

正齒輪	
模數	2
齒數	20
節圓直徑	31
外徑	34.8
周節	6.28
壓力角	20°
加工方法	鉋削

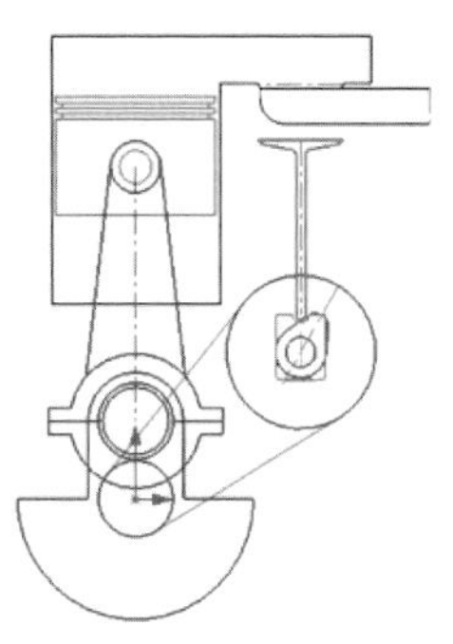

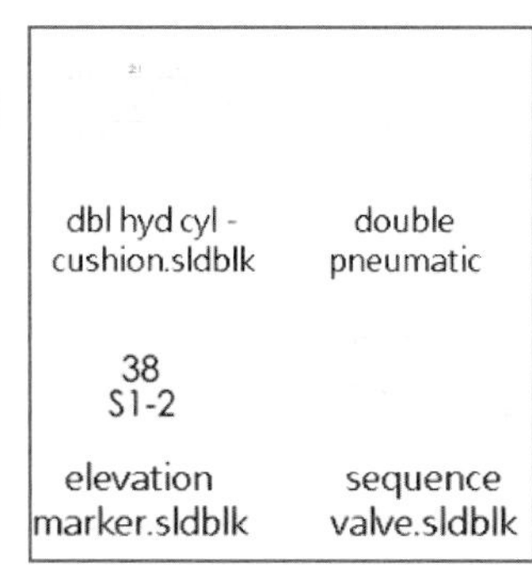

15-4-2 圖塊製作過程

將圖元或文字集合成單一圖元：1. 點選圖元→2. 產生圖塊→3. 儲存圖塊。

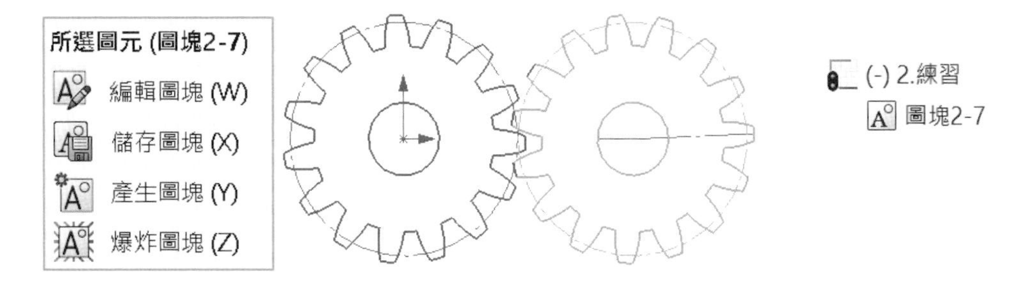

15-5 BOM 範本

零件、組合件、工程圖皆可製作 BOM（Bill of Material）材料清單。BOM 範本=定義上方欄位標準格式。很多人直接拿內建 EXCEL 檔案來改，成為自己範本。

本節說明 2 種範本做法，由於篇幅沒說明怎麼產生零件表。

15-5-1 預設路徑

C:\Program Files\SOLIDWORKS Corp\SOLIDWORKS\lang\chinese，裡面有 2 種格式：1. 以 Excel 為基礎的零件表、2. SLDBOMTBT，用在零件表範本。

bom-all.sldbomtbt

bomtemp-vendor

bom-costing.sldbomtbt

bomtemp
檔案 常用 插入 版面配置 公

	A	B	C	D	E
1	項目編號	數量	零件檔案名稱	重量	說明
2					

15-5-2 以 Excel 為基礎的零件表

1. 點選 BOM→2. 下拉式功能表**檔案**→3. 另存新檔，於另存新檔視窗→4. 儲存*. XLS。因為是 EXCEL 所以功能擴充最高，可快速分享與修改 BOM 資料。

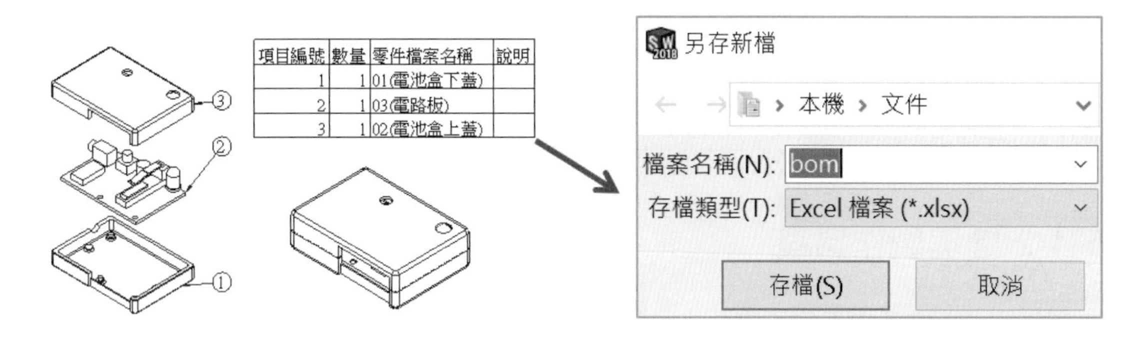

15-5-3 零件表範本

1. 表格上右鍵→2. 另存為→3. 於另存新檔視窗，儲存*. SLDBOMTBT。使用率最高，最容易上手，不須由 EXCEL 就能修改 BOM 資料。

項次編號	零件名稱	描述	QTY
1	01(電池盒下蓋)		1
2	03(電路板)		1
3	02(電池盒上蓋)		1

縮放/移動/旋轉
最近的指令(R)
插入 - 新零件 (P)
另存為... (Q)

15-6 色彩樣本

自訂色彩套用到模型上，預設 3 個樣本：1. 灰階（greys）、2. 蠟筆（pastels）、3. 標準（Standard），附檔名*. SLDCLR。

15-6-1 預設路徑

C:\Program Files\SOLIDWORKS Corp\SOLIDWORKS\lang\chinese\colorswatches。

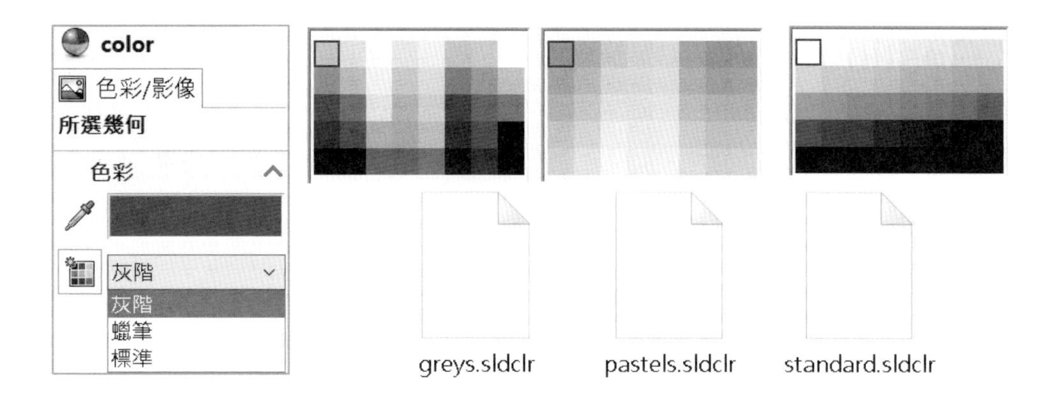

15-7 Costing 報告範本資料夾

定義成本分析報告範本，由報告發布選項可見套用範本並產生 WORD 報告。

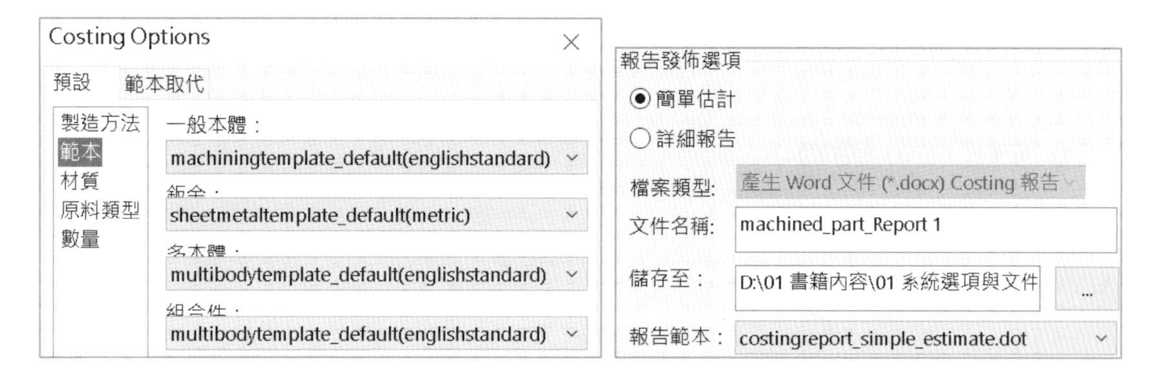

15-7-1 預設路徑

C:\ProgramFiles\SOLIDWORKSCorp\SOLIDWORKS\lang\chinese，與 OFFICE 範本相同，例如：costingreport_assembly.DOT、costingreport_assembly.XLT

- costingreport_assembly
- costingreport_assembly
- CostingReport_Machining
- costingreport_machining
- costingreport_multibody
- costingreport_multibody
- costingreport_sheetmetal
- costingreport_sheetmetal
- costingreport_simple_estimate

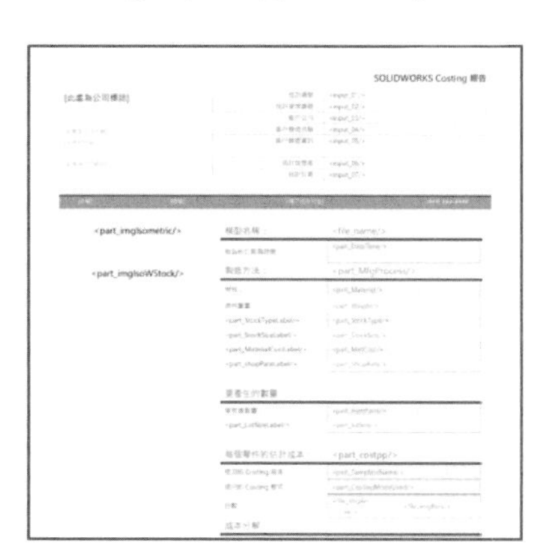

15-8 Costing 範本

設定加工方法、材料、塑膠...等範本，這些資料屬於 Costing 報告內容。

15-8-1 預設路徑

C:\ProgramData\SOLIDWORKS\SOLIDWORKS 2018\lang\chinese\Costing templates，machiningtemplate_default(metric).sldctm

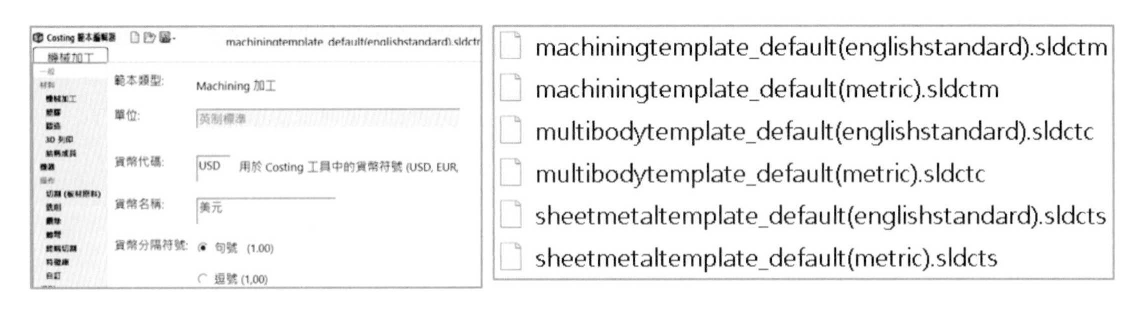

15-9 自訂-外觀

將常用外觀及色彩整理在同一資料夾內，方便套用在模型上。由於外觀分布在不同資料夾，實務將常用顏色規劃到自訂資料夾，例如:紅、綠、藍…等。

15-9-1 預設路徑

C:\Program Files\SOLIDWORKS Corp\SOLIDWORKS\data\graphics。讓**外觀**、**全景**、**移畫印花**資料庫屬於共同區，所以整合在 graphics 資料夾中。

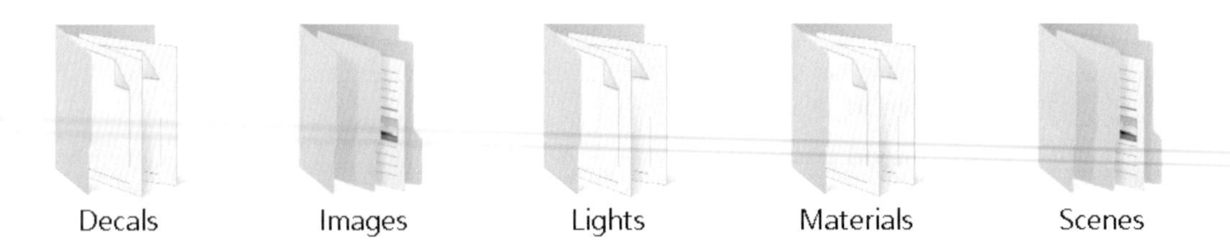

15-9-2 製作外觀

拖曳想要的外觀→放置到統一資料夾，以後不用分別尋找要的顏色。

步驟 1 點選外觀

步驟 2 點選新增檔案位置

步驟 3 指定外觀資料夾位置

在選擇資料夾視窗，指定外觀資料夾位置，例如：資料夾名稱=自訂外觀→↵。

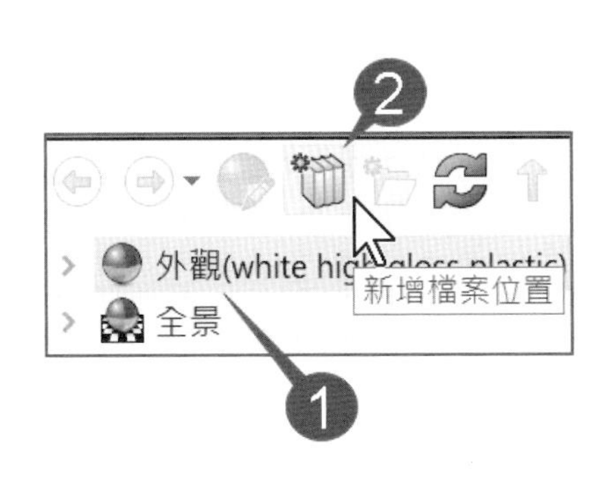

步驟 4 拖曳外觀

這時會出現**外觀資料夾**。由下方拖曳現有外觀（亮藍色）到外觀資料夾，下圖左。

步驟 5 查看自訂外觀

點選自訂外觀資料夾，可見自行規劃的項目，這樣方便很多囉，下圖右。

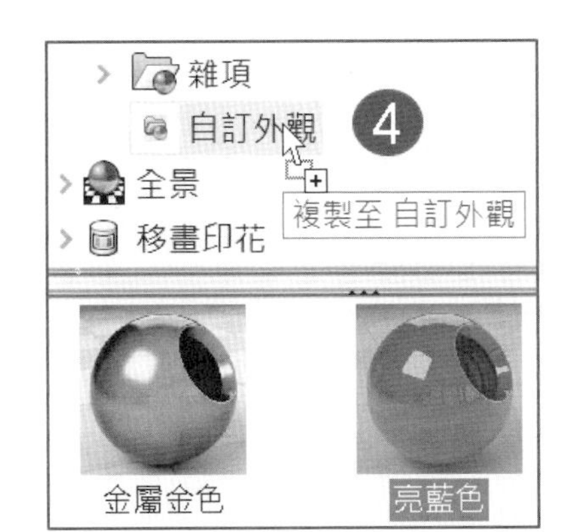

15-10 自訂-移畫印花

將常用的**移畫印花**整理在資料夾內，例如：圖片。做法和**外觀**相同，不贅述。

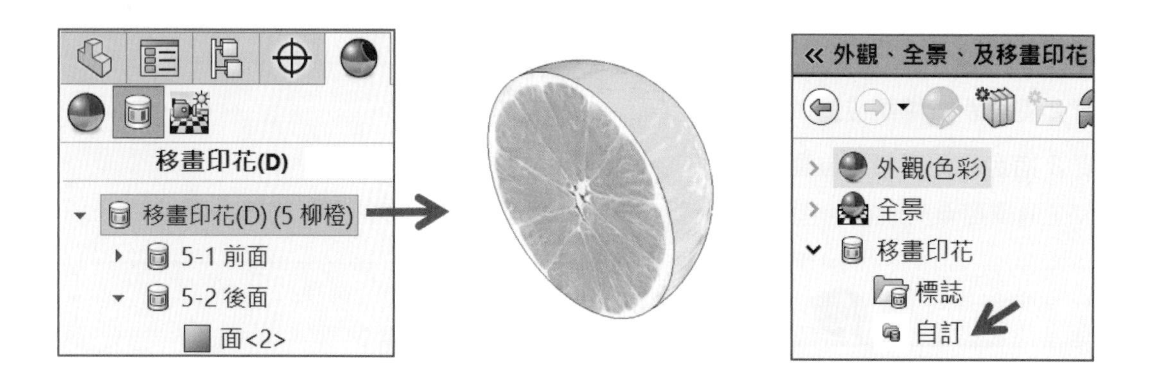

15-10-1 預設路徑

C:\Program Files\solidworks Corp\solidworks\data\graphics\decals，*.P2D。

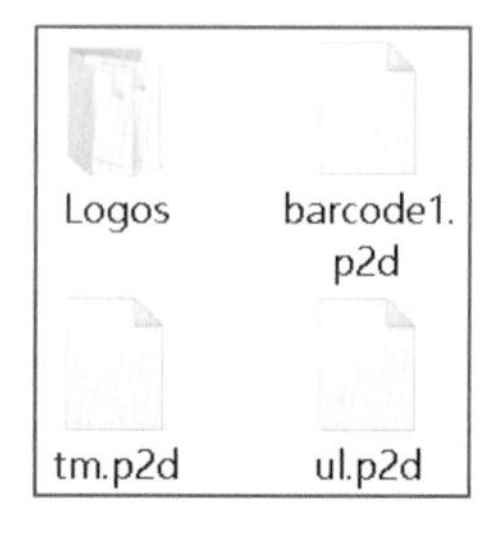

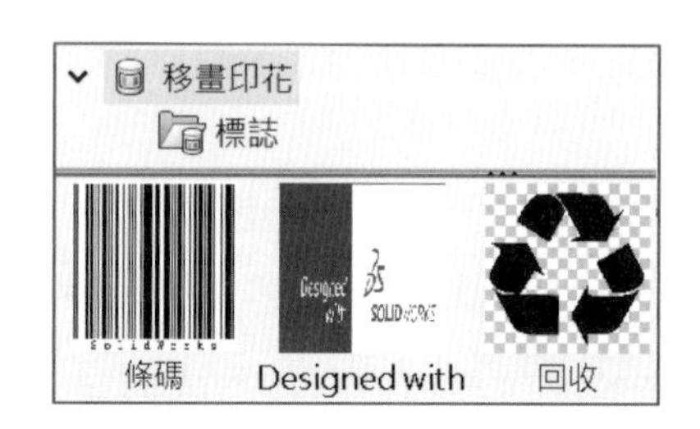

15-11 自訂-全景

定義全景資料夾位置，全景（Scene）就是背景或攝影棚，模型就處於攝影棚內，切換**全景**將模型效果產生變化。本節說明與**移畫印花**和**外觀**相同，不贅述。

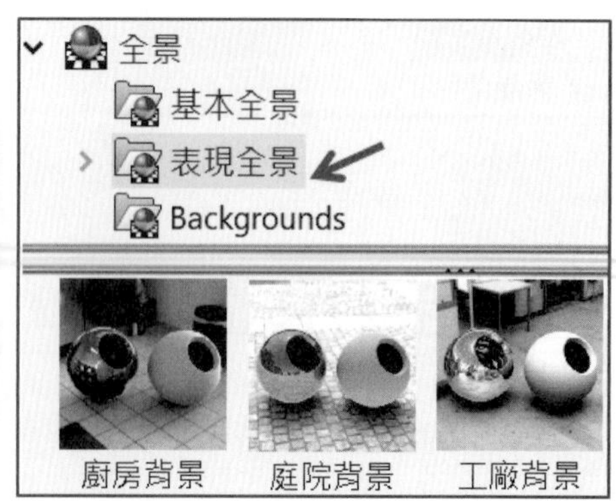

15-12 自訂屬性檔案

定義屬性名稱欄位。檔案→屬性→自訂，點選右上方**編輯清單**（箭頭所示），由**編輯自訂屬性清單**視窗，大量編輯屬性清單=屬性名稱。

很多人在**自訂**或**模型組態**標籤，人工一筆一筆建立屬性值，不知道可以在**編輯自訂屬性清單**視窗做範本。

自訂屬性=資料庫（Data Base）1 次資料。讓其他地方引用=2 次資料，例如：BOM、PDM、工程圖使用。可用記事本或**編輯自訂屬性清單**視窗自訂屬性資訊。

摘要資訊

摘要　自訂　模型組態指定　　編輯清單(E)

	屬性名稱	類型	值 / 文字表達方式	估計值
7	成本(Cost)	文字	NT:	NT:
8	零件數量/組(Qty./P	數字	1	1

15-12-1 預設路徑

C:\ProgramData\SOLIDWORKS\SOLIDWORKS 2018\lang\chinese，properties.txt。

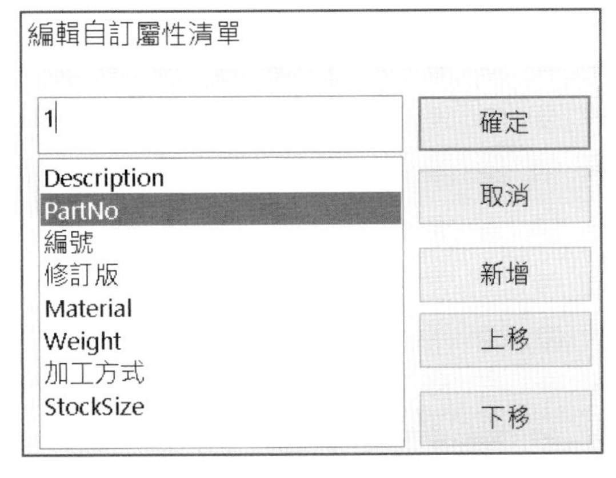

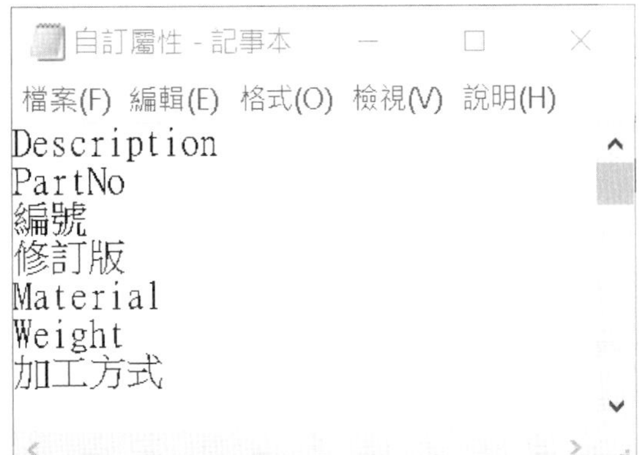

15-13 Design Check 檔案

產生標準檔案檢查文件設計，例如：尺寸標註標準、字型、材質與草圖，可自動更新不正確的定義。使用 Design Checker 之前，要先附加→Design Checker。

工具→Design Checker→檢查使用中文件，執行先前定義*.SWSTD 檔案。

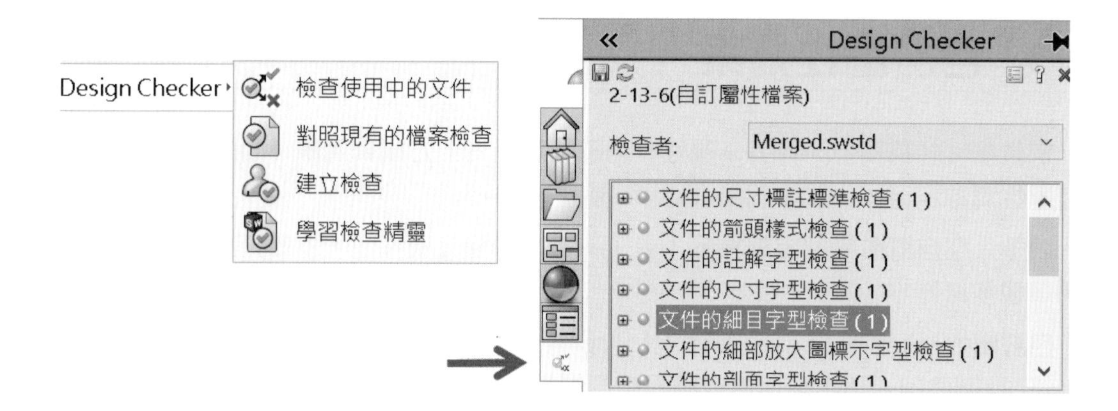

15-13-1 預設路徑

C:\Users\AppData\Local\Temp\DesignChecker\2018\Validator\180101124324137\180101124324137\DesignBinder，DesignChecker.SWSTD。

15-14 顯示 Journal 範本

Journal.DOC（**預設的檔案名稱**）是 Word 文件，在**特徵管理員** Design Binder 資料夾中，類似工程日誌內嵌在零件、組合件、工程圖，把設計想法或特點紀錄下來。

點選 Journal 右鍵開啟，標題包含：1. 檔案名稱、2. 描述、3. 材質。最大好處就是專案管理，因為 Journal 屬於 Design Binder 其中一份文件。

由 Design Binder 可附加檔案到該資料夾中，例如：型錄、會議記錄...等。

15-14-1 預設路徑

C:\Program Files\SOLIDWORKS Corp\SOLIDWORKS\lang\chinese。

15-15 Design Library

在工作窗格的 Design Library（設計庫）標籤，重複利用資料或新增捷徑。Design Library 包含：ToolBOX、3D ContentCentral、SolidWorks 內容。

要自行加入可以透過 1. 新增→2. 指定路徑即可，例如：D:\SW SETUP，下圖左。

15-15-1 預設路徑

C:\ProgramData\SOLIDWORKS\SOLIDWORKS 2018\design library，下圖右。

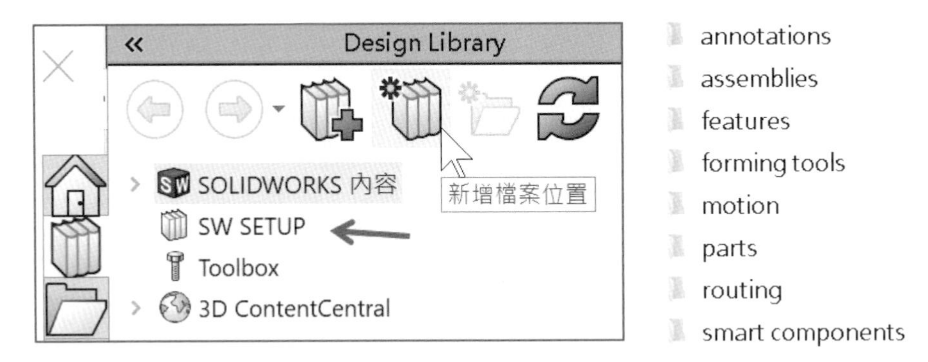

15-16 尺寸/註記最愛

將尺寸和註記、幾何公差、表面加工符號…等指令，把常用設定記錄起來，下回重複使用。尺寸/註記最愛=樣式（STYLE），最愛（Favorite）是舊名字，SW 還沒改過來。

公差過程，必須花時間由上到下點選，常態作業可以記起來，本節後面有說明。

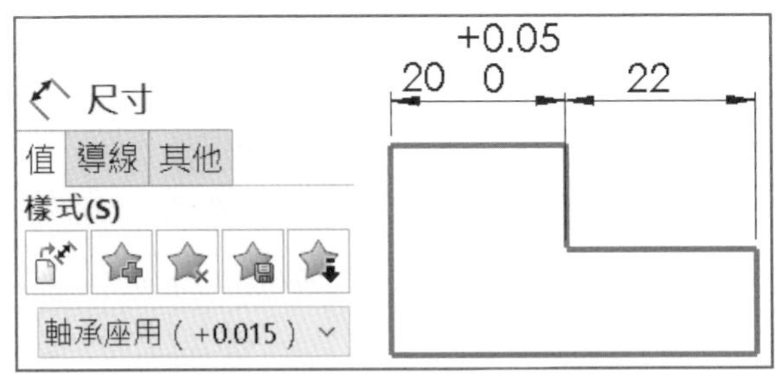

15-16-1 預設路徑

C:\Users\user\Documents，這裡沒有範例，實務上會自己改位置並製作樣式。

15-16-2 最愛的副檔名

尺寸*.SLDFVT、註記*.SLDNOTEFVT、幾何公差符號*.SLDGTOLFVT、表面加工符號*.SLDSFFVT、熔接符號*.SLDWELDFVT、異形孔精靈*.SLDHWFVT。

15-16-3 製作公差樣式

常用公差就是那幾樣，避免重覆輸入時間、甚至輸入錯誤或忘記給公差窘境，本節製作雙向公差+0.05。

步驟 1 點選尺寸

步驟 2 於公差精度欄位，切換雙向公差

步驟 3 輸入 0.05

步驟 4 新增樣式

於視窗輸入名稱，最好加入使用處利於索引，例如：軸承座用（+0.015）。

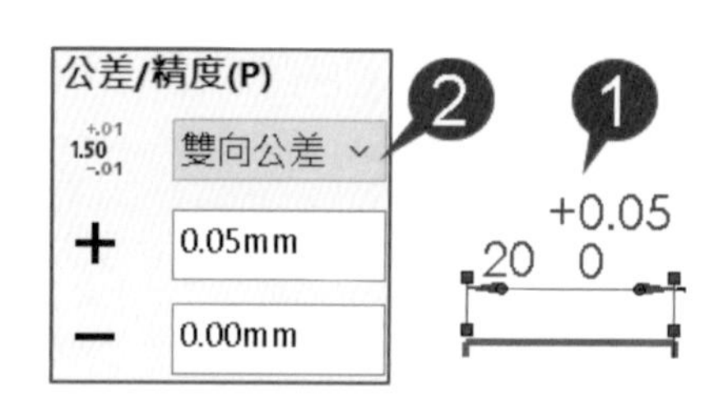

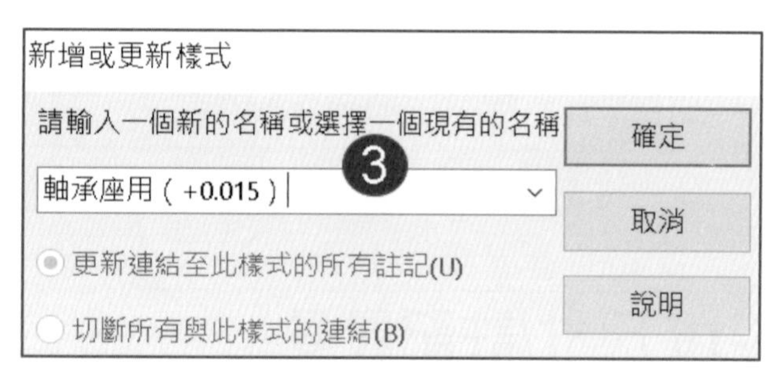

步驟 5 儲存樣式

將建立好的樣式儲存起來，以便下次取用，檔名和先前樣式名稱相同。

步驟 6 套用樣式

點選其他尺寸→於樣式清單切換+0.05，這種感覺就是效益。

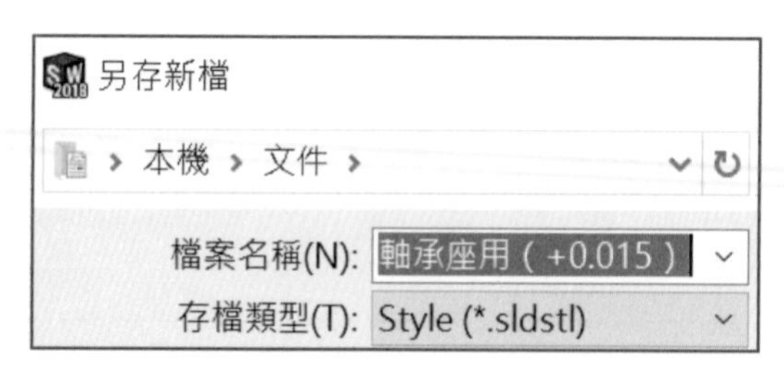

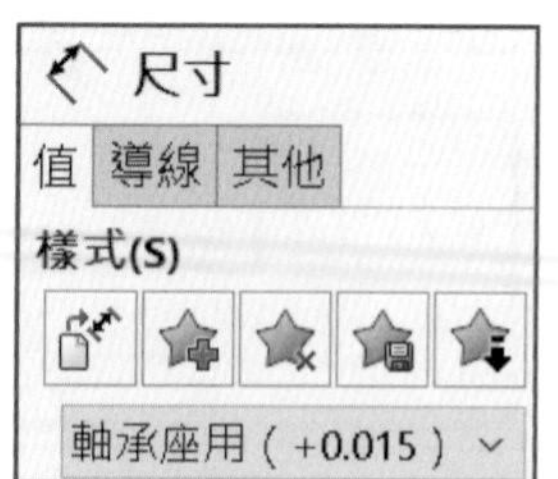

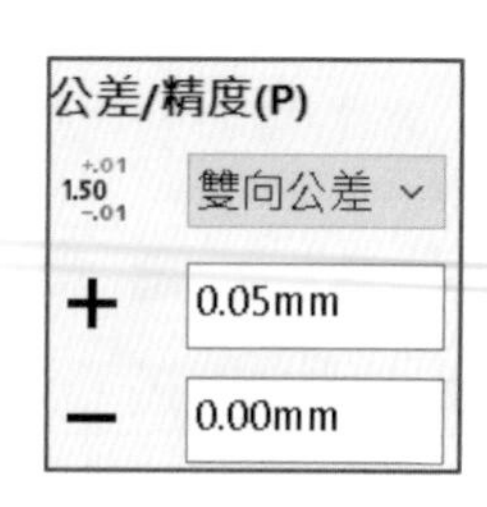

步驟 7 載入樣式

指定路徑載入先前製作樣式，這時樣式清單就有這些，並感受本節路徑效益。

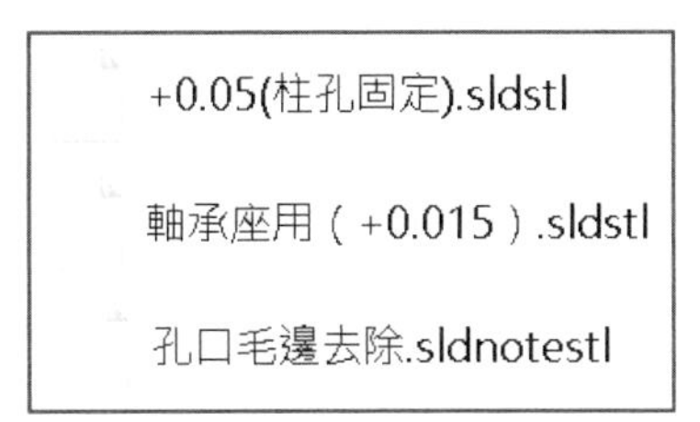

步驟 8 儲存工程圖或範本

承上節，要儲存工程圖或更新工程圖範本，這樣才會保留先前載入的樣式。否則每次開新工程圖都要重新⭐。

15-17 DimXpert 標註格式檔案

使用 DimXpert 在模型尺寸標註，標註形式與鑽孔格式 calloutformat.txt 共用。

15-17-1 預設路徑

C:\Program Files\SOLIDWORKS Corp\SOLIDWORKS\lang\chinese，txcalloutformat.txt。

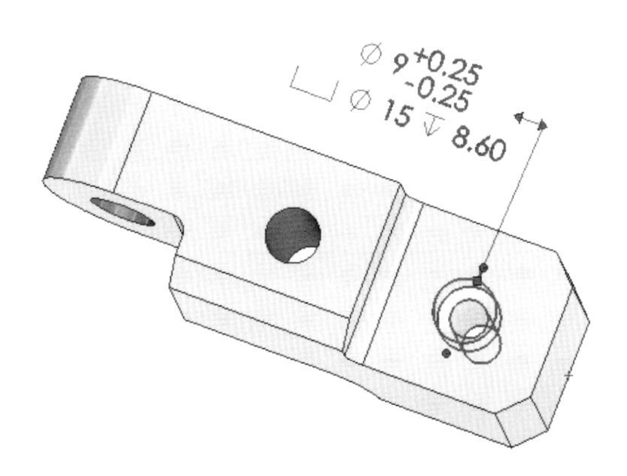

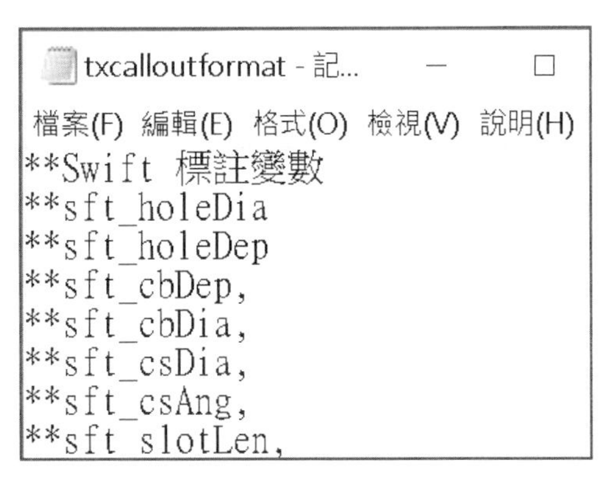

15-18 DimXpert 一般公差檔案

承上節，在模型加入線性、斷裂尺寸、單位與公差，套用雙向公差範本檔，general tolerances.xlsx。

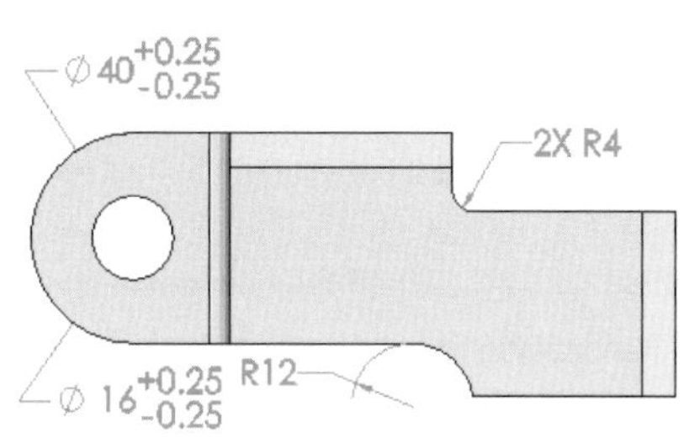

general tolerances

	A	B	C	D	E
1	線性				
2	名稱	描述	從	大於	大於
3			0	3	6
4	C1	Custom1	0.1	0.1	0.2
5	C2	Custom2	0.05	0.1	0.3

15-19 草稿標準

文件屬性→草稿標準（Drafting Standard），將文件屬性每項設定記錄成為範本，讓舊版文件套用並更新。

文件屬性可以為每份文件獨立設定，常遇到希望把舊文件更新卻不得要領，多半是開一個檔案改一次，只要載入**草稿標準檔**就能更新標準。

15-19-1 製作草稿標準

文件屬性→儲存至外部檔案→儲存為*. SLDSTD。

15-19-2 載入草稿標準

承上節，按下**從外部檔案載入**，指定草稿標準，就能更新目前文件的文件屬性設定。

15-20 函數產生器區段類型定義

於 Motion 動力分析，從**函數產生器**選擇區段類型（箭頭所示）。可定義分段、連續動力或力概況，例如：SegmentTypes.txt 產生自訂函數產生器區段類型。

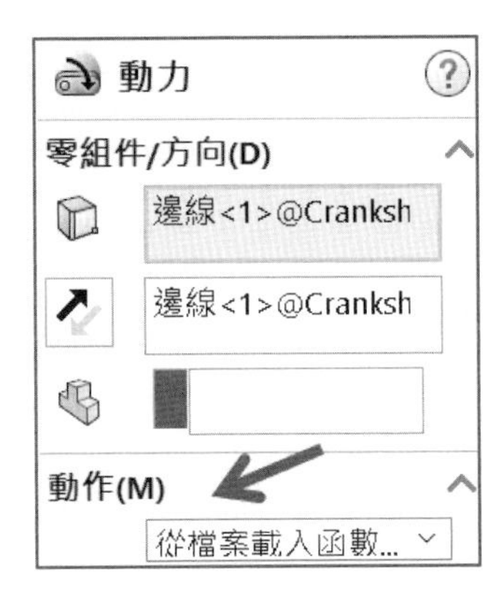

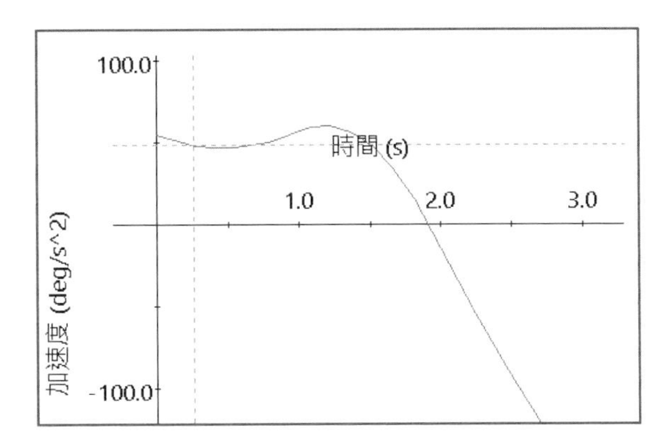

15-20-1 製作函數檔案

於函數產生器視窗→儲存為*.SLDFNC。

15-21 一般表格範本

一般表格=空白表格，只在儲存格輸入資料就好，不需自動連結屬性。將**一般表格製作範本**，常製作上方標題成為範本。

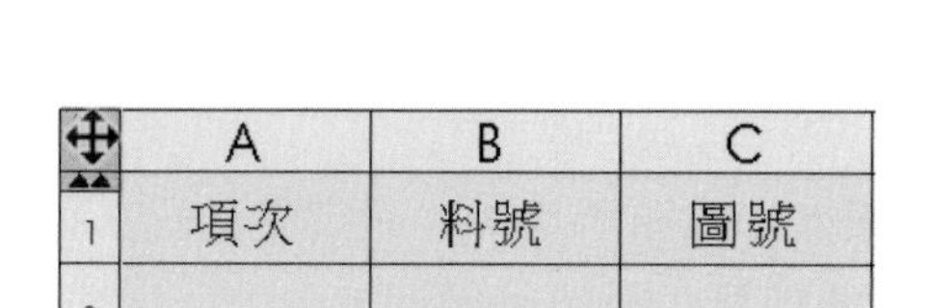

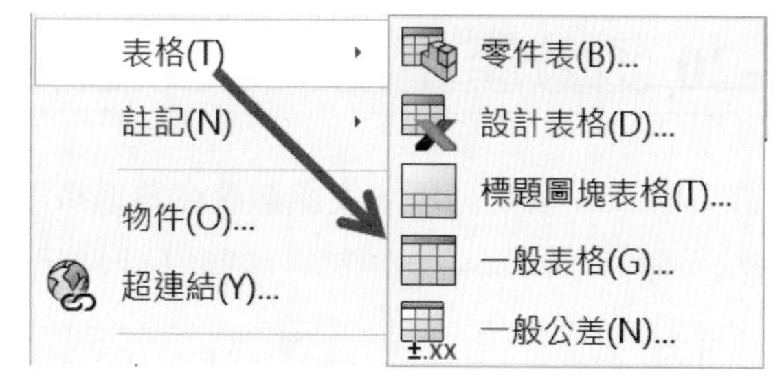

15-21-1 預設路徑

C:\Program Files\SOLIDWORKS Corp\SOLIDWORKS\lang\chinese，titleblock、connector-table.SLDTBT。

15-21-2 載入表格

使用表格過程，在表格範本欄位上點選**載入**→由開啟視窗點選**表格範本檔案**。

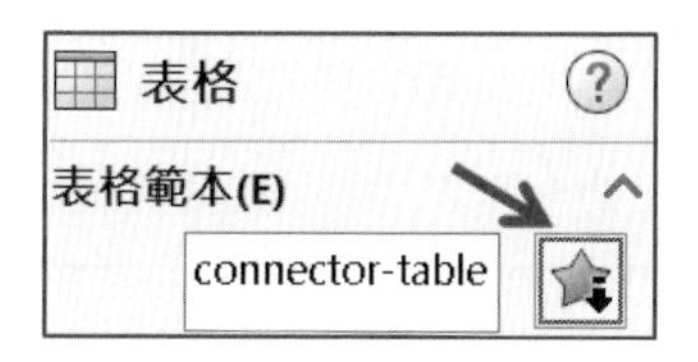

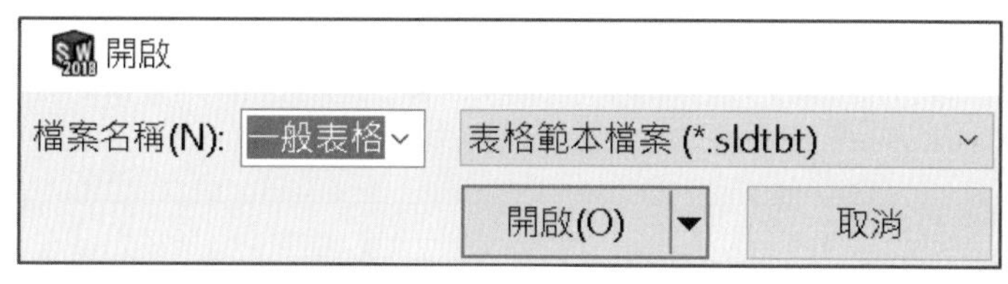

15-22 鑽孔標註格式

使用**孔標註**標註鑽孔特徵，系統套用鑽孔表格定義。這部分論壇很多人問，建議進階者研究比較好。

15-22-1 預設路徑

C:\Program Files\SOLIDWORKS Corp\SOLIDWORKS\lang\chinese，calloutformat.TXT。

開啟檔案會發現全部英文，因為它們是變數名稱，例如：COUNTERBORED HOLES=柱孔、<MOD-DIAM>=Ø、<HOLE-DEPTH>=↧...等。

常用在預設標註不是公司習慣，很多人告訴你到這改，是標準作業沒錯，不過學習很吃力。大郎分享好招，用註解樣式即可。

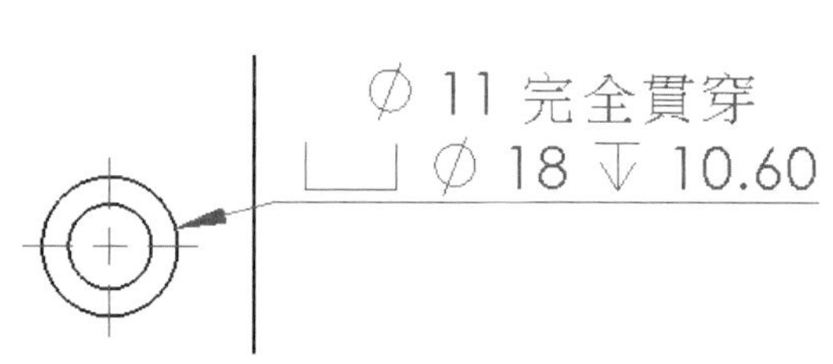

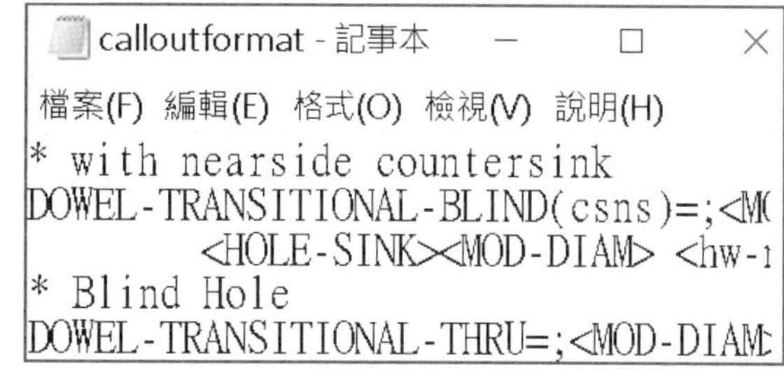

15-22-2 製作鑽孔的尺寸標註樣式

承上節，製作鑽孔樣式滿足習慣標註，例如：M10 柱孔。不必深入學習語法也好管理，做法和**製作公差樣式**相同，以下簡單說明。

步驟 1 輸入 M 柱孔

點選尺寸，於尺寸文字欄位，輸入 M 柱孔，這時不要介意目前尺寸是多少。

步驟 2 新增樣式

於視窗中輸入：M 柱孔→↵。

步驟 3 儲存樣式

儲存過程與新增樣式相同名稱，這時檔名不必修改了*. SLDSTL，下圖右。

步驟 4 套用樣式

點選尺寸，於樣式欄位切換 **M 柱孔**，M10 柱孔已套入，有快吧。

15-23 鑽孔表格範本

以表格型式標示鑽孔，可簡化標註，特別是多孔位。

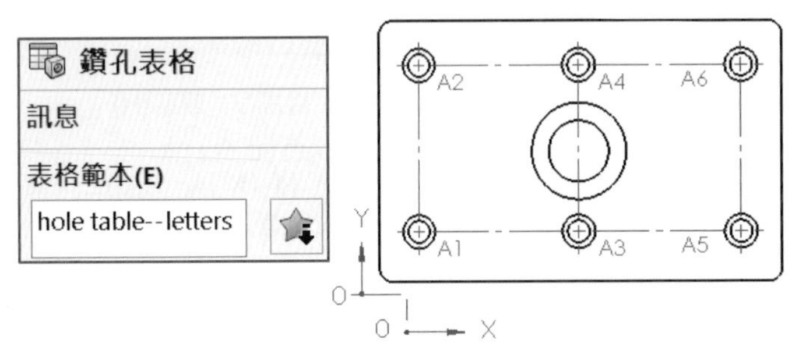

鑽孔表格			
標籤	X 位置	Y 位置	尺寸
A1	15	18	⌀8-⌀12↧5
A2	15	78	
A3	75	18	
A4	75	78	
A5	135	18	
A6	135	78	

15-23-1 預設路徑

C:\Program Files\SOLIDWORKS Corp\SOLIDWORKS\lang\chinese，standard hole table-letters、standard hole table-numbers.SLDHOLTBT。

15-24 異形孔精靈最愛資料庫

在對鑽孔類型參數儲存、更新，就是樣式，適用零件和組合件。製作樣式能統一習慣標註，更不必深入學習也好管理。本設定應該稱為：**異形孔精靈樣式。**

由上到下切換清單，輸入參數蠻無聊的，儲存這些操作更可避免不該發生的風險。

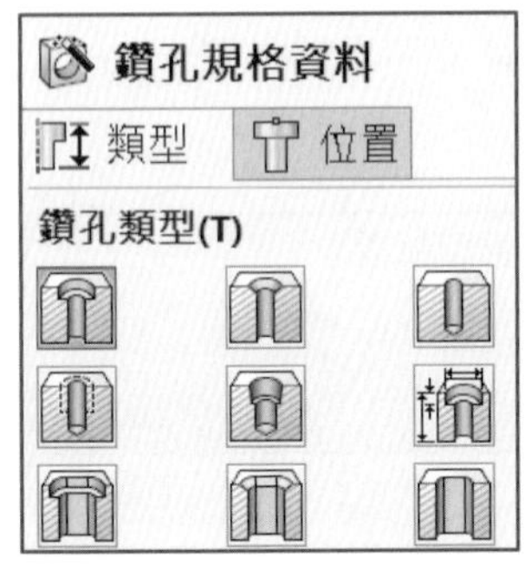

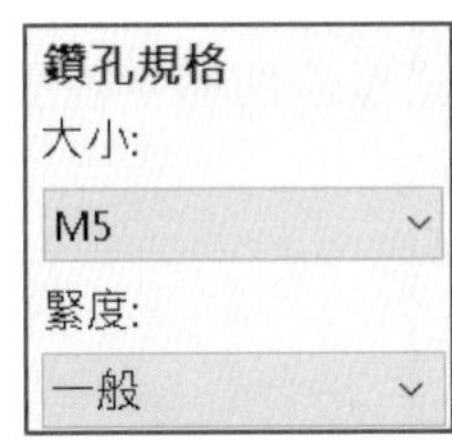

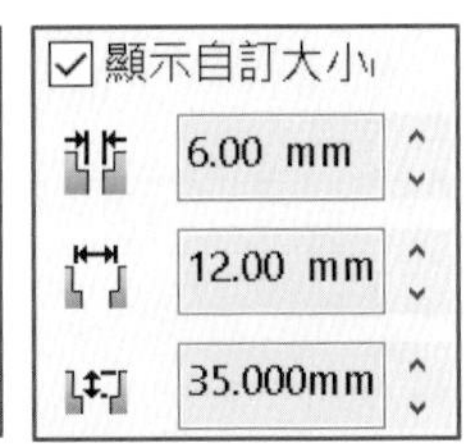

15-24-1 異形孔精靈樣式

製作常用規格成為樣式，套用樣式簡化鑽孔輸入。製作先前說過，本節簡述。

步驟 1 新增樣式

於指令過程，製作 M5 柱孔。於視窗中輸入：M5 柱孔→↵。

步驟 2 儲存樣式

儲存過程與新增樣式相同名稱，這時檔名不必修改了*.SLDHWFVT，下圖左。

步驟 3 套用樣式

編輯，於樣式欄位中切換 M5 柱孔→↵，見到已經套入，有快吧，下圖右。

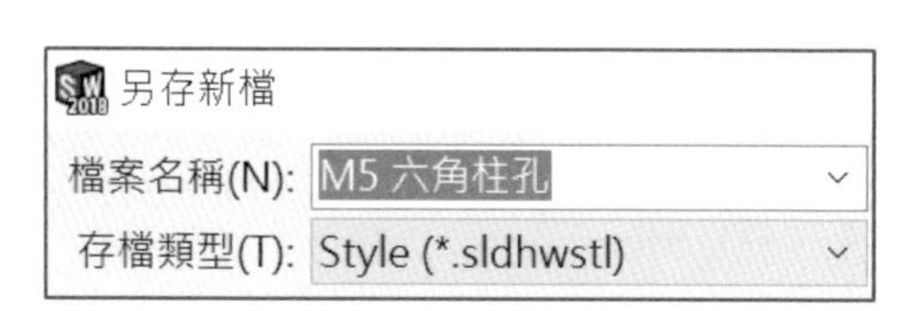

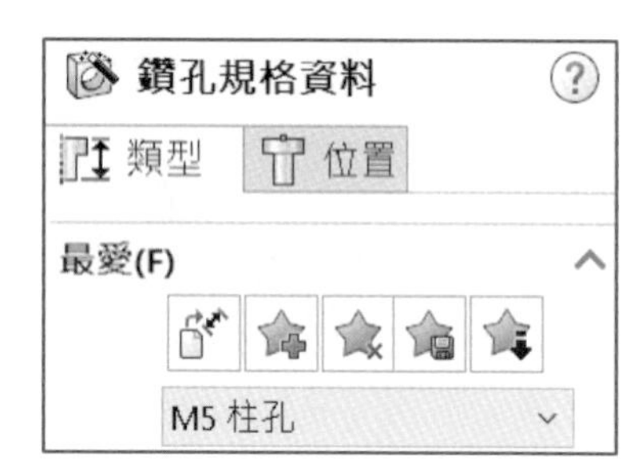

15-25 線條樣式定義

設定**線條樣式**（LineStyle）資料夾。**線條樣式**以不變動為主，因為內建的檔案依 ISO 製圖標準定義，除非公司有特定**線條樣式**。

常用在無法正確載入或使用**線條樣式**，就要在這裡重新指定檔案路徑，例如：圖層。

15-25-1 預設路徑

C:\Program Files\SOLIDWORKS Corp\SOLIDWORKS\lang\chinese，swlines.LIN，你會見到線條樣式顯示格式。**線條樣式**的內容，統一於**文件屬性→線條樣式**說明。

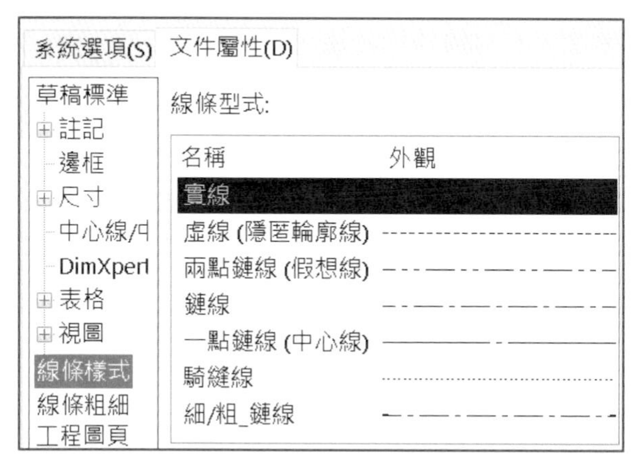

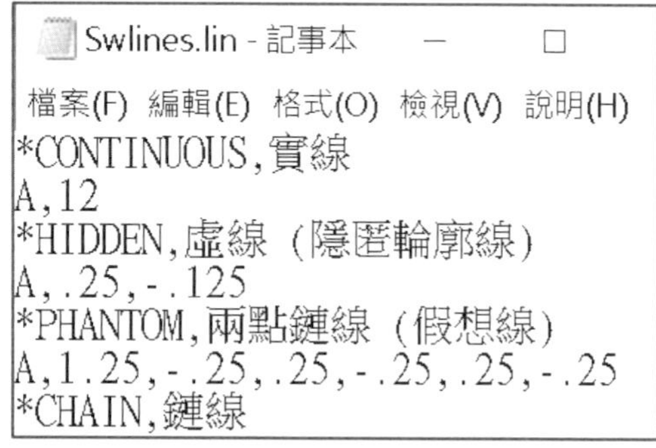

15-26 巨集

設定巨集存取位置，例如：點選編輯巨集，開啟巨集*.SWP。

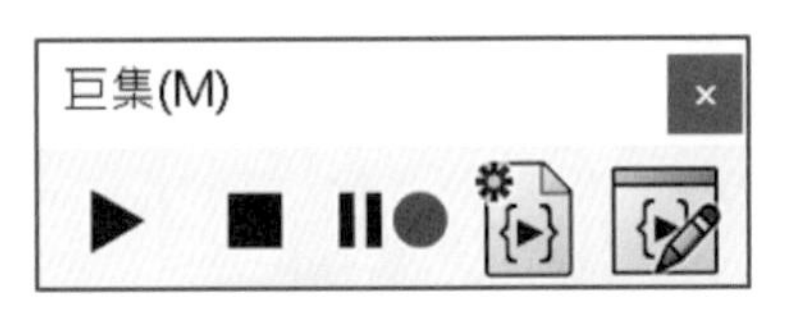

15-27 巨集特徵檔案

承上節，透過 VB、VB C++…等軟體，產生的檔案製作專案路徑。

例如：VBA 匯出檔案*.BAS。

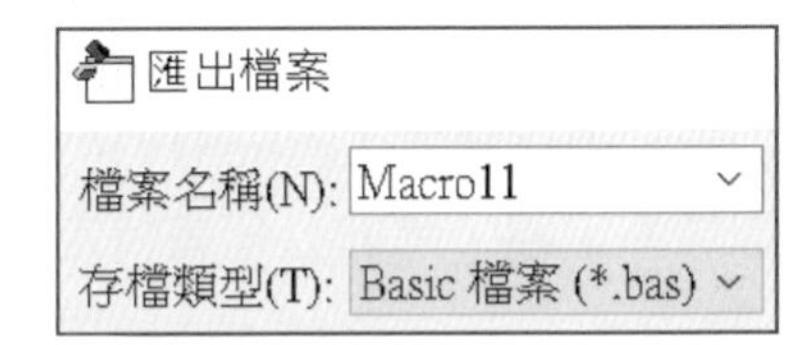

15-28 材質資料庫

在材質視窗將材質屬性規劃在下方**自訂**資料夾，成為材質資料庫。材質屬性包含：名稱、密度、硬度、顏色...等資料成為選用制度，將材質快速套用，下圖左。

15-28-1 預設路徑

C:\Program Files\SOLIDWORKS Corp\SOLIDWORKS\lang\chinese\sldmaterials，sldmaterials.SLDMAT。由記事本得到材質數據來源，也可修改他。

通常會將規劃好的檔案分享給其他人共用，就像文件範本一樣，下圖右。

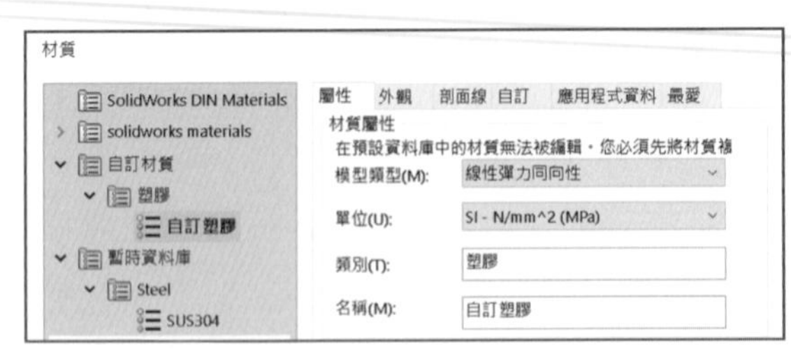

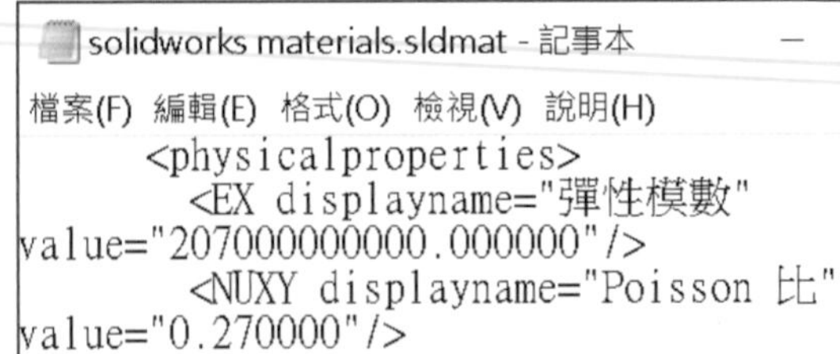

15-29 沖壓表格範本

顯示鈑金平板型式的成型特徵座標位置、沖壓 ID、數量和角度欄。

15-29-1 預設路徑

C:\Program Files\SOLIDWORKS Corp\SOLIDWORKS\lang\chinese，punchtable-standard.SLDPUNTBT。

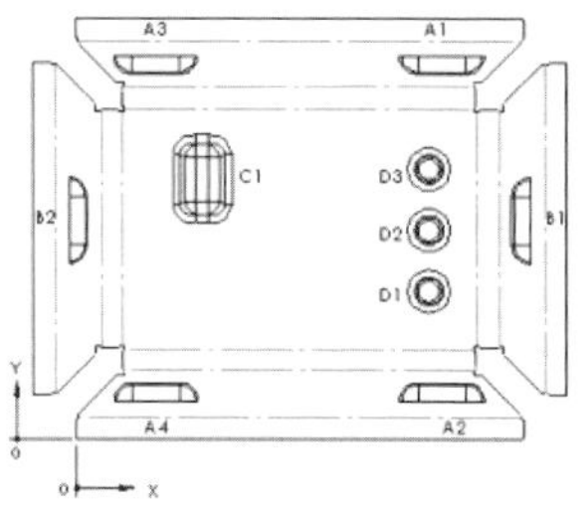

標號	X 位置	Y 位置	沖壓 ID
A1	153.46	146.44	LU-50-x10
A2	153.46	26.66	LU-50-x10
A3	33.83	146.44	LU-50-x10
A4	33.83	26.66	LU-50-x10
B1	178.81	89.85	LU-50x10
B2	8.48	89.85	LU-50x10

15-30 修訂版表格範本

工程圖的**修訂版表格**用來到追蹤記錄和修訂版符號，製作和載入範本，不贅述。

15-30-1 預設路徑

C:\Program Files\SOLIDWORKS Corp\SOLIDWORKS\lang\chinese，tandardrevision block.SLDREVTBT。

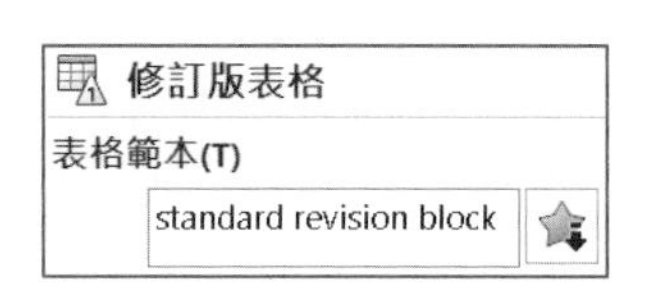

修訂版				
區域	修訂	描述	日期	核准
C3	A	25>28	2018/1/31	

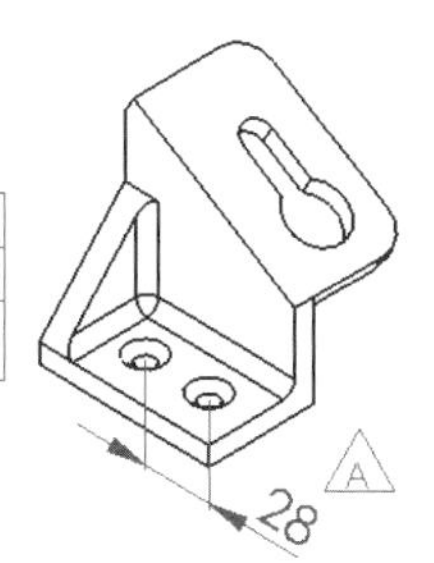

15-31 搜尋路徑

加入搜尋路徑提高效率，路徑會傳送到選項→**搜尋**，以及 SolidWorks Explorer 的選項→**參考使用處**。

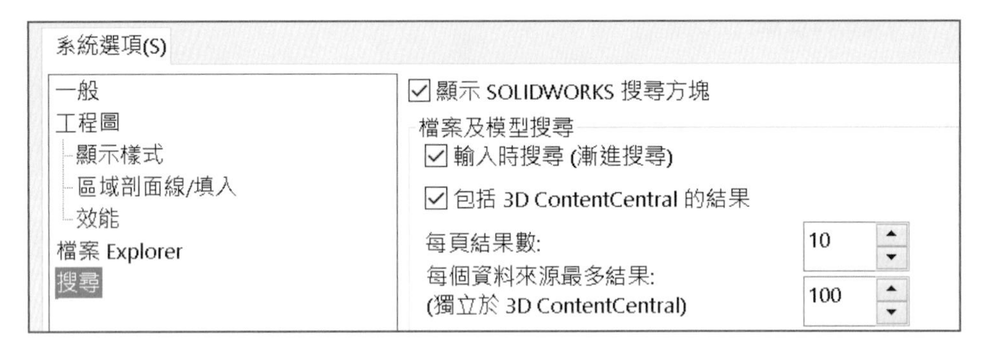

15-32 圖頁格式

圖頁格式=圖框，常用在抽換圖框。由**圖頁格式/大小視窗**，就能體會**圖頁格式**位置重要性，不必每次找檔案。

工程圖範本與**圖頁格式**會放在同一資料夾管理，且檔名相同，因為它們附檔名不同，例如：工程圖範本 A4L.DRWDOT、圖頁格式 A4L.SLDDRT。

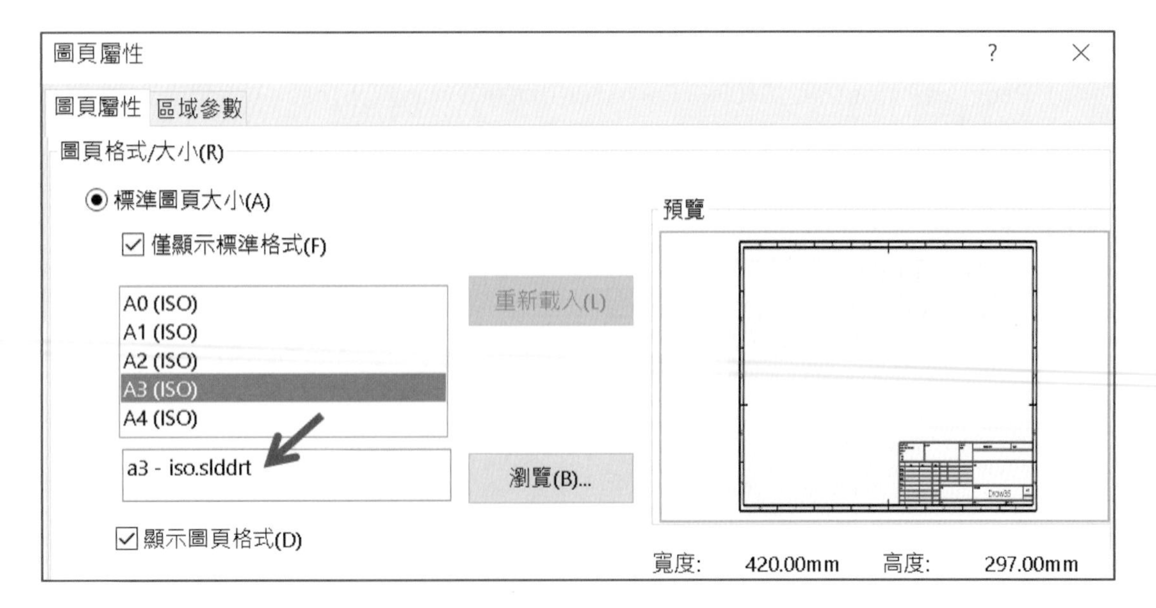

15-32-1 預設路徑

C:\ProgramData\SOLIDWORKS\SOLIDWORKS 2018\lang\chinese\sheetformat，裏頭有很多 SolidWorks 預設格式，*.SLDDRT，下圖左。

15-32-2 儲存圖頁格式

檔案→儲存圖頁格式將圖頁格式儲存起來，未來抽換圖框用，下圖右。

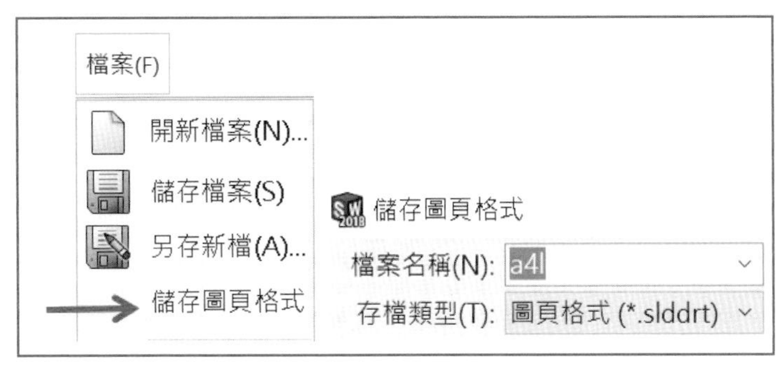

15-33 鈑金彎折線筆記本檔案

在工程圖的鈑金平板型式（又稱展開圖）呈現鈑金彎折線資訊，例如：彎折方向、彎折角度與彎折半徑。此設定應該稱為：**鈑金彎折線**。

彎折線在 SW 稱**折彎註解**。實務上，以正折、反折表示彎折方向，但 SW 以上或下表示，就要從 SW 提供的文字檔更改。

15-33-1 預設路徑

C:\Program Files\SOLIDWORKS Corp\SOLIDWORKS\lang\chinese，bendnoteformat.TXT。

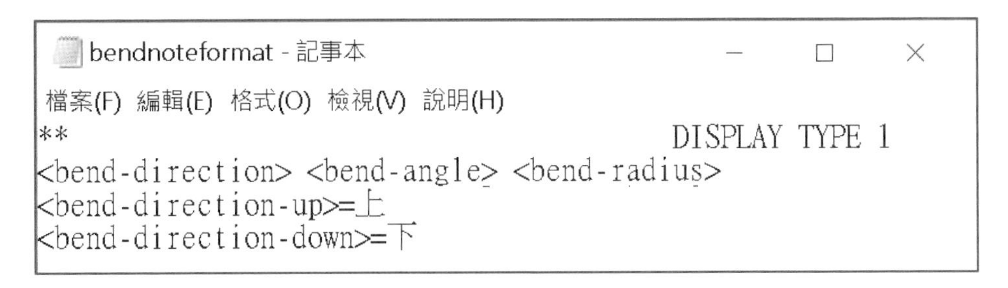

15-33-2 彎折註解

點選平板視圖，於屬性管理員彎折註解欄位，可自行修改。

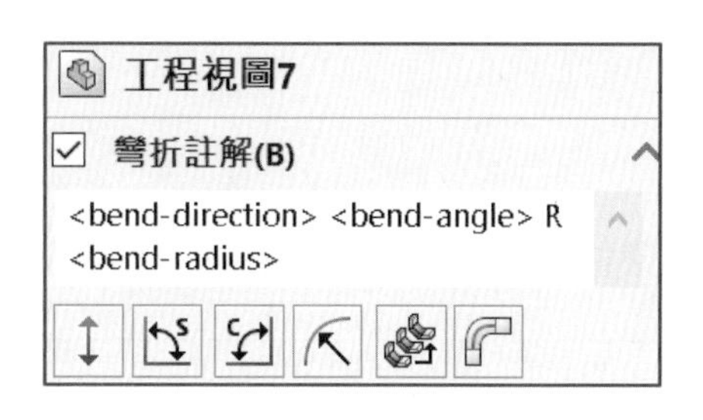

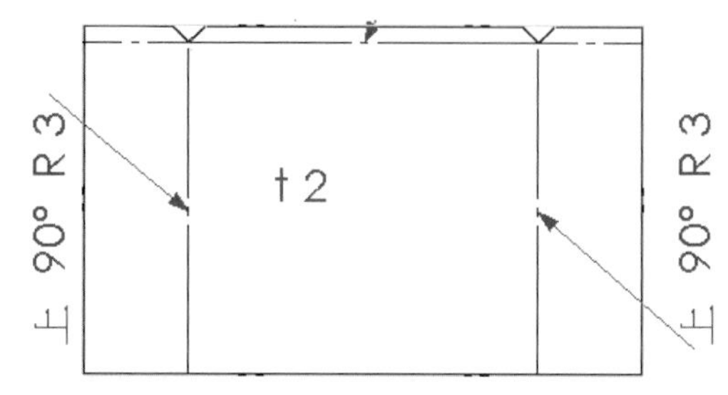

15-34 鈑金彎折表格

鈑金中使用彎折指令過程，切換何種**彎折表格**來控制彎折裕度。本節說明與先前**彎折表格範本**相同，不贅述。

15-35 鈑金量規表格

鈑金量規表格（Gauge Table）指定刀模規格：鈑厚、角度、半徑參數。不同 Gauge，擁有不同彎折係數。

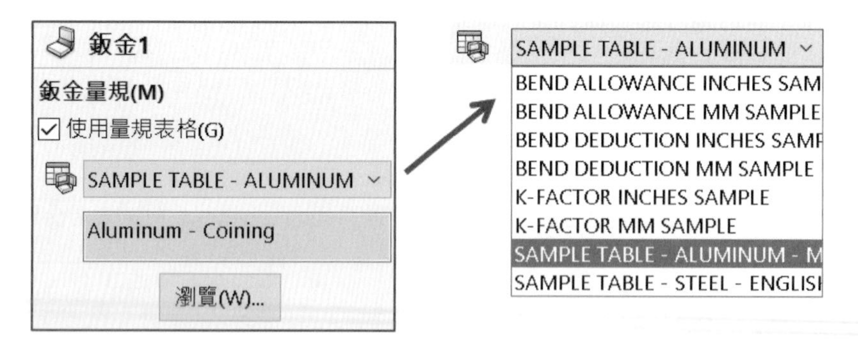

15-35-1 預設路徑

C:\Program Files\SOLIDWORKS Corp\SOLIDWORKS\lang\chinese\Sheet Metal Gauge Tables，有很多 EXCEL 預設檔案。

- bend allowance inches sample
- bend allowance mm sample
- bend deduction inches sample
- bend deduction mm sample
- k-factor inches sample
- k-factor mm sample
- sample table - aluminum - metr
- sample table - steel - english ur

	A	B	C	D
11	量規編號	Gauge 5		
12	厚度:	1		
13	角度	半徑		
14		1.00	2.00	3.00
15	15	0.60	0.61	0.62
16	30	0.60	0.61	0.62
17	45	0.60	0.61	0.62
18	60	0.60	0.61	0.62

15-36 拼字資料夾

指定拼字檢查（SpellCheck）的字典位置，常用在工程圖註解，例如：註解、有文字的尺寸、**圖塊**是否拼字錯誤，僅用於英文。

可自訂拼字檔案，常用專業名詞或術語加入，例如：SolidWorks。

15-36-1 預設路徑

C:\Program Files\SOLIDWORKS Corp\SOLIDWORKS\lang\chinese，swengineering.TXT。

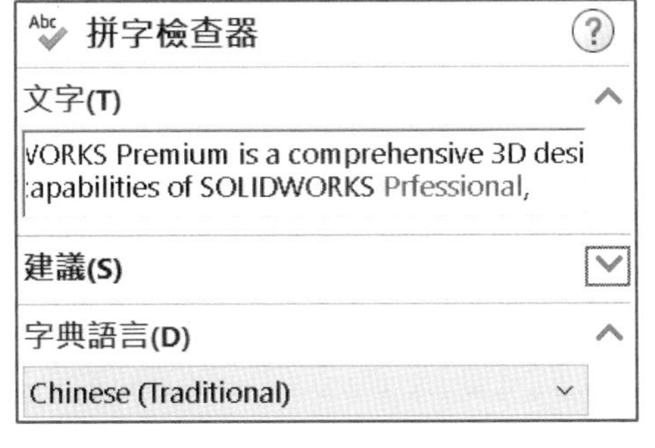

15-37 Sustainability 報告範本資料夾

設定環境影響詳細資料報告的範本位置，生命週期評估（LCA）整合到設計流程，查看材料、製造及地點決策對設計環境有何影響。

工具→Xpress 產品→Sustainability→於工作窗格點選→點選下方儲存報告，下圖左。

15-37-1 預設路徑

C:\Program Files\SOLIDWORKS Corp\SOLIDWORKS\lang\chinese，sustainability_assembly_report、sustainability_report.DOT，是 word 範本檔。

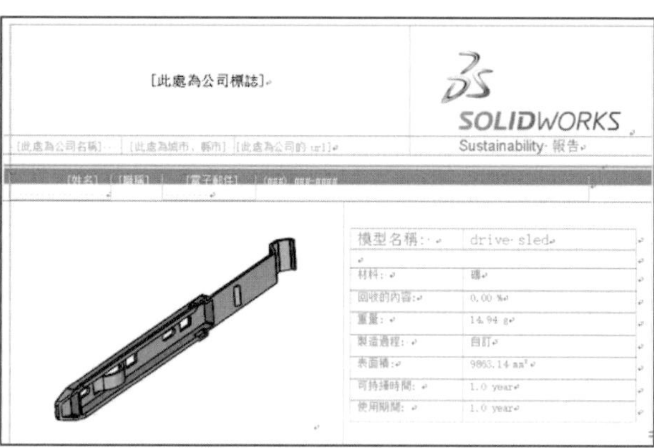

15-38 符號圖庫檔案

設定註記特定符號檔案位置，例如：熔接符號、幾何公差符號、修正符號...等。最常聽到 Ø 變成<MOD-DIAM>，他是變數名稱，由尺寸文字可以看出。

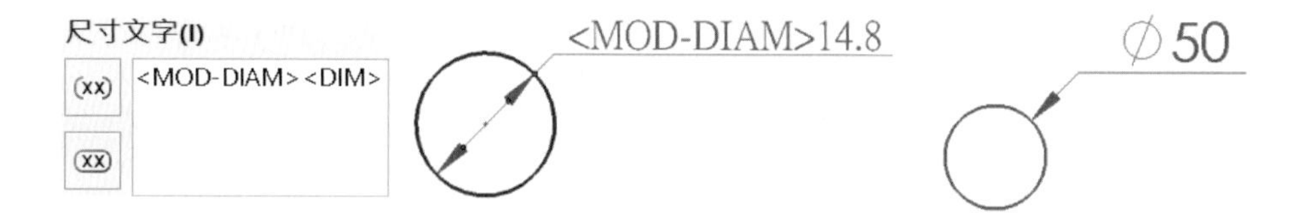

15-38-1 預設路徑

C:\Program Data\SolidWorks\SOLIDWORKS 2018\lang\chinese，gtol97.SYM，可自行新增新符號。指令過程找不到該檔案會出現遺失訊息，論壇很多人問就是這裡。

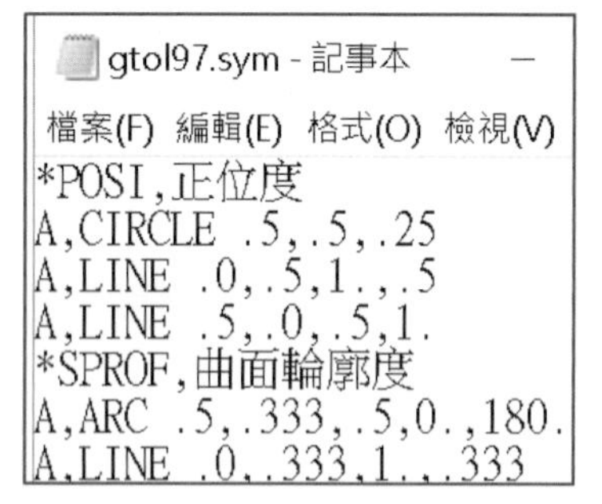
gtol97.sym - 記事本

檔案(F) 編輯(E) 格式(O) 檢視(V)

```
*POSI,正位度
A,CIRCLE .5,.5,.25
A,LINE .0,.5,1.,.5
A,LINE .5,.0,.5,1.
*SPROF,曲面輪廓度
A,ARC .5,.333,.5,0.,180.
A,LINE .0,.333,1.,.333
```

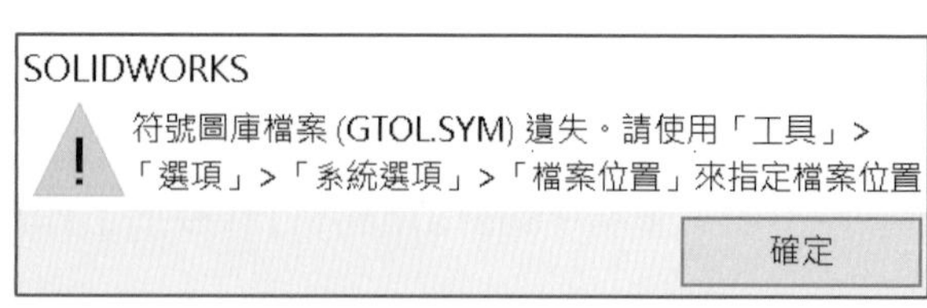

15-38-2 符號使用

註記過程，屬性管理員點選符號→更多符號，於符號圖庫就能遇到可見符號。

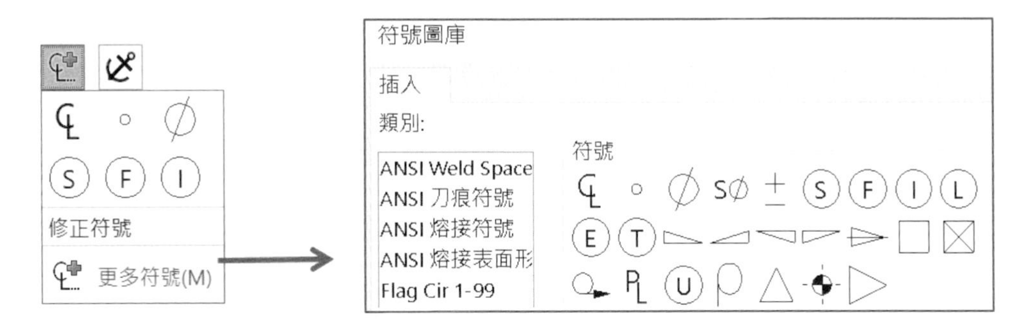

15-39 紋路

模型套用紋路（Texture）獲得逼真外貌，**紋路**現在稱**外觀**。**紋路**整合到**外觀**會好理解，不過要滿足舊版本的貼圖連結，所以還保留路徑。

15-39-1 預設路徑

C:\Program Files\SOLIDWORKS Corp\SOLIDWORKS\data\Images\textures。

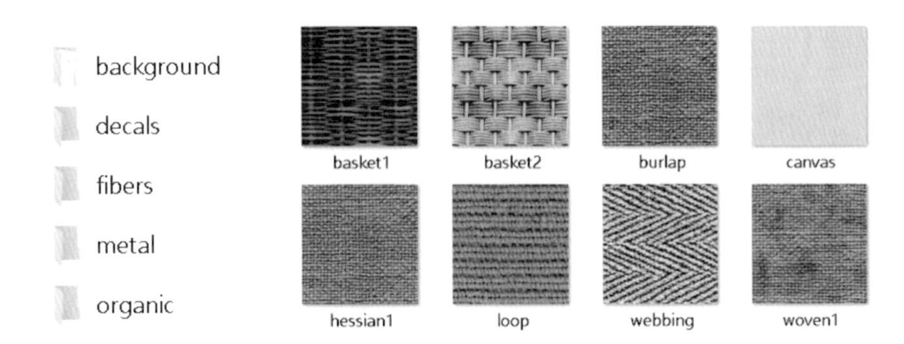

15-40 螺紋輪廓

定義**螺紋輪廓**(Profile)草圖與位置，讓螺紋特徵在圓柱面產生螺旋。螺紋輪廓為草圖構成，可自行定義多種不同輪廓，並成為**特徵庫***.SLDLFP。

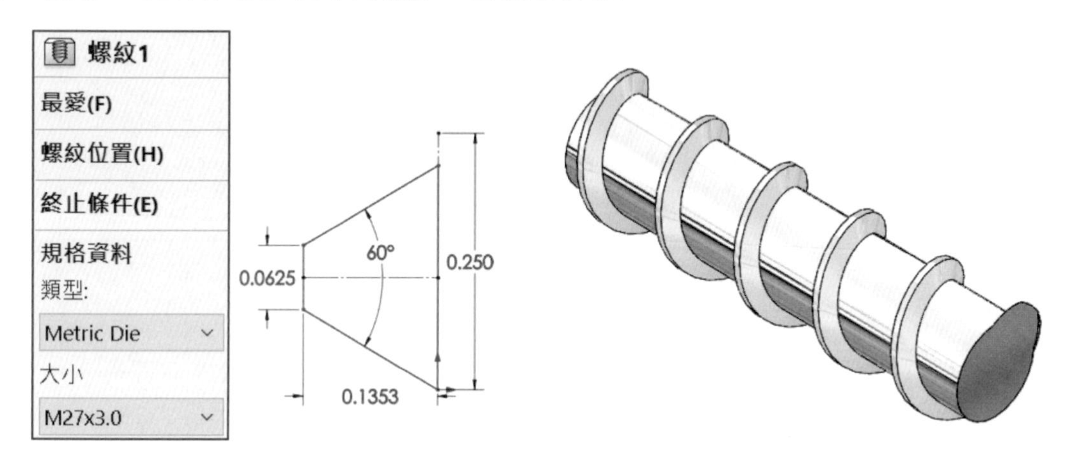

15-40-1 預設路徑

C:\ProgramData\SOLIDWORKS\SOLIDWORKS 2018\Thread Profiles，內建 4 種，可自行增加多種。

- Inch Die.SLDLFP
- Inch Tap.SLDLFP
- Metric Die.SLDLFP
- Metric Tap.SLDLFP
- SP4xx Bottle.SLDLFP

Metric Die.SLDLFP

Metric Tap.SLDLFP

SP4xx Bottle.SLDLFP

15-40-2 螺紋樣式製作與載入

於螺紋特徵，將常用設定記錄起來，和說法相同。目前沒有螺紋樣式(*.SLDTHREADSTL)檔案位置，以後一定會有。

15-41 標題圖塊表格範本

自訂標題圖塊表格範本，在零件與組合件使用，增加模型資訊可見與專業性。該表格=工程圖右下角**標題欄**，記載模型資訊：圖號、圖名、料號...等，儲存它們成為範本。

插入→表格→標題圖塊表格，表格以半透明形式出現，不會遮到模型。

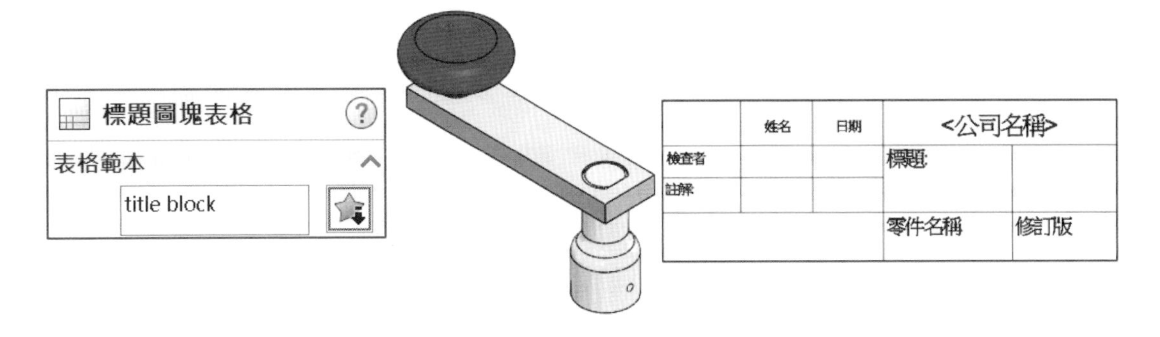

15-41-1 預設路徑

C:\Program Files\SOLIDWORKS Corp\SOLIDWORKS\lang\chinese，titleblock.SLDTBT。

15-42 熔接表格範本

定義工程圖的熔接表格範本。表格摘要列出熔接規格：項次編號、熔接大小、符號、熔接長度、熔接材質及數量欄。

當模型有製作熔接，於特徵管理員產生**熔接資料夾（箭頭所示）**，才可在工程圖使用**熔接表格**。製作和載入表格**範本**，不贅述。

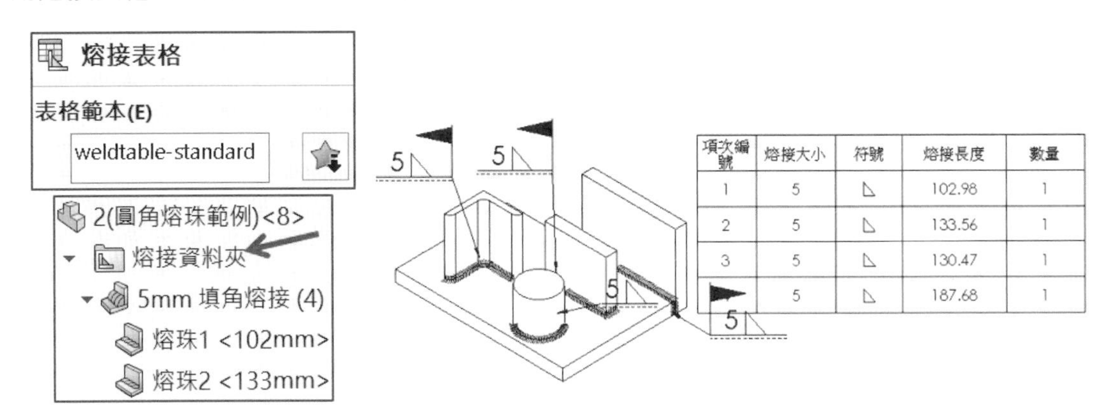

項次編號	熔接大小	符號	熔接長度	數量
1	5	◺	102.98	1
2	5	◺	133.56	1
3	5	◺	130.47	1
4	5	◺	187.68	1

15-42-1 預設路徑

C:\Program Files\SOLIDWORKS Corp\SOLIDWORKS\lang\chinese，weldtable-standard.SLDWLDTBT。

15-43 Web 資料夾

Web 資料夾是捷徑，利用 WEB 工具列開啟、儲存文件。這部分比較少人使用，多半用檔案總管或 PDM 管理公用資料區。

15-44 熔接除料清單範本

定義工程圖**熔接除料清單**範本位置。表格摘要列出熔接規格：項次編號、熔接大小、符號、熔接長度、熔接材質及數量欄。

當模型有**結構成員**，自動在特徵管理員上方產生**熔接特徵**，才可以在工程圖使用**熔接除料清單**。

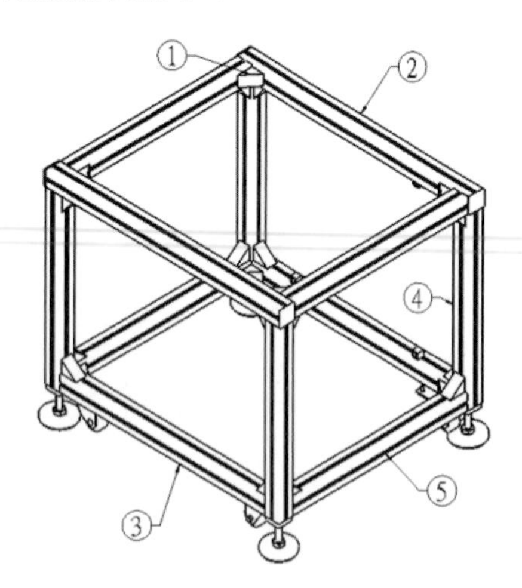

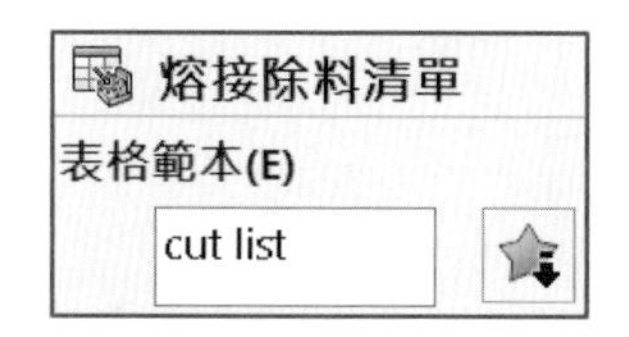

	A	B	C	D
1				
2	長度	數量	除料清單名稱	長度
3		24	DCB 4035	
4	800	2	鋁擠型(5050)	800
5	700	2	鋁擠型(5050)	700
6	560	4	鋁擠型(5050)	560
7	628.4	4	鋁擠型(5050)	628.4

15-44-1 預設路徑

C:\Program Files\SOLIDWORKS Corp\SOLIDWORKS\lang\chinese，cut list.SLDWLDTBT。

15-45 熔接輪廓

定義熔接輪廓檔案位置，**熔接輪廓**決定斷面，例如：80X80X5.SLDLFP。**熔接輪廓**為草圖構成，可自行定義多種不同輪廓成為特徵庫*.SLDLFP。

常將**熔接輪廓資料庫**集中管理，特別是市購件，例如：鋁擠型輪廓電子檔（*.DWG）。

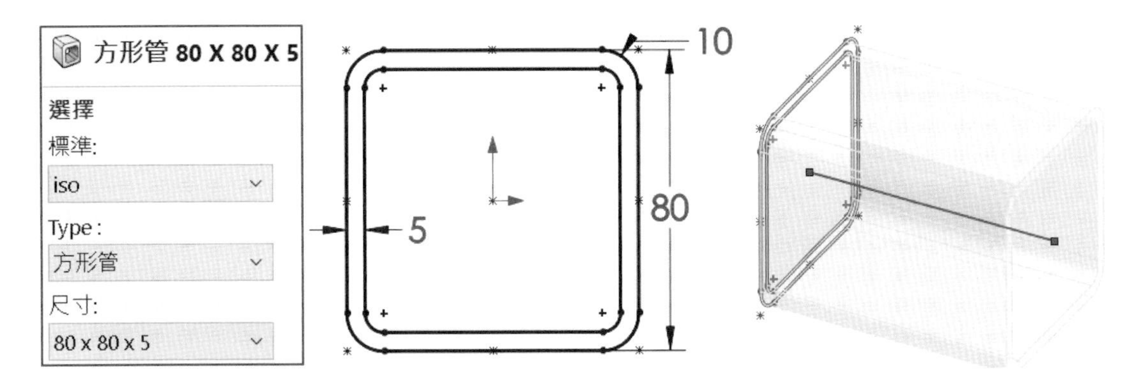

15-45-1 預設路徑

C:\Program Files\SOLIDWORKS Corp\SOLIDWORKS\lang\chinese\weldment profiles，預設 ANSI（英制）和 ISO（公制）2 個資料夾。

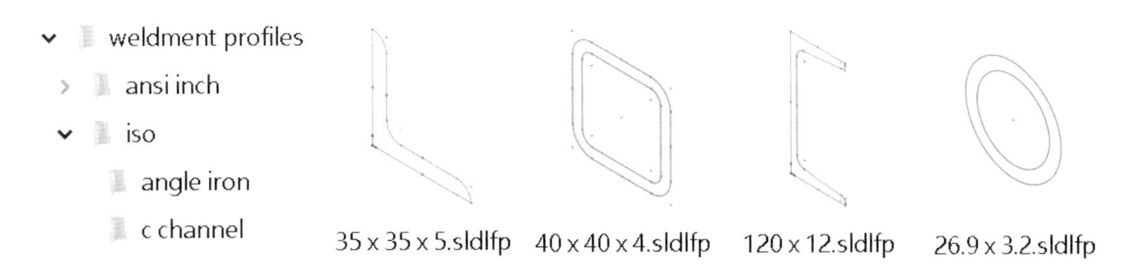

15-46 熔接屬性檔案

在熔接零件中，熔接屬性會呈現在熔接除料清單中，於特徵管理員，除料-清單-項次上右鍵→屬性，進入**除料清單屬性**視窗，可見熔接屬性檔案。

15-46-1 預設路徑

C:\ProgramData\SOLIDWORKS\SOLIDWORKS 2018\lang\chinese\weldments，weldment properties.TXT。

除料清單屬性

除料清單摘要 屬性摘要 除料清單表格

除料-清單-項次

	屬性名稱	類型	值/文字表達方式	估計值
1	長度	文字	"LENGTH@@	29.67
2	角度1	文字	"ANGLE1@@	0.00
3	角度2	文字	"ANGLE2@@	0.00

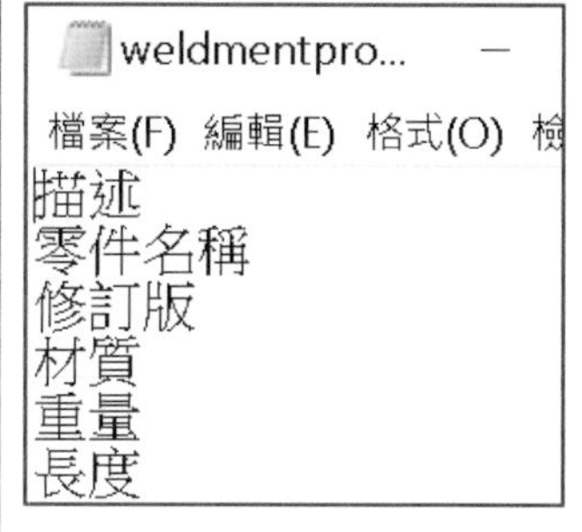

15-47 3D ContentCentral 模型下載資料夾

設定從 3D ContentCentral 網站下載模型存放位置。

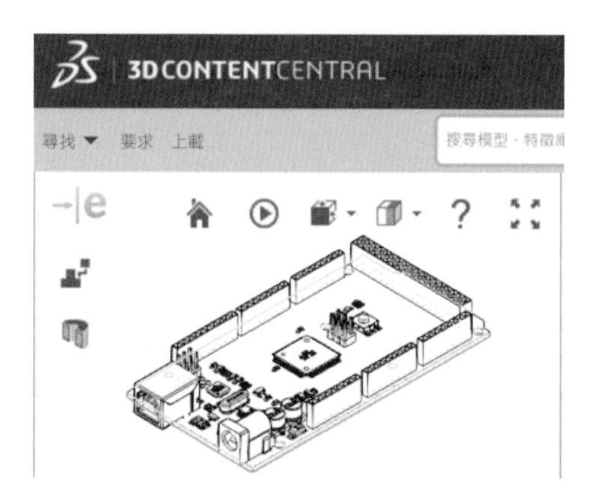

15-48 3D PDF 主題

定義 3D PDF 範本位置，符合公司自有風格。2015 推出 MBD（Model Based Definition）以模型為基礎定義，在模型上標尺寸和註記，PDF 觀看這些資訊，無須透過工程圖。

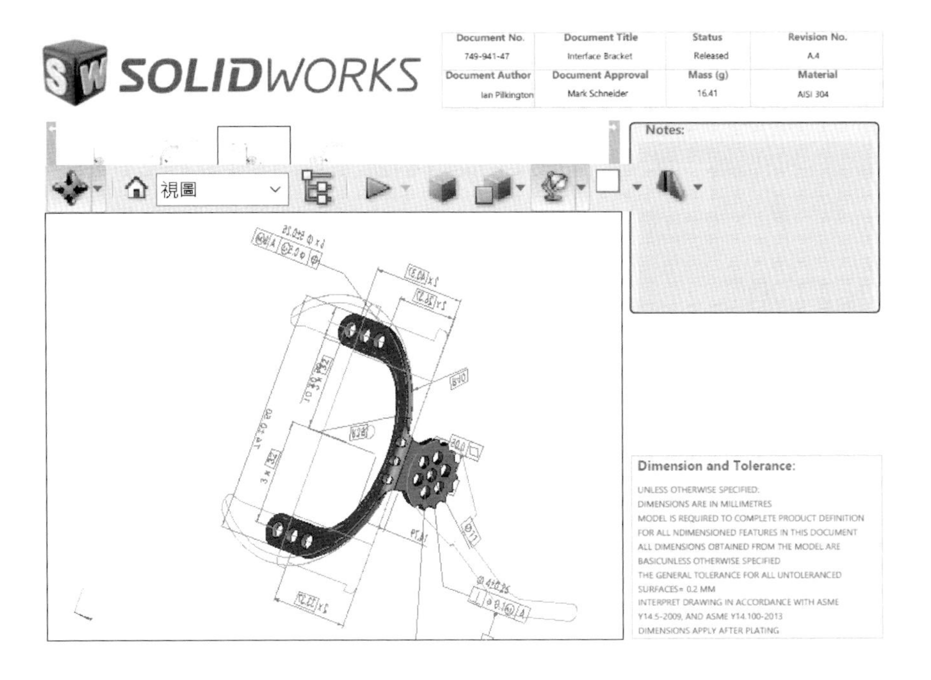

15-48-1 預設路徑

C:\Program Files\SOLIDWORKS Corp\SOLIDWORKS\data\themes，點選其中一個資料夾可見 PDF 素材，很多人將 SolidWorks LOGO 換成自己公司，凸顯文件識別度。

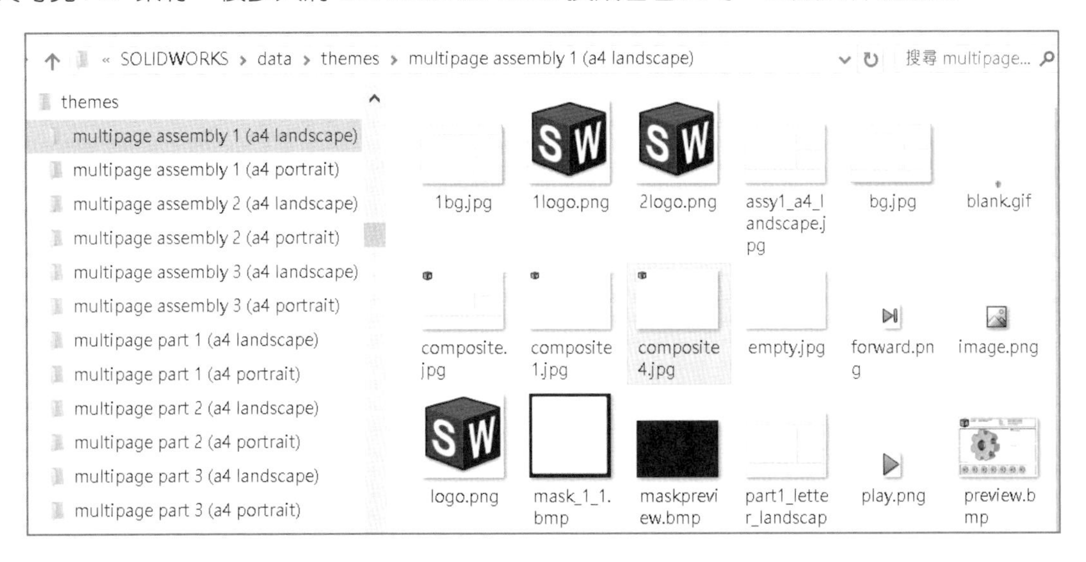

15-49 外觀資料夾

定義外觀資料夾位置，實務上，會與**自訂外觀**整合。於工作窗格的**外觀**，將色彩或外觀（紋路）套用到模型上。本節說明與自訂-外觀相同，不贅述。

15-49-1 預設路徑

C:\Program Files\SOLIDWORKS Corp\SOLIDWORKS\data\graphics\materials。

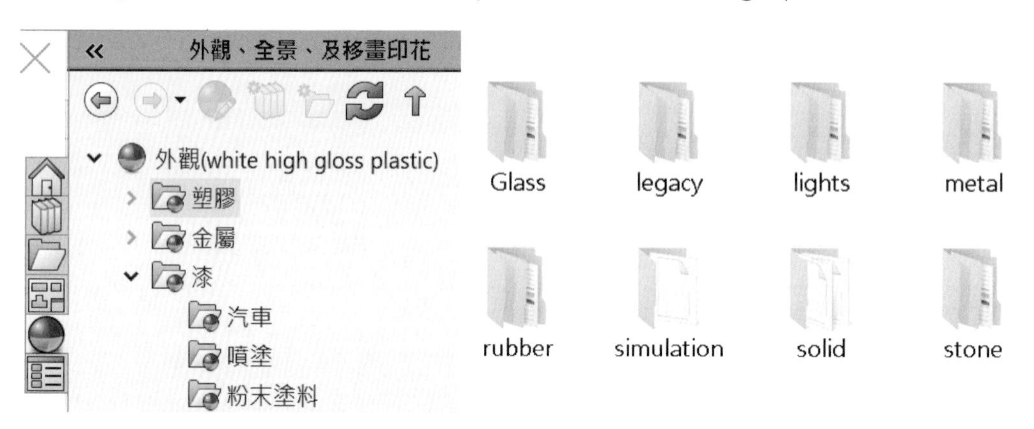

15-50 光源資料夾

模型中調整光源方向、強度和色彩。於特徵管理員，1. 顯示管理員→2. 檢視全景、光源、攝影機→3. SolidWorks 光源，加入各類型光源，並修改特性照亮模型。

15-50-1 預設路徑

C:\Program Files\SOLIDWORKS Corp\SOLIDWORKS\data\graphics\Lights，*.P2L。

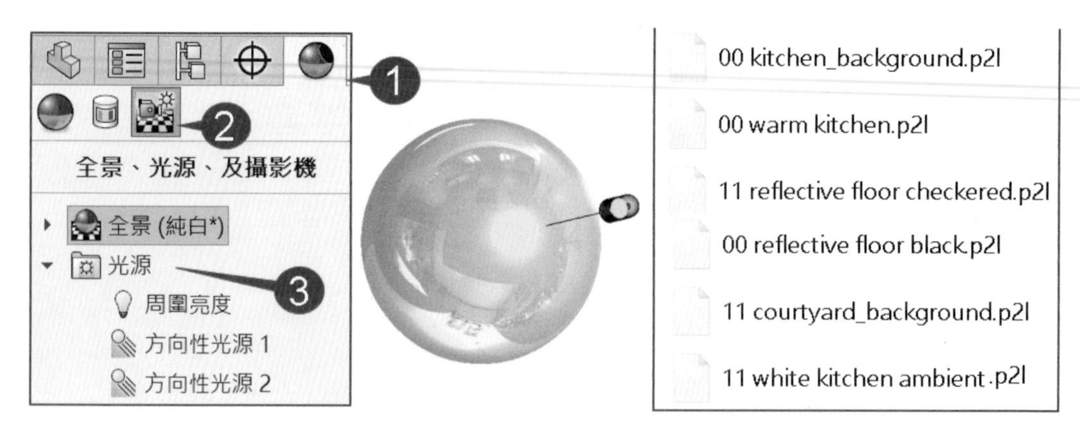

15-51 全景資料夾

定義全景資料夾位置，本節說明與自訂-全景相同，不贅述。

15-51-1 預設路徑

C:\Program Files\SOLIDWORKS Corp\SOLIDWORKS\data\graphics\scenes，*.P2S。

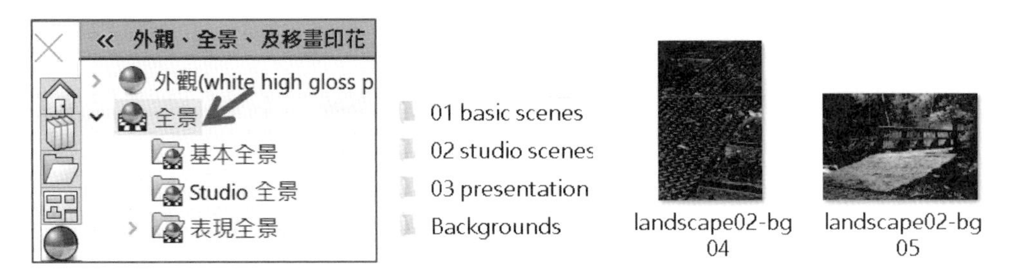

15-52 一指載入範本檔

範本檔案位置分布不均，很少人知道每個位置在哪，即便大郎有時也會忘記，因為不太常到 C:\環境。以前引以為傲記得這些位置，年紀大了記憶退步且時代變遷，就算很硬讓檔案位置保留印象，但不是企業要的。

企業不要繁雜且看似專業規劃，要把難變簡單。本節說明將定義好的範本檔，利用 RAR 壓縮軟體，建立自我解壓縮檔*.EXE。

讓其他人不須解壓縮軟體，快點 2 下檔案直接解壓縮到 SW 預設路徑，就好像安裝軟體一樣。本節模擬製作樣本的人，所以要安裝 RAR 軟體。

15-52-1 製作零件、組合件、工程圖壓縮檔

將零件.PRTDOT、組合件.ASMDOT、工程圖.DRWDOT 範本利用 RAR 製作壓縮檔。

步驟 1 進入要製作範本檔路徑

進入 C:\ProgramData\SOLIDWORKS\SOLIDWORKS 2018\templates。

步驟 2 選擇這 3 個檔案右鍵→加到壓縮檔，進入壓縮檔名稱及參數視窗。

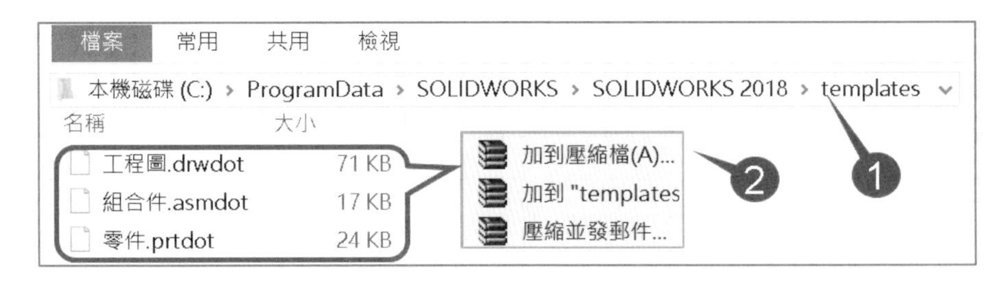

步驟 3 更改壓縮檔名稱:零件-組合件-工程圖

步驟 4 ☑建立自我解壓縮檔

這是重點，否則無法繼續下個步驟。

壓縮檔名稱及參數
一般設定 進階設定 選項 檔案 備份 時間 註解
壓縮檔名稱(A)
零件-組合件-工程圖.exe
瀏覽(B)...
預設設定檔
設定檔(F)...
更新模式(U)
加入並取代檔案
壓縮檔格式
RAR(R) RAR4(4) ZIP(Z)
壓縮選項
壓縮完將檔案刪除(D)
建立自我解壓縮檔(X)

步驟 5 點選進階設定→自解檔選項，下圖左

步驟 6 解壓縮路徑

於檔案總管將路徑複製→貼上→↵，可以見到零件-組合件-工程圖.exe，下圖右。

步驟 7 執行零件-組合件-工程圖.exe

由 winRAR **自我解壓縮檔**視窗，見到下方**目標資料夾**紀錄先前路徑→解壓縮。

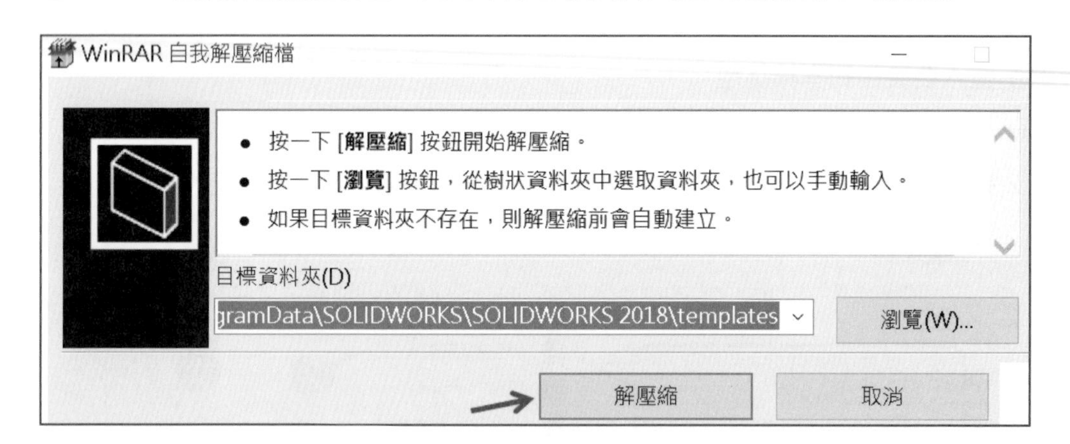

CHAPTER

16

特徵管理員

本章說明**特徵管理員**（FeatureManager，又稱設計樹）操作與顯示。SW 引以為傲專利技術，於左側提供模型結構、工程視圖、動態連結...等，由上到下紀錄使用者行為與想法，光這點就是工廠管理需求。

特徵管理員作業算老態了，眼球不太往該位置，現在很多直覺措施，例如：文意感應、滑鼠手勢、快速鍵...等，甚至觸碰螢幕，突破以往必須到特徵管理員作業。

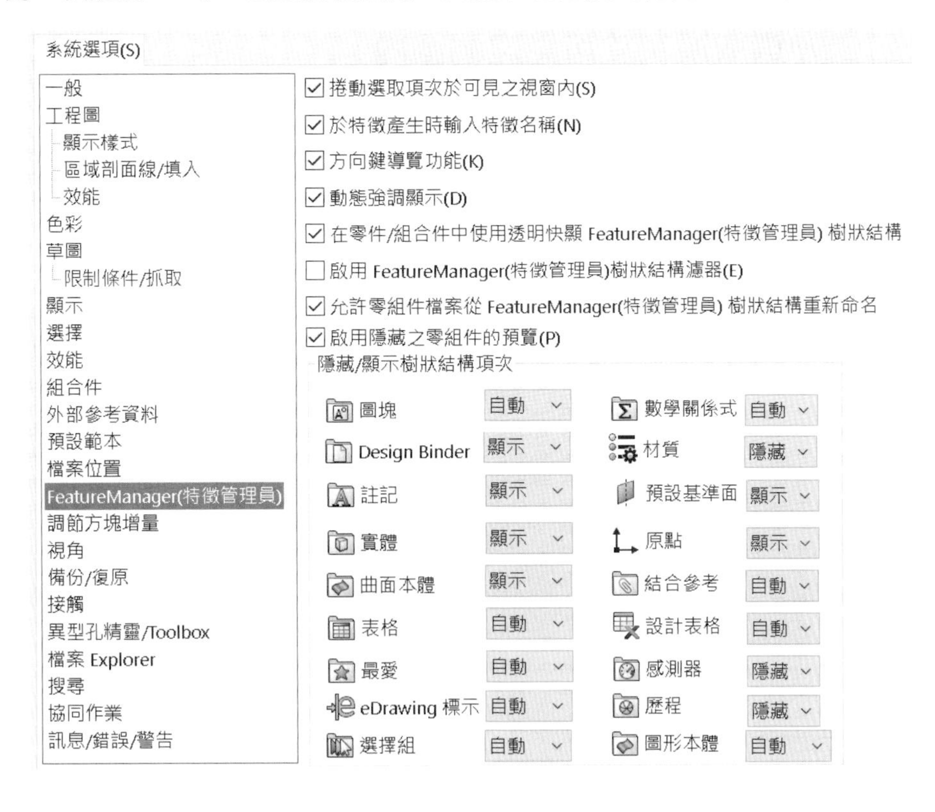

16-1 捲動選取項次於可見之視窗內

於繪圖區域點選模型特徵，特徵管理員是否自動移到並顯示該特徵位置。

現今不見得點選特徵就往特徵管理員方向看，自 2008 有了**文意感應**，點選模型→游標上方顯示最接近指令，降低對**特徵管理員**關注。

此設定應該稱為：自動顯示點選特徵位置。

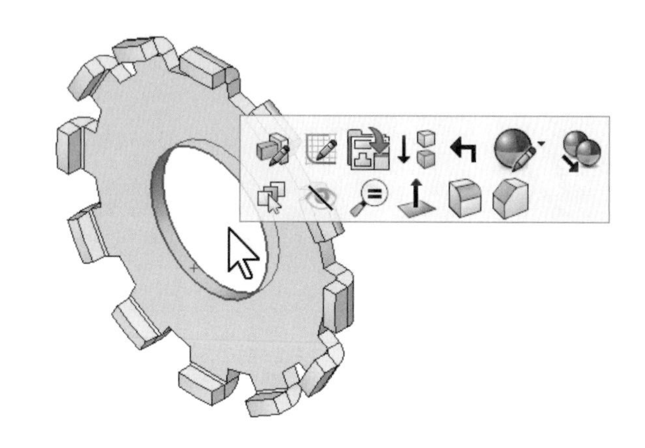

16-1-1 ☑捲動選取項次於可見之視窗內（預設）

自動捲動至所選特徵位置，常用在樹狀結構很長的模型。以前建議關閉，因為點選特徵會感覺頓一下約 1 秒鐘，就像進入選項的等待時間。

現今軟硬體提升下，不會有頓情形。不過大型組件、複雜特徵，還是會頓一下，甚至不知系統在算什麼的情形，就要關閉了。

16-1-2 □捲動選取項次於可見之視窗內

承上節，由**滑鼠滾輪**或**拖曳捲軸**到特徵可見位置。

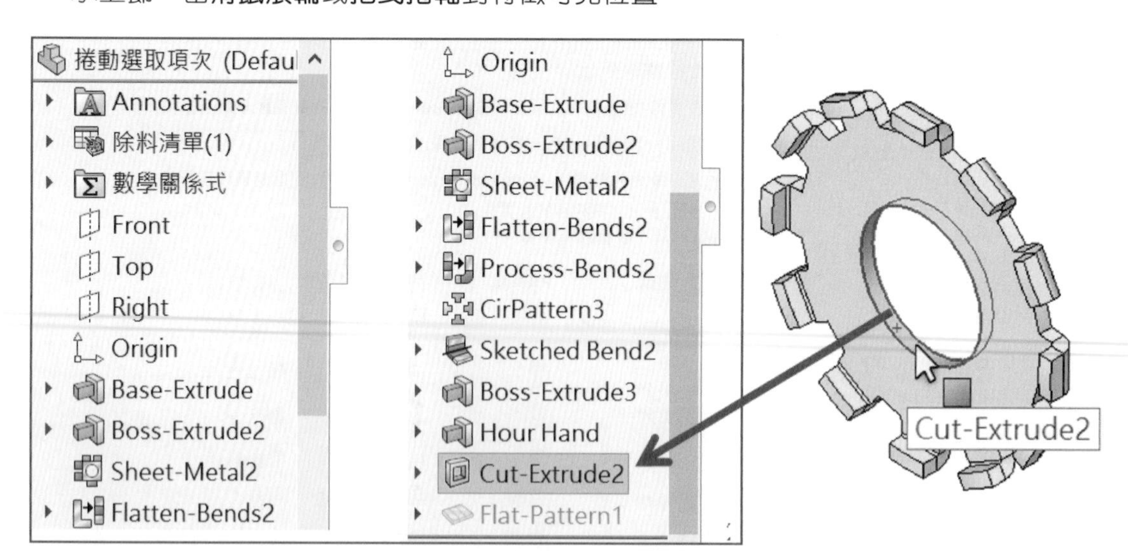

16-1-3 到特徵（於樹狀結構內）

此設定也可選特徵右鍵→到特徵（於樹狀結構內）。

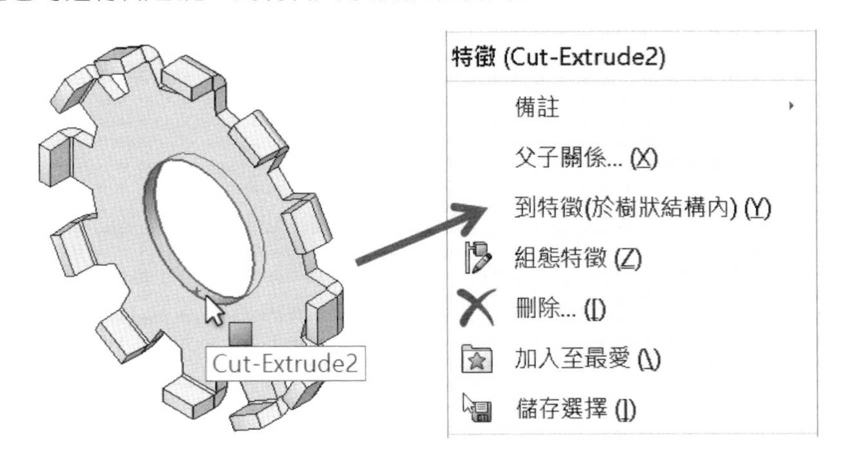

16-2 於特徵產生時輸入特徵名稱

產生新特徵後，是否直接修改特徵名稱。複雜模型輸入特徵名稱是必要的，例如：修改模型過程，由特徵名稱直接看出圓角大小。

不必在**特徵管理員**一一點選才知道這特徵在做什麼，同時也可表現自我專業。此設定應該稱為：**特徵產生時輸入名稱**。

16-2-1 ☑於特徵產生時輸入特徵名稱

特徵完成後，系統自動到特徵位置準備好讓你修改名稱，適用進階者或製作模組，現今會改特徵名稱的人是少數了。暫時不要輸入名稱，可以按 ESC 或↵。

16-2-2 □於特徵產生時輸入特徵名稱（預設）

特徵完成後以預設名稱顯示，例如：填料-伸長1。

常用在練習、設計過程不想被打擾、特徵經常更改參數或刪除，想要節省繪圖時間...等。

過程中命名就顯得多餘，事後手動更改特徵就好（點特徵→F2→輸入）。

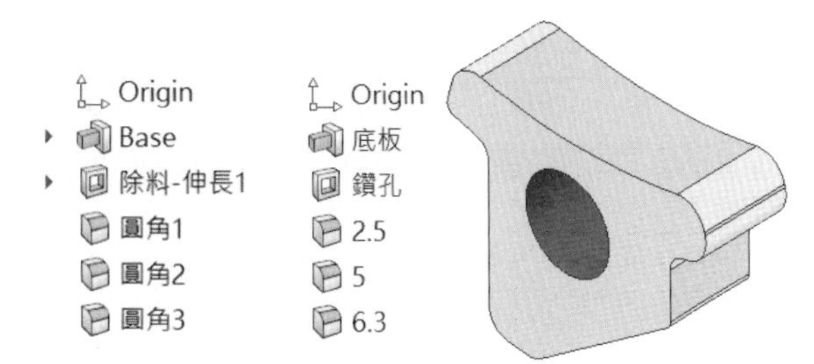

16-3 方向鍵導覽功能

是否使用上、下鍵=回查看特徵，或左右鍵=展開/摺疊特徵下的草圖。要使用該功能，游標要在點選其中一個特徵，算是啟動。此設定應該稱為：**方向鍵導覽功能**。

16-3-1 ☑方向鍵導覽功能

快速查看特徵，繪圖區域同時見到特徵亮顯，常用在找特徵。其實 Enter 也可展開/摺疊項次，看到草圖。此設定適用進階者，即便☑對其他操作沒影響。

16-3-2 □方向鍵導覽功能（預設）

使用方向鍵，會執行模型視角旋轉 15 度。

16-3-3 支援回溯棒導覽

可點選**回溯棒**，上下逐步檢視特徵順序，這部分很少人知道，下圖右。

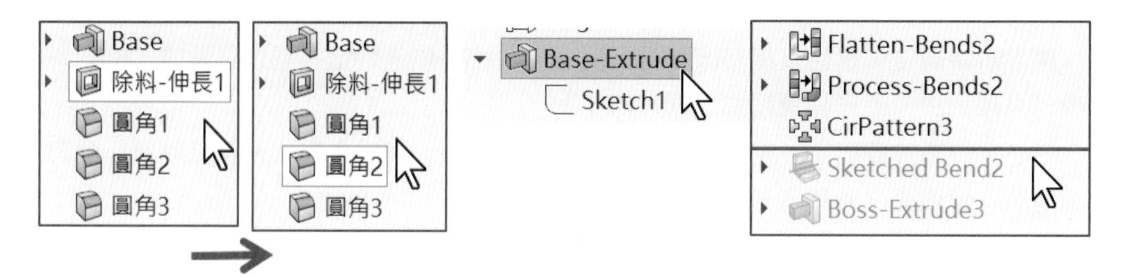

16-4 動態強調顯示

游標經過**特徵管理員**項次時，**繪圖區域**是否強調顯示，例如：基準面、軸、特徵...等。這部分和**顯示→在圖面中動態強調顯示**相同，下圖左。

以前沒顯卡時，不小心在**特徵管理員**點選特徵，會計算該特徵所有輪廓，當下很後悔，要等到算完（不能 ESC）甚至會當掉。後來原廠有了此設定，避免上述情形。

用 NB 就能體會這種感覺，效能→☑**軟體** OPENGL，下圖右。

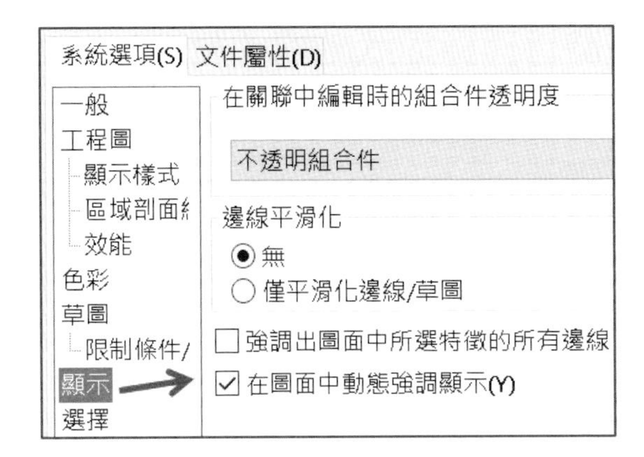

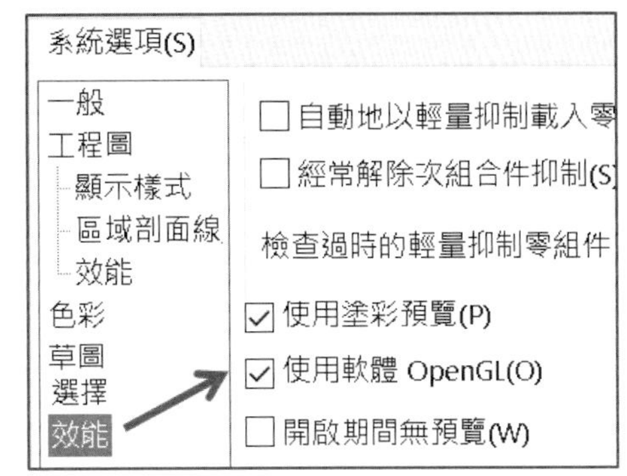

16-4-1 ☑動態強調顯示（預設）

游標經過**特徵管理員**特徵時，模型簡略呈現該特徵輪廓。

16-4-2 ☐動態強調顯示

必須點選特徵，才可在模型上顯示，有效減少算圖作業，速度會快。

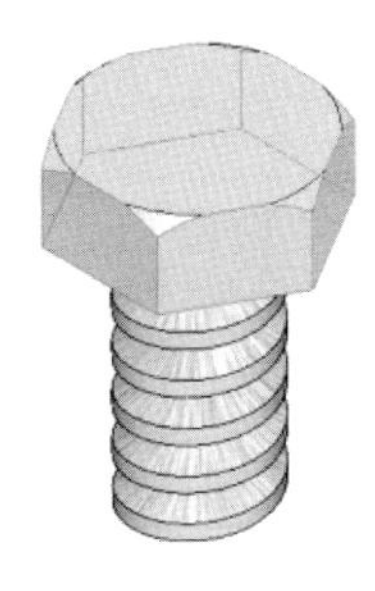

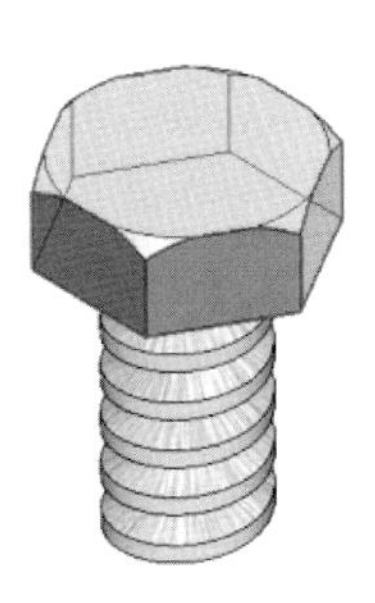

16-5 零件/組合件透明快顯特徵管理員樹狀結構

特徵管理員被佔用時，**快顯特徵管理員**是否以透明（去背）顯示。例如：使用**結合**，左邊視窗為**屬性管理員**（箭頭所示），這時**快顯特徵管理**被使用。

很多軟體有這項功能，但多半無法設定透明顯示。此設定應該稱為：**透明快顯特徵管理員**，也希望未來工程圖也有這功能。

16-5-1 ☑零件/組合件透明快顯特徵管理員樹狀結構（預設）

以透明顯示**快顯特徵管理員**，增加模型顯示區域，不必刻意往右移開模型，感覺雜亂。若要點選模型，必須收折**快顯特徵管理員**或將模型移開，下圖左。

16-5-2 ☐零件/組合件透明快顯特徵管理員樹狀結構

承上節，以白色背景顯示**快顯特徵管理員**，不與模型交雜，有些人覺得畫面簡潔。

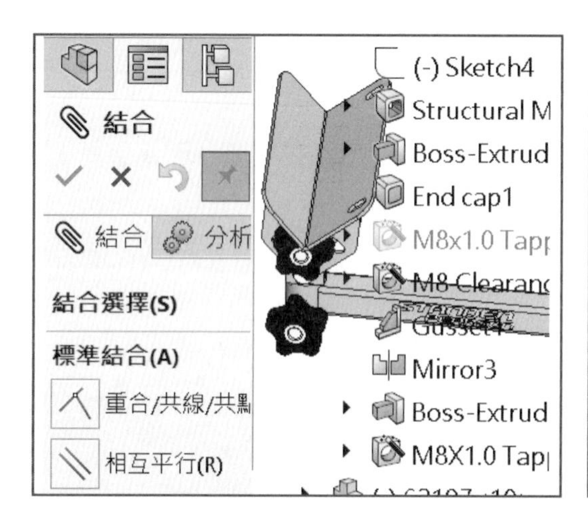

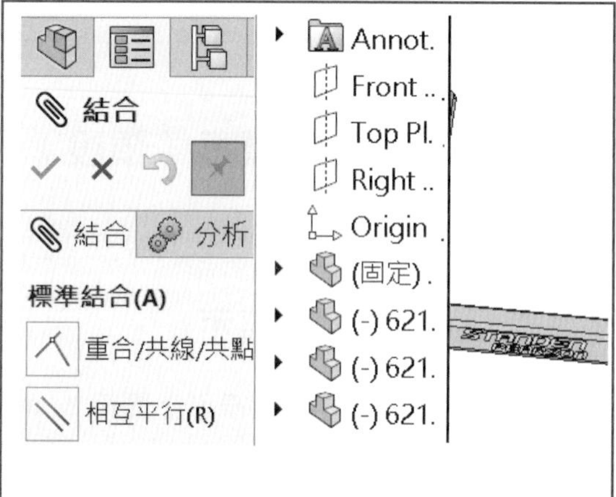

16-5-3 不要快顯特徵管理員

將屬性管理員的窗格移開，可避免出現**快顯特徵管理員**（箭頭所示）。

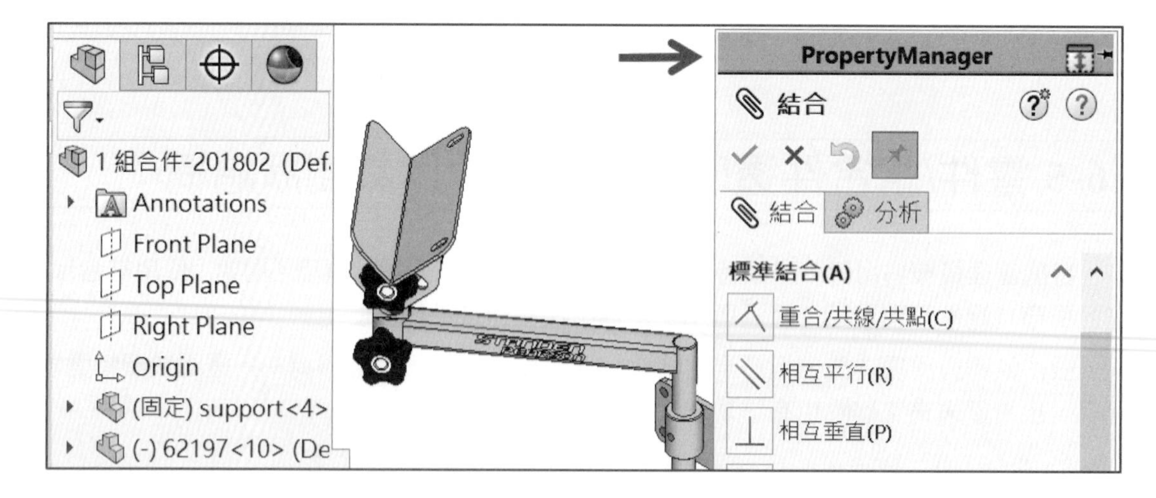

16-6 啟用特徵管理員樹狀結構濾器

於**特徵管理員**最上方是否顯示**搜尋方塊**，可以快速找到特徵、草圖或模型位置。此設定不開啟任何文件才可設定，且應該稱為：**特徵管理員**上方顯示搜尋方塊。

16-6-1 ☑啟用特徵管理員樹狀結構濾器（預設）

組合件模型數量多或零件特徵複雜時，輸入關鍵字找到你要的。例如：輸入 6219，立即顯示有 6219 的模型，其餘模型為隱藏（箭頭所示），這就是特別地方。

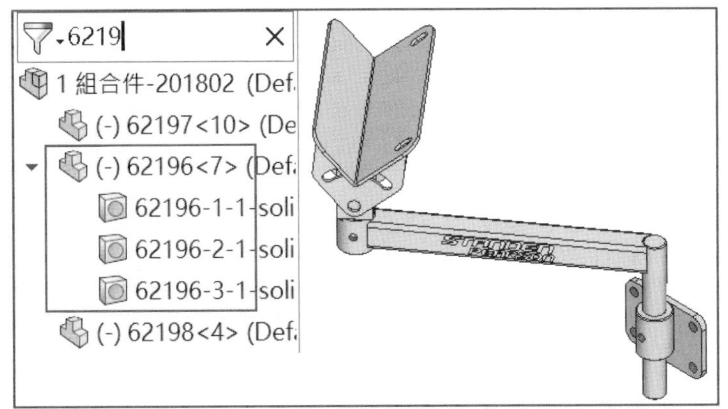

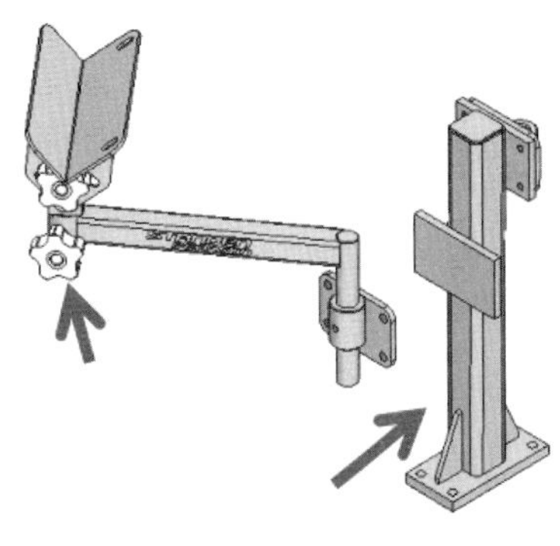

16-6-2 ☐啟用特徵管理員樹狀結構濾器

用不到搜尋方塊，關閉顯示來增加**特徵管理員**顯示範圍。

16-7 允許零組件檔案從特徵管理員樹狀重新命名

是否對模型重新命名，並維持模型關聯性，適用零件、組合件，這是 2017 新功能。實際上，更改模型名稱之前必須關閉模型→更改好→開啟模型，也無法維持關聯性。

此設定應該稱為：**特徵管理員重新命名模型名稱。**

16-7-1 ☑允許零組件檔案從特徵管理員樹狀重新命名

點選模型圖示→按 F2 或（右鍵→重新命名零件），更改組合件或和零件名稱，下圖左。

16-7-2 □允許零組件檔案從特徵管理員樹狀重新命名（預設）

無法重新命名，會出現**此設定目前關閉**訊息，要你開啟此設定。有些公司故意把這機制關閉，避免檔名不一致。

組合件不希望點選特徵管理員的零件，造成更名作業，形成困擾 9-5-2-0(支架組)。

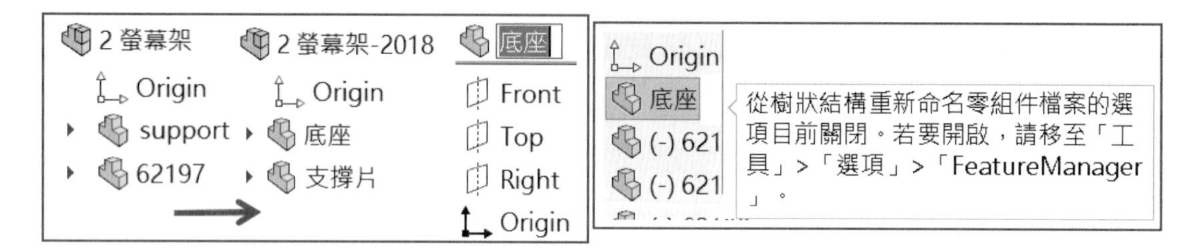

16-7-3 重新命名文件視窗

更改名字過程會出現**選擇文件暫時重新命名**，算保護措施。

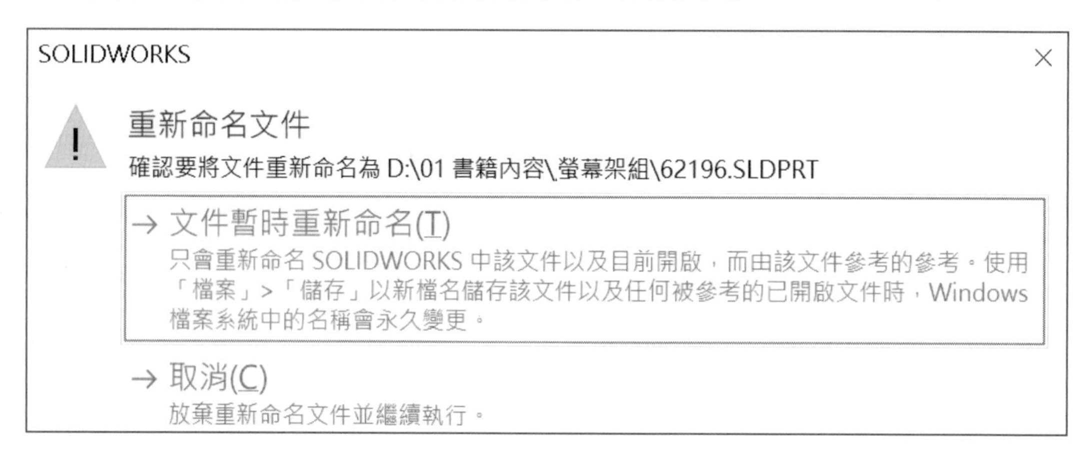

16-7-4 暫時重新命名

模型名稱改變暫時存在記憶體，且檔案總管名稱沒變，要儲存檔案後，才會生效。例如：組合件名稱螢幕架→螢幕架-2018，這時檔案總管的檔名還是舊名稱，下圖左。

儲存文件後，出現重新命名文件視窗→是，永久儲存。

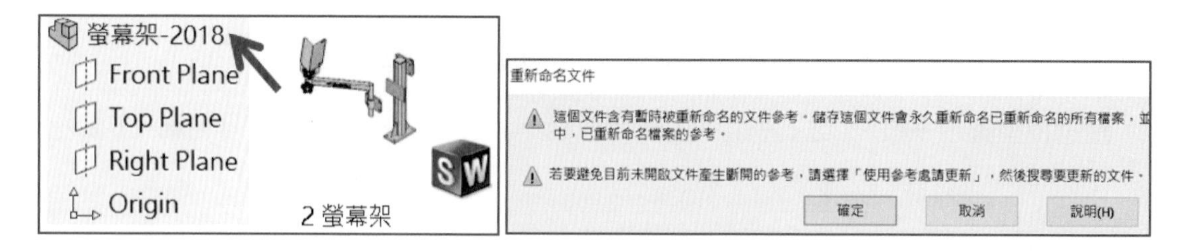

16-7-5 外部參考資料與切換設定

此設定和與外部參考資料→☑當文件被取代時更新零組件名稱，下圖左。更改過程不能臨時切換選項設定，下圖右。

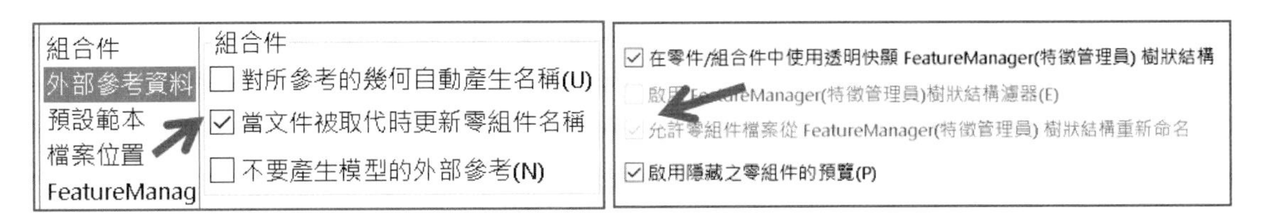

16-8 啟用隱藏之零組件的預覽

在組合件**特徵管理員**點選隱藏模型時，是否於繪圖區域顯示預覽。

此設定應該稱為：**被隱藏的模型預覽。**

16-8-1 ☑啟用隱藏之零組件的預覽（預設）

點選被隱藏的螺絲以透明顯示，能清楚判斷模型位置，下圖左。

16-8-2 □啟用隱藏之零組件的預覽

不顯示模型，適用大型組件或複雜組合件，下圖右。

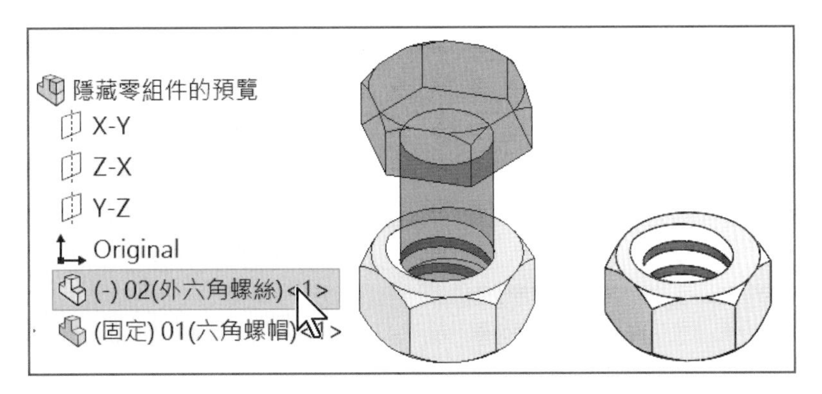

16-9 隱藏/顯示樹狀結構項次

設定**特徵管理員**上方資料夾**顯示或隱藏**，**增加或減少**顯示區域，設定：自動、隱藏、顯示。特徵管理員的功能越來越多，會太長不好捲動，此設定提供自行配置。

以**原點**為基準，原點以上=本節顯示。無論設定為何，不影響繪圖區域顯示，例如：把實體資料夾隱藏，繪圖區域的實體還在。

也可在特徵管理員右鍵→**隱藏/顯示樹狀結構項次**，進入選項設定。

A 自動（預設）

當資料夾內僅有 1 個時就會顯示資料夾，例如：Design Binder。

B 隱藏、顯示

無論有沒有內容，不顯示或顯示資料夾，常用在實體和曲面本體。

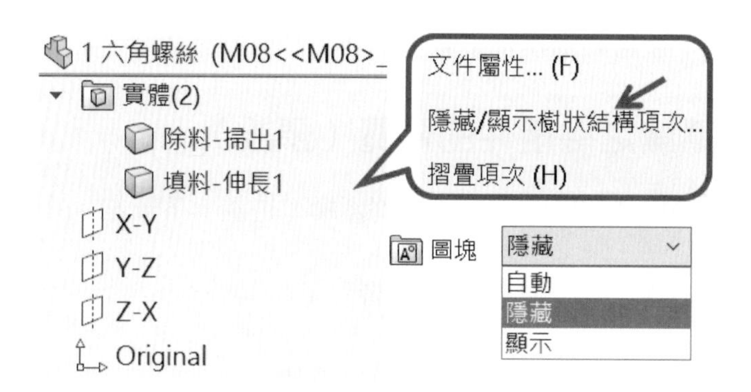

16-9-1 圖塊

重複使用的註記、符號，可製作成圖塊，本節僅適用工程圖，下圖左。

16-9-2 DesignBinder

內嵌於模型的 Word 文件，提供記錄就像**工程日誌**，下圖中。

16-9-3 註記

紀錄零件或組合件註記，下圖右。

16-9-4 實體

顯示多實體，常用於多本體設計，例如：布林運算、熔接，下圖左。

16-9-5 曲面本體

顯示多個曲面本體，常用來判斷繪製的曲面是否縫織完全，下圖右。

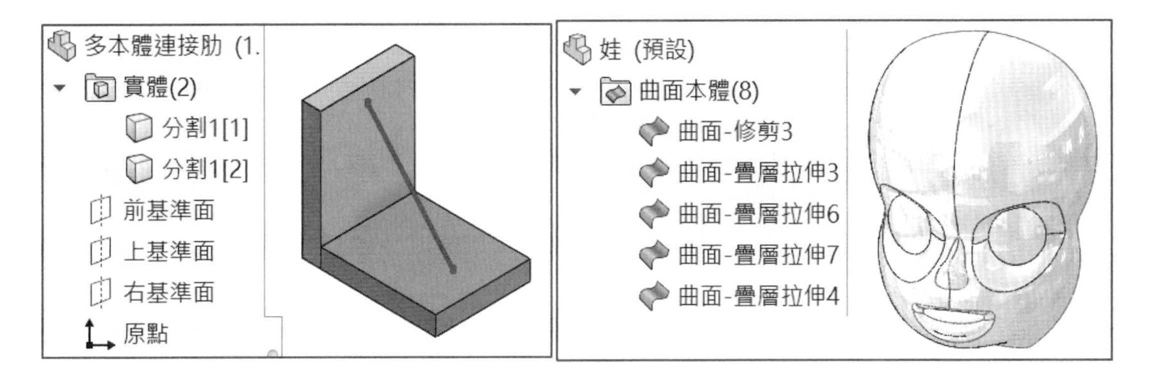

16-9-6 表格

插入**零件表**到組合件，不必經由工程圖才可得知模型數量。

1 萬向組 (1.組合圖)
表格

1
2
3
Origin

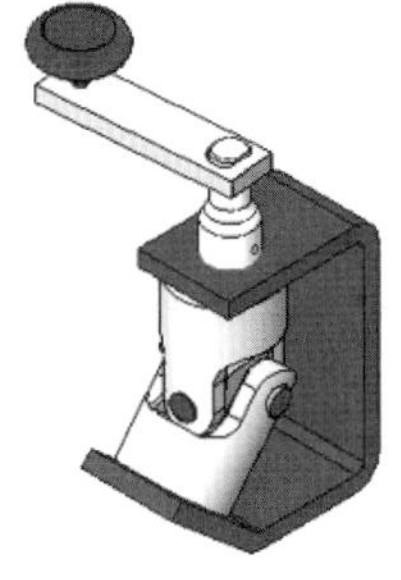

	A	B	D
1	項次編號	零件名稱	數量
2	1	crank-knob	1
3	2	crank-arm	1
4	3	crank-shaft	1
5	4	u-joint_pin1	1
6	5	u-joint_pin2	2
7	6	spider	1
8	7	yoke_male	1
9	8	yoke_female	1
10	9	bracket	1

16-9-7 最愛

將常用尺寸、註記加入，方便其他團隊成員查看，不必沒效率在**特徵管理員**找。

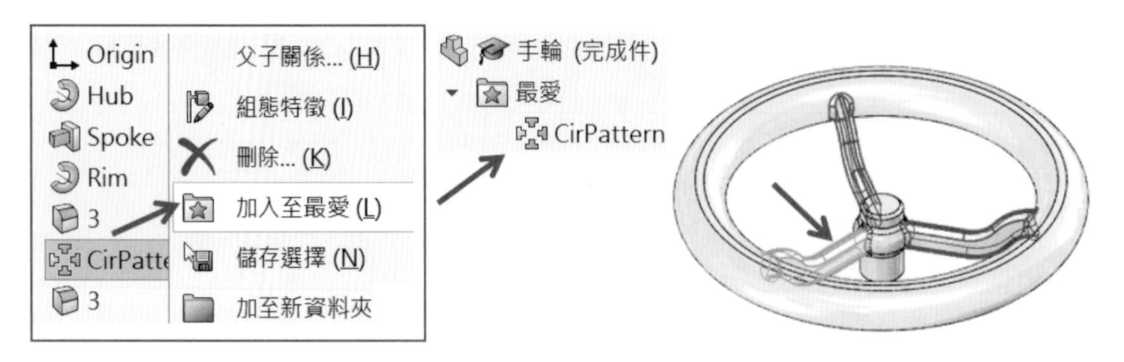

16-9-8 eDrawing 標示

工程圖包含 eDrawings 標示（插入→eDrawings 標示檔案）。

16-9-9 選擇組

在模型或工程圖選擇多個圖元，儲存以便未來使用，不必重新選擇。例如：將多隻輪幅選擇右鍵→儲存選擇，下圖左。點**選擇組**會亮顯清單下的模型，下圖右。

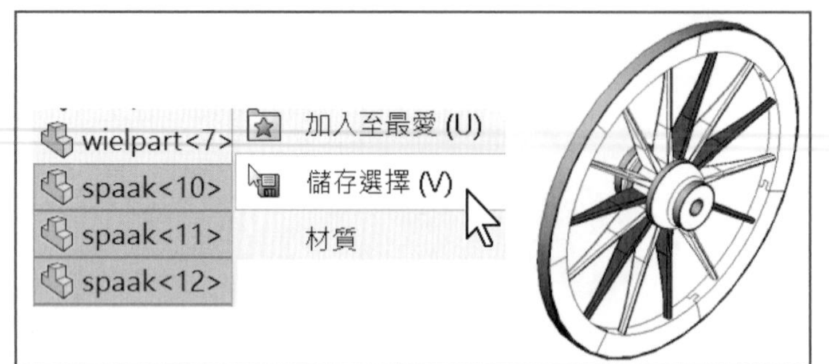

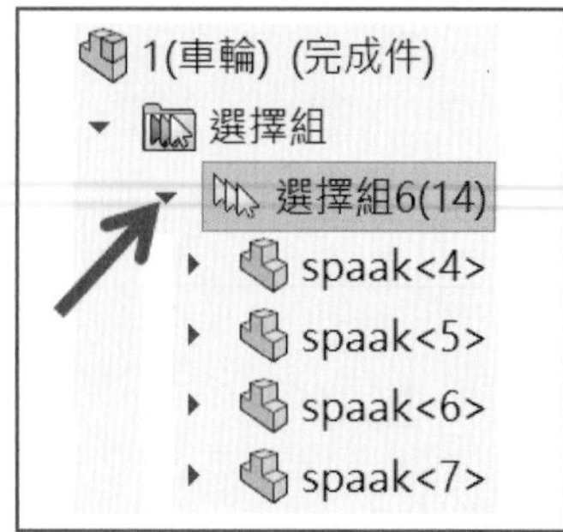

16-9-10 數學關係式

使用整體變數、函數定義尺寸間產生數學關聯性，下圖左。

16-9-11 材質

顯示零件材質。於材質右鍵可以套用、管理材質，下圖中。

16-9-12 預設基準面

就是 3 大基準面：前、上、右，有時為了整潔，會把基準面不顯示。

16-9-13 原點

顯示模型基準=世界座標，下圖右。

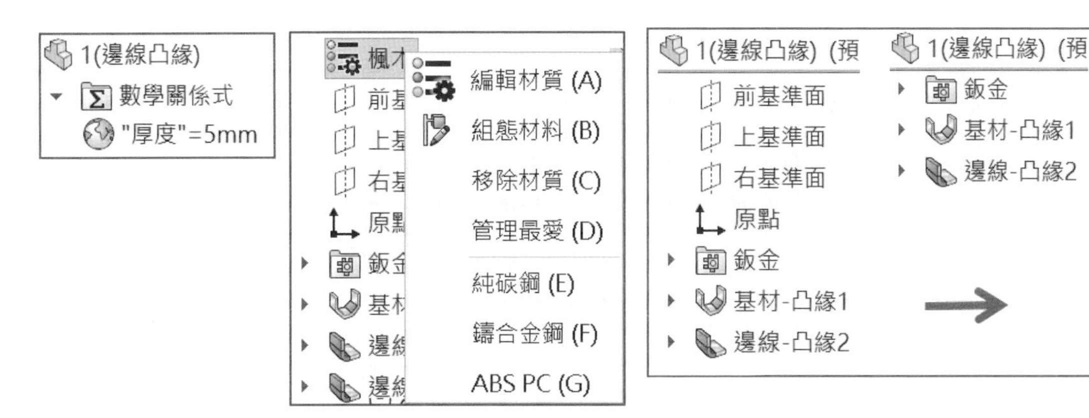

16-9-14 結合參考

以同樣方式結合模型，例如：同軸心、重合，組裝過程不必再使用這 2 結合，下圖左。常用在市購件，例如：螺絲、螺帽、墊圈…等。

16-9-15 設計表格

以 Excel 為基礎的表格，該資料夾放在模型組態管理，下圖中。

16-9-16 感測器

監控所選模型屬性，超出指定設定值會發出警示，例如：質量、體積、尺寸…等。

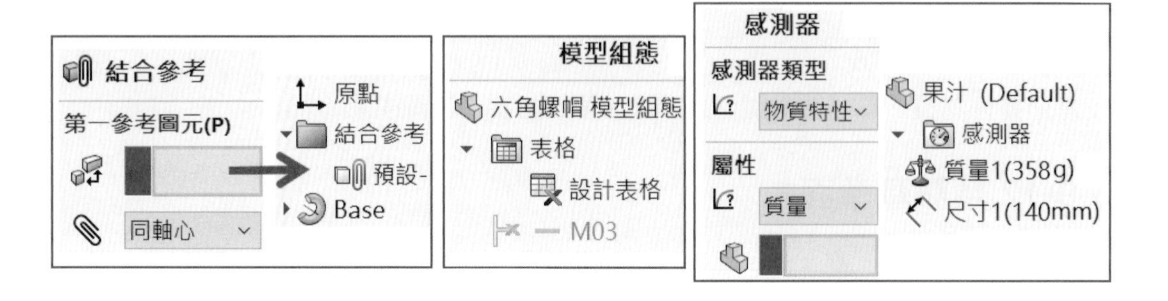

16-9-17 歷程

紀錄最近產生或編輯的特徵，下圖左。

16-9-18 圖形本體

顯示網格的模型，常用在 3D 列印，下圖右。

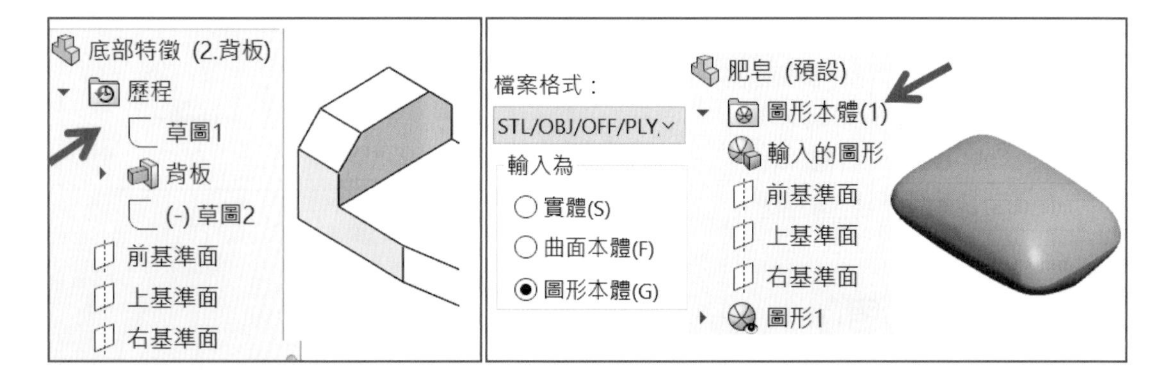

CHAPTER

17

調節方塊增量

設定**修改視窗**、**特徵過程**的增量值，常用來變更尺寸。

系統選項(S) 文件屬性(D)

一般
工程圖
顯示樣式
區域剖面線/填入
效能
色彩
草圖
限制條件/抓取
顯示
選擇
效能
組合件
外部參考資料
預設範本
檔案位置
FeatureManager(特徵管理員)
調節方塊增量
視角
備份/復原
接觸
異型孔精靈/Toolbox
檔案 Explorer
搜尋
協同作業
訊息/錯誤/警告
輸入
輸出

長度增量

英制單位(E)： 0.10in

公制單位(M)： 10.00mm

角度增量(A)： 1.00°

時間增量(T)： 0.10s

17-1 長度增量

分別定義公英制增量，例如：英制 0.1、或公制增量 10，單位會影響增量範圍。於**修改視窗**、**特徵過程**，點選**調節方塊**箭頭或**滑鼠中鍵滾輪**，可以快速調整。

增量可減少尺寸輸入，用調節方快速看出目前圖形。

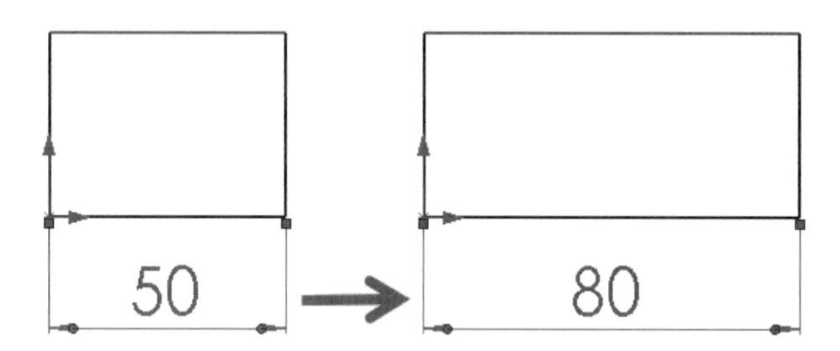

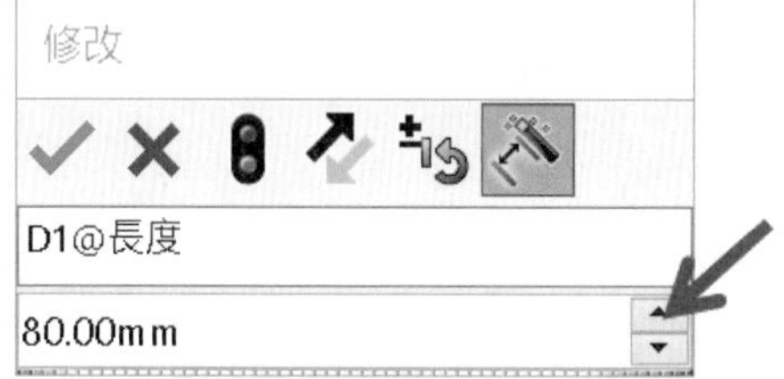

17-1-1 快速增量

Alt＋調節方塊箭頭，以 1 為增量。Ctrl＋調節方塊箭頭，以 100 為增量。

17-2 角度增量

承上節，更改角度增減度數，有些人會調整每 15 度增量，配合下方**水平拇指滾輪**左右快速控制。

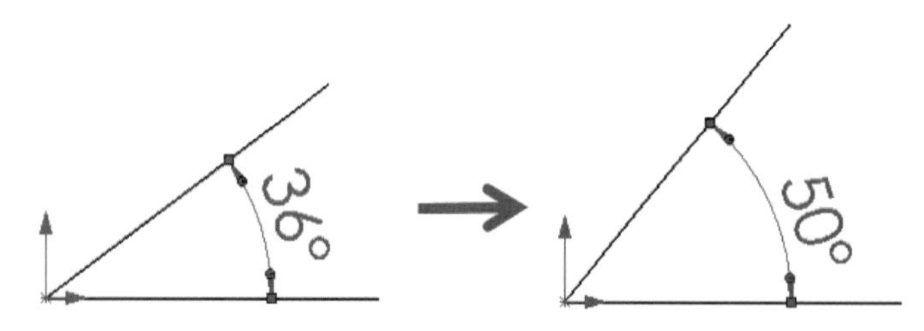

17-3 時間增量

於動作研究中，定義時間增減秒數（箭頭所示）。

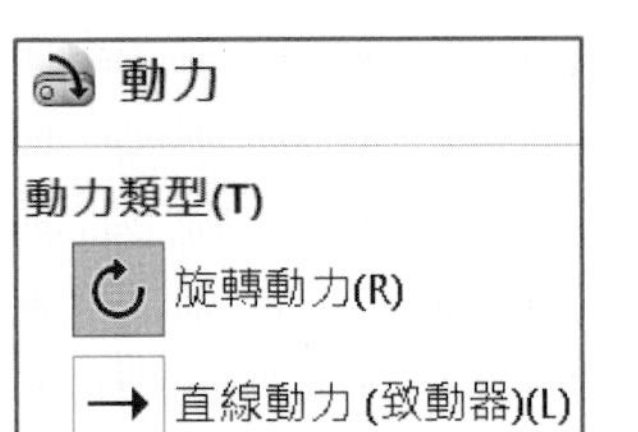
動力
動力類型(T)
旋轉動力(R)
直線動力 (致動器)(L)

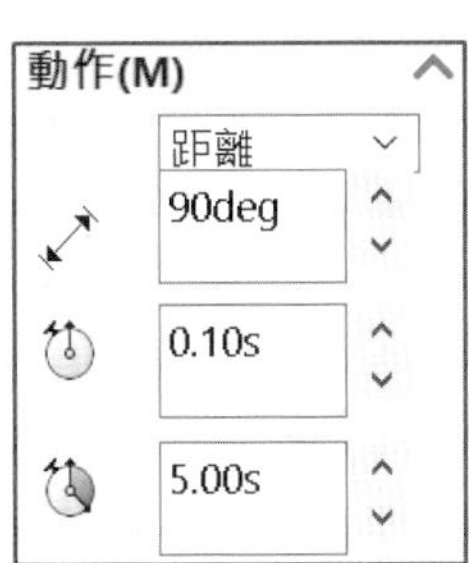
動作(M)
距離
90deg
0.10s
5.00s

筆記頁

CHAPTER 18

視角

設定視角與滑鼠控制與速度，變更方向鍵控制旋轉時，角度的增量。

系統選項(S) 文件屬性(D)

一般
工程圖
顯示樣式
區域剖面線/填入
效能
色彩
草圖
限制條件/抓取
顯示
選擇
效能
組合件
外部參考資料
預設範本
檔案位置
FeatureManager(特徵
調節方塊增量
視角
備份/復原
接觸
異型孔精靈/Toolbox
檔案 Explorer
搜尋
協同作業
訊息/錯誤/警告
輸入
輸出

☐ 反轉滑鼠滾輪縮放方向(R)
☑ 當變更為標準視角時變為最適當大小(Z)

視角旋轉
方向鍵(K)： 15deg
滑鼠速度(M)： 慢 快

轉變
視角轉變： 關閉 慢 快
隱藏/顯示零組件： 關閉 慢 快
隔離顯示： 關閉 慢 快
視圖選擇器： 關閉 慢 快

18-1 反轉滑鼠滾輪縮放方向

滾輪**拉近/拉遠**方向設定，向前=縮小；向後=放大。同時在 2 套軟體交互使用時，滾輪縮放方向相反會反應不過來，提供彈性設定，例如：SolidWorks 和 DraftSight。

思考哪套軟體使用次數較多，另套軟體配合他。例如：SW 用比較多，在 DS 設定**反轉滾輪縮放方向**，很多軟體有這功能，很可惜很多人不知道也懶得設定。

18-1-1 ☑反轉滑鼠滾輪縮放方向

2D CAD 或 Windows 預設縮放操作，滾輪向前=放大，向後=拉遠。其實很多 CAD 都有這種功能，不見得要在 SW 設定。

18-1-2 □反轉滑鼠滾輪縮放方向（預設）

預設向前=縮小；向後=放大。SW 使用率比較高，不更動為原則，否則到別台電腦用 SW 會顯得不適應。

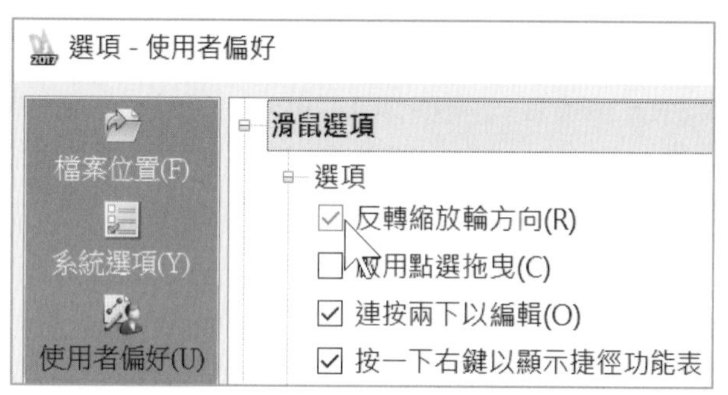

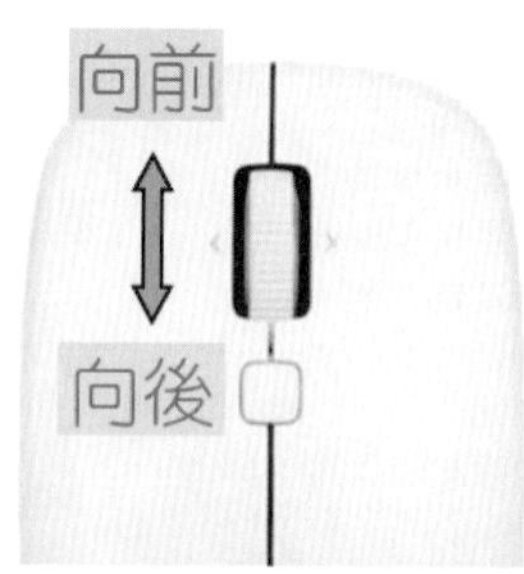

18-2 當變更為標準視角時變為最適當大小

變更模型為標準視角時，以**最適當大小**🔍擺放。標準視角=前後左右上下視＋等角視，適用零件與組合件，下圖左。此設定應該稱為：標準視角以最適當大小顯示模型。

18-2-1 ☑當變更為標準視角時變為最適當大小（預設）

切換標準視角時以🔍呈現，可以看到模型全貌與置中。例如：切換**等角視**會自動適當大小，下圖中。

18-2-2 □當變更為標準視角時變為最適當大小

切換標準視角時，以目前大小、位置呈現，模型畫面不必花時間重新調整，下圖右。

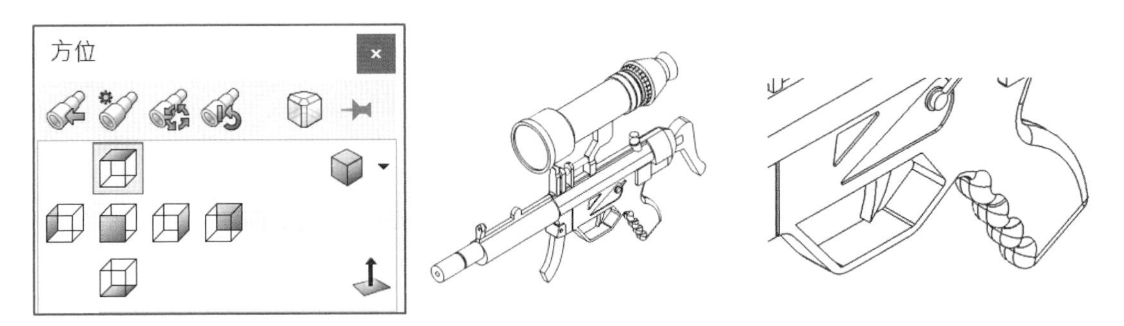

18-3 視角旋轉

調整滑鼠旋轉模型速度。現代人滑鼠手感還不錯且大螢幕，設定快增加點選效率。

18-3-1 方向鍵（預設 15 度）

設定按一下方向鍵，調整視角增量，可以用在旋轉、移動模型、圖塊、註記。進階者要看機構位置，希望按一下向上鍵轉 3 度，向右 3 度，精緻查看模型位置與觀看角度，甚至切剖面視角，這部分很少人知道。

A Shift，90 度翻轉

90 度增量使用方向鍵，進行垂直或水平旋轉視圖。例如：目前模型為前視圖擺放→Shift＋向右（向右轉）→模型為左視圖擺放，下圖左。

B Alt，連續旋轉

左、右方向鍵可順時針或是逆時針方向旋轉，例如：小狗向左轉，下圖右。

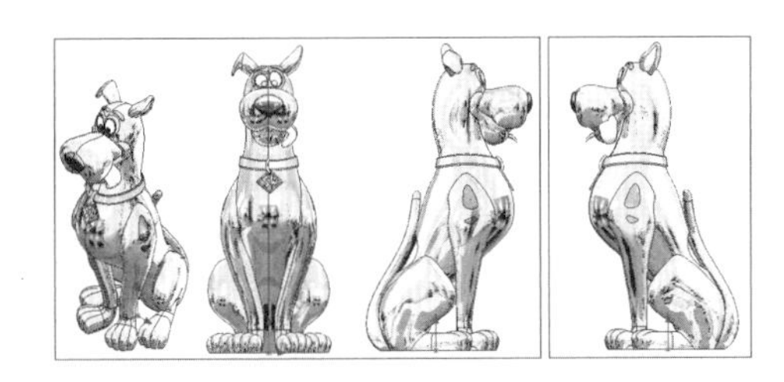

18-3-2 滑鼠速度

調節控制滑鼠拖曳模型速度，不是 Windows 滑鼠移動速度，下圖左。

A 快

滑鼠移動一小段距離，模型旋轉較多角度，滑鼠游標離模型較近。

B 慢

進行較精細及慢的旋轉速度，滑鼠游標離模型較遠，用在微調模型角度。

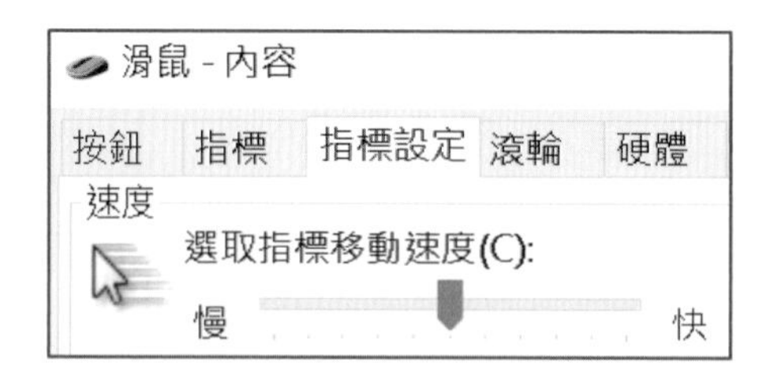

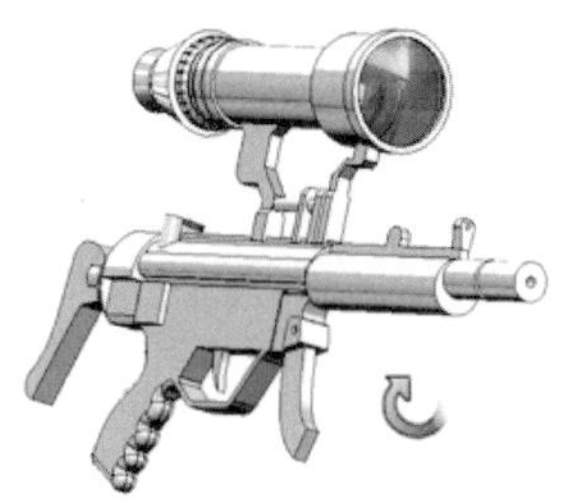

18-4 轉變

調整動畫速度或關閉視角轉變，設定：快、慢、關閉。實務上，全部調整關閉，讓模型跳至所選狀態，不需要動畫吸引你用 SolidWorks。

18-4-1 視角轉變

視角方位變更時的動畫，例如：前視→等角視，下圖左。

18-4-2 隱藏/顯示零組件

組合件進行顯示/隱藏模型時，顯示動畫，下圖右。

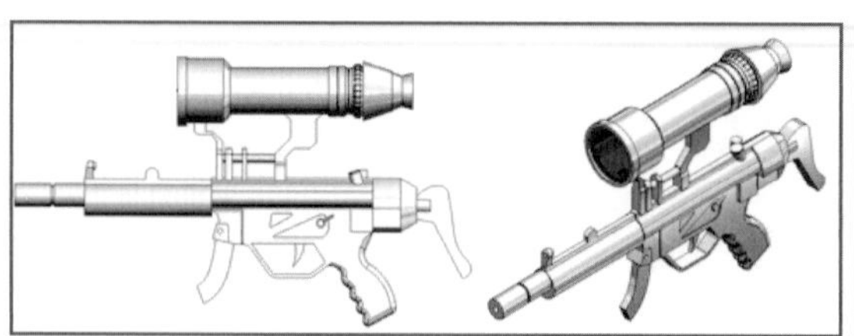

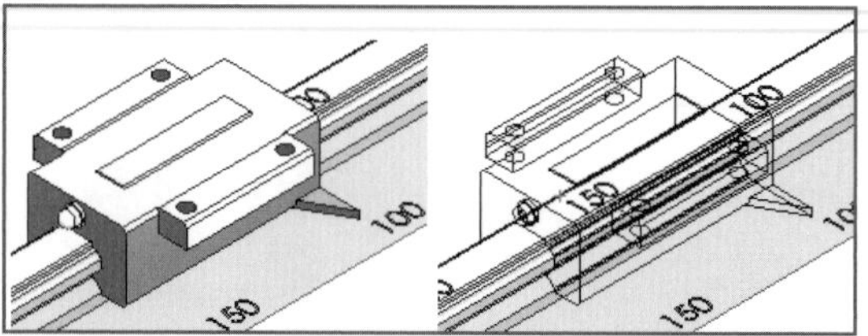

18-4-3 隔離顯示

組合件或多本體零件，隔離顯示模型的動畫，下圖左。

18-4-4 視圖選擇器

啟動**視圖選擇器**時的動畫，下圖右。

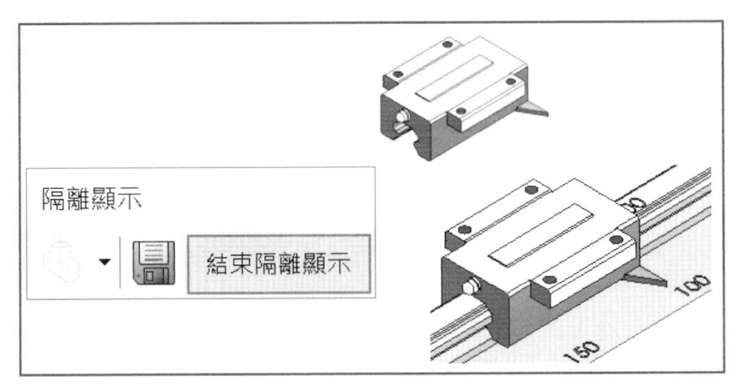

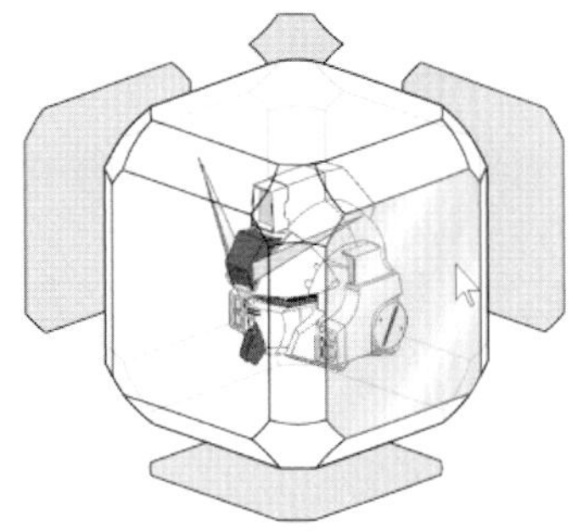

筆記頁

CHAPTER

19

備份/復原

定義檔案 1. **自動復原**(Auto Backup)、2. **備份**(Backup)、3. **儲存通知**(Saving Note),儲存位置與時間。防止 SW 錯誤還可挽救,降低風險和增加檔案管理彈性,資安是工程師責任與課題。

本章機制有資料存取時間和佔用 RAM,很多人問要如何讓 SW 最快,把這些關閉吧。

系統選項(S) 文件屬性(D)

一般
工程圖
色彩
草圖
限制條件/抓取
顯示
選擇
效能
組合件
外部參考資料
預設範本
檔案位置
FeatureManager(特徵管理員)
調節方塊增量
視角
備份/復原
接觸
異型孔精靈/Toolbox
檔案 Explorer
搜尋
協同作業
訊息/錯誤/警告
輸入
輸出

自動復原
儲存自動復原之資料於每(S): 0 分鐘
自動復原資料夾: C:\Users\武大郎\AppData\Local\TempSW備份目錄

備份
每個文件上的備份複製數量(N): 3
備份資料夾(B): C:\Users\武大郎\AppData\Local\TempSW備份目
在與原始檔案相同的位置儲存備份檔案(A)
移除舊於(R) 7 天的備份

儲存通知
如果未於下列的時間或次數內儲存文件,顯示提醒(H): 1 分鐘
在此時間之後自動解除: 5 秒

19-1 自動復原

設定自動復原時間和檔案位置，避免系統發生問題時，擁有危機處理。未預期終止，下次開啟 SW 會出現**文件復原**視窗，點選圖示開啟。開啟後檔名前面**多了自動復原**，例如：自動復原 搖柄組。

常遇到圖畫到一半系統終止，公司損失也是自我承擔的風險。以前軟硬體相容和功能不佳，會下意識 CTRL＋S 儲存一下，現在很少人這樣做。

反而常看到檔案不儲存，我們要看剛才畫的檔案，卻說：關閉了，你又沒說要存。哀！凡事多留一點空間，多一點準備。

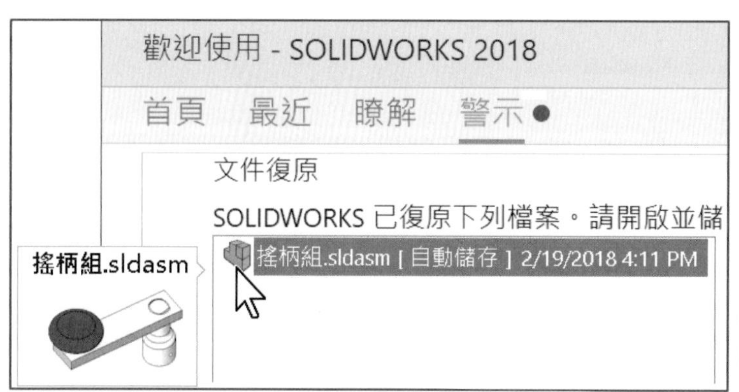

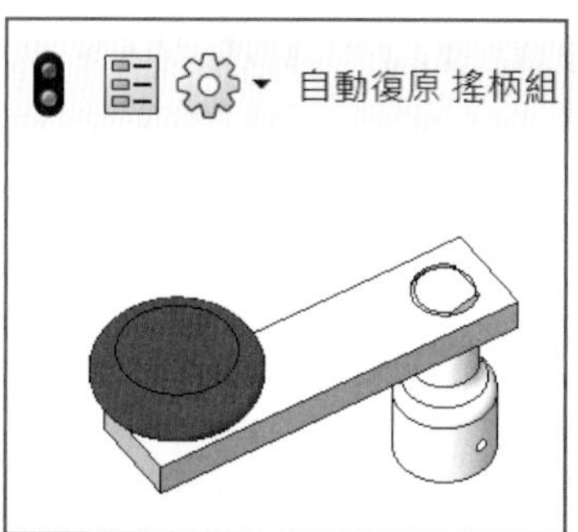

19-1-1 儲存自動復原之資料於每 n 分鐘（預設 10 分鐘）

啟動**自動復原**作業，設定**每隔 X 分鐘**產生復原文件，可輸入 1～120。模型變更（有計算模型），才會啟動復原機制，例如：加入特徵、加入結合條件、產生新視圖...等。

在指定時間內 SW 發生問題時，就不會有自動復原檔案了，下圖左。

19-1-2 自動復原資料夾

為**自動復原檔案**指定資料夾位置，建議將位置改到 D:\，避免過度存取及安全性。重新安裝作業系統或 SW 後，常忘記復原資料沒取出來（被抹除），事後想到卻扼腕不已。

A 預設路徑

C:\Users\武大郎\AppData\Local\TempSW 備份目錄\swxauto。

19-1-3 自動復原無法操作

同時開啟 2 個 SW 時，顯示**自動復原無法運作訊息**，下圖右。因為不能 2 個 SW 同時寫入同一個檔案，只有第 1 個 SW 可以儲存**自動復原檔案**。

使用 2 個 SW 時，只要另一個 SW 的模型僅為看看就好，這部分和協同作業有關。

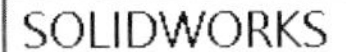
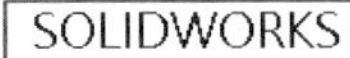

19-1-4 模擬與救回自動復原檔案

檔案修改 1 分鐘後→在工作管理員把 SolidWorks 程序刪除（箭頭所示），下圖左。這時會見到*.SWAR，只要把 SWAR 刪除即可，例如：自動復原挖土機.SLDPRT.SWAR→自挖土機.SLDPRT，下圖右。

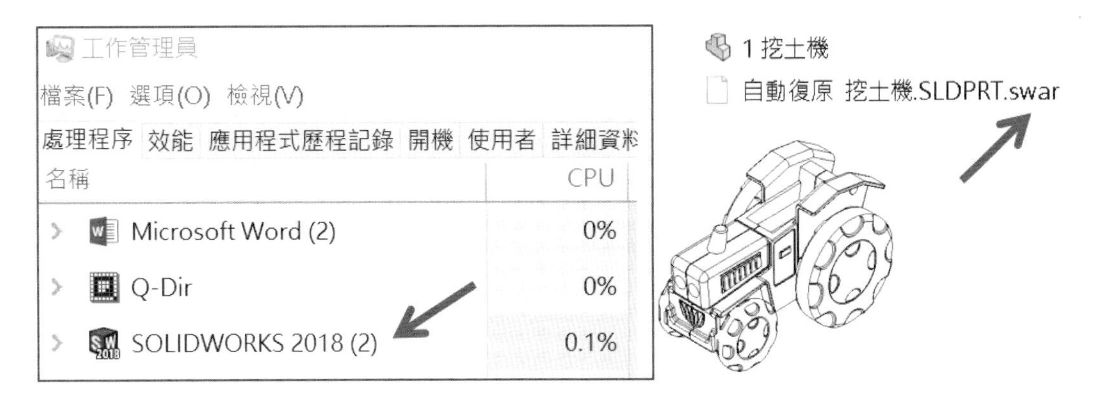

19-1-5 日誌

記錄動作的文字檔，判斷問題發生原因，與 SolidWorks RX（系統診斷）一起使用。

A 預設路徑

C:\Users\YOYO\AppData\Roaming\SOLIDWORKS\SOLIDWORKS 2018，swxJRNL.SWJ。

swxJRNL.swj - 記事本

檔案(F) 編輯(E) 格式(O) 檢視(V) 說明(H)

```
' ******************************************
' C:\Users\武大郎\AppData\Roaming\SolidWorks'
' ******************************************
Dim swApp As Object

Dim Part As Object
Dim boolstatus As Boolean
Dim longstatus As Long, longwarnings As Long
```

19-1-6 刪除自動復原檔

開啟復原檔案不儲存→關閉，自動復原檔會被刪除，因為模型和自動復原檔相同。

19-1-7 覆蓋自動復原檔

開啟復原檔案→儲存模型，會更新原稿，這點就不錯。

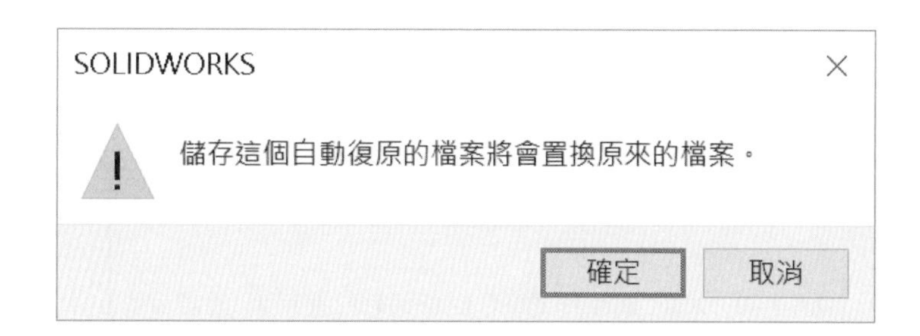

19-2 備份

設定自動備份數量與位置，常用在版本紀錄，找回變更前檔案。在被逼或嚇到才會認真面對備份設定。圖檔損壞不易修復，學習降低風險是必要課題。

以上機制最重要**備份**，一定先存檔再開始繪圖，畫圖過程習慣 CTRL＋S **儲存一下**。很可惜目前沒有**自動儲存**功能（以前有），希望 SW 改進。

19-2-1 每個文件上的備份複製數量

原則上備份數量越高，資料安全性也越高，但不易管理與佔硬諜空間。到底要資料安全高，還是方便管理？

A ☑每個文件上的備份複製數量

設定備份數量 0～10。檔案儲存會將檔案備份並以不同檔名區分，例如：**備份（1）of 挖土機→備份（2）of 挖土機...**，以此類推。此設定應該稱為：備份數量。

備份由最先前檔案循環覆蓋，例如：設定=1。1. 儲存第 1 次會更新**目前檔案→**2. 儲存第 2 次會**產生備份→**3. 儲存第 3 次更新**目前檔案**。

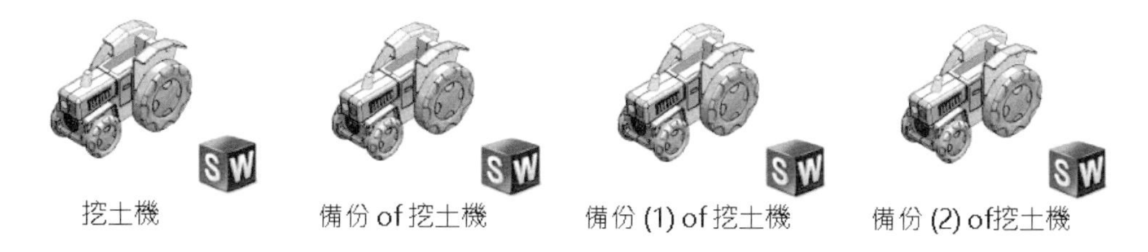

B ☐每個文件上的備份複製數量（預設）

不進行備份機制，也無法設定以下機制。不見得有備份機制就好，要能分辨使用時機，例如：練習，不需要備份作業。

模型沒變更就儲存，會儲存原始檔案。

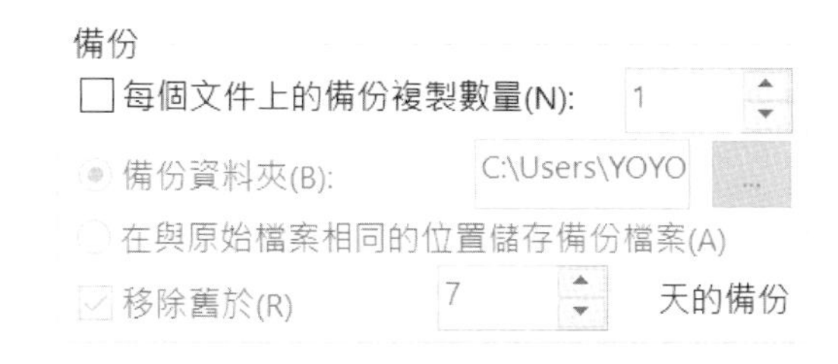

19-2-2 備份資料夾

為備份檔指定資料夾位置，建議同一位置不更動方便管理。實務上會設定在專案路徑之下，例如：D:\紙盒機\備份。但同時進行多個專案，這機制就行不通。

A 預設路徑

C:\Users\YOYO\AppData\Local\TempSW 備份目錄。很多人沒設定路徑，需要時會到這來碰運氣。

19-2-3 在與原始檔案相同的位置儲存備份檔案

承上節，是否與目前文件儲存在同一資料夾，屬於專案管理。最大好處，同時處理多個專案，備份檔隨專案走，不過檔案會過於凌亂，會增加檔案總管更新縮圖時間。

此設定應該稱為：與文件相同位置儲存備份。

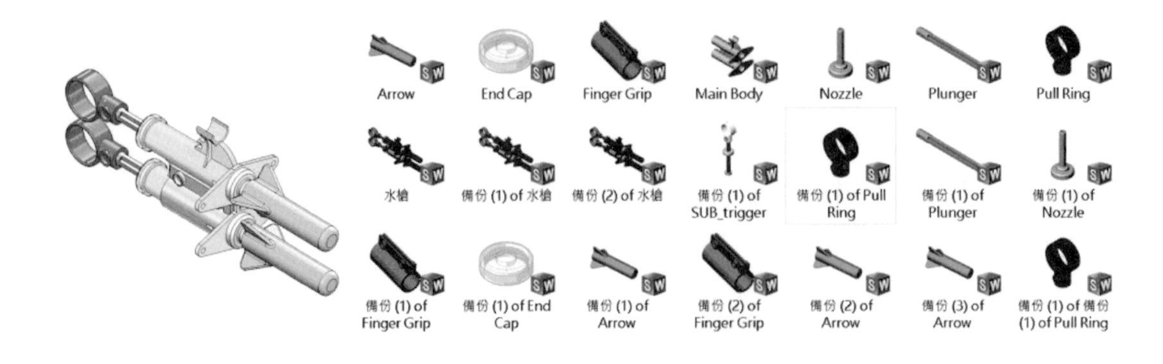

19-2-4 移除舊於 n 天的備份（預設 7 天）

指定超過的天數，過時備份會自動刪除。可避免資料過多又過時，要人工整理檔案。

到底要設定幾天？有些公司設定 30 天。此設定應該稱為：移除 N 天的備份。

名稱	修改日期
備份 (1) of Arrow	2018/2/19 下午 06:51
備份 (1) of End Cap	2018/2/5 下午 10:42
備份 (1) of Finger Grip	2018/2/19 下午 06:50
備份 (1) of SUB_trigger	2018/2/6 下午 08:40

19-2-5 備份檔案

不要花太多時間整理備份檔案。以前備份會用 DVD 燒錄，再把 HD 資料手動刪除釋放容量，並留意備份目錄的磁碟機容量，例如：C:\應有 5～10G 可用空間。

以上是舊時代做法，感嘆還很多公司這樣做，因為 DVD 燒錄太慢了。DVD 號稱可以資料保存 100 年，有沒有發現有些還讀不出來，到時怪 DVD 片品質還是燒錄機呢。

和各位分享，多買幾顆硬碟就好，現今 HD 容量提升價格便宜，多顆硬碟之間不需要跳線，沒人在討論 HD 相容性，可以很任性想買多少顆就裝多少顆在電腦。

簡單便宜又不花時間維護，會比資料救援花費，和不具體搞小軟體救回資料，還來得划算。除非你很懂，千萬不要搞 RAID，萬一出狀況，到時會加劇處理事情難度。

19-2-6 備份資料夾

目前沒有**自動產生備份資料夾**機制。除非很認真在備份目錄下，1. 對每個專案產生新資料夾＋2. 選項指定目前處理的專案資料夾。若覺得很麻煩，要考慮用 SolidWorks PDM。

備份

Arrow

End Cap

Finger Grip

Main Body

Nozzle

19-3 儲存通知

模型在指定間隔時間內沒儲存，右下角顯示**未儲存文件通知**，提醒要儲存。建議全部關閉，時代不同沒人喜歡囉嗦。

19-3-1 如果未於下列時間或次數內儲存文件，顯示提醒（預設）

設定提醒時間 1~60 分鐘。這設定不常用會嫌它煩，且占據記憶體。關閉檔案時若未儲存，系統詢問是否要儲存檔案，與這設定有點類似。

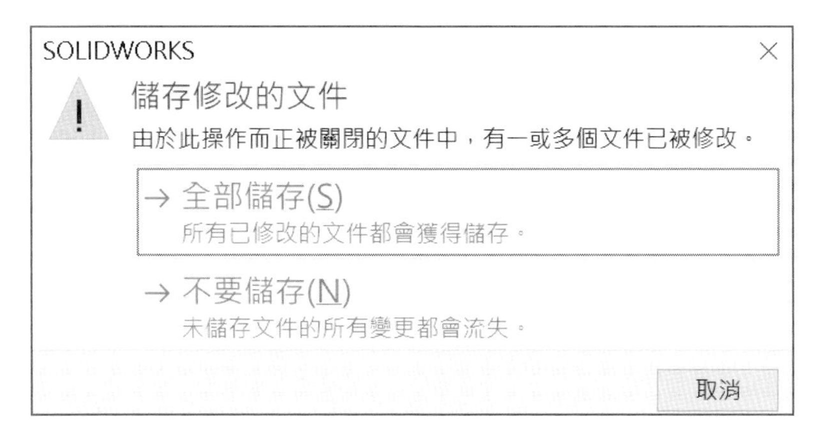

19-3-2 在此時間之後自動解除（預設 5 秒）

承上節，設定**儲存文件通知**顯示時間，超過時間視窗會消失。

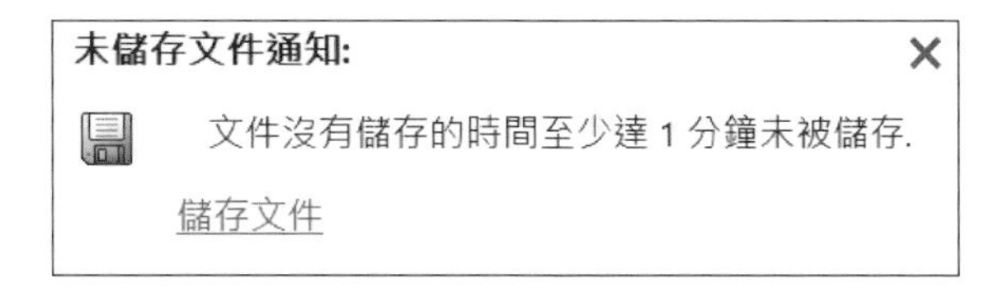

筆記頁

CHAPTER

20

接觸

設定觸碰螢幕的觸碰模式（Touch Mode），將功能表置於繪圖區域左邊或右邊，讓操作更輕鬆且直覺。自 2010 起因應觸碰來臨，相信往後對觸碰螢幕支援會更多元。

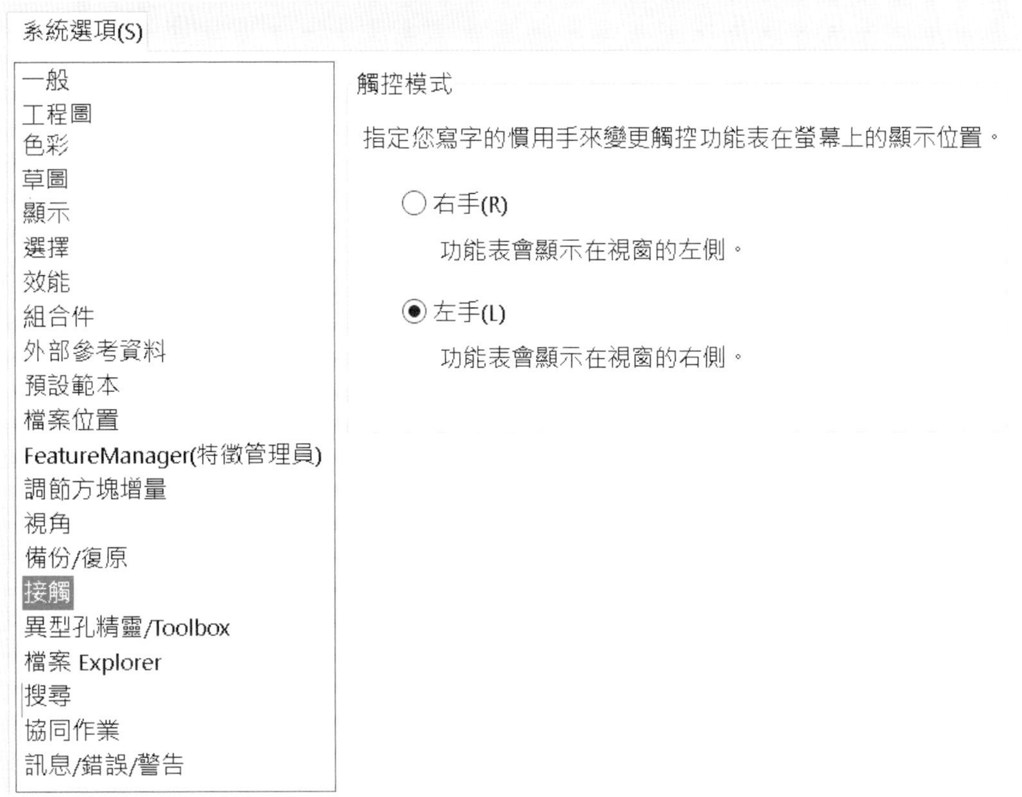

系統選項(S)

一般
工程圖
色彩
草圖
顯示
選擇
效能
組合件
外部參考資料
預設範本
檔案位置
FeatureManager(特徵管理員)
調節方塊增量
視角
備份/復原
接觸
異型孔精靈/Toolbox
檔案 Explorer
搜尋
協同作業
訊息/錯誤/警告

觸控模式

指定您寫字的慣用手來變更觸控功能表在螢幕上的顯示位置。

○ 右手(R)

功能表會顯示在視窗的左側。

◉ 左手(L)

功能表會顯示在視窗的右側。

20-1 觸控模式

設定觸碰功能表位置，右手=放置左邊，左手=放置右邊，看起來好像相反對吧。右手=右手操作，功能表在左邊就像文意感應，下圖左。

該工具列也可在 1. 檢視→2. 觸控模式開啟/關閉，此功能要配合觸碰螢幕，下圖中。使用範例，資料來源：MLC CAD Systems，下圖右。

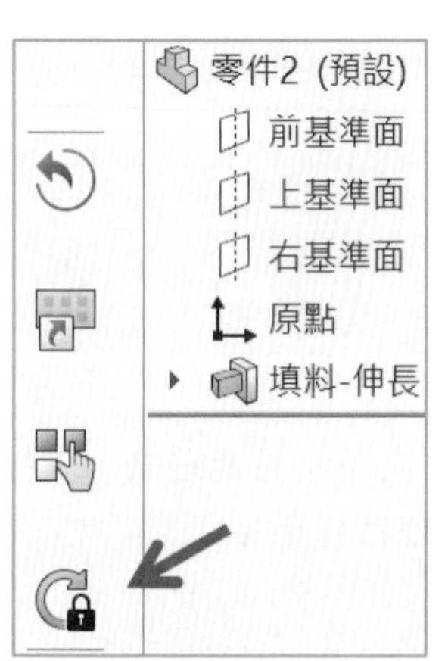

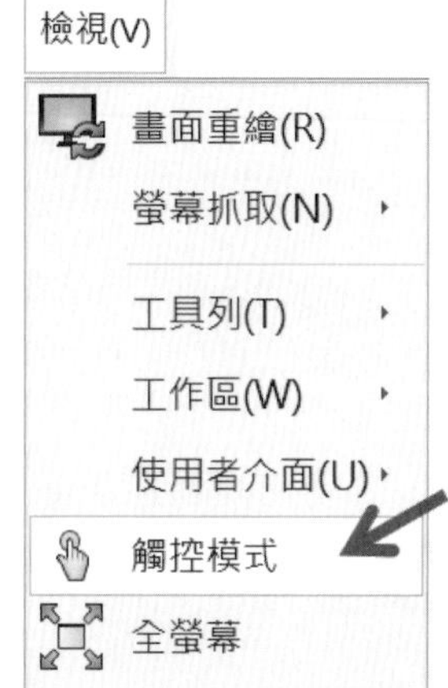

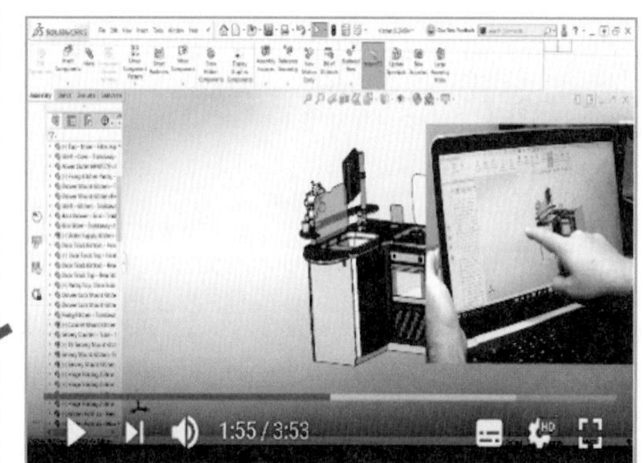

20-2 ESCAPE

取消所選項目或離開特徵視窗，與 ESC 功能相同。

20-3 快速鍵

於零件、組合件、工程圖環境開啟**捷徑列**，減少手指在**繪圖區域**與**工具列**移動時間。

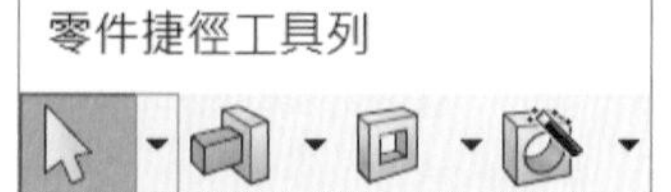

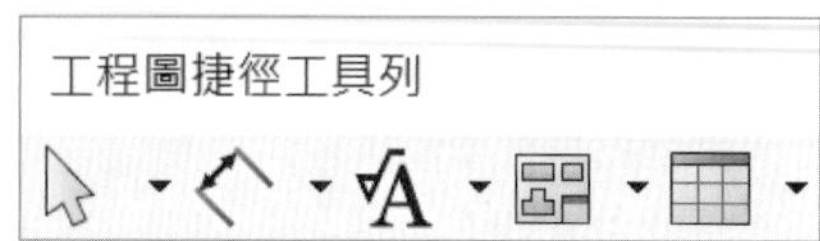

20-4 多重選擇

複選多個項目，例如：草圖圖元、模型面、特徵...等，與 Ctrl 功能相同。

20-5 旋轉和移動

定義 2 指同時在螢幕按著不放進行：旋轉、移動或拉近/拉遠。

20-5-1 ☑鎖定 3D 旋轉

模型鎖住視角，1 指=繪製草圖圖元時不會意外旋轉模型，2 指=拉近/拉遠。

20-5-2 □鎖定 3D 旋轉

1 指或 2 指都可旋轉、拉近/拉遠模型，操作和手機相同。

20-6 旋轉寬度和移動距離

這是 2016 以前的功能，後來沒有了，本節特別收錄。

這些設定在觸碰裝置也有，就像滑鼠速度，作業系統、滑鼠驅動程式、SW... 等皆可設定情況下，SW 設定就顯得多餘。

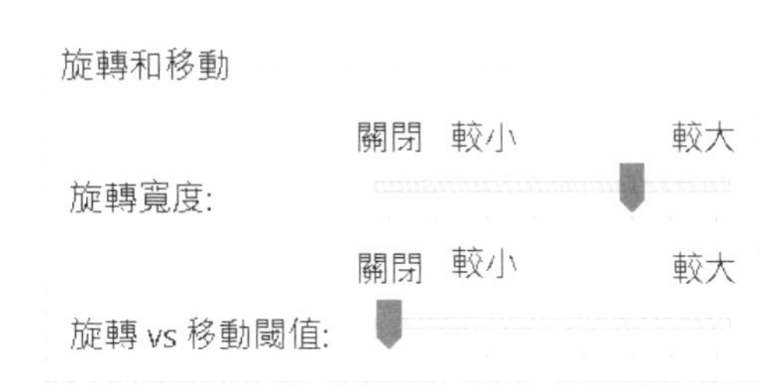

20-6-1 旋轉寬度

將分開 2 指手勢解讀為移動到旋轉，關閉=沒有手勢、較小=移動、較大=旋轉。

20-6-2 旋轉 vs 移動閾值滑塊

設定手指在螢幕移動的距離。關閉=沒有手勢、較小=旋轉、較大=移動。

筆記頁

CHAPTER

21

異型孔精靈/Toolbox

提供給**異形孔精靈**和 Toolbox（**工具箱**）存取控制，和工作窗格的最愛設定。也可進入至編輯器進行規格定義，例如：新增、移除甚至能產生新標準。

Toolbox 自 2005 以來每年有新升級通知，是論壇詢問度很高議題。

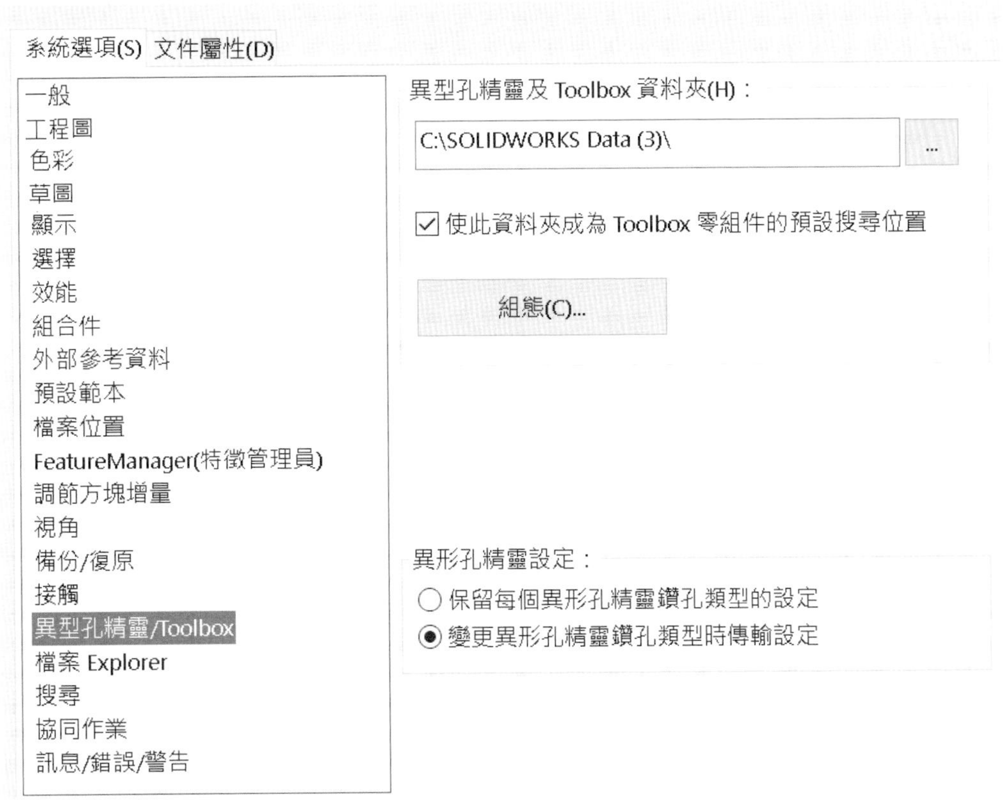

系統選項(S) 文件屬性(D)

一般
工程圖
色彩
草圖
顯示
選擇
效能
組合件
外部參考資料
預設範本
檔案位置
FeatureManager(特徵管理員)
調節方塊增量
視角
備份/復原
接觸
異型孔精靈/Toolbox
檔案 Explorer
搜尋
協同作業
訊息/錯誤/警告

異型孔精靈及 Toolbox 資料夾(H)：
C:\SOLIDWORKS Data (3)\ ...
☑ 使此資料夾成為 Toolbox 零組件的預設搜尋位置
組態(C)...

異形孔精靈設定：
○ 保留每個異形孔精靈鑽孔類型的設定
◉ 變更異形孔精靈鑽孔類型時傳輸設定

21-1 異型孔精靈及 Toolbox 資料夾

設定**異型孔精靈**和 Toolbox **資料庫**位置。安裝 SW 過程未安裝 Toolbox 模組，也能編輯資料庫標準。

A 預設位置

定義資料庫讀取位置。執行 Toolbox 指令時，系統會搜尋子資料夾，所以指定到 C:\SOLIDWORKS Data 即可。

B 找不到資料夾

承上節，常遇到使用 Toolbox 時，出現無法找到標準資料庫，就是路徑錯了，下圖右。預設路徑：C:\SOLIDWORKS Data\lang\english，swbrowser.SLDEDB。

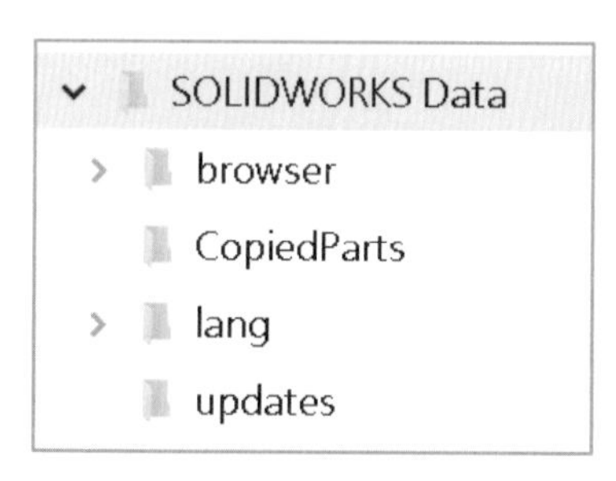

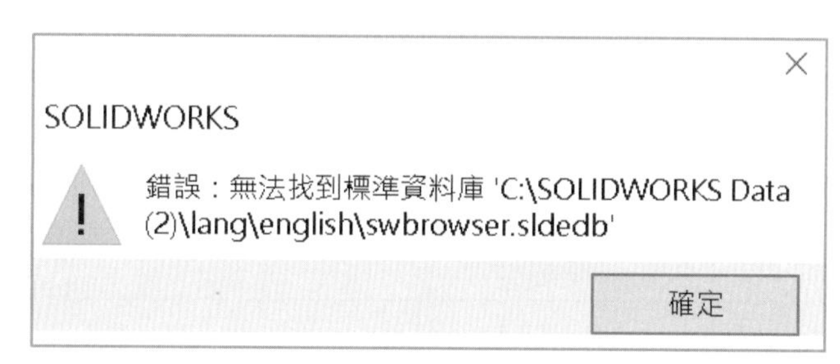

C 不是所預期版本

當安裝多版本 SW，例如：已安裝 2016→要安裝 2018，會自動避開原先 SolidWorks data 資料夾，自動安裝並產生新資料夾，例如：SolidWorks data (2)。

使用 2016，萬一指定到新版 2018 的 swbrowser.SLDEDB，就會出現**不是所預期版本**，這時只要指定回 2016 路徑，SolidWorks data。

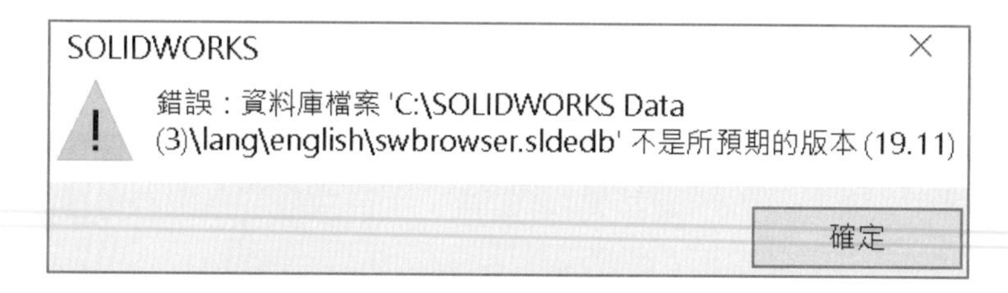

21-1-1 此資料夾成為 Toolbox 零組件的預設搜尋位置

開啟 Toolbox 模型，是否搜尋指定資料夾，常用在組合件。ToolBox 為零件構成，設定組態後加到組合件，下次開啟組合件時，是否依本節指定路徑找尋 ToolBox 零件。

常發生在開啟組合件後 Toolbox 規格跑掉，因為：1. 讀取預設位置、2. ToolBox 內部 ID、3. 檔案名稱。把 Toolbox 複製到指定位置 D:\，讓系統再搜尋 C:\預設位置。

A ☑此資料夾成為 Toolbox 零組件的預設搜尋位置（預設）

開啟組合件時，Toolbox 連結選項指定路徑。常用在不同電腦組合件皆有使用 Toolbox 時，不必擔心資料夾位置不同，Toolbox 找不到資料。

B ☐此資料夾成為 Toolbox 零組件的預設搜尋位置

不參考選項指定路徑，系統抓取你的位置，適用 2012 之前版本。

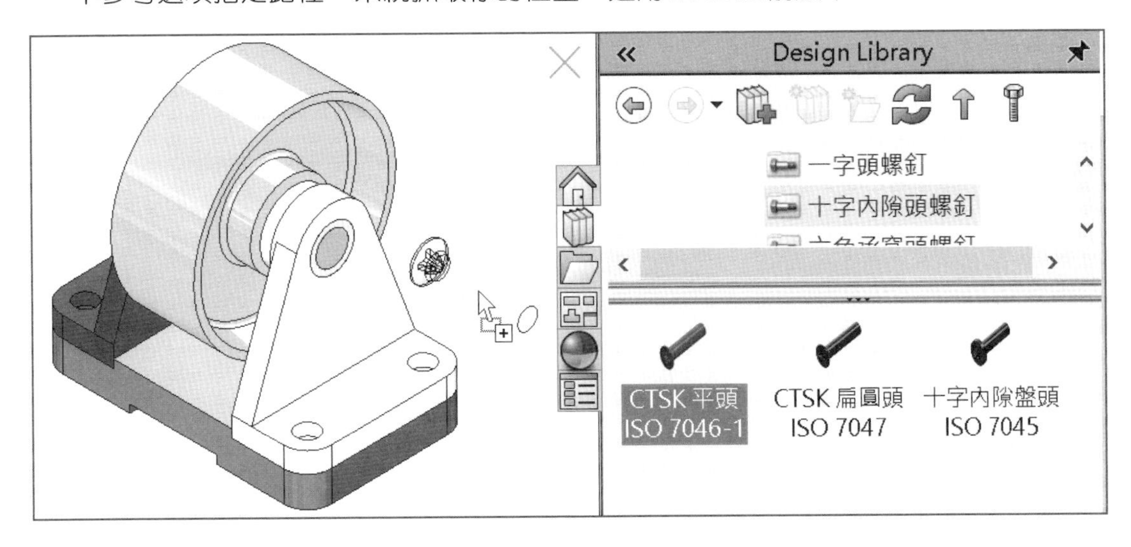

C 與使用者設定連結

本節設定會與組態→使用者設定→檔案連結（箭頭所示）。

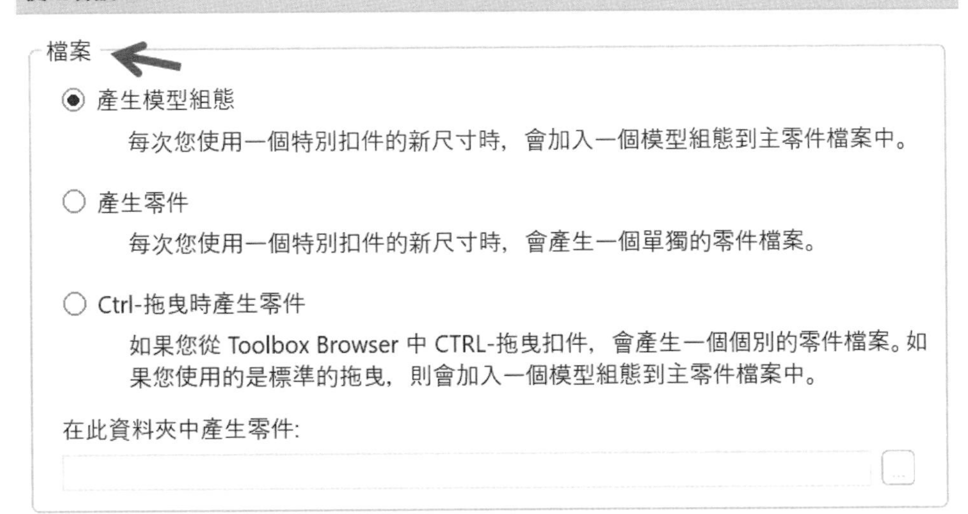

21-1-2 組態

開啟 Toolbox 組態視窗，可定義**異型孔精靈**和 Toolbox **資料庫**，留在另一本書介紹。資料庫位置：C:\SOLIDWORKS Data\lang\english\SWBrowser.SLDEBD。

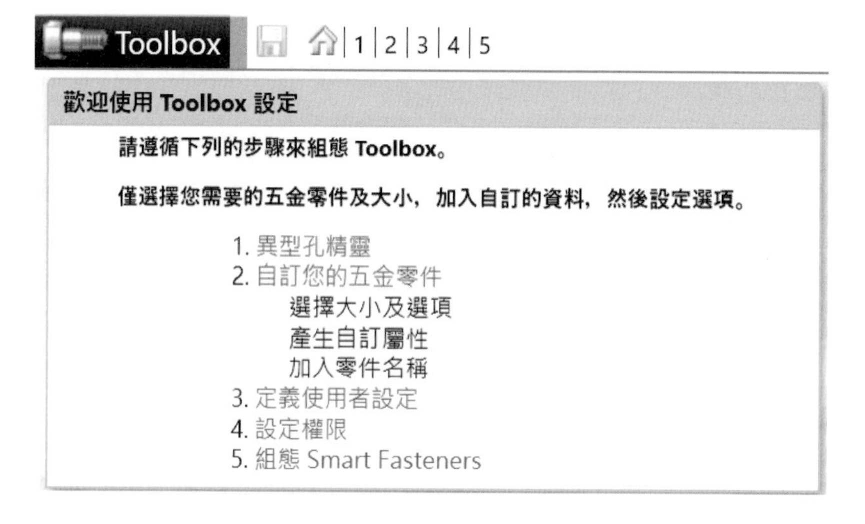

21-2 Toolbox 工作窗格

是否在 Toolbox 下顯示 Toolbox 最愛資料夾，儲存常用模型捷徑，下圖左。製作相當簡單，只要在下方拖曳 Toolbox 模型到最愛資料夾。

例如：拖曳 ANSI 工模襯套資料夾、或拖曳其中一個模型。

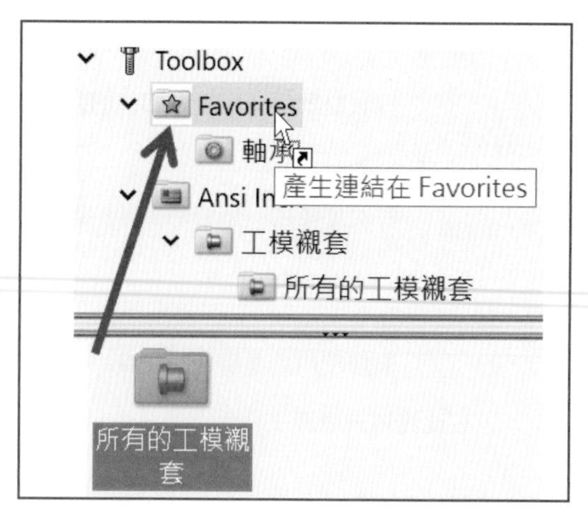

21-3 異型孔精靈設定

設定**異型孔精靈**、**連續鑽孔**及**進階異型孔**，是否維持預設大小，特別有**使用自訂大小**，下圖左。先前版本會出現提示訊息，直接套用你常用的習慣，下圖右。

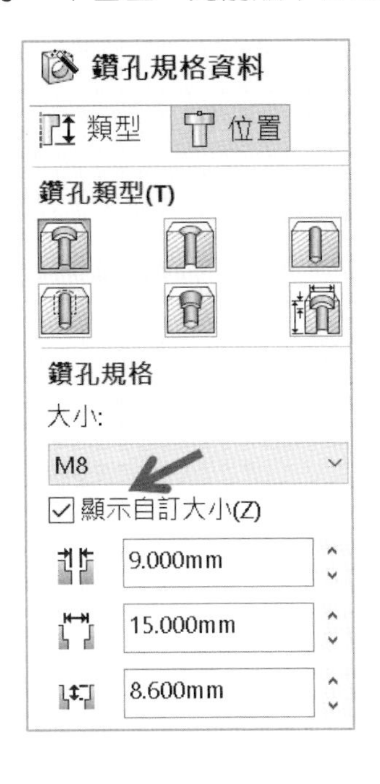

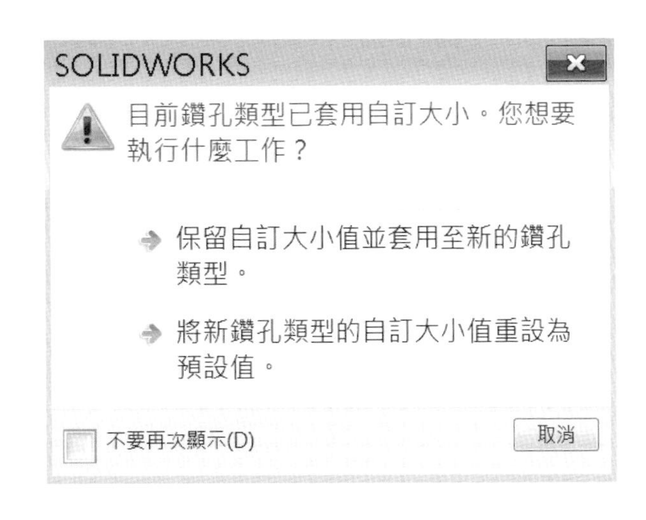

21-3-1 保留每個異形孔精靈鑽孔類型的設定

使用時以預設值套用，適用 2016 以前。例如：預設直螺絲攻=M1，下次使用還顯示 M1，你要每次切換為 M8。

21-3-2 變更異形孔精靈鑽孔類型時傳輸設定

是否使用上次鑽孔類型、大小設定，就不必每次重新選擇要的規格。例如：預設=M1，先前已經切換到 M8，下次使用會保留到 M8 不是 M1。

筆記頁

CHAPTER

22

檔案 Explorer

工作窗格的**檔案總管**設定資料夾與檔案可見性。由於與 Windows **檔案總管**結合，常用來開啟檔案，使用率最高，本章很簡單看過就會。

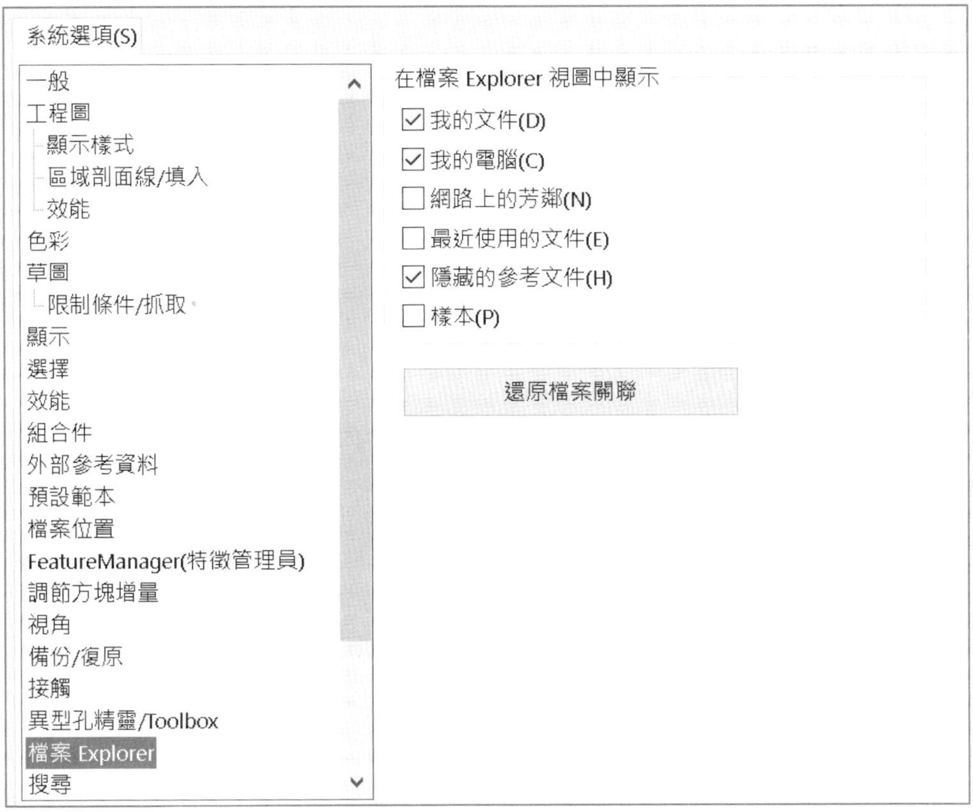

系統選項(S)

一般
工程圖
顯示樣式
區域剖面線/填入
效能
色彩
草圖
限制條件/抓取
顯示
選擇
效能
組合件
外部參考資料
預設範本
檔案位置
FeatureManager(特徵管理員)
調節方塊增量
視角
備份/復原
接觸
異型孔精靈/Toolbox
檔案 Explorer
搜尋

在檔案 Explorer 視圖中顯示

- [x] 我的文件(D)
- [x] 我的電腦(C)
- [ ] 網路上的芳鄰(N)
- [ ] 最近使用的文件(E)
- [x] 隱藏的參考文件(H)
- [ ] 樣本(P)

還原檔案關聯

22-1 在檔案 Explorer 視圖中顯示

與 Windows 檔案總管一樣可顯示：1. 我的文件、2. 我的電腦、3. 網路上的芳鄰、4. 最近使用的文件、5. 隱藏的參考文件、6. 樣本。

可自由選擇是否顯示項目，適當調整要顯示項目，增加檔案總管可見度，游標放在上面會出現縮圖。

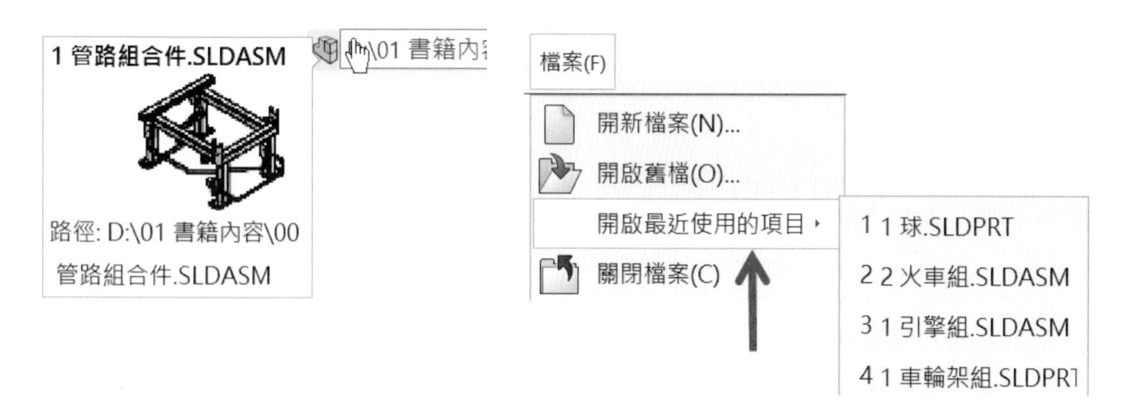

22-1-1 我的文件

Windows 系統資料夾，在 C 槽存放使用者文件、圖片、下載...等檔案。

22-1-2 我的電腦

顯示電腦內所有磁碟機與資料夾，使用率最高。

22-1-3 網路上的芳鄰

顯示網路中所有成員，很多人不知道可以在這存取網路資源。

22-1-4 最近使用的文件

顯示最近開啟文件，包含顯示路徑。游標放在檔名上有預覽縮圖，快點 2 下開啟檔案，可以很有效率開啟它們，這功能如同**檔案→開啟最近使用的項目**。

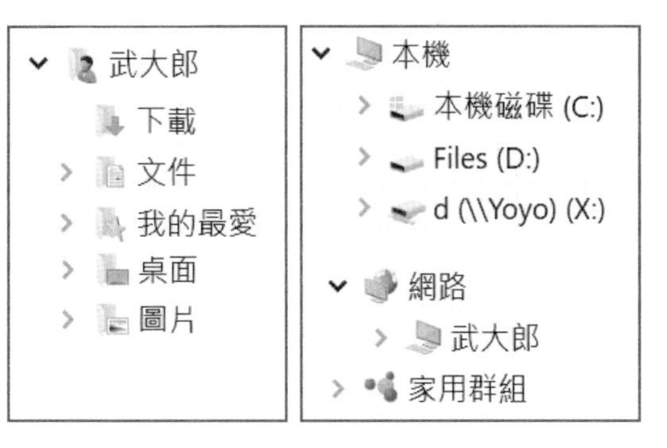

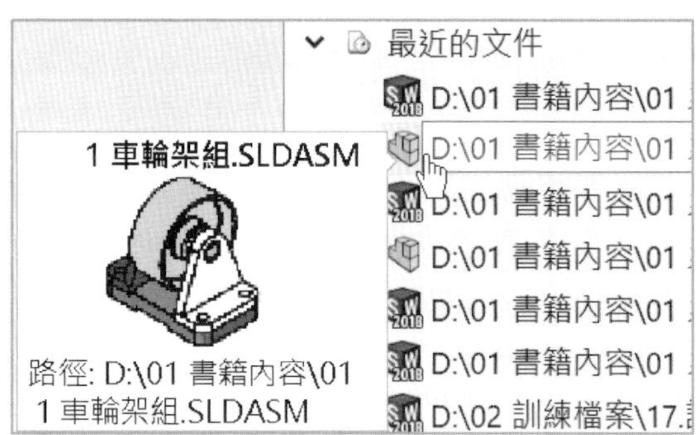

22-1-5 隱藏的參考文件

在 SolidWorks 中開啟項目，顯示未開啟模型。開啟組合件，組合件下的模型會放在記憶體，它們非塗彩狀態。

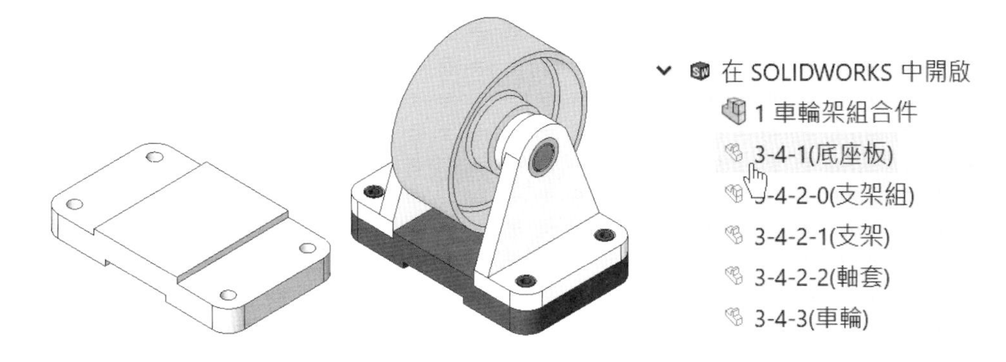

22-1-6 樣本（範例）

線上學習單元與**新增功能範例**資料夾。

預設路徑：C:\Users\Public\Documents\SOLIDWORKS\SOLIDWORKS 2018\samples。

22-2 還原檔案關聯

檔案總管快點 2 下零件、組合件、工程圖直接開啟，對作業系統來說就是文件與 SolidWorks 關聯。這是論壇詢問度很高的問題，直覺開啟是習慣，不必利用 SolidWorks 開啟舊檔才可以開啟檔案，若沒有關聯就會出現無法開啟關聯檔案的訊息。

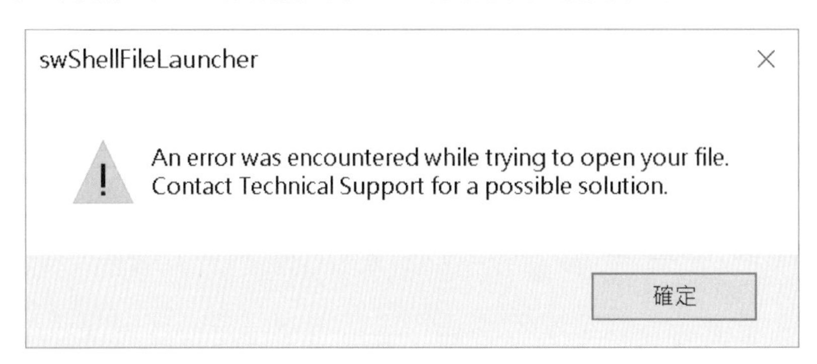

自 2014 適用多版次 SW，快點 2 下模型利用 SolidWorks Launcher 指定版本開啟，這時就無法很直覺自動開啟。

論壇有很多解決方法，除了本節說明還有另個最簡單方式，電腦重灌僅安裝一個 SW。

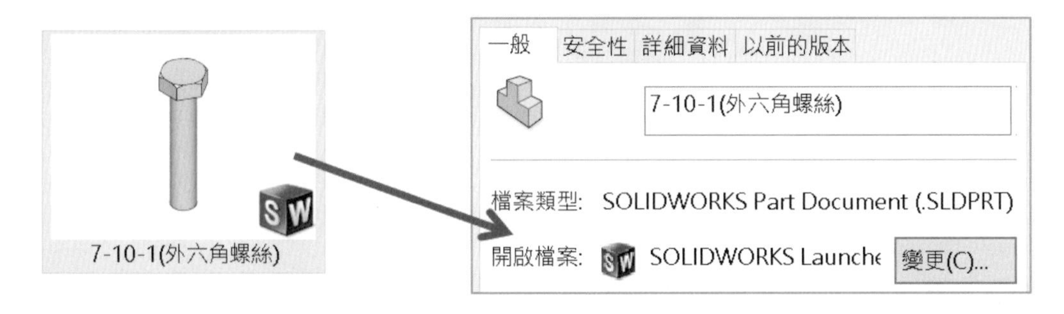

22-2-1 系統管理員開啟 SolidWorks

要使用此選項，必須以**系統管理員**身分執行 SolidWorks。

步驟 1 在 SolidWorks 啟動程式上 SHIFT 右鍵→以系統管理員身分執行

步驟 2 開啟 SolidWorks 後進入選項→按下**還原檔案關聯**，會出現**已還原所有預設的檔案關聯**

CHAPTER

23

搜尋

設定 SolidWorks 搜尋、3D ContentCentral 顯示。大郎想搜尋細節不需說明，只要說明功能和特別地方即可。使用搜尋功能要有電腦變慢心理準備，不然把所有設定關閉。

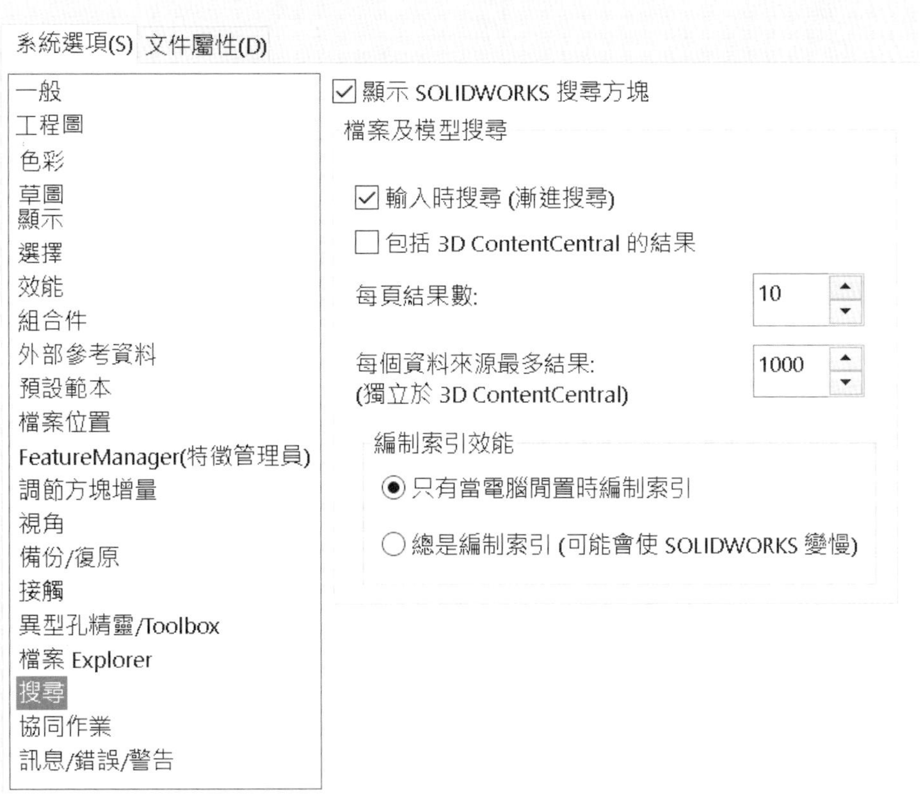

系統選項(S) 文件屬性(D)

一般
工程圖
色彩
草圖
顯示
選擇
效能
組合件
外部參考資料
預設範本
檔案位置
FeatureManager(特徵管理員)
調節方塊增量
視角
備份/復原
接觸
異型孔精靈/Toolbox
檔案 Explorer
搜尋
協同作業
訊息/錯誤/警告

☑ 顯示 SOLIDWORKS 搜尋方塊

檔案及模型搜尋

☑ 輸入時搜尋 (漸進搜尋)

☐ 包括 3D ContentCentral 的結果

每頁結果數: 10

每個資料來源最多結果: 1000
(獨立於 3D ContentCentral)

編制索引效能

◉ 只有當電腦閒置時編制索引

○ 總是編制索引 (可能會使 SOLIDWORKS 變慢)

23-1 顯示 SOLIDWORKS 搜尋方塊（預設開啟）

右上角是否顯示 SolidWorks 搜尋方塊（助理）。輸入關鍵字或片語→↵搜尋，和上網搜尋資料操作一樣。

通常會開啟搜尋方塊，反正放著用得到，除非要大螢幕畫面才會關閉，例如：大郎課堂上會關閉，不讓同學感覺 SW 畫面太複雜。

23-1-1 搜尋支援

點選三角向下箭頭▼就能看出主要搜尋：1. 指令、2. 檔案與模型、3. MySolidWorks。點選 MySolidWorks 右邊▼能看出 MySolidWorks 搜尋：知識庫、CAD 模型、製造商...等。不要一次搜到這麼多，通常會把它全部關掉。

23-1-2 指令（預設）

輸入關鍵字、快速鍵，在搜尋結果甚至可執行指令，和自動亮顯指令位置。輸入直或 L 會出現直有關指令，點選項目直接使用指令，下圖左。

或點選眼睛上方，游標會自動到直線上方，下圖中。練習輸入穿，是不是出現好幾筆和穿有關指令，甚至發掘新事務，下圖右。

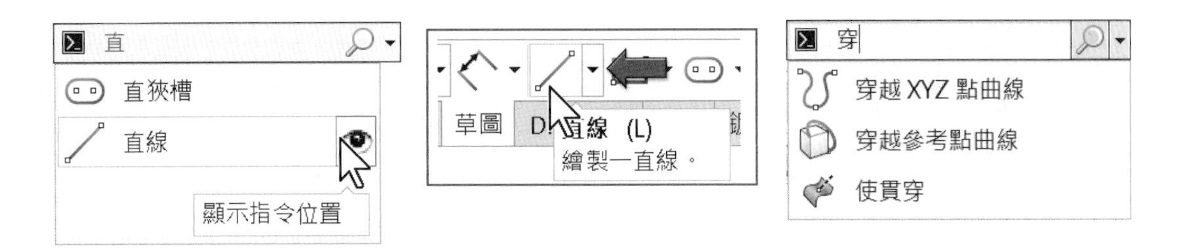

有些人會利用此項輸入指令，這項應用和自訂→鍵盤→搜尋快速鍵關聯。例如：SEC=剖面視角、PAT=直線複製排列。

課堂上，同學會問**搜尋快速鍵**設定，想用搜尋視窗執行指令，有點類似 2D CAD 作業，絕對不要這樣太慢，用快速鍵好了。

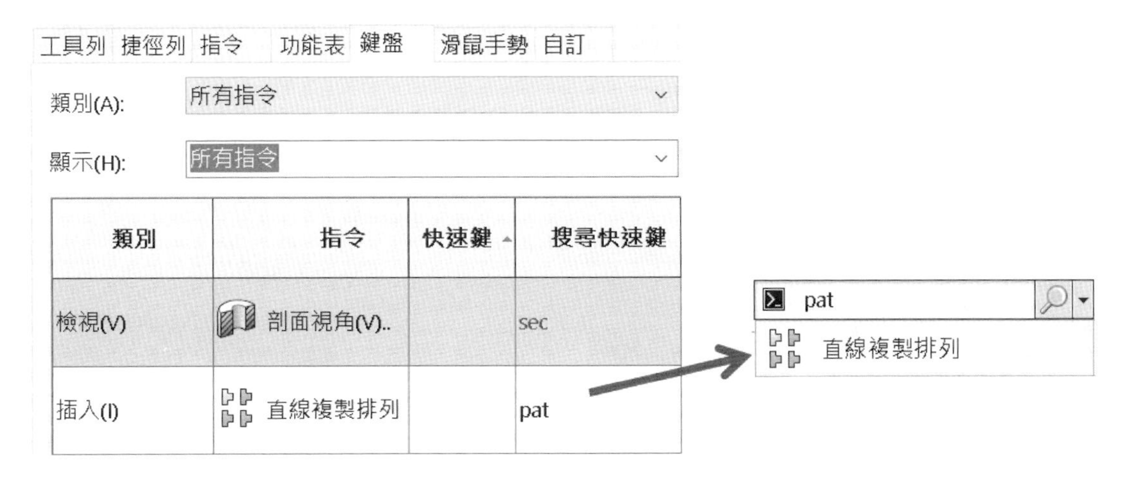

23-1-3 檔案與模型

輸入關鍵字尋找 SolidWorks 模型，搜尋結果在工作窗格，包含檔案路徑與關鍵字，下圖左。此設定與**檔案位置→搜尋路徑**對應，下圖右。

23-1-4 MySolidWorks

搜尋結果包含 MySolidWorks 網站內容。

23-2 輸入時搜尋（漸進搜尋）

輸入搜尋字串，會直接出現目前輸入結果，和上網一樣。

否則輸入完成後→↵才會顯示輸入結果。

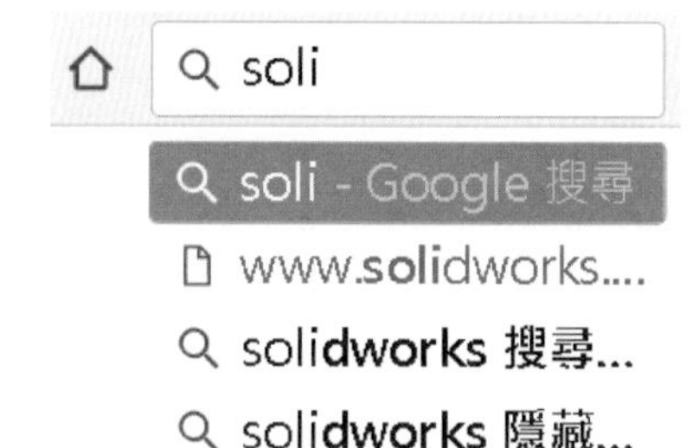

23-3 包括 3D ContentCentral 結果

搜尋包括在 3D ContentCentral（3D 內容網站，以下簡稱 3DCC）。由於網路最佔搜尋效能，要提高搜尋效能建議關閉。

23-3-1 每頁結果數

指定每頁顯示數量，超過設定會分頁顯示，例如：超過 10 個結果以第 2 頁顯示。現在網路發達，每頁 100 在找檔案會比較快。

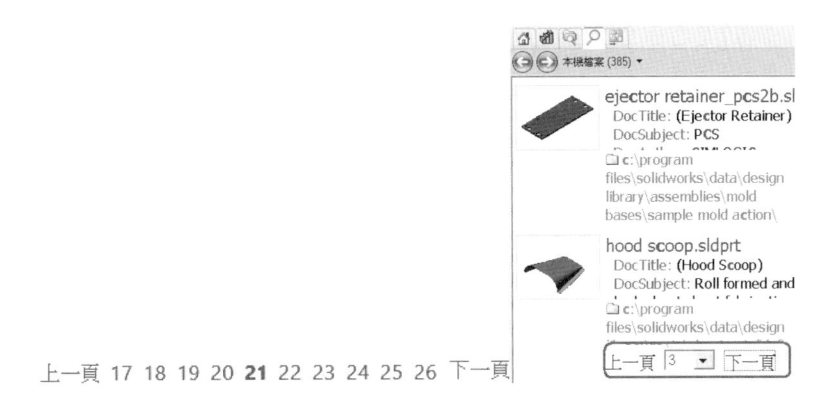

23-3-2 每個資料來源最多結果（獨立於 3D ContentCentral）

設定顯示 3DCC 總數量，低於設定數量不顯示，例如：設定 10，搜尋結果 30 筆，系統只顯示 10 筆。

23-4 編輯索引效能

讓電腦自動更新檔案資訊，為了加快搜尋速度，因為有最新路徑搜尋。搜尋會嚴重影響電腦效能，可在**工作管理員**看出電腦使用情形。

23-4-1 只有當電腦閒置時編制索引（預設）

當電腦閒置時開始編制索引，不會暫用系統資源。

23-4-2 總是編輯索引（可能使 SOLIDWORKS 變慢）

只要檔案變動，會強迫重新編製取得最新資訊，會使 SolidWorks 變慢。在**工作管理員→詳細資料，系統閒置處理程序**，得知 CPU 被佔 92%。

大郎曾經被這所苦，雖然不是這裡的設定，是 Windows 搜尋（SearchFilterHost.exe）的問題，後來把搜尋的索引關閉即可。

工作管理員

檔案(F) 選項(O) 檢視(V)

處理程序 效能 應用程式歷程記錄 開機 使用者 詳細資料 服務

名稱	狀態	CPU	記憶體 (私人...	PID	描述
系統閒置處理程序	執行中	95	8 K	0	處理器的閒置時間百分比
系統插斷	執行中	00	0 K	-	延遲程序呼叫與插斷服務常式

23-4-3 關閉 Windows 索引

Windows 內建索引服務，它可以為檔案總管、電子郵件等內容提供索引，會嚴重佔據系統資源，本節說明關閉索引服務方法。

步驟 1 在 Windows 搜尋輸入：索引

步驟 2 點選索引選項

步驟 3 於索引選項視窗，點選進階

步驟 4 □XML 篩選器

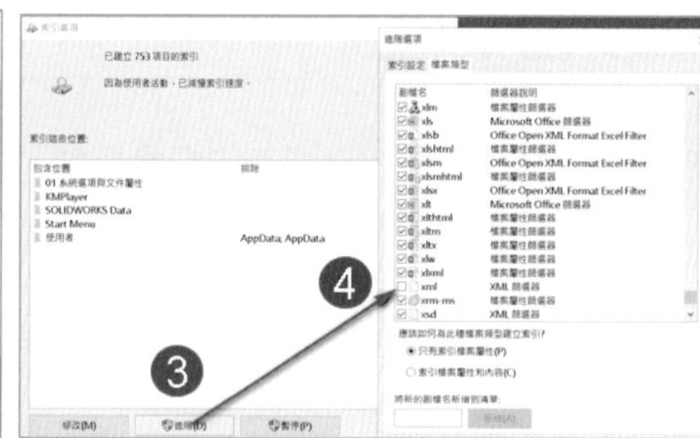

CHAPTER

24

協同作業

設定多使用者環境，多人同時開啟檔案會有權限議題，可以升高為 PDM 前哨站。大郎常說先把這導入適應，再導入 PDM 也不遲。

協同作業最常見讀取權限，權限預設第 1 人開啟所有，後面的人要讀取權限，就要大家把檔案關閉→再由第 2 人開啟，必定造成設計等待時間。

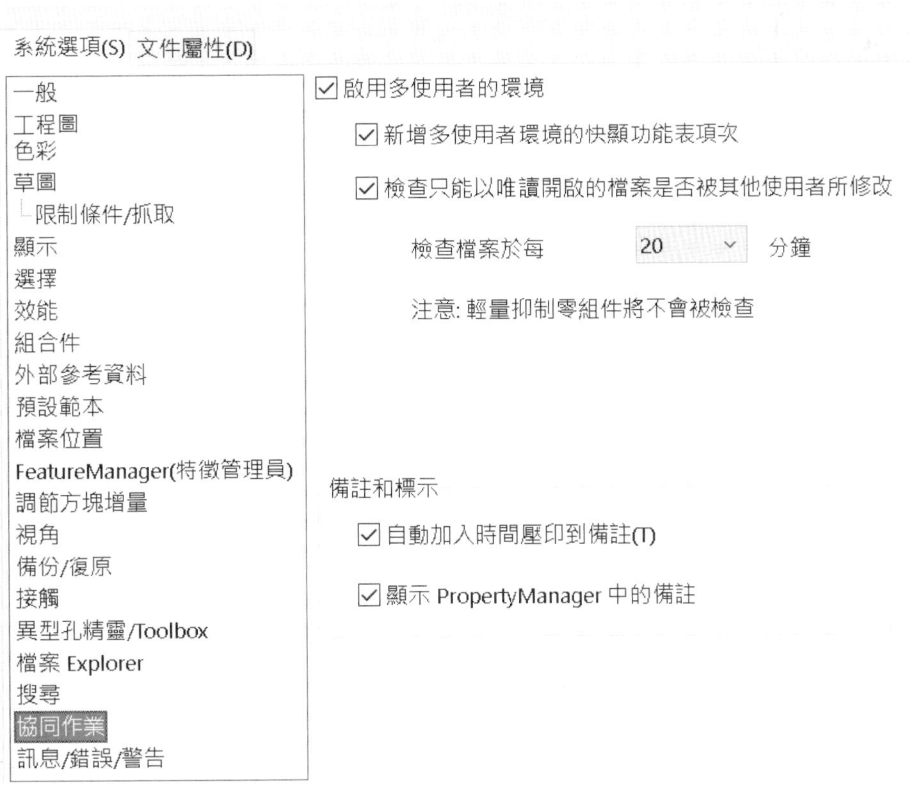

系統選項(S) 文件屬性(D)

一般
工程圖
色彩
草圖
限制條件/抓取
顯示
選擇
效能
組合件
外部參考資料
預設範本
檔案位置
FeatureManager(特徵管理員)
調節方塊增量
視角
備份/復原
接觸
異型孔精靈/Toolbox
檔案 Explorer
搜尋
協同作業
訊息/錯誤/警告

☑ 啟用多使用者的環境
☑ 新增多使用者環境的快顯功能表項次
☑ 檢查只能以唯讀開啟的檔案是否被其他使用者所修改
檢查檔案於每 20 分鐘
注意: 輕量抑制零組件將不會被檢查

備註和標示
☑ 自動加入時間壓印到備註(T)
☑ 顯示 PropertyManager 中的備註

24-1 啟用多使用者環境

是否使用多使用者環境，控制共用模型**讀取**與**存取**權限。只有 1 人執行專案，不會有共用文件問題，口可避免不必要麻煩。

24-1-1 新增多使用者環境的快顯功能表項次

是否開啟**使為唯讀**、**取得寫入的存取權限**的指令，避免相同零件 2 方同時開啟時，發生更新順序問題。所以一方**使為唯讀**，另一方**取得寫入的存取權限**。

實務上，不是關閉目前零件這麼簡單，還要把組合件和工程圖全部關閉，甚至索性把 SW 關了免得系統囉嗦。

讀取和唯讀權限應該就如呼吸一樣，怎麼搞得困難重重，本節就是解決這窘境。

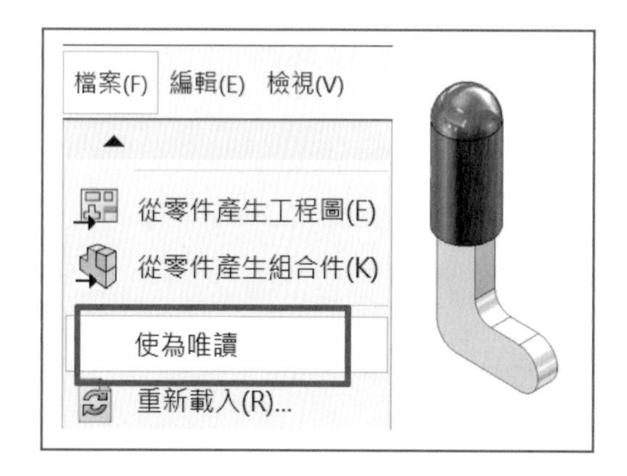

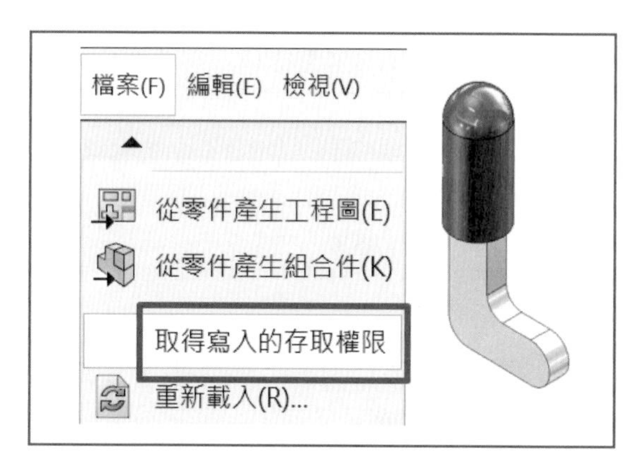

A 使為唯讀（Only Read）

將目前檔案釋放權限只能讀取。唯讀可更改但不能儲存，在檔案名稱旁會出現**[唯讀]**作為識別，例如：六角螺帽 * [唯讀]。

唯讀文件修改過程會出現訊息：將對唯讀文件做出變更。

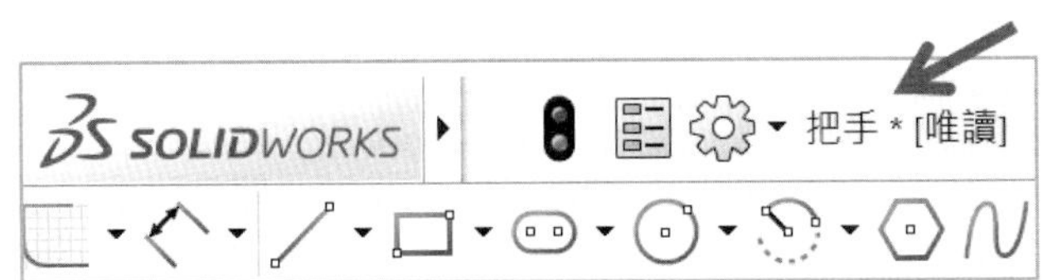

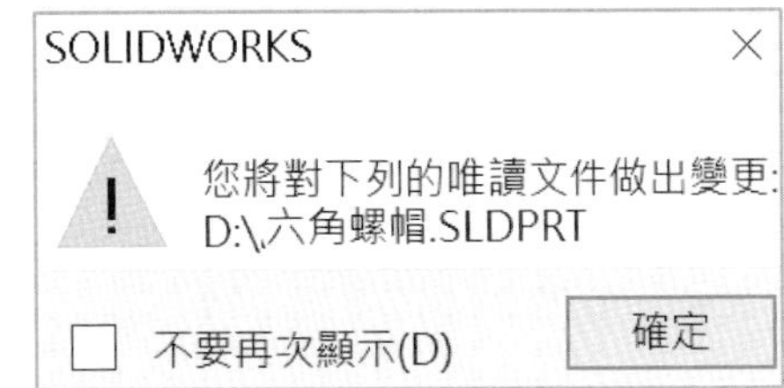

B 取得寫入的存取權限

修改後可存檔。原則先開檔案先贏=A 方，先取得存取權限。當 B 方想修改時，必須由 A 方釋放權限=**唯讀**，釋放過程會出現訊息並要求儲存檔案。

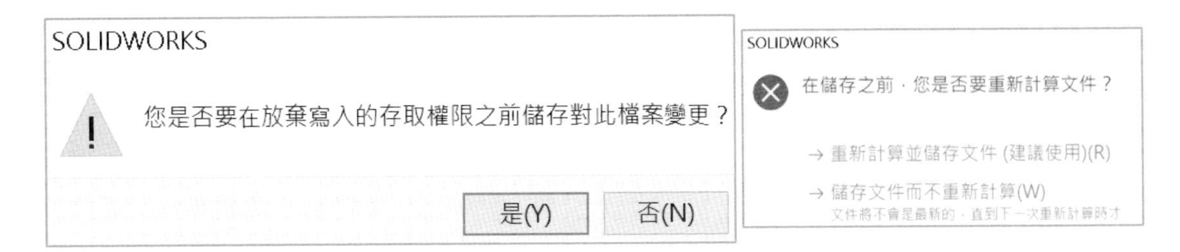

24-1-2 檢查只能以唯讀開啟的檔案是否被其他使用者所修改

檢查唯讀模型是否被其他人修改，由清單切換檢查間隔時間。輕量抑制模型不會被檢查到，選項中有寫（箭頭所示）。

此設定應該稱為：檢查唯讀檔案是否被其他使用者開啟。

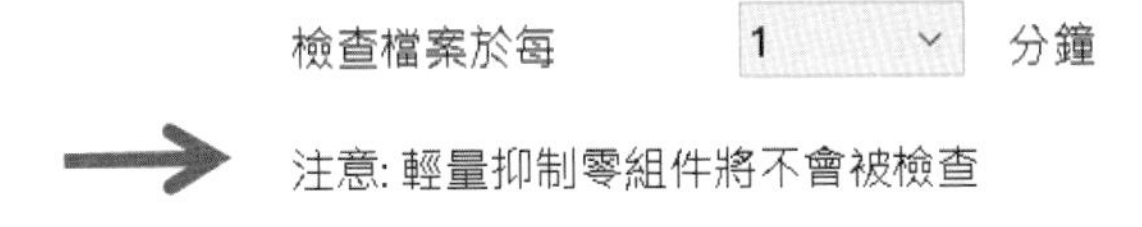

24-1-3 開啟唯讀文件

開啟唯讀模型時，會出現唯讀文件被使用中。

24-1-4 儲存文件

承上節，開啟唯讀模型後修改，**儲存檔案過程**會出現無法儲存視窗。

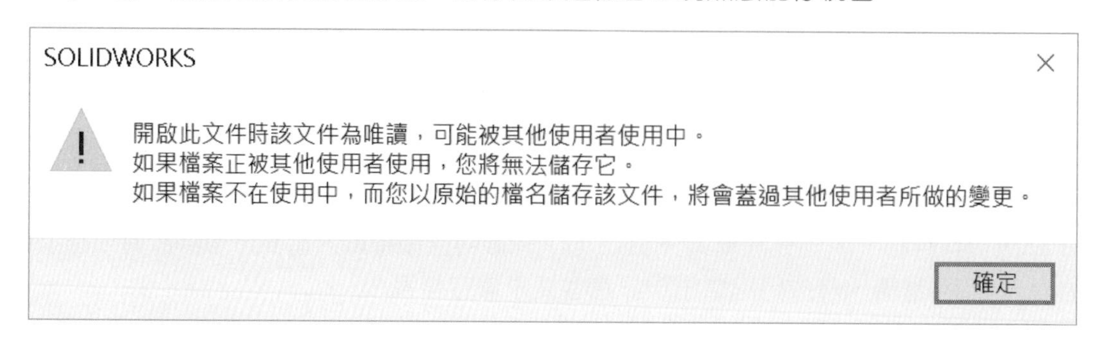

24-1-5 重新載入

模型修改後，更新唯讀文件。可以在：1. 檔案→重新載入、2. 在組合件模型上右鍵→重新載入。例如：把手特徵變更，唯讀把手不會立即變更，這時使用**重新載入**並進入視窗→↵，就能同步取得最新模型資訊。

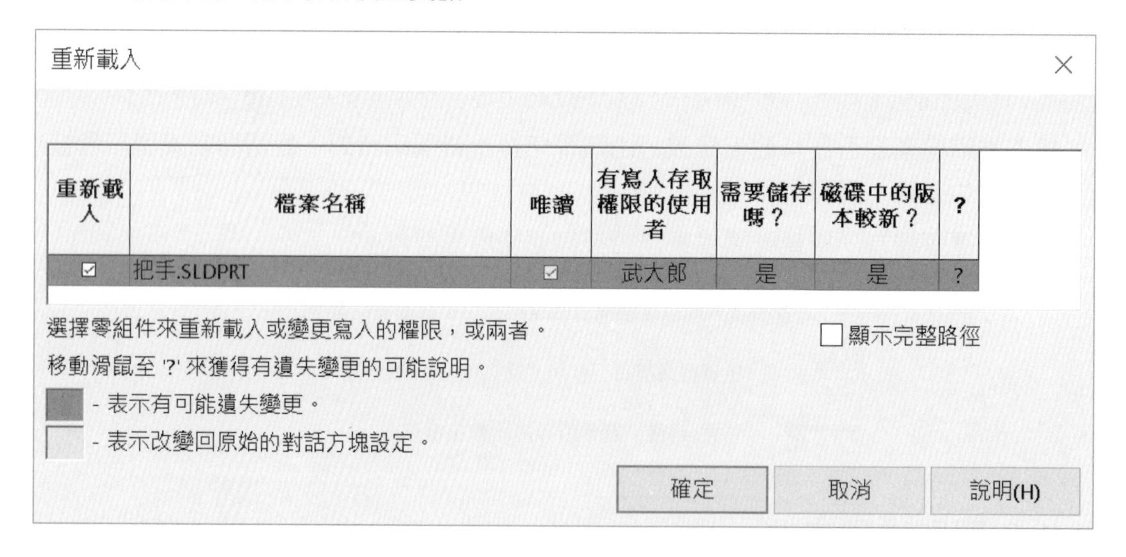

24-2 備註和標示

設定備註顯示：1. 是否自動加入時間壓印、2. 是否於**屬性管理員**顯示。設計過程使用備註紀錄問題追蹤原因，不會因時間久遠而忘記。

記得和客戶用 NB 開會，直接在模型、草圖、特徵上加入注意事項＋時間，回家依序完成開會事項。下次開會報告完成事項，客戶常反問說過這些嗎？有了備註，有了提醒並讓客戶產生信賴。

此設定不該出現在這，應該在一般選項，因為備註不是只有**協同作業**才用得到，任何時候，任何文件都可使用。

24-2-1 自動加入時間壓印到備註

每次使用備註是否自動加入**時間壓印**，這要看習慣的顯示方式。時間是紀錄關鍵，用來追蹤讓紀錄越完善。例如：開會記錄對方要求事項，算是提醒先前有這筆紀錄。

A 自動加入時間壓印到備註

每次使用備註會自動加入時間，不必擔心忘了加入時間，這時紀錄會在時間下方。

B 自動加入時間壓印到備註

承上節，自行加入時間。常用在習慣先輸入備註→自行在下方顯示時間，下圖右。

24-2-2 顯示 PropertyManager 中的備註

編輯特徵過程，**屬性管理員**是否顯示備註內容。例如：編輯旋轉特徵，上方會出現備註，拿到別人模型，讓你特別留意，不想看到也可收起來（箭頭所示）。

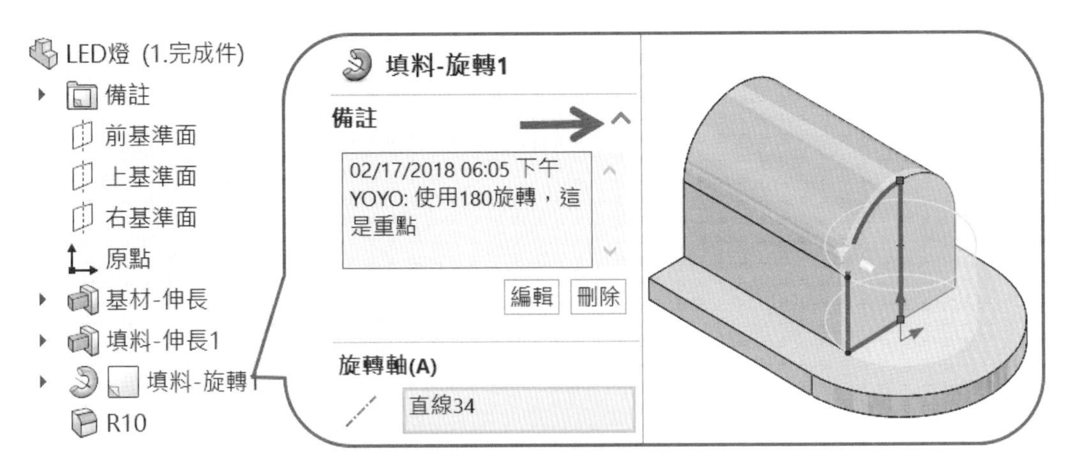

24-2-3 加入備註

於**特徵管理員**最上方圖示或點選特徵，右鍵→備註→加入備註。

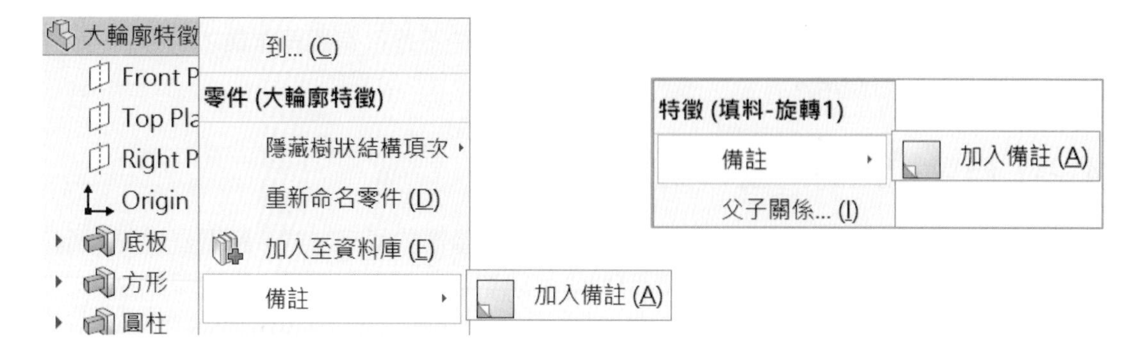

24-2-4 備註指標

特徵管理員最上方圖示，右鍵→樹狀結構顯示→☑顯示備註指標，下圖左。

24-2-5 檢視及編輯備註

展開備註資料夾，可單獨對模型、特徵修改備註或刪除，下圖右。

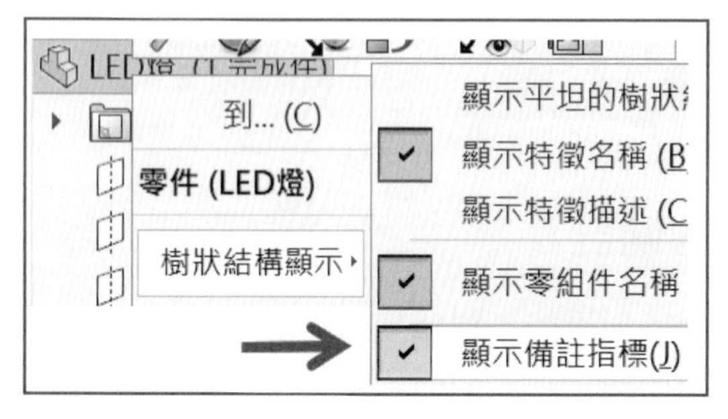

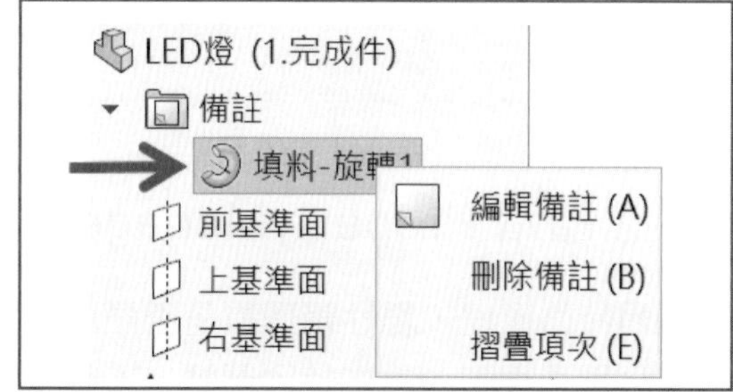

CHAPTER

25

訊息/錯誤/警告

控制是否顯示警告訊息，也可恢復已關閉訊息。對熟手來說，看膩訊息不會想再看，會在作業過程☑不要顯示，讓下回相同作業不中斷。

系統選項(S)

一般
工程圖
色彩
草圖
限制條件/抓取
顯示
選擇
效能
組合件
外部參考資料
預設範本
檔案位置
FeatureManager(特徵管理員)
調節方塊增量
視角
備份/復原
接觸
異型孔精靈/Toolbox
檔案 Explorer
搜尋
協同作業
訊息/錯誤/警告
輸入
輸出

☑ 於每次重新計算時顯示錯誤(Y)
☐ 將遺失的結合參考視為錯誤(T)
☑ 儲存有重新計算錯誤的文件時警告(W)
☑ 開始組合件內容中的草圖時警告(W)

顯示 FeatureManager(特徵管理員) 樹狀結構警告： 永遠
顯示數學關係式中的循環參考: 僅在數學關係式對話方塊中
顯示數學關係式中可能的循環參考: 僅在數學關係式對話方塊中

☑ 在下列時間開啟組合件之後，解除參考/更新對話方塊：10 秒

已解除的訊息
核取的訊息將會再次顯示。

☐ "特徵 ___ 的重新計算失敗，這可能導致接下來的特徵失敗。
您是否要在 SOLIDWORKS 重新計算 接下來的特徵之前修復 ___ ？"
☐ "組合件開啟進度指示器"
☐ "您是否真的要刪除下列的項目？"
☐ "無法找到檔案 ___ ，您是否要自己來搜尋它？"
☐ "在此零件中的一或多個特徵是根據於其他的文件。
如果這些文件變更，則應現在將其開啟來適當的更新此零件。"

25-1 於每次重新計算時顯示錯誤

重新計算是否顯示**錯誤為何**視窗，也可在視窗下方設定☐**顯示錯誤為何**（箭頭所示）。此設定與一般→**發生重新計算錯誤時**對應。

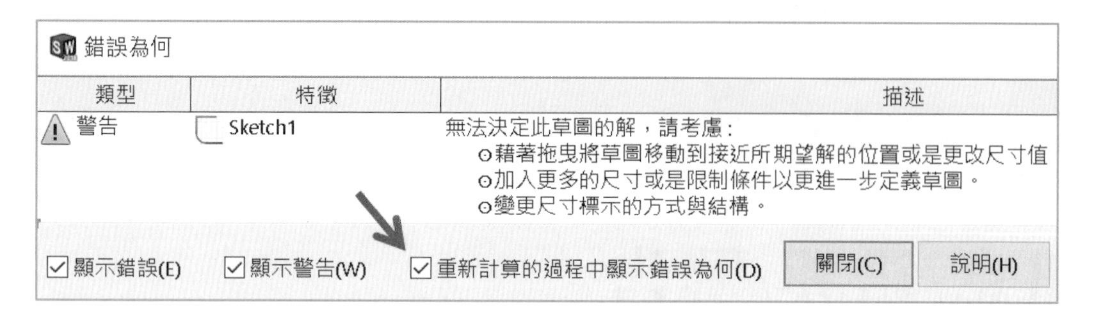

25-2 將遺失的結合參考視為錯誤

組合件結合遺失參考，**特徵管理員**顯示錯誤，是否抑制結合。此現象幾乎是零件特徵刪除或修改，例如：螺絲圓柱面＋底板圓柱面→◎，底板圓柱面不存在，◎就會失效。

25-2-1 ☑將遺失的結合參考視為錯誤

亮顯顯示錯誤的結合（箭頭所示）。

25-2-2 ☐將遺失的結合參考視為錯誤（預設）

抑制遺失參考的結合，不顯示錯誤，以灰色呈現。設計過程知道問題在哪，不希望一直報錯也不要有滿江紅，會自己判斷。

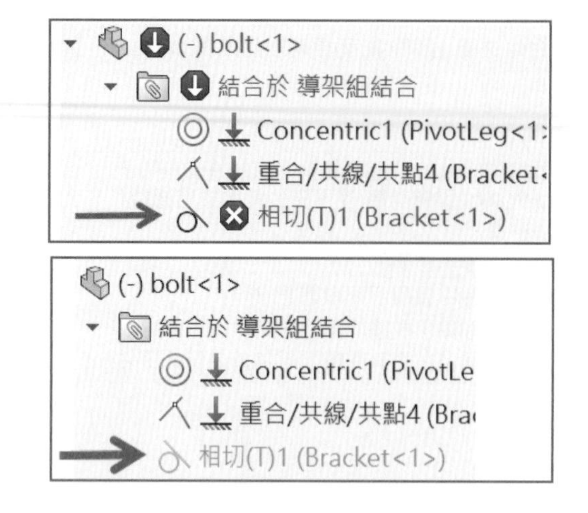

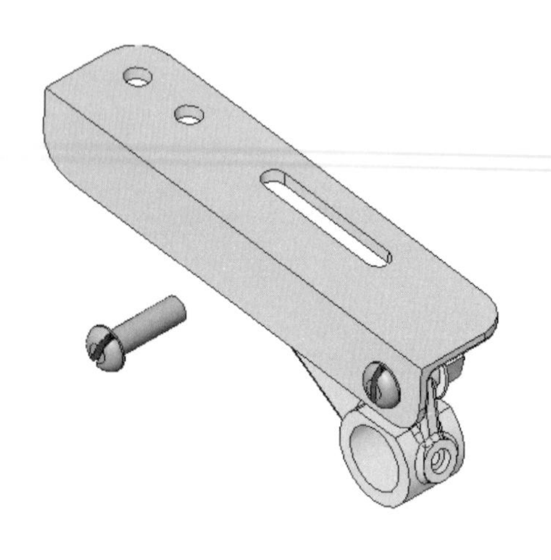

25-3 儲存重新計算錯誤的文件時警告

模型有設計變更或錯誤，儲存過程是否出現**重新計算錯誤視窗**。以前 SW 沒這視窗，只要儲存一律🅡確保模型正確性。

A 重新計算並儲存文件（建議使用）

🅡確保模型關聯性，會增加儲存時間，比較嚴重會在組合件儲存過久而無法回應。

B 儲存文件不重新計算

明知有錯誤先存再說，但無法更新參考的模型，例如：組合件和工程圖未更新。

C 退出環境

承上節，大郎很欣喜有這項機制，草圖🅡後會退出。草圖只希望存檔，不要退出草圖，讓下回開啟時，還是草圖環境。否則又要進入草圖一次，很麻煩。

25-3-1 ☑儲存有重新計算錯誤的文件時警告

提醒模型有問題，讓🅡更新模型狀態，或修正錯誤再儲存文件。以邏輯角度，東西做完才會儲存放好，也還好有這機制避免風險。

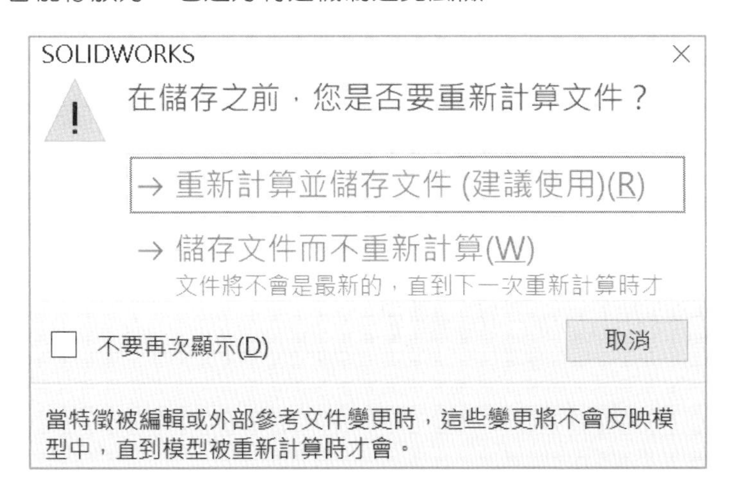

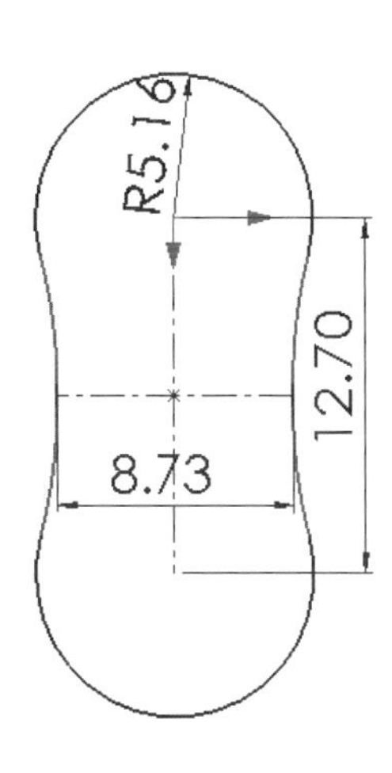

25-3-2 ☐儲存有重新計算錯誤的文件時警告（預設）

模型有錯誤直接儲存不顯示警告，如同☑不要再顯示。於本章選項下方**已解除訊息**中，見到先前不希望再出現的項目。

核取的訊息將會再次顯示。

☐"特徵 ___ 的重新計算失敗，這可能導致接下來的特徵失敗。您是否要在 SOLIDWORKS 重新計算
☐"組合件開啟進度指示器"
☐"您是否真的要刪除下列的項目？"

25-4 開始組合件內容中的草圖時警告

組合件**產生新草圖**是否收到警告，確認草圖在組合件，非零件。常發生組合件產生新草圖，卻不能產生特徵，不得其解。此設定應該稱為：**組合件中產生新草圖時警告**。

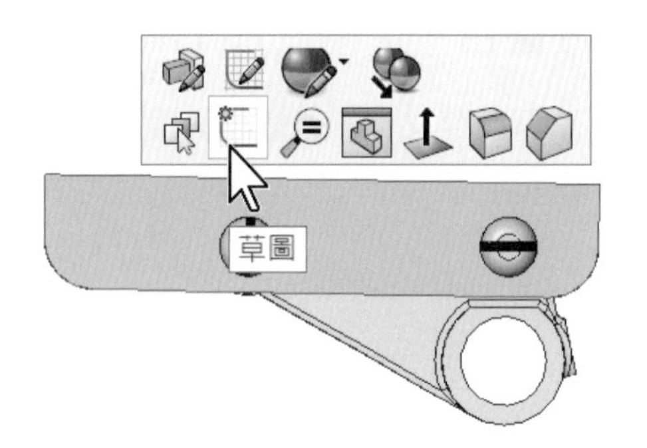

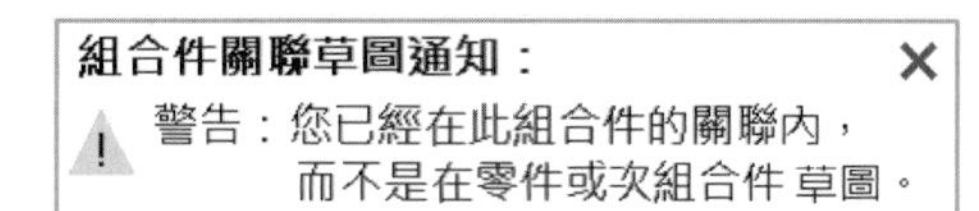

組合件關聯草圖通知：
警告：您已經在此組合件的關聯內，
而不是在零件或次組合件 草圖。

25-5 顯示特徵管理員樹狀結構警告

是否顯示特徵管理員警告圖示（模型有錯誤和警告圖示。本節控制顯示情形：1. 永遠、2. 永不、3. 除了最上層外，下圖左。

1. 修改設定後→2. 會出現訊息→3. 繼續（忽略錯誤）（箭頭所示），才會看到修改設定結果，下圖右。此設定應該稱為：**特徵管理員的特徵警告**。

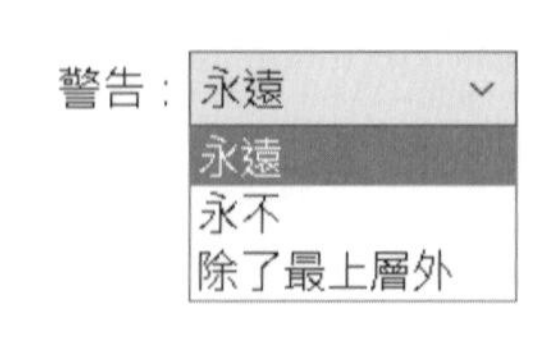

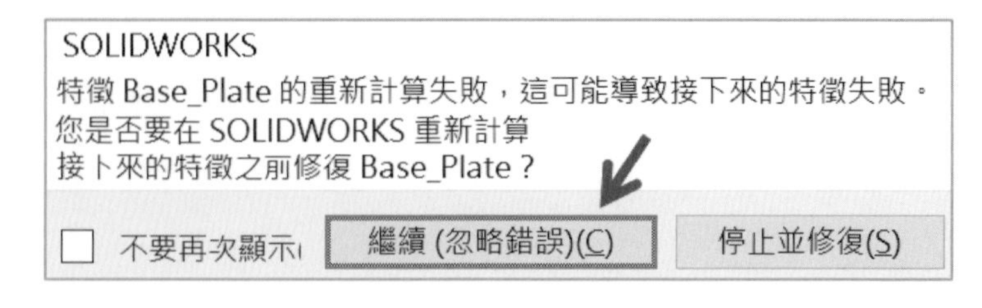

SOLIDWORKS
特徵 Base_Plate 的重新計算失敗，這可能導致接下來的特徵失敗。
您是否要在 SOLIDWORKS 重新計算
接下來的特徵之前修復 Base_Plate？
不要再次顯示
繼續 (忽略錯誤)(C)
停止並修復(S)

25-5-1 永遠（預設）、永不

顯示警告圖示⚠，例如：特徵錯誤和結合錯誤，下圖左。不顯示錯誤，下圖右。

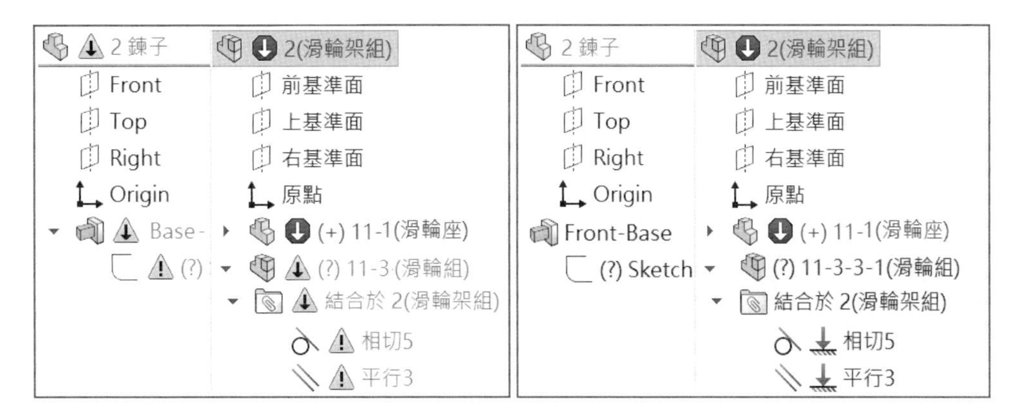

25-5-2 除了最上層外

組合件僅出現最極端錯誤（最不可能的結合，箭頭所示）。通常解決該結合，結合問題會少一大半，例如：H 架與軸心不可能為角度。

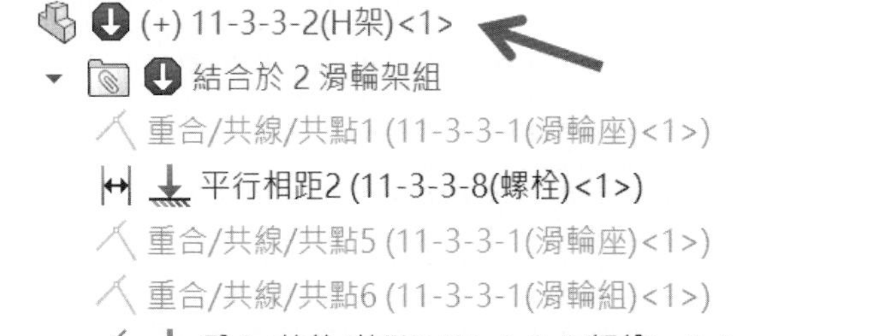

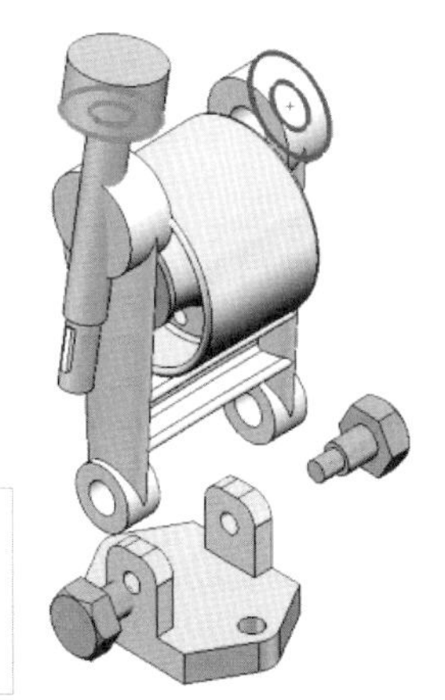

25-6 顯示數學關係式中的循環參考

設定數學關係式視窗，循環參考呈現方式。循環參考=過度的解讀，例如：A+B=C、A=1、B=1、C=1，其中一個就是過度參考。

由清單選擇：

1. 所有位置、2. 僅在數學關係式對話方塊中、3. 永不。

顯示數學關係式中的循環參考: 僅在數學關係式對話方塊
所有位置
僅在數學關係式對話方塊
永不

25-6-1 所有位置

模型圖示、數學關係式資料夾、數學關係式視窗看得到錯誤，建議此設定，下圖左。

25-6-2 僅在數學關係式對話方塊中（預設）、永不

在視窗中顯示循環參考，以紅色警告該關係式，下圖右。不顯示錯誤。

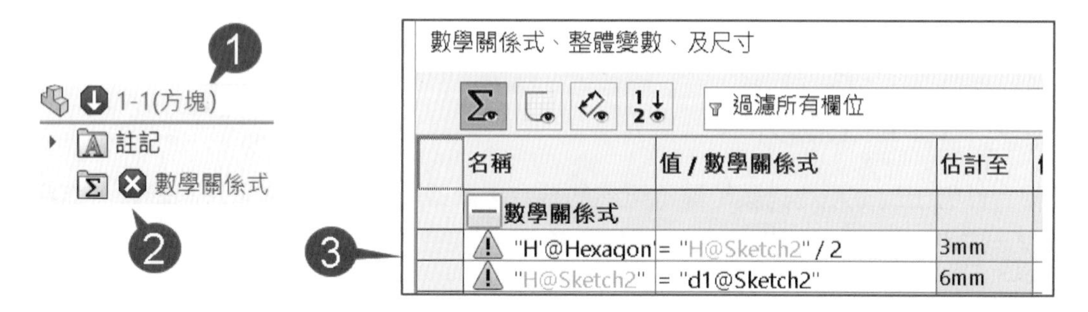

25-7 顯示數學關係式中可能的循環參考

承上節，顯示可能循環參考，不贅述。

顯示數學關係式中可能循環參考: 僅在數學關係式對話方塊中
所有位置
僅在數學關係式對話方塊中
永不

25-8 在 N 時間開組合件，解除參考/更新對話方塊

開啟組合件找不到模型時，會在指定秒數自動關閉**尋找模型視窗**，標題出現 SolidWorks（在 N 秒內自動解散），並出現摘要視窗。

組合件找不到模型可用瀏覽找出，然後回到組合件，秒數重新來過。以前沒有倒數計時，該視窗會等待接受指令。很多人開組合件離開座位，想說讓電腦開啟大型組件，回來發現畫面停在該視窗很懊惱，後來 SW 將該視窗加倒數計時。

此設定應該稱為：在 N **時間開啟組合件，解除參考/更新**。

SOLIDWORKS (在 10 秒內自動解散)
找不到檔案 D:\9-5-1(底座板).SLDPRT
您是否要自行尋找此檔案？
→ 瀏覽檔案
檔案將從您指定的位置載入。
→ 抑制此零組件
此檔案將在父組合件中被抑制。
→ 抑制所有遺失的零組件
開啟目前文件時找不到的檔案均將遭到抑制

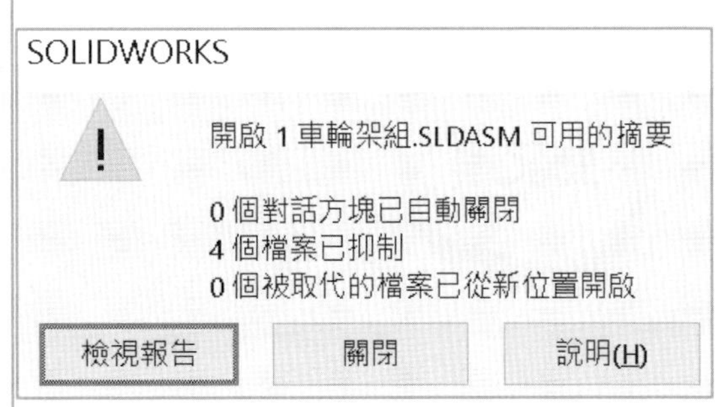

25-9 已解除的訊息

欄位內紀錄先前被☑**不要再顯示**的訊息。在清單中☑把它們顯示回來。進階者很多重複訊息看膩了，不過初學者還沒，下圖左。有些訊息有指引，例如：尋找檔案，沒有該訊息反而會不知所措，或對方說有訊息，你說沒有，就要回到這設定。

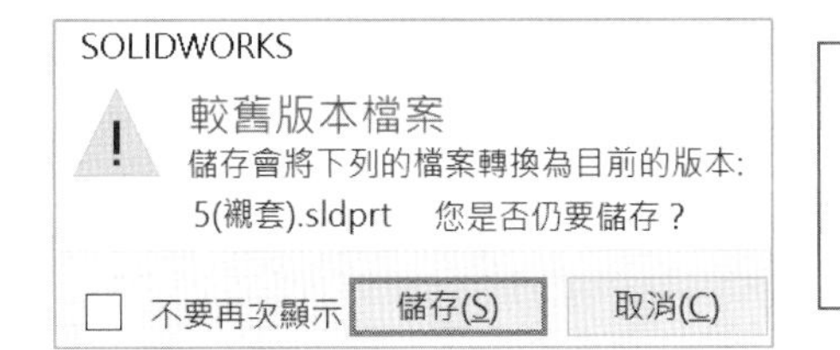

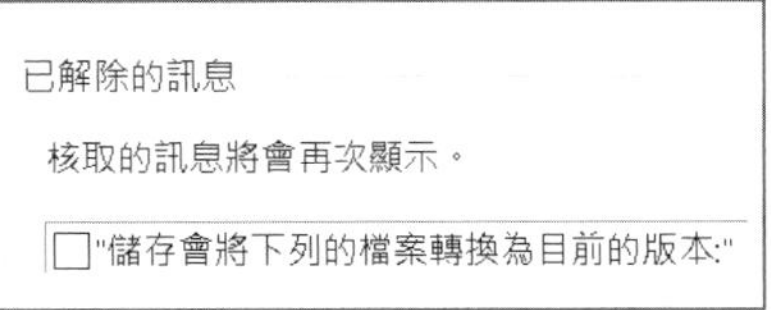

筆記頁

CHAPTER

26

同步設定

如何將**系統選項**、在其他電腦上同步設定。2018 增加同步設定，與**複製設定精靈**相似，將選項設定檔案放在雲端，不用再獨立儲存檔案。

系統選項(S) 文件屬性(D)

一般
工程圖
色彩
草圖
限制條件/抓取
顯示
選擇
效能
組合件
外部參考資料
預設範本
檔案位置
FeatureManager(特徵管理員)
調節方塊增量
視角
備份/復原
接觸
異型孔精靈/Toolbox
檔案 Explorer
搜尋
協同作業
訊息/錯誤/警告
同步設定
輸入
輸出

上次同步： 01/01/1970 08:09:23

自動同步化

☐ 自動同步設定。

要包括的設定：

☑ 系統選項

☐ 檔案位置

☑ 自訂

立即同步

上載設定... 下載設定...

26-0 啟用同步設定

預設同步設定不顯示，依序完成 2 個動作：1. 搜尋→☑顯示 SolidWorks 搜尋方塊、2. 於搜尋方塊右邊點選登入，才會顯示此選項，像隱藏版。

26-1 上次同步

顯示前次同步設定時間，讓你查看日期會不會太舊，是否要更新。

26-2 自動同步化

讓 SW 自動與儲存在雲端的設定同步。當你登入帳號時或**下載設定**時，系統自動更新。

26-2-1 自動同步設定

只要登入帳號，系統會自動將儲存至雲端的系統選項、檔案位置、自訂設定更新至目前啟動的 SW。

26-2-2 要包括的設定：系統選項、檔案位置、自訂

選擇要上載至雲端的設定：**系統選項**、**檔案位置**、自定。**系統選項**就包含**檔案位置**，但 SW 特別將它獨立增加了彈性，因為**檔案位置**與其他選項相比更容易變更。

自訂就是自訂視窗內容：指令顯示、工具列的排列、快速鍵、滑鼠手勢。

26-3 立即同步

利用**上載設定**或**下載設定**完成同步作業。分別將設定儲存至雲端，或套用至 SW。這是新功能，未來一定會增加項目，到時再來討論。

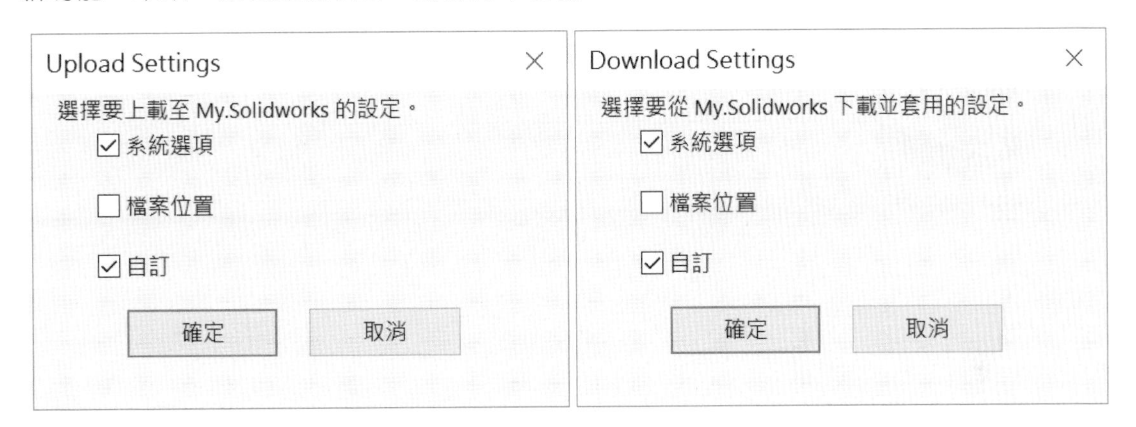

筆記頁

CHAPTER

27

輸入/輸出

設定輸入或輸出選項，獨立於 SolidWorks 專業工程師訓練手冊[9]**模型轉檔與修復策略**書籍介紹。

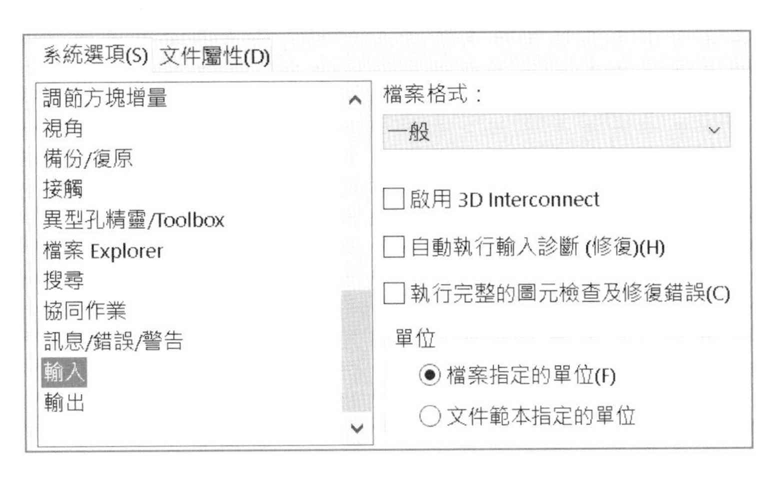

系統選項(S) 文件屬性(D)

視角
備份/復原
接觸
異型孔精靈/Toolbox
檔案 Explorer
搜尋
協同作業
訊息/錯誤/警告
同步設定
輸入
輸出

檔案格式：
IGES 5.3
實體/表面特徵
輸出為
IGES 實體/曲面圖元(O): Trimmed Surface(type 144)
IGES 線架構 (3D curves)(W): Parametric Splines (Entity type 112)
曲面表示方式/系統設定: STANDARD

筆記頁

CHAPTER

28

草稿標準

定義文件屬性（範本）整體標準→套用到文件屬性。由上到下規畫：尺寸、單位、樣式...等，看起來好像沒什麼好設定的，没錯就是很簡單。

把文件屬性定義好→儲存之後，將規劃檔套用舊文件讓範本更新，說穿了就是檔案管理。會到這設定常為了工程圖範本，再加上**屬性連結**，更可達到**出圖自動化**目標。

系統選項(S) 文件屬性(D)

草稿標準
註記
邊框
尺寸
中心線/中心符號線
DimXpert
表格
視圖
虛擬交角
尺寸細目
工程圖頁
網格線/抓取
單位
線條型式
線條樣式
線條粗細
影像品質
鈑金
熔接

整體草稿標準
ISO-修改
重新命名 複製 刪除
導出來源: ISO
從外部檔案載入...
儲存至外部檔案...
大寫字
記事全部大寫
表格全部大寫
排除清單
m;mm;cm;km;um;μm;nm;s;Hz;Pa;

28-1 整體草稿標準

由清單選擇：標準、重新命名、複製、刪除，或載入標準。例如：文件屬性以 ISO 為架構，進行任一改變會出現：整體草稿標準被更改為："ISO-**修改**"，下圖左。

大郎常說以標準為主，習慣為輔。依序往下點選，可看出草稿標準傳遞到每個項目，例如：文字大小、箭頭樣式、線條粗細...等。

文件屬性每個項目皆有**整體草稿標準**的顯示，例如：註記、尺寸、識圖...等，都有草稿標準的項目，避免重複講解，未來不再贅述。

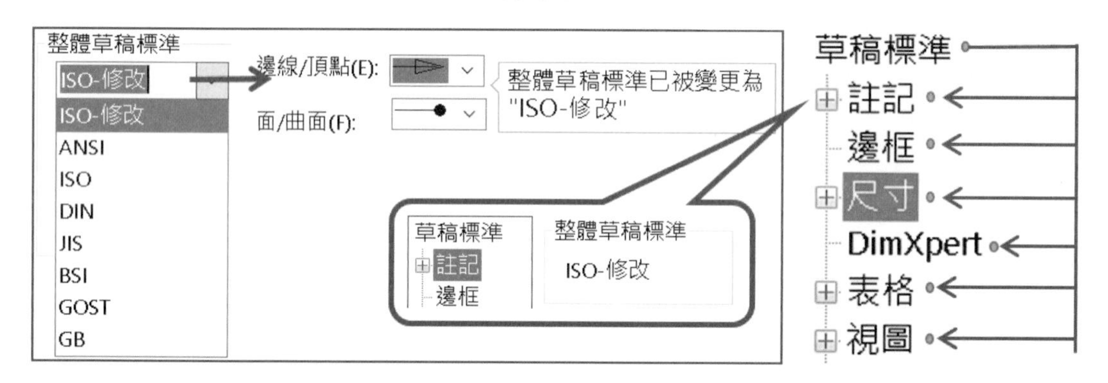

28-1-1 重新命名

更改標準名稱，通常不更動。名稱常用在給誰用，例如：鴻海用。日期定義修定版本，例如：ISO-2017、ISO-2018。多項標準，例如：ISO-公制、ANSI-英制。

不能將名稱改為預設標準，例如：ISO-2018→ISO，這樣系統不會接受更改。

28-1-2 複製

1. 將先前的標準→2. 複製為新標準→3. 稍微修改→4. 儲存成為多項標準，例如：ISO-2018→ISO-2019，下圖右。

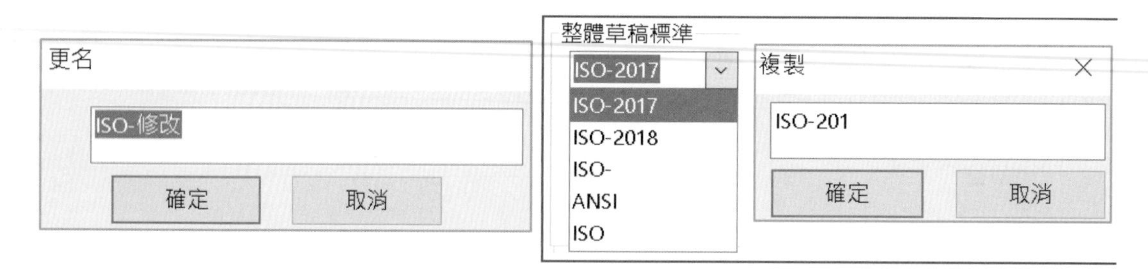

28-1-3 刪除

刪除不要標準，但無法刪除預設標準，例如：ISO、GB、ANSI。

28-1-4 儲存至外部檔案

將文件屬性儲存為草稿標準（*.SLDSTD），讓舊版本的檔案載入，作為抽換之用。

28-1-5 從外部檔案載入

承上節，載入先前儲存標準，把舊檔案的文件屬性套用新定義，使用率最高。目前只能一次開一個檔案→載入草稿標準，無法將標準同時套用到很多檔案。

目前**工作排程器**不支援，大量載入**草稿標準**，除非寫 API。

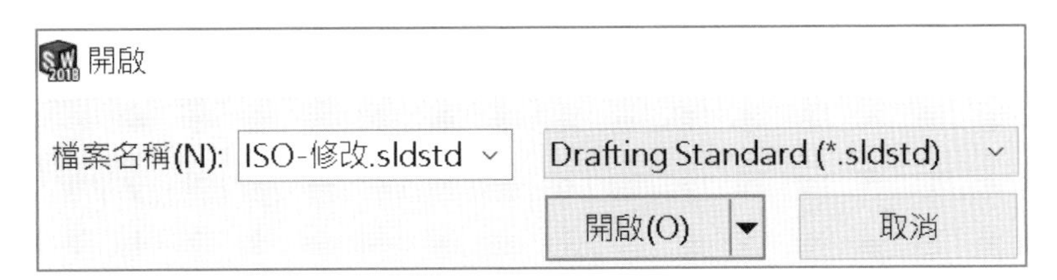

28-1-6 國家標準

本節說明常見國家標準：ANSI、ISO、DIN、JIS、BSI、GOST、GB。

- ANSI（American National standards Institute）美國工業標準
- ISO（International Organization for Standardization）國際標準，實務常用
- DIN（Deutsche Industrial Normung）德國工業標準
- JIS（Japanese Industrial Standards）日本工業標準
- BSI（British Standards Institute）英國工業標準
- GOST（Government Standard of Russia）俄羅斯標準
- GB（Guó Biāo）中國標準

。CNS（Chinese National Standards）中國國家標準。不在清單中，選擇 ISO 替代，因為 CNS 是從 ISO 參考過來。

28-2 大寫字

定義字母預設大小寫，常用在單位與科學符號。大小寫影響：1. 閱讀習慣、2. 語法錯誤、3. 意思或單位不同...等。12MM→12mm，雖然知道 mm 毫米，但 MM 看起來不習慣。

28-2-1 記事全部大寫

輸入文字是否全部大寫，例如：**註解**A、**零件號球**、**自訂屬性**。常沒注意☑**記事全部大寫**，就算使用切換 CAPS LOCK 還是無法輸入小寫。

A 註解-全部大寫字

使用註解也會見到全部大寫字，這是手動操作。點選註解 1 下（不進入編輯），使用 Shift+F3 變更為全部大寫，這是 Windows 操作。

B 屬性管理員設定

點選註解的文字，於屬性管理員可臨時設定：全部大寫字。

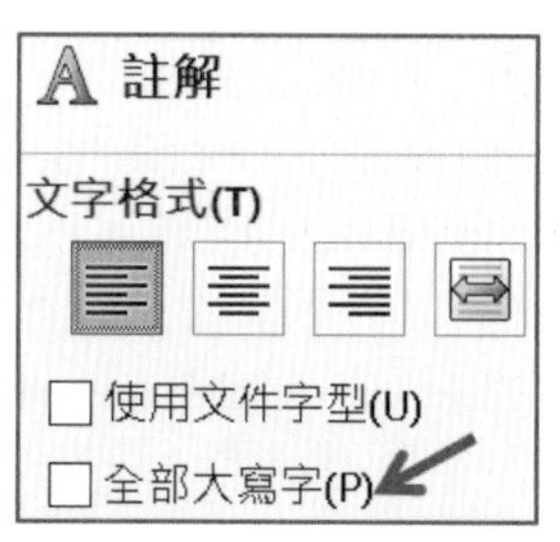

SolidWorks
SOLIDWORKS

28-2-2 表格全部大寫

表格內的字母，是否大寫顯示。協同設計過程，檔名大小寫無法有效統一，插入表格後顯得很亂，或有些 ERP 系統僅支援大寫或小寫，2018 開始可統一更改為**大寫**。

A 插入表格-全部大寫

此設定與表格內的**全部大寫**連結，這是手動操作。

項次編號	零件名稱
1	crank-shaft
2	crank-arm

項次編號	零件名稱
1	CRANK-SHAFT
2	CRANK-ARM

零件表

文字格式

☐ 全部大寫

28-2-3 排除清單

輸入不要被轉換大寫的字元，常用在單位。新增清單以；分隔，例如：cm;km。

```
NOTE:
   All dimensions less than 10mm
shall of a tolerance of ±1mm.
```

```
NOTE:
   ALL DIMENSIONS LESS THAN 10mm
SHALL OF A TOLERANCE OF ±1mm.
```

筆記頁

CHAPTER

29

註記

定義註記整體標準，例如：字型、附著位置、彎折導線…等。註記包含：零件號球、幾何公差、註解. . . 等。

由註記選項清單看出，下圖右。本章不是定義**註記工具列**指令，例如：尺寸標註、表格=額外設定。

每項皆可依本章標準，不必重複定義不同處，例如：只要設定字型=**細明體**。不必分別往下定義**零件號球**、**幾何公差**、**註記**. . . 等，字型=**細明體**。

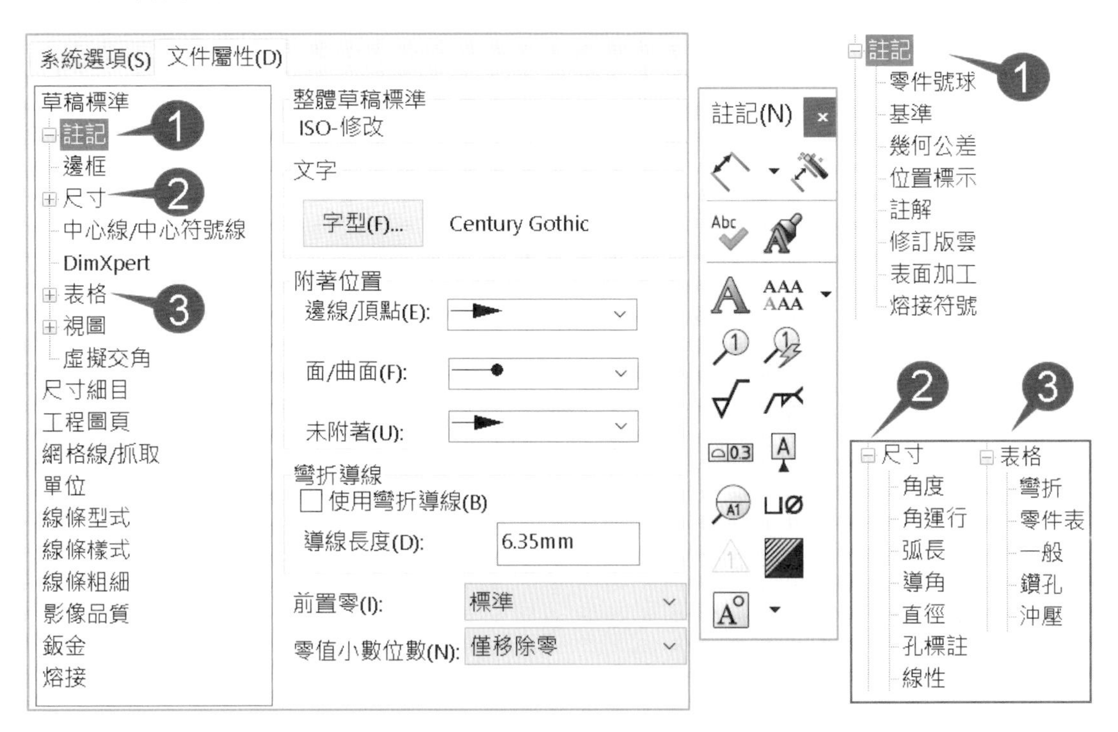

29-1 整體草稿標準（預設 ISO）

顯示依據標準，直覺看出標準是否依據錯誤，常用在擁有多標準。例如：ISO 是最常用標準，抬頭發現顯示 ANSI-英制，就知道有問題。

29-2 文字

設定註記字型的標準並套用以下類型，例如：零件號球、幾何公差...等，下圖左。

29-2-1 字型（預設 Century Gothic）

點選字型按鈕→進入**選擇字型**視窗（又稱字型視窗），設定 1. 字型=**細明體**、2. 字型樣式=**標準**、3. 大小=3.5，於左下角**預覽**即時顯示剛才設定（箭頭所示）。

字型視窗觀念=Windows，本節簡述。

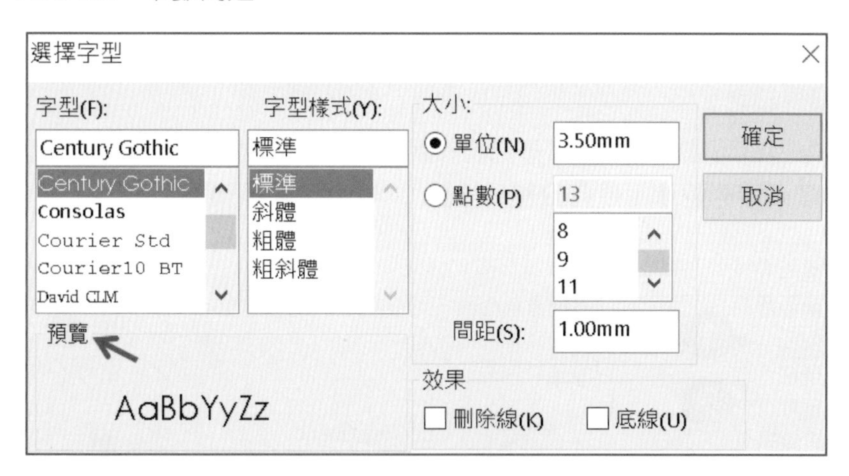

A 字型（Font）

字型又稱**字體**，清單可見已安裝字型。常用**中文=細明體**，**英文**=Arial。很可惜無法分別設定：輸入中文→自動套用中文字型、輸入英文→自動套用英文字型。

A1 TrueType

字型前有=Windows 字型，不過 SW 沒有呈現。建模和工程圖常見到數字，習慣用 Arial，看起來圓滑與美觀，下圖左。

A2 @

字轉 270 度，適合由上而下垂直書寫，例如：**@細明體**。不過無法轉回 0 度，必須重新指定字型，下圖右。

A3 SolidWorks 字型

SW 開頭都是 SolidWorks 安裝過程會裝的字型，例如：SWISOP3、SWISOT1...等。

A4 自行安裝

買字型安裝在 C:\Windows\Fonts，例如：華康字體...。

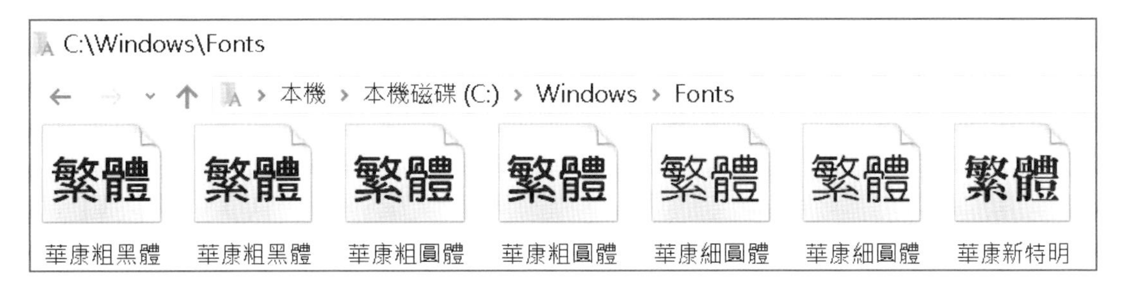

B 字型樣式

字型呈現：標準、*斜體*、**粗體**、***粗斜體***，也可在**格式工具列**上設定（箭頭所示）。

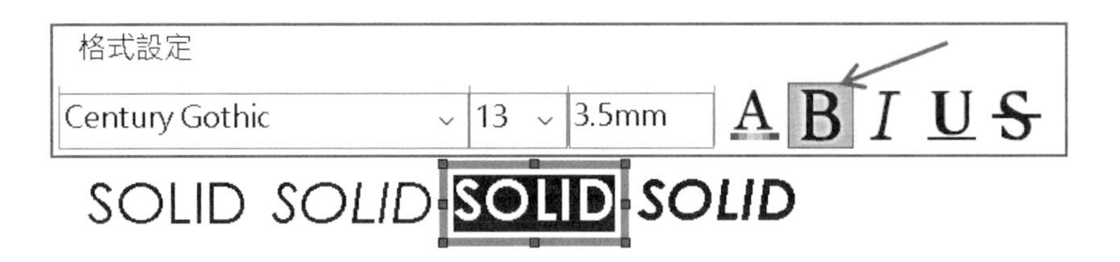

C 大小

設定文字大小和間距。字大一點好識別，對長期使用與年長者一定要設定。

C1 單位（預設 2.5）

單位=字高，這樣說比較直覺。零件和組合件會希望數字大一點，字高 3.5～5mm。

C2 點數

點數顯示相對字高，例如：單位 3.5，點數=11。指定值=高寬比（Windows 字型=高寬比），無法分別設定**字寬**和**字高**，下圖左。

C3 間距

每行文字距離（又稱段落間距），單行文字不適用，下圖中。常遇同學問這要幹嘛，或設定以後沒反應，因為不適用單行文字呀。

D 效果

設定**刪除線**和**底線**，下圖右。

D1 刪除線

在文字中間的橫線，常用來保留紀錄，內容過時不再使用，並在旁邊顯示新文字。

D2 底線

文字下方的橫線，常用來醒目、識別或連結，例如：SolidWorks 論壇。

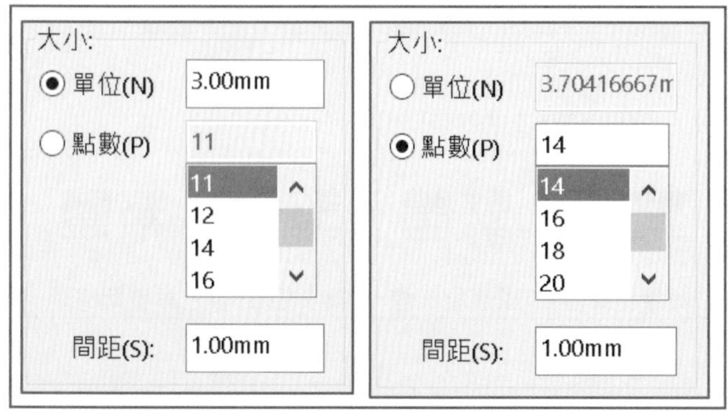

E 屬性管理員

可臨時設定屬性管理員的**字型**（箭頭所示）。

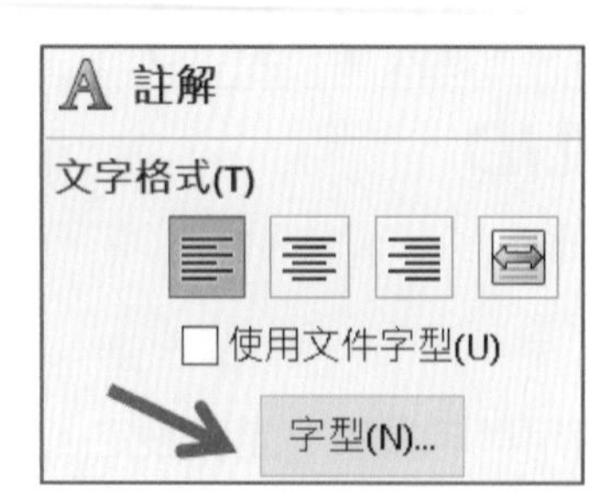

29-3 附著位置

依附著位置自動切換箭頭類型，從清單指定**箭頭**類型：1. 邊線/頂點、2. 面/曲面、3. 未附著。標準不同，預設**箭頭**會不同，例如：ISO=—►、GOST=—➤，下圖左。

29-3-1 邊線/頂點（預設—►）

以填實三角形，指向模型**邊線**或**頂點**，—►最明顯指向，是 CNS 規範。

29-3-2 面/曲面（預設—●）

以原點指向平**面**或曲**面**。—●與—►明顯區別邊線和面，也是 CNS 規範。

29-3-3 未附著（預設—►）

未附著=沒有指向的顯示，就是圖紙空白位置。常用在滑鼠無法很準確點選到邊線時，—►就懶得拖曳箭頭置於邊線時間，算是經驗與技巧。

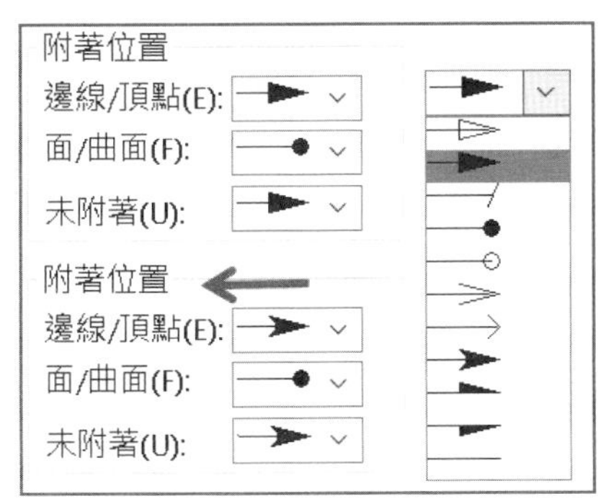

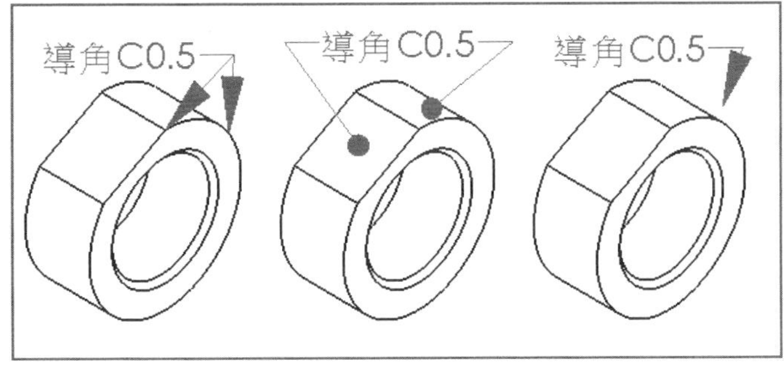

29-3-4 指令切換附著位置

指令過程可臨時修改附著形式，例如：**自動零件號球**過程，讓箭頭自動附著在面或邊線（箭頭所示）。

附著在面=—●。附著在邊線=—►，明顯區別邊線和面。

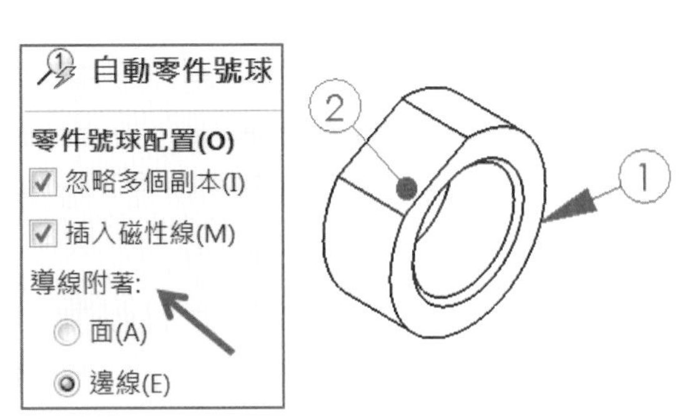

29-3-5 箭頭樣式

從圖例清單中選擇尺寸箭頭樣式，有些箭頭會依用途指示。

A 空心三角形

ANSI 標準箭頭。

B 填實

ISO、CNS 常用箭頭。有些範本為 ANSI，尺寸為空心三角形，常要同學改回 ISO。

C 斜線

建築常用的標示。業界常用在手繪圖用撇的，快速表達尺寸箭頭。

D 小圓點

填實圓點，常用在溝槽，小尺寸的距離標註，避免箭頭打架。

E 小圈點

常用在溝槽，用在手繪圖，比較好畫。

F 矢形

JIS 標準箭頭，用在手繪圖，比較好畫。

G 傘形

少用。

H 箭形

GOST 標準，像滑鼠游標。

I 上刀形、下刀形

常用在方向表達，例如：=左、=右。

J 直線形

常用在無箭頭的標示。

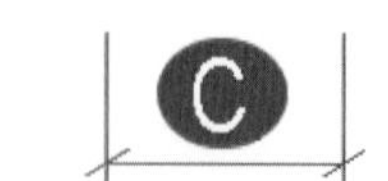

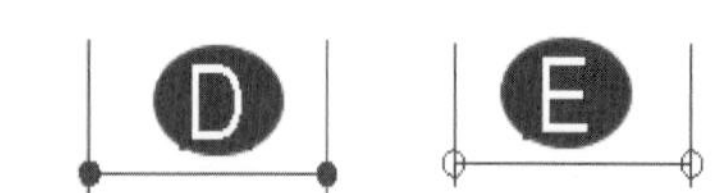

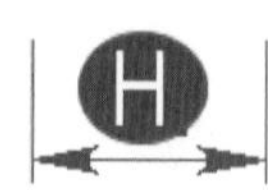

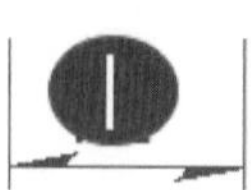

29-4 彎折導線

是否將導線彎折，設定導線與文字距離，導線就是連接線。

29-4-1 使用彎折導線

是否將導線彎折。預設導線為 45 度，彎折=連接水平狀態。可在指令過程設定，例如：插入**註解**A，設定**直導線**、**彎折導線**（箭頭所示）。

29-4-2 導線長度（預設 6.35mm）

承上節，設定文字前水平導線長度，讓文字前面有空間。拖曳導線箭頭更改長度，下圖右。導線長度與文字有層次，就像有空格感覺。

拖曳註解長度的控制點，可以移動文字位置，且箭頭不動，下圖右。

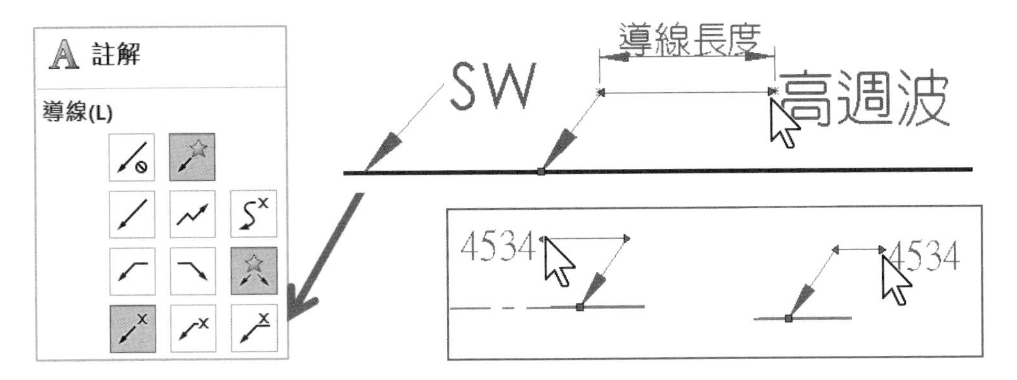

29-5 前置零

是否移除小數點之前的 0 值位數，常用在英吋。

由清單指定：1. 標準、2. 顯示、3. 移除。

29-5-1 標準（預設）

根據草稿標準是否顯示前置零，ISO=顯示、ANSI=不顯示。

29-5-2 顯示

強制顯示小數點之前的零，輸入.75→會顯示 0.75。

29-5-3 移除

強制移除小數點之前的零，減少數值顯示，常用在英制圖面，例如：0.75→.75。

29-6 零值小數位數

是否移除小數點後的 0 值位數，減少數值顯示、增加圖面空間、增加圖面可閱讀性，例如：50.0→50。

常用在**指定外公差**（指定公差外）與**精度**配合顯示。

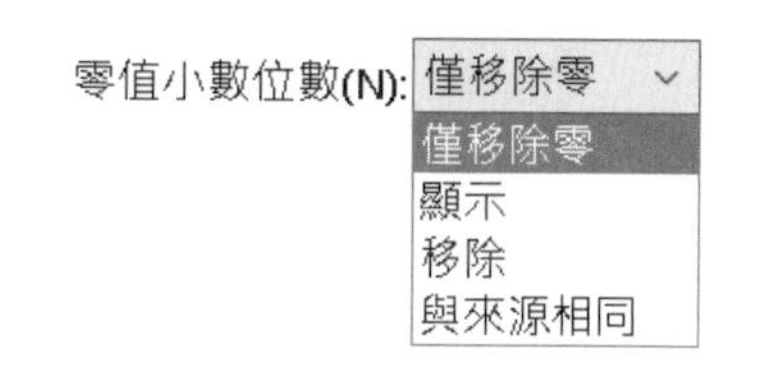

29-6-1 僅移除零（預設）

根據草稿標準定義是否顯示前置零，ISO、ANSI=顯示。

29-6-2 顯示

強制顯示小數點之後零，例如：50.00。

29-6-3 移除

強制移除小數點之後零，例如：50.00→50。

29-6-4 與來源相同

精度配合顯示。例如：精度小數位數 3 位，數值 50→50.000。

29-7 圖層

將註記指定圖層=自動化圖層，希望 SolidWorks 在此新增圖層項目，將圖層套用以下註記，就不用分別到：零件號球、幾何公差、註解...等重複定義圖層。

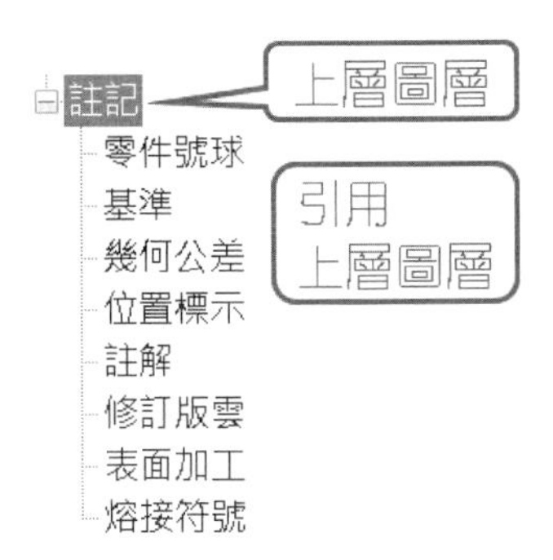

將本圖層當作註記標準，再依需求分別指定不同圖層。實務上會將：零件號球、幾何公差、註解...等，統一分配到註記圖層。

文件屬性接下來都有圖層設定，未來不贅述。

29-7-1 製作流程

要完整使用自動化圖層有 3 步驟。

步驟 1 圖層工具列

建立圖層，例如：**零件號球圖層**。

步驟 2 文件屬性指定圖層

由清單可見**零件號球圖層**。

步驟 3 圖層工具列～重點

將圖層切換到**根據標準**。

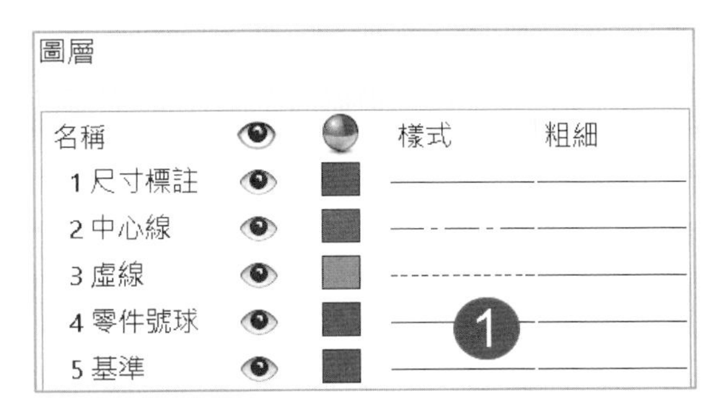

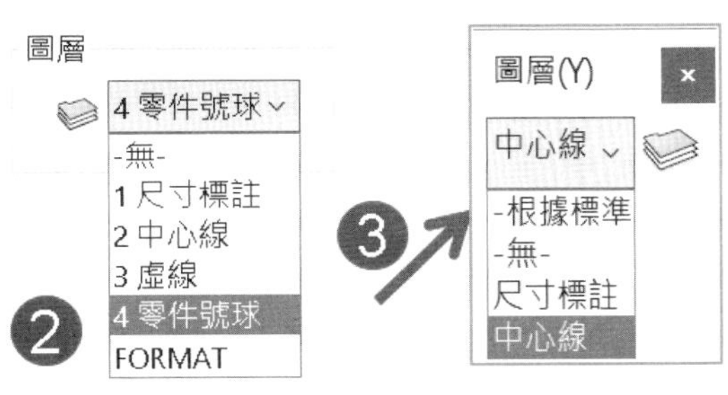

筆記頁

CHAPTER

30

註記－零件號球

本章說明**零件號球**①、**自動零件號球**②的導線、邊框樣式，並與零件表（BOM）項次連結，常用在爆炸圖，所有設定從右方預覽立即看出。

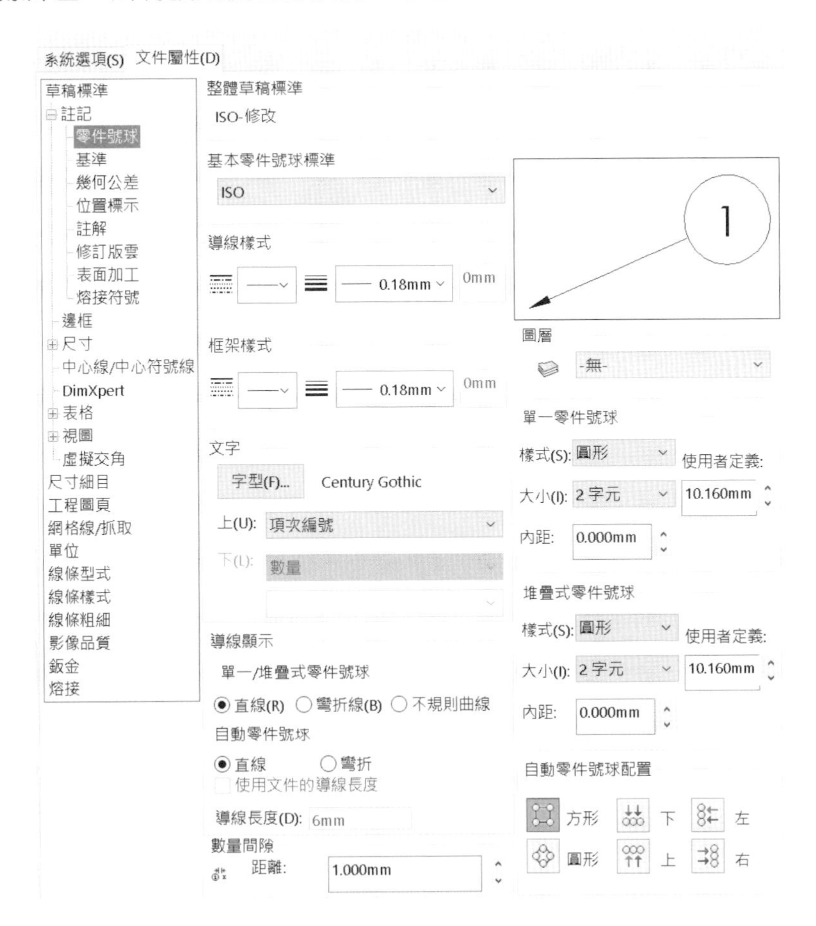

30-1 整體草稿標準、基本零件號球標準

整體草稿標準=**基本零件號球標準**，由清單選擇號球標準：ANSI、ISO、DIN、JIS、BSI、GOST、GB，例如：**整體草稿標準=ANSI**，**基本零件號球標準=ANSI**。

可以在**基本零件號球標準**改變標準，不受**整體草稿標準**。文件屬性每項皆有本節設定，**未來不贅述**。有很多項目可以在屬性管理員過程設定。

30-1-1 零件號球來源與組成

零件號球（以下簡稱）常用組合件的工程圖 BOM，組成有 3：1. 導線、2. 框架、3. 數字，皆可獨立設定線條樣式、粗細、字型。

其實沒有圓圈很像註解**A**，指令之間各有優劣，有些情況會用取代**A**。業界很希望這 2 指令合併，不用學這麼辛苦。

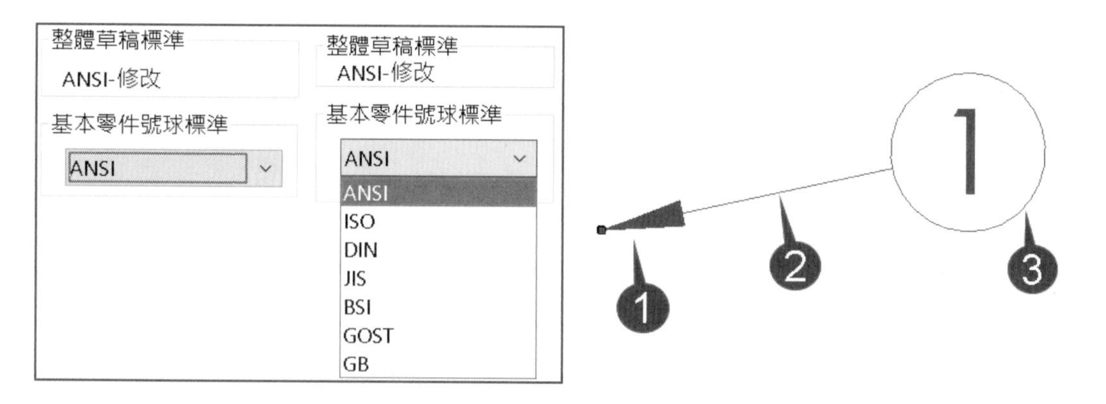

30-2 導線樣式

設定**線條樣式**、**粗細或自訂**，這些預設來自下方的：**線條型式**、**線條樣式**、**線條粗細**（箭頭所示）。文件屬性每項皆有本節設定，**未來不贅述**。

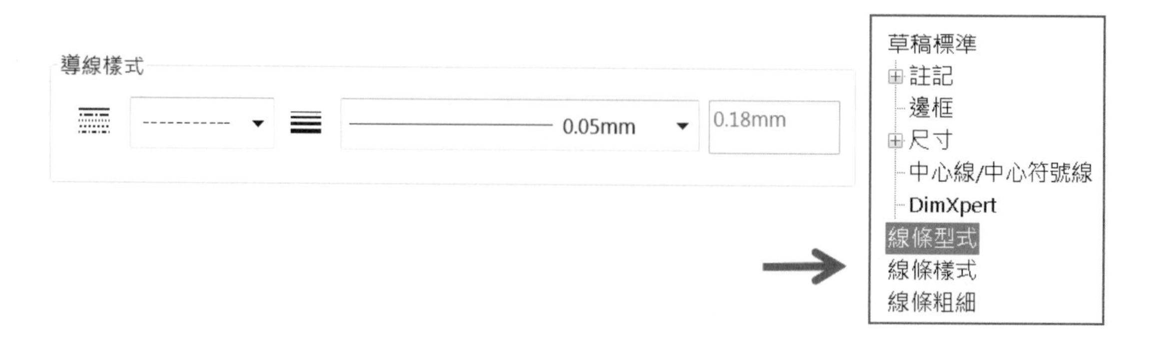

30-2-1 導線樣式（預設實線）

依清單選擇線條樣式：實線、虛線、鏈線、中心線...等。CNS 標準=**實線**，為強調說明以**鏈線**表示。

30-2-2 導線粗細（預設 0.18）

依清單選擇**線條粗細**或**自訂**，習慣 0.18=細線，為強調說明以**加粗**表示。

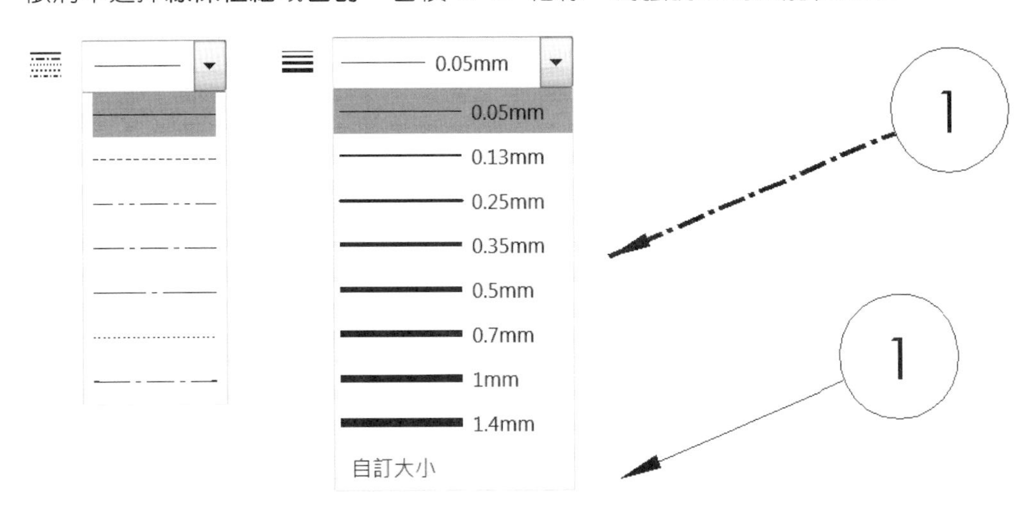

30-2-3 自訂大小

承上節，於**導線樣式和粗細**選擇**自訂大小**，即可輸入大小，例如：0.05mm。

30-3 框架樣式

承上節，設定框架樣式、粗細或自訂線條粗細。

30-3-1 框架樣式（預設實線）

依清單選擇零件號球框架輪廓，例如：實線、虛線、2 點鏈線、中心線。CNS 標準=**實線**、0.18，為強調說明以**虛線**表示。

30-3-2 框架粗細（預設 0.18mm）

通常與導線粗細相同，習慣 0. 18=細線，為強調顯示特別**加粗**。

30-3-3 屬性管理員設定

於屬性管理員可臨時設定導線和框架樣式。☑使用文件顯示=選項設定。

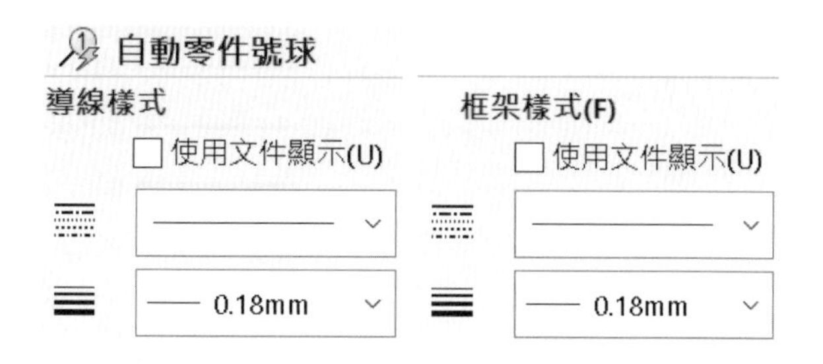

30-4 文字

設定號球內的文字字型、文字上下排列，字型不贅述。

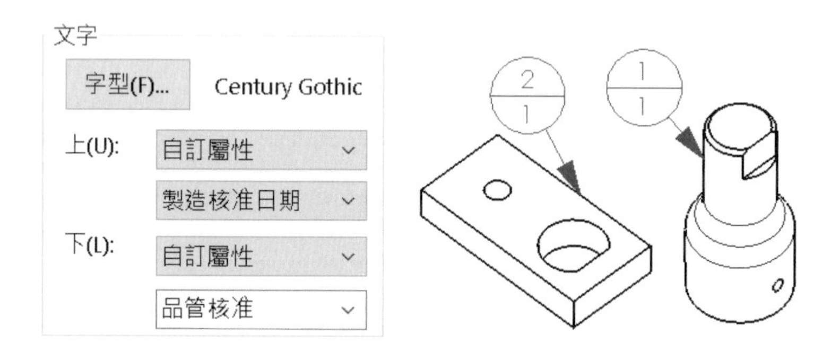

30-4-1 字型（預設 Century Gothic）

原則上字型為統一，除非特殊原因特別設定，例如：強調顯示。

30-4-2 上方文字（預設項次編號）

設定使用指令，預設的文字類別：項次編號、數量...等。指令過程也可臨時設定（箭頭所示），下圖左。

A 文字

使用過程輸入任意語言、數字或符號，很多人將當註解用，下圖右。

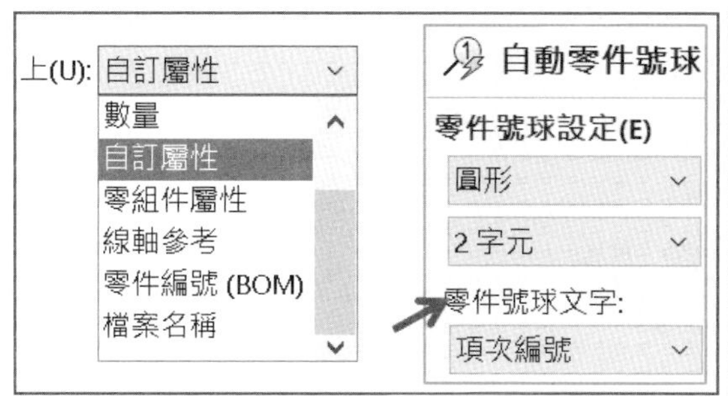

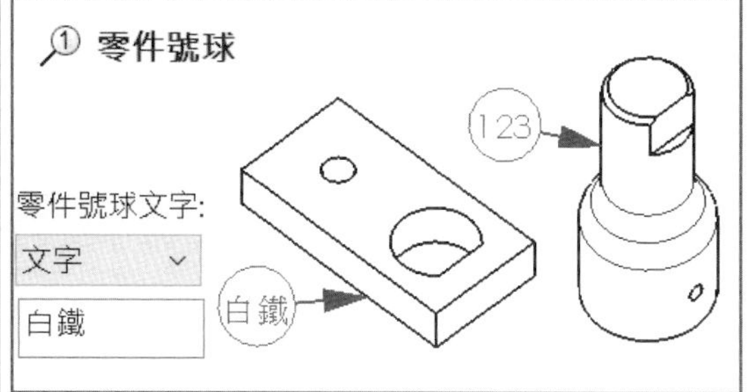

B 項次編號

顯示**零件表**（BOM 表）的項次編號，容易與表格對照。

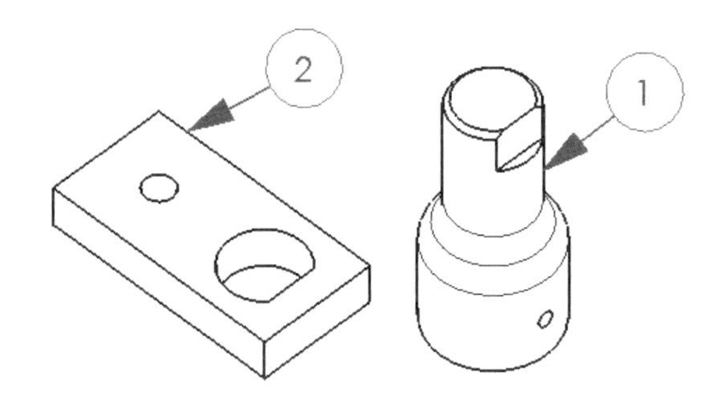

項次編號	零件名稱	描述	QTY
1	crank-shaft		1
2	crank-arm		1

C 數量

顯示零件數量，例如：分別在 2 個底板零件標示 2，下圖左。數量不能與其他項目在同一份文件中呈現，例如：圖頁 1 的零件號球呈現**項次編號**，圖頁 2 就不能為**數量**。

D 自訂屬性

於下方清單選擇自訂屬性項目，進行屬性連結，例如：日期。

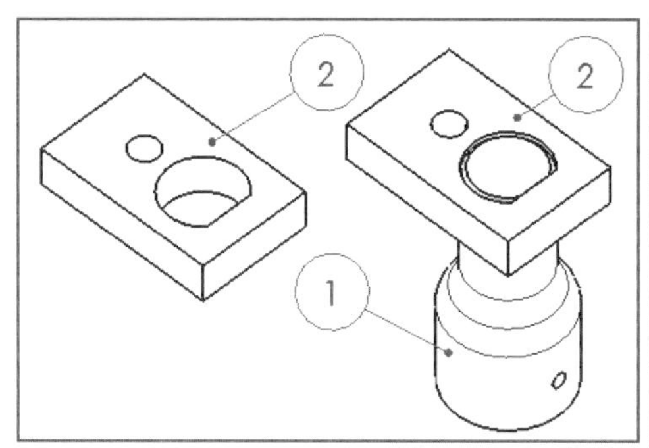

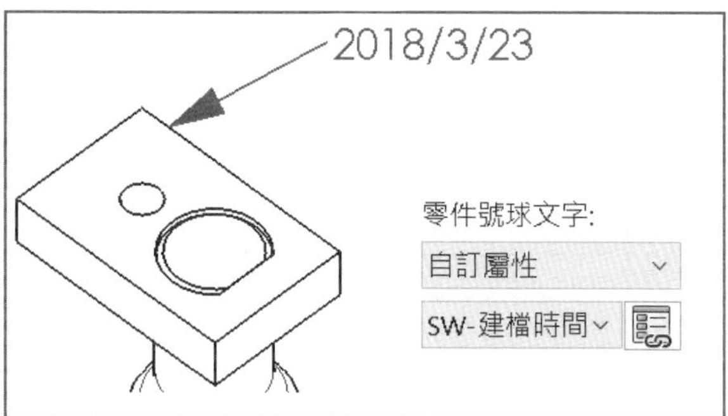

E 零組件屬性

顯示**零組件屬性**視窗內的**零組件參考**內容。每個模型可指定不同值，在**特徵管理員**會在零件名稱後面以大括號｛　｝顯示。

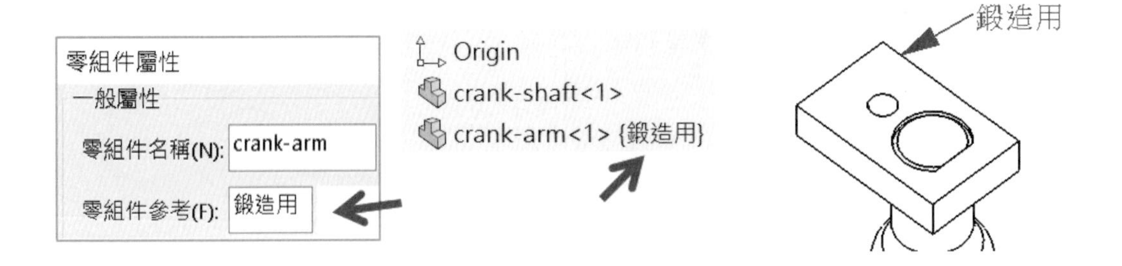

F 線軸參考

承上節，**線軸參考**灰階無法輸入，因為她以**線軸**定義顯示，適用管路（Routing）。工具→線路設計→管路→定義線軸。

G 零件名稱（BOM）

顯示與 BOM 的零件名稱相同資訊，BOM 零件名稱可以用模型組態定義。

H 檔案名稱

承上節，顯示模型檔名。常用在不需要 BOM 表，直接把資訊標示在零件上，常用在試作件，不需要正式工程圖資訊，或直覺看出項次編號和檔案名稱。

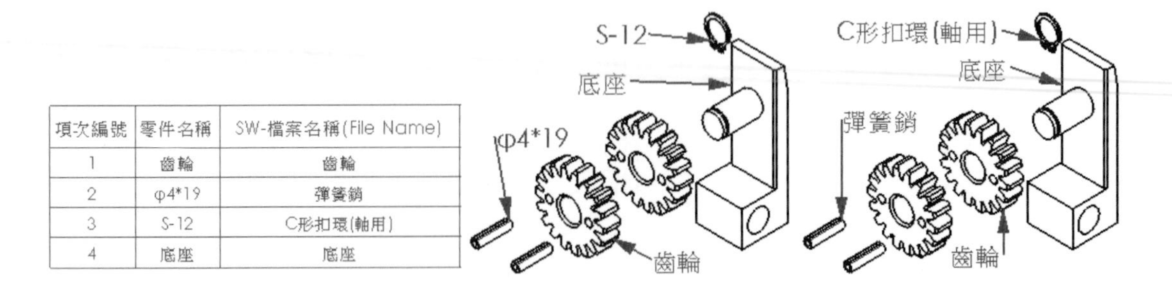

項次編號	零件名稱	SW-檔案名稱(File Name)
1	齒輪	齒輪
2	φ4*19	彈簧銷
3	S-12	C形扣環(軸用)
4	底座	底座

30-4-3 下方文字

在 1 個號球同時顯示 2 個屬性，由清單看出設定項目與上方文字相同，樣式必須為**剖半圓形**才可啟用（箭頭所示）。

常用在上下文常用分類，例如：次組件 1/2、2/2，或下方顯示機種，上方顯示件號。

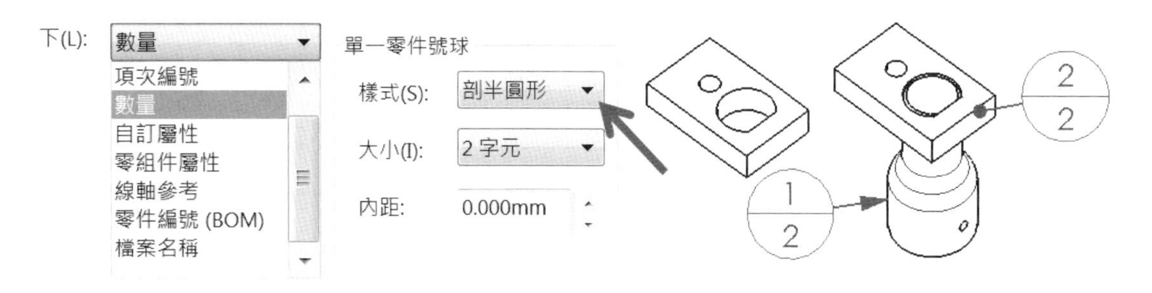

30-5 導線顯示

設定**零件號球**的導線顯示，這邊通常不太設定，比較會設定**不規則曲線**。

30-5-1 單一/堆疊式零件號球（預設直線）

選擇導線樣式：1. 直線、2. 彎折線、3. 不規則曲線。**不規則曲線**常用在專利說明，看起來比較自然。**單一零件號球=零件號球**。

堆疊零件號球=連續堆疊零件號球，常用在單一軸向爆炸圖。

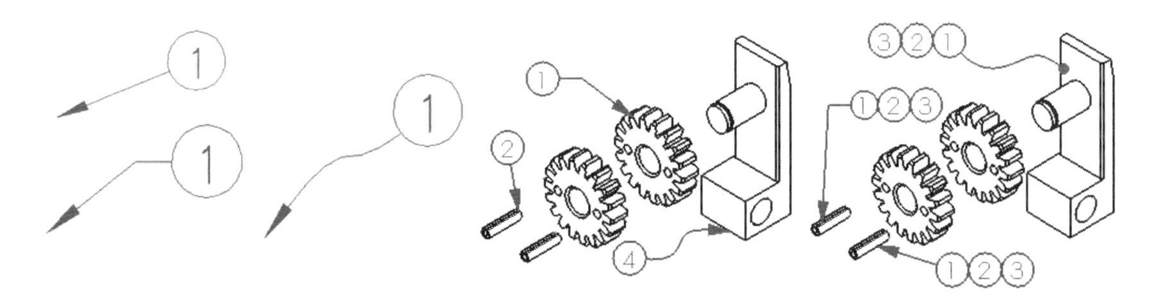

30-5-2 自動零件號球（預設直線）

承上節使用，導線顯示 1. 直線、2. 彎折。

30-5-3 使用文件的導線長度

使用註記的導線長度或下方長度設定值，本節說明與註記相同，不贅述。

30-5-4 指令之後設定

點選已完成的號球，於屬性管理員下方**屬性詳細**資料，進入註解臨時調整。=直導線、=彎折導線、=不規則曲線導線。

30-6 數量間隙（預設 1mm）

使用過程，於**屬性管理員☑數量**，系統自動計算所選模型數量，並顯示零件球旁邊，並設定邊框與數量距離。本節簡單敘述**屬性管理員操作**，特別是**距離**與選項設定相同。

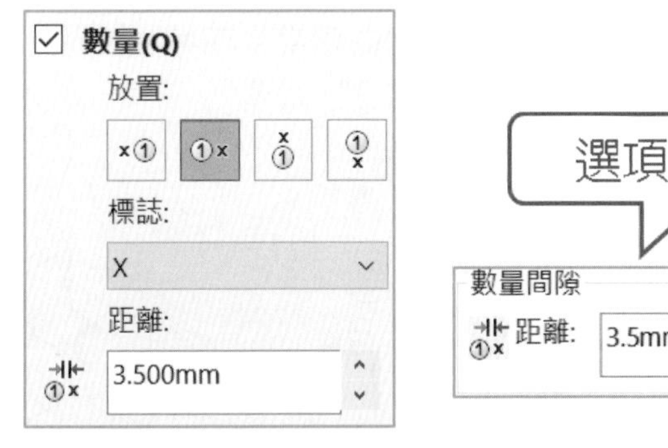

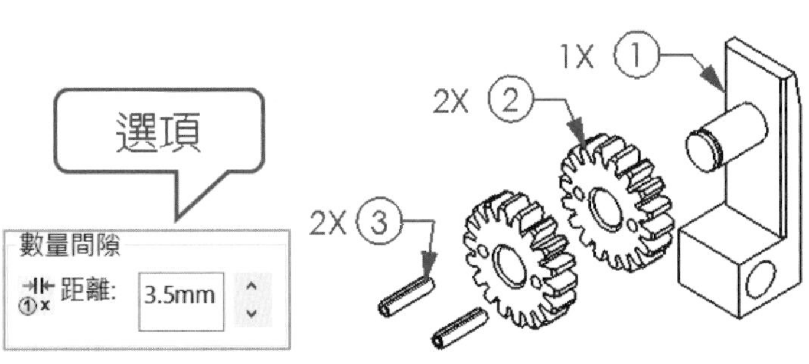

30-6-1 放置（預設 X）

設定 4 種放置方向：左、右、上、下。左邊比較常用，例如：2X4。數字與號球重疊會改變放置方向，下圖右。

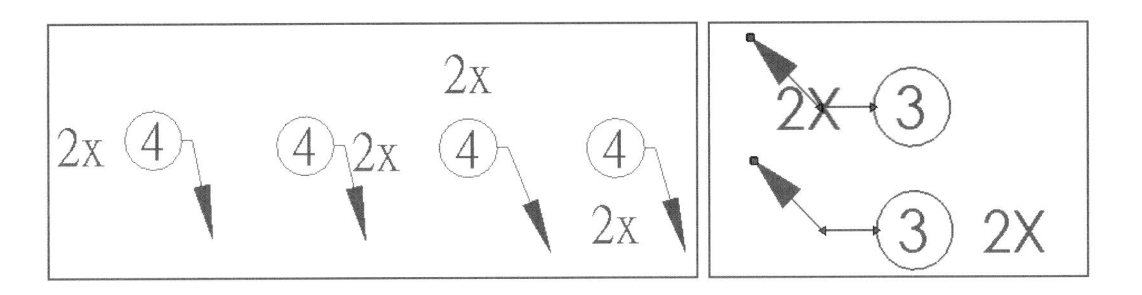

30-6-2 標誌（預設 X）

由清單切換數量的顯示方式：使用者定義、AP、PL、X...等，常用 X。

30-6-3 距離

設定零件號球與標誌距離，避免太近，下圖右方框所示。

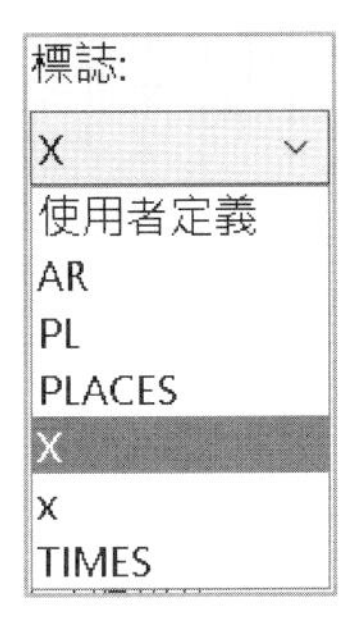

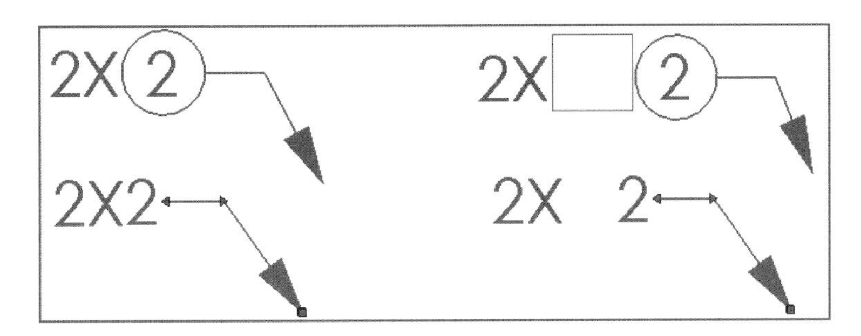

30-7 單一零件號球

設定使用單一零件號球的樣式及大小。

30-7-1 樣式（預設圓形）

清單選擇**號球**形狀：1. 無、2. 圓形、3. 三角形...等，常用**圓形**和**無**，下圖右。預設=圓形，比較常用看起來較美觀。若零件過多，圓形占空間，就要選擇無。

每個樣式都有圖學上的用意，例如：圓形適用管路，因為管路很密，數字容易重疊看錯，會以圓形區隔。而 CNS 建議零件號球=無為原則。

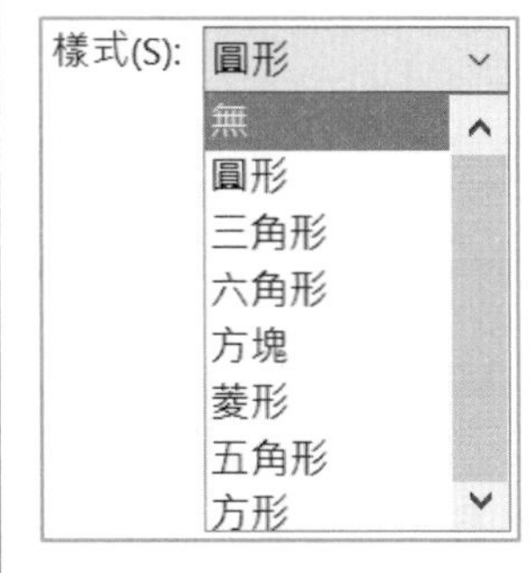

A 樣式種類

1. 無、2. 圓形、3. 三角形、4. 方塊、5. 菱形、6. 五角形、7. 方形、8. 剖半圓形、9. 旗標-五邊形、10 旗標-三角形、11. 底線、12. 方形、13. 方圓形、14. 檢查。

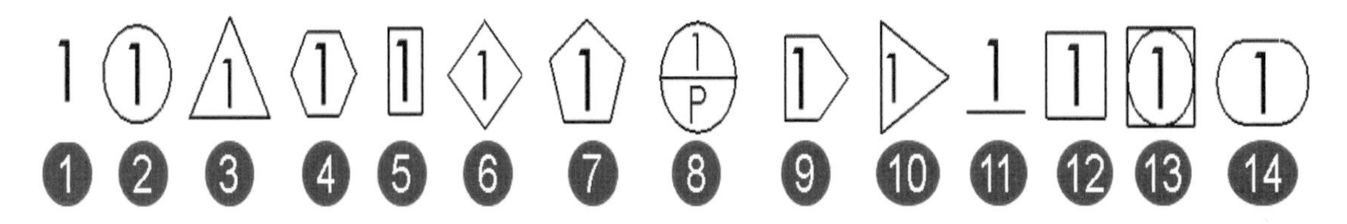

30-7-2 大小（預設 2 字元）

清單選擇**號球**大小（數字與邊框距離），並不影響影響文字大小，建議**緊密靠合**。

30-7-3 使用者定義（預設 10.16mm）

承上節，選擇**自訂大小**（箭頭所示），可自訂**號球**大小，適用多文字。例如：圓形＋多文字 123。可知號球僅包覆中間文字，隨定義大小可包覆多文字，下圖右。

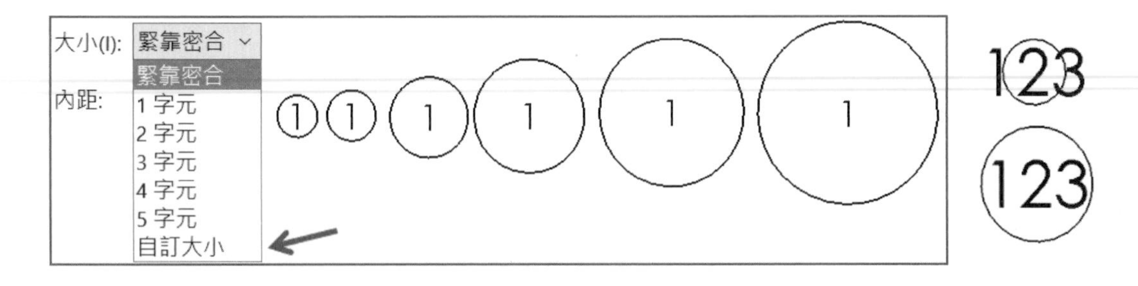

30-7-4 內距（預設 0）

承上節，選擇**緊靠密合**，設定數字與邊框距離，無論文字多寡，號球一定會包覆數字。

30-8 堆疊式零件號球

設定大小、內距、使用者定義，下圖左。本節與**單一零件號球**說明相同，不贅述。

30-8-1 樣式（預設圓形）

與**單一零件號球**樣式相同，差別在於可個別設定號球。

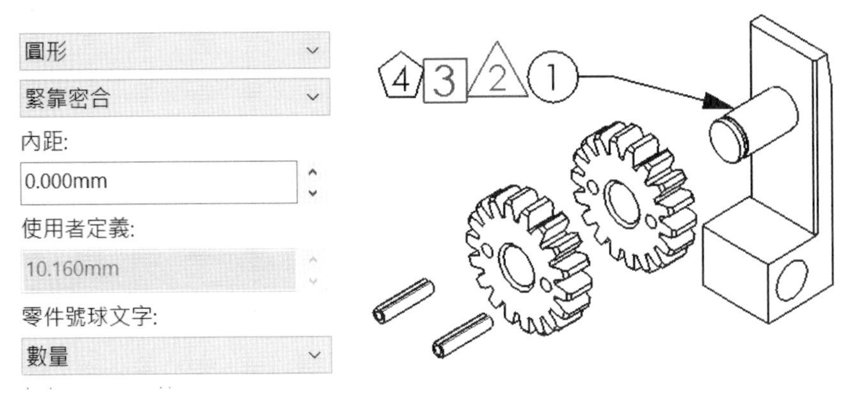

30-8-2 插入堆疊式零件號球

1. 插入→註記，堆疊式零件號球→2. 依序點選模型，下圖左。

30-8-3 重新排列堆疊式零件號球

有 2 種方法：1. Shift＋點選號球拖曳至新位置、2. 點選號球，右鍵→排序堆疊。

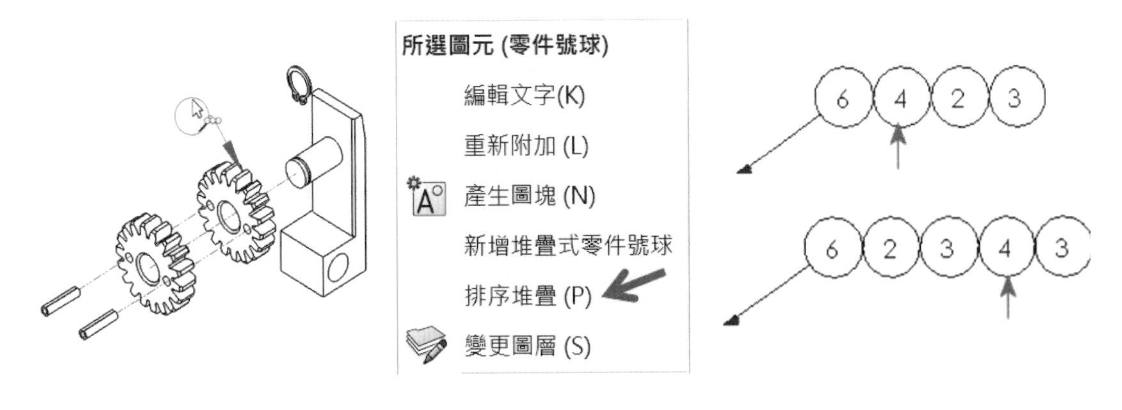

30-9 自動零件號球配置（預設方形）

使用**自動號球**過程，套用：1. 方形、2. 圓形、3. 下方、4. 上方、5. 左、6. 右。

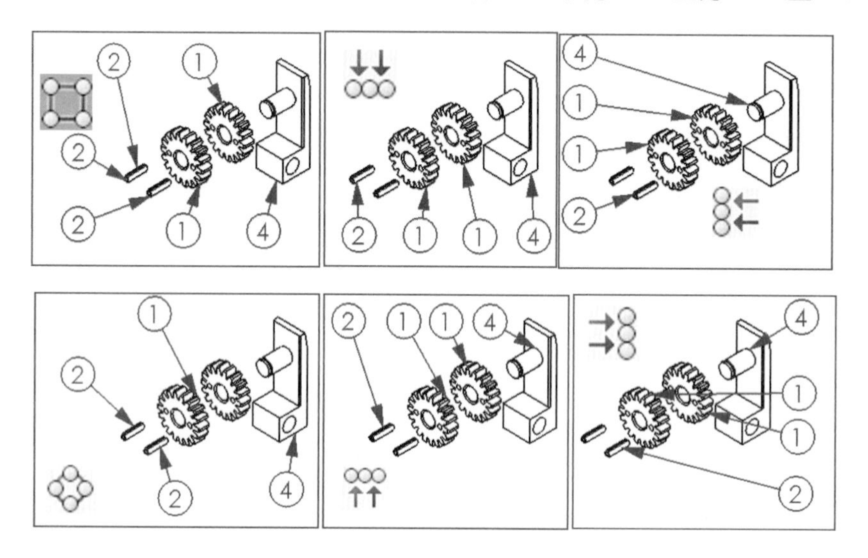

30-9-1 屬性管理員設定

指令過程於屬性管理員可臨時改變複製排列方式，例如：上下左右。

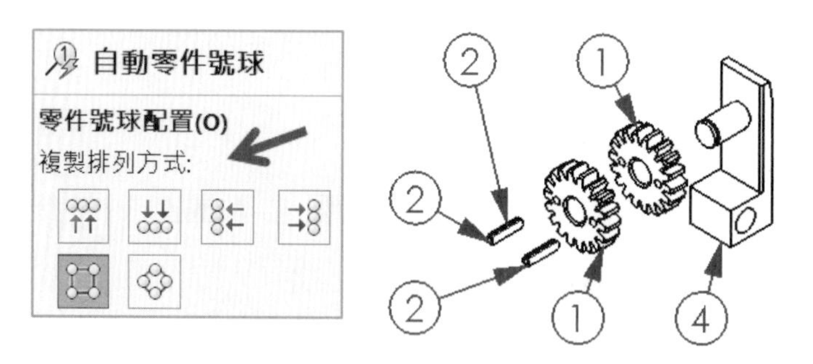

CHAPTER

31

註記－基準

本章說明**基準**（Datum）又稱**基準特徵**的導線、邊框樣式、字型...等顯示，常用來呈現模型的尺寸基準、加工面順序、幾何公差。

基本標準、導線樣式、框架樣式、文字...等，先前已說明，不贅述。

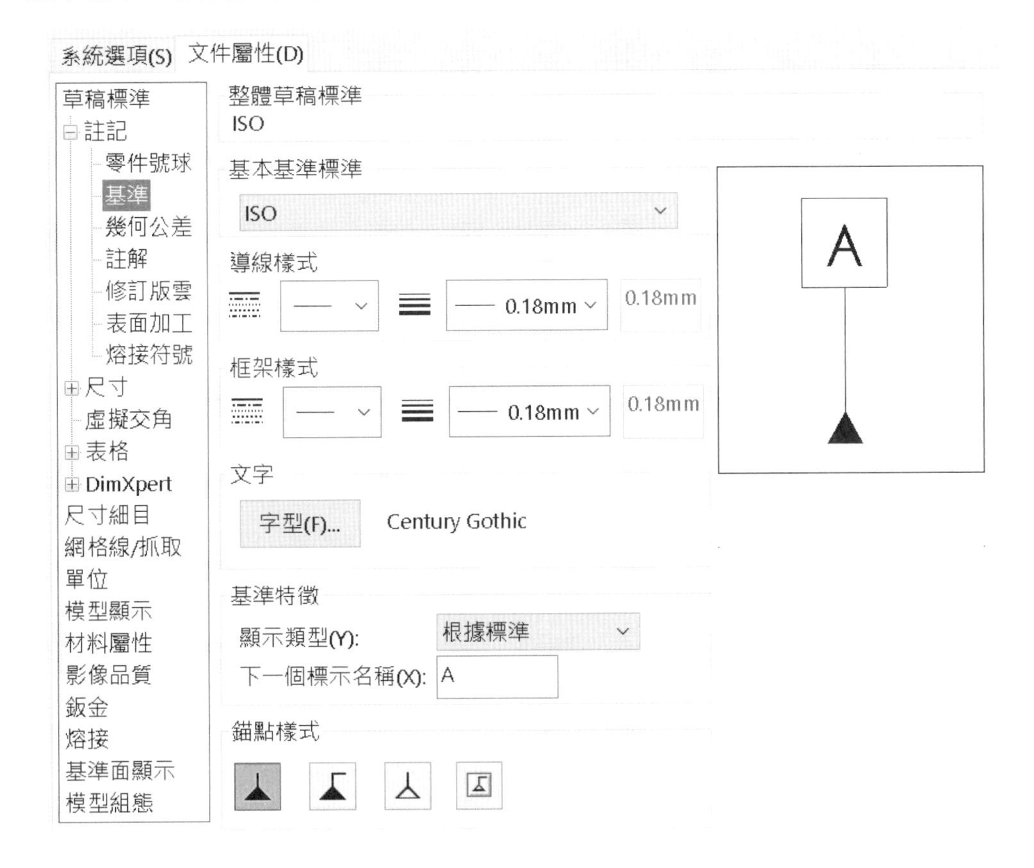

31-1 導線樣式、框架樣式

設定**導線**和**方框**線條樣式、粗細，為強調說明以 2 **點鏈線**表示。CNS 為**細實線**，與輪廓線有層次，容易區分。

指令過程於屬性管理員可臨時設定**導線**和**框架樣式**，下圖右。

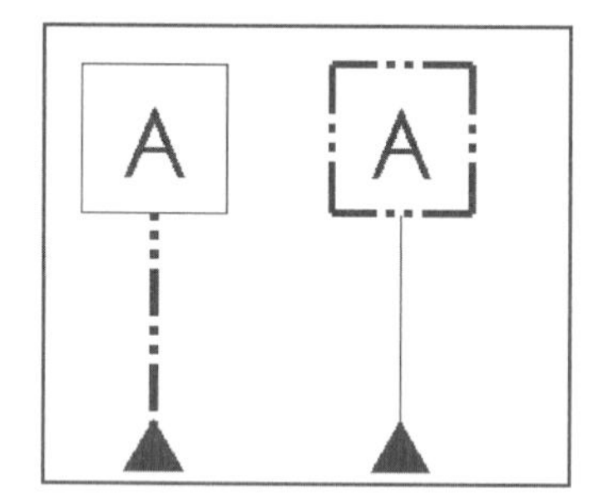

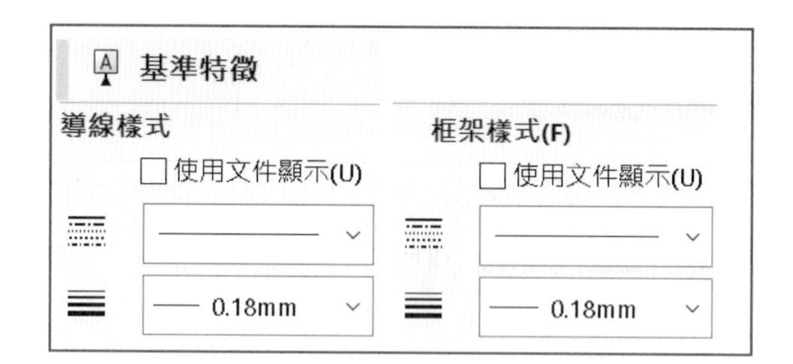

31-2 文字

設定框架內的字型與大小。很可惜沒有框架大小設定，框架與文字大小等比放大，若選擇其他樣式（圓形）會發生擁擠現象，下圖左。

大郎相信以後會有和**零件號球**一樣的框架大小設定，下圖右。

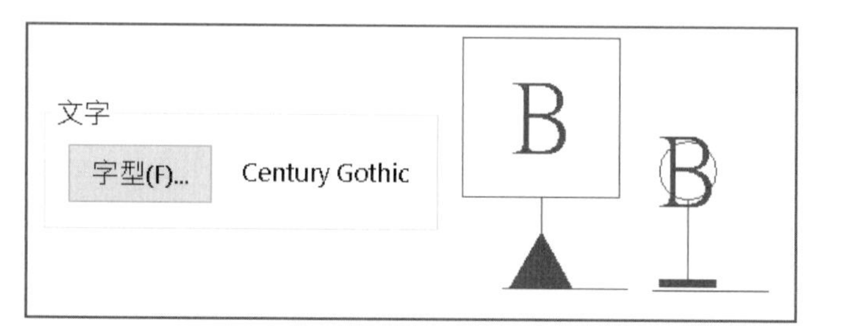

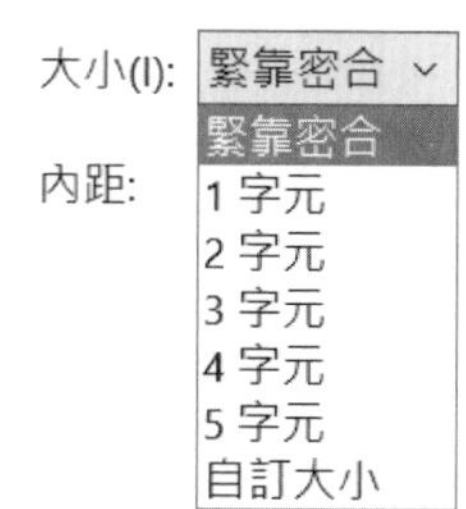

31-2-1 屬性管理員臨時設定

指令過程可臨時設定文字與符號，按下方**進階**插入額外符號。

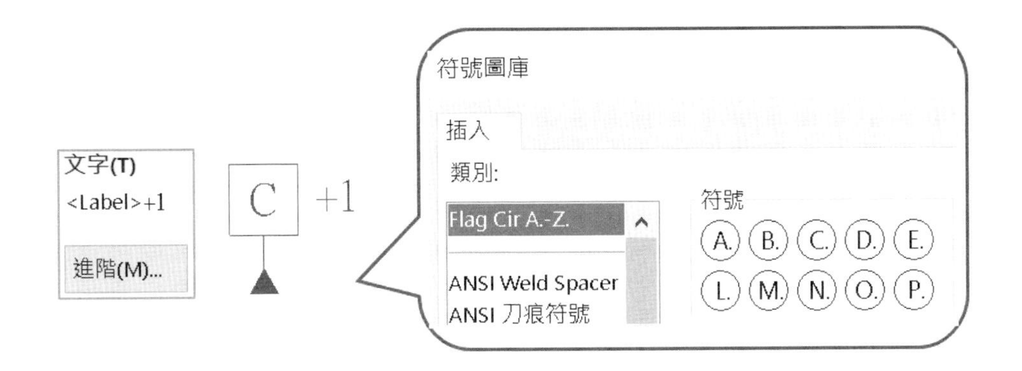

31-3 基準特徵

使用過程，套用符號類型及名稱，下圖左。

31-3-1 顯示類型（預設根據標準）

使用過程可呈現類型：1. 根據標準、2. 方形、3. 圓形（GB）。

A 根據標準

以設定的國家標準，由系統套用類型，大部分標準為**方形**。

B 方形

以方框圍繞名稱，下方三角填實。

C 圓形（GB）

以 GB 標準呈現**圓形基準**，下方粗底線，下圖右。

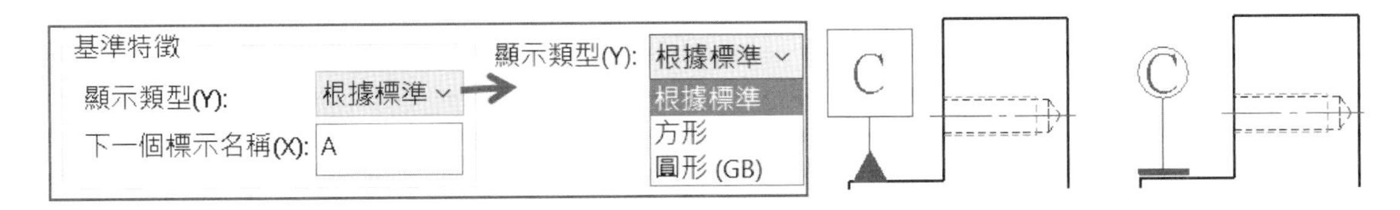

31-3-2 下一個標示名稱（預設 A）

以大寫英文字母排序，例如：A、B、C，下圖左。

31-3-3 屬性管理員臨時設定

於屬性管理員可臨時設定：**方框與標示設定**，下圖右。

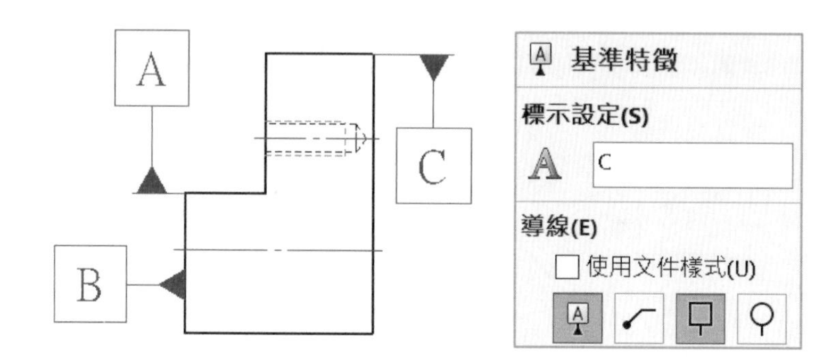

31-4 錨點樣式（預設填實三角形）

設定符號尾端的顯示樣式。**根據標準與方形**，有相同**錨點樣式**：1. 填實三角形、2. 水平引線填實三角形、3. 中空三角形、4. 水平引線中空三角形，下圖左。

若選擇**圓形**，適合標註在斜線：1. 正交、2. 垂直、3. 水平，下圖右。

31-4-1 屬性管理員設定

於屬性管理員可臨時設定：**方框**與**標示**。

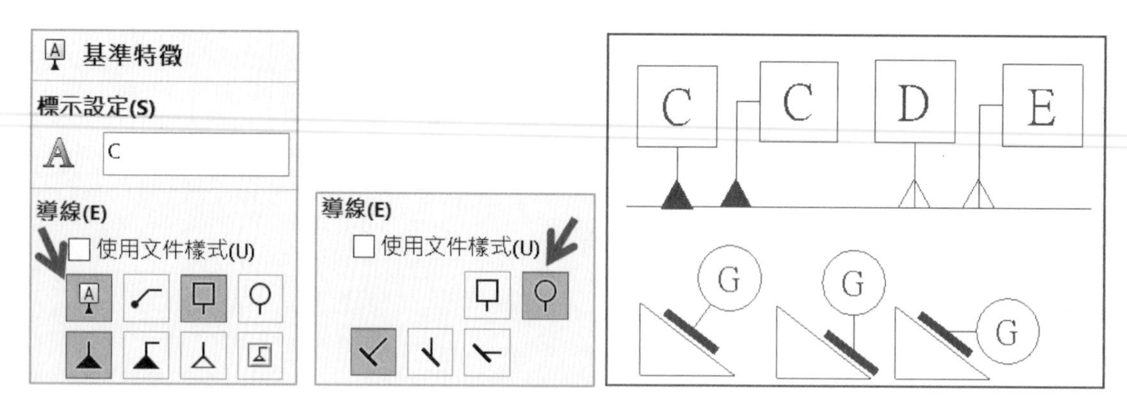

31-5 根據 1982 標準顯示基準

選擇 ANSI 標準，視窗下方會多一項，**根據 1982 標準顯示基準**（箭頭所示），**錨點樣**式灰階無法使用。美國機械工程師協會（ASME）於 1982 年制定工程圖尺寸和公差準則。

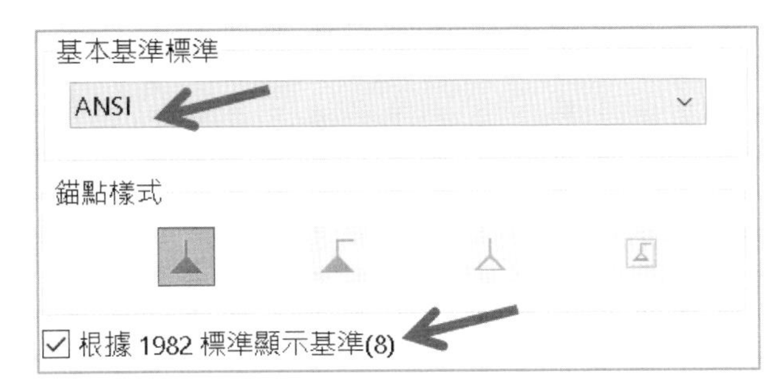

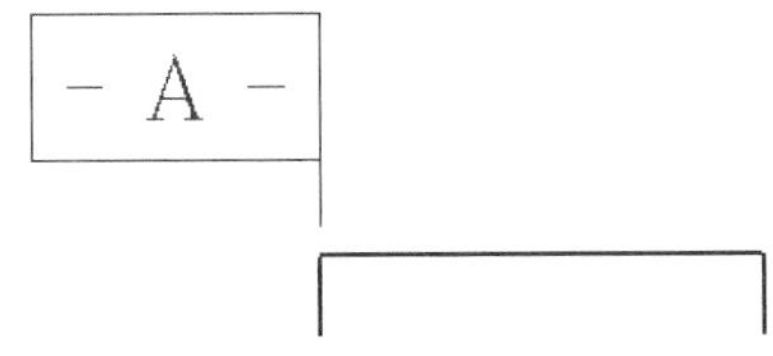

筆記頁

CHAPTER

32

註記－幾何公差

本章說明幾何公差的導線、邊框樣式、字型...等顯示。常用來呈現形狀或位置與設計值最大容許偏差，例如：形狀、方向、定位、偏差...等。

基本標準、導線樣式、框架樣式、文字...等，先前已說明，不贅述。

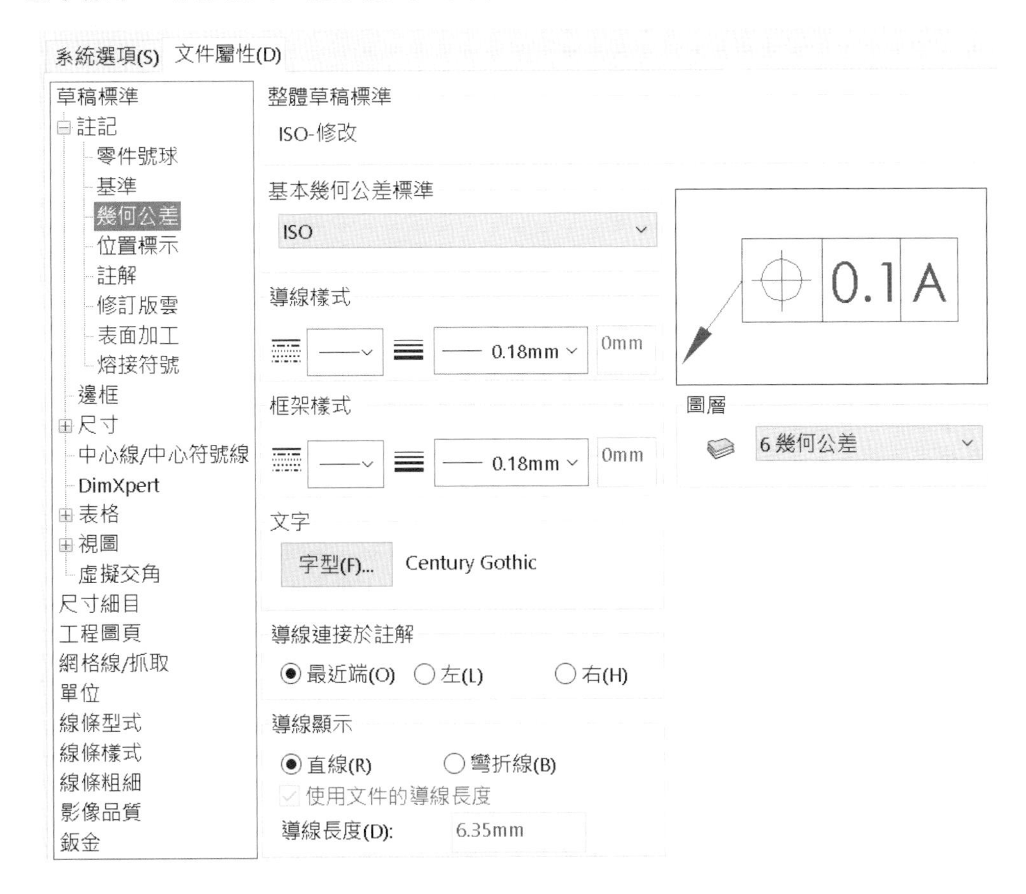

32-1 導線樣式、框架樣式

本節設定**幾何公差**的導線和方框線條樣式、粗細，為強調說明以 2 **點鏈線**表示。**幾何公差**（Geometric dimensioning and tolerancing，GTOL），由幾何＋公差以圖塊形式呈現，定義基準指示或基本尺寸標記。

公差框格為一長方形框，分隔成小格，在機械製圖中扮演重要角色，公差可增加圖面可讀性。要編輯幾何公差，快點 2 下即可進入幾何公差視窗。

以數個小方框串成長方框格＋引線連接，皆以細實線。框高為字高 2 倍，以 A4 來說約框高約 5mm。

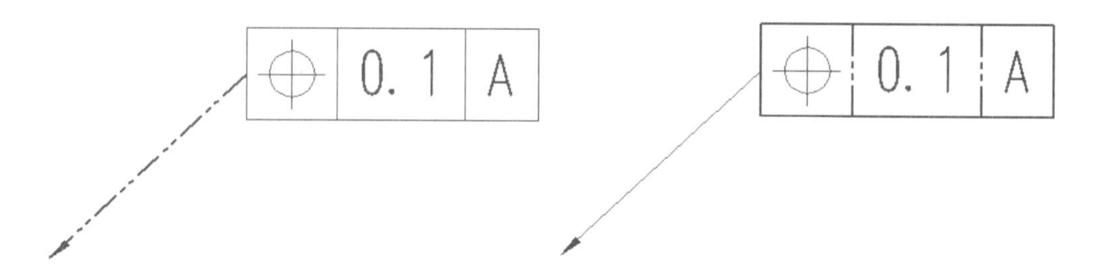

32-1-1 幾何公差視窗

執行會進入幾何公差視窗，進行設定。符號位在幾何公差最左邊，由清單切換符號分 4 大類：1. 形狀、2. 位置、3. 方向、4. 偏轉公差，符號應用可參考圖學課本。

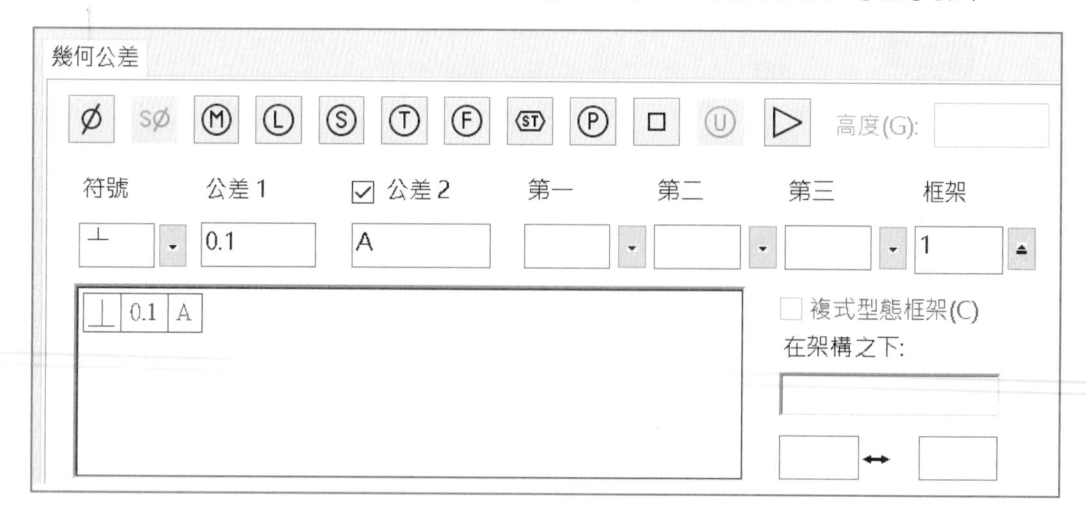

32-2 導線連接於註解

選擇插入預設錨點位置：1. 最近端、2. 左、3. 右，下圖左。最近端=幾何公差離箭頭最近的位置，自動將箭頭擺向左或右，避免重疊，下圖中。

32-2-1 屬性管理員設定

於**屬性管理員**可臨時設定導線位置，下圖右。

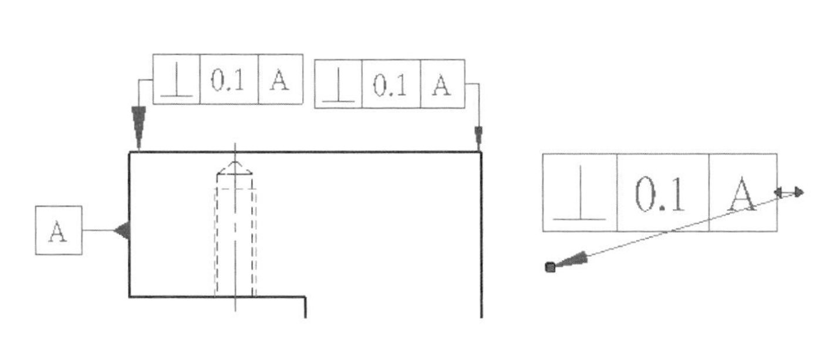

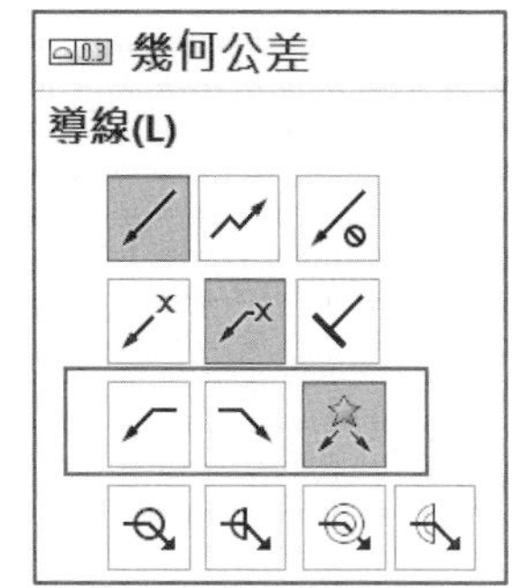

32-3 導線顯示

設定**直線**或**彎折線**，指令過程可臨時設定導線顯示，其餘先前已說明，不贅述。

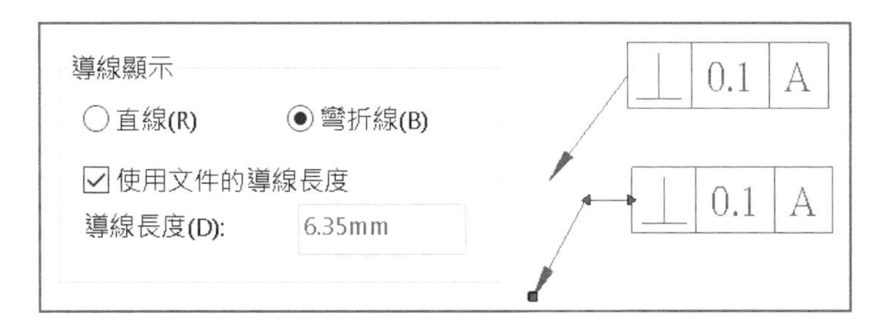

筆記頁

CHAPTER 33

註記－位置標示

本章說明**位置標示**（Position）的邊框樣式、文字內容、顯示區域...等顯示，常用複雜且多圖頁，適用工程圖。**基本標準**、**框架樣式**、**文字**...等，先前已說明，不贅述。

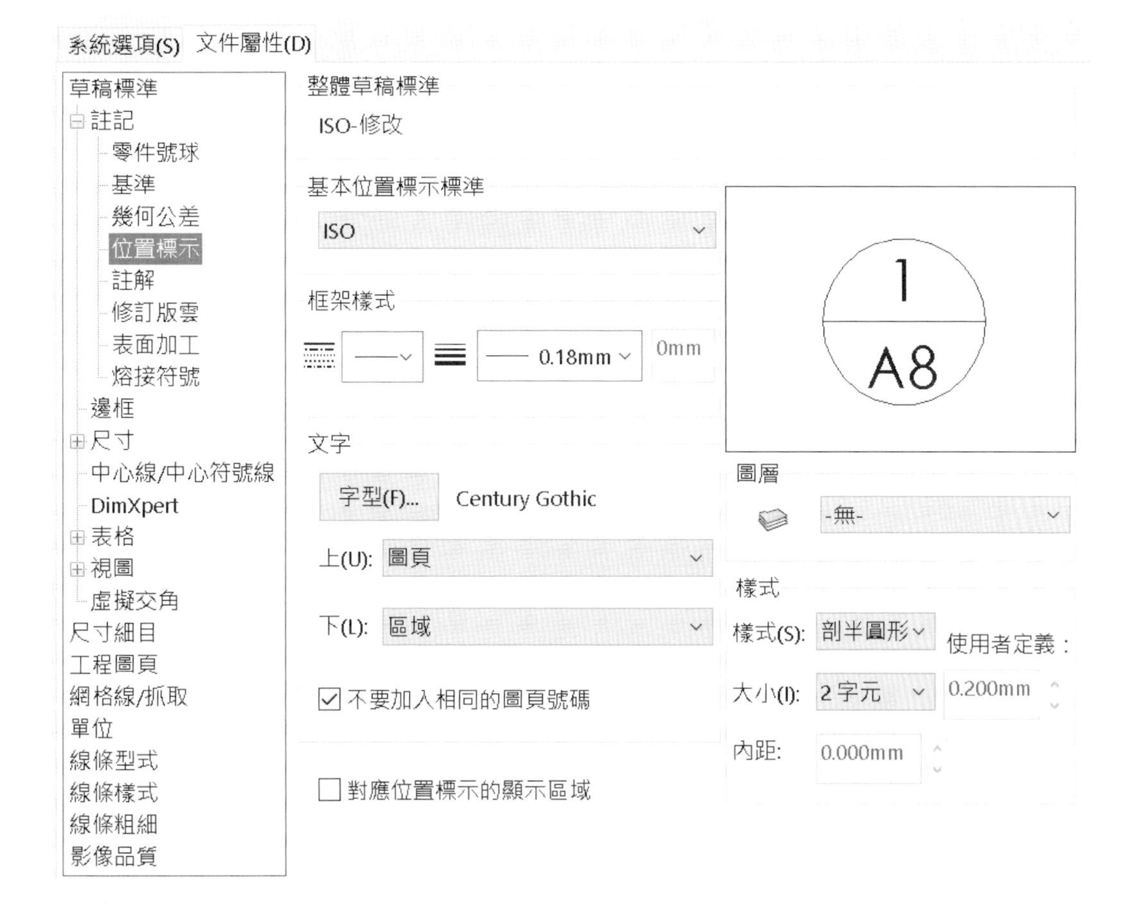

33-1 文字

設定**位置標示**的字型、上下半圓球顯示內容，文字是重點，字型先前說明過不贅述，下圖左。適用**細部放大圖**、**剖面視圖**及**輔助視圖**，這些是產生第 2 視圖指令，可以在母、子視圖標示要顯示的內容（箭頭所示）。

要完成，採取以下步驟：1. 產生視圖（例如：細部放大圖）→2. 點選細部放大圖→3. →4. 可見到位置標示註解。簡單的說，點選視圖，指定要顯示內容。

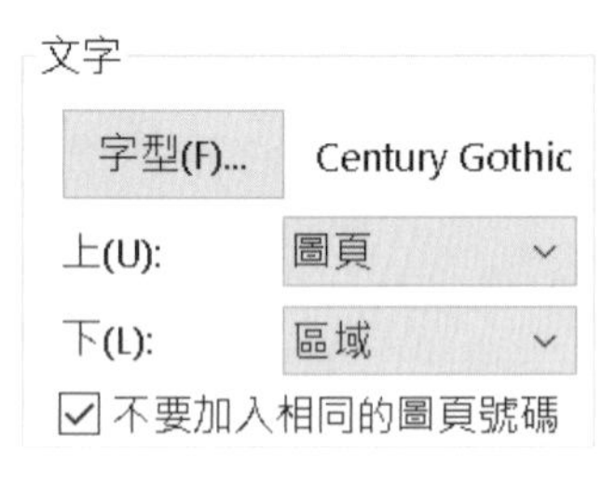

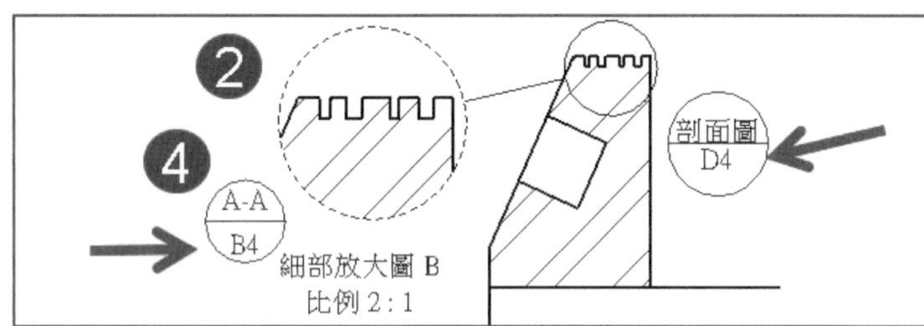

33-1-1 上（預設圖頁）

由清單選擇上半部顯示內容：1. 文字、2. 圖頁、3. 含標示的圖頁、4. 區域、5. 視圖字母，下圖左。

A 文字

顯示自行輸入的文字。使用過程，於**屬性管理員**輸入，例如：溝槽，下圖右。

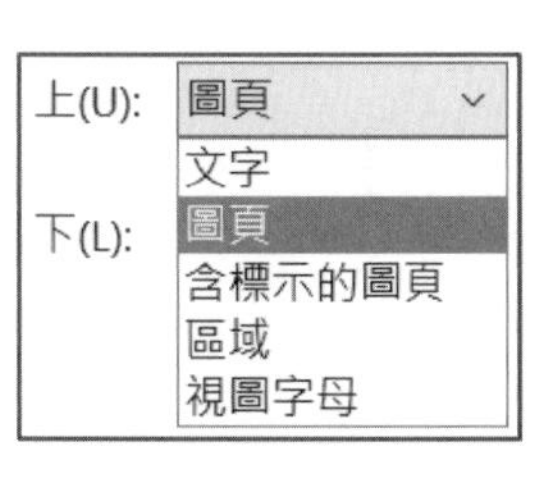

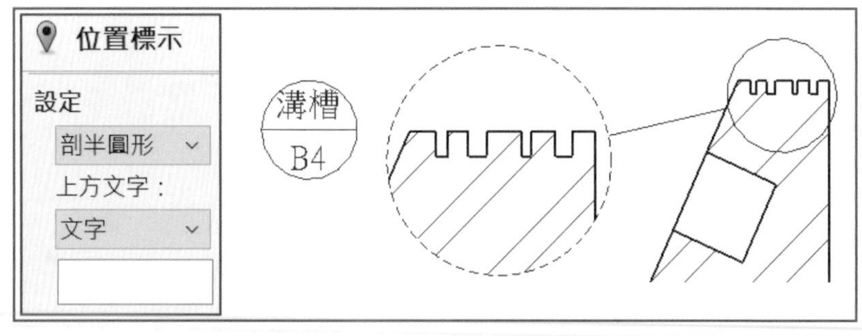

B 圖頁

若有多圖頁，顯示目前頁，例如：工程圖有 2 張圖頁，**位置標示**放在第 2 張圖頁，就顯示 2，下圖左。

C 含標示的圖頁

承上節，圖頁前增加 SH，SH＝Sheet，讓人看得懂這是什麼，例如：SH2。

D 區域

顯示模型**質量中心**位置。例如：點選剖視圖，顯示上視圖質心位置 D5，下圖中。由此可知**位置標示**呈現**母視圖資訊**。

檢視→使用者介面→**區域線**，容易判斷位置。沒有顯示**區域線**也可呈現此設定。

E 視圖字母

顯示視圖標示名稱，例如：剖面視圖 C-C、細部放大圖 D...等，下圖右。

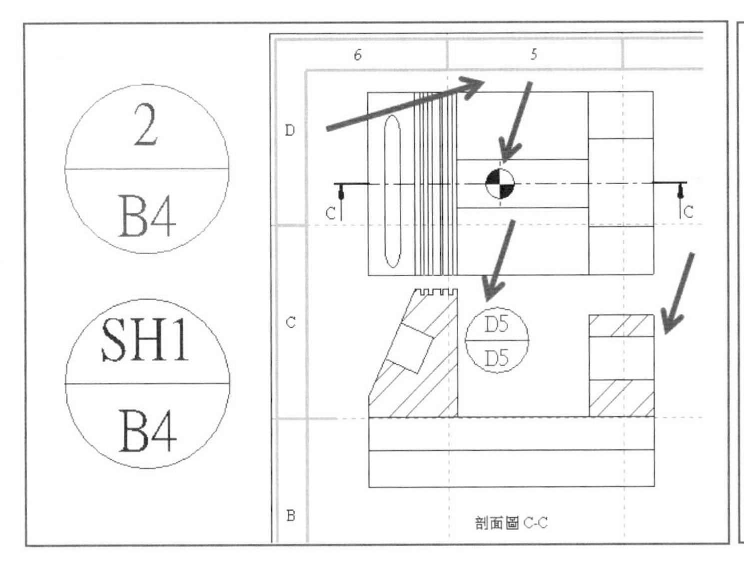

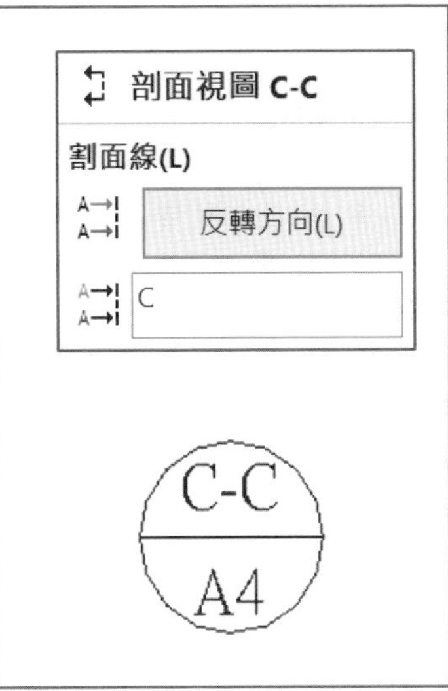

33-1-2 下（預設區域）

承上節，顯示下半部內容（類似分母），常用在顯示圖頁，例如：SH2。

33-1-3 不要加入相同的圖頁號碼

、、，與父視圖於同一圖頁上，是否將圖頁號碼加入，例如：SH2（箭頭所示），下圖左。通常☑不要加入相同的圖頁號碼，因為工程圖以 1 張圖頁居多，一看就知道母、子視圖位置，況且工程圖資訊也不要太多。

本節必須配合 1. 視圖→2. 剖面視圖（剖面視圖、細部放大圖）→3. ☑包括新視圖的位置標示，下圖右。

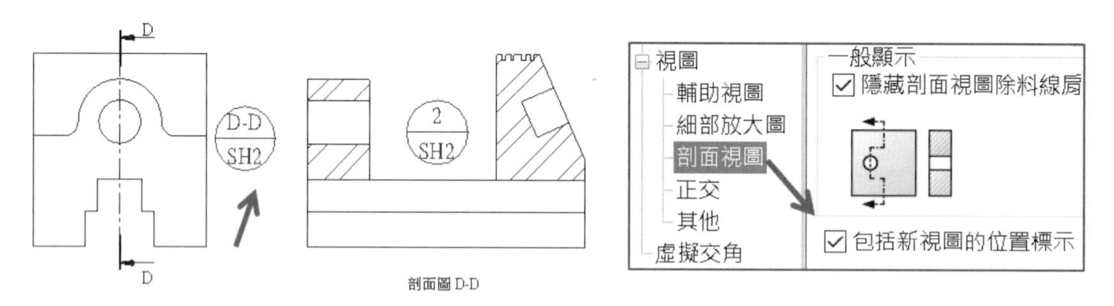

33-2 對應位置標示的顯示區域

移動母或子視圖，是否更新至新區域。例如：移動子視圖，母視圖位置標示會自動更新原本 D4→D3。

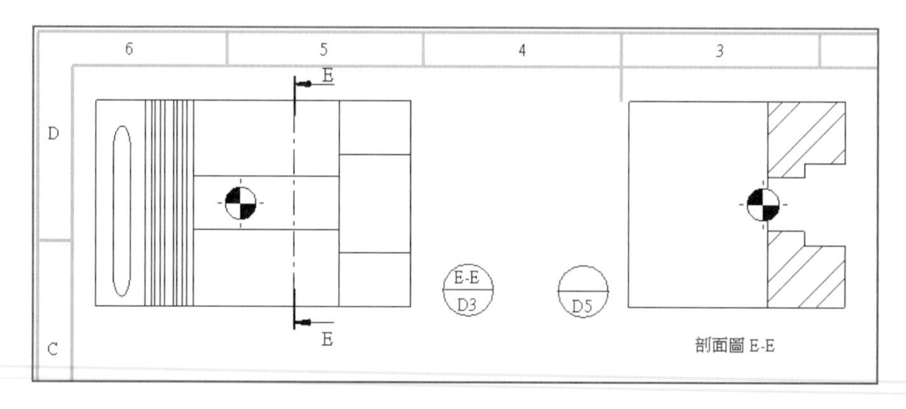

33-3 樣式

本節設定樣式、大小、內距，由於大小、內距…等，不贅述，本節僅說明樣式。

33-3-1 樣式（預設剖半圓形）

由清單切換位置標示的樣式：1. 剖半圓形、2. 方形分割線、3. Verbose。Verbose=詳細標示＋無邊框。很多人喜歡這種方式，這樣比較看得懂。

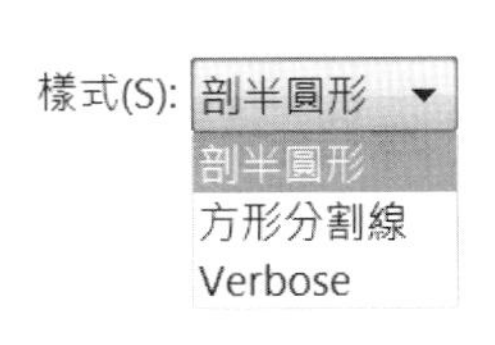

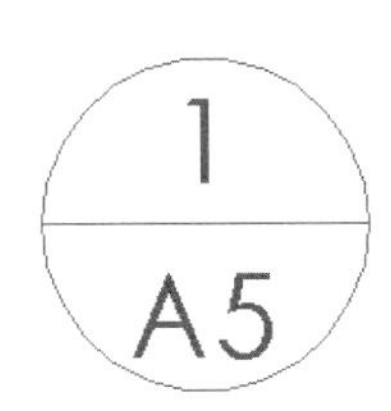

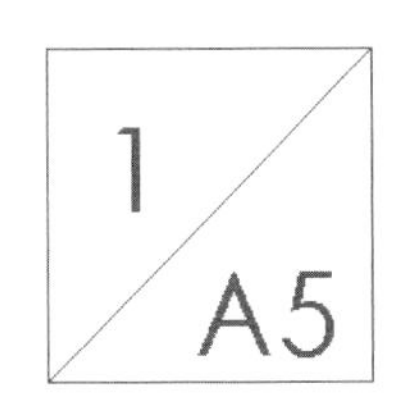

請見圖頁 1
區域 A5

筆記頁

CHAPTER

34

註記－註解

本章說明**註解**（Annotation）A的**導線**與**格式**設定。A=輸入文字，包含文字與符號，常用在不能用視圖或尺寸標註表達時，例如：鍍鉻、表面上漆、毛邊去除。

基本標準、導線樣式、框架樣式、文字...等，先前已說明，不贅述。

34-1 文字

本節說明**對齊文字**，其餘不贅述。

34-1-1 對齊文字（預設靠左）

由清單指定對齊方式：1. 置中、2. 靠左、3. 靠右。其實對齊還有很多方式，很可惜選項沒提供。

34-1-2 屬性管理員、格式設定工具列設定

點選註解由**屬性管理員**或**格式設定工具列**，定義對齊文字。也可以定義註解角度，常用在空間不夠時，特別以 90 度放置，例如：表面重點。

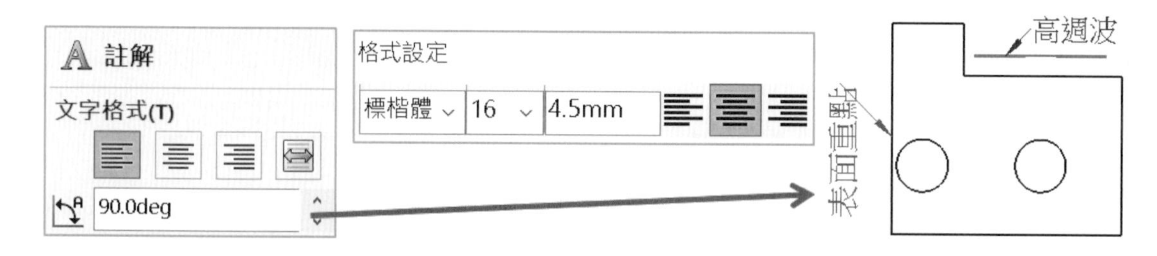

34-2 導線顯示

插入**註解**時，設定導線樣式，可標註在模型表面或工程圖，常配合導線＋箭頭指引說明處。導線樣式分別為：1. 直線、2. 彎折線、3. 底線、4. 不規則曲線。

本節設定適用後來加入的註解，不影響目前樣式。

34-2-1 使用文件的導線長度

導線顯示為**彎折線**，才可☑使用文件的導線長度，並設定長度，不贅述，下圖左。

34-2-2 導線調整抓取

承上節，導線長度超過文字，是否自動以底線呈現，避免導線太長，並縮短註解長度，下圖右，適用 DIN 或 JIS。

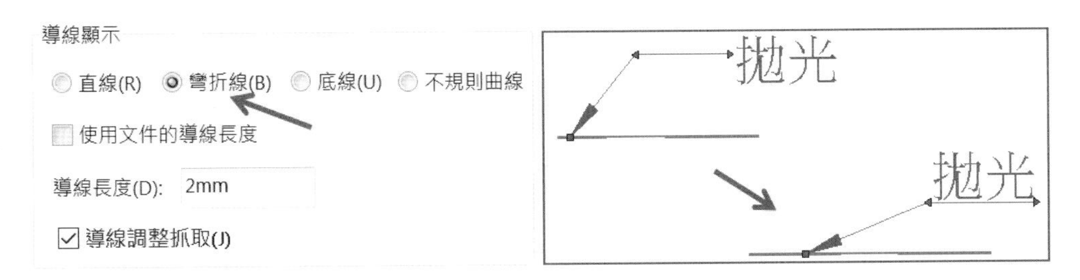

34-3 格式設定

本節設定註解文字的間距及顯示樣式。

34-3-1 段落間距（預設 1mm）

設定行與行間的空白間距。

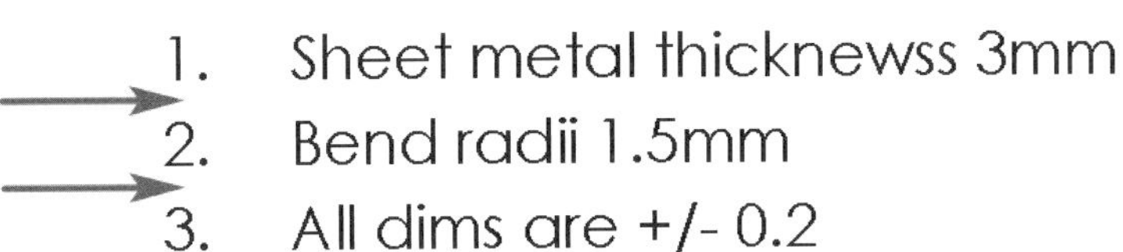

34-3-2 有邊界時不要顯示句號

有邊框註解時，編號後句號不顯示，例如：註記顯示盒形。

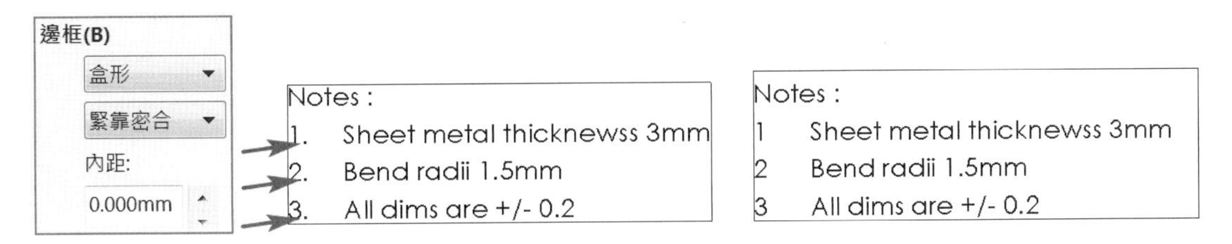

筆記頁

CHAPTER

35

註記－修訂版雲

本章說明**修訂版雲**（Reversion Cloud）的導線和弧半徑。為連續弧線，常用來強調區域注意事項。**整體標準**、**導線樣式**，先前已說明不贅述。

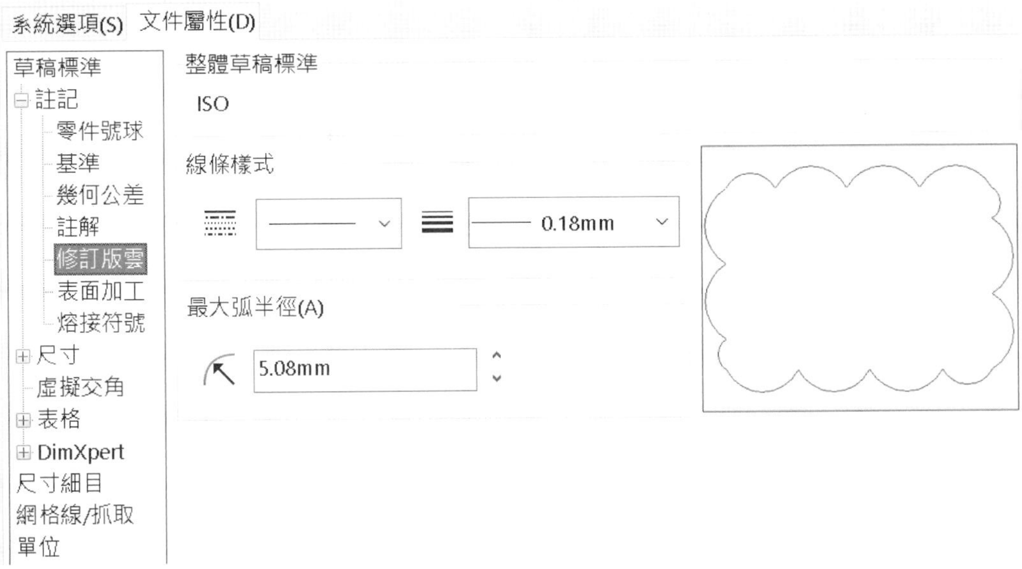

系統選項(S) 文件屬性(D)

草稿標準
註記
零件號球
基準
幾何公差
註解
修訂版雲
表面加工
熔接符號
尺寸
虛擬交角
表格
DimXpert
尺寸細目
網格線/抓取
單位

整體草稿標準
ISO
線條樣式
0.18mm
最大弧半徑(A)
5.08mm

35-1 最大弧半徑（預設 5mm）

設定弧半徑，讓雲狀看起來疏或密，下圖左。雲狀永遠在最上方，無法在雲狀加入註記，不過 eDrawings 可這麼做，下圖右。

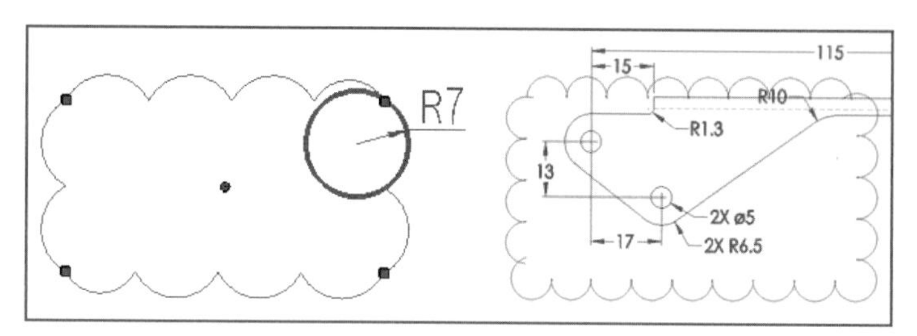

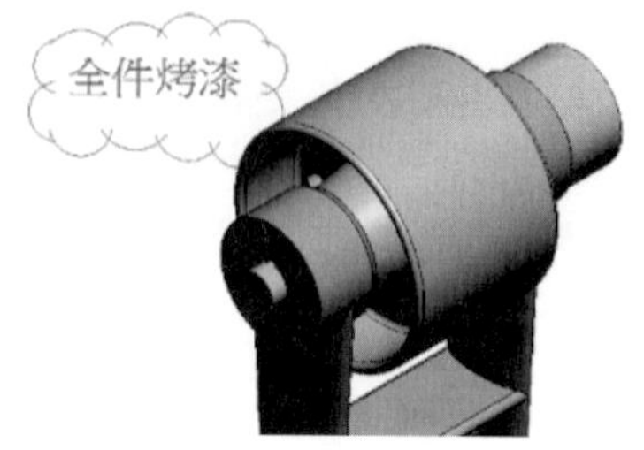

35-1-1 屬性管理員設定

點選**修訂版雲**，於**屬性管理員**可設定**雲形狀**、**弧半徑**、**線條樣式**、**圖層**。選擇雲形狀：1. 矩形、2. 橢圓、3. 不規則多邊形、4. 徒手，完成修訂版雲。

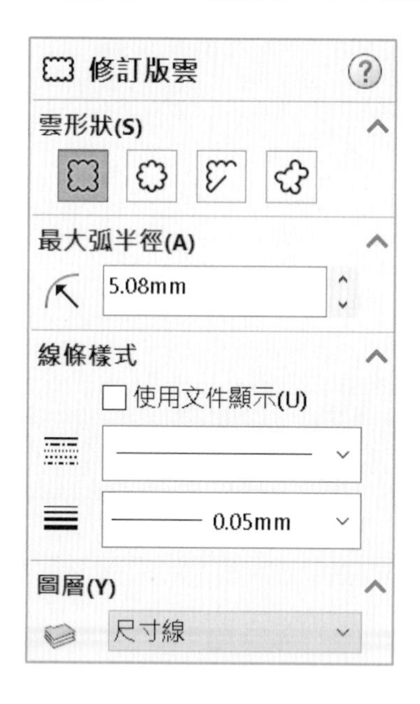

CHAPTER 36

註記－表面加工

本章說明**表面加工符號**（Surface Finishe）√的導線、邊框樣式、字型...等顯示。表面加工符號用以表達模型表面粗糙度與加工型式。

基本標準、導線樣式、框架樣式、文字...等，先前已說明，不贅述。

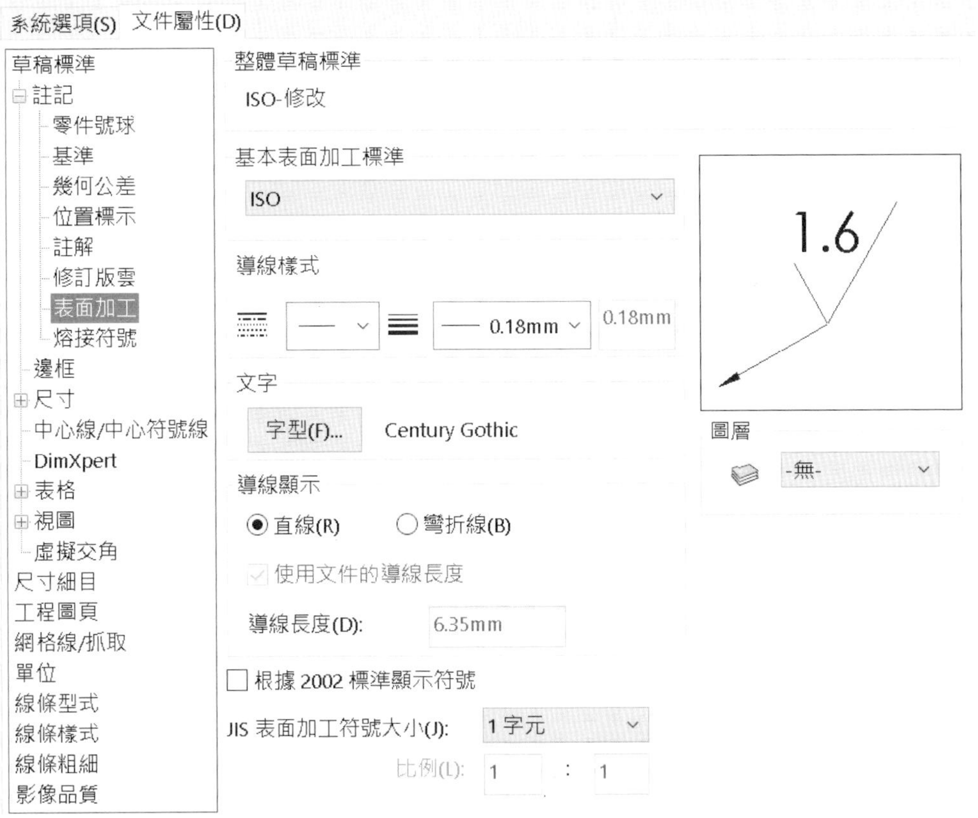

36-1 根據 2002 標準顯示符號

是否以 ISO 2002 製圖標準顯示**表面加工符號的配置**，ANSI 或 JIS 無法使用。

A ☑根據 2002 標準顯示符號

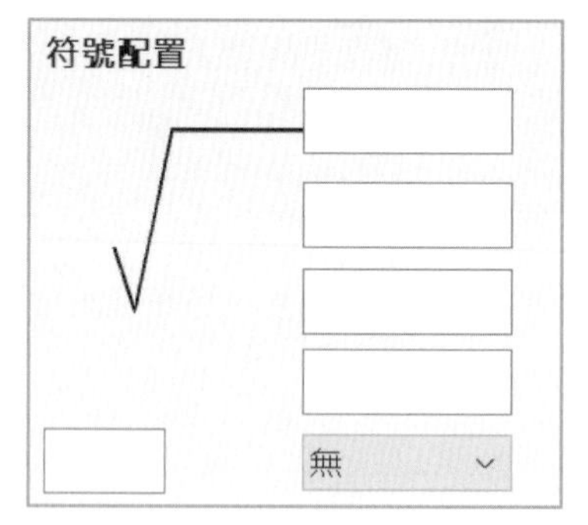

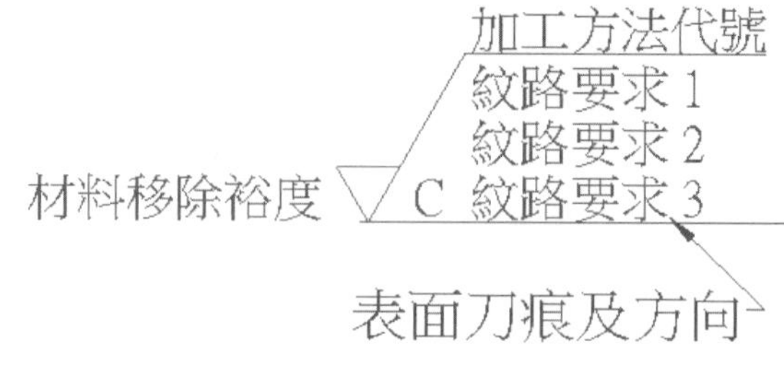

B ☐根據 2002 標準顯示符號

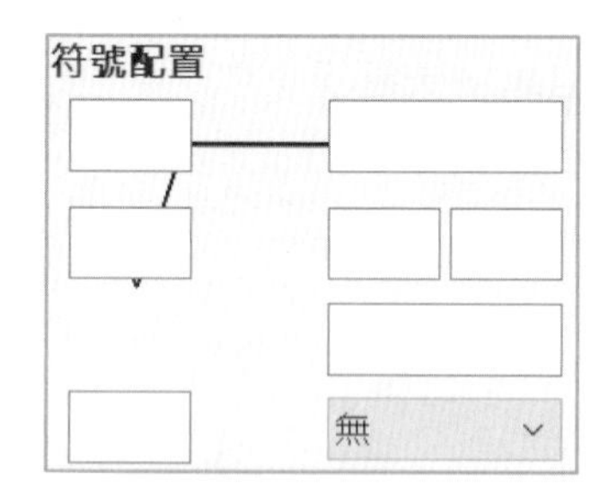

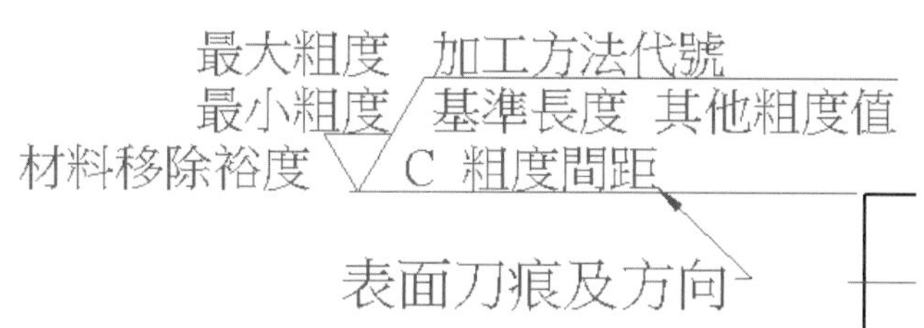

36-1-1 屬性管理員設定

指令過程可臨時設定文字、導線、圖層。

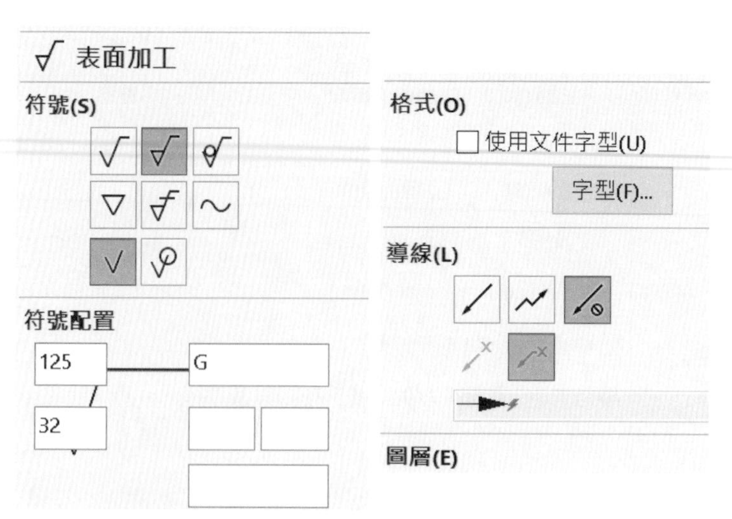

36-2 JIS 表面加工符號大小

定義 JIS 標準的加工符號大小：1～3 字元，或自訂比例。通常不指定，除非遇到圖面很大的 A0。

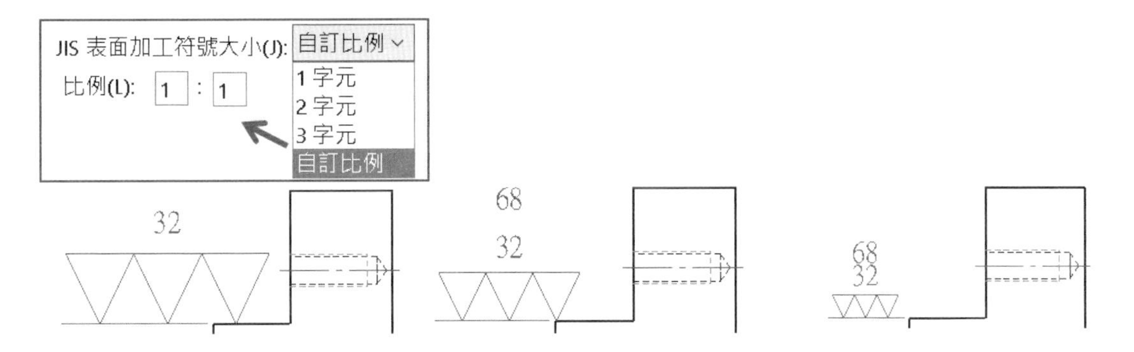

36-2-1 JIS 表面加工符號配置

JIS 可設定**粗度**/Ra 和 Rz/Rmax。在屬性管理員有 4 種樣式：1. 粗切面、2. 細切面、3. 精切面、4. 超光面，齒數越多用光滑。

CNS 3-3 表面加工符號為新制（漏斗狀），業界常使用 JIS 舊制，術語稱齒（台語）。

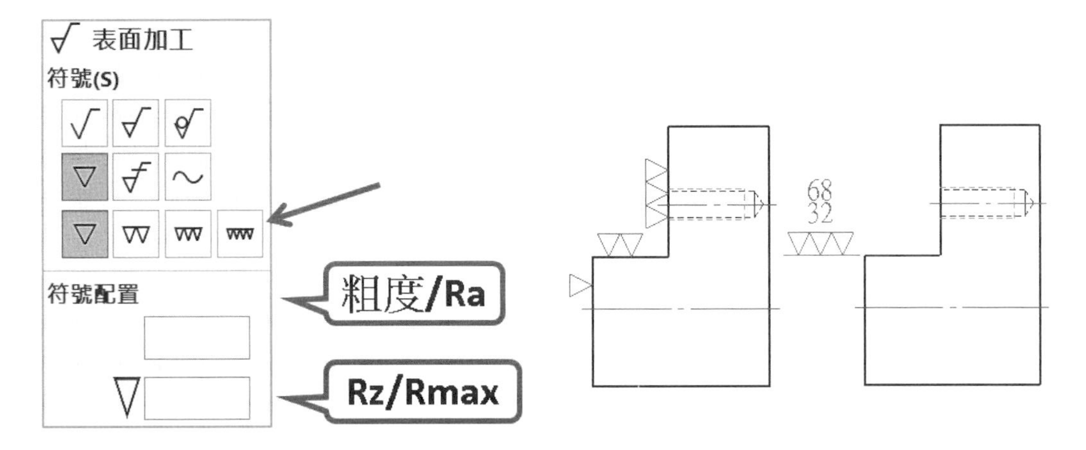

筆記頁

CHAPTER

37

註記－熔接符號

本章說明**熔接符號（Weld）**的導線、邊框樣式、字型...等顯示，常用來呈現將 2 金屬利用加熱或加壓接合，用以表示接合資訊。

基本標準、導線樣式、字型、導線...等，先前已說明，不贅述。

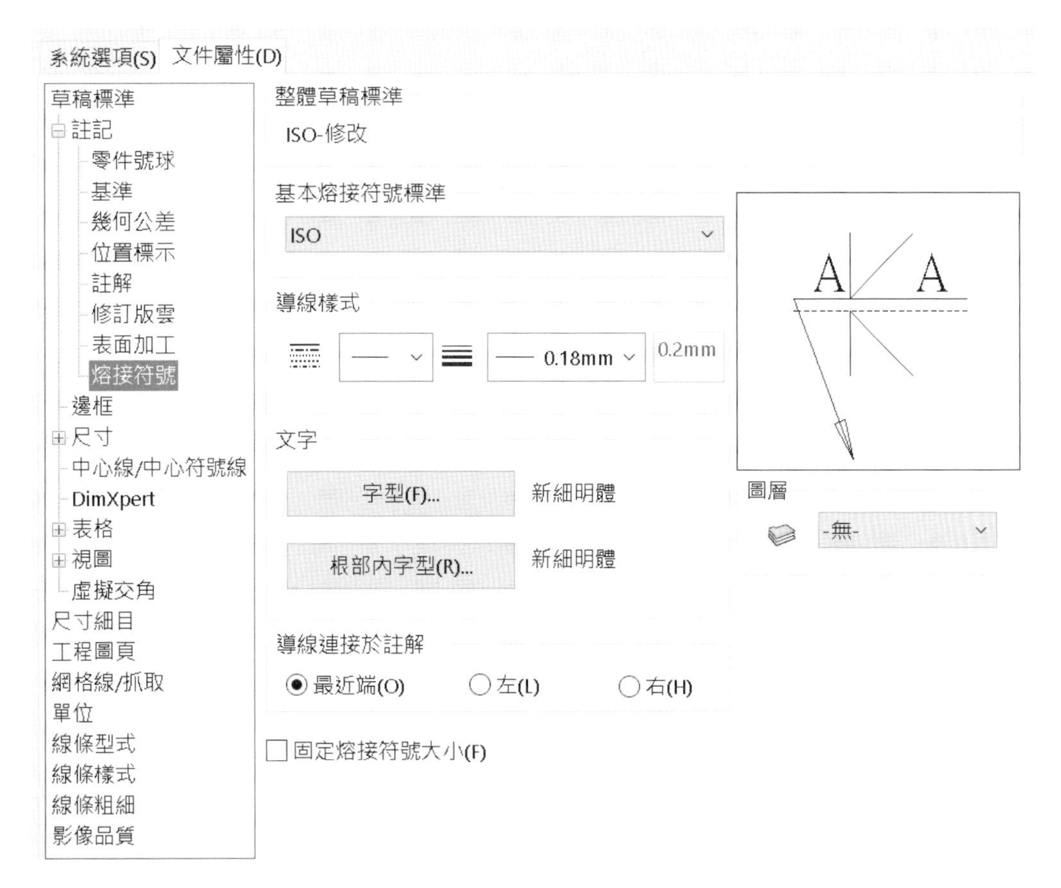

37-1 文字

設定**熔接符號**文字大小，本節僅說明**根部內字型**，適用 JIS。

37-1-1 根部內字型

設定根部的間隔和開槽角度，與文字大小（箭頭所示）。

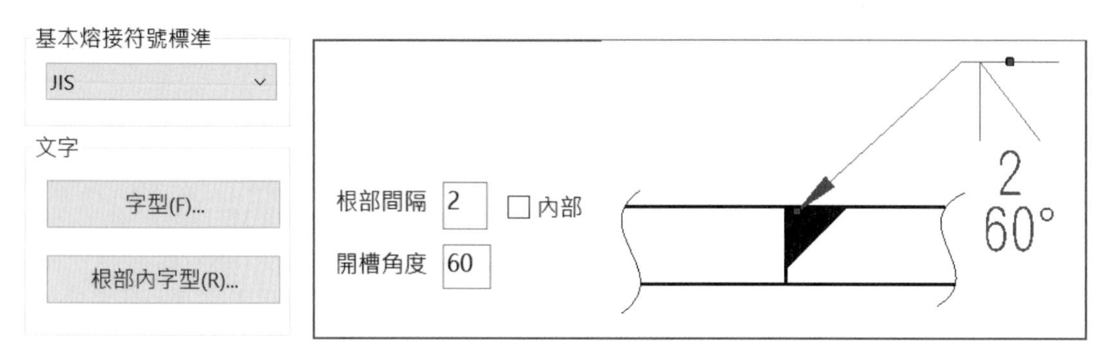

37-1-2 指令過程設定

指令過程可臨時設定字型、圖層、導線。

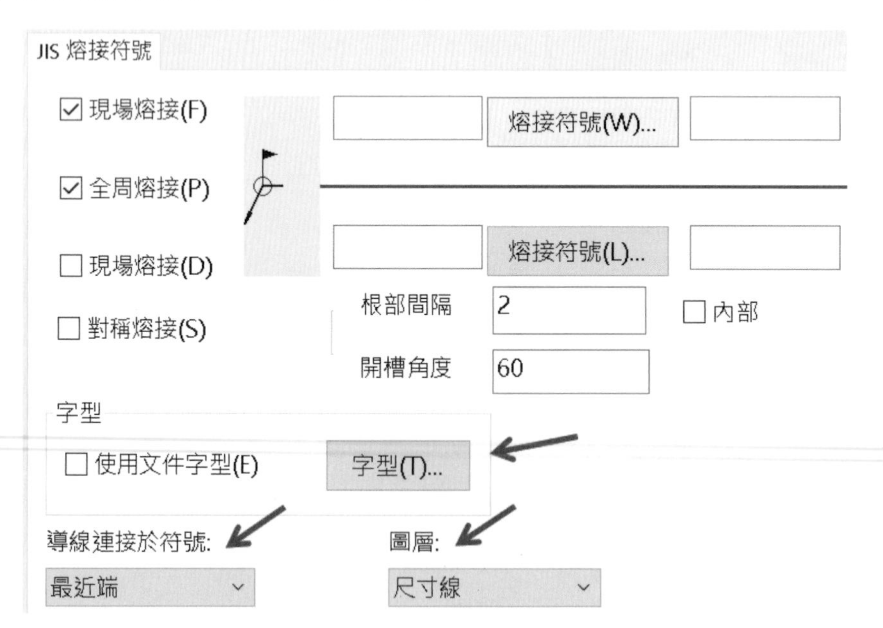

37-2 固定熔接符號大小

設定**熔接符號**大小是否為**註記**字型或**熔接符號**字型。☑=註記字型、☐=**熔接符號**字型，這是很久以前的設定，其實可以取消。

CNS 3-6 熔接符號大小=字高，粗細與數字相同。

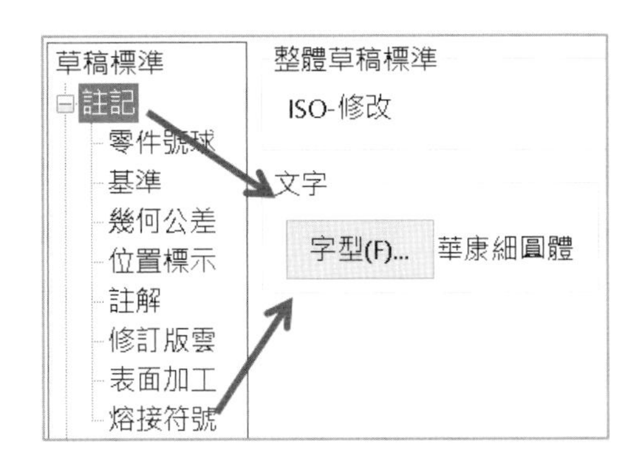

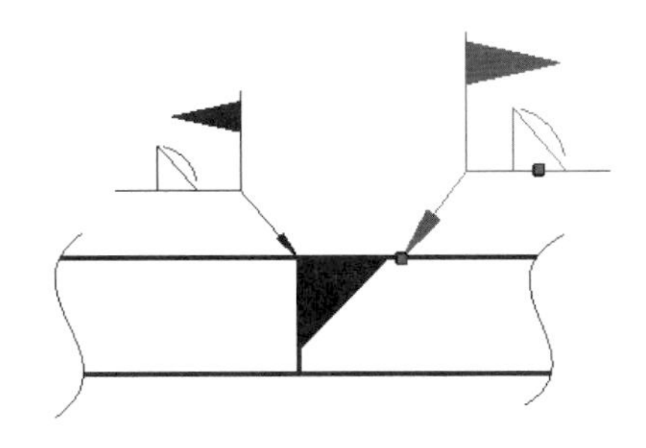

筆記頁

CHAPTER

38

註記－邊框

在圖頁格式定義圖框（內框）的邊界、分隔線長度、標示名稱…等。這些設定會套用在圖頁格式工具列的**自動加入邊框**和**工程圖頁**設定。

圖框自行繪製居多，雖然有專門指令不過：1. 要學、2. 圖框只畫 1 次。

系統選項(S) 文件屬性(D)

草稿標準
註記
零件號球
基準
幾何公差
位置標示
註解
修訂版雲
表面加工
熔接符號
邊框
尺寸
中心線/中心符號線
DimXpert
表格
視圖
虛擬交角
尺寸細目
工程圖頁
網格線/抓取
單位
線條型式
線條樣式
線條粗細
影像品質
鈑金
熔接

整體草稿標準
ISO-修改
邊框
0.18mm 0.18mm
雙線邊界
區域格式化
顯示區域分隔線
0.18mm 0.18mm
區域分隔線
8.5mm
中央區域分隔線
8.5mm
8.5mm
區域標示
顯示欄
顯示列
圖層
其他

38-1 邊框

使用**自動加上邊框**，以方框表示圖紙大小，設定**線條樣式**及**粗細**。實務上，圖框=細線、粗細=0.25，和輪廓線一樣粗。

38-1-1 雙線邊界（預設關閉）

是否加入外邊框，常用在大圖列印的裁切或定位之用。

38-1-2 屬性管理員設定

指令過程於屬性管理員可臨時設定：**邊界距離**、**邊框粗細**、**線條樣式**、**雙線邊界**。

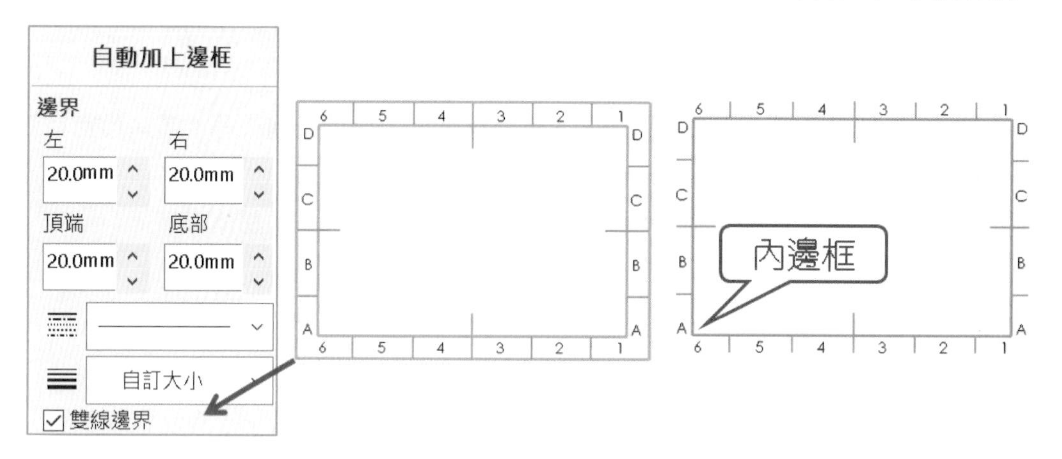

38-2 區域格式化

將圖框分成數個區域，並設定**線條粗細**與**樣式**。圖紙分區有助於圖面溝通，例如：電話溝通時，D3 可共同見到 95 和 45 尺寸（箭頭所示）。

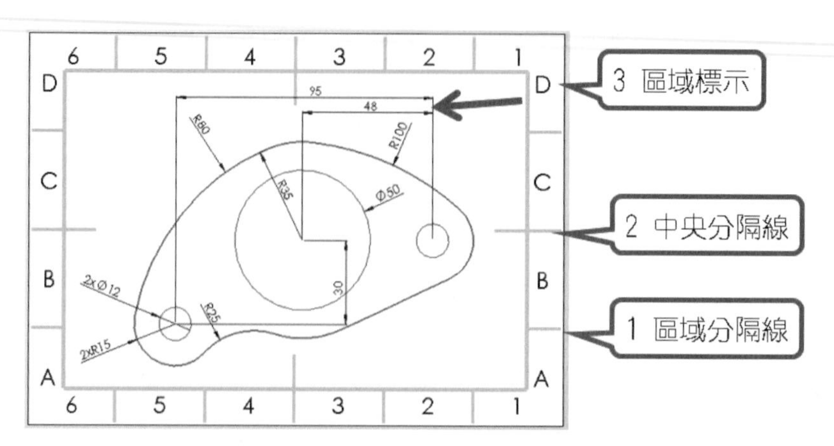

38-2-1 顯示區域分隔線（預設顯示）

是否於圖框顯示水平、垂直中間分隔線。

A 屬性管理員設定

指令過程於屬性管理員可臨時設定：☑**顯示區域分隔線**。

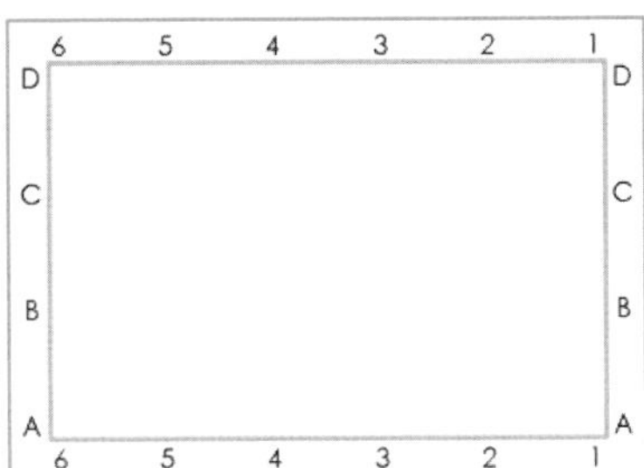

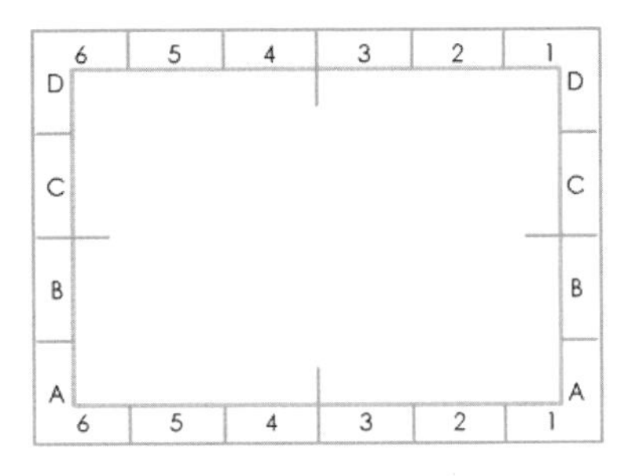

38-2-2 區域分隔線

設定分隔線長度，不超過圖紙大小為準。

A 屬性管理員設定

指令過程於屬性管理員可臨時設定：**區域分隔線長度**。

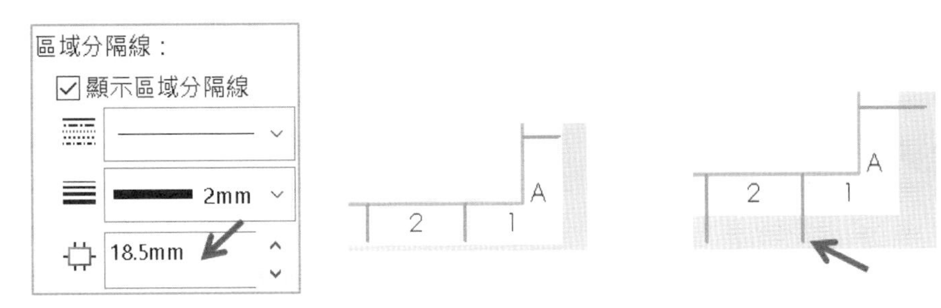

38-2-3 中央區域分隔線

設定圖紙中間隔線長度，可設定內部或外部（超過圖框）。分隔線適合大圖，方便看出中心位置，若為 A4 大小就不要有分隔線，否則太亂。

A 屬性管理員設定

指令過程於屬性管理員可臨時設定：**中央區域分隔線長度**（箭頭所示）。

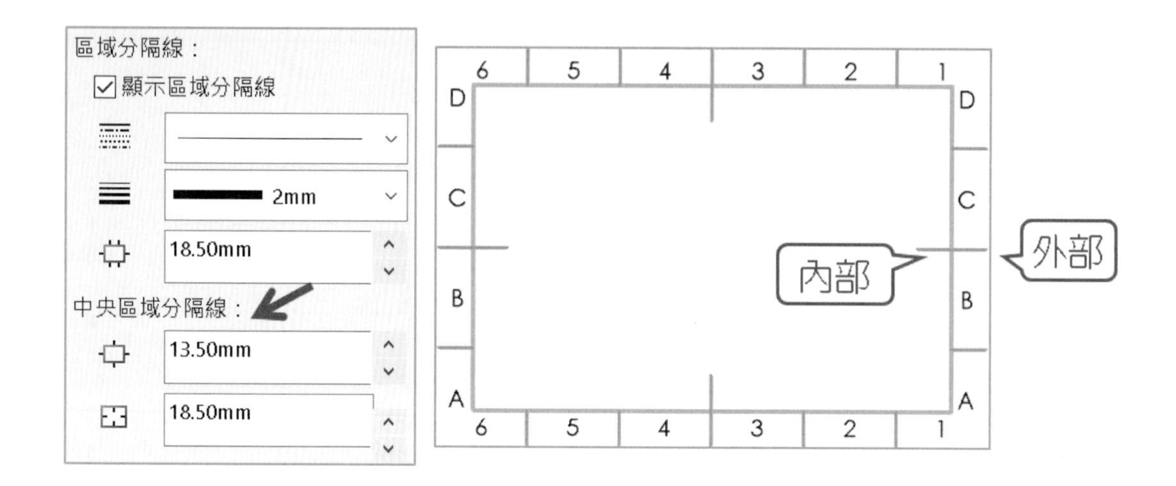

38-2-4 區域標示

是否顯示欄（水平數字）或列（垂直字母）文字。指令過程可臨時設定區域標示，例如：☑**顯示欄**、☑**顯示列**（箭頭所示）。

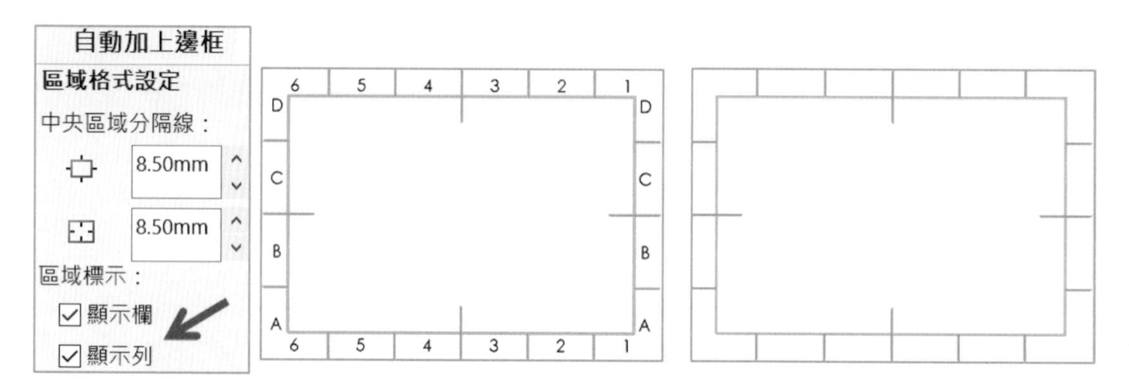

CHAPTER

39

尺寸

本章說明設定尺寸標註（Dimension）的文字字型、箭頭、單位、精度與公差…等。尺寸用來表達大小和位置，很可惜本章沒有圖層和預覽設定，否則就更方便了。

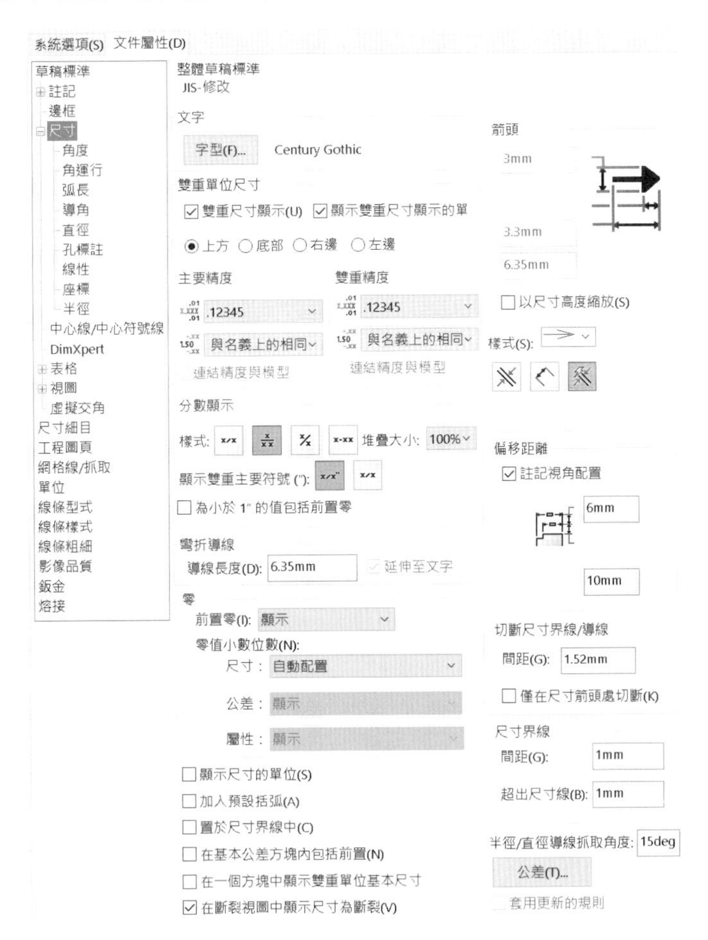

39-0 尺寸組成

本章好處不必重複定義設定，例如：只要設定字型=**細明體**即可，不必分別在角度、角度運行、弧長...等，設定**細明體**。

尺寸組成也是術語，很多設定和術語有關，到時看得懂在講哪裡。尺寸分 4 大部分：1. 數字、2. 箭頭、3. 尺寸線、4. 尺寸界線，1 和 2 好理解，3、4 要認識。

39-0-1 數字

量化圖形大小和位置。數字最常面對，例如：字母、數字和符號，例如：100。

39-0-2 箭頭

箭頭符號表示終止，可改變箭頭方向。

39-0-3 尺寸線

表示圖形距離方向或角度，通常搭配箭頭。長度標註=測量距離，包含：直線或曲線（弧長）。角度標註=標示圓心角度。

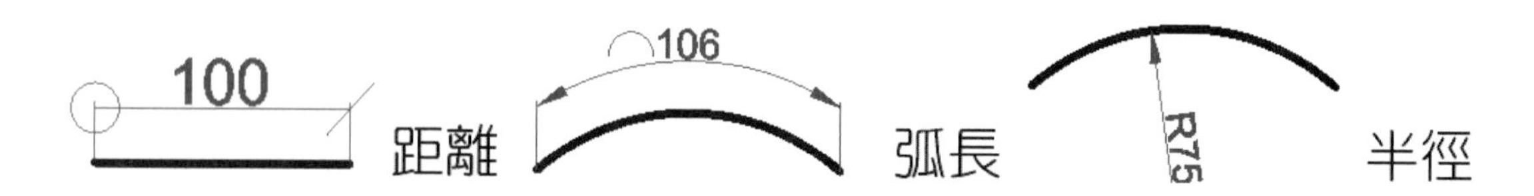

39-0-4 尺寸界線

表達距離又稱延伸線。

39-0-5 導線

導線由文字組成，可標註直徑、半徑、導角或註解，下圖右。

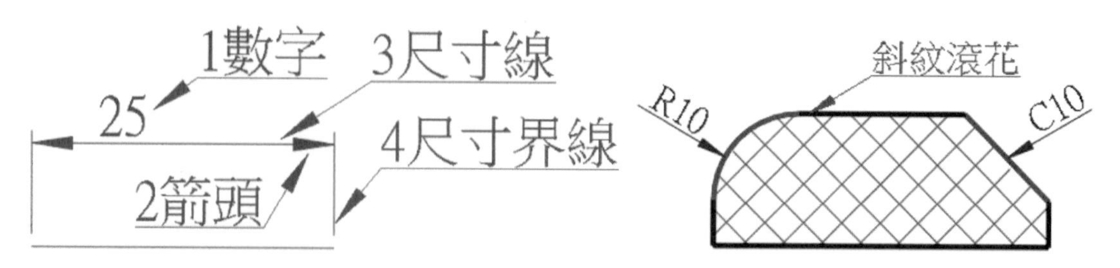

39-0-6 尺寸控制點

點選尺寸可見控制點：1. 箭頭、2. 尺寸界線起點、3. 尺寸界線終點，下圖左。

39-0-7 文字位置

拖曳文字改變位置，預設文字置中，下圖右。

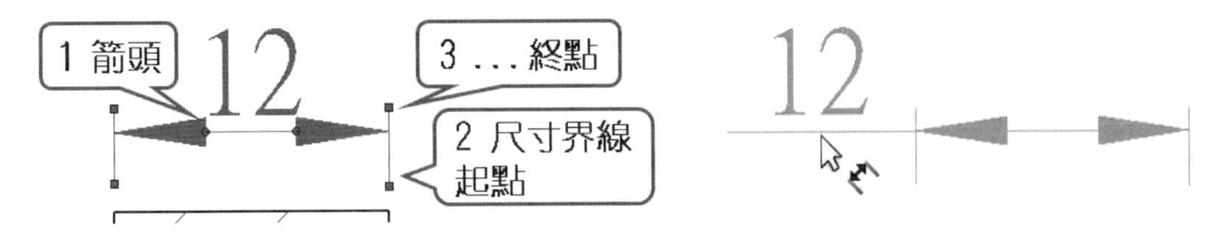

39-0-8 箭頭位置

點選箭頭控制點，將箭頭內或外放置，預設箭頭向內與數字同側，下圖左。

39-0-9 尺寸線與尺寸位置

文字和尺寸線沒有控制點，拖曳文字、尺寸線、箭頭，皆可移動尺寸，下圖右。

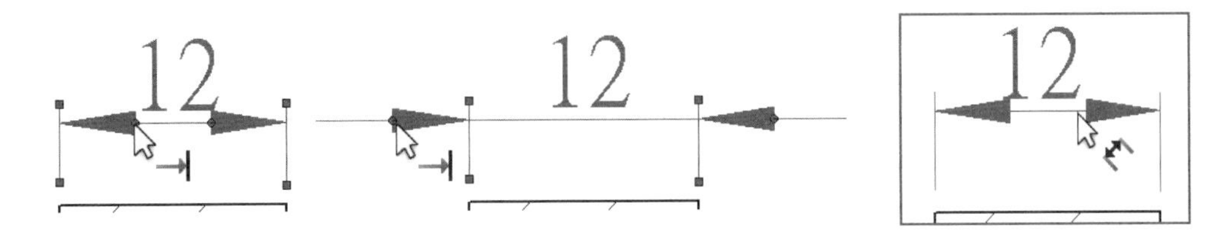

39-0-10 尺寸屬性

點選尺寸於屬性管理員，跳過選項進行臨時設定。

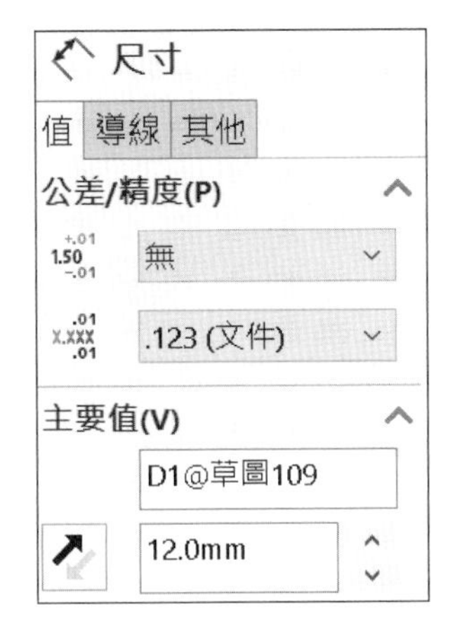

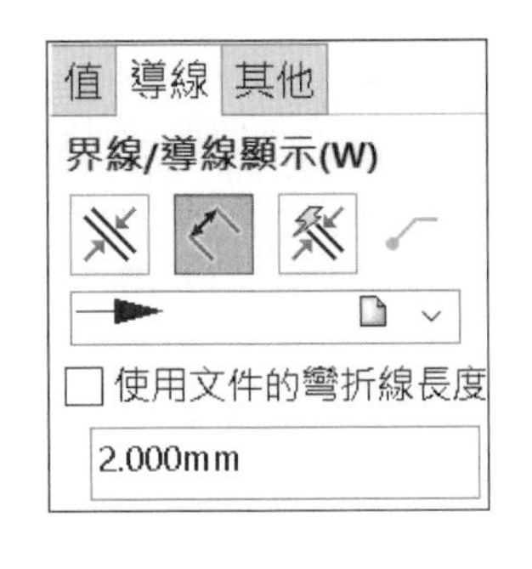

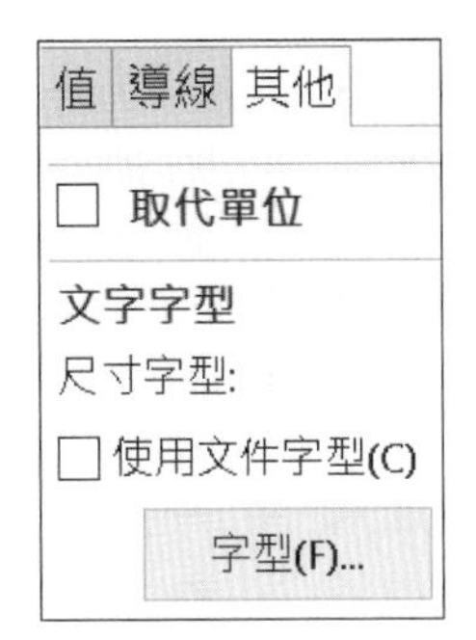

39-1 文字

設定尺寸字型與大小，字型常用**細明體**。CNS 標準 A4 字高 2.5mm，下圖左。實務常用 4～5，數字大好閱讀，下圖右。

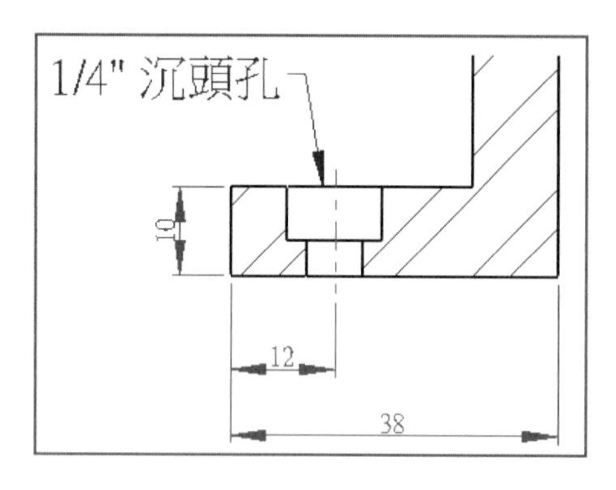

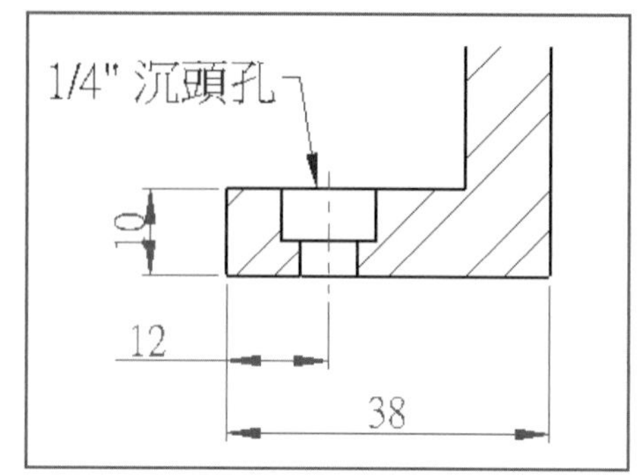

39-2 雙重單位尺寸

顯示第 2 單位換算設定，可避免人工換算錯誤，例如：第 1 單位＝主要單位＝公制，雙重單位＝第 2 單位＝副單位＝英制。

常用在跨國和雙單位圖面溝通，不必出 2 張圖面。工程圖顯示其他單位就是雙重或多重單位，例如：我們看習慣公制 Ø10，對老外來說不習慣。

將心比心你也不習慣 0.39in，同時顯示 Ø10[0.39]，貼心舉動皆大歡喜，不必理會別人看 Ø10 或 0.39。要使用此設定，於 1.單位系統=MMGS、2.雙重單位=英吋，下圖右。

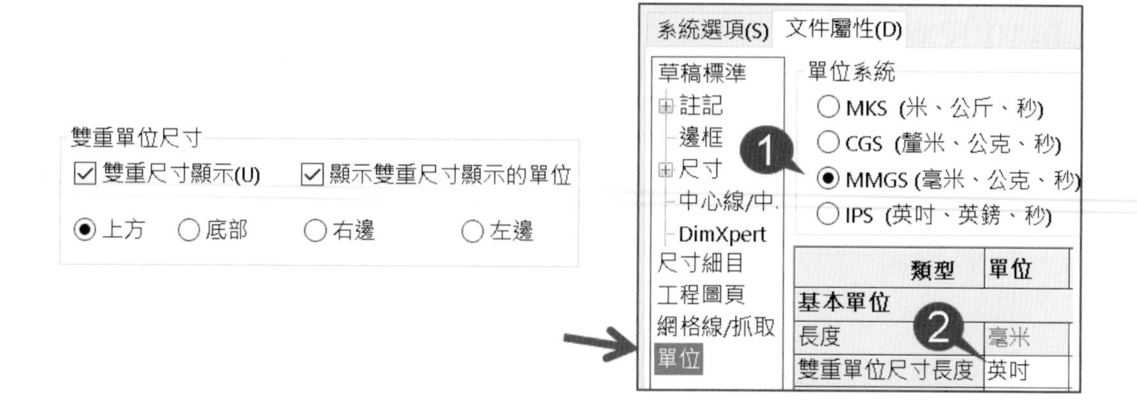

39-2-1 雙重尺寸顯示

是否顯示 2 種單位數值，提高識別度。第 2 單位括弧[ ]區別，例如：同時顯示公制、英制，Ø10[0.39]。

A ☑雙重尺寸顯示

可使用☑**顯示雙重尺寸顯示的單位**。

B ☐雙重尺寸顯示

複雜圖面沒空間放置，不適合雙重顯示。可分別由 2 張圖頁表示，例如：圖頁 1=mm、圖頁 2=in。

39-2-2 顯示雙重尺寸顯示的單位

承上節，雙重尺寸是否加註單位符號，例如：Ø10[0.39]→Ø10mm[0.39in]，下圖右。此設定應該稱為：**顯示雙重尺寸單位**。

A ☑雙重尺寸顯示

由於小尺寸常誤以為英吋，此設定可避免誤判。

B ☐雙重尺寸顯示

試想複雜圖面皆顯示第 2 單位，圖面看起來過於雜亂。

雙重單位尺寸
☑ 雙重尺寸顯示(U) ☑ 顯示雙重尺寸顯示的單位
◉ 上方 ○ 底部 ○ 右邊 ○ 左邊

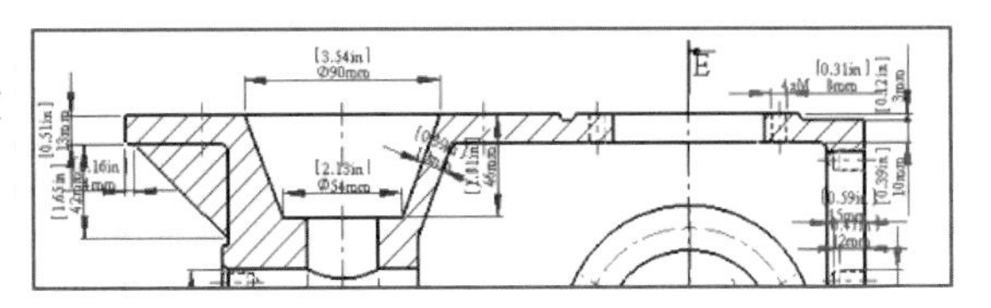

39-2-3 尺寸值位置

承上節，選擇第 2 參考尺寸顯示位置：1. 上方、2. 底部、3. 右邊、4. 左邊。通常第 2 單位在右方就像參考，例如：中文（Chinese）。除非尺寸有公差，第 2 單位在左方。

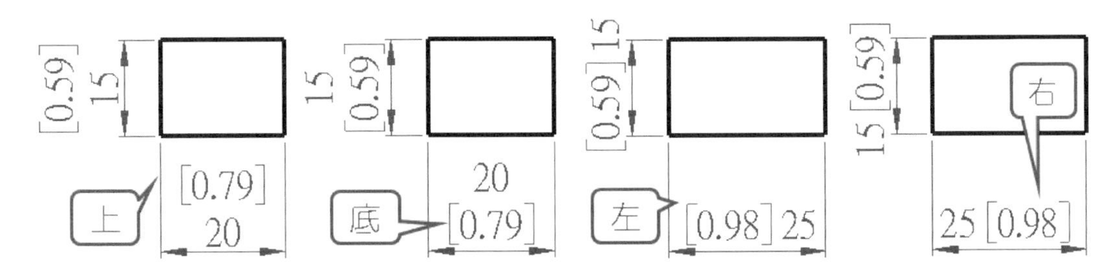

39-2-4 屬性管理員設定

於屬性管理員可臨時設定：雙重單位尺寸。由於選項設定=所有尺寸顯示又覺得過多，其實可以單獨設定**顯示雙重單位**。

此設定也常用在公、英制混合圖面，例如：第 1 單位=mm，第 2 單位孔=英制。Ø22 孔要配合軸管，軸管工程圖=英制，這時要加上雙重單位避免看錯。

對複雜圖面只要部份雙重尺寸即可，圖面簡單整潔是最高原則。

A 分割

尺寸線將雙重單位上下顯示。下層=主要單位、上層=第 2 單位，下圖右。

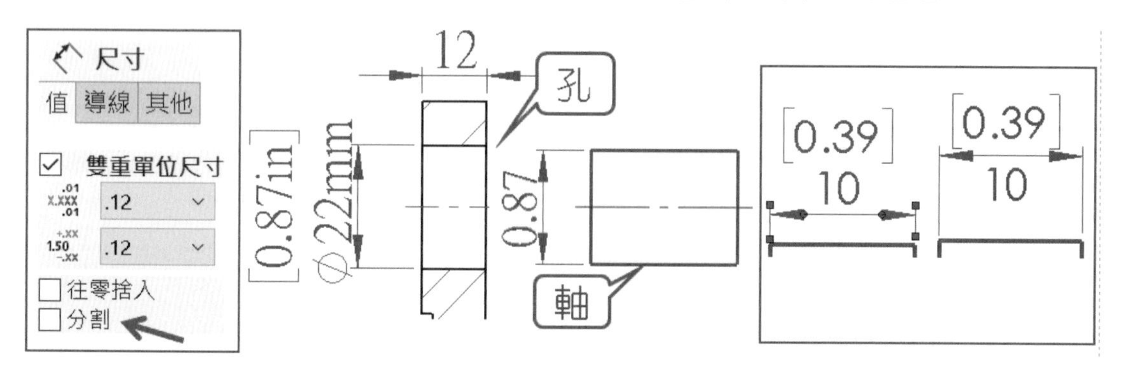

39-3 主要精度

本節說明 1. **主要精度**、2. **雙重精度**顯示，光看字面不知他是什麼對吧。主要精度=第 1 單位精度、雙重精度=第 2 單位精度。

精度=小數位數顯示，和量測儀器一樣觀念，小數位數越高=精度越高，例如：0. 85、0. 85123。0. 85123 顯示小數後 5 位數，精度比較高。

而精度又可設定：1. **單位精度**、2. **公差精度**。1. **單位精度**=主要值=尺寸=12。

2. **公差精度**=尺寸旁邊的公差=+0. 5，下圖右。

39-3-1 單位精度

主要單位系統=小數點左邊數值，例如：18.5，18=主要單位。清單選擇小數位數，最多支援小數後 8 位，下圖左。

精度依行業有不同設定，例如：機械毫米 mm，小數位數 0.12。建築公分 cm，精度 0.1。由於.1 不容易識別，此設定應該為：0.1 會比較好。

A 無

無精度顯示，不顯示小數點後任何值。還記得 4 捨 5 入吧，定義整數捨入作業，例如：尺寸 15.25→15。

B 屬性管理員設定

於屬性管理員可臨時設定**精度**連結，下圖右。

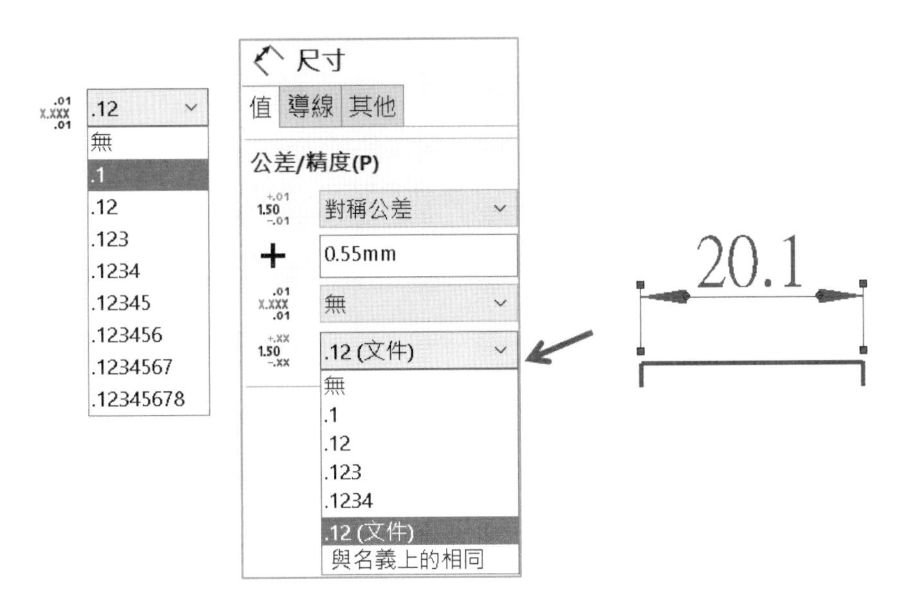

39-3-2 公差精度

設定公差精度顯示。本節僅說明**與名義上的相同**（Same as nominal），此設定太重要了，常見嚴重災難，下圖左。此設定應該稱為：**和單位精度相同**。

A 與名義上的相同

公差精度隨尺寸精度改變，實務以該設定為主。例如：公差為±0.05，尺寸精度設定=0.1，公差精度也會=0.1。

B 屬性管理員設定

於屬性管理員可臨時設定：**精度**，下圖右。

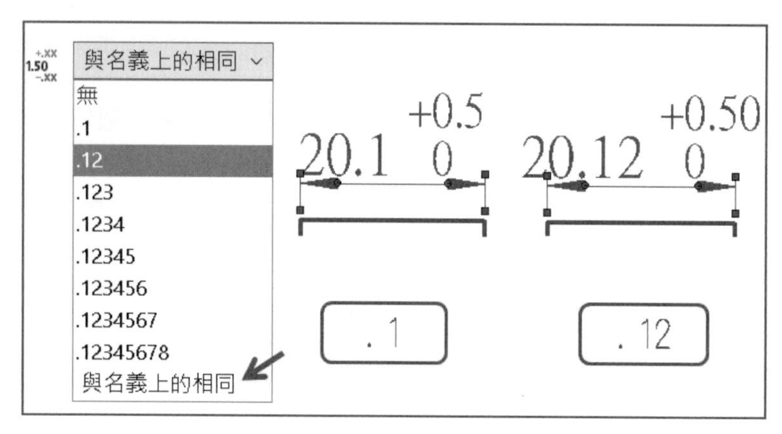

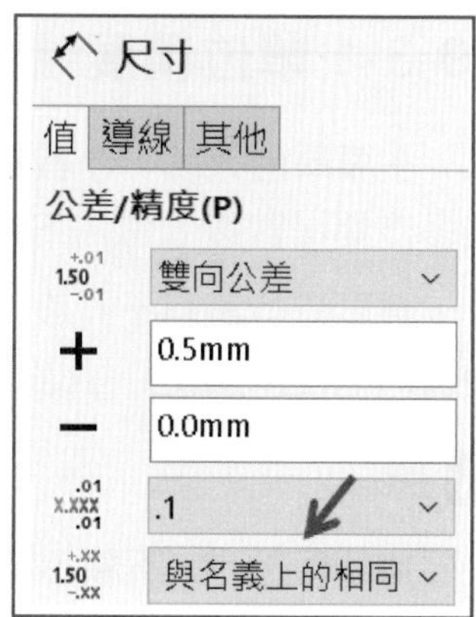

C 文件

在尺寸或公差清單中最下方. 12（文件）=套用文件屬性的設定。

D 公差精度改變單位精度（必讀）

與名義上的相同，會改變上方單位精度。例如：單位精度=0. 123，公差輸入±0. 100，用 0 來補小數位數，就能維持 Ø10. 456 顯示，下圖左。

若公差輸入±0. 1→尺寸會變成 Ø10. 5，這就完蛋了，下圖右。

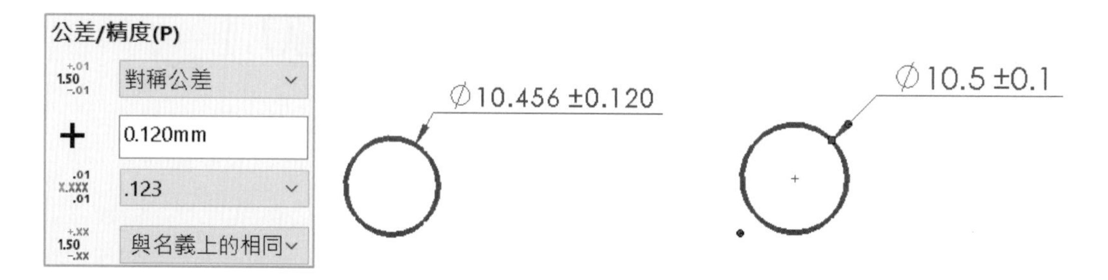

39-3-3 連結精度與模型

精度是否與模型設定相同，適用有視圖的工程圖，空白工程圖無法使用此設定。

A ☑連結精度與模型

工程圖精度以模型為主，例如：精度=0. 123 位數，模型=0. 12，工程圖精度就會 0. 12。

B ☐連結精度與模型

工程圖與模型精度各別顯示。

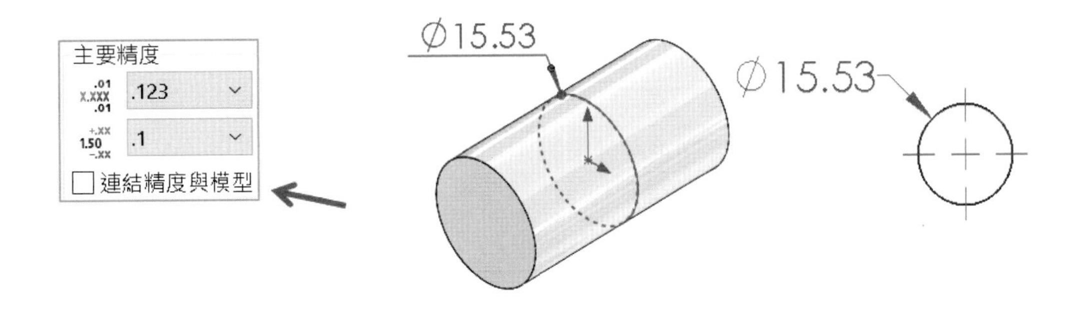

39-3-4 精度顯示不影響實際大小

精度顯示小數位數捨入值，數值超過設定位數，四捨五入顯示，不改變實際大小。不能偷懶只改精度，不更改尺寸值，例如：24.9 修改精度=無，螢幕顯示 25，實際還是 24.9，是嚴重災難。

會以為實際尺寸 25，進行加工與檢驗。當工程圖轉 DWG，該圖形還是 24.9，到時做出來產品就是 24.9。糾紛在此產生，有發現問題算好，但不知問題由來，錯誤不斷循環。

大郎以前沒注意，因為機械常用公差精度 2 位。當時軸承裝配+0.015→+0.02，圖面發出去後無法組裝被罵到沒力，甚至怪罪大郎更改設計，不然你來設計好了。

後來無意間發現精度沒設定好，以後圖面遇到小數 3 位數值，會特別小心精度設定。

39-4 雙重精度

顯示雙重單位時，設定第 2 單位精度。第 1 與第 2 單位經常分開設定，例如：第 2 單位=英吋，通常小數位數會比較多。本節說明與**主要精度**相同，不贅述。

39-4-1 屬性管理員設定

於屬性管理員可臨時設定：雙重單位**精度**。

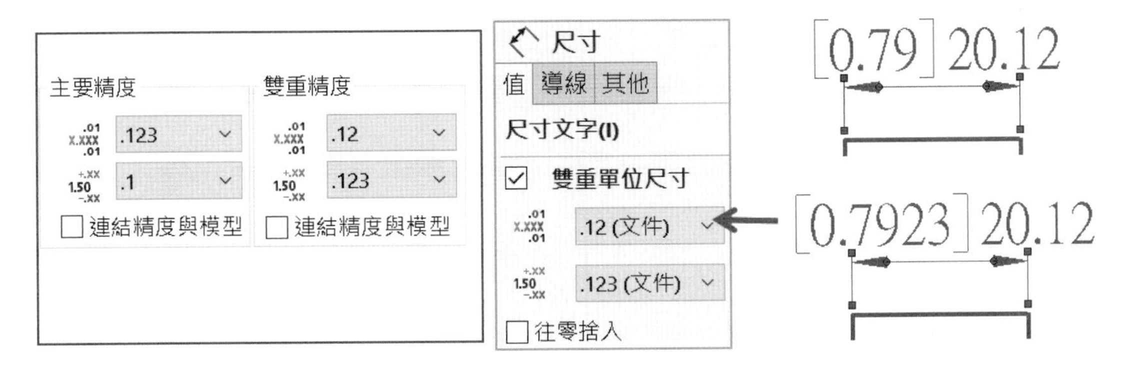

39-5 分數顯示

設定分數堆疊顯示，適用英制且為分數顯示，下圖左。

39-5-1 樣式

選擇分數顯示樣式和大小：1. 對角、2. 上下堆疊、3. 對角堆疊、4. 水平。

常用，例如：3/8，不佔空間好識別，下圖右。

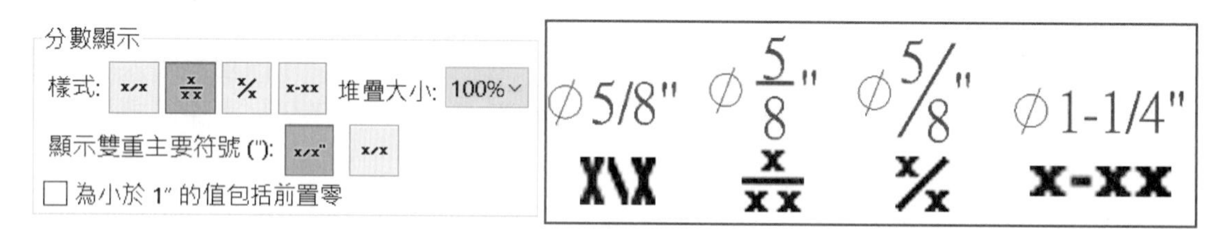

39-5-2 堆疊大小

清單選擇 10%～100%大小，避免 2 水平文字太佔空間，僅適用、。常使用顯示，就不必調整比例，甚至為此改變製圖規範，畢竟簡單為原則。

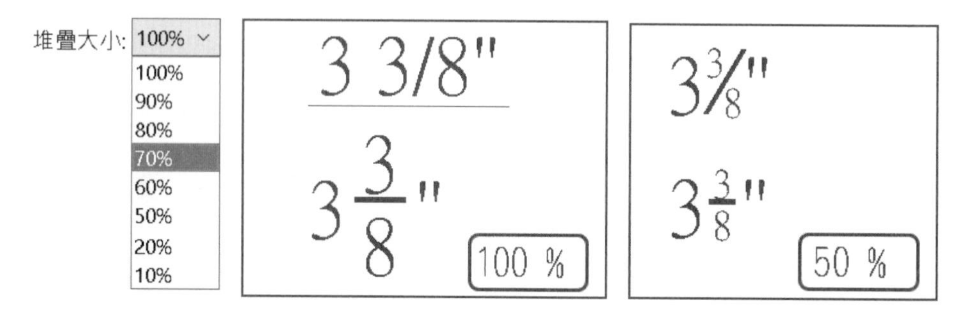

39-5-3 顯示雙重主要符號

是否於尺寸數字後方顯示英制符號"，適用分數顯示，例如：5/8"，下圖左。

A 顯示

顯示英制符號，適用雙重單位或臨時單位=英制，作為提醒。

B 不顯示

不顯示英制符號。適用英制圖面，不必每個尺寸顯示符號，否則看起來很亂。

39-5-4 為小於 1"的值包括前置零（預設關閉）

當單位為**英呎和英吋**時，小於 1 英吋是否於數值前顯示 0，又稱 0 英呎，下圖右。

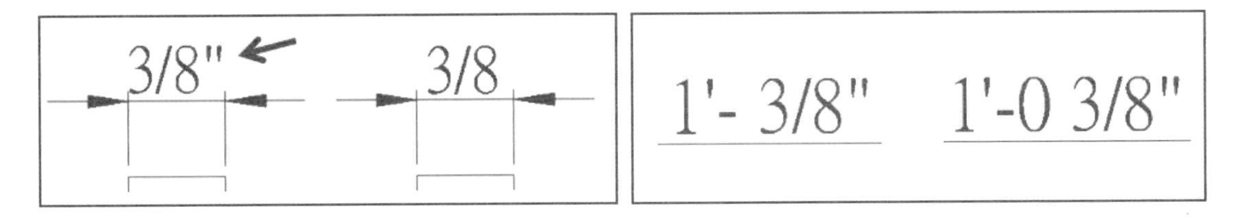

39-6 彎折導線

設定尺寸文字前水平導線長度，本節說明與註記相同，不贅述，下圖左。

39-6-1 延伸至文字

是否將尺寸導線伸至尺寸文字，適用 ANSI、工程圖、多行文字。

39-6-2 屬性管理員設定

於屬性管理員可臨時設定：1. 導線長度、2. 延伸彎折導線至文字，下圖右。

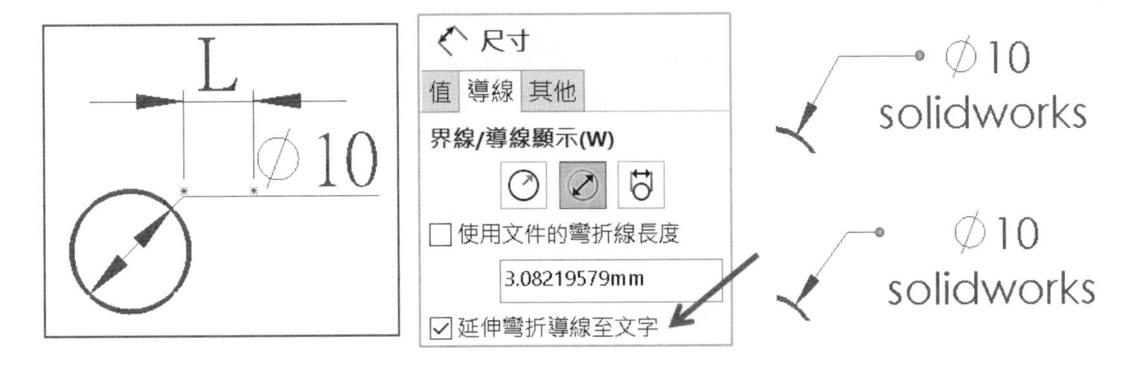

39-7 零

本節說明 1. **前置零**=小數點前面 0、2. 零值小數最末端 0 顯示狀態。常用在系統讀取，不足位數必須補零，或系統自動補零，這部分**公差精度**會用到。

例如：軟體必須包含 5 位數代碼，輸入 123 會顯示為 00123。

39-7-1 前置零

清單選擇小數點之前的 0 顯示狀態：1. 標準、2. 顯示、3. 移除。無論單位為何，皆顯示此設定狀態，常用在英制圖面。

A 標準

以國家標準定義**前置零**顯示。ANSI 預設前置零=移除，ISO 預設=顯示。

B 顯示/移除

強制顯示或移除**前置零**，例如：0.35→.35。顯示**零**，避免尺寸誤判，例如：傳真圖面.8 會看成 8，下圖右。

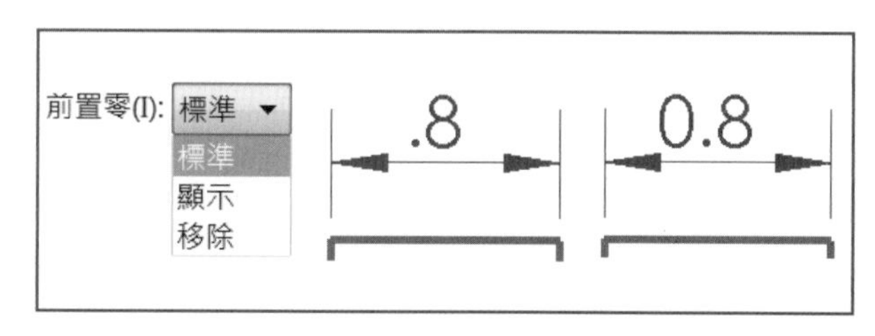

39-7-2 零值小數位數

分別設定尺寸、公差、**屬性**，小數點最後數 0 顯示樣式，例如：35.00→35。本節會與上方**主要精度/雙重精度**搭配（箭頭所示）。2018 對本節有改變，先簡單說明差異。

A 有，自動配置

開啟 2018 之前工程圖，1. 會見到**自動配置**、2. 無法使用**公差**和**屬性**，下圖左。換句話說，用 2018 開 2016 工程圖，該工程圖還是 2016，就會見到上述 2 項。

B 無，自動配置

2018 以後的工程圖，1. 沒有自動配置、2. 可以使用**公差**和**屬性**，下圖右。

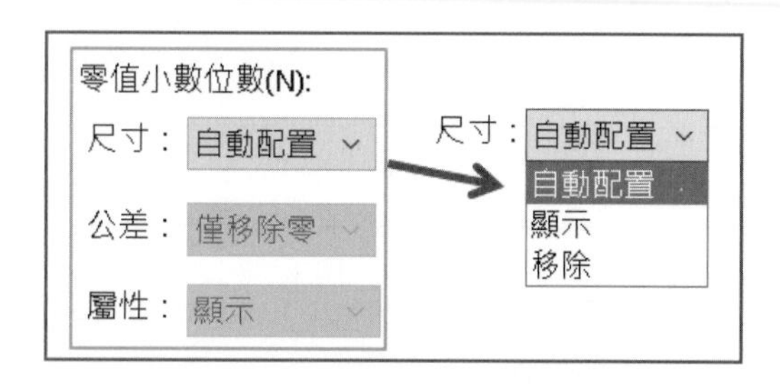

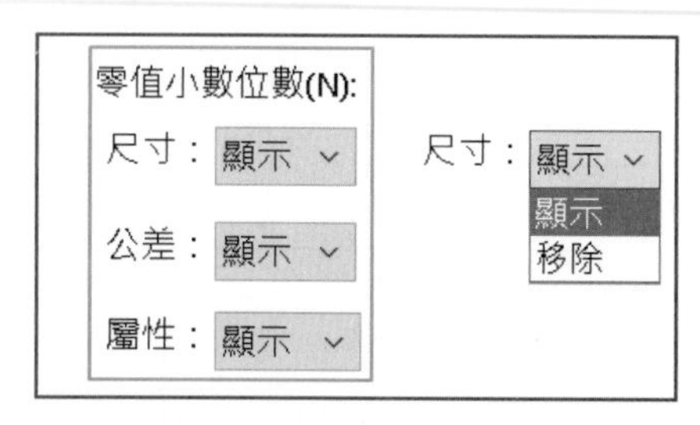

C 設定訊息

切換自動配置→顯示、移除，會出現不再提供自動配置訊息，也無法再度使用。

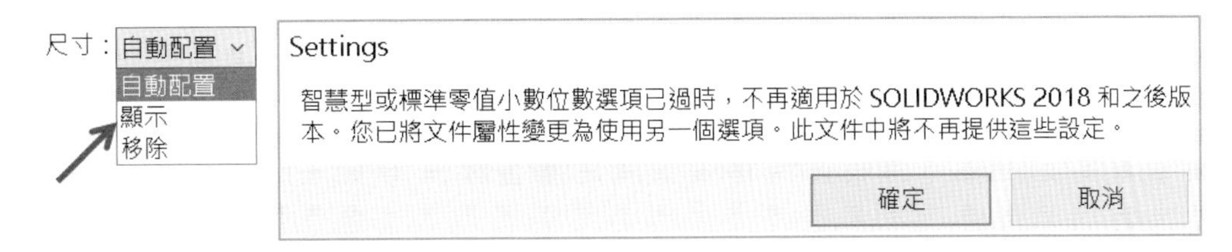

D 不再使用智慧型及標準

於 2018 新增功能說明文件：零值小數位數：**智慧型**及**標準**不再用於 2018 及新版本。使用 2017 及更早版本，會保留這些設定及運作。

由於**智慧型的零值小數**不影響英制單位，且很多人不知清單下方的**標準**定義為何，造成圖面顯示未如預期產生困擾。

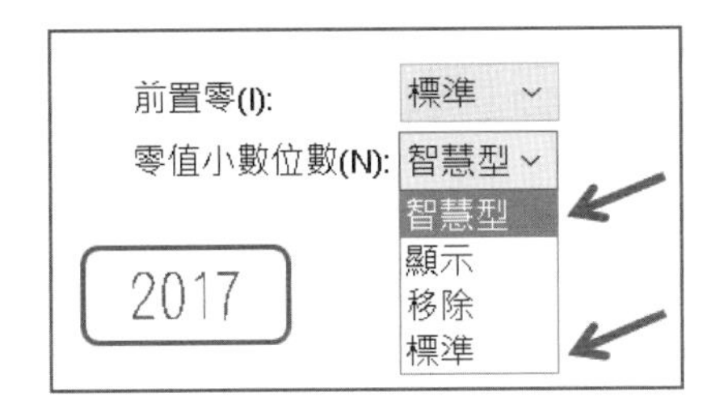

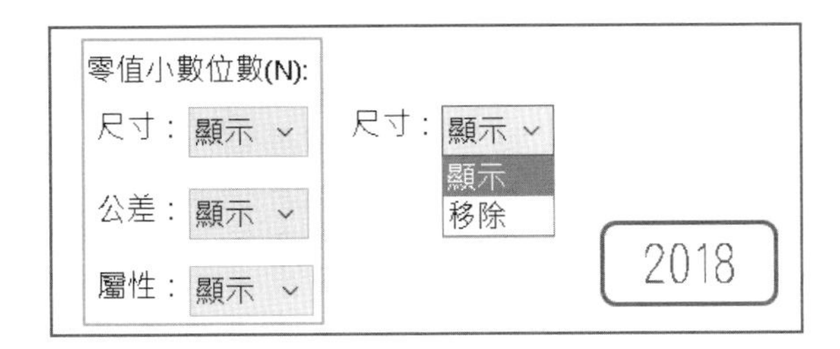

39-7-3 零值小數位數-尺寸

設定尺寸的零值小數位數：1. 顯示、2. 移除。尺寸精度=0. 12 進行說明，下圖左。

A 顯示

無論精度設定多少，強制顯示尺寸小數位數 0，例如：尺寸=12. 5→12. 50，常用在指定外公差，下圖右。想要刻意顯示 12. 50，不必輸入尾數 0，只要更改小數位數=0. 12。

B 移除

無論精度設定多少，強制移除尺寸的小數位數 0，例如：尺寸=12. 50→12. 5。避免沒注意到小數位數的設定，造成尾數 0 的顯示（形成公差），讓工件不容易加工。

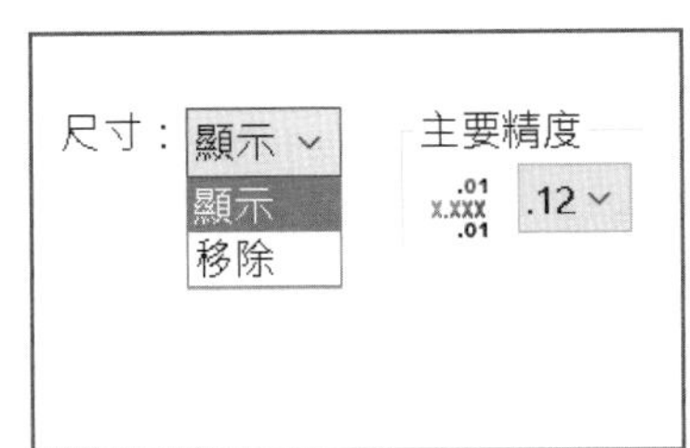

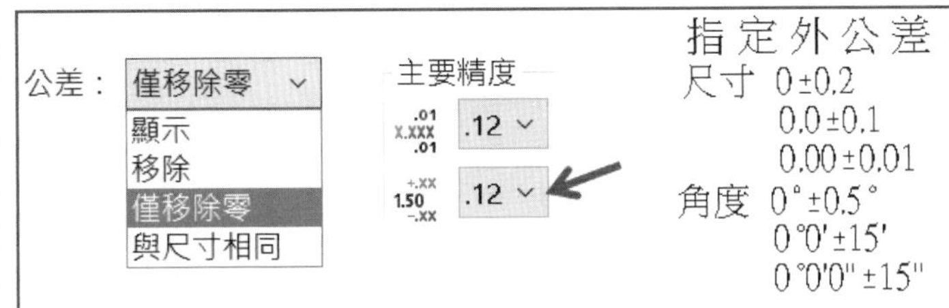

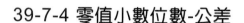

39-7-4 零值小數位數-公差

承上節，由清單選擇公差值顯示：1. 顯示、2. 移除、3. 僅移除零、4. 與尺寸相同。本節以公差精度=0. 12 進行說明。

A 顯示/移除

無論精度設定多少，強制顯示/移除公差的小數位數 0，例如：12±0. 50→12±0. 5。

B 僅移除零

僅移除零=智慧型，常用在雙向公差，例如：小數 3 位的 0 正常顯示，因為最高位數的關係顯示：-0. 10。好像適用 ANSI、ISO，同學自行留意。

C 與尺寸相同

與尺寸的設定相同顯示，例如：尺寸=顯示、公差=顯示。

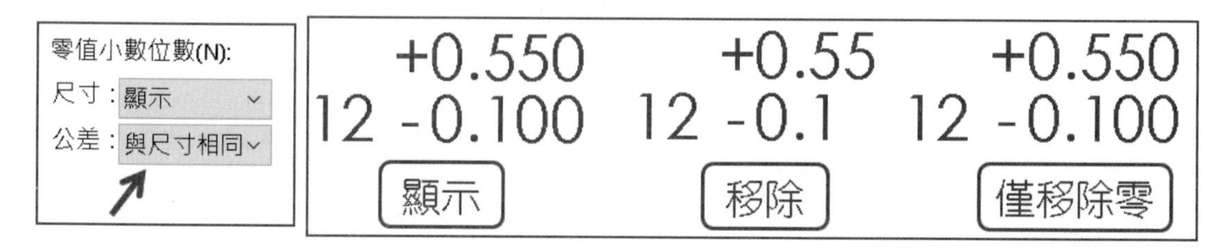

39-7-5 尺寸過程設定－捨入方法

點選尺寸在屬性管理員→其他→小數，將超過的小數位數指定捨入方法，適用英吋，下圖左。這部分文件屬性→單位也有相同設定，很討厭的名稱沒有統一，下圖右。

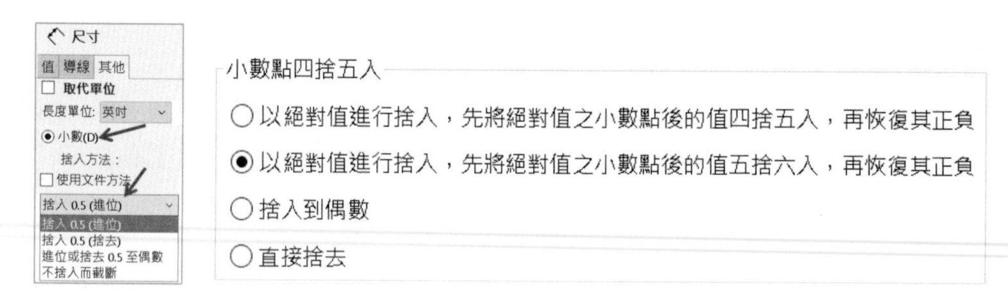

39-7-6 零值小數位數－屬性

設定模型屬性小數位數，例如：質量、密度、體積…等。由清單選擇：1. 顯示、2. 移除、3. 與尺寸相同。

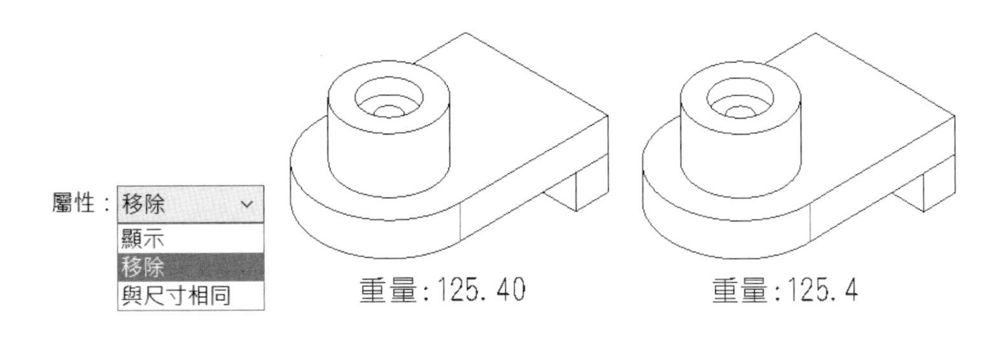

39-7-7 指定外公差

尺寸沒標公差並非沒公差，為了工件精度和圖面整潔性，避免所有尺寸加入公差。配套作法在小數點後補零表達公差範圍，也叫**指定公差**或**其他公差**。

因工件或加工法不同，會自行定義相對公差帶，例如：鑄造和衝壓公差，CNS 有規範**指定外公差**。

指定外公差
尺寸 0±0.2
0.0±0.1
0.00±0.01
角度 0°±0.5°
0°0'±15'
0°0'0"±15"

鑄鐵 指定外公差		沖壓 指定外公差	
尺 寸	尺寸公差	尺 寸	尺寸公差
120 以下	± 1.0	30 以下	± 0.4
250 以下	± 1.5	120 以下	± 0.7
400 以下	± 2.0	315 以下	± 1.0
800 以下	± 3.0	1000 以下	± 1.8

39-8 箭頭

設定所有尺寸箭頭大小、樣式、方向…等，可由清單切換箭頭形狀，下圖左。不過在無法於尺寸下的項目（註解、零件號球、幾何公差...等）個別箭頭。

39-8-1 大小

設定箭頭寬度、高度、長度，大約是長條形。依 CNS 3 規定，長寬 3：1，夾角 20 度，高度應與尺寸文字高相同，約 3～4mm，下圖右。

工程圖範本箭頭是重點，常遇到箭頭太小、太大，比例怪怪的，圖面就不好看了。箭頭大小與工程圖比例無關，例如：工程圖比例 1:1 和 2:1 箭頭大小一樣。

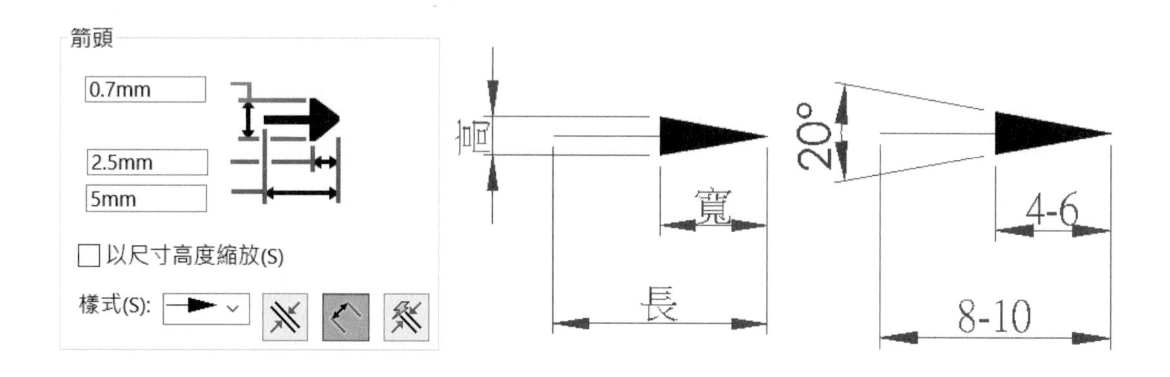

39-8-2 以尺寸高度縮放

承上節，以文字高度自動縮放箭頭大小，不須個別設定箭頭寬度、高度、長度，可套用至註解、零件號球、幾何公差...等。此設定應該稱為：**以文字高度縮放箭頭大小**。

A ☑以尺寸高度縮放

以文字高度縮放箭頭大小，大郎最愛用。只要字高統一，不須額外設定箭頭大小。

B ☐以尺寸高度縮放

以輸入數值定義箭頭大小，適用有要求的公司，或符合客戶箭頭的大小規定。

C 屬性管理員設定

可臨時設定：字型→字高。例如：字高 3 或 6，看得出文字與箭頭有比例放大。

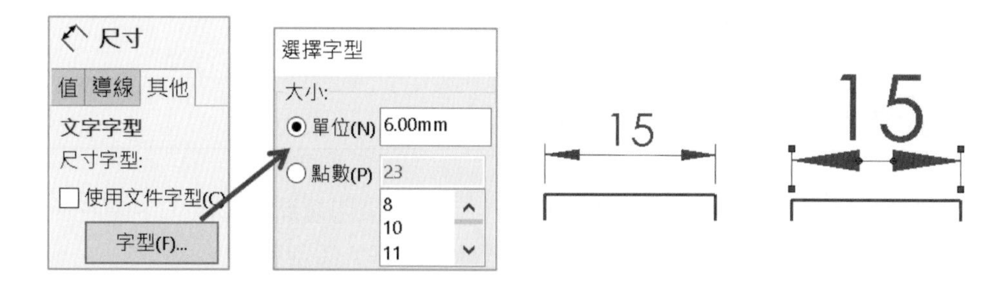

39-8-3 箭頭樣式

由清單選擇箭頭樣式，下圖左。標準不同預設樣式也會不同，例如：JIS 標準=空心（—>）。實務相同箭頭樣式，且為填實三角形—►。本節說明與註記相同，不贅述。

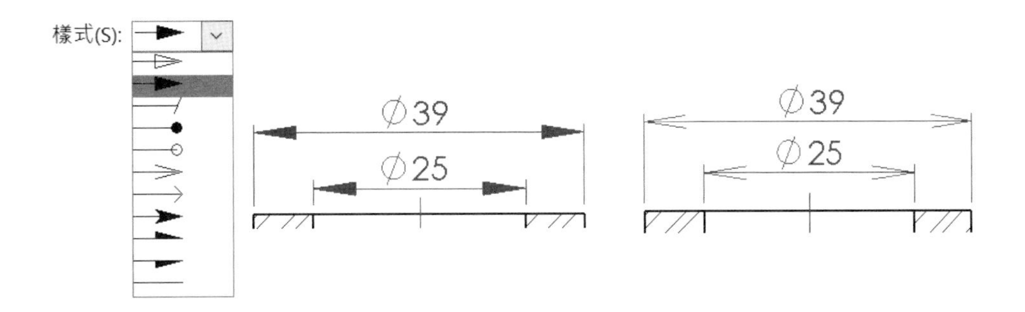

A 屬性管理員設定

點選尺寸於屬性管理員可臨時設定箭頭樣式，下圖左。實務上，用在相鄰 2 狹窄尺寸時，用小圓點代替箭頭，下圖中。

B 一邊箭頭

承上節，要表達 2 邊箭頭不同形式，在箭頭旁圓點上右鍵→選擇箭頭，下圖右。

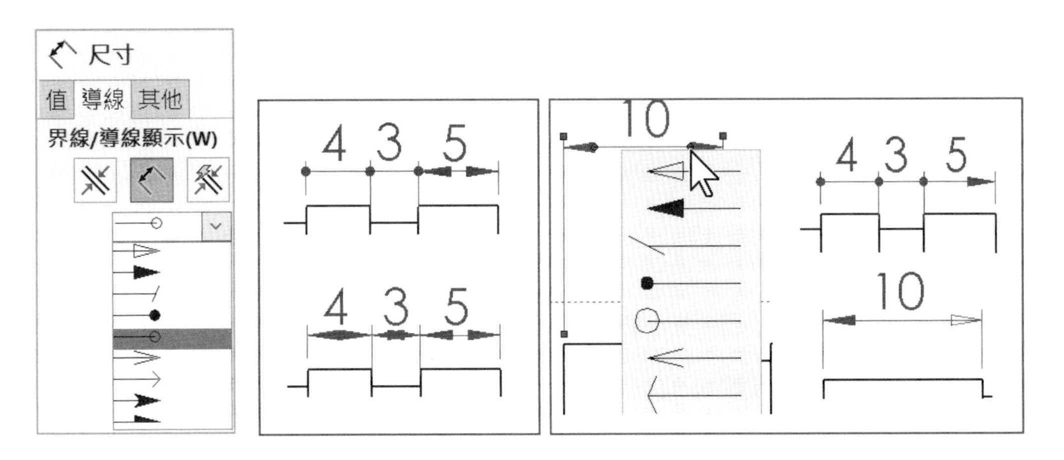

39-8-4 箭頭位置

設定箭頭強制內、外側，或自動配置。點選箭頭旁圓點，手動更改方向，下圖左。

A 朝外

箭頭於尺寸界線外側，用於尺寸與箭頭重疊時。

B 內側

箭頭與數字同側是標準，可節省空間與比較好看。

C 自動配置

拖曳尺寸自動調整箭頭位置。不過尺寸在內=箭頭外側，反之在內側，這與我們的認知不同。應該自動判斷尺寸空間，自動調整箭頭位置。

D 屬性管理員設定

點選尺寸於屬性管理員可臨時更改箭頭位置，下圖右。

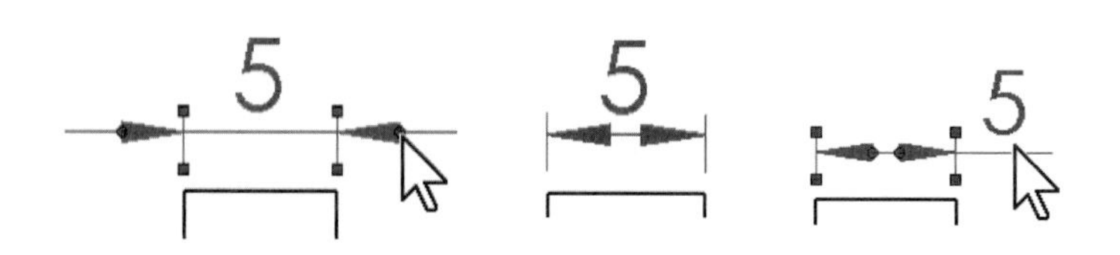

39-9 偏移距離

設定輪廓與第 1 尺寸和各尺寸距離。保持距離避免擁擠，有點像文章行距。

39-9-1 註記視角配置

此設定=**模型項次**，☑**使用草圖中的尺寸放置**，也就是選項設定，適用工程圖，下圖左。希望名詞統一，大郎為此設定好一陣子。

39-9-2 間距

設定**模型項次**插入尺寸位置。實務上，偏移距離為字高 2 倍，下圖中。

A 第 1 尺寸與模型間距離＝10

尺寸界線與輪廓間距離，適用加入尺寸。換句話說，靠拖曳無法達到此效果。

B 第 2 與每個尺寸距離＝8

尺寸距離比文字還高就對了。常用拖曳吸附尺寸排列、或**平行/同心對齊**，下圖右。

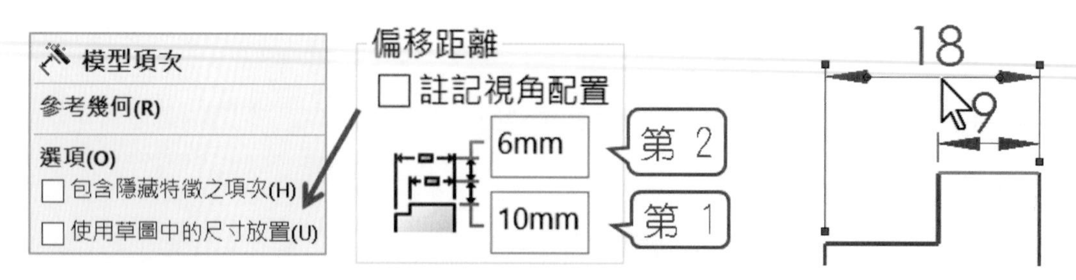

39-10 切斷尺寸界線/導線

當**尺寸界線**、**尺寸線**、導線... 放置交錯時，是否斷開一段距離，適用工程圖。斷開好處可避免界線重疊，比較容易看清楚有層次，不過尺寸標註還是避免重疊。

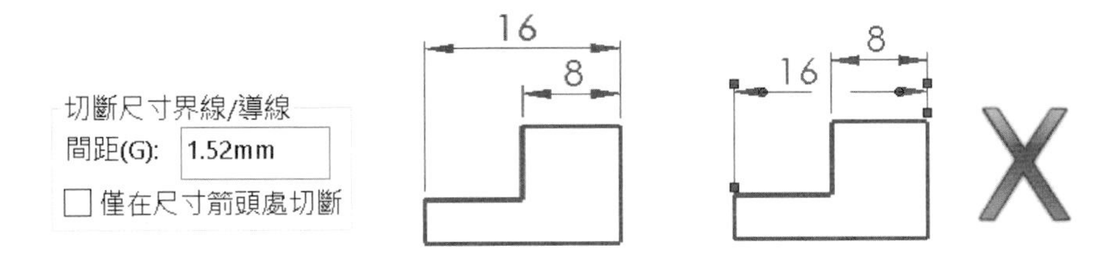

39-10-1 間距

設定尺寸斷開距離，必須於**屬性管理員**，**☑折斷線**才會顯示。例如：點選 16，☑尺寸線、點選 8，☑尺寸界線，讓系統產生間距（箭頭所示）。

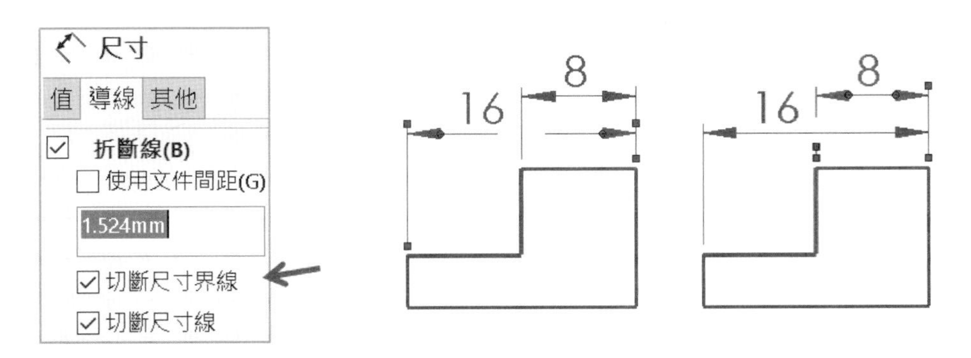

39-10-2 僅在尺寸箭頭處切斷（預設關閉）

箭頭與其他尺寸界線重疊時，是否於箭頭交錯處斷開（箭頭所示），適用**導角尺寸**↖。

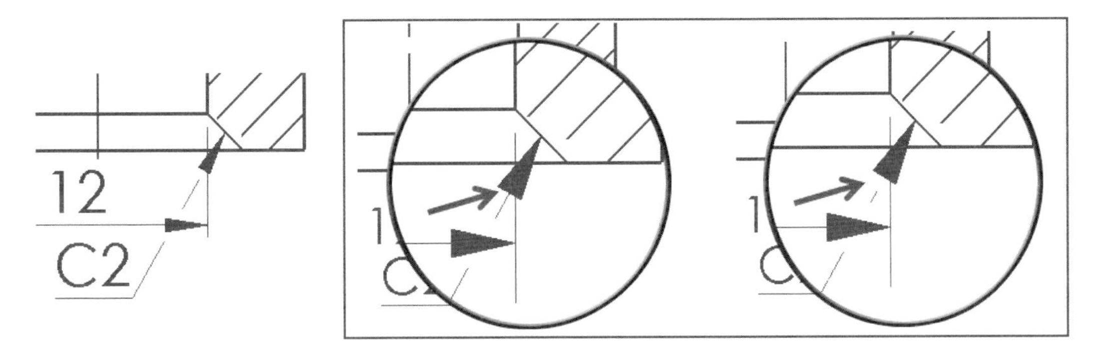

39-11 尺寸界線

設定**尺寸界線**起點 A 和終點 B 距離。距離圖元最近位置＝起點，常用拖曳起點的方式，讓尺寸界線與輪廓有縫隙，約 2～3mm。

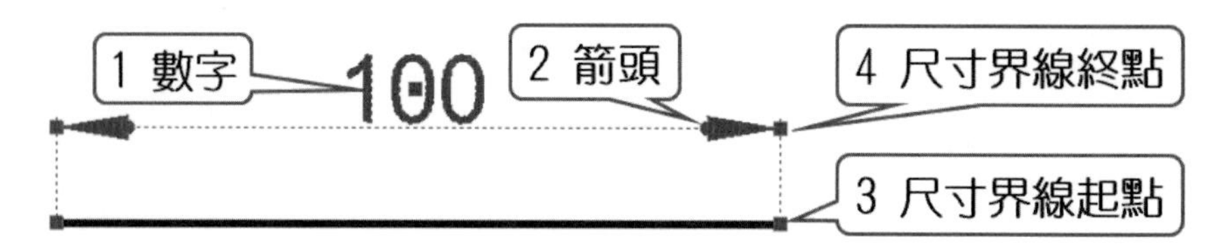

39-11-1 間隙

設定**尺寸界線**與輪廓距離，CNS 標準 1～1.5。輪廓與尺寸界線連一起，沒層次不易辨識。實務拖曳起點潤飾尺寸，這部分速度要快，更是視圖美觀的專業表現，下圖右。

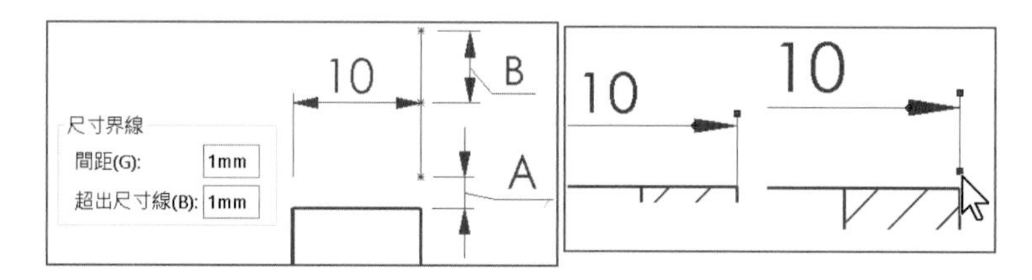

39-11-2 超出尺寸線

設定**尺寸界線**終點超出**尺寸線**距離（B），CNS 標準 2～3mm。目前沒有這部分控制，也還好不需要做這作業。

39-12 半徑/直徑導線抓取角度

尺寸標註或拖曳直徑、半徑過程，會以設定角度感覺一格格手感=分度，協助尺寸放置整體性。例如：設定 90 度時，尺寸會以 90 分度放置，ALT＋拖曳可暫時關閉設定。

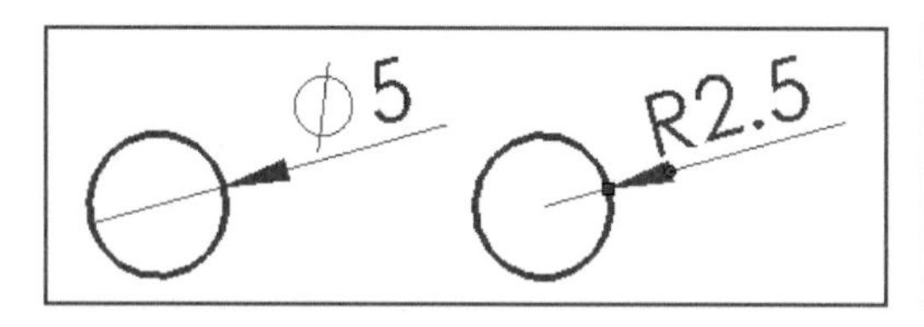

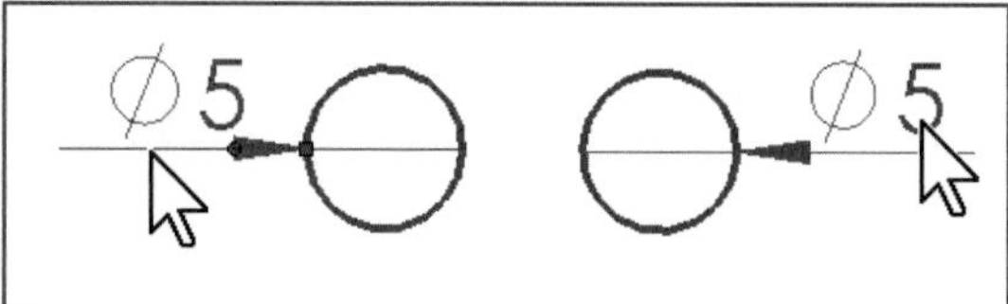

39-13 公差

定義公差顯示設定，尺寸標註後，系統依本節設定顯示公差類型。此設定不會影響已標註尺寸，僅影響之後標註。

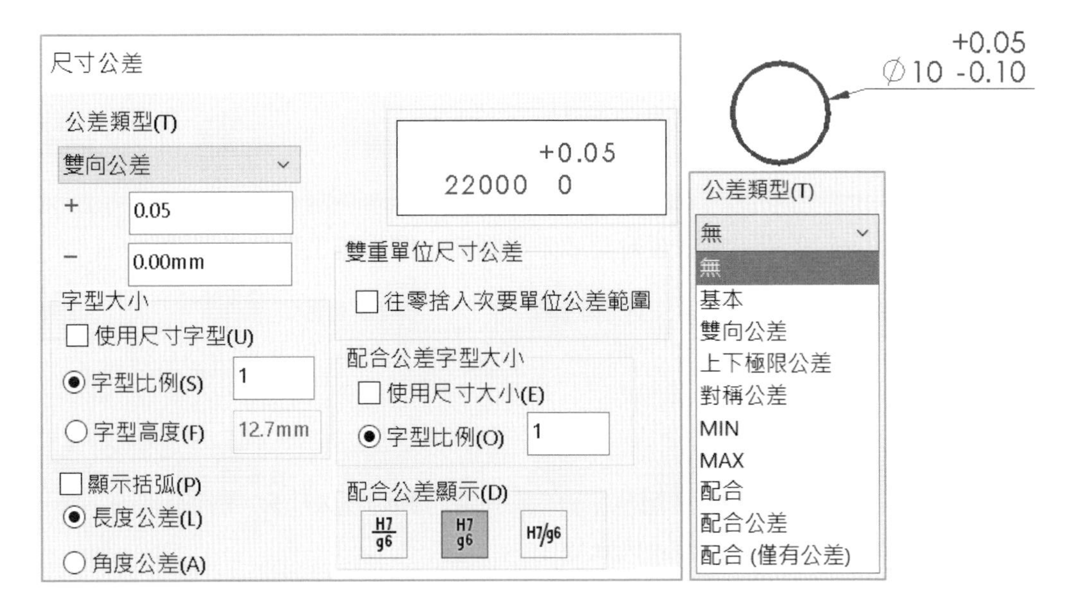

39-13-1 公差類型

由清單選擇**公差類型**或設定參數後，右方有預覽直接看結果。無、基本、雙向公差、上下極限尺寸公差、對稱公差、最小、最大、配合、配合公差或配合（僅有公差）。

A 無

無公差顯示也就是清除，沒事不用公差。

B 基本

尺寸周圍以方框顯示，理論的精確尺寸，對照量測值。例如：告訴品保這是型錄尺寸無須檢驗，公司以製圖或檢驗規範定義用法。

C 雙向公差

最常用的公差，在尺寸右側輸入＋或－公差值。

D 上下極限公差

將雙向公差換算成答案，目視尺寸範圍，可避免人工換算錯誤，例如：22+0. 15=22. 15、22-0. 05=21. 95。

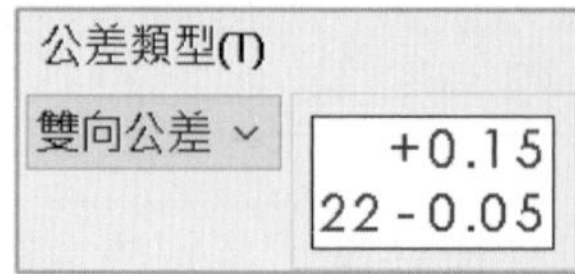

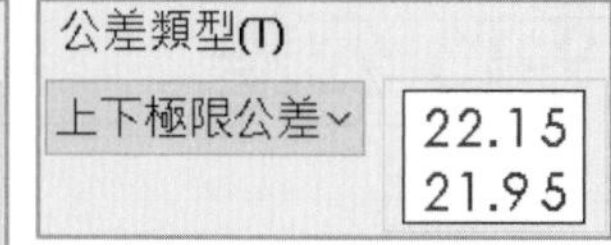

E 對稱公差

在數字旁以相同字高顯示±符號，表示正負向皆為相同公差，節省輸入和顯示空間，又稱雙向公差。例如：50±0.5，公差範圍 49.5～50.5。

F MIN、MAX

定義最小或最大公差值。常用在 R 角或刀具限制，提供加工者製作彈性。

G 配合

設定**孔配**或**軸配**。清單選擇配合符號，系統會自動切換大小寫，例如：=H7、=h7。可避免大小寫筆誤，光是這點很多人失去江山。

不過沒出現配合清單，本節暫時保留 2007 版畫面。SW 會這樣應該是公差很難套用同一標準，其實很多公司有常用配合公差，希望 SW 將功能恢復。

H 配合公差

將常用的配合符號輸入，系統自動顯示公差，無須查表找出公差值，完整解決因查表錯誤疏失，例如：Ø10h7-0.018。

I 配合（僅有公差）

承上節，尺寸旁僅顯示對應配合符號的公差值，例如：Ø10-0.018。

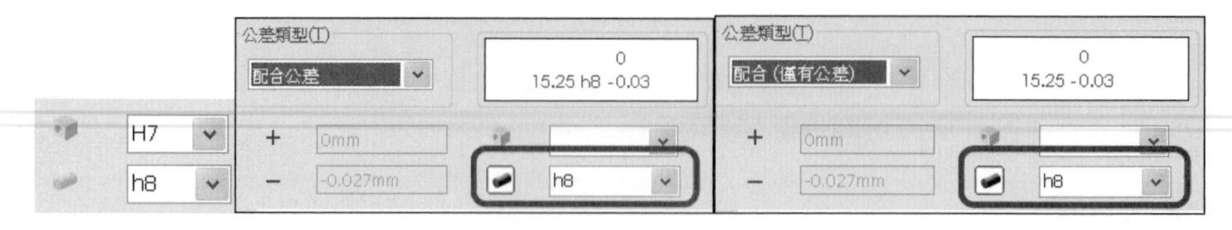

39-13-2 雙重單位尺寸公差

設定第 2 單位公差，限制在主要單位範圍內，讓第 2 單位尺寸不與主要尺寸衝突。此設定影響第 2 單位，例如：25.4mm±0.1=1in±0.003937，下圖左。

本節特別將公差設定為：**上下極限公差**，看出選項設定前後差異，下圖右。

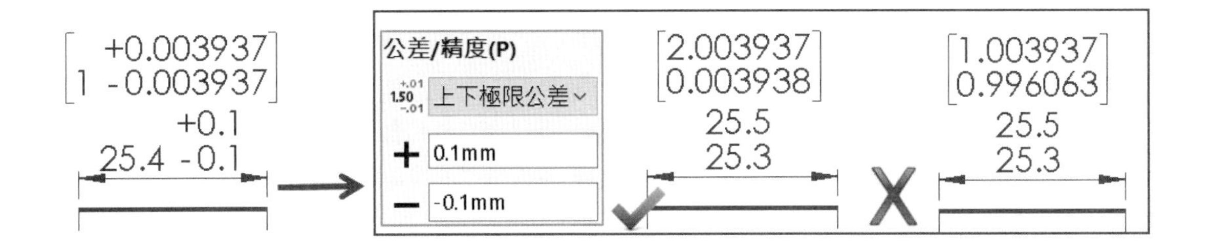

39-13-3 字型大小、配合公差字型大小

利用**字型比例**與**高度**，設定有公差的尺寸與公差大小。實務上不會設定**字型大小**，設定比例=0.5 比較快速，將公差與文字同高，減少空間顯示。

切換**配合**、**配合公差**、**配合（僅有公差）**，才會出現**配合公差字型大小**和**配合公差顯示**，目前無法指定不同類型的公差顯示。

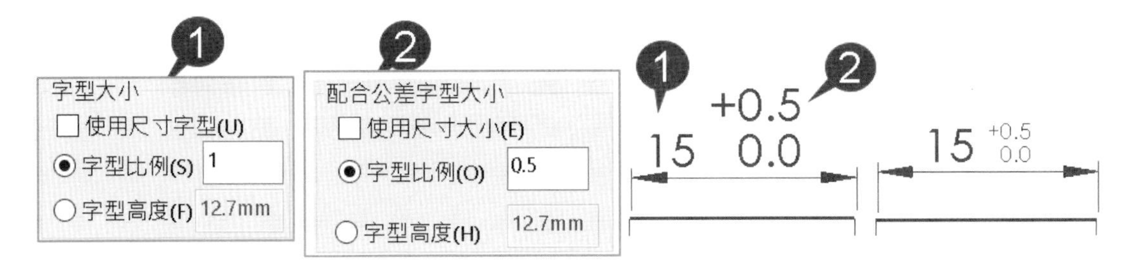

39-13-4 配合公差顯示

設定**配合公差**顯示類型：1. 有直線堆疊H7/g6、2. 無直線堆疊H7/g6、3 斜線顯示H7/g6。常用H7/g6比較容易識別與不佔空間，例如：Ø10H7/h6。

39-13-5 顯示括弧

選擇**雙向公差**、**對稱公差**、**配合公差**類型，才能☑**顯示括弧**，用來表達參考對照。

39-13-6 長度公差、角度公差

長度、角度公差可分開設定。

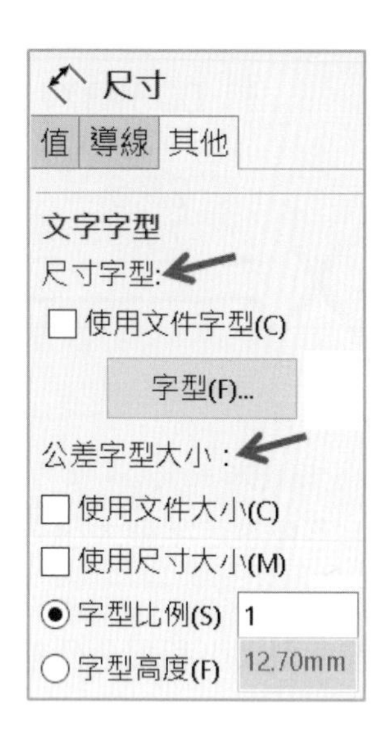

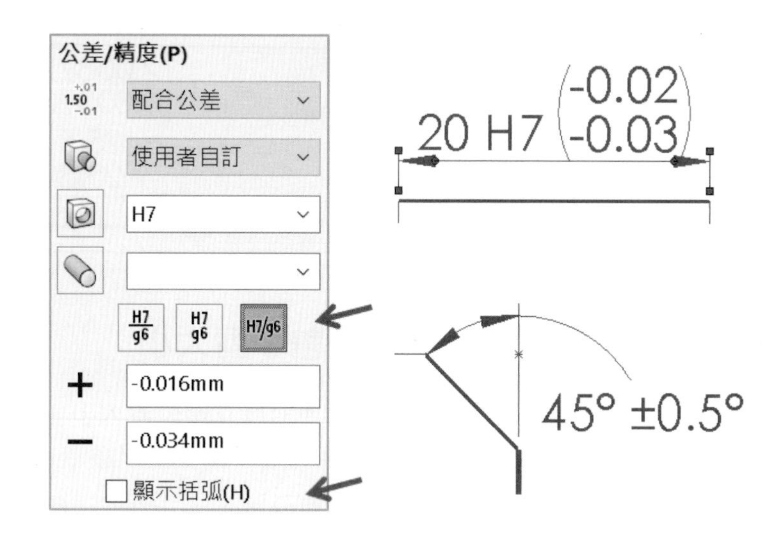

39-13-7 尺寸過程設定

點選尺寸在屬性管理員進行**字型**、**配合公差顯示**和**顯示括弧**...等。另外，配合公差資料庫 C:\Program Files\SOLIDWORKS Corp\SOLIDWORKS\data\databases，FIT.MDB。

39-14 套用更新的規則

讓彎折導線連結尺寸或幾何公差方塊位置，套用過後無法再使用此設定。2015 之前，在**裁剪**或**細部放大圖**標註直徑時，不會顯示尺寸界線。

☑**套用更新的規則**，強制顯示直徑尺寸界線，下圖左。

39-15 顯示尺寸的單位

尺寸旁是否顯示單位，例如：50 或 50mm。實務上，不顯示單位圖面較簡潔，CNS 標準，圖面以相同單位表達，於標題欄會顯示單位，例如：單位：mm，下圖右。

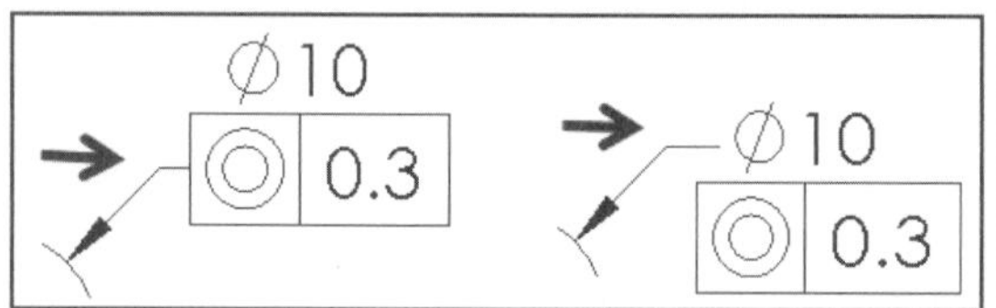

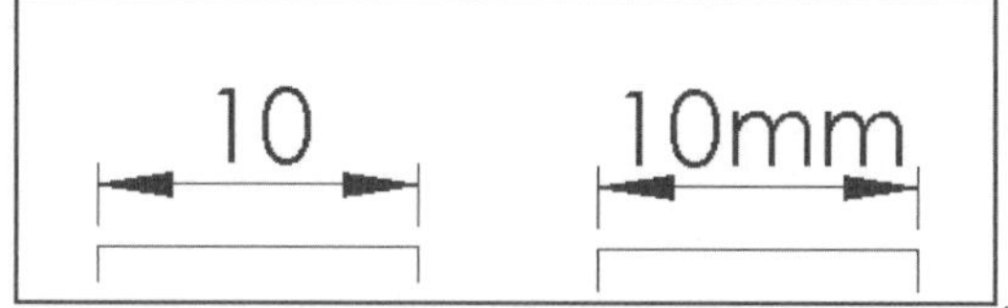

39-16 加入預設括弧

尺寸否要顯示括號（）。CNS 3-1 規定，重覆或多餘尺寸供參考用，必須加入（括弧）區別=**參考尺寸**，未加括弧為重要尺寸（箭頭所示）。

39-16-1 尺寸過程設定

1. 點選尺寸右鍵→顯示選項→顯示括弧。2. **屬性管理員→加入括號**(xx)。

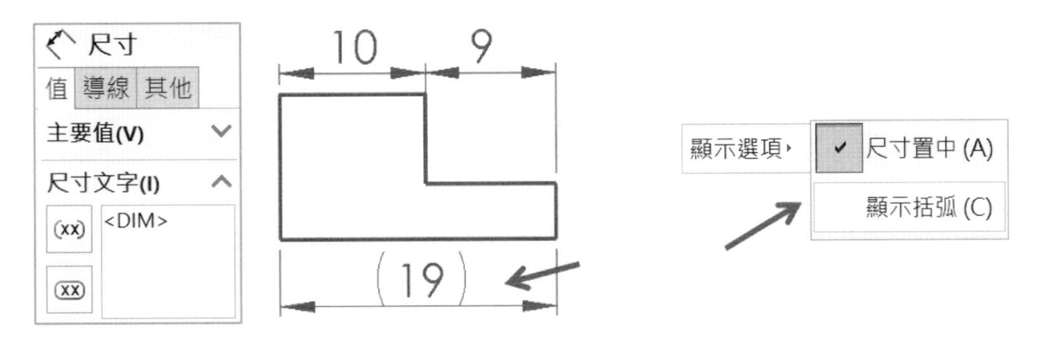

39-17 置於尺寸界線中

數字是否於**尺寸界線**中間，標註過程數字不會左右移動，方便閱讀。常用在 1. 多層標註避免看錯層、2. 尺寸讓開避免與圖元重疊、3. 半尺寸。

此設定不影響已標註尺寸，只影響往後標註。

39-17-1 尺寸過程設定

輪廓線與尺寸文字重疊時，必須把標註移開，點選尺寸右鍵→尺寸置中，下圖右。

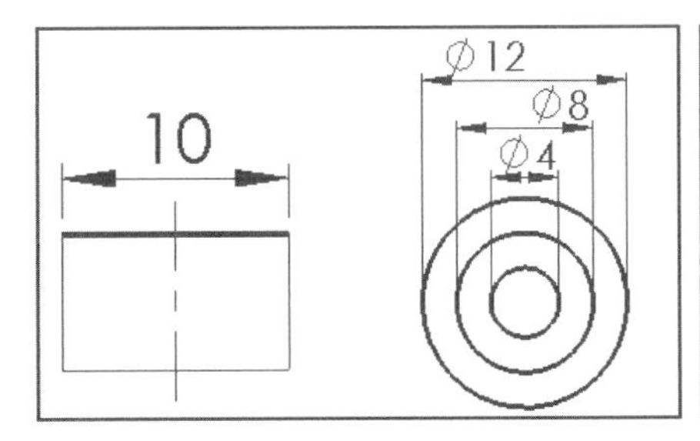

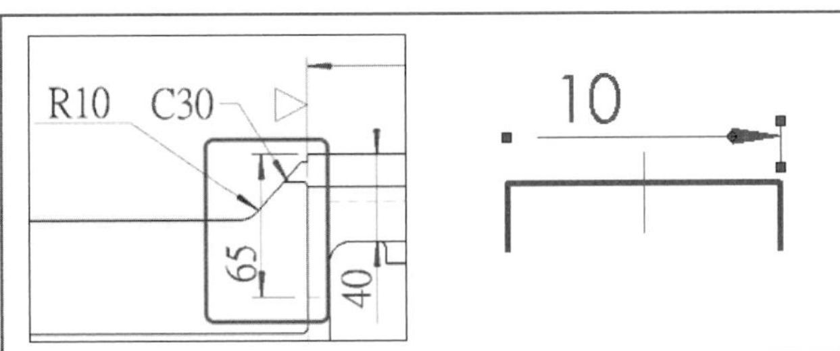

39-18 在基本公差方塊內包括前置

基本公差中輸入文字，該文字是否於公差方框內，常用在閱讀習慣，下圖左。

39-19 在方塊中顯示雙重單位基本尺寸

雙重單位顯示時，是否以大方框，下圖中。

39-20 在斷裂視圖中顯示尺寸為斷裂

使用斷裂視圖，尺寸線是否顯示鋸齒狀，容易判別，適用 ANSI。斷裂視圖常用在將重複或大量空白區域縮短顯示，減少比例縮放，下圖右。

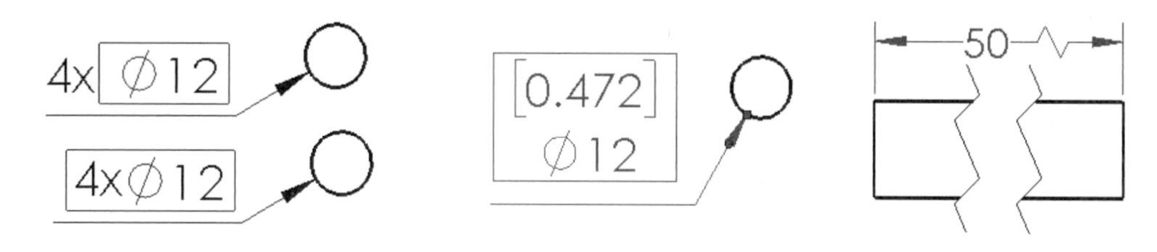

39-21 圖層

將尺寸指定圖層=自動化圖層，希望 SW 在此新增圖層項目，將圖層套用以下尺寸，就不用分別到：角度、弧長、直徑...等重複定義圖層。

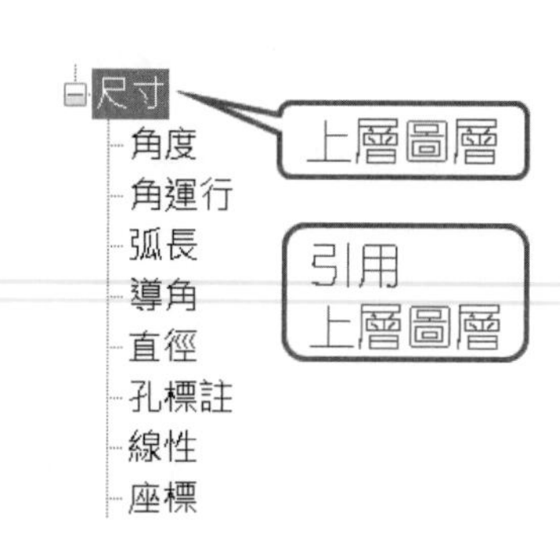

實務上會將：零件號球、幾何公差、註解...等，統一分配到尺寸圖層，不要將圖層分太細。

文件屬性接下來都有圖層設定，未來不贅述。

CHAPTER

40

尺寸－角度

說明角度尺寸的導線、擴充線樣式、字型、精度…等。**整體草稿標準、圖層、公差**，先前已說明，不贅述。

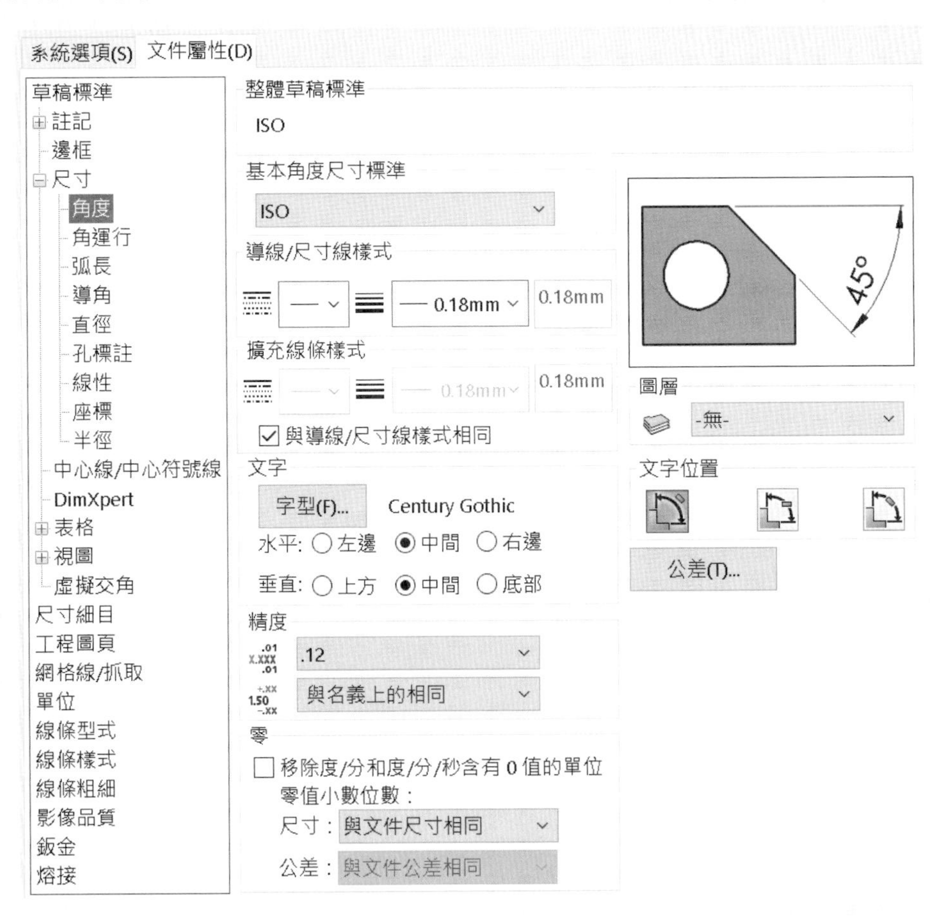

40-1 導線/尺寸線樣式

設定角度**尺寸線**樣式、粗細（箭頭所示）。CNS 標準=**細實線**，為強調說明以**鏈線**表示。此設定應該稱為：尺寸線樣式。

40-1-1 屬性管理員設定

可臨時設定**屬性管理員：導線/尺寸線樣式**（箭頭所示）。

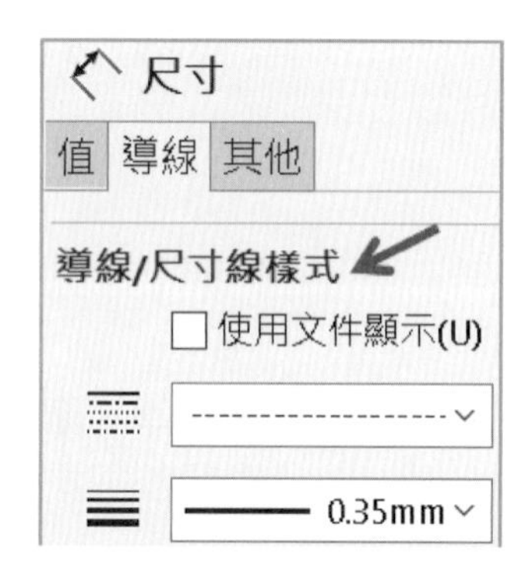

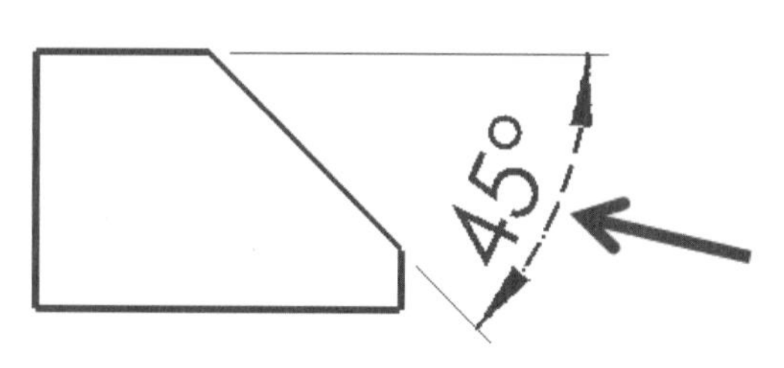

40-2 擴充線條樣式

設定角度尺寸**界線**樣式、粗細。CNS 標準=**細實線**。為強調說明以**點鏈線**表示。此設定應該稱為：尺寸界線樣式。

40-2-1 與導線/尺寸線樣式相同

線條樣式是否與**導線/尺寸線樣式**相同，實務上，☑此設定為相同，不必額外設定。

40-2-2 屬性管理員設定

於**屬性管理員**可臨時設定**擴充線條樣式**（箭頭所示）。

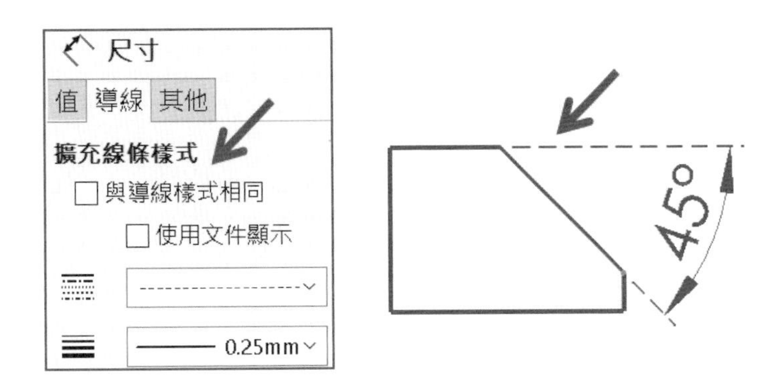

40-3 文字

額外設定角度字型、多行文字位置。字型與尺寸字型相同即可，不須額外設定。

本節僅說明**水平及垂直文字位置**。

40-3-1 水平文字調整

設定多行水平文字位置：1. 左邊、2. 中間、3. 右邊。

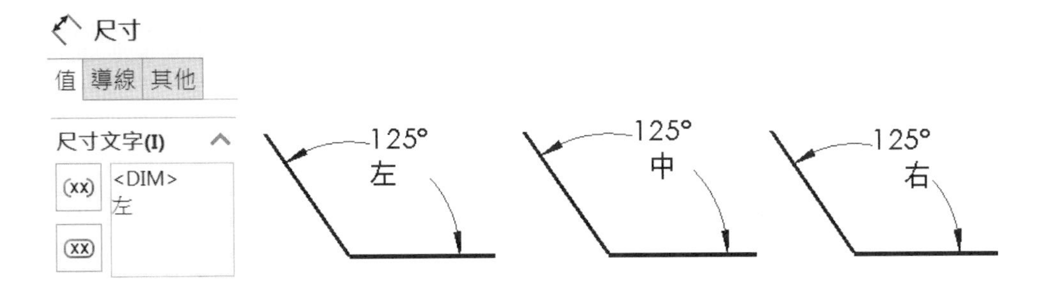

40-3-2 垂直文字調整

設定多行垂直文字位置：1. 上方、2. 中間、3. 底部，下圖右。

40-3-3 屬性管理員設定

於屬性管理員可臨時設定：尺寸文字的**水平和垂直調整**，下圖左。

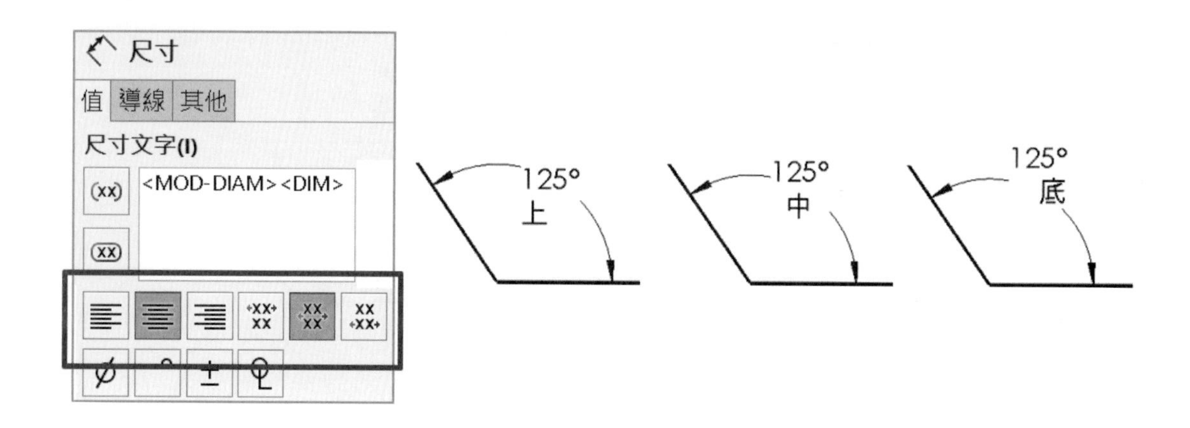

40-4 精度

額外設定角度尺寸精度、公差精度，與**尺寸精度**相同即可，不須再設定，不贅述。

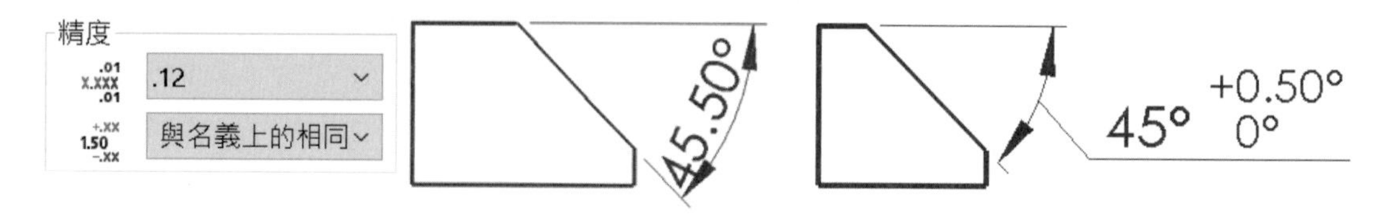

40-5 零

本節設定額外設定角度尺寸的零值小數位數、零值小位數，下圖左。本節僅說明**移除度/分和度/分/秒含有 0 值的單位**，其餘先前說明過，不贅述。

40-5-1 移除度/分和度/分/秒含有 0 值的單位（預設關閉）

角度單位為**度/分/秒**，是否顯示單位為 0 標示，例如：45°0´1"→45°1"。建議☑此選項，不讓你覺得繪圖者漏標，下圖右。

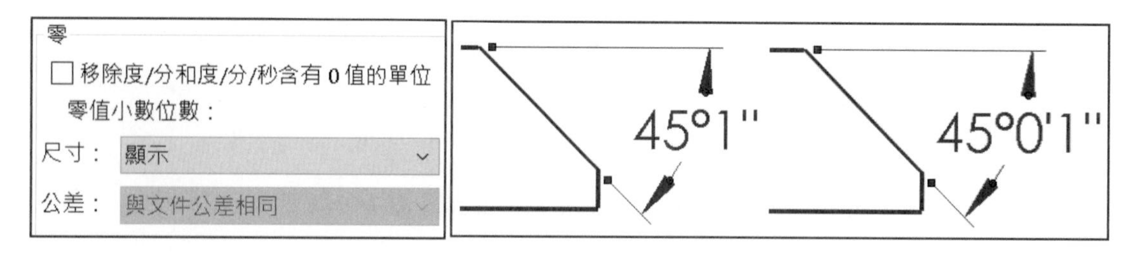

40-6 文字位置

設定角度數字於尺寸線上的樣式：1. 實導線，對正文字、2. 斷裂導線，文字水平、3. 斷裂導線，對正文字，CNS 標準=。

40-6-1 屬性管理員設定

於屬性管理員可臨時設定自訂文字位置，這部分很常用。

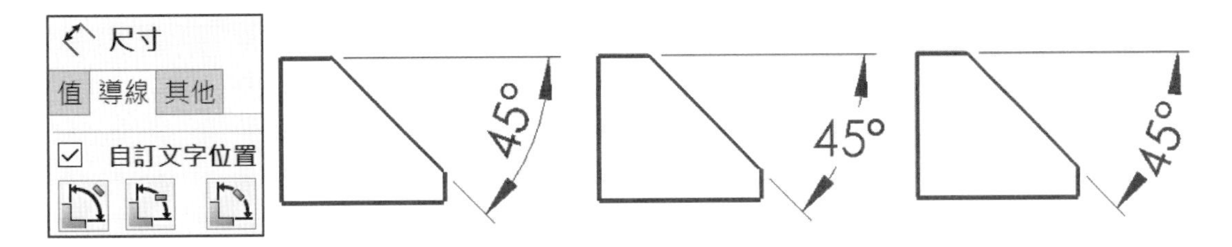

筆記頁

CHAPTER

41

尺寸－角運行

說明**角運行**的文字、類型、文字位置...等，針對弧或圓模型使用絕對角度標註。**整體草稿標準**、**圖層**、**公差**，先前已說明，不贅述。

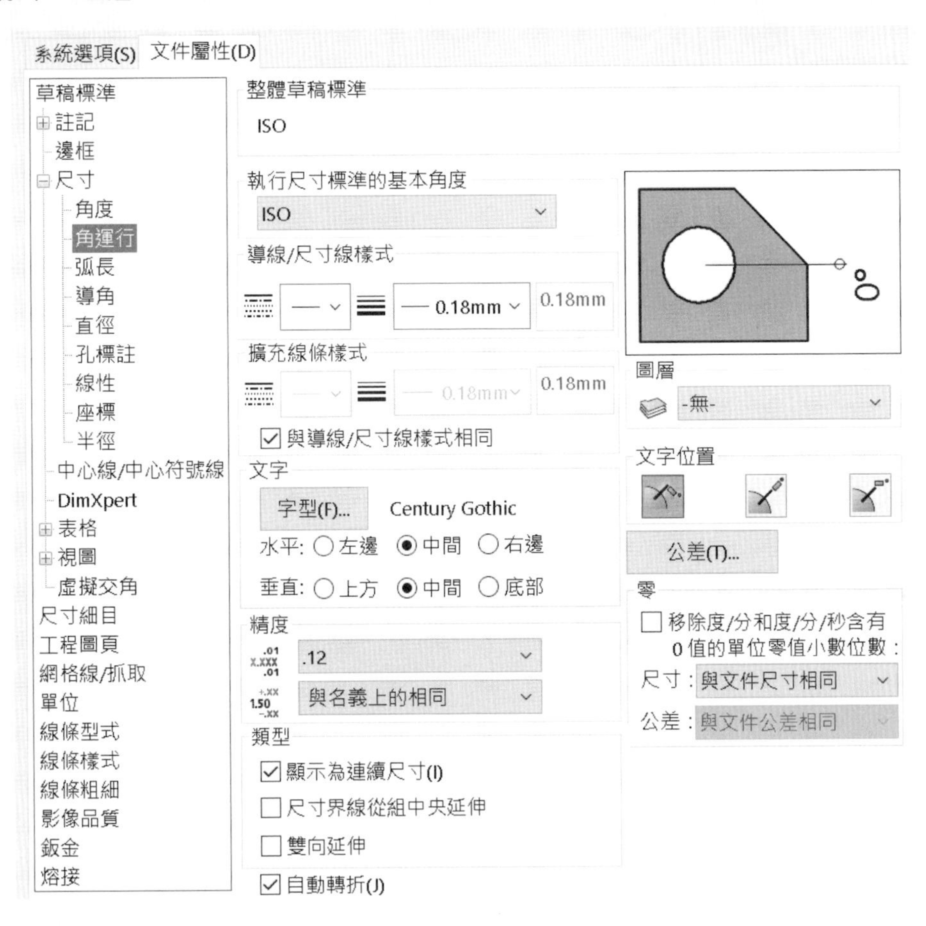

41-1 導線/尺寸線樣式、擴充線條樣式

設定**角運行**↓尺寸樣式、粗細（箭頭所示）。CNS=**細實線**，為強調說明**鏈線**表示，上一章說明過不贅述。

41-1-1 屬性管理員設定

可臨時設定屬性管理員：1. **導線/尺寸線樣式**、2. **擴充線條樣式**（箭頭所示）。

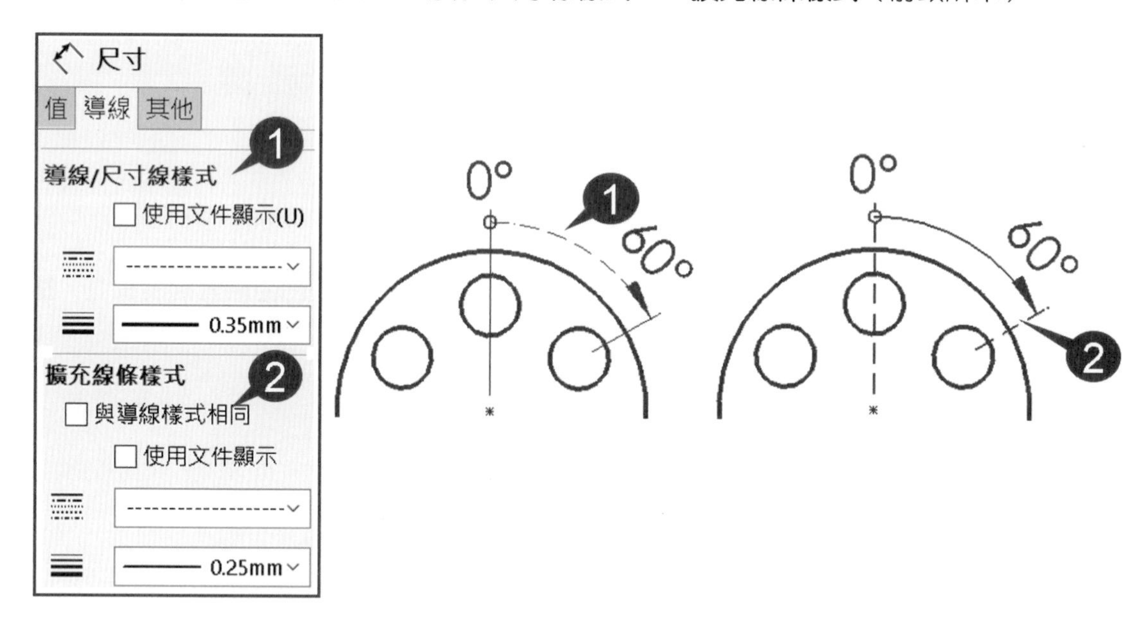

41-2 文字

額外設定↓字型、樣式、大小…等。與尺寸字型相同即可，不須額外設定。

本節僅說明**水平及垂直文字位置**。也可以在**屬性管理員設定位置**，與先前說明相同，不贅述。

41-2-1 水平文字調整

設定多行水平文字位置：1. 左邊、2. 中間、3. 右邊。

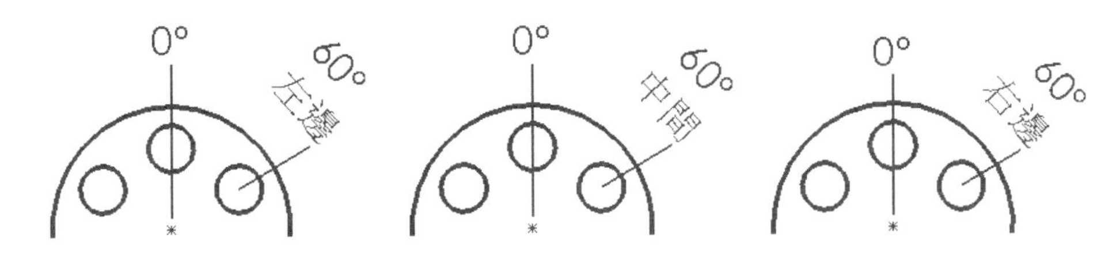

41-2-2 垂直文字調整

設定多行垂直尺寸文字位置：1. 上方、2. 中間、3. 底部。坦白說看不太出來用途，位置就是看的感覺，自行發揮囉。

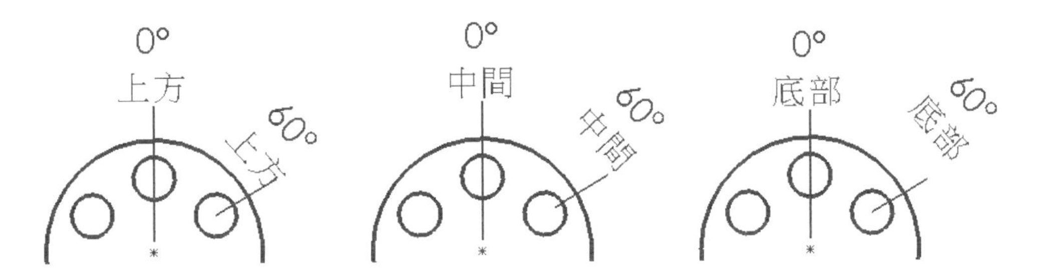

41-3 精度

額外設定尺寸精度、公差精度，與**尺寸精度**相同即可，不須再設定，不贅述。

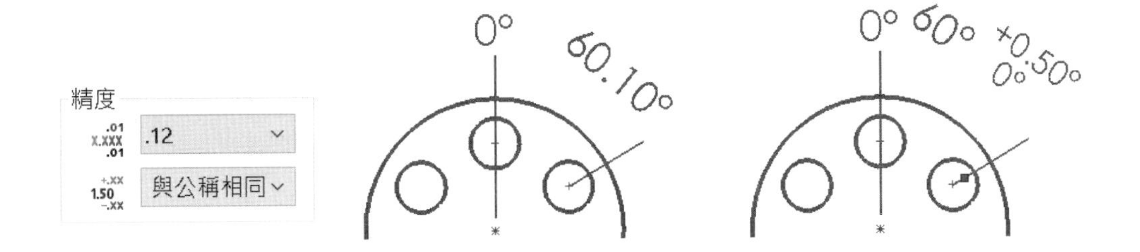

41-4 類型

設定**尺寸線**及**尺寸界線的**顯示類型，這些在別地方沒看過，例如：連續尺寸、尺寸界線從組中央延伸、雙向延伸。

41-4-1 顯示為連續尺寸

是否額外顯示箭頭，容易得知角度起始處與增量方向。多一個箭頭會增加圖面空間，影響圖面整潔，不建議使用。人對數字認知相當高，不須箭頭就能知道增量方向。

A 屬性管理員

於屬性管理員可臨時設定：**顯示為連續尺寸**。

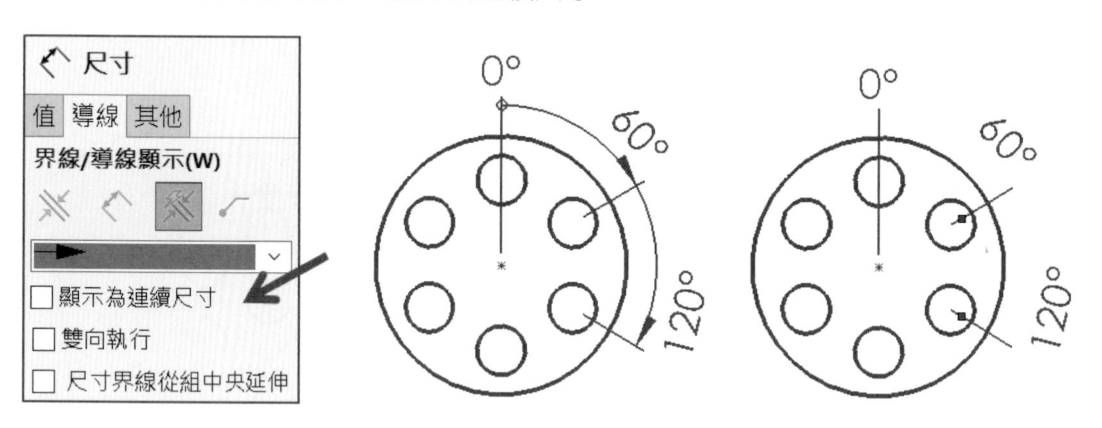

41-4-2 尺寸界線從組中央延伸

是否將**尺寸界線**延伸至圓心（箭頭所示）。實務上，□此選項，圖面清爽。此設定應該稱為：尺寸界線延伸至原點。

A 屬性管理員

於屬性管理員可臨時設定：**尺寸界線從組中央延伸**。

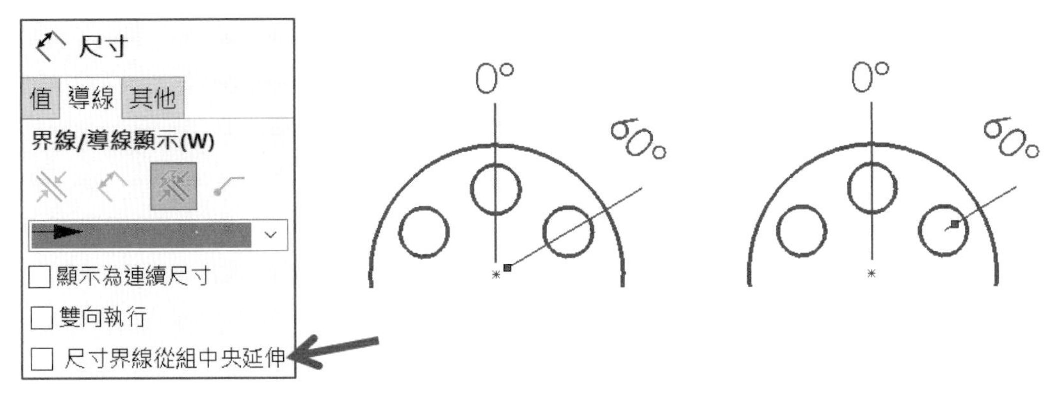

41-4-3 雙向延伸

是否對稱標註。於屬性管理員可臨時設定：**雙向執行**。

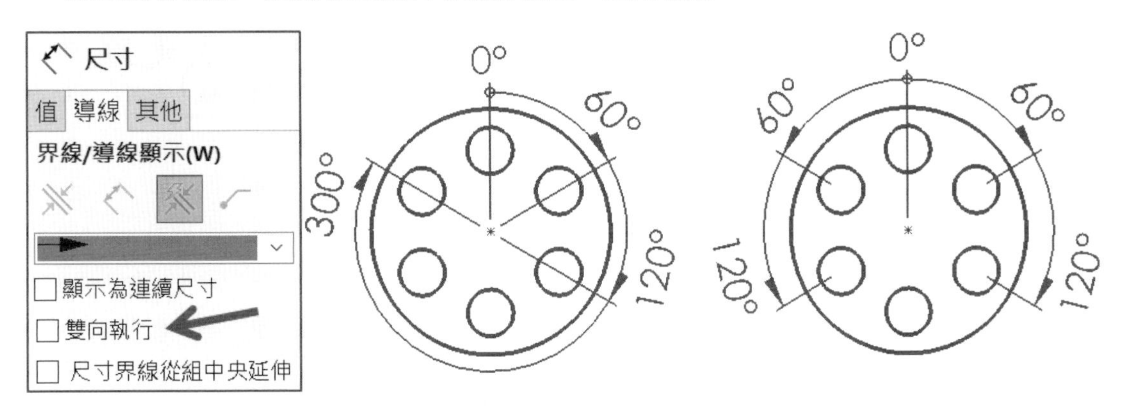

41-5 自動轉折

是否將尺寸界線轉折，此設定僅適用之後的標註，下圖左。也可在尺寸上右鍵→顯示選項→轉折延伸線，下圖右。

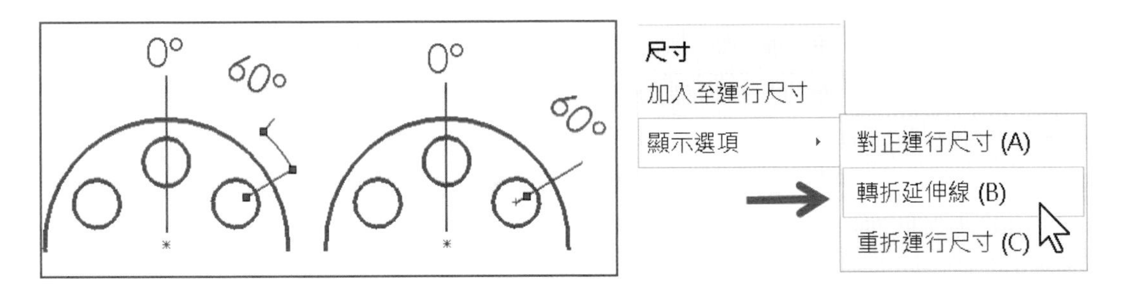

41-6 文字位置

設定**阿拉伯數字**文字顯示方向：1. 文字上方、2. 內嵌文字、3. 水平文字，建議設為，容易查看。

41-6-1 屬性管理員設定

於屬性管理員可臨時設定自訂文字位置，這部分很常用。

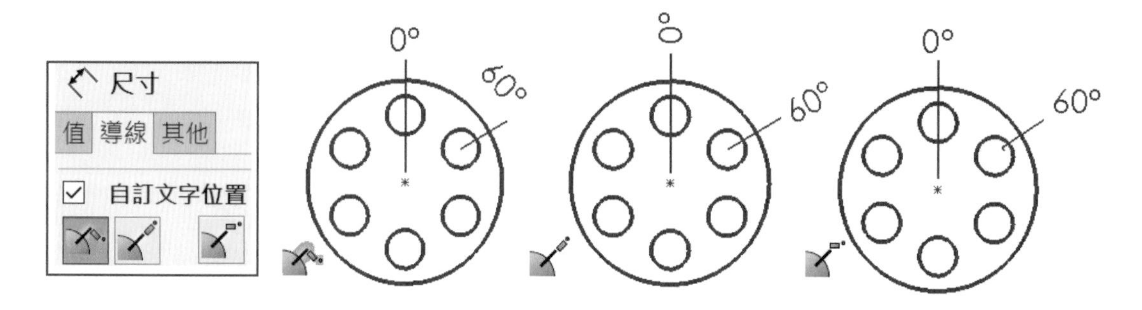

CHAPTER

42

尺寸－弧長

設定**弧長**標註的文字、精度、類型、文字位置...等。**整體草稿標準**、**圖層**、**公差**，先前已說明，不贅述。

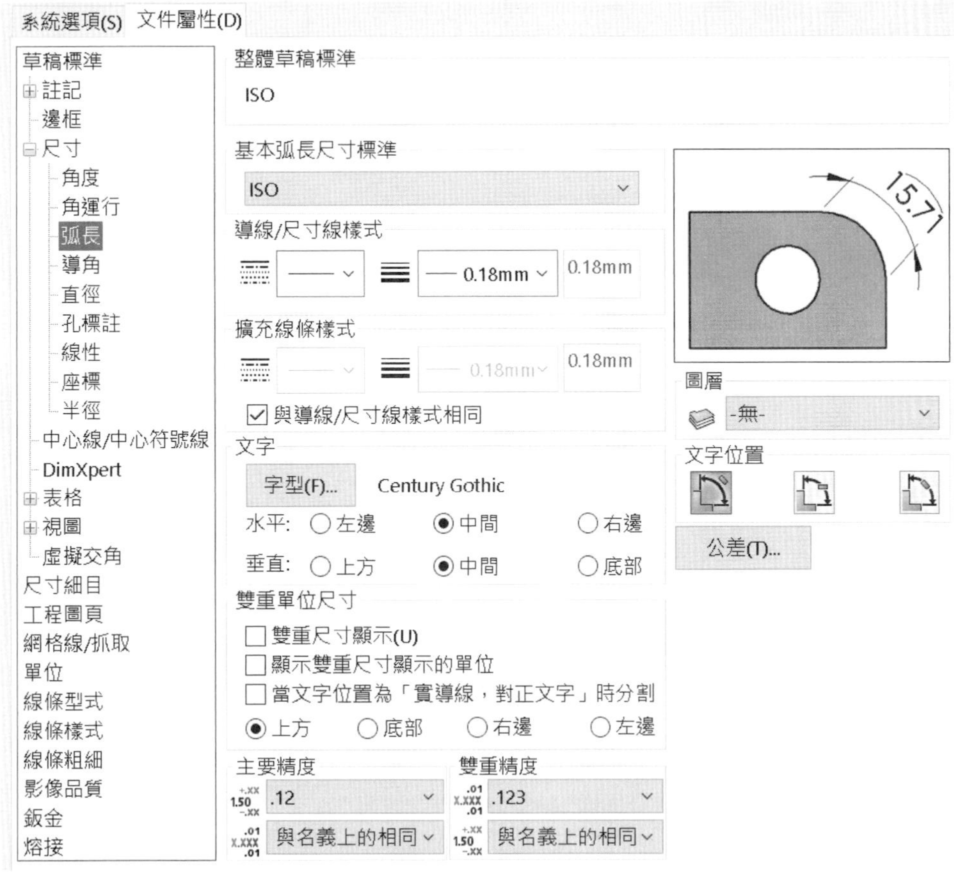

系統選項(S) 文件屬性(D)

草稿標準
註記
邊框
尺寸
角度
角運行
弧長
導角
直徑
孔標註
線性
座標
半徑
中心線/中心符號線
DimXpert
表格
視圖
虛擬交角
尺寸細目
工程圖頁
網格線/抓取
單位
線條型式
線條樣式
線條粗細
影像品質
鈑金
熔接

整體草稿標準
ISO
基本弧長尺寸標準
ISO
導線/尺寸線樣式
0.18mm 0.18mm
擴充線條樣式
0.18mm 0.18mm
與導線/尺寸線樣式相同
文字
字型(F)... Century Gothic
水平: 左邊 中間 右邊
垂直: 上方 中間 底部
雙重單位尺寸
雙重尺寸顯示(U)
顯示雙重尺寸顯示的單位
當文字位置為「實導線，對正文字」時分割
上方 底部 右邊 左邊
主要精度 .12 與名義上的相同
雙重精度 .123 與名義上的相同
15.71
圖層 -無-
文字位置
公差(T)...

42-1 導線/尺寸線樣式、擴充線條樣式

設定弧長尺寸線及弧長符號樣式、粗細。CNS=**細實線**，為強調說明以**點鏈線**表示。關於與導線/尺寸線樣式相同，上章說明過不贅述。

42-1-1 屬性管理員設定

可臨時設定屬性管理員：1. 導線/尺寸線樣式、2. 擴充線條樣式（箭頭所示）。

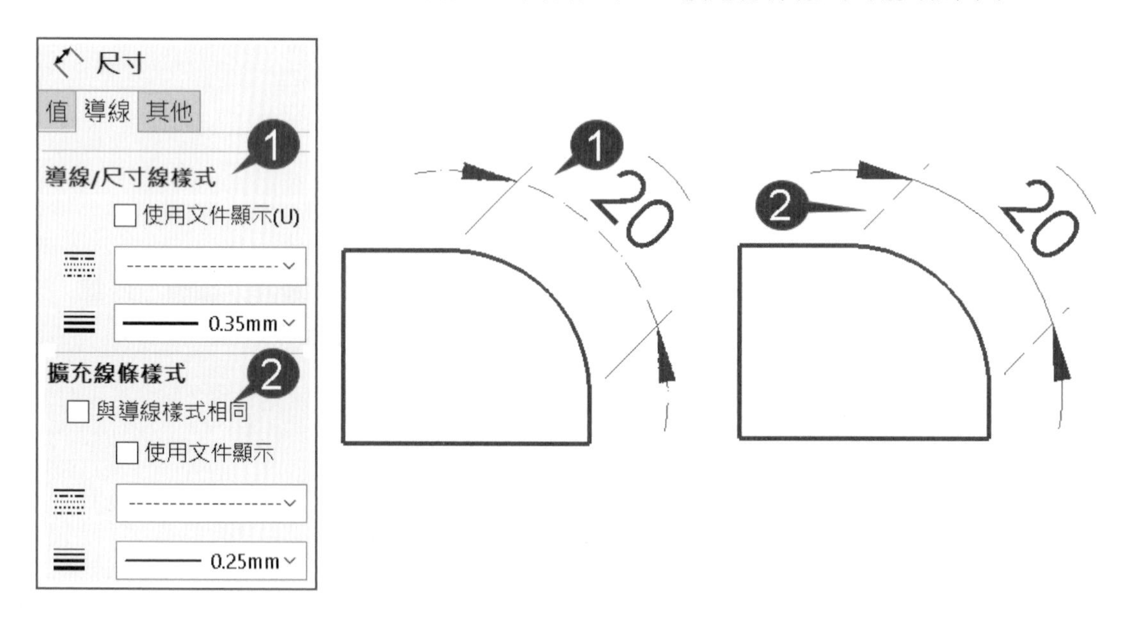

42-2 文字

額外設定弧長字型、樣式、大小…等。與尺寸字型相同即可，不須額外設定。

本節僅說明**水平及垂直文字位置**。也可以在**屬性管理員設定位置**，與先前說明相同，不贅述。

42-2-1 水平文字調整

設定多行水平文字位置：1. 左邊、2. 中間、3. 右邊。

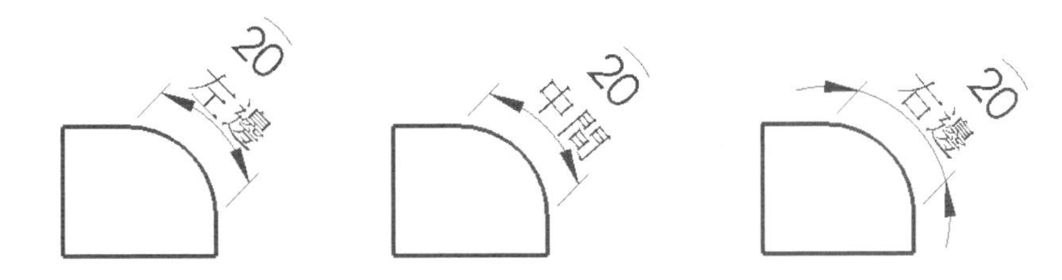

42-2-2 垂直文字調整

設定多行垂直尺寸文字位置：1. 上方、2. 中間、3. 底部，適用 ANSI。由導線可以看出指向的位置。

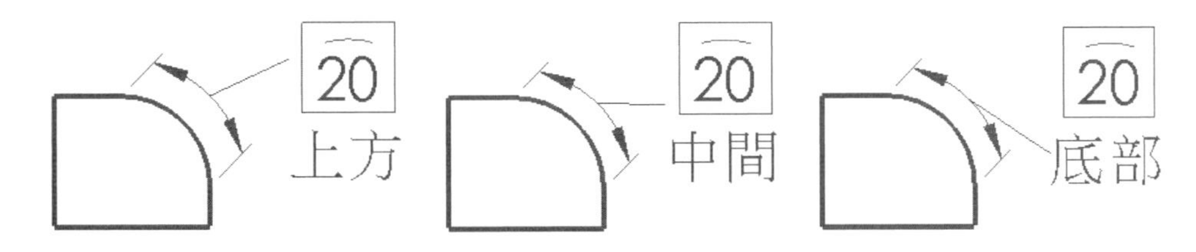

42-3 雙重單位尺寸

本節說明弧長的雙重尺寸顯示。**雙重尺寸顯示**、**顯示雙重尺寸顯示的單位**，前面章節已說明，不贅述。

42-3-1 當文字位置為「實導線，對正文字」時分割

對正文字時，是否將雙重單位尺寸上下分割。☑此選項，會連同☑**雙重尺寸顯示**（箭頭所示），位置僅能**上方**、**底部**，其餘灰階（方框所示）。

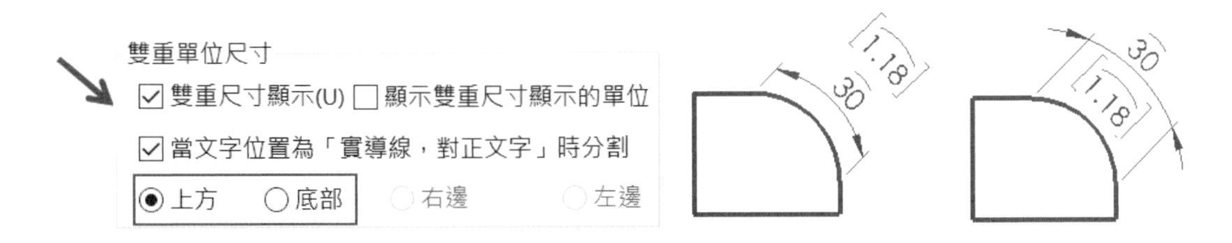

42-4 文字位置

設定弧長尺寸文字顯示位置：1. 實導線，對正文字、2. 斷裂導線，文字水平、3. 斷裂導線，對正文字。

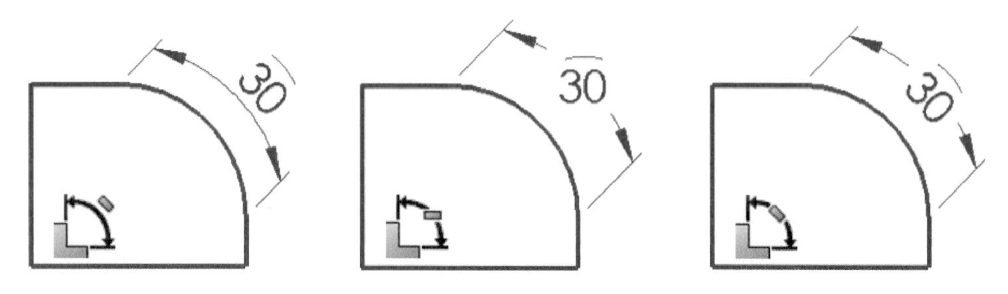

42-4-1 自動選擇弧長導線

在屬性管理員設定：1. 顯示平行導線、2. 顯示逕向導線，希望未來選項也有此設定。

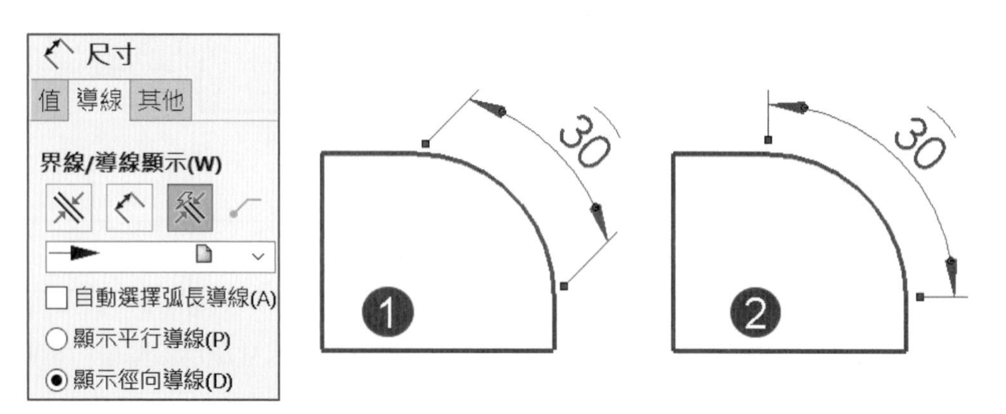

CHAPTER

43

尺寸－導角

說明**導角**標註的文字、精度、類型、文字位置...等。利用專門導角的指令，節省標尺寸時間和關聯性。**整體草稿標準**、**圖層**、**公差**，先前已說明，不贅述。

43-1 雙重單位尺寸

設定雙重尺寸的延伸分割（箭頭所示），由於雙重尺寸顯示、顯示雙重尺寸顯示的單位，前面章節已說明，不贅述。

43-1-1 文字位置為水平底線或水平，沿模型線延伸時分割

文字位置為水平底線文字、水平文字，沿模型線延伸時，是否將雙重尺寸線上下分割。☑此項，會連☑雙重尺寸顯示（箭頭所示），僅能上方、底部（方框所示）。

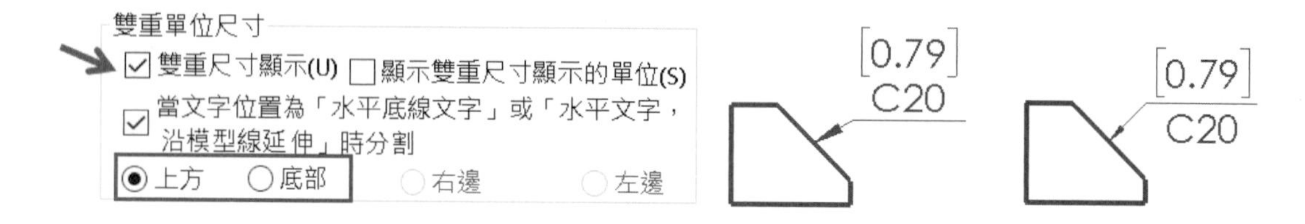

43-1-2 屬性管理員設定

可臨時設定屬性管理員的雙重單位尺寸：分割，下圖左。

43-2 文字位置

設定導角文字顯示樣式：1. 水平文字、2. 水平底線文字、3. 角度文字、4. 角度底線文字、5. 水平文字，沿模型線延伸。實務上，1.、2.使用率最高。

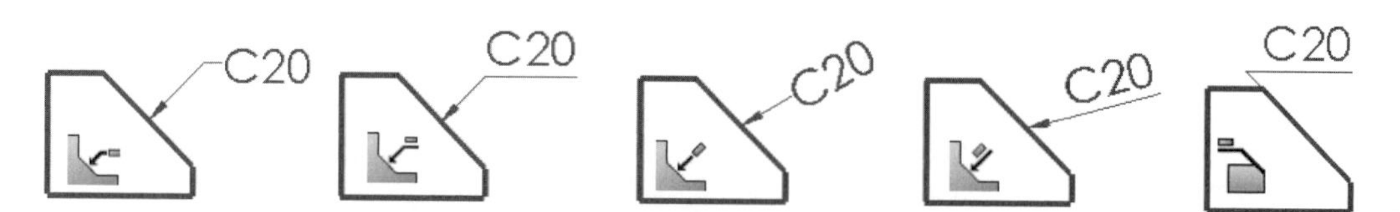

43-2-1 屬性管理員設定

可臨時設定屬性管理員：自訂尺寸位置，下圖中。

43-3 導角文字格式

設定導角文字顯示樣式：1. 1X1、2. 1X45°、3. 45°X1、4. C1。Chamfer 導角=45 度斜角，實務上，C1 標示為大宗，因為最省空間。

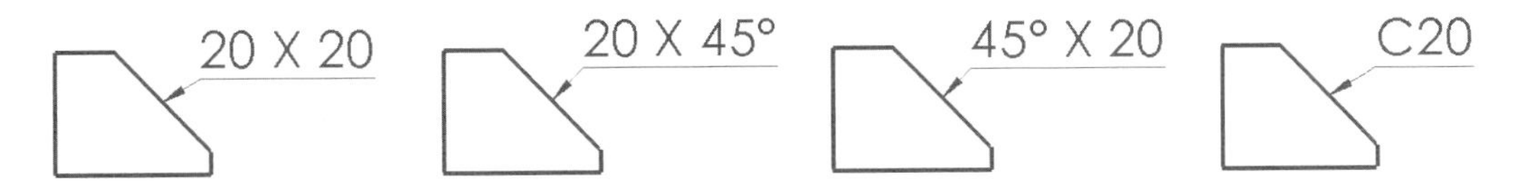

43-3-1 格式

設定 Xx 的角度格式，下圖左。30 度導角必須標示 2 尺寸，下圖右。

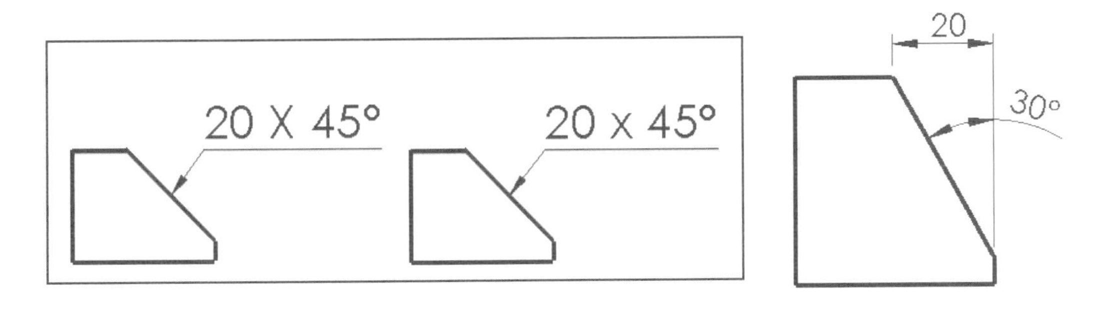

43-3-2 屬性管理員設定

可臨時設定屬性管理員：尺寸文字下方切換導角格式，下圖右。

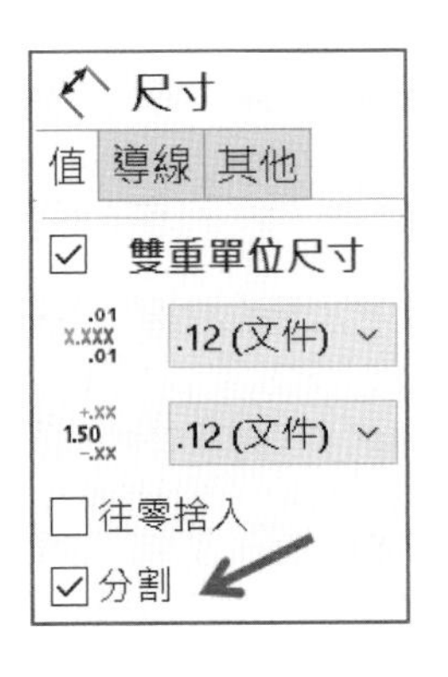

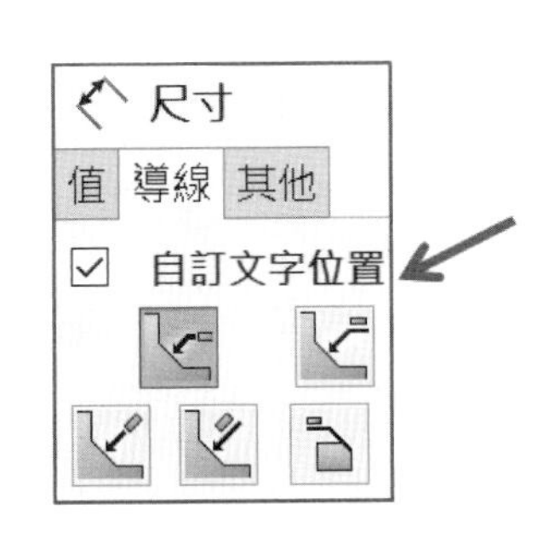

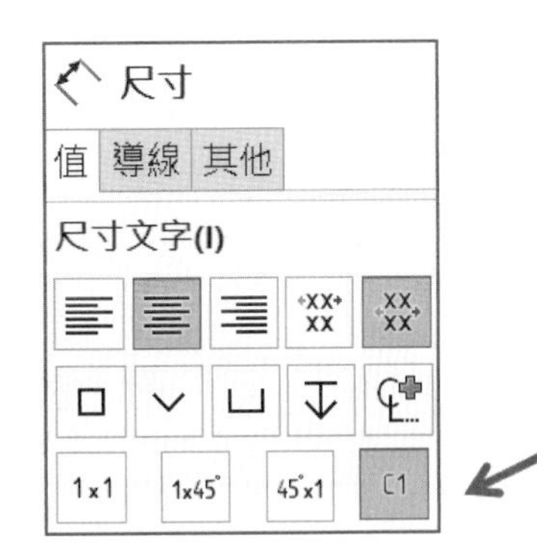

筆記頁

CHAPTER

44

尺寸－直徑

設定**直徑**（Ø）標註的文字、精度、類型、文字位置…等。數字前加上 Ø，表示圓直徑。**整體草稿標準**、導線/尺寸線樣式、**圖層**、**公差**，先前已說明，不贅述。

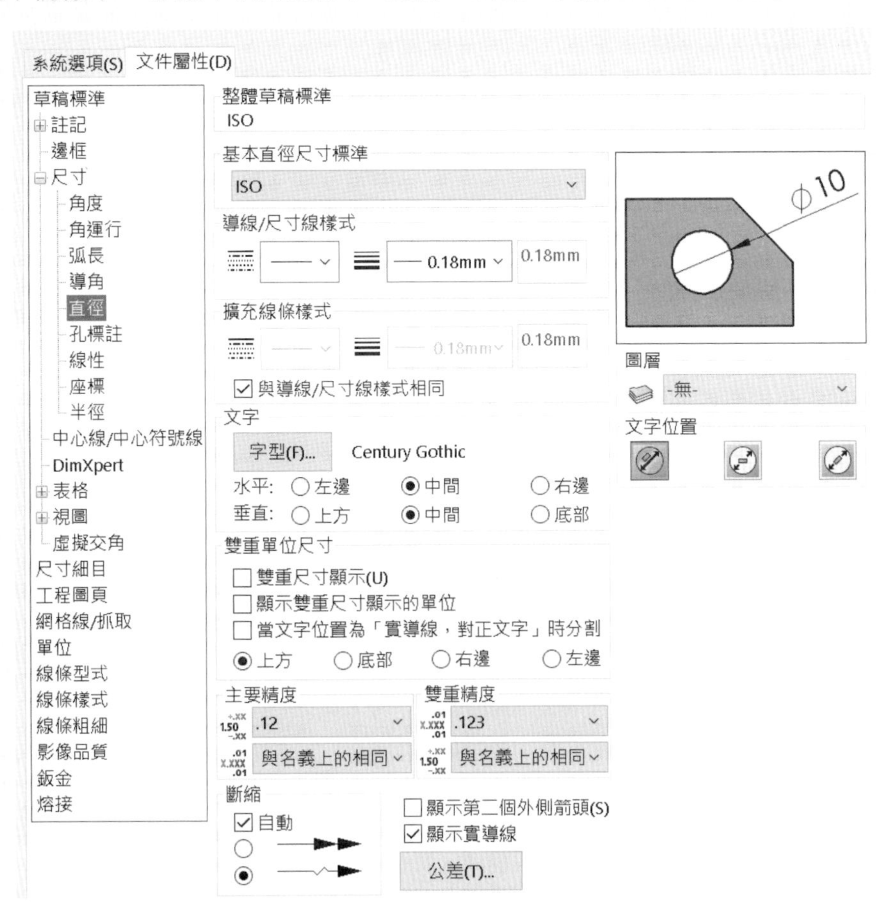

44-1 文字

設定直徑字型、多行文字位置。由於直徑標註的多行文字蠻常使用，本節特別再度說明**水平**及**垂直文字位置**。

44-1-1 水平文字調整

設定多行水平文字位置：1. 左邊、2. 中間、3. 右邊，下圖左。

44-1-2 垂直文字調整

設定多行垂直文字位置：1. 上方、2. 中間、3. 底部，適用 ANSI，下圖右。

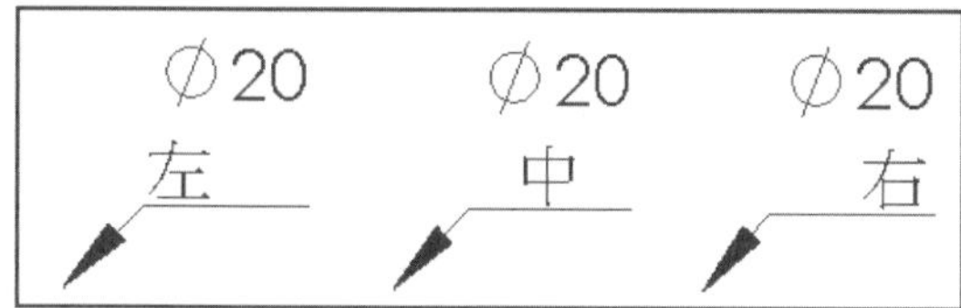

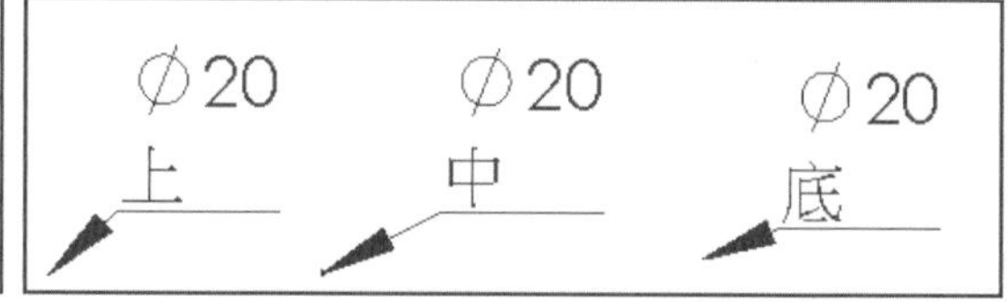

44-2 雙重單位尺寸

本節說明直徑的雙重單位顯示。**雙重尺寸顯示**、**顯示雙重尺寸顯示的單位**，前面章節已說明，不贅述。

44-2-1 當文字位置為「實導線，對正文字」時分割

直徑包含**實導線**，是否將雙重單位尺寸上下分割。☑此選項，會連同☑**雙重尺寸顯示**（箭頭所示），位置僅能**上方**、**底部**，其餘灰階（方框所示）。

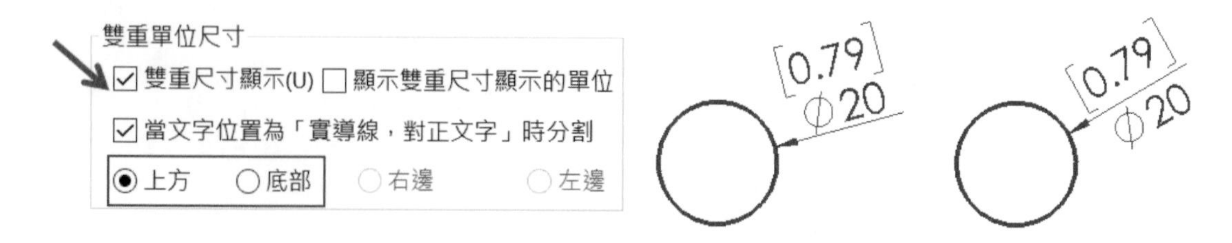

44-3 斷縮

直徑尺寸對於視圖而言太大時，尺寸是否自動斷縮，常用在**剪裁視圖**、**細部放大圖**，類似半尺寸。設定斷縮箭頭樣式：1. 雙箭頭、2. 鋸齒狀，適用 ANSI，下圖左。

44-3-1 斷縮原理

尺寸界線不是真實位置，以斷縮圖示來表達，無法在屬性管理員臨時設定。於半徑標註可以在屬性管理員設定**斷縮**，不過選項無法設定，希望 SW 未來加入。

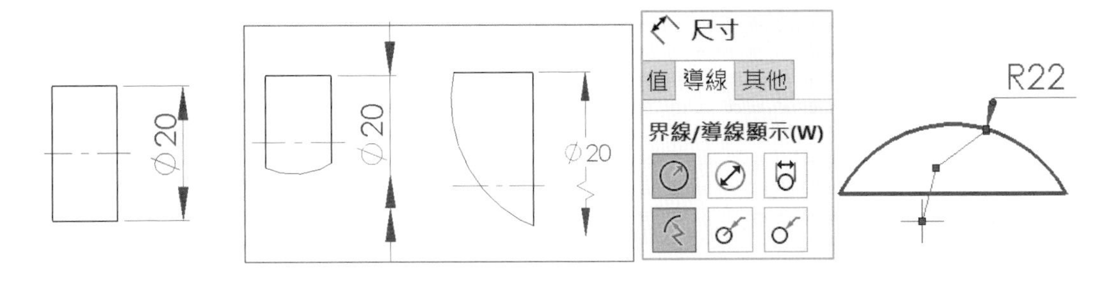

44-4 顯示第二個外側箭頭

當直徑尺寸標註**朝外**時，是否顯示數字另一側箭頭。實務上，□此選項，圖面較簡潔。

44-4-1 屬性管理員設定

可臨時設定屬性管理員：界線/導線顯示，**使用文件預設的第二箭頭**。

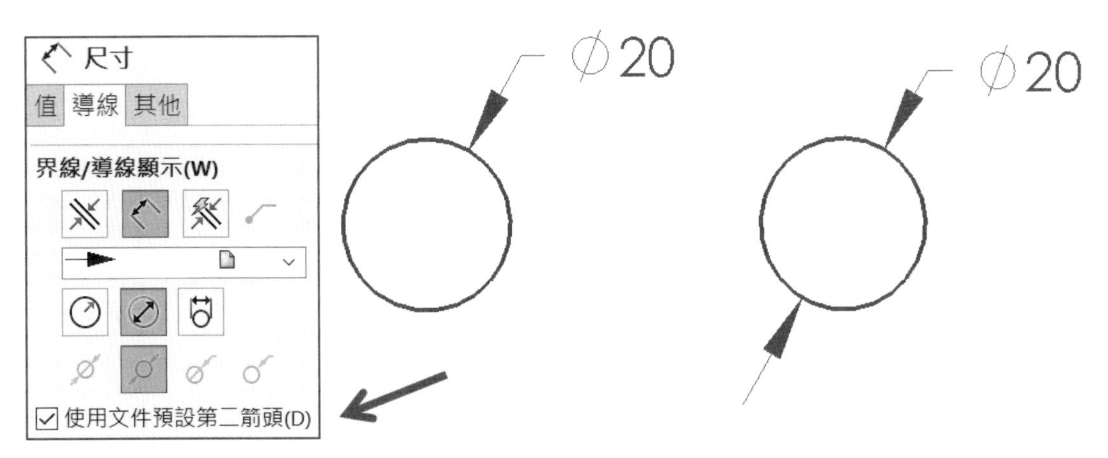

44-5 顯示實導線

直徑**朝外**標註時，導線是否於圓內穿過中心，此設定應該在尺寸項目統一設定。

44-5-1 ☑顯示實導線

沒人喜歡看導線，當孔數量一多時會覺得雜亂。由於預設開啟，很多人沒有關閉它。

44-5-2 ☐顯示實導線

自從選項可以設定☐，絕對是當下更新範本，絕對是用最新版的 SolidWorks。

44-5-3 屬性管理員設定

於屬性管理員可臨時設定：界線/導線顯示，**實導線**/**開放導線**。早期只能一個個關閉它（**開放導線**），現在不必這麼麻煩了，會掉下眼淚的。

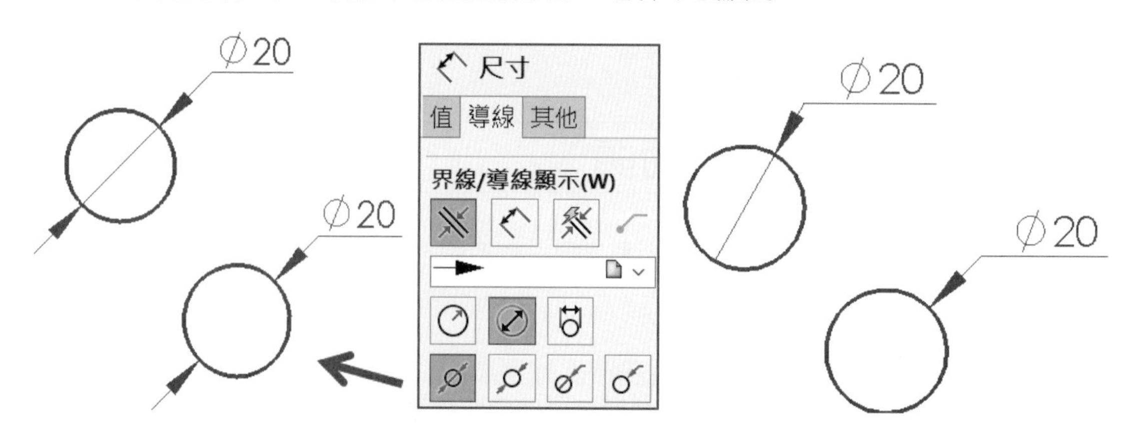

44-6 文字位置

設定直徑文字顯示位置：1. 實導線，對正文字、2. 斷裂導線，文字水平、3. 斷裂導線，對正文字。而 ANSI 的為另一種顯示，下圖右（箭頭所示）。

44-6-1 屬性管理員設定

可臨時設定屬性管理員：界線/導線顯示，實導線/開放導線。

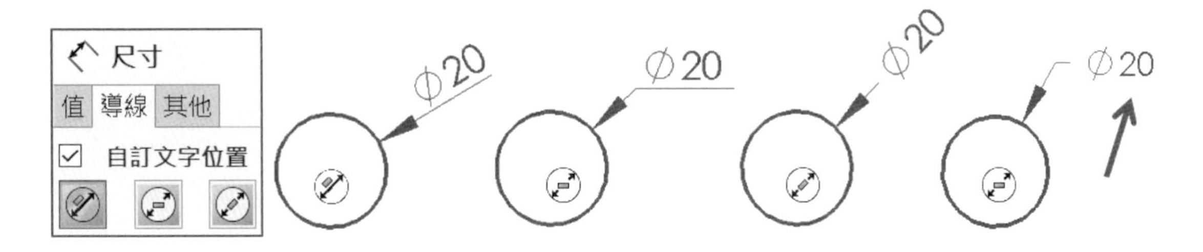

筆記頁

CHAPTER

45

尺寸－孔標註

說明孔標註⊔Ø的文字、精度、類型、文字位置...等。標註使用率不高，因為可以用尺寸標註的樣式取代，且本節很多皆已說明，不贅述。

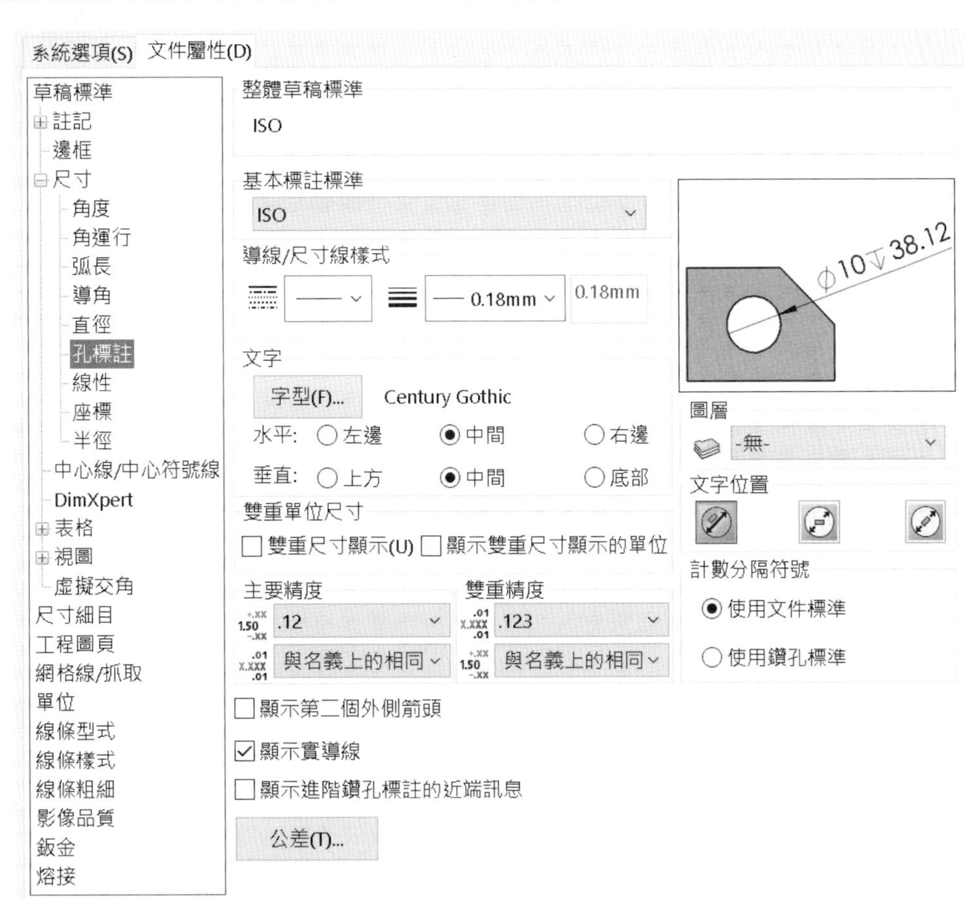

45-1 顯示進階鑽孔標註的近端訊息

在**進階異形孔**上使用**孔標註**時，是否顯示近端、遠端鑽孔文字。NEAR SIDE=近端、FAR SIDE=遠端。

45-1-1 特徵管理員設定

可臨時設定屬性管理員：切換近端和遠端訊息。

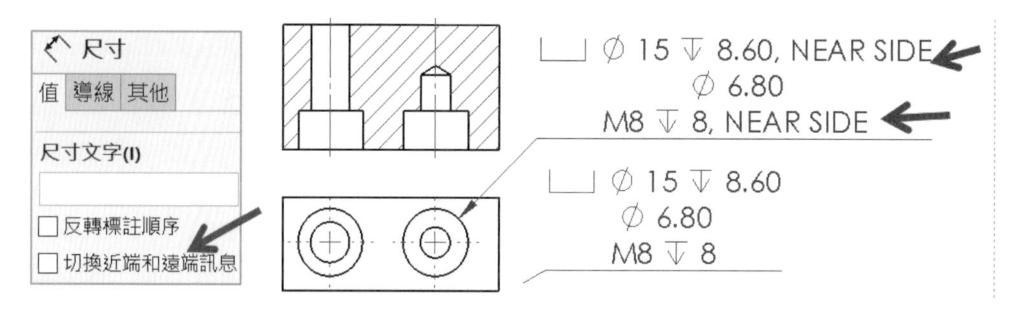

45-2 計數分隔符號

選擇孔的數量標示標準：1. 使用文件標準、2. 使用鑽孔標準。

45-2-1 使用文件標準

使用文件屬性→草稿標準，下圖左。

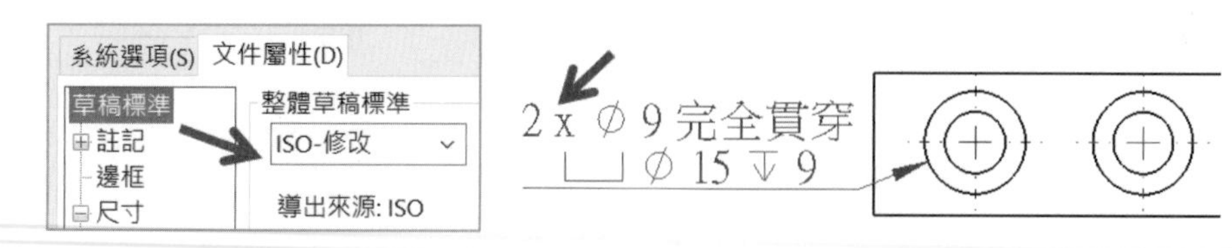

45-2-2 使用鑽孔標準

使用 calloutformat.txt 定義鑽孔資料，屬性管理員可呈現鑽孔定義。常見孔數量表示：2X、2-、2x、2*。

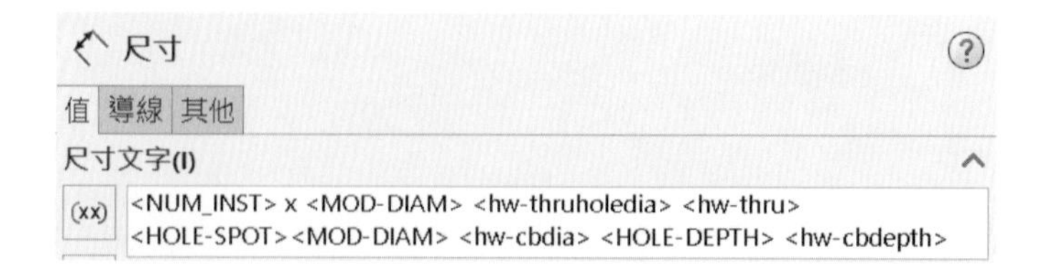

CHAPTER

46

尺寸－線性

設定**線性**標註的文字、精度、類型、文字位置...等。線性又稱連續標註，是最常用的標註，且使用**智慧型尺寸**完成，本章設定會影響**智慧型**、**基準尺寸**。

絕大部分先前說過，本章僅說明線條樣式、斷縮、文字位置、導線顯示。

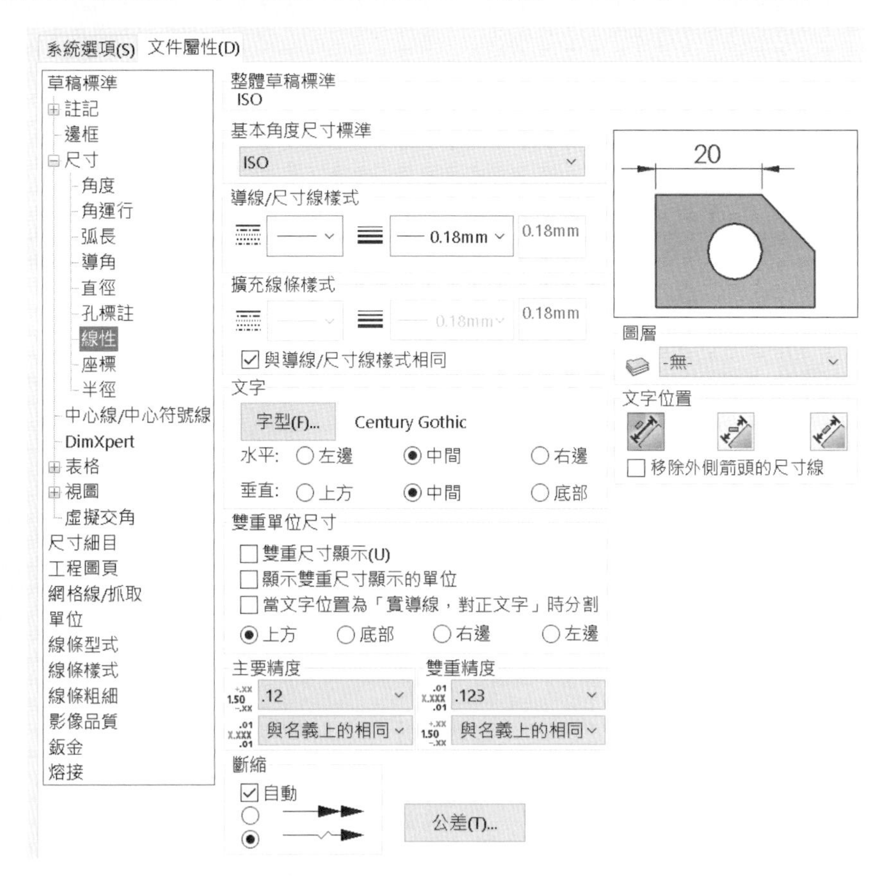

46-1 導線/尺寸線樣式、擴充線條樣式

設定**線性尺寸樣式**、粗細（箭頭所示）。CNS=**細實線**，為強調說明**鏈線**表示。

46-1-1 屬性管理員設定

可臨時設定屬性管理員：1. **導線/尺寸線樣式**、2. **擴充線條樣式**（箭頭所示）。

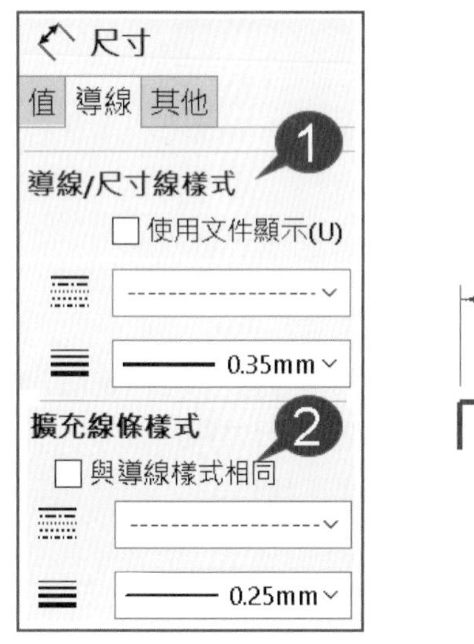

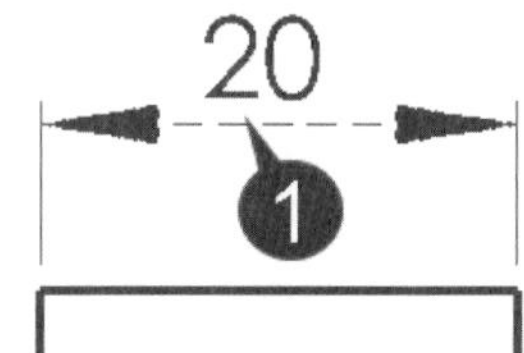

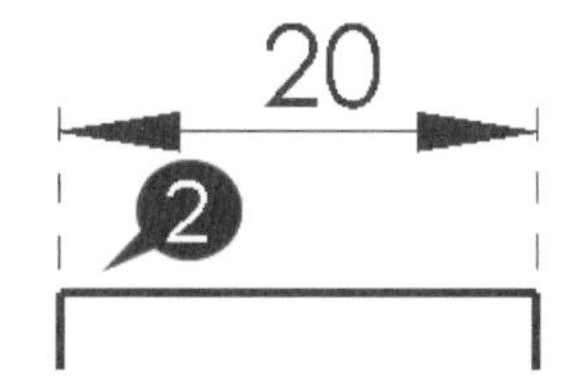

46-2 斷縮

使用**細部放大圖**時，標註在視圖外的尺寸是否要斷縮顯示，並選擇斷縮箭頭樣式：1. 雙箭頭、2. 鋸齒狀，僅適用 ANSI 標準。

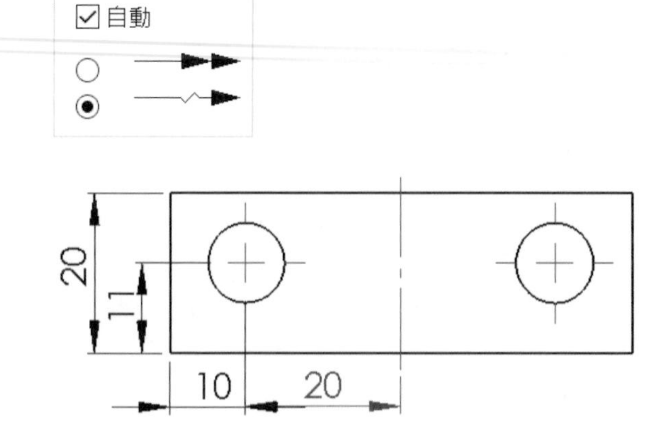

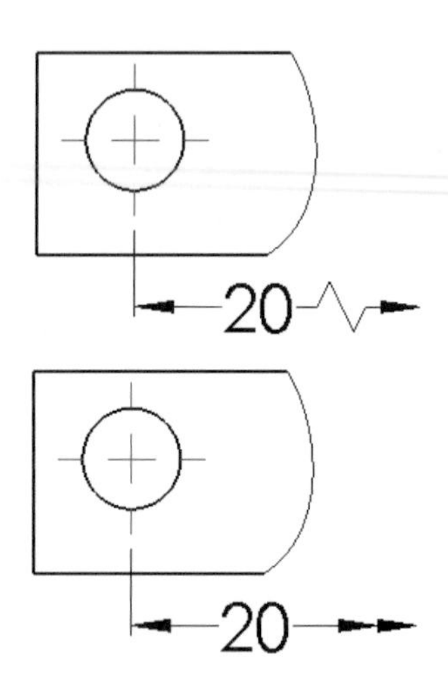

46-3 文字位置

設定文字放置位置設定導角文字顯示樣式：1. 實導線，對正文字、2. 斷裂導線，文字水平、3. 斷裂導線，對正文字。

實務上，使用率最高，比較好看，重點是尺寸之間比較好排列。

46-3-1 屬性管理員設定

於屬性管理員可臨時自訂文字位置，這部分很常用。

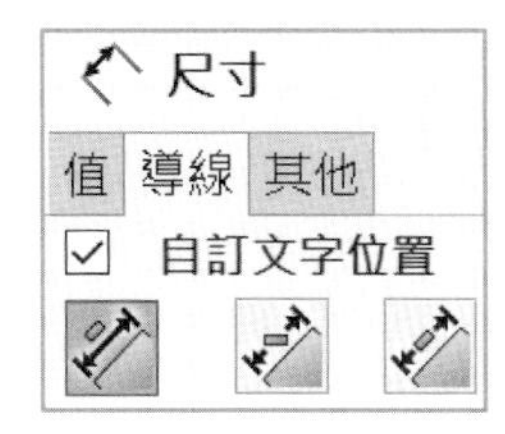

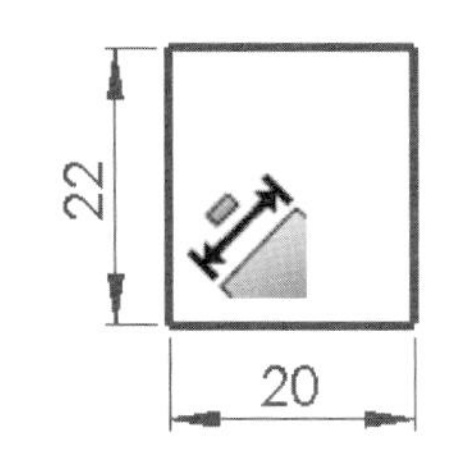

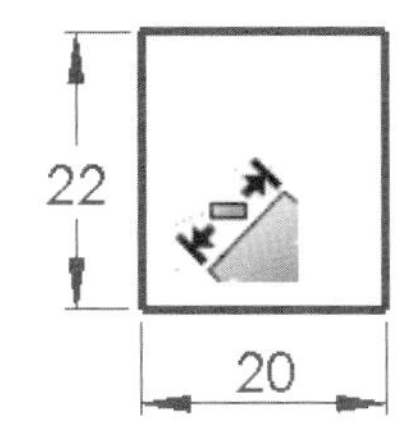

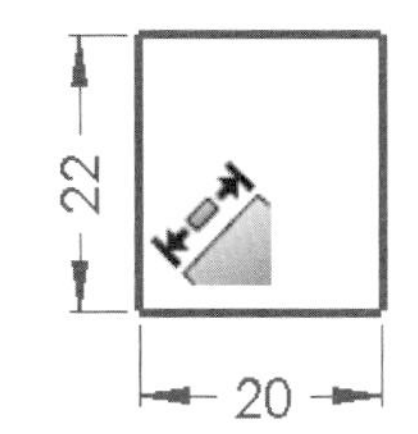

46-3-2 移除外側箭頭的尺寸線

尺寸箭頭**朝外**時，尺寸線是否保留，下圖左。實務上，不要尺寸線圖面比較清楚。

46-4 導線顯示

標註斜線尺寸時，數字向外拉是否以導線顯示，適用 ANSI。

標註斜線尺寸時，數字在尺寸線外，是否使用彎折導線，適用 ANSI，下圖右。

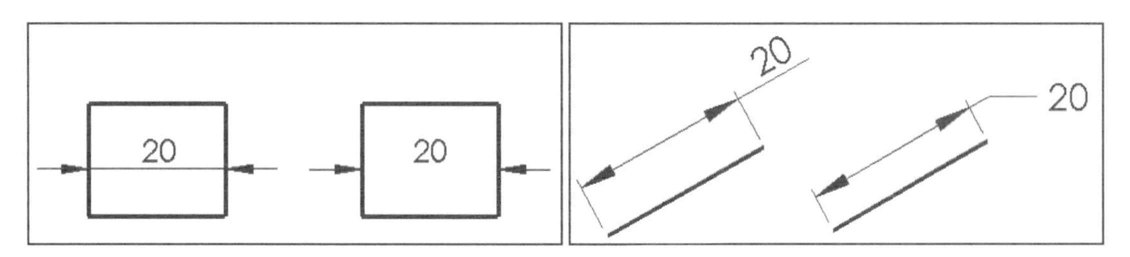

筆記頁

CHAPTER

47

尺寸-座標

設定**座標標註**◇的文字、精度、類型、文字位置...等。◇又稱智慧型基準標註，以 0 為基準由引線顯示 X、Y 絕對值，常用在加工圖面。本章設定大部分說過，僅說明顯示。

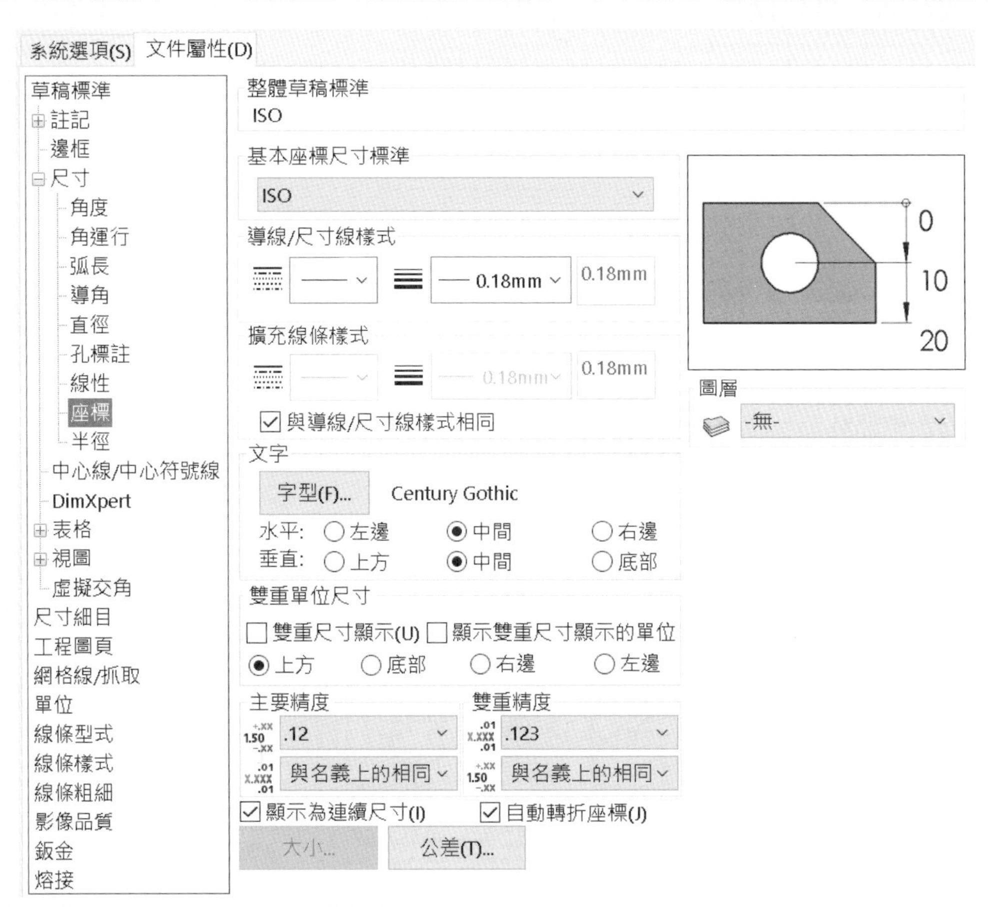

47-1 顯示為連續尺寸

是否額外顯示箭頭，容易得知原點起始處與增量方向，多一個箭頭會增加圖面空間，影響圖面整潔，絕對不要使用。

此設定僅適用 ANSI，先前已說明，不贅述。此設定應該稱為：**連續尺寸箭頭。**

47-1-1 屬性管理員

於屬性管理員可臨時設定：**顯示為連續尺寸**。連續尺寸箭頭為統一顯示，無法單獨設定其中一尺寸不要箭頭。

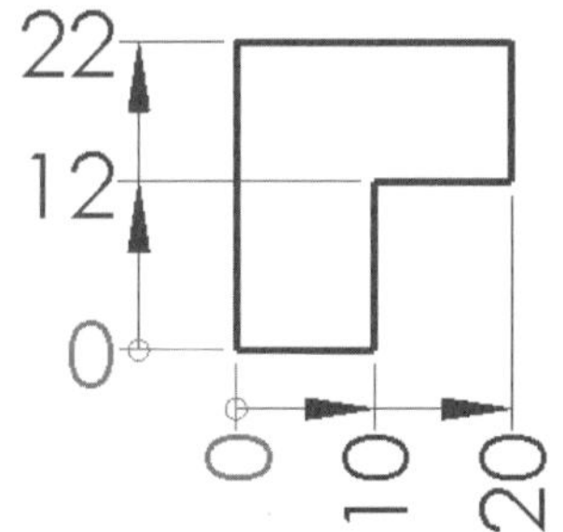

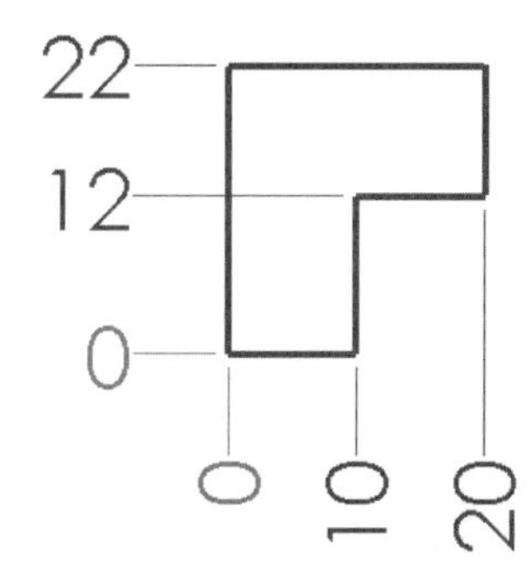

47-2 自動轉折座標

當尺寸數字重疊時，延伸線（**尺寸線**）是否要自動折彎避免數字重疊，下圖左。拖曳控制點避免**尺寸線**壓到特徵輪廓，會誤以為多一條線，這是視圖美觀（箭頭所示）。

此設定應該稱為：**轉折延伸線**，因為統一。

47-2-1 轉折延伸線

可事後決定是否**轉折延伸線**。1. 於尺寸上右鍵→2. 轉折延伸線/重製轉折延伸線。

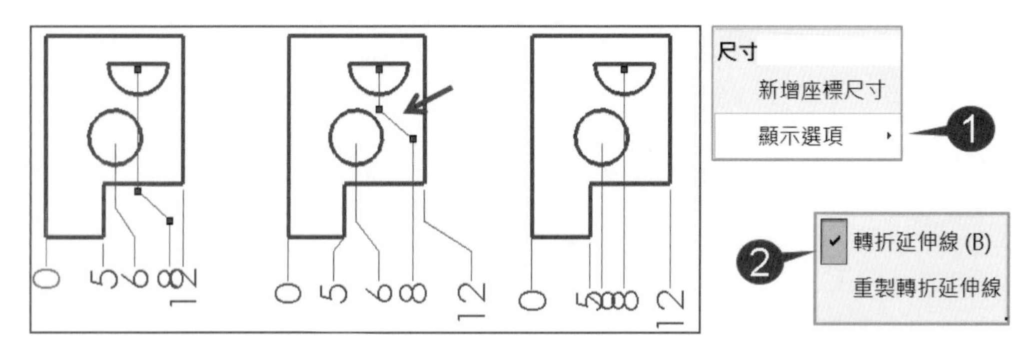

47-3 大小

由**圓形大小**視窗，修改空心圓直徑大小。必須☑**顯示為連續尺寸**，適用 DIN 標準。

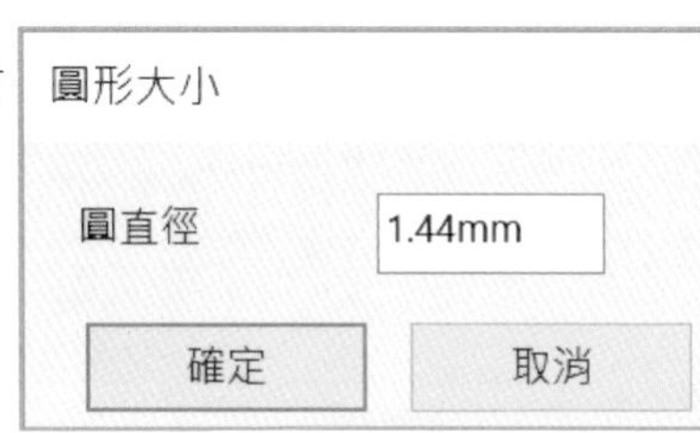

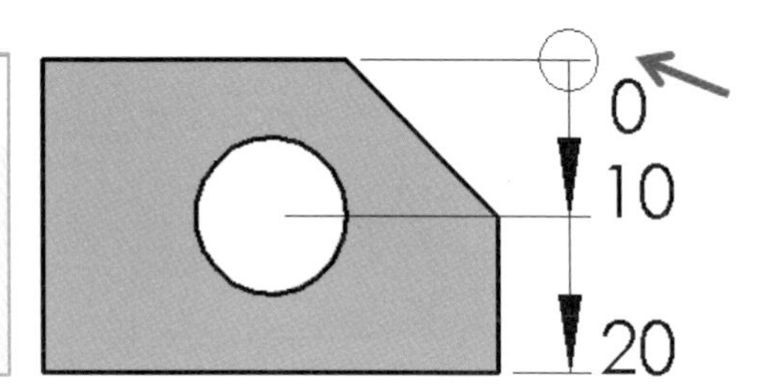

筆記頁

CHAPTER

48

尺寸－半徑

設定半徑標註的文字、精度、類型、文字位置…等。數字前加 R（Radius），例如：R15。本章設定大部分說過，僅說明顯示。

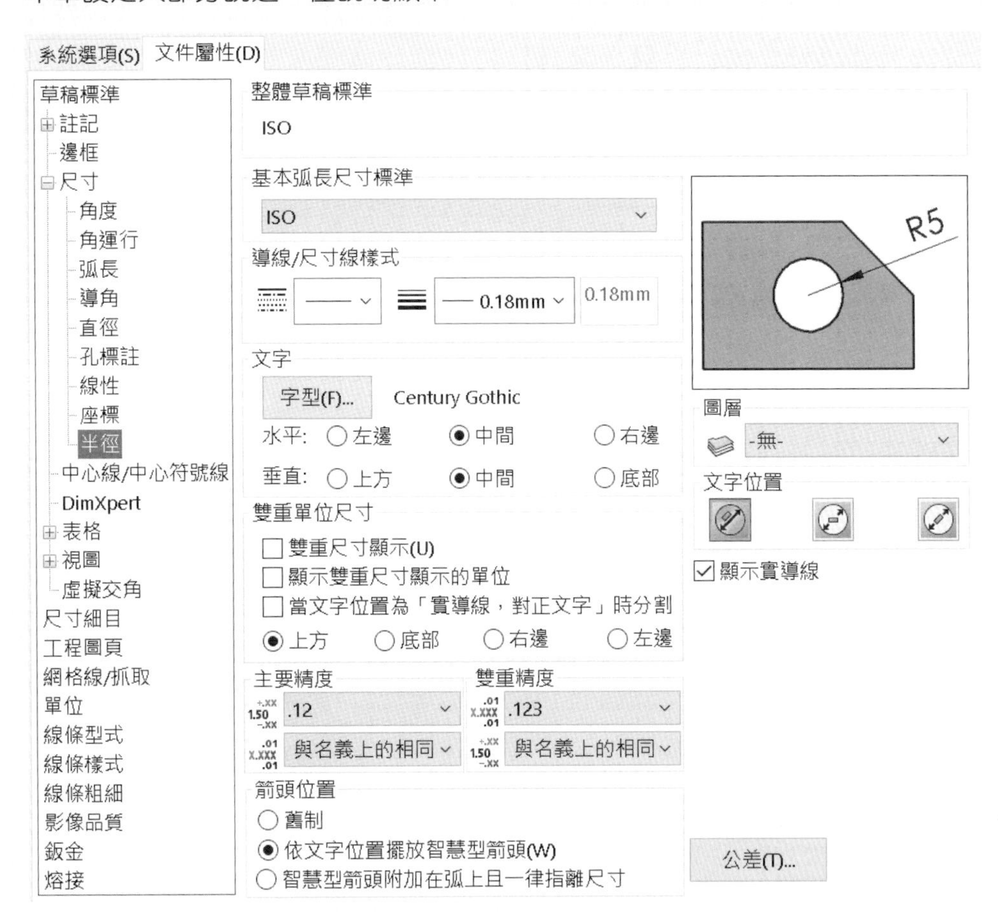

48-1 箭頭位置

設定尺寸標註後箭頭位置，重點在於拖曳數字後，箭頭的擺放位置。本節項目太簡短和寫太多都不清楚，顯示實導線說明這些差異。

48-1-1 舊制

拖曳數字後，數字與箭頭不同側，下圖左。

48-1-2 依文字位置擺放智慧型箭頭

拖曳數字後，箭頭不會改變位置，需自行設定箭頭位置。

48-1-3 智慧型箭頭附加在弧上且一律指離尺寸

拖曳數字後，數字與箭頭同側=圖學，也最常使用。下圖右。

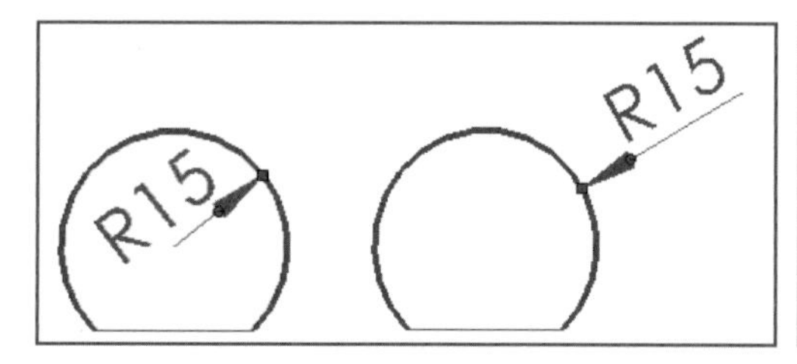

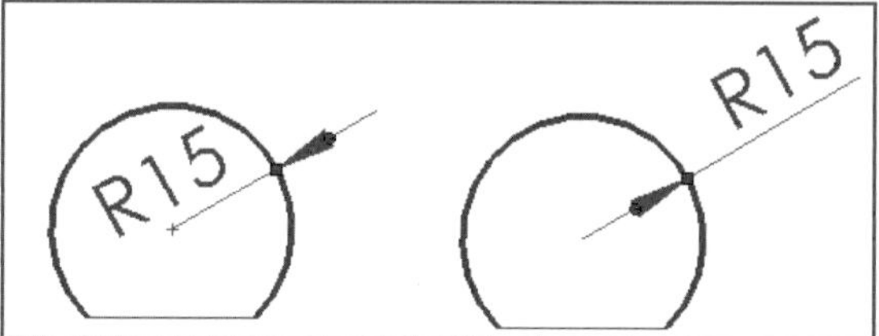

48-1-4 屬性管理員設定

可臨時設定**屬性管理員：弧尺寸界線或對邊**（箭頭所示），這部分選項沒有。

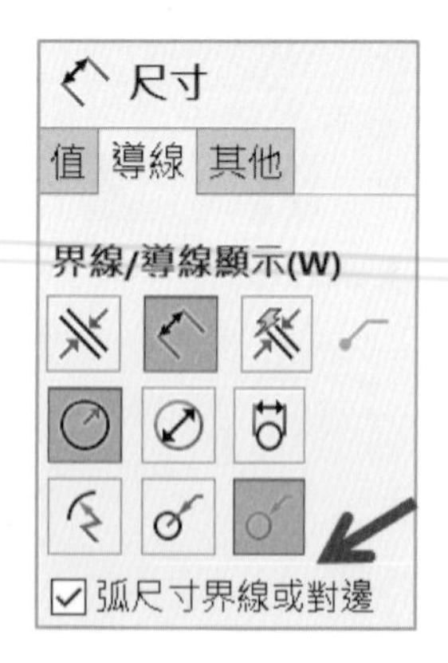

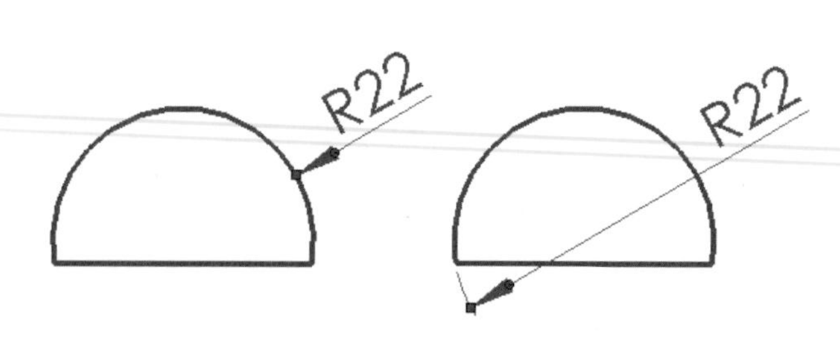

CHAPTER

49

中心線/中心符號線

設定**中心線**及**中心符號線**的大小、縫隙、顯示樣式。符號線標註在圓或弧上，做為基準參考，適用工程圖。

系統選項(S) 文件屬性(D)

草稿標準
註記
邊框
尺寸
角度
角運行
弧長
導角
直徑
孔標註
中心線/中心符號線
DimXpert
表格
視圖
虛擬交角
尺寸細目
工程圖頁
網格線/抓取
單位
線條型式
線條樣式
線條粗細
影像品質
鈑金
熔接

整體草稿標準
ISO
中心線
中心線延伸(C): 2mm
中心線圖層
-無-
中心符號線
大小(Z): 2.5mm
縫隙： 2.5mm
中心符號圖層
-無-
依視圖比例縮放
延伸線(E)
中心線型式(R)
狹槽中心符號線
定向至狹槽
定向至圖頁

49-1 中心線（Centerline）

設定超出輪廓長度。中心線＝建構線＝配置，常用在**非圓形視圖**。CNS=2～3mm，下圖左。中心線超出模型輪廓視為對稱，下圖右。

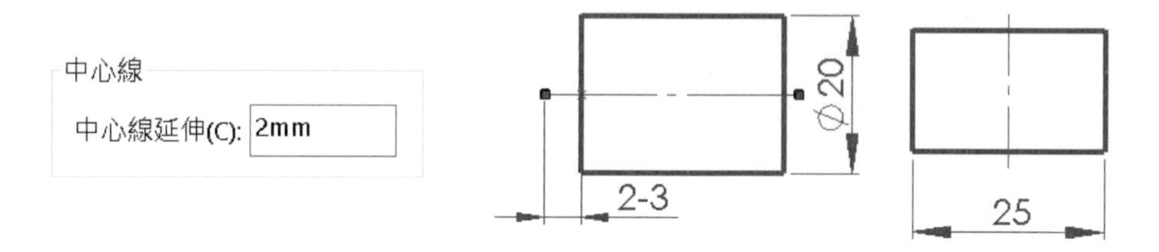

49-2 中心線符號線（Center Mark）

設定**中心符號線**大小、縫隙、顯示樣式…等，常用在**圓形視圖**，以中心十字表示。這些細節，很多公司會定義在**工程圖製作規範**，讓圖面整齊與統一。

49-2-1 大小

設定超出圓邊線長度，和圓心十字符號大小。CNS 標準 2～3mm，下圖左。

49-2-2 縫隙

設定十字符號與延伸線間距，CNS 標準 1～1.5mm。☐依**視圖比例縮放**、 **延伸線**，才可使用此選項，例如：縫隙 10、縫隙 1（箭頭所示），下圖右。

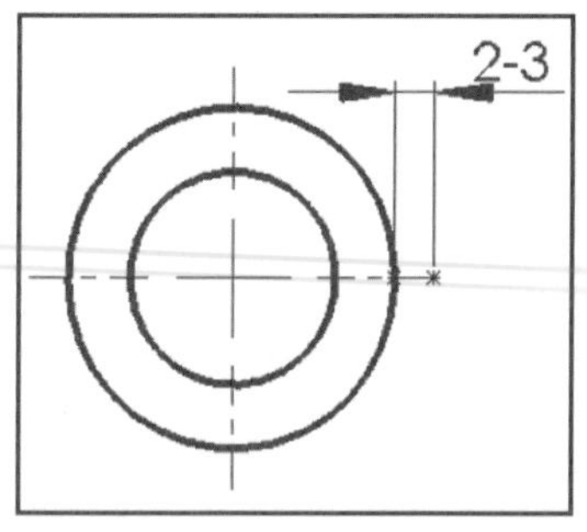

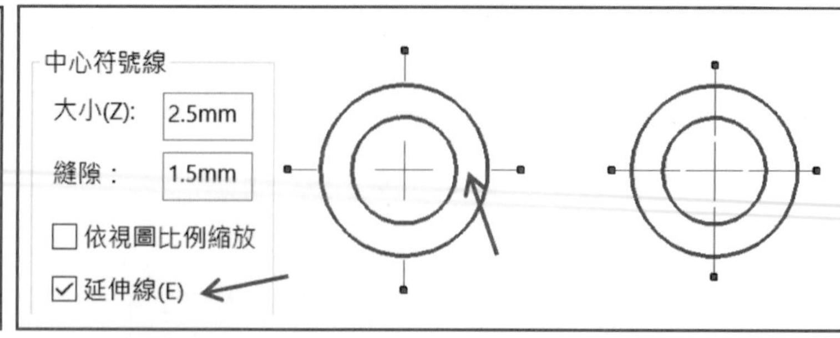

49-2-3 依視圖比例縮放

調整圖頁或視圖比例時，**中心符號線**是否要同步比例縮放，下圖左。

49-2-4 延伸線

是否讓中心符號線**延伸至邊線**或**只顯示十字線段**。實務上，□**延伸線**，好辨認，除非孔很多□**延伸線**，下圖右。

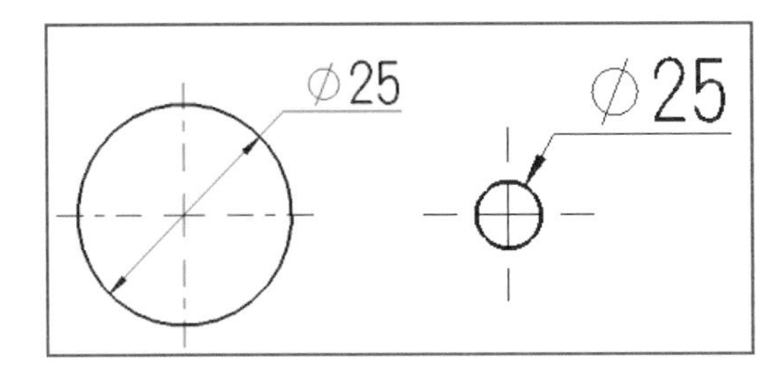

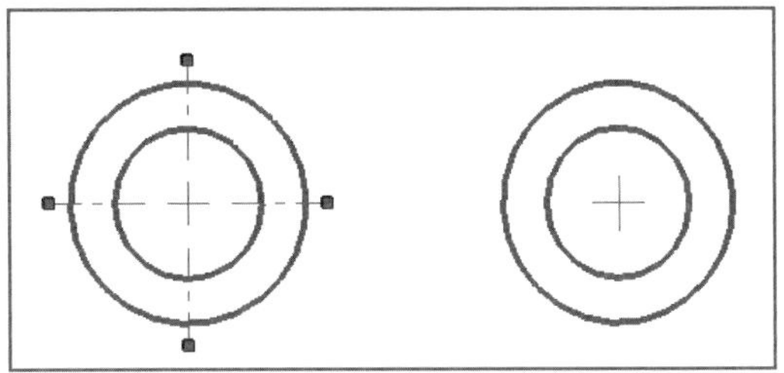

49-2-5 中心線型式

中心符號線是否為中心線型式，☑**延伸線**，才可使用。☑**中心線型式**，適合大孔、□中心線型式，適合小孔，看起來不會複雜。

49-2-6 屬性管理員設定

可臨時設定**屬性管理員：中心符號線**（箭頭所示）。

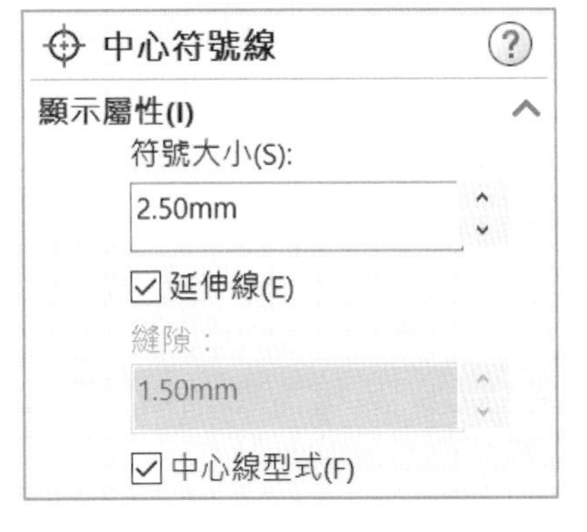

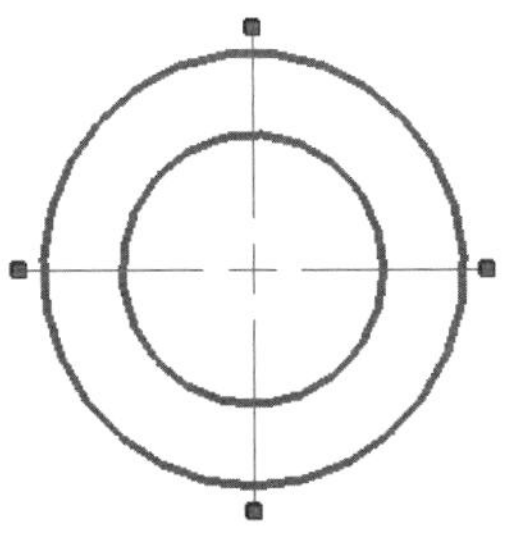

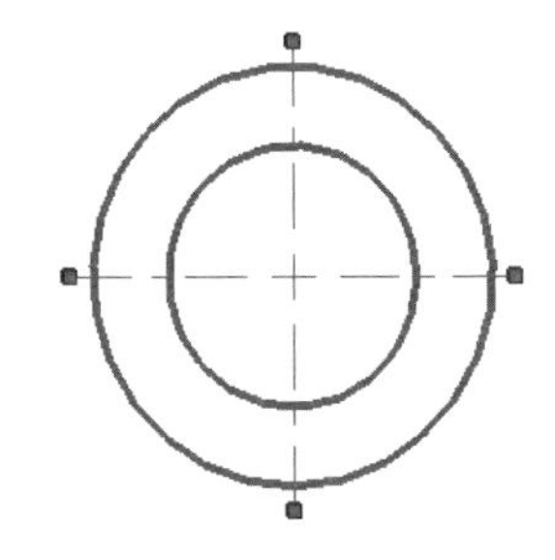

49-3 狹槽中心符號線

設定**直狹槽**及**弧狹槽**的⊕產生樣式。**定向至狹槽**：2 種樣式都可選擇。**定向至圖頁**：僅能選擇**狹槽中心**（方框所示）。僅適合狹槽模型，不支援草圖狹槽。

49-3-1 屬性管理員設定

可以在製作⊕過程，臨時設定**屬性管理員：狹槽中心符號線**（箭頭所示），製作後無法更改。

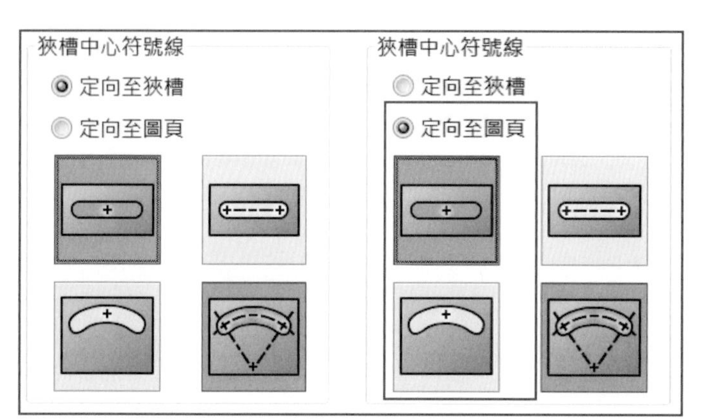

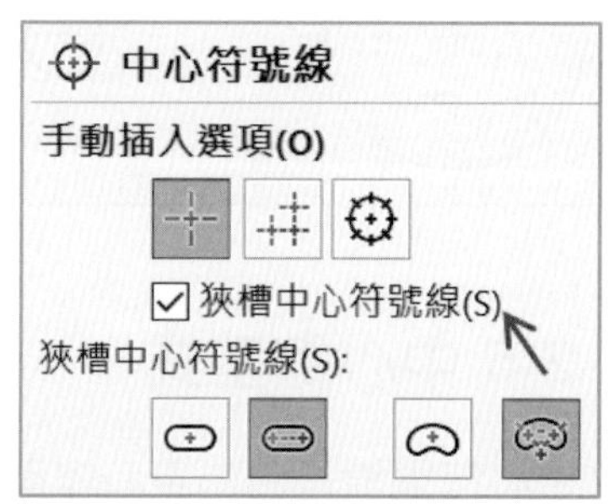

49-4 圖層

統一指定中心線/中心符號線圖層=中心線。製圖流程：

1. 視圖→2. 中心線/中心符號線→3. 尺寸，都可自動產生並套用圖層了。

實務上，只會建立中心線圖層，給本節套用容易管理。這是 2013 功能，以前只有尺寸可設定圖層，心裡一直等，等到 2013 大郎哭了，因為這對我們很重要呀。

CHAPTER

50

尺寸－DimXpert

設定DimXpert（尺寸專家）標註導角、狹槽的尺寸樣式，僅適用工程圖。

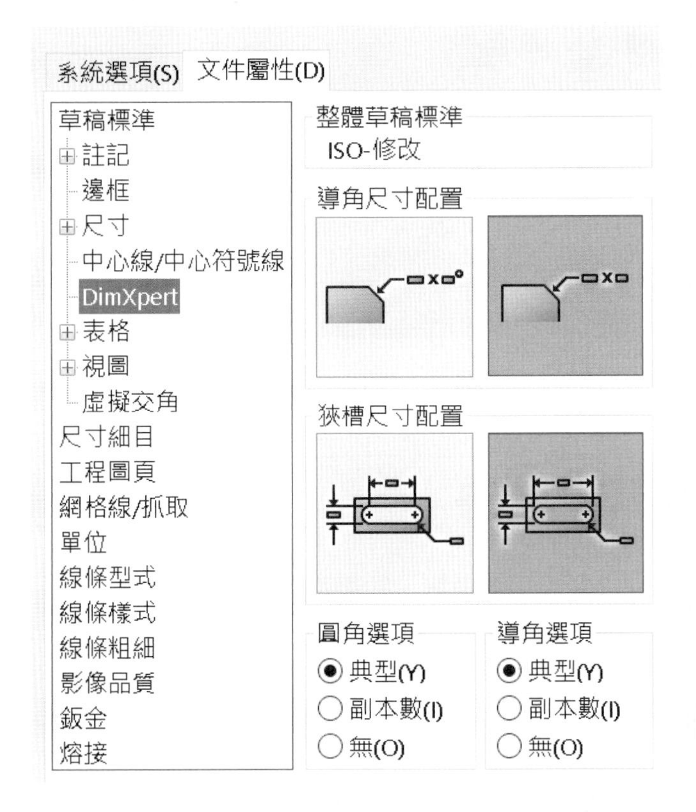

50-0 DimXpert（尺寸專家）

於工程圖屬性管理員使用 DimXpert，僅適用有模型的工程圖，不能標註在草圖中。本章功能沒有多大意義，算是疊床架屋，所以看看就好，相信未來這部分會移除。

實務上，將模型上的 DimXpert 標註傳遞到工程圖，更可說明不需要本章設定。

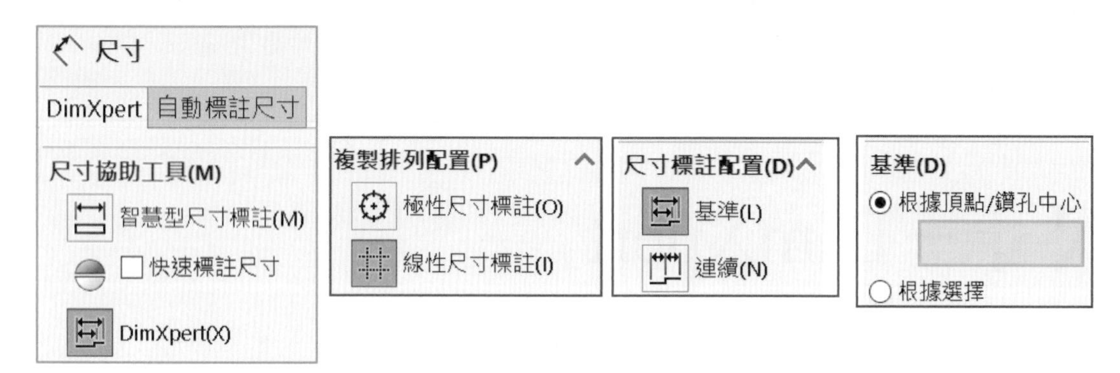

50-0-1 草圖狹槽、導角

由於草圖狹槽就能定義狹槽標註型式。

尺寸選項中也可設定導角標註型式。

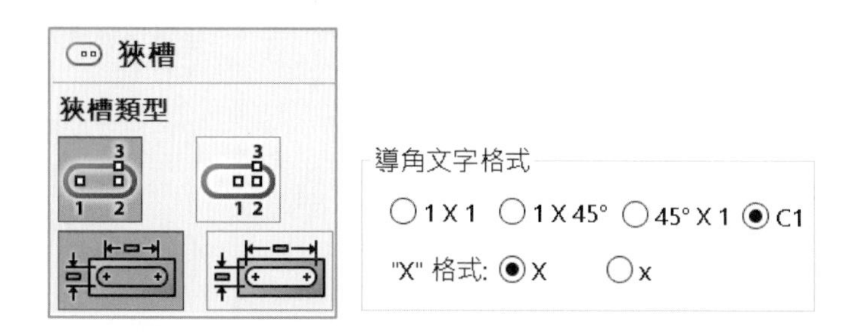

50-1 導角尺寸配置

選擇導角標註樣式：1. 距離 X 角度、2. 距離 X 距離。

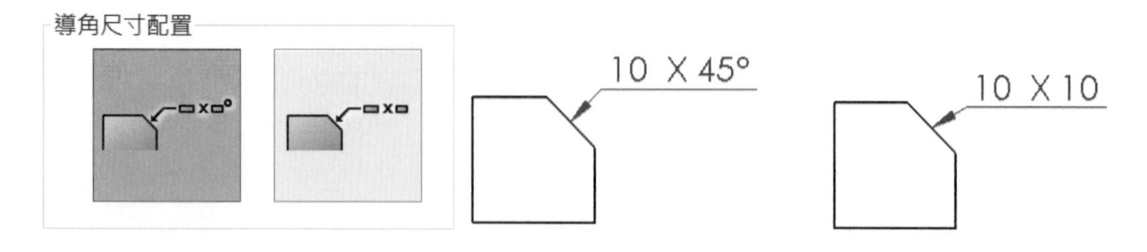

50-2 狹槽尺寸配置

選擇狹槽標註樣式：1. 中心到中心、2. 整體長度。

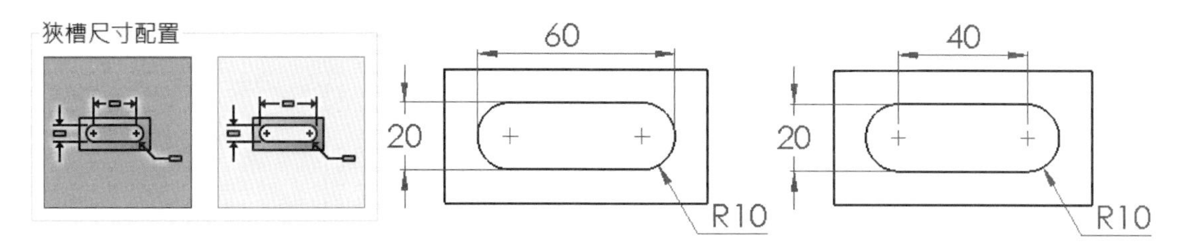

50-3 圓角選項

設定圓角：1. 典型、2. 副本數量、3. 無。

50-3-1 典型

插入相同尺寸的圓角，TYP 會出現在尺寸之後。

50-3-2 副本數量

顯示相同尺寸圓角的副本數量。

50-3-3 無

為每個圓角標註尺寸，而不論大小是否相同。

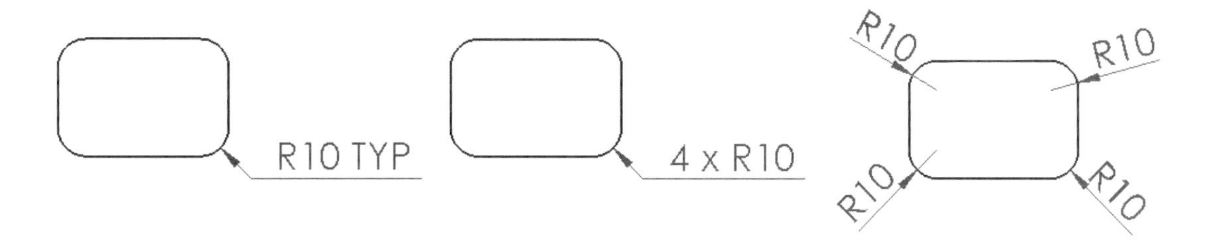

50-4 導角選項

承上節，說明相同不贅述。

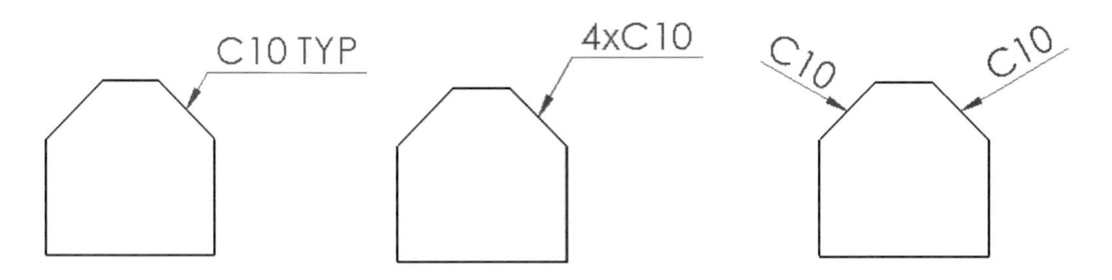

CHAPTER

51

表格

設定表格顯示：字型、範本、內距，套用在：**零件表**、**鑽孔**、**修訂版表格**…等。其實要增加**邊框**、**圖層**. . . 等共通項目會更好。

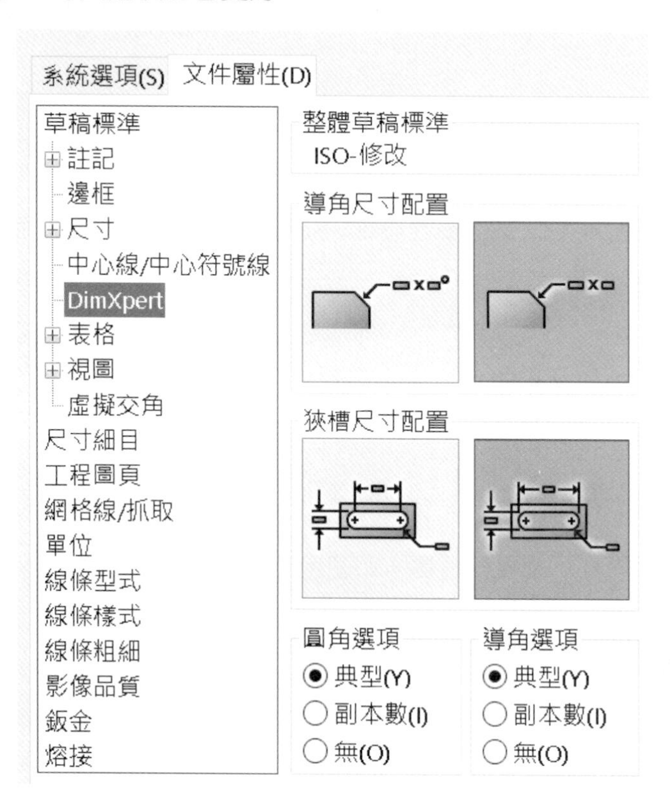

51-1 文字

設定表格字型與大小，表格文字大小通常比尺寸大。

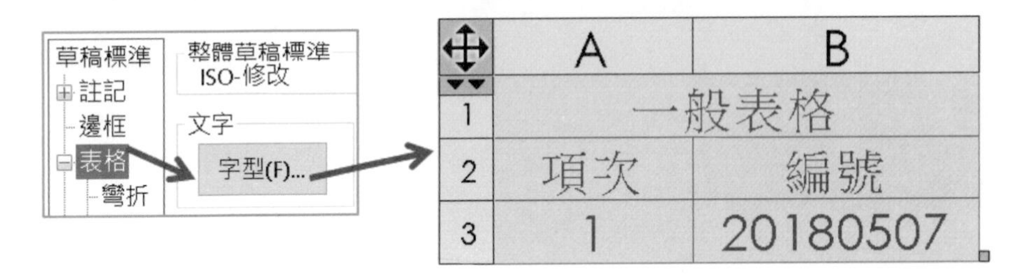

文字分 2 種：1. 視圖標示，由**註記**的文字控制、2 表格，由本節統一設定。

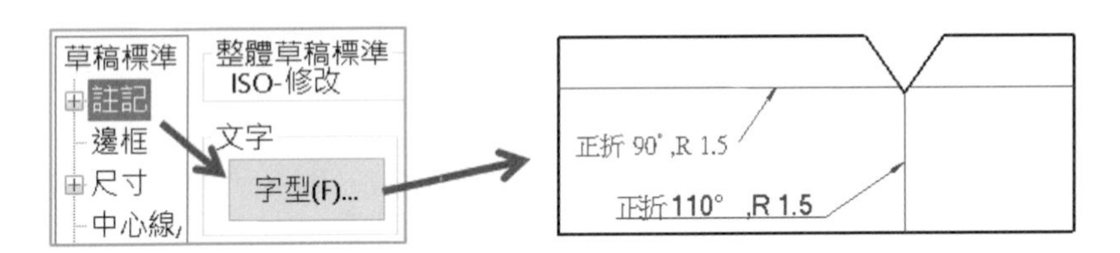

51-2 設定

設定插入的表格套用：1. 文件屬性設定，下圖左、2. 表格範本設定，下圖右。

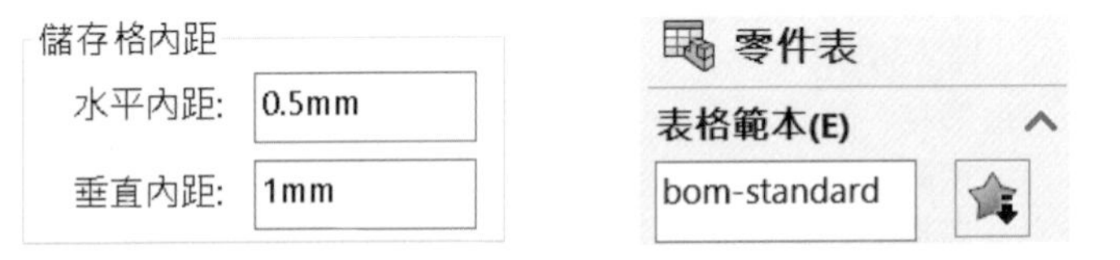

51-2-1 ☑使用範本設定

新表格使用範本設定。屬性管理員，☐使用文件設定，下圖左。

51-2-2 ☐使用範本設定

新表格使用個別表格設定。屬性管理員，☑使用文件設定，下圖中。

51-3 儲存格內距

設定表格水平寬度及垂直高度。

51-3-1 文字工具列

點選表格也可設定與**儲存格內距**（箭頭所示），下圖右。

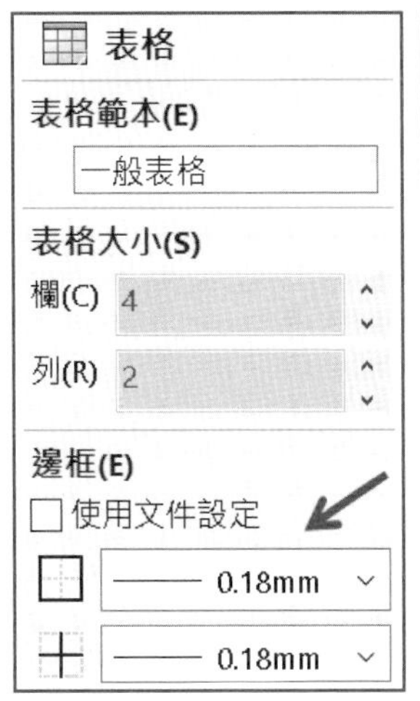

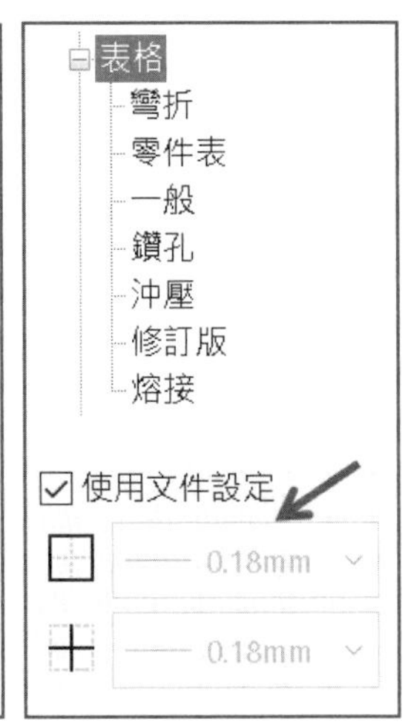

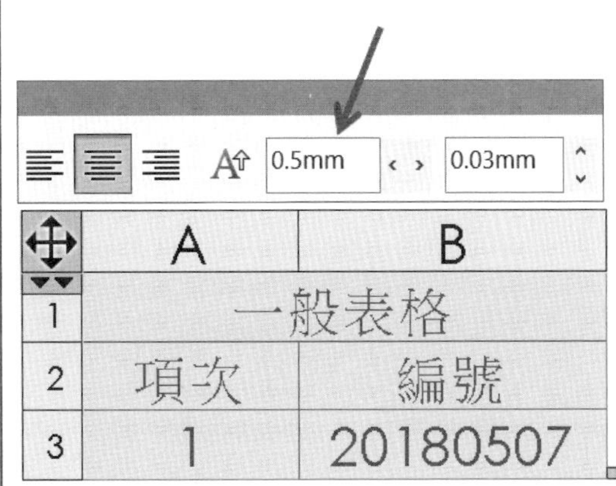

筆記頁

CHAPTER

52

表格－彎折

設定**彎折表格**的邊框線條粗細、精度、顯示彎折處...等，適用工程圖。**整體草稿標準、前置零、圖層**，先前已說明，不贅述。

系統選項(S) 文件屬性(D)

草稿標準
註記
邊框
中心線/中心符號線
DimXpert
表格
彎折
零件表
一般
鑽孔
沖壓
修訂版
熔接
視圖
虛擬交角
尺寸細目
工程圖頁
網格線/抓取
單位
線條型式
線條樣式
線條粗細
影像品質
鈑金
熔接

整體草稿標準
ISO-修改

邊框
0.18mm
0.18mm

圖層
-無-

文字
字型(F)... Century Gothic

精度
角 .12
內部半徑 .12
加工裕度 .12

字母/數字控制
A, B, C...
1, 2, 3...

前置零(I): 標準
零值小數位數(N): 僅移除零

52-0 彎折註記與表格

彎折可以在**平板型式**上以註解呈現，下圖左。也可用表格呈現，這時平板型式上註解會以代號呈現，例如：123，下圖右。

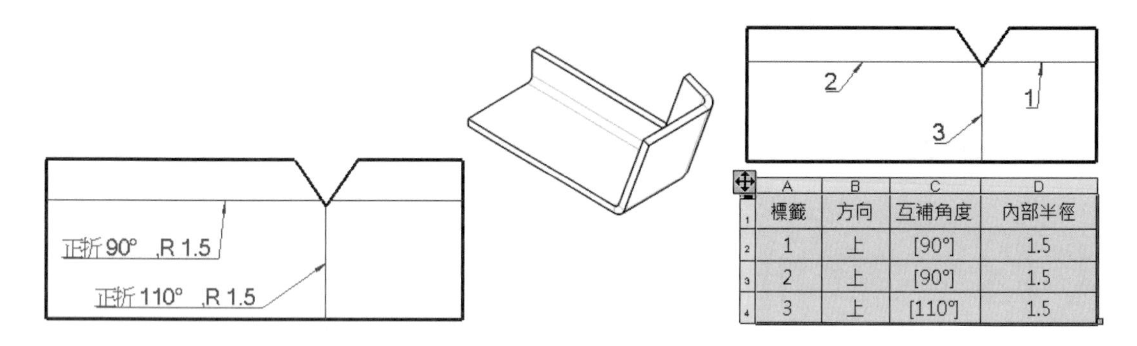

標籤	方向	互補角度	內部半徑
1	上	[90°]	1.5
2	上	[90°]	1.5
3	上	[110°]	1.5

52-1 邊框

設定表格**邊框**⊡及**分隔線**⊞線條粗細，與 Excel 框線相同。實務上，⊡與輪廓一樣粗=0.25、⊞與尺寸一樣細=0.18，讓它們統一也好管理。

52-1-1 屬性管理員設定

於屬性管理員可臨時設定：**方塊邊框**和**網格邊框**粗細。

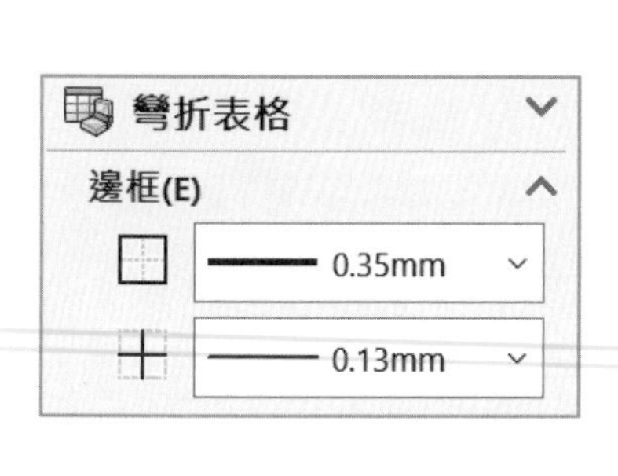

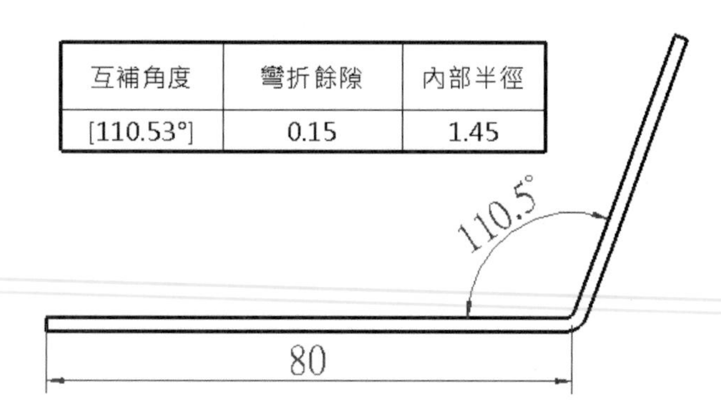

互補角度	彎折餘隙	內部半徑
[110.53°]	0.15	1.45

52-2 精度

設定表格的**彎折角度**、**刀模半徑**、**彎折裕度**精度，預設 0.12。

52-2-1 角

設定彎折角度的精度位數。

52-2-2 內部半徑

設定刀模半徑，又稱內 R 精度，下圖左（箭頭所示）。

52-2-3 加工裕度

設定**彎折裕度**的精度，下圖右。

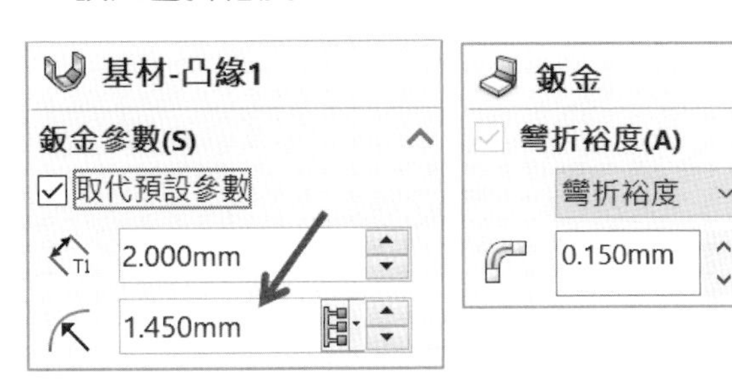

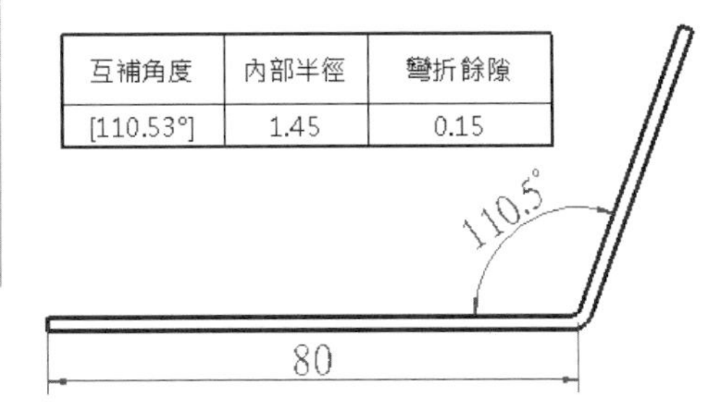

互補角度
內部半徑
彎折餘隙
[110.53°]
1.45
0.15
110.5°
80

52-3 字母/數字控制

設定**平板型式的彎折線與彎折表格**對照代號，1. 字母 ABC、2. 數字 123。

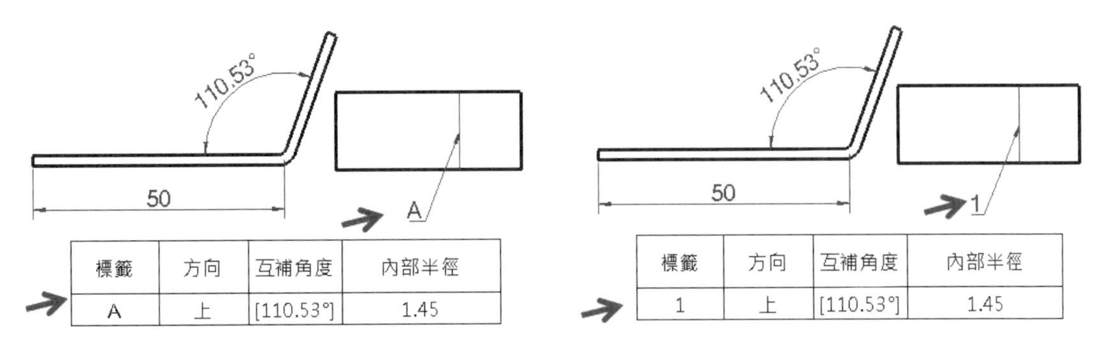

52-3-1 屬性管理員設定

於屬性管理員可臨時設定：**字母或數字**控制。

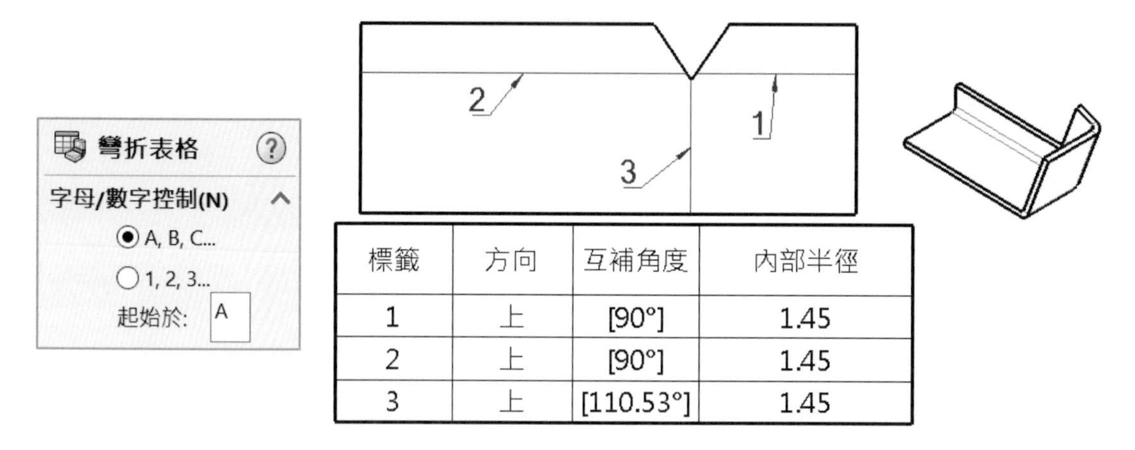

標籤	方向	互補角度	內部半徑
1	上	[90°]	1.45
2	上	[90°]	1.45
3	上	[110.53°]	1.45

CHAPTER

53

表格－零件表

設定零件表、以 EXCEL 為基礎的零件表的數量、組態、遺失模型顯示...等，為方便說明，零件表=BOM。邊框、文字、圖層，先前已說明，不贅述。

系統選項(S) 文件屬性(D)

草稿標準
註記
邊框
尺寸
中心線/中心符號線
DimXpert
表格
彎折
零件表
一般
鑽孔
沖壓
修訂版
熔接
視圖
虛擬交角
尺寸細目
工程圖頁
網格線/抓取
單位
線條型式
線條樣式
線條粗細
影像品質
鈑金
熔接

整體草稿標準
ISO-修改
邊框
0.18mm
0.18mm
圖層
-無-
文字
字型(F)... Century Gothic
零值數量顯示
破折號 "-"
零 "0"
空白
遺失的零組件
為遺失的零組件保留列
使用刪除線文字顯示
前置零(I): 標準
零值小數位數(N): 僅移除零
不要將 "數量" 加入模型組態名稱旁
不要從範本中複製數量欄位的名稱
限制僅有最上層的零件表為一個模型組態
自動更新零件表(O)

53-0 組合件零件表

本章設定和零件、組合件相同，因為零件、組合件皆可產生零件表，不需透過工程圖，且產生零件表的方法和指令皆相通。

	A	B	C
1	項次編號	零件名稱	QTY
2	1	Arm	1
3	2	Knob	1
4	3	Shaft	1

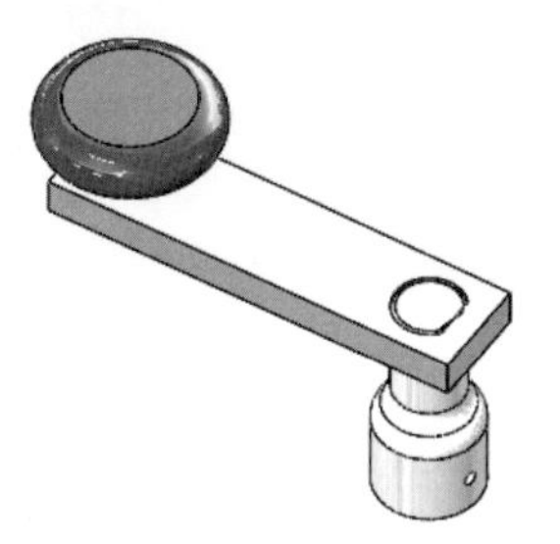

53-1 零值數量

模型數量=0，如何顯示。要完成以上作業，組合件要有控制數量的模型組態，例如：其中一各組態要抑制模型。

53-1-1 破折號“-”

表格中有大量的文字、數字和格線，“-”看起來不會很亂的感覺。

53-1-2 零“0”

實務常以 0 顯示，也最直接。

53-1-3 空白

容易誤認沒輸入到，建議不要使用。

53-1-4 屬性管理員設定

點選表格，由屬性管理員設定：1. BOM 類型：只有上層時、2. 模型組態：☑組態。

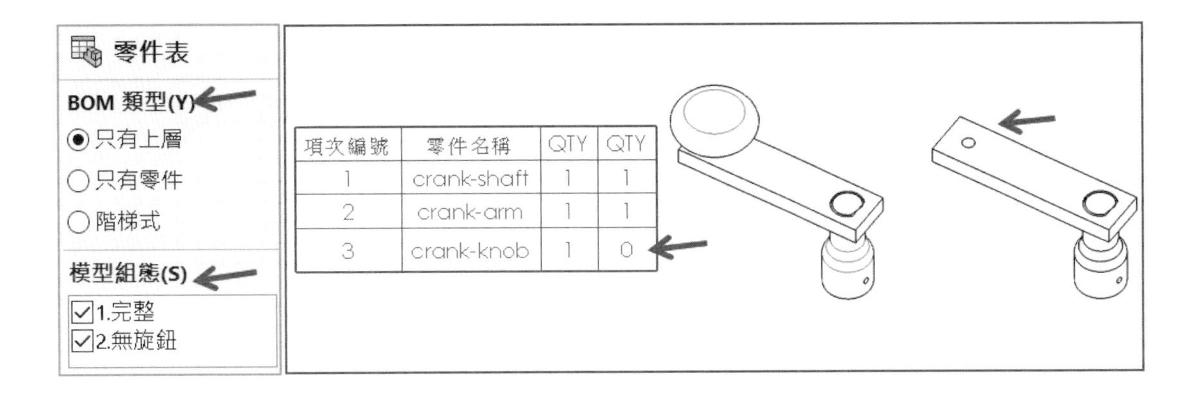

項次編號	零件名稱	QTY	QTY
1	crank-shaft	1	1
2	crank-arm	1	1
3	crank-knob	1	0

53-2 遺失的零組件

模型被刪除或抑制時，零件表如何顯示。實務上，遺失模型不呈現，比較容易看，免得很多人看錯，到時怪東怪西，或是每次都要解釋為何不顯示的現象。

傳產比較直接，沒有就拿掉，不要放有的沒的，也不要說什麼制度，例如：保留版次、要別人仔細看、有OOO要看...等。

53-2-1 為遺失的零組件保留列

遺失的模型，是否於零件表保留欄位。此設定應該稱為：保留遺失項目，因為遺失項目不見得是模型。

A ☑為遺失的零組件保留列

保留列，數量以 0 顯示。實務常看錯，很多人把 0 看成 10。

B ☐為遺失的零組件保留列

不保留列，比較俐落，推薦使用。

項次	零件名稱	QTY
1	Shaft	1
2	Arm	1
3	Knob	0

項次	零件名稱	QTY
1	Shaft	1
2	Arm	1

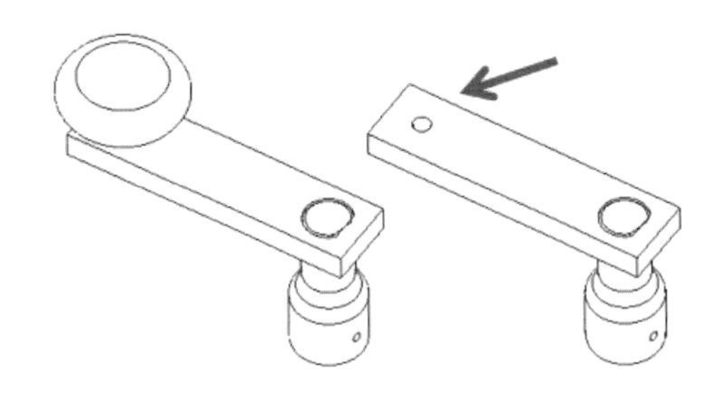

53-2-2 使用刪除線文字顯示

遺失的模型是否以**刪除線**顯示，☐**為遺失的零組件保留列**，才可使用此設定。

此設定應該稱為：**為遺失**項目使用刪除線。

A ☑使用刪除線文字顯示

遺失的模型以**刪除線**顯示，適用版次追蹤，保留紀錄。

B ☐使用刪除線文字顯示

先前已說明，不贅述。

項次	零件名稱	QTY
1	Shaft	1
2	Arm	1
~~3~~	~~Knob~~	~~0~~

項次	零件名稱	QTY
1	Shaft	1
2	Arm	1
3	Knob	0

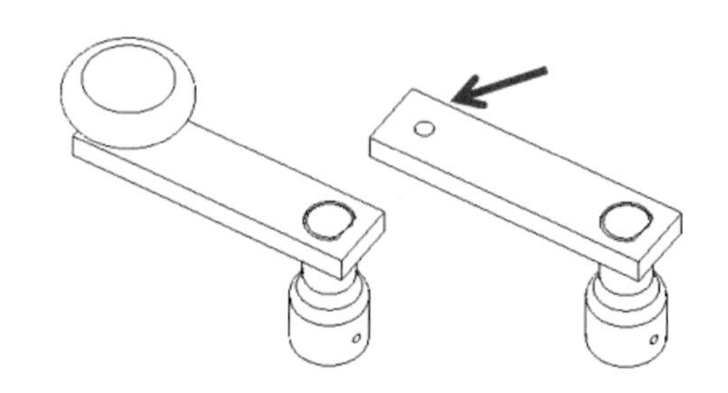

53-2-3 屬性管理員設定

點選已完成的表格，可臨時設定屬性管理員：

1. 保留遺失項目
2. 刪除線
3. 置換零組件

零件表

☑ **保留遺失的項目/列(K)**

☑ 刪除線

置換的零組件

○ 保留兩者，並為置換的新零件指定新項次編號

◉ 保留兩者，而且兩者都使用相同的項次編號

○ 保留項次編號，但不保留遭替換的零組件

○ 指定新的項目編號，但不保留置換的零組件

53-3 不要將“數量”加入模型組態名稱

數量欄位是否加上模型組態名稱，適用之後插入的表格。由於 BOM 可顯示多個組態，甚至將數量並列好對照。

53-3-1 ☑不要將“數量”加入模型組態名稱

僅顯示數量，自行認定數量屬於哪個組態，不建議這樣做。

53-3-2 □不要將"數量"加入模型組態名稱

顯示組態名稱/數量，明顯看出數量屬於哪個組態，例如：2. 無旋鈕/數量。

53-3-3 □置換在零件表中的數量名稱

要達到此效果，系統選項→工程圖→□置換在零件表中的數量名稱，下圖右（箭頭所示）。我們也希望 SW 把這項目移到這裡來。

編號	零件名稱	數量	2.無旋鈕/數量
1	Shaft	1	1
2	Arm	1	1
3	Knob	1	0

編號	零件名稱	數量	2.無旋鈕
1	Shaft	1	1
2	Arm	1	1
3	Knob	1	0

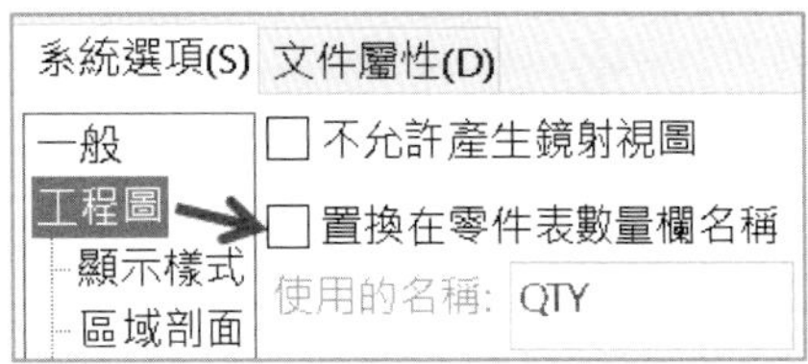

53-4 不要從範本複製數量欄位名稱

由 EXCEL 自訂數量欄位的定義，若非 SW 內建的定義，無法連結 BOM 數量。本節設定提供自定義彈性，避免不當修改範本，造成 BOM 無法連結。

由 EXCEL 名稱管理員可以看出，預設數量=模型數量。

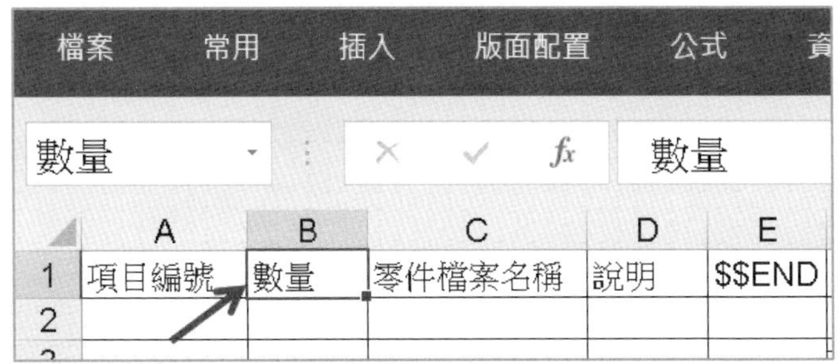

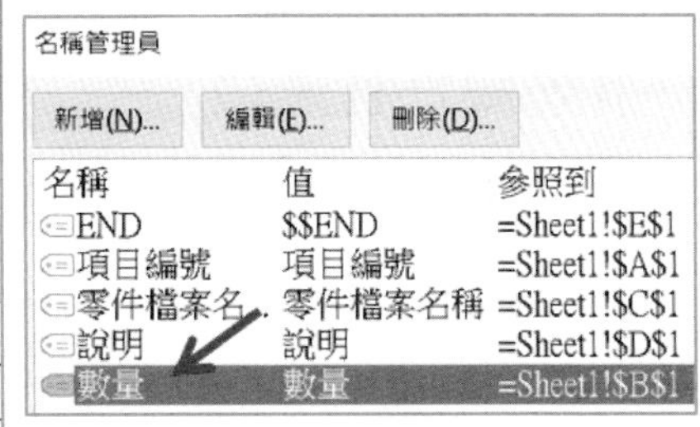

53-4-1 更該數量範例

改為數量 123，數量無法連結。

項目編號	數量	零件檔案名稱	說明
1	1	Shaft	
2	1	Arm	
3	1	Knob	

項目編號	數量	零件檔案名稱	說明
1		Shaft	
2		Arm	
3		Knob	

53-5 限最上層零件表為一模型組態

是否產生多組態零件表，僅適用零件表。此設定應該稱為：**顯示第一組態零件表的數量**。

53-5-1 ☑限最上層零件表為一模型組態

僅顯示最上層（第 1 組態）BOM 數量。1. 點選 BOM→2. **屬性管理員**的**模型組態**欄位=清單式，下圖左。

53-5-2 ☐限最上層零件表為一模型組態

可顯示多種組態 BOM 數量，並對照數量差異，推薦使用。1. 點選 BOM→2. **屬性管理員**的**模型組態**欄位=複選式，下圖右。

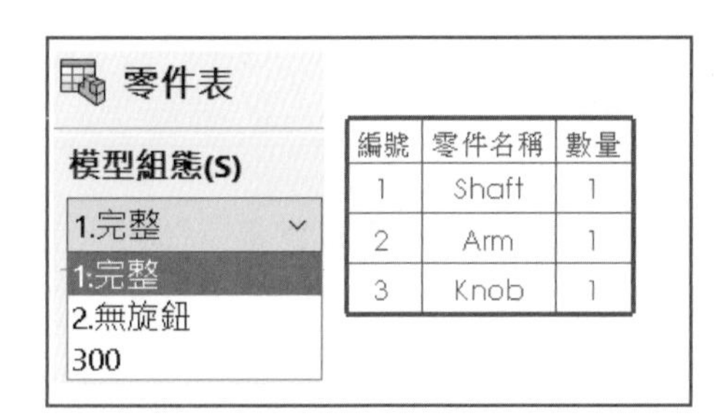

編號	零件名稱	數量
1	Shaft	1
2	Arm	1
3	Knob	1

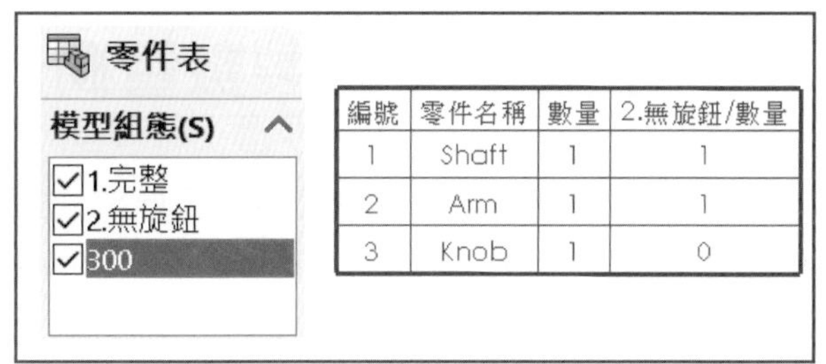

編號	零件名稱	數量	2.無旋鈕/數量
1	Shaft	1	1
2	Arm	1	1
3	Knob	1	0

53-5-3 屬性管理員

點選 BOM→於屬性管理員，僅適用 BOM 類型，☑只有上層。

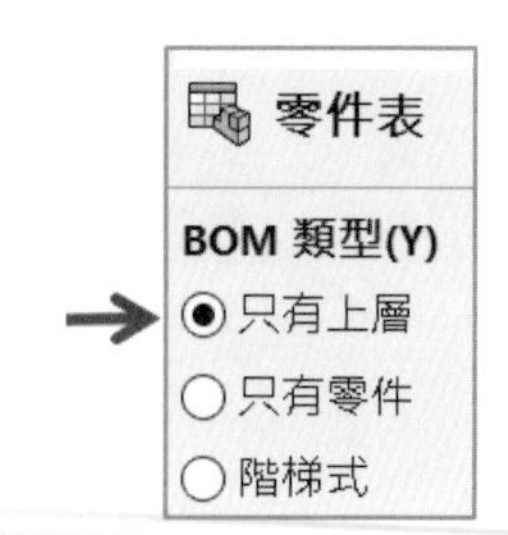

53-6 自動更新零件表

模型新增或刪除時，BOM 表是否即時更新。

53-6-1 ☑自動更新零件表

背景運作變更，甚至會影響載入時間，例如：開啟工程圖時，會更新資訊。

53-6-2 □自動更新零件表

適合設計過程，不必即時更新 BOM 最新資訊，增加運算效能。

筆記頁

CHAPTER

54

表格－一般

一般=空白表格，自行對表格分割、排序、數學關係式…等。本章應該與第 51 章表格合併，且先前已說明過，不贅述。

系統選項(S) 文件屬性(D)

草稿標準
註記
邊框
尺寸
中心線/中心符號線
DimXpert
表格
彎折
零件表
一般
鑽孔
沖壓
修訂版
熔接
視圖
虛擬交角
尺寸細目
工程圖頁
網格線/抓取
單位
線條型式
線條樣式
線條粗細
影像品質
鈑金
熔接

整體草稿標準
ISO-修改

邊框
0.18mm
0.18mm

圖層
-無-

文字
字型(F)... Century Gothic

前置零(I): 標準
零值小數位數(N): 僅移除零

筆記頁

CHAPTER

55

表格－鑽孔

設定**鑽孔表格**的配置、原點指標、註記偏移角度及距離…等。適用多孔以表格呈現，避免看錯位置，適用工程圖。邊框、文字、**前置零**、**圖層**. . . 等，先前已說明不贅述。

系統選項(S) 文件屬性(D)

草稿標準
註記
邊框
尺寸
中心線/中心符號線
DimXpert
表格
彎折
零件表
一般
鑽孔
沖壓
修訂版
熔接
視圖
虛擬交角
尺寸細目
工程圖頁
網格線/抓取
單位
線條型式
線條樣式
線條粗細
影像品質
鈑金
熔接

整體草稿標準
ISO-修改

邊框
0.18mm
0.18mm

文字
字型(F)... Century Gothic

位置精度
.12

字母/數字控制
A, B, C...
1, 2, 3...

配置
結合相同的標籤
結合相同的大小
顯示 ANSI 英制字母與數字鑽孔大小(A)

前置零(I): 標準
零值小數位數(N): 僅移除零

顯示鑽孔中心
自動更新鑽孔表格
重複使用已刪除的標籤

圖層
-無-

原點指標
標準:
根據標準

從輪廓中心的標籤角度/偏移
角度: 45.00deg
偏移: 8mm

雙重單位尺寸
雙重尺寸顯示(U)
顯示雙重尺寸顯示的單位
上方 底部 右邊 左邊

55-1 位置精度

設定鑽孔 X、Y 位置的小數位數顯示=精度。

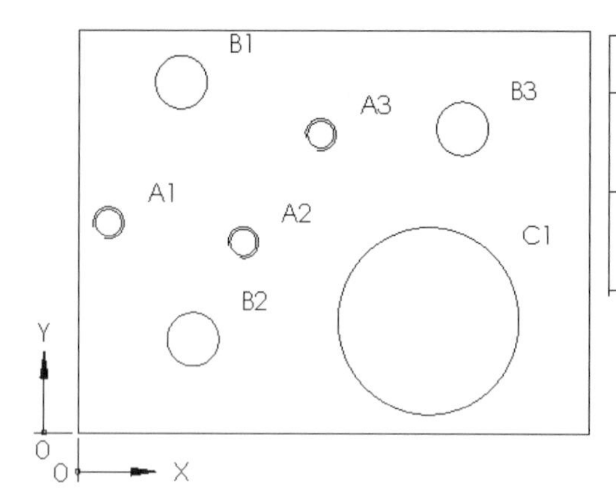

標籤	X 位置	Y 位置	尺寸
A1	5.83	39.17	∅ 5 完全貫穿 M6 - 6H 完全貫穿
A2	31.84	35.55	∅ 5 完全貫穿 M6 - 6H 完全貫穿

55-2 字母/數字控制

設定鑽孔表格的對照代號，1. 字母 ABC、2. 數字 123，常用字母顯示。

55-2-1 字母 ABC

字母有群組性，不容易看錯。由於鑽孔規格眾多，由系統自動排列孔，比較好稱呼和管理，例如：要加上 A4，不必擔心 B1 以後要排序。

若是數字要在 4 和 5 行之間加一個鑽孔，5 以後的數字要重新排序... 大概這意思。

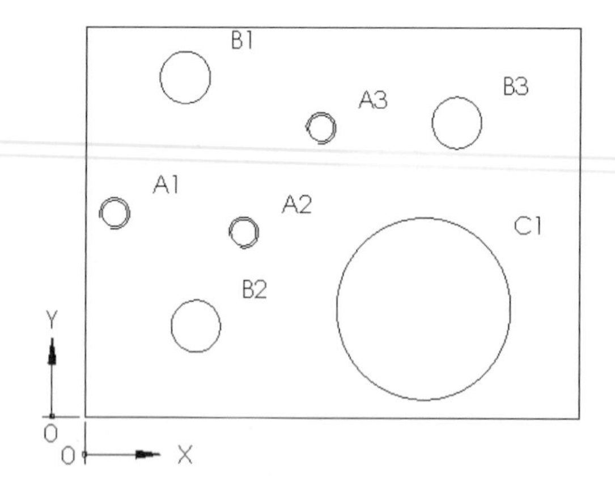

標籤	X 位置	Y 位置	尺寸
A1	5.83	39.17	∅ 5 完全貫穿 M6 - 6H 完全貫穿
A2	31.84	35.55	∅ 5 完全貫穿 M6 - 6H 完全貫穿
A3	46.98	55.64	∅ 5 完全貫穿 M6 - 6H 完全貫穿
B1	19.81	65.39	∅ 10 完全貫穿
B2	22.19	17.46	∅ 10 完全貫穿
B3	74.29	56.74	∅ 10 完全貫穿
C1	67.83	20.94	∅35 THRU

55-2-2 屬性管理員設定

於屬性管理員可臨時設定：**字母或數字控制**。

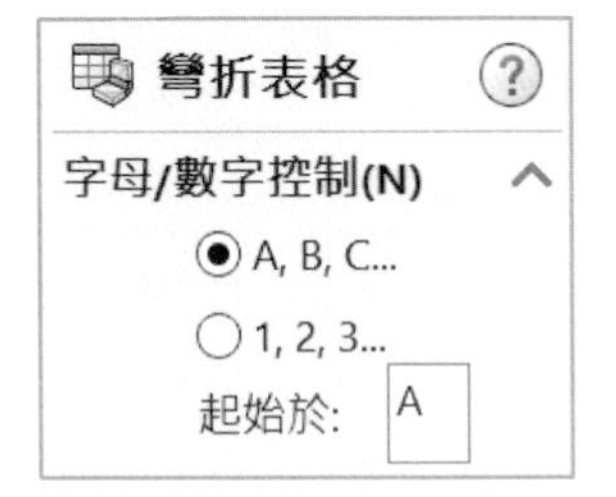

標籤	X 位置	Y 位置
A1	5.83	39.17
A2	31.84	35.55

標籤	X 位置	Y 位置
1	5.83	39.17
2	31.84	35.55

55-3 配置

設定表格的顯示，可以節省空間和多餘判斷。

55-3-1 結合相同的標籤（預設關閉）

只顯示第 1 層標籤，合併後不顯示**鑽孔**位置，會出現數量欄位（箭頭所示），用於評估孔種類及數量，作為工時或報價依據。

標籤	X 位置	Y 位置	尺寸
A1	5.83	39.17	Ø 5 完全貫穿 M6 - 6H 完全貫穿
A2	31.84	35.55	Ø 5 完全貫穿 M6 - 6H 完全貫穿
A3	46.98	55.64	Ø 5 完全貫穿 M6 - 6H 完全貫穿
B1	19.81	65.39	Ø 10 完全貫穿
B2	22.19	17.46	Ø 10 完全貫穿
B3	74.29	56.74	Ø 10 完全貫穿
C1	67.83	20.94	Ø35 THRU

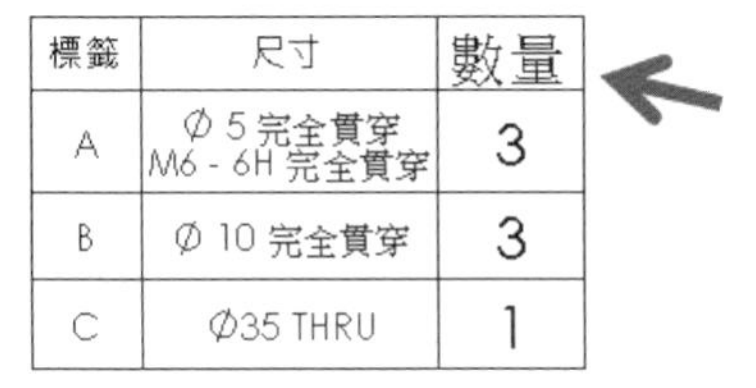

標籤	尺寸	數量
A	Ø 5 完全貫穿 M6 - 6H 完全貫穿	3
B	Ø 10 完全貫穿	3
C	Ø35 THRU	1

55-3-2 結合相同的大小（預設關閉）

將尺寸相同的鑽孔合併一個儲存格，感覺較簡潔，建議使用。

標籤	X 位置	Y 位置	尺寸
A1	20.05	54.94	
A2	128.81	25.13	M6
A3	128.81	77.77	
B1	37.12	76.21	
B2	39.50	28.28	∅10
B3	91.60	67.56	
C1	85.14	30.22	∅35 THRU

標籤	X 位置	Y 位置	尺寸
A1	20.05	54.94	M6
A2	128.81	25.13	M6
A3	128.81	77.77	M6
B1	37.12	76.21	∅10
B2	39.50	28.28	∅10
B3	91.60	67.56	∅10
C1	85.14	30.22	∅35 THRU

55-3-3 顯示 ANSI 英制字母與數字鑽孔大小

是否與**異型孔精靈**的鑽孔大小、名稱統一，僅適用 ANSI INCH，Helicoil 螺孔鑽類型。Helicoil 俗稱**螺紋護套**，用來保護母材上的孔。

標籤	X 位置	Y 位置	尺寸
A1	21.31	18.72	#12-24 完全貫穿
A2	54.19	38.95	#12-24 完全貫穿

標籤	X 位置	Y 位置	尺寸
A1	21.31	18.72	∅ 5.8 完全貫穿
A2	54.19	38.95	∅ 5.8 完全貫穿

55-3-4 屬性管理員設定

於屬性管理員的配置，可臨時設定本節項目。

鑽孔表格

配置(E)

☐ 合併相同的標籤(C)

☐ 合併相同的尺寸(S)

☐ 顯示 ANSI 英制字母與數字鑽孔大小(A)

55-4 原點指標

依清單選擇原點樣式，切換國家標準，由小縮圖可見到改變。

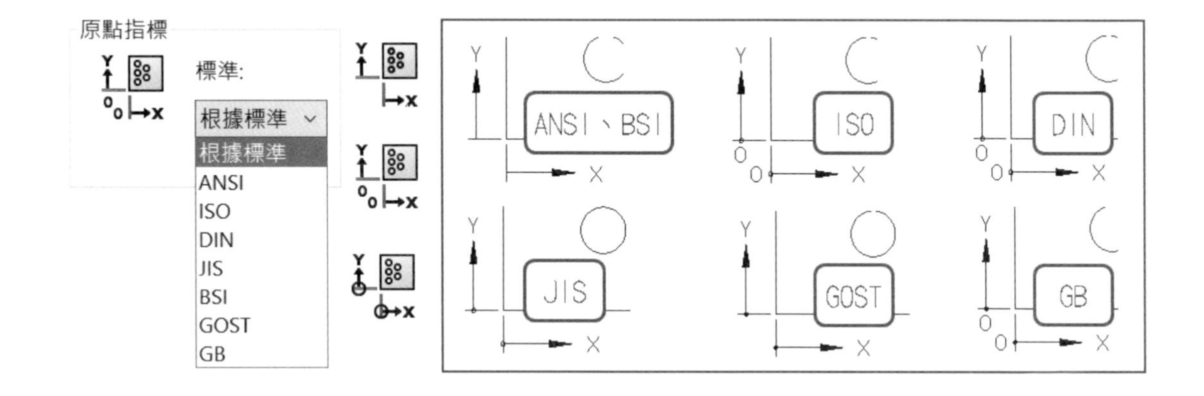

55-4-1 屬性管理員設定

點選表格於屬性管理員設定：顯示狀況，例如：**隱藏原點指標**，下圖左。

由**標示**設定 X、Y 軸定義加工基準，例如：X 軸=Y、Y 軸=X，下圖右。

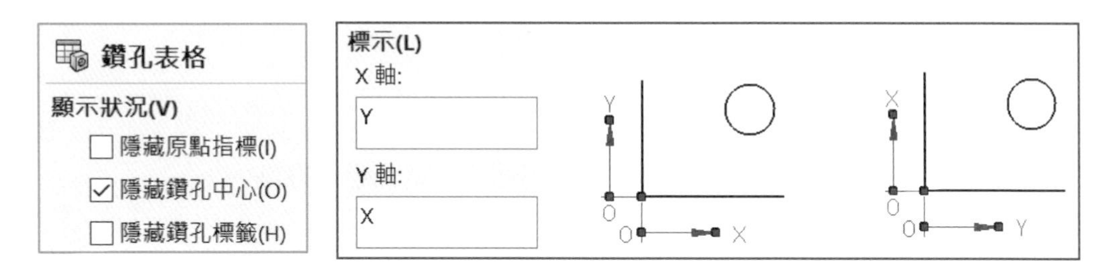

55-5 從輪廓中心的標籤角度/偏移

設定鑽孔註記（A1、B1）：1. 鑽孔中心**角度**、2. 鑽孔輪廓**距離**，例如：45 度和長度 8。設定後不會立即更改，僅適用之後的顯示。

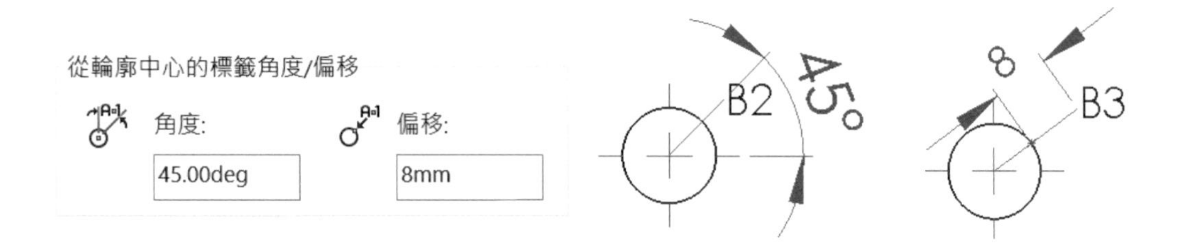

55-5-1 標籤位置

常用在標籤會不會蓋到其他輪廓，或偏移出去，下圖左。先定義理想放置，若蓋到或偏移，拖曳標籤到要的地方，下圖右。

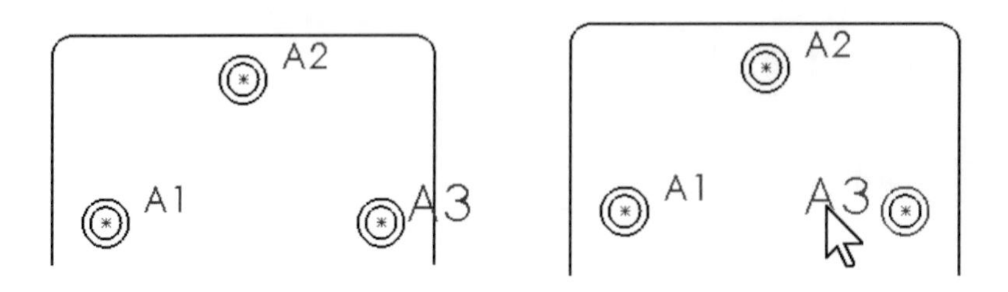

55-6 顯示鑽孔中心

是否以草圖點顯示鑽孔中心，做為參考用。

55-6-1 ☑顯示鑽孔中心

加工機（CAM）抓鑽孔點資料，常用在轉 DWG 要顯示孔中心點。

55-6-2 ☐顯示鑽孔中心

實務上，在圓或弧標上**中心符號線**，所以不顯示，以免過多標註。

55-6-3 屬性管理員設定

點選表格於屬性管理員設定：顯示狀況，隱藏鑽孔中心。

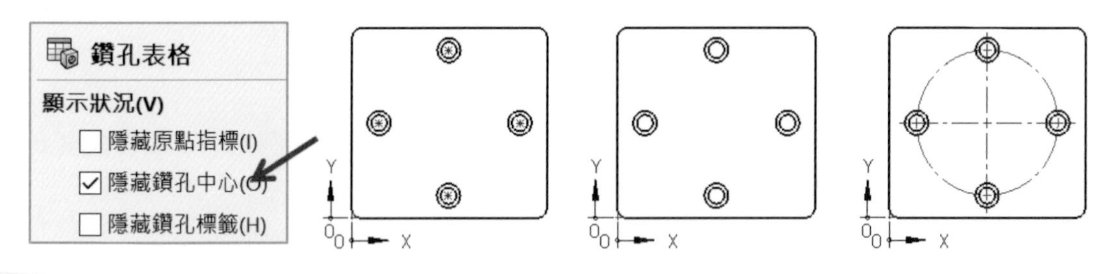

55-7 自動更新鑽孔表格

變更模型鑽孔位置，鑽孔表格是否自動更新。例如：視圖上的 A1 的 X=10、A2 的 X=40，與表格的 X 位置對不起來。自動更新觀念先前已說明，不贅述。

55-7-1 重新編號所有標籤

也可以在表格上按右鍵→**重新編號所有標籤**，下圖右。

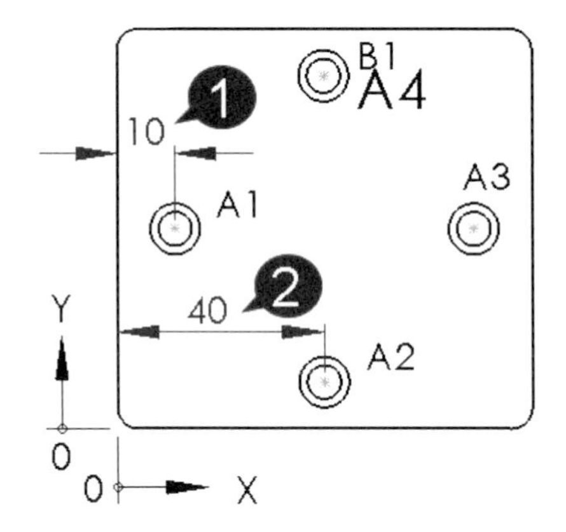

標籤	X 位置	Y 位置	尺寸
A1	14	47	Ø8 THRU 12↧5
A2	50	1	
A3	86	47	
B1	50	83	Ø8 THRU

重新編號所有標籤 (P)
重新編號連續鑽 Q)

55-8 重複使用已刪除的標籤

是否重複使用已刪除的標籤。將視圖上 A4 鑽孔標籤刪除（孔還在），鑽孔表格上的 A4 鑽孔規格不存在。重新加入該鑽孔定義後，表格會以 A4 還是 A5 出現，下圖右。

55-8-1 ☑重複使用已刪除的標籤

重新加入該鑽孔定義後，表格以 A4 出現，還是 A4 重複使用比較好。

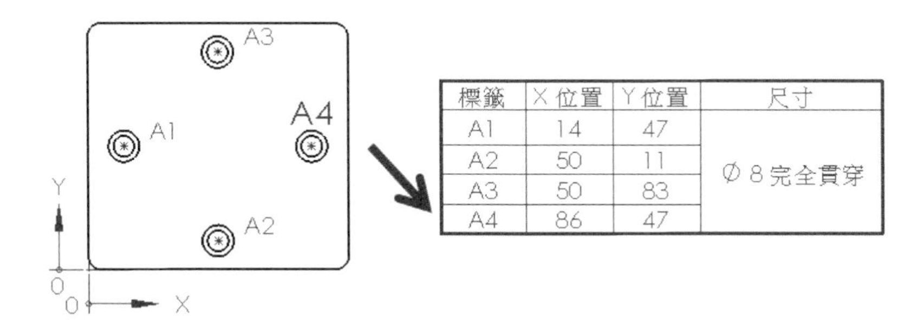

標籤	X 位置	Y 位置	尺寸
A1	14	47	Ø 8 完全貫穿
A2	50	11	
A3	50	83	
A4	86	47	

55-8-2 ☐重複使用已刪除的標籤

重新加入該鑽孔定義後，鑽孔表格會以 A5 出現（箭頭所示）。

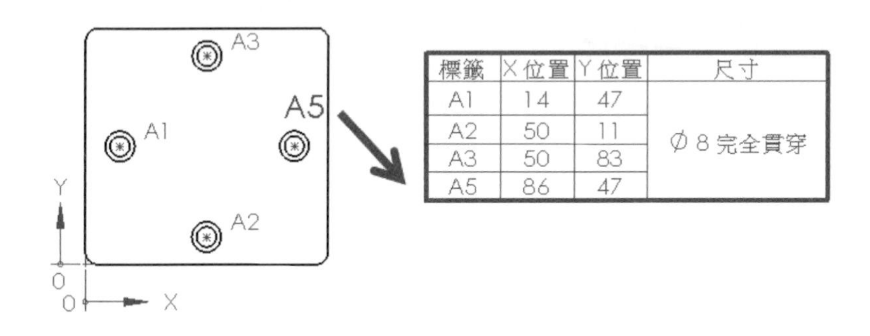

標籤	X 位置	Y 位置	尺寸
A1	14	47	∅ 8 完全貫穿
A2	50	11	
A3	50	83	
A5	86	47	

55-8-3 重新定義鑽孔

將新增的鑽孔或刪除鑽孔標籤，可以重新定義回來。

步驟 1 特徵管理員的鑽孔表格上右鍵→編輯定義

步驟 2 點選邊線/面欄位

步驟 3 點選視圖上的孔邊線

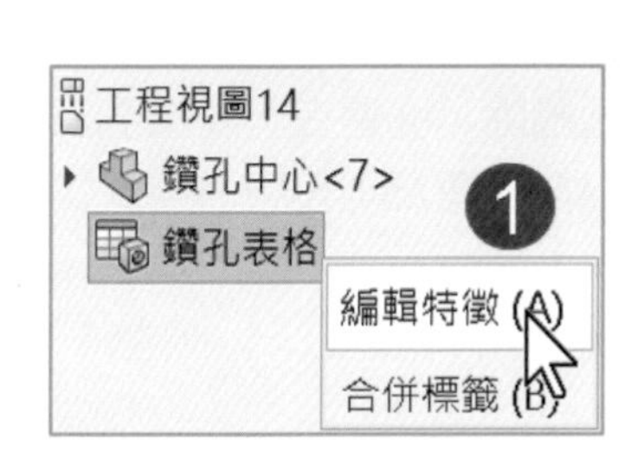

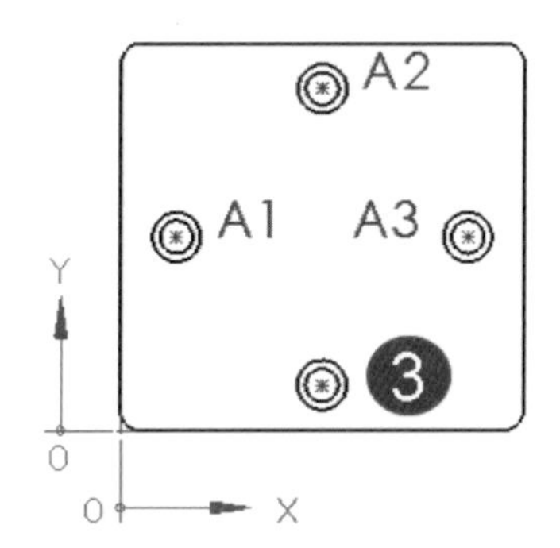

55-9 在表格尾端加入新的列

產生鑽孔表格以後，額外新增的鑽孔是否以標籤順序排列或在表格尾端加入新列。

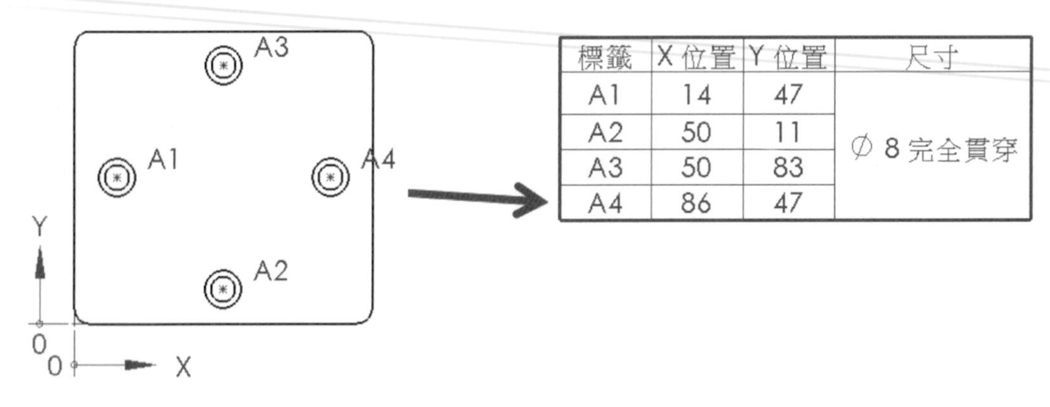

標籤	X 位置	Y 位置	尺寸
A1	14	47	∅ 8 完全貫穿
A2	50	11	
A3	50	83	
A4	86	47	

CHAPTER

56

表格－沖壓

設定鈑金沖壓表格的字母、數字控制、原點指標…等顯示，適用工程圖。沖壓表格適用平板型式視圖，為成型特徵及特徵庫加入註記，為 2012 新功能。

邊框、文字、圖層. . . 等，先前已說明不贅述。

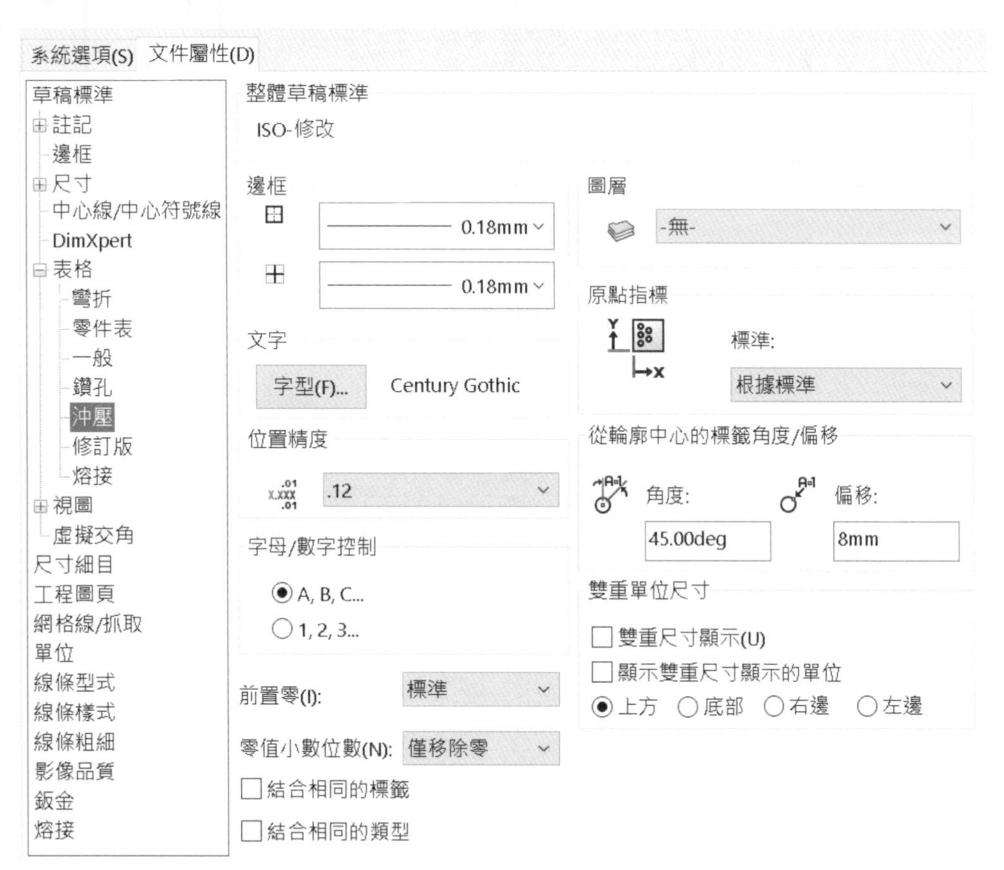

56-1 沖壓表格

將**沖壓表格**插入鈑金的平板型式視圖。沖壓表格包含成型特徵：1. 標籤位置、2. 沖壓ID、3. 角度、4. 數量。

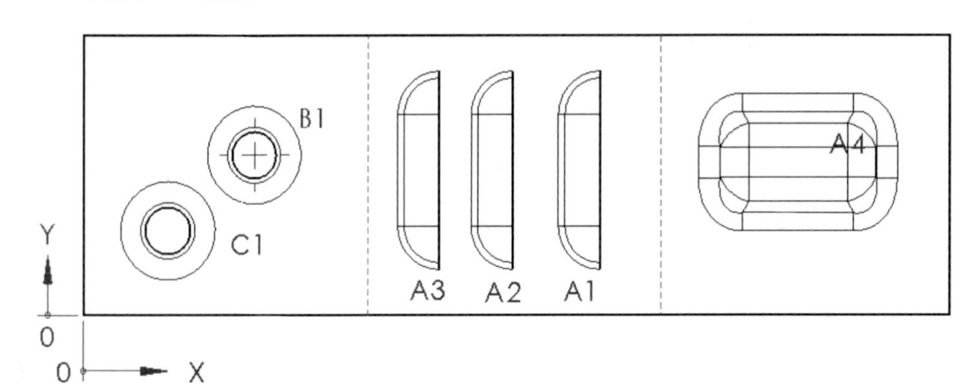

標籤	沖壓 ID	X 位置	Y 位置	角度(X 軸)	數量
A1	P1	92.86	25.89	0°	1
A2	P1	76.78	25.89	0°	1
A3	P1	63.18	25.89	0°	1
B1	P2	31.80	28.66	270°	1
A4	P1	132.12	27.30	270°	1
C1		15.65	15.15	180°	1

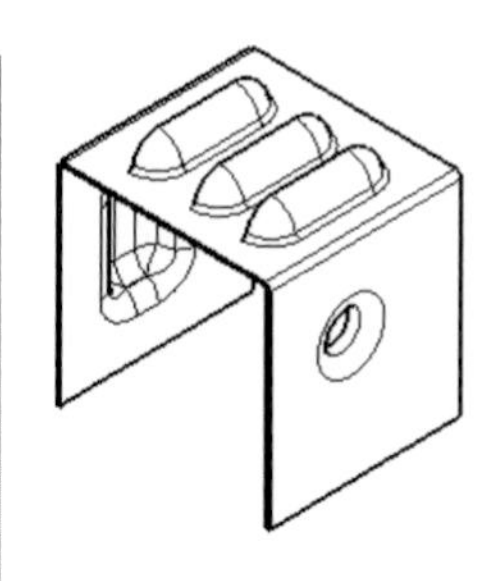

CHAPTER

57

表格－修訂版

設定**修訂版表格**的**符號形狀**、**字母/數字控制**、多圖頁樣式…等顯示，適用工程圖。**文字**、**字母/數字控制**，先前已說明不贅述。

系統選項(S) 文件屬性(D)

草稿標準
註記
邊框
尺寸
中心線/中心符號線
DimXpert
表格
彎折
零件表
一般
鑽孔
沖壓
修訂版
熔接
視圖
虛擬交角
尺寸細目
工程圖頁
網格線/抓取
單位
線條型式
線條樣式
線條粗細
影像品質
鈑金
熔接

整體草稿標準
ISO-修改

邊框
0.18mm
0.18mm

圖層
-無-

文字
字型(F)... Century Gothic

符號形狀

字母/數字控制
A, B, C...
1, 2, 3...
從使用者離開處開始
全部變更

多重圖頁樣式
請見圖頁 1 連結 獨立

57-0 修訂版表格

修訂版表格用來追蹤**修訂符號**位置和記錄原因，修訂符號以三角形內含有數字，數字=修訂次數。將放置在視圖位置，和能互相對應。

表格包含：1. 區域、2. 修訂、3. 描述、4. 日期、5. 核准。

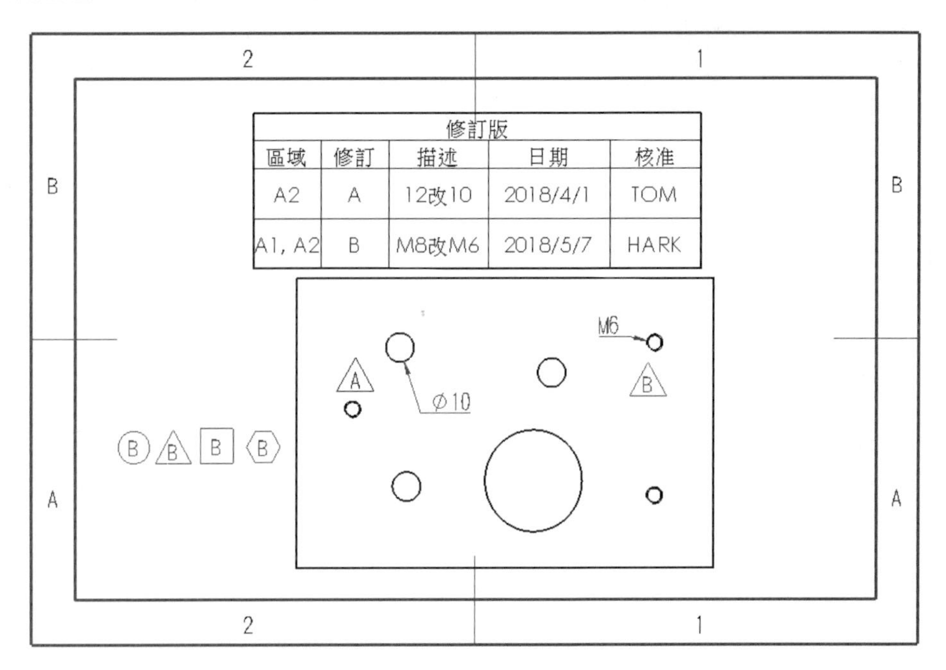

2
1
B
A
修訂版
區域 修訂 描述 日期 核准
A2 A 12改10 2018/4/1 TOM
A1, A2 B M8改M6 2018/5/7 HARK
M6
A
B
Ø10
B B B B

57-1 符號形狀

設定形狀：1. 圓形、2. 方形、3. 三角形、4. 六角形。CNS 3-1，以**三角形**顯示。

57-1-1 屬性管理員設定

指令過程可以臨時設定形狀，甚至系統選項，☑**當加入新修訂版時啟用符號**，這部分文件屬性應該要有才對（箭頭所示）。

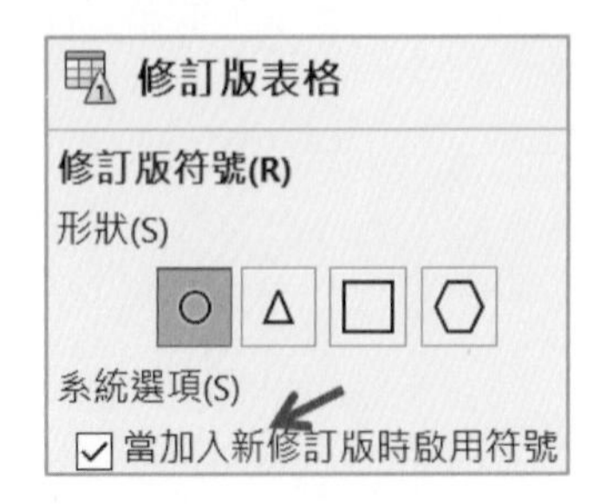

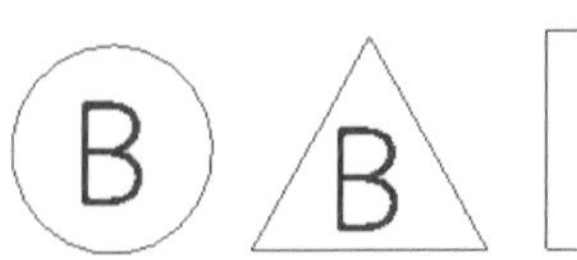

57-2 字母/數字控制

設定△樣式：1. 字母△、2. 數字△，已加入的修訂維持不變，只會變更之後加入的顯示。

這些設定會連結到**修訂表格**。

字母/數字控制
○ A, B, C...
◉ 1, 2, 3...
○ 從使用者離開處開始
◉ 全部變更

57-2-1 從使用者離開處開始

將字母→數字，下圖左（箭頭所示）。例如：已完成 A、B，接下來加入的△會從 1 開始，下圖左。這部分不太使用，否則要讓大家知道有這規則。實務上，規則不要太多。

57-2-2 全部變更

已加入的修訂符號會同步更改，下圖右。

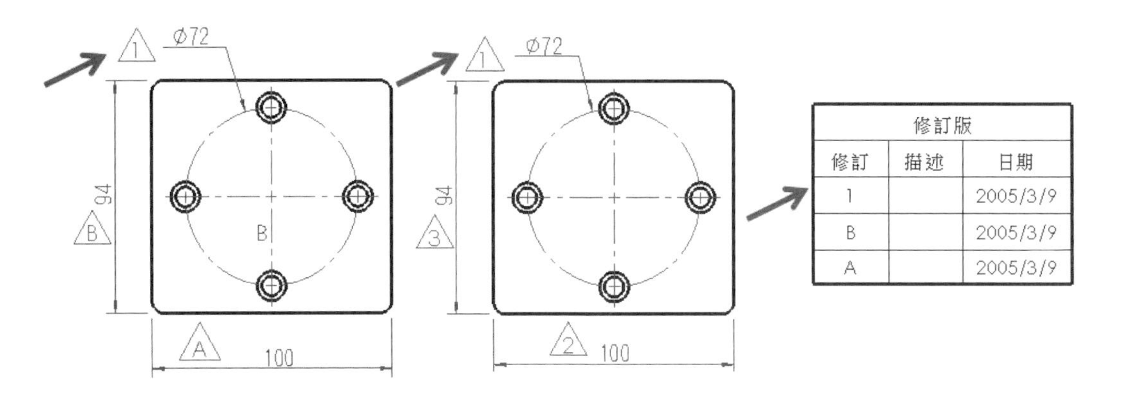

57-3 多重圖頁樣式

設定多圖頁環境下，顯示樣式：1. 請見圖頁 1、2. 連結、3. 獨立，切換這些樣式，其他圖頁的**修訂表格**會被刪除，並出現訊息，下圖左。2007 新功能。

57-3-1 請見圖頁 1（預設）

僅在**圖頁** 1 顯示**表格**詳細內容，其他圖頁**表格**會標示**請見圖頁** 1。讓 1 個工程圖檔案=單一修訂表格的唯一性，不會太亂，下圖右。

實務上，還是可以在第 2 個表格中編輯或新增文字與註解。

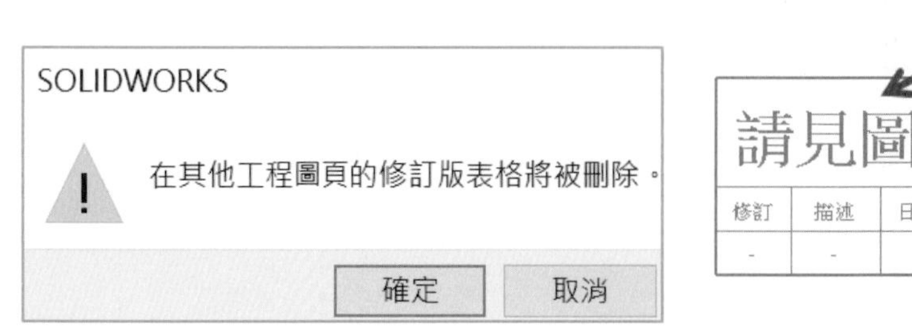

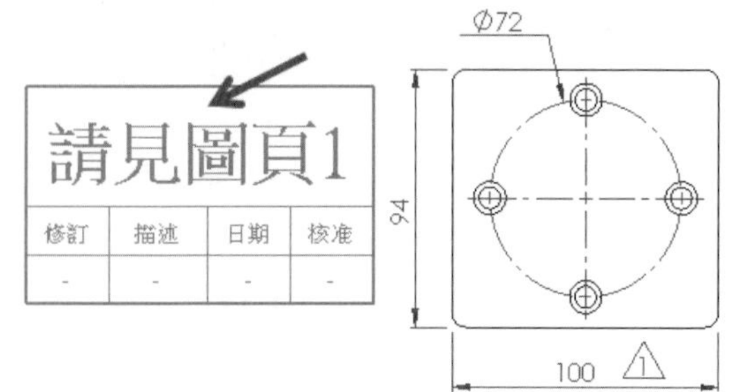

57-3-2 連結

多圖頁表格資訊相互連結，適合圖頁為相同模型。在區域位置前以數字－（Dash）表示，判斷哪張圖頁，例如：1-C5=第 1 圖頁 C5 位置。

於**屬性管理員**顯示表格為連結的（箭頭所示）。

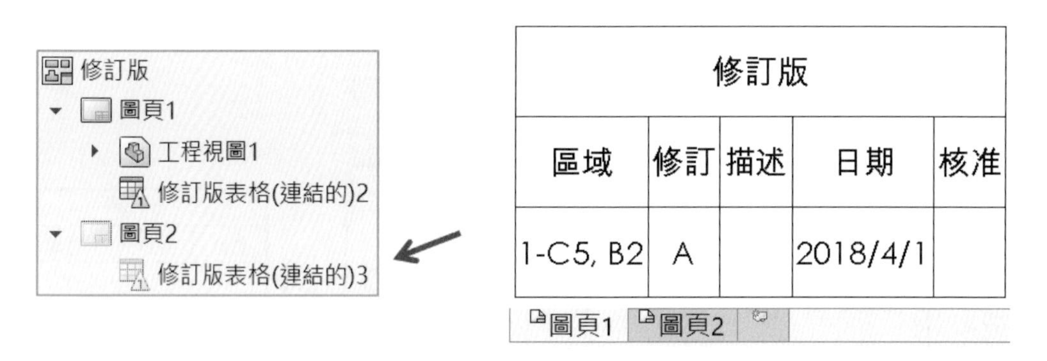

57-3-3 獨立

修訂版表格各自獨立，不與其他圖頁連結，適合圖頁內容為不同模型，或是不同圖頁使用不同的修訂版表格範本。

修訂版				
區域	修訂	描述	日期	核准
A2	A	12改10	2018/4/1	TOM
A2	B	M8改M6	2018/5/7	HARK

修訂版		
修訂	描述	日期
1		2005/3/9
B		2005/3/9
A		2005/3/9

CHAPTER

58

表格－熔接

設定**熔接表格**的邊框、字型、…等顯示，適用工程圖。**熔接**常用來表示焊道大小、符號、長度。邊框、文字、圖層...等，先前已說明不贅述。

系統選項(S) 文件屬性(D)

草稿標準
註記
邊框
尺寸
中心線/中心符號線
DimXpert
表格
彎折
零件表
一般
鑽孔
沖壓
修訂版
熔接
視圖
虛擬交角
尺寸細目
工程圖頁
網格線/抓取
單位
線條型式
線條樣式
線條粗細
影像品質
鈑金
熔接

整體草稿標準
ISO-修改
邊框
0.18mm
0.18mm
圖層
-無-
文字
字型(F)... Century Gothic
零值小數位數(N): 僅移除零

58-1 熔接表格

將熔接環境下的零件多本體產生表格，類似組合件的 BOM。表格包含：1. 項次編號、2. 數量、3. 材質、4. 描述、5. 數量、6. 長度。

實務上，不一定是熔接，只要多本體產生熔接環境，都可以產生零件 BOM 表。

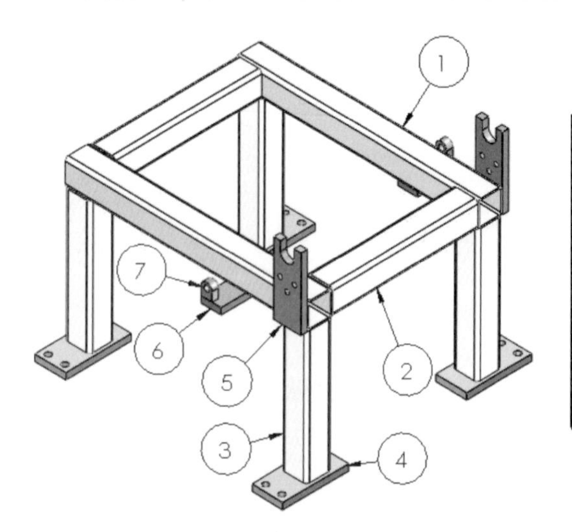

項次編號	數量	MATERIAL	DESCRIPTION	長度
1	2	純碳鋼	TUBE, SQUARE 80 X 80 X 5	780
2	2	鑄合金鋼	TUBE, SQUARE 80 X 80 X 5	470
3	4	PBT 一般用途	TUBE, SQUARE 80 X 80 X 5	410
4	4	黃銅		
5	2	可鍛鑄鐵		
6	2	可鍛鑄鐵		
7	2	可鍛鑄鐵		

CHAPTER

59

表格－標題圖塊表格

工程圖內的標題圖塊內容，可利用**標題圖塊表格**在零件、組合件顯示，適用工程圖。邊框、文字. . . 等，先前已說明不贅述。

59-1 標題欄圖塊表格

將在零件或組合件呈現工程圖的標題欄資訊，例如：圖號、料號、圖名、日期...等，重點是，不必建立工程圖就能見到這些資訊。

常用在模型轉 3D PDF 可見到 3D 模型，又可以見到模型重要資訊。

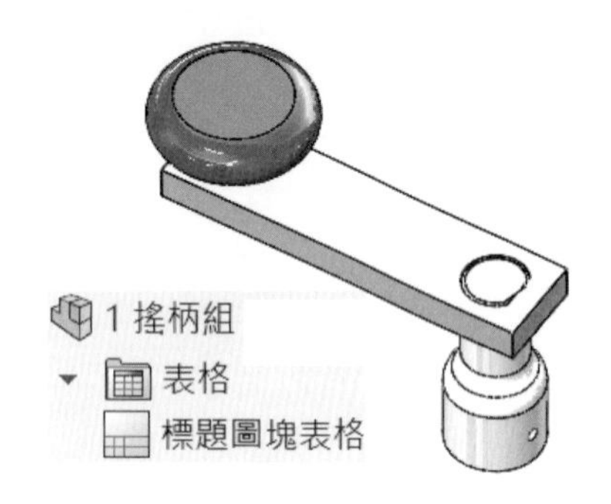

		除非另有指定:		姓名	日期	<公司名稱>	
		否則尺寸是以英吋為單位 公差: 分數 +/- 角度: 機器 +/- 彎折+/- 兩位小數 +/- 三位小數 +/-	繪製者				
			檢查者			標題:	
			工程師核准				
		解讀幾何公差 根據的標準:	製程核准				
			品管				
		材料:	註解:				
						零件名稱	修訂版
		加工處理:					
下一個組合件	使用在						
應用程式						重量:	

CHAPTER

60

零件－DimXpert

定義在模型上標尺寸，尺寸套用公差值的法則。本章說明尺寸標註過程，系統會帶出自動公差，由你自行定義的公差範圍。適用零件、組合件，設定後僅影響下一次標註。

系統選項(S) 文件屬性(D)

草稿標準
註記
尺寸
虛擬交角
表格
DimXpert
大小尺寸
位置尺寸
連續尺寸
幾何公差
導角控制
顯示選項
尺寸細目
網格線/抓取
單位
模型顯示
影像品質
鈑金
熔接
基準面顯示
模型組態
結合

整體草稿標準
ISO-修改
基材 DimXpert 標準
ISO
方法
圖塊公差 一般公差 一般圖塊公差
圖塊公差
長度單位尺寸
小數: 值:
公差 1: 2 0.01mm
公差 2: 3 0.014mm
公差 3: 4 0.0025mm
角度單位尺寸
公差: 0.01deg
一般公差
公差類別: 中等
一般圖塊公差
長度公差： 0.50mm
角度公差： 0.50deg

60-0 DimXpert

2008 推出 DimXpert，擁有自己的工具列與管理員，可以在模型標尺寸和定義公差。而 MBD 是 DimXpert 延伸，於 2015 推出（箭頭所示）。

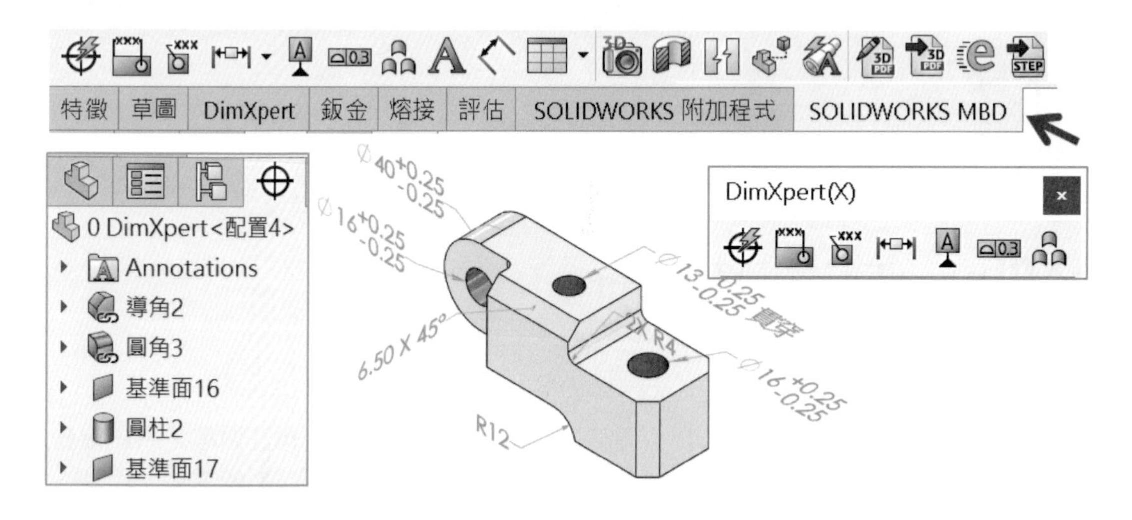

60-1 基材 DimXpert 標準

由清單選擇標準：ANSI、ISO、DIN、JIS、BSI、GOST、GB，設定 ISO 即可。

60-2 方法

設定 DimXpert 套用的公差方法：1. 圖塊公差、2. 一般公差、3. 一般圖塊公差。選擇其一方法，下方亮顯對應選項並設定。

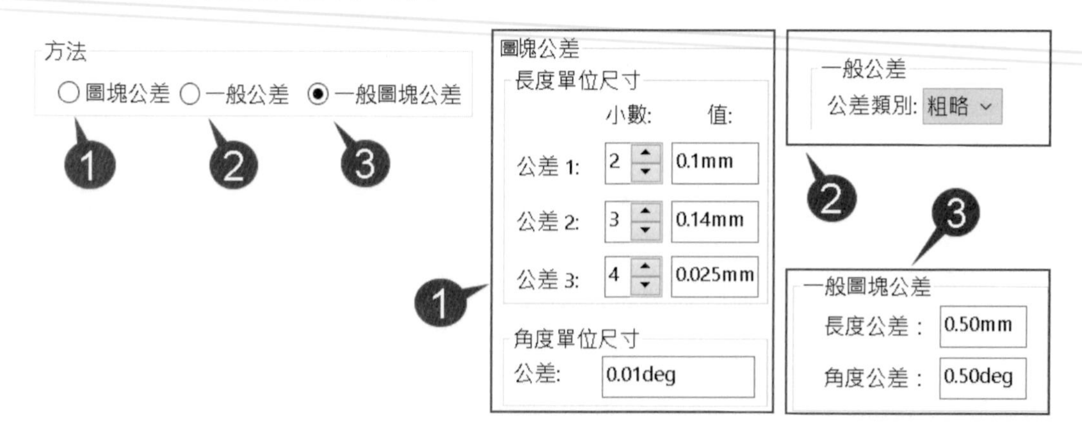

60-2-1 套用以下選項

本節設定的項目會套用在 DimXpert 之下的項目：大小尺寸、位置尺寸、連續尺寸...等。例如：指定**圖塊公差**，下圖左，於大小尺寸項目會見到預設=圖塊，下圖右。

60-3 圖塊公差

圖塊公差(Block Tolerance)=指定外公差，由尺寸的小數位數套用指定公差，例如：小數 1 位=±0.5→10.5±0.5。分別定義 1. **長度**、2. **角度**的小數位數與公差。

60-3-1 長度單位尺寸

設定公差 1、公差 2、公差 3，每種都有**小數位數和公差值**，例如：小數 1 位=±0.5、小數 2 位=±0.05、小數 3 位=±0.005。

適用英吋單位、於尺寸，零值小數位數=顯示，下圖左。

60-3-2 角度單位尺寸

設定角度公差值，常用在圓錐和錐孔。

60-3-3 屬性管理員臨時設定

點選尺寸於屬性管理員可臨時設定公差方式，例如：圖塊，下圖右。

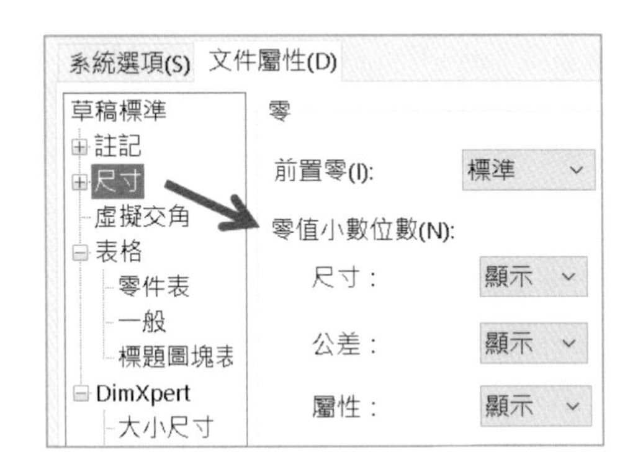

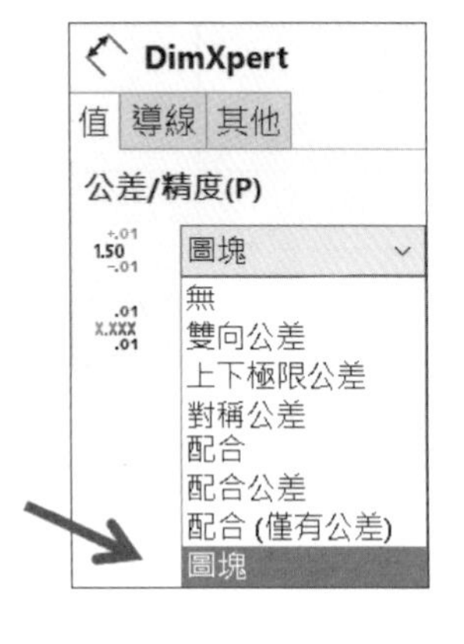

60-4 一般公差

一般公差（General Tolerance），依模型大小系統自動套用公差。

實務上，尺寸越大公差也會跟著放寬（越大）。

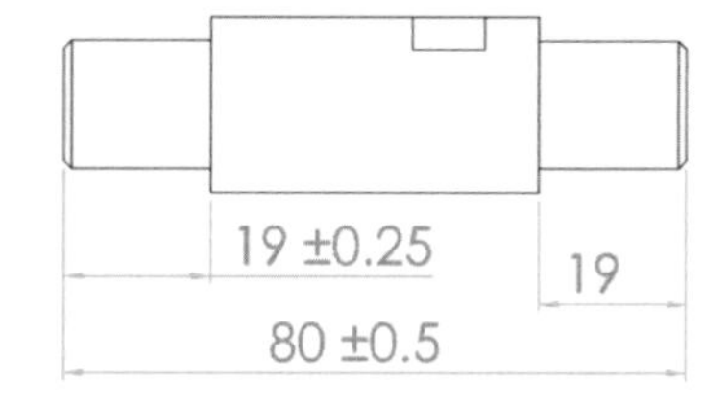

60-4-1 公差類別

由清單套用公差，以 ISO 2768-1、2768-2 公差為基礎，若沒有你要的公差值就自訂公差，由表格可見到：精細、中等、粗略、極粗略。

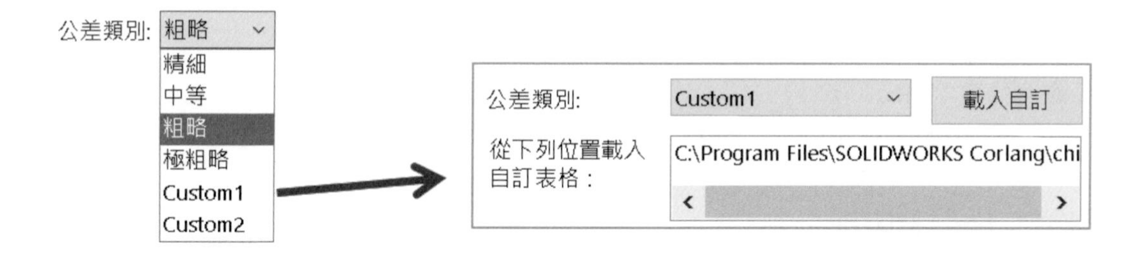

A 線性（長度）尺寸

公差等級		公稱尺寸允許的偏差					
名稱	描述	0.51～3	>3～6	>6～30	>30～120	>120～400	>400～1000
f	精細	±0.05	±0.05	±0.1	±0.15	±0.2	±0.3
m	中等	±0.1	±0.1	±0.2	±0.3	±0.5	±0.8
c	粗略	±0.2	±0.3	±0.5	±0.8	±1.2	±0.2
v	極粗略	—	±0.5	±1	±1.5	±2.5	±4

B 角度允許偏差

公差等級		根據長度（mm）所允許角的短邊的角度偏差			
名稱	描述	≤10	>10～50	>50～120	>120～400
f	精細級	±1°	±1°30'	±0°20'	±0°10'
m	中等級				
c	粗略級	±1°30'	±1°	±1°30'	±0°15'
v	極細級	±3°	±2°	±1	±1°30'

60-4-2 Custom1/Custom2，載入自訂

由 Excel 自行定義公差範圍，預設：C:\Program Files\SOLIDWORKS Corp\SOLIDWORKS \lang\english，general tolerances. XLSX。

Linear								
Designation	Description	from	over	over	over	over	over	over
		0	3	6	30	120	400	1000
		up to	up to	up to	up to	up to	up to	up to
		3	6	30	120	400	1000	2000
C1	Custom1	0.1	0.1	0.2	0.3	0.5	0.8	1.2
C2	Custom2	0.05	0.1	0.3	0.5	0.8	1	1.5

60-5 一般圖塊公差

一般圖塊公差（General Block Tolerance）顯示在**標題圖塊**。於零件、組合件，插入→表格，一般公差。

	A	B	C	D	E	F	G	H	I	J
1						一般公差表				
2	線性									
3	名稱	描述	大於	大於	大於	大於	大於	大於	大於	大於
4			0	3	6	30	120	400	1000	2000
5			到	到	到	到	到	到	到	到
6			3	6	30	120	400	1000	2000	4000
7	精細	精細	0.05	0.05	0.1	0.15	0.2	0.3	0.5	0.5
8										
9	斷裂邊緣									
10	名稱	描述	大於	大於	大於					
11			0	3	6					
12			到	到	到					
13			3	6	無限					
14	精細	精細	0.2	0.5	1					
15										
16	角度									
17	名稱	描述	大於	大於	大於	大於	大於			
18			0	10	50	120	400			
19			到	到	到	到	到			
20			10	50	120	400	無限			
21	精細	精細	1°	0.5°	0.33°	0.17°	0.08°			

筆記頁

CHAPTER

61

DimXpert－大小尺寸

定義大小尺寸的公差類型和值，適用或自動尺寸配置產生的尺寸，設定後僅影響下一次標註。

61-0 公差類型選項

每個區塊有 3 項可指定，前面 2 項相同：1 雙向、2. 對稱。至於第 3 項與 DimXpert 方法而定：1. 圖塊公差（**圖塊**）、2. 一般公差（**一般**）、3. 一般圖塊公差（**一般圖塊**）。

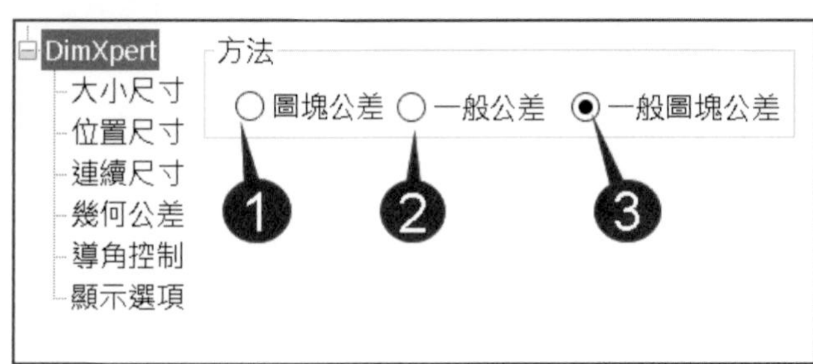

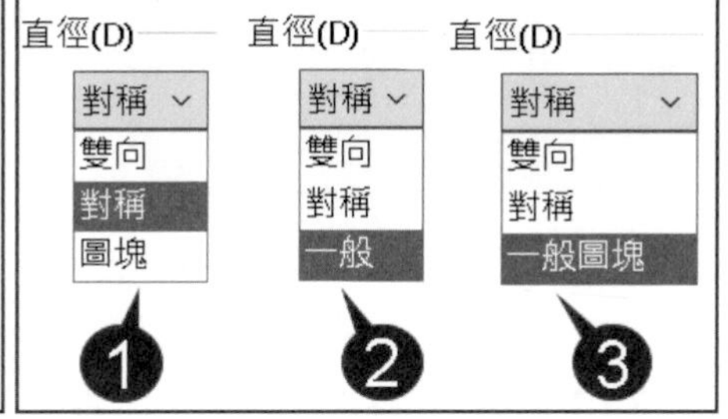

61-0-1 雙向公差、對稱公差、圖塊

每個區塊由清單設定：1. 雙向公差=正負值、2. 對稱公差：加號、減號、3. 圖塊=小數位數，下圖左。

61-0-2 一般=無公差

實務上，不是每個尺寸要給公差，通常是先標尺寸→再決定哪些要上公差。由於 DimXpert 預設是有公差型式，容易讓人誤以為尺寸要標上公差。

所以將本章所有設定=一般（無公差），再自行決定是否要定義公差。

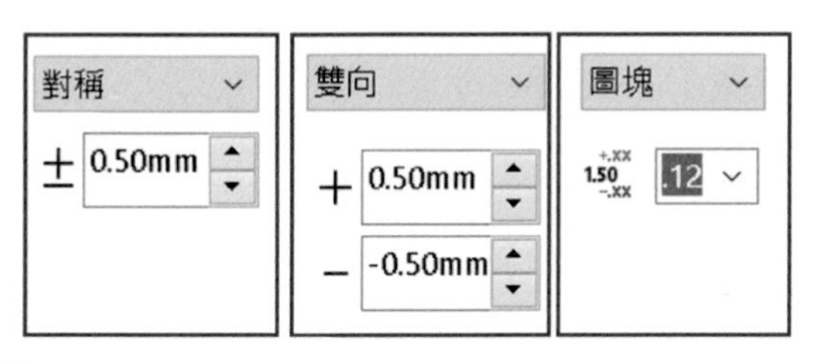

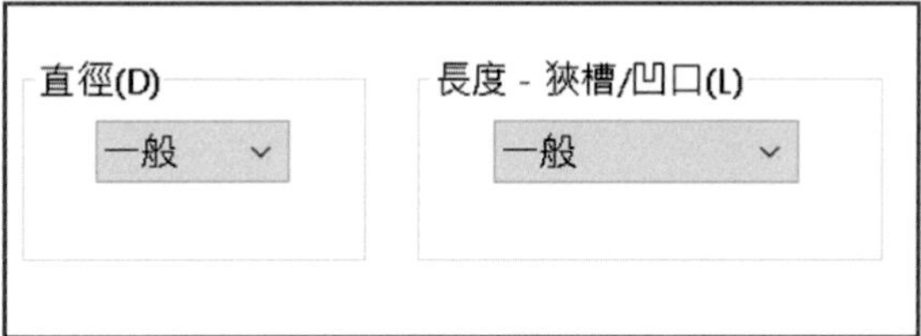

61-1 直徑、柱孔

設定直徑公差，適用：圓填料、圓除料、柱孔、錐孔（小孔/大孔）。點選圓柱面得到直徑，但不標註深度的尺寸。

61-1-1 DimXpert 管理員

於 DimXpert 管理員幾何圖示：圓柱、簡易直孔、填料標示直徑或半徑。

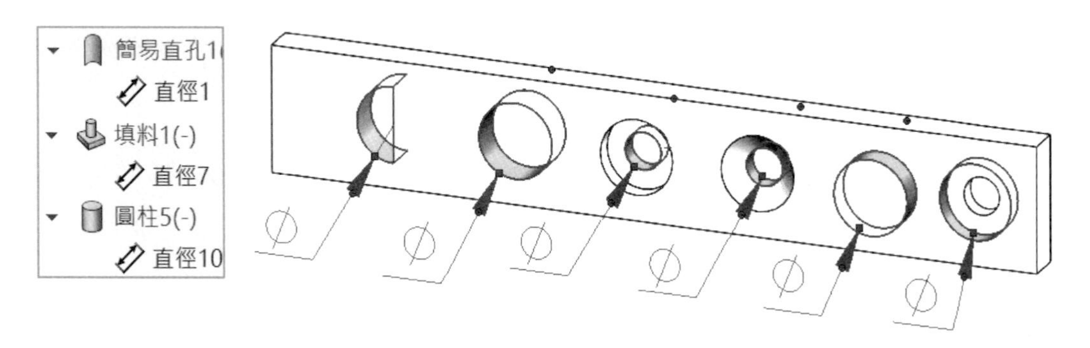

61-2 錐孔直徑、角度

設定錐孔圓邊線直徑和錐孔角度。

61-2-1 DimXpert 管理員

於 DimXpert 管理員幾何圖示：錐孔直徑、錐孔角度、小孔直徑。

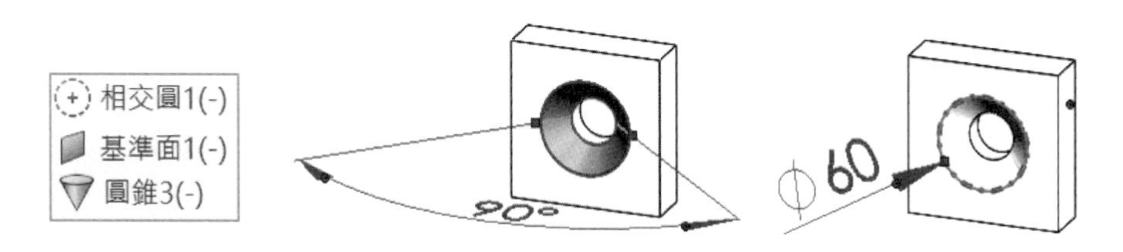

61-3 長度、寬度-狹槽/凹口

設定狹槽/凹口的長度和寬度公差，點選狹槽和凹口其中一面，會標註長度與寬度。

61-3-1 DimXpert 管理員

於 DimXpert 管理員幾何圖示：狹槽和凹口的寬度、長度。

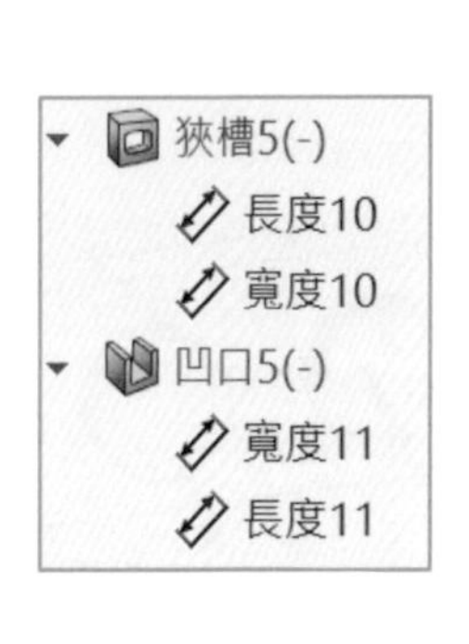

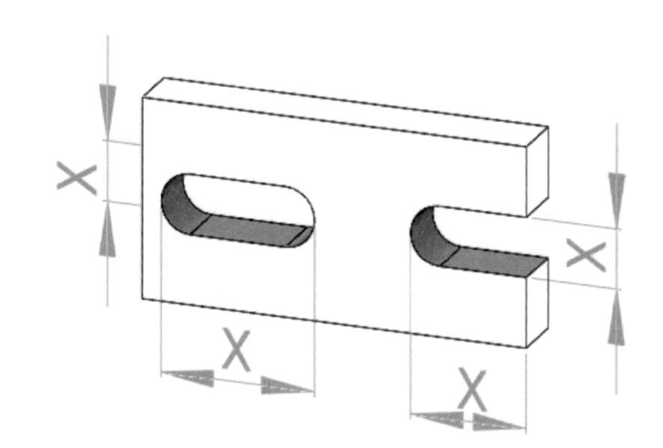

61-4 深度

設定深度公差，適用：柱坑、柱孔、錐孔、凹口、凹陷、簡易直孔、溝槽。選擇邊線會自動抓面，成為 2 面距離標註，系統以基準面定義。

不過無法點選 2 邊線最為距離。也無法點選斜線，因為斜線為大小尺寸。

61-4-1 DimXpert 管理員

於 DimXpert 管理員幾何圖示：有深度或 2 面寬度標示。

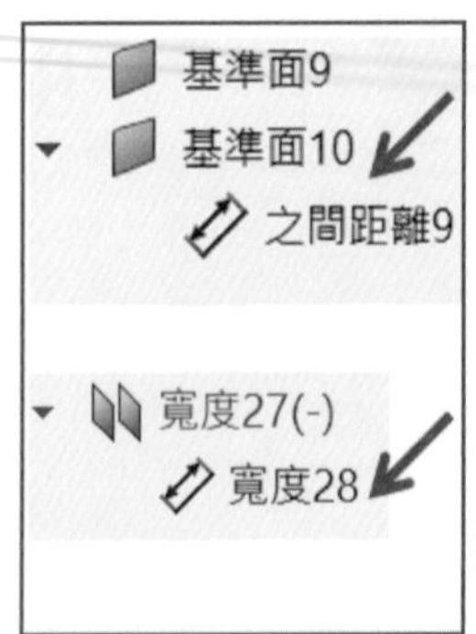

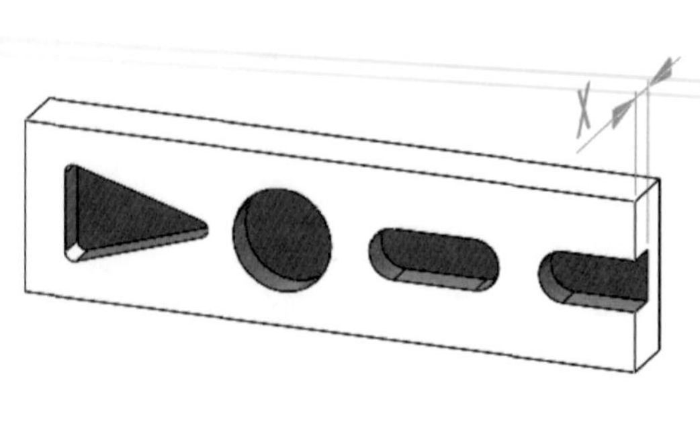

61-5 圓角半徑

設定圓角公差，點選弧邊線或面標註半徑 R，如果有相同半徑會標示數量，適用圓角特徵，例如：圓角特徵有 2 個 R10 面，系統標示 2xR10。

61-5-1 DimXpert 管理員

於 DimXpert 管理員幾何圖示：關聯圓角與半徑尺寸。

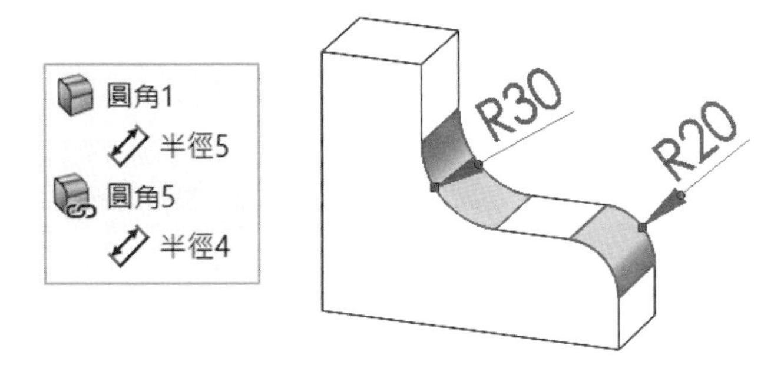

61-6 導角

設定導角公差，點選導角斜面標註導角距離與角度，適用導角特徵。

61-6-1 DimXpert 管理員

於 DimXpert 管理員幾何圖示：導角連結角度或深度。

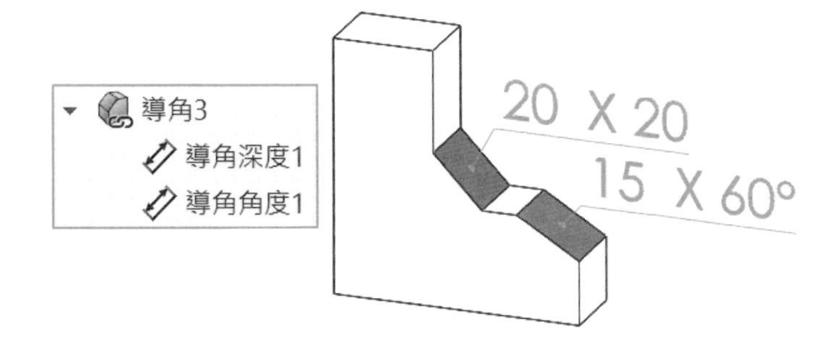

61-7 相交圓

設定**相交圓（虛擬交角）**公差，標註模型經導圓角會消失的交線。圓錐不一定要有，只是圓錐外型比較好表達相交圓特性。

61-7-1 DimXpert 管理員

於 DimXpert 管理員幾何圖示：得到相交圓、基準面和圓錐。

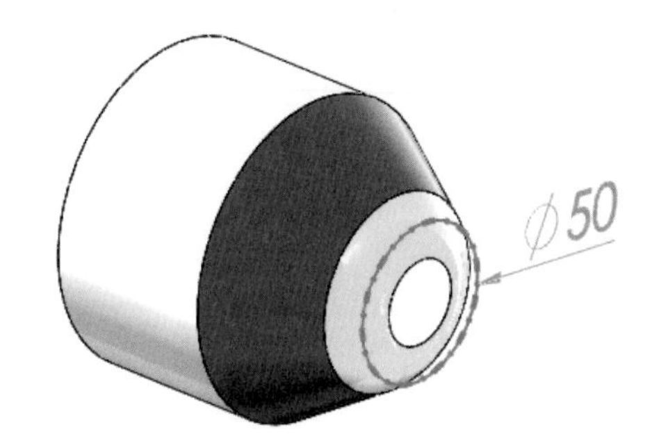

CHAPTER

62

DimXpert－位置尺寸

定義**位置尺寸**的公差類型和值，以便套用至兩個特徵間所定義的新產生之直線及角度尺寸。適用或**自動尺寸配置**產生的尺寸，設定後僅影響下一次標註。

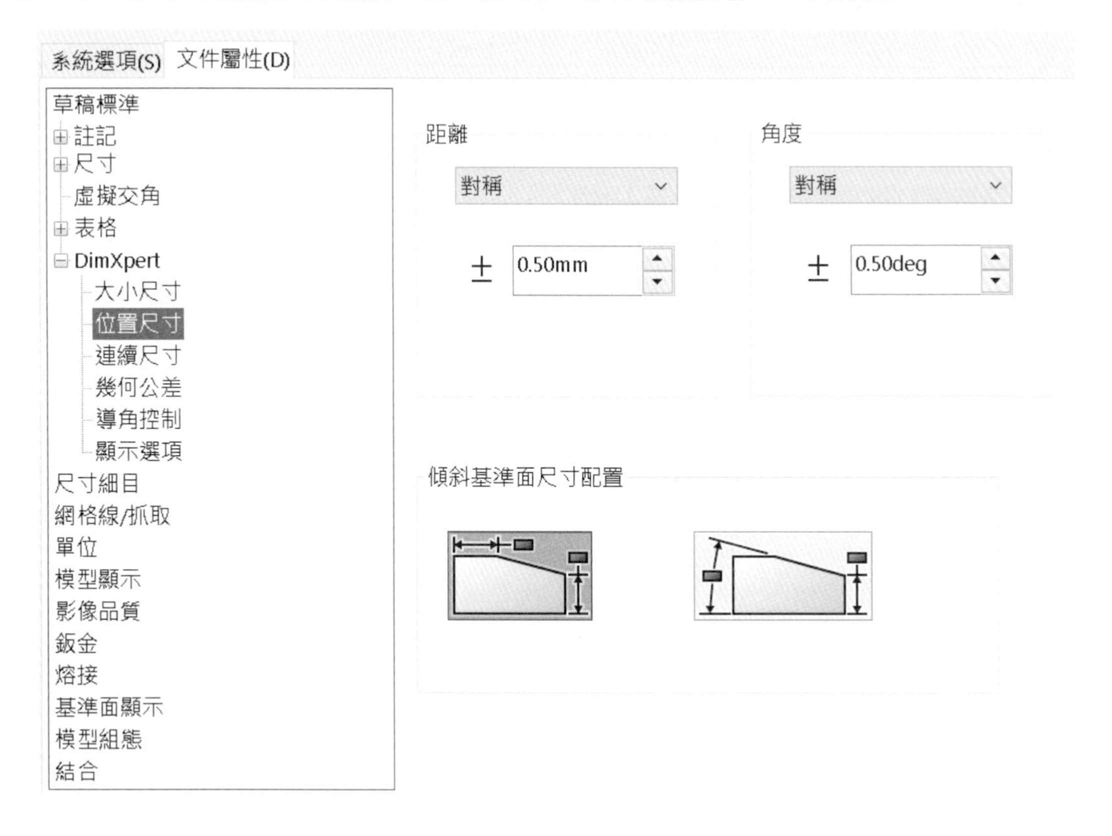

62-1 距離、角度

設定距離公差，點選邊線或 2 面，會得到 2 平面的距離/角度。實務上，會將本節設定為一般（無公差），自行設定公差比較適合。

62-1-1 DimXpert 管理員

於 DimXpert 管理員幾何圖示：基準面之間距離、之間角度。

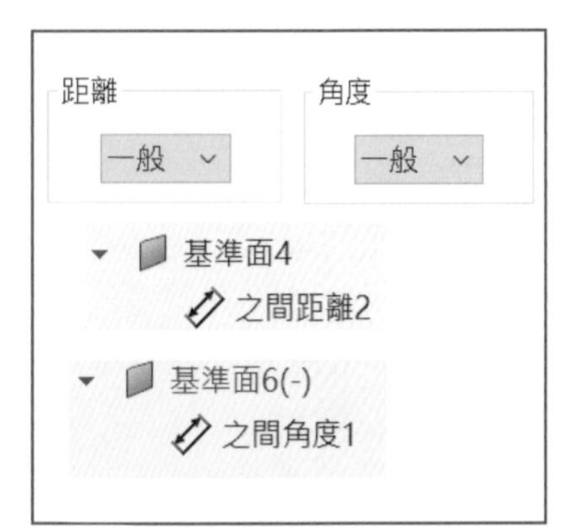

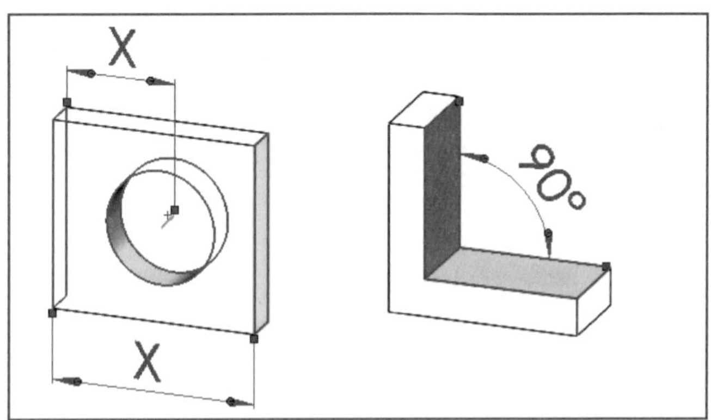

62-2 傾斜基準面尺寸配置

使用**自動尺寸配置**時，有角度特徵以哪種型式標註：1. 線性、2. 線性及角度。比較常用線性及角度。

62-2-1 DimXpert 管理員

於 DimXpert 管理員幾何圖示：基準面之間距離和相交線，而相交線=使用自動加入的虛擬線段。

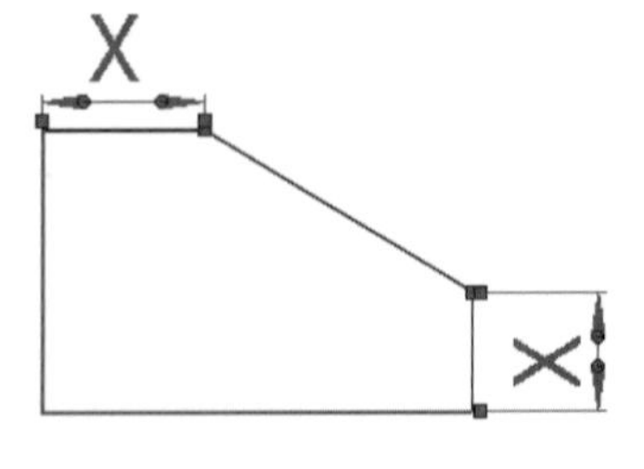

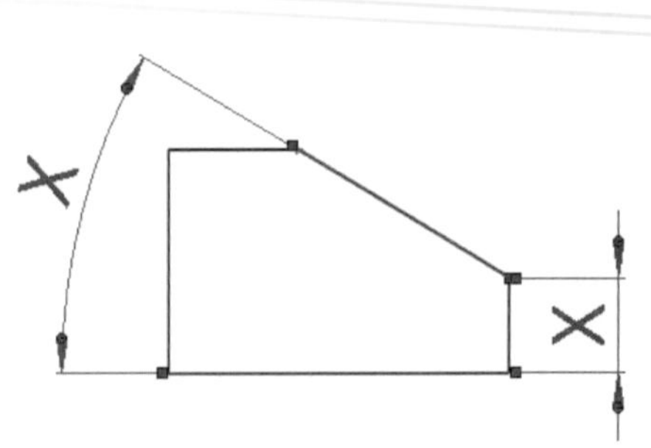

CHAPTER

63

DimXpert－連續尺寸

定義**自動尺寸配置**產生的尺寸配置和公差類型和值，設定後僅影響下一次標註。

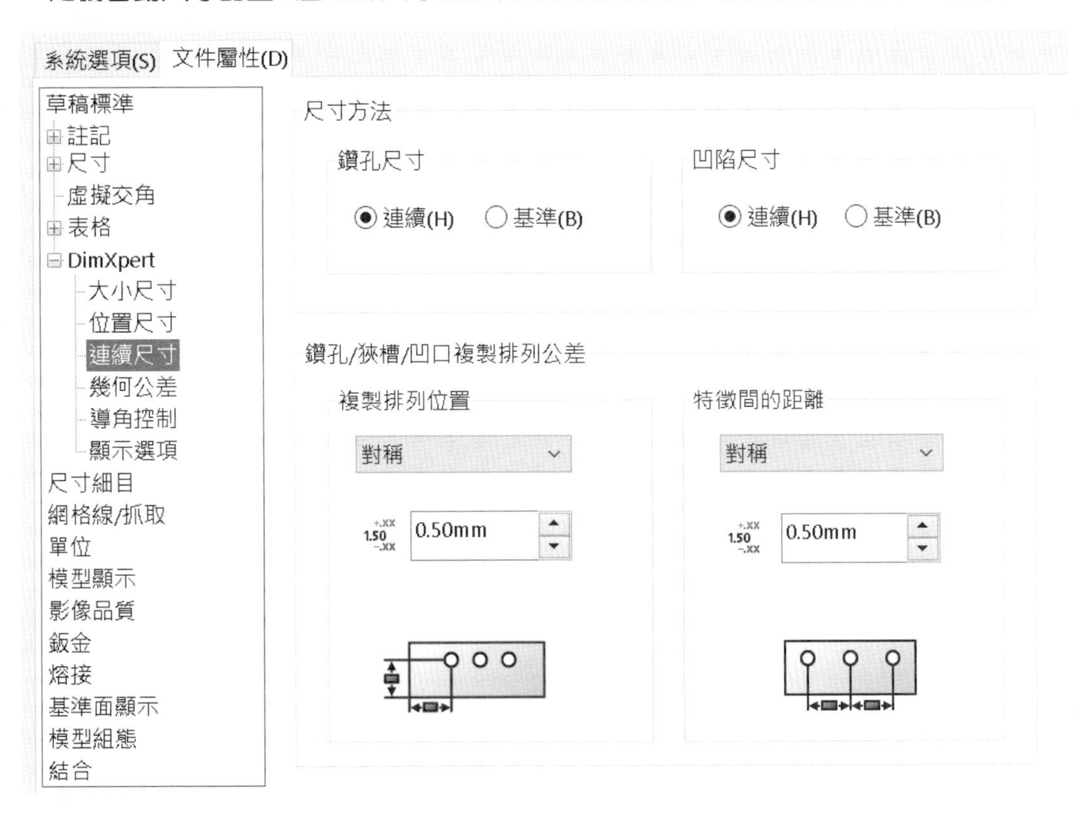

63-1 尺寸方法

定義🜊套用在**鑽孔**、**凹陷特徵**的標註方式，實務上**連續標註**比較常用（箭頭所示）。

63-1-1 鑽孔尺寸

用於柱孔、錐孔、圓柱、溝槽...等尺寸配置，下圖左。

63-1-2 凹陷尺寸

定義除料特徵的尺寸配置，下圖右。

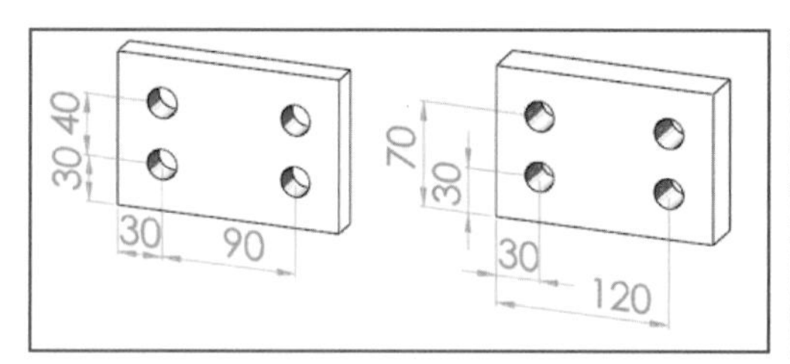

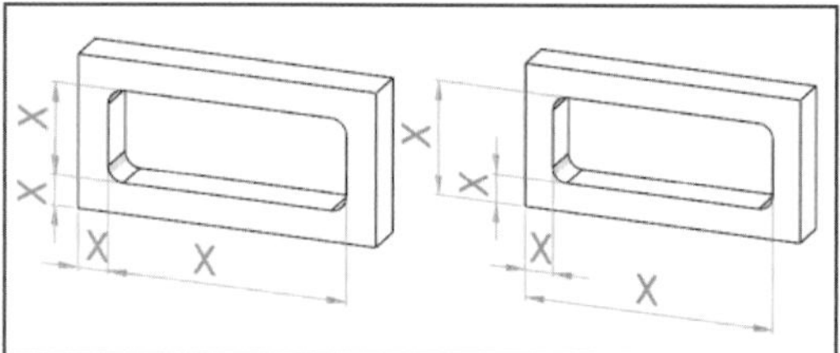

63-2 鑽孔/狹槽/凹口複製排列公差

設定🜊產生的尺寸公差類型和值，分別為：1. 複製排列位置、2. 特徵間的距離。實務會將本章所有設定**一般**（**無公差**），自行設定公差比較適合。

63-2-1 複製排列位置、特徵間的距離

設定第一個特徵，下圖 X。設定特徵之間尺寸的公差類型和值，下圖 Y。

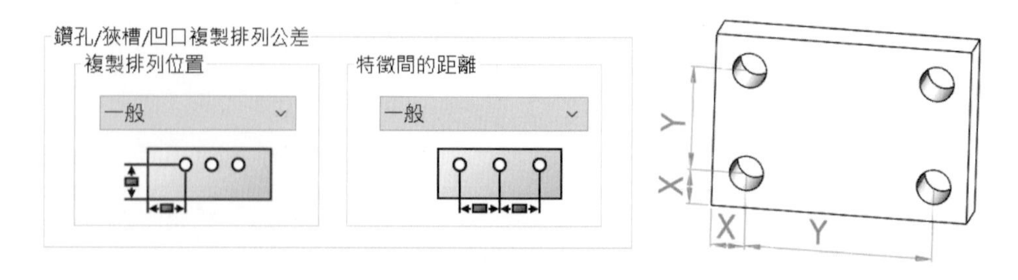

CHAPTER

64

DimXpert－幾何公差

定義**自動尺寸配置**的**幾何公差**預設公差值和準則，設定後僅影響下一次標註。坦白說至 2018 止，DimXpert 在模型放置不好用，有些必須工程圖標示。

系統選項(S) 文件屬性(D)

草稿標準
註記
尺寸
虛擬交角
表格
DimXpert
大小尺寸
位置尺寸
連續尺寸
幾何公差
導角控制
顯示選項
尺寸細目
網格線/抓取
單位
模型顯示
影像品質
鈑金
熔接
基準面顯示
模型組態
結合

☑ 套用 MMC 至大小的基準特徵(M)
用做第一的基準: 形式 gtol
0.05mm
用做第二的基準: 方位或位置 gtol
大小的特徵: 0.10mm
基準面特徵: 0.10mm
用做第三的基準: 方位或位置 gtol
大小的特徵: 0.20mm
基準面特徵: 0.20mm
基本尺寸
☑ 產生基本尺寸(C)
◉ 連續(H) ○ 基準(B)
○ 極性(P) 5

位置
☑ 在 MMC(M)
☐ 複合(O)
0.50mm
0.25mm
曲面輪廓
☐ 複合(E)
0.50mm
0.25mm
偏轉
0.10mm

64-1 套用 MMC 至大小的基準特徵

當**基準特徵**為大小特徵時，是否要在基準欄位中放置 MMC 符號（箭頭所示）。

Maximum Material Condition（MMC，最大實體狀態，最大材料狀態）。

64-2 用做第一的基準：形式 gtol

設定套用至第一基準特徵 A 的公差值。例如：第一基準平面，且套用**平坦度公差**時。

64-3 用做第二的基準：方位或位置 gtol

承上節，設定第二基準特徵 B 的公差值。對基準 A，基準 B 套用**垂直度公差**。大小特徵公差=尺寸，基準面特徵公差=幾何公差值。

64-4 用做第三的基準：方位或位置 gtol

承上節，設定第三基準特徵 C 的公差值。相對基準 A 和 B，基準 C 套用**位置公差**。

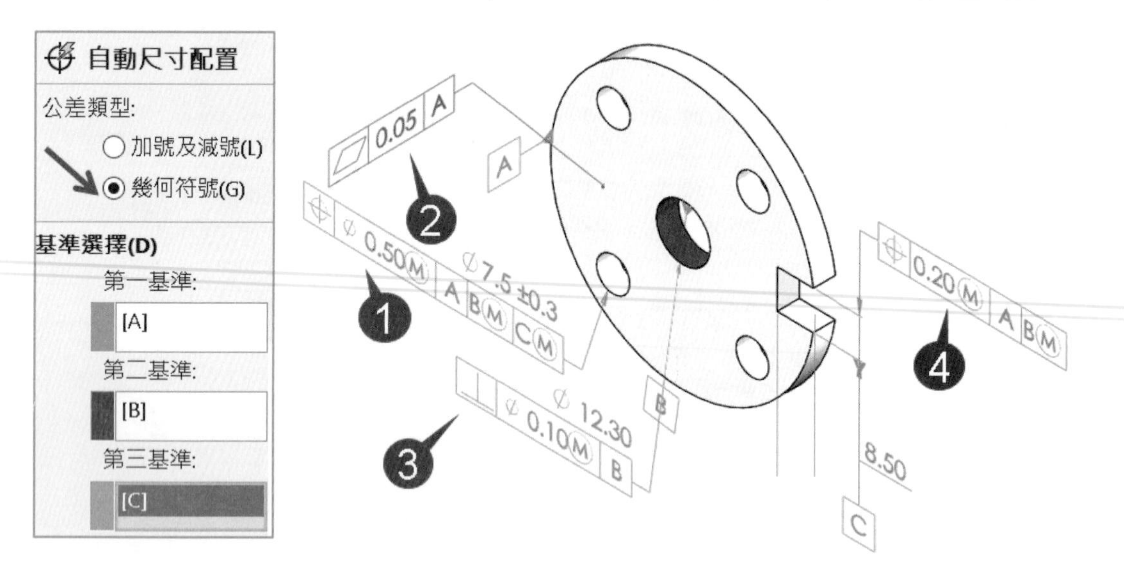

64-5 基本尺寸

使用是否使用基本尺寸，並定義：1. 連續尺寸、2. 基準尺寸、3. 極性尺寸配置。

64-5-1 連續

在平行的複製排列之間產生連續尺寸，下圖左。

64-5-2 基準

在非平行 2 方向產生複製排列的基準尺寸，下圖中。

64-5-3 極性

極性=環形標註，在鑽孔的複製排列產生極性尺寸，下圖右。

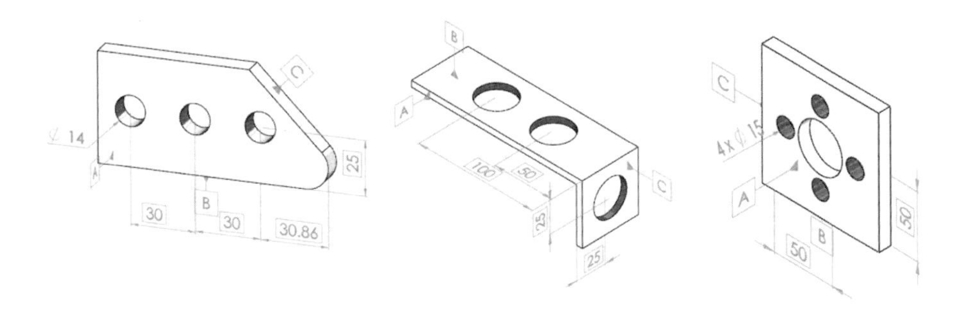

64-6 位置

定義位置公差，值和準則。

64-6-1 在 MMC

是否放置 MMC 符號，下圖左。

64-6-2 複合

是否合併位置公差，下圖右。

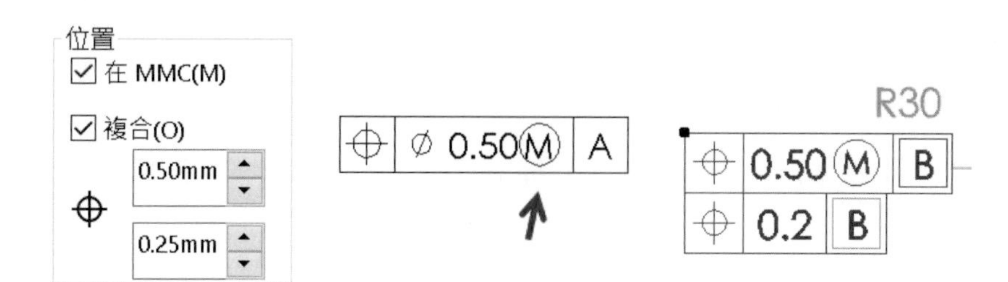

64-7 曲面輪廓

定義使用**一般輪廓公差**時，**曲面輪廓**預設的公差值和準則。

64-7-1 複合

是否合併輪廓公差。

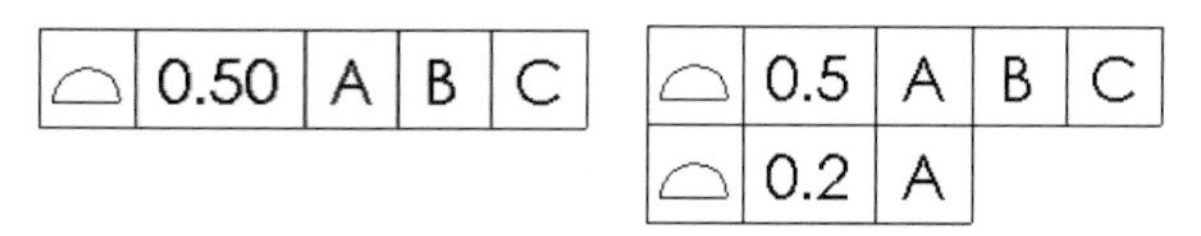

64-8 偏轉

定義使用偏轉的預設公差值。

↗	0.50	A

CHAPTER

65

DimXpert－導角控制

定義導角特徵的寬度和公差設定，適用大小尺寸或自動尺寸配置產生的尺寸，設定後僅影響下一次標註。

系統選項(S) 文件屬性(D)

草稿標準
註記
尺寸
虛擬交角
表格
DimXpert
大小尺寸
位置尺寸
連續尺寸
幾何公差
導角控制
顯示選項
尺寸細目
網格線/抓取
單位
模型顯示
影像品質
鈑金
熔接
基準面顯示
模型組態
結合

寬度設定
導角寬度比例
1
導角最大寬度
10.00mm

公差設定
距離
對稱
± 0.50mm
角度
對稱
± 0.50deg

65-1 寬度設定

導角和斜面特徵長很像，設定**寬度比例**或**最大寬度**，讓系統計算應該標註為長度或導角尺寸。事後決定居多，例如：尺寸不是你要的，刪除後重新標註為導角尺寸。

點選導角斜面標註導角距離與角度。

65-1-1 導角寬度比例

設定斜面和相鄰面的比例。要辨識為導角，計算結果必須大於你設定的比例。例如：比例=1，相鄰面寬度 A/斜面寬度 B，要大於或等於 1。

A12/B8.5=1.41、A10/B8.5=1.17，會標註為導角 6X6，無法標註為 C6，下圖左。由於工程圖才可設定導角類型，也沒有 C6 設定，這部分 SW 還有改善空間。

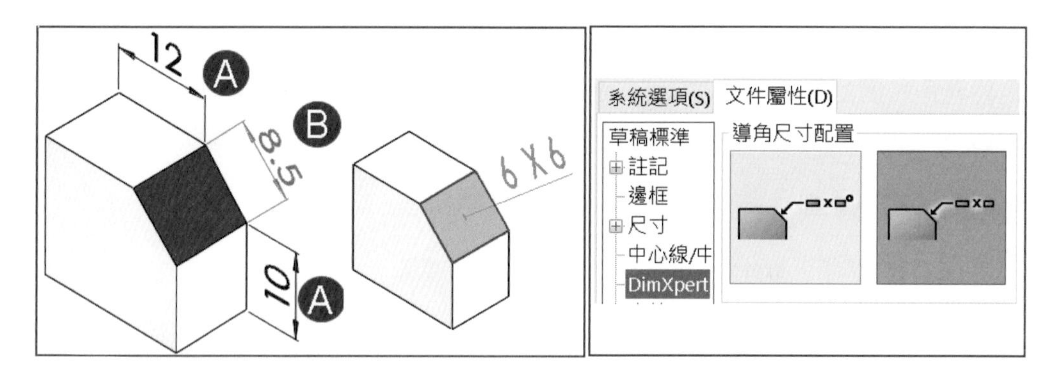

65-1-2 導角最大寬度

設定導角最大寬度值，小於設定值會標註導角。設定=10，10 以下寬度皆為導角，而 20 寬度辨識為長度標註，下圖左。

65-2 公差設定

先前已說明，不贅述。

CHAPTER

66

DimXpert－顯示選項

定義預設的尺寸標註樣式，並定義重複的尺寸和副本數。這部分應該要和工程圖的 DimXpert 設定統一比較好，希望 SW 改進。

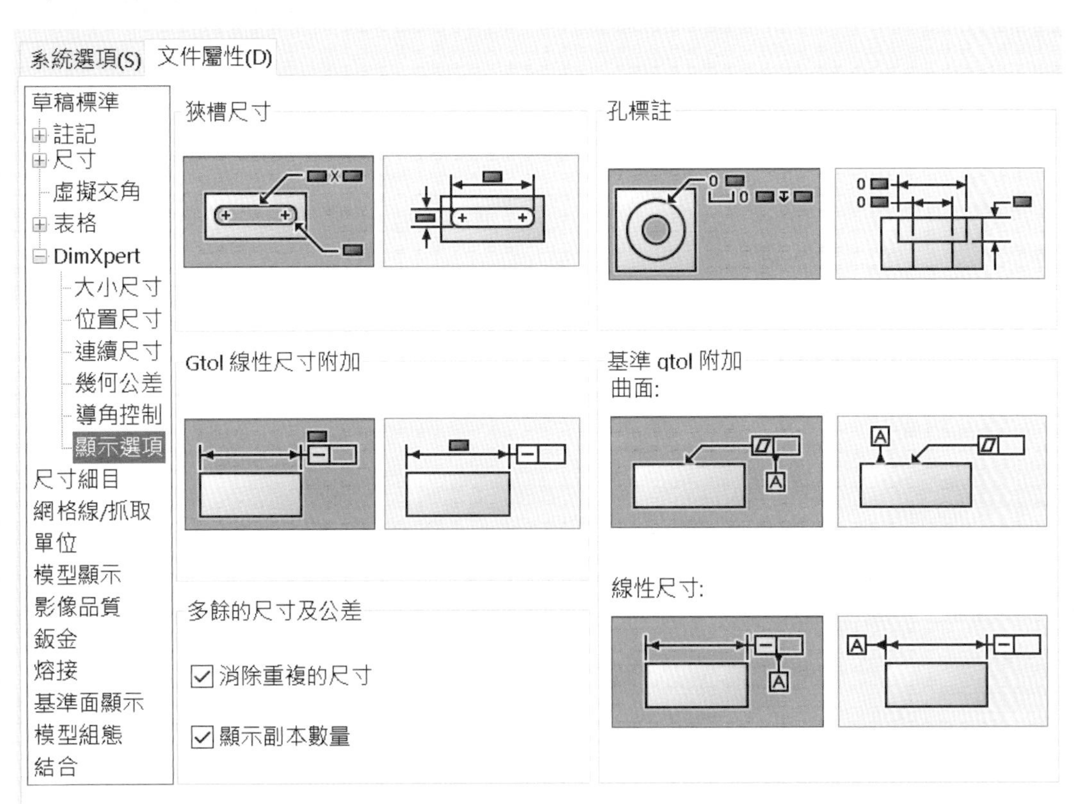

66-1 狹槽尺寸

大小尺寸標註狹槽，定義長度和寬度是否要合併為一種標註。

66-1-1 合併

標註 2XR 與寬度 10 與長度 30。

66-1-2 分離

分別標註寬度 10 與長度 30，建議這類標註，以免長度與寬度接近，會分辨不出來。

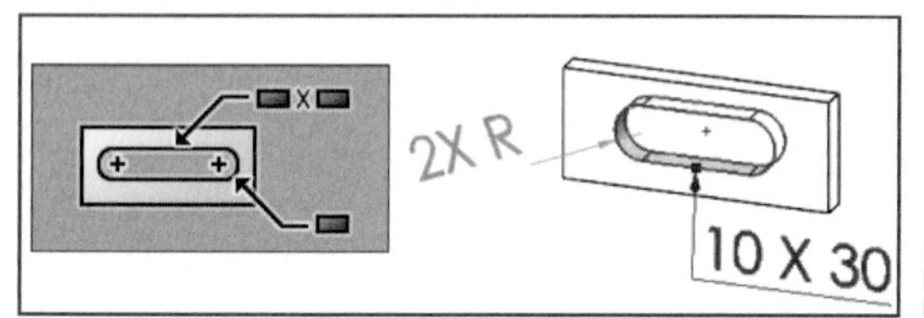

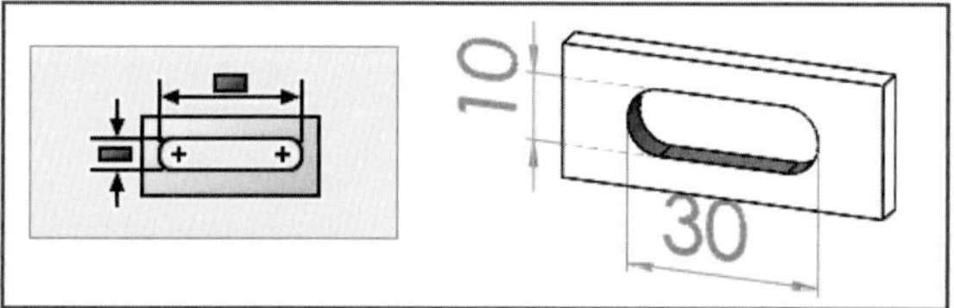

66-2 Gtol 線性尺寸附加

定義使用幾何公差的特徵尺寸合併或分開放置，例如：孔標註。坦白說大郎做不出來，這要工程圖才可以，本節用孔標註代替它的功能。

66-2-1 合併

將尺寸和幾何公差合併標註，建議此標註，這樣看比較有效率。

66-2-2 分離

將尺寸和幾何公差分開標註。

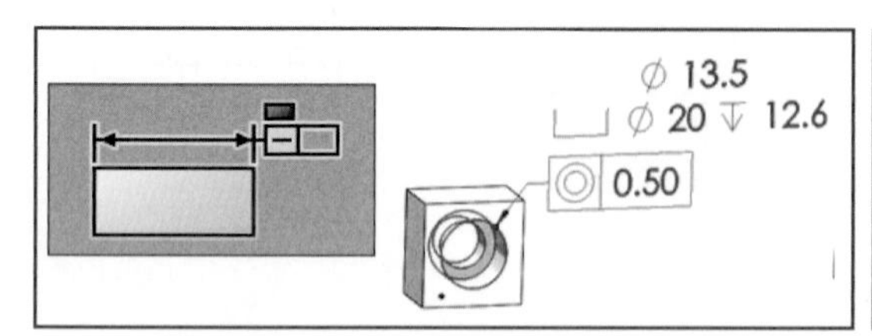

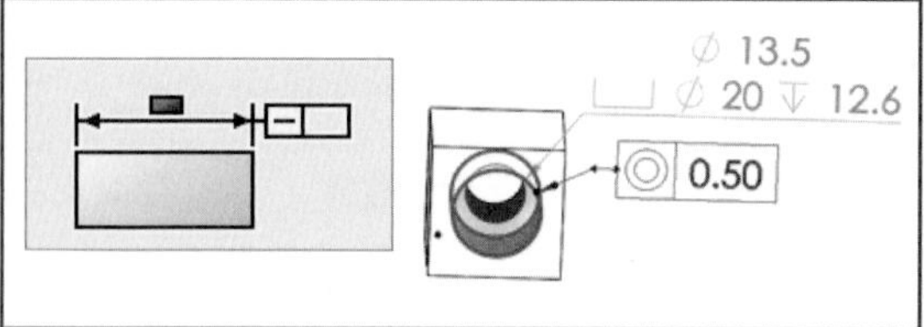

66-2-3 工程圖表現

由於工程圖才可以呈現本節設定，也希望 DimXpert 和工程圖一樣的標註方式就可以，不奢望有任何特殊效果。

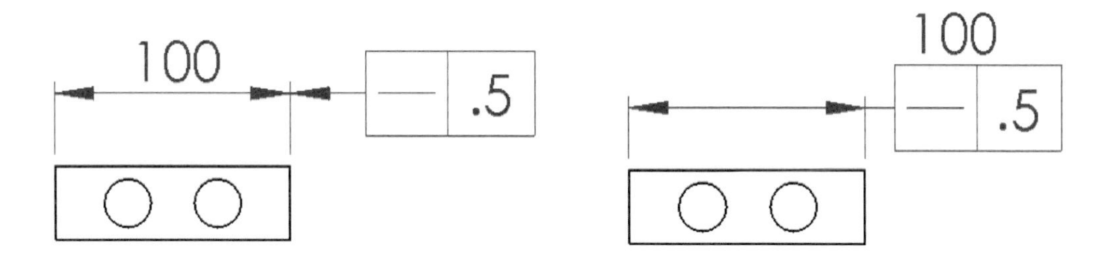

66-3 孔標註

這些選項定義孔標註是被顯示為合併的或分開的尺寸。

66-3-1 合併

一個尺寸標註大孔直徑和深度、小孔直徑，建議此標註，這樣看比較有效率。

66-3-2 分離

分別將大孔直徑和深度、小孔直徑標註。

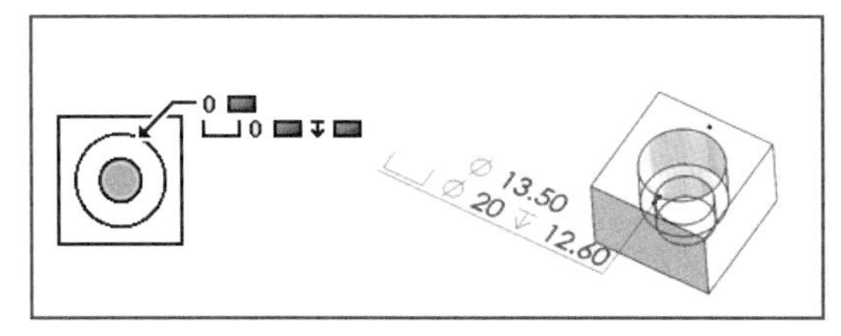

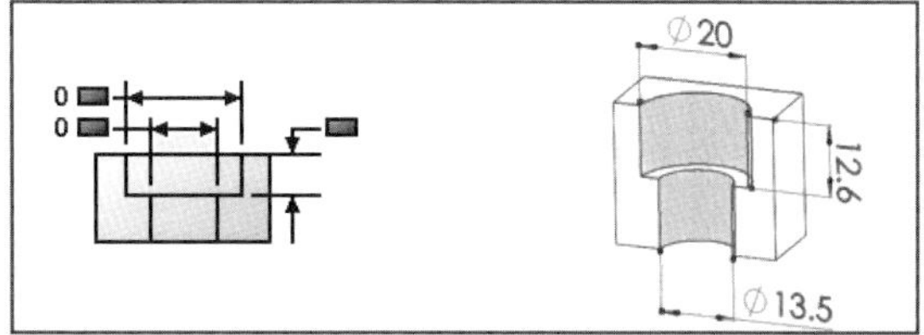

66-4 基準 gtol 附加

設定基準特徵與幾何公差的附加位置。

66-4-1 曲面

當幾何公差標註在模型面上時，設定基準特徵在幾何公差框架上，下圖左。基準特徵在模型面上，下圖右。

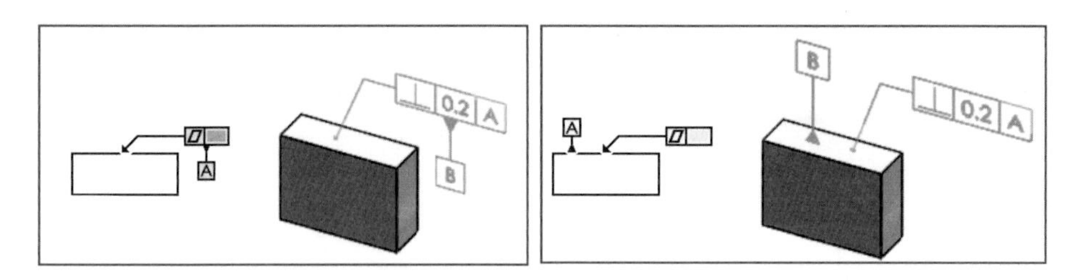

66-4-2 線性尺寸

幾何公差標註在尺寸時，基準特徵在框架上，下圖左。模型面沿尺寸放置，下圖右。

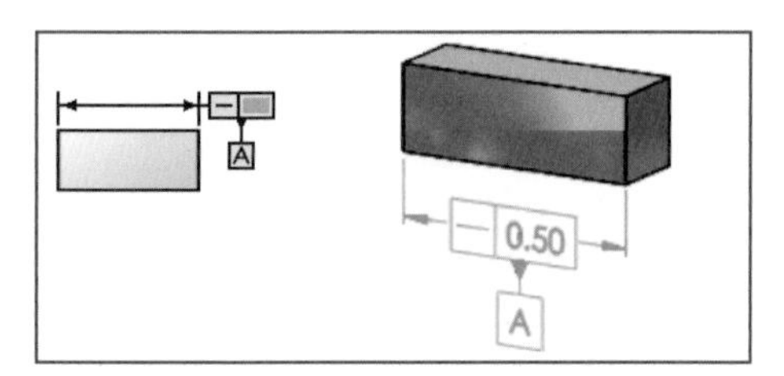

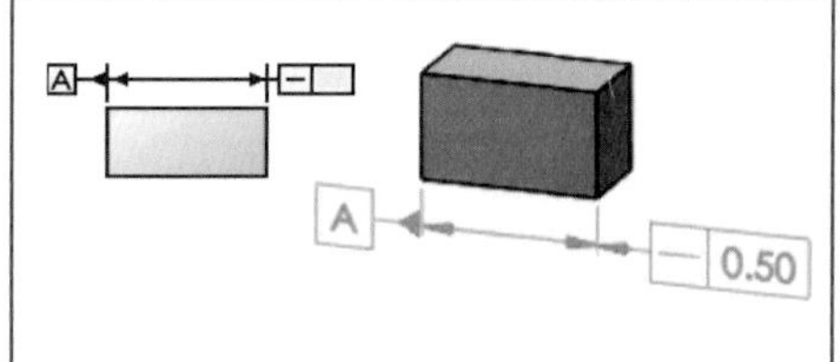

66-5 多餘的尺寸及公差

使用自動尺寸配置時，多餘尺寸及公差如何被顯示。

66-5-1 消除重複的尺寸

尺寸是否合併統一標註。

66-5-2 顯示副本數量

對於重複尺寸，是否顯示副本數量。

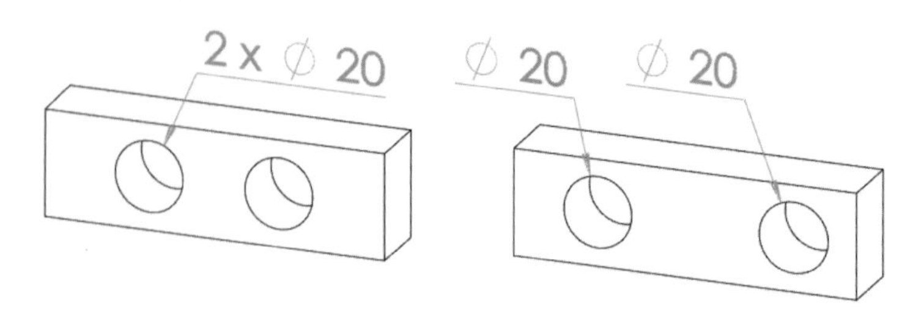

CHAPTER

67

視圖

定義視圖的整體文字，其實要增加線條樣式、邊框、**圖層**... 等共通項目會更好。

系統選項(S) 文件屬性(D)

草稿標準
註記
邊框
尺寸
中心線/中心符號線
DimXpert
表格
視圖
輔助視圖
細部放大圖
剖面視圖
正交
其他
虛擬交角
尺寸細目
工程圖頁
網格線/抓取
單位
線條型式
線條樣式
線條粗細
影像品質
鈑金
熔接

整體草稿標準
ISO
文字
字型(F)... Century Gothic

67-1 文字

設定視圖出現的字型大小和註解相同即可。常用**細明體**，字高原則會比尺寸還大，約3～3.5mm，與尺寸標註有層次比較大好閱讀。

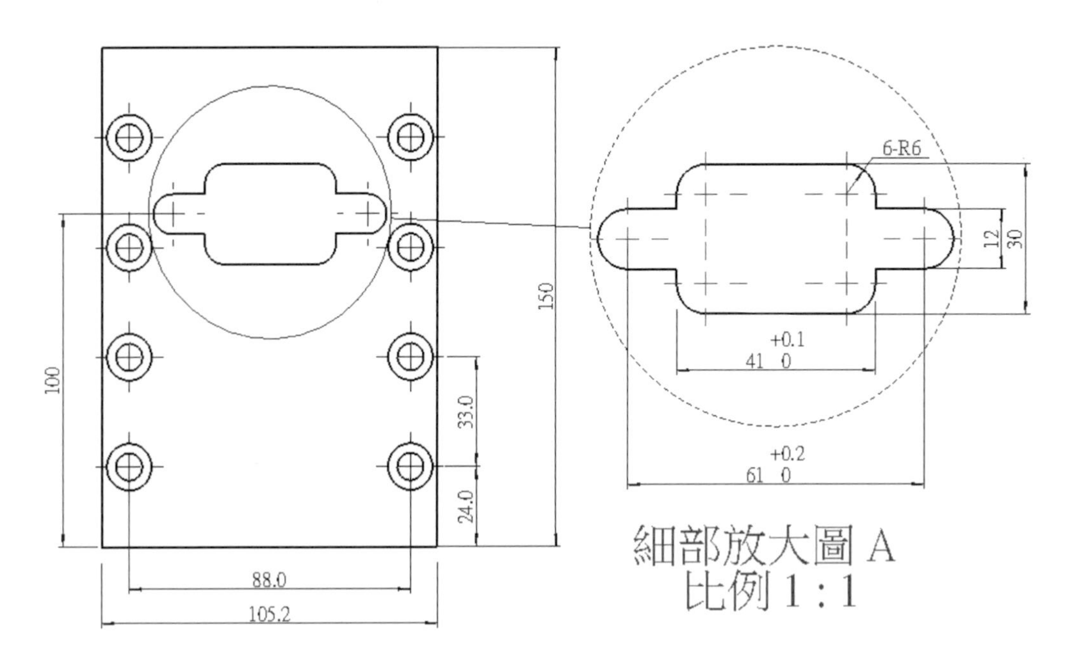

CHAPTER

68

視圖－輔助視圖

本章說明**輔助視圖**（本章簡稱）的線條樣式、標示選項、視圖指標...等顯示。

系統選項(S) 文件屬性(D)

草稿標準
註記
邊框
尺寸
中心線/中心符號線
DimXpert
表格
視圖
輔助視圖
細部放大圖
剖面視圖
正交
其他
虛擬交角
尺寸細目
工程圖頁
網格線/抓取
單位
線條型式
線條樣式
線條粗細
影像品質
鈑金
熔接

整體草稿標準
ISO-修改
基本輔助視圖標準
ISO
線條樣式
0.18mm 0.00mm
輔助視圖箭頭文字
字型(F)... Century Gothic
標示選項
套用變更到這些設定將重設現有的視圖標示。
根據標準(P)
簡化(I) 細目(D)
名稱(N):
視圖 字型(F)... Century Gothic
標示(L):
X 字型(F)... Century Gothic
旋轉(R):
xx° 字型(F)... Century Gothic
比例(S):
比例 字型(F)... Century Gothic
分隔字元(D):
X:X 字型(F)... Century Gothic
按比例移除分號 (;) 及正斜線 (/) 周圍的空格
堆疊(S) 成行(I)

視圖
圖層
5 基準
視圖指標
旋轉視視圖至水平對正圖頁(O)
順時針(C) 逆時針(O)
視圖指標(V): 箭頭方法
包括新視圖的位置標示
於視圖上方顯示標示(A)

68-0 輔助視圖原理

輔助視圖（Auxiliary）表達模型斜面真實形狀，並在該視圖標註尺寸。1.點選前視圖斜邊線→2.，可以見輔助視圖與所選邊線平行放置。

你會見到輔助視圖下方的標示、箭頭...等資訊，本章就是設定這些，下圖左。

68-1 基本輔助視圖標準

設定依據標準，套用到**標示選項**，下圖右。

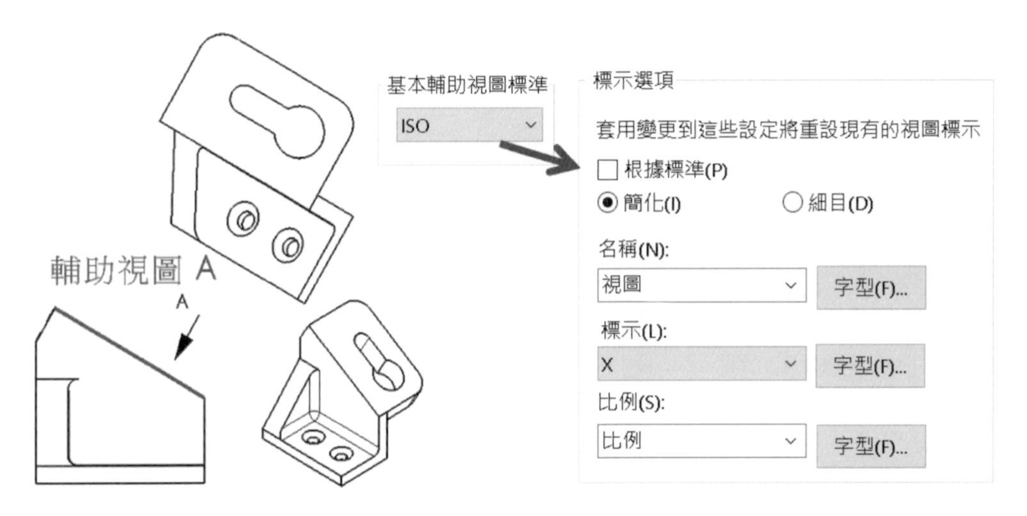

68-2 線條樣式

設定投影方向的線條樣式，適用 ANSI，為強調說明以**鏈線**表示，下圖右。

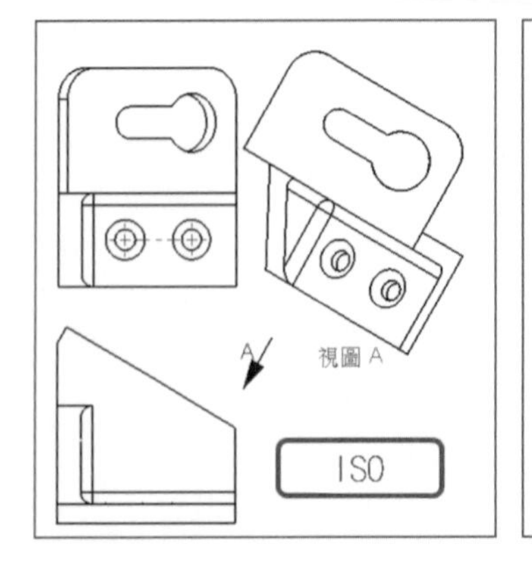

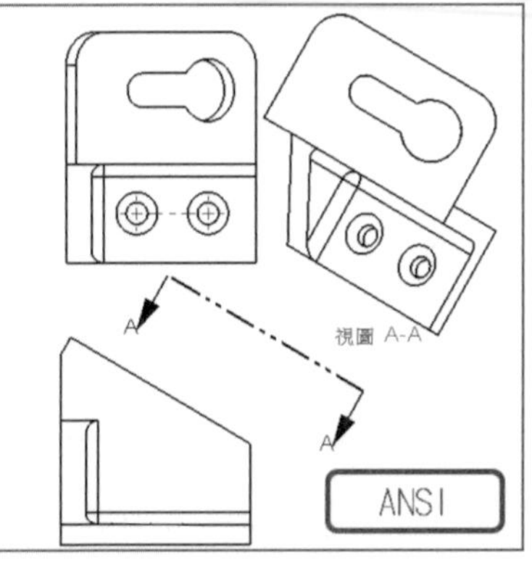

68-3 輔助視圖箭頭文字

設定箭頭旁邊的文字字型與大小。箭頭標示輔助視圖的來源，以英文字母大寫為主，依次排序不重複，例如：ABCD。

68-3-1 屬性管理員設定

點選輔助視圖由屬性管理員會見到**箭頭**項目，標示輔助視圖來源。不要箭頭可以□箭頭，不是刪除，當然刪除也可以，不過要刪除 2 次。

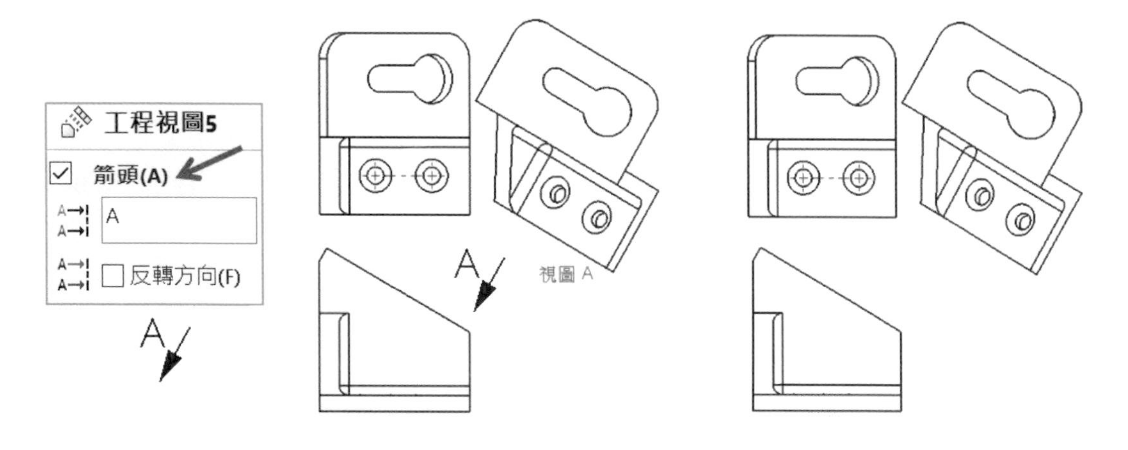

68-4 標示選項

設定輔助視圖下方文字成為範本，避免不同工程師有不同標示，也不用自己打字。

不要刻意研究與設定顯示樣式，到時還要管理它們，最好設定無=不要顯示，不要管理並維持圖面整潔是王道。

本節設定：1. 名稱、2. 標示、3. 比例、4. 分隔字元。

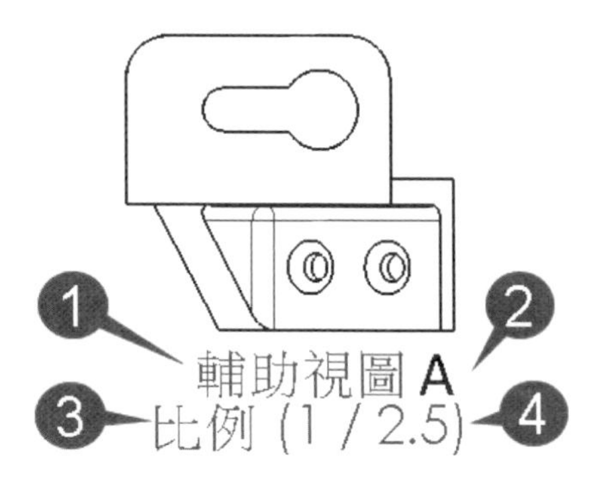

68-4-1 根據標準

是否自行設定標示選項。絕大部分會□**根據標準**，自行設定來符合公司看圖習慣。

68-4-2 簡化/細目

看不出有什麼改變，待下一版或在論壇上補充。

68-4-3 名稱（預設視圖）

定義**輔助視圖**下方的註解名稱。依清單選擇：1. 無、2. 視圖、3. 輔助視圖、4. 自訂。比較常用：1. 無、2. 輔助視圖。

A 無

不顯示註記簡潔就好，因為一看就知道是輔助視圖，也可直接刪除名稱。別擔心無標示，別人不知道這是什麼視圖，看不懂圖的人，你幫他想太多也沒用。

B 視圖（預設）

下方顯示視圖字樣。不要多此一舉，例如：3 視圖下方標示：視圖，覺得怪怪的。

C 輔助視圖

視圖下方顯示**輔助視圖**。顯示**輔助視圖**會比顯示**視圖**還來得明確。

D 自訂

自己定義名稱符合公司習慣，適用清單沒有適合的字樣，例如：輔助圖或輔視圖。早期沒有**自訂**，會要求改製圖規範牽就 SW 顯示，適合認同 SW 和 SW 使用程度高的公司。

也有公司陷入兩難，要改變多年習慣實在很掙扎，現在不必這樣了。

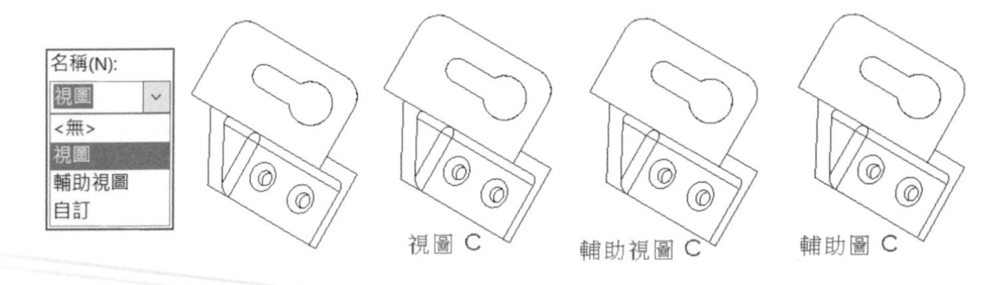

E 屬性管理員設定

名稱=註解，可以在屬性管理員：**手動視圖標示**，臨時更改視圖名稱。

E1 ☑手動視圖標示

自行修改視圖名稱，適用臨時修改或早期沒有自訂。

E2 ☐手動視圖標示

套用選項設定，例如：改成 123，完成後還是會跳回輔助視圖。適用**投影視圖**、**細部放大圖**、**剖面視圖**、**轉正剖視圖**、**輔助視圖**使用。

E3 使用文件配置

承上節，簡單的說套用選項設定。

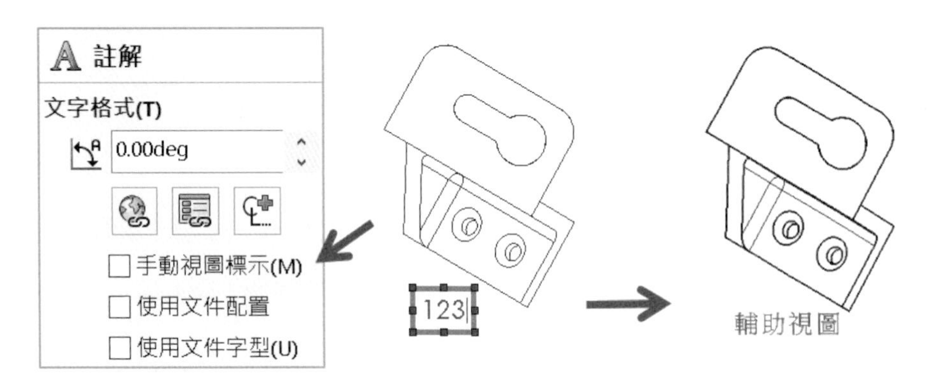

68-4-4 字型

每個標示旁都有字型設定。字型統一比較好管理，否則字型設定太細不好管。本節字型的設定，會與 1. **視圖→**2. **字型**連結。

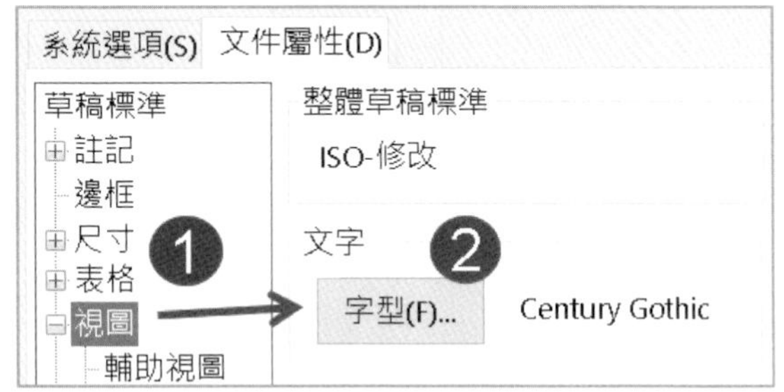

68-4-5 標示（預設 X）

承上節，在名稱旁顯示箭頭標示連結，作為溝通位置，例如：輔助視圖 A、輔助視圖 B。

依清單選擇視圖字母標示：1. 無、2. X、3. X-X、4. X X。

實務常設定：無、X，1 個字母表示，比較俐落，本節沒有自訂。

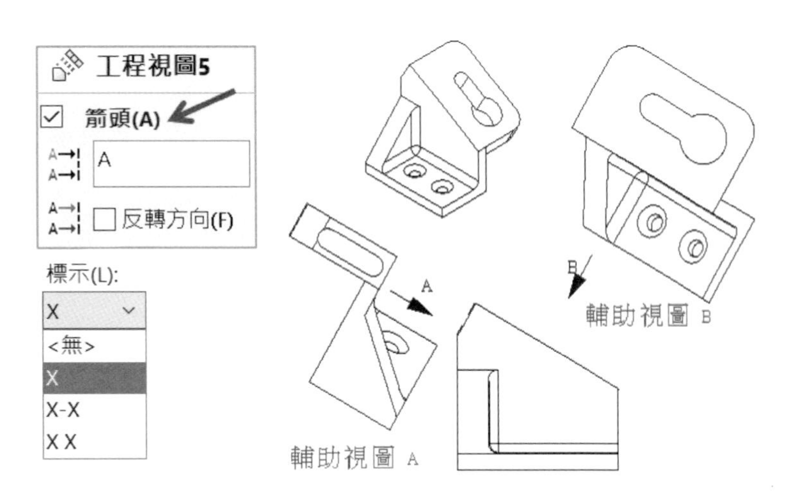

A 無

僅顯示視圖名稱，例如：輔助視圖。我們推薦視圖名稱=無、標示=無。

B X

顯示箭頭標示連結（單一標示），例如：輔助視圖 A，下圖左。

C X-X

顯示箭頭標示連結，適合 ANSI，例如：輔助視圖 E-E，代表 E 到 E 範圍，下圖右。

D X X

承上節，顯示輔助視圖 E E。不建議這顯示，因為沒有分隔號容易誤解。

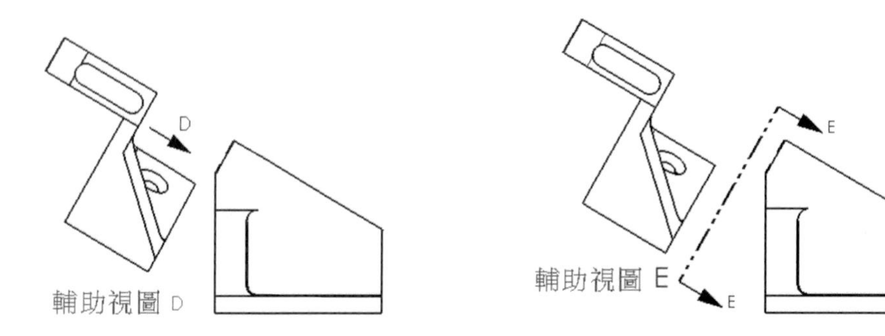

68-4-6 旋轉

於輔助視圖下方顯示**旋轉符號**與**度數**，本節沒有自訂。實務少用也不需過於嚴謹，會讓人看老半天又不懂這是什麼，誤解該符號與文字有特殊用意，造成不必要困擾。

A 無（預設）

不顯示任何符號，推薦使用。

B 旋轉符號＋度數⌒XX°

顯示旋轉符號＋度數。度數=斜面角度，在視圖以尺寸標註會更清楚，反而以註解顯示，又造成不必要困擾，下圖左（箭頭）。

C 旋轉符號⌒

僅顯示旋轉符號，代表視圖非平行。

D 文字＋度數 ROTATED XX°

以 ROTATE 表示旋轉，度數＋方向，例如：ROTATE 30° CCW。Counter-ClockWise=CCW 逆時針，下圖右。

E 度數xx°

僅顯示角度，例如：30° 。

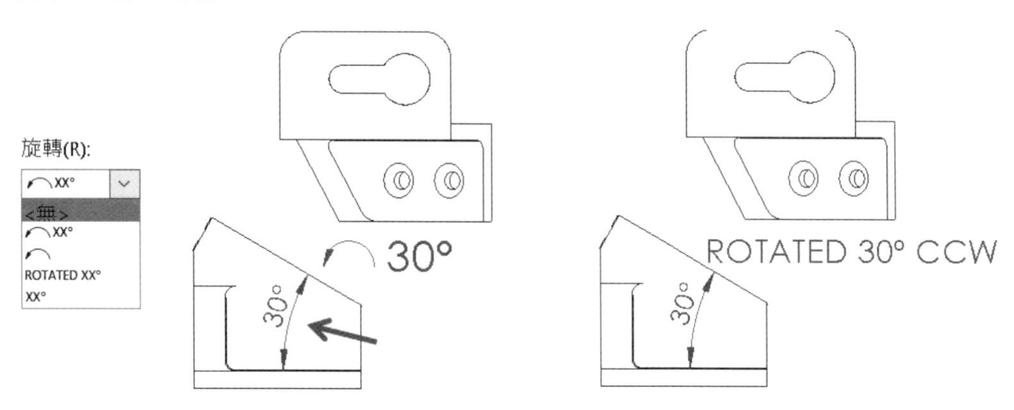

68-4-7 比例

於下方顯示比例，並設定顯示樣式：1. 無、2. 比例、3. 比例：、4. 自訂。視圖大小不同就要顯示比例。

A 無

不顯示比例，讓視圖整潔。現代人不太看比例了，因為 DWG 和 PDF 電子檔盛行，輔助視圖有比例反而多餘且佔空間。輔助視圖與父視圖比例相同時，不顯示比例，就像 3 視圖比例相同，也不會分別顯示比例。

B 比例（預設）

顯示比例，例如：比例 1:2，下圖左。

C 比例：

標準書寫方式，例如：比例：1:2。就像 1. 例如：SW 是第一的、2. 例如 SW 是第一的。你覺得哪一種看起來比較自然。

D 自訂

自行定義比例書寫方式，例如：比例（1：2）、比例_1：2，下圖右。

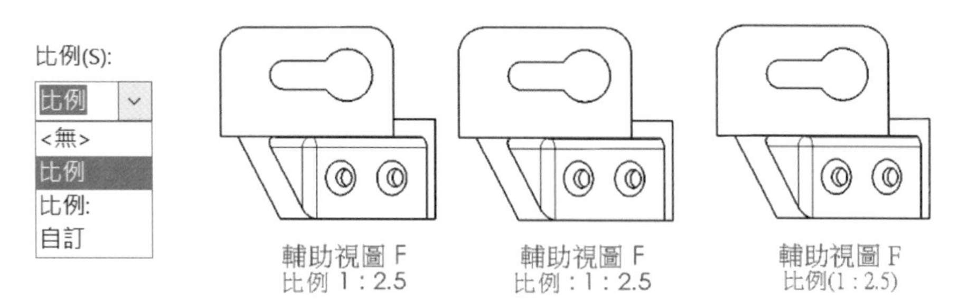

68-4-8 分隔字元

設定比例與數字的分隔字元：1. 無、2. X:X、3. X/X、4.（X:X）、5.（X/X）、6. # X。

A 無

不顯示比例數字，也不會顯示比例字樣。

B X:X（預設）

顯示 1:2.5，常見且標準書寫。

C X/X

顯示比例 1/2.5，雖然/比較好輸入，不過不建議這樣的顯示，因為很多人不會唸，會念成 2.5 比 1。

D （X:X）、（X/X）

用括號區隔比例與數字，比例（1：2.5）、比例（1/2.5）。

E # X

顯示與來源視圖相對比例。例如：輔助視圖比例 1:2.5 時，1/2.5=0.4X。

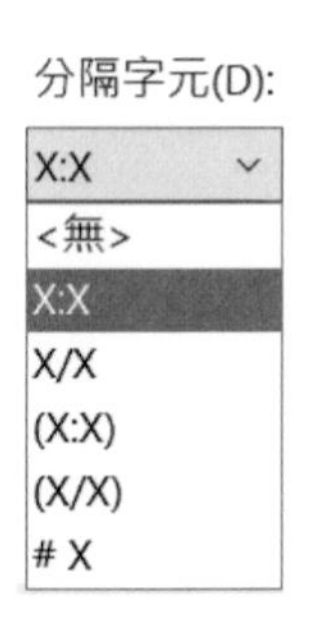

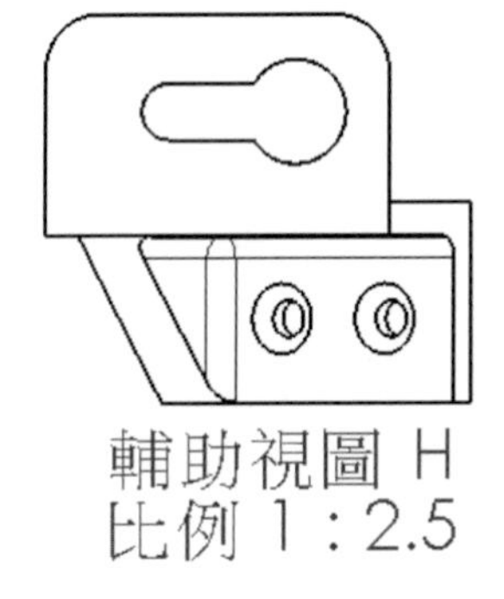

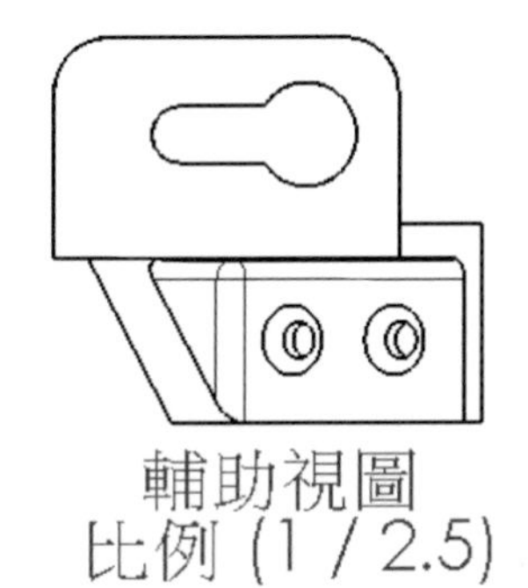

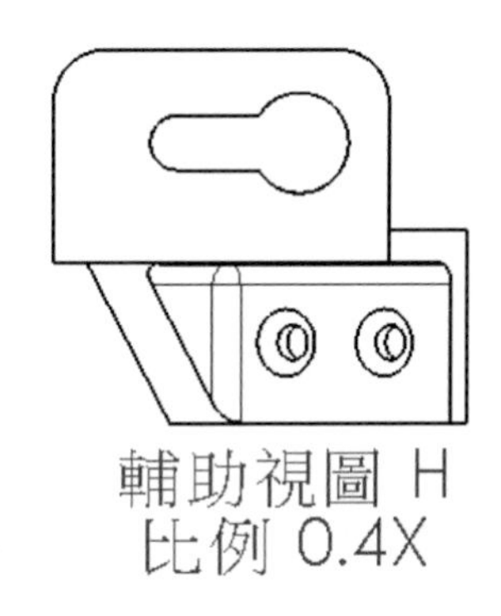

68-4-9 按比例移除分號(;)及正斜線(/)周圍的空格

是否移除比例空格，讓數字與**分隔字元**更接近（箭頭所示），不會看起來有壓迫感。

輔助視圖 比例: 1:5	輔助視圖 比例: 1 : 5	輔助視圖 比例: 1/5	輔助視圖 比例: 1/5

68-4-10 堆疊、成行

定義標示：1. 堆疊、2. 成行。

堆疊有層次感，不要擠在同一行，看起來太長，不好識別。

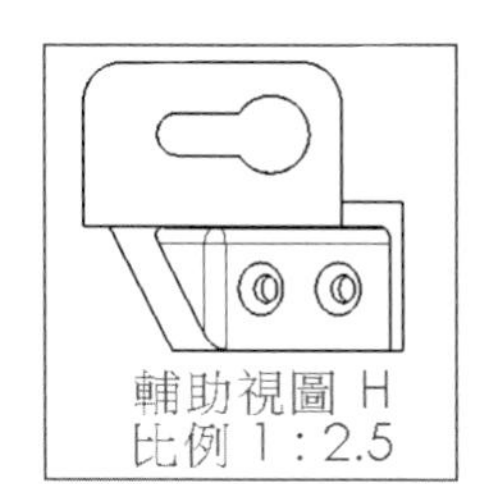

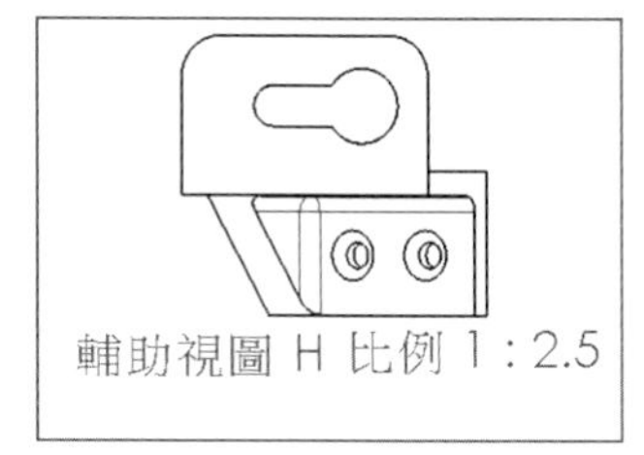

68-5 圖層

將視圖下方的標示指定圖層，通常統一設定，例如：指定到註解圖層。視圖接下來都有圖層設定，未來不贅述。

68-6 視圖指標

設定是否自動轉正水平對齊圖頁，及旋轉方式，並設定指標顯示，本節應該稱：**視圖方向與指標**。

輔助視圖呈現斜面特徵且與所選邊線平行，視圖是斜的不容易看。也沒有規定，輔助視圖一定要水平放置，不過水平放置會比較好看是真的。

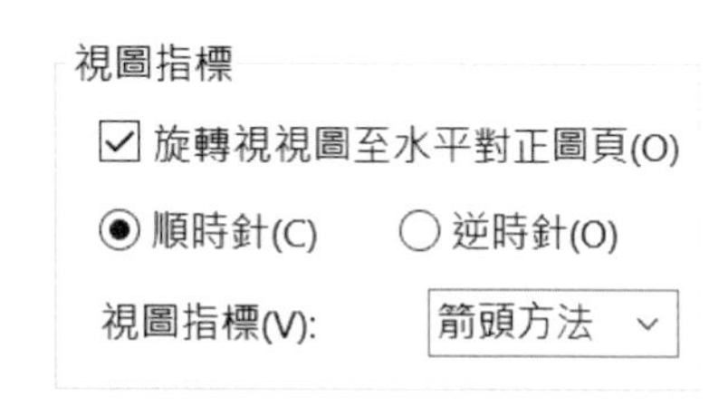

68-6-1 旋轉視視圖至水平對正圖頁

產生輔助視圖，是否要水平對正圖頁，並選擇**順時針**、**逆時針**旋轉視圖。

有了這選項終於解決事後還要使用**對正視圖**的麻煩。很多人不知道有這項功能，還再用人工方式旋轉視圖。

A 對正工程視圖

很多人問 SW 可以 1. 點選視圖邊線→2. 水平或垂直放置？沒辦法這麼直覺，不過可以比較接近做法。1. 點選視圖右鍵→2. 按順時針/逆時針水平對正至圖頁，下圖右。

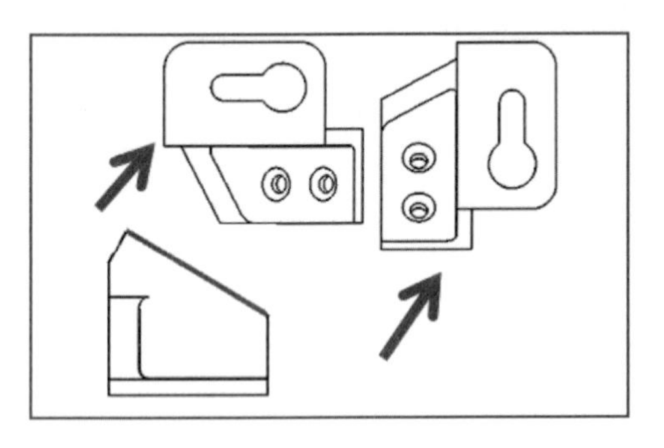

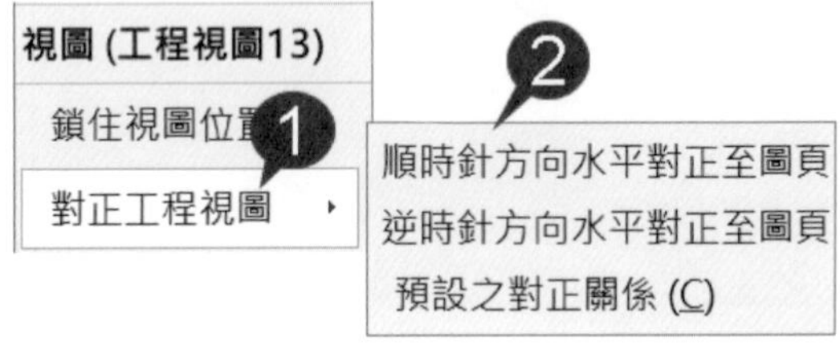

68-6-2 視圖指標（預設箭頭方法）

選擇箭頭顯示樣式：1. 箭頭方法、2. 剖面相同，實務以箭頭表示。剖面相同可以由 ANSI 標準或由本節設定，我們推薦本節設定。

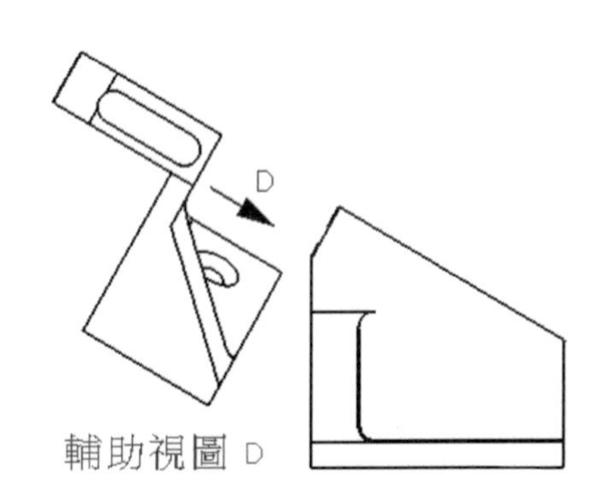

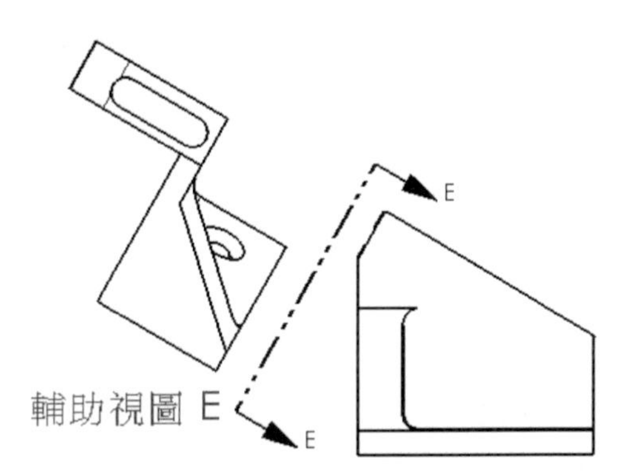

68-7 於視圖上方顯示標示

文字標示是否顯示於視圖上方。實務放置下方居多，放在上方不習慣這樣看，下圖左。

68-8 包括新視圖的位置標示

產生輔助視圖時，是否自動加入**位置標示**球號，適用複雜圖面或大圖，例如：主視圖位置 B3、輔助視圖位置 B4，下圖右。

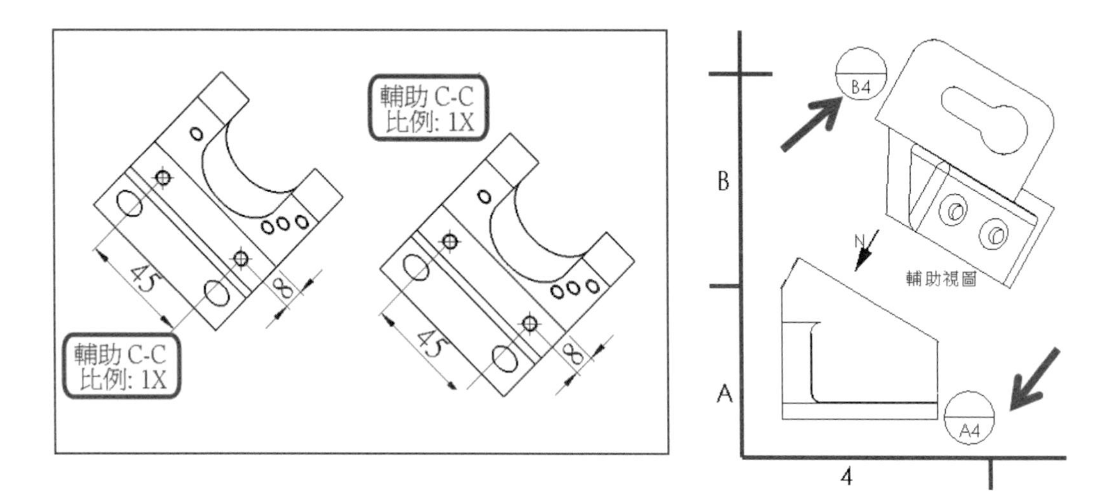
輔助 C-C
比例: 1X
45
8
輔助 C-C
比例: 1X
45
8
B4
B
N
輔助視圖
A
A4
4

筆記頁

CHAPTER

69

視圖－細部放大圖

本章說明**細部放大圖**（以下**簡稱**Ⓐ）的線條樣式、字型、標示選項...等顯示，**基本標準**、圖層，先前已說明，不贅述。

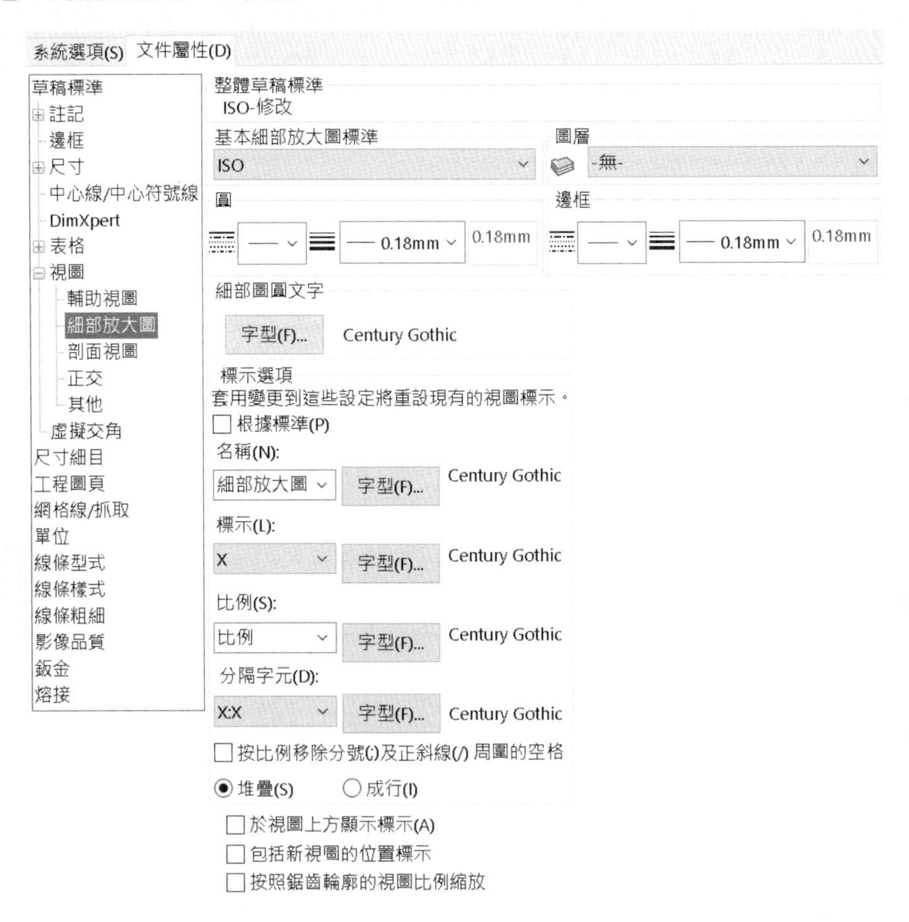

69-0 細部放大圖原理

細部放大圖（Detail），產生額外局部放大圖表達特徵細節。1. 在來源視圖畫出封閉輪廓→2. ，產生新視圖，預設放大原圖 2 倍，讓尺寸好標註。

會見到 2 個術語：1. **細部圖元**和 2. **細部放大圖**，點選它們於**特徵管理員**也可見設定。你會見到**細部放大圖**下方的標示、比例...等資訊，本章就是設定這些。

69-0-1 細部圖元樣式

本章應該要加入**細部圖元樣式**的選項設定：1. 斷裂圓框、2. 有導線、3. 無導線、4. 連接，讓做圖時間縮短。

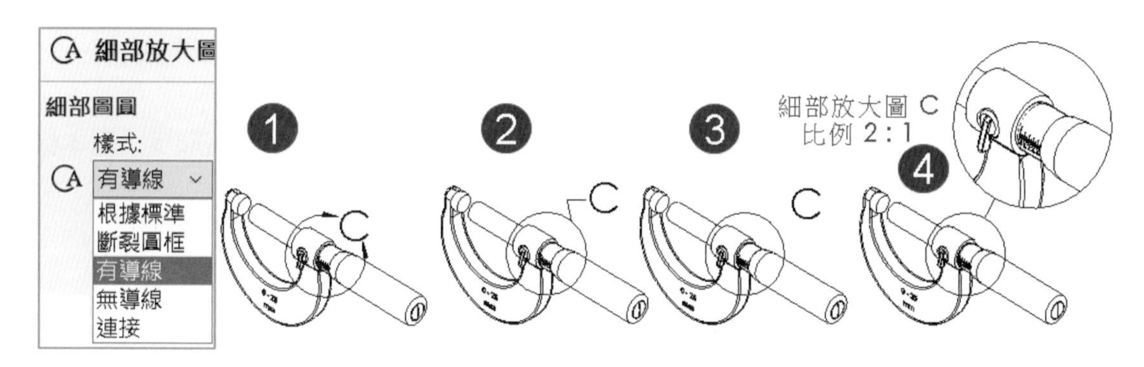

69-1 線條樣式-圓、邊框

設定 1. **細部圖元**和 2. **細部放大圖**的邊框線條樣式，為強調說明以鏈線表示。

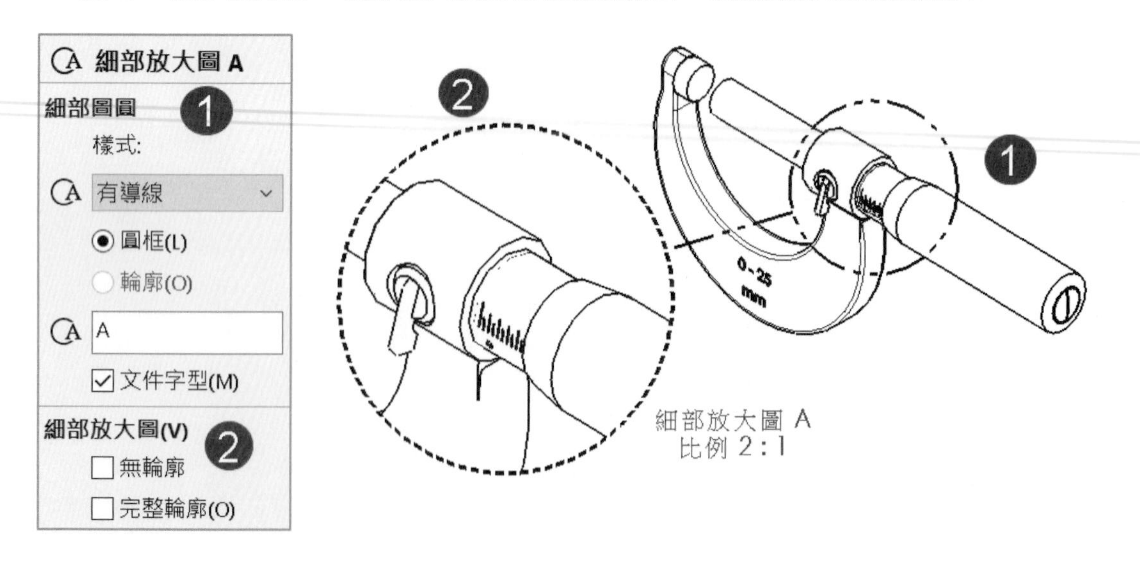

69-2 細部圖元文字

設定**細部圖元**旁邊的文字字型與大小。箭頭標示**細部放大**圖的來源，以英文字母大寫為主，依次排序不重複，例如：ABCD。適用**斷裂圓框**、**有導線**、**無導線**，下圖左。

69-2-1 屬性管理員設定

點選**細部圖元**或**細部放大圖**，由屬性管理員的**標示名稱**設定字母或字型，下圖右。

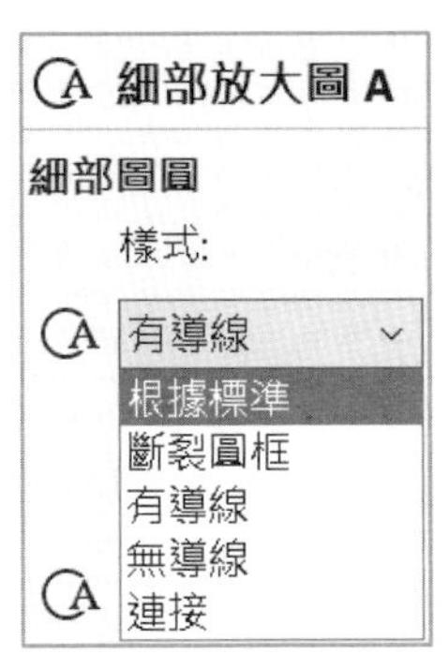

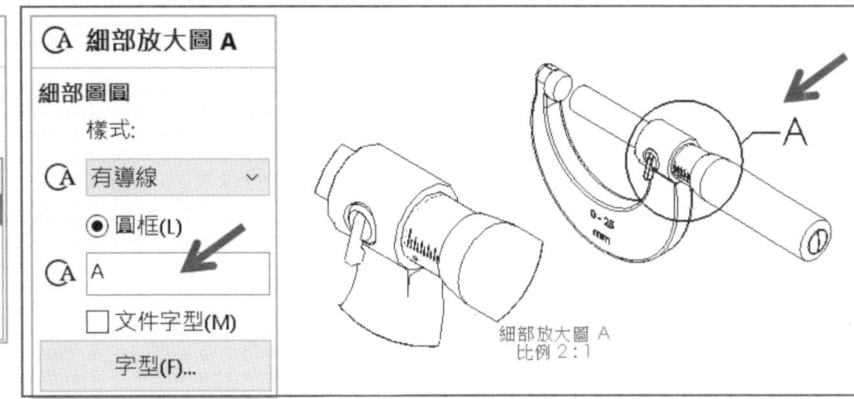

69-3 標示選項

設定**細部放大圖**下方文字成為範本，☐**根據標準**，自訂這些項目符合公司看圖習慣。本節很多敘述和上一章相同，不贅述。

69-3-1 名稱（預設視圖）

定義**細部放大圖**下方的註解名稱。依清單選擇：1. 無、2. 視圖、3. **細部放大圖**、4. 自訂，比較常用：**細部放大圖**，下圖左。

A 無

不顯示註記，比較少用，因為看得出**細部放大圖**。

B 視圖

Ⓐ下方顯示視圖字樣，不常用。

C 細部放大圖（預設）

視圖下方顯示**細部放大圖**，因為預設最多人使用也好識別。

D 自訂

自己定義名稱來符合公司習慣，例如：**細部詳圖**或**細部圖**。

E 屬性管理員設定

名稱=註解，可以在屬性管理員：**手動視圖標示**，臨時更改視圖名稱，下圖右。

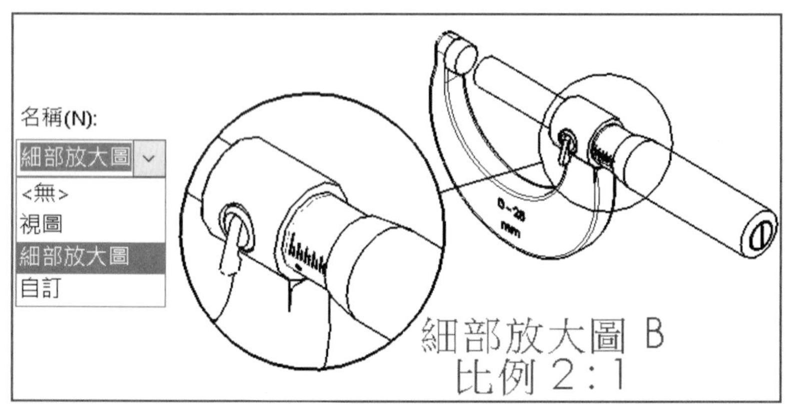

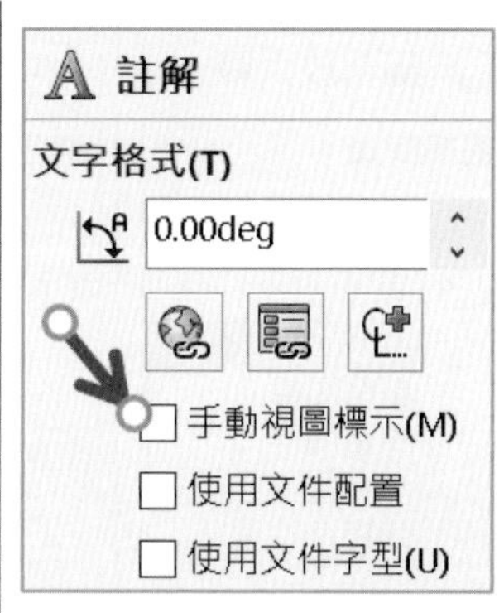

69-3-2 標示（預設 X）

承上節，在**細部放大圖**旁顯示**細部圖元**連結，作為溝通位置，例如：細部放大圖 A、細部放大圖 B。依清單選擇視圖字母標示：1. 無、2. X，建議設定 X。

A 無

僅顯示視圖名稱，例如：細部放大圖。

B X

顯示細部圖元連結，例如：細部放大圖 A、細部放大圖 B。

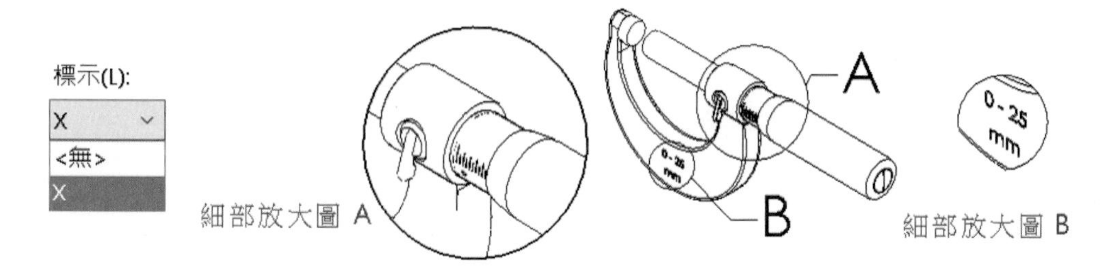

69-3-3 比例

於**細部放大圖**下方顯示比例，並設定顯示樣式：1. 無、2. 比例、3. 比例：、4. 自訂。**細部放大圖**就是比例放大，看到比例後，心中會比較踏實，即使沒有比例換算需求。

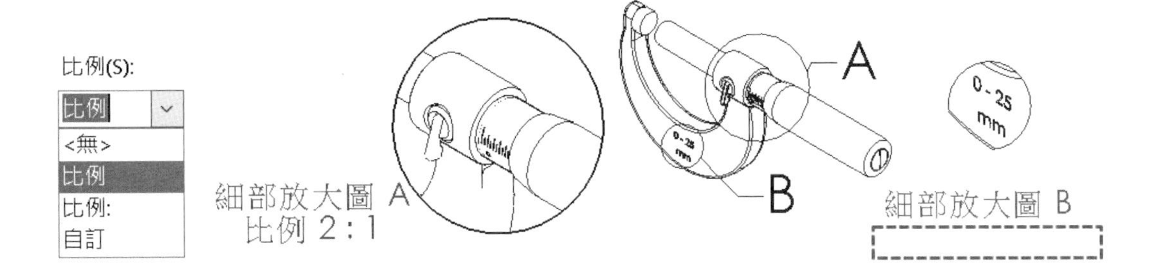

69-4 按照鋸齒輪廓的視圖比例縮放

設定**鋸齒輪廓**密度（大小），是否與工程視圖的比例相對縮放。細部放大圖的比例會與工程圖比例有關，也可以在屬性管理員自行設定**鋸齒輪廓**。

69-4-1 ☑按照鋸齒輪廓的視圖比例縮放

細部放大圖的比例越小=密度越低。常用在大圖紙 A3 與小圖紙 A4 之間的轉換。

69-4-2 ☐按照鋸齒輪廓的視圖比例縮放

固定的鋸齒輪廓密度，適合這張圖都會固定圖紙 A4。

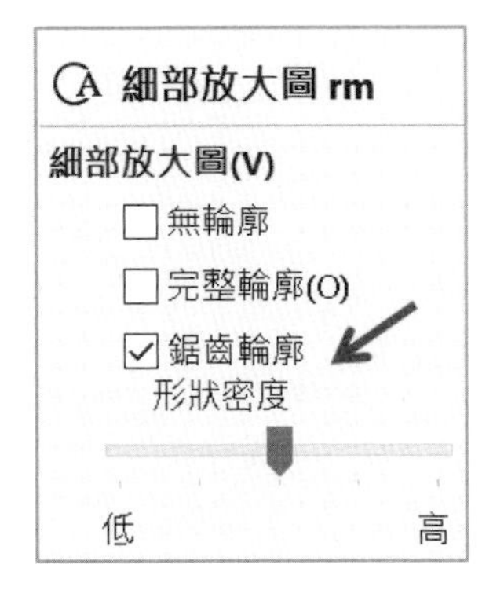

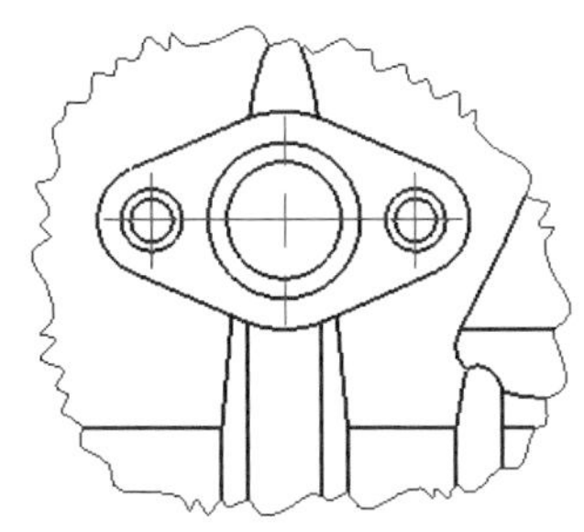

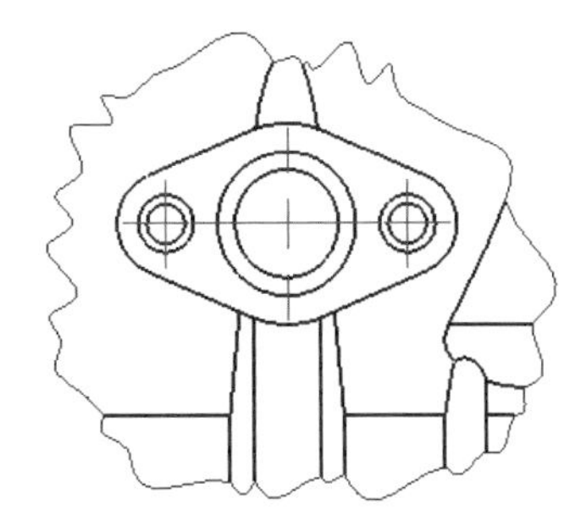

筆記頁

CHAPTER

70

視圖－剖面視圖

本章說明**剖面視圖**（以下簡稱**剖面圖**）的線條樣式、剖面/視圖大小、半剖面...等顯示。**基本標準**、**圖層**，先前已說明，不贅述。

70-0 剖面視圖原理

剖面視圖（Section View），呈現物體內部特徵，減少虛線提高視圖可看性。剖面分 6 大剖切：1. 全剖、2. 半剖、3. 局部、4. 旋轉、5. 轉正、6. 移出，本章以全剖、半剖視圖表達選項設定。

產生剖視圖會見到 3 個術語：1. 割面線、2. 剖面線、3. 割面線箭頭，點選它們於特徵管理員也可見額外設定。

70-0-1 割面線（Cut Line）

表達剖切範圍。割面線橫跨整個視圖=全剖，橫跨半個視圖=半剖。

70-0-2 割面線箭頭

假想剖切方向。箭頭邊為去除位置，剖視圖擺放與箭頭同側。

70-0-3 剖面線（Section Line）

以斜線假想物體內部區域，系統自動加註。

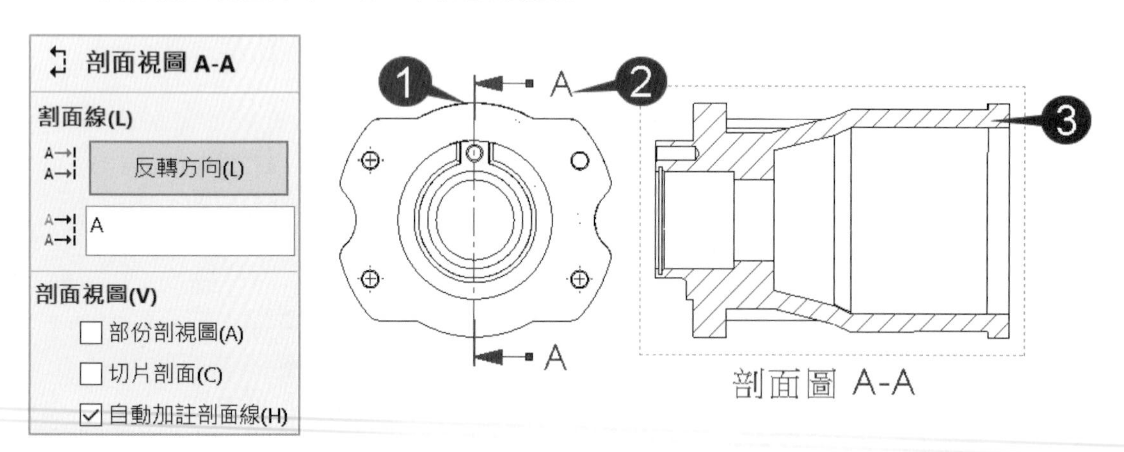

70-1 線條樣式（預設）

設定 1. 割面線樣式、2. 粗細、3. 連接器顯示（割面線）。依標準不同，會不同預設，本節以 ISO 說明。

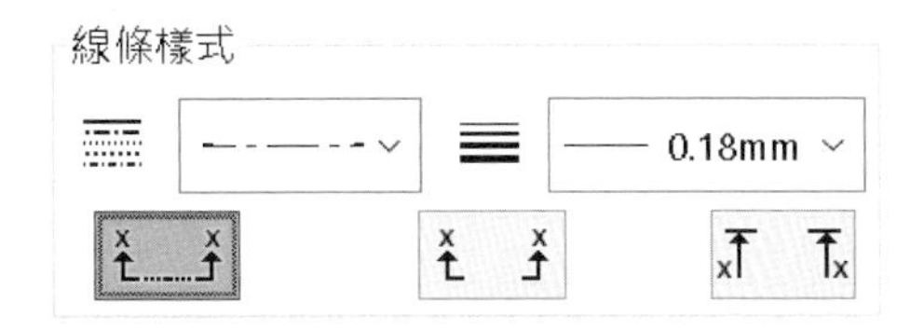

70-1-1 線條樣式、粗細

割面線的線條樣式=**鏈線**、粗細=**細實線** 0.18。

70-1-2 連接器

割面線形式有 3 種：1. 標準，有連接器、2. 替代，無連接器、3. 標準，無連接器。CNS 以為主（箭頭所示）。

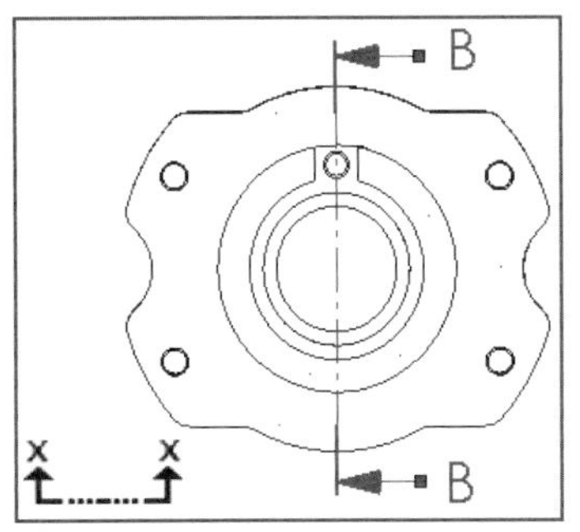

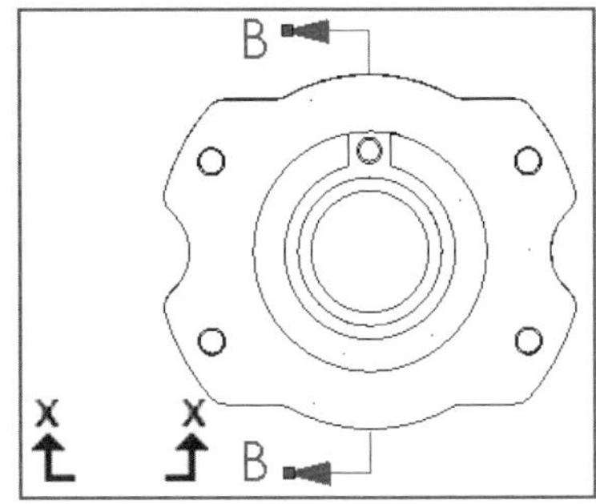

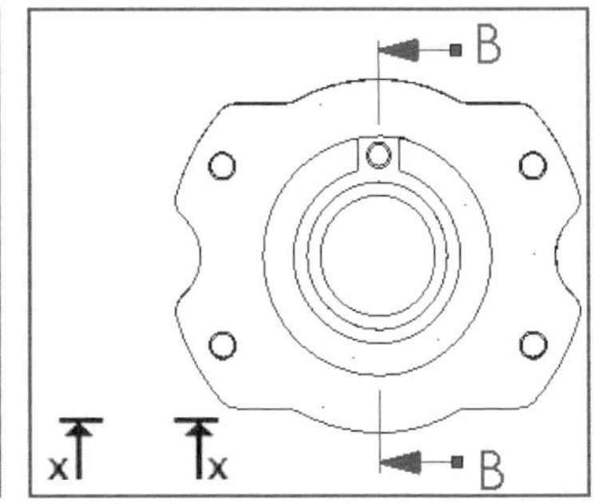

70-2 剖面箭頭文字

設定割面線箭頭旁的字型與大小。箭頭=剖切方向，文字=剖視圖來源，以英文字母大寫為主，依次排序不重複，例如：ABCD。

70-2-1 屬性管理員設定

點選**割面線**或**剖視圖**，由屬性管理員的**標示名稱**設定來源字母或字型，例如：B。

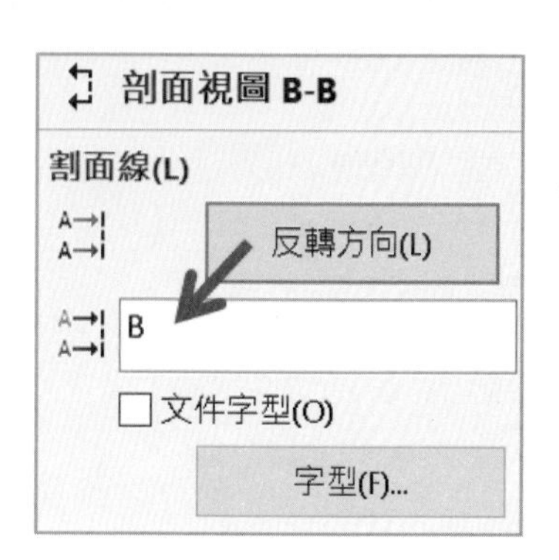

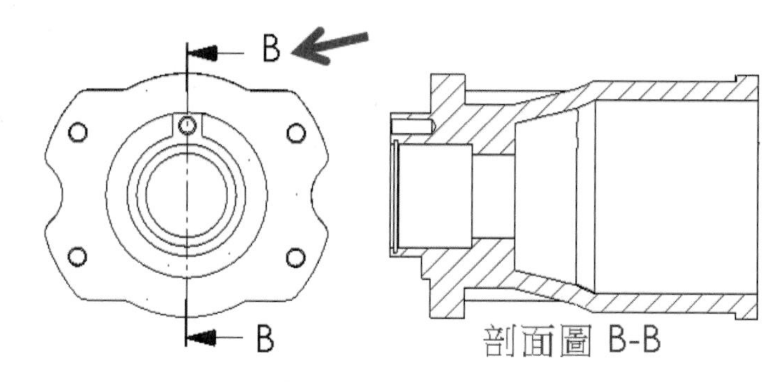

70-3 標示選項

設定**剖視圖**下方文字成為範本，□**根據標準**，自訂符合公司看圖習慣。本節很多敘述和上一章相同，不贅述。

70-3-1 名稱（預設視圖）

定義**剖視圖**下方的註解名稱。依清單選擇：1. 無、2. 視圖、3. **剖面圖**、4. 自訂，比較常用：**剖面圖**（預設），本節盡說明自訂。

A 自訂

自己定義名稱來符合公司習慣，例如：**剖視圖**或**斷面圖**。

B 屬性管理員設定

名稱=註解，可以在屬性管理員：**手動視圖標示**，臨時更改視圖名稱。

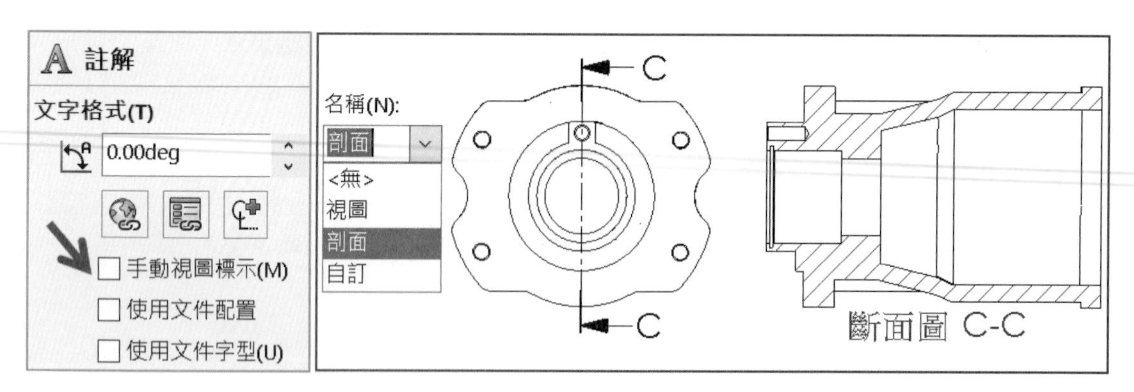

70-3-2 標示（預設 X）

承上節，在**剖視圖**旁顯示連結，作為溝通位置，例如：剖視圖 A、剖視圖 B。依清單選擇視圖字母標示：1. 無、2. X、3. X-X、4. X X，建議設定 X-X。

A 無

僅顯示視圖名稱，例如：剖視圖。

B X

顯示割面線代號，例如：剖視圖 C、剖視圖 D。

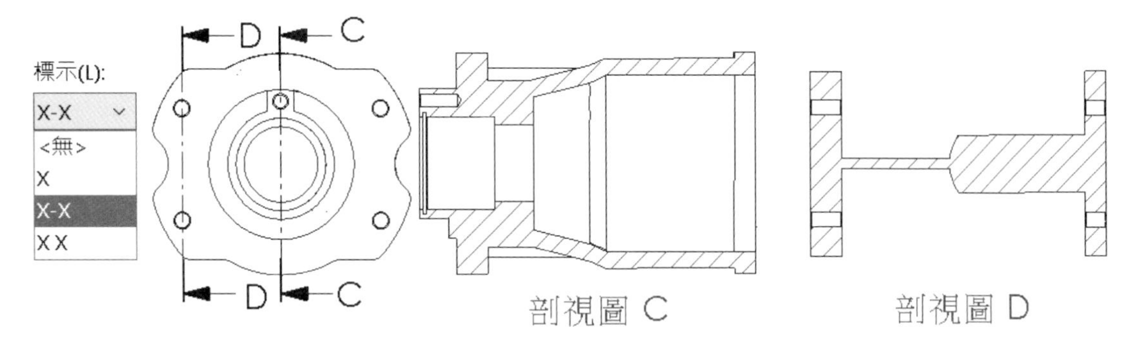

C X-X

顯示**割面線**剖切範圍，標準書寫，例如：剖視圖 A-A，代表 A 到 A 範圍。

D X X

承上節，顯示**剖視圖** A A。不建議這顯示，因為沒有分隔號容易誤解。

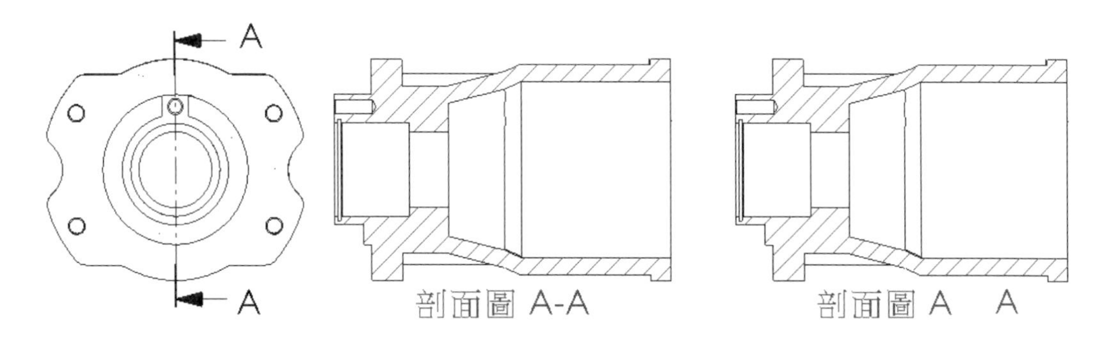

70-3-3 旋轉

於剖視圖下方顯示**旋轉符號**與**度數**，適用**輔助剖視圖**。實務少用也不需過於嚴謹，避免造成不必要困擾。由於先前說明過，本節簡述，下圖左。

A 無（預設）

不顯示任何符號，推薦使用。

B 旋轉符號＋度數

顯示旋轉符號＋度數。度數=斜面角度。這是**輔助剖視圖**，預設位置與**割面線**平行，經轉正視圖後，會在視圖下方出現旋轉符號。

70-3-4 比例

於**剖視圖**下方顯示比例，並設定顯示樣式：1. 無、2. 比例、3. 比例：、4. 自訂。實務全**剖視圖**比例很少放大，除非部分剖視圖會放大比例，下圖右。

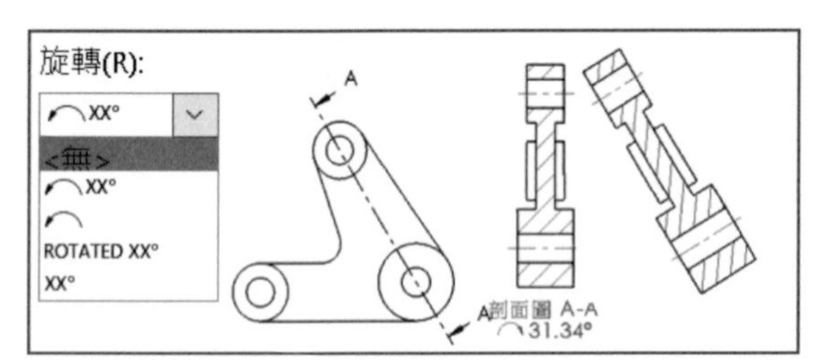

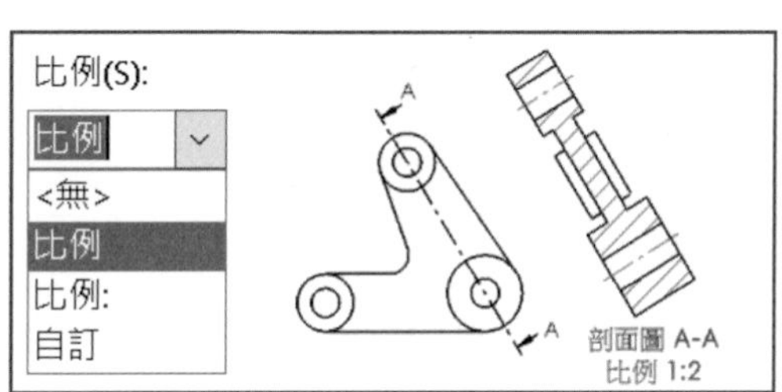

70-4 剖面/視圖大小

設定**割面線**與**輔助視圖**箭頭大小與樣式，實務上，會比尺寸標註箭頭大一點，這部分說明與尺寸相同，不贅述。

70-4-1 以剖面視圖箭頭字母高度縮放

箭頭大小是否與剖面圖字母高度縮放，建議開啟。

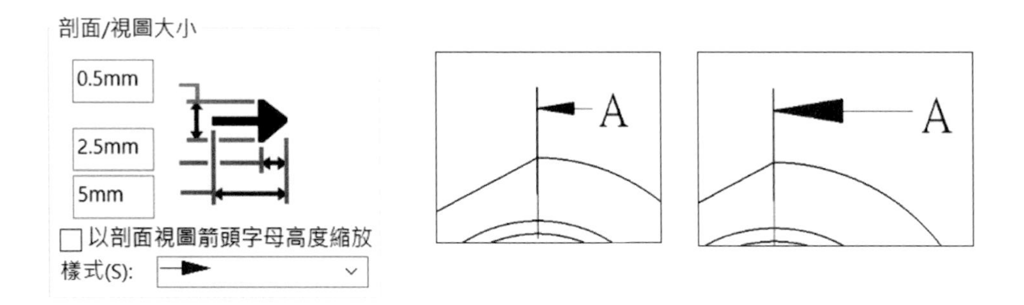

70-5 半剖面（預設）

設定半剖視圖的箭頭樣式：1. 標準，有連接器、2. 替代，無連接器，CNS 標準=，起始與結束處都有箭頭。

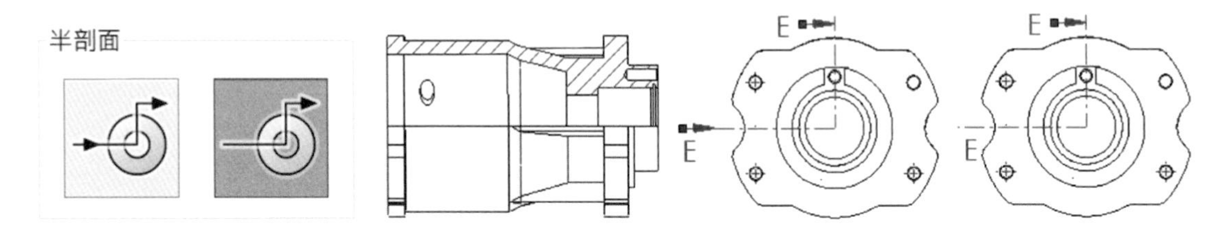

70-6 一般顯示

設定割面線轉折處（Offset，又稱斷差）是否要於剖視圖顯示。CNS 標準，轉折剖面處不顯示，此項目應該稱為：**顯示剖面視圖除料線**。

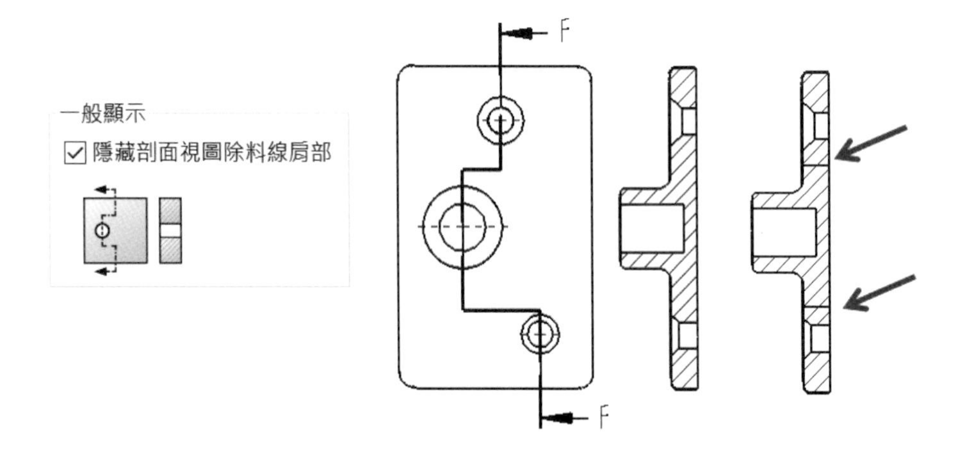

筆記頁

CHAPTER

71

視圖－正交

本章說明**標準三視圖**的標示選項。整體標準、圖層. . . 等，先前已說明不贅述。

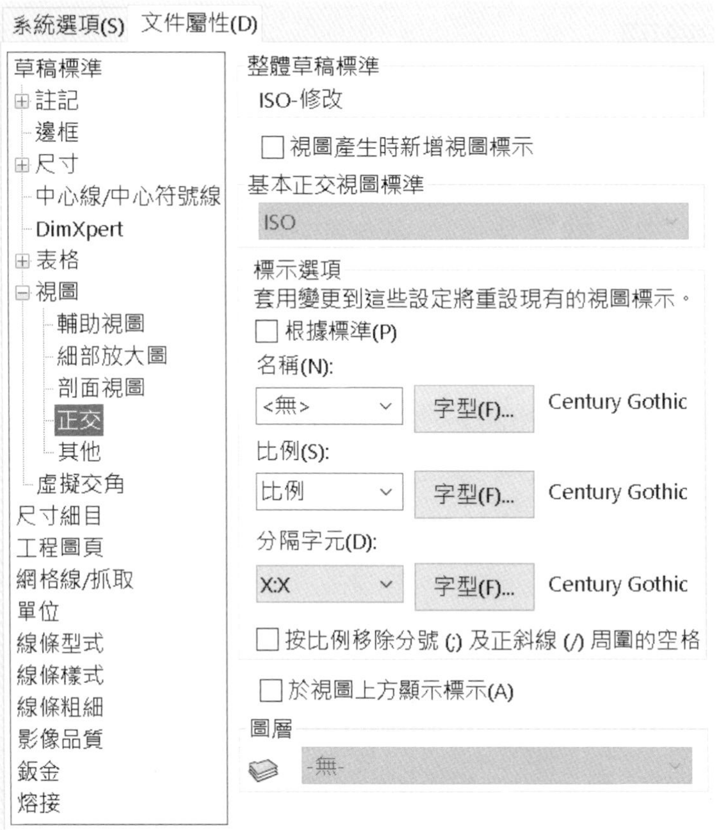

系統選項(S) 文件屬性(D)

草稿標準
註記
邊框
尺寸
中心線/中心符號線
DimXpert
表格
視圖
輔助視圖
細部放大圖
剖面視圖
正交
其他
虛擬交角
尺寸細目
工程圖頁
網格線/抓取
單位
線條型式
線條樣式
線條粗細
影像品質
鈑金
熔接

整體草稿標準
ISO-修改
視圖產生時新增視圖標示
基本正交視圖標準
ISO
標示選項
套用變更到這些設定將重設現有的視圖標示。
根據標準(P)
名稱(N):
<無> 字型(F)... Century Gothic
比例(S):
比例 字型(F)... Century Gothic
分隔字元(D):
X:X 字型(F)... Century Gothic
按比例移除分號 (;) 及正斜線 (/) 周圍的空格
於視圖上方顯示標示(A)
圖層
-無-

71-1 視圖產生時新增視圖標示

使用**標準三視圖**、**視圖調色盤**... 等產生的視圖，是否顯示文字。此設定要配合下方的標示選項，例如：指定名稱：工程視圖結構（箭頭所示）。

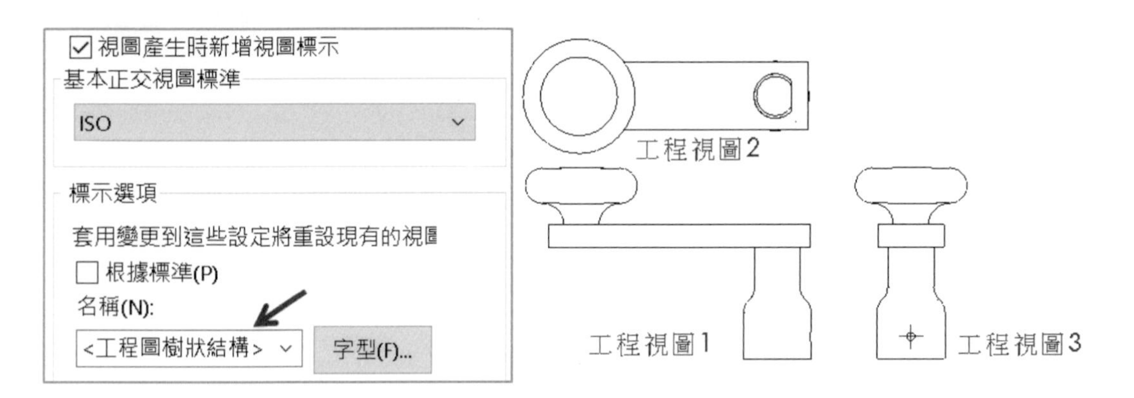

71-2 標示選項

設定視圖下方文字，本節很多敘述和上一章相同，僅說明：名稱。

71-2-1 名稱（預設視圖）

定義視圖下方的註解名稱，本節謹說明：無、工程圖樹狀結構。

A 無

不顯示。若真要用會在前視圖以人工輸入文字，類推狹槽特徵在後視圖。

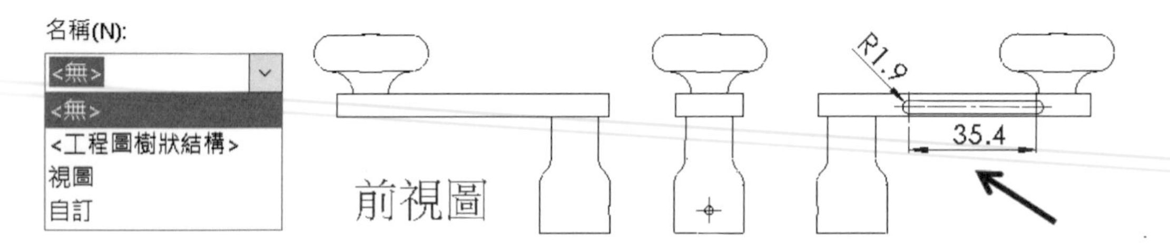

B 工程圖樹狀結構

顯示特徵管理員的視圖名稱，例如：工程視圖 1。你可以在特徵管理員命名，例如：前視圖、右視圖、等角圖。常用在模組，或這張圖生命周期很長（可以用很久）。

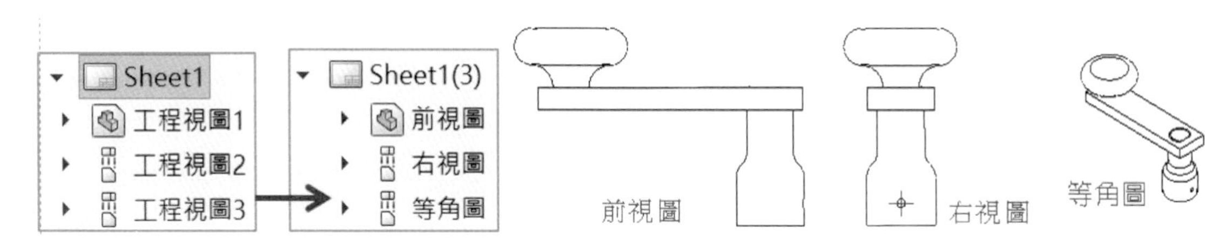

筆記頁

CHAPTER

72

視圖－其他

本章說明**等角視**、**二等角視**、**不等角視**的標示選項。**其他**屬於非輔助視圖、細部放大圖、剖面視圖、正交等，所產生的視圖，例如：**視圖調色盤**。

系統選項(S) 文件屬性(D)

草稿標準
註記
邊框
尺寸
中心線/中心符號線
DimXpert
表格
視圖
輔助視圖
細部放大圖
剖面視圖
正交
其他
虛擬交角
尺寸細目
工程圖頁
網格線/抓取
單位
線條型式
線條樣式
線條粗細
影像品質
鈑金
熔接

整體草稿標準
ISO-修改
☑ 視圖產生時新增視圖標示
套用至等角視、二等角視、不等角視、非正交及目前模型、方位視圖。
基於其他視圖標準
ISO
圖層
-無-
標示選項
套用變更到這些設定將重設現有的視圖標示。
☐ 根據標準(P)
名稱(N):
<無> 字型(F)... Century Gothic
比例(S):
比例 字型(F)... Century Gothic
分隔字元(D):
X:X 字型(F)... Century Gothic
☐ 按比例移除分號 (:) 及正斜線 (/) 周圍的空格
☐ 於視圖上方顯示標示(A)

72-1 視圖產生時新增視圖標示

透過**視圖調色盤**產生的**等角視**、**二等角視**、**不等角視**，是否顯示標示文字，就不用自己打字。此設定要配合下方的標示選項，名稱：自訂=立體圖（箭頭所示）。

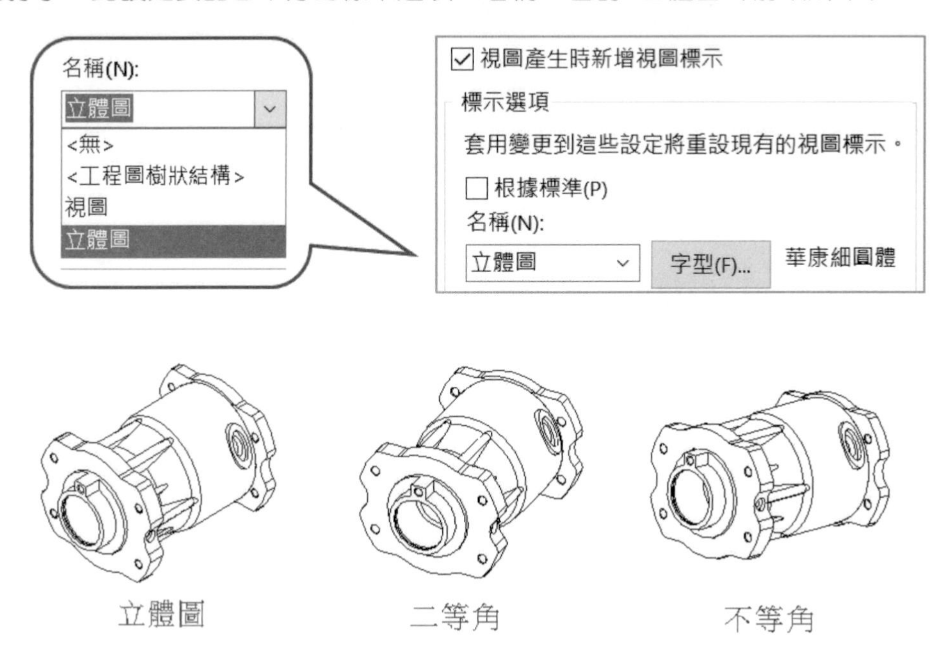

CHAPTER

73

虛擬交角

說明**虛擬交角**原理與顯示樣式。

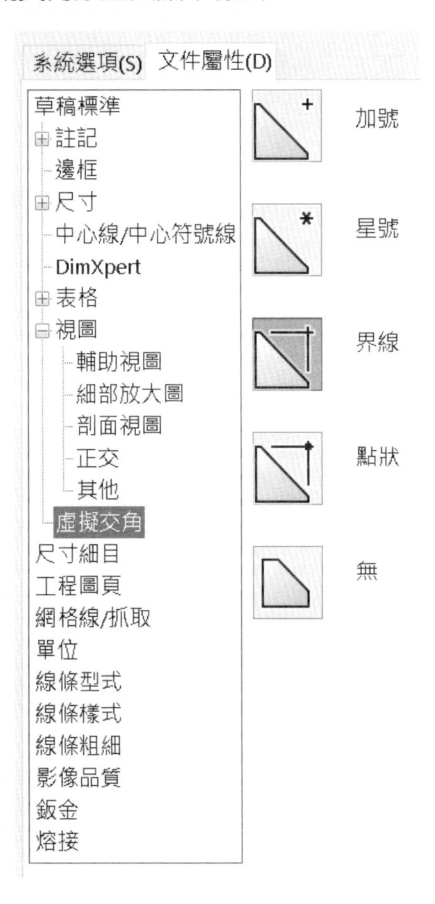

73-0 何謂虛擬交角

角落被圓角或導角移除，2 邊線延伸得到交點，稱為**虛擬交角**（Virtual Shape 又稱**虛擬交點**）。**虛擬交角**為假想顯示，避免與圖元混淆，會以**點狀**、**細實線**呈現。

虛擬交角生活看不見，他是電腦圖元，讓圖元可見與好量測。虛擬交角在草圖呈現，使用部分指令或自行製作。虛擬交角選項設定適用導圓角，導角皆為點狀＊呈現。

73-0-1 自動產生虛擬交角

理論上，**草圖圓角**或**草圖導角**皆可產生虛擬交角，下圖左。

73-0-2 手動產生虛擬交角

自 2018 以來孩時沒有專門指令製作虛擬交角，必須手動製作。1. Ctrl 複選 2 邊線→2. 點選**草圖點**，於圖面上可以見到，下圖右。

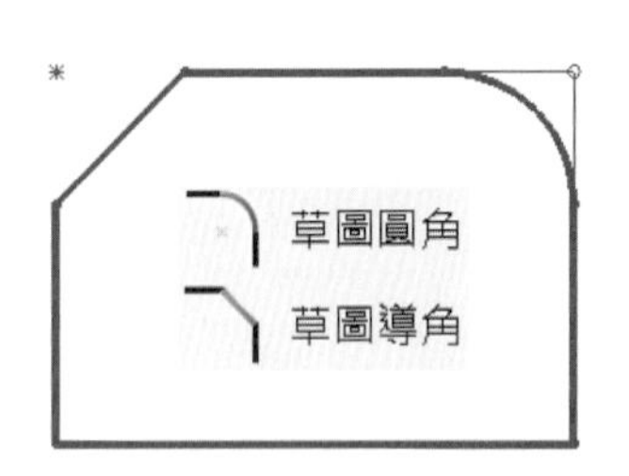

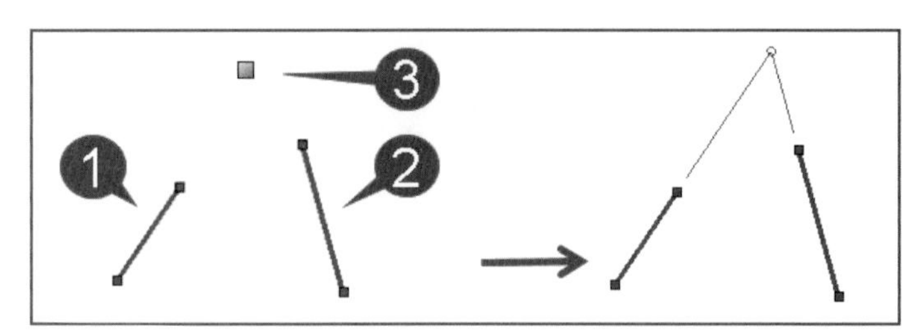

73-1 虛擬交角類型

設定**虛擬交角**的顯示樣式：1. 加號、2. 星號、3. 界線、4. 點狀、5. 無。CNS 標準以**點狀**為標準，實務上，不要設定：無。

不過大郎發現 2018 只有**草圖圓角**才可以套用類型。記得以**草圖圓角**或**草圖導角**皆可，這部分是 BUG。

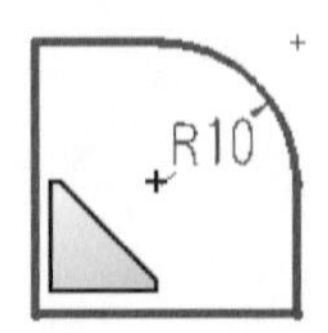

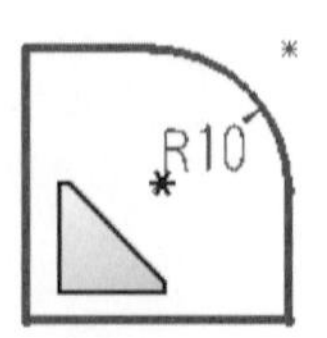

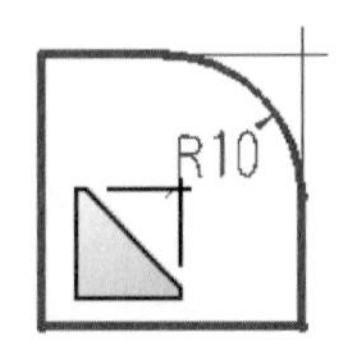

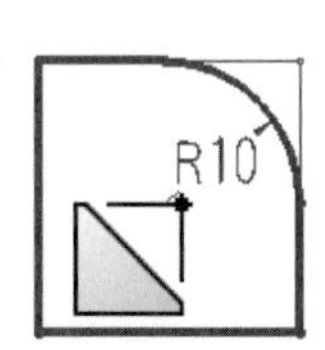

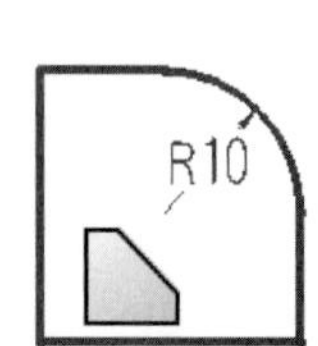

CHAPTER

74

尺寸細目

本章設定工程圖的註記顯示、視圖標示、視圖產生時自動插入...等。有些部分不應該在這裡設定，這點 SW 要改進。

系統選項(S) 文件屬性(D)

草稿標準
註記
邊框
尺寸
中心線/中心符號線
DimXpert
表格
視圖
虛擬交角
尺寸細目
工程圖頁
網格線/抓取
單位
線條型式
線條樣式
線條粗細
影像品質
鈑金
熔接

顯示濾器
☑ 裝飾螺紋線(A) ☑ 塗彩裝飾螺紋線(I)
☑ 基準(D) ☑ 幾何公差(G)
☑ 基準定標(T) ☑ 註解(N)
☑ 特徵尺寸(F) ☑ 表面加工符號(S)
☑ 參考尺寸(E) ☑ 熔接(W)
☑ DimXpert 尺寸(P) ☐ 顯示所有類型(Y)

文字比例(X): 1:1
以相同文字大小顯示(Z)
☐ 僅在產生此註記的視角方位上顯示(V)
☑ 顯示註記(P)
對所有零組件使用組合件的設定(U)
☐ 隱藏懸置的尺寸與註記(H)
☐ 為工程圖中的移除隱藏線/顯示隱藏線使用模型色彩(M)
☐ 為有 SpeedPak 組態的移除隱藏線/顯示隱藏線使用模型色彩
☐ 連結子視圖至父視圖組態(L)
剖面線密度限制： 5000

輸入註記
☐ 來自整個組合件(A)

視圖產生時自動插入
☑ 中心符號-鑽孔-零件(M)
☐ 中心符號-圓角-零件(K)
☐ 中心符號-狹槽-零件(L)
☑ 定位符號 - 零件
☐ 中心符號-鑽孔-組合件(O)
☐ 中心符號-圓角-組合件(B)
☐ 中心符號-狹槽 -組合件(T)
☐ 定位符號 - 組合件
☑ 具有中心符號線之鑽孔
☐ 中心線(E)
☐ 零件號球(A)
☐ 為工程圖標示的尺寸(W)

裝飾螺紋線顯示
☐ 高品質(Q)

區域剖面線顯示
☑ 顯示環繞註記的光環(H)

視圖折斷線
縫隙(P): 10mm
延伸(S): 3.18mm
☐ 按照鋸齒樣式的視圖比例縮放

質量中心
符號大小: 8mm
☐ 依視圖比例縮放

74-0 尺寸細目差別

零件和組合件的尺寸細目相同，工程圖不同，工程圖算是完整版。本章以工程圖的尺寸細目視窗統一講解，下圖右。

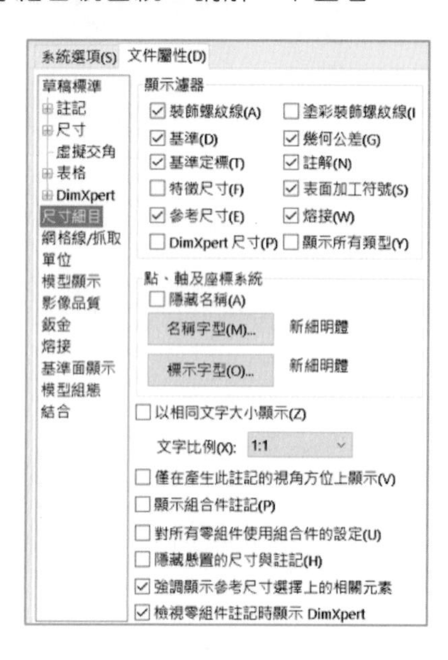

74-0-1 模型註記

要顯示這些項目，必須在模型加入註記（1. 插入→2. 註記）。

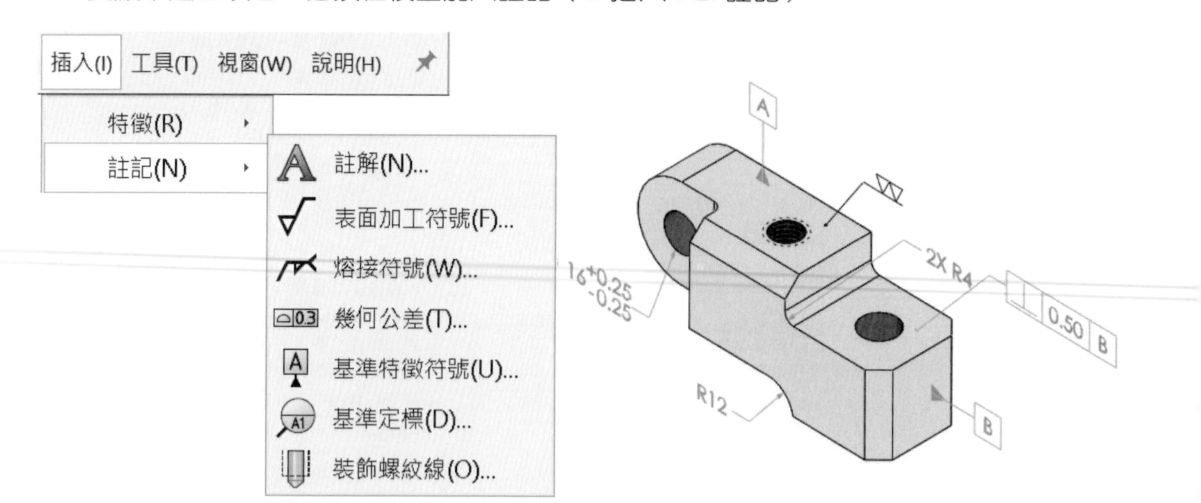

74-0-2 註記屬性

本章設定就是控制註記的預設顯示，也可在特徵管理員臨時設定你要顯示的項目和一些控制：1. 註記右鍵→2. 細目→3. 註記屬性→4. 套用。

就像**屬性管理員**可臨時改變文件屬性設定，例如：屬性管理員臨時更改**字型**。

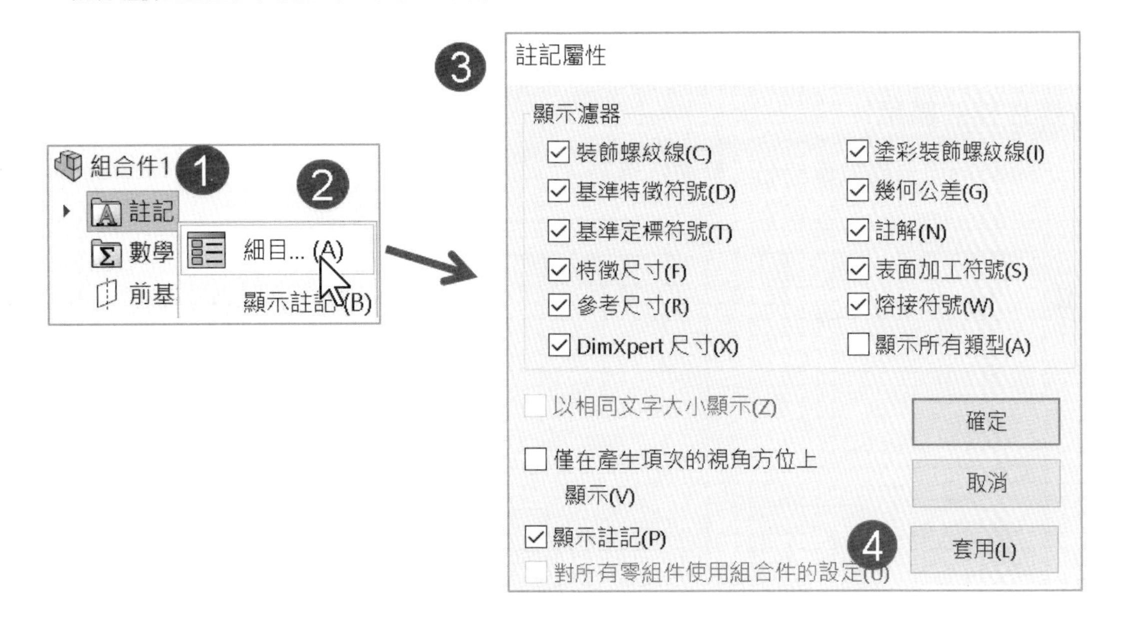

74-1 顯示濾器

設定工程圖顯示項目：1. 裝飾螺紋線、2. 基準、3. 幾何公差…等，

本節**顯示濾器**和上節說明**註記屬性**相同。

顯示濾器

☑ 裝飾螺紋線(A)	☐ 塗彩裝飾螺紋線(I)
☑ 基準(D)	☑ 幾何公差(G)
☑ 基準定標(T)	☑ 註解(N)
☐ 特徵尺寸(F)	☑ 表面加工符號(S)
☑ 參考尺寸(E)	☑ 熔接(W)
☐ DimXpert 尺寸(P)	☐ 顯示所有類型(Y)

74-1-1 裝飾螺紋線（預設開啟）

使用**異型孔精靈**或**裝飾螺紋線**，模型是否顯示**裝飾螺紋線**，螺紋線代表攻牙，以細實線呈現在模型或視圖上。螺紋線=細節顯示與否，絕大部分和顯示效能有關。

A ☑裝飾螺紋線

工程圖必須呈現**裝飾螺紋線**，於模型就不一定。正視圖以圓形表達，側視圖於孔外側非圓形表示攻牙，並標註 M10。

B ☐裝飾螺紋線

於大型組件、複雜工程圖、設計過程...等，不需要這些細節，提高顯示效能。

C 螺紋線的顯示

於特徵內可見螺紋線註記（箭頭所示）。

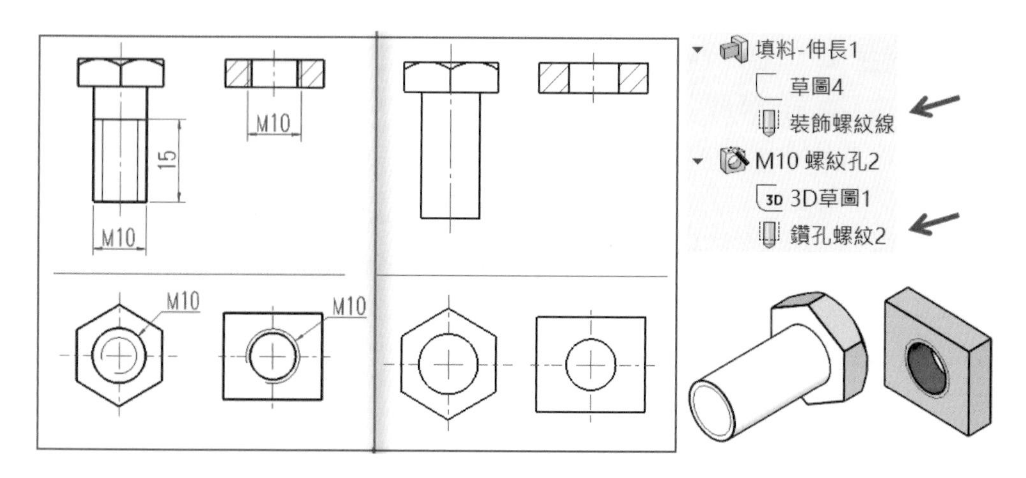

74-1-2 塗彩裝飾螺紋線（預設關閉）

承上節，**裝飾螺紋線**是否在圓柱表面顯示**塗彩**，適用**帶邊線塗彩**或**塗彩**。

A ☑塗彩裝飾螺紋線

塗彩常用在模型呈現，看起來比較美觀，實務不常用，教學過程同學最喜歡看此效果。工程圖不以塗彩顯示，也不須見到**塗彩螺紋線**。

B ☐塗彩裝飾螺紋線（預設）

塗彩裝飾螺紋線會比**裝飾螺紋線更耗效能**，特別是組合件。試想組合件，300 個零件，至少 1000 個孔，每個孔塗彩外觀，效能一定降低，由此可見 SW 以效能優先。

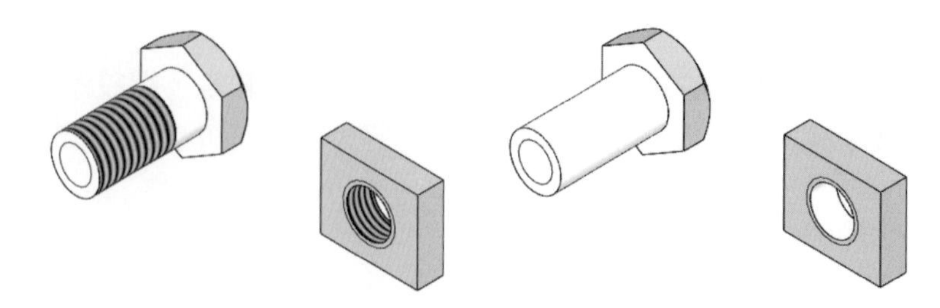

74-1-3 基準、基準定標

是否顯示**基準特徵**或**基準定標**，常用在模型顯示。工程圖要顯示它們，必須使用 1. **模型項次**→2. 註記，下圖左。

74-1-4 特徵尺寸（預設關閉）

是否顯示**特徵尺寸**（來自草圖和特徵尺寸），常用在模型顯示尺寸。製作**模型組態**或**數學關係式**，顯示尺寸並控制它們，直覺看出模型變化量。

工程圖要顯示它們，必須使用：1. →2. 尺寸，下圖右。

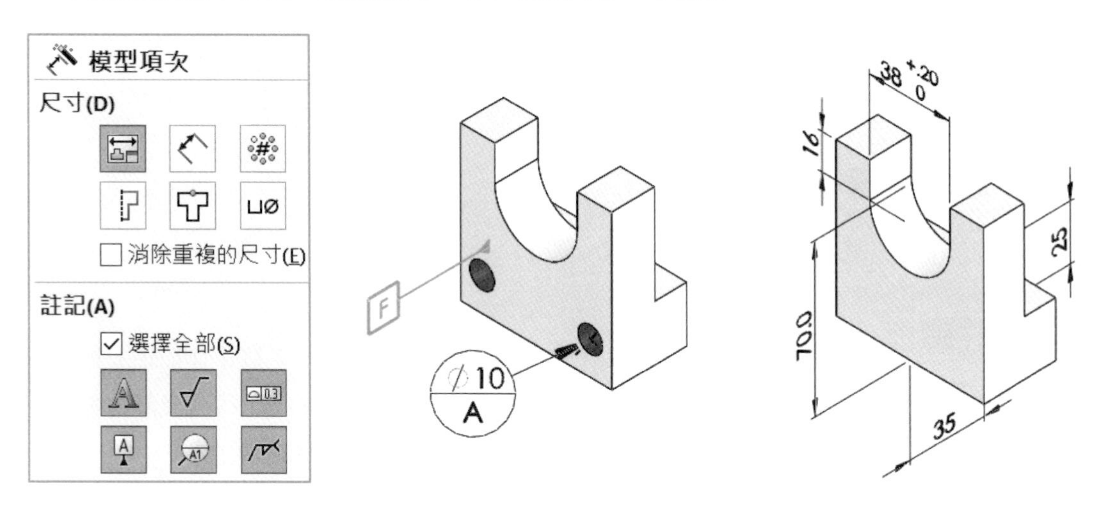

74-1-5 參考尺寸（預設開啟）

是否顯示**智慧型尺寸**的手動標註=參考尺寸=**從動**，並以不同顏色區分，就是在模型標尺寸。無法編輯尺寸變更模型，但模型尺寸改變時，參考尺寸會改變。

A ☑參考尺寸

顯示標註在模型上的尺寸，過程要指定**參考尺寸**，否則會以 DimXpert 呈現（箭頭所示），下圖左。

B ☐參考尺寸

使用時，會出現**是否啟用參考尺寸**的視窗。

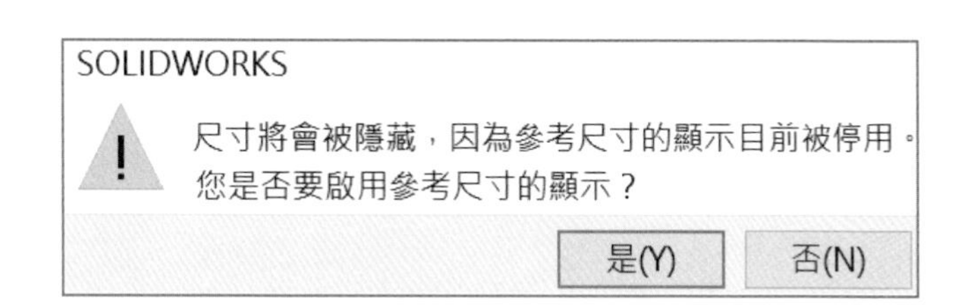

74-1-6 DimXpert 尺寸

承上節，是否顯示 DimXpert 尺寸=參考尺寸=從動，下圖右。

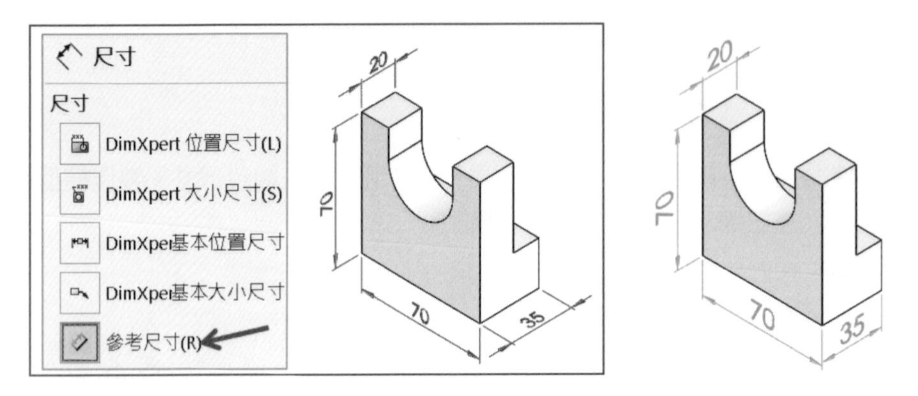

74-1-7 幾何公差

是否顯示註解的**幾何公差**，因為 DimXpert 也有幾何公差，下圖左。

74-1-8 註解

是否顯示**註解A**，將文字加在模型上，作為溝通之用。A包含文字、符號及超連結，可自由移動。無法使用尺寸標註表達的會使用A，例如：型錄製作和靜態圖…等。

74-1-9 表面加工符號、熔接符號

是否顯示**表面加工符號**、**熔接符號**，下圖右。

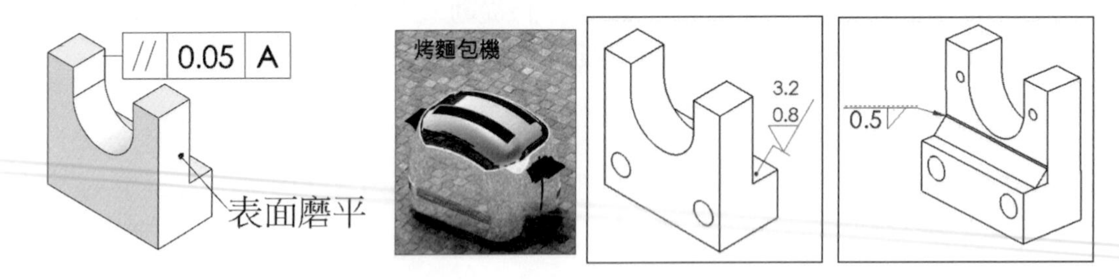

74-1-10 顯示所有類型

是否快速選擇所有類型項目，下圖左。

A 註記屬性

可臨時快速開啟註記：1. 註記右鍵→2. 顯示特徵尺寸、顯示參考尺寸、顯示參考註記. . . 等，下圖右。

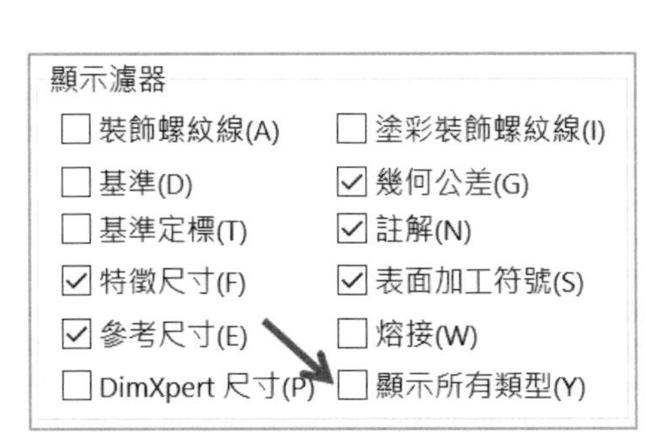

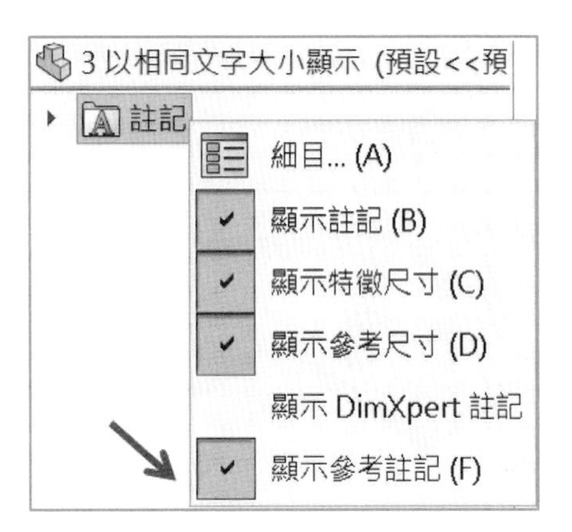

74-2 點、軸及座標系統

設定參考幾何：**點**、**基準軸**、**座標系統**的名稱顯示及字型，適用零件、組合件。

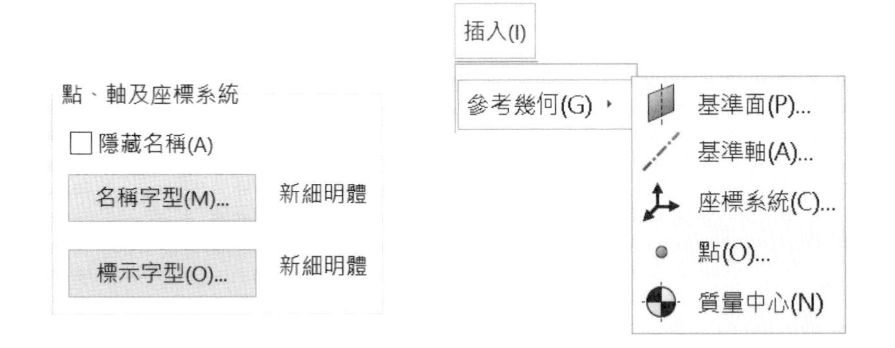

74-2-1 隱藏名稱

是否顯示參考幾何的名稱，下圖左。

A ☑隱藏名稱

圖面簡潔，適合進階者。

B ☐隱藏名稱

直接辨識參考幾何種類，例如：基準軸 1 或基準軸 2。

74-2-2 名稱字型（預設新細明體）

點選**名稱字型**視窗，設定字型及大小，例如：點 1、基準軸 2、座標系統 1，下圖左。

74-2-3 標示字型（預設新細明體）

變更**座標系統**的 X、Y、Z 軸文字，下圖右。

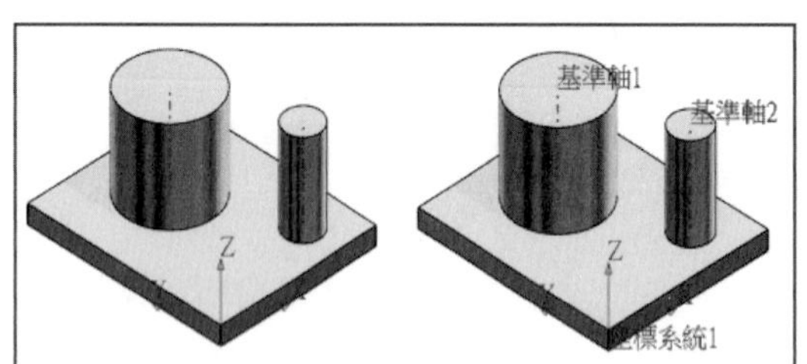

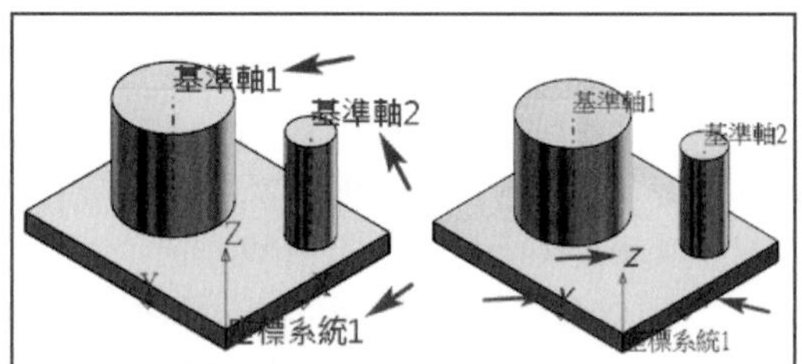

74-3 以相同文字大小顯示

是否統一在模型呈現的註記大小，適用零件、組合件。

74-3-1 以相同文字大小顯示

模型多大文字多大，不因模型縮放、旋轉…等，影響文字大小，下圖左。

74-3-2 □以相同文字大小顯示

以文字比例固定大小。

74-3-3 文字比例

承上節，依清單選擇或自訂標註比例，凸顯文字與模型表達，下圖右。常用在抓畫面，模型組態製作、設計過程...等，就能體會把文字放大這麼好用。

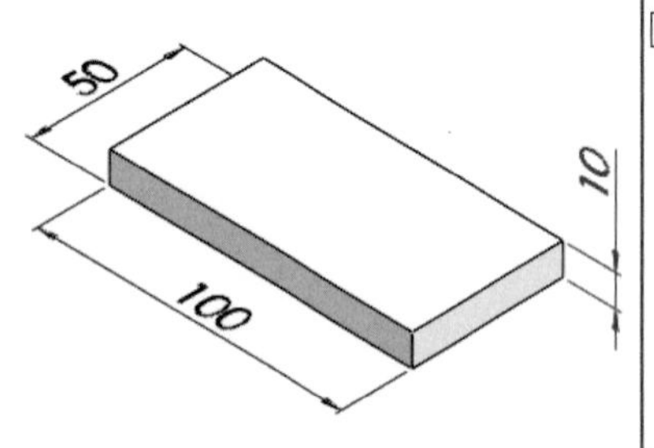

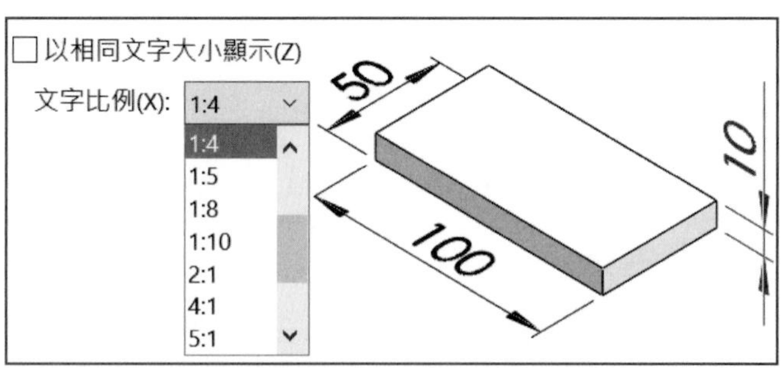

74-4 僅在產生此註記的視角方位上

是否旋轉模型至註記相同視角方位，才會顯示**註記**。分別將註記放置在：1. 前視、2. 右視、3. 上視、4. 等角視（加工符號），來解釋此設定。

74-4-1 ☑僅在產生此註記的視角方位上

註記僅呈現在放置的視角，不會看起來太亂，例如：尺寸固定視角呈現。

74-4-2 ☐僅在產生此註記的視角方位上（預設）

任何方位都可見到註記，缺點會有點亂。

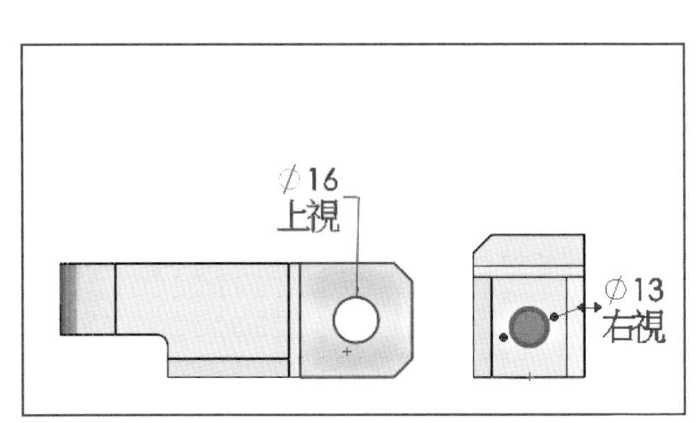

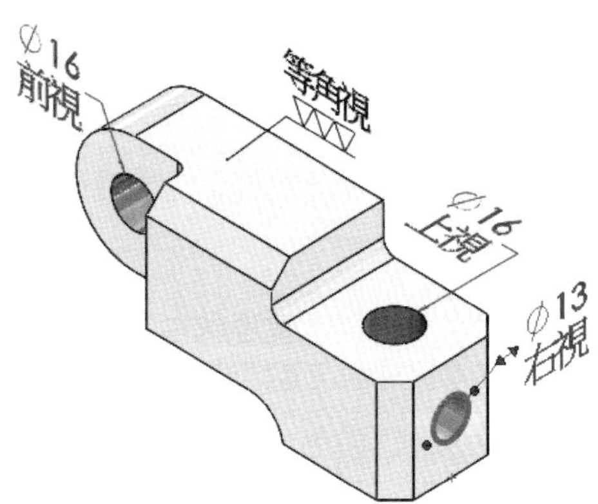

74-5 顯示註記/顯示組合件註記

是否顯示將**顯示濾器**的項目。於零件和組合件的屬性視窗，有專門的：**顯示組合件註記，適用組合件**，下圖左（箭頭所示）。觀念和顯示註記是一樣的，下圖右。

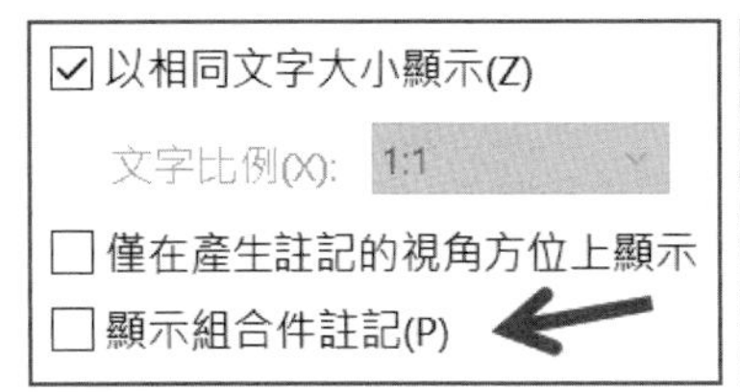

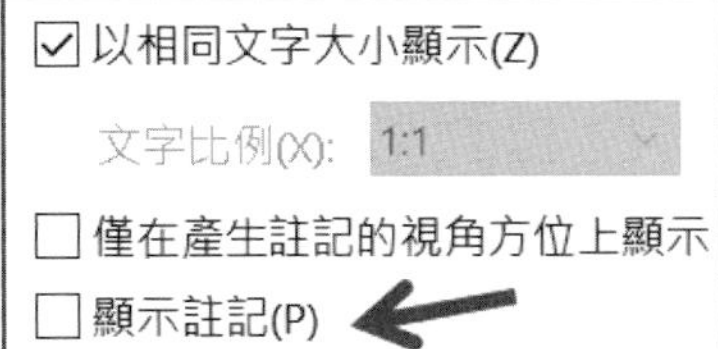

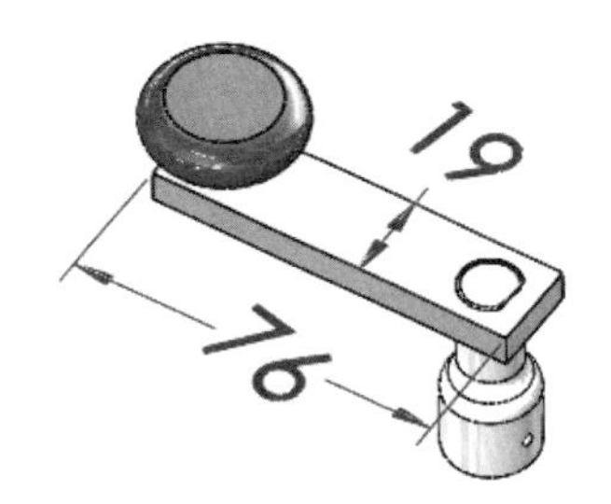

74-5-1 註記屬性

也有 2 種方式顯示註記：1. 註記右鍵→細目，顯示註記、2. 註記右鍵→顯示註記。

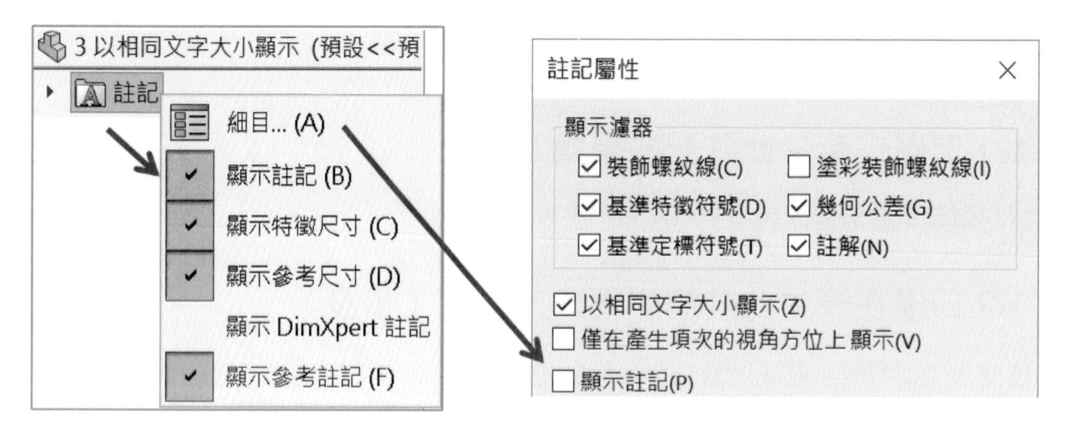

74-6 對所有零組件使用組合件的設定

是否使用組合件註記設定，忽略個別零件的註記設定，適用組合件。本例零件和組合件已標註**參考尺寸**，下圖左。是否將零件註記顯示在組合件，下圖右。

此設定應該稱為：**對模型使用組合件設定**。

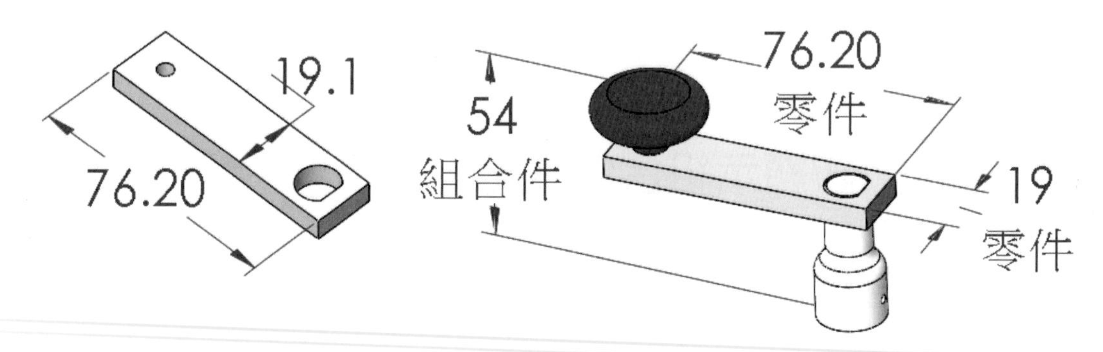

74-6-1 ☑對所有零組件使用組合件的設定

組合件控制顯示零件和組合件註記，☐**參考尺寸**，組合件看不到參考尺寸，下圖左。

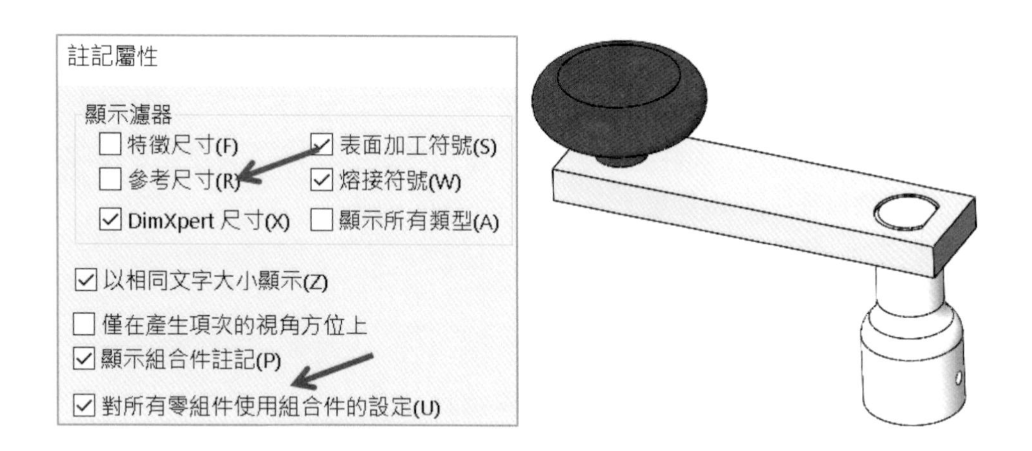

74-6-2 ☐對所有零組件使用組合件的設定

承上節，組合件看見零件**參考尺寸**。若☑**參考尺寸**，可見組合件參考尺寸（箭頭所示）。

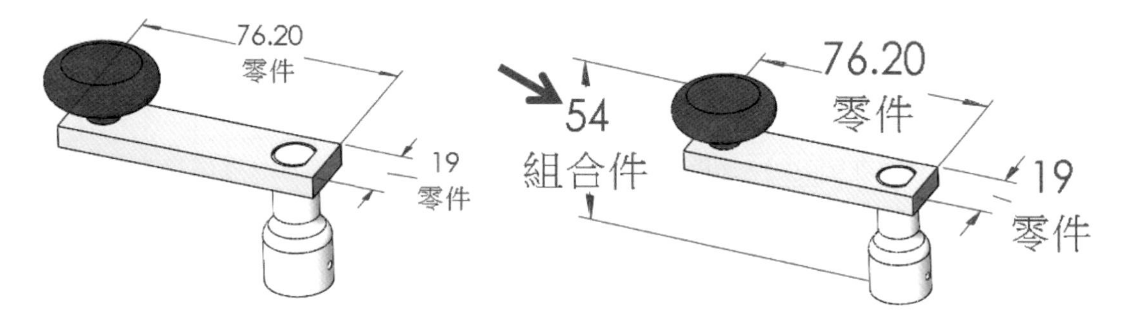

74-6-3 註記屬性

1. 註記右鍵→2. 細目→3. ☑對所有零組件使用組合件的設定。

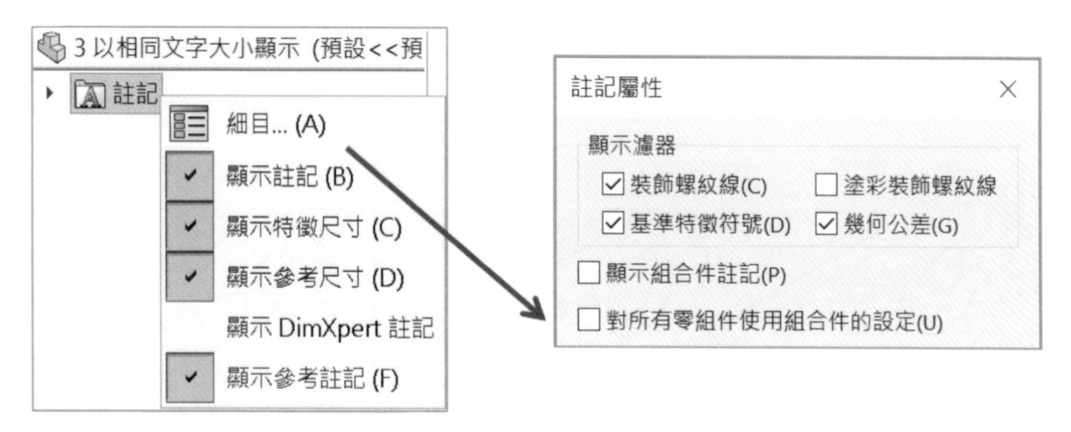

74-7 隱藏懸置的尺寸與註記

是否自動隱藏懸置的尺寸與註記，適用工程圖，大郎在業界導入會要求☐。模型有被刪除或抑制的特徵會以褐色呈現=懸置。

74-7-1 ☑隱藏懸置的尺寸與註記

自動隱藏可加快圖面處理速度。

74-7-2 ☐隱藏懸置的尺寸與註記

懸置尺寸在工程圖明顯看出，畢竟不能出圖，必須自行刪除懸置尺寸或註記，雖然很麻煩，這樣才知道有那些被改到，可降低風險，下圖右。

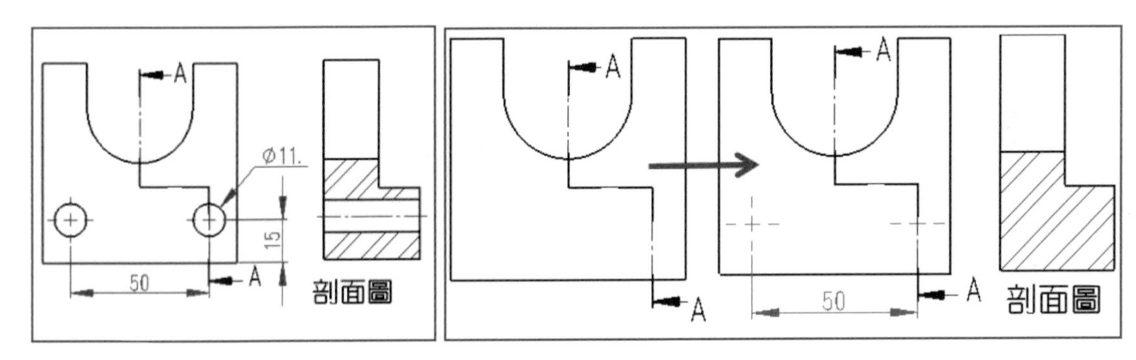

74-8 強調顯示參考尺寸選擇上的相關元素

點選參考尺寸時，是否強調顯示圖元，適用零件、組合件。類似顯示→動態強調顯示，下圖右，先前已說明，不贅述。

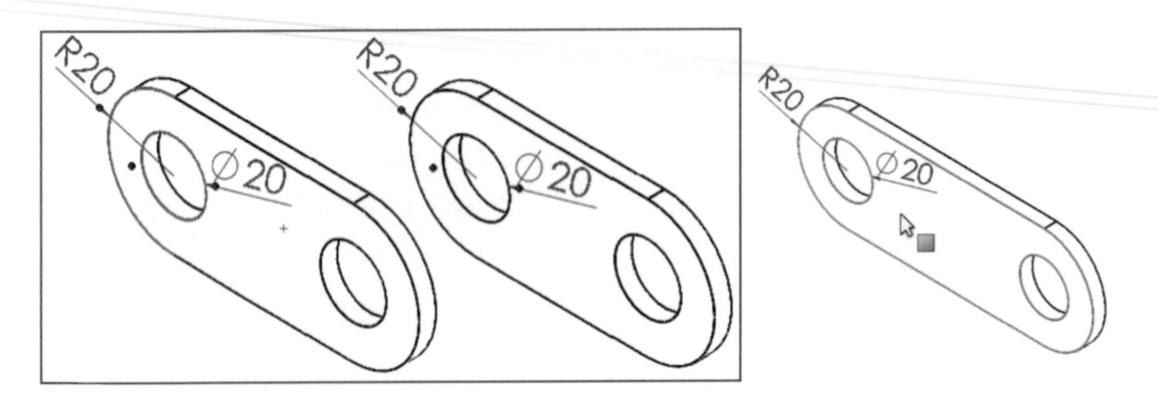

74-9 為工程圖中的移除/顯示隱藏線使用色彩

視圖顯示為**移除隱藏線**、**顯示隱藏線**、**線架構**時，是否使用模型色彩作為模型邊線。此設定應該稱為：**移除/顯示隱藏線使用色彩**，因為零件、組合件都有這功能。

74-9-1 ☑為工程圖中的移除/顯示隱藏線使用色彩

視圖套用模型色彩成為模型輪廓，類似圖層控制色彩，適用組合件。不過零件經常為灰色顯示，這時會呈現灰階，不見得是我們要的，下圖左。

74-9-2 □為工程圖中的移除/顯示隱藏線使用色彩

以模型輪廓色彩呈現。於色彩→工程圖，顯示模型邊線，預設黑色，下圖右。

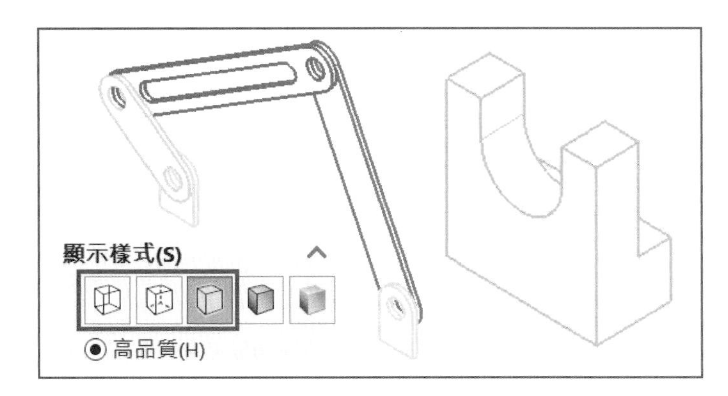

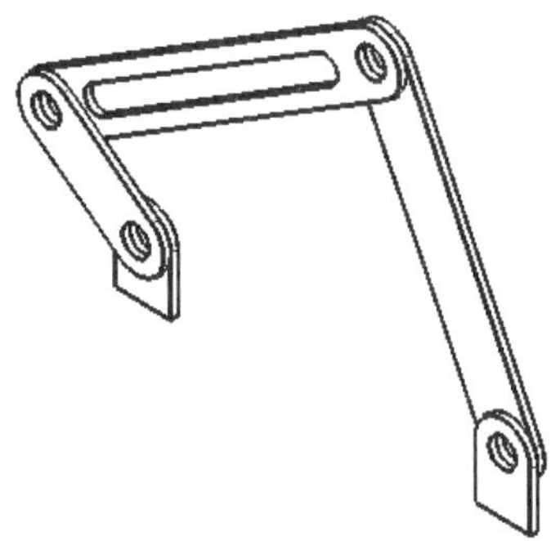

74-10 SpeedPak 移除隱藏線/顯示隱藏線使用色彩

承上節，模型 SpeedPak **組態**時，是否模型外觀色彩作為工程圖模型邊線顏色。

74-11 連結子視圖至父視圖組態

父視圖切換模型組態時，子視圖是否與父視圖同步變更。

這部分不應該在這設定，它屬於視圖控制。實務上，子視圖與父/母視圖連結，這裡提供要不要連結的彈性。例如：模型有 2 個組態：1. 有孔柱、2. 沒孔柱。

前視圖=父視圖、上視圖=子視圖，可見子視圖是否連結父視圖組態。

74-11-1 屬性管理員設定

於**屬性管理員**的**參考模型組態**，也可設定**<連結至父組態>**。

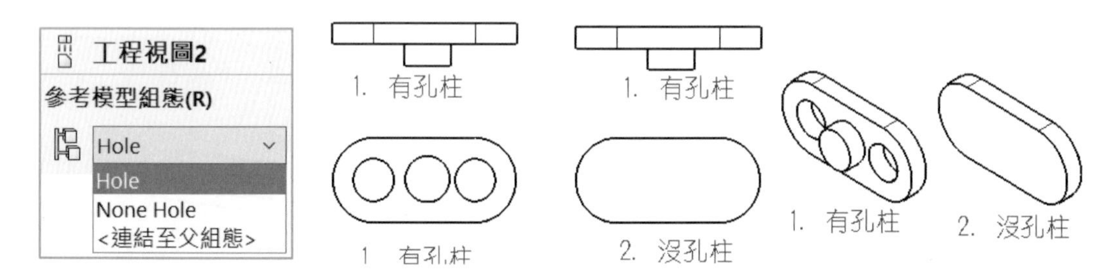

74-12 剖面線密度限制（預設為 5000）

設定**區域剖面線**比例上限（箭頭所示），過多消耗效能，適用工程圖。試想剖面線為線條顯示，過多線條就是畫很多草圖線段，當模型面很大時，剖面線也會多。

例如：剖面線比例=1，在 Ø30 或 Ø10 的線條數量明顯不多。

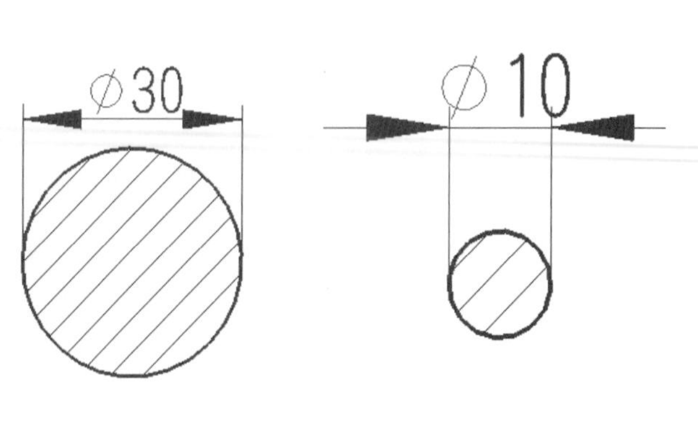

74-13 輸入註記

是否將組合件的模型註記加入工程圖。本節模型分別在零件加入零件名稱的註解，在組合件加入零件號球。工程圖要顯示它們，必須使用 1.→2. 註記。

74-13-1 ☑來自整個零組件

輸入所有零件和組合件的註記，包含零件和組合件，下圖左。

74-13-2 □來自整個零組件

只輸入組合件註記，例如：零件號球，下圖右。

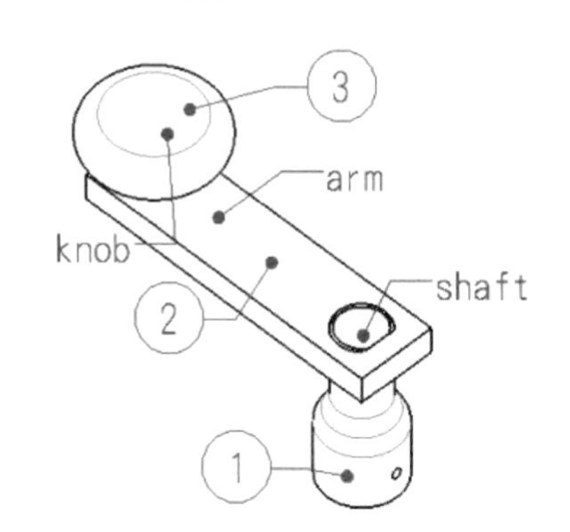

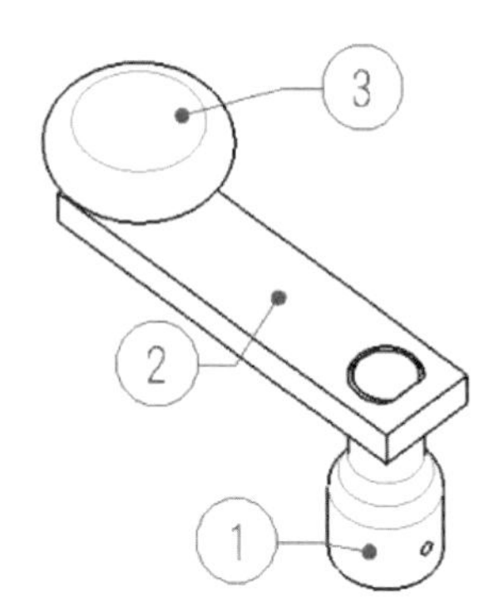

74-14 視圖產生時自動插入

產生工程視圖時，自動插入勾選項目，達到出圖自動化，適用工程圖。此設定大優勢不必使用，光省下這步驟算大功一件了。

試想 1 張圖由視圖到註記，共 10 步驟完成，100 張圖=1000 步驟。經 SW 使用程度提升，縮減為 6 步驟，100 張圖=600 步驟。

業界此設定必要導入，RD 人數越多效益越高。比較常用：1. 中心符號、2. 中心線、3. 為工程圖標示的尺寸。至於沒用到的項目，會在視圖產生後→，一樣達到迅速要求。而非每項都☑，反而不對且麻煩。

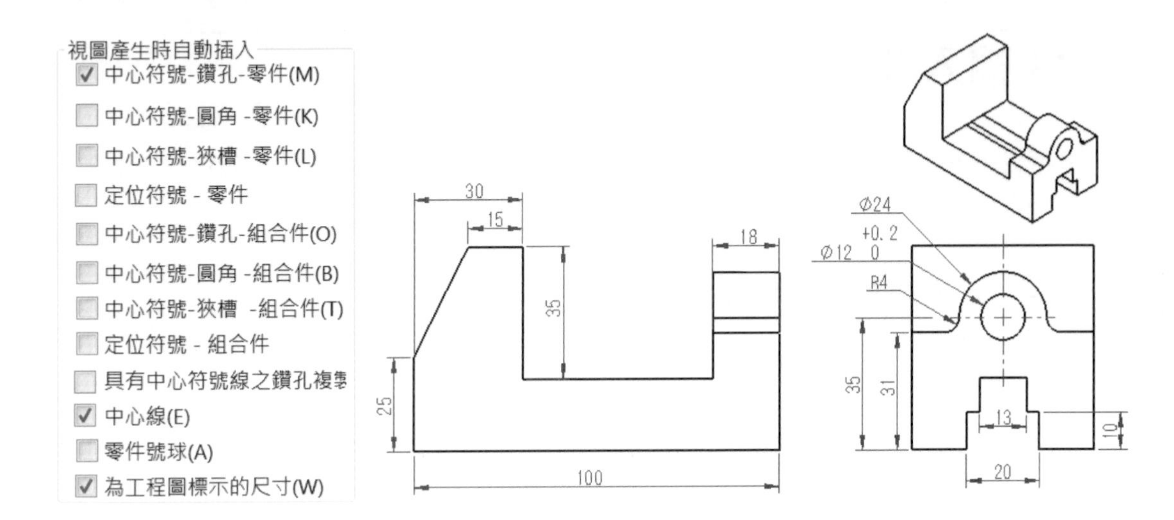

74-14-1 中心符號-鑽孔-零件

自動插入的中心符號線，只要圓形視圖必須加入，例如：平板或圓棒，下圖左。若孔多效益很高，大郎強烈要求要開啟它們，下圖 A。

74-14-2 中心符號-圓角-零件（預設關閉）

自動插入圓角的中心符號線。實務不會在圓角加入，以免造成圖面紊亂。若是加工考量，例如：車刀位置就可以，下圖 B。

74-14-3 中心符號-狹槽-零件（預設關閉）

自動插入草圖狹槽的中心符號線，下圖 C。

74-14-4 定位符號-零件（預設開啟）

自動插入定位銷符號，必須使用的定位孔，下圖右。

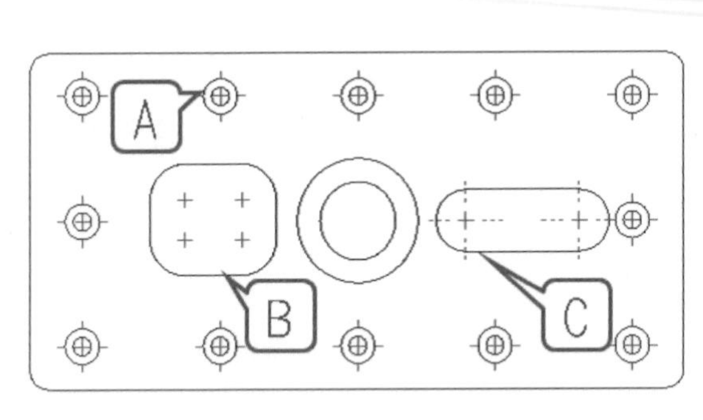

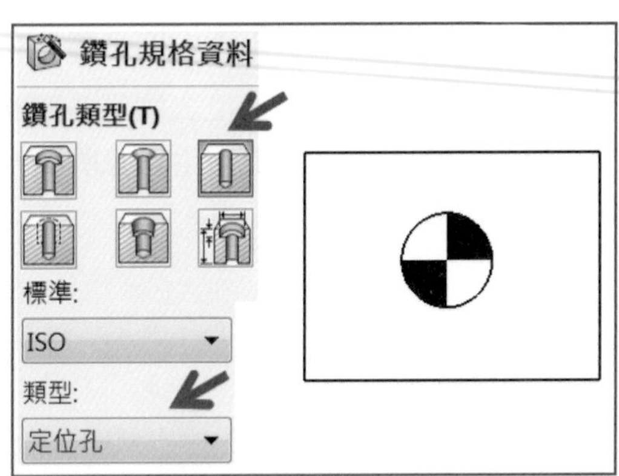

74-14-5 中心符號-鑽孔、圓角、狹槽、定位符號-組合件

自動插入組合件特徵的中心符號線，例如：連續鑽孔、異型孔精靈、圓角、的定位孔。

實務上，組合件的**中心符號線**用指令來加入。

74-14-6 具有中心符號線之鑽孔複製排列的連接線

自動插入**直線複製排列**、**環狀複製排列**的鑽孔連接線。此設定必須與**中心符號-鑽孔-零件**搭配使用，下圖左。

A 屬性管理員設定

除了自動加入外，都可利用**中心符號線**完成：1. 鑽孔、圓角、狹槽、連接線...等。

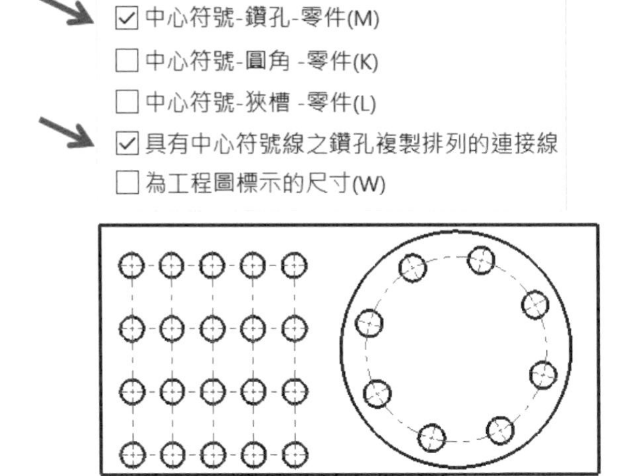

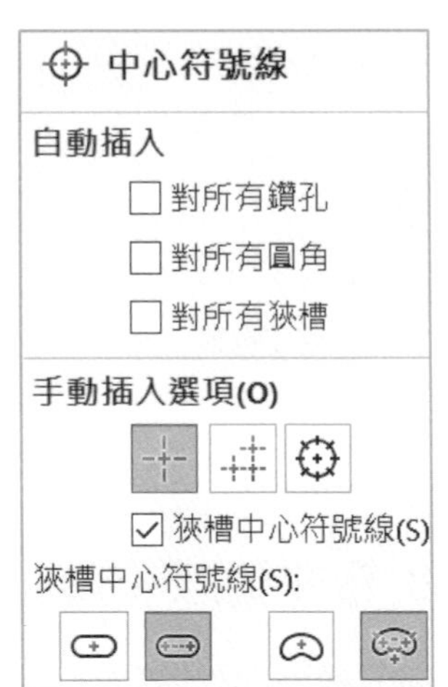

74-14-7 中心線

自動插入圓柱、圓錐**中心線**，下圖左。只要是非圓形視圖必須加上，代表是圓柱，例如：由中心線可判斷矩形平板或圓棒，就知道中心線的重要性，下圖右。

製圖過程：1. →2. →3. 尺寸標註，就知道設定可用來增加繪圖效率，達到出圖自動化，大郎強烈要求開啟它們。

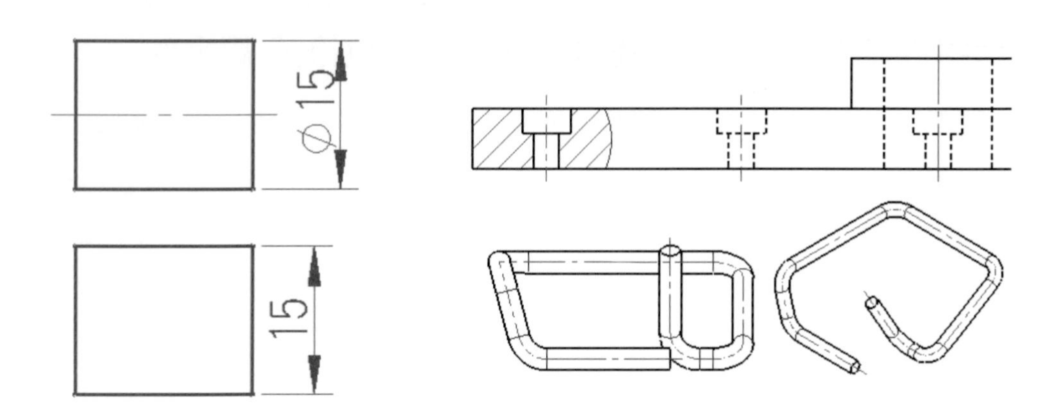

A 屬性管理員設定

除了自動加入外，可利用完成中心線加入，下圖左。

B 與大型組件設定連結

大型組件環境，中心線不會自動插入，即便☑**中心線**。此設定與組合件→☑隱藏基準面、軸、草圖... 等連結，下圖右。

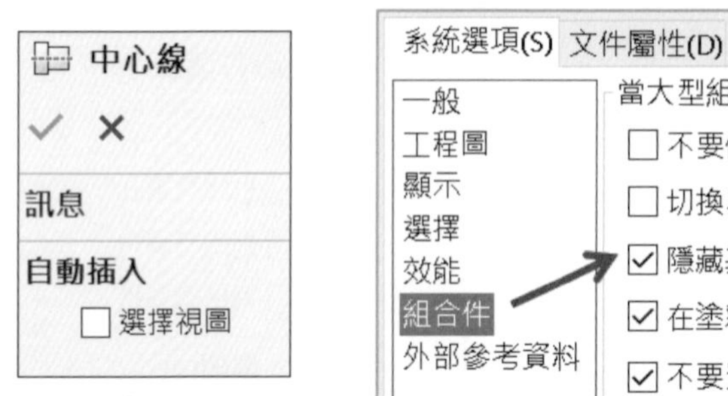

74-14-8 零件號球（預設關閉）

自動插入模型**零件號球**。實務☐此設定，利用屬性管理員完成，因為工程圖以零件居多，否則每出一張工程圖，要人工刪除不要的零件號球，下圖左。

A 屬性管理員設定

可利用自動零件號球完成加入。

74-14-9 為工程圖標示的尺寸（預設開啟）

自動插入模型標註，是本節重點。實務上，於簡單模型標註此項，可增加繪圖效率，若為複雜模型，反而過度混亂。製圖過程：1. →2. →3. 尺寸標註，大郎強烈要求開啟它們。

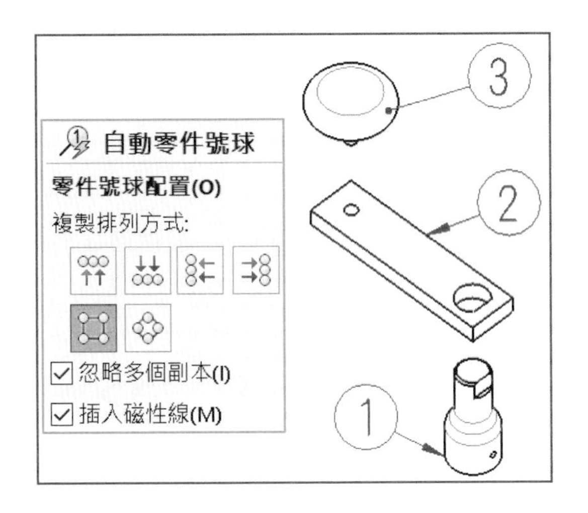

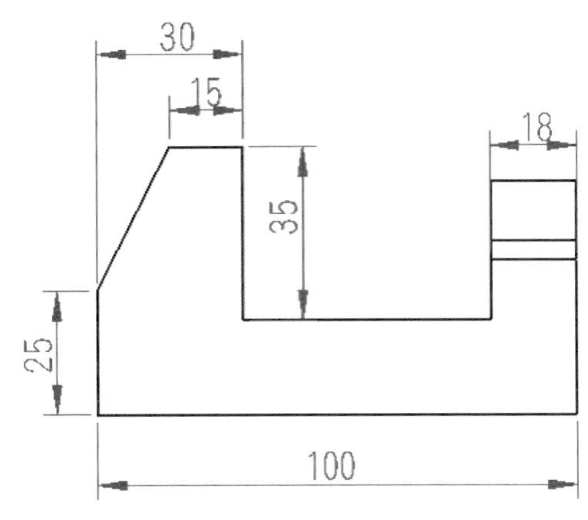

A 模型項次

除了自動加入外，可利用→**為工程圖標示**完成尺寸加入，下圖左。

B 為工程圖標示由來

在模型中於尺寸上右鍵，就可得知預設☑**為工程圖標示**，下圖右。

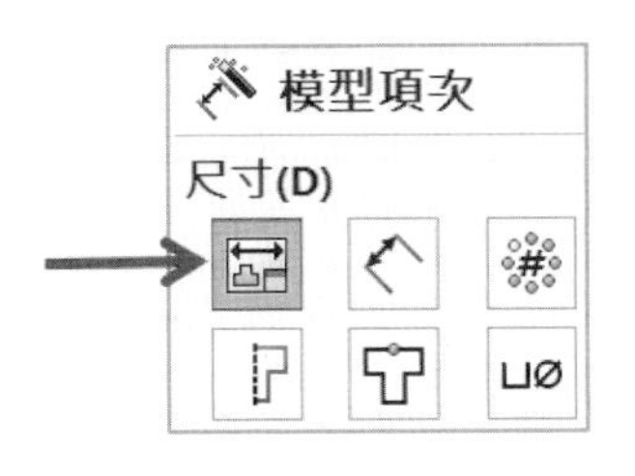

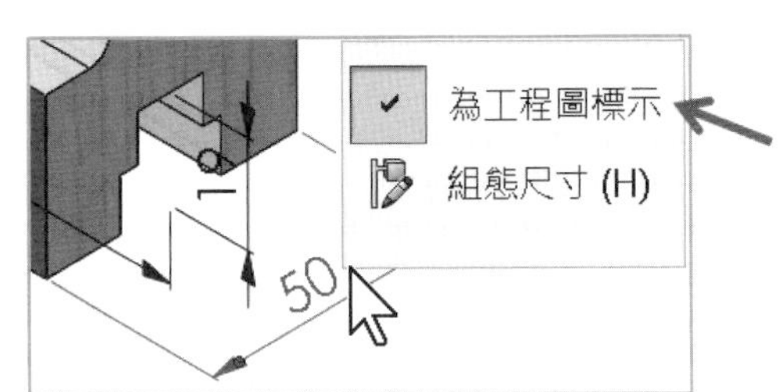

74-15 裝飾螺紋線顯示

設定**裝飾螺紋線**的顯示品質，降低系統負擔，適用工程圖。真實螺紋不適合在工程圖呈現。本節說明模型於**移除隱藏線**狀態下，螺紋線顯示情形。

74-15-1 高品質

是否將螺紋品質提高顯示，主要是效能考量，和影像品質觀念類似，適用在孔很多時才會有效能上的效果，例如：在工程圖感覺鈍鈍的。

A ☑高品質

螺紋線正常顯示（箭頭所示），適用工程圖畫完後，列印前設定。

B □高品質

螺紋線不正常顯示（箭頭所示），適合畫圖過程不需精緻呈現，來提高效能。

C 屬性管理員設定

點選視圖可臨時設定**顯示樣式**和**裝飾螺紋線顯示**。由於電腦硬體提升，畫圖過程不斷切換高品質與草稿品質也蠻麻煩的。所以會統一設定☑高品質。

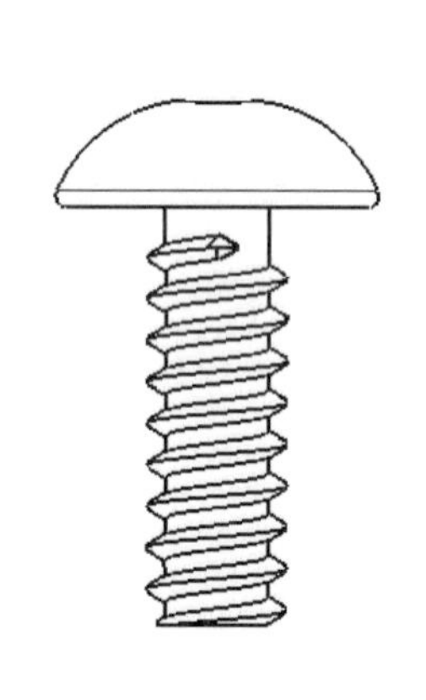

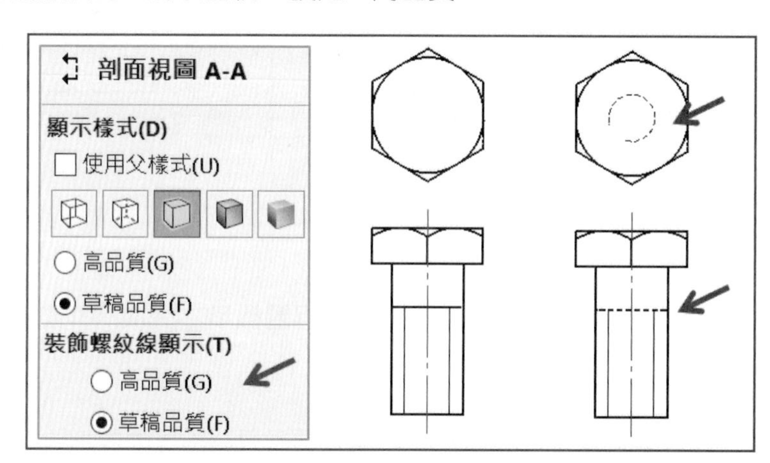

74-16 區域剖面線顯示

設定**剖面線**◪的顯示，本節僅適用工程圖。

74-16-1 顯示環繞註記的光環（預設開啟）

移動**註記**A於剖面線內，剖面線是否會圍繞文字自動斷開。實務會以斷開為主，此設定不應該出現在這，與尺寸無關。

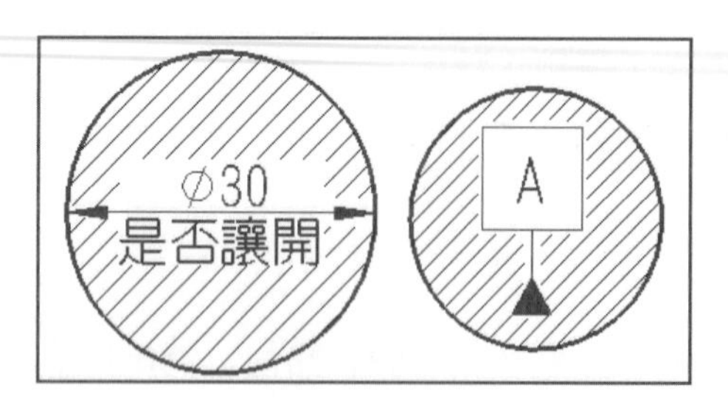

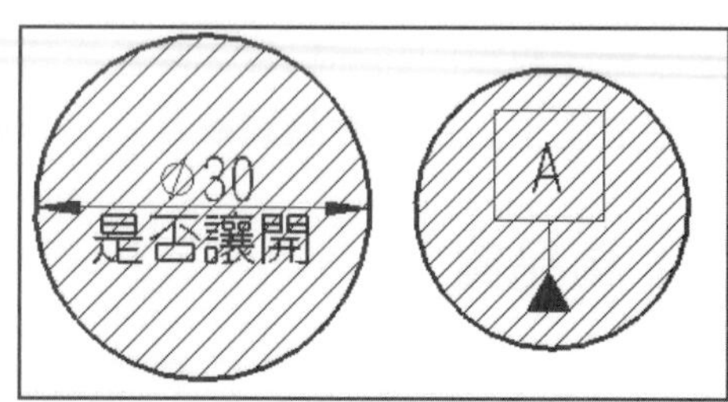

74-17 視圖折斷線

設定**斷裂視圖**的折斷線縫隙大小、延伸、按照鋸齒樣式的視圖比例縮放，下圖左。適用工程圖。此設定不應該出現在這，與尺寸無關。

74-17-1 縫隙

設定 mk:@MSITStore:C:\Program%20Files\SOLIDWORKS%20Corp\SOLIDWORKS\lang\chinese\sldworks.chm::/c_broken_view.htm的 2 **折斷線**空白距離，不壓到視圖為主。指令過程都可臨時設定**縫隙大小**。

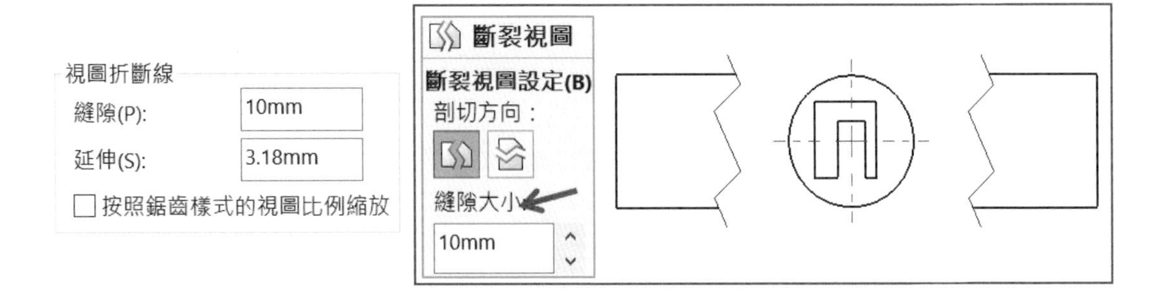

74-17-2 延伸

設定**折斷線**延伸輪廓距離，0 不超出輪廓。設定後要才可看出效果，下圖左。

74-17-3 按照鋸齒樣式的視圖比例縮放（預設關閉）

鋸齒折斷線是否依視圖比例自動縮放。

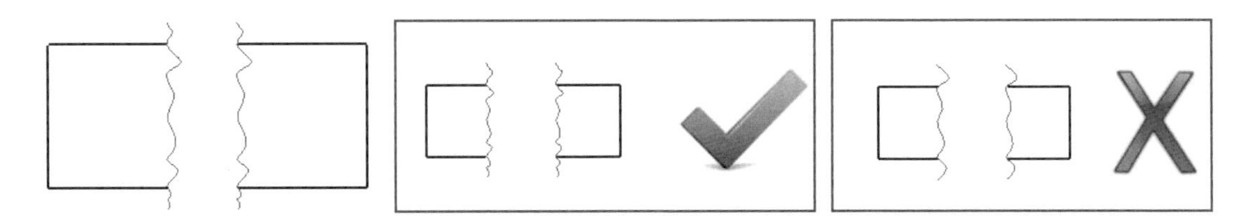

74-17-4 折斷線樣式

指令過程於屬性管理員可臨時設定**折斷線樣式**：1. 直線切斷、2. 曲線切斷、3. 鋸齒線切斷、4. 小鋸齒切斷、5. 鋸齒除料。實務常使用，**鋸齒除料**用於木材。

74-18 質量中心

設定**質量中心**符號大小及是否依視圖比例縮放，適用工程圖。此設定不應該出現在這，與尺寸無關。

74-18-1 符號大小

設定符號大小。很多人問**質量中心**如何設定大小，大郎也一時找不到。此設定應該要在屬性管理員也可以設定。

74-18-2 依視圖比例縮放

承上節，**質量中心**符號大小及是否依視圖比例縮放。

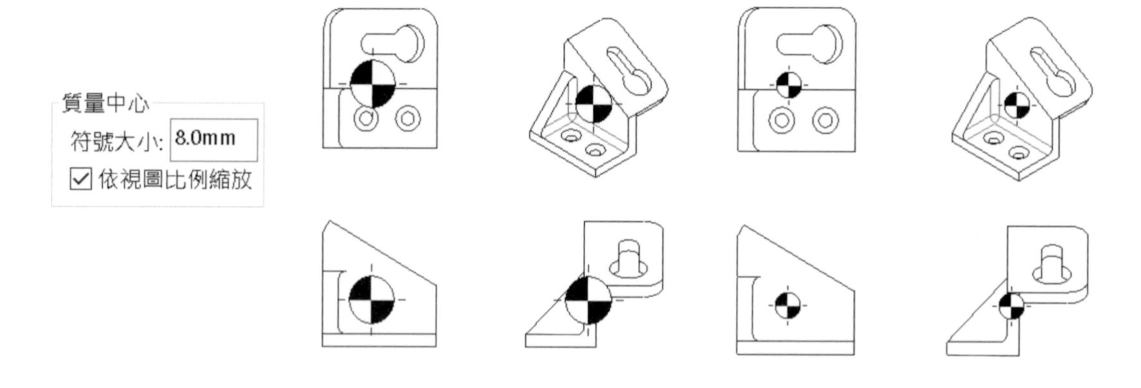

CHAPTER

75

工程圖頁

設定圖頁格式、區域、多圖頁屬性設定，適用工程圖。本章和**邊框**（箭頭所示）設定連結，SW 要將這 2 章整合會比較好對應。

系統選項(S) 文件屬性(D)

草稿標準
註記
邊框
尺寸
中心線/中心符號線
DimXpert
表格
視圖
虛擬交角
尺寸細目
工程圖頁
網格線/抓取
單位
線條型式
線條樣式
線條粗細
影像品質
鈑金
熔接

新圖頁的圖頁格式
使用不同的圖頁格式
瀏覽...

區域
原點
左上 右上
左下 右下
字母排列配置
欄 列
在「區域」標註中先列出數字
繼續跨圖頁的欄迭代

多圖頁自訂屬性來源
在所有圖頁上皆使用這個圖頁的自訂屬性值
圖頁號碼： 1

75-1 新圖頁的圖頁格式

新增圖頁是否使用不同圖頁格式（圖框和圖紙大小）。會使用多圖頁代表有很高的 SW 使用程度，且多圖頁會與工廠管理連結。

75-1-1 ☑使用不同的圖頁格式

產生新圖頁時，套用常用圖頁格式。例如：第 1 圖頁 A4 橫、希望第 2、3、4 圖頁使用 A4 直。實務上，圖頁 1 有圖框，**圖頁** 2 沒圖框，因為**圖頁** 2 很多人當暫存放置，不希望有圖框，也不要產生**圖頁** 2 後，還要自行刪除**圖頁格式**，下圖左。

A 瀏覽

本節必須先指定圖頁格式，否則會出現提示訊息，下圖右。

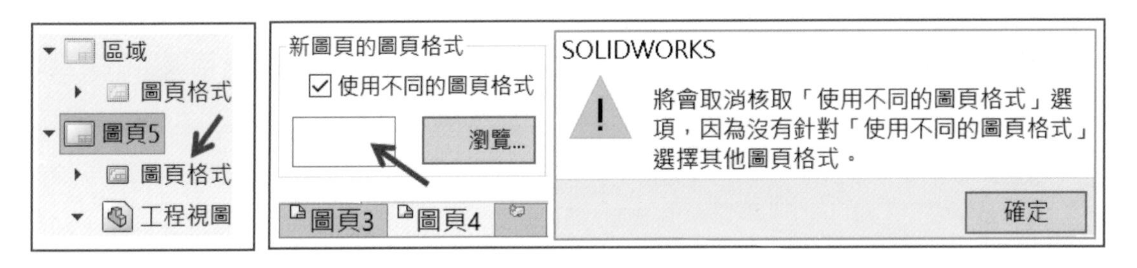

75-1-2 □使用不同的圖頁格式

新增的圖頁直接套用與圖頁 1 相同的圖頁格式。

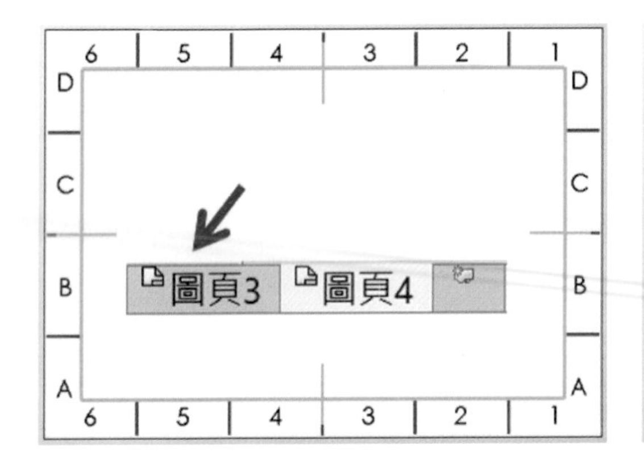

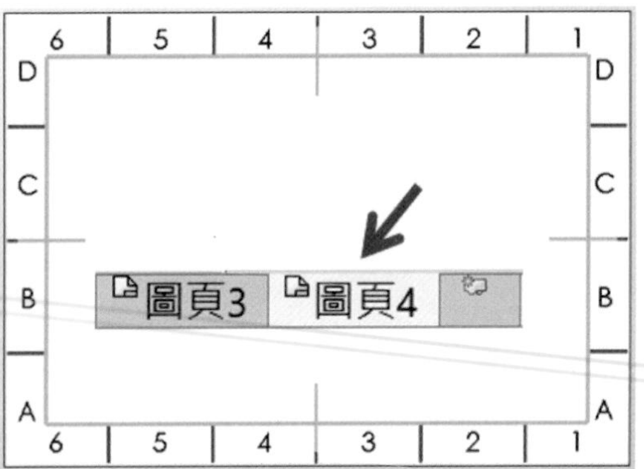

75-1-3 新增圖頁時顯示圖頁格式視窗

本節與 1. 工程圖→2. □**新增圖頁時顯示圖頁格式視窗**，才會看得出效果。否則會出現**指定圖頁格式**視窗，下圖右，也建議 SW 把此設定移入本章。

多圖頁且大量指定不同圖頁需求，☑**新增圖頁時顯示圖頁格式視窗**。

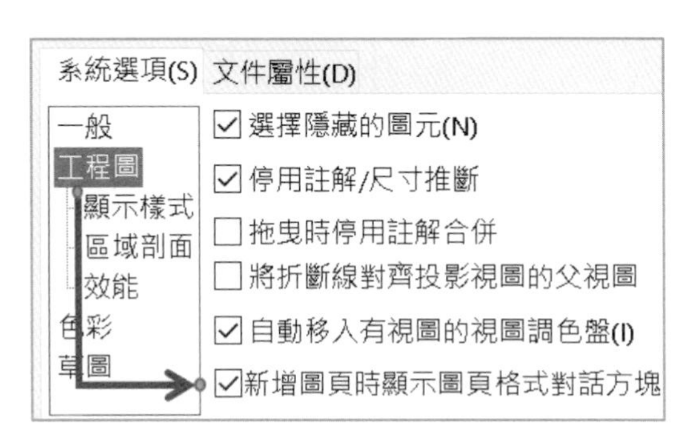

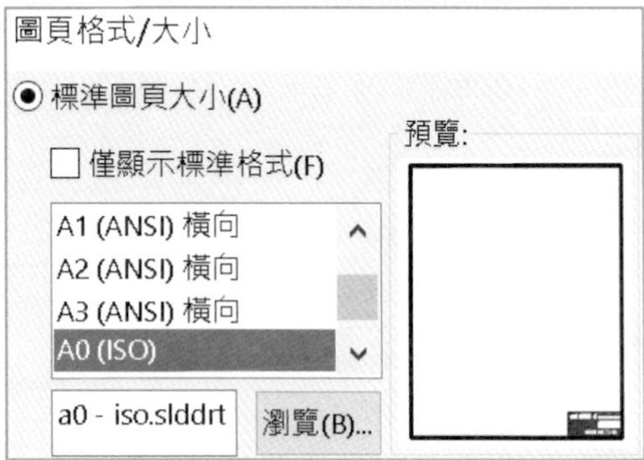

75-2 區域

設定**自動加上邊框**內的文字原點、排列配置...等顯示。此設定應該要整合在**邊框**，這樣比較好對應。

75-2-1 原點（預設右下）

設定文字原點位置：1. 左上、2. 左下、3. 右上、4. 右下。設定左下才對，設定完成後要，才會有更動（箭頭所示）。

實務上，數字由左到右，字母上到下排序，而 SW 字母排序由下到上，希望改進。

75-2-2 字母排列配置

設定英文字母放置在：1. 欄（直）、2. 列（橫）位置，實務上，放置在欄。

75-2-3 在「區域」標註中先列出數字

位置標示內區域標示，是否要先以數字顯示，例如：C3 或 3C，下圖右。

75-2-4 繼續跨圖頁的欄迭代

多圖頁的**區域**代號，是否以前圖頁最後代號開始排序，例如：圖頁 1 最後區域 D，圖頁 2 開始代號 E。此設定應該稱為：跨圖頁區域繼續編號。

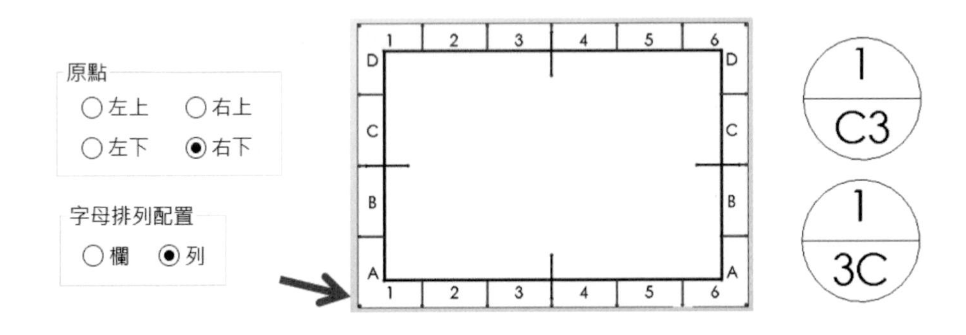

75-3 多圖頁自訂屬性來源

是否所有圖頁顯示相同的屬性連結。要完成此設定，必須在**連結至屬性**過程：1. 這裡找到的模型→2. 圖頁屬性中指定的工程視圖→3. 指定連結的屬性→4. 放置屬性。

例如：有 2 個模型材質分別為：1. 合金鋼、2. 黃銅，理論上各自顯示，此設定可以套用到所有圖頁。

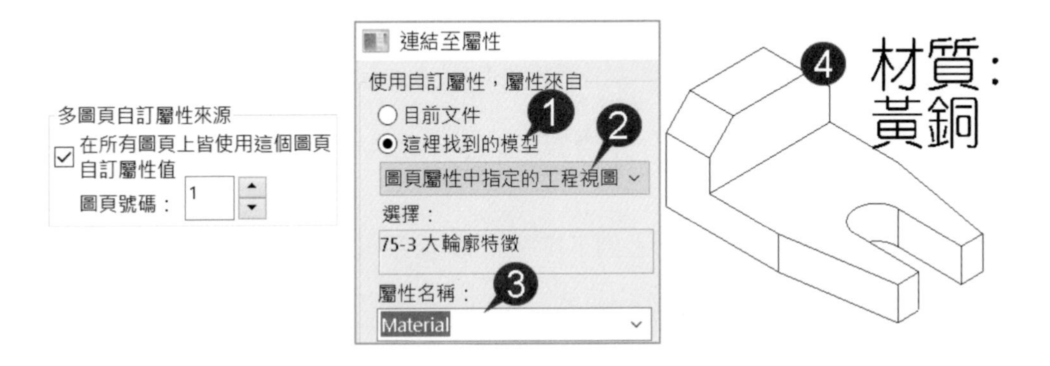

75-3-1 ☑在所有圖頁上皆使用這個圖頁的自訂屬性值

設定圖頁號碼，套用到所有圖頁。例如：每張圖頁套用圖頁 5 材質：黃銅，下圖左。常用在格式統一套用，例如：日期、機種名稱、型號...等，會用到這算 SW 程度很高。

75-3-2 ☐在所有圖頁上皆使用這個圖頁的自訂屬性值

套用個別模型屬性，例如：圖頁 5：合金鋼、圖頁 6：黃銅，下圖右。

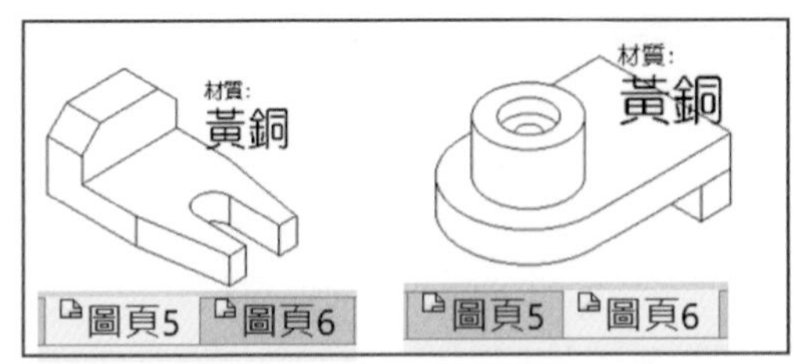

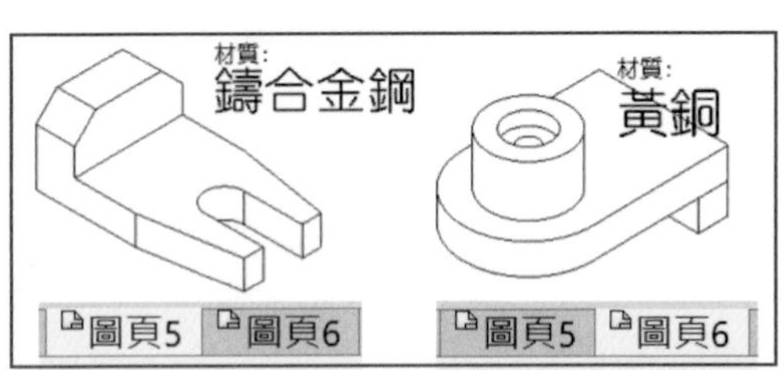

CHAPTER

76

網格線/抓取

在草圖環境或工程圖顯示網格（NET），並設定網格顯示及抓取，輔助圖形精確性。網格等距水平與垂直隔間，就像方格紙可以準確畫圖。

網格在 2D 占極大輔助份量，不過在 3D CAD 比較少用甚至不用。

系統選項(S) 文件屬性(D)

草稿標準
註記
邊框
尺寸
中心線/中心符號線
DimXpert
表格
視圖
虛擬交角
尺寸細目
工程圖頁
網格線/抓取
單位
線條型式
線條樣式
線條粗細
影像品質
鈑金
熔接

網格線
顯示網格線(D)
虛線(H)
自動調整間距顯示(U)
主要格線間距(M): 254.00mm
主格線間次格線數(N): 10
次格線間抓取點數(S): 1
檢視系統抓取

76-1 網格線

是否顯示網格、並設定網格間距。網格常與抓取互相配合，讓游標精確在網格點上，運用在精確定位。網格用途：1. 好抓取、2. 有基準、3. 比例。

格線讓圖元有基準判斷不會畫超過，並得知鋼彈天線比眼睛大 4 倍。

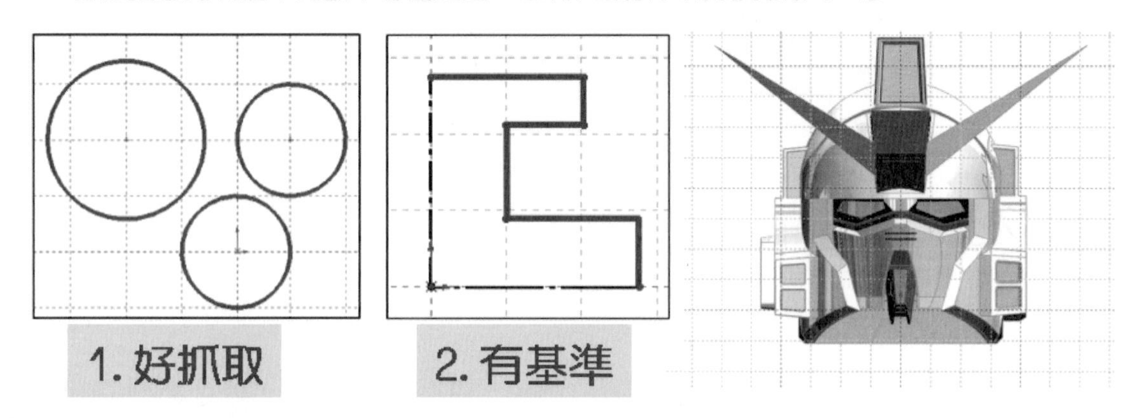

76-1-1 顯示網格

是否顯示網格，在零件、組合件草圖環境才可看到網格。工程圖本身就是草圖環境，可直接顯示網格，下圖左。

無論設定與否，都可在快速檢視工具列，1. 👁→2. 🞖，開啟/關閉網格，下圖右。

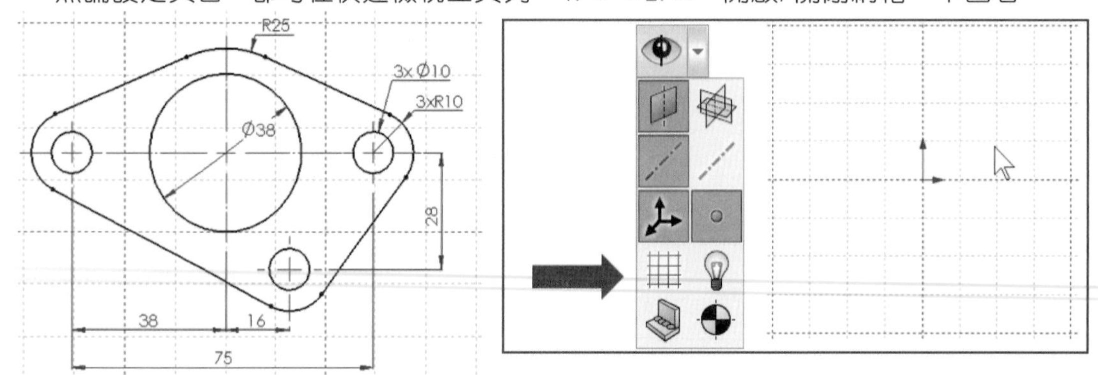

76-1-2 虛線

設定網格實線或虛線顯示，虛線網格可避免與線條重疊或誤判。

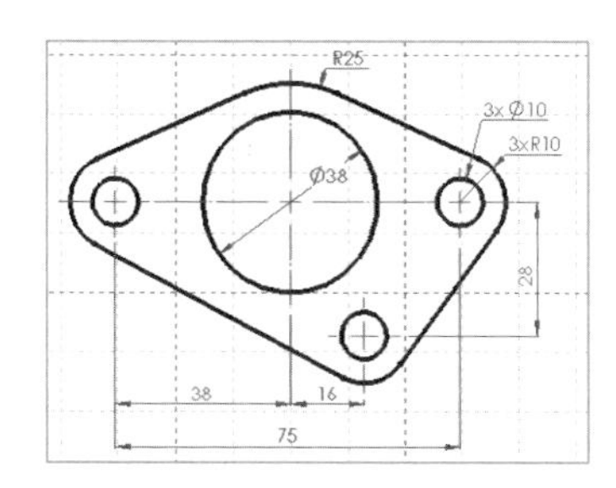

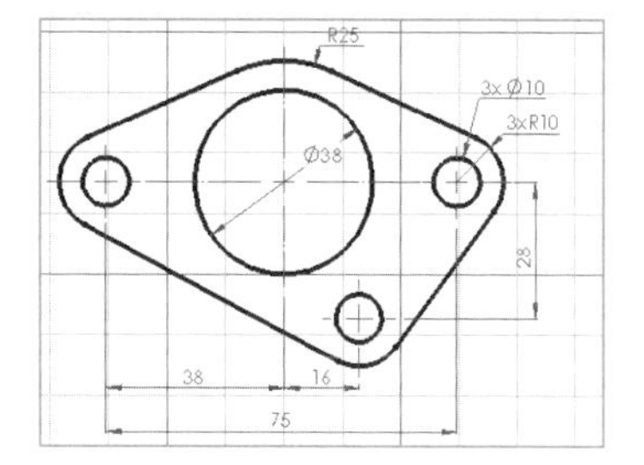

76-1-3 自動調整間距顯示

拉近/拉遠模型時，自動調整網格線間距，可提高顯示效率。當網格間距過小，拉遠模型時，低於網格線間距，就不會顯示網格線。

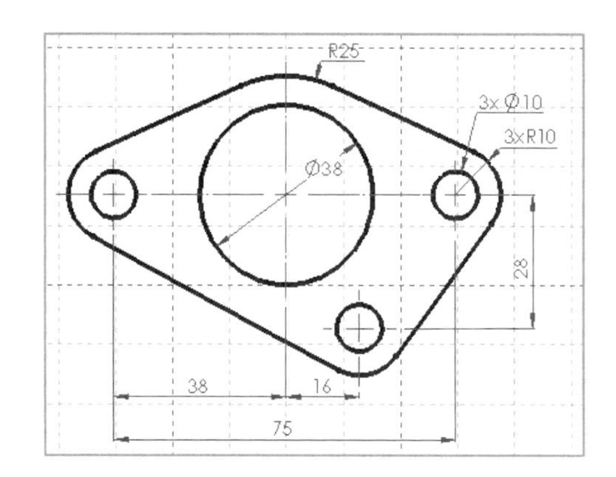

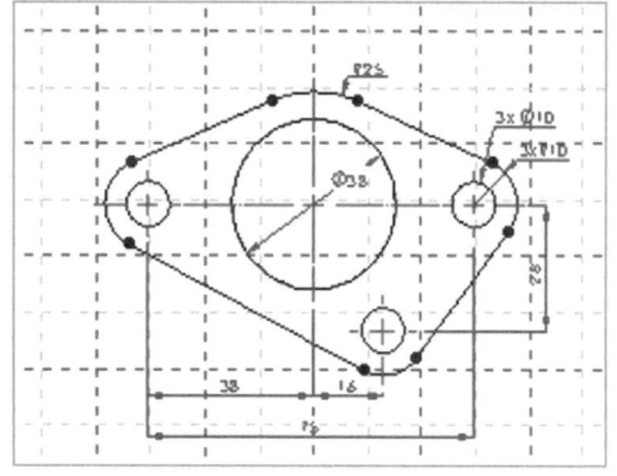

76-1-4 主要格線間距

設定主格大小。主要網格線條會比較深，與次格線搭配顯示。例如：設定 10，主要網格大小為 10*10，下圖左。

76-1-5 主格線間次格線數

承上節，設定主要網格內線數，也就是間距。主格線=10，次格線數=5，每格間距為 10/5=2。由此可知 SW 是以除法定義網格間距。

76-1-6 次格線間抓取點數

設定次格線之間的抓取格數目。原則上游標抓取交點處，此設定可以將游標定義在，格線之間的抓取，下圖右。

常用於精密度高的繪圖作業，例如：電路板 Laypot。記得要將草圖抓取→☑僅在網格線顯示時抓取設定打開。

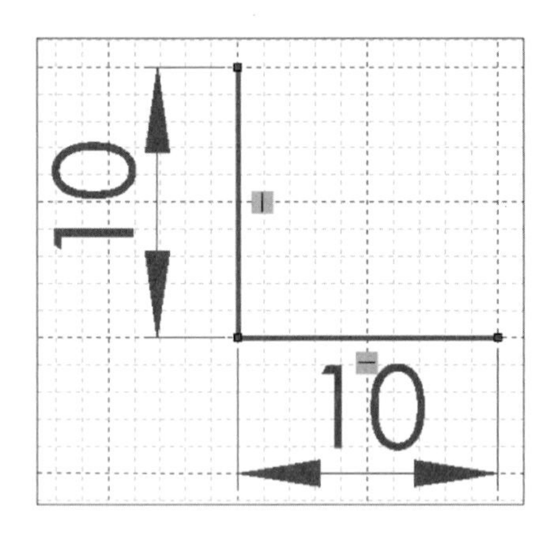

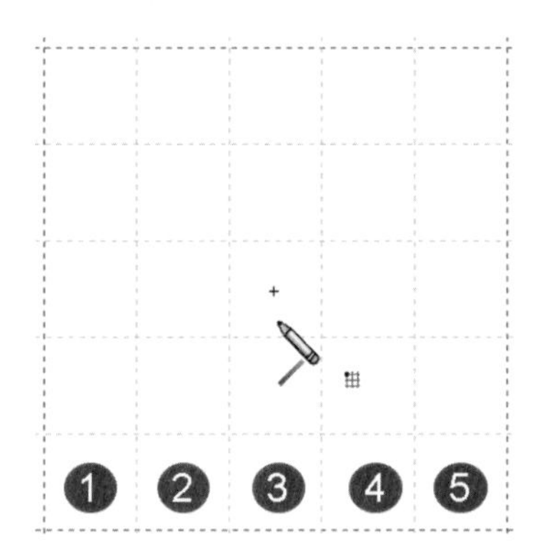

76-2 檢視系統抓取

切換至**限制條件/抓取**，有點像傳送門。

系統選項(S) 文件屬性(D)
一般
工程圖
色彩
草圖
限制條件/抓取
☑啟用抓取(S) 檢視文件網格設定
☑抓取至模型幾何(Y)
☑自動給定限制條件(U)

系統選項(S) 文件屬性(D)
草稿標準
註記
尺寸
虛擬交角
表格
DimXpert
尺寸細目
網格線/抓取
網格線
☐顯示網格線(D)
主要格線間距(M): 254mm
次格線間抓取點數(S): 1
檢視系統抓取

CHAPTER

77

單位

本章設定單位（Unit）系統、小數位數與捨入，比較常設定 MMGS、小數位數=2。本章有很多在尺寸有說明（箭頭所示），不贅述。

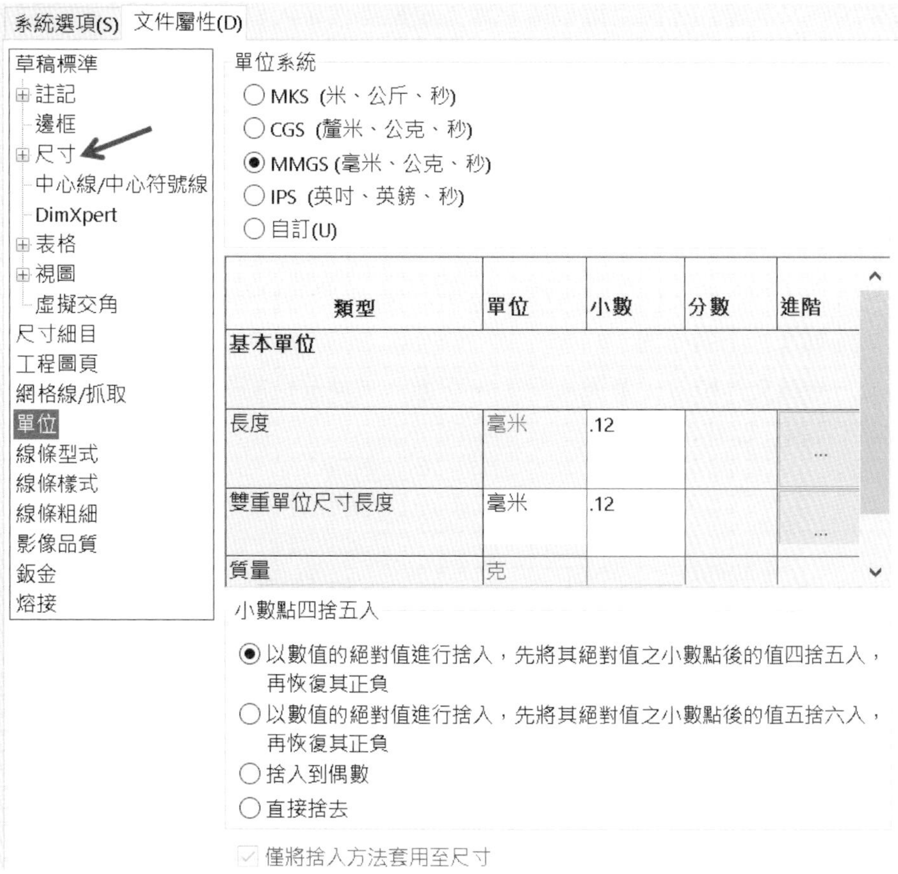

系統選項(S) 文件屬性(D)

草稿標準
註記
邊框
尺寸
中心線/中心符號線
DimXpert
表格
視圖
虛擬交角
尺寸細目
工程圖頁
網格線/抓取
單位
線條型式
線條樣式
線條粗細
影像品質
鈑金
熔接

單位系統

○ MKS (米、公斤、秒)
○ CGS (釐米、公克、秒)
◉ MMGS (毫米、公克、秒)
○ IPS (英吋、英鎊、秒)
○ 自訂(U)

類型	單位	小數	分數	進階
基本單位				
長度	毫米	.12		...
雙重單位尺寸長度	毫米	.12		...
質量	克			

小數點四捨五入

◉ 以數值的絕對值進行捨入，先將其絕對值之小數點後的值四捨五入，再恢復其正負
○ 以數值的絕對值進行捨入，先將其絕對值之小數點後的值五捨六入，再恢復其正負
○ 捨入到偶數
○ 直接捨去

☑ 僅將捨入方法套用至尺寸

77-0 單位

測量必須要比較的標準=單位。重量 70 公斤，70 是數值，公斤是單位。常見到重視數值而忽略單位，在職場上要小心。

77-0-1 內部單位

在已開啟文件切換單位，會自動轉算數值不影響模型大小，例如：英吋→mm，則 1 英吋變更為 25.4mm。不必擔心文件被放大 25.4 英吋，又稱內部單位轉換。

77-0-2 公制、英制

這些統稱公制：埃、奈米、微米、毫米、釐米、米。這些統稱英制：微英吋、密爾、英吋、英呎、英呎&英吋。

77-0-3 單位=範本

由於單位在文件屬性，設定單位成為範本是常態作業，例如：公制 mm、英制 in。常發生預設單位英制，每次畫圖要改公制很麻煩，設定單位後更新範本。

77-1 單位系統

切換單位有 2 種方式：1. 文件屬性，下圖左、2. 狀態列→自訂，由清單快速切換單位，不需進入文件屬性，下圖右。

點選下方**編輯文件單位**（箭頭所示），可進入文件屬性的單位設定。最常設定 2 種單位：1. MMGS=公制、2. IPS=英制。

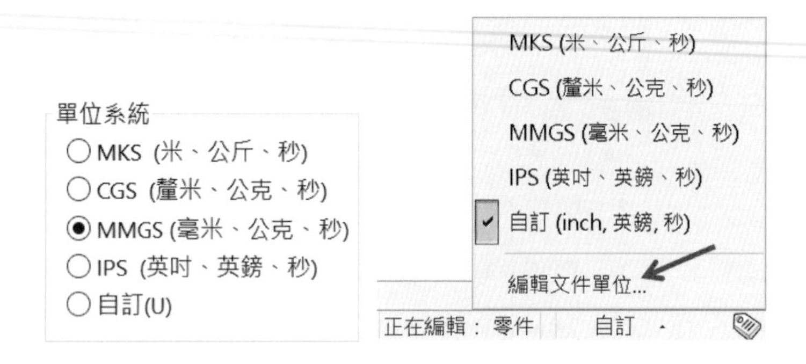

77-1-1 MKS（米、公斤、秒）

MKS=米的單位 M。M=Meter（米）、K=Kilogram（公斤）、S=Second（秒）。長度單位=米、質量單位=公斤、力單位=newton。

77-1-2 CGS（釐米、公克、秒）

CGS=公分 CM，常用在建築、家具業。M：Centimeter（釐米）、G：Gram（公克）、S：Second（秒）。長度單位=釐米、質量單位=公克、力單位=dyne。

77-1-3 MMGS（毫米、公克、秒）

MMGS=釐米 MM，常用在機械業，為最廣泛的單位。MM：Millimeter（毫米）、G：Gram（公克）、S：Second（秒）。長度單位=毫米、質量單位=公克、力單位=newton。

77-1-4 IPS（英吋、英磅、秒）

IPS=英吋、俗稱英制。I：Inch（英吋）、P：Pound（英磅）、S：Second（秒）。

長度單位=英吋、質量單位=英磅、力單位=Pound-Force。

MKS	CGS	MMGS	IPS
密度 = 100公斤 每 立方米	密度 = 1.公克 每 立方釐米	密度 = 0.00 公克 每 立方毫米	密度 = 0.4 英鎊 每 立方英吋
質量 = 0.28 公斤	質量 = 279.84 公克	質量 = 279.84 公克	質量 = 0.62 英鎊
體積 = 0.00 立方米	體積 = 279.84 立方釐米	體積 = 279840.91 立方毫米	體積 = 17.08 立方英吋
表面積 = 0.04 平方米	表面積 = 370.26 平方釐米	表面積 = 37026.26 平方毫米	表面積 = 57.39 平方英吋

77-1-5 自訂

除了以上單位，還可變更其他單位組合。可見下方項目都可被自訂：基本單位、物質特性、動作單位、小數位數...等，下圖左。

77-1-6 單位的文件屬性套用

設定單位後文件屬性皆被套用。例如：IPS 英制，選項設定皆為英制數值，下圖右。

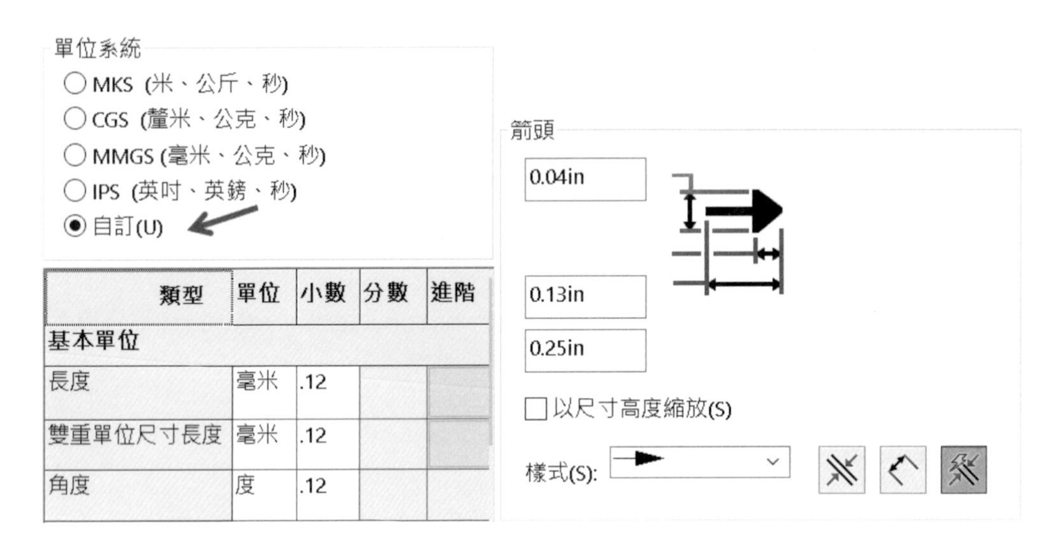

77-2 基本單位-長度

控制長度的單位、小數、分數、進階設定。本節說明後，以下的角度、雙重單位、物質特性、動作單位...等皆相同。

77-2-1 單位

長度以米為標準。常設定毫米 mm，設定錯誤為釐米。可以用米為基準，米上方釐米=cm→再上方就是毫米 mm 了。

- 埃：Angstrom（A），10^{-10}m，公制
- 奈米：Nanometer（nm），10^{-9}m，公制
- 微米：Micrometer（μm），10^{-6}m，公制
- 毫米：Millimeter（mm），10^{-3}m，公制
- 釐米：Centimeter（cm），10^{-2}m，公制
- 米：Meter（m），1m，公制
- 微英吋：Microinch（μin），10^{-6}in，英制
- 密爾：Mil（mil），10^{-3}in，英制
- 英吋：Inch（in），1in，英制
- 英呎：Feet（ft），12in，英制
- 英呎&英吋：in/ft，英制

77-2-2 小數

指定小數位數顯示，也就是精度，常用第 2 位，0.00。數值超過設定位數，以四捨五入顯示，不影響實際值。

這部分於**文件屬性→尺寸**有詳細說明，不贅述。

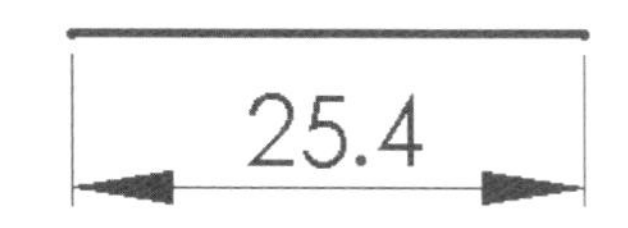

77-2-3 分數-長度

以分母顯示，適用英制，輸入 8→5/8"。這部分要選擇：1. 英吋、2. ☑趨於最近的分數值，下圖左。輸入**分數**後會發現**小數**沒有數值，因為**小數** 0.8in 和分數 5/8in 不同。

A 屬性管理員設定

點選尺寸於屬性管理員→其他可臨時設定：單位、小數/分數顯示，下圖右。

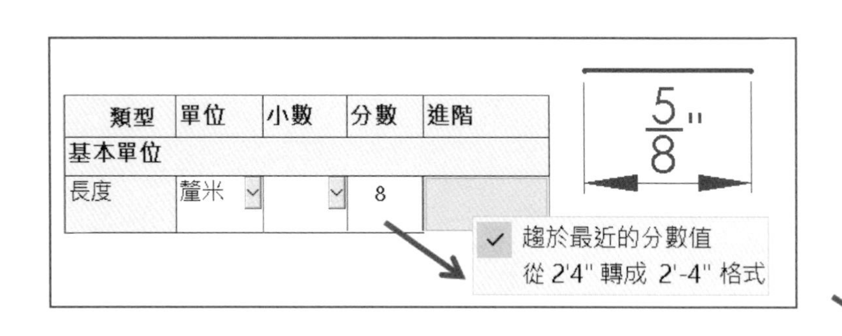

77-2-4 進階

承上節，單位英制時，設定 1. **趨於最近的分數值**或 2. **從 2´4"轉成 2´-4"格式**。

A 趨於最近的分數

當數值為小數時，是否四捨五入至最接近分母，常用在英制孔。本節以數值 16mm，更改單位為英吋，並設定分母=8 來講解單位轉換。

A1 ☑趨於最近的分數

四捨五入至最接近分母的設定。16mm=5/8" 的由來：25.4/8=3.175，16mm/3.175=5.039=5/8"。

A2 ☐趨於最近的分數

以分數顯示 16mm/25.4=0.63in。

B 從 2'4"轉成 2'-4"格式

設定英呎&英吋時，輸入 2'4"時會轉換為 2'-4"，常用在建築業。

77-3 雙重單位尺寸長度

顯示雙重單位與顯示精度。於**文件屬性→尺寸→雙重單位尺寸**，詳細說明，不贅述。

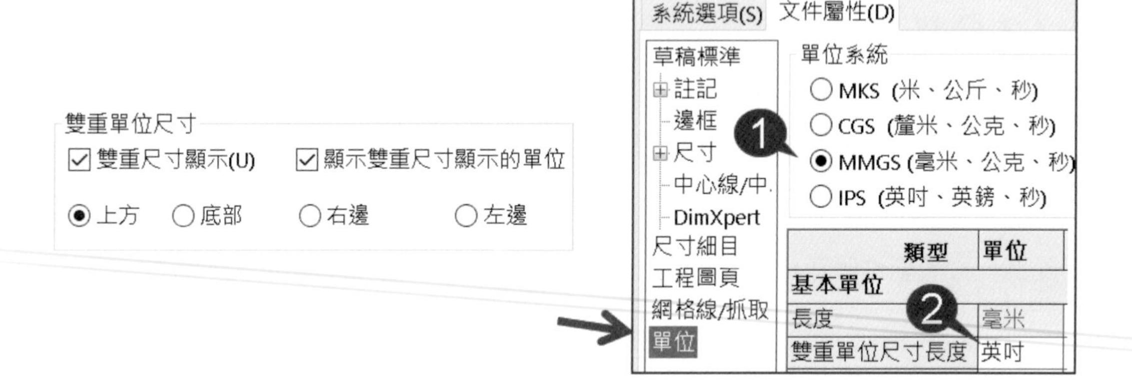

77-4 角度

設定角度單位：度、度/分、度/分/秒或徑度，本節簡述。

77-4-1 度、度/分、度/分/秒

度=圓上截取圓心角之角量，例如：10 度=10/360。1 分=1/60 度。1 秒=1/3600 分。

77-4-2 徑度

徑度=弧長/半徑。徑度用在三角函數輸入，而非角度（Degree），所以角度必須轉換成徑度，而徑度沒單位，常用在數學關係式。

徑（弧）度，1 徑度=180° /π=57.296° （弧度）。1 圈=360° =6.283 徑度，360° /6.283 徑度=27.297。換句話說 1 度=27.297 徑度，很難理解吧。

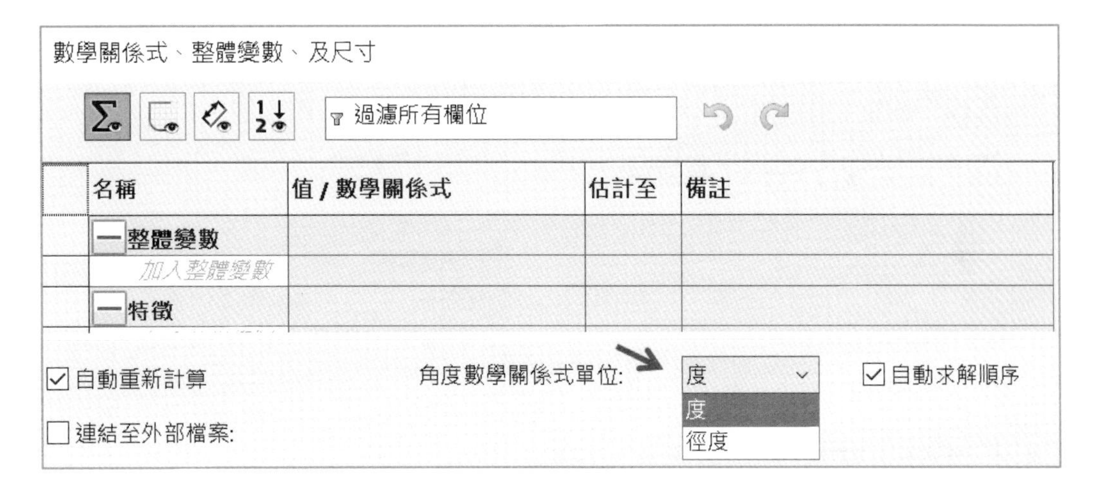

77-4-3 小數

選擇度或徑度，才可以設定小數位數，下圖右。

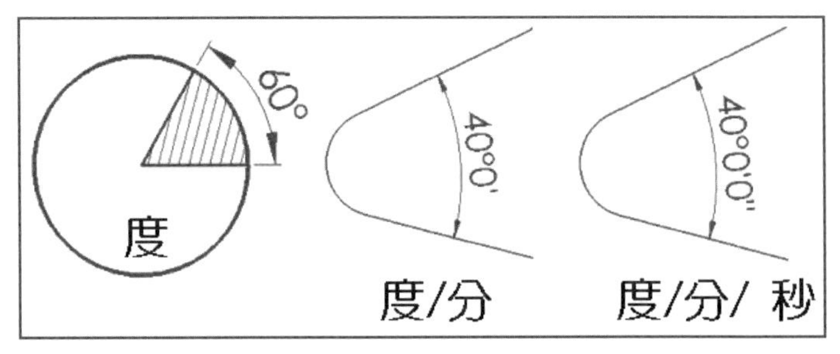

類型	單位	小數
基本單位		
長度	毫米	.12
雙重單位尺寸長度	英吋	.123
角度	度	.12

77-4-4 弧度

度度量(degree)轉換成弧度量(radian)，弧度量用弧長表示角大小的方法，radian=弳，弳是弧與徑合成，又稱弧度。

77-5 物質特性單位/剖面屬性單位

設定**物質特性**、**量測**、**剖面屬性**的長度、質量及每單位體積單位。這些根據長度單位設定，也可臨時設定單位，或一些組合。

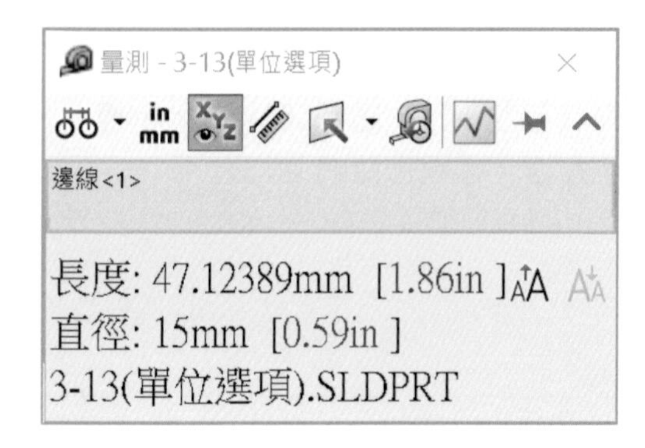

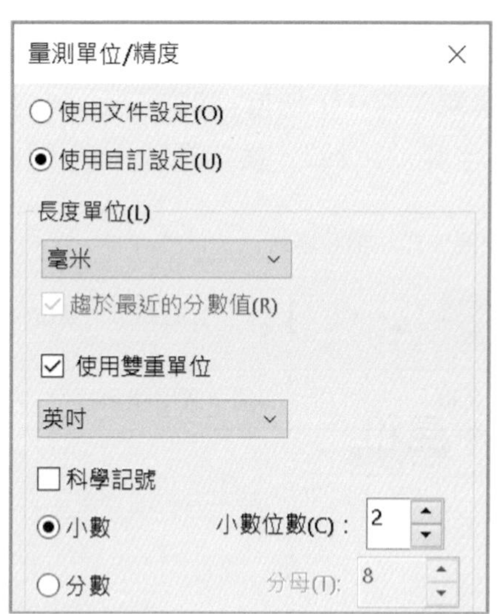

77-5-1 長度（預設=毫米）

指定**物質特性**、**量測**、**剖面屬性**的長度單位。長度單位設定相同，不贅述。

77-5-2 質量（預設=公克）

指定質量單位系統，選擇下列項目：

- 毫克 Milligram (mg)，10^{-6}g
- 公克 Gram (g)，10^{-3}kg、公斤 Kilogram (kg)、英鎊 Pound (p)，2.2kg

77-5-3 每單位體積

指定性顯示的每單位體積，選擇下列項目：

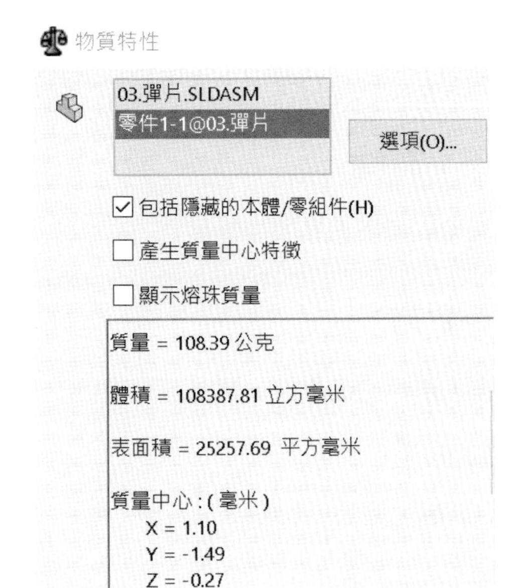

- 立方埃 Angstrom（A），$10^{30}m^3$
- 立方奈米 Nanometer（nm），$10^{27}m^3$
- 立方微米 Micrometer（μm），$10^{18}m^3$
- 立方毫米 Millimeter（mm），$10^{9}m^3$
- 立方釐米 Centimeter（cm），$10^{6}m^3$
- 立方米 Meter（m），$1m^3$
- 立方微英吋 Microinch(μin)，$10^{18}in^3$
- 立方密爾 Mil（mil），$10^{9}in^3$
- 立方英吋 Inch（in），$1in^3$
- 立方英呎 Feet（ft），$35.31in^3$

77-5-4 混和

可以依需求混合你要的類型，不必換算，並套用到密度，下圖左。可以自行在密度或輸入視窗直接輸入單位，讓系統幫你轉換值。

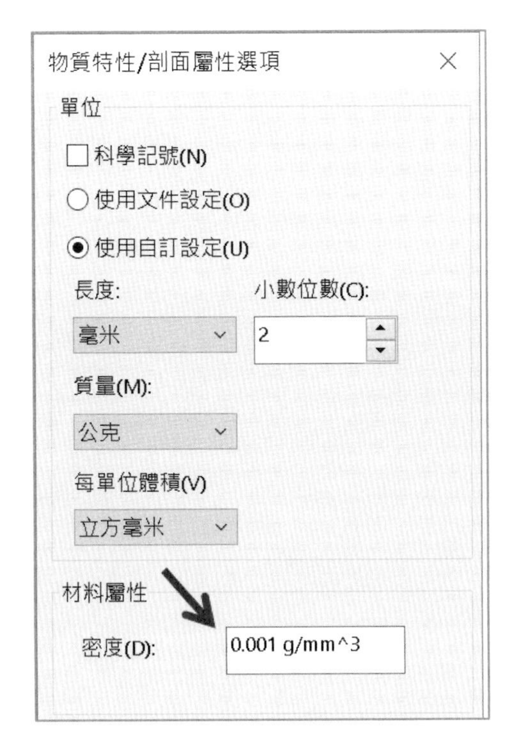

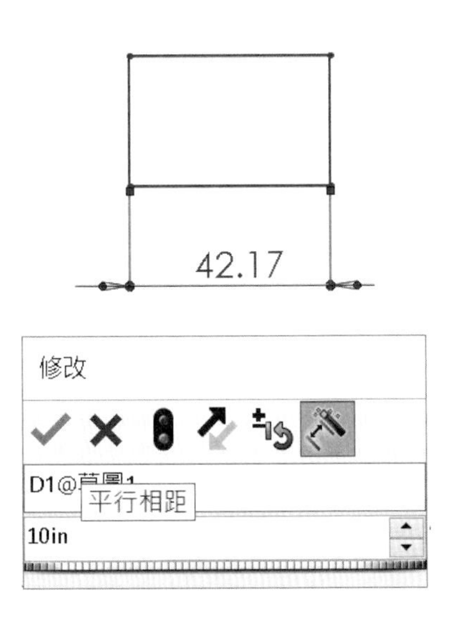

77-6 動作單位

為自訂、組合件環境下設定動作研究、分析的時間、力、動力單位。

77-6-1 時間

套用在模擬元素的旋轉動力

77-6-2 力

指定顯示力的單位，選擇下列項目：

A Dyne

CGS 制，達因，1dyne=1g/cm

B Millinewton

SI 制，微牛頓，mN。

C Newton

SI 制，牛頓，$1N=1kg\text{-}m/s^2$。

D Kilonewton

SI 制，千牛頓，kN。

E Meganewton

SI 制，眛牛頓，mN。

F pound-force

SI 制，lbf，1lbf=4.4N。

77-6-3 動力、能量

設定瓦、馬力、千瓦。焦耳、ergs、btu。

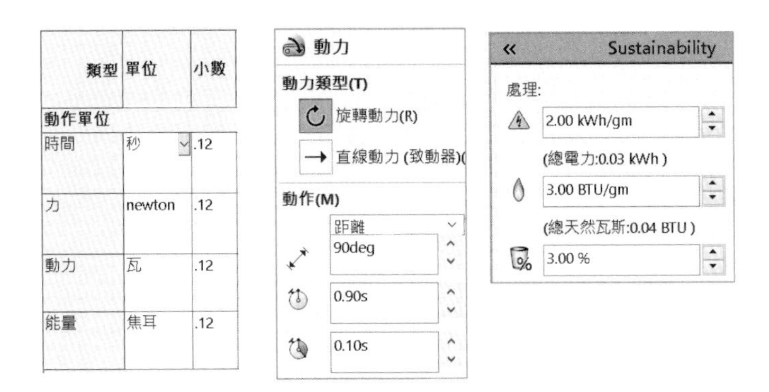

77-7 小數點四捨五入

對尺寸的小數捨入方法提供更大控制能力。還記得 4 捨 5 入吧，捨入影響尺寸顯示精度，不影響實際大小。以小數點 2 位為例，0. 58→0. 6、0. 43→0. 4。

由於本節項目文字太長，不應該是說明寫法，大郎將他縮減以利說明。

77-7-1 四捨五入

數字＝或＞5 進位顯示，例如：5. 45→5. 5。

77-7-2 五捨六入

承上節，逢 6 往上捨入。5. 66→5. 7。

77-7-3 捨入到偶數

統計學捨入。小數位數前 1 數字是奇數，會捨入到下個偶數，例如：5. 15→5. 2。

77-7-4 直接捨去

不進行 4 捨 5 入，直接捨去，例如：5. 45→5. 4。

77-7-5 僅將捨入方法套用至尺寸

是否將捨入規則套用至尺寸，適用於零件及組合件。

A ☑僅將捨入方法套用至尺寸

僅套用到尺寸和公差，也會套到數學關係式。

B □僅將捨入方法套用至尺寸

採用上方設定的捨入數值顯示。

77-7-6 尺寸過程設定—捨入方法

承上節，點選尺寸在屬性管理員→其他→小數，將超過的小數位數指定捨入方法，適用英吋。由清單切換：

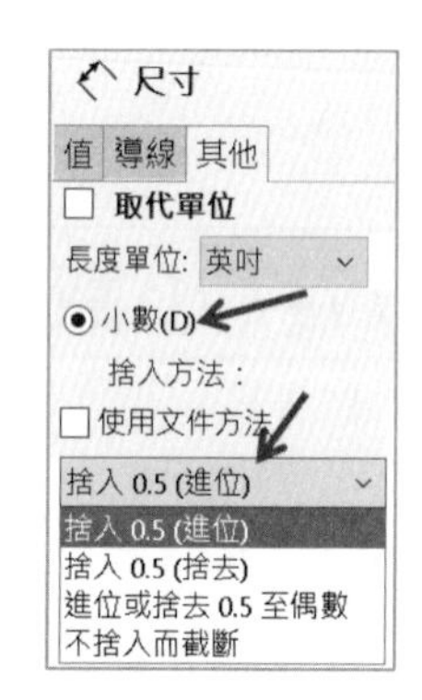

1. 捨入 0.5（進位）
2. 捨入 0.5（捨去）
3. 進位或捨去 0.5 至偶數
4. 不捨入而截斷。

CHAPTER

78

線條型式

設定工程圖各種邊線的線條類型、樣式、粗細，由下方預覽查看設定，適用工程圖。至於**線條樣式**與**線條粗細**，由後續章節統一介紹（箭頭所示）。

實務上，**線條型式**（Line Font）、**線條樣式**（Line Style）很多人分不出來，僅印象中要設定那個。你只要在這 2 項亂壓，憑印象看右邊畫面就好，別給自己太多壓力。

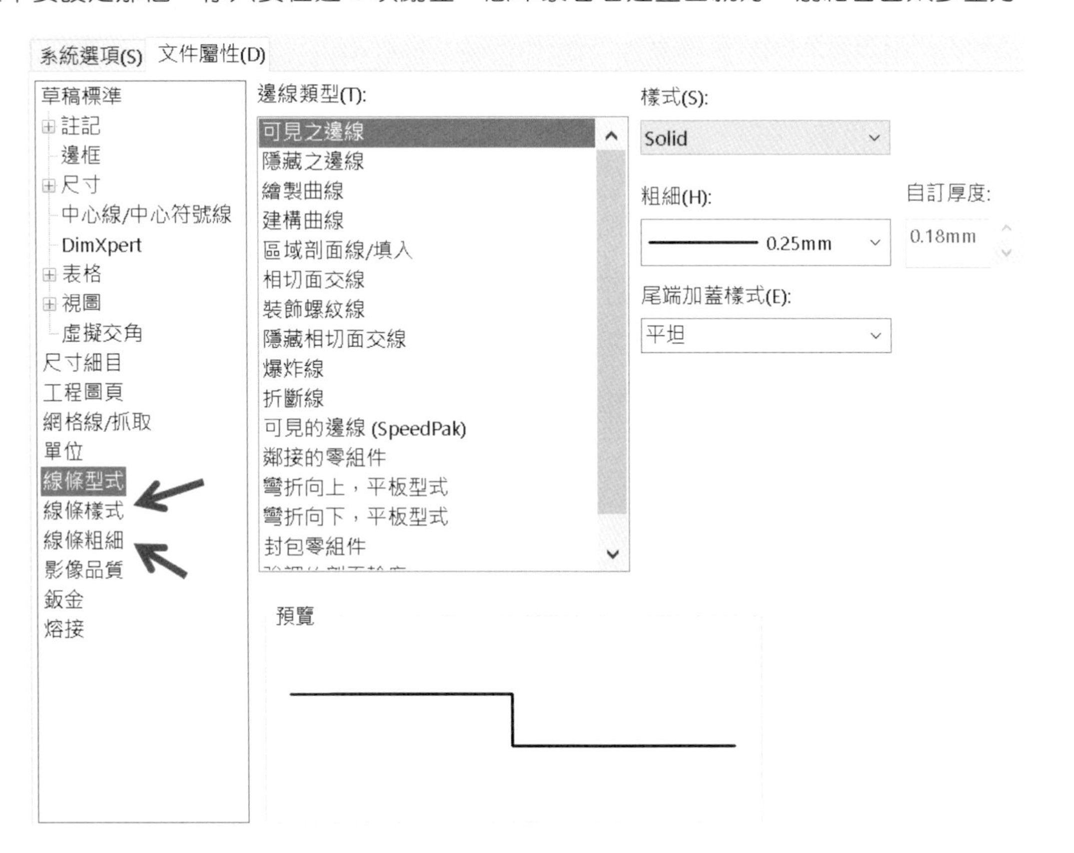

78-1 邊線類型

線條樣式用來區別圖元差異，依場合套用規定樣式。依清單選擇邊線類型，設定右邊的 1. **線條樣式**和 2. **線條粗細**。比較常用實線，0.18，簡稱**細實線**。

可用樣式有很多種，不過常用沒幾個，常用為：1. 實線、2. 中心、3. 虛線。實務上，常設定**相切面交線→**細實線，其餘沒在設定，所以本章很好學習。

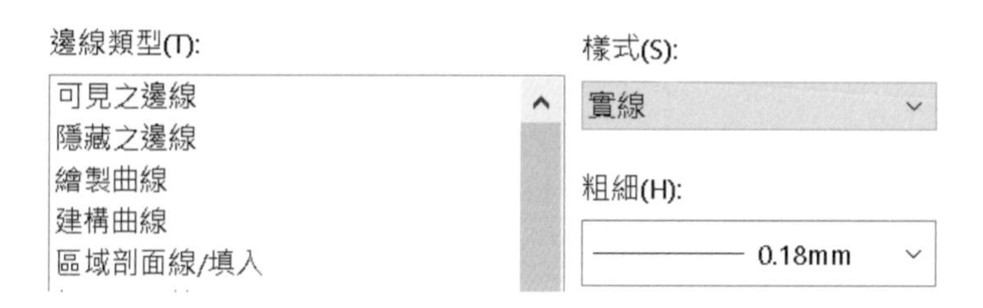

78-1-1 可見之邊線

模型輪廓可見邊線，例如：輪廓線。樣式=實線，粗細=粗，下圖左。

78-1-2 隱藏之邊線

模型內部輪廓看不見邊線=隱藏線。樣式=虛線，粗細=中，下圖中。

78-1-3 繪製曲線

工程圖使用**草圖工具**繪製圖元的過程。樣式=實線，粗細=細，下圖右。為強調顯示，設定粗，畫完以後恢復原來的細實線。

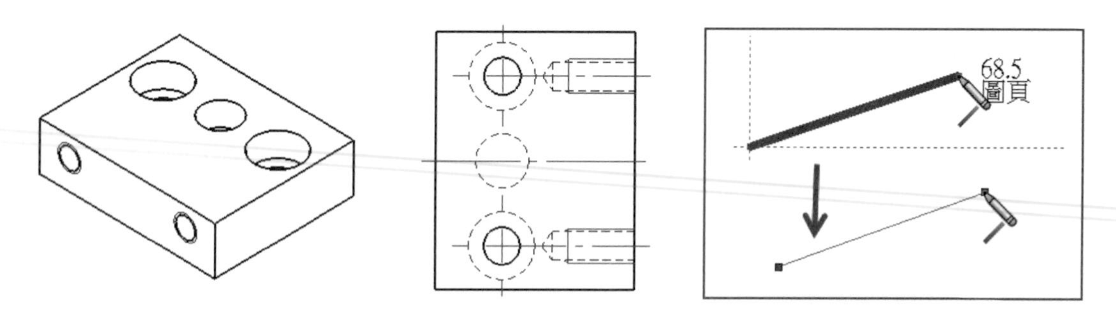

78-1-4 建構曲線

表達中心符號線、中心線，樣式=一點鏈線，粗細=粗，下圖左。此設定應該稱為：中心符號線、中心線。

78-1-5 區域剖面線/填充

剖面視圖的剖面線。樣式=實線，粗細=細。

78-1-6 相切面交線

相切面交線，樣式=兩點鏈線，粗細=細。實務上會調整實線，比較好看，下圖右。

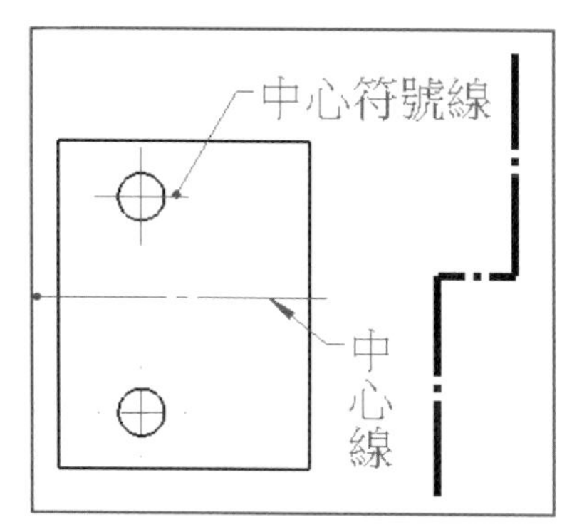

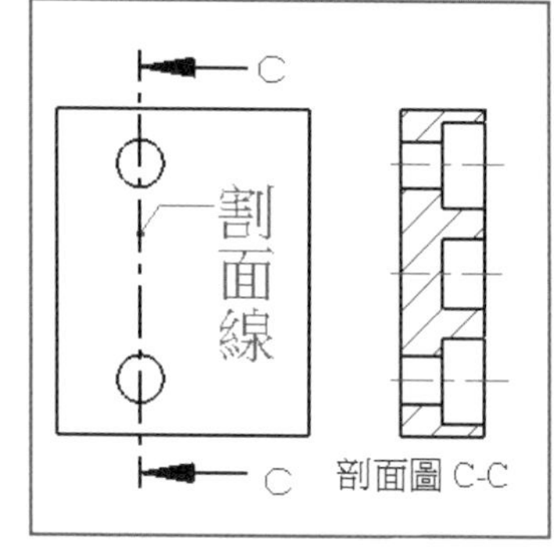

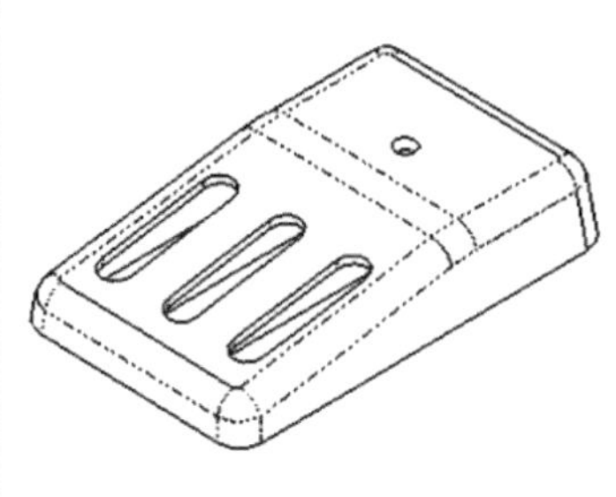

78-1-7 裝飾螺紋線

表示模型攻牙後產生的螺紋。樣式=實線，粗細=細，下圖左。

78-1-8 隱藏相切面交線

相切面交線的隱藏線。樣式=虛線，粗細=細，下圖中（箭頭所示）。

78-1-9 爆炸線

爆炸圖的模型路徑線。樣式=兩點鏈線（假想線），粗細=細，下圖右。

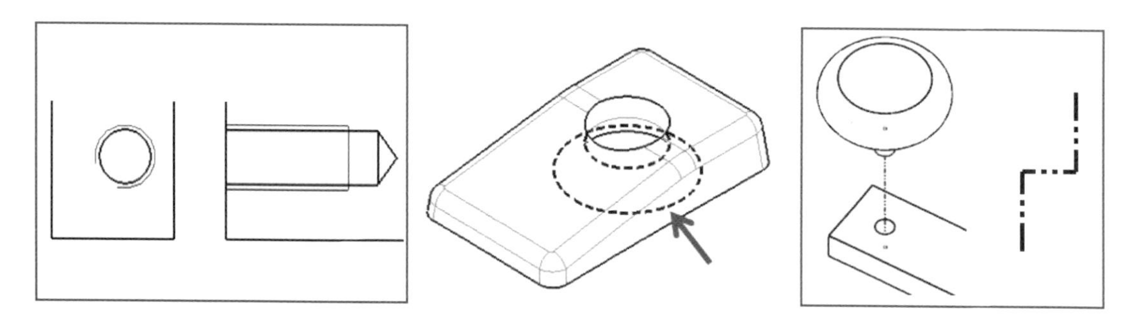

78-1-10 折斷線

斷裂視圖的折斷線。樣式=虛線，粗細=細，下圖左。

78-1-11 可見的邊線（SpeedPak）

設定 SpeedPak 顯示的邊線。樣式=實線，粗細=粗，下圖中。為強調顯示，以虛線呈現（箭頭所示），下圖中。

78-1-12 鄰接的零組件

管路（Routing）相鄰模型的線條樣式，為了讓管路和接頭看起來有層次。樣式=兩點鏈線（假想線），粗細=細。實務上，設定細實線，下圖右。

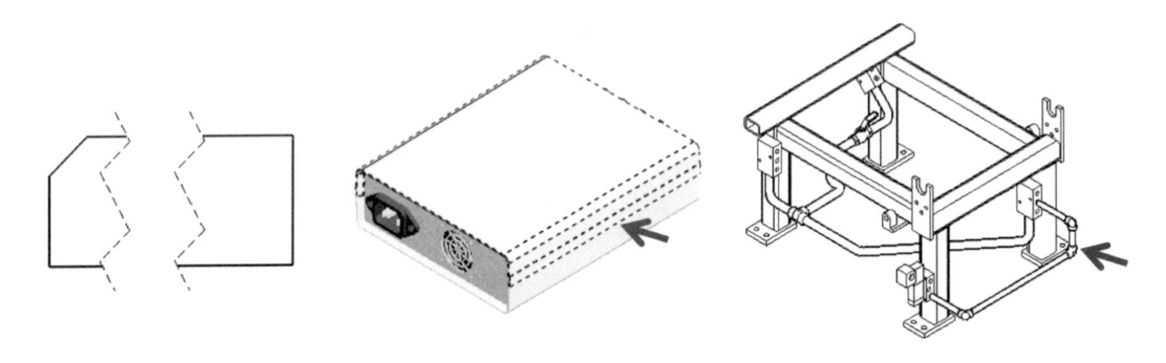

78-1-13 彎折向上、彎折向下，平板型式

鈑金是唯一可以控制線型判斷方向。設定鈑金展開向上彎折，樣式=實線，粗細=細。向下彎折，樣式=虛線，粗細=細。虛線表達彎折不同方向避免看錯。

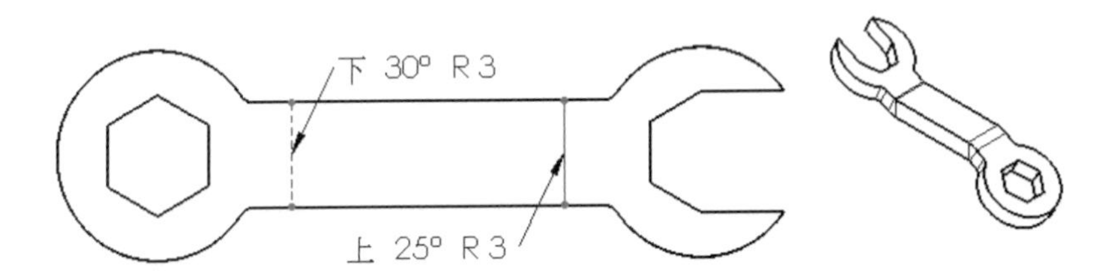

78-1-14 封包零組件

模型為封包的顯示狀態。樣式=兩點鏈線（假想線），粗細=細，下圖左。

78-1-15 強調的剖面輪廓

強調被剖切的輪廓，讓視圖更容易判斷。樣式=實線，粗細=粗。必須☐**強調輪廓**，才能看出效果（箭頭所示），下圖右。

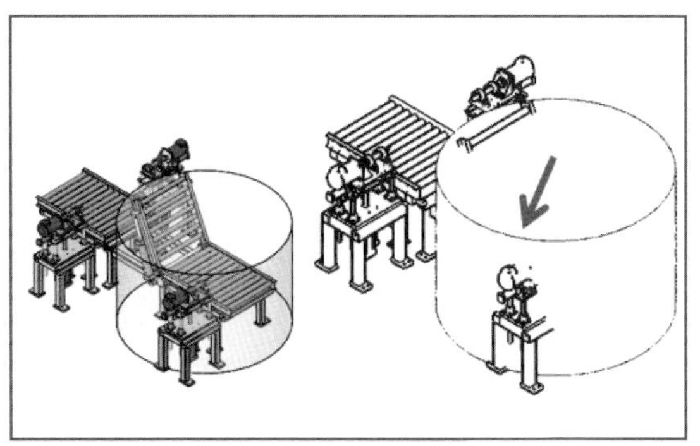

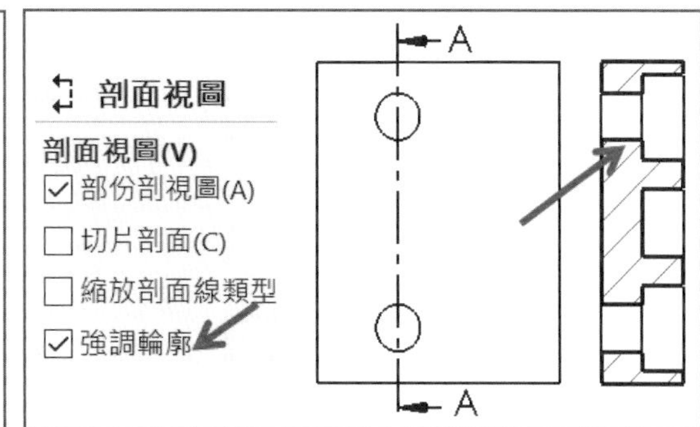

78-2 樣式

承上節，套用所選的邊線類型，依清單選擇線條樣式：

1. 實線
2. 虛線（隱匿輪廓線）
3. 兩點鏈線（假想線）
4. 鏈線…等，這部分下一章介紹。

樣式(S):

實線

實線
虛線 (隱匿輪廓線)
兩點鏈線 (假想線)
鏈線
一點鏈線 (中心線)
騎縫線
細/粗_鏈線

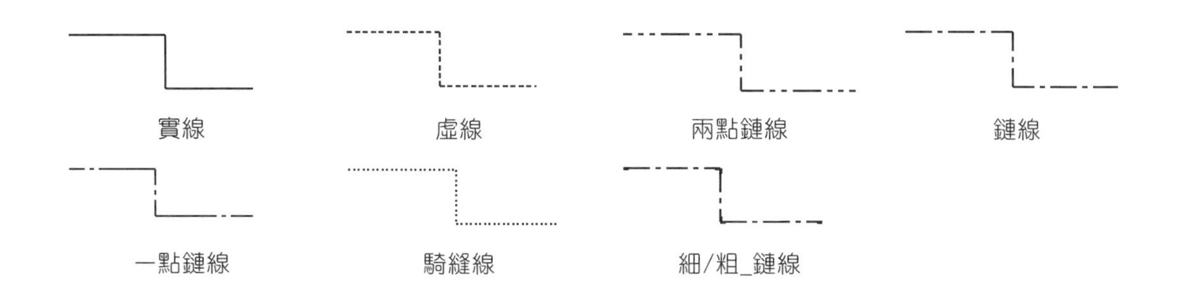

78-3 粗細

承上節，將**邊線類型**套用**粗細**或**自訂**，這部分於**線條粗細**介紹。

粗細(H): 自訂大小

自訂厚度: 1mm

78-4 尾端加蓋樣式

設定線條尾端顯示樣式：1. 平坦（預設）、2. 圓形、3. 正方形。

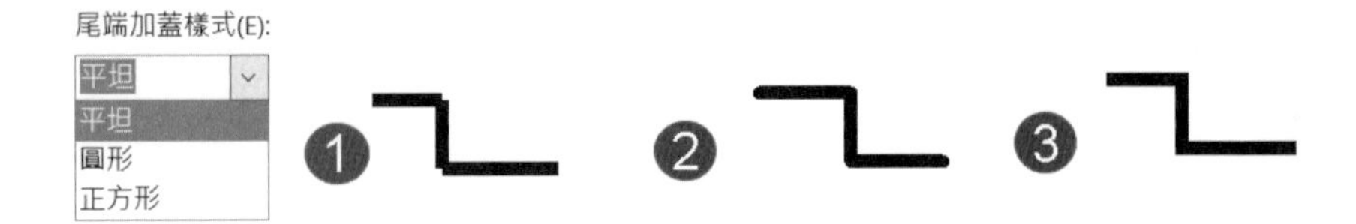

78-5 零組件線條樣式

可以臨時設定視圖上的模型線條型式。在特徵管理員→展開視圖→點選模型右鍵→零組件線條型式，由視窗切換你要的型式。

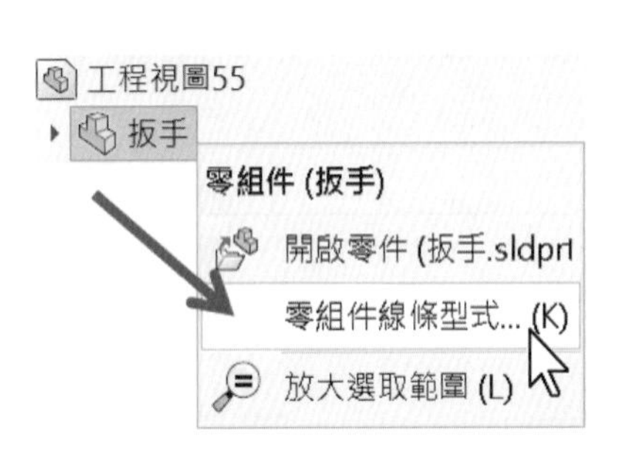

零組件線條型式

零組件顯示屬性

	線條樣式:	線條粗細:	自訂粗細:
可見的邊線:		0.18	0.18mm
隱藏的邊線:		0.18	0.18mm
相切面交線:		0.18	0.18mm
剖面線:		0.18	0.18mm
可見的邊線 (SpeedPak):		0.25	0.18mm

套用至: ○ 所有視圖(V) ◉ 所選視圖(F) 圖層: -無-

78-5-1 參考架構

實務上，將配角設定虛線讓視圖有層次，例如：框架設定虛線，凸顯管路。

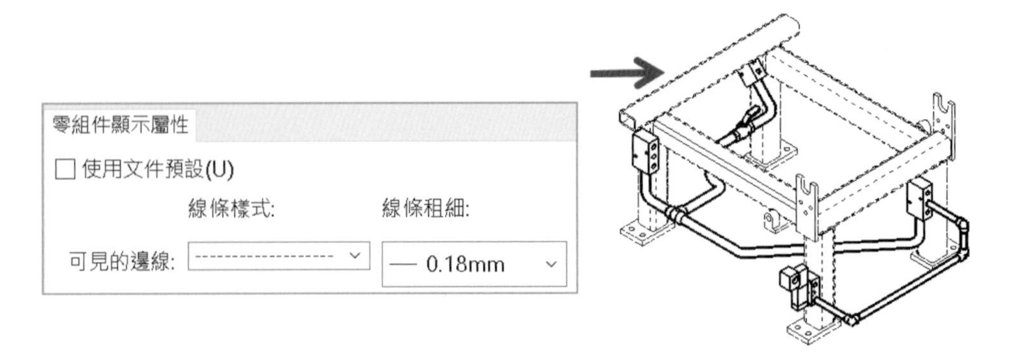

CHAPTER

79

線條樣式

產生、儲存、載入、刪除，設定線條型式、線條長度及間距，適用工程圖。本章提供的型式讓很多地方引用，例如：圖層工具列、線條型式選項、線條型式工具列. . . 等。

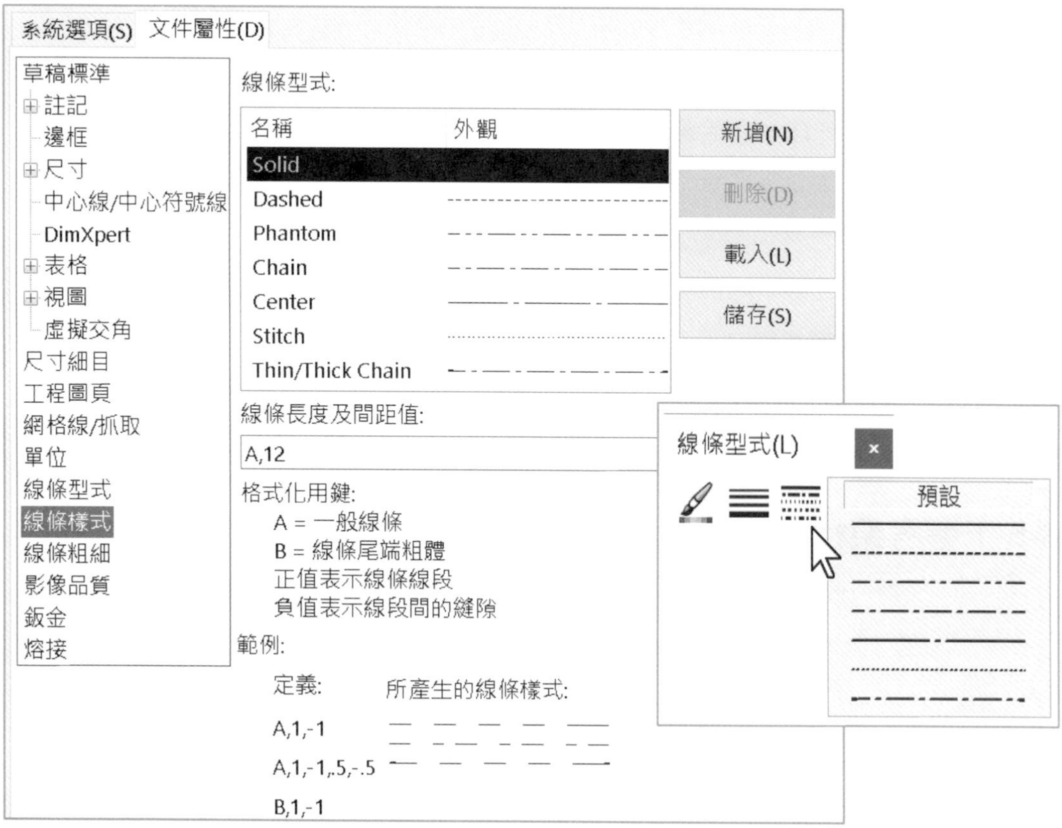

系統選項(S) 文件屬性(D)

草稿標準
註記
邊框
尺寸
中心線/中心符號線
DimXpert
表格
視圖
虛擬交角
尺寸細目
工程圖頁
網格線/抓取
單位
線條型式
線條樣式
線條粗細
影像品質
鈑金
熔接

線條型式:

名稱	外觀
Solid	
Dashed	
Phantom	
Chain	
Center	
Stitch	
Thin/Thick Chain	

新增(N) 刪除(D) 載入(L) 儲存(S)

線條長度及間距值:

A,12

格式化用鍵:
A = 一般線條
B = 線條尾端粗體
正值表示線條線段
負值表示線段間的縫隙

範例:

定義:	所產生的線條樣式:
A,1,-1	
A,1,-1,.5,-.5	
B,1,-1	

線條型式(L)

預設

79-1 邊線型式

在線條型式右方新增、刪除、載入和儲存線條型式，設 7 種線條型式。

79-1-1 新增

不敷使用可新增線條型式。1. 新增→2. 輸入線條名稱，例如：表面加工。

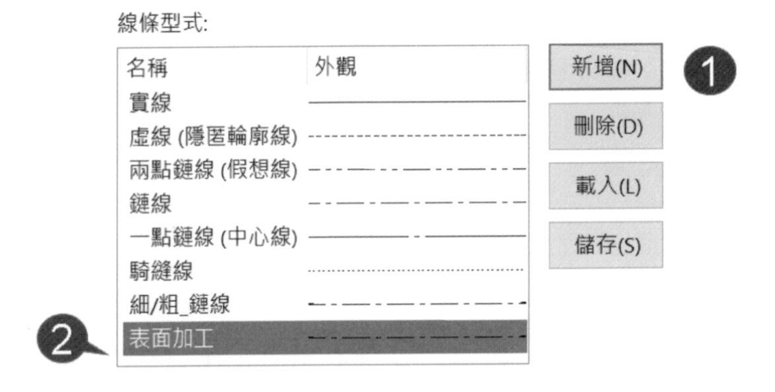

79-1-2 刪除

刪除不要樣式，但無法刪除預設的七種樣式。

79-1-3 載入

將先前樣式載入或還原為預設。

步驟 1 進入載入線條樣式視窗

步驟 2 按瀏覽 ...

步驟 3 選取線條樣式檔案，例如：userlines.sldlin

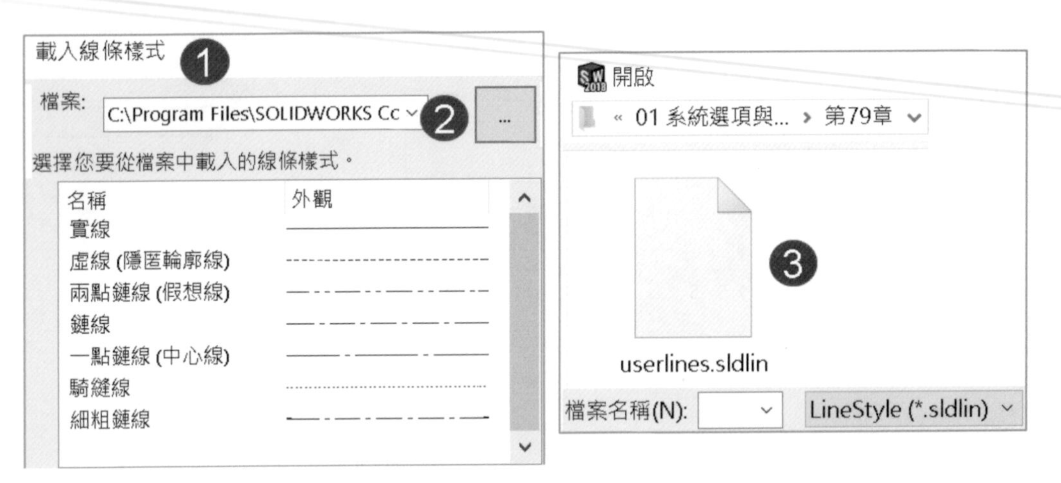

步驟 4 選擇要載入的線條樣式

可以選擇部分或全部→↵。

步驟 5 確認線條型式

先前有相同線條型式，載入的線條型式有相同時，會出現視窗問你要不要載入。

步驟 6 選項視窗可見被載入的型式，下圖左

79-1-4 儲存

儲存新增和載入的線條樣式到檔案中，做法和載入相同，不贅述。線條樣式檔案 *.SLDLIN，下圖右。

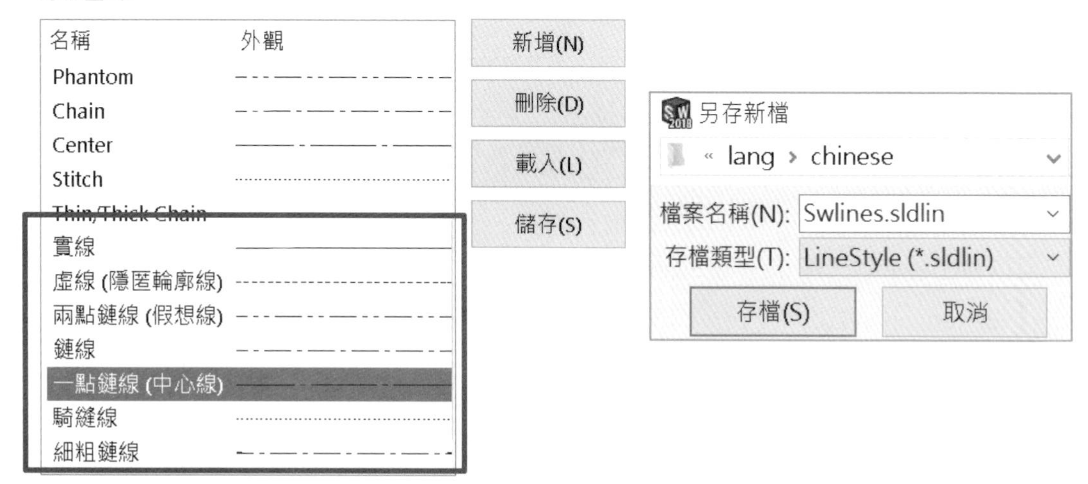

79-2 線條長度及間距值

利用語法修改線條長度、間距、粗細。例如：1. 點選上方**細粗鏈線**→2. 修改長度與間距成**新鏈線（箭頭所示）**，下圖左。

79-2-1 格式化用鍵

根據格式化用鍵定義與圖示範例可簡單看出如何製作，很多人以預設語法用改的，下圖左。也可由記事本開啟自訂線條樣式.LIN，作為新增或移除線條樣式，下圖右。

A=一般線條、B=線條尾端粗體、正值=線段、負值=線段之間的縫隙。

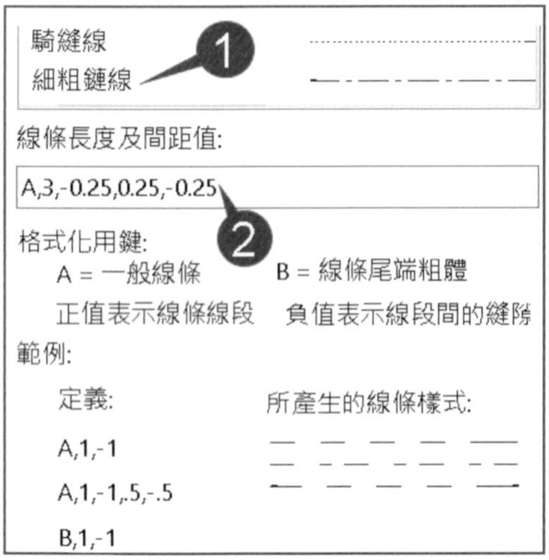

騎縫線
細粗鏈線 ①
線條長度及間距值:
A,3,-0.25,0.25,-0.25 ②
格式化用鍵:
A = 一般線條　B = 線條尾端粗體
正值表示線條線段　負值表示線段間的縫隙
範例:
定義:　所產生的線條樣式:
A,1,-1
A,1,-1,.5,-.5
B,1,-1

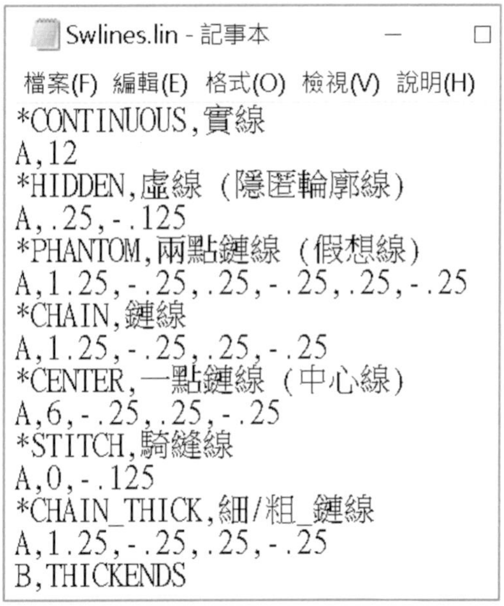

Swlines.lin - 記事本
檔案(F) 編輯(E) 格式(O) 檢視(V) 說明(H)

```
*CONTINUOUS,實線
A,12
*HIDDEN,虛線 (隱匿輪廓線)
A,.25,-.125
*PHANTOM,兩點鏈線 (假想線)
A,1.25,-.25,.25,-.25,.25,-.25
*CHAIN,鏈線
A,1.25,-.25,.25,-.25
*CENTER,一點鏈線 (中心線)
A,6,-.25,.25,-.25
*STITCH,騎縫線
A,0,-.125
*CHAIN_THICK,細/粗_鏈線
A,1.25,-.25,.25,-.25
B,THICKENDS
```

79-2-2 線條樣式檔案語法

線條樣式由虛線、空格與點字串構成，分做 2 行敘述：1. 註解、2. 語法。

A 標頭

可以看出由 AutoCAD 為基礎的語法。

;; Based on AutoCAD Ver. 13.0's Line Styles Format

;; A length/space of '1.0' is equivalent to .2 inches.

B 註解

*CONTINUOUS,實線

C 語法

A，12

79-2-3 範例

本節以語法說明範例，同學更能理解自訂線條型式。

線型	語法	圖示
實線	A, 12	————————————
虛線（隱藏線）	A, . 25, -. 125	- - - - - - - - - - - - - - - -
兩點鏈線（假想線）	A, 1. 25, -. 25, . 25, -. 25, . 25, -. 25	— – – —— – — – – —
鏈線	A, 1. 25, -. 25, . 25, -. 25	— – —— – —— – —
一點鏈線（中心線）	A, 6, -. 25, . 25, -. 25	———— – ————
騎縫線	A, 0, -. 125	....
細/粗_鏈線	A, 1. 25, -. 25, . 25, -. 25 B, THICKENDS	▬— – —— – —— – ▬

筆記頁

CHAPTER

80

線條粗細

設定線條的粗細，與**線條樣式**搭配類設定，更改這些設定會立即顯示在螢幕上。線條粗細會套用到**線條型式**、**線條型式工具列**、**圖層**...等。

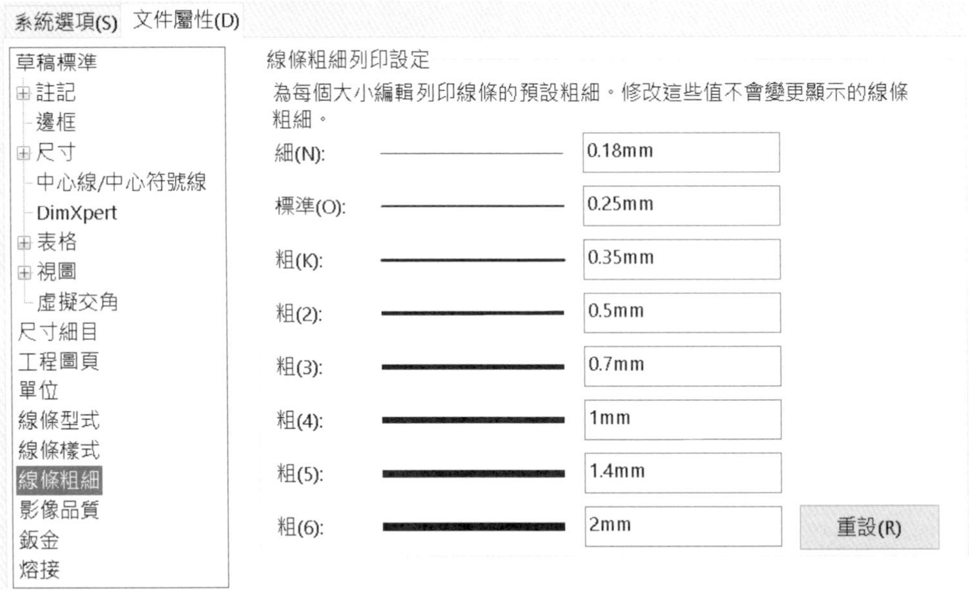

系統選項(S) 文件屬性(D)

草稿標準
註記
邊框
尺寸
中心線/中心符號線
DimXpert
表格
視圖
虛擬交角
尺寸細目
工程圖頁
單位
線條型式
線條樣式
線條粗細
影像品質
鈑金
熔接

線條粗細列印設定

為每個大小編輯列印線條的預設粗細。修改這些值不會變更顯示的線條粗細。

細(N):	0.18mm
標準(O):	0.25mm
粗(K):	0.35mm
粗(2):	0.5mm
粗(3):	0.7mm
粗(4):	1mm
粗(5):	1.4mm
粗(6):	2mm

重設(R)

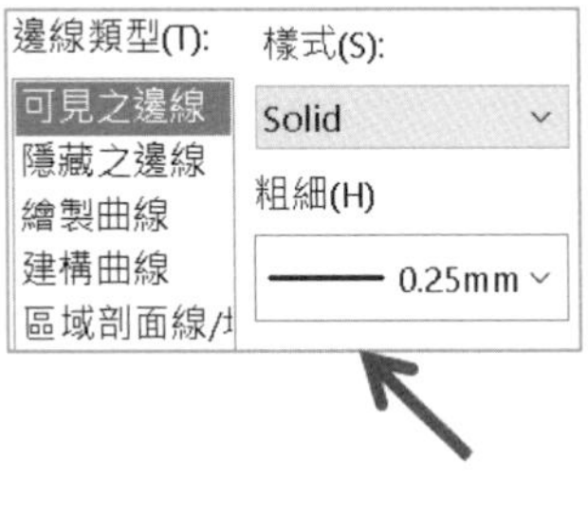

邊線類型(T): 可見之邊線 隱藏之邊線 繪製曲線 建構曲線 區域剖面線/

樣式(S): Solid

粗細(H) 0.25mm

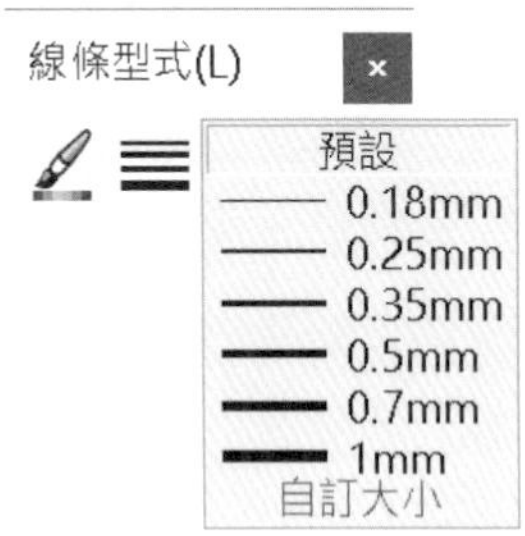

線條型式(L)

預設 0.18mm 0.25mm 0.35mm 0.5mm 0.7mm 1mm 自訂大小

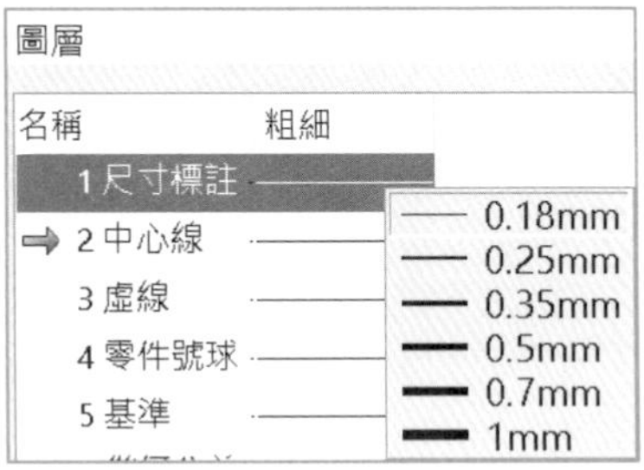

圖層

名稱 粗細

1 尺寸標註
2 中心線
3 虛線
4 零件號球
5 基準

0.18mm 0.25mm 0.35mm 0.5mm 0.7mm 1mm

80-1 線條粗細

線條粗細強調輪廓重要性，寬度會討論到線條型式，並影響出圖正確性與美觀。設定8 種線條顏色粗細：1. 細、2. 標準、3. 粗（1）、粗（2）…等，點選重設，恢復預設。

80-1-1 列印粗細（預設實線，粗細=細）

也可以在列印視窗→點選線條粗細，回到本章頁面（箭頭所示）。

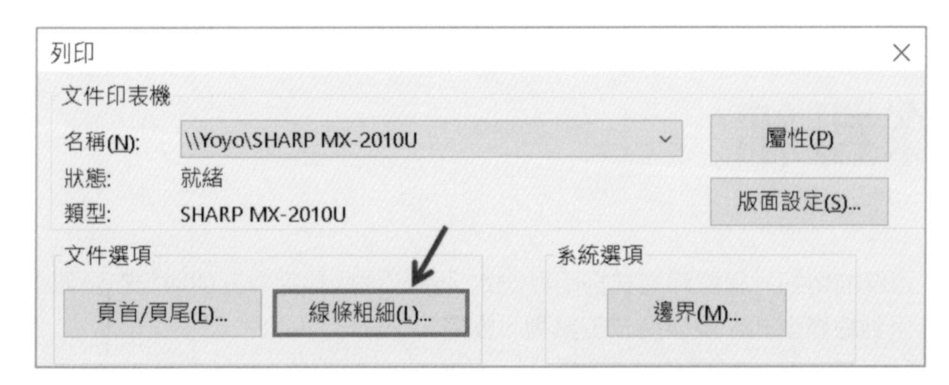

80-1-2 常用的粗細

圖學定義 3 種線寬：粗、中、細，特別是工程圖呈現層次，不要粗細不分，常遇到模型輪廓與尺寸標註一樣細，這就要在這裡調整。

實務只會用到：1. **細** 0. 18、2. **標準** 0. 25 就夠了，也比較好管理。讓**虛線**和**輪廓線**合併，都用標準 0. 25。

不要刻意使用**粗中細** 3 級，將**粗** 0. 35 使用在**模型輪廓**，工程圖呈現與列印特別難看。除非你把粗 0. 35→0. 28，其實圖面看不出來 0. 28 和 0. 25 了。

現今與往後沒人會理會所謂的標準，只要得到效果且簡單就是王道。不能接受對吧，大郎傳統出身，這 10 年來被新世代洗禮已經接受這轉變，再不轉變沒人會等你。

線條粗細	粗度（mm）	用途
粗	0. 35	輪廓線
中	0. 25	隱藏線（虛線）
細	0. 18	中心線、尺寸標註、剖面線

CHAPTER

81

模型顯示

模型特徵色彩=外觀視覺，可避免事後重複調整色彩。特徵色彩可以與別人區隔，當別人使用預設灰色看起來像泥巴，你卻將模型賦予色彩和表面光澤，甚至再加上效果，讓模型賞心悅目使得工作愉快，也讓別人對你肯定。

模型外觀包含：紋路和色彩，重點放在色彩說明，本章適用零件和組合件。

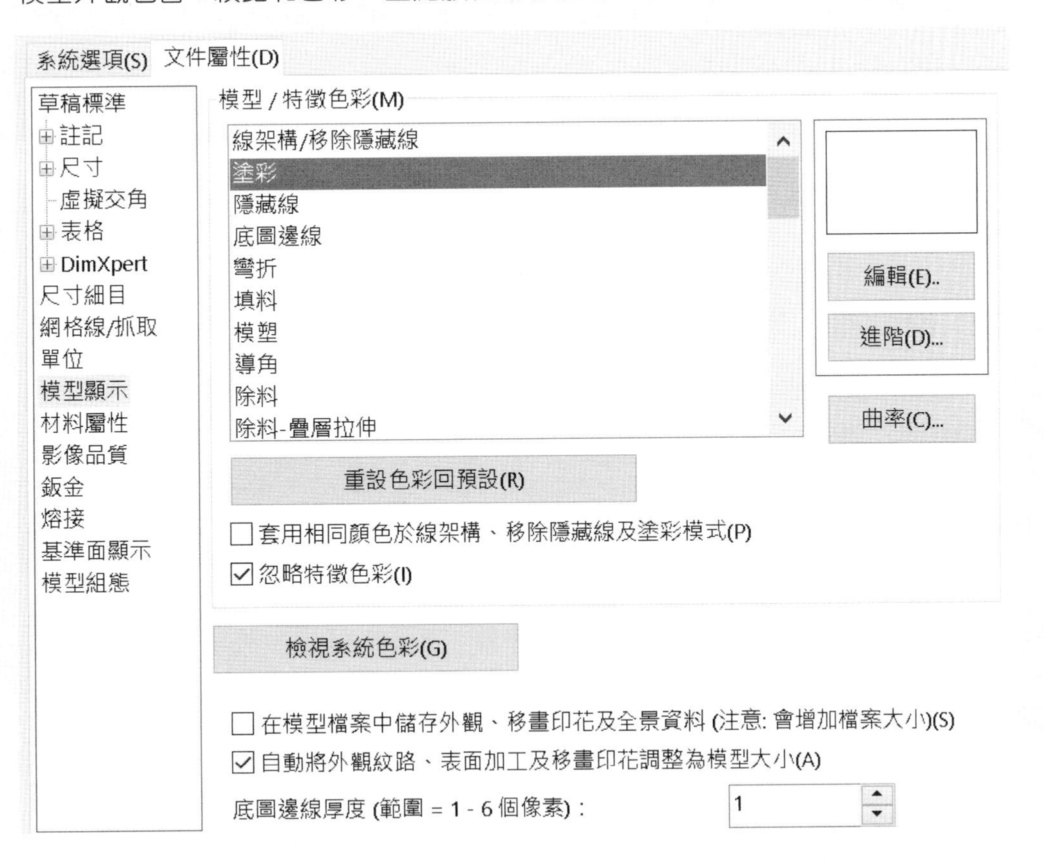

81-1 模型/特徵色彩

指定特徵色彩，於建模過程系統直接套用。大部分預設灰白色沒層次，設計過程利用色彩檢查法，讓模型活潑美觀，甚至避免視覺勞累與影響心情。

色彩調整不僅增加模型清晰度，在過程中看到錯誤，達到快速修改便利性。花 1 分鐘卻可減少錯誤，甚至獲得賞識。

本章項目排序有點亂。實務上，沒有要你每個設定，常設定：1. 鑽孔=紅、2. 薄殼=橙、3. 圓角=黃。色彩詳盡說明，在 PhotoView 360 影像擬真。

81-1-1 線架構/移除隱藏線（預設黑）

線架構、**移除隱藏線**的邊線色彩，為強調說明以紅色顯示，下圖左。

81-1-2 塗彩（預設白）

設定**塗彩**和**帶邊線塗彩**的模型色彩（不包含模型邊線）。有些人喜歡褐色別有一番風味。若模型大部份以電木為主，設定**朱褐色**，讓模型與實物接近。

此設定應該稱為：**塗彩**和**帶邊線塗彩**。

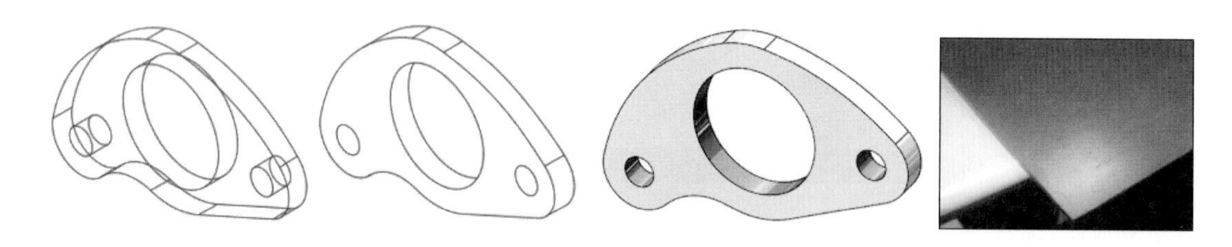

81-1-3 隱藏線（預設灰白）

顯示隱藏線的**隱藏線**色彩。預設隱藏線與邊線色彩相同，實務會將隱藏線=紅色，將隱藏線特別獨立開來。畢竟**隱藏線**很重要，若顏色與其他相同容易混淆，下圖左。

81-1-4 底圖邊線

模型為**底圖**狀態的邊線色彩，=塗彩。試想塗彩沒辦法設定模型邊線色彩，只有**底圖**可以設定，常用在 PV360 技巧，讓模型更逼真，下圖右。

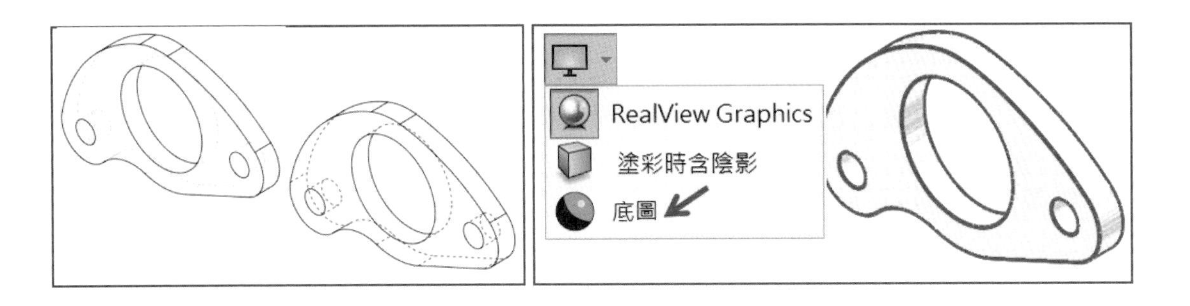

81-1-5 彎折

顯示鈑金彎折 R 角色彩。實務上，建議黃色與**導角**、**圓角特徵**相同，下圖左。

81-1-6 填料

在已存在特徵進行第 2 特徵**伸長填料**色彩，很難理解對吧，你要說定義特徵色彩也行，下圖右。

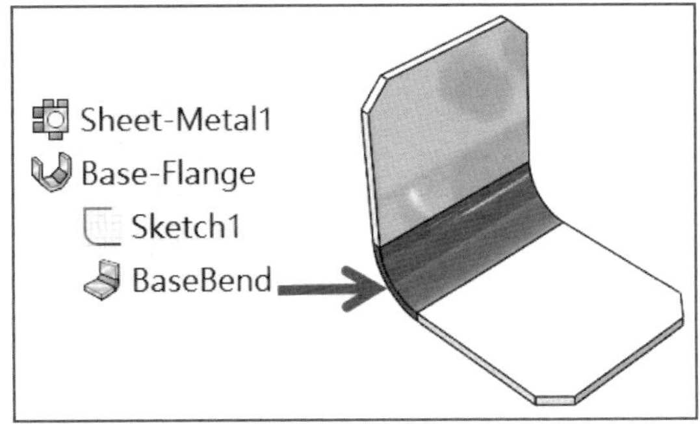

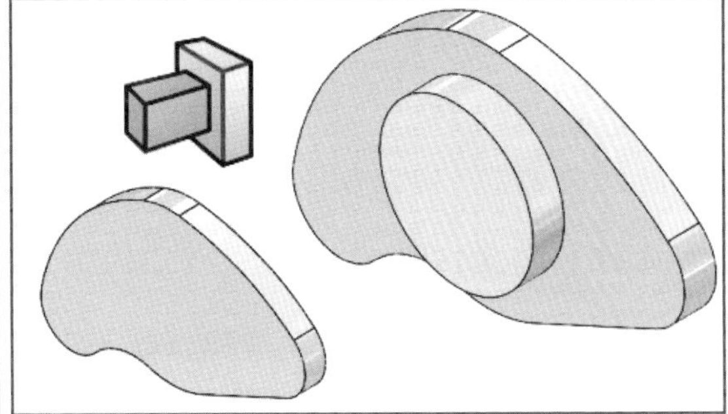

81-1-7 模塑

使用**模塑**指令後，產生模穴色彩，適用模具，下圖左。SW 最好加入**結合**、**模具工具**的特徵色彩，這樣就完美了，下圖右。

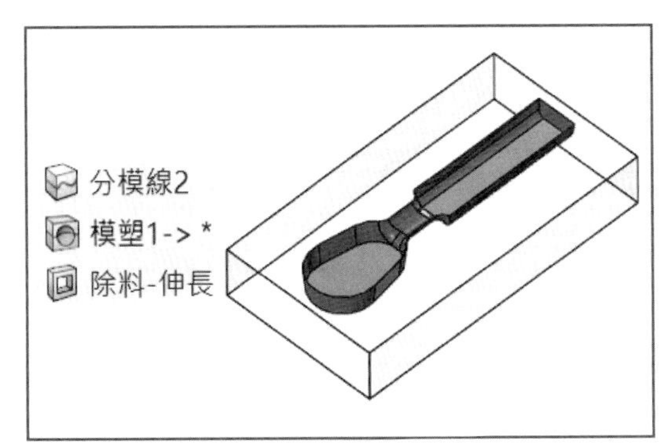

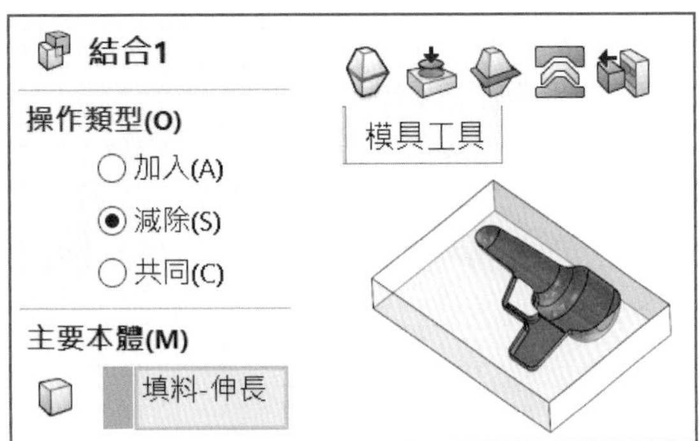

81-1-8 導角

模型導角的色彩。建議設黃色，明顯判斷導角是否正確，下圖左。

81-1-9 除料

伸長除料挖除面的色彩，常設定亮色系，因為除料通常為陰暗面，下圖左。

81-1-10 除料-疊層拉伸

除料-**疊層拉伸**顯示色彩，常設定亮色系，下圖右。

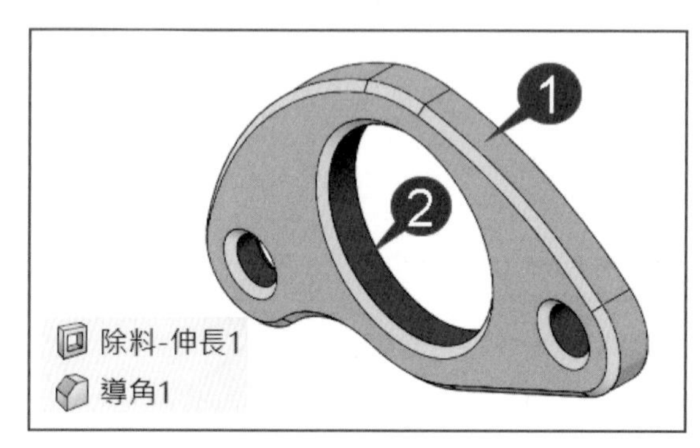

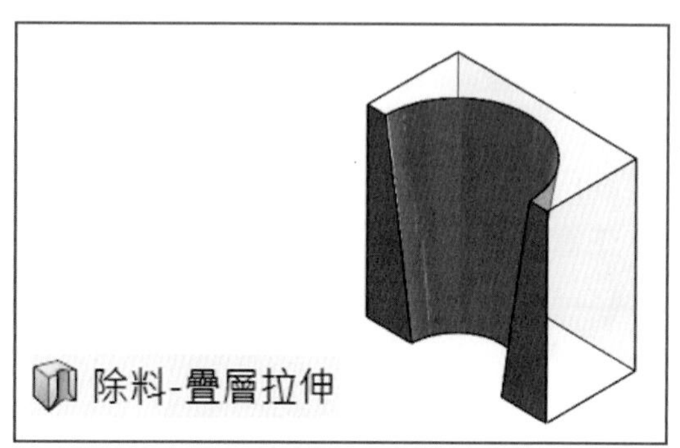

81-1-11 除料-曲面

曲面除料的色彩，該指令移除實體面，下圖左。

81-1-12 除料-掃出

掃出除料顯示的色彩，常設定亮色系，下圖中。

81-1-13 熔珠

於結構成員加入**圓角熔珠**色彩，用來表示焊道，但無法設定**熔珠**色彩，下圖右。

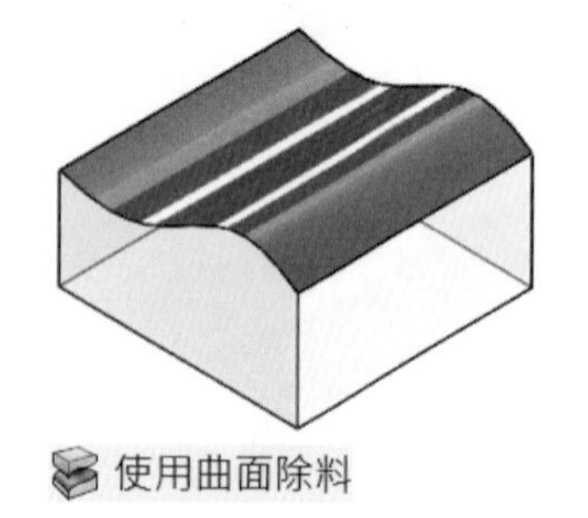

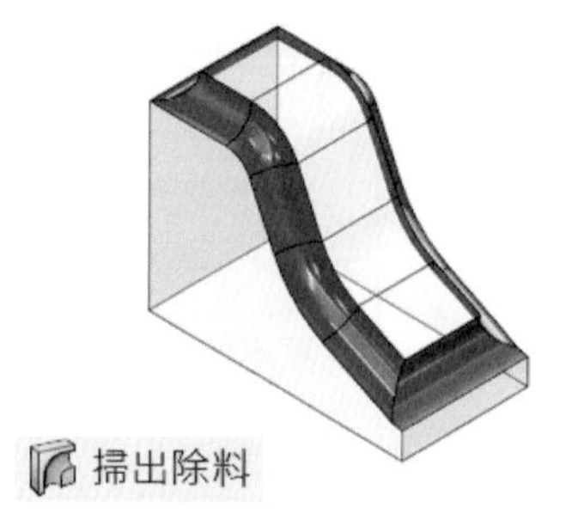

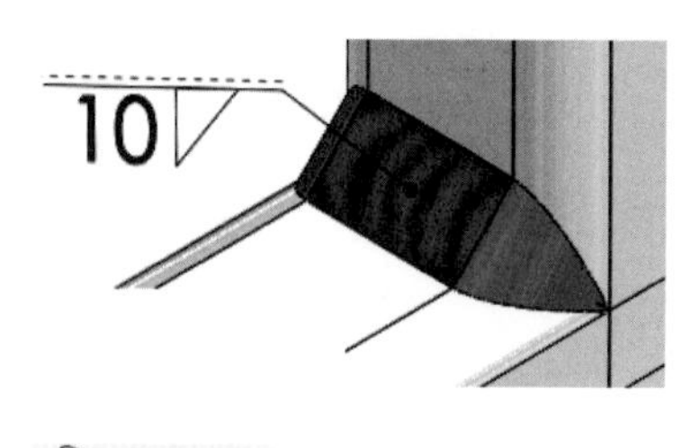

81-1-14 伸長

基材伸長（第一特徵）伸長填料特徵色彩。由於伸長是必備算是打底，也可說是模型底色。**基材伸長**自 2003 改為**伸長→**2008 改為 填料-伸長，下圖左。

81-1-15 圓角

特徵圓角色彩。實務與**導角**相同色彩，看起來不會太混亂，下圖右。

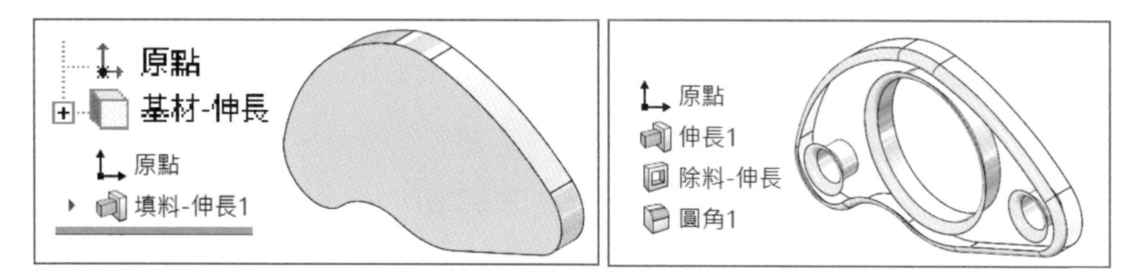

81-1-16 鑽孔

異型孔精靈、簡易直孔色彩。實務上，孔=紅色，能特別留意這是重要的。設計過程中，孔很大量且複雜，這是一定要設定的，下圖左。

81-1-17 特徵庫

特徵庫色彩。重複特徵不必重新繪製，只要拖曳至模型上即可，下圖中。

81-1-18 疊層拉伸

疊層拉伸色彩，下圖右。

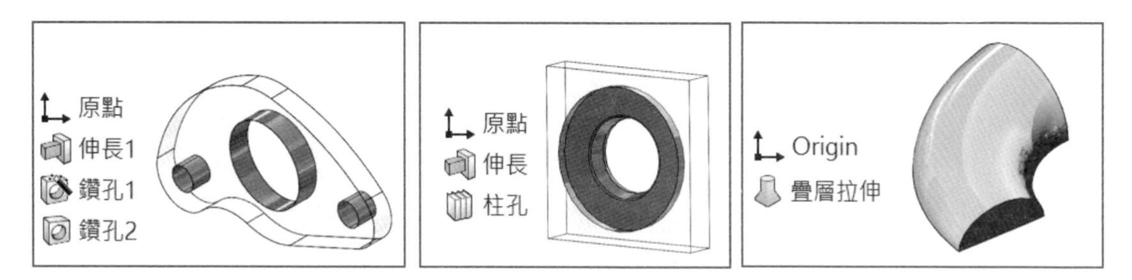

81-1-19 中間面

中間面顯示的色彩，點選 2 面產生中間曲面。

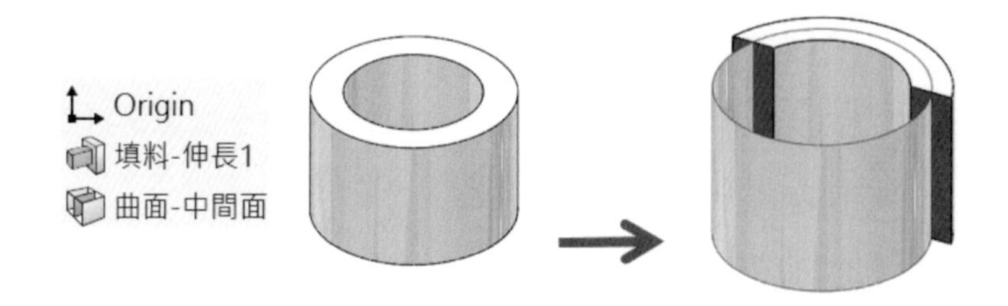

81-1-20 複製

直線複製排列、環狀複製排列、鏡射色彩，下圖左。

81-1-21 參考曲面

偏移曲面色彩，下圖中。

81-1-22 旋轉

旋轉填料色彩，下圖右。

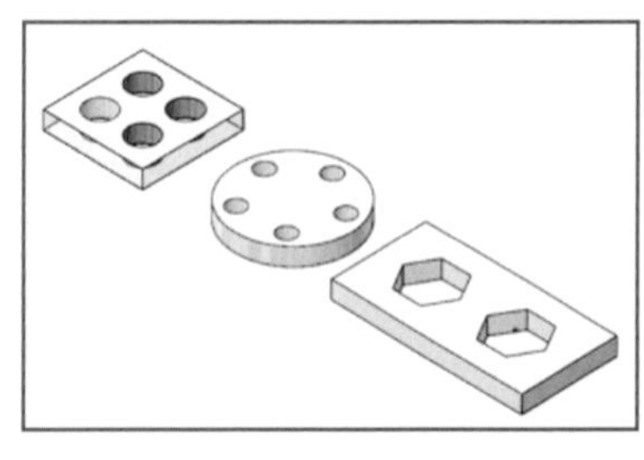

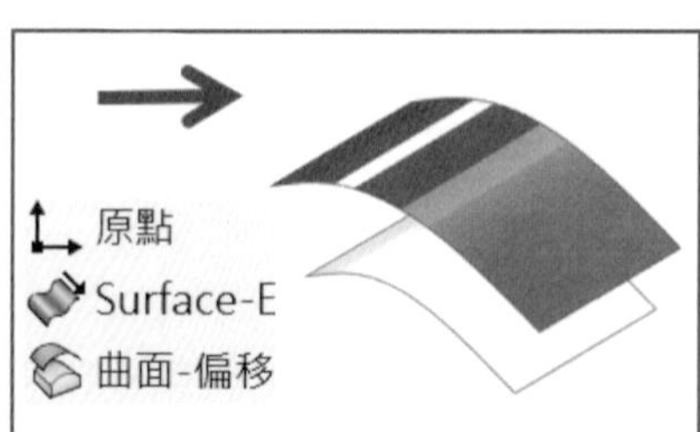

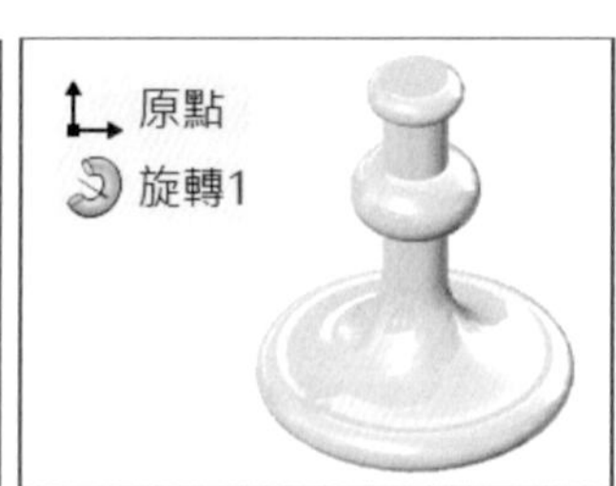

81-1-23 薄殼

薄殼色彩，所選面為挖除面。殼=內部面，燈光打不進去，通常設定亮橘色，或亮色系，看起來比較明顯，下圖左。

81-1-24 導出零件

插入零件色彩，以前沒有這設定，明顯知道這是外部參考，適合進階者，下圖中。

81-1-25 掃出

掃出填料色彩，下圖右。

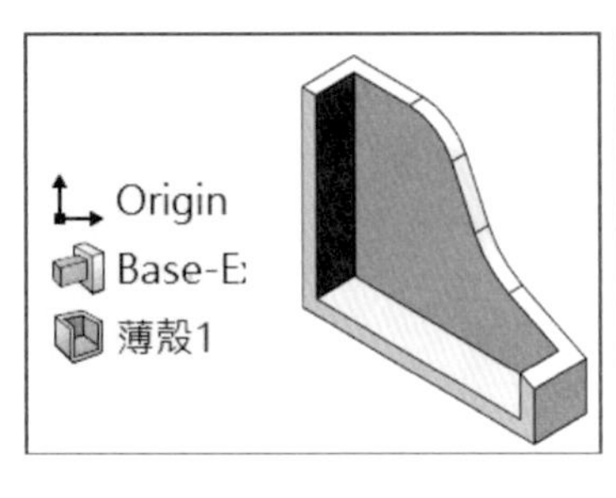

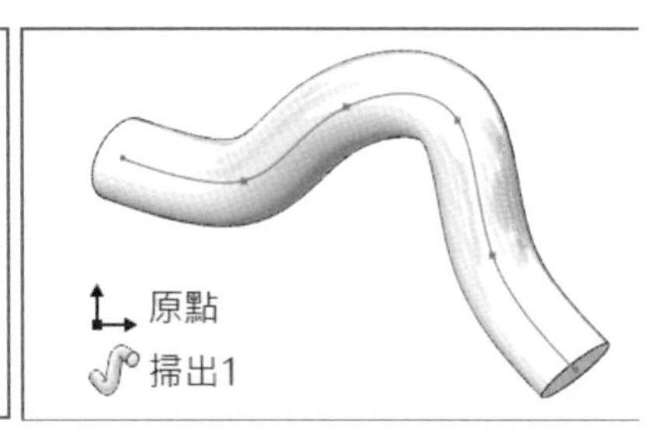

81-1-26 厚面

曲面加厚色彩，加厚曲面產生實體模型，下圖左。

81-1-27 肋材

肋材色彩，從開放輪廓產生指定方向及厚度材料，下圖中。

81-1-28 圓頂

圓頂色彩，下圖右。

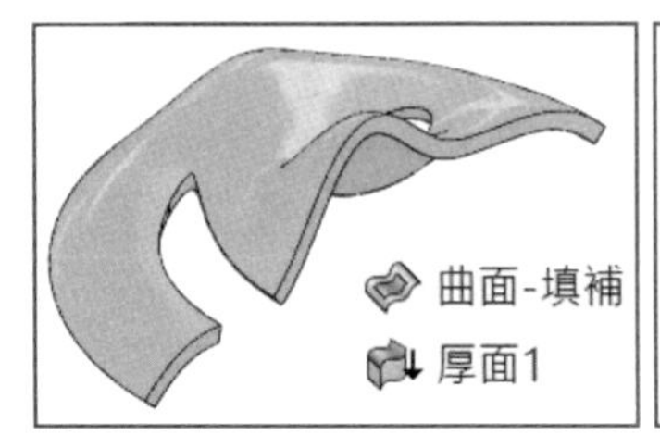

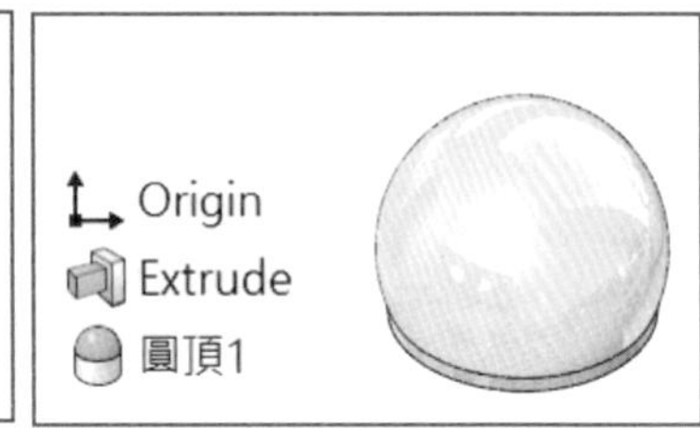

81-1-29 成形特徵

鈑金成形工具色彩，鈑金成型的衝模，下圖左。

81-1-30 造形特徵

造形特徵色彩，於 2010 不再支援，下圖右。

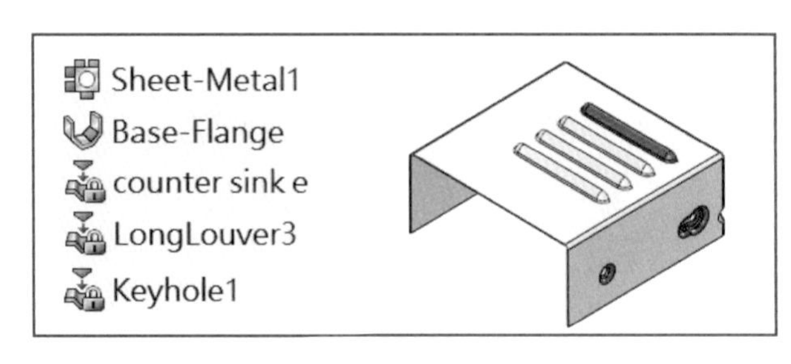

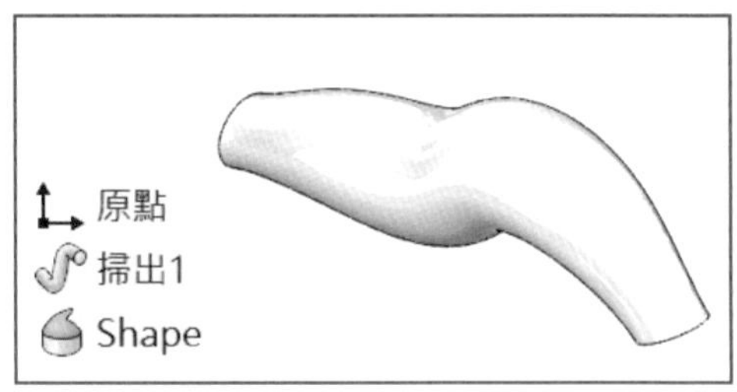

81-1-31 置換面

取代面色彩。以曲面取代曲面本體、實體面，下圖左。

81-1-32 結構成員

結構成員色彩，他為第一特徵，常設定黃色，下圖中。

81-1-33 支撐

連接板色彩，常用在鋼構補強與結構成員配合，下圖右。

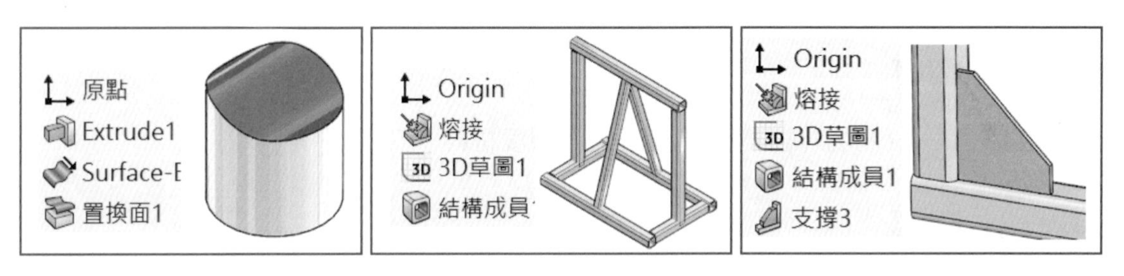

81-1-34 頂端加蓋

頂端加蓋色彩。常用在封蓋與結構成員配合，下圖左。

81-1-35 包覆

包覆色彩。以草圖刻畫、凹陷、浮凸於平坦面或不規則曲面上，下圖右。

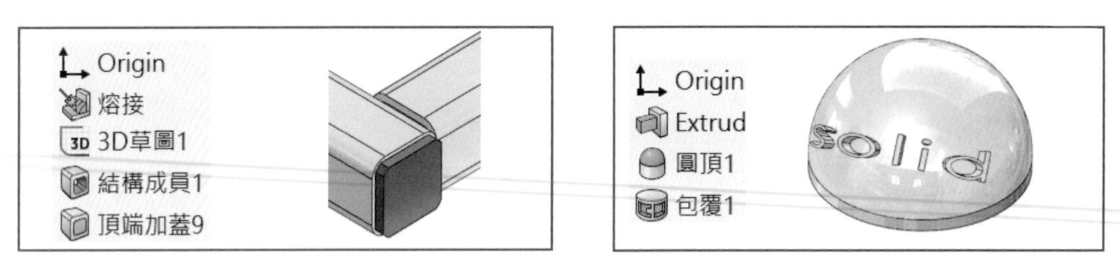

81-1-36 編輯

快點 2 下項目可以進入編輯色彩視窗，不需 1. 點選項目→2. 右方**編輯**按鈕。

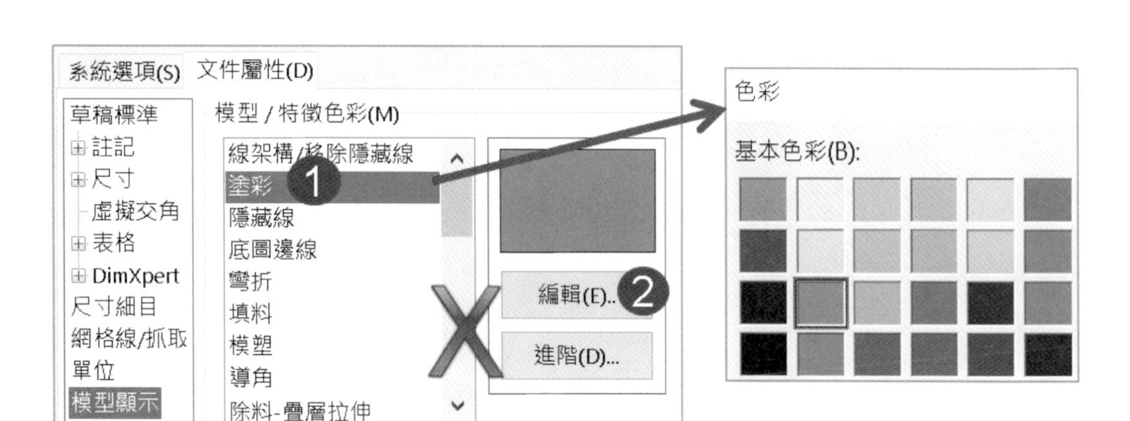

81-1-37 進階

進階顯示品質，例如：周圍亮度、光澤度、透明度…等顯示。僅有**塗彩**，才能使用**進階**（箭頭所示），這部分在 PhotoView 360 **影像擬真**詳細介紹。

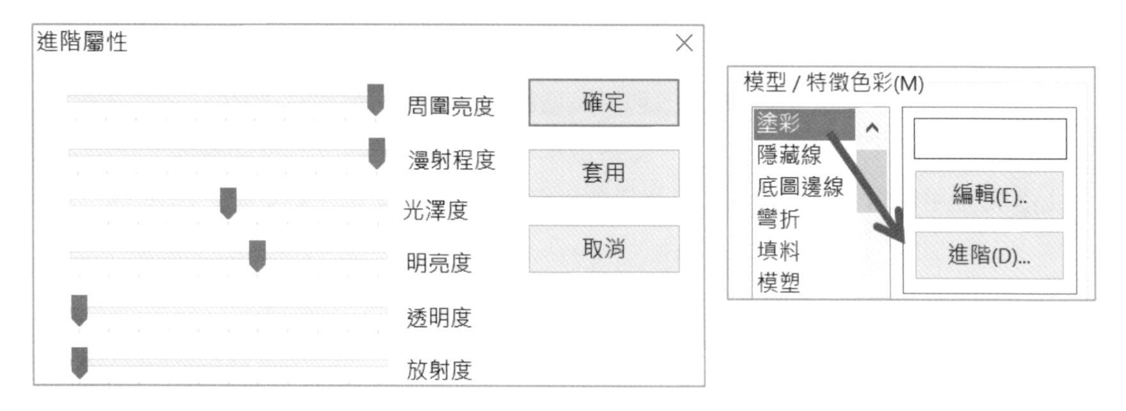

81-1-38 曲率

定義曲率顯示色彩，曲率=曲線半徑的反比（曲率＝1/半徑）。由曲率視窗定義曲率範圍 5 區間色彩。分別為紅綠藍灰黑，黑色=平面、紅的小 R。

這部分在 PhotoView 360 **影像擬真**詳細介紹。

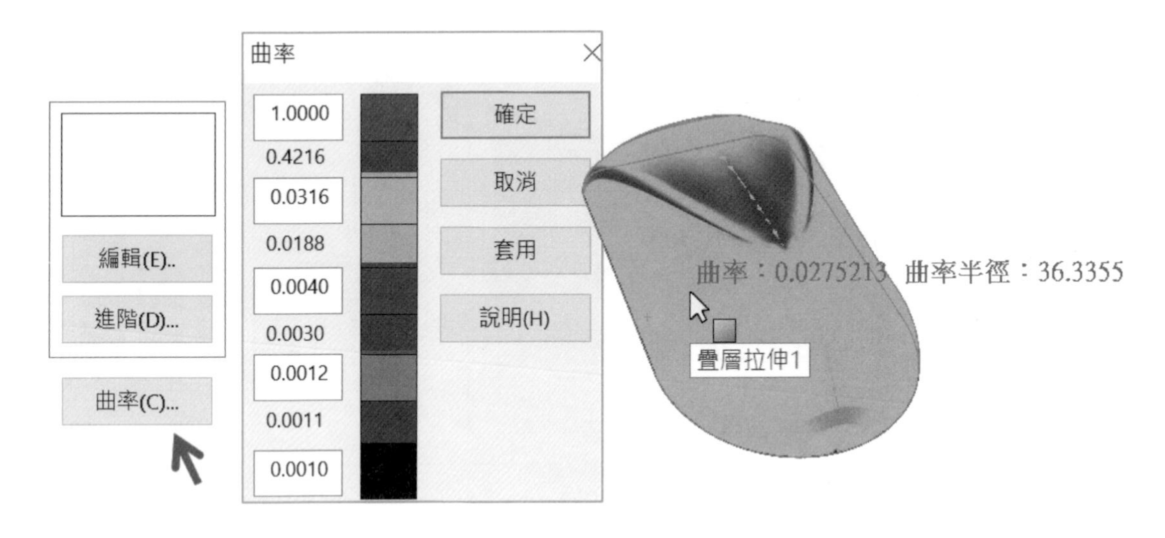

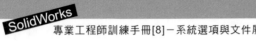

81-1-39 重設色彩回預設

點選**重設色彩回預設**，回復預設色彩。看起來沒啥好說對吧，常用顏色的人會知道經常改壞掉，重回預設。

甚至遇過 2016 BUG，顏色總是改到下一項目，例如：設定塗彩=橙色，橙色卻設定到下方的**隱藏線**。設定**隱藏線**=綠色，綠色卻設定到下方的**底圖邊線**，以此類推。

類推勉強用也是一招，用範本是最佳解，例如：用 2018 零件範本設定色彩。

81-2 套用相同色於線架構、移除隱藏線及塗彩模式

線架構、**移除隱藏線**、**塗彩**，是否使用相同顏色。

81-2-1 ☑套用相同色於線架構、移除隱藏線及塗彩模式

將顏色合併，不需分別設定。**線架構/移除隱藏線/塗彩**，合併並設定=顏色相同。實務不會這樣，因為要避免顏色相同。

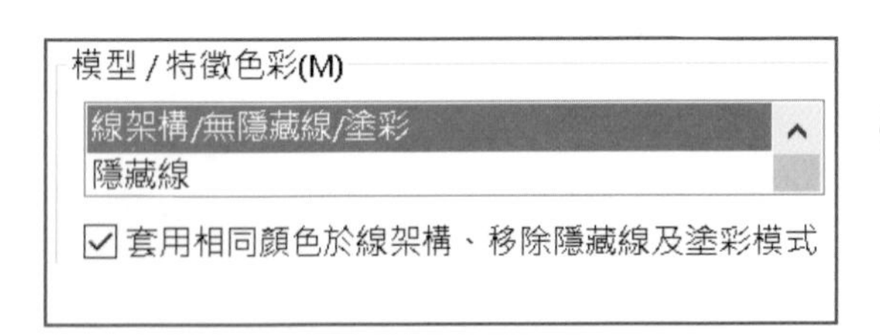

81-2-2 ☐套用相同色於線架構、移除隱藏線及塗彩模式

不合併設定。1. **線架構移除隱藏線**、2. **塗彩**，分開設定=顏色不相同。

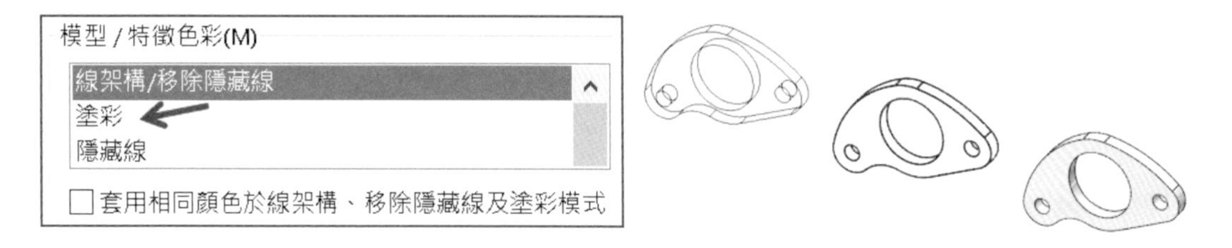

81-3 忽略特徵色彩

是否忽略特徵色彩，單一色呈現。

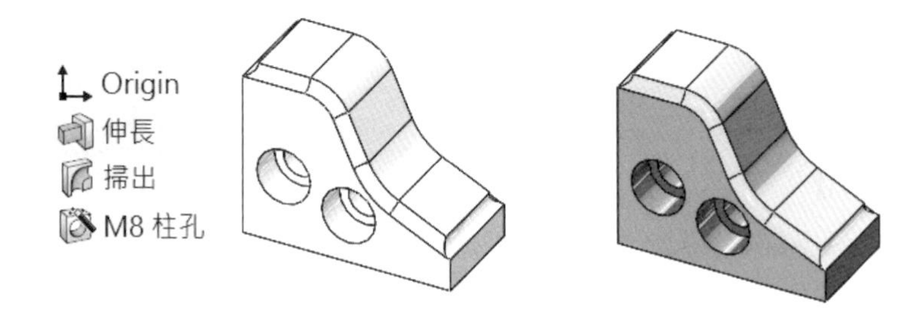

81-3-1 ☑忽略特徵色彩

無論其他色彩為何，以塗彩為主，並成為單一色。常用在模型顏色損壞，例如：太黑。這時將無法套用色彩訊息，例如：套用外觀。

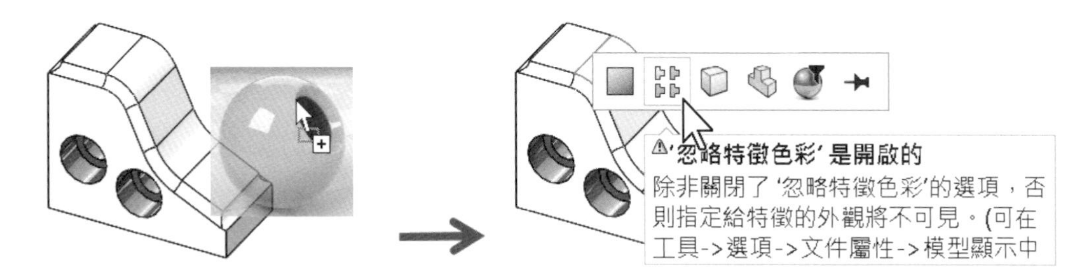

81-3-2 ☐忽略特徵色彩

獨立顯示特徵色彩，例如：鑽孔=紅、掃出=黃。

81-4 檢視系統色彩

檢視系統色彩與檢視文件色彩用來互相對應。系統色彩與本節搭配，讓模型更具層次。

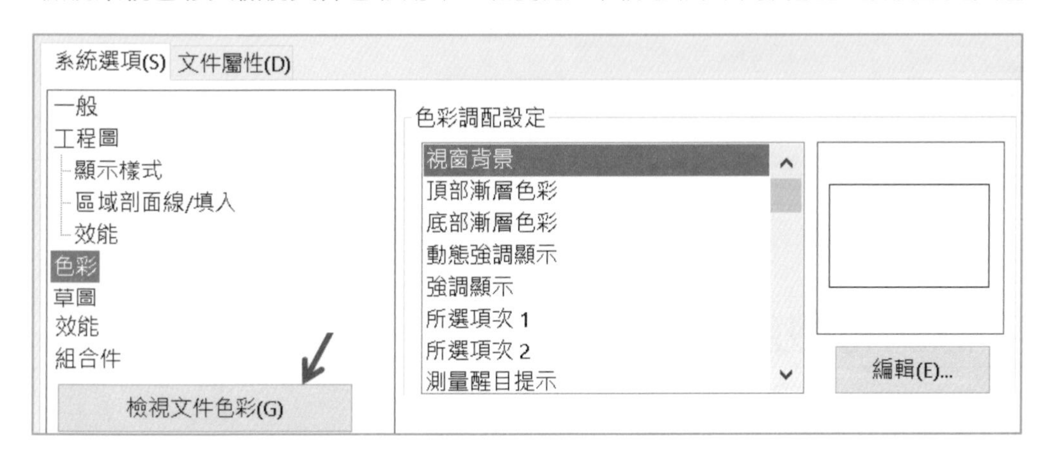

81-5 在模型檔案中儲存外觀、移畫印花及全景資料

自訂外觀、移畫印花、全景，是否與模型一起儲存。此設定應該稱為：**模型檔案儲存外觀、移畫印花及全景資料**。此設定應該獨立出來為 PhotoView 360 項目。

81-5-1 ☑模型檔案儲存外觀、移畫印花及全景資料

讓對方開啟模型可以套用外觀資料，但會增加檔案大小，常用在模型溝通，大郎建議開啟。不過沒有：移畫印花（P2D）、背景（P2S）、材質（*.P2M）檔案。

開啟模型會遇到轉換至外觀，就是當初零件有包含外觀資料，問你要不要保留，☑兩者，可以見到效果。

轉換至外觀

最後儲存在 SOLIDWORKS 2007 的此零件包含 PhotoWorks 材質及 SOLIDWORKS 色彩/紋路。這些將被轉換為外觀。建議您僅將一組資料轉換為外觀並加以維

◉ 僅有 PhotoWorks 材質(P)

○ 僅 SOLIDWORKS 色彩/紋路(S)

○ 兩者 - 為每個呈現產生一個獨特的顯示狀態(B)

81-5-2 □模型檔案儲存外觀、移畫印花及全景資料

儲存檔案過程會提示外觀檔案是否要儲存出來，不要儲存也可以，到時開啟模型就沒有外觀資料，下圖右。

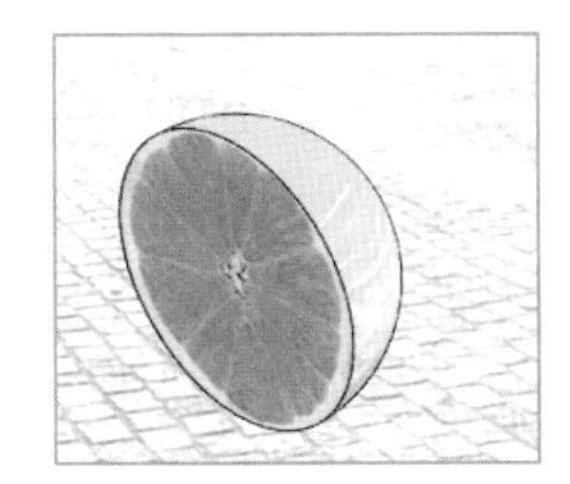

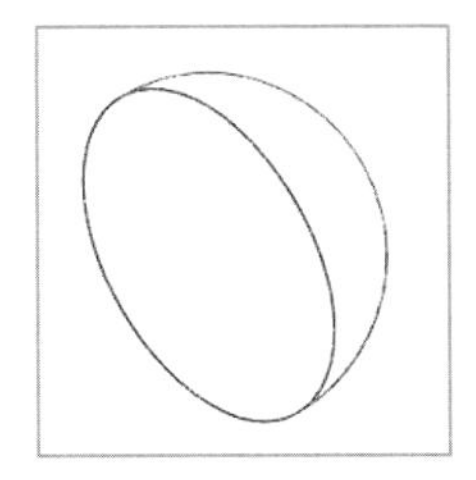

81-5-3 隨身攜帶

此設定和 Pack and Go（隨身攜帶），☑包括自訂的移畫印花、外觀、全景，儲存後會將檔案儲存出來，下圖右。

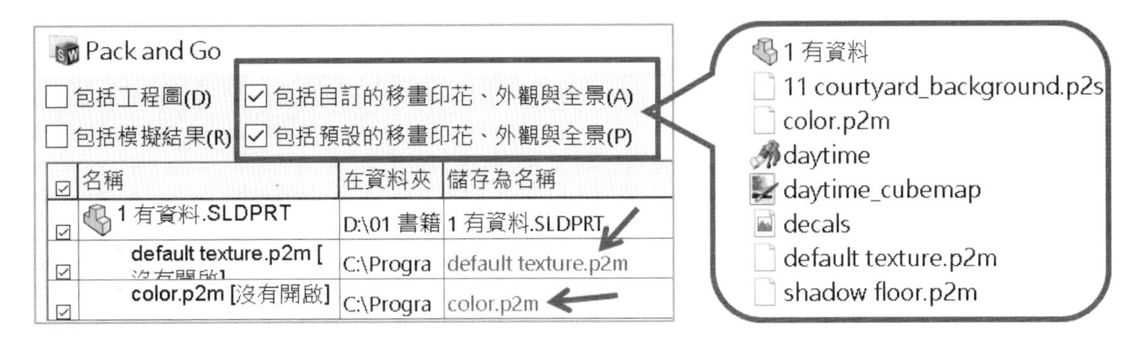

81-6 自動將外觀紋路、表面及移畫印花調整大小

加入外觀過程，是否自動調整大小至模型面。此設定應該稱為：**將外觀紋路、移畫印花調整至模型大小**。此設定應該獨立出來為 PhotoView 360 項目。

81-6-1 調整至所選寬度、高度

可以於製作**移畫印花**過程☑調整至所選寬度、高度，下圖右（箭頭所示）。

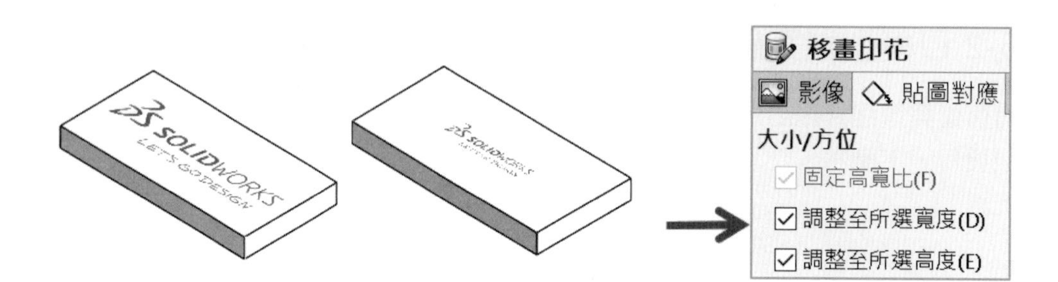

81-7 底圖邊線厚度

底圖邊線寬度，**範圍**=1-6 **個像素**，1 最細，6 最粗。也可以在 PhotoView 360 設定粗細和色彩（箭頭所示），此設定應該獨立出來為 PhotoView 360 項目。

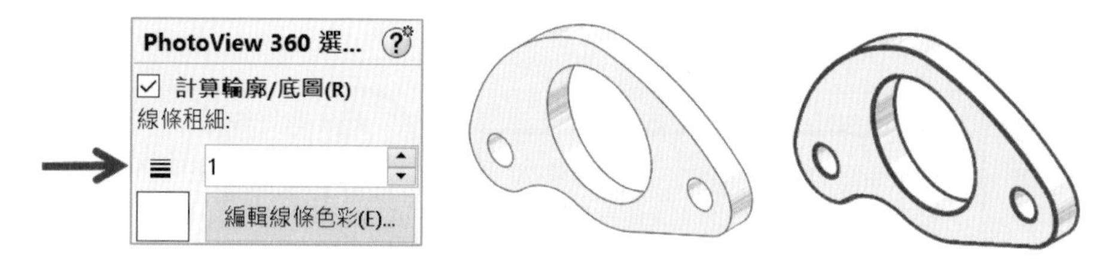

CHAPTER

82

材料屬性

設定模型套用材質後，帶出密度、區域剖面線...等顯示，適用零件。有了材質才能正確與工程圖連結、計算型重量、分析...等。使用剖面視圖，會依材質帶出剖面線。

區域剖面線/填入先前已說明，不贅述（箭頭所示）。

系統選項(S) 文件屬性(D)

草稿標準
註記
尺寸
虛擬交角
表格
DimXpert
尺寸細目
網格線/抓取
單位
模型顯示
材料屬性
影像品質
鈑金
熔接
基準面顯示
模型組態

材質 <未指定>
密度(D):
0.001 g/mm^3
區域剖面線 / 填入
無(N)
純色(O)
剖面線(H)
圖案(P):
ANSI31 (Iron BrickStone)
比例(S):
1
角度(N):
0deg

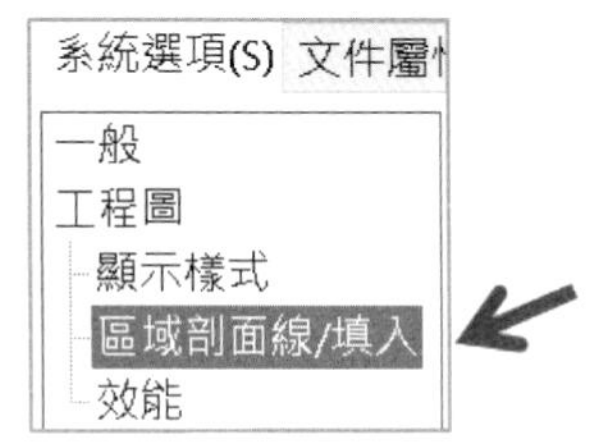

82-1 材質

零件一定有材質，材質給定可以有 2 種：1. 工程圖以文字輸入、2. 給定材質，本節說明給定材質，都可在特徵管理員看見材質被指定。

82-1-1 套用材質

1. 特徵管理員材質右鍵→2. 點選清單、或編輯材質。

82-1-2 材質庫

由材質視窗套用你要的材質。

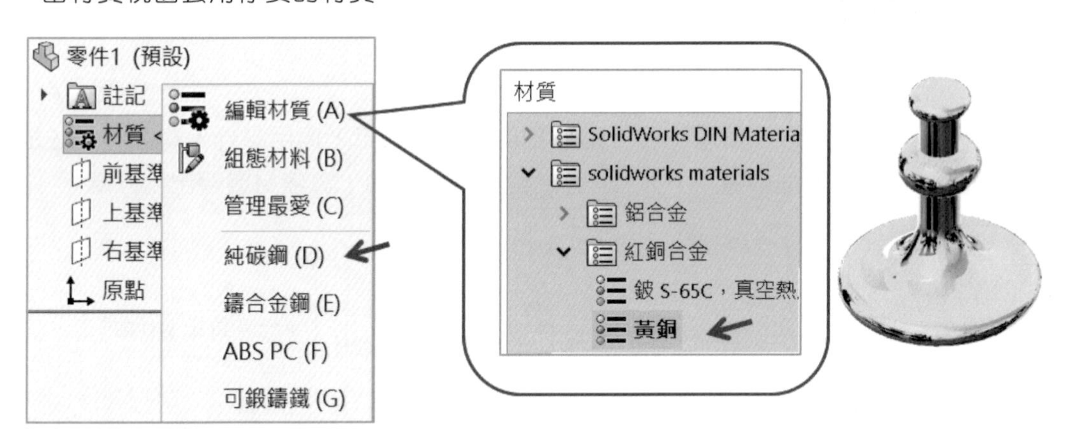

82-2 密度

若模型未設定材質，可使用任何單位輸入密度值，例如：模型單位為克/毫米，你可改為磅/英吋，下圖左。模型指定材質後，於選項視窗無法更改，下圖中。

被套用的材質，可在特徵管理員、物質特性見到（箭頭所示），下圖右。

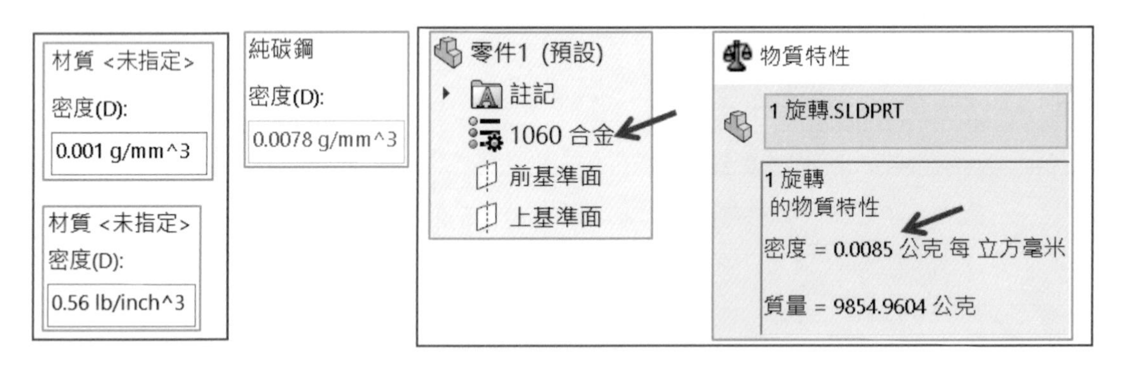

CHAPTER

83

影像品質

提供模型影像品質（邊線的解析度），控制顯示效能，常用在特徵很多的複雜模型、大型組件。當你感覺模型檢視頓頓就到這設定，設定過程右方預覽看出品質。

本章設定在圓形體比較明顯，模型品質和模型轉檔有極大關係，也就是精度。

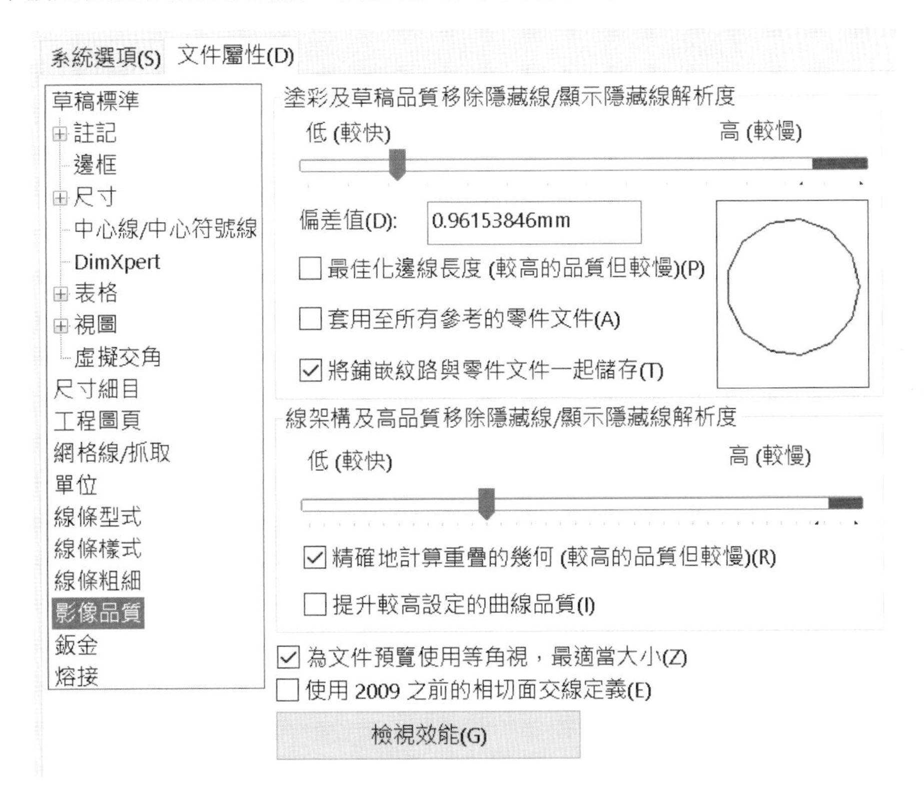

83-1 塗彩及草稿品質移除隱藏線/顯示隱藏線解析度

設定**塗彩**、**草稿品質移除隱藏線/草稿品質顯示隱藏線**的解析度（品質）設定、最佳化邊線、鋪嵌紋路...等。

本節設定與**工程圖→顯示樣式→塗彩邊線視圖的邊線品質類**似，只是本節擁有調節控制功能。

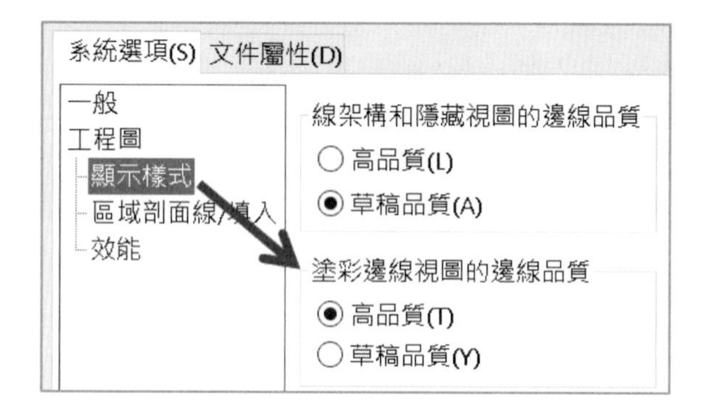

83-1-1 解析度

以滑動桿調整模型解析度品質，調整過程不會立即顯示，要確定後才能看出品質。

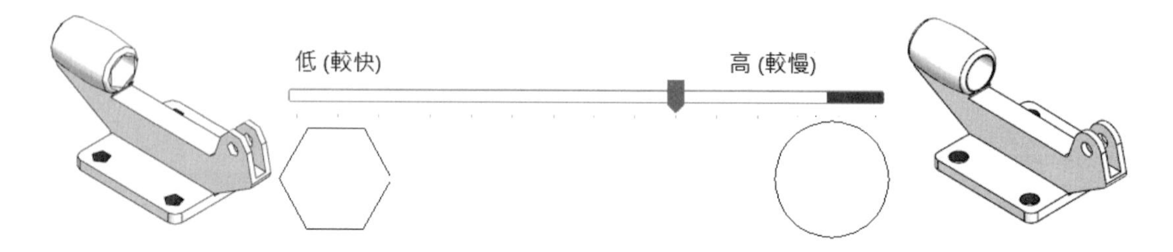

A 高（較慢）

往右解析度越高，得到精確曲線，但計算速度降低，消耗大量記憶體。零件比較沒關係，遇到多零件的組合件會明顯感受。

實務不會移動紅色區域，因為看不太出來模型效果，只會移動到高（箭頭所示），除非 PV360 高品質輸出或模型轉檔，下圖左。

對側投影輪廓線（圓柱邊線）的選擇，若解析度不高會選不太到，下圖右。

B 低（較快）

往左解析度越低，得到粗糙（鋸齒狀）曲線，計算速度快。設計過程要得到較快計算，或是使用 NB 效能沒有桌機好，就要適時在這調整。

很多人設計過程沒想到可以這樣，效果立竿見影。

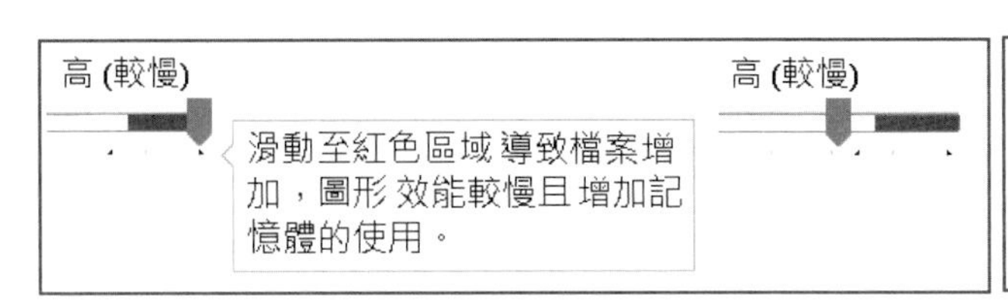

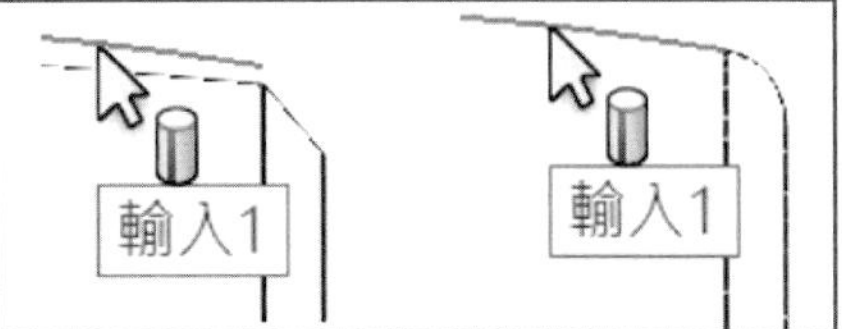

83-1-2 偏差值

顯示滑動桿的解析度偏差值，解析度越高，偏差值越小。除非很懂的人否則不太理他。由於會影響模型轉檔後的品質，SW 提供偏差值讓你設定，算是人機互動。

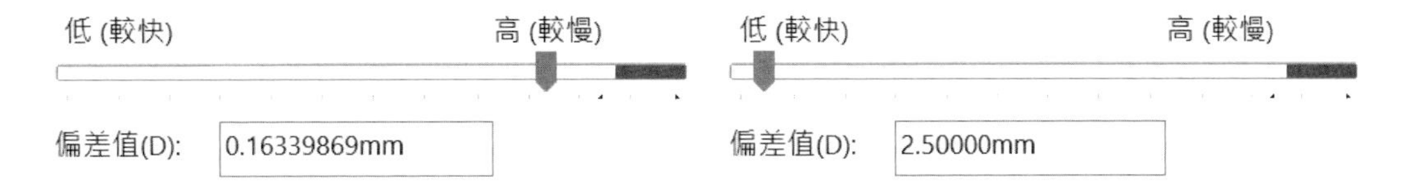

83-1-3 最佳化邊線長度（較高的品質但較慢）

承上節，移動解析度到最高之後，是否想要更高品質。如果只是看外觀，這部分設定看不出來，除非你有模型轉檔需求。

這裡指的高品質=數據構成三角面，讓每面尺寸均勻。光看外觀看不出來，本節用網格示意：由上平面可見面網格平均，下圖左，或僅構成三角面，下圖右。

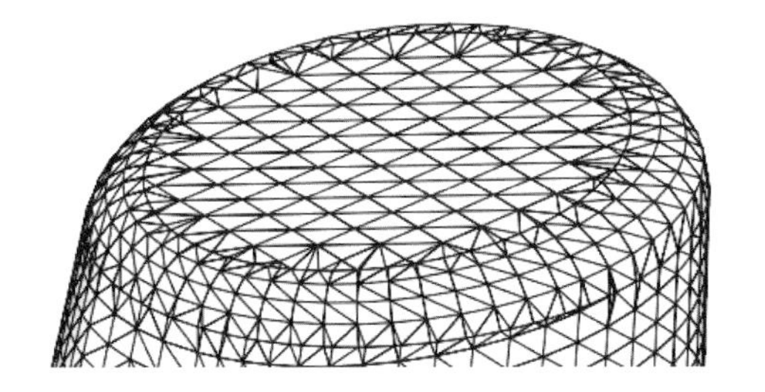

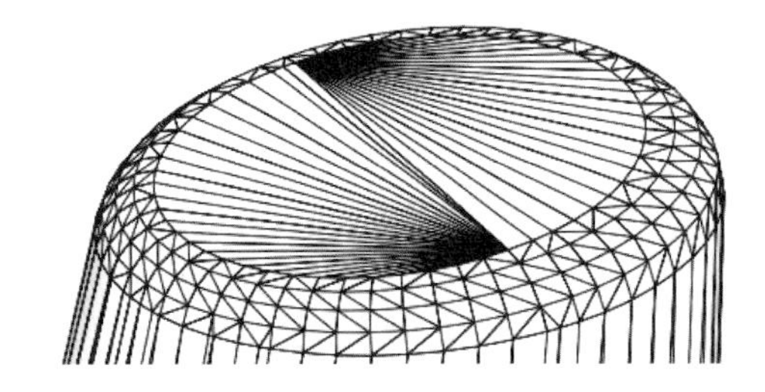

A 無法設定

設定為高，且到紅色警戒區域，就無法設定最佳化邊線長度，下圖右。

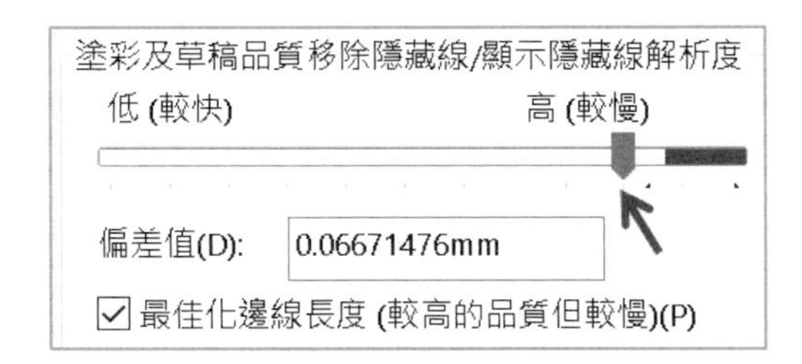

83-1-4 套用至所有參考的零件文件

零件外觀的解析度，是否皆以組合件設定為主。此設定應該稱為：**零組件與組合件相同設定**。

A ☑套用至所有參考的零件文件

在組合件調節解析度，套用到組合件下的模型，下圖 A。

B ☐套用至所有參考的零件文件

獨立顯示組合件下的解析度設定。算細膩調整，只要設計中的模型解析度高就好，下圖 B。

83-1-5 將鋪嵌紋路與零件文件一起儲存

是否將紋路與零件一起儲存，會影響計算時間和檔案大小，適用零件。現今硬體提升下，模型運算速度快，也不介意檔案大小，此設定應該稱為：**將紋路與零件一起儲存**。

A ☑將鋪嵌紋路與零件文件一起儲存

模型外觀設計需要，會在曲面上加入**斑馬紋**、**曲率**，使用或時，就不會花太多時間在計算上，因為系統已經有它們的資訊，不過模型檔案會比較大，下圖 C。

B ☐將鋪嵌紋路與零件文件一起儲存

不儲存**將鋪嵌紋路**，使用或會重新計算，因為系統沒有它們的資訊。當你使用或儲存模型→開啟模型系統要重新產生顯示，會需要較長時間，下圖 D。

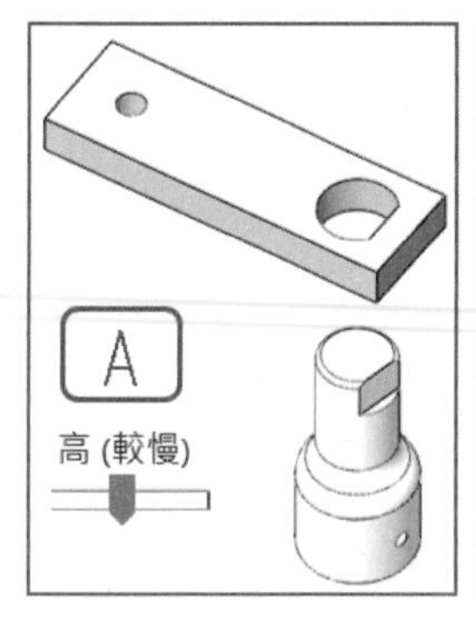

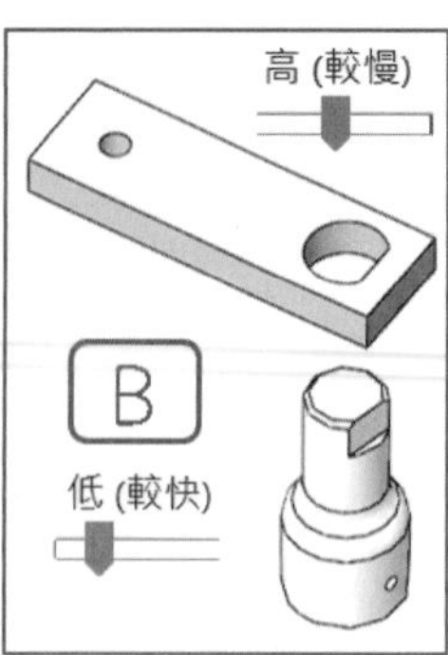

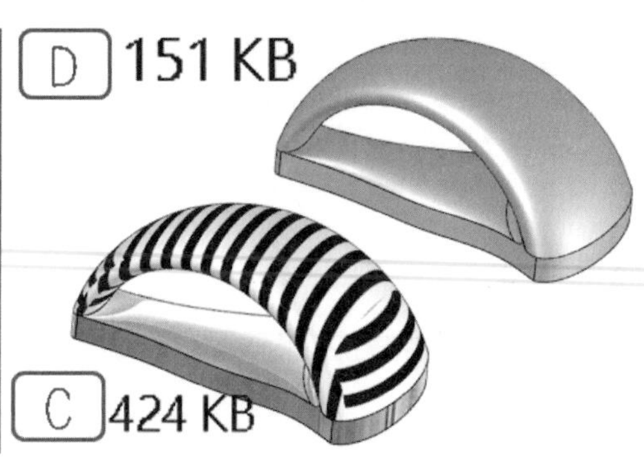

C 無法開啟

早期無法開啟沒有將外觀儲存在模型的檔案，後來不會這樣了。

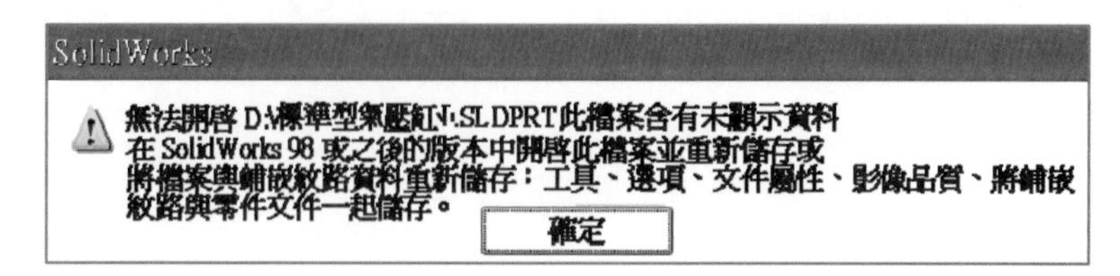

83-2 線架構及高品質移除隱藏線/顯示隱藏線解析度

設定**線架構**、高品質**移除隱藏線**、**顯示隱藏線**的解析度（品質）設定、精確計算幾何、提升較高設定的曲線品質，本節適用工程圖，下圖左。

本節設定與**工程圖→顯示樣式→線架構和隱藏視圖的邊線品質**類似，只是本節擁有調節控制功能，下圖右。

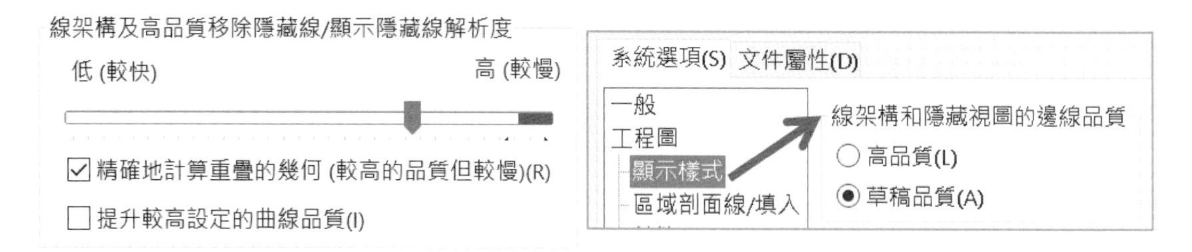

83-2-1 解析度

以滑動桿調整模型解析度品質，調整過程不會立即顯示，要確定後才能看出品質。本節與上方**塗彩及草稿品質移除隱藏線/顯示隱藏線解析度**，觀念相同，所以簡單說明。

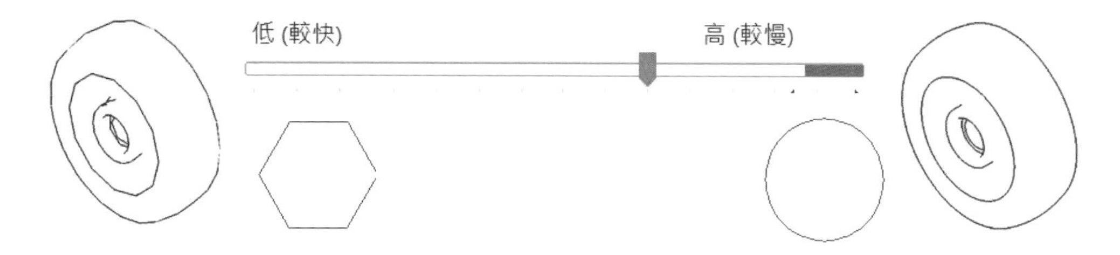

A 高（較慢）

視圖上的模型邊線顯示解析度高，適合尺寸標註階段，下圖左。

B 低（較快）

承上節，顯示解析度低，適合視圖產生過程的視圖配置，下圖中。

C 顯示樣式－草稿品質→高品質

本設定要與工程視圖的**高品質**、**草稿品質**配合才可看出效果。甚至可以在同一張工程圖，分別顯示 2 個視圖的**高品質**和**草稿品質**，不必來回到選項切換解析度。

換句話說，製圖過程直接切換顯示樣式讓效率提升，這部分很少人知道，下圖右。

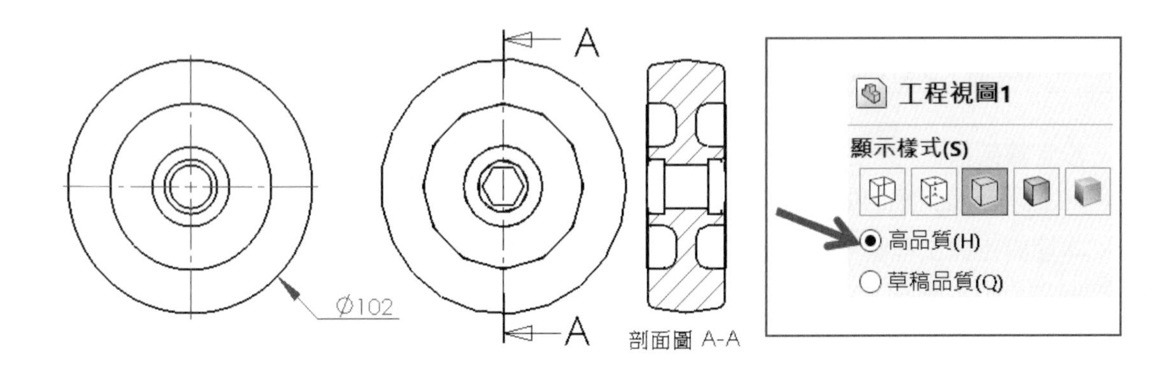

83-2-2 精確地計算重疊的幾何

視圖有重疊的線條，是否要精確計算，本節說明與上節相同，所以簡述。類似高品質和草稿品質，適用製圖過程和轉 DWG。此設定應該稱為：**精確計算重疊幾何**。

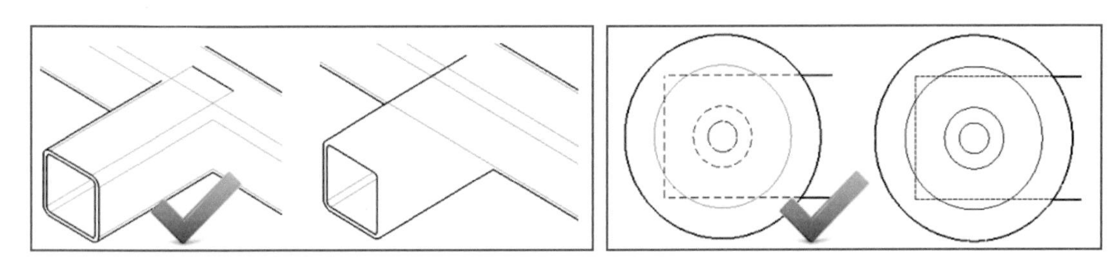

83-2-3 提升較高設定的曲線品質

此設定和**最佳化邊線長度**相同，不贅述（箭頭所示）。差別在適用模型或工程圖。

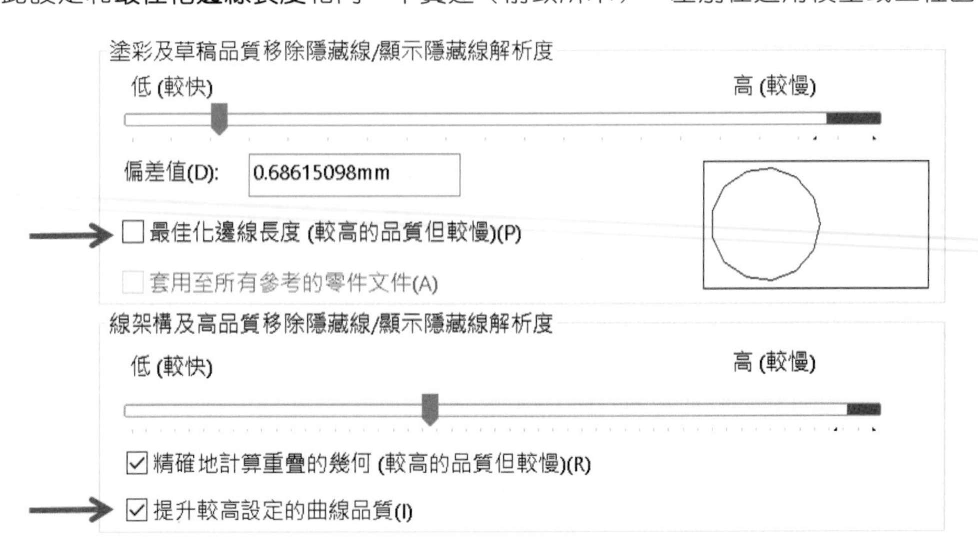

83-3 為文件使用等角視，最適當大小

儲存檔案時，是否以**等角視**+**最適當大小**為檔案小縮圖。此設定應該稱為：**使用等角視，最適當大小儲存模型**。

A ☑為文件使用等角視，最適當大小

無論模型最後儲存角度，皆以**等角視**儲存。早期我們習慣在儲存檔案之前切，就是為了檔案總管小縮圖，有了這項目可以少一個步驟。

B 為文件使用等角視，最適當大小

最後**儲存**的視角顯示，適合下一次開啟檔案由上一個儲存的視角開始。

C 當變更為標準視角時變為最適當大小

本節設定會和 1. 視角→2. ☑**當變更為標準視角時變為最適當大小**，搭配設定。

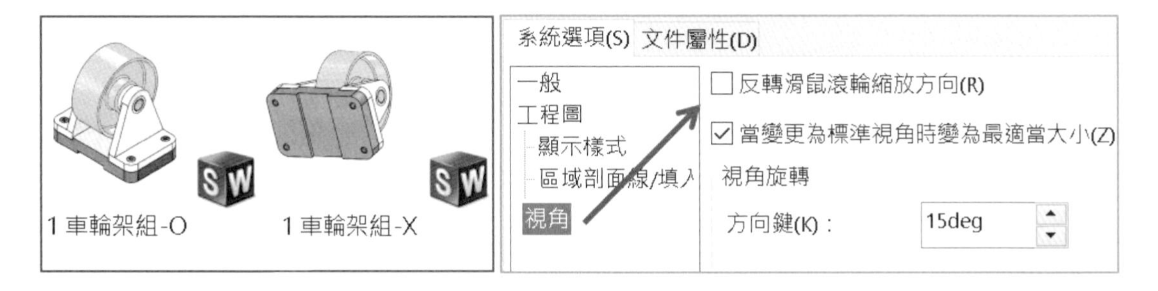

83-4 使用 2009 前的相切面交線定義

是否使用 SW2009 版之前的**相切面交線**顯示，適用有拔模角的模型面，相鄰面之間小於 1 度。這部分看看就好，大郎試不出來，建議關閉=常見的顯示方式。

A ☑使用 2009 前的相切面交線定義

顯示 2009 以前的相切面交線部分隱藏，下圖左。

B □使用 2009 前的相切面交線定義

顯示 2009 以後的相切面交線正常顯示，下圖右。

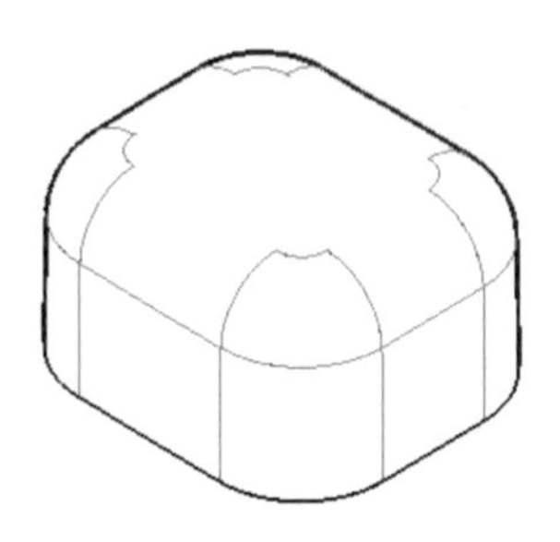

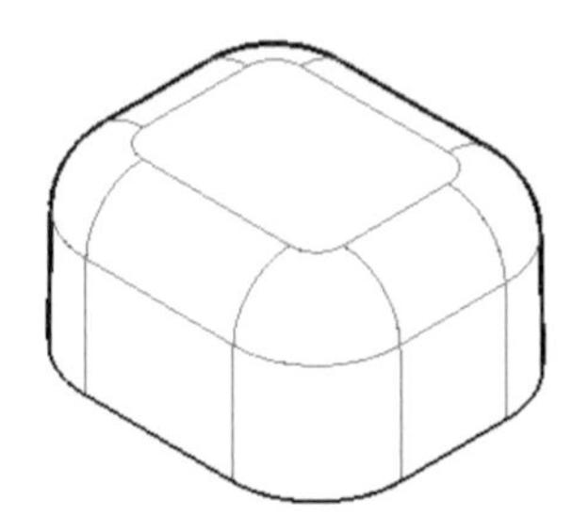

83-5 檢視效能

效能與**影像品質**是用來互相對應。

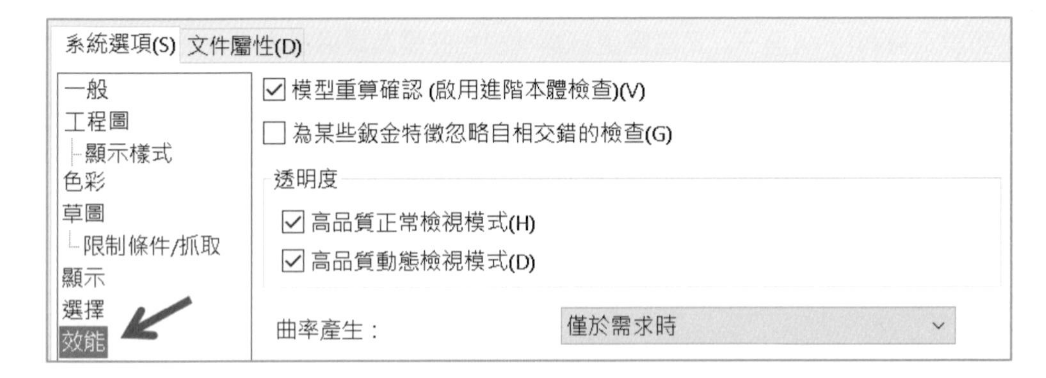

CHAPTER

84

鈑金

本章說明零件鈑金的**平板型式選項**，下圖左。工程圖**平板型式**色彩、彎折註解、邊框...等顯示。文字、導線、圖層...等，先前已說明不贅述。

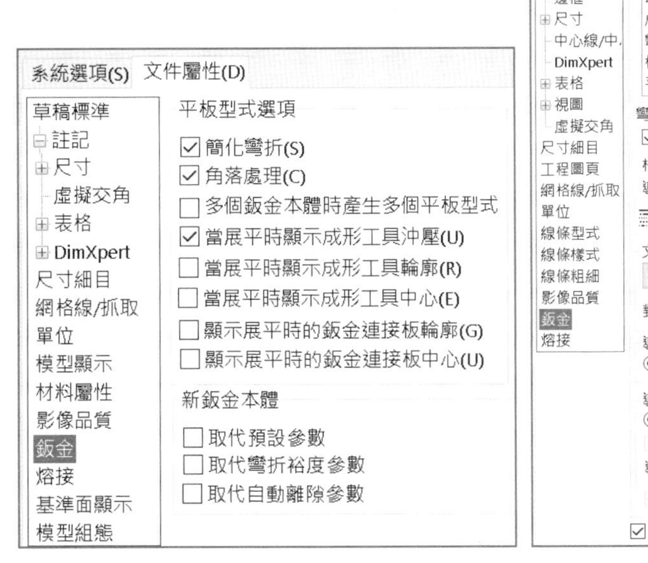

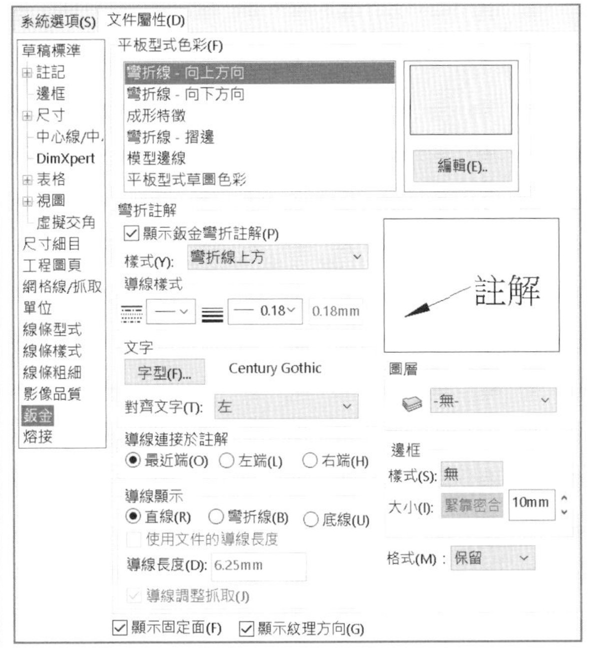

84-1 平板型式選項

本節設定**平板型式（簡稱展開）**、成型工具、連接板…等顯示，適用零件。本節有很多項目和雷射切割有關，也就是展開工程圖轉 DWG。

A 平板型式選項設定

有些項目在平板型式選項設定：1. 特徵管理員點選**平板型式**右鍵→2. 編輯特徵：簡化彎折、角落處理，下圖左。

B 成形工具特徵設定

於特徵中也可臨時設定，例如：**顯示沖壓**、**顯示輪廓**、**顯示中心**，下圖右。

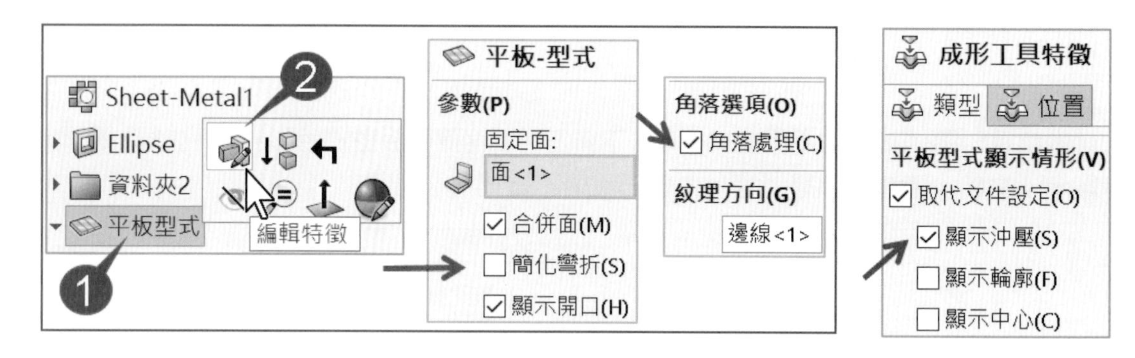

84-1-1 簡化彎折

在彎折處加工（產生特徵）的展開輪廓，是否要簡化（拉直），例如：彎折處割橢圓孔→折疊。此設定可以在特徵管理員的**平板型式**中設定。

A ☑簡化彎折

將彎折處的輪廓拉直（箭頭所示），看起來不是完整橢圓，適用結果端。用在模擬加工後，再展開樣子。實務不太將折疊好的成品展開，鈑金會斷掉。

B ☐簡化彎折

保持完整橢圓，讓拆圖人員在彎折線上繪製斷點，避免彎折後變形，適用製造端。

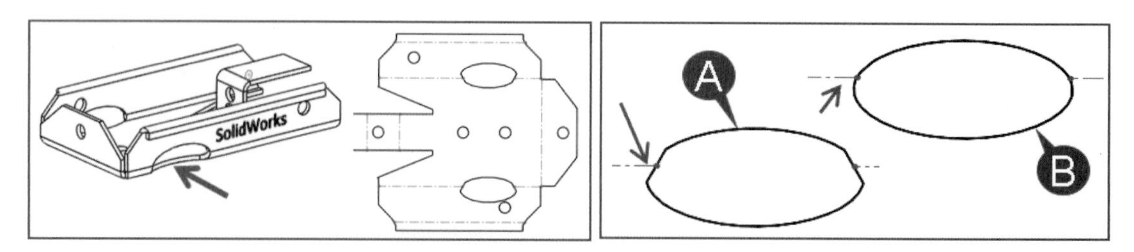

84-1-2 角落處理

彎折角落（2 彎折處相交位置）是否套用裂開邊線，避免彎折成形過程擠料變形。此設定可以在特徵管理員：**平板型式**設定。

A ☑角落處理

在角落處以 Y 型切口呈現，避免彎折後變形，適用製造端。實務上 Y 型縫隙大小，依鈑厚定義。

B ☐角落處理

角落處理和包內包外有關，包外比較不用角落處理。SW 的 Y 型處理不見得是廠商要的，廠商會有自己的一套處理方法。

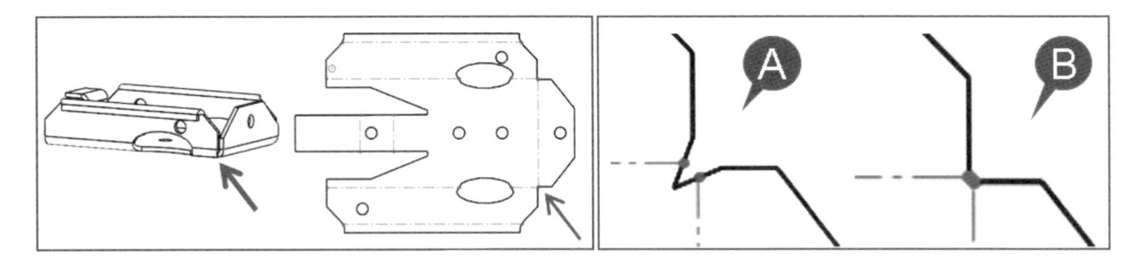

84-1-3 當一個特徵產生多個鈑金本體時產生多個平板型式

多本體鈑金在特徵管理員，是否分別有**鈑金**及**平板型式**獨立資料夾。設定應該稱為：**產生鈑金多本體時，獨立鈑金和平板型式**。

A ☑當一個特徵產生多個鈑金本體時產生多個平板型式

將與分別集中資料夾管理。SW2013 以後無論設定為何，皆以這種方式呈現。

B ☐當一個特徵產生多個鈑金本體時產生多個平板型式

承上節，和一段接一段，適用 2013 前產生的鈑金件，下圖右。

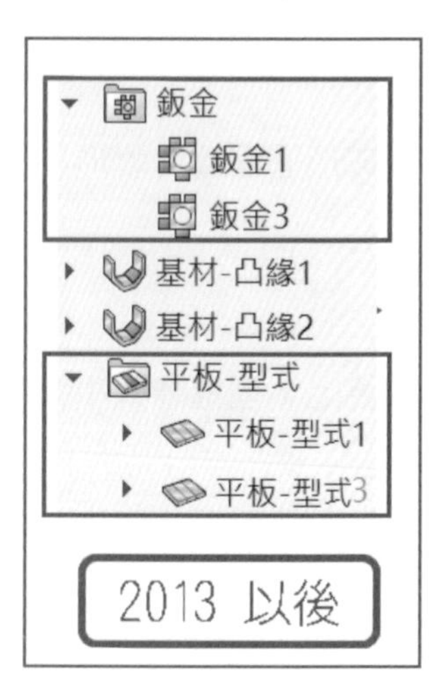

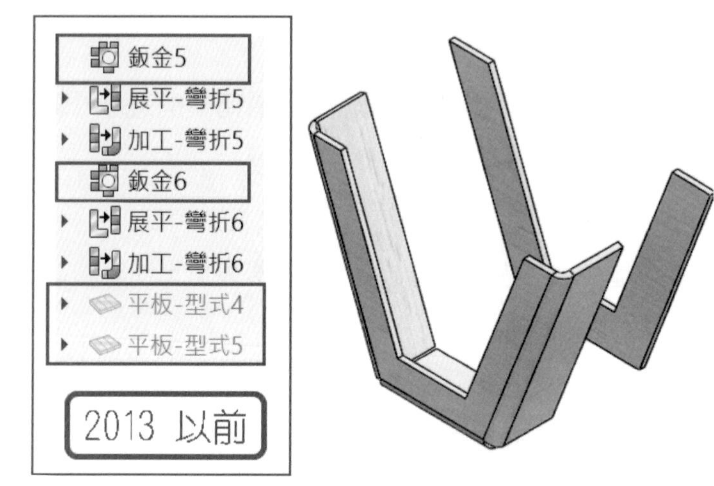

84-1-4 當展平時顯示成形工具沖壓

平板型式是否顯示**成形工具**。也可臨時在於成型工具指令中設定，**顯示沖壓**。此設定應該稱為：顯示成型特徵。

A ☑當展平時顯示成形工具沖壓

顯示成型特徵。查看成形工具與彎折處位置，判斷是否合理，適用設計端。

B ☐當展平時顯示成形工具沖壓

隱藏成型特徵，讓拆圖人員自行加入軟體提供的圖塊，適用製造端。

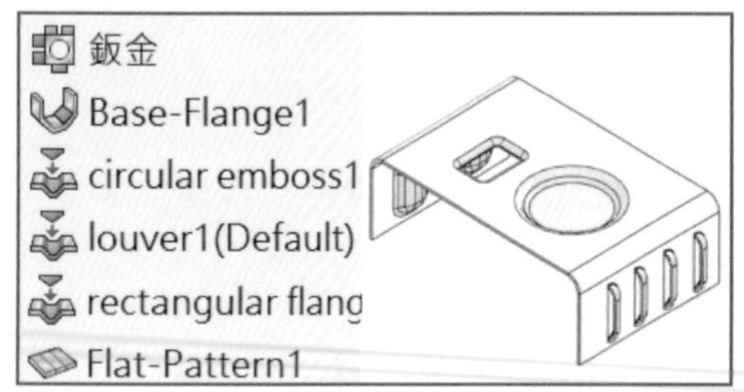

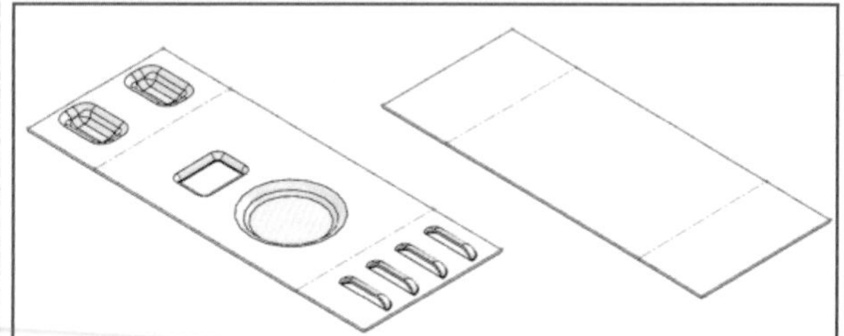

84-1-5 當展平時顯示成形工具輪廓

平板型式是否顯示**成形工具**草圖放置位置。也可以臨時在於成型工具指令，**顯示輪廓**。此設定應該稱為：**顯示成型特徵輪廓**。

A ☑當展平時顯示成形工具輪廓

顯示成型特徵平面草圖，讓拆圖人員判斷位置，或雷射在材料上畫線，適用製造端。

B □當展平時顯示成形工具輪廓

隱藏成型特徵的平面草圖，讓拆圖人員自行加入軟體提供的圖塊，適用製造端。

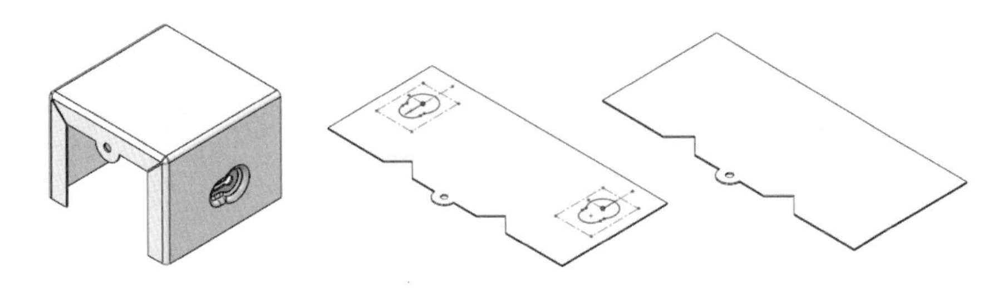

C 成形工具特徵設定

於特徵中臨時設定**顯示輪廓**，要☑**顯示沖壓**，換句話說這 2 項要同時顯示。

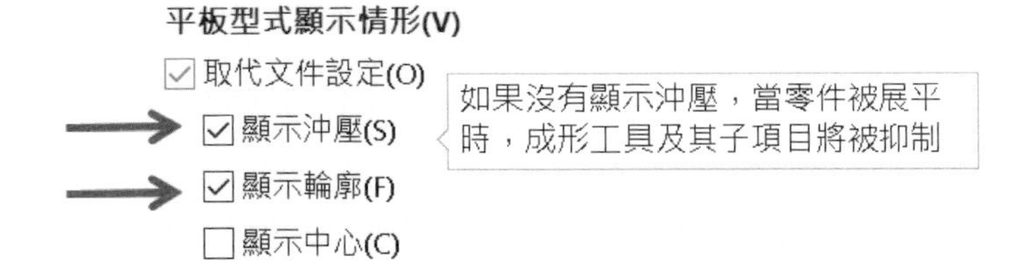

84-1-6 當展平時顯示成形工具中心

承上節，顯示成形工具中心點，讓拆圖人員判斷成型定位用，適用製造端。完成此設定☑**當展平時顯示成形工具輪廓**。此設定應該稱為：顯示成形工具輪廓中心點。

由於成形工具年代已久，經年累月擁有不同副檔名，和指令資料改寫，這部分除非用 2012 以後的成形工具特徵，否則看不出差異。

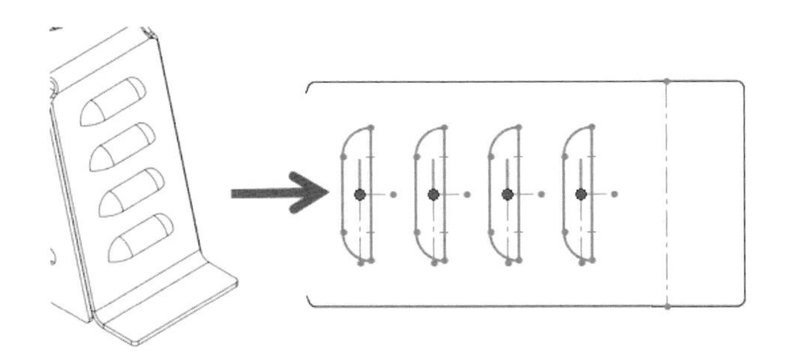

84-1-7 顯示展平時的鈑金連接板輪廓

平板型式是否顯示**鈑金連接板**草圖輪廓。也可臨時在於成型工具指令，**顯示輪廓**。本節說明與成形工具相同，不贅述。此設定應該稱為：顯示鈑金連接板輪廓。

84-1-8 顯示展平時的鈑金連接板中心

承上節，**平板型式**是否顯示**鈑金連接板**中心符號點。

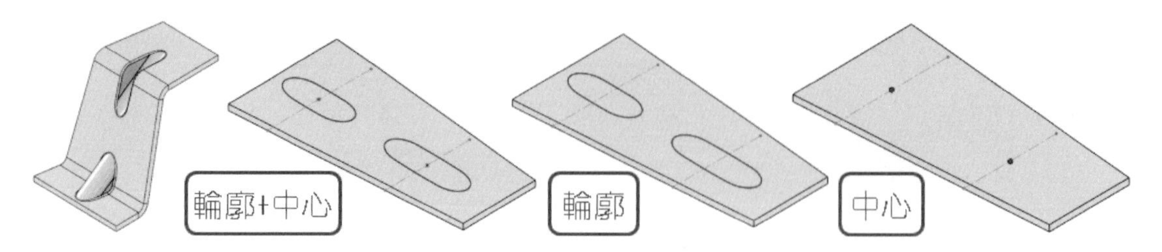

84-2 新鈑金本體

使用第 2 特徵，是否以**鈑金特徵**參數為預設，節省建模時間，適用零件。本節設定適合懂鈑金用的，或只要鈑金外觀尺寸=RD 使用者。

同一件鈑金**厚度**、**彎折半徑**、**彎折係數**、**離隙設定**大部分相同，避免每產生特徵要重新設定，所以**預設選項**設定是必要的。

這裡指的預設，使用鈑金第一特徵：基材凸緣，必須設定 1. **鈑金參數**、2. **彎折裕度**、3. **自動離隙**，下圖左。完成該特徵，會將這些參數傳遞到**鈑金特徵**管理，下圖右。

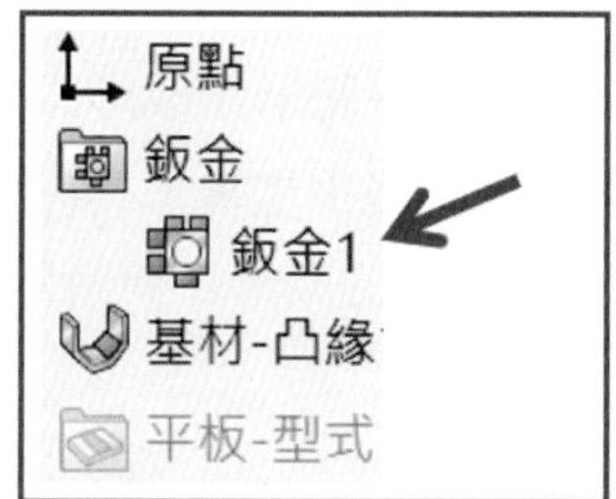

編輯**鈑金特徵**可以見到：1. **彎折參數**（鈑金參數）、2. **彎折裕度**、3. **自動離隙**，與本節的設定項目相同。

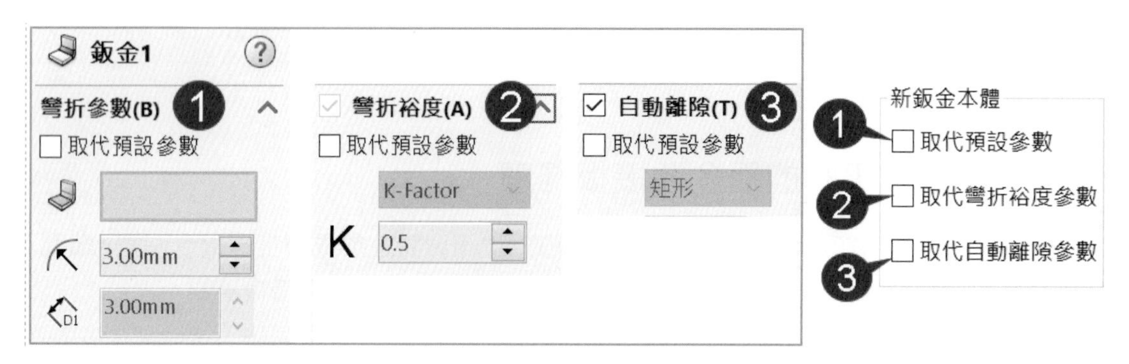

84-2-1 取代預設參數

進行第 2 特徵，**厚度**是否套用**預設參數**，下圖左。

A ☑取代預設參數（預設）

使用相同厚度。

B ☐取代預設參數

此特徵不同鈑厚，常用在多本體鈑金。

84-2-2 取代彎折裕度參數

進行第 2 特徵，**彎折裕度**是否套用**預設參數**，下圖中。

A ☑取代預設參數（預設）

使用相同裕度，常用在相同彎折方向，或 RD 使用者。

B ☐取代預設參數

自行設定**彎折裕度**，常用在加工業者，知道這一彎的係數和先前不同。

84-2-3 取代自動離隙參數

當彎折有包含材料必須使用離隙時，是否套用相同離隙類型與參數，下圖右。

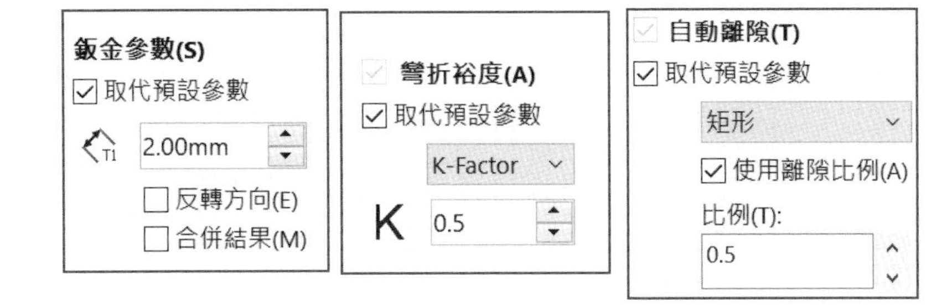

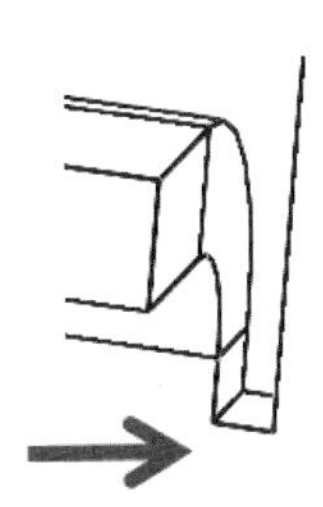

84-3 平板型式色彩

設定**平板型式**下，彎折線、成形特徵、草圖...等色彩，適用工程圖。

84-3-1 彎折線-向上方向、向下方向

設定折彎方向色彩，通常正折=實線=藍、反折=虛線=紅（箭頭所示），下圖左。

84-3-2 成形特徵

設定成形工具產生的輪廓色彩，下圖右。

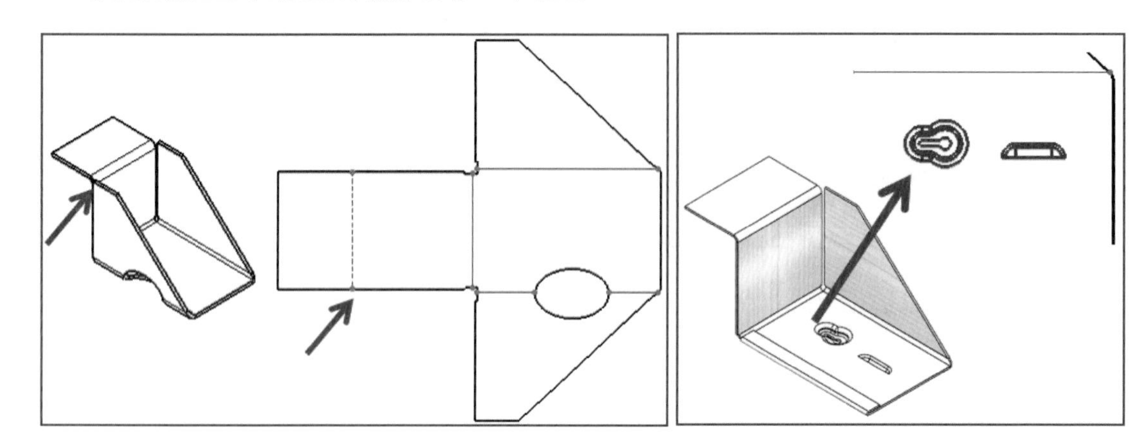

84-3-3 彎折線-摺邊

設定摺邊彎折線色彩，下圖 A。

84-3-4 模型邊線

設定平板型式的外型輪廓線色彩，下圖 B。

84-3-5 平板型式草圖色彩

設定平板型式在面上的草圖色彩，下圖 C。

84-3-6 邊界方塊

設定平板型式的邊界方塊（Bounding Box）色彩，用於估計材料，並判斷為裁切料區域，下圖 D。

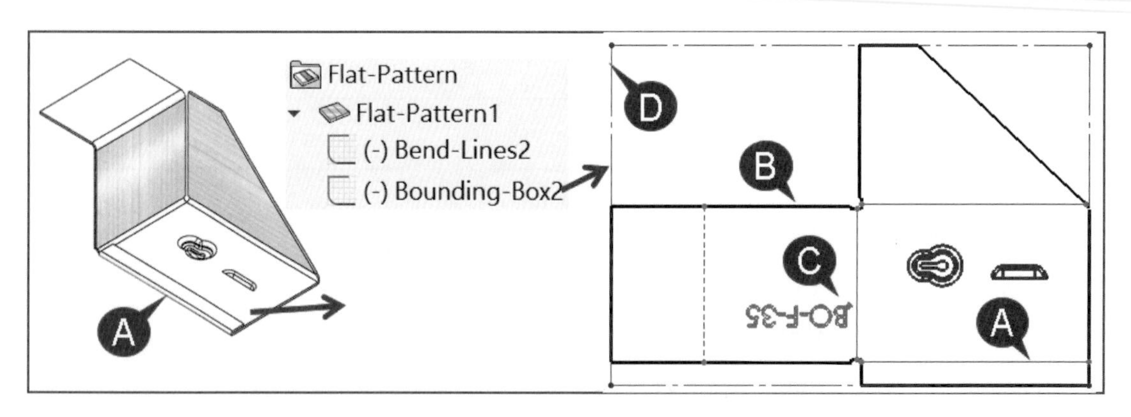

84-4 彎折註解

是否顯示彎折註解，並設定註解的擺放方式、導線樣式、字型...等。表達鈑金折彎處，會以虛線來表達，可以加入註解說明方向。

84-4-1 顯示鈑金彎折註解

產生展平視圖，是否顯示**彎折線**註解。

A ☑顯示鈑金彎折註解

依下方清單選擇註解位置：1. 彎折線上方、2. 彎折線下方、3. 導線。

B ☐顯示鈑金彎折註解

不顯示註解。有些人不需要這些註解，不希望每次人工刪除，這裡提供便利性。

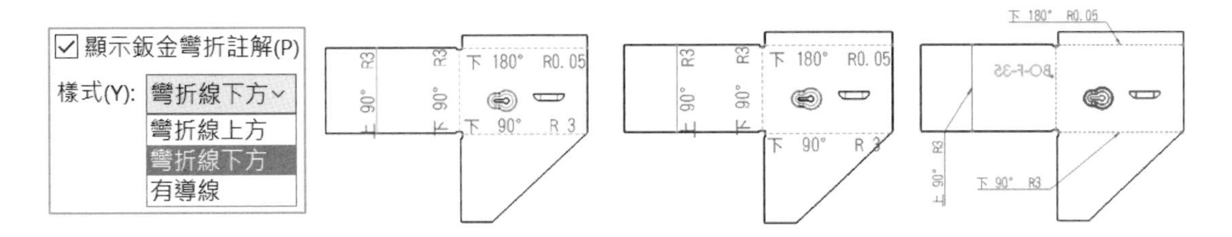

C 手動加入/隱藏彎折註解

點選平板型式視圖右鍵→屬性，☐顯示鈑金彎折註解，下圖左。也可以在註解上右鍵→隱藏，隱藏所選註解，下圖右。

D 屬性管理員設定

點選視圖，由屬性管理員的**彎折註解**，可臨時設定：顯示或隱藏彎折註解、設定彎折方向、彎折半徑、彎折順序以及彎折裕度、編輯文字...等，下圖右。

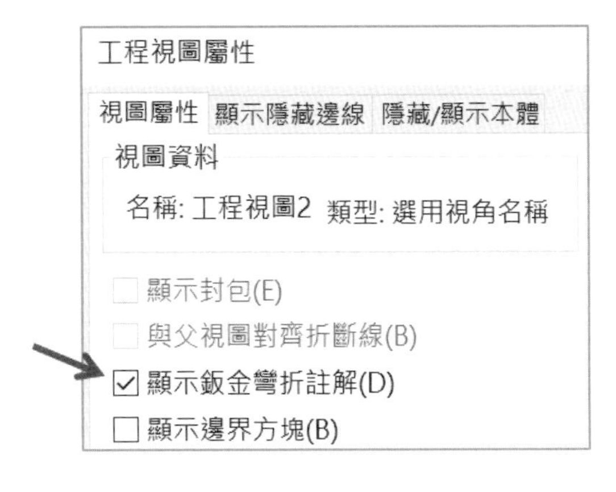

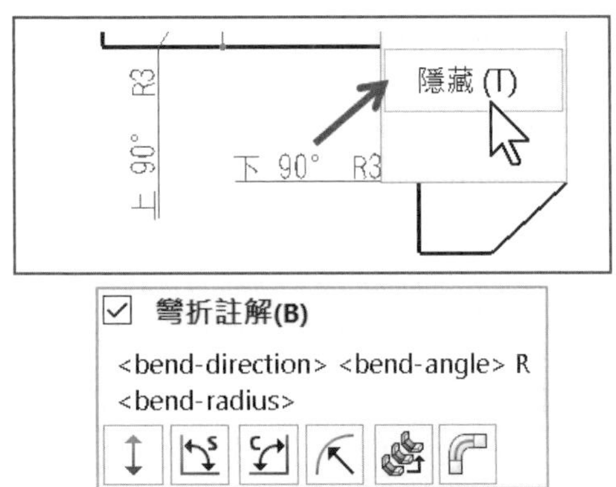

84-4-2 格式

依清單選擇：1. 保留、2. 交換。大郎不知道這是什麼，下一版和同學介紹。

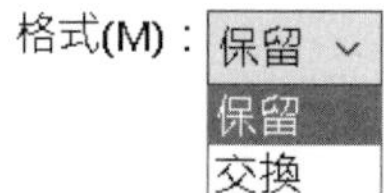

84-5 顯示固定面

是否顯示**固定面**註解，必須與**彎折表格**搭配才會顯示，下圖左。

84-6 顯示紋理方向

是否顯示邊界方塊方向，必須與**彎折表格**搭配才會顯示，下圖右。

A 屬性管理員設定

於定平板型式選項中，可以指定模型邊線，改變邊界方塊的方向。

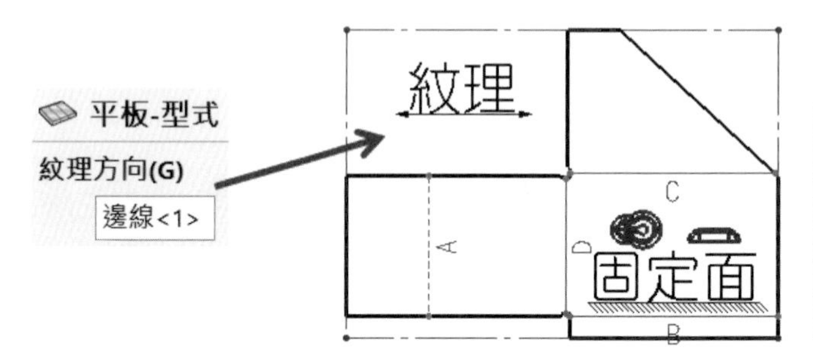

標籤	方向	角度	內部半徑
A	下	90°	3
B	上	180°	0.05
C	上	90°	3
D	上	90°	3

CHAPTER

85

熔接

本章說明熔接特徵管理員的除料清單（BOM）、導出模型組態、邊界方塊...等顯示。熔接不見得是熔接工具列產生的特徵，本章設定適用多本體環境。

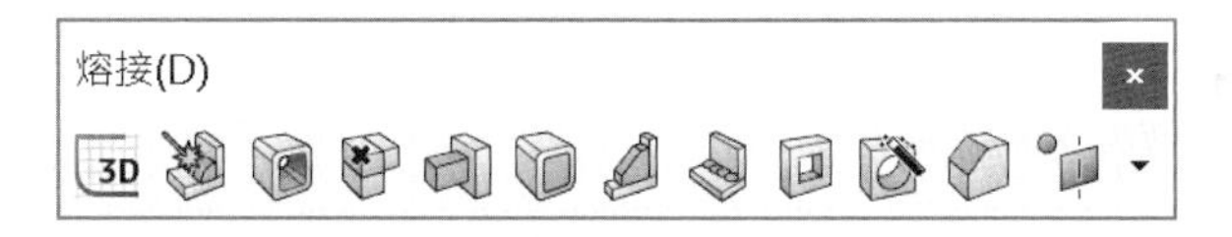

系統選項(S) 文件屬性(D)

草稿標準
註記
邊框
尺寸
中心線/中心符號線
DimXpert
表格
視圖
虛擬交角
尺寸細目
工程圖頁
網格線/抓取
單位
線條型式
線條樣式
線條粗細
影像品質
鈑金
熔接

除料清單選項
☑ 自動產生除料清單
☐ 自動更新除料清單 (可能影響許多本體的效能)
☐ 將含有「說明」屬性值的除料清單資料夾重新命名
☐ 集合相同的本體

熔接選項
☑ 產生導出的模型組態
☑ 指派模型組態說明字串

邊界方塊屬性
實體本體描述：
Plate, SW-寬度 x --無-- x SW-厚度
文字表達式：Plate, SW-寬度 x x SW-厚度
☑ 使用預設描述
鈑金本體描述：
Sheet
☐ 使用預設描述
套用至：
◉ 新邊界方塊
◯ 現有的與新的邊界方塊

85-1 除料清單選項

本節設定**除料清單**（Cut List）更新方法。使用除料清單，協助集合相同本體，在特徵管理員上方產生**除料清單項次資料夾**。

有了**除料清單項次資料夾**，於工程圖對視圖使用**熔接除料清單**。換句話說，零件可產生 BOM 表，屬於由下而上設計技術，這部分為工廠管理，很多人不知道可以這樣。

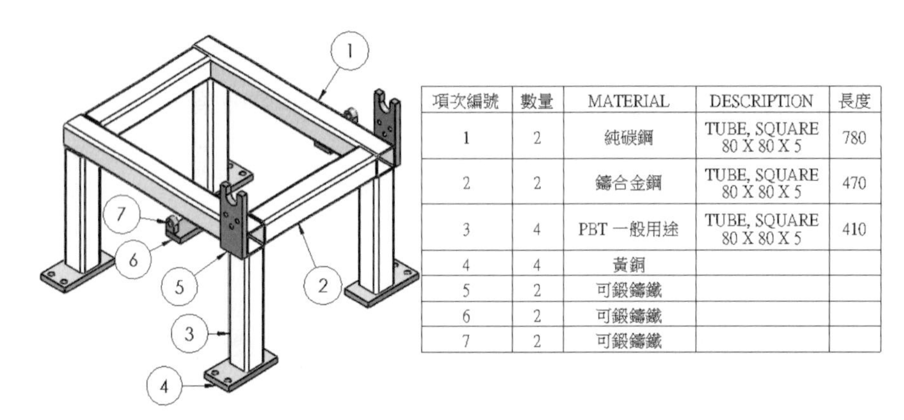

項次編號	數量	MATERIAL	DESCRIPTION	長度
1	2	純碳鋼	TUBE, SQUARE 80 X 80 X 5	780
2	2	鑄合金鋼	TUBE, SQUARE 80 X 80 X 5	470
3	4	PBT 一般用途	TUBE, SQUARE 80 X 80 X 5	410
4	4	黃銅		
5	2	可鍛鑄鐵		
6	2	可鍛鑄鐵		
7	2	可鍛鑄鐵		

85-1-1 自動產生除料清單

產生**熔接特徵**時，是否**自動產生除料清單**。在特徵管理員歸納本體屬性，如同組合件，例如：相同長度被歸類，可提升設計品質設計，下圖左。

85-1-2 自動更新除料清單

承上節，變更**特徵**長度、厚度、新增多本體，是否**自動更新除料清單**。其實先有 1. 自動產生除料清單→才有 2. 自動更新除料清單。

A ☑自動更新除料清單

將相同屬性歸類在**除料-清單-項次資料夾**，下圖右。將除料清單維持最新狀態，背景運作變更，類似**重新計算**，甚至會影響載入時間，例如：開啟熔接零件時。

B ☐自動更新除料清單

每隔一段期間自行更新除料清單，得到最佳效能。設計過程不見得要即時 BOM 資訊，因為還沒到產生 BOM 階段。

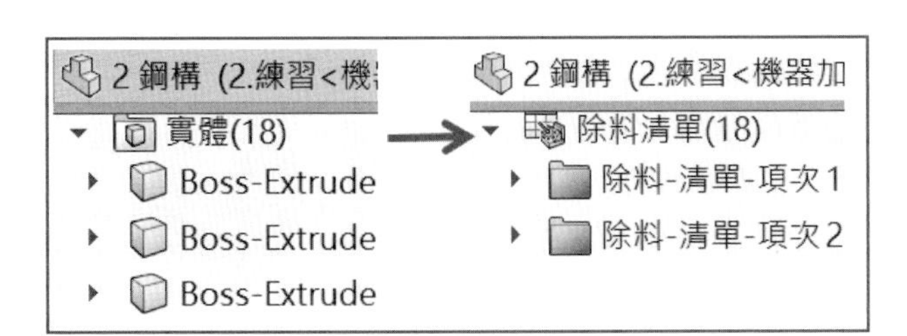

C 手動自動更新

以上作業可臨時設定**更新除料清單**。特徵管理員**除料清單**右鍵→1. 自動產生除料清單、2. 自動更新。更新後會見到除料-清單-項次清單下的本體被整理。

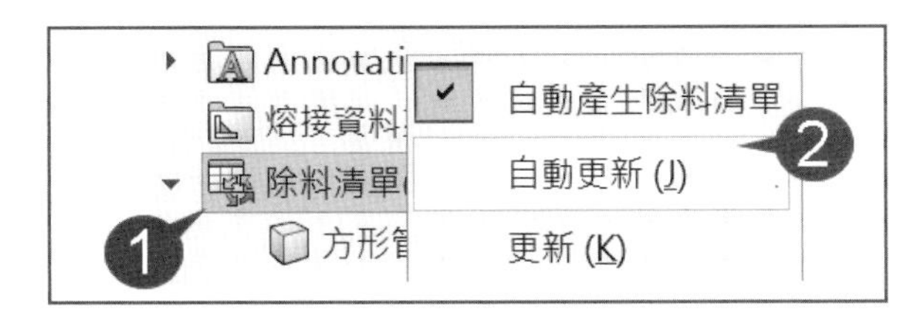

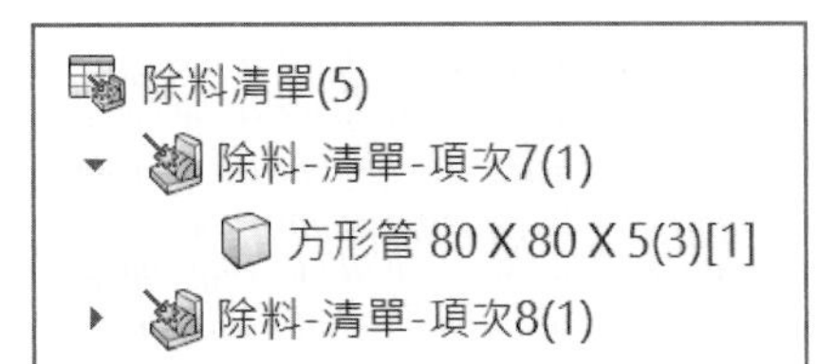

85-1-3 將含有「說明」屬性值的除料清單資料夾重新命名

除料清單資料夾是否顯示**結構成員**資訊。直覺看出結構大小（規格），讓資料夾更有意義，下圖左。適用 2015 產生的模型才可使用，此設定應該稱為：**顯示結構成員資訊**。

A 重新命名資料夾名稱

也可直接在資料夾上重新命名，自己想要的名稱或提供更多資訊，下圖右。

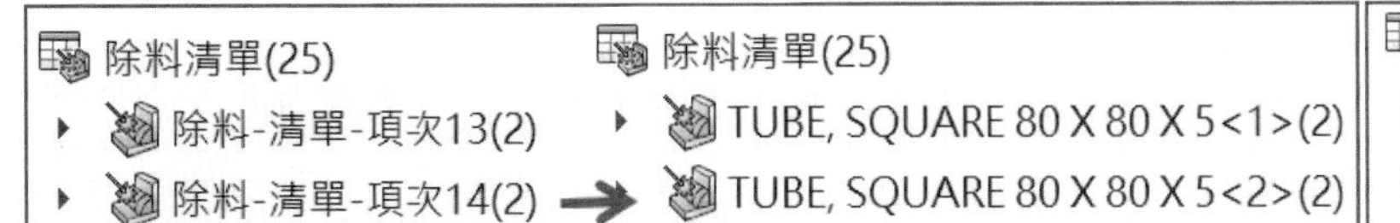

85-1-4 集合相同的本體

只要相同體積即可被歸納在相同資料夾，例如：伸長和旋轉的圓柱體積相同，就被歸在同一資料夾。此設定應該稱為：☐集合相同的本體。

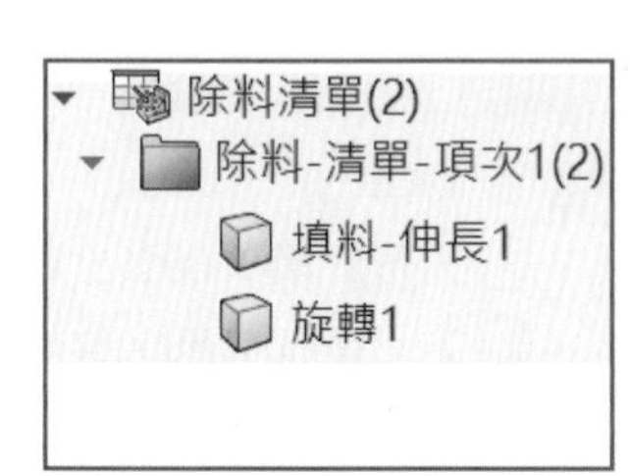

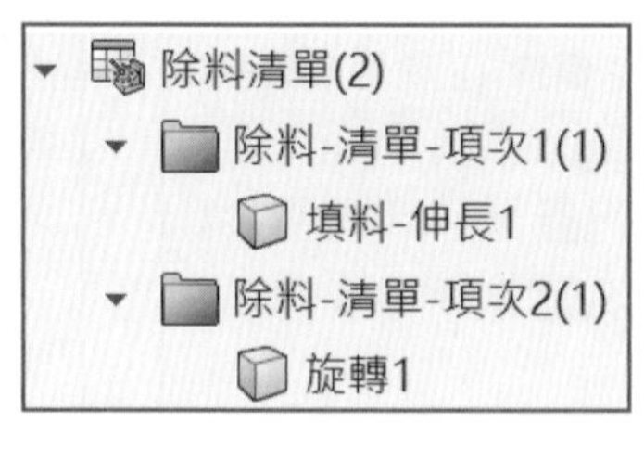

A 除料清單排序選項

也可自行設定集合相同本體。1. **除料清單**圖示右鍵→2. 除料清單排序選項，☐集合相同的本體。

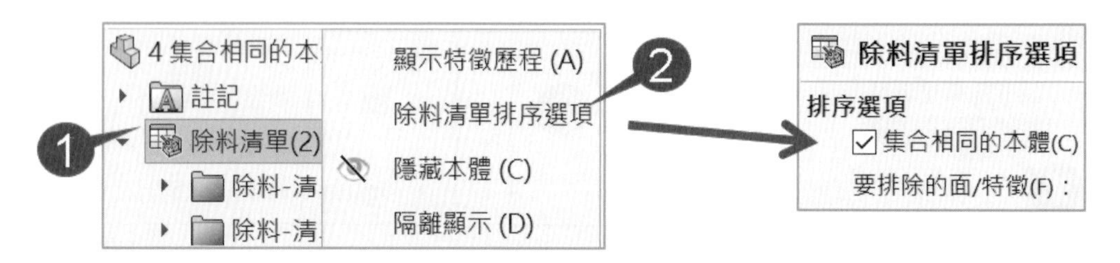

85-2 熔接選項

產生熔接環境後，設定**模型組態**和顯示文字。產生組態常用在工廠管理的加工製程，例如：1. 預設<機械加工>=切換鑽孔、2. 預設<熔接>=沒有加工特徵的模型組態。

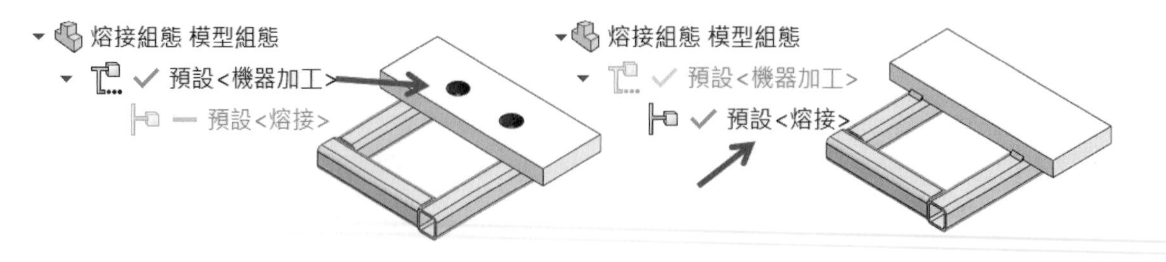

85-2-1 產生導出的模型組態

產生**結構成員**後，是否產生**導出的模型組態**。必須☑**指派模型組態說明字串**。

A ☑產生導出的模型組態

產生導出模型組態，作為工廠加工製程，並顯示組態字串<機械加工>，下圖左。

B ☐產生導出的模型組態

不產生導出的組態，不需要事後刪除它們，下圖右。

1 產生導出的模型組態(開啟)
預設<機器加工>
預設<熔接>

熔接選項
☑ 產生導出的模型組態
☑ 指派模型組態說明字串

1 產生導出的模型組態(關閉)
預設

85-2-2 指派模型組態說明字串

是否於**模型組態**後方以< >顯示，例如：**機器加工**、**熔接**。

熔接組態 模型組態
預設<機器加工>
預設<熔接>

熔接組態-X
預設
預設<熔接>

85-3 邊界方塊屬性

設定邊界方塊的描述文字設定。1. 分別於**除料-清單-項次資料夾**右鍵→2. 建立邊界方塊→3. 可以見到每個資料夾都有專屬的邊界方塊，邊界方塊用來定義材料大小。

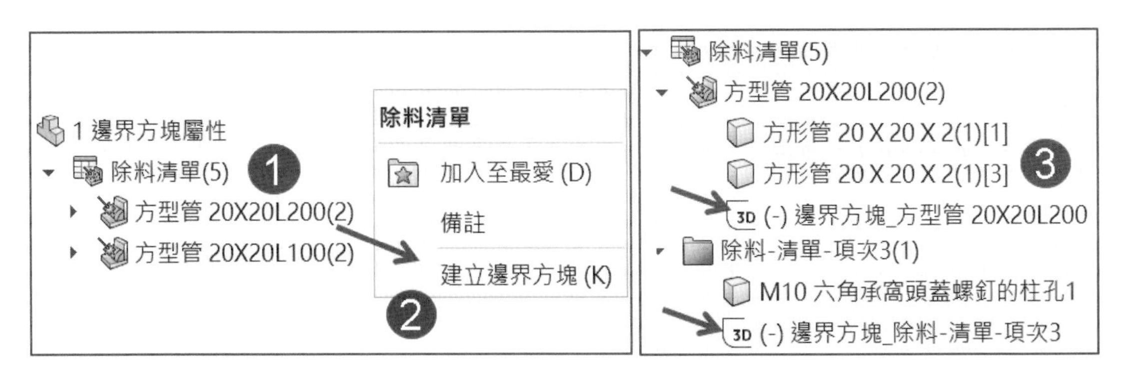

點選邊界方塊（箭頭所示），於模型可見到亮顯大小與位置。

除料清單(5)
方型管 20X20L200(2)
方形管 20 X 20 X 2(1)[1]
方形管 20 X 20 X 2(1)[3]
3D (-) 邊界方塊_方型管 20X20L200
方型管 20X20L100(2)
方形管 20 X 20 X 2(1)[2]
方形管 20 X 20 X 2(1)[4]
3D (-) 邊界方塊_方型管 20X20L100

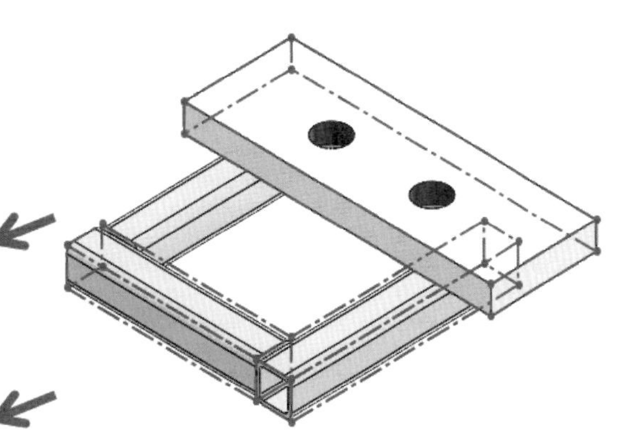

85-3-1 實體本體描述

使用預設描述，於清單選擇**表達式**自訂內容，例如：1. 名稱、2. 長度、3. 寬度、4. 厚度、5. 備註，下圖左。由清單切換習慣大小標示，例如：寬度、長度、厚度，下圖右。

A 除料清單屬性

由除料清單屬性查看邊界方塊的內容，甚至熔接輪廓資訊。1. 分別於**除料-清單-項次資料夾**右鍵→2. 屬性，進入除料清單屬性視窗。可以見到其中一項，總大小（箭頭所示）。

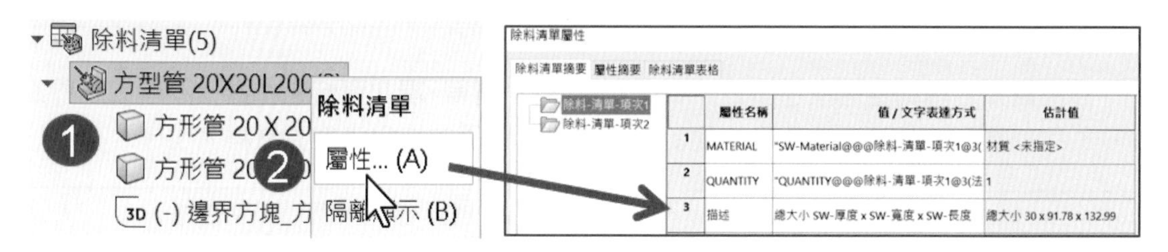

85-3-2 鈑金本體描述

設定**除料清單**的鈑金本體顯示，預設 Sheet。變更後套用之後產生的鈑金本體（箭頭所示），下圖左。

85-3-3 套用至

多本體及**鈑金本體描述**是否套用：1. **新邊界方塊**或 2. **現有的與新的邊界方塊**。不過使用現有的方塊描述無法被復原，下圖右。

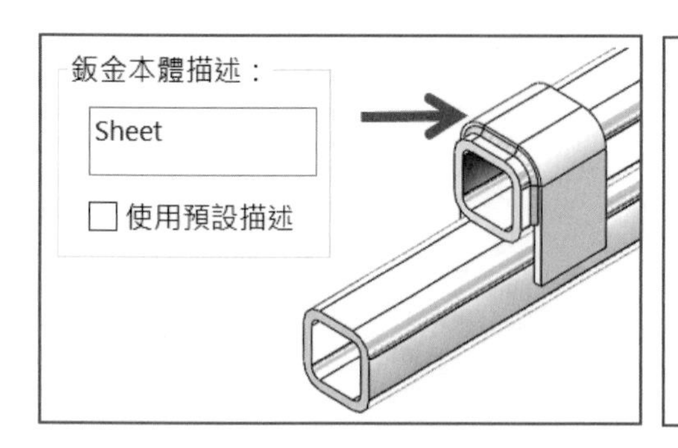

套用至：

○ 新邊界方塊

◉ 現有的與新的邊界方塊

⚠ 取代現有邊界方塊的描述。變更無法復原。

值 / 文字表達方式	估計值
Plate, x "SW-長度" x "SW-長度"	Plate, x 172.08 x 172.08

CHAPTER

86

基準面顯示

本章說明基準面色彩、透明度及交錯顯示，看出模型基準方向，適用零件、組合件。

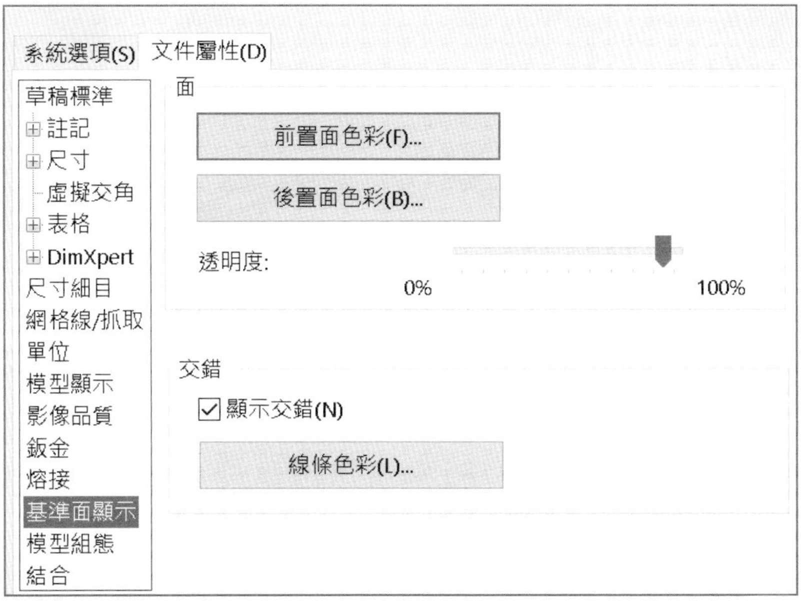

系統選項(S)　文件屬性(D)

草稿標準
註記
尺寸
虛擬交角
表格
DimXpert
尺寸細目
網格線/抓取
單位
模型顯示
影像品質
鈑金
熔接
基準面顯示
模型組態
結合

面
前置面色彩(F)...
後置面色彩(B)...
透明度:
0%
100%

交錯
顯示交錯(N)
線條色彩(L)...

86-1 面

設定基準面：1. 前置面色彩、2. 後置面色彩、3. 透明度。要完成本節效果，必須顯示**基準面**，後面有介紹。

86-1-1 前置面色彩、後置面色彩

分別點選**前置面色彩**及**後置面色彩**按鈕，進入色彩視窗設定顏色。前置面色彩=座標正向、後置面色彩=座標正向。例如：顯示前基準面，前置面=紅色、後置面=綠色。

86-1-2 透明度（預設為 85%）

以滑動桿設定基準面透明度 0%～100%，100%邊線內不顯示色彩，為全透明。

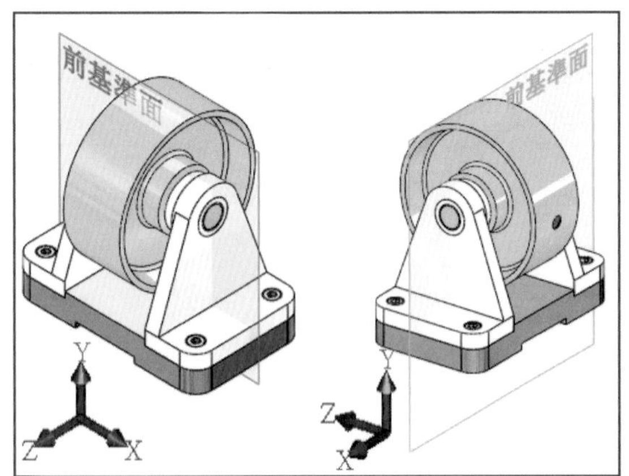

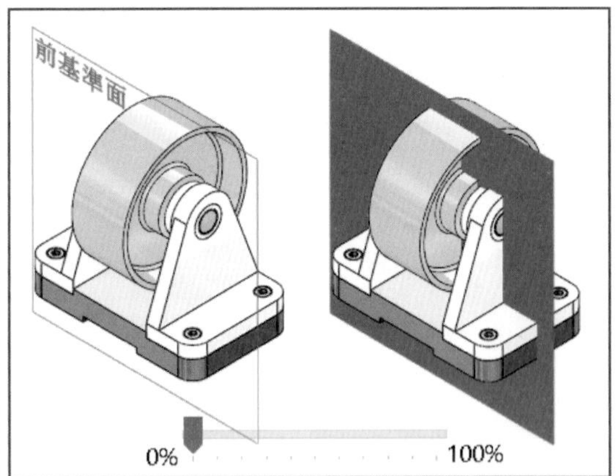

86-1-3 顯示基準面

有 2 種方式來**顯示基準面**：1. 特徵管理員顯示基準面、2. 草圖→☑**塗彩時顯示基準面**。實務上，顯示進入草圖的基準面，會比較常用。

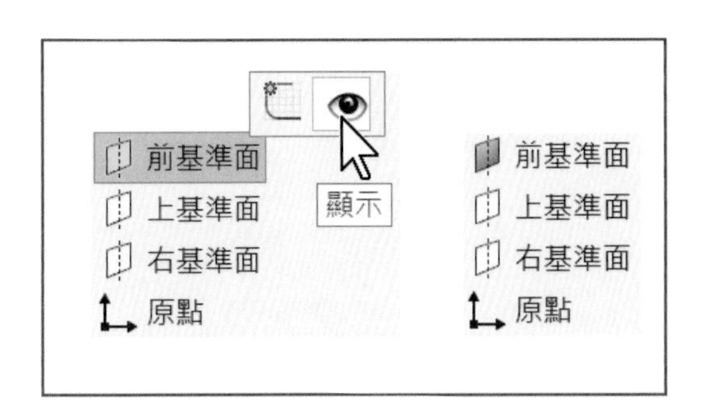

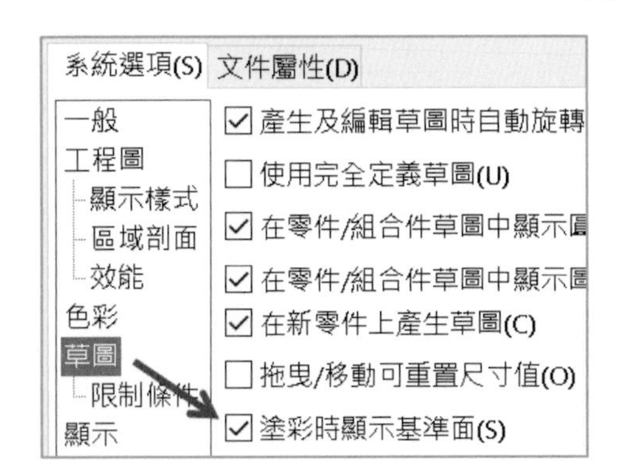

86-2 交錯

設定基準面交錯的**線條色彩**。

86-2-1 顯示交錯

基準面交錯時，是否顯示交錯線並設定色彩，交錯線以虛線顯示。

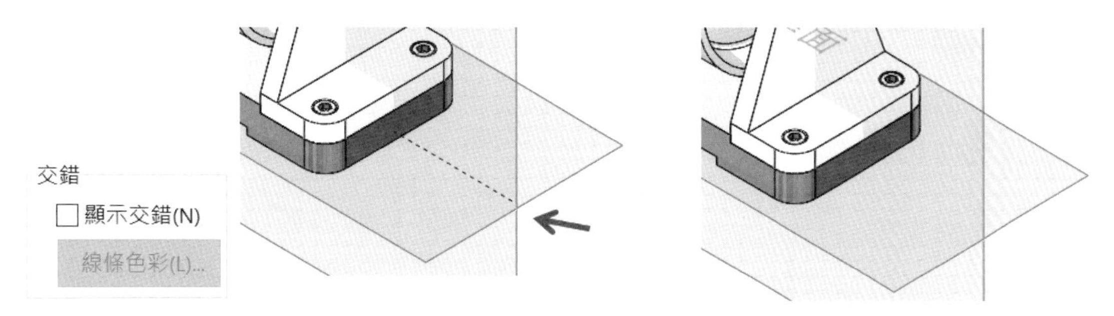

筆記頁

CHAPTER

87

模型組態

新增模型組態後，是否加入**標示以重新計算**，適用零件、組合件。本章設定會和效能→**清除快取模型組態資料**搭配，希望 SW 將該設定移到本章來。

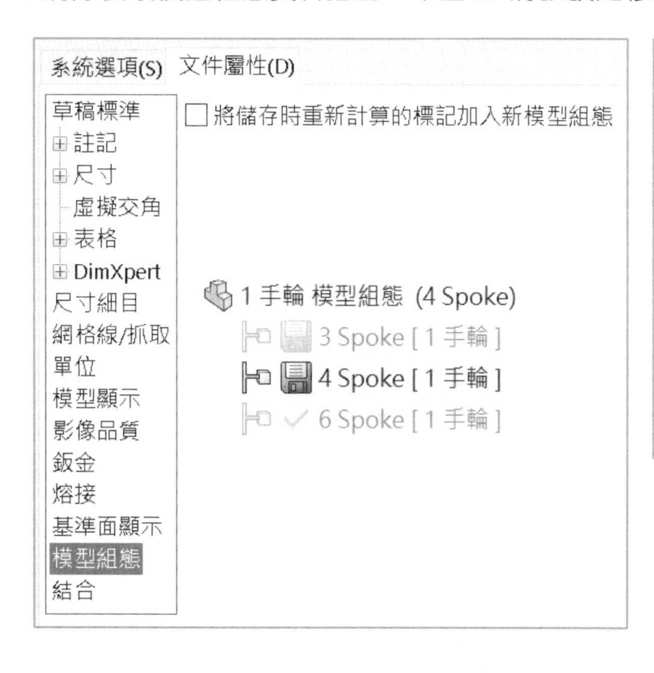

87-1 將儲存時重新計算的標記加入新模型組態

是否將指定的模型組態加入重新計算，該組態有**儲存標記**，可協助管理檔案大小和儲存時間。理論上模型組態越多檔案越大，儲存檔案過程越花時間。

自 2013 以後，不必擔心這問題，先不管本節說明，用儲存檔案最簡單看出。例如：2005 等高螺絲，檔案 17MB，用 2018 開啟後儲存，檔案縮小後不到 0.5MB。

可見 2013 後對組態管理有很高進展。此設定應該稱為：**將重新計算標記新組態。**

87-1-1 ☑將儲存時重新計算的標記加入新模型組態

儲存檔案會重新計算所有模型組態，類似加入快取。第一次儲存檔案，系統要花一點時間整理，出現儲存進度，下圖左。之後儲存不會有**儲存進度**，儲存速度快沒感覺。

此設定模型檔案會比較大，切換每個組態比較快。由於硬碟容量提升，沒人介意檔案大小了，比較介意的是效能。

模型組態若使用在模組，我們會建議☑此設定，讓使用者切換組態過程速度更快。常在導入加工製程，或市購件規格，例如：螺絲規格有：M3X10、M3X20L、M5X10L。

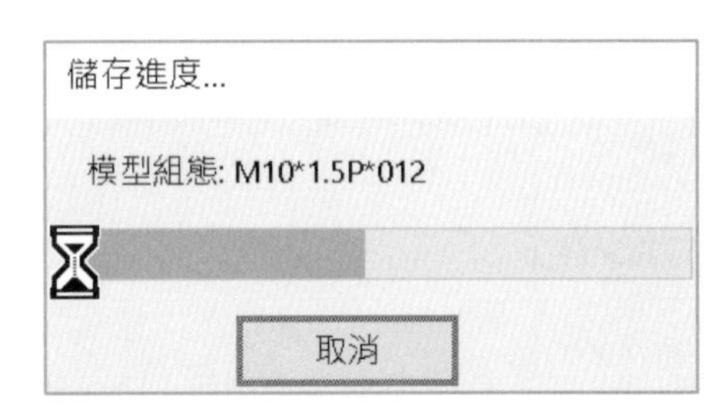

87-1-2 ☐將儲存時重新計算的標記加入新模型組態

承上節，儲存檔案過程，僅重新計算目前啟用組態。適用設計過程，不需要將所有組態更新，得到最快的儲存時間。但每次切換組態，系統會重新計算一次。

87-1-3 加入/移除重新計算的標記

可臨時於模型組態上右鍵→加入/移除重新計算的標記。

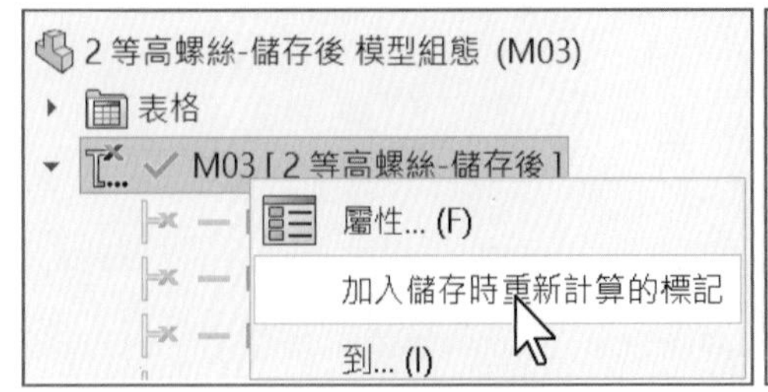

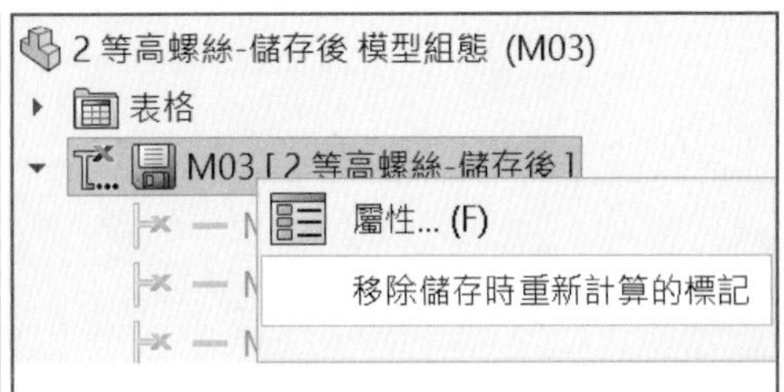

CHAPTER

88

結合

2018 可偏心結合，為了防呆將孔偏心設計，避免組裝方向錯誤，適用組合件。

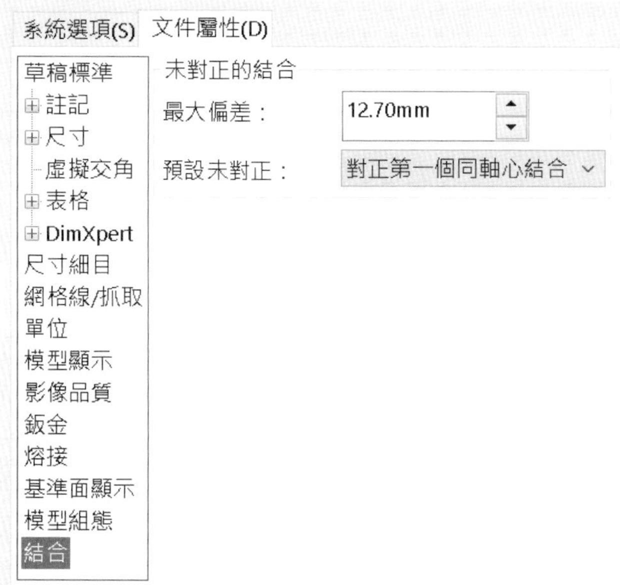

系統選項(S) 文件屬性(D)

草稿標準
註記
尺寸
虛擬交角
表格
DimXpert
尺寸細目
網格線/抓取
單位
模型顯示
影像品質
鈑金
熔接
基準面顯示
模型組態
結合

未對正的結合
最大偏差： 12.70mm
預設未對正： 對正第一個同軸心結合

88-1 未對正的結合

設定同軸心**最大偏差**距離、同軸心未對正結合順序，最大特色：組合件 2 模型孔距不同，還是可以結合。早期孔距不同和實際一樣不可能組裝，設計過程就是要這嚴謹性。

例如：2 零件孔距分別 100 和 120，只能結合一端**同軸心◎**，進行另一端◎過程，必定產生衝突。時代變遷，設計過程先讓我組裝好嗎，後來 SW 讓使用者可調整這嚴謹性。

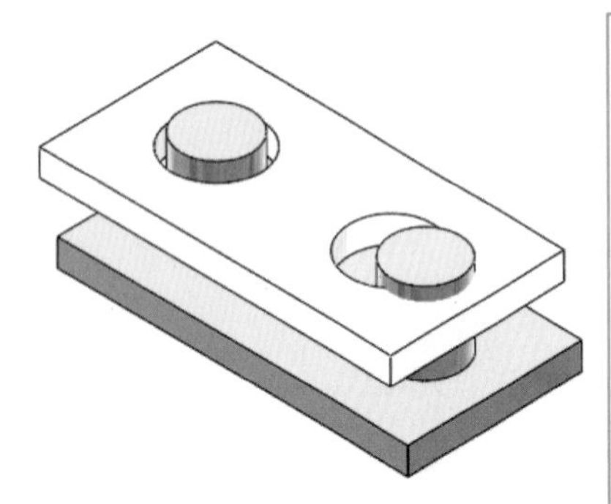

SOLIDWORKS
無法成功產生所選的結合。
您想執行什麼工作？

→ 加入結合，並斷開其他結合以滿足此結合
將會斷開其他結合並於其上顯示錯誤。

→ 加入此結合並過分定義組合件
將會加入此結合並於其上顯示一個錯誤。

88-1-1 最大偏差

設定 2 孔之間的最大容許偏差，類似公差。例如：零件 1 孔距=120、零件 2 孔距=100，120-100。設定最大偏差=20，就能完成同軸心組裝。

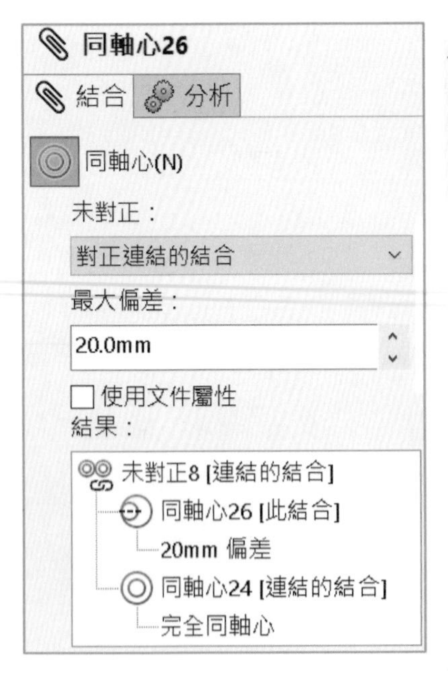

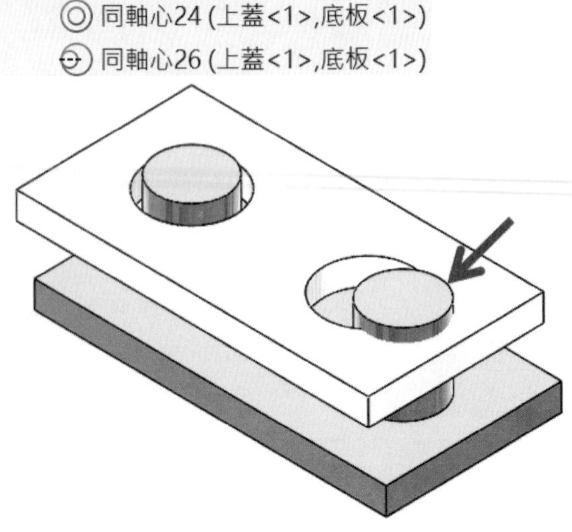

A 中心偏差不足

若中心偏差不足，顯示錯誤訊息：1. 修正模型、2. 增加最大偏差。於結合條件也會出現錯誤並顯示中心孔偏差量多少（也就是你要給的偏差值），例如：20，下圖左。

88-1-2 預設未對正

依清單選擇未對正類型：1. 對正第一個同軸心結合、2. 對正第二個同軸心結合、3. 相互對稱，下圖右。

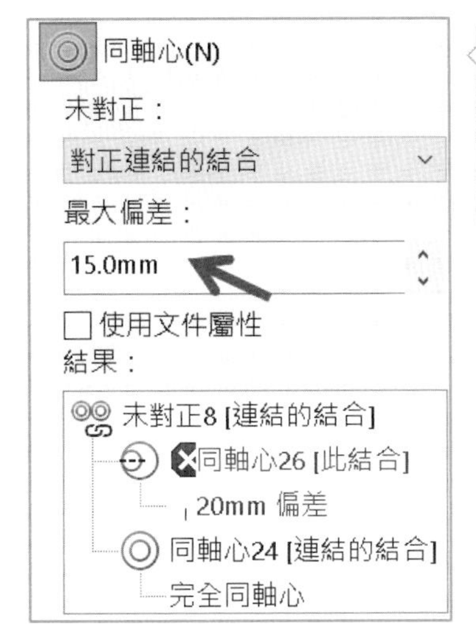

模型重新計算錯誤
未對正的同軸心結合無法解出，因為不對正情形超出最大偏差。請修正模型以減少不對正情形，或增加最大偏差。

預設未對正：對正第一個同軸心結合
對正第一個同軸心結合
對正第二個同軸心結合
對稱公差

A 對正第一個同軸心結合（預設）

以結合順序第 1 個為**同軸心**◎，第 2 為**未對正同軸心**。

B 對正第二個同軸心結合

承上節，第 2 個為**同軸心**◎，第 1 為**未對正同軸心**。

C 相互對稱

不以結合順序定義**同軸心**◎，2 孔都為**未對正同軸心**，以對稱偏心放置，下圖右。

未對正8
同軸心1
同軸心2

未對正8
同軸心2
同軸心1

未對正8
同軸心1
同軸心2

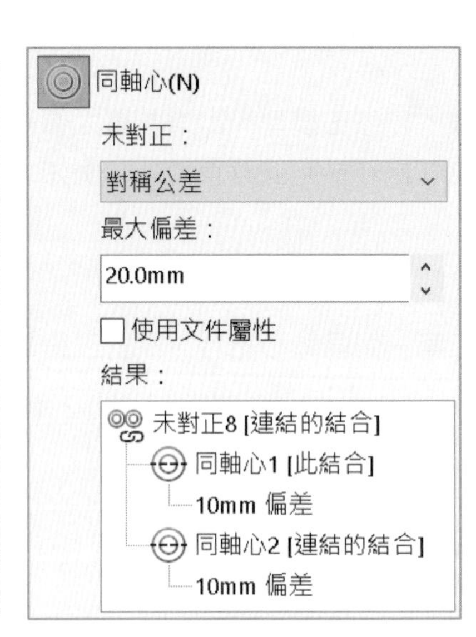

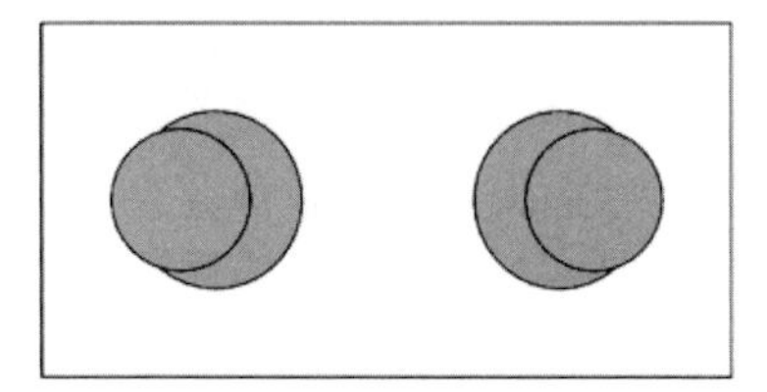

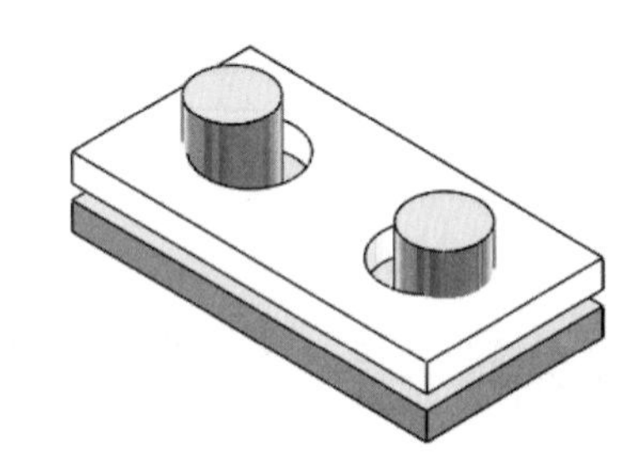

CHAPTER

89

複製設定精靈

複製設定精靈（Copy Setting Wizard）可將自訂的項目儲存，例如：1. **系統選項**、2. **工具列配置**、3. **鍵盤快速鍵**、4. **滑鼠手勢**、5. **功能表自訂**、5. **儲存的視圖**。當 SW 重灌或複製到另一台電腦，都可回復個人化或公司範本設定。

選項有 2 標籤：1. 系統選項、2. 文件屬性。**文件屬性是零件、組合件、工程圖範本**，那**系統選項**要如何保存？就是本章要說明的。

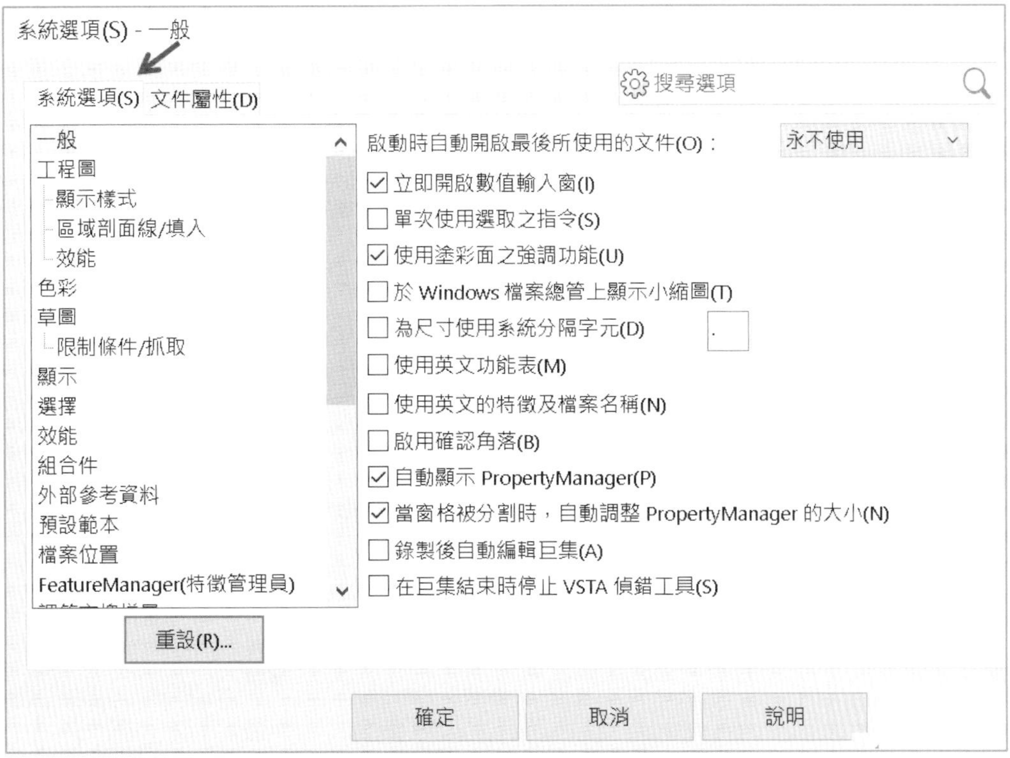

89-1 進入複製設定精靈

有幾種方式進入，依常用順序：1. 工作窗格、2. 儲存/還原設定、3. 工具→儲存/還原設定、4. 開始→SolidWorks 工具。

我們推薦不開啟 SolidWorks，離線使用執行。

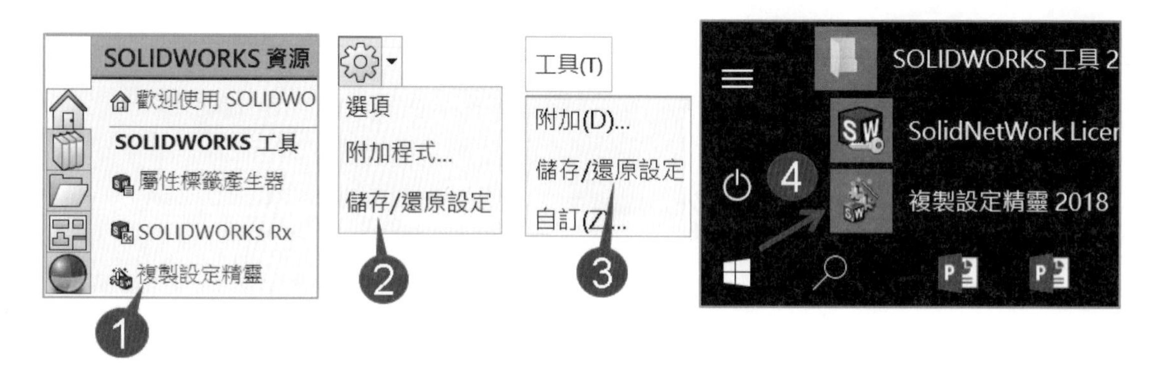

89-1-1 複製設定精靈檔案位置

複製設定精靈檔案在 C:\Program Files\SOLIDWORKS Corp\SOLIDWORKS\setup\i386，copyoptwiz.EXE

89-1-2 儲存設定先睹為快

將自訂**環境介面**儲存至外部檔案，執行**設定檔**即可，該檔案也可複製給其他同事使用。本節用最快方式完成複製設定。

1. 進入**複製設定精靈**視窗→2. **儲存設定**→3. **下一步**→4. 指定檔案位置→5. **完成**。

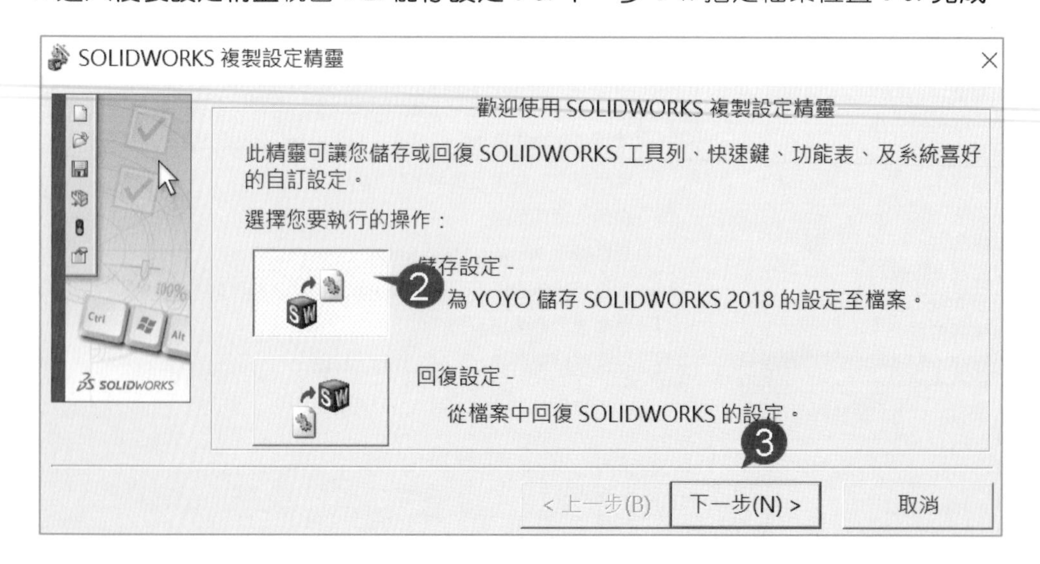

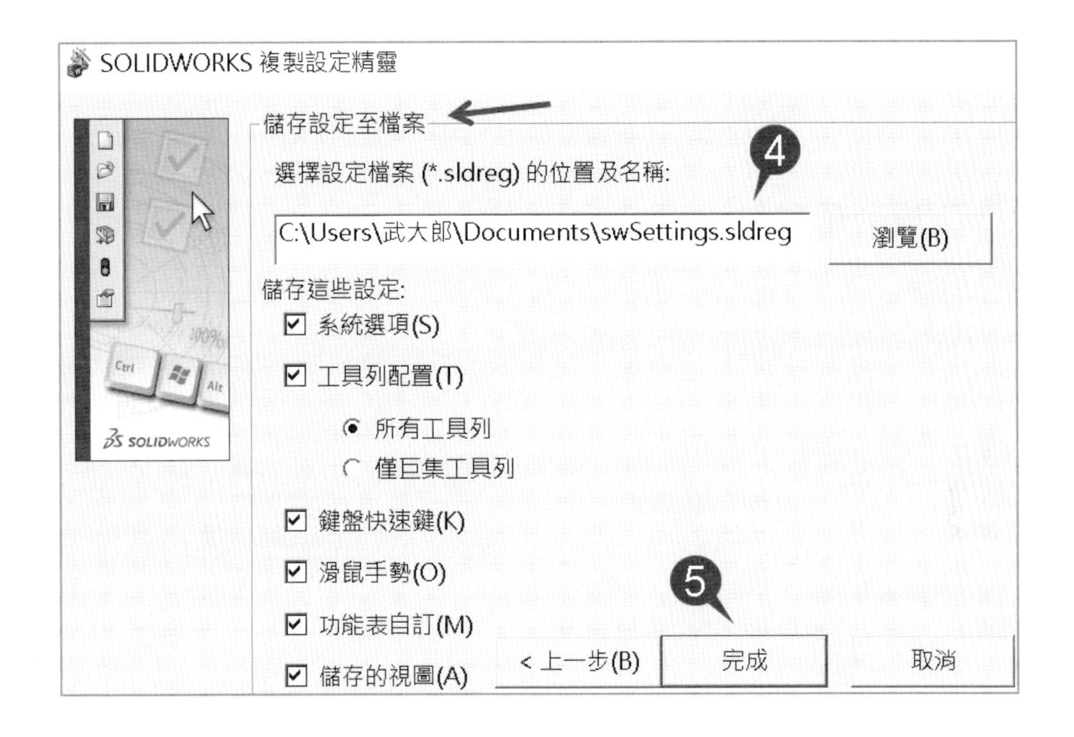

89-2 儲存設定至檔案

本節說明儲存設定至檔案視窗的功能。由視窗名稱得知標題（上圖箭頭所示），並知道有哪些功能，例如：系統選項、工具列配置、鍵盤快速鍵、滑鼠手勢...等。

看過之後必定讓你覺得新版本會不會在這部分增加哪些項目，例如：以前沒有滑鼠手勢，現在有了。

89-2-1 瀏覽

點選**瀏覽**→進入儲存設定檔視窗，將設定檔儲存到你要的位置，建議到 D:\比較好找。儲存後會見到 swSettings.REG。也可以更改檔名，例如：SW 環境設定。

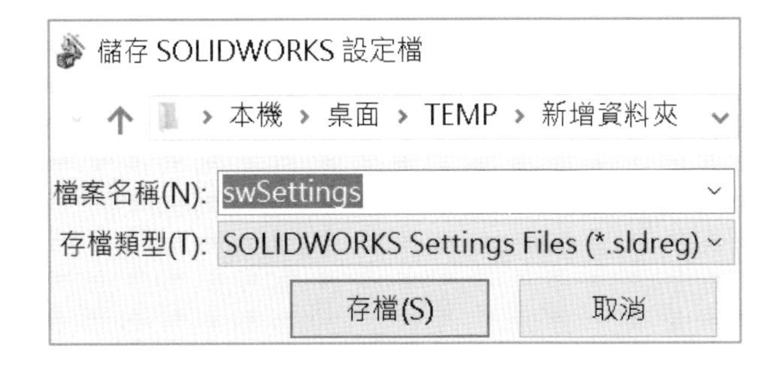

89-2-2 系統選項

儲存**零件**、**組合件**、**工程圖**的系統選項設定，因為系統選項是統一的，下圖左。

89-2-3 工具列配置

儲存工具列的指令，和工具列的排列位置。例如：1. 工具列新增或移除指令，2. 新增的鈑金、熔接工具列、3. Commandmanager 位置。

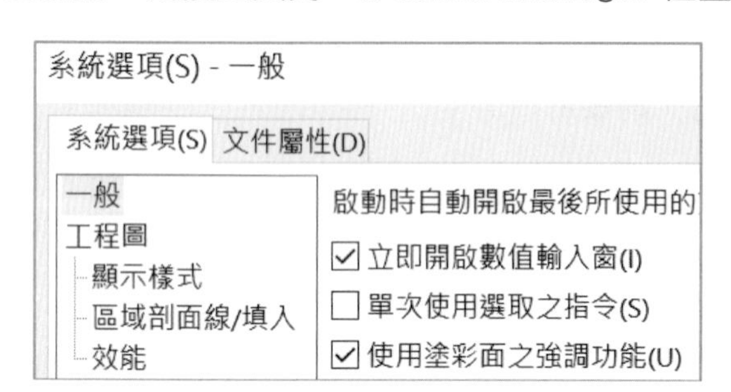

89-2-4 鍵盤快速鍵

儲存自訂的**鍵盤快速鍵**，例如：直線 L、矩形 R、草圖 S...等，下圖左。

89-2-5 滑鼠手勢

儲存自訂**滑鼠手勢**，屬於下意識操作，例如：**正視於**、**等角視**，下圖右。

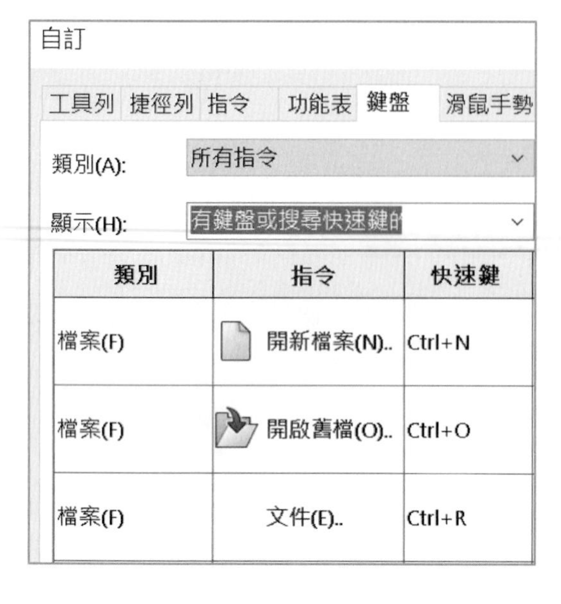

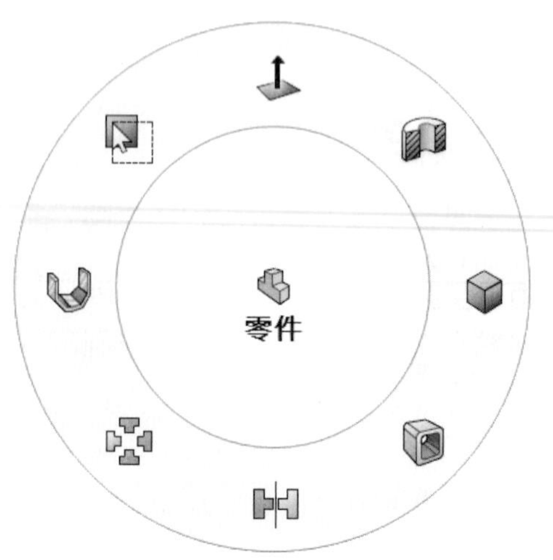

89-2-6 功能表自訂

設定**下拉式功能表**修改的名稱及位置，例如：開新檔案→NEW、開啟舊檔→OPEN。這部分知道就好不建議更改，因為 SolidWorks 維持與微軟相同名稱與位置，下圖左。

對於很懂得人會移除用不到的功能表內指令，讓功能表展開時不會指令這麼多。由於 SW 指令術語相當在地化，不需要更名來符合習慣用語。

89-2-7 儲存的視圖

儲存在方位視窗新增**儲存的視圖**，下圖右（箭頭所示）。

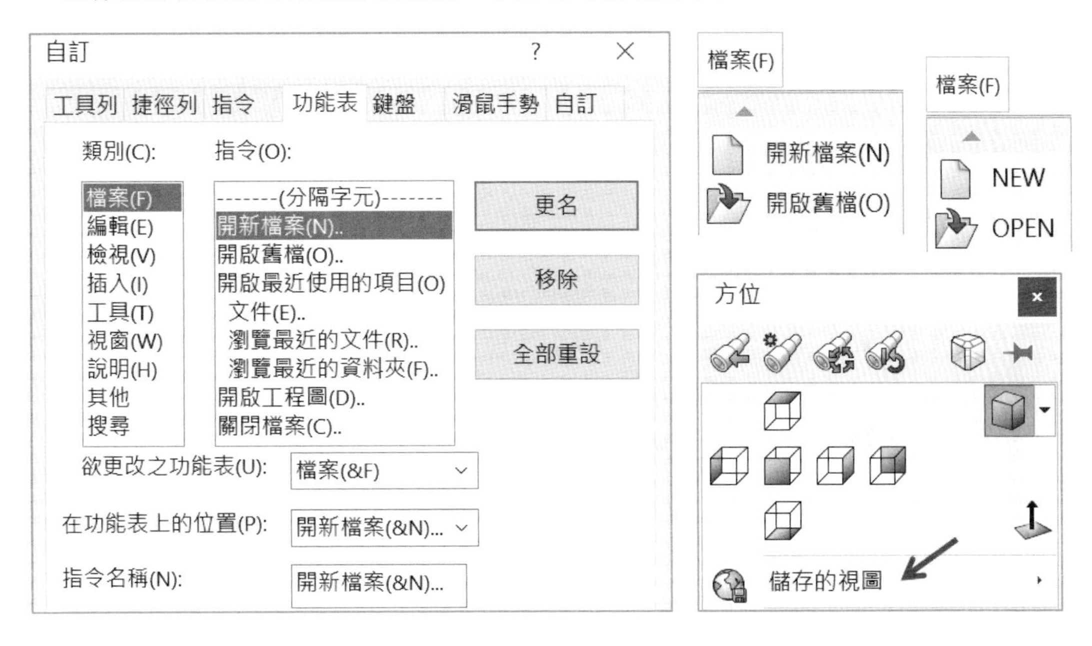

89-3 回復設定

由複製設定精靈產生的檔案套用（更新）到目前設定。1. 快點 2 下先前儲存的設定檔→2. 快點 2 下回復設定，這時會見到下一個視窗。

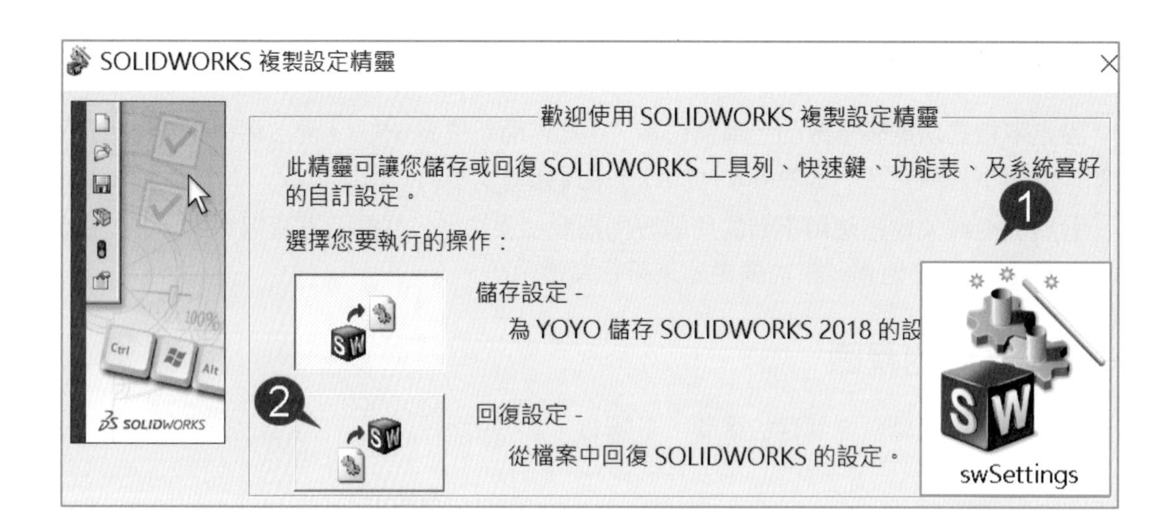

89-3-1 回復設定的項目

通常不會調整這些項目，也就是項目全部開啟→下一步。

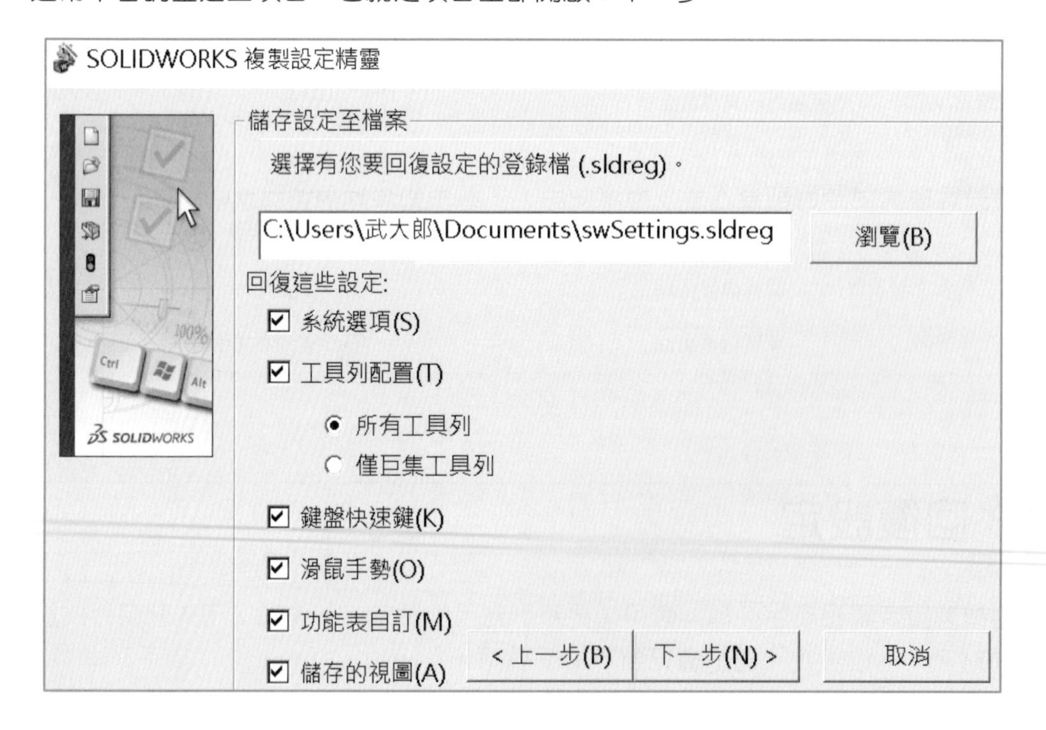

89-3-2 選擇目的地

選擇將設定檔套用在：1. 目前使用者、2. 至一或多台網路上的電腦、3. 至一或多個漫遊使用者設定檔。無論設定為何，按下一步完成操作。

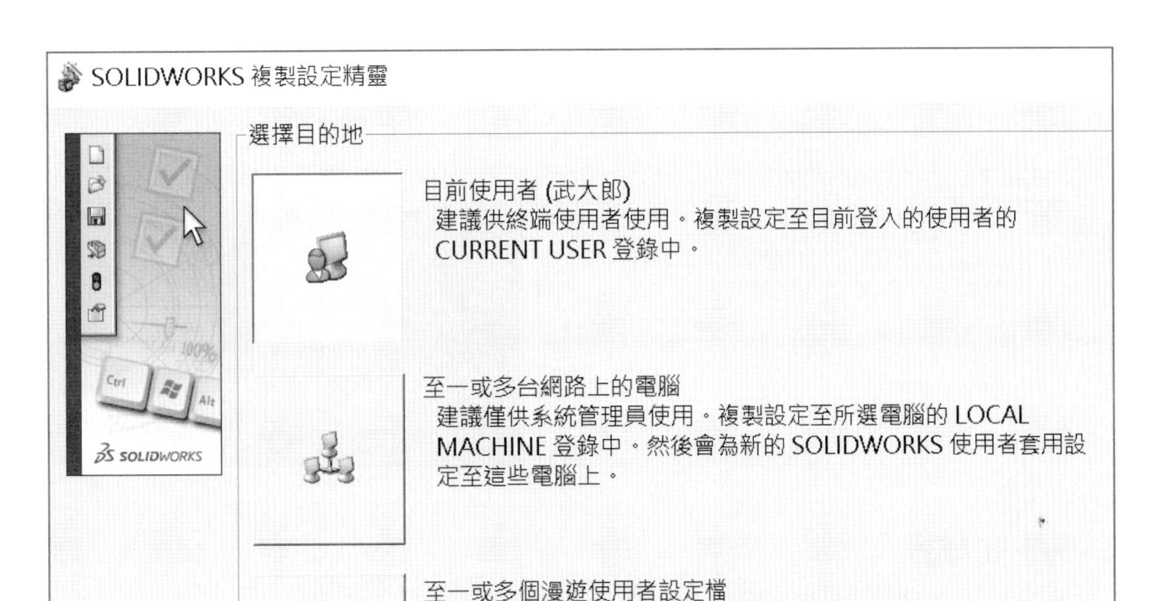

A 目前使用者

將**設定檔**套用至目前登入者（最常使用），套用到**登錄編輯器→**CURRENT_USER。

B 至一或多台網路上的電腦

將設定檔透過網路芳鄰，分配給其他電腦，到用到**登錄編輯器→**CURRENT_Machine。

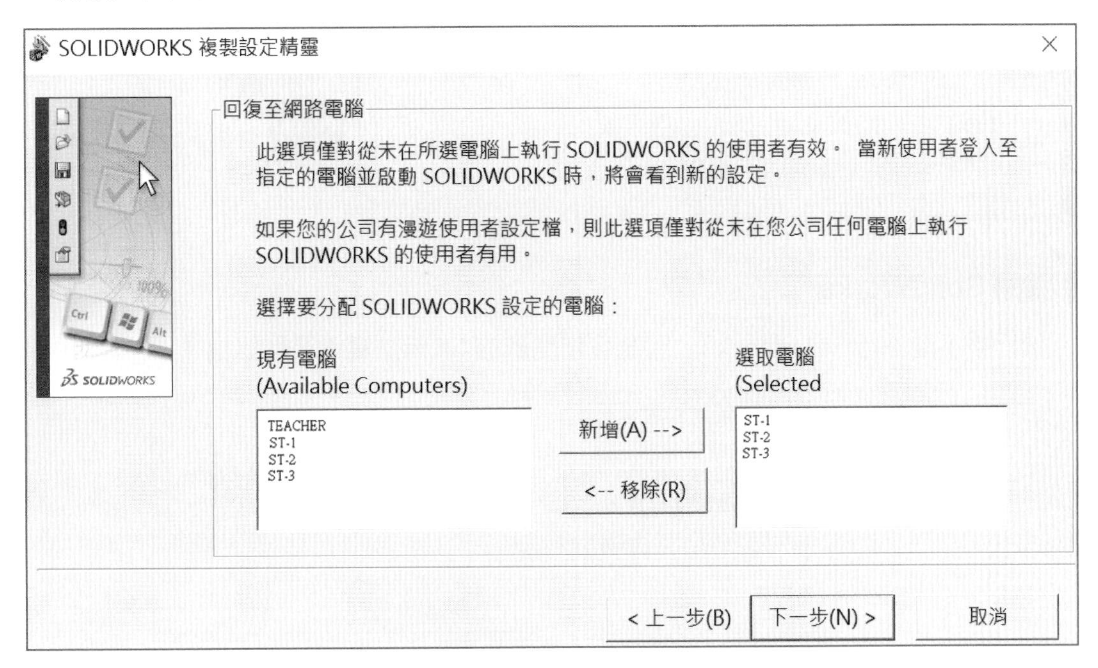

C 至一或多個漫遊使用者設定檔

套用至所有這台電腦的使用者，但不能設定自己。

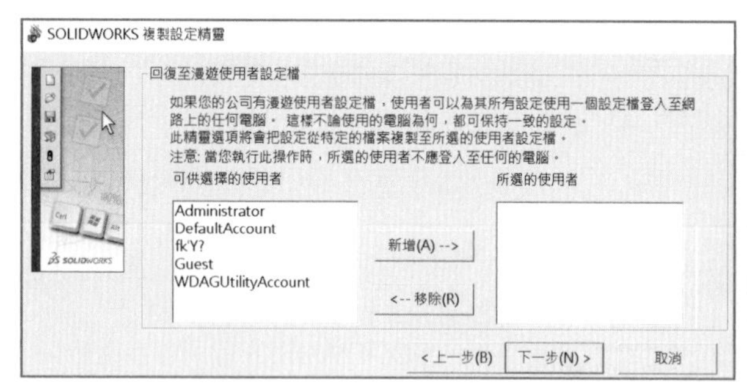

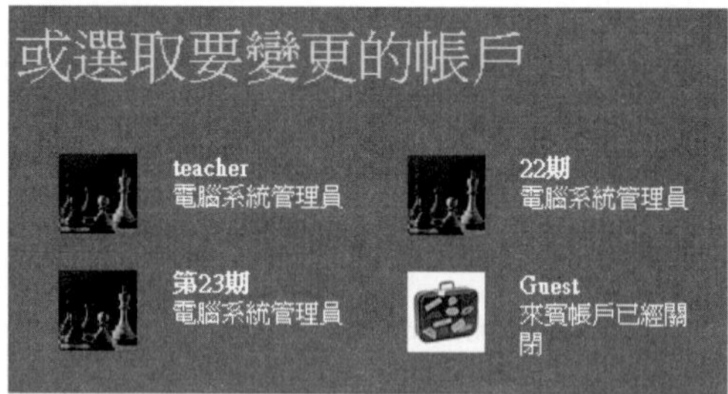

89-3-3 完成操作

承上節，會出現完成操作視窗→完成。

A 產生 OO 目前設定備份

設定是否產生先前環境的備份檔。**備份檔**儲存位置會與設定檔相同位置，在檔名後方加入使用者名稱和今天日期，例如：武大郎_20180611，下圖右。

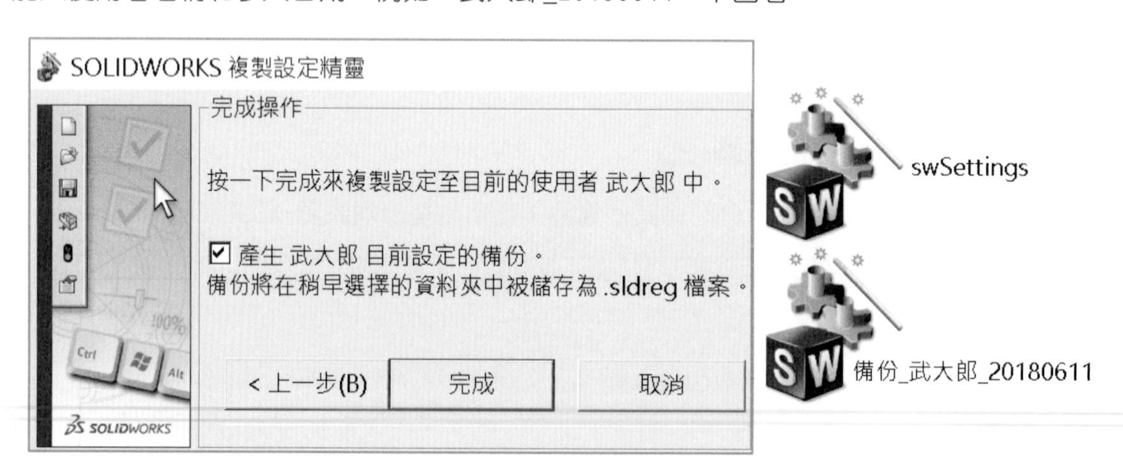

B 關閉 SolidWorks

過程中不能執行 SolidWorks，因為目前開啟的 SW 無法寫入至登錄檔。

89-4 觀看與編輯設定檔

以記事本開啟**設定檔**，可查看及編輯內容，下圖左。**設定檔**會套用 Windows 登錄編輯器的登錄機碼。由 Windows 搜尋欄輸入 regedit，進入**登錄編輯**視窗，下圖右。

機碼儲存路徑：HKEY_CURRENT_USER\Software\SolidWorks。

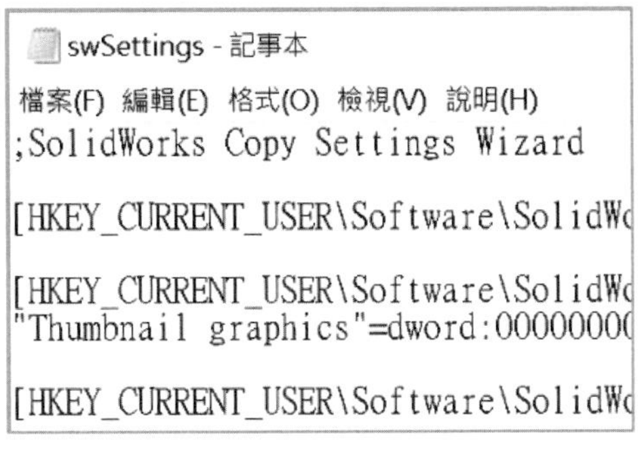

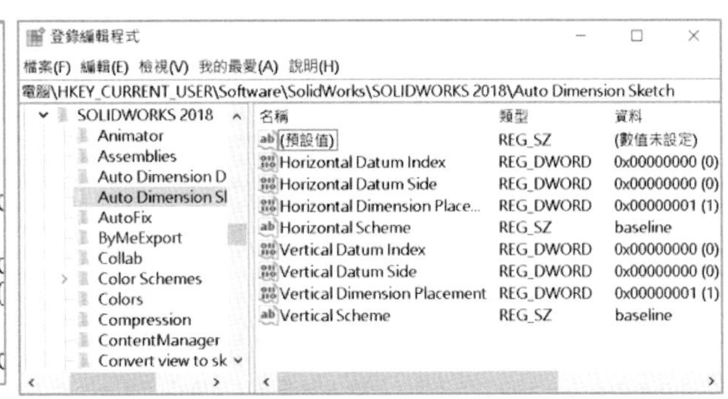

筆記頁